Schimpke/Schropp/König

Technologie der Maschinenbaustoffe

Technologie der Maschinenbaustoffe

Werkstoffkunde – Werkstoffprüfung Werkstoffverarbeitung

von Prof. Dr.-Ing. Paul Schimpke †
und Prof. Dr.-Ing. Hermann Schropp †

und Dipl.-Ing. Rolf König
Heinz-Piest-Institut für Handwerkstechnik
an der Technischen Universität Hannover

18., völlig neubearbeitete und erweiterte Auflage

787 Abbildungen in 1424 Einzeldarstellungen,
24 Gefügebilder, 91 Tabellen

S. HIRZEL VERLAG STUTTGART
1977

CIP-Kurztitelaufnahme der Deutschen Bibliothek

Schimpke, Paul
Technologie der Maschinenbaustoffe: Werkstoffkunde, Werkstoffprüfung, Werkstoffverarbeitung / v. Paul Schimpke †, Hermann Schropp † und Rolf König. — 18., völlig neubearb. u. erw. Aufl. — Stuttgart: Hirzel, 1977
ISBN 3-7776-0312-0

NE: Schropp, Hermann:; König, Rolf

Printed in Germany

Satz und Druck: Konrad Triltsch, Würzburg

Vorwort zur 18. Auflage

Nachdem die bisherigen Autoren, Herr Prof. Schimpke und Herr Prof. Schropp, länger als ein halbes Jahrhundert dieses Werk aufgebaut und immer wieder auf den neuesten Stand gebracht haben, hat Herr Dipl.-Ing. R. König, nach dem Tode beider Autoren, sich bereit erklärt, die Arbeit in ihrem Sinne fortzuführen.

Ergänzend zu diesem Werk erscheint ein Prüfungsbuch, das mit 500 Prüfungsfragen und programmierten Antworten für die Studenten die Stofferarbeitung und Wissenskontrolle erleichtern wird. Wir gehen davon aus, daß das Buch dadurch für den Kreis der Lernenden noch attraktiver geworden ist.

Für den Ingenieur in der Praxis wird besonders die Anpassung an die neuesten Normen eine Hilfe sein, so daß dieses Buch dadurch und durch die vielen praxisbezogenen Hinweise weiterhin über die Studienzeit hinaus als Nachschlagewerk ein wertvoller Begleiter der Techniker und Ingenieure sein wird.

Der Verlag

Bei der vorliegenden 18. Auflage handelt es sich um eine weitgehende Neubearbeitung, in die die Erfahrungen des Autors aus seiner Arbeit am Heinz-Piest-Institut für Handwerkstechnik an der Technischen Universität Hannover (Anpassung von Betrieben an die technische Entwicklung) und aus Lehraufträgen an der Fachhochschule Hannover einflossen. Die Kapitel I, II und IV wurden vollständig neu bearbeitet, während im Kapitel III eine teilweise Neubearbeitung erfolgte; das Kapitel über die Verbindungsverfahren wurde weitgehend neu erstellt. Die neuesten Normen wurden überall eingearbeitet und es fand eine Umstellung auf die neuen SI-Einheiten statt. In den noch ungebräuchlichen Fällen wurden die alten und die neuen Einheiten gemeinsam aufgeführt, so daß die Umstellung und Umgewöhnung erleichtert wird. Neben der Anwendung als Lehrbuch diente dieses Werk schon immer den Technikern und Ingenieuren als Nachschlagewerk und als Hinweis auf geeignete Normen, die jetzt auch auf den neuesten Stand gebracht wurden und auf die in noch größerem Umfang hingewiesen wird. Verbindlich ist dabei die jeweils neueste Ausgabe der DIN-Blätter.

Völlig neu ist für dieses bewährte Buch die Erweiterung zu einem umfangreicheren Lehr- und Prüfungs-Werk durch die Angliederung einer zugehörigen Fragensammlung, die unter dem Titel: König/Hering, „Programmierte Prüfungsfragen zur Werkstoffkunde“ mit der 18. Auflage erscheint. Sie enthält 500 Prüfungsfragen mit programmierten Antworten zur Prüfungsvorbereitung und zum Selbststudium in Verbindung mit diesem Lehrbuch oder anderen Werken der Werkstoffkundeliteratur. Hiermit ist es zum ersten Mal in der deutschsprachigen Literatur zur Technologie der Maschinenbaustoffe gelungen, einen direkten Bezug mit Seitenangaben zum Text zwischen einem umfassenden Werk der gesamten Technologie der Maschinenbaustoffe und einer zugehörigen programmierten Fragensammlung herzustellen. Durch die Kombination beider Werke mit den umfangreichen Schrifttumshinweisen im Fachbuch sowie der Angabe der entsprechenden Bezugsseiten des Fachbuches in der programmierten Fragensammlung wird die Erarbeitung der umfangreichen Fächer Werkstoffkunde, Werkstoffprüfung und z. T. Werkstoffverarbeitung für die Studenten wesentlich erleichtert.

An dieser Stelle danke ich Herrn Dipl.-Ing. G. Schropp für seine Mitarbeit und die vielen nützlichen Hinweise aus der Praxis. Herrn Prof. Dipl.-Ing. L. Hering danke ich für die Hilfen bei der Arbeit am Fachbuch sowie für die Mitarbeit bei der Konzeption und die fruchtbare Zusammenarbeit bei der Erstellung der programmierten Fragensammlung. Herr Dr.-Ing. H. Hieber gab wertvolle Hinweise zur Darstellung der Metallkunde und der Stahlherstellung. Besonderer Dank gebührt Frau Erika Gericke für ihr unermüdliches Bemühen um die Fertigstellung des Buches und für ihre wertvollen redaktionellen Hinweise.

Hannover, im August 1977 *R. König*

Inhaltsverzeichnis

Wesentliche Einheiten, Formelgrößen, Abkürzungen und Zeichen

A	= Ampère (Einheit der Stromstärke) Kurzzeichen für Arbeit (z. B. Pendelschlag-Arbeit in Nm, früher mkp)
A	= Haltepunkte des Fe (Indices s. S. 28)
Å	= Ångström (zehnmillionstel mm) bis 31. 12. 1977 zugelassen
a_k	= Kerbschlagzähigkeit (spez. Kerbschlagarbeit, Kerbschlagwert)
a_n	= Kerbschlagzähigkeit ungekerbt
at	= technische Atmosphäre (spez. Druck, kp/cm^2), bis 31. 12. 1977 zugelassen
atü	= Atmosphären-Überdruck, bis 31. 12. 1977 zugelassen
bar	= Druck
c	= spez. Wärmekapazität
cm^2	= Quadratzentimeter
CP	= Curiepunkt, d. h. Temperaturpunkt des Übergangs vom unmagnetischen in den ferromagnetischen Zustand und umgekehrt
°C	= Grad Celsius
DIN	= Deutsche Industrienorm
DM	= Deutsche Mark (west)
Dmr.	= Durchmesser (≡ Ø)
E	= Elastizitätsmodul („Federkonstante“)
el.	= elektrisch
E. P.	= Erstarrungspunkt

ff.	= und folgende (bei Seiten-Angaben)
G	= Gleitmodul (≡ Schubmodul)
g	= Gramm (Masse)
GFK	= glasfaserverstärkte Kunststoffe
ggf.	= gegebenenfalls
h	= Stunde (lat.: hora)
H	= Härte (allgemein); Heizwert (allgemein)
H_o	= oberer Heizwert
H_u	= unterer Heizwert
Hz	= Hertz (Schwingungen pro Sekunde)
HB	= Brinellhärte
hex.	= hexagonal (Atomgitter)
HF	= Hochfrequenz (in Chemie: = Flußsäure)
HK	= Härte nach Knoop
HRB	= Rockwellhärte mit Stahlkugel 1/16″
HRC	= Rockwellhärte mit Diamantkegel
HV	= Vickershärte
I	= Trägheitsmoment (äquatorial)
I_p	= polares Trägheitsmoment
J	= Joule (≡ Watt · s ≙ Nm ≙ 1 $kg\ m^2/s^2$)
K.	= Abkürzung für Kautschuk
k_f	= Fließwiderstand bei plastischer Umformung = Formänderungsfestigkeit
kfl	= kubisch-flächenzentriert (Atomgitter)
kg	= Kilogramm (Masse) = 1000 g

Siehe auch Köpfe und Fußnoten der Tabellen!

Nicht enthalten sind chemische Symbole und DIN-Werkstoff-Kurzzeichen.

kHz = Kilohertz (s. Hz!) = 1000 Hz
kp = Kilopond (Kraft, Belastung) = 1000 p, bis 31. 12. 1977 zugelassen 1 kp = 9,81 N ≈ daN
krz = kubisch-raumzentriert (Atomgitter)
kVA = Kilovoltampère
kW = Kilowatt = 1000 W
kWh = Kilowattstunde = 860 kcal = 1,36 PSh
L. = Latex (Gummimilch)
ln = natürlicher Logarithmus
log = Logarithmus allgemein
log-log = doppellogarithmisch
l. W. = lichte Weite, Innendurchmesser ⌀ = Innendurchmesser
m^2 = Quadratmeter
m^3 = Kubikmeter (siehe auch Nm^3!)
M = Mittelkasten (Gießerei)
M = auch kurz für „Moment", besser M_b bzw. M_d
max = maximal; Größt- . . .
M_b = Biegemoment
M_d = Drehmoment (Verdrehmoment, Torsionsmoment)
MHz = Megahertz (s. Hz!) = 10^6 Hz = 1000 kHz
min = Minute (Zeit)
Mp = Megapond (Kraft, durch 1 t Gewicht ausgeübt) = 1000 kp, bis 31. 12. 76 zugel.
MP = Martensitpunkt (Stahlhärten)
MP = Mischpolymerisat (Kunststoffe)
MW = Megawatt (= 1000 kW)
n = Polymerisationsgrad, z. B. $(\ldots)_n$
n = Drehzahl [+ 1/min]
NF = Netzfrequenz (Niederfrequenz)
NK. = Naturkautschuk
O = Oberkasten (Gießerei)
p = Pond (Kraft) bis 31. 12. 1977 zugelassen
P = Kraft (Belastung) bzw. *F*
P_{max} = Maximalkraft (-belastung) bzw. F_{max}
rel. = relativ
RK. = Rohkautschuk
s = Sekunde (Zeit)
S = Schmelzwärme
s. S. = siehe Seite
SAP = Sinteraluminium (Sinter-Al-Pulver)
spez. = spezifisch; (ggf. speziell)
s. u. = siehe unten

t = Tonne (Masse) = 1000 kg
tan = Tangens (früher tg)
T_k = kritische Temperatur
U = Unterkasten (Gießerei)
u. a. = und andere
u. ä. = und ähnliche
U/min = Umdrehungen pro Minute ≡ ^{1}/min
UV = ultraviolett
u. v. a. = und viele andere
u. U. = unter Umständen
v = Geschwindigkeit
V_n = Volumen bei Normbedingungen (Gase)

V = Volt (elektr. Spannungseinheit)
V = Kurzzeit für Volumen
VDEh = Verein Deutscher Eisenhüttenleute
VDG = Verein Deutscher Gießereifachleute
v_k = (allgemein) } kritische Abkühlgeschwindigkeit bei der Stahlhärtung [°C/s]
v_{ko} = obere } kritische Abkühlgeschwindigkeit bei der Stahlhärtung [°C/s]
v_{ku} = untere } kritische Abkühlgeschwindigkeit bei der Stahlhärtung [°C/s]
v_{kr} = Kriechgeschwindigkeit (Standversuch)
V_s = spezifisches Volumen (V je Gewichtseinheit)
Vulk. = Vulkanisation
W = 1 W (= 1 Joule/s = 1 Nm/s = 0,102 kpm/s)
W = Widerstandsmoment (äquatorial)
W_p = polares Widerstandsmoment
WM = Widerstandsmaterial d. E-Technik (früher Weißmetall)

α, β, γ . . . { = Bezeichnungen von Phasengebieten in Zustandsdiagrammen; = Modifikationen eines Metalls; = ggf. Winkel-Benennungen
α [Alpha] { = elektrischer Widerstands-Temperatur-Koeffizient = linearer Wärmeausdehnungsbeiwert (-zahl) eines Werkstoffs
β [Beta] { = Wärmeausdehnungsbeiwert (Wärmedehnzahl) s. S. 175 = Ziehverhältnis beim Tiefziehen (s. S. 505)
γ [Gamma] = Wichte (Gewicht je Volumeneinheit, z. B. g/cm^3 usw.) (früher „spezifisches Gewicht", Bezeichnungen veraltet); vgl. auch ϱ! Schubmodul

δ [Delta] = Bruchdehnung in % (Zugversuch); Zahlenindices s. S. 272! Praktiker bezeichnen sie oft nicht normgerecht mit „Dehnung"

tan δ (Tangens Delta) = Dielektrischer Verlustfaktor (Kunststoffe)

ε [Epsilon] = Dehnung (in % im Diagramm, als Verhältniszahl in Beziehung $\varepsilon = \sigma/E$ innerhalb des elastischen Bereichs)

ε_{bl} = bleibende Dehnung (bleibt nach Entlastung infolge plastischer Umformung zurück)

ε_d = Stauchung beim Druckversuch

η [Eta] = Viskosität

$\varkappa$ [Kappa] = elektrische Leitfähigkeit $[m/\Omega \cdot mm^2] = 1/\varrho$

λ [Lambda] = Wärmeleitfähigkeit W/Km (Watt durch Kelvinmeter) veraltet: [kcal/m · h · °C, gültig bis 31. 12. 1977]

μ [Mü]
- = $\mu m = 1/1000$ mm
- = Reibungskoeffizient (-zahl)

ϱ [Rho]
- = Dichte (Masse je Volumeneinheit, z. B. g/cm^3 usw.); vgl. γ!, Poisson-Zahl $\left[\frac{E - 2G}{2G}\right]$
- = spezifischer elektrischer Widerstand $[\Omega \cdot mm^2/m] \triangleq [\Omega \cdot cm] = 1/\varkappa$
- = spezifischer Durchgangswiderstand (z. B. bei Kunststoffen)

ϱ [Rho] = Reibungswinkel (z. B. beim Düsenzug)

σ [Sigma] = Normalspannung, d. h. senkrecht zum untersuchten Querschnitt, als Zug (σ_z) oder Druck (σ_d)

σ_z = Zugspannung (z. B. beim Zugversuch)

σ_B = σ_{zB} = Zugfestigkeit

σ_b = Biegespannung

σ_{bB} = Biegefestigkeit

σ_D = Dauerfestigkeit allgemein

σ_d = Druckspannung

σ_{dB} = Druckfestigkeit

σ_{dF} = Quetschgrenze weicher Stähle (Druckversuch)

$\sigma_{d0,2}$ = Ersatz-Quetschgrenze in allen anderen Fällen

σ_{max} (siehe σ_R!)

σ_R = σ_{max} = Zerreißfestigkeit, Trennfestigkeit, Reißspannung

σ_S = (natürliche) Streckgrenze weichen Stahls ≙ Fließgrenze (Zugversuch)

$\sigma_{0,2}$ = Dehngrenze, 0,2-Grenze (Ersatz-Streckgrenze) für alle anderen Metalle

σ_{Sch} = Schwellfestigkeit

σ_W = Wechselfestigkeit (mit weiteren Indices)

τ [Tau] = Schubspannung, Scherspannung allgemein

τ_a = Abscherspannung

τ_{aB} = Scherfestigkeit

= Umformgrad = ln (F_1/F_0) bzw. ln A_1/A_0

Ψ [Psi] = Brucheinschnürung beim Zugversuch

ψ_d = Ausbauchung (Querdehnung) beim Druckversuch

Ω [Groß-Omega] = Ohm (Einheit des elektrischen Widerstands)

ω [Omega] = Winkelgeschwindigkeit

Σ [Groß-Sigma] = Symbol für Summe dessen, was dahinterfolgt

= gleich; in E-Technik auch Aymbol für Gleichstrom

≡ identisch gleich

~ proportional, ähnlich; in E-Technik auch Symbol für Wechselstrom

≈ nahezu, angenähert (rund, etwa)

≙ entspricht (entsprechend)

< kleiner als
sehr viel kleiner als
> größer als
sehr viel größer als
(Spitze zeigt nach dem Kleineren!)

≦ kleiner bis gleich (höchstens gleich)

≧ größer bis gleich (mindestens gleich)

∢ = Winkel

$\dot{x}$ = mal (Punkt auf halber Höhe) entspricht

/ =
- „geteilt durch" in Dimensionsangaben und echten Brüchen;
- „bis" bei Seitenzahlen-Angaben;
- „pro" oder „je" (z. B. Stöße/s);
- als Trennung zwischen Einzelangaben im Sinne von „und", z. B. Mo/20Ti heißt: Mo und (legiert mit) 20% Ti

∥ = parallel

⊥ = senkrecht, rechtwinklig zu

∞ = unendlich

ϕ = Durchmesser (abgekürzt auch „Dmr.")

1 °C = 1 Grad Celsius
1° = 1 Winkelgrad
1′ = 1 Winkel-Minute
1″ = 1 Winkelsekunde
1″ = 1 Zoll (englisch und amerikanisch, gesprochen „inch") = 25,400 mm

„. . ." = Anführungszeichen z. B. für Zitate von Zeitschriften-Titeln; Markenbezeichnungen [Handelsnamen] von Werkstoffen; gebräuchliche (nicht immertreffendformulierte) AusdrückeinderTechnik
: = „zu", „verhält sich zu", bei Angaben von Verhältniszahlen
□ = quadratisch (Quadrat, Vierkant) für Querschnittsform (-fläche)

Alte und neue Einheiten:

Physikalische Größen	Formelzeichen nach DIN 1304	**SI-Einheiten** und abgeleitete Einheiten	Einheitenzeichen nach DIN 1301	Weitere gesetzliche Einheiten	alte (X) (XX) (XXX) und gebliebene Einheiten [1]	Umrechnung:
Länge	*l, s*	**Meter**	m	km, dm, cm, mm, µm ...	Å (XX)	(1 Seemeile = 1852 m) 1 Å = 10^{-10} m
Fläche	*A, S* *(früher F)*	**Quadratmeter**	m^2	km^2, dm^2, cm^2, mm^2 ...	qkm, qm, qdm, qcm (X)	1 qkm = 1 km^2 usw.
Volumen	*V*	**Kubikmeter**	m^3	dm^3, cm^3, mm^3 ...	cbm, cdm, ccm (X)	1 cbm = 1 m^3, 1 Liter (L) = 1 dm^3
Masse (Gewicht)	*m (G)*	**Kilogramm**	kg	g, dag, mg, Mt ...	kg **Kilogramm**	1 Tonne (t) = 1000 kg
Längenbezogene Masse	$m_l (G_l)$	**Kilogramm pro Meter**	= kg/m	g/m, kg/km ...	kg/m ...	
Flächenbezogene Masse	$m_A (G_A)$	**Kilogramm pro Quadratmeter**	= kg/m^2	g/mm^2, t/m^2 ...	kg/m^2 ...	
Dichte	ϱ (Rho)	**Kilogramm pro Kubikmeter**	= kg/m^3	g/cm^3, kg/dm^3, t/m^3 ...	g/cm^3, kg/dm^3, t/m^3 ...	

Physikalische Größen	Formelzeichen nach DIN 1304	**SI-Einheiten** und abgeleitete Einheiten	Einheitenzeichen nach DIN 1301	Weitere gesetzliche Einheiten	alte (X) (XX) (XXX) und gebliebene Einheiten [1]	Umrechnung:
Zeit (Zeitspanne)	t, (Δt)	**Sekunde**	s	ns, µs, ms, cs ...	s **Sekunde**	
		Minute	min	keine	min Minute	1 min = 60 s
		Stunde	h	keine	h Stunde	1 h = 60 min = 3600 s
		Tag	d	keine	d Tag	1 d = 24 h = 86 400 s
Geschwindigkeit	v	**Meter pro Sekunde**	m/s	cm/s, m/min, km/h ...	m/s, m/min, k/h ...	(Knoten 1 kn = 1 sm/h)
Drehfrequenz (Drehzahl)	n	**1 pro Sekunde**	1/s	1/min	1/min	(Das Wort ‚Drehzahl' kommt in der Ausführungsverordnung nicht vor.)
Kraft (Gewichtskraft)	F (G)	**Newton** sprich: njutn	N	µN, mN, daN, kN, MN, GN ...	kp **Kilopond** (XX) p, Mp, (dyn) ...	1 kp = 9,80665 N 1 kp ≈ 1 daN (1N = 1 kgm/s²)
(Wichte); ersetzt durch Dichte × Fallbeschleunigung	(γ)	**Newton pro Kubikmeter**	N/m³	N/dm³, N/mm³, daN/dm³ ...	p/cm³, kp/dm³ ... (XX)	$\gamma = \varrho \cdot g$
Druck, mechanische Spannung	p σ, τ	**Pascal**	Pa	N/mm² = MPa, daN/cm² = bar, cN/cm² = mbar, N/cm² = 10 kN/m²	kp/cm², kp/mm² (XX) at, atm, mWs, atü ... (XX)	1 kp/mm² ≈ 1 hbar; 1 Pa = 1 N/m² 1 daN/mm² = 1 hbar 1 at = 1 kp/cm² ≈ 1 bar 1 daN/cm² = 1 bar = 10^5 Pa

Physikalische Größen	Formelzeichen nach DIN 1304	**SI-Einheiten** und abgeleitete Einheiten	Einheitenzeichen nach DIN 1301	Weitere gesetzliche Einheiten	alte (X) (XX) (XXX) und gebliebene Einheiten [1]	Umrechnung:
Energie, Arbeit und Wärmemenge	*W, A, E* *Q*	**Joule** sprich: dschul	J	mJ, kJ, Wh, kWh ...	kpm, (erg), (XX) cal, kcal ... (XX)	1 kpm = 9,81 J = 9,81 Nm 1 kcal = 4,2 kJ; 1 J = 1 Nm = 1 Ws
Leistung	*P*	**Watt**	W	mW, hW, kW, GW ...	kpm/s, PS ... (XX)	1 kpm/s = 9,81 W, 1 PS = 736 W, 1 W = 1 J/s = 1 Nm/s
Elektrische Stromstärke	*I*	**Ampere**	A	mA, hA, kA ...	A **Ampere**	
Elektrische Spannung, elektrische Potentialdifferenz	*U*	**Volt**	V	μV, mV, kV, MV ...	V Volt	1 V = 1 W/A
Elektrischer Widerstand	*R*	**Ohm**	Ω	μΩ, mΩ, kΩ, MΩ ...	Ω Ohm	1 Ω = 1 V/A
Temperatur (Thermodynamische oder Kelvin-Temperatur)	*T*, *Θ* *t*, *ϑ*	**Kelvin**	K	keine	°K Grad Kelvin (XXX) (absolute Temperatur)	1 °K = 1 K; Grad Celsius (°C)

[1] In der jeweiligen Zeile aufgeführten Einheiten sind (X) gültig bis 31. 12. 1974; (XX) gültig bis 31. 12. 1977; (XXX) gültig bis zum 2. 7. 1975.

I. Werkstoffkunde

A. Grundsätzliches aus der Feuerungskunde

1. Wärmeerzeugung

Die Verfahren zur Herstellung und Weiterverarbeitung der Rohstoffe erfordern Energie. Diese kann entweder durch Brennstoffe oder durch Umwandlung anderer Energien, wie elektrischer, mechanischer oder atomarer usw., aufgebracht werden.

Verbrennung ist die Verbindung des Brennstoffs mit Sauerstoff (Oxidation; allgemeiner, mit der Elektronentheorie der Valenz ausgedrückt, ein Übergang von Elektronen des Brennstoffs zum Sauerstoffatom, z. B. des Siliziums, Mangans, Phosphors bei der Herstellung des Stahls). Die Verwendung elektrischer Energie (Lichtbogen- oder Widerstandserwärmung) ist aus wirtschaftlichen Gründen bisher beschränkt. Bei den meisten Verbrennungsvorgängen wird Wärme meßbar, wenn sie nicht so langsam ablaufen wie z. B. das Rosten (exothermische Reaktion), im Gegensatz zu Zersetzungsvorgängen, bei denen Wärme verbraucht wird (endothermische Reaktion).

Die üblichen Brennstoffe enthalten als Hauptbestandteile Kohlenstoff (C) und Wasserstoff (H), außerdem meistens Schwefel (S). Verbrennen diese Bestandteile gänzlich (C zu CO_2 [Kohlendioxid], H zu H_2O [Wasser], S zu SO_2 [Schwefeldioxid]), so nennt man die *Verbrennung* eine *vollkommene,* im Gegensatz zur *unvollkommenen,* bei der z. B. ein Teil des C zu CO_2, ein anderer Teil aber nur zu CO (Kohlenoxid) verbrennt. Verbrennen alle brennbaren Bestandteile eines Brennstoffs vollkommen, so nennt man die Verbrennung *vollständig* (im Gegensatz zur *unvollständigen* Verbrennung). Bei Rostfeuerungen handelt es sich meistens, bei Schmelzöfen stets um eine möglichst vollständige Verbrennung, bei Gaserzeugern (Generatoren) um eine möglichst unvollständige Verbrennung des Brennstoffs bzw. um eine Zersetzung des gebildeten CO_2 zu CO (oder, anders ausgedrückt, um eine Vergasung des Brennstoffs). Zur Einleitung der Verbrennung muß der Brennstoff auf seine *Entzündungstemperatur* erhitzt werden (Holz auf 250 – 300 °C, Steinkohle auf 400 – 500 °C, Koks auf 690 – 740 °C, Erdöl auf 380 °C, Kohlenoxid auf 650 °C). Der zur Verbrennung erforderliche Sauerstoff wird oftmals in Form von atmosphärischer Luft zugeführt, verdünnt durch den nicht brennbaren Stickstoff (N). Eine möglichst vollständige Verbrennung erzielt man durch Anwendung eines genügenden Luftüberschusses (Kesselheizung, Schmelzöfen) und genügend hoher Temperatur. Hierdurch wird aber außerdem eine Oxidation flüssigen Metalls herbeigeführt (z. B. beim Puddel- und Siemens-Martin-Verfahren). Man spricht alsdann von einer *oxidierenden Flamme* im Gegensatz zur *reduzierenden* Flamme, die durch eine zu geringe Luftzuführung entsteht und infolgedessen sauerstoffentziehend auf flüssiges Metall wirkt (z. B. die Schweißflamme beim autogenen Schweißen).

Heizwert. Die bei der vollständigen Verbrennung eines Stoffes erzeugte Wärmemenge wird als *Verbrennungswärme* oder *Heizwert* bezeichnet und in Joule [kcal] für die Einheit des Brennstoffs (kg oder $\frac{V_n}{m^3}$ [Nm³]) angegeben. Hierbei versteht man unter 4186,8 Joule [=1 kcal (Kilokalorie)] diejenige Wärmemenge, welche notwendig ist, um 1 kg Wasser (bei 15 °C) um 1 °C zu erwärmen.

Zu trennen sind oberer Heizwert (H_o) und unterer Heizwert (H_u). Sie unterscheiden sich durch Verdampfungswärme des Wassers (2,258 MJ [=539 kcal]) und die Wärme zur Erhöhung der Temperatur des Wassers auf 100 °C. Für 1 kg Wasser von 15 °C etwa 2,514 MJ [=~600 kcal] (genauer: 2,548 MJ+0,013 MJ · T [=608 kcal+0,311 T kcal]) = Wärmemenge, um 1 kg Wasser von 0 °C in Dampf von T °C umzuwandeln. Ist demnach H_2O = Anzahl kg Wasser in 1 kg Brennstoff, so besteht zwischen beiden Heizwerten die angenäherte Beziehung

$$H_u \approx H_o - 2{,}514 \text{ MJ } [=600 \text{ kcal}] \cdot H_2O.$$

In Deutschland ist es üblich, bei allen technischen Berechnungen den unteren Heizwert zugrunde zu legen.

Die Heizwerte einiger, für technologische Verfahren wichtiger Grundstoffe sind folgende:

1 kg C	verbrennt zu CO	mit 10,181 MJ	[= 2 430 kcal]
1 kg C	verbrennt zu CO_2	mit 33,939 MJ	[= 8 100 kcal]
1 kg CO	verbrennt zu CO_2	mit 10,181 MJ	[= 2 430 kcal]
1 kg H	verbrennt zu H_2O (Wasserdampf)	mit 119,707 MJ	[=28 570 kcal]
1 kg Si (Silizium)	verbrennt zu SiO_2	mit 30,587 MJ	[= 7 300 kcal]
1 kg P (Phosphor)	verbrennt zu P_2O_5	mit 25,014 MJ	[= 5 970 kcal]
1 kg Mn (Mangan)	verbrennt zu MnO_2	mit 9,218 MJ	[= 2 200 kcal]

Bei diesen Grundstoffen fallen, abgesehen vom Wasserstoff, oberer und unterer Heizwert zusammen. Beim Wasserstoff haben wir den unteren Heizwert hier vor uns, der obere beträgt 142,082 MJ [=33 910 kcal]. Zu beachten ist außerdem, daß Gewichtseinheiten und nicht Raumeinheiten angegeben sind (so hat z. B. 1 V_n [Nm³] Wasserstoff nur einen Heizwert von 10,852 MJ [=2590 kcal]. Bei der Verbrennung von C zu CO ist zu beachten, daß 12 kg C+16 kg O=28 kg CO ergeben. 1 kg C ergibt also 2,33 kg CO. Diese 2,33 kg CO haben einen Heizwert von 2,33 · 10,181 MJ=23,493 MJ [=5670 kcal]. Bei der Verbrennung von CO zu CO_2 erzielen 28 kg CO+16 kg C=44 kg CO_2 nochmals 10,181 MJ [=2430 kcal], so daß also die Verbrennung von 1 kg C über CO zu CO_2 mit 23,493 MJ+10,181 MJ=33,939 MJ [=8100 kcal] denselben Wert ergibt wie die unmittelbare Verbrennung von C zu CO_2.

Einige Raumgewichte:

1 V_n=1 m³	H	wiegt 0,09 kg
1 V_n=1 m³	CO	wiegt 1,25 kg
1 V_n=1 m³	CO_2	wiegt 1,98 kg
1 V_n=1 m³	O	wiegt 1,43 kg
1 V_n=1 m³	Luft	wiegt 1,293 kg

Brennwertbestimmung. Der Heizwert eines Brennstoffs wird entweder unmittelbar durch Verbrennung (in der Bombe oder im Kalorimeter) bestimmt oder aus der chemischen Zusammensetzung des Brennstoffs berechnet. Im letzteren Falle benutzt man bei Steinkohlen und flüssigen Brennstoffen die sogenannte *Verbands-*

formel (aufgestellt vom Internationalen Verband der Dampfkesselüberwachungs-vereine):

$$H_u = 81\,C + 290\,(H - \frac{1}{8}O) + 25\,S - 6\,H_2O$$

Hierin ist: H_u = unterer Heizwert in kcal = 4190 J für 1 kg, ferner
C = Gehalt an Kohlenstoff
H = Gehalt an Wasserstoff
O = Gehalt an Sauerstoff
S = Gehalt an Schwefel
H_2O = Gehalt an Wasser
in Gewichtsprozenten.

Der im Brennstoff vorhandene Sauerstoff wird als an Wasserstoff gebunden angenommen, und deshalb vom Wasserstoff nur die übrig bleibende Menge H – ⅛ O, der disponible (verfügbare) Wasserstoff, in Rechnung gestellt. Die für das beigemengte (hygroskopische) Wasser aufzuwendende Verdampfungswärme wird in Abzug gebracht.

Heizwertberechnung einer Steinkohle:

82,3% C	82,3 · 81	= 27,931 MJ [= 6666,3 kcal]
5,0% H	$\left(5 - \frac{6,7}{8}\right) \cdot 290$	= 5,055 MJ [= 1206,4 kcal]
6,7% O + N		
1,1% S	1,1 · 25	= 0,115 MJ [= 27,5 kcal]
95,1% Reinkohle (brennbare Substanz) . .		= 33,102 MJ [= 7600,2 kcal]
1,1% Wasser	1,1 · 6	= 0,028 MJ [= 6,6 kcal]
3,8% Asche		
100,0%		= 33,074 MJ [= 7893,6 kcal]

Schmelzwärme. Entsprechend der bereits erwähnten Verdampfungswärme des Wassers bzw. irgendeiner Flüssigkeit ist die Schmelzwärme eines festen Stoffes die Anzahl der J, die verbraucht wird, um 1 kg des Stoffes ohne Erhöhung der Temperatur aus dem festen in den flüssigen Zustand überzuführen. Dieselbe Wärmemenge wird beim Erstarren des Körpers wieder frei. Schmelzwärme je kg: Eisen = 0,272 MJ [= 65 kcal], Kupfer = 0,209 MJ [= 50 kcal], Aluminium = 0,356 MJ [= 85 kcal], (Grenzfälle für Metalle: Blei = 0,025 MJ [= 5,7 kcal], dagegen Beryllium = 1,428 MJ [= 341 kcal], Eis (Wasser) = 0,335 MJ [= 80 kcal].

Spezifische Wärme. Sie ist die Anzahl von J [kcal], die erforderlich ist, um die Temperatur von 1 kg des Körpers um 1 °C zu erhöhen und ist abhängig von der Temperatur des Körpers. Für Wasser ist demnach $c = 4190$ J [= 1 kcal]. Man unterscheidet zwischen wahrer spezifischer Wärme, die für eine bestimmte Temperatur gilt, und mittlerer spezifischer Wärme, d. h. durchschnittlicher spezifischer Wärme innerhalb eines gewissen Temperaturbereichs. Nur die letztere kommt für feuerungstechnische Berechnungen in Frage. Mittlere spezifische Wärme des Eisens (nach *Oberhoffer*) zwischen 0 °C und 100 °C = 481,9 J [= 0,115 kcal]; zwischen 0 °C und 1400 °C = 699,7 J [= 0,167 kcal]. Um also 1 kg Eisen von 0 °C auf 1400 °C zu erwärmen (wobei zum Schmelzen noch 0,273 MJ [= 65 kcal] besonders aufzuwenden sind), braucht man:

$1400 \cdot 0{,}167 + 65 \quad = 299$ kcal
$1400 \cdot 690\,\text{J} \cdot 10^{-6} = 1{,}252$ MJ

Je nach Annahme der mittleren spezifischen Wärme, für die man in der Literatur verschiedene Angaben findet, erhält man in voriger Rechnung andere Endwerte (z. B. für $c = 0{,}2 \cdot 4190 \frac{\text{J}}{\text{kg} \cdot \text{grd}}$ 1,445 MJ [=345 kcal]).

Bei Gasen unterscheidet man spezifische Wärme bei konstantem Druck (c_p) und bei konstantem Volumen (c_v), wobei außerdem darauf zu achten ist, ob sich die Angabe auf die Gewichts- oder Raumeinheit bezieht. Auch diese spezifischen Wärmen ändern sich mit der Temperatur. Für Feuerungen und Schmelzverfahren kommt nur c_p in Frage. Es ist z. B. die mittlere spezifische Wärme zwischen 0 °C und 100 °C:

für Kohlenoxid $c_p = 1315$ J/m³ [=0,314 kcal/m³] = 1052 J/kg [=0,251 kcal/kg]
für Kohlendioxid $c_p = 1717$ J/m³ =[0,410 kcal/m³] = 876 J/kg [=0,209 kcal/kg]

2. Temperaturbestimmungen

a) Theoretische Verbrennungstemperatur

Die Temperatur, welche bei vollständiger Verbrennung eines Körpers mit der theoretisch erforderlichen Luftmenge erzielt würde, heißt *Verbrennungstemperatur* (auch pyrometrischer Heizeffekt). Sie kann nach der Gleichung $W = V \cdot s \cdot T$ berechnet werden, worin W = Wärmemenge, die bei der Verbrennung von 1 kg eines Körpers entwickelt wird, V = Volumen der entstandenen Verbrennungsgase für 1 kg, s = spezifische Wärme der Verbrennungsgase, T = Verbrennungstemperatur. Die wirkliche Ofentemperatur wird stets mit Meßinstrumenten ermittelt.

b) Temperaturmessungen [I.1, I.2]

Quecksilberthermometer. Meßbereich von etwa – 30 °C bis + 800 °C. Bei Temperaturen über + 300 °C ist der obere Teil des Thermometerrohrs mit Stickstoff oder Kohlendioxid, unter 20 bar Druck, zu füllen, um das Sieden des Quecksilbers zu verhindern. Sonderquarzglasthermometer mit einer Füllung aus einer Sonderlegierung (statt Quecksilber) bis 1200 °C verwendbar.

Thermoelektrische Pyrometer. Die thermoelektrische Kraft zwischen den auf verschiedener Temperatur befindlichen Lötstellen zweier Metalldrähte wird mit Zeiger-Galvanometern gemessen. *Kupfer-Konstantan-Elemente* (Konstantan = 60 Ni, 40 Cu) beherrschen einen Temperaturbereich von – 190 °C bis + 500 °C. Weniger gebräuchlich sind Eisen-Konstantan- und Silber-Konstantan-Elemente. *Le-Chatelier-Elemente* bestehen aus Platin- und Platin-Rhodium-(90 Pt, 10 Rh)Drähten und sind für Temperaturmessungen von + 250 °C bis + 1500 °C zu gebrauchen. *Ele-*

mente aus Nickel und Nickelchrom (mit 9% Cr) werden oft anstelle der teuren Le-Chatelier-Elemente für Temperaturen bis + 1000 °C (kürzere Zeit bis + 1200 °C) benutzt. Die Metalldrähte sind gegeneinander durch Porzellanrohre (*Marquardt*sche Masse) zu isolieren und erhalten Schutzrohre aus Eisen, Graphit oder, bei Temperaturen über 1000 °C, aus Marquardtscher Masse.

Optische Pyrometer. Sie messen die Temperatur mit Hilfe der Intensität (Stärke) des Lichts, das ein glühender Körper ausstrahlt. Diese Lichtstärke wird in einem Fernrohr mit der einer kleinen elektrischen Glühlampe verglichen.

In Gebrauch sind vor allem die Pyrometer von *Wanner* und von *Holborn* und *Kurlbaum*. Abb. I.1 zeigt das letztere. Zwischen Okularlinse (links) und Objektivlinse (rechts) befindet sich die von einer Batterie gespeiste Vergleichslampe. Man stellt das Objektiv auf den zu messenden Körper ein und verstellt den an das Fernrohr unten angebauten Regelwiderstand so lange, bis das Bild des Glühfadenbügels der Vergleichslampe auf dem hellen Untergrund verschwindet. Die Temperatur kann dann am Meßinstrument abgelesen werden. Bei Temperaturen über 1000 °C setzt man zur Schonung des Auges ein Rotglas vor das Okular, bei Temperaturen über 1400 °C ein zweites. Optische Pyrometer sind anwendbar für Temperaturmessungen von etwa 600 °C an aufwärts. Nach oben ist der Meßbereich praktisch unbegrenzt, wenn man eine Rauchglasplatte vor das Objektiv setzt. Der Normalmeßbereich für die Eisenindustrie ist 1000 – 2000 °C.

Strahlungspyrometer. In Gebrauch sind das Strahlungspyrometer von Hase und das Ardometer von Siemens & Halske. Die Wärmestrahlung wird von der Objektivlinse gesammelt und auf einen Strahlungsempfänger, der die Meßstrahlung in ein elektrisches Signal umwandelt, mit einem Galvanometer bzw. Millivoltmeter gemessen, das oft gleich die Temperatur anzeigt.

Strahldichtepyrometer zeigen zu niedrige Temperaturen an, wenn der strahlende Körper (wie meist in der technischen Anwendung) kein „schwarzer Körper" ist. Er muß dann mit Hilfe des Korrekturfaktors, dem Emissionsgrad, der von der Oberflächenbeschaffenheit und der Zusammensetzung des Materials abhängt, umgerechnet werden. Meßbereich: 700 – 2000 °C mit zwei Teilungen, eine von 700 bis 1400 °C, die andere von 1300 bis 2000 °C. Strahlungspyrometer sind wertvolle Temperaturmeßwerkzeuge, da sie keine der Einwirkung des Feuers ausgesetzten Teile besitzen wie die thermoelektrischen Pyrometer und doch genügend genau messen. Einteilung nach spektralem Empfindlichkeitsbereich, z. B. Spektralpyrometer, empfindlich über sehr engen Spektralbereich; Bandstrahlpyrometer, empfindlich über breiteren

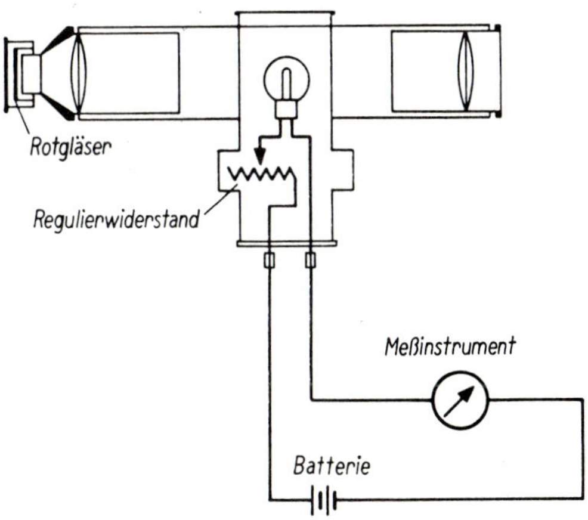

Abb. I.1. Holborn-Kurlbaum-Pyrometer.

Spektralbereich; Gesamtstrahlungspyrometer, empfindlich im gesamten Spektralbereich. Weiter sind Einteilungen nach der Art der Strahlenmessung (z. B. Strahlendichtepyrometer, Verteilungs-(Farb-)Pyrometer) und charakteristischen Bauteilen möglich.

Segerkegel. Dies sind Vergleichskörper (kleine dreieckige Pyramiden aus Silikatgemischen, in der Hauptsache aus Quarzsand, Zettlitzer Ton und Feldspat), welche Temperaturen von +600 °C bis +2000 °C (=Segerkegel 022 – 42), in Zwischenräumen von 20 – 40 °C, anzeigen. Sie finden besonders in der Ton-, Kalk- und Zementindustrie Anwendung, sind aber auch in Hüttenbetrieben und Gießereien in all den Fällen gut brauchbar, in denen es nur auf Einzelmessungen ankommt. Im Bereich 780 °C bis 1555 °C Miniaturschmelzkörper, besonders für Reaktortechnik anwendbar [I.3].

Temperaturmeßfarben. Mit Meßfarben (Thermocoloren, zum Aufstreichen) oder Meßfarbstiften (Thermochromstiften) wird die Farbänderung bestimmter Farben bei Änderung der Temperatur beobachtet. Die Farbumschlagtemperaturen liegen zwischen 65 und 600 °C.

Messung besonders hoher Temperaturen. Im Plasmalichtbogen (s. Abschnitt „Schweißen") sind jetzt Temperaturen von etwa 30 000 °C (auch bis 50 000 °C) festgestellt worden, und zwar durch Aufnahme des Spektrums dieses Lichtbogens und Messung der Intensität der Spektrallinien.

3. Brennstoffe [I.4]

Arten und Entstehung. Wir unterscheiden zwischen festen, flüssigen und gasförmigen Brennstoffen [I.5]. Der natürliche feste Brennstoff auf der Erde ist das Holz, dem wir die fossilen (ausgegrabenen, versteinerten) festen Brennstoffe, Torf, Braunkohle und Steinkohle, gegenüberstellen. Letztere sind durch Vermoderung pflanzlicher und teilweise auch feiner tierischer Lebewesen entstanden. Vermoderung ist eine Zersetzung unter mehr oder weniger gänzlichem Luftabschluß, wobei aus den Hauptbestandteilen der Pflanzenfaser (Kohlenstoff, Wasserstoff, Sauerstoff, Stickstoff und Schwefel – bildet unerwünschtes SO_2 bei Verbrennung), vor allem Sauerstoff, aber auch etwas Wasserstoff und Kohlenstoff (in Form von Kohlenwasserstoffen) abgeschieden werden. Diese Abscheidung findet sogar bei den ältesten dieser Brennstoffe, den Steinkohlen, jetzt noch ständig statt (Grubengas, schlagende Wetter).

Je älter der Brennstoff, desto sauerstoffärmer und kohlenstoffreicher ist er. Die flüchtigen Bestandteile wie Wasser (1 – 50%) nehmen mit zunehmendem Alter ab. Kokskohle (Fettkohle, Gaskohle) enthält 15 – 25% flüchtige Bestandteile wie Teer, Ammoniak, Leuchtgas, Wasser u. a. mineralische, nicht brennbare Stoffe (3 – 30%) setzen den Heizwert herab und werden bei der Verbrennung zu Asche. Auf ähnliche Weise entstanden wahrscheinlich Erdöl und Erdgas, und zwar hauptsächlich aus den Fettstoffen pflanzlicher und tierischer Lebewesen, zersetzt durch konsistente Bakterien und Fermente unter besonderen Druck- und Temperaturverhältnissen mit Hilfe mineralischer Katalysatoren.

Die künstlichen Brennstoffe werden aus den natürlichen meistens durch ein künstlich herbeigeführtes Erhitzen unter Luftabschluß (*Destillation*) oder unter Zutritt von Luft und Wasserdampf (*Vergasung*) gewonnen.

a) Natürliche Brennstoffe

Holz. Alle näheren Angaben über Zusammensetzung und Heizwert sind, wie auch bei den übrigen natürlichen Brennstoffen, aus Tabelle I.1 zu ersehen. Torf hat heute als Energieträger eine fast belanglose Stellung. Nur in UdSSR und Irland noch von Bedeutung.

Tabelle I.1.

Natürliche Brennstoffe	Chemische Zusammensetzung des wasser- und aschefreien Brennstoffs in Gewichtsprozenten						Lufttrockener Brennstoff		
	C	H_2	CH_4	O	N_2	S	Asche %	Wasser %	Unterer Heizwert kcal/kg bzw. m^3 × 4190 in Joule
Holz	50 – 55	6	–	39 – 44		–	1 – 3	10 – 20	2800 – 3600
Torf	50 – 60	6	–	32	2	–	5 – 10	15 – 25	3000 – 4500
Braunkohle	60 – 75	5 – 7	–	19 – 26		1 – 3	4 – 8	15 – 30	2500 – 5500
Braunk.-Brik.	68 – 71	5 – 7	–	22 – 25		1 – 2	4 – 8	12 – 15	4800 – 5200
Steinkohle	79 – 96	4 – 5	–	4 – 10	1 – 2	1 – 2	3 – 10	2 – 4	6000 – 8000
Erdöl	82 – 86	12 – 14	–	O + N + S =		1 – 5	–	–	9800 – 11500
Erdgas	–	0 – 35	73 – 97	0 – 2	0 – 20	–	–	–	6000 – 9500

Braunkohle. Sie wird unterteilt in Lignit, gemeine Braunkohle und ältere fette Braunkohle. Wesentliche Braunkohlenlager besitzt Deutschland in Mitteldeutschland (Sachsen, Braunschweig, Thüringen), in der Niederlausitz, im Rheinland westlich und südlich von Köln (hier in Lagern von bis zu 100 m Mächtigkeit). Ferner besonders gute Kohle von 20 MJ [= 5000 kcal] pro kg in der nördlichen Tschechoslowakei. Die Braunkohle wird größtenteils im Tagebau, seltener im Tiefbau gewonnen. 1969 wurden nur noch 26% der deutschen Braunkohleförderung brikettiert, 72% sind Kraftwerkskohle, dieser Anteil ist stark im Steigen begriffen. Kräftig getrocknet und verdichtet, verbessert sich ihr Heizwert wesentlich.

Steinkohle. Nach der Beschaffenheit des Koks unterscheidet man Sand-, Sinter- und Backkohlen. Besser ist die Gruppierung nach dem Gas- bzw. Kohlenstoffgehalt in: *Gasflammkohlen:* 79 – 82% C, *Gaskohlen:* 82 – 85% C, *Fettkohlen:* 85 – 90% C und *Magerkohlen* (Anthrazit): bis zu 96% C. Gewaltige Kohlenlager besitzen: Deutschland an der Ruhr (kleinere an der Saar, bei Aachen und bei Zwickau), Polen, England und die Vereinigten Staaten von Nordamerika. Dann kommen mit Abstand die Sowjetunion, Frankreich und Belgien. Steinkohlen werden im Tiefbau, 150 – 1200 m tief, gewonnen. Steinkohlenbriketts mit etwa 31 MJ [7500 kcal] Heizwert kommen für Kesselfeuerung und Hausbrand in Betracht.

Die *Förderleistung* je Mann und Schicht betrug 1963 rund 2530 kg. Die Steigerung der Leistung auf 155% in den letzten 9 Jahren wurde hauptsächlich durch weitere Mechanisierung der Untertagearbeiten erreicht. 1960 wurden schon 34% der Kohlenförderung *vollmechanisiert* und 19% *teilmechanisiert* gewonnen.

Die geförderte Steinkohle wird vor dem Versand noch *aufbereitet* durch Auslesen von Hand auf einem Förderband, durch *Aussieben* und durch eine Naßaufbereitung in *Setzmaschinen.* Zur Gewinnung des Kohlenschlamms hat sich das Schwimmverfahren (*Flotation = Schwimmaufbereitung*) bewährt, bei dem man dem Waschwasser einen Ölzusatz gibt. Dieser verursacht eine Schaumbildung, in der die leichten Kohlenteilchen mitgehen, während die schwereren Steinteile nach unten sinken.

Dichte. Holz 0,3 – 1,0 g/cm^3; Preßtorf 1,0 – 1,1 g/cm^3; Braunkohle 1,2 – 1,4 g/cm^3; Steinkohle 1,25 bis 1,4 g/cm^3; geschichtet aber nur 0,65 – 0,85g/cm^3 bei Braunkohle und Steinkohle.

Erdöl. Es wird durch Bohrlöcher erschlossen und tritt dann meist unter Druck aus. Hauptfundorte: Vereinigte Staaten von Nordamerika, Sowjetunion, Venezuela, Iran, Niederländisch-Indien, Rumänien. Deutschland hat Erdölquellen vor allem im Emsland, bei Hannover und in Süddeutschland. Die deutsche Erdölförderung (1960: 5,53 Mill. t) deckt nur etwa 20% des Bedarfs.

Erdgas. Hauptfundorte bis jetzt: Texas, Holland (Groningen), Sahara, Rußland, Norditalien. Zuleitung unter Druck in die städtischen Gaswerke.

b) Künstliche Brennstoffe

Holzkohle. Sie wird durch trockene *Destillation* (Erhitzung unter Luftabschluß) des Holzes in Meilern oder Retorten hergestellt. Zusammensetzung und Heizwert s. Tabelle I.2. Bei der Destillation in Retorten gewinnt man außerdem Rohessig, Holzteer, Holzgas (1 Raummeter Buchenholz ergibt 120 kg Holzkohle, 160 kg Rohessig, 24 kg Holzteer, 96 kg Gase). Holzkohle ist schwefelfrei!

Torfkohle (Torfkoks), **Grudekoks.** Sind die Erzeugnisse der Destillation des Torfs bzw. der Braunkohle (s. auch „Destillate der Braunkohle").

Steinkohlenkoks. Er ist das Erzeugnis der trockenen Destillation der Steinkohle, und zwar der Gas- und Fett-(Koks-)Kohle, Gasflamm- und Magerkohlen ergeben beim Verkoken ein loses Pulver. Koks kann in eisernen Retorten oder steinernen Kammeröfen gewonnen werden. Retorten und Kammeröfen finden bei der *Leuchtgaserzeugung* Anwendung. Aus 100 kg Gaskohle erhält man 33 – 38 m^3 Leuchtgas von 20 MJ = [5000 kcal/m^3] und 60 – 70 kg Koks, von dem 50 – 55 kg verfügbar bleiben. Dieser Koks ist jedoch für hüttentechnische Zwecke nicht fest genug und noch zu gashaltig. Leuchtgas als Stadtgas s. unter „Gasförmige Brennstoffe".

Der Zweck der Verkohlung ist es, einen höheren Heizwert zu erzielen, die meisten flüchtigen Bestandteile (auch 30% des Schwefels) zu entfernen (Stahlherstellung!) und einen mechanisch festen, luftdurchlässigen Brennstoff bestimmter Körnung zu bekommen.

Koks für Hüttenwerke stellte man anfangs in Meilern, dann in backofenförmigen Öfen, den Bienenkorböfen, her. In Deutschland ist man restlos zu den viel wirtschaftlicher arbeitenden *Kammeröfen* [I.6] übergegangen.

Tabelle I.2.

Künstliche feste und flüssige Brennstoffe	Chemische Zusammensetzung in Gewichtsprozenten				Asche %	Wasser %	Unterer Heizwert kcal/kg × 4190 in Joule
	C	H_2	O+N	S			
Holzkohle	80–90	3	5–13	–	1	5	6500–7300
Torfkohle	75–86	2	5– 8	0,5	3– 5	6	6600–7400
Grudekoks	69	1,7	2,7	0,7	20	2	5850
Steinkohlenkoks	82–90	0,6	1,5	1	7–11	3	6700–7300
Benzin	85,1	14,9	–	–	–	–	10 160
Petroleum	85,3	14,1	0,6	–	–	–	10 500
Gasöl	86,5	12,5	0,1	0,4	–	–	10 000
Treib- oder Schmieröl	85–87	12,5	0,1	0,4	–	–	10 000
Steinkohlenteer	89–92	6,5	4,5	0,4	–	3,5	8 600
Teeröl	90	7	2,5	0,5	–	bis 1	9 000
Braunkohlenteer	82–86	8,5	–	1	–	bis 2	9 000
Paraffinöl	86	11,5	1,5	1	–	–	9 800

Beheizung der Regeneratoren bzw. Kokskammern mit Generatorgas oder Gichtgas (Schwachgasbeheizung). Koksofengas ganz für andere Zwecke frei (Siemens-Martin-Öfen, Ferngas). Möglichkeit, auch mit Koksofengas zu heizen (Starkgasbeheizung) – liefern heute in Deutschland etwa 92% der Kokserzeugung.

Ein solcher Verbundofen ist in Abb. I.2 dargestellt [I.7]. Die Kammern (0,40 – 0,50 m breit, 2 – 6 m (meist 3,5 – 4,5 m) hoch und 9 – 13 m lang) sind teils im Schnitt durch die Verkokungskammer h, teils im Schnitt durch die zwischen den Kammern h liegenden Heizzüge i gezeichnet. Vom Füllwagen b wird die Kohle durch die Öffnungen k eingefüllt. Die Türen und alle Öffnungen werden verschlossen. Die Heizung der Zwischenkammern führt eine trockene Destillation der Kohle herbei. Die Destillate: Koksofengas, Teer, Ammoniak und Benzol entwei-

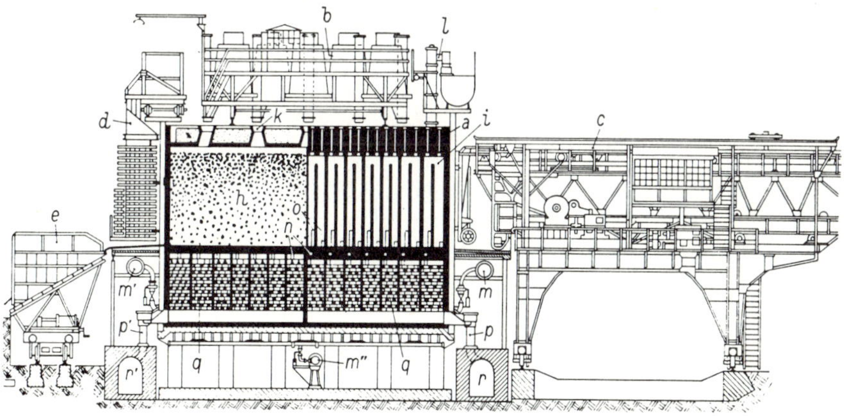

Abb. I.2. Schnitt durch einen Koksofen.

chen in das Steigrohr l mit Gas- und Teervorlage. Fast immer werden dann Teer, Ammoniak und Benzol in weiteren Kühlern und Waschern (Nebengewinnungsanlage) abgeschieden. Der Ofen wird bei p und p′ sowie m und m′ mit Schwachgas beheizt, das in den Wärmespeichern q bzw. q′ vorgewärmt und mit der gleichfalls in getrennten Wärmespeichern vorgewärmten Luft bei n den Brennern o zugeleitet wird. Die Verbrennungsgase fallen in der anderen Hälfte der Heizzüge in den Wärmespeicher, geben ihre Wärme an das Gitterwerk ab und entweichen durch die Abhitzekanäle r bzw. r′ in den Kamin. Etwa alle halbe Stunden erfolgt die Umstellung der Verbrennung.

Neuzeitliche Koksöfen fassen 10 – 30 t Kohle und haben eine Garungszeit von 12 – 20 h, Kokserzeugung 10 – 16 t/24 h. Nach Beendigung der Verkokung werden mit Türhebern d die Türen geöffnet, die Koksausdrückmaschine c drückt den Kokskuchen nach links heraus in den Löschwagen e, in dem er unter einem Löschturm aus Streudüsen mit Wasser abgelöscht wird. Die „Trockenlöschung" mit Hilfe von Kühlgasen hat sich nicht bewährt. Durch Verwendung von Silikatsteinen können Heiztemperaturen auf 1500 °C gesteigert werden. Vortrocknen und Vorwärmen geben kürzere Garungszeiten [I.8].

Aus 1000 kg guter westfälischer Kokskohle gewinnt man: 780 kg Koks, 33 kg Teer, 12 kg Ammoniak und 7,5 kg Benzol, ferner 320 m³ Koksgas. Weitere Angaben siehe Tabellen I.2 und I.3 sowie „Brennstoffe des Hochofens" und „Gießereikoks". Von dem in Koksöfen erzeugten Koks finden in Deutschland etwa 75% als Hochofenkoks und 11% als Gießereikoks Verwendung. In Deutschland waren die Kokereien bisher meist den Kohlenzechen angegliedert, in Nordamerika den Eisenhüttenwerken. Da die Koksöfen mehr und mehr mit Gichtgas beheizt werden, baut man heute die Hüttenkokereien meist auf den Eisenhüttenwerken. Die Zechenkokereien liefern dann den Koks für fernerliegende Verbraucher und für die Ausfuhr.

Dichte. Holzkohle 0,2 – 0,4 g/cm³ (geschüttet 0,13 – 0,24 g/cm³), Hüttenkoks 0,87 – 1,02 g/cm³ (geschüttet 0,45 – 0,53 g/cm³).

Tabelle I.3.

Künstliche Gase Gruppe	Art	Mittlere chemische Zusammensetzung in Raumprozenten						Unterer Heizwert kcal/m³ × 4190 in Joule	Ausbeute aus 1 t Brennstoff m³
		CO_2	CO	CH_4	C_nH_m	H_2	N		
Ölgase	Ölgas	2,5	9,3	34,6	7	39,4		6 000	–
Reichgase	Holzgas	25	27	17	6	25	–	3 800	–
	Braunkohlengas	20	13	25	18	22		5 800	140
	Leuchtgas	2	8	32	4	51	3	5 000	340
	Koksofengas	2	8	29	4	50	7	4 800	320
	Stadtgas	3	17	20	2	50	8	3 775	–
Vollgase	Wassergas	5	42	0,5	–	49	3	2 600	1400
Halbgase	Hochofengas	8	28	–	–	4	60	950	4500
	Sauggas	7	22	0,5	–	8	52	180	3200
	Generatorgas	3	28	3	0,2	12	54	1 450	3750
	Mondgas	16	12	4	0,3	25	43	1 400	4000
Karbidgase	Azetylen	–	–	C_2H_2 bis 99	–	–	–	13 000	300

Destillate des Erdöls. Sie werden durch fraktionierte (d. h. unterbrochene) Destillation des Erdöls gewonnen. Man erhitzt zunächst bis zum Siedepunkt des Bestandteils, der am leichtesten gasförmig wird, zieht diesen Bestandteil als Gas ab und kühlt ihn bis zum Flüssigwerden. Dann verfährt man ebenso mit dem zweiten, dritten Bestandteil usw. Die Destillation erfolgt in hintereinanderliegenden Kesselbatterien. Die Haupterzeugnisse der einzelnen Destillationsstufen sind:

1. Rohbenzin	Siedepunkt unter 150 °C, Dichte = 0,65 – 0,77 g/cm³,
2. Leuchtpetroleum	Siedepunkt 150 – 300 °C, Dichte = 0,65 – 0,87 g/cm³
3. Gasöl	Siedepunkt 300 – 350 °C, Dichte = 0,83 – 0,90 g/cm³
4. Schmieröl	Siedepunkt über 350 °C, Dichte = 0,85 – 0,95 g/cm³
5. Rückstände (Paraffin, Gudron oder Asphalt).	

Von diesen Bestandteilen enthalten die Rohöle z. B. folgende Mengen:

Rohöl aus:	Benzin:	Petroleum und Gasöl:	Schmieröl und Rückstände:
Sumatra	30 – 40%	50 –60%	5 – 10%
Pennsylvanien	10 – 20%	50 – 70%	10 – 20%
Karpato-Ukraine.	0 – 5%	40 – 55%	40 – 45%
Baku	2 – 10%	25 – 35%	50 – 65%
Nienhagen	0 – 2%	5 – 10%	75 – 90%

Krackdestillation. Durch Überhitzen werden größere Kohlenwasserstoffmoleküle in kleinere gespalten. Die höher siedenden Erdölfraktionen werden in Siederohren unter 70 bar Druck auf 450 °C erhitzt. Die Benzinausbeute wird gegenüber der normalen Destillation von etwa 30 auf 45% erhöht.

Als Brennstoffe kommen, neben dem *Rohöl* selbst, nur *Benzin, Petroleum* und *Gasöl* in Betracht. Alle drei Destillate werden aber, abgesehen von der Verwendung des Petroleums zur Beleuchtung, hauptsächlich auch als Kraftstoff für Verbrennungsmotoren gebraucht. In der Sowjetunion spielt der *Masut* (Heizwert etwa 40 MJ [10 700 kcal]), d. s. die Rückstände nach Entfernung des Petroleums, für Feuerungen eine große Rolle.

Destillate der Steinkohle. Der *Teer,* das Nebenerzeugnis der Gasanstalten und Kokereien, wird selbst weniger als Brennstoff benutzt, vielmehr meistens einer fraktionierten Destillation in Teerblasen (Stahlgefäßen) unterworfen. Die entstandenen *Teeröle* teilt man ein in:

1. Leichtöl (Benzol)	Siedepunkt bis 170 °C, Dichte = 0,9 – 0,95 g/cm³
2. Mittelöl (Karbolöl)	Siedepunkt bis 230 °C, Dichte = 1,01 g/cm³
3. Schweröl	Siedepunkt bis 270 °C, Dichte = 1,04 – 1,1 g/cm³
4. Anthrazenöl	Siedepunkt üb. 270 °C, Dichte = 1,1 g/cm³
5. Rückstände (Pech)	= 50 – 55% vom Teer.

Die Leichtöle stammen zum großen Teil aus den Benzolwäschen der Kokereien. Die schweren Teeröle (Schweröl und Anthrazenöl), die 20 – 30% des Teers ausmachen, kommen für Heiz- und Kraftzwecke in Deutschland mehr und mehr in Gebrauch. Pech (Kunstasphalt) ist für Dachpappe, Anstriche verwendbar.

Je nach der Temperatur, bei der der Teer entsteht, unterscheidet man zwischen *Hochtemperaturteer* (Kokerei- und Gasanstaltsteer, bei Temperaturen über 750 °C entstanden) und *Tieftemperaturteer* (Urteer genannt, bei Temperaturen unter 500 °C entstanden). Letzterem fehlen die Kohlenwasserstoffe: Benzol, Naphthalin, Anthrazen; über seine Gewinnung siehe unter Mischgas (Generatorgas).

Kohleverflüssigung. *Hochdruckhydrierung* nach *Bergius* [I.9]: In der 1. Arbeitsstufe (Sumpfphase) wird Kohlebrei im Kontaktofen mit Wasserstoff bei 450 °C und 200 bar Druck zusammengebracht. Die Kohlenstoffmoleküle werden aufgespalten, der Wasserstoff lagert sich an, es entsteht Schweröl bzw. durch Destillation Mittelöl. In der anschließenden 2. Arbeitsstufe (Gasphase) wird das Mittelöl mit Wasserstoff wieder in einem Kontaktofen unter dem genannten Druck und derselben Temperatur wie vorher behandelt und aufgespalten. Es entsteht Benzin und Gas. 1000 kg Steinkohle ergeben 650 kg Benzin und 250 kg Gas und erfordern 105 kg Wasserstoff.

Benzinsynthese nach *Fischer-Tropsch* [I.10]: Kohle oder Koks wird in besonderen Generatoren (Winkler-Generatoren, s. Wassergas und Mischgas) vergast und dann in einem Kontaktapparat mit Kontaktstoffen (Fe-, Ni- und Co-Verbindungen) bei 200 °C unter normalem Druck behandelt. Nach der Gleichung $xCO + 2xH_2 = (CH_2)_x + xH_2O$ entstehen 75% Öl (Benzin) und Wasser und 25% Gas. Das flüssige Erzeugnis heißt „Kogasin".

Beide Verfahren waren bis zum letzten Weltkrieg im Großbetrieb in Deutschland eingeführt. Praktischer Kohlenverbrauch einschl. Maschinen usw. für 1 kg Benzin etwa 4,5 kg Steinkohle oder 22 kg Rohbraunkohle. Einführung seinerzeit aus Autarkiegründen; heute unwirtschaftlich, da Benzin und Öl viel billiger aus von auswärts bezogenem Erdöl in inländischen Raffinerien herzustellen. – Aussichten für spätere Wiedereinführung vielleicht einmal auf Basis von Kernenergie als Wärmequelle möglich.

Flüssige Kraftstoffe für Verbrennungsmotoren [I.11]. Das Kraftwagenbenzin ist meistens eine Mischung von Benzindestillaten (Krack-, Hydrier-, Synthese-Benzin usw.) mit Motorenbenzol und Alkoholen, der Dieselkraftstoff eine Mischung von Petroleum und Gasöl oder Kogasin usw. Die wichtigsten *Kennzahlen* ergeben sich aus: Dichte, Heizwert, Siedekennziffer, Stockpunkt, Zähigkeit und Prüfung der Nebenbestandteile.

Weiter ist von besonderer Bedeutung, daß der Kraftstoff für den Ottomotor (Kraftwagen usw.) verdichtungsbeständig sein muß. Als Maßstab für die *Verdichtungsbeständigkeit* (*Klopffestigkeit*) gelten die Bezugskraftstoffe *Normal-Heptan* (C_7H_{16}) und *Iso-Oktan* (C_8H_{18}). Die Verdichtungsfestigkeit des n-Heptans ist mit 0, die des i-Oktans mit 100 festgelegt. Es wird nun jene Mischung von i-Oktan mit n-Heptan festgestellt, die unter den Prüfbedingungen im Prüfmotor die gleiche Klopfstärke hervorruft wie der zu untersuchende Kraftstoff. Ist dies z. B. die Mischung von 60 Vol.% i-Oktan und 40 Vol.% n-Heptan, so hat der Kraftstoff die *Oktanzahl* 60. Um die Oktanzahl zu erhöhen, werden den Kraftstoffen Zusätze (Klopfbremsen) zugemischt. Das am meisten verwendete *Gegenklopfmittel* ist zur Zeit noch Bleitetraäthyl [$Pb(C_2H_5)_4$].

Der Kraftstoff für den Dieselmotor muß demgegenüber zündwillig sein. Zur Bestimmung der *Zündwilligkeit* benutzt man als zündfreudigen Bezugskraftstoff das *Cetan* ($C_{16}H_{34}$) und als Zündträger das *α-Methylnaphthalin* ($C_{11}H_{10}$). Der Kraftstoff hat dann z. B. die *Cetanzahl* 40, wenn seine Zündeigenschaften unter den Prüfbedingungen dieselben sind wie die eines Gemisches aus 40 Vol.% Cetan und 60 Vol.% α-Methylnaphthalin. Der früher übliche Bezugskraftstoff Ceten ($C_{16}H_{32}$) wird wegen seiner ungenügenden Beständigkeit nicht mehr verwendet. Als *Zündbeschleuniger* können organische Peroxide, Nitrate oder Nitrite zugesetzt werden.

Die *üblichen Oktanzahlen* der Otto-Kraftstoffe liegen bei 70 – 80 (für Hochleistungskraftstoffe [Flugzeuge und Rennmotoren] bis zu 100), die *üblichen Cetanzahlen* der Dieselkraftstoffe bei 25 – 50 (40 – 50 für Schnelläufer). Das Klopfverhalten des Otto- und des Diesel-Motors weist eine Gegensätzlichkeit auf. Einer hohen Oktanzahl entspricht eine niedrige Cetanzahl und umgekehrt.

Destillate der Braunkohle. Braunkohlenteer wird auf seine Destillate (Öle) ähnlich wie der Steinkohlenteer verarbeitet. 1 t Schwelkohle liefert 25 – 35% Grudekoks, 5 – 7% Schwelteer, 10 – 15% Schwelgas und 50 – 60% Schwelwasser, und 1 t Schwelteer ergibt wiederum 2 – 3% Leichtbenzin, 2 – 3% Solaröl, 20 – 27% Paraffinöl und 30 – 35% Gasöl.

Gasförmige künstliche Brennstoffe. Zur Erzeugung dieser Brennstoffe sind hauptsächlich drei Verfahren in Anwendung:

1. Eine *Entgasung* fester oder flüssiger Brennstoffe durch trockene Destillation. Man erhält: Leuchtgas (Stadtgas), Koksofengas, Holzgas, Ölgas.
2. Eine *Vergasung* fester Brennstoffe durch Zuführung von Sauerstoff aus der Luft oder aus Wasserdampf. Man erhält: Luftgas, Wassergas, Mischgas.
3. Eine *Zerlegung von Karbiden* (Azetylenerzeugung).

Die Gewinnung von Leuchtgas, Koksofengas und Holzgas wurde schon besprochen. – In das Stadtnetz wird nach Vereinbarung der Gaswerke heute als „*Stadtgas*" ein Mischgas abgegeben, bestehend aus etwa 60% Steinkohlengas (Leuchtgas) und 40% Wassergas, Heizwert etwa 16 MJ [= 3775 kcal]. *Entgiftung* des Stadtgases (Befreiung von CO) ist dadurch möglich, daß das Gas mit Wasserdampf gemischt über eine Eisenkontaktmasse geleitet wird ($CO + H_2O = CO_2 + H_2$). Ölgas (Fettgas) stellt man in Retorten aus Destillaten des Braunkohlenteers her. Es wird teilweise noch zur Beleuchtung von Eisenbahnzügen verwandt.

Steinkohle, Koks oder Braunkohle werden in *Generatoren* (einfachen Schachtöfen) vergast. Die Vorgänge in einem solchen Generator zeigt Abb. I.3. Die Vergasung des Kohlenstoffs durch gebundenen Sauerstoff ($C + CO_2 = 2\,CO$ und $C + H_2O = H_2 + CO$) erfolgt unter Wärmeverbrauch (Wärmebindung), der durch Verbrennung der unmittelbar auf dem Rost liegenden Brennstoffschicht gedeckt werden muß. Als Vergasungserzeugnisse erhält man stets die brennbaren Gase: Kohlenoxid (CO) und Wasserstoff (H). Die Brennstoffschichthöhe beträgt je nach der Korngröße 0,5 – 2,0 m (1,5 – 2,0 m bei grober Förderkohle).

Luftgas entsteht, wenn die Vergasung im Generator ausschließlich unter Luftzufuhr erfolgt. (1. $C + O_2 = CO_2$; 2. $CO_2 + C = 2\,CO$). Die Kohlenoxidgasbildung beruht also auf der Kohlensäurezersetzung. Letztere wird gefördert durch hohe Temperaturen (über 1000 °C ist die Umwandlung von CO_2 in CO eine fast vollkommene), durch hohe Brennstoffschichten, durch geringe Stückgröße des Brennstoffs. Luftgas entsteht als Nebenerzeugnis beim Betrieb von Schachtöfen (Gichtgas der Hochöfen und Kupolöfen).

Wassergas erhält man, wenn man dem Generator nur Wasserdampf zuführt ($C + H_2O = H_2 + CO$). Die Temperatur muß, wie bei der Luftgaserzeugung, auf über 1000 °C gehalten werden, damit keine Kohlensäure entsteht (bei niedrigeren Temperaturen: $C + 2\,H_2O = CO_2 + 2\,H_2$). Infolge des Wärmeverbrauchs (Sinkens der Temperatur) muß man nach 5 – 7 min mit der Wassergaserzeugung (dem Gasmachen, Kaltblasen) aufhören und 1 – 2 min durch Luftzuführung wieder bis zur Weißglut erhitzen (Heißblasen). Wassergas wird heute meistens nach dem Verfahren von *Dellwik-Fleischer* erzeugt, wobei man die Luft unter starker Pressung

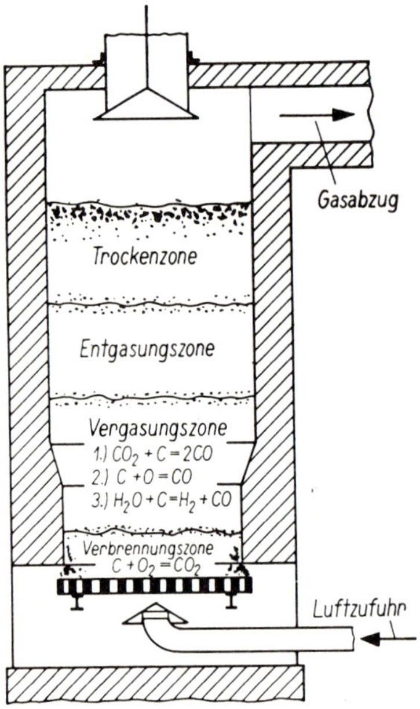

Abb. I. 3. Vorgänge im Generator.

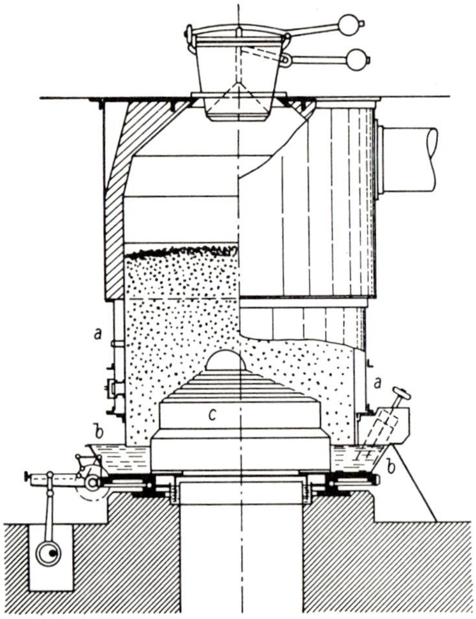

Abb. I.4. Drehrostgenerator von *Kerpely*.

durch eine verhältnismäßig niedrige Koksschicht (etwa 1,2 m) treibt, das Luftgas (beim Heißblasen) entweichen läßt und sehr reines Wassergas erhält. Zusammensetzung und Heizwert s. Tabelle I.3.

Mischgas bildet sich bei gleichzeitiger Einführung von Luft und Wasserdampf in den Generator. Der Betrieb wird abweichend von dem der Wassergaserzeugung ein ununterbrochener, wenn die Wasserdampfzufuhr nur so stark ist, daß die Wärmezufuhr (durch Verbrennen von Kohle auf dem Rost) der Wärmebindung (durch Zerlegen von Wasserdampf und Kohlensäure) das Gleichgewicht hält. – In dem besonders gearteten *Winkler-Generator* vergast man Kohlenstaub oder feinkörnige Braunkohle. Nimmt man nur Luft und etwas Dampf, so erhält man Mischgas (Generatorgas). Nimmt man reinen Sauerstoff und größere Dampfmengen, so gewinnt man ein fast stickstofffreies Wassergas (für die Benzinherstellung), wobei man, wegen der starken Sauerstoff-(Wärme-)Zufuhr ununterbrochen arbeiten kann.

Generatorgas. Mischgas wird unter dem Namen Generatorgas für die Beheizung vieler Schmelz- und Wärmeöfen benutzt. Die ältesten Generatoren für diese Gasart wurden von *Wilh. Siemens* konstruiert. Neuere Ausführungsformen ersetzen vor allem das Abschlacken des Rosts von Hand durch Einführung eines Wasserverschlusses anstelle des Rosts oder eines Drehrosts mit Wasserverschluß (Generatoren von *Duff, Morgan, Kerpely, Poetter* u. a. m.).

Den sehr verbreiteten *Drehrostgenerator* von *Kerpely* zeigt Abb. I.4. Der untere Teil des Schachts besteht aus einem wassergekühlten, doppelten Mantel a, an dessen unterem Ende ein Gußring in die mit Wasser gefüllte Schüssel b hineinragt. Die mit Wasserdampf angefeuchtete Luft tritt durch Öffnungen des Rosts c von unten ein. Rost und Schüssel werden durch einen

Motor ununterbrochen langsam gedreht, wodurch die gebildete Schlacke zwischen dem exzentrisch angeordneten Rost und dem Gußring der Außenwandung zerquetscht wird und zerkleinert aus der Schüssel herausgeschaufelt werden kann. Der Kerpely-Generator wird meistens mit 2,0 – 3,0 m l. W. gebaut und vergast 10 – 22 t Steinkohle oder 18 – 30 t Braunkohle in 24 h.

Abstichgaserzeuger. Für die Vergasung von Koks in großem Maßstab sind Gaserzeuger in einer Bauart wie kleine Hochöfen aufgekommen. Die vorgewärmte Luft wird durch eine Anzahl Düsen eingeblasen; die Schlacke wird an der tiefsten Stelle flüssig abgestochen. Der Generator geht sehr heiß und hat große Leistungen, 60 – 100 t in 24 h.

Urteergewinnung. Man kann im Gaserzeuger Tieftemperaturteer (Urteer) erzeugen durch Einbau einer Schwelretorte in den oberen Teil des Generatorschachts. Das in der Retorte sich bildende Schwelgas wird abgesaugt und daraus der Teer ausgewaschen, während das übrige Generatorgas wie beim normalen Generator abgeleitet wird. Urteerausbeute 2 – 10% der vergasten Kohle. Der Urteer ähnelt dem Petroleum und enthält vor allem Heiz- und Schmieröle.

Mischgas wird ferner noch unter dem Namen *Kraftgas* zum Antrieb von Kraftmaschinen benutzt. Je nachdem das Gemisch von Luft und Wasserdampf durch den Generator gedrückt oder vom Gasmotor selbst angesaugt wird, nennt man das Kraftgas auch *Druckgas* oder *Sauggas.* Die Zusammensetzung des Gases ist dieselbe wie die des Generatorgases. *Mondgas* (nach dem Engländer *Mond*) ist eine Abart des Mischgases. Durch Einführung eines überhitzten Dampf-Luft-Gemisches wird eine Verbesserung des Gasgemisches erreicht, und durch schnelle Abkühlung der gebildeten Gase werden Teer und Ammoniak als Nebenerzeugnisse gewonnen.

Azetylen. Das für Beleuchtung und für das autogene Schweißen sowie heute auch zur Herstellung von Kunst- und Preßstoffen gebrauchte Azetylen entsteht durch Zerlegung von Kalziumkarbid, CaC_2. Letzteres wird in großen elektrischen Öfen aus einer Mischung von gebranntem Kalk und Kohle hergestellt ($CaO + 3\,C = CaC_2 + CO$). 1 t CaC_2 erfordert 3000 – 4000 kWh (je nach Ofengröße). Neben diesem elektrothermischen ist ein sauerstoffthermisches Verfahren im Ausbau (70-t-Schacht-Öfen der BASF) mit stärkerem Kohle- und dazu Sauerstoffzusatz: $CaO + 5\,C + O_2 = CaC_2 + 3\,CO$. Wirtschaftlich bei Ausnützung des CO, ergibt reineres Karbid [I.12].

Nach der Gleichung: $CaC_2 + 2\,H_2O = C_2H_2 + Ca(OH)_2$ ergibt sich, wenn man Kalziumkarbid mit Wasser übergießt, Acetylen und gelöschter Kalk. 1 kg Kalziumkarbid liefert etwa 300 l Acetylengas. Acetylen wird entweder in Acetylenentwicklern an Ort und Stelle erzeugt oder unter Druck auf Flaschen gefüllt und verschickt (gelöstes Acetylen, Flaschenacetylen). Weiteres siehe im Abschnitt „Schweißen“.

Prüfung von Brennstoffen: Feste Brennstoffe DIN 51 700 und folgende. – Flüssige Brennstoffe DIN 51 600 und folgende. – Gasförmige Brennstoffe DIN 51 610 und folgende.

4. Feuerungsanlagen [I.13]

a) Arten der Wärme- und Schmelzöfen

Schachtöfen, z. B. Hochofen, Kupolofen, Kalkbrennofen. Der fast immer feste Brennstoff wird mit dem zu erhitzenden Körper unmittelbar gemischt. Ausnutzung der Brennstoffwärme gut, aber der erhitzte Körper (z. B. Eisen) nimmt einen Teil der Verunreinigungen des Brennstoffs auf (z. B. Schwefel) und wird auch durch den Brennstoff chemisch verändert (z. B. Reduktionsvorgang im Hochofen).

Flammöfen, z. B. Puddelofen, Siemens-Martin-Ofen, die meisten Rostöfen und größeren Schmiedeöfen. Der feste Brennstoff wird auf einem Rost verbrannt, der flüssige oder gasförmige Brennstoff wird mit Luft gemischt eingeführt. Nur die Feuergase kommen mit dem zu erhitzenden Körper in Berührung. Ausnutzung der Brennstoffwärme schlechter als bei Schachtöfen, aber der erhitzte Körper nimmt kaum noch Verunreinigungen des Brennstoffs auf. Die Feuergase wirken bei Luftüberschuß oxidierend auf den erhitzten Körper (z. B. Stahlverfahren).

Gefäßöfen (Tiegelöfen, Muffelöfen), z. B. Tiegelöfen im Stahlwerk und in der Gießerei, ein Teil der Schmiedeöfen, insbesondere Härteöfen, Glühöfen, sodann die Dampfkesselfeuerungen. Die Flammen des festen, flüssigen oder gasförmigen Brennstoffs umspülen das Gefäß, in das der zu erhitzende Körper eingeschlossen ist. Ausnutzung der Brennstoffwärme meist noch ungünstiger als bei Flammöfen, aber der erhitzte Körper ist gegen jede Einwirkung des Brennstoffs bzw. der Feuergase geschützt.

b) Arten der Feuerungen

Rostfeuerungen. *Planrost* (Abb. I.5), hauptsächlich für stückigen Brennstoff von größerem Heizwert, Roststäbe aus Hartguß, 500 – 900 mm lang, oben 10 – 20 mm breit; hinter dem Rost die Feuerbrücke. – *Schrägrost* (Abb. I.5), vorteilhaft für kleinstückige, körnige, nicht backende Kohle, Neigungswinkel des Rosts etwas größer als der natürliche Böschungswinkel des Brennstoffs. – *Treppenrost* mit trittstufenartiger Anordnung der Roststäbe, ähnlich verwendbar wie der Schrägrost, insbesondere auch für Braunkohle, Torf. – *Wanderrost,* beweglicher Kettenrost, günstige Verbrennungsverhältnisse, geringe Bedienung, für große Kesselfeuerungen, auch, neben Vorschub- und Schwingrosten, sehr geeignet für die *Verfeuerung minderwertiger Brennstoffe* (Abfälle der Kohlenwäsche, Koksgrus, Staubkohle usw.); bei letzteren auch oft wegen des hohen Rostwiderstandes *Unterwindfeuerung* mittels Ventilator oder Dampfstrahlgebläse in Anwendung.

Halbgasfeuerung (Abb. I.5). Sie bildet schon eine Zwischenstufe zwischen unmittelbaren Feuerungen und Gaserzeugern. Ein Schräg- oder Treppenrost wird mit starken Kohlenschichten bedeckt: die Kohle vergast (anstatt gleich zu verbrennen), die Gase werden mit vorgewärmter sekundärer Verbrennungsluft (Zweitluft) gemischt und so verbrannt. Die primäre (erste) Verbrennungsluft ist die unter dem Schrägrost eingeführte.

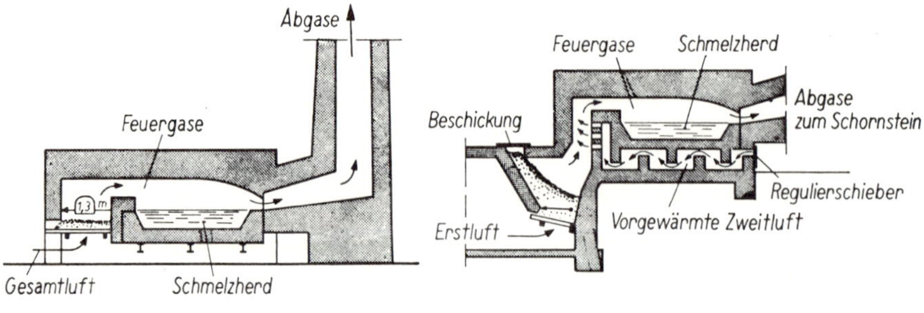

Abb. I.5. Feuerungen.

Rostlose Feuerungen. *Kohlenstaubfeuerung.* Schlechte und sehr kleinstückige Steinkohle und Braunkohle werden in Kugel- oder Rohrmühlen zermahlen und mit Luft gemischt mit Hilfe eines Ventilators in den Feuerraum geblasen. Vorteile: hohe Temperaturen, hoher Wirkungsgrad, schnelles Anfeuern, einfache Bedienung. Abb. I.6 zeigt die Kohlenstaubfeuerung eines Walzwerkofens (Stoßofens). Aus dem Bunker a wird der Kohlenstaub durch Preßluft dem Brenner b und der Brennerdüse c zugeführt. Der große Feuerraum d ist bei e mit Sekundärluftklappen versehen. Bei f befindet sich ein Schlackenabzug. – *Ölfeuerung.* Meist Zerstäubung des Öls durch Preßluft mit Hilfe einer Heizdüse, auch durch Dampf (überhitzt und mindestens 6 bar Überdruck) oder durch Öldruck (das Öl selbst unter 5 – 10 bar Druck gebracht). – *Gasfeuerung.* Das unter Druck eintretende Gas saugt Luft (Primärluft) an und erhält oft nochmals Luft (Sekundärluft) durch ein Außenrohr zugeführt zur besseren Mischung und Verbrennung. Die Gasfeuerung findet insbesondere Anwendung bei Siemens-Martin-Öfen und vielen Wärmeöfen.

Zur Verbesserung des Wirkungsgrads Vorwärmung der Verbrennungsluft und der Heizgase, indem man entweder die Kanäle für die Abgase und für die Frischluft nebeneinander legt zum Zweck des Wärmeaustausches (*Rekuperator*), oder indem man die Hitze der Abgase an ein Gitterwerk feuerfester Steine (Wärmespeicher) abgibt und die Frischluft nachher durch diesen hochgeheizten Raum führt (*Regenerator*). Beispiel für Rekuperativfeuerung im Abschnitt „Temperguß“ und „Walzwerköfen“, für Regenerativfeuerung im Abschnitt „Flammofenfrischen“ (Siemens-Martin-Ofen).

Elektrische Erwärmung. Der elektrische Strom ergibt hohe Hitzen entweder mit Hilfe des Lichtbogens oder durch Widerstandserwärmung. Außer bei kleinen Laboratoriumsöfen findet er in der Technik vor allem Anwendung bei Elektrohochöfen, Elektrostahlöfen, Öfen zur Kalziumkarbid- und zur Aluminiumerzeugung, bei kleineren Schmiedeöfen, insbesondere Härteöfen und bei den elektrischen Schweißverfahren (siehe Beispiele in den verschiedenen Abschnitten).

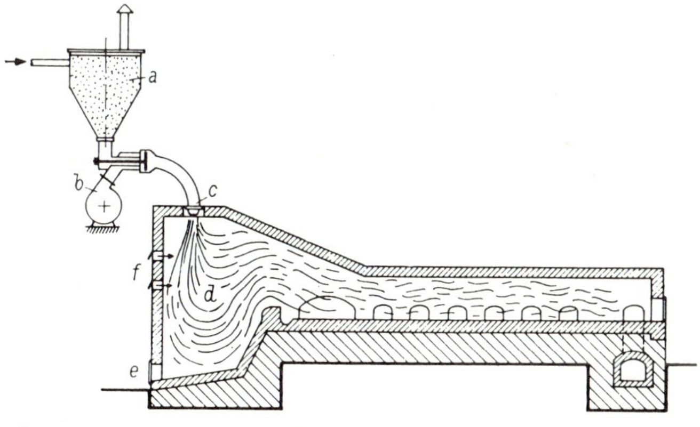

Abb. I.6. Stoßofen mit Kohlenstaubfeuerung: *a* = Bunker, *b* = Preßluftbrenner, *c* = Brennerdüse, *d* = Feuerraum, *e* = Sekundärluftklappen.

5. Luftbedarf der Brennstoffe, Rauchgasmenge

Allgemeines. Die zur Verbrennung erforderliche Luftmenge ergibt sich aus der erforderlichen Sauerstoffmenge, und diese wiederum in *Gewichtsteilen* sofort aus den chemischen Verbrennungsgleichungen, in *Raumteilen* auch aus diesen unter Benutzung der *Avogadro*schen Regel. Letztere besagt: „Das Grammolekül – 1 Mol genannt – nimmt bei allen Gasen unter gleichem Druck und gleicher Temperatur denselben Raum ein.“ Der Rauminhalt von 1 Mol ist bei 760 mm Barometerstand und 0 °C = 22,4 l. Nach vorigem ergibt sich für die brennbaren Bestandteile Kohlenstoff, Wasserstoff, Schwefel (eines festen Brennstoffs):

Kohlenstoff: $C + O_2 = CO_2$ … 1 kg C gebraucht $\frac{32}{12} = 2{,}67$ kg O

$\underset{(1\ \text{Mol})}{12\ \text{g}} + \underset{(1\ \text{Mol})}{32\ \text{g}} = \underset{(1\ \text{Mol})}{44\ \text{g}}$ … 1 kg C gebraucht $\frac{22{,}4}{12} = 1{,}87\ \text{m}^3\ \text{O} = V_n$ weil 12 g C … 1 Mol (22,4 l) gebrauchen.
1 m³ O liefert 1 m³ $CO_2 = V_n$

Wasserstoff: $2\,H_2 + O_2 = 2\,H_2O$ … 1 kg H gebraucht $\frac{32}{4} = 8$ kg O

$\underset{(2\ \text{Mol})}{4\ \text{g}} + \underset{(1\ \text{Mol})}{32\ \text{g}} = \underset{(2\ \text{Mol})}{36\ \text{g}}$ … 1 kg H gebraucht $\frac{22{,}4}{4} = 5{,}6\ \text{m}^3\ \text{O} = V_n$
1m³ O liefert 2 m³ H_2O (Wasserdampf) $= V_n$

Schwefel: $S + O_2 = SO_2$ … 1 kg S gebraucht $\frac{32}{32} = 1$ kg O

$\underset{(1\ \text{Mol})}{32\ \text{g}} + \underset{(1\ \text{Mol})}{32\ \text{g}} = \underset{(1\ \text{Mol})}{64\ \text{g}}$ … 1 kg S gebraucht $\frac{22{,}4}{32} = 0{,}7\ \text{m}^3\ \text{O} = V_n$
1 m³ O liefert 1m³ $SO_2 = V_n$

Theoretischer Luftbedarf. Da die Luft aus (abgerundet) 23 Gew.-Tl. O und 77 Gew.-Tl. N besteht, erfordert 1 kg C zur vollständigen Verbrennung $2{,}67 \cdot \frac{100}{23} = 11{,}6$ kg Luft oder – da $V_n = 1\ \text{m}^3$ Luft 1,293 kg wiegt – $\frac{11{,}6}{1{,}293} = 9\ \text{m}^3$ Luft. Letzteren Wert erhält man auch durch eine Rechnung mit Raumteilen: Die Luft besteht aus (abgerundet) 21 Raumteilen O und 79 Raumteilen N. Demnach sind zur Zuführung von $V_n = 1\ \text{m}^3$ O erforderlich $\frac{100}{21} = 4{,}76\ \text{m}^3$ Luft (genauer 4,78 m³). 1 kg C erfordert also zur vollkommenen Verbrennung: $1{,}87 \cdot 4{,}78 = 8{,}94$ m³ Luft unter Normbedingungen.

1 kg Brennstoff, der aus C kg Kohlenstoff, H kg Wasserstoff, S kg Schwefel und O kg Sauerstoff besteht, erfordert also zur Verbrennung:

$$(2{,}67\ C + 8\ H + S - O)\ \text{kg Sauerstoff}$$

oder

$$(2{,}67\ C + 8\ H + S - O) \cdot \frac{100}{23}\ \text{kg Luft}$$

oder

$$(2{,}67\ C + 8\ H + S - O) \cdot \frac{100}{23} \cdot \frac{1}{1{,}293}\ \text{m}^3\ \text{Luft} = V_n.$$

Die Steinkohle z. B., für die unter A.1. der Heizwert von etwa 33 MJ [=7893,6 kcal] errechnet wurde, hat demnach unter Normbedingungen einen Luftbedarf von

$$\left(2{,}67 \cdot \frac{82{,}3}{100} + 8 \cdot \frac{5}{100} + 1 \cdot \frac{1{,}1}{100} - 1 \cdot \frac{6{,}7}{100}\right) \cdot 3{,}36 = 8{,}54 \text{ m}^3.$$

Dieser Wert läßt sich auch durch eine Raumteilrechnung finden, wobei aber darauf zu achten ist, daß die Brennstoffbestandteile in der Analyse in Gewichtsteilen angegeben sind. Der abzuziehende Sauerstoff ist also dann mit ⅛ O zu berücksichtigen wie bei der Heizwertbestimmung, und der Luftbedarf wird: (1,87 C + 5,6 H + 0,7 S − ⅛ O) in m^3. Entsprechende Rechnungen gelten für die Verbrennung von flüssigen und gasförmigen Brennstoffen.

Mittelwerte des theoretischen Luftbedarfs sind für 1 kg Steinkohle (Ruhr) 8,6 m^3; 1 kg Braunkohlenbriketts 5,7 m^3; 1 kg Gasöl 12,2 m^3; 1 m^3 Koksgas 4,5 m^3; 1 m^3 Leuchtgas 5,4 m^3; 1 m^3 Gichtgas 0,7 m^3.

Praktischer Luftbedarf. Praktisch läßt sich eine möglichst vollständige Verbrennung nur durch *Luftüberschuß* erzielen. Ist die tatsächlich zugeführte Luftmenge = L, die theoretisch erforderliche Luftmenge = L_{min}, so ist die Luftüberschußzahl $m = \frac{L}{L_{min}}$. Mittelwerte für m sind: für Steinkohle 1,3 – 1,9 (je nach Art der Feuerung), für Braunkohle 1,8 – 2,0, für Öle 1,2 – 1,4, für Gase 1,15 – 1,3.

Rauchgasmenge. Aus der Gleichung über die Verbrennung des C im vorangegangenen Abschnitt „Allgemeines“ folgt: 1 kg C braucht unter Normbedingungen zur vollkommenen Verbrennung 1,87 m^3 O, und 1 m^3 O liefert 1 m^3 CO_2. Ferner erfordert 1 kg C zur Verbrennung 1,87 · 4,78 = 8,94 m^3 Luft. Der verbrauchten Luftmenge entspricht nach der Avogadroschen Regel die erzeugte Rauchgasmenge, also entstehen bei Verbrennung von 1 kg C: 8,94 m^3 Rauchgase. Der theoretisch mögliche Kohlendioxidgehalt des Rauchgases ist nach vorigem:

$$\frac{1{,}87 \text{ m}^3 \text{ CO}_2}{8{,}94 \text{ m}^3 \text{ Rauchgas}} \cdot 100 = 21\% \text{ (in Raumteilen).}$$

Da man praktisch mit Luftüberschuß arbeiten muß und die Kohle nicht aus reinem Kohlenstoff besteht, ist der praktische Kohlendioxidgehalt natürlich niedriger als 21% (Höchstwerte: für Koks 20,5%, für Steinkohle 18,9%, für Braunkohlenbriketts 18,7%; praktische Mittelwerte niedriger, etwa 13 – 15%; die Praxis benutzt Rauchgasprüfer zur Feststellung des Kohlendioxidgehalts der Rauchgase). Entsprechend lassen sich diese Rechnungen für andere Bestandteile des Brennstoffs durchführen, worauf hier aus Raummangel verzichtet werden muß.

6. Ofenbaustoffe

Als Ofenbaustoffe werden fast ausschließlich *feuerfeste Steine* verwendet. Gewöhnliche Ziegelsteine können nur für die äußeren Teile der Öfen in Frage kommen. Feuerfeste Steine sollen hohen Hitzegraden gegenüber unempfindlich sein und den physikalischen und chemischen Einwirkungen der mit ihnen in Berührung kommenden Stoffe und der neuentstandenen Verbindungen widerstehen können. Die Grundstoffe sind gebrannter Ton (Schamotte), Quarz usw., die gemahlen und mit einem Magerungsmittel (Schamotte, Quarzit) gemischt werden, um das Schwinden beim Brennen zu verringern. Der aufbereitete Rohstoff wird geformt, getrocknet und gebrannt. Ofenbaustoffe mit einem Schmelzpunkt zwischen Segerkegel 26 und 30 (1580 – 1670 °C) gelten als feuerfest, solche, die bei Segerkegel 31 – 36 (1690 – 1790 °C) schmelzen, als hochfeuerfest. Je nach der Zusammensetzung unterscheidet man in der Hauptsache: Schamottesteine, saure, basische und Kohlenstoffsteine.

Schamottesteine. Sie werden aus Bauxit (50 – 70% Tonerde [Aluminiumoxid] Al_2O_3, 25 – 50% Kieselsäure SiO_2), der vor allem in Südfrankreich, Irland, Nordamerika vorkommt, oder aus gewöhnlichem Ton (30 – 45% Al_2O_3, 45 – 65% SiO_2) hergestellt und dienen zur Ausmauerung von Hochöfen, Winderhitzern, Generatoren, Kupolöfen, Schweißöfen, Kesseln usw. Die Güte wird in der Hauptsache durch den Gehalt an Tonerde bestimmt (Schamottequalität I = 32 – 35% Al_2O_3, Qualität II = 28 – 32% Al_2O_3, Kessel- und Schweißofenqualität = 20 – 28% Al_2O_3). Oberste Verwendungstemperatur 1350 °C.

Saure Steine. Diese erhält man aus Quarz, Quarzit, Quarzschiefer, Sandstein, Ganister (über 92% SiO_2, unter 2,5% Al_2O_3) mit Kalkmilch als Bindemittel. Die hochwertigeren Erzeugnisse sind unter dem Namen *Dinas-* oder *Silikasteine* bekannt und hochfeuerfest. Sie werden benutzt zur Ausmauerung von sauer zugestellten Birnen (Bessemerverfahren) und Siemens-Martin-Öfen, ferner für Koksöfen, Puddel- und Schweißöfen. Oberste Verwendungstemperatur 1700 °C.

Basische Steine. *Dolomitsteine* werden aus gebranntem Dolomit (50 – 55% Kalziumkarbonat $CaCO_3$, 40 – 45% Magnesiumkarbonat $MgCO_3$), mit 7 – 10% heißem Teer als Bindemittel, unter 300 – 400 bar Druck gepreßt und dann gebrannt. *Magnesitsteine* werden in derselben Weise oder auch ohne Teer nur mit geringem Wasserzusatz aus gebranntem Magnesit (90 – 96% $MgCO_3$, 0,5 – 2% $CaCO_3$) hergestellt. Beide Sorten dienen zur Ausmauerung von basisch zugestellten Birnen (Thomasverfahren) und Siemens-Martin-Öfen, von Mischern und von Elektrostahlöfen. Teilweise findet bei den genannten Öfen auch eine Stampfmasse aus Dolomit bzw. Magnesit Verwendung. Die Temperaturempfindlichkeit der Magnesitsteine ist in neuerer Zeit durch Herstellung von *Chrommagnesitsteinen* (Chromerzzusatz), z. B. in der Form der „Radex-E-Steine", wesentlich verringert worden. Oberste Verwendungstemperatur bis über 1700 °C.

Kohlenstoffsteine. Sie bestehen aus gemahlenem Koks mit 15 – 25% heißem Teer als Bindemittel und müssen unter vollkommenem Luftabschluß gebrannt werden. Sie sind hochfeuerfest (oberste Verwendungstemperatur über 2000 °C), solange sie vor der Berührung mit oxidirend wirkenden Feuergasen und eisenoxidreichen Schlacken geschützt werden (andernfalls verbrennen sie). Ihr Anwendungsgebiet ist daher beschränkt (z. B. unterer Teil des Hochofenmauerwerks und elektrische Öfen). – *Graphittiegel* sind aus Obernzeller, ostmärkischem oder Ceyloner Graphit und feuerfestem Ton durch Brennen unter Luftabschluß hergestellt und dienen zum Schmelzen von Tiegelstahl und Gußeisen.

Poröse feuerfeste Steine, erhält man aus Ton und Koksmehl, Steinkohlengrus oder Sägespänen. Sie haben eine Dichte von 0,9 – 1,0 g/cm³ (gegenüber 1,85 – 2,2 g/cm³ des Schamottesteins) und werden als Wärmeschutzsteine zum Auskleiden großer Rohrleitungen (z. B. der Heißwindleitung am Hochofen) benutzt.

Feuerfeste Stampfmassen und Mörtel. Die *Stampfmassen* bestehen 1. aus Schamotte, 2. aus 85% Quarzsand + 15% Lehm (Klebsand) + Wasser, 3. aus Dolomit-(bzw. Magnesit-)Pulver + Wasser, 4. aus Kokspulver und Teer. – *Feuerfester Mörtel* soll tunlichst dieselbe Zusammensetzung haben wie die zu vermauernden Steine. Beim Vermauern wird er mit Wasser zu einem dünnen Brei angerührt. – Gütenormen für feuerfeste Baustoffe s. DIN 1086 u. 1089.

B. Grundlagen der Metall- und Legierungskunde

Die Metallkunde befaßt sich mit den grundlegenden Gesetzen der Stoffe mit metallischem Zustand, dem Aufbau, den Eigenschaften der Verarbeitung, der Prüfung und der Entwicklung der Metalle und Legierungen sowie deren Verhalten im Gleich- und Ungleichgewicht. Verbindet Werkstoffkunde mit der Festkörperphysik.

1. Gasförmig – flüssig – kristallisiert

Atomdurchmesser je nach Element zwischen 0,106 nm (= 1,06 Å) (Stickstoff) und 0,55 nm (= 5,5 Å) (Caesium); 1 Å = Angström = 0,1 nm = 10^{-10} m. – Für folgende Betrachtung Atom als „Kugel" angesehen, deren Durchmesser durch Kraftfeldbereich der Elektronen der äußersten „Schale" gegeben ist. Trotz hochgradiger Stoffleere innerhalb des Atoms (Atommasse fast ausschließlich im sehr kleinen Atomkern vereinigt) ist Volumen des Atoms den von uns ausübbaren Kräften gegenüber fast unveränderlich (daher fast vollkommen fehlende Zusammendrückbarkeit der festen und flüssigen Körper).

Im *flüssigen* Zustand existieren statistische Verteilungen und/oder Nahordnungen der Atome, d. h. der Abstand einzelner Atome zueinander bzw. Atomgruppen kann zum Teil regelmäßig sein.

Im *festen* Zustand bei Nichtmetallen auch Stoffe ohne kristalline Struktur, amorph: Naturgummi, Glas, Asphalt, Siegellack, viele Kunststoffe. In der Regel kristalliner Aufbau. Atome werden durch unterschiedliche Bindungen zusammengehalten. Wichtigste: *metallische Bindung* mit freien Elektronen im Kristallverband. Die Atome werden deshalb zu Ionen (+), zwischen denen sich Elektronen (–) frei bewegen können, z. B. infolge einer elektrischen Spannung oder bei Wärmetransport – Zusammenhang! Gesetz von *Wiedemann – Franz* $G = c \cdot \lambda \cdot T$; wobei

G = elektrische Leitfähigkeit
c = Stoffkonstante
λ = thermische Leitfähigkeit
T = absolute Temperatur

ist. *Ionenbindung* (auch *polare* oder *heteropolare* Bindung), z. B. NaCl, bedingt durch Bestreben der Atome, den Edelgaszustand einzunehmen. Äußere Elektronen werden ausgetauscht, daher keine freien Elektronen, elektrische Leitfähigkeit daher gering, nur über Materietransport, Kristalle dieser Art sind hart und spröde.

Kovalente Bindung (auch *Atombindung, homöopolare* Bindung oder *Elektronenpaar*bindung), z. B. Diamant, starke Bindekräfte, Stoffe haben hohen Schmelzpunkt, extrem hohe Härte, *Van der Waalssche Bindung:* z. T. bei Kunststoffen, unsymmetrische Ladungsverteilung in Molekülen führt zu Polkräften, schwache Bindung, leicht durch Wärme zu überwinden. Bei den meisten technischen Metallen werden mehrere Bindungsmechanismen wirksam, jedoch überwiegt metallische Bindung.

Bei Kristallisation bildet sich *Raumgitter,* eine periodische Anordnung der Atome mit meist mehreren wirkenden Bindungstypen, jedoch mit unterschiedlichen Anteilen.

2. Gitteraufbau der reinen Metalle

Raumgitteranordnung der Atome im Kristall sehr verschieden; 6 Grundsysteme (kubisch, hexagonal, tetragonal, rhombisch, monoklin und triklin), davon viele Abarten ableitbar. Nachfolgend die für Hauptmetalle wichtigsten Raumgitter, dargestellt durch ihre Gitterelemente, durch deren Vielfachanordnung in allen drei Raumrichtungen das Raumgitter und damit der Kristallverband entsteht. In den kleinen Skizzen sind aus Gründen der Übersichtlichkeit die Atome nur durch ihre Mittelpunkte dargestellt.

Kubisch-raumzentriertes Gitter: (krz- oder 9-Punkt-Gitter), Abb. I.7. Atomberührung in Richtung Würfel-Raumdiagonale. Elementarwürfel-Kantenlänge (Gitter-Parameter) $a=4\,r/\sqrt{3}$, wobei r = Atomradius. Raumerfüllung des Elementarwürfels mit Atomen $=\frac{2}{3}$. Kristallform: Rhomben-Dodekaeder.

Kubisch-flächenzentriertes Gitter: (kfl- oder 14-Punkt-Gitter), Abb. I.8. Gitter mit kubisch dichtester Kugelpackung. Atomberührung in Richtung Flächendiagonale des Elementarwürfels; Gitter-Parameter $a=2\,r\cdot\sqrt{2}$. Raumerfüllung $\approx\frac{3}{4}$; Kristallform: Oktaeder. – Metalle, die durch Modifikationsänderung (= Umwandlung, Umgitterung) krz- und kfl-Gitter annehmen können, wie z. B. Fe (Abb. I.35.), sind im letztgenannten Zustand (γ-Eisen) bei gleicher Temperatur spezifisch schwerer und erfahren bei dieser Umgitterung Volumenkontraktion (α-Fe → γ-Fe), im umgekehrten Sinn Volumenexpansion (γ-Fe → α-Fe). Während 1 Atom des krz-Gitters nur 8 Nachbaratome berührt, hat 1 Atom des kfl-Gitters 12 Berührungspunkte, daher letztgenannter Atomverband fester, daher vergleichsweise schwer umformbar. – Nimmt man in Abb. I.8.a) das Eckatom (G) fort, so liegen 6 Atome (A ... F) einer Oktaederebene frei (Abb. I.8.c)), die Basis einer Kugelpyramide mit Spitze G bilden; zwei solcher Kugelpyramiden, um 180° versetzt, mit den Basisflächen gegeneinander gestellt, bilden das Gitterelement, das also aus mehreren Kugelschichten dichtester Packung besteht. Auf erster Kugelschicht (u) liegt zweite Schicht (v) „auf Lücke", dabei nur halbe Lückenzahl abgedeckt. Folgende dritte Kugelschicht (w) muß nun so zu liegen kommen, daß offengebliebener Lückensatz von (u) und (v) abgedeckt wird, also Kugelschichtenfolge u-v-w-u-v-w- ... Nur so entsteht kfl-Gitter. Würde die dritte Schicht, was genauso möglich wäre, sich mit erster Schicht decken (also Schichtenfolge u-v-u-v- ...), so läge hexagonal-dichteste Kugelpackung vor.

Hexagonales Gitter. Hexagonal-dichteste Kugelpackung. Abb. I.9. Gleichdichte Atomlagerung wie beim kfl-Gitter. Gitterelement: Rhombisches Prisma ($=\frac{1}{3}$ des regelmäßig-sechsseitigen Prismas). 1 Atom berührt auch hier 12 Nachbaratome wie beim kfl-Gitter; Unterschied besteht nur im Symmetriegrad des Gitters (nur *eine* mögliche Gleitebenenschar), daher im Umformverhalten wesentlich benachteiligt gegenüber kfl-Gitter mit mehreren räumlich sich

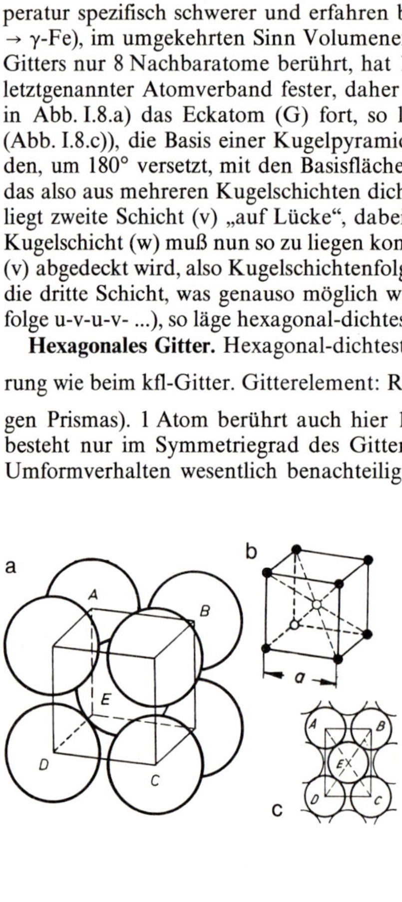

Abb. I.7. Kubisch-raumzentriertes Gitter (krz): a) Atomanordnung im Elementarkörper (Würfel); b) Elementarkörper, Atome durch Punkte dargestellt; c) Atomanordnung im Würfel-Diagonalschnitt *A ... E*.

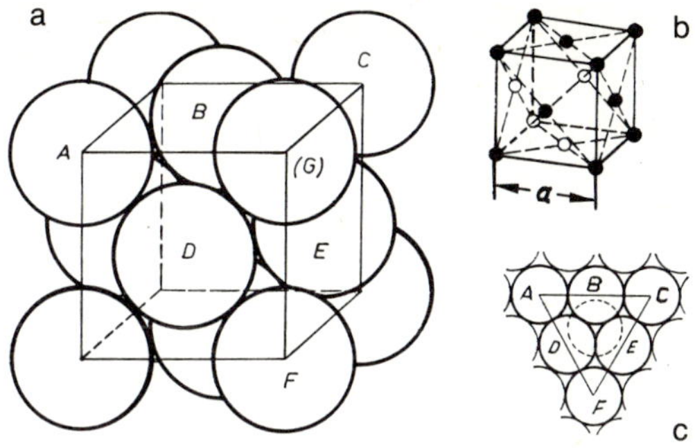

Abb. I.8. Kubisch-flächenzentriertes Gitter (kfl): a) Atomanordnung im Elementarkörper, (Würfel); b) Elementarkörper, Atome durch Punkte dargestellt; c) Würfel-Eckschnitt *A* ... *F* (Oktaederebene); Ebene dichtester Kugelpackung.

kreuzenden Gleitebenenscharen. Geht Metall durch Modifikationsänderung (Umgitterung) vom kfl-Gitter (z. B. α-Cer) in hexagonales Gitter (β-Cer) über oder umgekehrt (α-Kobalt in β-Kobalt), dann keine Volumenänderung, aber wesentliche Änderung des Umformverhaltens in oben angedeutetem Sinn.

Tetragonales Gitter. (Quadratisches System) mit Quader als Gitterelement. In Abb. I.10 Basisquadrat, jedoch Quaderhöhe < Basisquadratseite („gestauchter" Würfel). Besondere Bedeutung hat es als Übergangsstadium vom kfl- zum krz-Gitter, besonders bei dem zwecks Härtung durch Abschrecken beschleunigten Übergang C-haltigen Stahls, wobei tetragonales Zwischenstadium u. U. erhalten bleiben kann (tetragonaler Martensit). – Darüber hinaus gibt es noch viel kompliziertere Gitter, auf die hier nicht eingegangen werden kann.

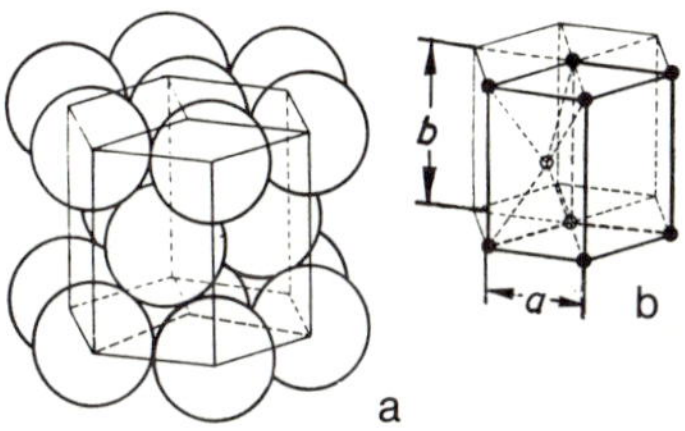

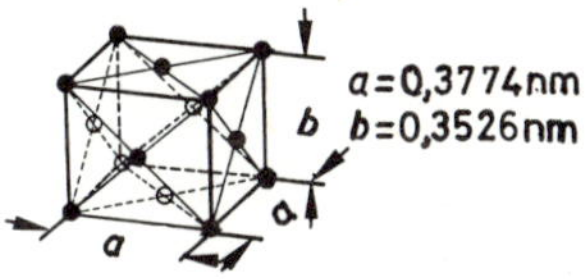

Abb. I.9. Hexagonales Gitter: a) Atomanordnung im Elementarkörper (rhombisches Prisma = ⅓ regelmäßig sechsseitiges Prisma; b) Elementarkörper: Atome durch Punkte dargestellt.

Abb. I.10. Tetragonal-flächenzentriertes Gitter von γ-Mangan. Alle drei Achsen stehen aufeinander senkrecht; nur zwei Achsen haben gleiche Länge (Nebenachsen); die Hauptachse ist kürzer (wie hier) oder länger (z. B. bei tetragonalem Martensit, vergl. Abb. I.35.b). Atome nur durch Punkte dargestellt.

3. Umkristallisieren durch Umwandlung im festen Zustand

Manche Metalle kommen in verschiedenen Raumgitterarten vor, die je für einen bestimmten Temperaturbereich stabil sind: Allotrope (ineinander umwandelbare) oder polymorphe (mehrgestaltige) Modifikationen (Vorkommensformen). „Umklappvorgang" von der einen zur anderen Gitterart = allotrope oder polymorphe Umwandlung (kurz Umwandlung oder Umgitterung).

Fe hat 3 Modifikationen (vgl. Abb. I.20): α-Fe (krz-Gitter), stabil von tiefen Temperaturen bis 911 °C; γ-Fe (kfl-Gitter) von 911 °C bis 1392 °C; δ-Fe (wieder krz-Gitter) von 1392 °C bis Schmelzpunkt. (β-Fe = unmagnetisches α-Fe ohne Gitterunterschied (769 °C bis 911 °C); α-β-Übergang ist keine Modifikationsänderung). Temperaturpunkt des Auftretens bzw. Verschwindens des Magnetismus nennt man *Curie-Punkt* (Fe: 769 °C; Ni: 360 °C; Co: 1121 °C). – Umwandlung bei Temperatursteigerung endotherm (Wärmeverbrauch), bei fallender Temperatur exotherm (Freiwerden von Wärme), doch sind diese Wärmemengen viel kleiner als beim Schmelzen bzw. Erstarren. Modifikationen oft auch außerhalb ihres Stabilitätsbereiches instabil existenzfähig infolge Umwandlungsträgheit (z. B. β-Zinn unter + 18 °C) oder stark beschleunigter Abkühlung (z. B. γ-Fe, d. h. Austenit, neben α-Fe in überhärtetem legierten Stahl).

4. Kristallbildung und -wachstum beim Erstarren

a) Submikroskopische und elektronenoptische Bereiche

Fehler im Gitteraufbau, d. h. Abweichungen vom idealen streng periodischen Atomgitter haben großen Einfluß, besonders auf mechanische und allgemein auf physikalische Eigenschaften. Sie können chemischer (z. B. Fremdatome), elektrischer (Ladungsverteilung) und struktureller Art (null-, ein- und zweidimensional) sein.

Punktförmige Fehlstellen (nulldimensional) sind: Leerstellen und Agglomerate davon sowie Zwischengitteratome, auch kombiniert mit Leerstellen. Entstehung: bei Kaltverformung, Behinderung der Schrumpfung, Umwandlung der Gitterstruktur und Ausscheidungen durch Abschrecken aus höheren Temperaturen, sowie Diffusion von substituierten und interstitiell gelösten eingelagerten Fremdatomen; weiter Bestrahlung mit energiereichen Teilchen, vornehmlich mit Neutronen und Elektronen. Konzentration in Metallen primär temperaturabhängig, d. h. bei Raumtemperatur kommt auf 10^4 bis 10^7 Atome eine Leerstelle.

Versetzungen (eindimensionale Gitterfehler) haben linienhafte Ausdehnung im Kristall. Sie wandern, wenn eine bestimmte (kritische) Schubspannung erreicht ist, längs der Gleitebene durch das Metallgitter, wodurch Gleiten schon bei um ein bis zwei Zehnerpotenzen kleineren Schubspannungen möglich wird im Vergleich mit starrer Abgleitung von Netzebenen in ideal aufgebauten Kristallen. Durch Wandern, Aufstauen und Erzeugen neuer Versetzungen wird die hohe plastische Verformung von Metallen möglich.

Netzwerk von Versetzungen (10^6 bis 10^8 pro cm^2 in geglühtem Metall, Erhöhung auf bis 10^{12} pro cm^2 in stark kaltverformtem Zustand) durchzieht die Realkristalle. (Ausnahme: Whiskers enthalten nur eine schraubenförmige Versetzung in der Mitte). Versetzungsnetzwerk ist Quelle neuer Versetzungen (Frank-Read-Quellen), Stufen- (Kurzzeichen ⊥) und Schraubenversetzungen (Kurzzeichen ⊙) bilden Versetzungslinien. Sie durchwandern (temperatur- und verformungsgradabhängig) den Kristall so lange, bis sie auf Hindernisse wie Ausscheidungen, Korngrenzen und Versetzungen mit anderen Gleitebenen stoßen. (Näheres III.B). Dadurch Festigkeitssteigerung der Metalle (Abb. I.11 und I.12) [*I.14*].

Abb. I.11. Modell einer Stufenversetzung.

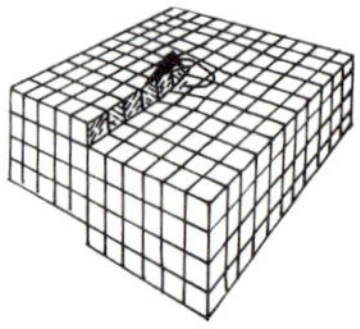

Abb. I.12. Modell einer Schraubenversetzung.

b) Lichtmikroskopische Bereiche

Primärkristallisation, im Gegensatz zu Sekundär-Kr. durch Umwandlung bzw. Rekristallisation. Man unterscheidet:

Dendritische Kristalle (*Tannenbaum-Kristalle*) bei den duktilen (geschmeidigen) Metallen (Fe, Cu, Al u. a.), Abb. I.13. Freigewachsene Dendriten manchmal in Lunkerhohlräumen, weil Restschmelze in Umgebung durch Schwinden abgesaugt. Entstehung durch unterschiedliche Wachstumsgeschwindigkeit der Kristalle in verschiedenen Raumrichtungen (in Kristallachsenrichtung am größten). Entstehende „Kristallskelette" z. B. auch bei Eisblumenbildung am Fenster oder Schneekristallen feststellbar (Wasser kristallisiert hexagonal). Die je nach Metallart mehr oder weniger starke Abrundung der Spitzen und Ecken ist Folge der Oberflächenspannung bei Bildungstemperatur. Durch Aneinander-Wachsen von Dendriten entstehen mehr oder weniger starke Korngrenzen (Abb. I.13 b). Durch Umwandlung im festen Zustand (z. B. bei Fe) verschwinden die Großwinkelkorngrenzen (durch Sonderätzung auf Kristallseigerung jedoch auch nach Verschmieden noch nachweisbar!); es entstehen polyederförmige Sekundärkristallite, die auch keine regelmäßige Form mehr zeigen. Bei Metallen ohne Umwandlung (Cu, Ni, Al u. a.) ist dendritisches Primärkorn nur durch Umformung und dabei stattfindende Rekristallisation zu beseitigen.

a  b

Abb. I.13. a) 3 Dendriten wachsen in der Schmelze; Spitzen durch Nachbarn z. T. am Weiterwachsen behindert; b) Bereich nach a erstarrt; Dendriten wuchsen dort weiter, wo sie nicht behindert wurden (schwarze Flächen sind Mikrolunker).

Idiomorphe Kristalle, für spröde Metalle (Cr, Sb, Zn u. a.) kennzeichnend, stellen geschlossene, vollmassige Formen dar (Polyeder-Struktur); in Lunkerhohlräumen freiwachsend haben sie Begrenzung durch ebene Flächen.

Stengel-Kristalle (*Nadelkristalle*) entstehen durch ausgesprochenes Richtungswachstum einzelner Kristalle (*Transkristallisation*) bei bestimmter, nicht zu großer Wärmeabfuhr (z. B. durch Kokillenwand) senkrecht zur Abkühlfläche. Vor Front wachsender Stengelkristalle wird nennenswerte Unterkühlung infolge Freiwerden von Kristallisationswärme unterbunden, so daß auch „Keimbildung" weitgehend unterdrückt wird. Auftreten bevorzugt bei sehr reinen Metallen und Legierungen mit Minimum artfremder Kristallisationskeime. Transkristallisationszone immer unerwünscht, da verminderter Zusammenhalt senkrecht Korngrenze mit Gefahr eines Korngrenzenbruches. Gußformen mit scharfen Innenecken führen zu „Naht" der aus zwei Richtungen aufeinanderstoßenden Stengelkristalle (Abb. I.14 a), die bei späterer Warmumformung aufplatzen kann; Eckenausführung nach Abb. I.14 b vermeidet das. – Oft an Gußblöcken 3 Zonen feststellbar (Abb. I.15): Randzone a infolge schneller Abkühlung feinkörnig; b transkristallisiert; vor Stengelkristallfront hergetriebene, in Kristallverband nicht

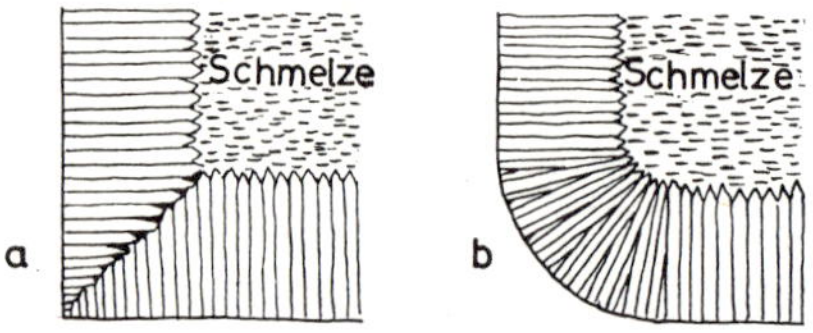

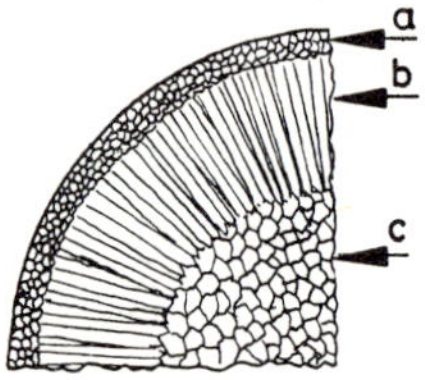

Abb. I.14. Stengelkristallbildung (Transkristallisation); a) „Nahtstelle“ als Folge einer scharfen Ecke vermindert Festigkeit dort; b) Nahtstelle durch Eckenrundung vermieden.

Abb. I.15. Ausschnitt aus Rundguß mit 3 Kristallisationszonen (Näheres siehe Text).

aufgenommene artfremde Kristallisationskeime reichern sich schließlich so stark an, daß im Kern c polyedrische Kristallite entstehen, die ihrerseits Transkristallisation stoppen. Querschliff von Lichtbogen-Schmelzschweißnähten zeigt auch meist Transkristallisationszone, die Schweißnahtrissigkeit begünstigt; bei Stahl durch Umwandlungsglühen in Polyederform zu verwandeln. (Auch elektrolytisch niedergeschlagene Metallschichten zeigen Stengelkristallbildung.)

Erstarrt heterogene (z. B. unter- oder übereutektische) Legierung, so wird Kristallart mit höherem Erstarrungspunkt ohne Behinderung in Restschmelze zuerst auskristallisieren, während Kristallzwischenräume von später erstarrter Kristallart (z. B. Eutektikum) ausgefüllt werden. Vergleiche hierzu Tafel I, Abb. 6, u. Tafel IV, Abb. 23 u. 24. –

Kristallisationsvorgang bei reinen Metall- und Legierungsschmelzen: Ob sich bei Erstarrung wenig große oder viel kleine Kristalle bilden, hängt ab von in Zeiteinheit neugebildeter Kernzahl (Kristall-Keimzahl) KZ [1/cm³ · min] und von der linear gemessenen Kristallisationsgeschwindigkeit KG [mm/min]. Ihre Abhängigkeit von der Schmelz-Unterkühlung (Erstarrungspunkt-Unterschreitung ohne sofortige Kristallisation) zeigt schematisch Abb. I.16. Bei I mehr Schmelze zum Wachstum schon vorhandener Kristallite verbraucht als zur Neubildung

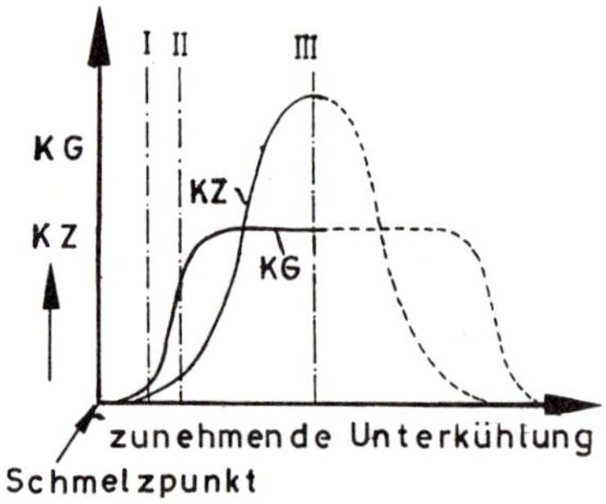

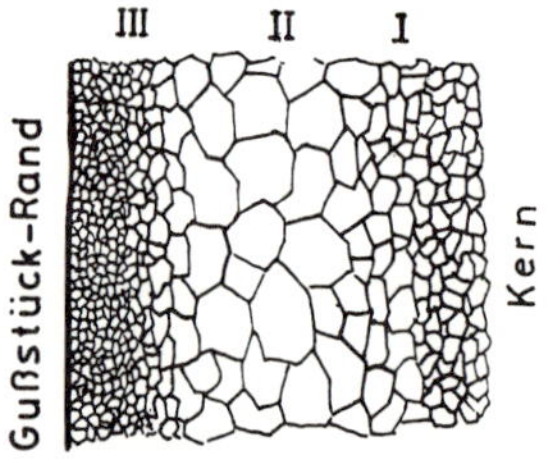

Abb. I.16. Abhängigkeit von Keimzahl (*KZ*) und Kristallisationsgeschwindigkeit (*KG*) von zunehmender Unterkühlung der Schmelze (schematisch). Bedeutung von I ... III siehe Text!).

Abb. I.17. Verschieden starke Unterkühlung, abhängig vom Randabstand bei großem Gußstück (schematisch). Bedeutung von I . . . III siehe Text zu Abb. I.16.

von Kristallkeimen, daher Bildung von Kristallen mittlerer Größe. Bei II dagegen ausgesprochene Neigung zu Grobkornbildung, weil KZ≪KG. Bei III KZ≫KG, daher feines Korn. Ist bei großem Gußstück in unterschiedlicher Randentfernung Unterkühlung verschieden groß, dann Voraussetzung für Bildung unterschiedlicher Korngröße gegeben (Abb. I.17). In praktischen Fällen wird diese Gesetzmäßigkeit durch Vorhandensein arteigener und artfremder Kristallkeime mehr oder weniger überdeckt.

Arteigene Kristallkeime = nicht ganz aufgeschmolzene Metallteilchen oder zwecks Erzielung von Feinkorn zugesetzte legierungsgleiche oder -verwandte Stoffe, die wegen gleichen Kristallgitters viel stärker wirken als artfremde Keime; letztere sind Oxide, Sulfide, Spuren von Ofenbaustoffen u. a.

Korngrenzen: Stoßen zwei oder mehr Kristalle aneinander, entstehen Korngrenzen (KG). Sind die Winkel zwischen den Kristallebenen kleiner als 15°, so nennt man sie Kleinwinkelkorngrenzen (KWKG), die aus parallel äquidistanten Versetzungslinien aufgebaut sind, während Großwinkelkorngrenzen (größer als 15°) aus mehreren Atomlagen dicken Schichten hoher Unordnung, d. h. geringer Koordinationszahl, bestehen. Die Struktur der GWKG ist somit als flüssigkeitsähnlich anzusehen.

Eine besondere Art sind die Zwillingskorngrenzen mit symmetrisch orientierten Verwachsungsebenen, die kohärent und inkohärent sein können.

5. Erhitzungs- und Abkühlkurve unlegierter Metalle

Bei langsamer Erhitzung bis Schmelzpunkt (Abb. I.18) kontinuierlicher Temperaturanstieg (A – B), dann trotz weiterer Wärmezufuhr Haltepunkt (B – C), bis alles geschmolzen ist (Schmelzen = endothermer Vorgang), dann erst weiterer Temperaturanstieg (C – D). Bei langsamer Abkühlung (Abb. I.19) Vorgang umgekehrt; Haltepunkt C′ – B′, da Kristallisationswärme frei wird (exotherm).

Verspätetes Einsetzen durch Schmelzunterkühlung kann Erstarrungstemperatur unter Erstarrungspunkt sinken lassen; durch plötzliches Einsetzen der Erstarrung kann durch schnelles Wärme-Freiwerden vorübergehend und örtlich begrenzt sogar Schmelzpunkt wieder überschritten werden (Abb. I.19 a, gestrichelt). Bei sehr schneller Abkühlung kann Erstarrungspunkt so weit heruntergedrückt werden, daß bei Erstarrung Schmelzpunkt nicht mehr erreicht

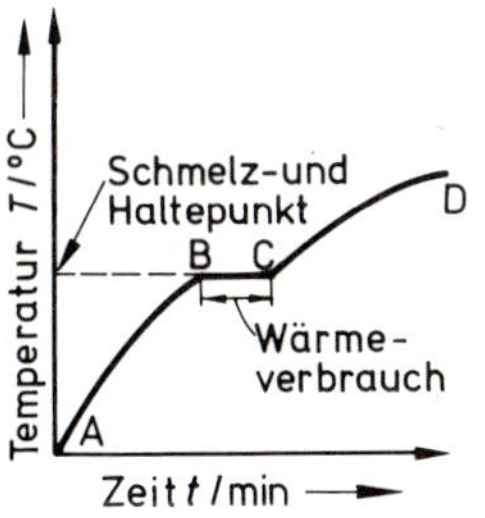

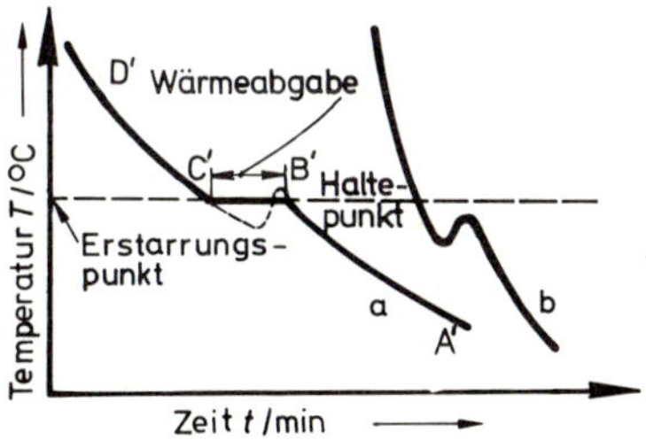

Abb. I.18. Erhitzungskurve eines reinen Metalls ohne Umwandlungspunkt.

Abb. I.19. a) Abkühlkurve eines reinen Metalls ohne Umwandlungspunkt; b) desgl., jedoch bei schneller Abkühlung; Schmelzunterkühlung mit verspätetem Einsetzen der Kristallisation.

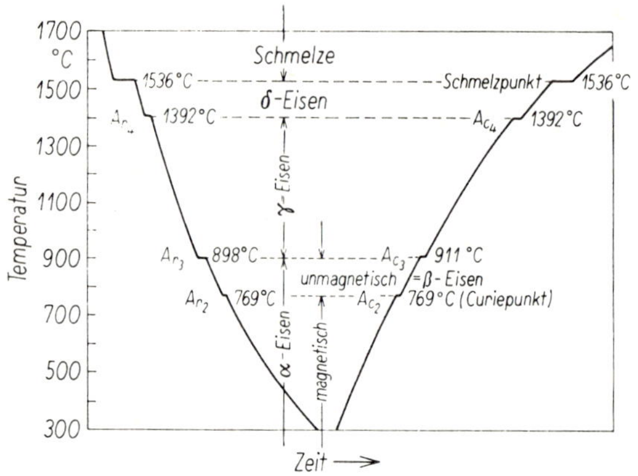

Abb. I.20. Abkühl- und Erhitzungskurve von reinem Eisen mit Umwandlungspunkten A_2, A_3 und A_4. Beachte Hysterese zwischen A_{r3} (898°C) und A_{c3} (911°C)!

wird (Abb. I.19 b). – Abb. I.20 zeigt Abkühl- und Erhitzungskurve von reinem Fe: Nicht nur beim Erstarren, auch bei Umwandlungspunkten A_3 und A_4 (Übergang α-γ und γ-δ, sowie umgekehrt) schwacher Haltepunkt, noch schwächer beim Curiepunkt (A_2). Übergang α-β und umgekehrt bei 769 °C ist keine Gitterumwandlung; hier geht nur magnetisches α-Fe in unmagnetisches α-Fe (=β-Fe) über und umgekehrt. A ≙ *Haltepunkt* (franz. Arrêt = Stillstand); Zeiger r (von refroidissement = Abkühlung) und c (von chauffage = Erhitzung) deuten Durchlaufsinn der Haltepunkte an. A_1 erscheint erst bei Legierungen des Fe mit C. Bei schneller Abkühlung können auch Haltepunkte innerhalb des festen Zustandes stark herabgedrückt werden. (Vgl. Abb. I.20).

6. Legierungsbildung und dabei mögliche Kristallarten

Legierungen sind bei Raumtemperatur gegenseitige Lösungen oder innige Gemenge oder Kombinationen von Lösungen und Gemengen zweier oder mehrerer Metalle; auch Metalloide und einige Nichtmetalle können beteiligt sein.

Legierungsbildung meist durch Zusammenschmelzen der Bestandteile; manchmal zonenweise gebildet durch Eindiffundieren eines flüssigen oder gasförmigen Bestandteils in festes Metall. Auch gemeinsame Reduktion von Mischerzen kann unmittelbar zur Legierung führen („Naturlegierung"), z. B. in USA gewonnenes Monel (Ni67Cu) oder im Altertum erschmolzenes Messing (Cu-Zn; Zn als Metall erst im 15. Jahrhundert entdeckt!). Aus komprimierten Metallpulvergemischen entstehen bei höheren Temperaturen (unterhalb Schmelzpunkt mindestens eines Metalls) durch Diffusion Sinterlegierungen (metallkeramische Erzeugnisse), die im physikalischen Sinn Pseudolegierungen sind. – Legierungsbildung allgemein physikalischer Vorgang, kann jedoch von chemischem Vorgang (Metallidbildung) begleitet sein.

Kristallarten von Legierungen: Auch Legierungen sind kristalliner Natur. Vorkommende Kristallarten sind in der Hauptsache:

Homogen: a) Kristalle reiner Metalle; b) Mischkristalle (gegenseitige Lösung von Metallen), und zwar entweder Substitutions-Mischkristalle, bei denen einige Atomgitterplätze des Grundmetalls durch Legierungsatome in statistischer Verteilung besetzt sind (lat.: substituere = ersetzen), oder Einlagerungs-Mischkristalle, in denen wesentlich kleinere Legierungs-Atome in Lücken des Atomgitters des Grundmetalls liegen; in letzterem Fall oft erhebliche Festigkeits-,

Härte- und Sprödigkeitszunahme, da innere Gitterspannungen durch Gitteraufweitung entstehen können. – c) Metallid-Kristalle (intermediäre Kr.), chemische Verbindungen zwischen Metallen oder Metallen und Metalloiden, z. B. Al_2Cu, $Cu_{31}Sn_8$, Fe_3C, Mg_2Si u. v. a., die oft schon in kleinen Mengen die Legierungseigenschaften wesentlich beeinflussen.

Heterogen: a) Eutektische Kristalle = mechanische Gemenge zwischen Legierungskomponenten bzw. den komponentenreichen Mischkristallen. b) Mischkristalle mit Segregatbildung. c) Eutektoidale Kristalle, entstanden durch Zersetzung von Mischkristallen im festen Zustand bei Unterschreiten der Eutektoidalen (z. B. Perlit im Fe-C-System), sowie weitere Sonderfälle.

7. Abkühlkurven und Zustandsdiagramme von Zweistoff-Legierungen

Zweistoff- oder binäre Legierungen ergeben für jede mögliche Zusammensetzung Abkühlkurven, die von jenen der reinen Metalle stark abweichen können. Ihre Zusammenfassung zum binären Zustandsschaubild ergibt verschiedene Zustandsfelder, die Beschreibung des Legierungssystems für den Gleichgewichtszustand (sehr langsame Temperaturänderung) ermöglichen.

1. Erstarrungsfall: *Vollkommene Löslichkeit im flüssigen und festen Zustand.* Abb. I.21; kontinuierliche Mischkristallreihe (feste Lösung). Legierungen haben keine Haltepunkte mehr, sondern Erstarrungsbereiche. Obere Knickpunkte liefern Liquiduslinie L (lat.: liquidus = flüssig); untere Knickpunkte liefern Soliduslinie S (lat.: solidus = fest); zwischen L und S halbflüssiger (breiiger) Zustand mit bei bestimmter Temperatur konstantem Verhältnis von Kristallen und Restschmelze im Gleichgewicht. Für Legierung X bei Temperatur T_2 gilt: Auskristallisiertes/Restschmelze = b/a (Hebelgesetz). Erstarrungsbeginn bei T_1; erste Kristallspuren haben Zusammensetzung x_1 (an höher schmelzendem Metall angereichert). Bei T_2 hat bis jetzt Auskristallisiertes Durchschnitts-Zusammensetzung x_2, während Restschmelze x_3 entspricht (angereichert an niedriger schmelzendem Metall). Unmittelbar vor Erreichen von S bei T_3 haben Kristalle praktisch Durchschnitts-Zusammensetzung X fast erreicht, während letzte Spuren von Restschmelze Zusammensetzung x_4 haben. Wegen fehlenden Diffusionsausgleichs bei praktischer Abkühlgeschwindigkeit entstehen meist Zonenkristalle, deren Kern an A und deren Randzone an B angereichert ist (*Kristallseigerung*). Erscheinung um so ausgeprägter, je

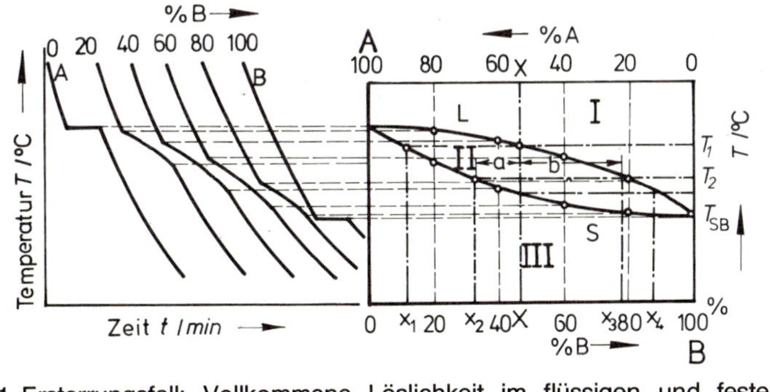

Abb. I.21. 1. Erstarrungsfall: Vollkommene Löslichkeit im flüssigen und festen Zustand. Einige Abkühlkurven, daraus Zustandsdiagramm entwickelt (I homogene Schmelze, II halbfester breiiger Bereich, III kristallisiert/fest).

größerer Abstand L – S (und je geringer Schmelzpunkt-Unterschied von A und B); dadurch Zähigkeitseinbuße. Nachträglicher weitgehender Diffusionsausgleich durch Homogenisierglühen; dabei vor allem Zähigkeits-, auch Festigkeitsgewinn. Starke Kristallseigerung z. B. bei Zinnbronzen, Rotguß u. a., auch bei vielen Al-Legierungen.

2. Erstarrungsfall: *Vollständige Löslichkeit im flüssigen und praktisch Unlöslichkeit im festen Zustand* (Abb. I.22). Alle Legierungen haben Haltepunkte bei eutektischer Temperatur T_E, der bei eutektischer Zusammensetzung E am größten ist. *Eutektikum* (griech.: Das leicht Schmelzbare, Gutflüssige) besteht aus A und B in feinster Verteilung (mechanisches Gemenge). Diese Legierung hat beste Formfülligkeit, ist sehr dünnflüssig. Links bzw. rechts davon liegende Legierungen heißen unter- bzw. übereutektisch. L besteht aus 2 Ästen. Eutektische Gerade (Eutektikale) CED (= S) reicht theoretisch nicht bis an Grenzvertikale durch A und B heran; Grenzfall des 3. Erstarrungsfalls, wobei die dortigen Felder IV und V unendlich schmal werden (Abb. I.23).

Kühlt Legierung Y (Abb. I.22) bis T_1 ab, kristallisieren erste Spuren von reinem B aus. Bei T_2 gilt: Auskristallisierte Menge B-Kristalle/Restschmelze = a/b; Zusammensetzung der Restschmelze durch y_2 gegeben, nähert sich also mit sinkender Temperatur Zusammensetzung E, die sie bei T_E erreicht hat. Dann Menge B-Kristalle/Menge Restschmelze = c/d. Während also beim 1. Erstarrungsfall Restschmelzmenge mit Annäherung an S auf Null zustrebt, liegt hier je

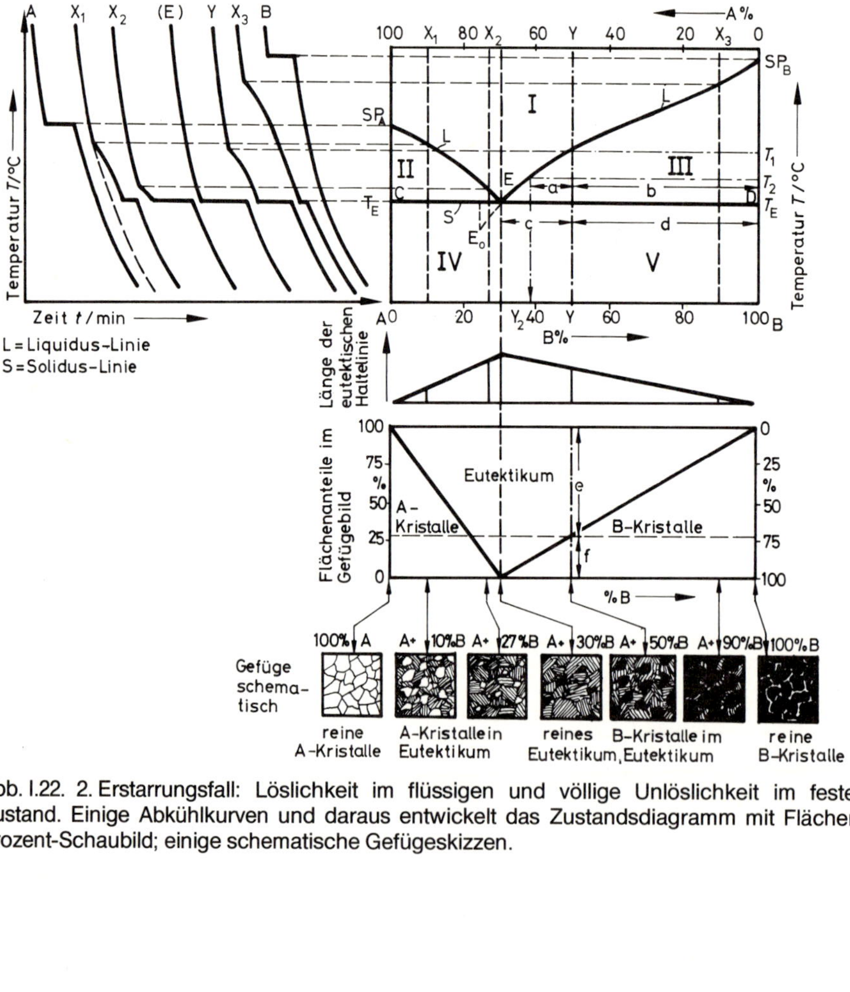

Abb. I.22. 2. Erstarrungsfall: Löslichkeit im flüssigen und völlige Unlöslichkeit im festen Zustand. Einige Abkühlkurven und daraus entwickelt das Zustandsdiagramm mit Flächen-Prozent-Schaubild; einige schematische Gefügeskizzen.

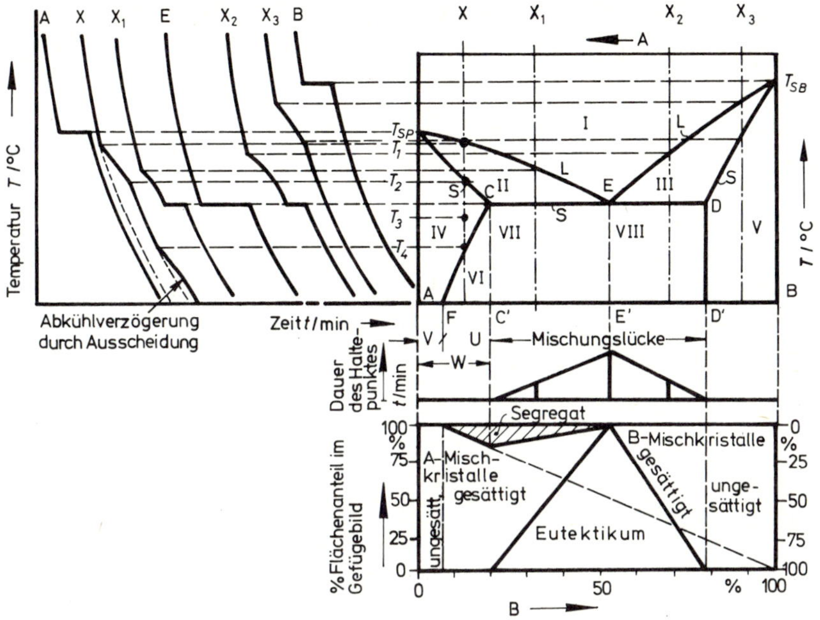

Abb. I.23. 3. Erstarrungsfall: Löslichkeit im flüssigen Zustand vollkommen, im festen Zustand nur teilweise (System mit Mischungslücke). Darunter Flächen-Prozent-Diagramm.

nach Zusammensetzung noch größere oder kleinere Schmelzmenge vor, die mit Unterschreiten von T_E plötzlich unter Haltepunktbildung erstarrt und dabei in feinverteiltes Gemenge A- und B-Kristalle zerlegt wird. Flächenprozent-Diagramm gibt Mengenanteile der A- bzw. B-Kristalle und des Eutektikums für betreffende Legierungszusammensetzung; z. B. hat Legierung Y im Gefügebild e Flächen % Eutektikum, in dem f % B-Kristalle eingelagert sind; Größe der B-Kristalle abhängig von Erstarrungsgeschwindigkeit. Abb. I.22 zeigt auch für einige Zusammensetzungen schematische Gefügeskizzen. – B kann u. U. (infolge Schmelzunterkühlung) weiter bis E_0 auskristallisieren, so daß Restschmelze dann untereutektisch zusammengesetzt ist; bei ihrer Erstarrung dann zunächst Auskristallisieren von A, bis E wieder erreicht wird. Gefüge kann dann neben B-Kristallen auch etwas A-Kristalle im Eutektikum zeigen, ein Zeichen dafür, daß Abkühlung abweichend vom Gleichgewichtszustand erfolgte. – Realbeispiele für 2. Erstarrungsfall: Zn-Sn u. a., ferner als Grenzfall: z. B. Al-Sn, wobei E bei 99,5% Sn liegt.

3. Erstarrungsfall: *Vollständige Löslichkeit im flüssigen Zustand, im festen Zustand kann nur beschränkte Menge des einen Bestandteils im anderen gelöst sein; darüber hinaus Eutektikum* (System mit „Mischungslücke"); (Abb. I.23), auffaßbar als Kombination des 1. und 2. Erstarrungsfalls. Eutektikum tritt nur im Bereich der Mischungslücke C-D auf. Grundsätzlich neu hier Linienzug C-F, eine Kurve abnehmender Löslichkeit von B in A mit sinkender Temperatur: Maximale Löslichkeit bei C; bei Raumtemperatur dagegen nur v % (F). Legierung X mit w % B bildet mit Unterschreiten von T_1 erste A-reiche Mischkristalle in Restschmelze; bei T_2 Erstarrung beendet (≙ 1. Erstarrungsfall), also unter T_2 zunächst homogene ungesättigte A-Mischkristalle, die bei T_4 eben gesättigt sind. Mit Unterschreiten von CF scheidet sich jetzt zuviel gelöstes B als B-Mischkristall wieder aus (Segregatbildung); Zustand also inhomogen. Bei Raumtemperatur haben sich u % B ausgeschieden, während v % noch in A gelöst sind. Real-

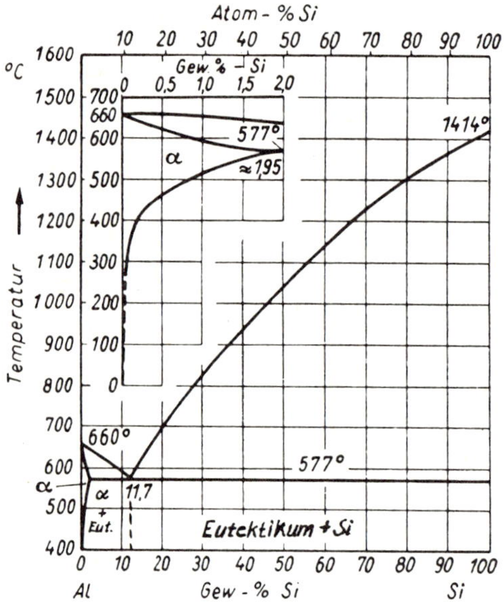

Abb. I.24. Sonderfall von Abb. I.23. System Al-Si; auf Si-Seite fehlt Mischkristallbildung vollkommen.

beispiele: Pb-Sn, Pb-Sb, Sn-Bi u. a. In manchen Fällen kann Mischungslücke sehr groß (Al-Si) oder sehr klein (Ni-Cr) sein, auch Mischkristall auf einer Seite vollkommen fehlen (Abb. I.24, z. B. Al-Si).

Der so wichtige *Aushärtungsvorgang* mancher Legierungen setzt u. a. Kurve temperaturabhängiger Löslichkeit voraus, wie CF in Abb. I.23. Erklärung der Aushärtung mit Abb. I.83, Al-Legierungen.–

4. Erstarrungsfall: *Aus erstarrender Schmelze (oder im festen Zustand) kristallisieren eine* oder *mehrere intermetallisch-chemische Verbindungen (Metallide) aus,* die u. U. ihrerseits wieder Mischkristall bilden können.

a) Metallid existiert bis zur Liquiduslinie herauf; dann dort Abkühlkurve gleich der eines reinen Metalls: Abb. I.25 (Mg-Si), Metallid Mg_2Si ohne Mischkristallbildung; Abb. I.26 (Al-Mg), beide Metallide Al_3Mg_2 und Al_3Mg_4 mit Mischkristallbildung. Gedachter Senkrecht-

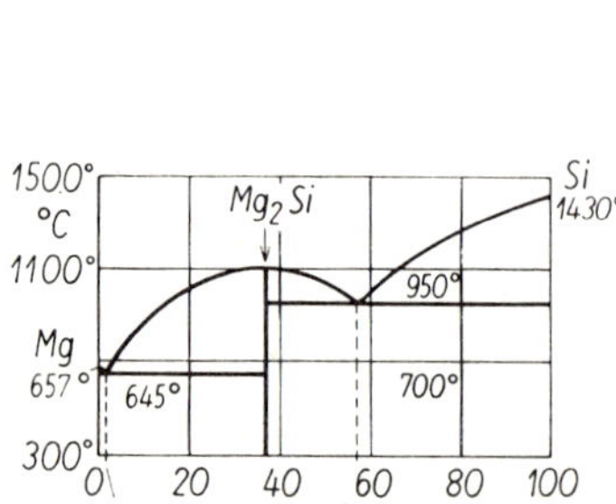

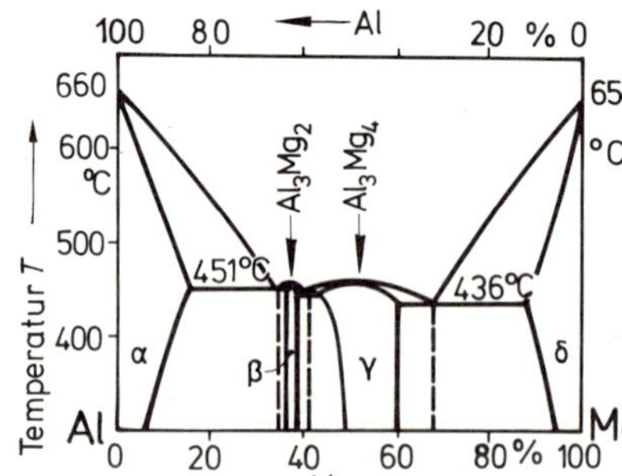

Abb. I.25. System Mg-Si mit Metallid Mg_2Si, das keine Mischkristalle bilden kann.

Abb. I.26. System Al-Mg mit Bildung zweier Metallide, die beide Mischkristalle bilden können.

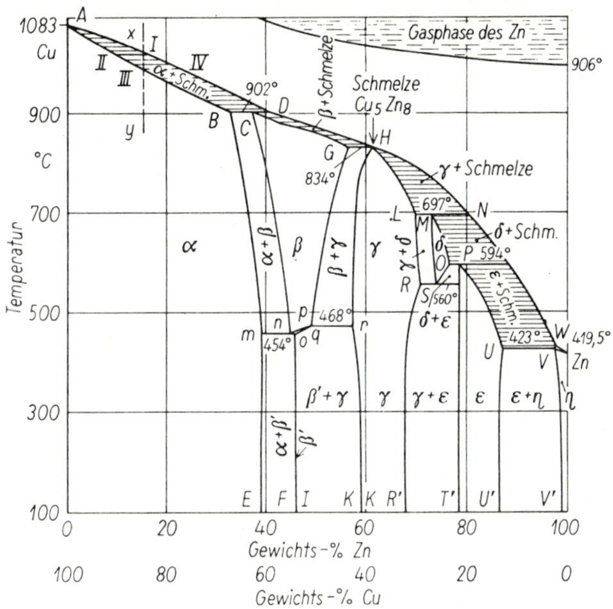

Abb. I.27. System Cu-Zn mit Metallid Cu_5Zn_8 in Punkt *H* u. vier weiteren weniger wichtigen.

schnitt bei Mg_2 in Abb. I.25 liefert 2 Diagramme des 2. Erstarrungsfalls. Metallid tritt dann im rechten Teil an Stelle von A, im linken Teil an Stelle von B. Sinngemäß Abb. I.26 in 3×3. Erstarrungsfall zerlegbar. Auch im System Cu-Zn (Abb. I.27) existiert bei H Metallid Cu_5Zn_8, das im Feld γ Mischkristalle bildet; es macht Messing mit Cu < 50% sehr hart und spröde (verwendbar nur als Schweiß- und Hartlötzusatz, um Zn-Verdampfung auszugleichen, wobei an Verbindungsstelle später Cu > 50%).

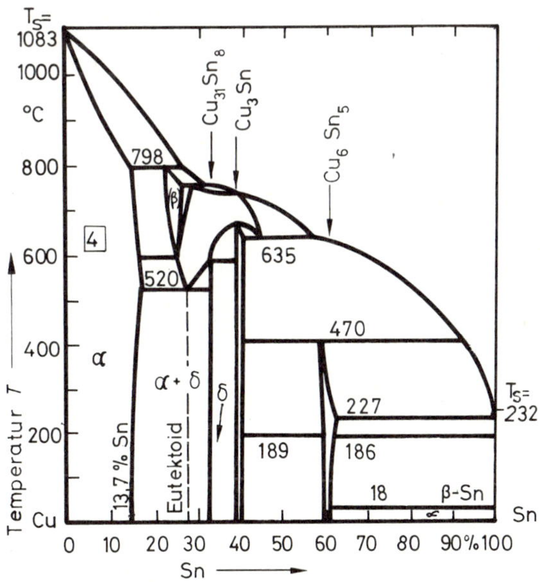

Abb. I.28. System Cu-Sn mit 3 Metalliden, davon $Cu_{31}Sn_8$ = δ-Phase bei 32,5 . . . 33% Sn.

b) Metallid entsteht erst unterhalb Liquiduslinie. Beispiel: System Cu-Sn (Abb. I.28) mit 3 Metalliden, die nur bis 580 °C bzw. 675 °C bzw. 410 °C bestehen bleiben, darüber aber zerfallen. $Cu_{31}Sn_8 \triangleq \delta$-Phase; es macht als ($\alpha$-$\delta$)-Eutektoid (harter Tragkristall) die Gußzinnbronzen (12 ... 20% Sn) als Gleitlagerwerkstoff so wertvoll und gibt Glockenbronze (20 ... 25% Sn) Härte und Klang. δ-Phase ist härter als Glas und wie alle Metallide sehr spröde. Es ist, als galvanische Schicht aufgetragen, hochverschleißfest und glänzendweiß.

c) Metallidbildung aus ununterbrochener Mischkristallreihe im festen Zustand manchmal möglich („Überstruktur"), meist nach bestimmter Wärmebehandlung. Beispiel: Au-Cu mit Bildung dreier Metallide, die bis 400 °C beständig sind und zu technisch wichtigen Verbesserungen der mechanischen Eigenschaften führen (el. Kontakte); ferner Fe-Cr, das bei $\approx$47% Cr und 900 °C Metallid bilden kann.

Auf weitere Besonderheiten der Zweistoffsysteme (solche mit Peritektikum, Metatektikum, Monotektikum ...) kann nicht eingegangen werden. Manche Metalle, wie u. a. Pb und Fe, lösen sich weder im festen noch im flüssigen Zustand ineinander; sie stehen geschmolzen übereinander wie Wasser und Öl. Durch Sondermaßnahmen sind sie aber beschränkt emulgierbar, so daß Stahl mit einigen % Pb erzeugt werden kann (Pb-haltiger Automatenstahl). Andere, z. B. Cu-Pb, sind flüssig nur in beschränktem Bereich ineinander löslich. Die technisch so wichtigen Lagerbleibronzen erfordern daher beim Guß besondere Kunstgriffe.

Zustandsdiagramme geben nur Gleichgewichtszustand wieder. Oft liegen Legierungen, unbeabsichtigt oder durch Wärmebehandlung erzwungen, nicht im Gleichgewichtszustand vor. Dadurch können unerwünschte Eigenschaften (Sprödigkeit, Korrosionsanfälligkeit u. a.), aber auch erwünschte Eigenschaften (hohe Härte und Festigkeit, Feinkörnigkeit, Verschleißbeständigkeit u. a.) entstehen.

8. Magnetische Eigenschaften der Werkstoffe

Magnetismus, Begründung mit Hilfe der Atomphysik möglich. Die meisten Atome und Moleküle haben ein beständiges magnetisches Moment. Dieses setzt sich aus den Momenten der kreisenden Elektronen und der Spins der Elektronen und Kerne zusammen (Paramagnetismus). In ferromagnetischen Stoffen können durch Austauschkräfte die bleibenden Momente über große Gebiete parallel gerichtet werden (Ferromagnetismus). Heben sich diese Kräfte gegenseitig auf, kann ein magnetisches Moment nur durch ein äußeres Feld induziert werden (Diamagnetismus).

9. Legierungen mit mehr als zwei Komponenten

Im Gegensatz zu obigen binären oder Zweistoff-Legierungen spricht man von ternären oder Dreistoff-Legierungen, quarternären oder Vierstoff-Legierungen, sowie bei mehr als vier Komponenten von komplexen Legierungen.

Dreistoff-Systeme: Während alle möglichen Legierungen aus zwei Komponenten auf einer Geraden darstellbar sind (Abszisse obiger Zustandsdiagramme), ist für Dreistoff-Systeme gleichseitiges Dreieck erforderlich; jede mögliche Dreistoff-Legierung ist dann durch bestimmten Punkt L gegeben (Abb. I.29). Legierung L_1 hat hier 10% A, 70% B und 20% C. – Den in der Ebene darstellbaren Zustandsfeldern eines Zweistoff-Systems entsprechen hier Zustandsräume, wobei über Basisdreieck die Temperatur als 3. Koordinate aufgetragen wird. Abb. I.30 zeigt als einfaches Beispiel Dreistoffsystem, dessen Grenzsysteme AB, BC und CA je dem 2. Erstarrungsfall entsprechen. Neben den drei binären Eutektika erscheint hier ternäres Eu-

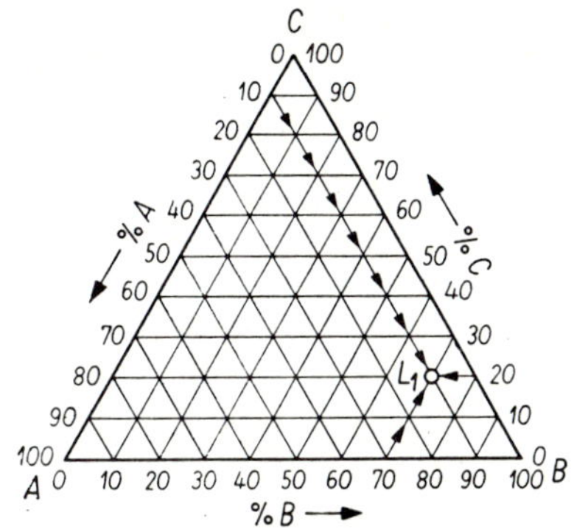

Abb. I.29. Basisfläche eines Dreistoff-Systems (Legierungsdarstellung in Dreiecks-Koordinaten).

tektikum E in der Ternär-Eutektikalebene A′B′C′ bei Temperatur T_E, die niedriger liegt als alle drei binären eutektischen Temperaturen. Für Legierung L ist Abkühlkurve gezeichnet. In ebener Darstellung werden die drei binären Grenzsysteme in die Zeichenebene geklappt.

Weitere Darstellungsmöglichkeiten ternärer Systeme sind Drahtmodelle (*P. Goerens*), Glasplatten-Modelle (mit auf den einzelnen Scheiben aufgezeichnetem Diagrammverlauf für betreffenden Senkrechtschnitt durch Raumprisma [*H. Hanemann*]) oder eine Reihe paralleler Senkrechtschnitte nebeneinander in der Zeichenebene (*W. Guertler*); auch andere Darstellungen werden z. T. noch verwendet. – Nur sehr kleiner Teil möglicher Dreistoffsysteme bisher vollständig untersucht; vielfach nur technisch näher interessierende Ecken in der Nähe einer Komponente aufbaumäßig geklärt. Interessiert eines der drei binären Grenzsysteme über ganzen Bereich, so wird Einfluß einer dritten Komponente darauf durch Einzeichnen der Phasengrenzen-Verschiebungen für verschieden hohe %-Zusätze angegeben: Abb. I.31 z. B. zeigt Einfluß von 2% und 4% Si auf das Eisen-Kohlenstoff-Diagramm (vereinfachte ältere Darstellung).

Mehrstoff-Legierungen: Schon zur zeichnerischen Darstellung der Zusammensetzung eines Vierstoffsystems ist ein Raum (Tetraeder) nötig; jede mögliche Zusammensetzung aus vier Komponenten entspricht einem Punkt im Innern. Weitere zeichnerische Darstellungen sind nicht mehr möglich.

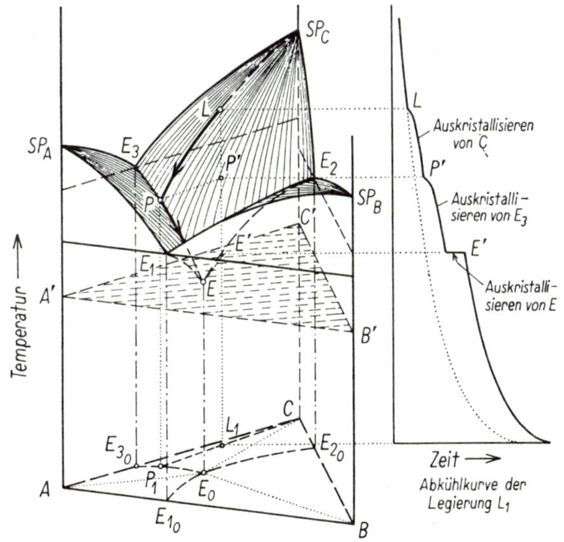

Abb. I.30. Beispiel zeichnerischer Darstellung eines Dreistoff-Raumdiagramms mit Abkühlkurve der Legierung L.

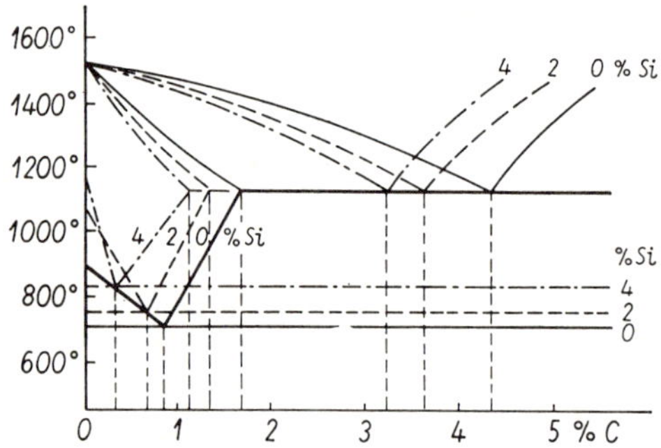

Abb. I.31. Einfluß von 2 und 4% Si auf System Fe-Fe_3C (vereinfachte ältere Darstellung, vergl. Abb. I.32): Anhebung von A_1 und A_3, Linksverschiebung des Perlitpunktes.

10. Grundlagen der Eisenlegierungen

Chemisch reines Eisen. Das reinste Eisen, *Elektrolyteisen* (durch Elektrolyse von Eisenoxidulsalzen erhalten), hat noch 0,013% S, 0,015% H_2 oder als *Carbonyleisen* ($Fe[CO]_5$) noch 0,007% S. Zugfestigkeit σ_B 180 ... 280 N/mm², Dehnung $\delta = 50 - 30\%$, Brinellhärte 50 – 80, Dichte $\varrho = 7{,}876$ g/cm³, Schmelzpunkt etwa 1530 °C, nach neuen Angaben aber 1539 °C, Siedepunkt 3000 °C. Elektrische Leitfähigkeit 10 m/Ohm · mm² (bei 20 °C), Wärmeleitfähigkeit 0,133 cal/cm · s · °C (zwischen 0 und 100 °C).

Fast rein ist das *Armcoeisen* (American Rolling Mill Co., Middletown-Ohio, auch in Deutschland hergestellt) mit 0,015% C, 0,005% Si, 0,028% Mn, 0,006% P, 0,03% S, 0,05% Cu, $\sigma_B = 270$ N/mm², $\delta = 28\%$. Es hat eine relativ gute elektrische und Wärmeleitfähigkeit und ist sehr witterungsbeständig.

Einfluß des Kohlenstoffs. Kohlenstoffgehalt 0,03 – 2,06%. Form des Kohlenstoffs: Eisenkarbid (Fe_3C) oder frei als Temperkohle (Temperguß). Mit steigendem Kohlenstoffgehalt sinken Schmelztemperatur und Dichte, steigt die Zugfestigkeit bis 0,9% C von 300 auf 1000 N/mm² (um dann wieder etwas abzunehmen), fällt die Dehnung von 28 auf 2%, steigt die Härte von rund 100 auf 350 Brinelleinheiten, nimmt die Schweißbarkeit ab. Kohlenstoff ist der Hauptregler für die Festigkeitseigenschaften und gibt die Möglichkeit des Härtens und Vergütens.

Einfluß des Siliziums. Silizium ist wertvoll zur Erzielung dichten Gusses, weil es das Austreten gelöster Gase verhindert; es steigert die Elastizitätsgrenze stark, daher vorteilhaft für Federn (0,6 – 2,5% Si); es erniedrigt die Wirbelstrom- und Hysteresisverluste (daher Dynamoblech 0,4 – 2,3% Si, Transformatoren- bzw. Umspannerblech 4% Si). Es vermindert die Schmiedbarkeit und die Schweißbarkeit, weil die Mischkristalle aus Eisen und Eisensilizid (FeSi) geringe Plastizität besitzen. Deshalb im allgemeinen Si-Gehalt unter 0,35%.

Einfluß des Mangans. Mangangehalt im allgemeinen bis 1%, wirkt desoxidierend. *„Manganstahl"* (Hadfieldstahl) mit 12 ... 15% Mn zwar nicht sehr hart, verfestigt sich aber durch Schlagbeanspruchung und ist deshalb auch schlecht bearbeitbar, fast kein Verschleiß nach Schlagverfestigung, vorher keine hohe Abriebfestigkeit. Geeignet für Schienen, Zerkleinerungsmaschinen. Mn hebt bezüglich des Schweißens die ungünstige Wirkung des Si auf.

Einfluß des Phosphors. Mit steigendem Phosphorgehalt steigt die Festigkeit (bis 0,5% P) und sinkt die Dehnung und vor allem die Schlagfestigkeit; bei 0,25% P Schlagfestigkeit = 0. Demnach Widerstandsfähigkeit gegen schlagartige Beanspruchung und Kaltbildsamkeit durch P stark vermindert (*Kaltbruch*), wogegen Warmbildsamkeit bei bis zu 0,3% P nicht beeinflußt wird. 0,2 – 0,5% P geben beim Preßmuttereisen sauberes, scharfes Gewinde. Phosphor seigert leicht aus. Im allgemeinen demnach Phosphorgehalt unter 0,1% halten, bei hochbeanspruchtem Stahl unter etwa 0,03%.

Einfluß des Schwefels. Kaltbildsamkeit bis 0,2% S kaum beeinflußt, Schlagfestigkeit mit steigendem Schwefelgehalt stark verringert. Über 0,2% S gibt Rotbruch bei 800 ... 900 °C; da Plastizität des FeS an den Korngrenzen so gering, daß es bricht. Heißbruch tritt oberhalb von 1200 °C auf, da FeS dann aufschmilzt, deshalb Verformung zwischen 1000 und 1200 °C. Außerdem starke Neigung des S zum Ausseigern, daher Schwefelgehalt im allgemeinen unter 0,1%, bei hochwertigem Stahl unter 0,02% halten. *Automatenstahl* hat 0,1% P und 0,15 – 0,3% S. Dies ergibt einen kurzen bröckeligen Span. Dieselbe oder ähnliche Zusammensetzung für feinmechanische Teile. Die Festigkeitsfrage tritt hier gegenüber der Bearbeitungsfrage zurück.

Andere Nebenbestandteile. *Sauerstoff* soll in Form von mehr als 0,1% Eisenoxidul (FeO) auf Rotbruch wirken, nach *Wüst* aber erst bei mehr als 0,5%. Der Sauerstoffgehalt der technischen Stähle schwankt zwischen 0,004 und 0,1%. *Stickstoff* (im Bessemer- und Thomasstahl bis maximal 0,025%, im Sauerstoff-Blasstahl bis 0,01%, im Siemens-Martin-Stahl bis 0,009%) wirkt im allgemeinen ungünstig, jedoch vorteilhaft für Oberflächenhärtung und als Zusatz zu einigen Sonderstählen. *Wasserstoff* wird insbesondere beim Beizen von Draht usw. vom Stahl aufgenommen und gibt große Sprödigkeit (Beizbrüchigkeit), Versprödung des Eisens wird durch Rekombination des atomaren Wasserstoffs an Fehlstellen zu molekularem Wasserstoff mit Druckerhöhung als Folge bewirkt, dabei Überschreiten der plastischen Verformbarkeit des Eisens und somit Rißbildung.

Einfluß der Legierungsbestandteile. *Nickel* bildet keine Karbide, wirkt kornverfeinernd (größere Zähigkeit und Festigkeit, insbesonders auch bei tieferen Temperaturen), kommt in Betracht für Baustähle und für nichtrostende und hitzebeständige Stähle. Bei hohem Nickelgehalt auch stark fallende elektrische Leitfähigkeit. „Invarstahl" (invariabilis = unveränderlich) mit 36% Ni für Meßbänder, Uhrenpendel usw. Nickel erweitert den für die Wärmebehandlung notwendigen Temperaturbereich, verbessert die Durchhärtbarkeit.

Chrom wirkt stark karbidbildend, erhöht Festigkeit und Härte durch Kornverfeinerung, geeignet für Baustähle (Ersatz des Ni- und des Cr-Ni-Stahls), für Werkzeugstähle und für nichtrostende und hitzebeständige Stähle.

Wolfram wirkt stark karbidbildend (härtesteigernd), durch das Doppelkarbid Fe_3W_3C große Schneidkraft (Werkzeugstähle), bei Bildung des sehr stabilen Wolframkarbids WC ist der Stahl „totgeglüht", da dieses Karbid nur bei sehr langen Glühzeiten wieder in Lösung gebracht werden kann, nicht überhitzungsempfindlich, in Baustahl von Molybdän verdrängt, für Hartmetalle dagegen WC geeignet.

Molybdän erhöht die Härtbarkeit des Stahles, wenn genaue Einhaltung der Härtevorschriften gefordert, günstig. Karbide des Mo verhindern Austenitwachstum und bilden feines Gefüge. Durch Karbidbildung Ausscheidungshärten, wirkt stark festigkeitssteigernd. Anlaßbeständigkeit wird gesteigert, Anlaßsprödigkeit verhindert.

Vanadin wirkt noch stärker als Molybdän, meist mit Cr oder auch mit Cr und W für Baustähle bzw. Werkzeugstähle. Vanadin, starker Karbidbildner, als Desoxidationsmittel zu teuer, steigert Warmfestigkeit und Dauerstandfestigkeit.

Kobalt wirkt der Grobkornbildung entgegen (macht unempfindlich gegen Überhitzung), gibt auch günstige magnetische Eigenschaften (Dauermagnete).

Kupfer verbessert die Rostbeständigkeit (St 52 hatte früher bis zu 0,55% Cu).

11. Das Eisen-Kohlenstoff-Zustandsschaubild

Vergleiche hierzu auch Abkühl- und Erhitzungskurven reinen Eisens, Abb. I.20.

Metastabiles System Eisen-Eisenkarbid (Eisen-Kohlenstoff-Diagramm): Abb. I.32 mit Flächen-%-Diagramm. Technisch interessiert nur Bereich bis 6,67% C (≙ C-Gehalt von Fe_3C, Eisenkarbid, sehr sprödhartes Metallid mit Gefügebezeichnung *Zementit*, Aufkohlen von St. früher „zementieren" genannt), der rechten Grenze dieses Schaubildes.

Abgesehen von dem nicht weiter interessierenden peritektikalen Bereich ABIHN (nachfolgend vernachlässigt!) liegen rechts von C der 2. Erstarrungsfall und links davon der 3. Erstarrungsfall vor. Besonderheit: Innerhalb des festen Bereichs Entmischung des Austenits unter Bildung eines Eutektoids (*Perlit*), für die grundsätzlich dieselben Gesetze gelten wie beim 2. und 3. Erstarrungsfall erläutert; statt Schmelze ist nur Austenit und statt Eutektikum *Eutektoid* (Perlit) zu setzen. Der Kurve abnehmender Löslichkeit CF in Abb. I.23 entspricht hier PQ hinsichtlich Löslichkeit von C in α-Fe; auch ES ist Kurve abnehmender Löslichkeit für C im Austenit. Bei eutektischer Temperatur 1147 °C kann max. 2,06% C, bei eutektoider Temperatur 723 °C dagegen nur 0,80% C im Austenit gelöst sein. Legierungen in diesem Bereich scheiden daher mit Unterschreiten von ES Sekundärzementit aus (Bildtafel I Abb. 5). Links von PQ scheidet sich Tertiärzementit aus (durch längeres Glühen an Korngrenzen angesammelt verantwortlich für Versprödung sehr weicher Stähle). – Über ACD homogene Schmelze, unter AECF alles kristallisiert; dazwischen halbflüssiger Bereich. Unter AC Auskristallisieren von γ-Fe-Mischkristallen (*Austenit*, nach *Roberts-Austen*) aus Schmelze; unter AE zunächst homogener ungesättigter Austenit, mit Erreichen von ES eben gesättigt. Mit Unterschreiten von GOS kristallisieren aus Austenit α-Fe-Mischkristalle (*Ferrit*, von ferrum = Eisen) aus, wobei abnehmender Austenitanteil sich mit Erreichen von PS schließlich auf 0,80% C anreichert. Im Feld GOSP sind also gleichzeitig Austenit und Ferrit im Gleichgewicht nebeneinander. Mit Unterschreiten eutektoidischer Gerader (= Eutektoidaler) PSK zersetzt sich unterkühlter Austenit mit 0,80% C in Eutektoid *Perlit* (Perlmutterglanz geätzter Schliffe); von 0 ... 0,80% C (≙ Punkt S) besteht daher Stahl aus unterschiedlichen Mengen Ferrit + Perlit (Tafel I, Abb. 2). Tafel I Abb. 1 zeigt fast nur Ferrit, nur an verdickten Korngrenzen ganz wenig Perlit. Bei 0,80% C ausschließlich Perlit (Tafel I, Abb. 3), bei normaler Luftabkühlung bestehend aus Ferrit mit eingelagerten sehr dünnen Fe_3C (= Zementit)-Lamellen (*Lamellarer Perlit*). Beachte unterschiedliche Vergrößerungsmaßstäbe! Durch Weichglühen kann *lamellarer in körnigen Zementit* (Bildtafel I, Abb. 4) übergeführt werden.

Mit Unterschreiten von ES scheidet Austenit jetzt zuviel gelösten C als Fe_3C-Kristallite innerhalb der Austenit-Kristalle und (oder) an deren Korngrenzen aus (*Sekundär-Zementit*). Mit Erreichen von SK ist Ausscheidung abgeschlossen, Austenit hat jetzt nur noch 0,80% C und zersetzt sich wieder mit Unterschreiten von 723 °C in Perlit, so daß zwischen 0,8 und 2,06% C Stähle aus Perlit und Sekundärzementit bestehen (Tafel I, Abb. 5). Bei 2,06% C metallographische Grenze zwischen „Stahl“ und „Roheisen“. Zwischen E und C mit Unterschreiten von AC Auskristallisieren von gesättigtem Austenit (≦2,06% gelöster C) aus Schmelze, die daher mit Erreichen der Eutektikalen EC auf 4,3% C (≙ Eutektikum in Punkt C) angereichert ist und jetzt mit deren Unterschreiten das Eutektikum *Ledeburit* (benannt nach *A. Ledebur*) bildet, unter 723 °C Gemenge aus Perlit und Zementit (Tafel II, Abb. 7); aus gesättigtem Austenit mit weiterer Abkühlung Ausscheidung von Sekundärzementit, folgend dem Gesetz der Linie ES, wobei unter 723 °C Austenit in Perlit übergeht. Im Bereich EC daher unterledeburitisches Roheisen. Halbstahl (1,3 ... 2,06% C) nähert sich in den Eigenschaften dem Gußeisen.

Zwischen CF mit Unterschreiten von DC Auskristallisieren grober, plattenförmiger Primär-Zementit-Kristalle aus Schmelze, die dadurch mit Erreichen von CF (Eutektikale) auf 4,3% C abgenommen hat und mit Unterschreiten von CF wieder Ledeburit bildet, in dem Primärzementit eingelagert ist (überledeburitisches Roheisen, Tafel I, Abb. 6). – Bei nicht zu langsamer Abkühlung von Stahl entsteht nicht mehr Polyederstruktur der üblichen Art: Zwischen C > 0 u. 0,80% C scheidet sich Ferrit im Feld GOSP nicht nur an Korngrenzen, sondern auch innerhalb der Austenit-Kristalle nach Oktaederflächen des Austenits orientiert scheibchenförmig aus; Gefüge zeigt die charakteristisch-regelmäßige Anordnung des *Widmannstätten-Gefüges* (z. B. Tafel II, Abb. 8 mit 60 °-Winkelorientierung des weißen Ferrits im dunklen Perlit); je nach Schnittrichtung des Kristallits kann 60 ° ... 90 °-Orientierung beobachtet werden. Sinngemäßes gilt für Sekundärzementit-Ausscheidung in Stahl mit C > 0,80 ... 2,06%; hier sind dann dünne weiße Fe_3C-Plättchen im dunklen Perlit-Kristallit in typisch regelmäßiger Form (parallele Streifung), teils auch unter gleichbleibenden Winkeln innerhalb eines Kristallits sich kreuzend, ausgeschieden. Solches Gefüge ist dann sprödbruchanfällig. Widmannstätten-Gefüge ist z. B. charakteristisch für bes. Lichtbogen-Schmelzschweißnähte bei Luftabkühlung und für nicht zu dickwandigen Stahlguß (Tafel II, Abb. 9). Beseitigung durch Umwandlungsglühen

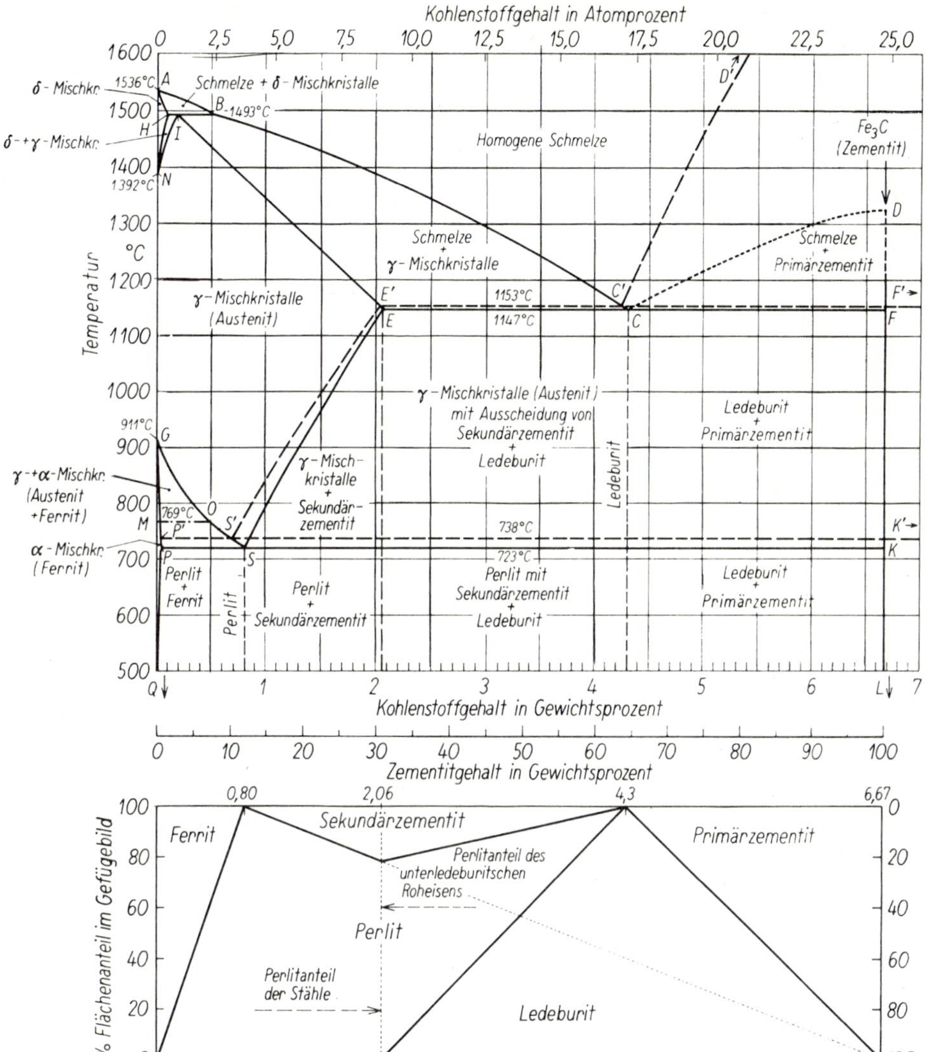

Abb. I.32. Zustandsschaubild Eisen-Kohlenstoff [*I.15*]. Dicke Linien: Metastabiles System Fe-Fe_3C. Gestrichelte Linien: Stabiles System Fe-Graphit. Darunter Flächen-Prozent-Diagramm für Raumtemperatur.

(Normalglühen), dabei wesentlicher Zähigkeitsgewinn (Tafel II, Abb. 10). – Die Löslichkeit des C im Ferrit (α-Fe) ist gering: Bei 723 °C sind 0,04%; bei Raumtemperatur < 0,01% C löslich (Sättigungsgrenze PQ).

In Abb. I.32 ist unten das zugehörige Flächen-%-Diagramm angegeben, das Art und Menge jedes Gefügebestandteils bei jedem C-Gehalt zu entnehmen gestattet. Zeichnet man z. B. bei 2,5% eine Vertikale ein, so kann man entnehmen, daß das Schliffbild einer solchen Legierung 22% Ledeburit, 61,5% Perlit und 16,5% Sekundärzementit enthalten muß. Man erkennt auch,

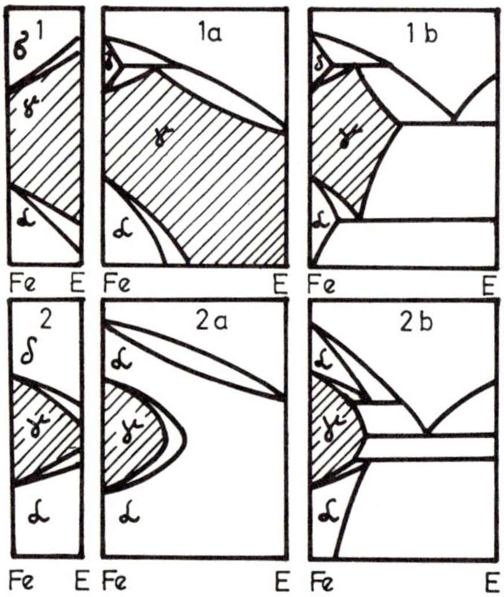

Abb. I.33. Veränderung des γ-Feldes beim Stahl (nach Wever); 1: erweitertes γ-Feld 1 a: Ni, Co, Mn, Pd, Os, Ir, Pt 1 b: C, N, Cu, Zn, Au 2: verengtes γ-Feld; 2 a: Cr, Al, Ti, Si, Mo, W, Be, P, V, As, Nb, Sn, Sb, Ta, 2 b: B, Zr, Ce

daß man bei untereutektoidem Stahl aufgrund der Menge des Ferritgehaltes den C-Gehalt mit großer Annäherung schätzen kann; Voraussetzung ist aber Glühgefüge. Diese „metallographische Analyse" kommt der chemischen sehr nahe.

Stabiles System Eisen-Graphit: Bei extrem langsamer Abkühlung bzw. erst durch besondere Maßnahmen (Zusatz von etwas Al, Si, Co) bildet sich Graphit statt Zementit. Metastabil erstarrte Legierungen bilden besonders bei höherem C-Gehalt und längerem Glühen unter Zerfall von Fe_3C Graphit in Nesterform (Grundgedanke der Glühung von Temperguß, Weichglühen von Schleudergußrohren nach Verfahren von *Briede* und *De Lavaud,* Abb. III.34). – Dem stabilen System entsprechen die dicker gestrichelten Linien in Abb. I.32. Dem Ledeburit entspricht *Graphit-Eutektikum,* aus Schmelze mit Unterschreiten von E′C′F′ gebildet, in dem rechts von C′ grober Primär- (Garschaum-) Graphit eingebettet ist, auskristallisiert im Feld D′C′F′. Dem Perlit entspricht Ferrit-Graphit-Eutektoid, so daß im Gesamtbereich des Diagramms nur Ferrit und unterschiedlich fein bzw. (und) grob ausgeschiedener Graphit vorliegen. Dem stabilen System kommt viel geringere Bedeutung als dem metastabilen zu. Zementitzerfall unter Graphit-(Temperkohle-)Bildung kann bei Stahl sehr unerwünscht sein: Bei 0,4 ... 0,8% C und darüber durch 4 ... 0,8% Si Empfindlichkeit gegen *„Schwarzbruch"* des Stahls bei längerem Glühen. Auch weiche Stähle unter 0,2% C können bei zuviel Si oder Al durch längeres Glühen unerwünscht Graphit ausscheiden (Versprödung!). Andererseits bei Dynamo- und Transformatorenblech mit 0,7 ... 4,3% Si und $C \leqq 0{,}08\%$ 30 ... 60stündiges Glühen, um C als Graphit abzuscheiden (verringert Wattverluste).

Si-Gehalt von weißerstarrtem Temperrohguß so bemessen, daß durch Temperglühung erwünschter Zementitzerfall erfolgt (Näheres siehe I.D. u. III.A.). Siehe auch Abb. I.33.

12. Theorie der Stahlhärtung

Martensithärtung

Wird schneller abgekühlt als es Gleichgewichtsbedingung für Zustandsdiagramm verlangt, dann wesentliche Änderung: A_{r3} und A_{r1} werden zu niedrigeren Tempera-

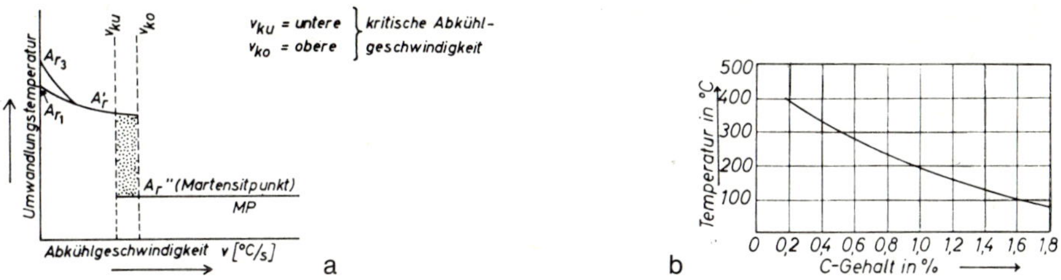

Abb. I.34.a). Erniedrigung der γ-α-Umwandlungstemperatur mit zunehmender Abkühlgeschwindigkeit für Stahl mit 0,45% C (schematisch).

Abb. I.34.b). Temperaturlage des Martensitpunktes, abhängig vom C-Gehalt des Austenits.

turen herabgedrückt (Abb. I.34 a). Im Bereich der kritischen Abkühlgeschwindigkeit v_k tritt Unstetigkeitsstelle hinsichtlich Temperaturlage von A_r auf; darüber sinkt A_r auf A_r'', den *Martensitpunkt* (M_s), vgl. auch Abb. I.35 b u. I.36, d. h. jene Temperatur, von der ab die Bildung des Härtefüges *Martensit* (nach *Martens*), Tafel II, Abb. 11 u. 12, beginnt.

Temperaturlage von M_s unabhängig von Abkühlgeschwindigkeit $\geqq v_k$, aber stark abhängig vom C-Gehalt (Abb. I.34 b). Beim *Härten von Stahl* in einfachster Ausführung wird dieser aus 30 ... 80 °C über A_3 (≙GOSK, vgl. Abb. I.32) mit mindestens v_{ko} (Abb. I.34 a u. I.36) abgeschreckt, so daß mit Sicherheit Martensit entsteht. Diese *Abschreckgeschwindigkeit* muß kleiner sein als γ-α-Umwandlungsgeschwindigkeit, jedoch größer als Ausscheidungsgeschwindigkeit des C aus Lösung im Austenit. Während dabei das kfl-γ-Gitter in das krz-α-Gitter umklappt (Abb. I.35), kann sich im Austenit gelöster C nicht mehr als Fe_3C abscheiden, sondern bleibt im α-Fe zwangsweise gelöst. Martensit ist also übersättigte unterkühlte Lösung von C in α-Fe. Sehr hohe innere Gitterspannungen sind Ursache der Härte.

Bei zu scharf abgeschrecktem C-Stahl liegt tetragonale Aufweitung des krz-α-Gitters vor (*tetragonaler Martensit*), der sich nur schwach anätzt und dabei rel. hell bleibt. Volumenvergrößerung und damit Werkstückspannungen gegenüber Glühzustand erheblich; rißgefährdet! Nach entsprechendem Entspannen, z. B. bei 100 ... 150 °C (nicht Anlassen!) geht tetragonale Gitteraufweitung zurück, es entsteht *kubischer Martensit* (durch Anätzen dunkler!) mit gestörtem kubischen Gitter (infolge zwangsweiser C-Einlagerung); er hat geringeres Volumen und

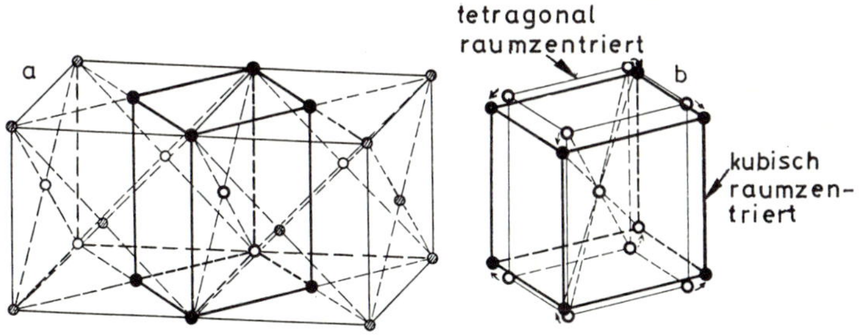

Abb. I.35. a) Zwei Elementarwürfel des kfl-Gitters, das auch als tetragonal-raumzentriertes Gitter (stark ausgezogener Quader!) aufgefaßt werden kann. b) Tetragonalraumzentrierter Elementarkörper, durch „Stauchung" in krz-Elementarkörper (Würfel) übergeführt; dabei machen Atome nur kleine, durch Pfeile angedeutete Bewegungen: Übergang γ-Fe → α-Fe, dadurch Volumen-Vergrößerung.

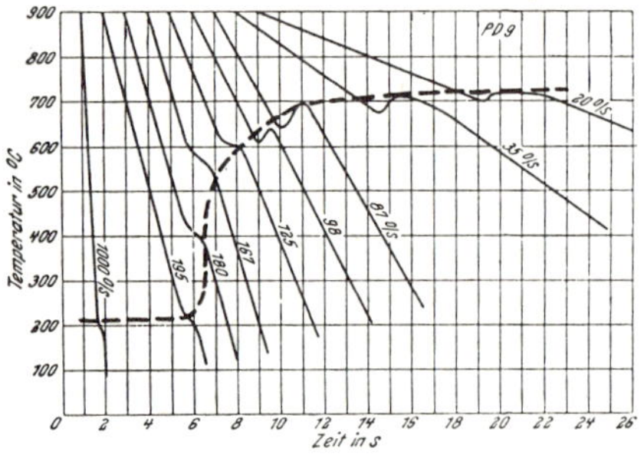

Abb. I.36. Abhängigkeit der Ausbildungsform und Temperaturlage der Perlitumwandlung (A_{r1}) bei verschiedenen Abkühlgeschwindigkeiten eines Stahls mit 0,82% C (nach *H. Esser* und *E. Eiländer*).

führt zu geringeren Werkstückspannungen, ist auch weniger spröde. Seine Härte kann sogar bei seiner Entstehung infolge weiterer Martensitbildung aus verbliebenem Restaustenit noch steigen; er wird auch nachgelassener oder entspannter Martensit genannt. Martensit, der beim Abschrecken momentan entsteht und bei weiterer Abkühlung auf Raumtemperatur und darunter (Tiefkühlung) noch zunimmt, zeigt gruppenförmig nadelige Struktur (Tafel II, Abb. 11 u. 12). Je gröber sie ist, desto spröder das Härtegefüge. Angestrebt wird fast strukturloser Martensit, in übereutektoiden Stählen *Hardenit* genannt. Umformung von Stahl im Austenitzustand erniedrigt M_s um 40 ... 50 °C; daraus entstandener Martensit ist sehr fein. – Da bei Härtetemperatur Sekundärzementit (bei C > 0,80%) nicht nennenswert aufgelöst wird, ist er im Martensit eingebettet. Liegt vor dem Härten Korngrenzen-Zementit oder Widmannstätten-Struktur vor, so ist Fe_3C vor dem Härten durch Weichglühen zu globulieren (in Inselform überzuführen, s. Tafel II, Abb. 8).

Je größer Abschreckgeschwindigkeit, desto mehr nicht umgewandelter Restaustenit bleibt (vor allem bei legierten Stählen) bestehen; ist Gehalt hoch, spricht man von „überhärtetem" Stahl. Durch künstliche Alterung, nämlich Entspannen oder Nachlassen (nicht Anlassen!), aber auch durch Tiefkühlung (– 80 ... – 100 °C) kann er unter Härtesteigerung um 3 ... 4 *HRC*-Grade und Erhöhung der Maßbeständigkeit des Werkstücks bei Volumenzunahme in Martensit verwandelt werden. Zu klein geschliffene Teile können durch Tiefkühlung u. U. wieder brauchbar werden (Durchmesser-Zunahme bei 10 mm z. B. 5 ... 8 μm). – Reiner Austenit bei C-Stahl auch durch noch so schnelle Abkühlung nicht erzielbar; hierzu Legierungselemente erforderlich (Mn, Ni u. a.). *Härtevergleich* nach *Boynton:* Ferrit : Perlit : Martensit : Zementit = 1 : 4 : (40 ... 260 je nach C-Gehalt) : 270. Austenit liegt in der Härte zwischen Ferrit und Perlit, also relativ weich.

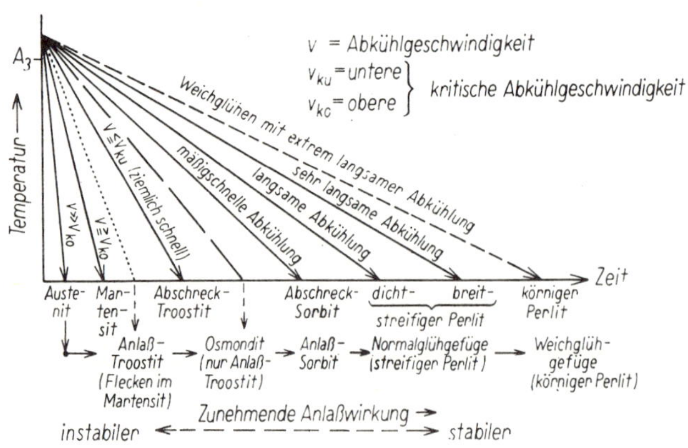

Abb. I.37. Entstehung der Abschreck- und Anlaßgefüge des Stahls (schematisch) in Anlehnung an Abb. I.36.

v = 150

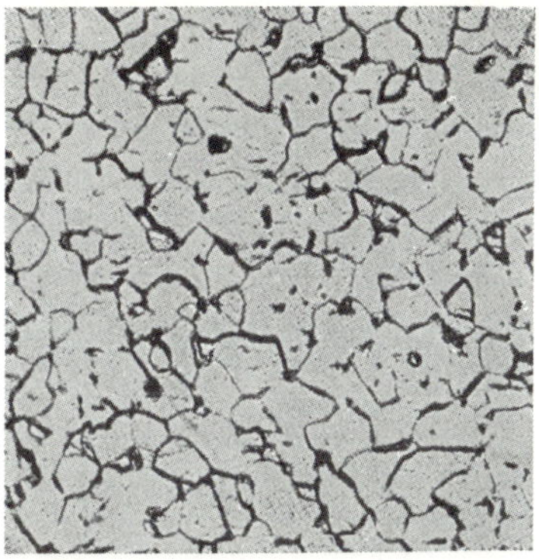

Abb. 1. Flußstahl mit 0,08% C. Überwiegend Ferrit, wenig Perlit an den Korngrenzen. – Normalglühgefüge.

v = 150

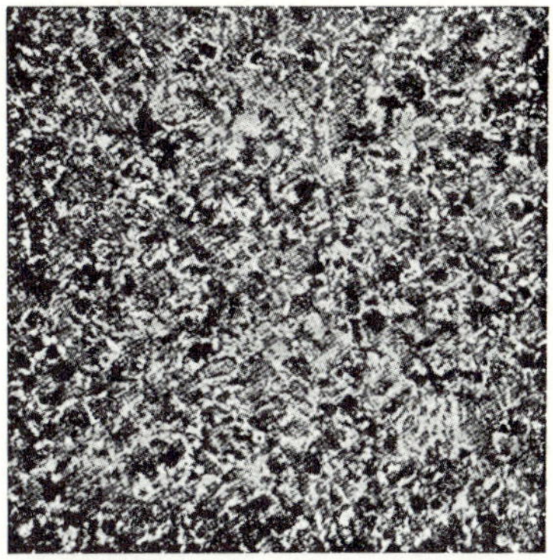

Abb. 2. Flußstahl mit 0,46% C. Etwa gleiche Mengen Ferrit (hell) und streifiger Perlit (dunkel). – Normalglühgefüge.

v = 750

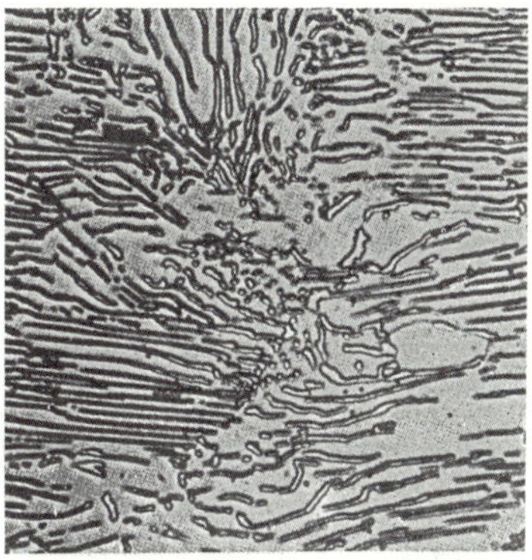

Abb. 3. Flußstahl mit ≈0,8% C. Streifiger Perlit (Zementit-Blättchen in ferritischer Grundmasse). – Normalglühgefüge.

v = 500

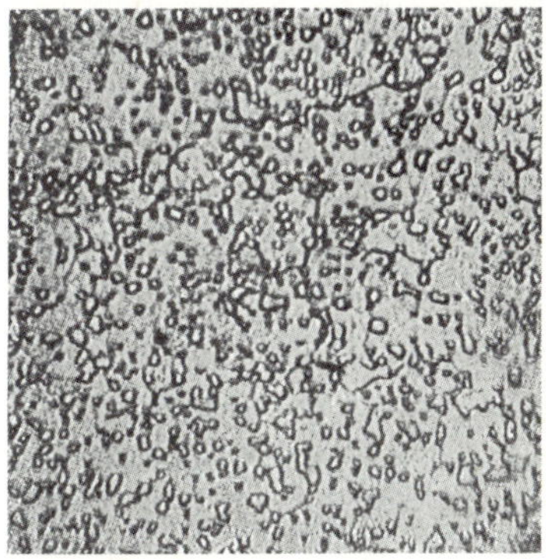

Abb. 4. Flußstahl mit ≈0,8% C. Körniger Perlit, erhalten durch Weichglühen des Stahls nach Abb. 3. – Zementitkörnchen in ferritischer Grundmasse.

v = 600

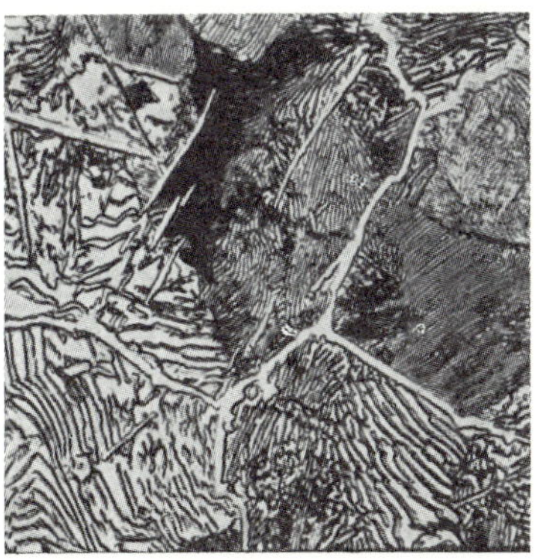

Abb. 5. Flußstahl mit 1,48% C. Streifiger Perlit und Sekundär-Zementit (hauptsächlich an Korngrenzen, z. T. im Perlitkorn-Innern).

v = 300

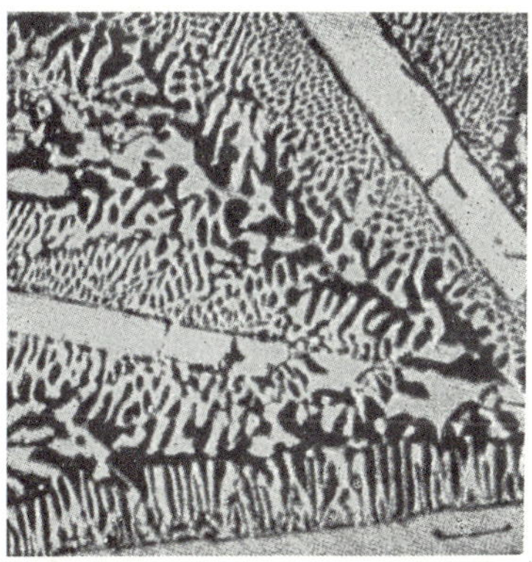

Abb. 6. Weißes Roheisen; 5,35% C. Übereutektisch. – Primärzementit-Plattenkristalle (im Schnitt) in ledeburitischer Grundmasse.

v = 300

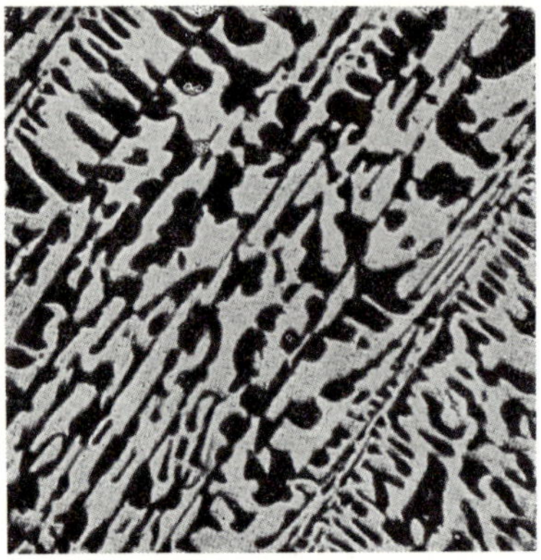

Abb. 7. Weißes Roheisen, 4,3% C. Eutektikum Ledeburit, bestehend aus Perlit (dunkel) und Zementit

v = 75

Abb. 8. Widmannstätten-Struktur bei Stahl mit 0,28% C. Ferrit-Abscheidung in Schichten parallel Oktaederflächen des Austenits zwischen A_{r3} und A_{r1}. Ferrit und Perlit (Teil eines einzigen früheren γ-Kristalls)

v = 50

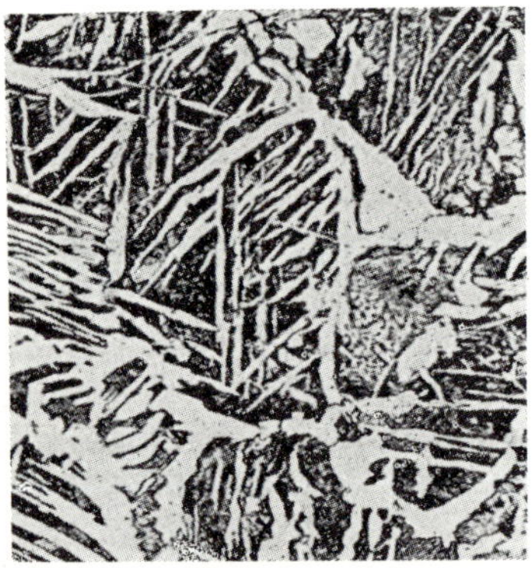

Abb. 9. Ungeglühter Stahlguß $\approx$0,35% C $\hat{=}$ GS 52. Widmannstätten-Struktur $\hat{=}$ Abb. 8. Verminderte Zähigkeitswerte (δ, ψ, a_k).

v = 50

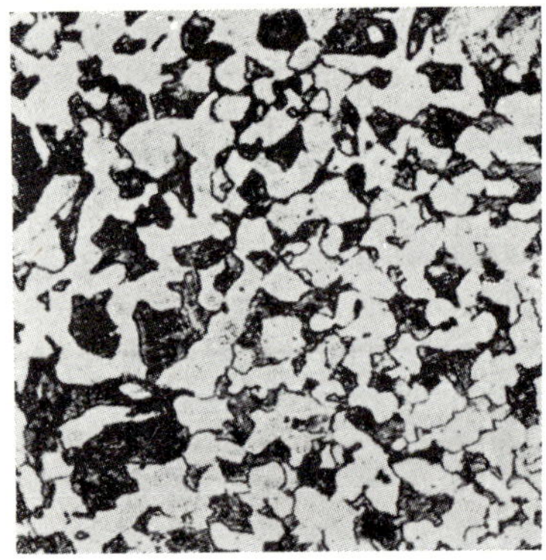

Abb. 10. Normalgeglühter GS nach Abb. 9. Ferrit und Perlit in Polyeder-Struktur, dadurch wesentlicher Gewinn an Zähigkeit.

v = 500

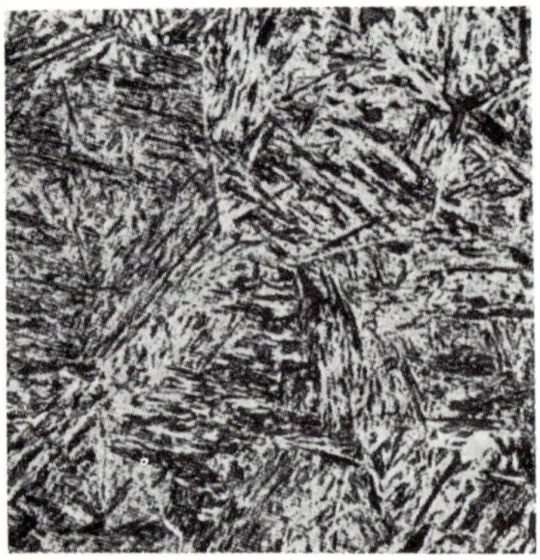

Abb. 11. Kubischer Martensit. Härtegefüge von Stahl (C = 0,45%), abgeschreckt aus $900\,^\circ/H_2O$, bei $150\,^\circ C$ entspannt. – Gut.

v = 150

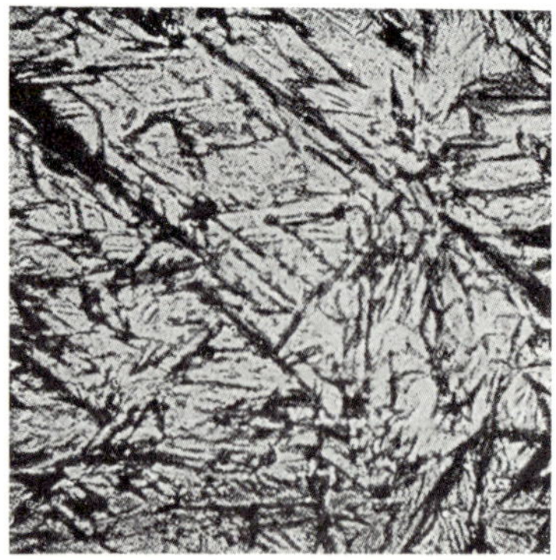

Abb. 12. Tetragonaler Martensit eines überhitzt gehärteten Stahls, grobnadelig, spröde, hohe innere Spannungen. – Nicht brauchbar.

v = 200

Abb. 13. Perlitischer Graugruß. GGL mit Lamellen-Graphit. Heller Zwikkel = ternäres Phosphid-Eutektikum (Steadit). – $\sigma_B \approx 30$ kp/mm².

v = 100

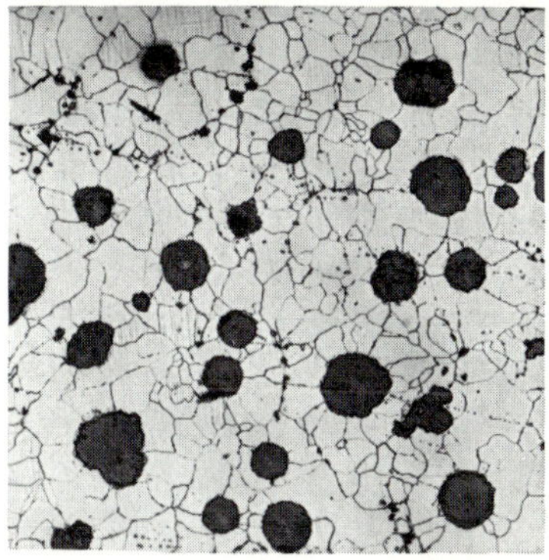

Abb. 14. Grauguß mit Kugelgraphit GGG 45, globulitischer Graphit hier in ferritischer Grundmasse, $\sigma_B \approx 40$; $\delta_5 \geqq 5\%$. (Auch perlitische Grundmasse möglich, dann $\sigma_B \geqq 60$ kp/mm².)

v = 50

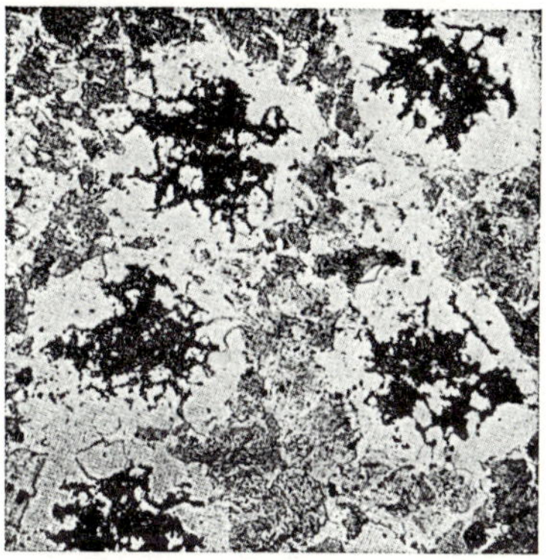

Abb. 15. Weißer Temperguß (GTW). Kernzone; Temperkohlenester in Ferrithöfen („Bullaugen-Struktur"), dazwischen Perlit.

v = 100

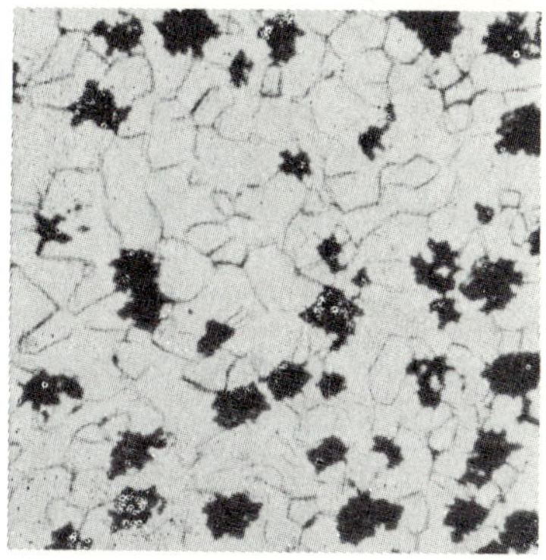

Abb. 16. Schwarzer Temperguß (GTS). Temperkohlenester in ferritischer Grundmasse über ganzen Querschnitt gleichartig. $\sigma_B = 35$ ... 38 kp/mm², $\delta_3 > 10$ ... 16%. (Wenn Grundmasse perlitisch, dann GTP genannt.)

v = 150

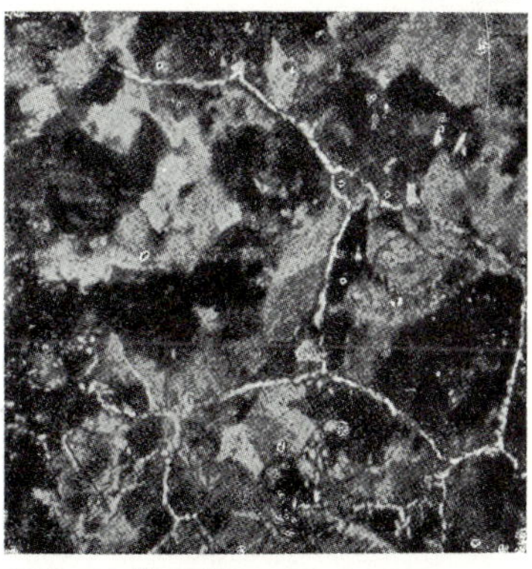

Abb. 17. Überhitzter Flußstahl, grobkörnig, daher spröde; regenerierbar durch Normalglühen.

v = 150

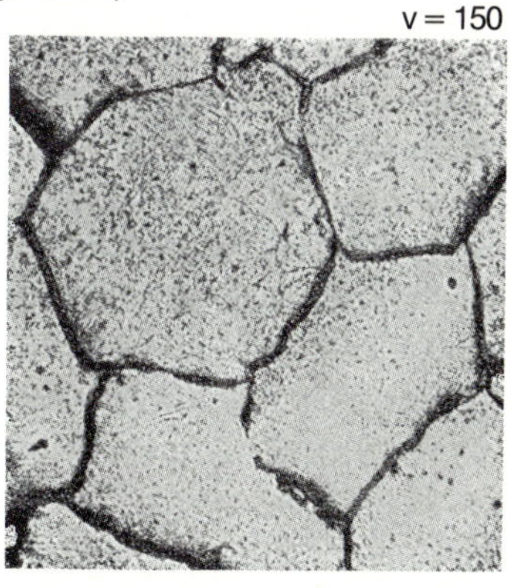

Abb. 18. Verbrannter Cr-Ni-Stahl. Oxide an Korngrenzen, nicht regenerierbar (Schrott).

v = 150

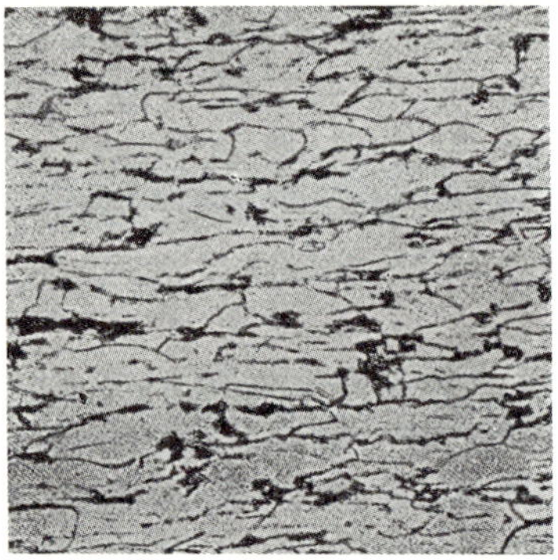

Abb. 19. Kaltgereckter weicher Flußstahl, „Texturgefüge“.

v = 50

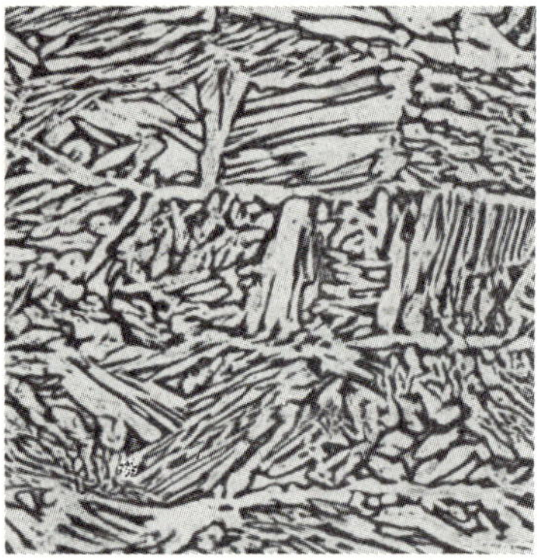

Abb. 21. $(\alpha + \beta')$-Messing Ms 60, obere Grenze von Hartmessing. Unter $\approx$750 °C ausgeschiedene helle α-Mischkristalle in dunklerem Anteil aus β' (entstanden aus β unterhalb 453 °C). – Gußzustand.

v = 100

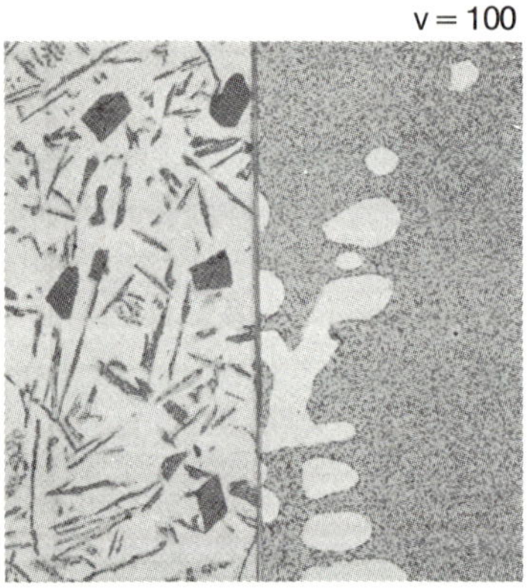

Abb. 23. G-Al Si (12,5% Si)
unveredelt | veredelt
leicht untereutektisch; links: Gröbere Si-Kristalle in Al-Grundmasse, rechts: Feinstes Eutektikum mit etwas (hellem) Al (Dendriten-Schnitt). Vgl. Abb. 22!

v = 1

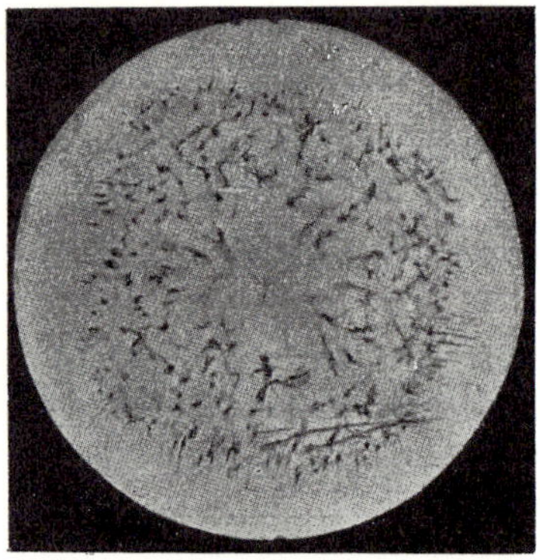

Abb. 20. Blockseigerung in weichem unberuhigten Flußstahl. Seigerzone des Gußblocks beim Auswalzen erhalten geblieben.

v = 75

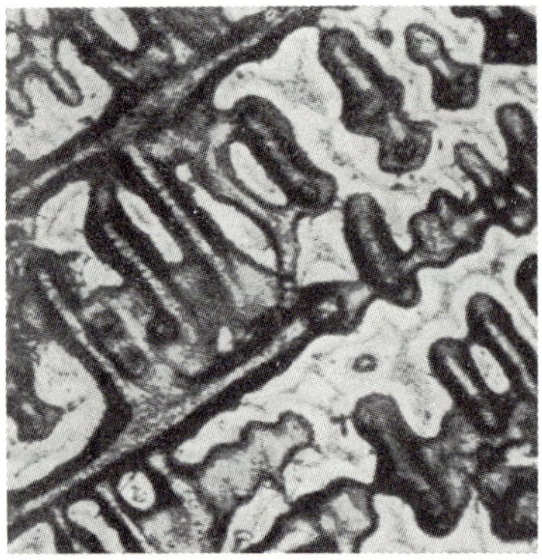

Abb. 22. Guß-Zinnbronze ($\approx$G-CuSn10 früher G-SnBz10). Dendritische Struktur, ausgeprägte Kristallseigerung; dunkel: Cu-reicher Dendritenkern; hell: sn-angereichertes zuletzt Erstarrtes, darin hellgraue Zwickel: $(\alpha + \delta)$-Eutektoid. (Ähnlich sieht Rotguß aus.)

v = 200

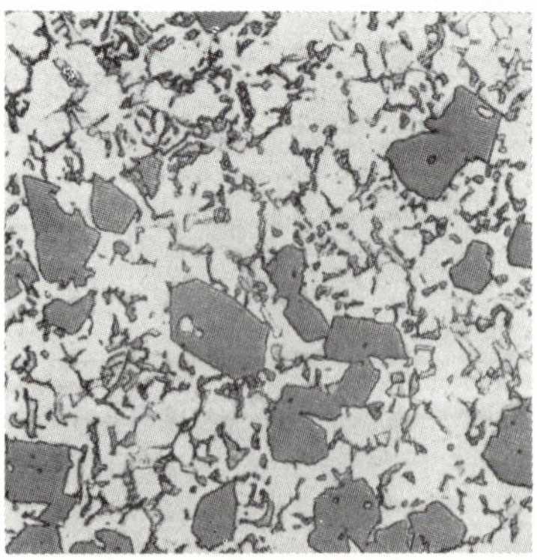

Abb. 24. Al-Kolbenlegierung. G-AlSi ($\approx$24% Si), stark übereutektisch; grobe Si-Kristalle in nicht sehr feinem Eutektikum.Vgl. Abb. 23!

Gleiches wie Abb. I.34 a, nur in anderer Darstellung, sagt Abb. I.36 aus. Daraus geht hervor, daß für eutektoiden C-Stahl v_{ko} mindestens $\approx$200 °C/s. In Anlehnung daran zeigt Abb. I.37 stark schematisiert Entstehungsbedingungen für die durch langsamere Abkühlung erhaltenen Zwischengefüge zwischen Martensit und Perlit. Im Bereich v_{ku} ... v_{ko} (vgl. Abb. I.34 a) bilden sich (geätzt!) dunkle strahlig-rosettenförmige Flecken im Martensit, Abschreck-*Troostit* (nach *L. Troost*) mit optisch kaum auflösbar-feinlamellarem Aufbau. Wird $v = v_{ku}$, dann Gefüge nur aus Troostit. Noch langsamere Abkühlung liefert Abschreck-*Sorbit* (nach *H. C. Sorby*). Luft- und Ofen-Abkühlung geben schließlich streifigen (lamellaren) Perlit (Tafel I, Abb. 3). Weichglühen (I.C.1.) liefert körnigen Perlit (Tafel I, Abb. 4). Während von Perlit bis Troostit Härte mäßig steigt, hat Martensit mehrfach höhere Härte.

Kritische Abkühlgeschwindigkeit v_{ko} stark zu beeinflussen durch Legierungselemente: Während sie die meisten Elemente unterschiedlich stark herabsetzen (Mn, Ni, Cu, N, Cr, Mo, auch C u. a.), wird sie z. B. durch Co erhöht. Bei C-Stahl mit 0,6% C und 0,3% Mn ist v_{ko} $\approx$450 °C/s, bei 0,8% C und 1,5% Mn v_{ko} $\approx$20 °C/s; bei 0,9% C und 4,2% Ni v_{ko} $\approx$1 °C/s. – Wird Martensit über Entspannungstemperatur auf 200 ... 250 °C erwärmt, so bildet sich aus verbliebenem Restaustenit nadelige Struktur noch übersättigter α-Mischkristalle, das *Zwischenstufengefüge* (in USA und auch bei uns *„Bainit“* nach *E. C. Bain*). Bei weiterer Erwärmung bilden sich in ihm wie im Martensit erkennbare Fe_3C-Körnchen, wobei nadelige Struktur zunächst erhalten bleibt. Weitere Erwärmung führt zu besonders dunkel ätzbaren Anlaß-Troostitflecken. Bei $\approx$400 °C nimmt Anlaßtroostit ganzes Gefügebild ein: Vor allem früher *Osmondit* (nach *F. Osmond*) genannt. Weitere Erwärmung läßt Fe_3C immer weiter koagulieren: Anlaß-Sorbit (Vergütungsgefüge), wobei σ_B und *HB* ständig abnehmen, δ weiter zunimmt. *Vergütungsprozeß* (I.C.1.) ist Härten mit folgendem so hohen Anlassen, daß Martensit ganz abgebaut wird, Glühgefüge aber noch nicht entsteht; dabei gegenüber Glühzustand wesentlicher Gewinn an σ_B, vor allem Steigerung des Streckgrenzenverhältnisses bei nur mäßig verringerter Bruchdehnung. Manchmal werden alle Zwischenstadien zwischen Martensit und Perlit als „Vergütungsgefüge“ im weiteren Sinn bezeichnet. Anlaßgefüge (z. B. Anlaßsorbit) sind wesentlich zäher als die entsprechenden Abschreckgefüge (z. B. Abschrecksorbit).

In der Schweißtechnik darf ein gewisser Martensitgehalt im Gefüge nicht überschritten werden. C-Gehalte unter 0,22% beeinträchtigen in der Regel nicht die Schweißbarkeit bei unlegierten Stählen. Es besteht keine Gefahr der Martensitbildung. Unlegierte Stähle mit mehr als 0,22% C sind dagegen Lufthärter. Zunehmender C-Gehalt fördert die Härtung; Zähigkeit und Dehnung nehmen ab, Festigkeit und Streckgrenze steigen an. Härtebildung hängt u. a. von der Abkühlungsgeschwindigkeit ab.

Außer C haben auch andere Legierungselemente Einfluß auf die Martensitbildung. Zur Verminderung der Abkühlungsgeschwindigkeit muß vorgewärmt werden. Maßgebend für die Temperaturhöhe ist bei unlegierten und legierten Stählen das Kohlenstoffäquivalent:

$$K_{\text{Ä}} = \%C + \frac{\%\,Mn}{6} + \frac{\%\,Ni}{15} + \frac{\%\,Cr}{5} + \frac{\%\,Mo}{4} + \left(\frac{\%\,V}{5} + \frac{\%\,Cu}{13} + \frac{\%\,P}{2} + \frac{\%\,Si}{4}\right)$$

(Klammerwerte nur in Grenzfällen berücksichtigen)

Das Kohlenstoffäquivalent soll nach *Voldrich/Harder* für Stähle bis zu folgender Zusammensetzung (max. Werte) angewendet werden:

0,5% C; 1,6% Mn; 3,5% Ni; 0,6% Mo; 1% Cr; 1% Cu.

Je höher $K_{\text{Ä}}$, desto empfindlicher reagiert der zu schweißende Stahl auf schnelle Abkühlung (Mn allein wirkt nicht schweißhindernd).

$K_{\text{Ä}}$ bis 0,45:	Vorwärmung in der Regel nicht erforderlich; Ausnahmen: 100 °C,
$K_{\text{Ä}}$ 0,45 – 0,6:	Vorwärmung 100 ... 300 °C,
$K_{\text{Ä}}$ über 0,6:	Vorwärmung 300 ... 400 °C, evtl. noch höher.

13. Ausscheidungshärte (Ausforming und Maraging) [I.16]

Ausforming (Austenitformhärten): Die Umwandlungsträgheit zwischen 600 und 500 °C ermöglicht bei Stählen mit einer Analyse z. B. 0,4% C, 1,0% Mo, 1,0% Si, 1 ... 5% Cr und bis zu 2% Ni eine längere Verweilzeit im Austenitgebiet. Durch eine 50- bis 93%ige Verformung des Austenits kann man einen Gewinn an Zugfestigkeit von 300 bis 700 N/mm² nach der Umwandlung erreichen. Dabei bleibt die Duktilität gleich oder wird besser, und die Anlaßbeständigkeit ist bis 400 °C ausgezeichnet. Die Ursache wird in der Bildung von äußerst kleinen Martensitkristallen gesehen.

Maraging (Martensitaushärtung): Eine Kombination der Martensit- und der Ausscheidungshärte ist auch hier zu beobachten: Stähle der 18-Ni-Co-Mo-Gruppe werden nach einer Diffusionsglühung 4 h bei ~1150 °C und einer Lösungsglühung von ~1 h~850 °C/Luft bei 3 bis 4 h~480 °C/Luft behandelt. Es bildet sich bei diesen Stählen auch bei Luftabkühlung Martensit; die Legierungselemente ergeben eine hohe Mischkristallhärte an sich, dazu kommt noch die Wirkung der Ausscheidungen, die als Ni_3Mo, Ni_3Ti, Fe_2CoNi vermutet werden. Die Eigenschaften können über dickere Querschnitte gewährleistet werden: Festigkeitsklassen sind für die $\sigma_{0,2}$-Grenze 1400, 1750 und 1950 bis 2100 N/mm².

14. Zwischenstufen-Vergütung

Kühlt man aus γ-Zustand nicht auf Raumtemperatur, sondern auf wahlweise verschieden hohe Temperaturen ab und verweilt dort bis zum völligen Umwandlungsablauf (isotherme Umwandlung), so ergibt sich folgendes: Nach einer je nach Temperaturhöhe verschieden langen Anlaufzeit („Inkubationszeit") beginnt Umwandlung, verläuft unterschiedlich schnell und ist nach gewisser Zeit beendet. Mit zunehmender Umwandlungsgeschwindigkeit wird Perlit immer feinstreifiger. Unter ≈550 °C bis ≈430 °C herab nimmt Perlit immer mehr ab, während gleichzeitig Zwischenstufengefüge zunimmt (Mischgebiet Perlit + Zwischenstufengefüge). Perlitbildung setzt Beweglichkeit der C-Atome voraus. Unter ≈430 °C nur noch Zwischenstufengefüge; vermutliches Entstehen durch feinkörnige Fe_3C-Ausscheidung aus an C übersättigtem α-Mischkristall. Praktisch verwendeter Zwischenstufenbereich 350 ... 250 °C.

15. ZTU-Diagramme

Im ZTU-Diagramm (Zeit-Temperatur-Umwandlung, Abb. I. 38, in USA auch TTT-Diagramm = Time-Temperature-Transformation) sind Beginn und Ende der Umwandlung zeitabhängig eingetragen (Haltezeiten durch magnetinduktives, dilatometrisches, kaloriemetrisches, metallographisches oder röntgenfeinstrukturanalytisches Verfahren ermittelt). Beachte log. Zeitmaßstab!

Über Gefüge von Stählen, die rasch aus dem Austenitgebiet abgekühlt werden, geben Zustandsschaubilder keine Auskunft. Wegen der dann auftretenden Unterkühlungserscheinungen müssen ZTU-Schaubilder entwickelt werden, 2 Typen: isothermische und kontinuierliche.

Isothermisches ZTU-Schaubild. Aus diesem Schaubild geht hervor, daß der Austenit unter seine Umwandlungstemperatur unterkühlt werden kann, die Abkühlung muß nur genügend

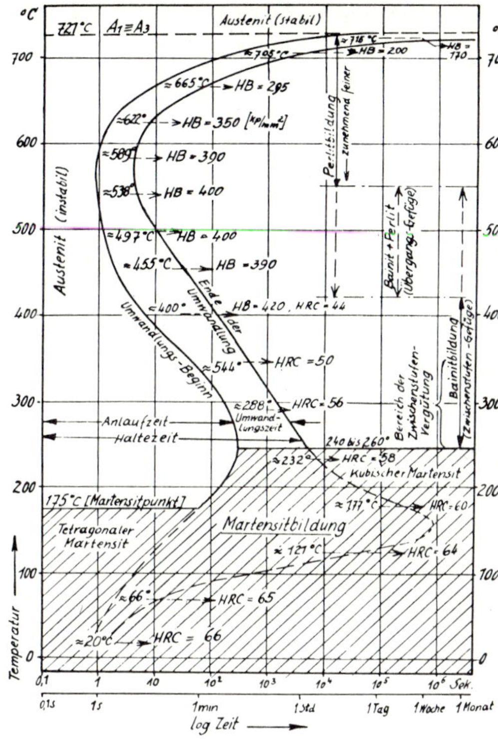

Abb. I.38. ZTU-Diagramm („S-Kurve") von eutektoidem C-Stahl. Dauer der isothermen Umwandlung des instabilen Austenits bei verschieden hohen Haltetemperaturen mit Angabe dabei erhaltener Gefüge und deren Härte. Bildkorrektur: In Höhe von → $HRC = 50$: $\approx 344°C$; vor $A_1 \equiv A_3$: 723°C.

schnell erfolgen. Der Austenit bleibt während dieser Anlaufzeit unzersetzt erhalten. Nach Überschreiten des linken Kurvenzuges („Umwandlungsbeginn") tritt ein neuer Gefügebestandteil auf. Dieser nimmt mit zunehmender Haltezeit mengenmäßig zu, der Austenit ab. Rechte Kurve entspricht dem Verschwinden des Austenits („Umwandlungsende").

Bei Unterschreiten der Linie M_s plötzliche Umwandlung von Austenit in Martensit. Bildung dieses Gefügebestandteils praktisch von der Haltezeit auf Temperatur unbeeinflußt, also hier keine isothermische Umwandlung. Erhöhung der Martensitmenge nur durch weitere Abkühlung bis auf Raumtemperatur möglich.

Bei Werkzeugstählen können 100% Martensit praktisch nie erreicht werden; es bleibt eine gewisse Menge nicht umgewandelten Austenits bei Raumtemperatur erhalten (Restaustenit), der erst bei tieferen Temperaturen in Martensit umklappt (Martensitumwandlungsende = M_f Punkt).

Isothermische ZTU-Schaubilder ermöglichen die Bestimmung der Umwandlungsvorgänge, die bei konstanten Temperaturen oberhalb von M_s erfolgen. Anwendung: Umwandlungsglühen und Zwischenstufenvergütung, ferner zur Auswahl des umwandlungsträgen Temperaturbereiches für die Warmbadhärtung. In der Schweißtechnik für Bestimmung der Vorwärmtemperaturen.

ZTU-Schaubilder für kontinuierliche Abkühlung. In der praktischen Wärmebehandlung sind kontinuierliche Abläufe von größerer Bedeutung. Beispiel: Härtung des Stahls, Abb. I.39 u. 40. Beschreibung solcher Vorgänge mit ZTU-Schaubildern für kontinuierliche Abkühlung. Koordinatennetz waagerecht in logarithmischem Maßstabe die Zeit, senkrecht die Temperatur. In der linken oberen Ecke bei Härtetemperatur (Austenitisierungstemperatur) Beginn der Abkühlungskurven, die bis herunter zur Raumtemperatur verlaufen. Links liegende Kurve entspricht der raschesten, die ganz rechts liegende Kurve der langsamsten Abkühlung. Die Gefügeanteile sind in Prozent an die Abkühlungskurven geschrieben. Bei den raschesten Abkühlungen entsteht nur Martensit, der mit Unterschreiten der M_S-Linie entsteht. Teil des Austenits bleibt bei Raumtemperatur erhalten (Restaustenit).

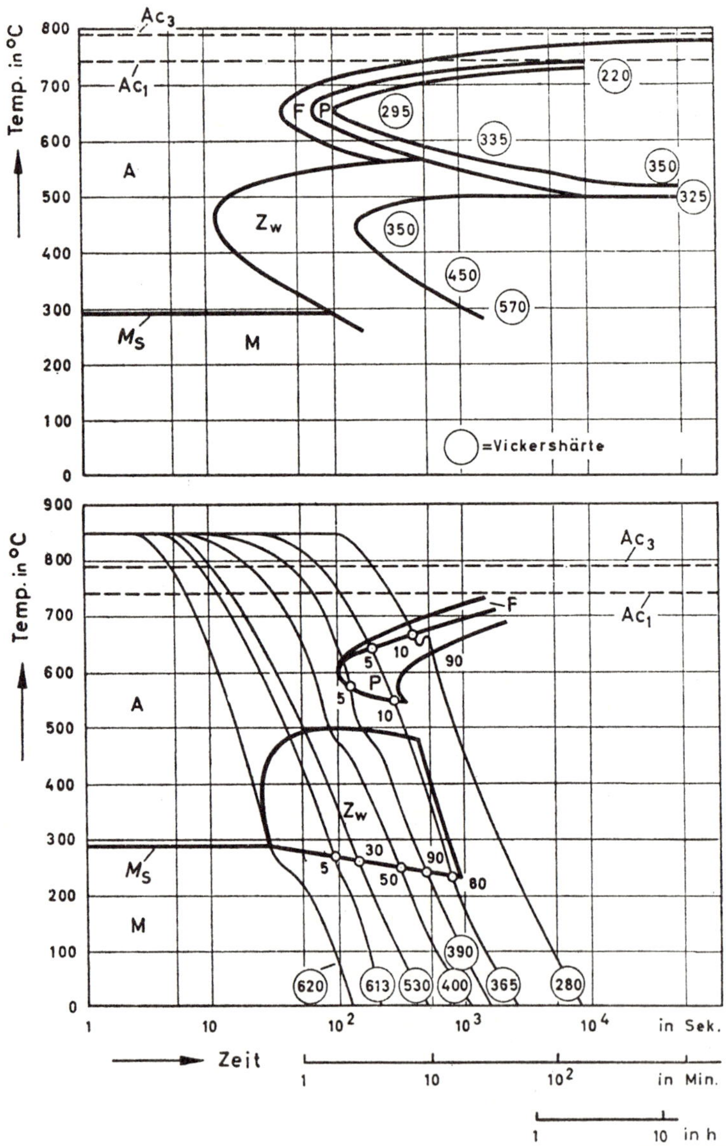

Abb. I.39. Isothermisches und kontinuierliches (unten) Zeit-Temperatur-Umwandlungs-Schaubild für einen Stahl mit 0,5% C, 0,9% Mn und 1% Cr. Härtetemperatur 840 °C, Haltezeit 10 Minuten [nach *Domke*].

Sowohl die isothermischen als auch die kontinuierlichen ZTU-Schaubilder gelten nur für die angegebene Austenitisierungstemperatur. Ist Austenitisierungstemperatur höher, erfolgt Verschiebung der Umwandlungsvorgänge zu längeren Zeiten, bei tieferer entsprechend zu früheren Zeiten.

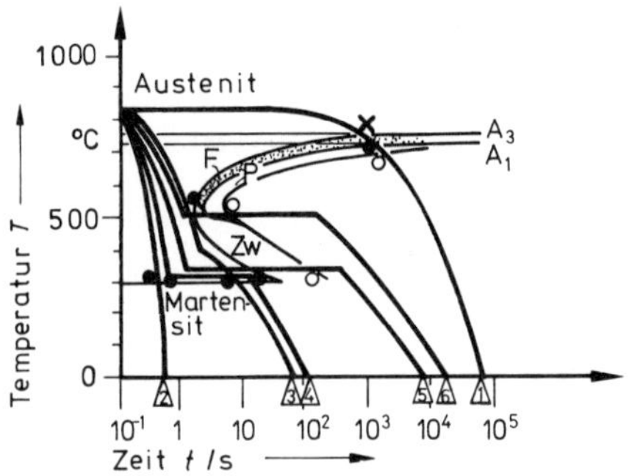

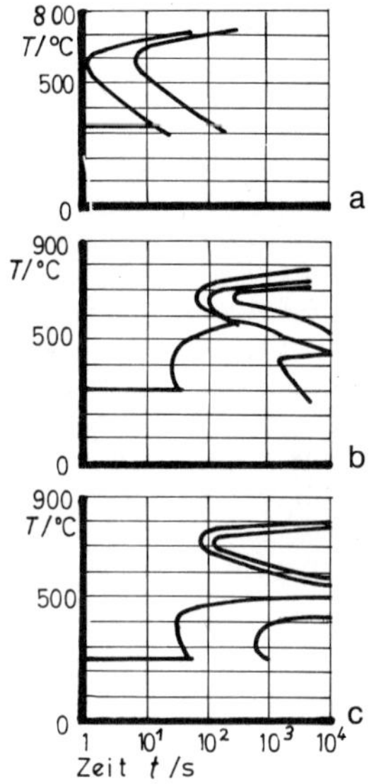

Abb. I.40. Schematisches Z-T-U-Schaubild eines Stahles mit eingetragenen Wärmebehandlungsverfahren.
Kurve 1: Normalglühen;
Kurve 2: Härten;
Kurve 3: gebrochene Härtung;
Kurve 4: Warmbadhärtung;
Kurve 5: Zwischenstufenvergütung;
Kurve 6: Patentieren.
× Beginn der voreutektoiden Ferritausscheidung;
○ Ende der Austenitumwandlung;
● Beginn der Austenitumwandlung in Perlit, Bainit oder Martensit [nach *Schumann*].

Abb. I.41. Abwandlung eines isothermischen ZTU-Diagrammes durch Änderung der Legierungsgehalte. a) etwa 0,4% C, b) etwa 0,4% C + 1,2% Cr, c) etwa 0,4% C + 3,5% Cr.

Einfluß der Legierungselemente auf die ZTU-Diagramme. Unterhalb 0,8% wirkt Kohlenstoff beschleunigend für Umwandlungen, oberhalb hemmend (wird heute von fast allen Legierungselementen angenommen). Bei zunehmendem Legierungsgehalt wird die Linie des Umwandlungsbeginns zu längeren Zeiten hin nach rechts verschoben; weiter ausgeprägte Trennung Perlitumwandlung – Zwischenstufenumwandlung. Bei hochlegierten Stählen vollständige Trennung beider Bereiche möglich. Im letzteren Falle entsteht austenitischer Streifen zwischen beiden Umwandlungsbereichen. Mit zunehmendem Legierungsgehalt Absinken der Martensitbildungstemperatur (Abb. I.41).

Fragen und Aufgaben zu I.B.

1. Kennzeichnen Sie den Unterschied zwischen amorphen und kristallinen Werkstoffen unter besonderer Berücksichtigung der Metalle im Hinblick auf die Bindungsmechanismen und im Unterschied zu den Eigenschaften von Flüssigkeiten.
2. Benennen Sie die aus den Gittertypen der wichtigsten Gebrauchsmetalle resultierenden Eigenschaften.
3. Was sind allotrope Umwandlungen, wie verändern sie die Eigenschaften der Metalle?
4. Wie baut sich ein technisches Gefüge metallischer Werkstoffe auf, und welche Unterschiede bestehen zum idealen Gitter im Hinblick auf den submikroskopischen und den mikroskopischen Bereich?
5. Wie stellt man Zustandsdiagramme auf?
6. Kennzeichnen Sie die unterschiedlichen Zustandsdiagramme im Hinblick auf Kristallgemische, Mischkristalle und Metallitkristalle (intermediär).
7. Skizzieren Sie die Gefüge zum Eisen-Kohlenstoff-Diagramm mit Hilfe der Kenntnisse aus einfachen Zustandsdiagrammen von Zweistofflegierungen.
8. Zeichnen Sie in das geeignete Eisen-Kohlenstoff-Diagramm die Lage der üblichen Eisenlegierungen, wie Armco-Eisen, Baustahl, schweißbare Stähle, härtbare Stähle, Stahlguß, untereutektoiden Stahl, übereutektoiden Stahl, schwarzen und weißen Temperguß und Grauguß ein.
9. Inwieweit stellen die ZTU-Diagramme eine sinnvolle Ergänzung zum Eisen-Kohlenstoff-Diagramm dar?

C. Die Wärmebehandlung des Stahls

Bei Wärmebehandlung erfährt Werkstück hauptsächlich Änderungen der Temperatur oder des Temperaturablaufs, bei einem Teil der Oberflächen-Wärmebehandlungsverfahren auch Diffusionsveränderungen in der Oberflächenzone.

Nicht jeder Stahl verträgt schnelle Erwärmung: Am unempfindlichsten sind C-arme unlegierte Stähle. Mit steigendem C-Gehalt und Legierungsgrad, also abnehmender Wärmeleitfähigkeit und Warmzähigkeit, mit zunehmenden Abmessungen und gröber werdendem Korn muß vorsichtiger (langsamer und gleichmäßiger) erwärmt werden, u. U. mit Unterbrechungen (vorübergehendem Halten) bei 200 und 400 °C. Vorher abgeschreckter bzw. gehärteter, sowie stark kalt umgeformter Stahl ist vorsichtiger zu erwärmen als geglühter. In Sonderfällen kann schon Einbringen kalten Stahls in Vorwärmkammer von 200 °C Spannungsrisse erzeugen.

DIN 17014 enthält genormte Fachausdrücke für Wärmebehandlung von Eisenwerkstoffen. – Nachfolgende Verfahren sind Grundverfahren, die in der Praxis oft Variationen aufweisen; sie sind hinsichtlich des bei ihnen zur Anwendung kommenden Temperaturbereichs in die beiden Teilskizzen des Eisen-Kohlenstoff-Diagramms (Abb. I.42) eingetragen. Für legierte Stähle gelten die betreffenden Zustandsdiagramme mit veränderter Temperaturlage des unteren und oberen Umwandlungspunktes. Wärmebehandlungsvorschriften des Stahllieferanten beachten!

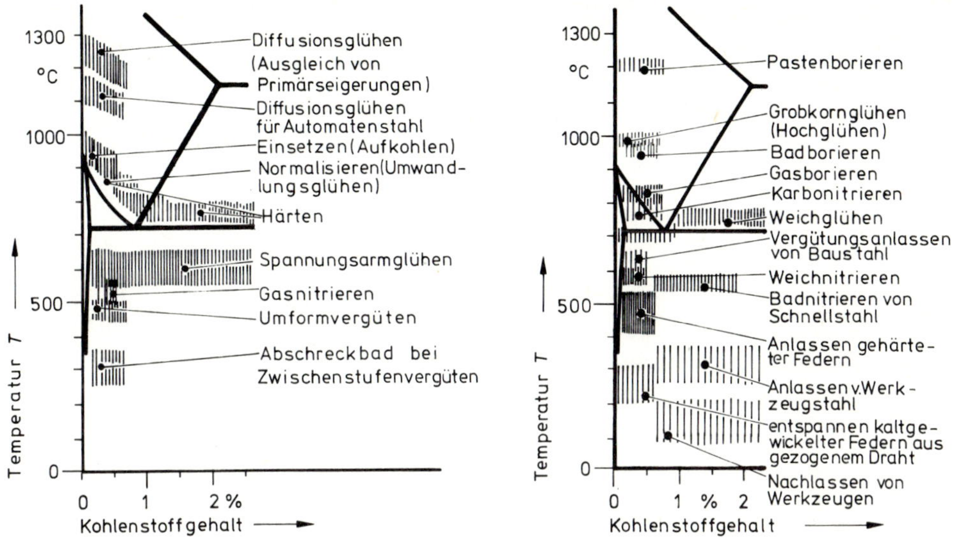

Abb. I.42. Temperaturbereiche wichtiger Wärmebehandlungsverfahren von Stahl. (Nach neuem Fe-C-Diagramm liegen S bei 0,8% C, und E bei 2,06% C, vergl. Abb. I.32)

1. Durchgreifende Wärmebehandlung der Eisenwerkstoffe

a) Glühen ist Erwärmen auf bestimmte Temperaturen und Halten bei dieser Temperatur mit nachfolgendem, in der Regel langsamem Abkühlen.

Soll Zunderbildung (Fe_3O_4 + evtl. Oxide von Legierungselementen) vermindert oder ganz unterbunden werden, so muß Glühen mit geregelter Atmosphäre erfolgen: Verpacken des Glühgutes in Glührohre oder Blechkisten; Hauben- oder Tiefenöfen mit Luftabschluß; Glühen in Schutzgas: Ar, N_2, H_2, $CO + CO_2$, dabei Entkohlung zu erwarten, wenn O_2 oder H_2O als Verunreinigung vorhanden.

Der molekulare Stickstoff (N_2) beteiligt sich nicht an chemischen Reaktionen. Diagramme über die Gaszusammensetzung geben notwendige Bestandteile von CO_2/CO in H_2/H_2O in Abhängigkeit von der Temperatur an. Die können aufkohlend oder bedingt als Inertgas wirken. Stähle mit Cr, Al und Si nicht in solcher Atmosphäre glühen. Absolut blankes und nicht entkohltes Glühgut nur in laufend überwachten C-haltigen Cyansalzbädern zu erzielen.

α-Umwandlungsglühen (Glühen mit Umkörnung) ist Glühen wenig oberhalb A_{c3}, bei übereutektoidischem Stahl oberhalb A_{c1} (für C-Stahl also im Bereich 30 ... 80 °C über GOSK) mit nachfolgendem Abkühlen in ruhender Luft, bei legierten Stählen jedenfalls so, daß keine Lufthärtung erfolgt.

γ-α-Umwandlungsbereich muß jedenfalls zur Erzielung von feinem Korn schnell durchlaufen werden; u. U. unter A_1 auffangen und in zweitem Ofen Endkühlung, wobei etwaige Aufhärtungsgefahr legierter Stähle und Abkühlspannungen verwickelter Formen vermieden werden. Je nach verfolgtem Zweck spricht man auch von

Normalglühen (Normalisieren), angewandt zur Beseitigung der Gußstruktur von Stahlguß (s. Tafel II, Abb. 9 und 10) und Schmelzschweißnähten, der Walzstruktur von Walzmaterial oder eines groben Schmiedegefüges (wenn Schmieden bei zu hoher Temperatur beendet). Fehler: zu langsames Erwärmen durch den Bereich A_1 bis A_3 gibt Grobkorn, ebenso zu langes Halten im Austenitgebiet und Überhitzen.

Regenerierglühen (Regenerieren), angewandt zur Beseitigung eines Gefüges, das durch Überhitzung bzw. Diffusionsglühen oder durch kritische Kaltumformung mit nachfolgender kritischer Erwärmung grobkörnig wurde. Ferner Beseitigung der Auswirkung einer Alterung von Stahl (wichtig zur Erweiterung des Anwendungsgebietes von Thomasstahl).

β) Weichglühen ist Glühen mit längerem Halten bei einer Temperatur um A_1 (PSK), und zwar wenig unter A_1 bei untereutektoiden und wenig über A_1 bei übereutektoiden Stählen; manchmal auch Pendelglühen um A_1. Nachfolgend langsames Abkühlen, meist im Ofen oder wenigstens in warmer Asche u. ä.

Zweck: Erleichterung einer Zerspanung oder Kaltumformung, Beseitigung zufälliger Aufhärtungserscheinungen legierter und Werkzeug-Stähle, bzw. eines Zwischenstufen- und Vergütungsgefüges. Dabei werden auch alle Spannungen im Werkstück abgebaut. – Gefügemäßig wird dabei streifiger Perlit in körnigen übergeführt (Tafel I, Abb. 3 u. 4) und etwaiges stark versprödendes Sekundär-Zementitmaschenwerk (Tafel I, Abb. 5) globuliert, d. h. in Zementit-Inseln aufgeteilt. Die Härte nimmt ab, die Zähigkeit und plastische Umformbarkeit werden wesentlich verbessert.

Sonderfall: *Grobkornglühen* (Hochglühen) über A_3, z. B. bei 950 ... 1000 °C, und Halten bei dieser Temperatur, nachfolgend möglichst langsames Abkühlen bis unter A_{r1}, dann beliebig (u. U. auch nach Glühung Ablegen an Luft). Anwendung bei untereutektoiden und niedriglegierten CrMn- und CrMo-Stählen, die infolge zu feinen Korns zu schwer zerspanbar sind, weil zum „Schmieren" neigend. (Nach Endbearbeitung Grobkorn durch Regenerieren (s. o.!) bzw. Vergüten wieder beseitigt.)

γ) Spannungsarmglühen ist Glühen unter A_{c1}, meist bei 550 ... 650 °C, Abbau der inneren Spannungen bis auf Warmstreckgrenze mit nachfolgendem langsamen Abkühlen, meist im Ofen.

Zweck: Verminderung von Werkstück-Eigenspannungen, die z. B. durch ungleichmäßige Abkühlung (auch nach einem Normalglühen), durch Schmieden bei zu niedriger Temperatur, Kaltrichten, sowie Kaltformgebung aller Art, aber auch durch Schweißen und Zerspanungsvorgänge entstanden sind. Außer zur Verminderung von Schweißspannungen dient es auch zur wesentlichen Verbesserung der Zähigkeit von Schmelzschweißnähten: Bei diesen Temperaturen werden feindisperse Ausscheidungen von Oxiden, Sulfiden und Nitriden in der Schweiße wieder in Lösung gebracht und bei langsamer Abkühlung gröberglobuliert ausgeschieden, wodurch ihre versprödende Wirkung entfällt und daher Bruchdehnung und Schlagzähigkeit wesentlich verbessert werden. Heute ist Spannungsarmglühen geschweißter Druckbehälter (Kessel) mit Berechnungsfaktor 0,9, ausgehend von normalgeglühten Blechen, zulässig, wo früher Normalglühen des geschweißten Werkstücks vorgeschrieben war. Bei Spannungsarmglühen auch viel geringere Gaslöslichkeit des Stahls als beim Normalglühen. Art und Korngröße des Gußgefüges wird jedoch nicht verändert, da Umwandlungspunkt nicht überschritten wird, allerdings geringe Erniedrigung der Streckgrenze möglich. Spannungsarmglühen nach Kaltumformung birgt Gefahr der Grobkornbildung in sich, wenn Umformung im kritischen Bereich vorausging (8 ... 15% Kaltumformung); besonders gefährlich, wenn Glühtemperatur auf kritischen Bereich 700 ... 800 °C erhöht wird. Normalglühung dann sicherer, wenn auch teurer.

δ) *Diffusionsglühen* (Homogenisierglühen) ist langzeitiges Glühen (30 ... 40 h) bei sehr hohen Temperaturen (bei Stählen mit Umwandlung erheblich über A_{c3}) und nachfolgender beliebiger Abkühlung.

Zweck: Ausgleich der Primärseigerung (Kristallseigerung) mit mehr oder weniger starkem Inlösunggehen von Sulfiden, Phosphiden, Oxiden u. a., auch Beseitigung von Zeilenstruktur, angewandt bei Walz- und Schmiedeblöcken, Vormaterial, sowie hochlegiertem Stahlguß, ferner Ausgleich von Sulfideinlagerungen geschwefelter Automatenstähle.

b) Anlassen ist Erwärmen nach vorausgegangenem Härten, Kaltumformen oder Schweißen auf Temperatur meist wesentlich unter A_{c1} und Halten dabei, mit nachfolgendem zweckentsprechenden Abkühlen:

Anlassen von Werkzeugstählen (bei C-Stahl 230 ... 350 °C, bei Schnellstahl 550 ... 600 °C), meist im Luftumwälzofen, im Öl- oder Salzbad.

Vergütungsanlassen von Baustahl (unlegiert meist 450 ... 650 °C, legiert meist 550 ... 720 °C, wobei unterer Bereich den Ni-haltigen, oberer Bereich den Cr-, CrMo- und CrV-Stählen zugeordnet ist).

Anlassen zwecks „Umformungsvergütung" kaltverfestigten unlegierten Stahls, z. B. bei 400 ... 500 °C, meist im Luftumwälzofen.

Örtliches Anlassen von Schweißzonen mit möglichen Aufhärtungsbereichen (Martensitbildung in der Wärmeeinflußzone) bei schweißempfindlichen Stählen ($C > 0{,}2\%$), wenn Vorwärmung nicht genügt oder nicht erfolgte (Durchführung mit Gasschweißbrenner, Lötlampe, Kohlelichtbogen, induktiver Erwärmung, Stromdurchgang, Wärmekissen u. ä.).

Stoßanlassen (Anlaßstoßglühen) ist sehr kurzes Erhitzen (Minuten oder Sekunden) gehärteten Vormaterials (Stangen, Schmiedeteile) durch Stromdurchfluß oder Induktion auf Temperaturen über A_{c3} mit schneller Abkühlung, z. B. in Wasser. Dadurch beste Zähigkeitswerte erzielbar.

c) Nachlassen (Entspannen; Altern, hat mit Altern kaltgereckten Stahls nichts zu tun) ist Erwärmen von gehärtetem (noch nicht oder schon angelassenem) Werkzeugstahl durch Kochen in Wasser evtl. mit Salzzusatz oder in Öl (100 ... 200 °C).

Dadurch Verringerung der Härtespannungen und Vorwegnahme im Laufe der Zeit sonst auftretender Volumenänderung und damit Erzielung von Maßbeständigkeit. Auch große Schweißkonstruktionen (Schiffskörper, Brücken, Lagertanks u. a.) können örtlich im Schweißbereich autogene oder elektroinduktive „Entspannung" erfahren; dabei jedoch zusätzliche Erzeugung von Spannungen, die gefährliche Schweißspannungsspitzen abbauen [I.17].

Stabilglühen ist Erwärmen von Stählen mit absichtlich beigefügten ausscheidungsfähigen Komponenten, um unerwünschte spätere Veränderungen vorwegzunehmen.

Z. B. werden im Kessel- und Stahlbau verwendete Stähle mit ≈1% Cu bei 650 ... 700 °C geglüht. Auch Glühen austenitischer Stähle bei ≈850 °C zum Zusammenballen oder Binden feindisperser Ausscheidungen, z. B. von C (stabilisierte austenitische Stähle).

d) Härten (Abschreck- oder Umwandlungshärten) ist mehr oder minder schroffes Abkühlen (Abschrecken) von Stahl aus γ-Gebiet, d. h. aus Temperaturen wenig über oberem Umwandlungspunkt (bei C-Stahl 30 ... 80 °C über GOSK) mit mindestens kritischer Abkühlgeschwindigkeit v_{k0}, so daß mit Sicherheit das Härtegefüge Martensit wenigstens in Oberflächenzone oder auch durchgreifend erhalten wird.

Kühlmittel verschiedener Abschreckwirkung können Flüssigkeiten (Wasser, evtl. mit Zusätzen; Öle), Salz- oder Metallschmelzen, oder Gase (meist ruhende oder Preßluft) sein. – Gute *Durchhärtung* (Kernhärte $\approx$ Randhärte) zeigt stark härtender Stahl (niedrige v_k) bei mildem Abschrecken (Öl, Luft); ausgeprägte *Schalenhärtung* liefert schwachhärtender Stahl (hohe v_k) durch schroffes Abschrecken (H_2O); zwischen diesen beiden Grenzfällen viele Übergangsstufen. Erzielung genauer Härtewerte nur durch Anwendung des zum betreffenden Stahls gehörenden ZTU-Schaubildes.

Abschreckwirkung auf Werkstück abhängig von: Härtbarkeit des Stahls, Abschreckvermögen des Kühlmittels, sowie dessen Temperatur und Bewegung, Verweilzeit des Werkstücks im Kühlmittel, Abmessungen und Form des Werkstücks, Beschaffenheit der Oberfläche (schon geringe Zunderschicht beeinträchtigt Härtung stark). – Ermittlung der Härtbarkeit durch *Stirnabschreckprobe.*

Normales Härten ist Abkühlen aus Härtetemperatur in betreffendem Härtemittel von Raumtemperatur meist fast bis Temperaturausgleich.

Gebrochenes Härten (kombiniertes Härten): Erst Schroffabschrecken bis $\approx$400 °C zur Unterdrückung der Perlitumwandlung z. B. in Wasser, sofort anschließend Endabkühlung in milder wirkendem Kühlmittel (z. B. Öl).

Nur für Wasserhärter brauchbar. Erfolg: Verringerung der Härtespannungen und damit des Verzugs.

Warmbadhärten (Thermalhärten): Abkühlen in Warmbad (meist Salzbad von 180 ... 300 °C) wenig oberhalb Martensitpunkt bis Temperaturausgleich, anschließend Endabkühlung in Luft (oder Ölbad) von Raumtemperatur.

Im Warmbad unterkühlter Austenit wandelt sich erst bei Endabkühlung in Martensit um, also getrennt vom ersten Abkühlen. Anwendung für kleinere bis mittlere Teile, da für große Teile Abkühlungsgeschwindigkeit nicht ausreichend. Nicht für Wasserhärter; Ölhärter ergeben fast gleiche Härte wie bei normaler Ölhärtung. Wesentliche Minderung von Härtespannungen und Verzug.

Sonderfall: *Röchlingsches* „OCe“-*Verfahren,* Handelsbez. „OCe“ bedeutet „ohne Cementation“ bei dem Werkstück aus hochreinem schwachleg. Edelstahl mit $\approx$0,8% C und bis 0,2% V, dessen Mn-Gehalt je nach Werkstückdicke zur Regulierung der Einhärtetiefe zwischen 0,2 ... 1,5% abgestuft ist, durch Warmbadhärtung eine Schalenhärtung erfährt (gehärtete Oberfläche über zähem Kern hoher Festigkeit). Anwendung bes. für Zahnräder, Keilwellen u. ä. Teile aus „OCe“-Sonderstahl.

Hysteresehärten (Gestuftes Härten, Härten bei fallender Hitze) vgl. Abb. I.43. Erwärmen hochlegierter Stähle über A_{c3} mit Abkühlen an Luft oder in zweitem Ofen oder Salzbad bis kurz über A_{r3}, das wegen Rückumwandlungsverzögerung (Hysterese von A_3) oft wesentlich unter A_{c3} liegt; daraus Abkühlen im vorgeschriebenen Härtebad, zweckmäßig kombiniert mit Warmbadhärten.

Dem Stahl wird kein größerer Wärmesturz zugemutet, als Härtung unbedingt verlangt, daher größte Schonung bei geringstem Verzug. Wirtschaftlich nur für hochlegierte Stähle (bes. für auf Verschleiß und Dauerstandfestigkeit beanspruchte Teile) mit starker Rückumwandlungsverzögerung, z. B. 12%iger Cr-Werkzeugstahl (210 Cr 46) für Räumnadeln, Hochleistungsschnitte, Prägematrizen, Scherenmesser u. a.

Stoßhärten: Erhitzen mit sehr schnellem Durcheilen des Umwandlungsbereichs (durch Induktionserwärmung möglich). Härtetemperatur muß erheblich höher als normal eingestellt werden, um bei kürzester Haltezeit volle Austenitisierung zu bewirken. Gute Zähhärte erreichbar. Nur für Teile geringster Querschnittsunterschiede.

Primärhärten ist Härten aus Warmumformtemperatur ohne Zwischenabkühlung, evtl. aus Auffangtemperatur heraus.

Bessere Zähigkeitseigenschaften, da manche Bestandteile, die bei langsamer Abkühlung nach Warmumformung ausgeschieden würden und beim späteren Erwärmen zum Härten nicht mehr in Lösung gehen können, nun gelöst bleiben und daher nicht mehr versprödend wirken; u. U. kombiniert mit Stoßanlassen zum Vergüten.

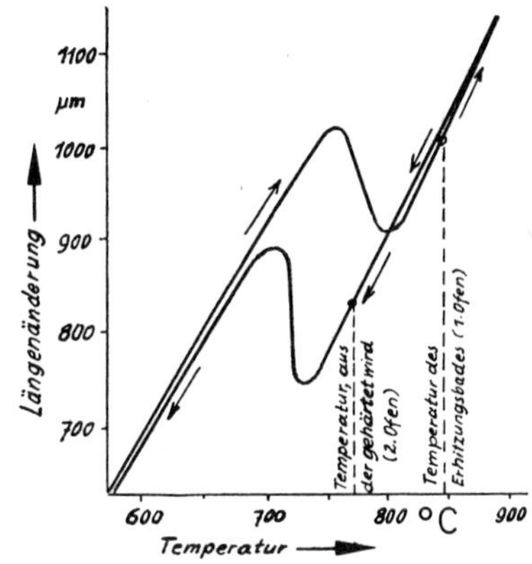

Abb. I.43. Versuchsmäßig ermittelte Dilatometerkurve eines Werkzeugstahls mit 12% Cr. Ausnützung der Hysterese von A_3 bei der gestuften Härtung (Hysterese-Härtung).

e) Vergüten ist durchgreifendes Härten mit folgendem Anlassen auf höhere Temperatur, um hohe Zähigkeit (δ, ψ, a_k) bei hoher Festigkeit (σ_B, $\sigma_{0,2}$) auch bei niedriggekohlten, unlegierten Stählen zu erzielen.

Mit zunehmender Anlaßtemperatur bzw. -dauer fällt Festigkeit und steigt Zähigkeit. – Vergüten steigert Schwingungs- und Dauerstandfestigkeit, in besonderem Maß aber das Streckgrenzen-Verhältnis $(\sigma_{0,2}/\sigma_B) \cdot 100\%$, während Alterungsgefahr sinkt. Je besser durchhärtend der Stahl, desto niedriger kann Anlaßtemperatur zur Erzielung von Rand-Kern-Festigkeitsausgleich sein. Erhitzt man bis 100 °C, ändert sich nichts. Zwischen 100 °C und 200 °C wird aus dem tetragonalen ein kubischer Martensit, den man auch angelassenen Martensit nennt. Das verringert die Härtespannungen, ohne die Härte merklich absinken zu lassen! Ab 500 °C wird bei legierten Stählen in den Martensitnadeln Eisenkarbid ausgeschieden. Damit steigt das Verformungsvermögen, Abb. I.44. – Je schlechter Wärmeleitfähigkeit und je höher Ausgangshärte, desto vorsichtiger (langsamer) ist anzulassen, um Risse zu vermeiden. Je länger Haltezeit ist, desto niedriger kann Anlaßtemperatur sein und umgekehrt. Mn- und Cr-Ni-Stähle ohne Mo oder W sind anlaßspröde: Schlechtes a_k als Folge zu langsamer Abkühlung nach Anlassen, daher Wasser-, mindestens aber Öl- oder Preßluft-Abkühlung. Hohe Härtetemperatur begünstigt, schnelles Erwärmen und kurzes Halten auf Härtetemperatur mindern Anlaßsprödigkeit. Wenn keine Gefahr der Anlaßversprödung, dann besonders bei großen und ungleichförmigen Querschnitten nach Anlassen langsames Abkühlen (mindert Wärmespannungen).

	C	Mn	Cr	Ni	V
35NiCr18	0,36	0,6	1,30	4,50	–
50CrV4	0,50	0,9	1,00	–	0,10

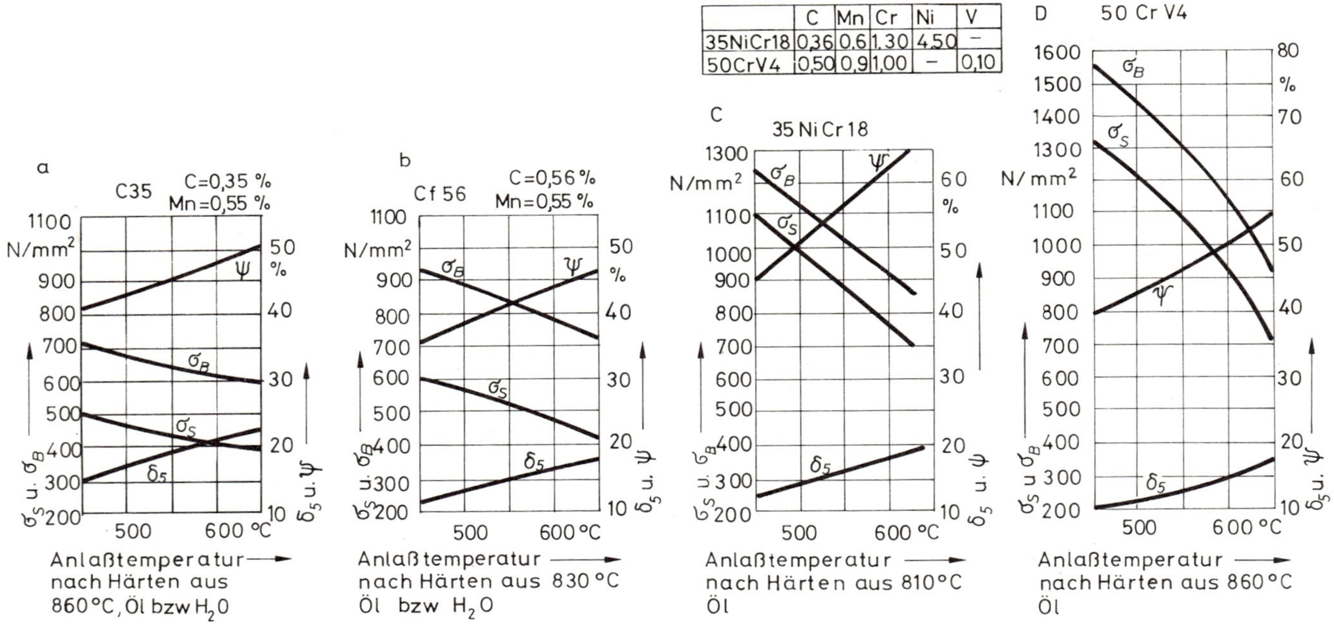

Abb. I.44. Vergütungsschaubilder. Festigkeits- und Zähigkeitswerte, abhängig von Höhe der Anlaßtemperatur nach dem Härten. a) und b): Relativ anlaßbeständig; c) und d): anlaßempfindlicher. Ordinate: 9,81 · N/mm^2 bzw. %.

Wasser-, Öl-, Salzbad- bzw. *Luft-Vergüten* je nach Art des beim Härten angewendeten Härtemittels. Das Anlaßgefüge ist Anlaß-Sorbit (extrem-feinlamellarer Perlit).

Zwischenstufen-Vergüten (Zwischenstufenumwandeln) ist Abkühlen nach Erwärmen zum Austenitisieren in meist Salzschmelze (Zwischenstufenbad) mit Temperatur knapp über Martensitpunkt mit Verweilzeit, die zu praktisch völliger (99,5%) Umwandlung des Austenits in Zwischenstufengefüge führt, im Gegensatz zur Warmbadhärtung also ohne folgende Martensitbildung (Vgl. auch Abb. I.38 u. Text dort!).

Es entsteht also unter Umgehung von Martensit unmittelbar Zwischenstufengefüge, ein Abschrecksorbit eigener Art mit besonders hoher Zähigkeit; weiteres Anlassen entfällt. Anwendung nur für Stahl bester Härtbarkeit bzw. für hochwertige Kleinteile, z. B. Federn, Drähte, Kleinmaschinenteile, auch kleine Gesenkschmiedeteile aus Schmiedewärme heraus und kleine GG-Zylinderbüchsen, Turbinenschaufeln, verwickelte, teure SS-Werkzeuge u. a. Höhere Kosten des Zwischenstufenvergütens ohne Bedeutung im Hinblick auf erforderlichen maximalen Zähigkeitsgewinn. Vorherige Fertigbearbeitung möglich, vor Einbau nur Waschen.

Patentieren ist für Band bzw. Draht höherer Festigkeit abgewandeltes Zwischenstufenvergüten mit dem Zweck, für nachfolgendes Kaltumformen (Ziehen, Kaltwalzen) besonders zähfestes Sorbitgefüge zu erzielen (Blei-, Salzbad- oder Luft-Patentieren je nach Art des Abkühlbades). Glühtemperatur $\approx$920 °C.

Tauchpatentieren, wobei nach Stapelglühung in Bunden Tauchabkühlung z. B. in Bleibad (430 ... 520 °C) unter starker Bewegung des belasteten Gutes bis Temperaturausgleich erfolgt.

Durchlaufpatentieren, wobei Gut kontinuierlich durch Glühofen und anschließendes Abschreckbad gezogen wird; hierbei gleichmäßiges Ergebnis. Größte Gleichmäßigkeit u. Qualität durch Erhitzen mit über Kontaktrollen zugeführtem Strom bzw. induktives Erhitzen in Schutzgas, dann „Widerstands- bzw. Induktions-Patentieren“ genannt. – Wenn Ofentemperatur zu hoch: Härterißgefahr; wenn zu niedrig: Verbleiben von Ferrit im Kern, damit „Überziehgefahr“ (d. h. Innenquerrisse im Draht); wenn Ofenzeit zu lang und Atmosphäre oxidierend: Randentkohlung. – Salzbad: $NaNO_3 + KNO_3$ mit NaOH-Zusatz zur Vermeidung einer Verzunderung. Ergebnisse gleichwertig Bleibad-Patentierung. – Beim *Luftpatentieren* Abschrecken in Wirbeldüse oder Preßluft; vorher hohes Erhitzen (bis 1100 °C; Entkohlungsgefahr!); dadurch etwas gröberes Austenitkorn z. T. erwünscht: Nach Ziehen hohe Festigkeit und Zähigkeit.

Anwendung des Patentierens für Band und Draht aus meist C-Stahl (0,35 ... 0,75% C und mehr), evtl. aus niedriglegiertem Stahl, z. B. für Federbandstahl DIN 17 222 (Bandmaße, „Spion“-Band), Federstahldraht, Seildrähte u. ä.

Vergüten aus Formgebungswärme: Auf überhöhte Walz- oder Schmiedetemperatur (über 1200 °C) erhitzter Stahl wird vor Abschrecken (meist in Wasser) auf kleineres Maß umgeformt; durch Überhitzen und Überzeiten entstandenes Grobkorn wird durch Warmumformung wieder beseitigt. Mit etwa 200 °C verläßt Stahl das Abschreckbad; dann sofort Anlassen.

Feinkornstahl besonders günstig (Rißgefahr vermieden). Bei Grobkornstahl Riß-Minderung dadurch, daß man nach letzter Umformung über A_{c3} auf A_{c1} zweckmäßig in Ausgleichsofen abkühlen läßt und daraus abschreckt. In erster Linie für legierte und damit ausreichend ohne Ferritabscheidung unterkühlbare Stähle brauchbar. Technische Bedeutung: Vergleichsweise höhere Streckgrenze und Zähigkeit, besonders erhöhte Dauerstandfestigkeit und Anlaßbeständigkeit.

Im allgemeinen wird die Anwendung der ZTU-Schaubilder empfohlen. [Abb. I.40]

f) Altern. Eigenschaftsänderungen als Funktion der Zeit, meist unerwünschter Art. Chemische und elektro-chemische Einflüsse (Korrosion usw.) fallen nicht darunter.

Der Grund der Eigenschaftsänderung ist z. B. bei Stahl eine übersättigte Lösung von Stickstoff, der sich an Versetzungen ausscheidet und deren Wanderung bei Kaltverformung behindert, was als Härteanstieg, verminderte Dehnung, verbunden mit extrem niedrigen Kerbschlagzähigkeitswerten, in Erscheinung tritt.

Künstliches Altern von Stahl beruht auf Erhöhung der Zahl der Versetzungen durch Kaltverformen ($\approx$10%) und Steigerung der Ausscheidungsgeschwindigkeit durch stärkere Diffusion infolge erhöhter Temperatur (200 ... 300 °C). Starker Abfall der Kerbschlagzähigkeit, besonders durch Bildung von Fe_4N im Stahl.

Alterungsempfindlichkeit abhängig von Schmelzführung: Ausgeprägt z. B. bei gewöhnlichem T-Stahl, bei SM-Stahl und LD-Stahl dagegen nur sehr wenig; wesentliche Minderung durch Beruhigen mit Al (Zugabe bis 0,01%), wobei Restdesoxidation erfolgt und vor allem vorhandenes Fe_4N in nicht mehr ausscheidungsfähiges Al-Nitrid übergeführt wird. Prüfung auf Alterungsanfälligkeit (-empfindlichkeit) durch Kerbschlagprobe nach vorheriger 10%iger Kaltstauchung und Anlassen auf 200 ... 300 °C (mechanische Alterung, Reckalterung). – *Blaubrüchigkeit* von weichem Stahl ist durch Umformen bei 200 ... 300 °C hervorgerufene Alterungsversprödung.

g) Aushärten (Ausscheidungshärtung) ist Wärmebehandlung unter Ausnützen temperaturabhängiger Löslichkeit von Karbiden, Nitriden, Boriden u. a. im Fe-Mischkristall, bestehend aus Lösungsglühen, Abschrecken und Auslagern bei Raumtemperatur (Kaltaushärten) oder bei mäßig erhöhter Temperatur (Warmaushärten). Vgl. auch 3. Erstarrungsfall (I.B.), sowie I.E., Abb. I.79 und Text dort!

Zweck: Veränderung mechanischer und (oder) magnetischer Eigenschaften. Durch Abschrecken zunächst gleichgewichtsbedingte Ausscheidung einer zweiten Phase unterdrückt; erst Auslagern der übersättigten, unterkühlten, instabilen festen Lösung (homogener Mischkristall) führt zu oft submikroskopisch-feindisperser oder auch mikroskopisch nachweisbarer Ausscheidung, wodurch infolge innerer Gitterspannungen oft erhebliche Steigerung der mechanischen und der magnetischen Härte (breite Hysterese-Schleife!), σ_B-Zunahme, aber auch Verprödung eintreten. Aushärten ist bei umwandlungshärtbaren Stählen manchmal dem normalen Härten überlagert (Schnellstahl!). Hochleistungs-Dauermagnetwerkstoffe sind C-freie ausgehärtete Legierungen (z. B. Fe-Ni-Al, Fe-Ni-Co-Al-Cu [Ti], u. a.). Auch Altern von Stahl beruht auf Aushärtungsprinzip.

2. Oberflächenhärten

a) Oberflächenhärten durch reine Wärmebehandlung (also ohne beabsichtige Analysenänderung der Oberflächenzone).

Völlige Werkstück-Durchwärmung: Hierher gehört Schalenhärtung nicht durchhärtender, schroff abzukühlender unlegierter Werkzeugstähle, sowie „OCe"-Verfahren.

Stark durchhärtender Stahl kann durch örtliche Oberflächenkühlung in Abschreck-Vorrichtung nur oberflächlich Härte erhalten. Kaltwalzen aus schlecht durchvergütendem Stahl erhalten harte Ballenoberfläche bei weichbleibendem Kern durch Brausenkühlung der Oberfläche. Gesenke werden nur örtlich in der Gravur, sowie Schienen und Vollräder an der Lauffläche brausengehärtet.

Oberflächen-Erwärmung: Härtbarer Stahl wird an der Oberfläche so schnell erhitzt, daß nur unbedeutend Wärme in das Innere fortgeleitet wird. Bei folgendem Abschrecken wird nur jener Randzonenteil gehärtet, der über A_{c3} (GOSK) erhitzt wurde, während der Kern verhältnismäßig weich bis völlig unbeeinflußt bleibt. Je nach Erhitzungsart unterscheidet man:

1. Tauchhärten: Nicht oder seltener leicht vorgewärmtes Werkstück wird durch kurzzeitiges Eintauchen in hocherhitzte Salz- oder Metallschmelzen nur in Randzone auf Härtetemperatur gebracht und sofort anschließend dem Stahl entsprechend abgeschreckt (Wasser, Öl, Salzbad, Luft).

Tauchbadtemperatur mindestens 100 °C bzw. wesentlich mehr über Härtetemperatur liegend. Etwa vorhandenes Vergütungsgefüge bleibt im Kern erhalten. Einhärtetiefe um so kleiner, je niedriger Werkstücktemperatur, je höher Badtemperatur und je kürzer Tauchzeit. Tauchbäder z. B. $BaCl_2 + KCl$ (1100 °C), SnBz (1100 °C), Gußeisen (1250 °C). Metallbäder erlauben wegen besserer Wärmeleitfähigkeit kürzere Tauchzeiten; ihre induktive Beheizung gibt gute Baddurchwirbelung. Zeit zwischen Austauchen und Abschrecken muß bei unlegiertem Stahl viel kürzer sein als bei legiertem; bei letzterem A_3-Hysterese ausnutzbar. – Vorzug gegenüber Flamm- und Induktionshärten: Mit gleichem Schmelzbad ohne besondere Einrichtungen verschiedenartigste Profile und Querschnitte behandelbar, sowie beliebiges Abschrekken durchführbar. – Anwendung: Bevorzugt für Teile, bei denen vorspringende Partien (Zähne, Nocken u. a.) gehärtet werden sollen; auch für größere Zahnräder, wobei mit waagerechter Achse umlaufendes Rad nur mit Zahnkranz in Schmelzbad taucht; Teile, die in mehr als zwei Dimensionen gekrümmt sind (gebogene Platten, Kegel, Kugeln, Kugelbolzen); auch dünnere ebene Platten einseitig härtbar (Panzerbleche) durch gleichzeitiges Tauchen zweier kantenabgedichteter Stücke. Ferner Verbesserung der Korrosionswechselfestigkeit (Steigerung 50% und mehr) von Wellen und Lagerstellen (Übergänge mithärten!); Erhöhung der Dauerfestigkeit von Preßsitzstellen.

2. Flammhärten (Brennhärten, Autogenhärten): Schnelles Oberflächen-Erhitzen durch neutrale oder leicht aufkohlende Brenngas-Sauerstoff-Flamme mit sofortigem Abschrecken durch Wasser (evtl. Wasser-Öl-Emulsion).

Unter Brenngasen am verbreitetsten und leistungsfähigsten Acetylen mit ≈3facher spez. Flammenleistung gegenüber Stadtgas (Leuchtgas), Propan und Wasserstoff.

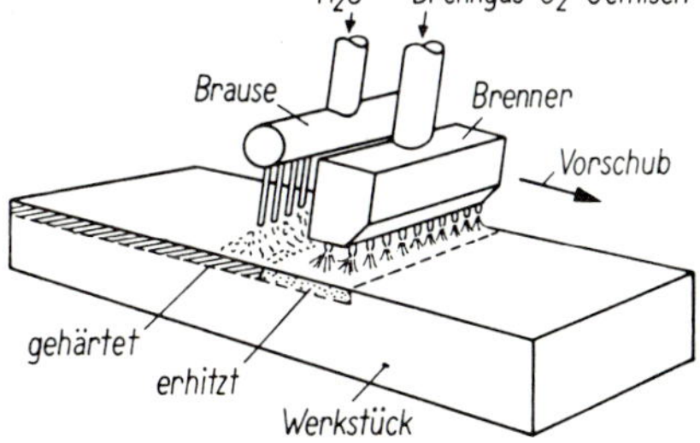

Abb. I.45. Vorschubhärten ebener Flächen.

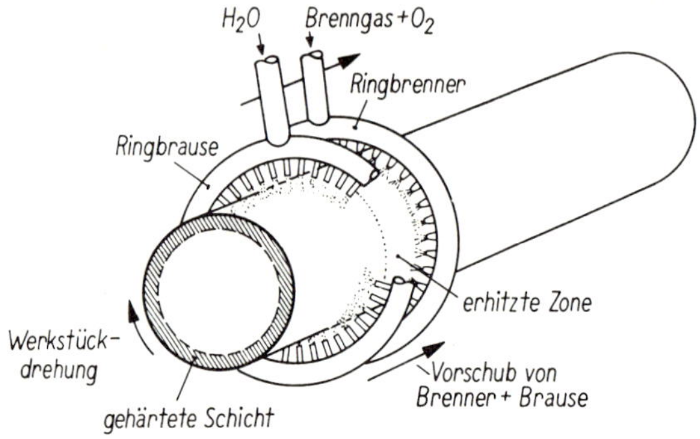

Abb. I.46. Umlauf-Vorschubhärten zylindrischer Flächen.

Vorschubhärten: Einfaches Vorschubhärten (Abb. I.45) ebener, gekrümmter bzw. prismatischer Flächen (Schienenlaufflächen, Drehbankwangen u. ä.) für längere Oberflächenzonen. – Umlauf-Vorschubhärten zylindrischer Außenflächen (Abb. I.46), dabei lückenlose Härtezone. Wellenanordnung auch senkrecht, dann Brenner oben, Brause unten, wobei Brenner + Brause nach oben wandern oder Welle nach unten durchgezogen wird. – Linien-(Schlupf-)härten (Abb. I.47) für schmale bzw. begrenzte Oberflächenzonen (z. B. Lauffläche von Rädern oder Ringen) liefert dagegen an Ausgangsstelle nach 1 Umdrehung „Schlupfstelle", die nicht gehärtet ist, weil Brenner zu Beginn gehärtete Zone wieder anläßt. – Innenhärten von Bohrungen, Zylinderbüchsen, Rohren (Abb. I.48) mit Pilzbrenner (mit Brause kombiniert).

Standhärten: Nach örtlicher Erhitzung durch Brenner wird dieser zurückgenommen und Wasserbrause angelegt; Brennerform ist Werkstückfläche angepaßt. Umlauf-Standhärten für Lagerstellen von Kurbelwellen, Wellenzapfen u. ä. (Abb. I.49) mit Linienbrenner und Hufeisenbrause; um Anwärmdauer und damit Härtetiefe zu verringern, werden oft mehrere Brenner angesetzt. Sinngemäß Zahnkranzhärten (Modul $\leqq 4$), Abb. I.50, dabei auch Abschrecken statt durch Brause durch Eintauchen des ganzen Rades in Wasser oder Öl.

Vor Härtung sollen Teile spannungsfrei geglüht sein. Entspannen flammgehärteter Teile meist bei 150 ... 200 °C, dabei u. U. Härteabfall 2 ... 3 *HRC*-Grade. – Druckspannungen in Randhärtezone erhöhen Biegewechselfestigkeit.

3. *Induktionshärten:* In Oberflächenzone wird kurzzeitig (30 s ... 1/1000 s) mittels HF-durchflossener Primär-Heizspule (Induktor) sekundärer Wirbelstrom induziert,

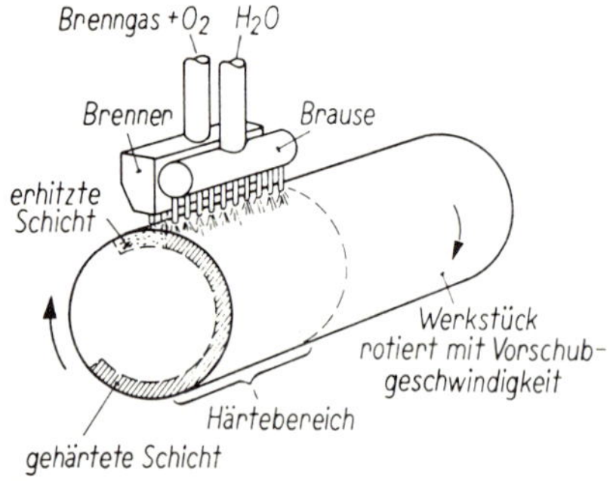

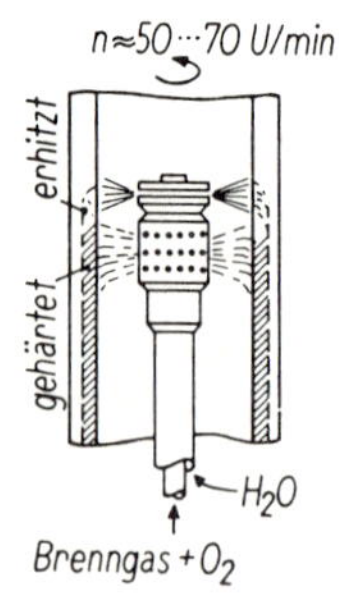

Abb. I.47. Linien-(Schlupf-)Härten kurzer Zylinderflächen.

Abb. I.48. Umlauf-Vorschubhärten von Zylinder-Innenflächen (Innenhärten von Blasversatzrohren u. a.).

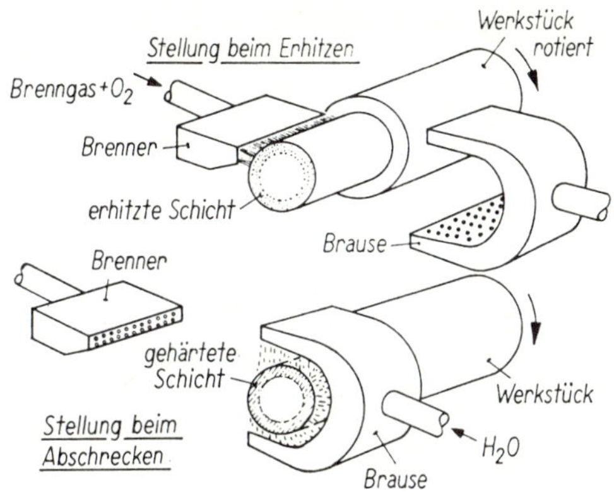

Abb. I.49. Umlaufstandhärten eines Wellenzapfens.

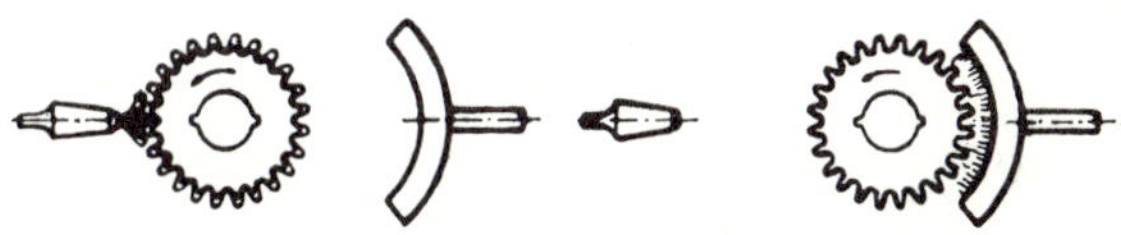

Abb. I.50. Umlaufstandhärten von Verzahnungen für Zahnteilung ≦ Modul 4.

der infolge Jouleschen Widerstandes schnellstens auf Härtetemperatur führt, ohne Wärmeleitfähigkeit des Stahls in Anspruch zu nehmen; anschließend Abschrecken in Kühlmittel oder bei dünnsten Schichten durch Wärmeableitung in kaltgebliebenen Werkstückkern.

Über A_{c3} erhitzte Zone und damit Härteschicht um so dünner, je höher Frequenz f (Haut- oder Skin-Effekt), Leistungsdichte und ggf. Vorschubgeschwindigkeit. Leistungsdichte steigt bei gegebener Leistung mit kleiner werdendem Kopplungsspalt (Abstand Heizleiter/Werkstückoberfläche = praktisch 5 ... 0,5 mm). Energiequelle: Maschinen-Generator (f = 500 Hz ... 10 kHz). Funkenstreckengenerator (f = 50 kHz ... 500 kHz), Röhrengenerator oder UKW-Sender (f = 100 kHZ ... 100 MHz), letzterer für Impulshärtung. – Wie beim Flammhärten auch hier Stand-, Umlaufstand-, Vorschub-, Umlaufvorschub- und Linien-(Schlupf-)härten möglich. Vgl. Abb. I.51. – Für Zahneinzelhärtung, Innenhärten von Büchsen, Lagerstellen von

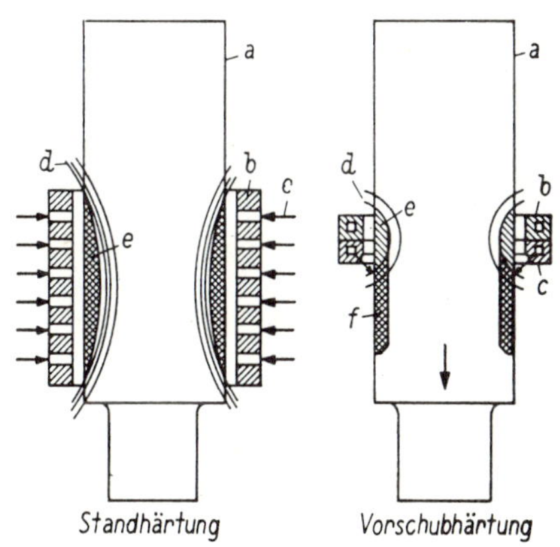

Abb. I.51. Induktionshärtung einer glatten Welle nach *Seulen.* a) Werkstück, b) Induktor, c) Abschreckmittel, d) Magnetfeld, e) erwärmte bzw. (Bild links) gehärtete Zone, f) gehärtete Zone (Bild rechts).

Kurbelwellen, prismatische Flächen u. a. werden der Flächenform angepaßte Induktor-Sonderformen angewendet. Statt getrennter Wasserbrause bzw. Tauchabschrecken kann bzw. muß Abschreckmittel durch brausenartig ausgebildeten Induktor nach dessen Abschaltung zugeführt werden, ohne diesen zu entfernen (Kurbelwellen-Laufsitzhärten). – Weder durch Flamm- noch durch Tauchhärten sind so große Wärmeleistungen je Oberflächeneinheit kurzzeitig zuführbar wie beim Induktionshärten, daher nur durch dieses Verfahren dünnste Härteschichten erzielbar. Unteres Grenzbeispiel: Draht 0,8 mm Durchmesser mit 80 µm dicker Härtezone und 1 mm dickes Blechteil mit 50 µm dicker Oberflächen-Härteschicht, erzielt durch Impulshärtung mit UKW-Sender.

4. Elektrohärten: Oberflächenerhitzen durch elektrische Funkenentladung zwischen „Verfestigungselektrode“ (Hartmetall) und Werkstück, dabei Aufschmelzen sehr dünner Zone mit C-Aufnahme (aus behandelter Elektrode) und Nitridbildung (aus Luftstickstoff).

Russisches Verfahren. Anwendung bes. zur Steigerung der Festigkeit von Werkzeugen und Maschinenteilen.

b) Oberflächenhärten mit örtlicher Änderung der chemischen Zusammensetzung

1. Einsatzhärten: Ausführung in zwei Stufen, die zeitlich getrennt sein können: Einsetzen (d. h. oberflächliches Aufkohlen C-armen Stahls) und Härten.

Allgemeines: Durch kürzeres Einsetzen wird Korngefüge normalgeglühten Stahls kaum beeinflußt; längeres Behandeln bei sehr hohen Temperaturen ergibt mehr oder weniger Kornvergröberung (abhängig von Überhitzungsempfindlichkeit des Stahls). Richtige Härtetemperatur der normal auf ≈0,8% C aufgekohlten Randzone liegt unter A_{c3} des Kerns mit 0,1 ... 0,2% C, daher Kernumwandlung beim Härten nur, wenn aus Einsatztemperatur gehärtet wird; damit aber in Randzone überhitzte Härtung, die allerdings etwaige Sekundärzementit-Abscheidung (bei Aufkohlung über 0,8% C) unterbindet. Bei Schlagbeanspruchung ist zäher Kern wichtig; aber bei Wechselbeanspruchung hält auch zäher Kern etwa entstandenen Daueranbruch nicht auf, jedoch höheres σ_s des Kerns kann u. U. Daueranbruch verhindern. Höhere Kernfestigkeit dann wichtiger als höhere -zähigkeit. Einsatzhärten erhöht Wechselfestigkeit, da infolge Volumenvergrößerung in Härtezone dort Druckvorspannung entsteht.

2. Einsetzen (Aufkohlen, früher Cementieren) ist auf Randzone beschränkte C-Anreicherung durch Halten über A_{c1} ... A_{c3} des Kernwerkstoffes (meist 850 ... 950 °C).

Aufkohlung beruht auf Eindiffundieren und Lösen des C, der beim Zerfall des umgebenden Gases frei wird (z. B. $2\,CO \rightarrow CO_2 + C$). C-Aufnahme bes. im γ-Zustand erleichtert, da dann neben guter Diffusion auch hohe C-Löslichkeit des Austenits. Diffusionsvermögen des C-Stahls fällt stark mit steigendem Legierungsgehalt und steigt mit Einsatztemperatur. – Man unterscheidet:

Feste Kohlungsmittel zum Pulver-Aufkohlen, z. B. meist Holzkohle mit zugesetztem Aktivierungsmittel („scharf“-wirkend für dünnere Kohlungsschichten) und Braunkohlenkoks mit Zusätzen („schwach“-wirkend, für längerdauernde Tiefkohlung). – Beim Aufheizen ist Bereich 750 ... 850 °C möglichst schnell zu durcheilen, um C-Stauung und damit Überkohlung des Randes zu vermindern. – Durch örtlich aufgetragene Pasten kann auch nur auf diese Zonen beschränkte Aufkohlung erreicht werden (Pastenaufkohlen).

Flüssige Kohlungsmittel zum Badaufkohlen (Zyanbad-Einsetzen, Zyanieren). Einfacher und zeitsparender, bes. wenn Einsatztiefen < 1 mm verlangt. (In Hochtemperatur-Kohlungsbädern mit 1100 ° C auch bis 5 mm erreichbar!) Schmelzbad meist aus Zyan- (z. B. KCN-) halti-

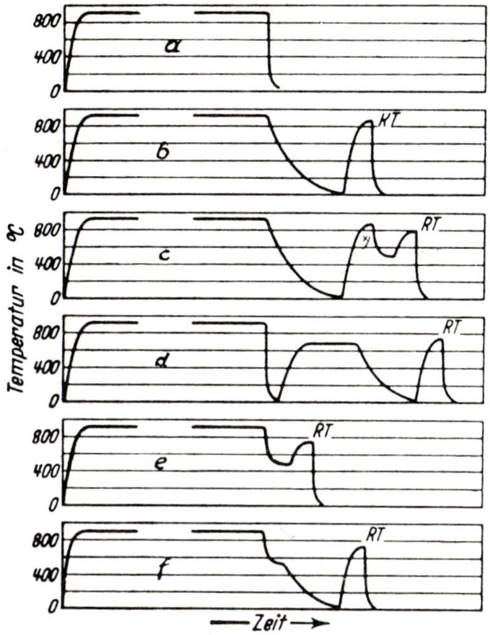

Abb. I.52. Gang der Behandlung bei verschieden gearteter Einsatzhärtung nach *Stuhlmann* (schematisch; Temperaturverlaufskurven der trockenen Cementation).

gen Salzgemischen (KCN = Zyankali ist starkes Gift! Vorsicht!), die Einsetztiefe und Stahlart angepaßt sind. Mit Aufkohlung in geringem Maß N-Aufnahme unter Nitridbildung (Fe_4N), die Verschleißverhalten verbessert (siehe Karbonitrieren!).

Gasförmige Kohlungsmittel zum Gasaufkohlen: Einem Trägergas (z. B. H_2) ist Kohlungsgas beigefügt (z. B. Methan CH_4 oder Propan C_3H_8 u. ä.). Bei 900 °C z. B. 4% CH_4 + 96% H_2 für 0,8 ... 0,9% angestrebten Rand-C-Gehalt; mehr CH_4 würde Gleichgewicht nach höherem „C-Pegel" verschieben und übereutektische Aufkohlung liefern. Genaue Kontrolle des C-Pegels gestattet genaueste Einhaltung bestimmten Rand-C-Gehaltes.

Topfgasaufkohlung: Dosiert zugegebene Spezialölmenge wird verdampft bzw. zersetzt und kohlt Einsetzgut auf. – *Granulat-Gaskohlungsverfahren:* Kohlegranulat, in Vorkammer erhitzt, kommt mit Einsetzgut nicht in Berührung. Entwickeltes Kohlungsgas besonders für Sinterstahlteile geeignet; Kohlungstiefe wegen Porosität z. B. bis 13 mm ohne Überkohlung. Härten in Öl (*HRC* = 47 ... 54) bzw. in Wasser (*HRC* = 55 ... 60).

3. Härten der randaufgekohlten Teile, dabei möglichst einfache Härtung anstreben (billiger, verzugsärmer), nur in Sonderfällen Doppelhärtung.

Härten aus dem Einsatz (Direkthärten), Abb. I.52 a, am billigsten, bes. für Feinkornstähle geeignet; für einfache Teile mäßiger, nicht stoßweiser Belastung. Härten aus Aufkohltemperatur gibt überhitzte Randhärtung; Härtung kann durch Teilzwischenabkühlung bis über A_{r1} der Einsatzschicht auch günstiges Härtegefüge liefern.

Kernhärten, (Einfachhärten) übliches Härten bei Pulveraufkohlen, ist langsames Abkühlen nach Aufkohlen bis mindestens unter A_{r1}, meist auf Raumtemperatur, dann Härten aus Härtetemperatur des Kernwerkstoffs (KT), damit Rand überhitzt gehärtet (Abb. I.52 b)

Randhärten: Nach Aufkohlen langsam abkühlen, erhitzen auf Kernhärtetemperatur, daraus Warmbadabschreckung zur Kernrückfeinung, erhitzen auf Randhärtetemperatur (RT) und daraus abschrecken (Abb. I.52 c). Im Vergleich zum Kernhärten größere Kernzähigkeit und günstigeres Randhärtegefüge!

Doppelhärten: Erste Härtung aus Aufkohltemperatur, dabei Kernrückfeinen und Vermeidung von Sekundärzementitabscheidung im Rand, aber dort überhitzte Härtung; dann Zwischenglühen unter A_{c1} mit langsamer Abkühlung und Endhärtung aus Härtetemperatur (RT) des Randes (Abb. I.52 d). Härteverzug hier stärker als bei Einfachhärtung. Anwendung z. B. bei Salzbadaufkohlung, wenn vor Schlußhärten nichtzuhärtende Stellen abzuarbeiten sind. Ist letzteres nicht nötig, so genügt erste Härtung im Warmbad mit sofort folgendem Schlußhärten aus Randhärtetemperatur (RT); gefügemäßig wird das gleiche erreicht, aber Härteverzug trotz Doppelhärtung nur mäßig (Abb. I.52 e). – Weitere Abart der Doppelhärtung für rißgefährdete Teile, die keinen starken Verzug vertragen und einer Teilbearbeitung vor Schlußhärtung bedürfen: Warmbadhärten aus Aufkohltemperatur mit Zwischenabkühlung auf Raumtemperatur, dann Endhärten aus Randhärtetemperatur (RT). (Abb. I.52 f.)

4. Karbonitrieren (Gaszyanieren) ist Gaseinsatzhärten, wobei dem Trägergas-Propan (bzw. Methan)-Gemisch noch 3 ... 30 (47)% Ammoniakgas (NH_3) zugesetzt wird; Temperatur nur 750 ... 850 °C.

Randzone enthält 0,6 ... 0,9% C + 0,4 ... 2% N als Eisennitrid, dadurch neben Härte auch hohe Reibverschleißfestigkeit (vgl. Weichnitrieren!). Hier keine Sonderstähle erforderlich wie beim Nitrieren.

5. Nitrieren (Aufsticken).

Gasnitrieren: Maßfertiges, meist auf $\sigma_B = 800$ ... 1200 N/mm² vergütetes Werkstück aus niedrig mit Cr, Mn, Al oder V legiertem Nitrierstahl (Stahl-Eisen-Werkstoffblatt 850) bildet bei 500 ... 560 °C während 10 ... 60 h in Ammoniakstrom oberflächlich sehr harte und beständige Sondernitride obiger Elemente.

Nur atomarer N in statu nascendi, entstanden durch thermischen Zerfall von NH_3, kann eindiffundieren (Erhitzen in N_2 erfolglos!). Nitriertiefe max. 0,4 mm, daher Nachschleifen nicht möglich. Oberflächenhärte meist $> 900\ HV \triangleq 67\ HRC$. Verfahren arbeitet ohne Abschrecken, daher verzugsfrei, wenn Werkstück eigenspannungsfrei. – Abkürzen der Nitrierzeit bzw. tiefere Einhärtung durch Zweistufenverfahren (*Stufennitrieren*), wonach bei 500 ... 520 °C vor- und anschließend bei 540 ... 600 °C fertignitriert wird; dabei jedoch Sprödigkeitserhöhung.

Badnitrieren in N-abgebenden Salzschmelzen (z. B. 2 Teile NaCN + 1 Teil KCN) bei ≈550 °C während 3 ... 45 min liefert Schichtdicken von max. 20 ... 30 μm.

Anwendung für spanabhebende Schnellstahlwerkzeuge nach dem Anlassen (bis 100% Leistungssteigerung). Schnellstahl-Warmpreßwerkzeuge ergeben 2 ... 10fache Leistungssteigerung.

Glimmofennitrieren (Ionitrieren): Nitrierbeschleunigung durch Gasentladung, wobei zu nitrierendes Werkstück als Kathode einer Glimmentladung in NH_3 geschaltet wird.

Bis etwa 8 h, entsprechend sehr dünnen Schichten wird im Vergleich zum normalen Verfahren etwas größere Schichttiefe und Härte erreicht. – Auch Sintereisen-Werkstücke können zur Erhöhung der Verschleißfestigkeit nitriert werden.

Verbesserung der Gleiteigenschaften von Tiefziehwerkzeugen mit wesentlicher Standzeiterhöhung, da die Nitrierschichten nicht so spröde, riefenfreies Ziehen möglich, auch bei Biege-, Drück- und Profilwalzwerkzeugen anwendbar. Mit dem Verfahren keine Abgas- und Abwasserprobleme verbunden [I.18].

Weichnitrieren: Werkstück aus unlegiertem oder niedriglegiertem Baustahl wird im schon vergüteten Zustand 30 ... 90 min unter seiner Anlaßtemperatur bei 520 ... 580 °C badnitriert mit Luft- oder neuerdings Wasserabkühlung.

Dabei wesentliche Steigerung des Verschleißwiderstandes und der Notlaufeigenschaften bei gleichzeitiger Steigerung der Wechselfestigkeit um $\geqq 30\%$ infolge Bildung von Druckeigenspannungen in Oberflächenzone, hervorgerufen durch Verspannung des Ferritgitters infolge gelösten Stickstoffs (Einlagerungsmischkristall); ein Anlassen würde Fe_4N-Nadeln ausscheiden, womit Dauerfestigkeit sinkt. (Bei Stahl mit Sondernitrid-bildenden Elementen [Cr, Al, V u. a.] würde N zu Sondernitrid abgebunden). Weichnitrieren hat in vielen Fällen Einsatz- bzw. Oberflächenhärten schon ersetzt (Kfz-Kurbelwellen u. a.). Abgewandelt als Tinifer (fenace = zäh, nitrogenium = Stickstoff, ferrum = Eisen) oder Tuffride (tough = zäh „nitride“ = nitrieren) mit Schwefel.

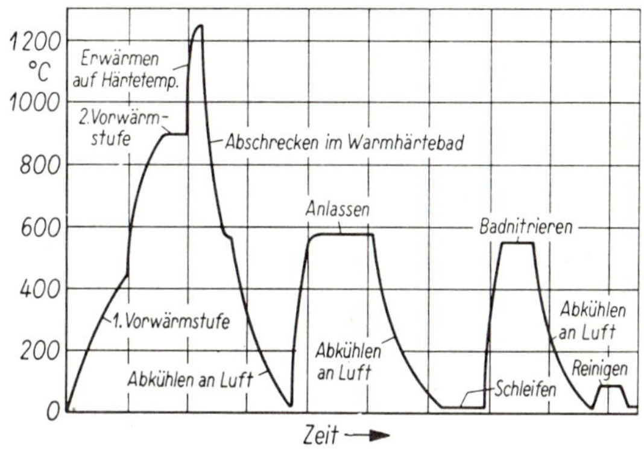

Abb. I.53. Temperaturzeitkurve für die Wärmebehandlung von Schnellarbeitsstahl mit nachgeschaltetem Badnitrieren.

Besonders sorgfältige Wärmebehandlung bei Schnellarbeitsstählen: Abb. I.53 zeigt die Temperaturzeitkurve eines sog. „Dreierstahls“ mit etwa 2,5% W, 2,5% Mo, 2,5% V. Das an das Härten und Vergüten anschließende „Badnitrieren“ hat sich besonders bei verschleißbeanspruchten Stählen zur Erhöhung der Standfestigkeit bewährt.

Sulf-Inuz-Verfahren. In besonderen Salzschmelzen wird außer Nitrierung auch Schwefel-Einlagerung in äußerster Randzone erzielt; dadurch neben guten Verschleißeigenschaften auch Verschleißminderung des Gegenstücks und hervorragende Einlauf- und Notlaufeigenschaften, besonders beim Warmlaufen selbst bis Rotglut ohne Schmierung. Anwendung bei Verbrennungskraftmaschinen (Zylinder, Stößelführungen) im Kernreaktorbau und bei Gasturbinen.

6. Borieren. Erzeugung dünner Randschichten (0,12 ... 0,3 mm) extrem hoher Härte (1800 ... 3000 *HV* bzw. *HK*) auf Stahl (auch auf Mo, W u. ä.) durch Behandlung in oder mit Bor-abgebenden Mitteln nach verschiedenen Verfahren, alle nicht schädlich, wie Cyansalz, keine giftigen Gase, keine Grundwassergefährdung:

Badborieren: Elektrolytische Zersetzung einer Boraxschmelze ($Na_2B_4O_7$), wobei Werkstück als Kathode geschaltet (Graphit-Anode). Badtemperatur ≈ 950 °C, dabei in 6 h bis 0,3 mm Schichtdicke. Erfolglos angewendet.

Pastenborieren: Borkarbid (B_6C) + Kryolith ($AlF_3 \cdot 3\,NaF$), Ferrobor, schwer rein herstellbar, oder elementares Bor (teuer) mit hydrolysiertem Äthylsilikat zu Paste angerührt; nach Aufstreichen und Trocknen erfolgt mit sehr hoher Frequenz induktives Glühen (≈1200 °C) während 2 ... 3 min, dabei ≈0,12 mm Schichtdicke; damit auch örtliches Borieren möglich, geringer apparativer Aufwand.

Gasborieren mit Diboran (B_2H_6)-Wasserstoff-Gemisch stark giftig, teuer (1 : 25 ... 1 : 100) bei 800 ... 850 °C; dabei nach 6 h ≈0,2 mm Schichtdicke mit oberflächlich HV ≈3000, darunter 1600 ... 2000. – Homogene Verbindungsschicht aus Borid (oberflächlich FeB, darunter Fe_4B_2 evtl. mit eingebautem C) ist transkristallin (stengelig) aufgebaut und sehr spröde, wenn angeschnitten; nicht geschnittene Schichten vertragen ohne Einreißen leichtes Biegen des Werkstücks. Härte bleibt auch nach mehrmaligem Anlassen auf 850 °C erhalten; höchster Verschleißwiderstand; wesentliche Verbesserung des Korrosionswiderstandes auch bei hohen Temperaturen. Bewährt: Lagerringe von Erdölschlammpumpen, Ziehdüsen für Draht und Profil (2 ... 3fache Lebensdauer gegenüber hartverchromten Düsen).

Oberflächenhärten durch Auftragen und (oder) Eindiffundieren von Metallen, wie Walzplattieren, thermisches Metallspritzen mit Eindiffundieren, Hartverchromen, Inkromieren, Alitieren u. a. siehe „Korrosion und Korrosionsschutz der Metalle und Legierungen".

Fragen zu Kapitel I.C.

1. Welche Möglichkeiten der Härtesteigerung von Stählen im ganzen Volumen und an der Oberfläche gibt es durch die Legierungstechnik und als Verfahren?
2. Wann ist entweder eine Flamm-, Hochfrequenz-, Nitrier-, Karbonitrier-, Borier- oder Weichnitrierhärtung vorzuziehen?
3. Wann wird entweder Spannungsarm-, Normal-, Weich- oder Diffusionsglühen notwendig?
4. Kann man auch ferritische und austenitische Stähle bzw. Armco-Stähle durch Normalglühen mit einem feineren Gefüge versehen?

D. Eisen und Stahl

1. Einteilung

1. Technische Eisenwerkstoffe. Das in der Technik gebrauchte Eisen ist eine Legierung, die außer Eisen in der Hauptsache Kohlenstoff, Silizium, Mangan, Phosphor und Schwefel enthält. Den wesentlichsten Einfluß übt der Kohlenstoff aus, der im Eisen entweder als Mischkristall (z. B. α-Eisen oder γ-Eisen), als intermetallische Phase (Fe_3C) gebunden oder in freiem Zustand, Graphit bzw. Temperkohle (kristallographisch gleich) vorkommt.

Eiseneinteilung. I. *Roheisen,* 2,06% Kohlenstoff und mehr, nicht schmiedbar.
a) *Weißes Roheisen,* Kohlenstoff chemisch gebunden, weiße glänzende Bruchfläche, hart und spröde, Schmelztemperatur 1100 – 1130 °C.

b) *Graues Roheisen,* Kohlenstoff beim Erstarren zum größeren Teil als Graphit ausgeschieden, graue Bruchfläche, weicher und zäher, Schmelztemperatur 1200 bis 1250 °C.

Fast alles weiße Roheisen wird in *Stahl* umgewandelt. Das meiste graue Roheisen geht in die Gießereien und wird zu *Gußeisen* (Grauguß) umgeschmolzen.

II. *Stahl* (schmiedbares Eisen), unter 2,06% Kohlenstoff, schmiedbar, Schmelztemperatur 1400 – 1500 °C.

a) In teigigem Zustand erzeugt, sehniges Gefüge, schlackenhaltig (*Puddel-Schweißstahl*).

b) In flüssigem Zustand erzeugt, körniges Gefüge, schlackenarm (*Flußstahl*).

Den Stahl teilt man auch nach der Herstellungsart ein in: *LD-Stahl, Thomas-, Siemens-Martin-* und *Elektrostahl.*

Die Festsetzung der Grenze zwischen Roheisen und Stahl auf 2,06% C ist eine rein theoretische (s. Abschnitt B „Grundlagen der Metallkunde"). Eisen mit 1,6 – 2,6% C findet in der Technik kaum Verwendung.

Die technischen Eisensorten sind durch den Deutschen Normenausschuß in den Deutschen Werkstoff-Normen (DIN 1600 – 1699 und ab DIN 17 006) genormt.

2. Der Stofffluß im Eisenhüttenwerk

Abb. I.54 zeigt den Stoffdurchgang und die Einteilung eines neuzeitlichen Eisenhüttenwerks.

Von den Hochöfen geht das flüssige Roheisen über die zwischengeschalteten Mischer in das LD-Stahlwerk. Der nach diesem Verfahren erzeugte Rohstahl wird zu Brammen vergossen, die dann im Tiefofen warmgehalten werden und kommt anschließend in Form glühender Blöcke in das Walzwerk, in dem er im vorliegenden Fall in einem Grobblechwalzwerk zu Blechen verarbeitet wird. In anderen Fällen könnte er auch in weiteren Straßen zu Profilen oder in der „Warmbreitbandstraße" zu Blechbändern ausgewalzt werden. An die Warmbreitbandstraße könnte sich weiter eine „Kaltbandstraße" anschließen, in der in kaltem Zustand ein größerer Teil des Warmbreitbandes zu dünnen Bändern weiterverarbeitet werden kann.

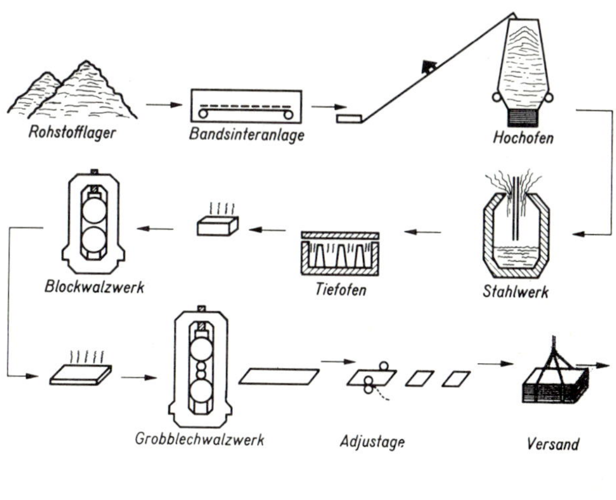

Abb. I.54. Materialfluß im Hüttenwerk (nach BBC).

3. Das Roheisen

a) Die Rohstoffe

Die Erzeugung des Roheisens geht im Hochofen vor sich. Die für den Hochofenbetrieb erforderlichen Rohstoffe sind (abgesehen vom Wind) *Eisenerze, Zuschläge* und *Brennstoffe.*

Eisenerze. 1. *Magneteisenstein,* Eisenoxiduloxid Fe_3O_4, meist 45 – 70% Eisengehalt (theoretisch 72,4%), von schwarzgrauem Aussehen, kommt in größeren Mengen vor in Schweden (Gellivara, Kirunavaral, Luossavara, Grängesberg), am Ural, in Nordamerika (titanhaltig).

2. *Roteisenstein,* Eisenoxid Fe_2O_3, meist 40 – 60% Eisengehalt (theoretisch 70%) auch als „Eisenglanz" (kristallinisch) und „Hämatit" bekannt. Außer der kristallinen Form, dem Eisenglanz, kommen die Abarten: roter Glaskopf, derber und mulmiger Roteisenstein vor. Bedeutende Roteisensteinlager: in Deutschland im Lahn- und Dillgebiet, ferner auf der Insel Elba (Eisenglanz), in Spanien südlich vom Ausfuhrhafen Bilbao, in Algier, Tunis, Marokko, in England (West-Cumberland und Lancashire), in der Ukraine (Krivoi Rog) und am Oberen See in Nordamerika.

3. *Brauneisenstein,* Eisenhydroxid $2\,Fe_2O_3 \cdot 3\,H_2O$, meist 30 – 45% Eisengehalt (theoretisch 59,9%). Abarten: brauner Glaskopf, gewöhnlicher Brauneisenstein, Raseneisenstein und oolithisches Brauneisenerz. Hauptfundorte: Lothringen, Luxemburg („Minette"), schwäbisch-fränkischer Jura (Doggererze) und Bezirk Peine-Salzgitter, ferner hochwertige Erze in Algier und Spanien.

4. *Spateisenstein,* Eisenkarbonat $FeCO_3$, meist 25 – 40% Eisen (theoretisch 48,3%) wird im Siegerland, in der Steiermark, Kärnten, Ungarn gewonnen. Abarten: „Toneisenstein oder Sphärosiderit", durch Ton verunreinigt (in England in Cleveland und Lincolnshire), „Kohleneisenstein", durch Kohle verunreinigt, in großen Mengen in England (dortige Bezeichnung: „blackband"). Spateisenstein kann zu Brauneisenstein verwittern ($4\,FeCO_3 + 2\,O + 3\,H_2O = 2\,Fe_2O_3 \cdot 3\,H_2O + 4\,CO_2$).

Außer diesen wichtigsten Eisenerzen finden noch Verwendung: *Kiesabbrände* (aus Schwefelkies FeS_2, der zur Schwefelsäurefabrikation benutzt wurde) mit etwa 60% Fe, aber dabei 0,3 – 5% S, ferner eisenhaltige Nebenerzeugnisse der Hütten (*Frischfeuer-* und *Puddelschlacken* mit 55 – 60% Fe, *Hammerschlag* mit 60 – 75% Fe, *Konverterauswürfe* mit z. B. 30% Fe), außerdem *Manganerze* (aus Nikopol [Ukraine], aus dem Kaukasus, Spanien, Brasilien, Indien mit 50 – 55% Mn, 1 – 7% Fe) zur Herstellung der Eisen-Mangan-Legierungen. – Dichte der Eisenerze: 3,4 – 5,2 (geschüttet: 1,3 – 3,2).

Alle Eisenerze werden nach der Analyse gekauft. Roteisenstein z. B. enthält im einzelnen: 50 – 60% Eisen Fe, 0,2 – 2% Mangan Mn, 0,0 – 0,5% Phosphor P, 0,01 – 0,4% Schwefel S, 3 – 20% Kieselsäure SiO_2, 1 – 8% Tonerde Al_2O_3, 1 – 8% Kalk CaO, 0,2 – 1% Magnesia MgO. Neben dem Eisen sind also noch wesentliche Prozentsätze erdiger Beimengungen – die *Gang-* oder *Bergarten* – vorhanden, deren Zusammensetzung von großer Bedeutung ist, da sie mit Hilfe eines Zuschlags in flüssige Schlacke übergeführt werden müssen.

Deutschland verarbeitete bisher Erze mit einem Eisengehalt von 25 – 60% (zu einem großen Teil aus dem Ausland, Schweden, Spanien, Nordafrika, Liberia, Brasilien, Mauretanien). Es kann seinen Erzbedarf kaum zu einem Viertel aus eigenen Erzen decken (durchschnittlicher Eisengehalt nur 30%) und muß sich weitere Auslandsbezüge sichern, sowie an die Aufschließung neuer eigener Lagerstätten (z. B. im Raum Gifhorn-Niedersachsen) herangehen.

Aufbereitung von Eisenerzen. Der größere Teil der Erze wird im Tagebau, d. h. in offenen Erzgruben, der kleinere Teil durch Bergbau gewonnen. Bei einem Teil der Erze (insbesondere bei Feinerzen) ist vor dem Gebrauch eine Aufbereitung erforderlich. Diese besteht in einem Rösten oder in einer magnetischen Aufbereitung bzw. in einem Brikettieren oder Agglomerieren der Feinerze.

Rösten ist ein Erhitzen unter Luftzutritt. Man erzielt damit eine Austreibung von Kohlensäure und Wasser, eine Entschwefelung, eine Auflockerung der Erze und eine Gewichtsverringerung (Frachtersparnis). Der Siegerländer Spateisenstein wird in Schachtöfen mit Steinkohlenfeuerung geröstet ($2\,FeCO_3 + O = 2\,CO_2 + Fe_2O_3$, Gewichtsverringerung 25 – 30%); in Schweden röstet man Magneteisensteine in Westmannschen Gasröstöfen. Das Rösten erfolgt stets auf der Erzgrube (Frachtersparnis!). – Unter *magnetischer Aufbereitung* versteht man eine Trennung des Eisenerzes von der Gangart und von anderen Erzbeimengungen (z. B. Zinkblende, Kupferkies) mit Hilfe von Elektromagneten nach dem Verfahren von Wetherill, der Mechernicher Bergwerksgesellschaft und von Gröndal (Schweden). Magneteisensteine und geröstete Spateisensteine werden auf diese Weise aufbereitet. – Ein *Brikettieren* ist bei mulmigen, feinkörnigen und pulverähnlichen Erzsorten am Platz, ferner auch bei der Wiederverwendung von eisenhaltigem Gichtstaub, und wird in Pressen, unter hohem Druck, teilweise unter Anwendung künstlicher Bindemittel, ausgeführt. –

Das *Agglomerieren* der Erze ist ein Erhitzen und hierdurch hervorgerufenes Sintern mulmiger Erze zu Klumpen. Dwight-Lloyd-Verfahren: Ein Gemisch von Feinerz und Kokslösche wird auf einem Wanderrost an einer Stichflamme vorbeigeführt (s. auch Abschnitt „Blei"). Entsprechendes Arbeiten auch in Drehrohröfen (z. B. bei den Salzgittererzen, Anreicherung von 25 – 30 auf 40% Fe). – Unter *Pelletieren* (Kugelsinterung) versteht man die Bildung von kleinen Erzkugeln durch Apparate wie Pelletierteller, Pelletierkonen und Pelletiertrommeln mit anschließender Erhärtung im Schachtofen, Band- oder Banddrehrohrofen bei Herstellung teilweiser oder ganz metallisierter Pellets. Das Ziel, den Hochofen völlig auszuschalten und hochreduzierte Pellets direkt zu Stahl einzuschmelzen, ist im Prinzip gelöst, jedoch noch zu teuer. – *Krupp-Rennverfahren.* Erz, mit Koksgrus gemischt, wird in einem langen Drehrohrofen vorgewärmt und weitgehend reduziert. Es entsteht eine Luppe mit 94 – 97% Fe, 0,5 – 1,5% C, 0,06 – 2,0% P und 0,02 – 1,1% S, die zerkleinert und elektromagnetisch von der Schlacke befreit wird. Wichtig für deutsche kieselsäurereiche Erze. Anwendung u. a. in Deutschland, Tschechoslowakei, Korea, Mandschurei. Die erzeugte Luppe kommt entweder in den Hochofen oder als Schrottersatz in den Siemens-Martin-Ofen.

Der Anteil der gesinterten Erze im Möller der deutschen Hochöfen liegt im Durchschnitt schon bei 35 – 40%. Durch erhöhten Einsatz von Sinter kann der Koksverbrauch gesenkt und die Ofenleistung gesteigert werden.

Zuschläge. Sie sollen die in jedem Eisenerz enthaltenen erdigen und kieseligen Stoffe, die Gang- oder Bergarten, und auch die Asche des Brennstoffs in eine leicht schmelzbare Verbindung, die Schlacke, überführen. Die Menge der Zuschläge richtet sich nach der Zusammensetzung der Erze und kann von 0 bis auf 25% und mehr der Erzmenge anwachsen. Ist kein Zuschlag erforderlich, so heißt das Erz „selbstgehend". Die Zuschläge müssen bei kieseligen und tonigen Gangarten basischer Natur, bei kalkigen dagegen sauer sein. Basische Zuschläge sind: Kalkstein ($CaCO_3$, Zusammensetzung des Rohstoffs z. B. 54% CaO, 0,5% MgO, 0,7% Fe, 0,6% Al_2O_3, 1,4% SiO_2, 42% CO_2), ferner Dolomit ($CaCO_3 + MgCO_3$), Flußspat (CaF_2). Saure Zuschläge sind: Quarzsand (SiO_2), Tonschiefer ($Al_2O_3 + SiO_2$) und die Mehrzahl der Schlacken. – Zuschläge und Eisenerze zusammen werden auch im Hochofenbetrieb als *„Möller"* bezeichnet.

Diesen theoretischen Darstellungen darf keinesfalls entnommen werden, daß für europäische Verhältnisse saure Zuschläge für den Hochofen in Frage kommen, also etwa Quarzsand als Zuschlagsstoff in die Gicht gegeben wird. – Die überwiegende Mehrzahl der Eisenerze hat *saure* Gangarten; sie werden mit basischen Zuschlägen verhüttet. Die geringe Menge Eisenerz mit *basischen* Gangarten wird nicht etwa mit sauren Zuschlägen verhüttet, sondern wird in entsprechender Menge Eisenerzen mit sauren Gangarten beigemischt, wobei sich dadurch bei diesen die Menge basischer Zuschlagsstoffe verringert, u. U. sogar ein „selbstgehendes" Erzgemisch entsteht.

Brennstoffe. Für den Hochofenbetrieb werden feste, flüssige und gasförmige Brennstoffe benutzt. Dabei kann ein Teil des Kokses durch Öl und/oder Gas ersetzt werden. Der wichtigste Brennstoff ist der Koks, der in Deutschland für alle Hochöfen verwendet wird. Sehr guter Koks wird aus der rheinisch-westfälischen, weniger guter aus der Saarkohle hergestellt. Zur Erzeugung von 1000 kg Roheisen sind, je nach der Zusammensetzung des Eisens, 800 – 1000 kg Koks erforderlich. Diese Menge kann allerdings bei Sondersorten (Ferromangan, Ferrosilizium usw.) bis auf 3000 kg und mehr hinauf- und bei Großhochöfen schon auf 650 bis 700 kg heruntergehen.

Anforderungen an Hochofenkoks: Stückgröße 0,5 – 3 dm^3; Druckfestigkeit mindestens 1000 N/cm^2; noch wichtiger hohe Stückfestigkeit, d. h. der Koks soll bei mehrmaligem Fallen aus bestimmter Höhe nicht zu kleine Stücke ergeben; Aschengehalt unter 9%; Wassergehalt unter 4%; Schwefelgehalt 1,0 – 1,25%; Staubgehalt am Empfangsort (Koksabrieb) unter 6%.

b) Der Hochofenbau

Gichtaufzüge. Sie sind bei älteren Werken noch senkrecht ausgeführt (*Geradaufzüge*). Infolge der in den letzten Jahrzehnten stark gewachsenen Fördermenge an Rohstoffen für einen Hochofen Übergang zu *Schrägaufzügen.*

Kipp- und Einsetzkübel fassen 5000 – 15 000 kg Erz und 2500 – 7000 kg Koks. Ein Hochofen von z. B. 800 t Tageserzeugung muß an Rohstoffen erhalten (bei z. B. 40% Eisen im Erz und 10% der Erzmenge an Kalkstein): 2000 t Erz + 200 t Kalkstein + 700 t Koks = 2900 t in 24 h. (Ein Güterzug faßt bei 60 Wagen zu je 15 t nur 900 t.)

Der Hochofen. Er gehört zur Gruppe der Schachtöfen. Der innere Hohlraum besteht in der Hauptsache aus zwei abgestumpften Kegeln, von denen man den oberen den „Schacht", den unteren die „Rast" nennt (s. Abb. I.55). An die Rast schließt sich nach unten ein zylindrisches Stück, das „Gestell", und das Bodenmauerwerk, „Bodenstein" genannt, an. Die den Schacht nach oben begrenzende Fläche heißt die „Gicht".

Die *Erzeugung* des Hochofens ist nach Einführung des Koks als Brennstoff (1735 in England, 1796 in Deutschland) von 5 t in 24 h bis auf max. 8000 t in 24 h bei den größten Öfen gestiegen. Die Leistungsfähigkeit des Ofens hängt dabei vor allem ab von dem Eisengehalt des Erzes und der Art des erblasenen Eisens. Ein mittelgroßer Hochofen erzeugte in den letzten

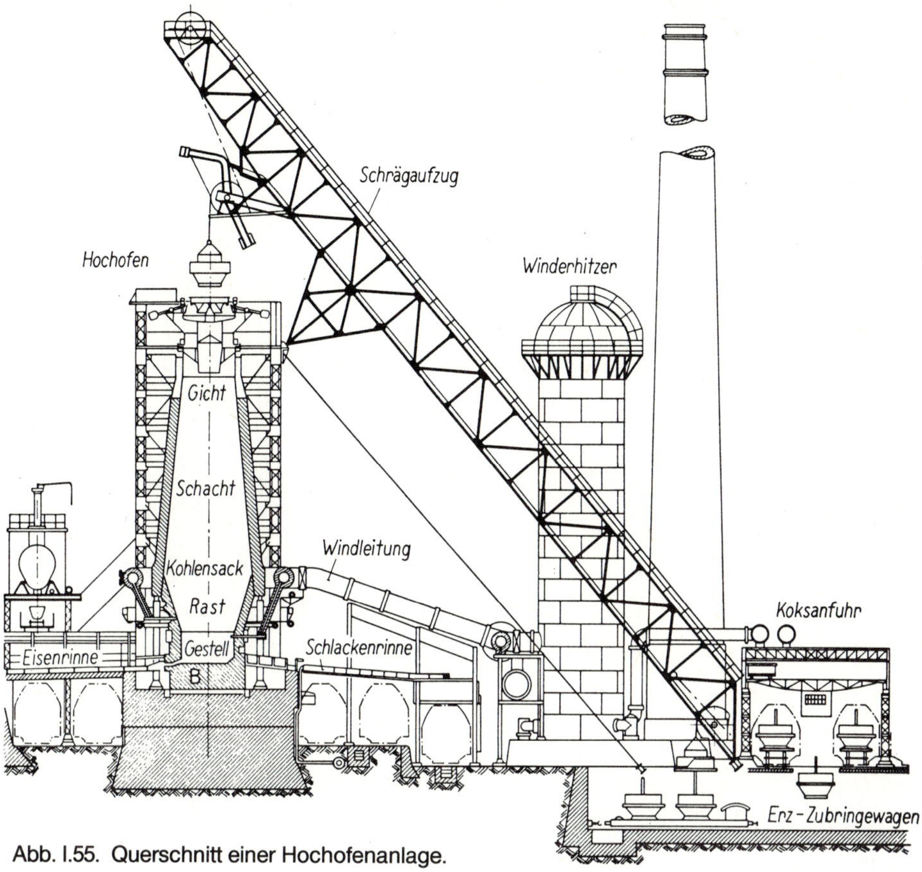

Abb. I.55. Querschnitt einer Hochofenanlage.

Jahrzehnten etwa 400 t/24 h. Dabei hatte er einen Rauminhalt von 400 – 600 m^3. Die Abmessungen schwankten zwischen 3 – 7 m Durchmesser im Gestell, 5,5 – 8 m im Kohlensack und 3 – 6 m an der Gicht. Der Schacht erhält etwa drei Fünftel der ganzen Höhe, die 20 – 36 m beträgt. Die Höhe der Rast richtet sich nach der Größe des Rastwinkels (76 – 81°). Der Schachtwinkel soll 85 – 86° betragen.

Abb. I.56 zeigt einen neuzeitlichen deutschen *Großhochofen* (August-Thyssen-Hütte in Duisburg-Hamborn) im Schnitt. Die bisher üblichen Tragsäulen für den Schacht sind zugunsten einer freitragenden Bauweise verlassen. Der mit Stahlblechen von 30 – 60 mm Dicke gepanzerte Schacht stützt sich auf Rast und Gestell, die ebenfalls gepanzert sind, ab. Gichtkopf und Schrägaufzug werden vom (hier nicht eingezeichneten) Ofengerüst getragen. Bodenstein, Gestell und Rast sind mit Kohlenstoffsteinen ausgekleidet, der Schacht mit Schamottesteinen. Gestell und Rast haben Außenkühlung (d. H. Berieselung des Panzers), der Schacht hat dagegen 732 Kühlkästen, die auf 25 Ebenen verteilt sind. Der Ofen arbeitet mit 22 Blasformen und 3 Schlackenformen. Die Beschickungshöhe wird von 3 Sonden überwacht.

Der Inhalt dieses Großhochofens beträgt 1600 m^3 bei einem Gestelldurchmesser von 9 m und ergibt *eine Tageserzeugung* von 1500 – 2000 t/24 h Roheisen (je nach dem Eisengehalt der Erze). Der Koksverbrauch beträgt nur noch 650 – 670 kg/t (während im Gesamtdurchschnitt

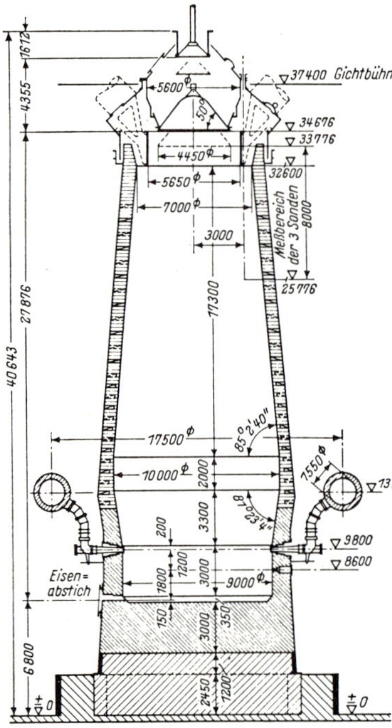

Abb. I.56. Großhochofen.

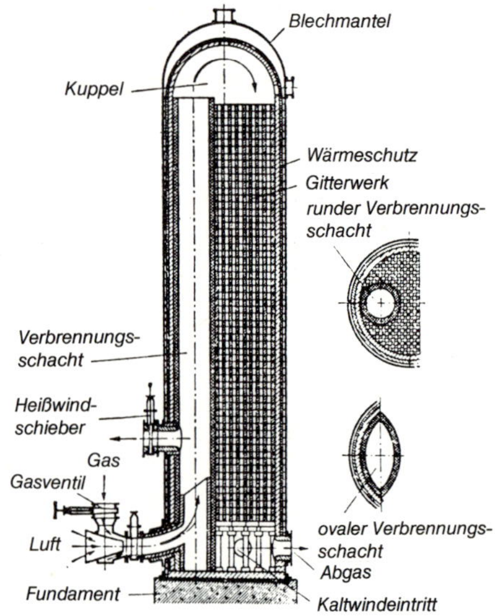

Abb. I.57. Winderhitzer.

im Jahre 1959 noch 850 kg/t in Deutschland erforderlich waren). Weitere 50 kg/t lassen sich durch Einspritzen von Öl einsparen. Die 3 zugehörigen Hochleistungs-Winderhitzer liefern einen Heißwind von rund 1000 °C. Der Winddruck beträgt normal 1,2 bar und kann bis auf 1,7 bar gesteigert werden. Der Wasserverbrauch beläuft sich auf täglich 50 000 m³ für den Hochofen selbst und 20 000 m³ für die Nebenanlagen (Gasreinigung usw.). Das entspricht dem Hauswasserverbrauch einer Großstadt von etwa 400 000 Einwohnern (bei einem Verbrauch von 150 – 200 l/Kopf und Tag).

Hochofenarmaturen. Die *Heißwindringleitung* ist ein mit porösen Schamottesteinen ausgemauertes Blechrohr. Von diesem führen 6 – 12 (auch bis 22) Düsenstöcke den Wind dem Ofen zu. Die *Düsenstöcke* (s. Abb. I.56) sind knieförmige, aus mehreren durch Kugelgelenke verbundenen Teilen bestehende Guß- und Stahlröhren, innen ausgemauert. Sie stoßen mit dem Endteil vor die eigentliche Windform (auch Blasform genannt). Erst diese, die aus einem Kupfer- oder Bronzehohlrohr mit Wasserkühlung besteht und an einem Formkasten sitzt, ragt 100 – 300 mm in das Ofeninnere hinein. Während die Düsen etwa 1,5 – 2 m über dem Boden einmünden, liegt etwas tiefer die wichtige, 1867 von *Lürmann* erfundene *Schlackenform,* auch ein Kupfer- oder Bronzehohlrohr, mit Wasser gekühlt, zum Ablassen der Schlacke. Noch tiefer, mit der Unterkante in Bodenhöhe, sitzt das *Abstichloch,* geschützt durch einen schweren Eisenrahmen.

Gasfang (Gichtverschluß): Entweder läßt man eine abhebbare Glocke auf einer auf dem Schacht sitzenden Eisenschüssel aufliegen (Langensche Glocke), oder ein nach unten beweglicher Kegel stößt unter diese Schüssel (Parryscher Trichter; s. Abb. I.56). Glocke und Trichter werden durch eine elektrisch betriebene Winde gehoben und gesenkt. Das Gichtgas leitet man durch ein Zentralrohr nach oben oder durch zwei einander gegenüberliegende Rohre seitlich unter der Gicht ab. Um jeden Gasverlust und jede Druckschwankung zu vermeiden, baut man heute *doppelte Gichtverschlüsse* (s. Abb. I.56 oben).

Zuführung des Gebläsewinds. Um den Koks im Hochofen zu verbrennen, ist die Zuführung von Sauerstoff, in Form der atmosphärischen Luft, unter Druck notwendig. Der Sauerstoffgehalt der eingeblasenen Luft kann zusätzlich erhöht werden. Dann kann auch mehr Öl bzw. Gas dem Hochofen zugeführt werden. Das Pressen und Zuführen des Windes erfolgt durch Gebläsemaschinen. Da zur Erzeugung von 1000 kg Roheisen etwa 800 – 1000 kg Koks und zu dessen Verbrennung wiederum etwa 3700 m^3 Wind erforderlich sind, so hat ein Gebläse für einen bisher mittelgroßen Hochofen (400 t/24 h) etwa 1000 m^3/min Wind (d. h. angesaugte Luftmenge) zu liefern. Die Windpressung liegt meistens noch zwischen 0,5 und 1,3 bar. Man strebt aber eine Erhöhung des Winddrucks auf 2 – 3 bar an (schon hier und da durchgeführt) und erwartet hiervon eine bessere Durchgasung des Ofeninhalts, eine Senkung des Koksverbrauchs und eine Verminderung des Gichtstaubanfalls.

Winderhitzer. Durch die Erhitzung des Gebläsewindes erzielte man eine wesentliche Ersparnis an Brennstoff im Hochofen (je 100 °C Winderhitzung ersparen 4% Koks), konnte den Ofenbetrieb besser beeinflussen und ermöglichte überhaupt erst die Herstellung schwer schmelzbarer Roheisensorten.

Die *Cowper-Apparate* (Abb. I.57), die in Deutschland fast ausschließlich in Gebrauch sind, bestehen aus einem Blechmantel von 8 – 10 mm Dicke, 6 – 8 m Durchmesser und 25 – 40 m Höhe, der innen mit feuerfesten Steinen (Wanddicke) 500 mm ausgemauert ist. In dieser inneren Ausmauerung liegen ein Brennschacht und ein Gitterschacht. Ersterer hat kreisrunden oder ovalen Querschnitt, letzterer ist mit Gittersteinen ausgemauert, die auf einem Eisenrost oder gemauerten Bögen ruhen. Durch das Gasventil tritt Gichtgas und durch den Luftschieber angesaugte Luft in den Brennschacht, in dem die Verbrennung vor sich geht. Die heißen verbrannten Gase ziehen unter der Kuppel hinüber in den Gitterschacht, erwärmen die hochfeuerfesten Gittersteine und gehen unten durch das Kamin- oder Abhitzventil in den Fuchs und in den Schornstein. Nach etwa 2 h werden alle genannten Schieber bzw. Ventile geschlossen und der vordem geschlossene Kaltwindschieber wird geöffnet. Der kalte, vom Gebläse kommende Wind erwärmt sich an den Gittersteinen auf 800 – 1000 °C und wird weiter den Brennschacht herunter durch den ebenfalls vorher geschlossenen und jetzt geöffneten Heißwindschieber in die Heißwindleitung gedrückt (*Regenerativverfahren*). Letztere, eine mit porösen feuerfesten Steinen ausgekleidete Blechleitung vom 600 bis 1000 mm l. W., führt den Wind der Ringleitung am Ofen, dann den Düsen und somit dem Ofeninneren zu. Da diese Erwärmung des Windes jedoch den Cowper nach etwa einer Stunde so weit abkühlt, daß der Wind nur noch 600 – 700 °C hat, ist ein Umschalten auf einen anderen, frisch geheizten Winderhitzer erforderlich. Hieraus folgt, daß für den Dauerbetrieb drei Winderhitzer notwendig sind (zwei gehen auf Gas, einer auf Wind). Da außerdem wenigstens ein Winderhitzer zur Reserve und für Instandsetzungszwecke da sein muß, so kommen im allgemeinen 4 Cowper auf jeden Hochofen. Die Leistung des Winderhitzers hängt von der Heizfläche des Gitterwerks ab. Diese beträgt 6000 – 19 000 m^2.

Die Steindicke reicht im heißen Teil nicht aus, um in der Heizzeit die an die Heizfläche abgegebene Wärmemenge in das Steininnere abzuführen. Man baut daher heute meistens *Mehrzonenwinderhitzer,* d. h. das Gitterwerk wird in etwa 3 Zonen aufgeteilt, oben weite Kanäle und dicke Steine, unten enge Kanäle und dünne Steine, was einen besseren Wirkungsgrad ergibt.

Anwendung von höheren Windtemperaturen. Vor wenigen Jahren Heißwindtemperaturen von 1000 bis 1100 °C das Maximum, heute schon 1300 °C und darüber. Dies erfordert zahlreiche Änderungen in den Rohrleitungssystemen, bei Absperr- und Regelorganen sowie im Bau der Cowper (Winderhitzer). Dadurch, daß bei den Cowpern der Brennschacht nach außen verlegt wurde, sind die zur Erreichung der hohen Temperaturen nötigen Voraussetzungen geschaffen: höhere Verbrennungstemperaturen des Gichtgases und damit vermehrte Aufheizung des Gitterwerkes. Die früher oft aufgetretenen Risse im Mauerwerk als Folge der unterschiedlichen Temperaturausdehnung von Schacht und Gitterwerk sind behoben. Weitere Leistungssteigerungen durch Anreicherung des Windes mit Sauerstoff und Wasserdampf möglich. Diese Methoden werden jedoch seltener angewendet. Der Übergang zur neuen Form trägt nicht nur zur Erhöhung der Tageserzeugung bei, sondern bringt auch bedeutende Kosteneinsparungen.

c) Der Hochofenbetrieb

Chemische Vorgänge im Hochofen. Der Hauptvorgang ist die *Reduktion der Eisenerze* durch CO in den unteren Zweidritteln des Schachts und durch C in der Rast. Die Zerlegung durch Kohlenoxid (z. B. $3\,CO + Fe_2O_3 = 2\,Fe + 3\,CO_2$) nennt man die *„indirekte Reduktion"*. Den Gegensatz dazu bildet die *„direkte Reduktion"* durch glühenden Kohlenstoff, die vor allem für schwer reduzierbare Erze in Betracht kommt (z. B. $3\,C + Fe_2O_3 = 2\,Fe + 3\,CO$). Die direkte Reduktion erfordert wesentlich mehr Brennstoff als die indirekte. Man wird daher die letztere nach Möglichkeit fördern. Den Vorgang: $2\,CO + 3\,Fe = Fe_3C + CO_2$ nennt man die *„Kohlung"* des Eisens. Durch diese Kohlenstoffaufnahme wird gleichzeitig die Schmelztemperatur herabgedrückt. Die *Zersetzung des Kalksteins* geht in Temperaturen von 600 bis 900 °C vor sich, die Bildung der Schlacke aus gebranntem Kalk und den Gangarten des Erzes schließt sich daran, in der Rast, an. Man arbeitet im allgemeinen auf eine Singulo-Silikatschlacke, z. B. $2\,CaO \cdot SiO_2$, hin (d. h. Basensauerstoff in $2\,CaO$ = Säuresauerstoff in SiO_2). Im unteren Teil der Rast werden Eisen und Schlacke allmählich flüssig. Im *Gichtgas* findet sich zunächst aller Stickstoff des Gebläsewindes wieder, außerdem Kohlenoxid und Kohlensäure. Im unteren Teil des Hochofens, in Temperaturen von mehr als 1000 °C ist nur Kohlenoxid beständig. Im oberen Teil des Ofens bildet sich mehr und mehr Kohlensäure. Je weniger Kohlenoxid im Gichtgas, desto besser ist der Hochofengang.

Die wichtigsten Beimengungen des Roheisens, Silizium, Mangan, Phosphor und Schwefel, gehen erst durch direkte Reduktion aus der Schlacke in das Eisen über, Phosphor gänzlich und Mangan leicht in größeren Mengen. Silizium dagegen ist nur bei hohen Temperaturen reduzierbar und nur in Gegenwart von flüssigem Eisen. Durch Erhöhung der Temperatur, d. h. durch Erhöhung des Kokssatzes, kann man also siliziumreiches (graues) Roheisen erzeugen, während man bei niedrigen Temperaturen weißes Roheisen erhält. Die Reduktionsgleichungen der in der Schlacke enthaltenen Oxide MnO, SiO_2 und P_2O_5 sind folgende:

$$MnO + C = Mn + CO$$
$$SiO_2 + 2\,C = Si + 2\,CO$$
$$P_2O_5 + 5\,C = P_2 + 5\,CO.$$

Schwefel geht bei kieselsäurereicher Schlacke ganz in das Eisen über; nur bei stark kalkhaltiger Schlacke und hoher Temperatur kann man das Schwefeleisen FeS als Schwefelkalzium CaS in der Schlacke binden: $FeS + CaO + C = CaS + Fe + CO$.

Saures Hochofenschmelzen: Deutschland ist reich an stark kieselsäurehaltigen Erzen. Sie erfordern entweder eine entsprechende Aufbereitung oder ein Schmelzen mit kieselsäurehaltiger, also saurer Schlacke ohne Kalksteinzuschlag. Das Roheisen hat dann noch einen Schwefelgehalt von 0,3 – 0,5%. Die Entschwefelung wird nach dem Abstich in der Pfanne mit Soda (Na_2CO_3) vorgenommen. Die Schlackenmenge im Hochofen wird teilweise auf die Hälfte verringert, dadurch auch Herabsetzung des Koksverbrauchs (Verfahren von *Paschke* und *Peetz*).

Regelmäßiger Betrieb. Die ganze, auf einmal durch Anheben des Gasfangs in den Hochofen geschüttete Menge an Möller (Erz + Kalkstein) oder Koks nennt man eine *„Gicht"*, den Arbeitsvorgang *„das Begichten"*, die ganze Rohstoffmenge auch *„die Beschickung"*. Die Erzgicht (eigentlich Erz + Kalkstein) hat zwischen 5000 und 15 000 kg, die Koksgicht 2500 – 7000 kg Gewicht. Die *„Durchsetzzeit"*, d. h. die Zeit, welche die Rohstoffe zur Zurücklegung des Wegs von der Gicht bis zum Gestell gebrauchen, schwankt je nach der Koks- und Erzbeschaffenheit sowie Windpressung zwischen 10 und 24 h. Im unteren Teil des Gestells sammelt sich flüssiges Roheisen und darüber, als der spezifisch leichtere Stoff, flüssige Schlacke an. Sie wird durch die Schlackenform während des Schmelzvorgangs längere Zeit hindurch abgelassen. Das Ablassen des Eisens, das „Abstechen", erfolgt nur alle 2 – 3 h und ist in 15 – 20 min beendet. Das Stichloch wird mit einer Sauerstofflanze geöffnet, das Eisen fließt in starkem Strahl durch Rinnen entweder in große fahrbare Pfannen, in denen es flüssig zum Stahlwerk gebracht wird, oder man läßt es in die Sandformen der Gießhalle laufen, wo es zu „Masseln" erstarrt. Eine Vervollkommnung dieses Gießverfahrens besteht in der Anwendung von *Gießmaschinen.* Das Wiederabschließen des Stichlochs erfolgt durch *Stichlochstopfmaschinen,* bei denen ein durch Druckluft bewegter Stempel die Stopfmasse in das Stichloch drückt, nachdem der Wind abgestellt ist.

Dämpfen und Ausblasen des Ofens. Stillstände in der Erz- und Kokszufuhr führen zum „Dämpfen" der Hochöfen. Durch Herausnehmen der Windformen, luftdichtes Verschmieren des ganzen Ofens, Aufgeben von viel Koks und wenig Erz kann man den Ofen bis zu 12 Monaten ohne Rohstoffzufuhr in Betrieb halten. Das *„Ausblasen"*, das früher nach 10 – 15 Jahren, heute bei dem angestrengten Betrieb meistens schon nach 3 – 6 Jahren erfolgt, geht dadurch vonstatten, daß man nicht mehr gichtet, sondern die im Ofen enthaltene Rohstoffmenge durch langsames Weiterblasen herunterbläst, d. h. in Eisen umwandelt, und dann mit dem Blasen aufhört. Die *„Neuzustellung"* betrifft das Abreißen und den Wiederaufbau des Ofenmauerwerks, sowie Instandsetzungsarbeiten an Maschinen, Winderhitzern usw. und kann in 2 – 4 Monaten erledigt sein, während der Neubau eines Hochofens mit allem Zubehör etwa 1 Jahr erfordert.

d) Die Erzeugnisse des Hochofens

Das Roheisen. Neben der Trennung in Holzkohlen- und Koksroheisen sowie in kalterblasenes (bei 300 – 400 °C) und warmerblasenes (bei 600 – 800 °C) Roheisen unterscheidet man in Deutschland nach dem Bruchaussehen hauptsächlich *weißes* und *graues Roheisen.* Weißes Roheisen hat eine Schmelztemperatur von 1100 – 1300 °C, eine Dichte von $\varrho = 7{,}5 - 7{,}8\ g/cm^3$; graues Roheisen schmilzt bei 1200 – 1250 °C und hat eine Dichte von $\varrho = 7{,}0 - 7{,}3\ g/cm^3$.

Durch Mangan und Chrom wird die Aufnahmefähigkeit des Eisens an *Kohlenstoff* erhöht, durch Silizium, Phosphor, Schwefel, Nickel und Aluminium wird sie erniedrigt. Bei langsamer Abkühlung des Roheisens scheidet sich Eisenkarbid (Fe_3C) aus; der Kohlenstoff bleibt aber noch an Eisen gebunden (weiße, strahlige Bruchfläche, weißes Roheisen). Bei höherem Silizium- und niedrigem Mangangehalt und langsamer Abkühlung jedoch zerfällt, teils während der Erstarrung, teils in festem Zustand bei 1130 – 1100 °C, ein Teil des Eisenkarbids in Eisen und kristallinischen Kohlenstoff, Graphit (graue, körnige Bruchfläche, graues Roheisen). Neben dem Kohlenstoff ist für das weiße Roheisen der wesentlichste Bestandteil das Mangan (meist 2 – 4%), für das graue das Silizium (meist 2 – 3%). *Mangan* erschwert die Graphitausbildung und steigert die Aufnahmefähigkeit für Kohlenstoff. *Silizium* wirkt auf Graphitausbildung und, in größeren Mengen, kohlenstoffverdrängend. Teilweise dieselbe Wirkung auf das Eisen hat jedoch auch die Zeitdauer der Abkühlung. Schnell abgekühltes, „abgeschrecktes" Eisen wird weiß, langsam abgekühltes grau (Guß in eisernen bzw. Sandformen!). *Phosphor* macht das Eisen dünnflüssig, kommt daher in grauen Roheisensorten bis zu 1,7% vor, hingegen leidet die Festigkeit. Ein Phosphorgehalt von 1,5 – 3% ist zur Durchführung des Thomasverfahrens erforderlich. *Schwefel* macht das Eisen dickflüssig und verringert ebenfalls die Festigkeit, Schwefelgehalt daher unter 0,1%.

Abarten des weißen Roheisens sind: Weißstrahl-, Spiegel-, Manganeisen (Ferromangan), Abarten des grauen: lichtgraues, tiefgraues Roheisen und Ferrosilizium. Einen niedrigen Kohlenstoffgehalt (2,8%) hat das *„Silbereisen"*, durch Zusammenfließenlassen von Stahl und Roheisen im Flammofen erzeugt. Ein kohlenstoffreiches Sonderroheisen (mit 4% C), durch genau eingestellte Schmelzüberhitzung im Flammofen hergestellt, ist das *Migra-Eisen* mit verfeinertem Graphitgefüge (mikrographitisch, daher auch die Abkürzung Migra). Die durchschnittliche Zusammensetzung wichtiger Roheisensorten ergibt sich aus der Tabelle I.4. Die Reihenfolge C, Si, Mn, P und S (der Beimengungen) ist durch Vereinbarung der eisenhüttentechnischen Vereine zwecks Vermeidung von Verwechslungen festgelegt.

Tabelle I.4.

Roheisensorte	C %	Si %	Mn %	P %	S %
Hämatit	3,5 – 4,2	2,0 – 2,5	0,7 – 1,5	unter 0,1	0,02 – 0,04
Gießereiroheisen Nr. I	3,5 – 4,2	2,0 – 2,5	0,5 – 1,0	0,5 – 0,8	0,02 – 0,04
Gießereiroheisen Nr. IVB	3,5 – 4,2	1,8 – 2,5	bis 0,7	1,4 – 1,9	0,05 – 0,06
Ferro-Silizium	1,2 – 1,6	8 – 15	0,5 – 0,7	0,15	0,02 – 0,04
Bessemer-Roheisen	3,0 – 4,0	1,5 – 2,5	0,5 – 2,0	0,07 – 0,1	0,01 – 0,05
Stahleisen	3,0 – 4,0	0,3 – 1,0	2,0 – 6,0	0,1	bis 0,04
Thomas-Roheisen	3,2 – 3,7	0,3 – 1,0	0,5 – 1,5	1,8 – 2,2	0,05 – 0,12
Spiegeleisen	4,0 – 5,0	0,3 – 0,5	6 – 30	0,1	bis 0,04
Ferromangan	6,0 – 8,0	unter 1,5	30 – 80	0,2 – 0,3	bis 0,02

Die Schlacke [I.19]. Schlackenmenge heute: 600 – 700 kg/t. Die in Rinnen abfließende Schlacke wird in Kübel- oder Kastenwagen geleitet oder durch Wasser, Dampf oder Luft in feinkörnigen Sand verwandelt (granuliert). Normale Zusammensetzung: 30 – 40% Kieselsäure SiO_2, 30 – 50% Kalk CaO, 6 – 20% Tonerde Al_2O_3, 1 – 10% Magnesia MgO, 1 – 4% Eisenoxidul FeO, 0,2 – 12% Manganoxidul MnO, 1 – 7% Schwefelkalzium CaS. Dichte: 2,0 – 2,5 g/cm³, bei granulierter Schlakke nur 0,6 – 1,0 g/cm³.

Abgekühlte Schlackenklötze zerschlägt man und verwendet sie als Wegebaustoff, oder man stellt aus dem Herzen der Klötze durch Behauen Pflastersteine her. Für beide Fälle eignen sich aber nur kieselsäurereiche Schlacken, kalk- und tonerdereiche zerfallen allmählich zu „Schlakkenmehl". Das *„Granulieren"* der Schlacke erfolgt meist durch Einführen eines Wasserstrahls in die abfließende Schlacke. Diese erstarrt zu feinkörnigem Sand, den man als Wegebaustoff oder zur Mörtelherstellung benutzen kann. Sodann stellt man aus ihm, unter Anwendung von gelöschtem Kalk als Bindemittel, *Schlackensteine* (auch Schwemmsteine) und durch Mahlen usw. *Eisenportlandzement* und *Hochofenzement* her. Für letztere Fälle eignen sich wiederum kalkreiche Schlacken. Sowohl stückige Schlacke wie Schlackensand werden zur Herstellung von Beton benutzt. *Schlackenwolle,* dadurch erzeugt, daß ein Dampfstrahl auf die fließende Schlacke gerichtet wird, findet Verwendung für Isolierzwecke. In Deutschland wird fast die ganze Schlacke nutzbar gemacht.

Das Gichtgas. Zusammensetzung: 8 – 10% CO_2, 25 – 30% CO, 1 – 4% H_2, 55 – 60% N_2, Heizwert: $V_n = 3780 - 4200$ kJ/m³, Gastemperatur: 120 – 200 °C, Gasdruck an der Gicht: 100 – 200 mm WS.

Da das Gas beim Verlassen des Ofens noch bedeutende Staubmengen enthält, etwa 10 – 30 g/m³, so ist eine gründliche *Reinigung* erforderlich. Außerdem muß das Gas abgekühlt werden, um den Wasserdampf möglichst zu entfernen. Zunächst erfolgt eine trockene Reinigung, indem man die Abgangsrohre scharfe Biegungen machen läßt (Richtungswechsel) und die Geschwindigkeit durch Einführen in große Staubsammler (Blechbehälter von 5 – 8 m Durchmesser und 10 – 20 m Höhe mit trichterförmigem Unterteil und Klappen oder Schiebern zum Staubablassen, teils jetzt als „Wirbler", mit tangentialer Gaseinführung zur Erzeugung einer Wirbelbewegung gebaut) wesentlich verlangsamt. Die Weiterleitung des Gichtgases, das nun etwa 3 – 6 g/m³ Staub enthält, erfolgt in großen birnenförmigen Leitungen. – Der anfallende Gichtstaub wird, genügenden Eisengehalt vorausgesetzt, brikettiert.

Für die anschließende *Naßreinigung* kommen hauptsächlich in Betracht: 1. Skrubber, d. h. große Blechbehälter, die mit Horden und Wasserstreudüsen ausgestattet sind, 2. Ventilatoren, 3. Theisensche Zentrifugalreiniger. Das Gas enthält nach einer einmaligen Skrubber- oder Ventilatorreinigung etwa $V_n = 0{,}5$ g/m³ Staub, nach Reinigung durch zwei hintereinander geschaltete Ventilatoren oder durch Skrubber und Theisenschen Apparat $V_n = 0{,}01$ ... 0,04 g/m³, Temperatur etwa 20 – 25 °C. Einspritzwassermenge bei Ventilatoren $V_n = 1{,}8$ ... 2,0 l/m³, bei Theisenwaschern $V_n = 0{,}7$ ... 1 l/m³ bezüglich Abscheidungsgrad und Energieaufwand günstig.

Elektrische Gasreinigung: Der drahtartigen, mit einem Isolator a (Abb. I.58) versehenen Sprühelektrode S b wird aus einer vorhandenen Wechselstromquelle W durch Umspanner und durch Gleichrichter G lr negative Elektrizität (hochgespannter Gleichstrom von 50 000 – 100 000 V) zugeführt, lädt im Filterraum c die Staubteilchen negativ auf, so daß diese von dem mit dem positiven Pol der Elektrizitätsquelle verbundenen unteren Teil des Filterbehälters angezogen werden, in den Staubsammler d fallen und bei e entfernt werden können. Reinheitsgrad bis $V_n = 0{,}005$ g/cm³. Am besten läßt sich das mit Wasserdampf gesättigte Gas elektrisch reinigen, weil ein kaltes und gesättigtes Gas die beste Leitfähigkeit aufweist. Daher Entwicklung von der Elektrotrocken- zur Naßreinigung. Energieverbrauch unter Skrubber, Investitionen jedoch höher.

Gasverwertung. Gas von $V_n = 0{,}005$ ... 0,02 g/cm³ Staubgehalt wird für die *Großgasmaschinen* benutzt.

Neben der Großgasmaschine wird in steigendem Maße die *Dampfturbine* benutzt, in Einzelfällen auch schon die *Gasturbine.*

Verteilung der Gichtgase nach allgemeinen Erfahrungswerten:

Winderhitzer und Sinteranlagen	22%
Wärm- und Schmelzöfen	15%
Kokereien und andere Verbraucher	14%
Gasverluste	12%
Rest für neue Kraftanlagen	37%

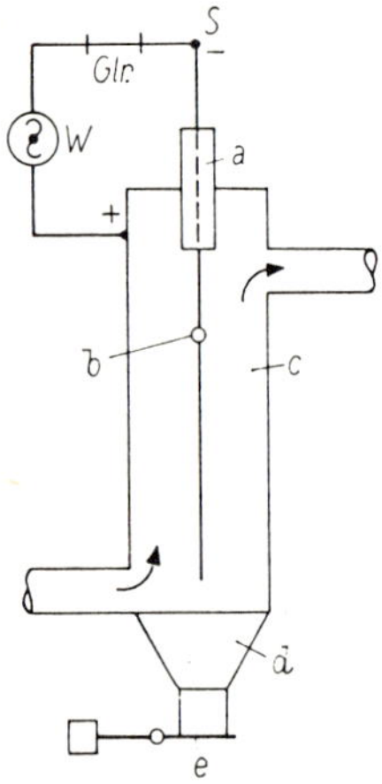

Abb. I.58. Elektrische Gasreinigung.

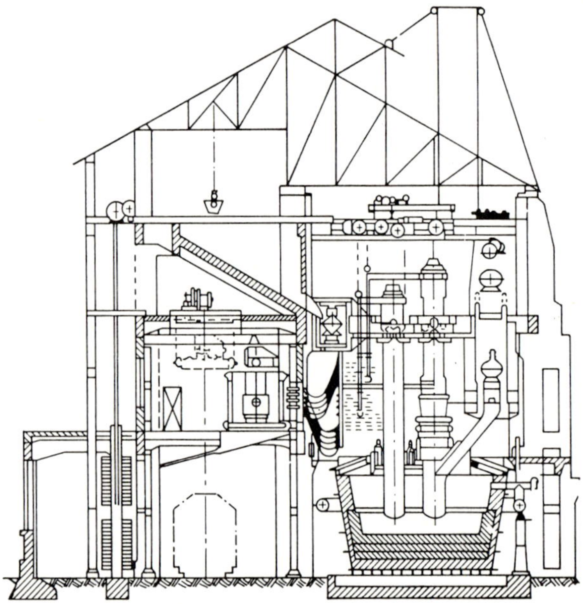

Abb. I.59. Lichtbogen-Roheisenofen.

Der wesentliche Gasüberschuß wird fast immer in elektrische Energie umgewandelt. Ist dem Hochofenwerk ein Stahl- und Walzwerk angegliedert, so ist es heute demnach möglich, das ganze Hüttenwerk durch die weitgehende Ausnutzung der Gichtgase mit Energie zu versorgen. Weitere Verwendungsgebiete für das Gichtgas sind (s. Verteilung): das Heizen der Koksöfen, um die wertvolleren Koksofengase für Gasfernleitungen frei zu bekommen, das Heizen der Siemens-Martin-Öfen und, wenn Gießereianlagen zum Werk gehören, das Heizen von Trockenkammern. Bei dem dann noch vorhandenen Rest (37%) denkt man heute auch an Gemeinschaftskraftwerke für mehrere kleinere Hüttenwerke, sowie allgemein an Parallelschaltung mit dem öffentlichen Netz.

Verhütten mit hochhaltigem Sauerstoff. Mit steigendem Sauerstoffgehalt verläuft der Verbrennungsvorgang vor dem Formen rascher und ergibt dort eine höhere Temperatur. Infolge geringerer Gasmengen wird weniger Wärme in die oberen Ofenteile abgeführt. Die Gichtgastemperatur fällt und damit der Brennstoffverbrauch, die indirekte Reduktion wird verstärkt. Nach Versuchen der Gutehoffnungshütte sollte eine Sauerstoffanreicherung von 20% eine Erzeugungssteigerung um 20 – 50% bei entsprechender Koksersparnis ergeben. Weitere Großversuche haben aber bis jetzt nur wirtschaftliche Vorteile für Sonderroheisensorten, wie z. B. Ferromangan, Ferrosilizium usw., erwiesen.

e) Der elektrische Hochofen

Elektro-(Grönwall-)Ofen. Seit 1911 sind Öfen dieses Systems (Firma Aktiebolaget Elektrometall) in Schweden (Domnarfvet, Trollhättan, Hagfors usw.) in erfolgreichem Betrieb, entwickelt aus der Konstruktion von *Grönwall Lindblad* und *Stalhane.* Der Ofen war zunächst in Schacht und Rast dem Blashochofen nachgebildet.

Bei den neuen Ausführungen ist jedoch die Rast ganz fortgefallen, der Schacht zylindrisch, ausgehend von der Erwägung, daß die Reduktion der Erze fast ausschließlich im Gestell, anstatt wie beim Blashochofen schon größtenteils in Schacht und Rast erfolgt. Der zylindrische Schacht geht in einen erweiterten Schmelzraum über, in dessen oberes Gewölbe 4 – 8 runde Kohlenelektroden von 0,6 m Durchmesser und 1,5 – 1,8 m Länge hineinragen. Diese sind nachstellbar; sie erhalten Mehrphasenstrom von 50 – 90 V bei einer Belastung von 5 – 6 A/cm². Der elektrische Strom übernimmt die Rolle derjenigen Koksmenge des Blashochofens, die zum Schmelzen der Beschickung erforderlich ist, und ersetzt auch teilweise den hineingeblasenen Wind. Infolgedessen ist an Koks oder Holzkohle nur so viel aufzugeben, als zur direkten Reduktion der Erze im erweiterten Schmelzraum notwendig ist. Das Gichtgas wird zum Teil dem Schmelzraum wieder zugeführt zur Kühlung des Gewölbes. Das Kohlenoxid dieser Gasmenge und das bei der direkten Reduktion entstandene wirken indirekt reduzierend auf die Erze im Schacht; jedoch macht die indirekte Reduktion beim Elektrohochofen nur etwa 15% der Gesamtreduktion aus gegenüber 60 – 70% beim Blashochofen.

Der Elektrometallofen wurde anfangs nur mit Holzkohle betrieben (*Hochschachtofen*). In neuerer Zeit werden auch Öfen für Koksbetrieb mit *niedrigem Schacht* gebaut (Tysland- bzw. Spigerwerkofen), die wirtschaftlicher sind als die Hochschachtöfen. Abb. I.59 zeigt einen Niederschachtofen und die Gesamtanlage in der Bauart der Siemens-Schuckert-Werke. Elektrische Leistung 12 000 kW. Die Kohlenelektroden haben 1100 mm Durchmesser.

Erzeugung der Öfen bisher 20 – 70 t/24 h Roheisen bei einer ständigen elektrischen Leistung von 2000 – 15 000 kW. Holzkohlen- bzw. Koksverbrauch 350 – 400 kg/t Eisen, Verbrauch an Elektrodenkohle 5 – 15 kg/t, Stromverbrauch 2300 – 3000 kWh/t.

Wegen des hohen Stromverbrauchs kommt der elektrische Hochofen zunächst nur dort in Betracht, wo – wie z. B. in Schweden, in der Schweiz, in Italien – Holzkohle bzw. Koks teuer ist, die elektrische Kraft aber durch Wasserkraft sehr billig erzeugt werden kann.

f) Synthetisches Roheisen

Unter synthetischem Roheisen versteht man einen aus den Urstoffen (Eisen, Kohlenstoff usw.) im elektrischen offenen Niederschachtofen hergestellten Werkstoff. Stromverbrauch etwa 1000 kWh/t Roheisen. Diese Arbeitsweise ist nur wirtschaftlich in Ländern, wo billige elektrische Kraft und genügend Schrott vorhanden sind, andererseits Eisenerze fehlen (z. B. Schweiz).

4. Der Stahl

a) Allgemeine Betrachtung der Frischvorgänge: metallurgische Grundlagen

Geschichtliche Entwicklung. Der Stahl unterscheidet sich vom Roheisen durch seine Schmiedbarkeit, seinen höheren Schmelzpunkt und seinen niedrigeren Kohlenstoffgehalt (unter 2,06%). Vor Erfindung des Hochofens erzeugte man aus Eisenerzen unter Verwendung von Holzkohle unmittelbar Stahl in grubenartigen Öfen (*Rennfeuern*) oder Schachtöfen (Stücköfen) durch wiederholtes Umschmelzen. Dieses Umschmelzen ist nichts anderes als eine Verbrennung (Oxidation) der Eisenbeimengungen. Kohlenstoff, Silizium, Mangan, Phosphor und Schwefel oxidieren, sie entweichen teils als Gase, teils gehen sie in die Schlacke über. Den ganzen Vorgang nennt man *„Frischen"*. Nach Erfindung des Hochofens erfolgte dieses Frischen des Roheisens auf einem einfachen Herd (Frischfeuer), dann ging man zum Flammofenfrischen oder Puddeln über. In beiden Fällen gewinnt man den Stahl in teigigem Zustande, in kleinen Stückchen, die zu größeren zusammenschweißen, daher die Bezeichnung *„Schweißstahl"*. Erst in der zweiten Hälfte des vorigen Jahrhunderts gelang es, durch die Verfahren von *Bessemer, Thomas* und *Siemens-Martin* Stahl in flüssigem Zustand herzustellen, zugleich in wesentlich größeren Mengen, so daß heute der „Flußstahl" den Markt beherrscht.

Von den Rennverfahren ist nur die Erzeugung von *„Eisenschwamm"* ≙ Schwammeisen zu erwähnen, die z. B. in Schweden und Japan durchgeführt wird [I.20]. In einem Ringofen werden Kapseln mit feinem Magneteisenstein, Kohle und Kalk gefüllt und erhitzt; den erzeugten lockeren Eisenschwamm (mit 97% Fe) preßt man und verschmilzt ihn im Siemens-Martin-Ofen.

Chemische Vorgänge. Bei allen Frischvorgängen erfolgt die Oxidation der Beimengungen des Eisens niemals unmittelbar durch Luftsauerstoff, sondern stets mittelbar durch die Eisen-Sauerstoff-Verbindungen Fe_3O_4 und FeO. Dementsprechend werden Si, Mn, C und P – und zwar im allgemeinen zeitlich in dieser Reihenfolge – in folgender Weise aus dem Roheisen entfernt:

$$\begin{aligned} Si + 2\,FeO &= SiO_2 + 2\,Fe \\ Mn + FeO &= MnO + Fe \\ C + FeO &= CO + Fe \\ 2\,P + 5\,FeO &= P_2O_5 + 5\,Fe \end{aligned}$$

SiO_2 und MnO bilden eine auf dem Eisenbad schwimmende Schlacke, CO zieht gasförmig ab, P_2O_5 muß an eine Base (FeO oder meistens CaO), die sich in der Schlacke befindet, gebunden werden. Schwefel kann in kleineren Mengen gasförmig als SO_2 durch Oxidation entfernt werden; eine weitgehende Entschweflung erfolgte durch Bindung des Schwefels an Mangan oder an Kalk in der Schlacke:

$$\begin{aligned} FeS + 2\,FeO &= SO_2 + 3\,Fe \\ FeS + Mn &= MnS + Fe \\ FeS + CaO + C &= Fe + CaS + CO \end{aligned}$$

Bei allen bei hohen Temperaturen vor sich gehenden Frischwirkungen (Flußstahlerzeugung) bleibt ein Teil des FeO gelöst im Eisen und muß durch Zusatz von manganreichem Eisen (Spiegeleisen, Ferromangan) entfernt werden (*Desoxidation*, MnO geht in die Schlacke): FeO + Mn = MnO + Fe. – Schließlich erfolgt noch bei der Flußstahlerzeugung eine *„Rückkohlung"* des Eisens durch den Kohlenstoffgehalt des für die Desoxidation benutzten Ferromangans oder durch Zugeben von Kohlenstoff in pulverisierter Form oder in Form von Kohlenziegeln. Auf diese Weise läßt sich der Kohlenstoffgehalt des Enderzeugnisses sehr genau regeln.

b) Stahlherstellungsverfahren

Das Puddelverfahren. Der bereits 1784 durch den Engländer *Cort* erfundene Puddelofen war ein einfacher Flammofen, in dem das eingesetzte feste weiße Roheisen durch Puddeln (von: to puddle = rühren) und Luppenmachen in *Schweißstahl* (Puddelstahl) umgewandelt wurde. Mit dem Aufkommen der Flußstahlerzeugung verschwand dieses älteste Verfahren zur Großerzeugung von Stahl nach und nach ganz.

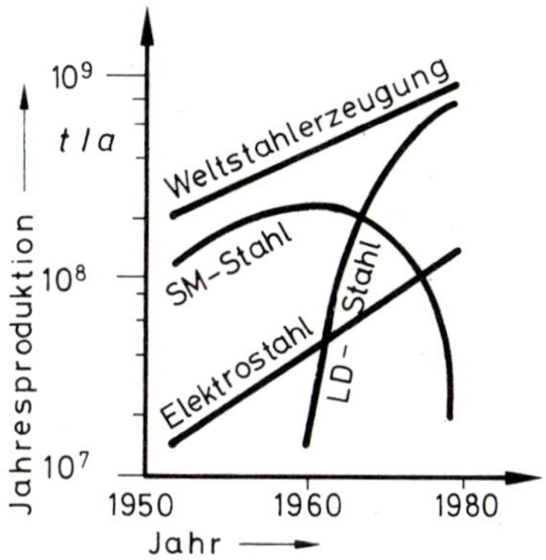

Abb. I.60. Entwicklung der Stahlerzeugungsverfahren auf der Welt.

Die Windfrischverfahren. Das älteste Verfahren (*Bessemer*, 1855) ist in seiner Anwendung stark zurückgegangen. An seine Stelle ist dann in Westeuropa das *Thomasverfahren* (1878) getreten. Neu aufgekommen ist seit etwa 1950 durch verstärkte Anwendung von Sauerstoff (anstatt Luft zum Blasen) ein in der Güte wesentlich verbesserter Stahl nach dem *Linz-Donawitz-Verfahren* [Abb. I.60].

Das Siemens-Martin-Verfahren. 1865 eingeführt. Seiner ursprünglichen Zielsetzung, Schrott aufzuarbeiten, ist es im Laufe der Jahre stark entfremdet, weil infolge Fehlens von Schrott immer mehr Roheisen zugesetzt werden mußte. Neu ist auch hier die Anwendung von Sauerstoff, ferner die Verwendung des Heißwind-Kupolofens als billigen Einschmelzofens. Es wird jedoch mehr und mehr durch das *LD-Verfahren* verdrängt.

Das Elektrostahl-Verfahren. Es hat seinen Vorgänger hinsichtlich Erzielung eines besonders hochwertigen Stahls – das *Tiegelstahlverfahren* – heute fast restlos verdrängt. Auch hier ist die Anwendung des Sauerstoffs im Vordringen.

c) Der Roheisenmischer

Zweck des Mischers. Der *Roheisentransport* erfolgt heute vom Hochofen zum Mischer flüssig in großen, zum Teil torpedoähnlichen Pfannen mit bis zu 200 t Fassungsvermögen. Der Roheisenmischer (um 1890 eingeführt) dient einmal als *Sammelbehälter* für das vom Hochofen kommende Roheisen, dann als *Mischgefäß,* um anstatt der in der Zusammensetzung ungleichen einzelnen Hochofenabstiche dem Stahlwerk ein möglichst gleichmäßiges Eisen zuzuführen. Außerdem findet in ihm eine *Schwefelverminderung* des Eisens statt, indem Mangan sich mit Schwefel zu Schwefelmangan verbindet und in die auf dem Eisen schwimmende Schlackenschicht übergeht (FeS + Mn = MnS + Fe).

Rollenmischer. Er stellt die neuere Ausführungsform für größere Werke dar, zylindrische Form (Abb. I.61). Fassungsvermögen 500 – 2000 t, leichtes Kippen auf Rollen meist durch elektrischen Antrieb, entweder über Sonntag oder ständig mit Hochofen-, Ferngas oder Generatorgas beheizt. Die Sterchamol-Steine und Körner dienen als Wärmeschutz (Isolierstoff aus Molerde und Teer).

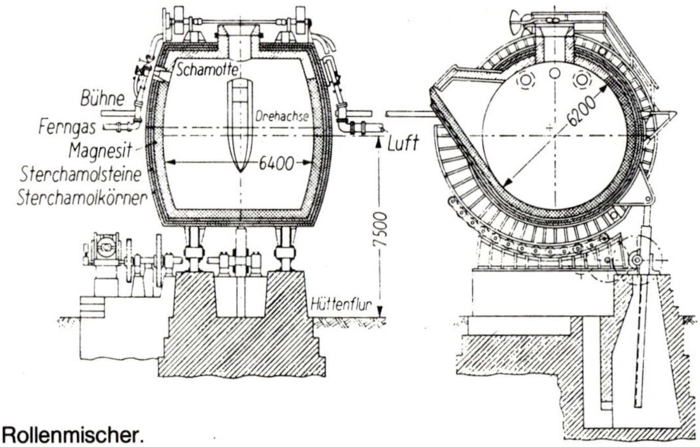

Abb. I.61. Rollenmischer.

d) Die Windfrischverfahren

Grundgedanke. Im Jahre 1855 gelang es dem Engländer *Bessemer*, aus flüssigem Roheisen dadurch Stahl herzustellen, daß er *kalte* Luft hindurchblies, hierdurch allein die Oxidation der Beimengungen des Roheisens bewirkte und infolge der bei diesen Oxidationsvorgängen erzeugten bedeutenden Wärme keinen Brennstoff benötigte. Das Bessemer- und das ihm ähnliche Thomasverfahren bezeichnet man auch als „*Windfrischen*". Da der Rohstoff für diese Verfahren flüssig sein muß, ist ein Einschmelzen der festen Roheisenmasseln im Kupolofen oder ein Zuführen flüssigen Roheisens vom Hochofen unter Zwischenschaltung eines Mischers erforderlich. Letzteres ist in Deutschland die Regel.

Kupolofen. Stahlwerks-Kupolöfen (Schachtöfen; Näheres s. Abschnitt „Gießerei") haben zwischen den Formen 3 – 4 m Durchmesser, bis zur Gicht etwa 9 m Höhe und eine Leistung von 20 – 50 t/h. Das abgestochene Roheisen fließt entweder durch eine Rinne unmittelbar der Bessemer- bzw. Thomasbirne zu oder wird durch eine fahrbare Pfanne an die Birne gebracht.

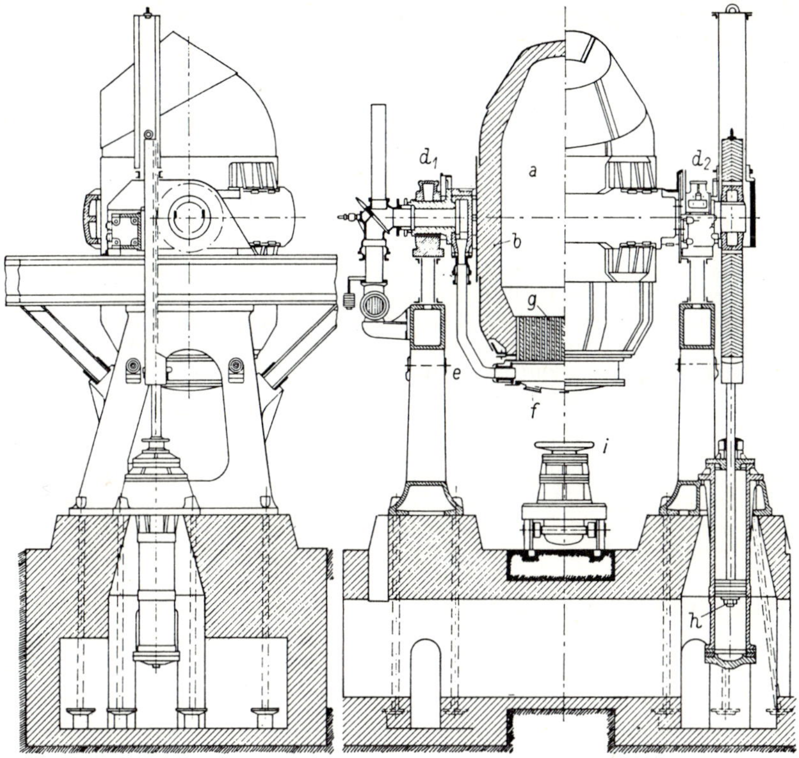

Abb. I.62. Thomasbirne.

Birne (*Konverter*). Die Erzeugung des Flußstahls nach den Windfrischverfahren wird in einer Birne, auch Konverter (Umwandler) genannt, vorgenommen (Abb. I.62), einem birnenförmigen heute meist geschweißten Blechgefäß a von 25 – 30 mm Wanddicke, das innen mit feuerfesten Steinen b ausgemauert ist. Die Steine sind *sauer* (aus kieselsäurereichem Ton) beim Bessemerverfahren, *basisch* (aus Dolomit) beim Thomasverfahren.

Die Birne hat oben einen kegelförmigen offenen Hals, unten einen herausnehmbaren Boden g und ist in der Mitte in einem Tragring an zwei Zapfen d_1 und d_2 drehbar aufgehängt. Die Drehung erfolgt mittels Wasserdrucks durch Kolben h, Zahnstange und Zahnrad. Der Drehzapfen d_1 ist hohl, damit durch Rohr e Gebläsewind in den Windkasten f unter dem Boden eingeführt werden kann. Der herausnehmbare Boden g ist meistens ein *Nadel-, seltener ein Düsenboden.* Er hat im ganzen 150 – 300 kleine Öffnungen zum Durchlassen des Windes. Das Einsetzen des Bodens erfolgt durch einen fahrbaren, mit Preßwasser betätigten Hebetisch i. Nur die Birne des LD- (Sauerstoffaufblas-) Verfahrens und die des Kleinkonverters in der Stahlgießerei haben einen *geschlossenen düsenlosen Boden,* weil beim LD-Verfahren der Sauerstoff von oben durch eine Düse durch die Birnenöffnung und beim Kleinkonverter der Wind seitlich auf das Bad geblasen wird. Die Birnenwandung hält etwa 300 – 400 Hitzen, ein Nadelboden 70 – 80 und ein Düsenboden 80 – 110 Hitzen aus. Eine Birne faßte früher im allgemeinen 10 – 35 t (neue Thomasbirnen 60 – 100 t) Roheisen. Der Gebläsewind wird durch ein Kolbengebläse angetrieben durch Dampf- oder Gasmaschinen oder vielfach schon durch ein Elektro-Turbogebläse geliefert. Ein größeres Werk braucht 2 Birnen für den Betrieb und dann im ganzen 4 – 5 Stück, die in einer Reihe nebeneinander Aufstellung finden.

Bessemerverfahren. Zum Eingießen des Roheisens wird die Birne waagerecht gedreht. Unter allmählichem Aufrichten wird Wind eingeblasen bis zum Vollblasen bei ganz aufgerichteter Birne. Zunächst verbrennt Silizium, dann Mangan, schließlich Kohlenstoff, und zwar ruft 1% Silizium in einem Eisen von 1500 °C durch sein Verbrennen eine *Temperatursteigerung* von 190 °C, 1% Mangan 46 °C und 1% Kohlenstoff nur 6 °C Temperatursteigerung hervor. Silizium, Mangan und kleine Eisenmengen bilden eine Eisen-Mangan-Silikat-Schlacke (eine *„saure Schlacke"*). Der Phosphorgehalt des Roheisens muß unter 0,1% bleiben. Phosphorsäure (P_2O_5), die beim Verbrennen des P entsteht, kann nämlich nur an eine basische Schlacke gebunden werden. Würde man aber eine solche (kalkreiche) Schlacke verwenden, so würde die Kieselsäure des sauren Futters die Phosphorsäure vom Kalk lösen durch Bildung von Kalksilikaten, und aus der Phosphorsäure ginge durch Reduktion der Phosphor wieder in das Eisen zurück. Der Siliziumgehalt des Bessemerroheisens muß 1,5 – 2,5% betragen zur Erzielung der erforderlichen Verbrennungswärme.

Der ganze Blasvorgang dauert 12 – 18 min. Der *fertige Flußstahl* wird durch Kippen der Birne in die Pfanne eines Gießwagens entleert und durch diesen in die Gießhalle gebracht. Eine Bessemerbirne kann in 24 h etwa 40 – 44 Hitzen (Chargen) zu z. B. je 10 t, also 440 t (aber auch mehr) Flußstahl liefern. Die *Schlacke* findet im Hochofen Verwendung. Das Bessemerverfahren wird in Deutschland nur noch in der Stahlgießerei (s. diese) benutzt.

Thomasverfahren. Um phosphorreiches Roheisen in der Birne verarbeiten zu können, mußte das *kieselsäurehaltige Futter* durch ein *basisches* ersetzt werden. Dann war es möglich, die Phosphorsäure in eine durch Einführen von Kalk erzielbare *basische Schlacke* überzuführen. Im Jahre 1878 gelang es den Engländern *Thomas* und *Gilchrist*, ein brauchbares Futter in Gestalt des Dolomits zu finden. Schon 1879 wurde das Verfahren in Deutschland eingeführt und vervollkommnet.

Den Arbeitsvorgang zeigt Abb. I.63. Der Zusatzkalk zur Bildung der Schlacke, der in Mengen von 12 – 18% des Roheisengewichts vor Einlassen des Roheisens eingegeben wird, ist gebrannter Kalk, damit die zum Brennen sonst erforderliche Hitze nicht dem Arbeitsgange entzogen wird. Das Einsatzroheisen muß, im Gegensatz zum Bessemerverfahren, wenig Silizium (nur 0,3 – 0,4%) und viel Phosphor (1,8 – 2,2%) enthalten. Der hohe Phosphorgehalt ist notwendig zur Erzeugung der für das Verfahren erforderlichen Wärmemenge (1% Phosphor ruft durch sein Verbrennen in einem Eisen von 1500 °C eine Temperatursteigerung von 120 °C

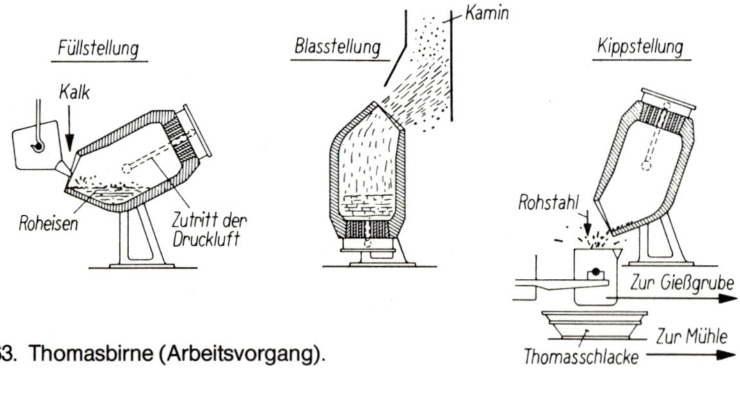

Abb. I.63. Thomasbirne (Arbeitsvorgang).

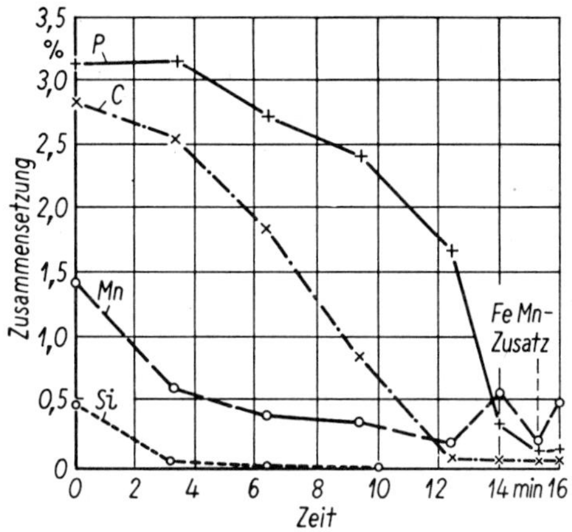

Abb. I.64. Chemischer Verlauf des Thomasverfahrens.

hervor). Abb. I.64 zeigt, daß zunächst Silizium und Mangan verbrennen, dann Kohlenstoff und nach diesem erst die Hauptmenge des Phosphors. Die Oxidation des Phosphors wird mit der Uhr beobachtet. Eine *Schöpfprobe*, nach Aufhören des Blasens entnommen und ausgeschmiedet, zeigt im Gefüge der Bruchfläche (feinkörniger, nicht blättriger Bruch und glatter Rand), ob die Entphosphorung weit genug vor sich gegangen ist. Trifft dies nicht zu, so erfolgt noch ein kurzes Nachblasen, dann das Abgießen der Schlacke und hierauf der Zusatz von Ferromangan oder Spiegeleisen zur *Rückkohlung* und *Desoxidation.*

Das Blasen dauert 12 – 20 min. Eine größere Thomasbirne kann in 24 h etwa 40 Hitzen zu je 60 t = 2400 t Flußstahl liefern, wobei im ganzen allerdings 3 – 5 Birnen in Betrieb, in Neuzustellung usw. sind. Der Abbrand des Eisens beträgt 10 – 13%. Die Schlacke (Zusammensetzung: 47 – 49% CaO, 18 – 23% P_2O_5, 6 – 10% FeO, 6% Fe_2O_3, 6 – 8% MnO, 7% SiO_2, 1 – 3% MgO, 0,6 – 1,5% CaS) ist infolge ihres Gehalts an Phosphorsäure (P_2O_5) ein wertvolles Nebenerzeugnis des Verfahrens. Sie wird zerkleinert, gemahlen und dann der Landwirtschaft als Düngemittel (*Thomasmehl*) zugeführt.

Anlagen zur *Reinigung der Konverter-Abgase* sind noch im Versuchsstadium, aber für Sauerstoff-Blaskonverter schon im Betrieb.

Erste Verbesserungen des Thomasstahls. („Windfrisch-Austausch-Stahl"). Thomasstahl ist besser warmverformbar als Siemens-Martin-Stahl, aber spröder bei der Kaltverformung. Dies liegt daran, daß Thomasstahl normal 0,05 – 0,09% P (gegenüber 0,025 – 0,03% P beim S.-M.-Stahl) und 0,01 – 0,025% N_2 (gegenüber nur 0,003 – 0,01% N_2 beim S.-M.-Stahl) hat. Eine erste Verbesserung ergab die Einführung des *beruhigten Stahls* (*Alto-Stahl*, mit Si und Al so weitgehend desoxidiert, daß die für den unberuhigten Thomasstahl bezeichnende Trennungsbruchempfindlichkeit beseitigt bzw. stark herabgesetzt wurde (aber immer noch 0,01% N_2 und 0,08% P). Noch phosphor- und stickstoffärmeren Stahl kann man im HPN-Stahl (Hamborner phosphor- und stickstoffarmer Stahl) erzeugen. Ergebnis: 0,03 – 0,04% P und 0,008 – 0,011% N_2. Beim MA-Stahl (Mannesmann-Austausch-Stahl) wird der Wind seitlich, wie beim Kleinkonverter in der Stahlgießerei, eingeblasen. Ergebnis: 0,03 – 0,05% P und 0,006% N_2.

Außerdem hat man die *Sauerstoffanreicherung des Gebläsewindes* für die Verbesserung des Thomasstahls nutzbar gemacht. In Oberhausen wurden größere Mengen Thomasstahl mit 0,005 – 0,006% N_2 und 0,035% P hergestellt. Sauerstoffanreicherung des Windes auf 40 – 45% O_2, Verminderung der Blasdauer um 44%, Verbesserung der Haltbarkeit der Konverterauskleidung, Gesamtwirtschaftlichkeit dieselbe wie bei normalem Thomasstahl. – Sodann stellt das *Phoenix-Lanzen-Verfahren* eine Verbesserung des normalen Thomasverfahrens dar. Es wird im üblichen Konverter zunächst von unten mit Wind, darauf bei nahezu waagerechter Konverterlage mit der Sauerstofflanze und dann nochmals von unten mit Wind geblasen. Ergebnis: 0,01 – 0,02% S, 0,003 – 0,005% N_2.

Blasen mit reinem Sauerstoff. Das wichtigste Verfahren ist das *Linz-Donawitz-Verfahren* (LD-Stahl). Der Sauerstoff wird durch eine wassergekühlte Düse von oben durch die Konverteröffnung zugeführt. Die Konverter haben schon bis 175 t Fassungsvermögen. Sauerstoffverbrauch $V_n = 50 \ldots 70\ m^3/t$ Stahl. Ergebnis: 0,035% P, 0,005% N_2. Zunächst für P-armes Roheisen (mit 0,1 – 0,3% P) in Anwendung, aber nach einem neuen „Kalk-Zusatz-Verfahren" (LD-AC-Verfahren = Linz-Donawitz-Arbed-Centre National-Verfahren) – s. Abb. I.65. – Einblasen von pulverförmigem Kalk und Sauerstoff gleichzeitig durch die Lanze. Beschleunigung des Frischvorgangs und Arbeiten mit 2 Schlacken, deren erste zwischenzeitlich abgestochen wird – auch für phosphorreiches Roheisen benutzbar. LD-Blasstahlwerke sind schon in größerer Zahl in verschiedenen Ländern in Betrieb. Die Anschaffungs- und die Verfahrenskosten sind niedriger als beim S.-M.-Verfahren.

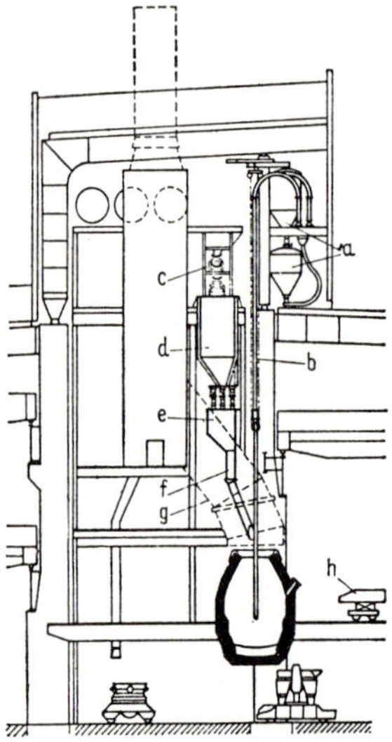

Abb. I.65. LD-Verfahren. *a* Druckbehälter für Kalkstaub, *b* Teleskoplanze, *c* Förderband für Zuschlagstoffe *d* Bunker, *e* Wiegebunker, *f* Schurre, *g* Gasfang, *h* Schrottmulde.

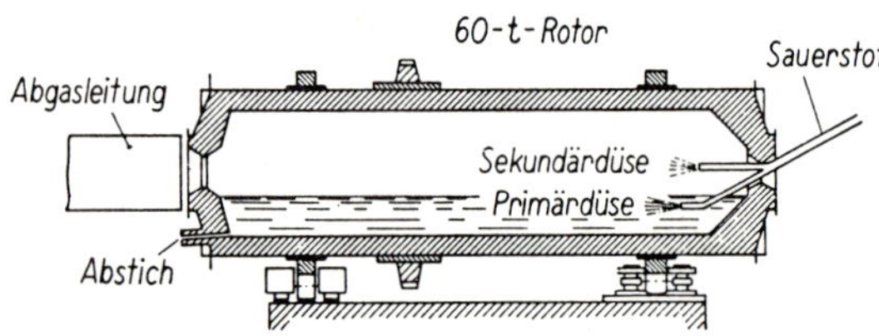

Abb. I.66. Rotorverfahren.

Zu erwähnen ist weiter das schwedische *Kaldo-Kalling-Domnarvet-Verfahren*, bei dem Sauerstoff durch eine Haube mit einem wassergekühlten Rohr in einen um die Konverterachse drehbaren und zugleich kippbaren konverterähnlichen Rotationskörper eingeführt wird. Ergebnis 0,01 – 0,02% S, bis 0,02% P, 0,002 – 0,004 N_2.

Rotor-Verfahren. (Entwicklung in Oberhausen.) In ein waagrecht gelagertes trommelartiges Drehgefäß von z. B. 14,6 m Länge und 2,7 m Innendurchmesser, das um 10° längs kippbar ist, wird flüssiges Roheisen, Kalk usw. eingefüllt. Der Primärsauerstoff (Konzentration 95%) wird durch eine wassergekühlte Düse unter die Badoberfläche geblasen. Der Sekundärsauerstoff wird zur Verbrennung des beim Frischen entstehenden CO über das Bad geleitet. Sauerstoffverbrauch $V_n = 80 \ldots 90\ m^3/t$ Stahl. Die wassergekühlten Düsen aus Kupfer halten etwa 300 Schmelzen aus. Die Blaszeit beträgt etwa 1 h, die gesamte Schmelzdauer 2 h, so daß z. B. ein 100-t-Rotor etwa 1000 – 1200 t Stahl in 24 h erzeugen kann. Die Drehzahl der Trommel ist zwischen 0,1 und 0,5 Umdrehungen je min regelbar. Der erzeugte Stahl hat nur 0,02% S und 0,004% N_2. Die Schlacke enthält 18 – 20% P_2O_5. Die Verfahrenskosten sollen etwa denen des Thomasverfahrens entsprechen, also niedriger als die des normalen S.-M.-Verfahrens sein. Der Rotorstahl kann zum Teil das Arbeitsgebiet der Massenstähle mit höheren Güteanforderungen übernehmen (siehe auch Abb. I.66).

e) *Das Flammofenfrischen*

Geschichtliches. Während beim Puddelofen die bei der Weiterverarbeitung des Eisens entstehenden bedeutenden Mengen von Alteisen (Schrott) in der Luppe mitverarbeitet werden konnten, war dies bei den Windfrischverfahren nicht möglich. Die Versuche, Schrott im Flammofen einzuschmelzen, mißlangen, da man über Temperaturen von 1400 °C nicht hinauskam und 1650 – 1700 °C brauchte. Abhilfe wurde erst durch die Erfindung der *Wärmespeicher* (Regeneratoren) von *Friedrich Siemens* geschaffen, dessen Bruder *Wilhelm* außerdem die weiter notwendigen *Generatoren* zuerst in brauchbarer Form konstruierte. Die Versuche, diese Erfindungen für den Flammofen nutzbringend anzuwenden, gelangen aber erst 1865 *Pierre Martin* in Sireuil (Frankreich), so daß das Verfahren mit Recht seinen Namen nach *Siemens* und *Martin* trägt.

Ofenbau. Der Siemens-Martin-Ofen ist ein Flammofen, dessen muldenförmiger Herd von gußeisernen Platten und Trägern gehalten wird (Abb. I.67). Auf diesen wird eine Flachschicht Schamottesteine aufgemauert und dann das *saure* oder *basische Futter* aufgestampft. Aus demselben Werkstoff sind die Seitenwände, weiter sind die Deckengewölbe und übrigen Teile auch aus besten feuerfesten Steinen (Chrom-Magnesit-Steinen) ausgeführt. In der Vorderwand sind Einsatzöffnungen, in der Rückwand ist das Stichloch vorgesehen. Unter dem Herd liegen die *Wärmespeicher,* auf jeder Seite je einer für den Durchtritt von Gas bzw. Luft, innen mit einem Gitterwerk von feuerfesten Steinen, ähnlich wie die Hochofenwinderhitzer. Die Verbindung mit dem Ofen stellen gemauerte *Brennerköpfe* her, durch die getrennte Gas- und Luftzüge bis in den Ofen gehen. Diese Brennerköpfe werden sehr verschieden ausgeführt. Die Wärmespeicher sind durch feuerfest ausgemauerte Kanäle mit einem Umsteuerventil für Luft und für Gas verbunden. Luft und Gas, letzteres von den Generatoren kommend, gehen getrennt durch die Wärmespeicher bis in den Ofen, verbrennen dort und senden ihr Abgas durch die Speicher der anderen Ofenseite, dort die Gittersteine erhitzend, in den Kamin. Nach der Umsteuerung, die etwa alle halbe Stunden erfolgt, gehen Luft und Gas in entgegengesetzter Richtung und erwärmen sich an den Gittersteinen auf etwa 1100 – 1300 °C. Durch die Verbrennung dieser vorge-

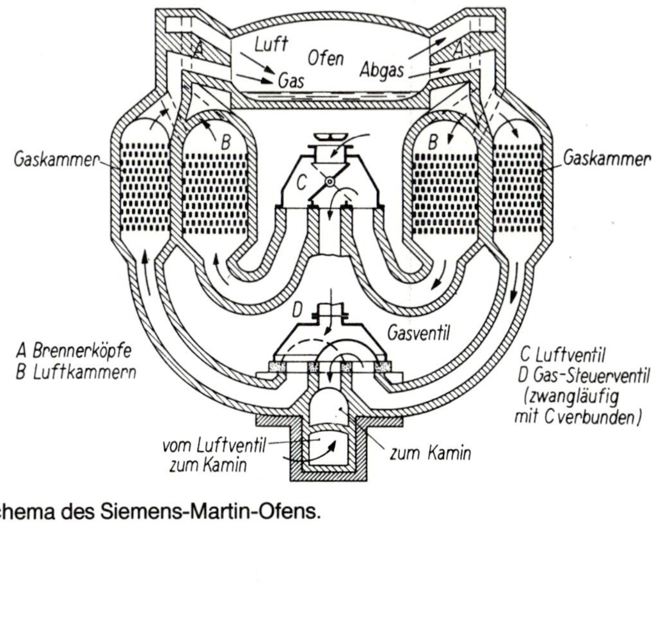

Abb. I.67. Schema des Siemens-Martin-Ofens.

wärmten Gas- und Luftmengen lassen sich im Ofen Temperaturen von 1700 – 1750 °C erzielen.

Die Hauptabmessungen des Ofens sind: Herdlänge 7 – 15 m, Herdbreite 3,0 – 4,8 m, Badtiefe am Stichloch 0,4 – 0,8 m (mittlere Badtiefe nur 0,2 – 0,4 m), Einsatz 50 – 100 t bei kleineren, bis 300 t bei großen Öfen. Haltbarkeit des Ofenmauerwerks beim Schrottverfahren: 300 – 400 Hitzen für Brennerköpfe, Gewölbe und Füllung der Wärmespeicher, 700 – 1000 Hitzen für den übrigen Ofen.

Das Schrottverfahren. Die Beschickung besteht aus 65 – 80% Alteisen (Schrott) und 20 – 35% Roheisen; das letztere wird zuerst eingeschmolzen. Beide werden durch elektrisch betriebene Beschickungskrane eingeführt. Der Schrott wird oft in Schrottpaketierpressen vorher handlich zusammengepreßt. Der Arbeitsvorgang ist derselbe wie bei allen Flußstahl-Frischverfahren und dauert 4 – 8 h, so daß ein Ofen von 75 t Fassungsvermögen etwa 300 t/24 h liefert. Der Abbrand beträgt 4 – 8%, der Kohlenverbrauch 18 – 30%, bezogen auf den fertigen Stahl. Das Verfahren wird sauer und basisch durchgeführt; das basische Verfahren bildet in Deutschland die Regel. Die Schlacke ist im allgemeinen kein wertvolles Nebenerzeugnis. – Eine Abart ist das „*Schrottkohlungsverfahren*“, bei dem nur mit kaltem Schrotteinsatz unter Zugabe von Kohle (Koks) zur Oxidationsbeschleunigung gearbeitet wird.

Das Roheisenerzverfahren. Während das zuerst aufgekommene und heute wieder an Bedeutung gewinnende Schrottverfahren überall da durchgeführt wird, wo keine Hochofenanlage mit dem Stahlwerk verbunden ist und genügend Schrott zur Verfügung steht, ist man auf den gemischten Hüttenwerken (mit Hochofenwerk, Stahlwerk und Walzwerk) dazu übergegangen, größtenteils flüssiges Roheisen dem Siemens-Martin-Ofen zuzuführen, dem man dann noch zur Beschleunigung der Oxidation sauerstoffhaltige Körper (vor allem Eisenerz, 18 – 30% des Eisengewichts) zusetzt. Der hierbei notwendige starke Kalkzusatz (20 – 25%) des Eisengewichts an rohem Kalkstein) führte infolge der dicken Schlackendecke weiter dazu – *Bertrand-Thiel-Verfahren* –, nach dem Vorfrischen das Eisen und die Schlacke in die Pfanne auszugießen, die Schlacke durch Schrägstellen der Pfanne abzulassen und das Eisen in einem zweiten Ofen zum Fertigfrischen, unter Neuzugabe von Erz, zu bringen. Entsprechend arbeitet auch das *Hoeschverfahren*, das nur einen Ofen benutzt. In Nordamerika arbeitet man mit großen kippbaren Öfen nach dem *Talbotverfahren*. Man läßt hierbei etwa ⅓ des fertigen Stahls im Ofen, benutzt ihn als Wärmespeicher und beschleunigt dadurch den Verlauf der Reaktionen bei dem neu eingegebenen Roheisen und Erz.

Andere Brennstoffe. Einige Werke arbeiten mit einem *Gemisch von Koksofengas* und *Gichtgas*, andere mit einem *Gemisch von Koksofengas, Gichtgas* und *Generatorgas*, wiederum andere mit *reinem Koksofengas*. In den Vereinigten Staaten heizt man auch teilweise mit *Steinkohlenstaub*.

Seit 1955 ist im allgemeinen Heizöl billiger als Generatorkohle. Deshalb wird jetzt die Mehrzahl der Siemens-Martin-Öfen auf wechselweise Beheizung mit *Öl* und *Gas* eingerichtet. Der Generatorgas-Ofen – früher die Normalausführung – tritt in seiner Anwendung immer mehr zurück.

Anwendung von Sauerstoff. Des öfteren erfolgt schon eine Sauerstoffanreicherung der Verbrennungsluft in den Generatoren und im Ofen selbst, sowie der Einsatz der Sauerstofflanze zum Niederschmelzen der Beschickung und Beschleunigung des Frischvorgangs. Die Zugabe von Sauerstoff erhöht die Leistung der S.M.-Öfen und senkt den Brennstoffverbrauch.

Heißwindkupolofen. Durch Verlegung der Schmelzarbeit von Schrott und festem Roheisen aus dem S.M.-Ofen in einen vorgeschalteten Heißwindkupolofen kann eine beachtliche Leistungssteigerung (bis 40% und mehr) und eine Senkung der Verfahrenskosten erzielt werden.

f) Der Elektrostahl

Allgemeines. Bei der Herstellung von Elektrostahl handelt es sich fast ausschließlich darum, den nach den Windfrisch- oder dem Flammofenfrischverfahren hergestellten Stahl zu verfeinern. Der *elektrische Strom* dient *nur* als *Wärmequelle.* Er erlaubt die Erzeugung von Temperaturen, die in anderen metallurgischen Öfen nicht erreichbar sind (bis 3500 °C). Infolgedessen können hochbasische, einer weitgehenden Reinigung des Stahls förderliche Schlacken flüssig erhalten werden und, gegenüber dem Tiegelstahleinsatz, unreine Stoffe Verwendung finden. Der elektrische Strom kommt nur als Wechselstrom (Ein- oder Mehrphasenstrom) zur Verwendung. Bei *Lichtbogenöfen* wird der Strom umgeformt auf hohe Stromstärke und niedrige Spannung (zwischen 90 und 140 V verstellbar), bei *Induktionsöfen* ist der Primärstrom hochgespannter Wechselstrom, der Sekundärstrom im Eisenbad hat wieder hohe Stromstärke und niedrige Spannung.

Indirekte Lichtbogenöfen (*Strahlungsöfen*). Sie wurden 1898 von *Stassano* eingeführt. In einen basisch ausgefütterten Herd ragen 2 oder 3 Kohlenelektroden hinein. Der Strom geht in Lichtbogenform von der einen Elektrode zur anderen über und strahlt seine Wärme auf das Eisenbad aus. Die neueren Öfen sind kippbar und für Einsätze von 1 – 5 t eingerichtet. Der seit 1912 gebaute *Rennerfeltofen* ist eine auf Rollen gelagerte kippbare Schmelztrommel. Zur Speisung der 3 Elektroden formt man Drehstrom in Zweiphasenstrom um, schließt je eine Phase an die beiden Seitenelektroden und die mittlere Elektrode an den Knotenpunkt der beiden Phasen. Hierdurch erhält der Lichtbogen die Form eines nach unten gerichteten Pfeils.

Direkte Lichtbogenöfen. Die wichtigsten sind die von *Héroult* (1900 erbaut) und *Girod* (1905). Beim Héroultofen (Abb. I.68) gehen 2 oder 3 verstellbare Kohlenelektroden durch die Ofendecke. Der Strom tritt durch die Elektroden im Lichtbogen in die Schlackendecke und ins Metallbad ein, durchströmt beide und geht in einem zweiten oder dritten Lichtbogen in die Elektroden zurück. Der ganze Ofen ist kippbar, der Herd wannenförmig. Der Girodofen hat nur eine Kohlenelektrode im Dekkengewölbe. Den zweiten Pol bilden mehrere wassergekühlte Stahlstücke im Herdboden. Der Strom durchfließt also hier das Bad mehr in senkrechter Richtung. Die größten deutschen Héroultöfen fassen etwa 120 t (Umspannerleistung etwa 16 000 kW), die größten Girodöfen 15 t.

Elektroden für Lichtbogenöfen. Rohstoff *Edelkoks* (Belastung 4 – 8 A/cm² Querschnitt) oder der teure, aber haltbarere *Graphit* (Belastung 15 – 30 A/cm²): Elektrodendurchmesser 200 – 600 mm. Beim Abbrennen werden die Elektroden durch Nippel angestückt. Bei der *Söderbergschen Dauerelektrode* wird die Kohle in einem 1,25 mm dicken Eisenblechmantel aufgestampft, der mit abbrennt (Elektrodendurchmesser bis 1250 mm). Durch Anschweißen eines

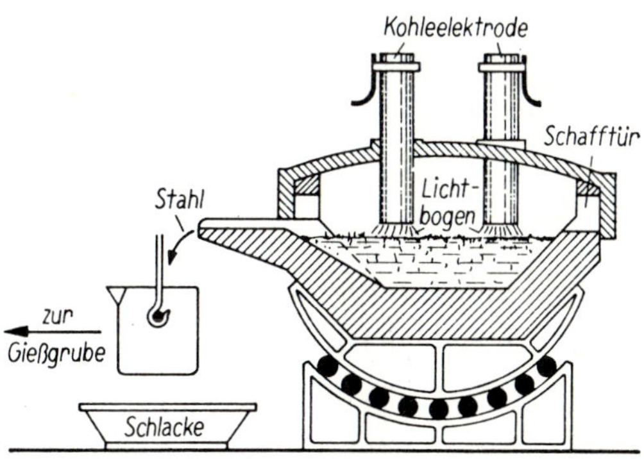

Abb. I.68. Héroultofen.

neuen Blechmantelstücks wird das Aufstampfen eines neuen Elektrodenstücks möglich, das von selbst, wenn es in die heiße Ofenzone gelangt, gebrannt wird.

Graphitstabschmelzöfen. Ein, zwei oder drei Graphitstäbe von 30 – 50 mm Durchmesser und 800 – 1200 mm Länge sind waagerecht liegend in einem drehbaren Trommelofen angebracht und werden durch einen Strom von bis zu 6000 A und 20 – 75 V auf 2500 °C erhitzt. Schmelzdauer 1 h beim 100-kg-Ofen, 2 h beim 1000-kg-Ofen. Stromverbrauch 700 – 1200 kWh/t bei kaltem Einsatz, je nach Ofengröße. Graphitverbrauch nur 2,1 – 2,7 kg/t, andererseits aber auch 5 kg/t angegeben.

Induktionsöfen als Niederfrequenzöfen. Zur Erzielung eines erträglichen Leistungsfaktors muß der normale Wechselstrom (Frequenz von 50 Perioden je Sekunde = 50 Hertz) auf eine Frequenz von 3 – 25 Hertz herabgesetzt werden mit Hilfe von Periodenumformern. – Der *Kjellinofen* (1900) hat eine kreisförmige Rinne als Schmelzraum. Quer hindurch geht ein aus dünnen weichen Eisenblechen zusammengesetzter Magnetkörper, dem wieder durch eine Kupferdrahtspule der Primärstrom induziert wird. Der Wechselstrom im Magnetkörper wird dann durch dieselbe Induktionswirkung auf das Metallbad übertragen, das also gewissermaßen die sekundäre Wicklung eines Wechselstromumspanners bildet, und erhitzt dieses Stahlbad infolge des Widerstandes, den es dem Strom entgegensetzt. Einsatz bis 8,5 t; Dynamoleistung dann 800 kW. – *Röchling-Rodenhauser* (1906) nimmt 2 bzw. 3 (für Drehstrom) Kupferdrahtspulen und legt zwischen diese, außer den Rinnen, einen breiten Arbeitsherd. Die Öfen arbeiten mit Einsätzen bis 20 t (meist 8 – 10 t, Dynamoleistung dann 1800 – 2400 kW).

Induktionsöfen als Hochfrequenzöfen (heute „*kernlose Induktionsöfen*“ genannt). Der wärmetechnisch und metallurgisch ungünstige ringförmige Herd der Niederfrequenzöfen wird durch einen Zylinderofen mit außen herum liegender Spule ersetzt. Frequenz etwa 500, erzeugt durch Hochfrequenzumformer. Abb. I.69 zeigt die einfache Bauart dieses Ofens, ein tiegelförmiges Schmelzgefäß b aus saurer oder basischer Masse, umgeben von einer wassergekühlten Kupferspule a, in die der elektrische Strom vom Umspanner geleitet wird, c = Schutzrohr, d = Wärmeisolierung. Einsatz 300 bis 8000 kg. Dynamoleistung bis 1800 kW.

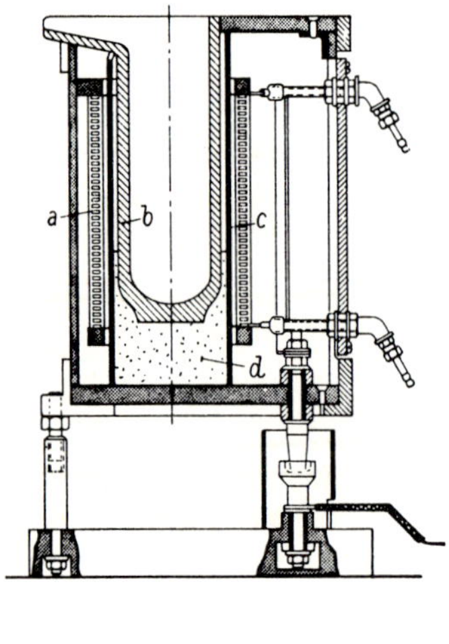

Abb. I.69. Kernloser Induktionsofen.

Ofenbetrieb. Die Elektrostahlöfen werden meist nach dem *basischen*, seltener nach dem sauren *Verfahren* betrieben. Der Rohstahl wird der Thomasbirne, dem Siemens-Martin-Ofen bzw. der LD-Birne flüssig entnommen, oder man arbeitet, und zwar meistens, mit kaltem Einsatz, der aus Schrott und 2 – 4% gebranntem Kalk besteht (basisches Verfahren). Etwa 1 h nach Einschaltung des elektrischen Stroms ist aller *Phosphor oxidiert* und in die basische Schlacke übergegangen. Letztere wird abgegossen und die Entschwefelungsschlacke, aus Kalk, Flußspat und Sand bestehend, aufgebracht. *Vor Beginn der Entschwefelung* erfolgt die *Desoxidation* mit Ferromangan oder Ferrosilizium und die *Rückkohlung* durch Ferromangan oder Kohle. Zur *Entschwefelung* nimmt man Kalk und Kohlenstoff ($FeS + CaO + C = Fe + CaS + CO$) oder Kalk und Silizium ($2\,FeS + 2\,CaO + Si = Fe_2 + 2\,CaS + SiO_2$). Da sich außerdem aus CaO und C (der Elektroden) Kalziumkarbid bildet ($CaO + 3\,C = CaC_2 + CO$) und auch entschwefelnd wirkt ($CaC_2 + FeS + 2\,FeO = CaS + 3\,Fe + 2\,CO$), spricht man hier auch von einer *Karbidschlacke*.

Der ganze Arbeitsvorgang dauert 3 – 4 h bei flüssigem, 6 – 7 h bei festem Einsatz. Der Stromverbrauch beträgt im Durchschnitt bei mittleren Öfen (4 – 8 t) und flüssigem Einsatz für 1 t Elektrostahl:

bei nicht zu hohen Ansprüchen an den Werkstoff	200 kWh
bei hochlegierten Stählen	500 kWh

Bei Verwendung von *festem* Einsatz steigen die Zahlen auf 700 bzw. 1200 kWh/t. Je größer der Ofen, um so kleiner der Stromverbrauch für 1 t, so daß bei Öfen von 20 – 30 t bei flüssigem Einsatz und normalem Werkstoff der Stromverbrauch auf 120 – 150 kWh/t sinkt. Der Elektrodenverbrauch beträgt bei Kohleelektroden 15 – 25 kg/t bei festem, 7 – 12 kg/t bei flüssigem Einsatz, bei Graphitelektroden günstigstenfalls nur ⅓ dieser Zahlen.

Der *Sauerstoffzusatz* hat sich beim Elektrostahlofen bereits in der Form des *Herunterfrischens* mit der *Sauerstofflanze* (s. Abschnitt „Brennschneiden“) gut bewährt. Durch ein Stahlrohr mit Schamottemantel wird Sauerstoff unter etwa 10 bar Druck in das Bad eingeführt. Erhöhung der Ofenleistung um 30 – 40%, Erniedrigung des Stromverbrauchs um 20 – 25% bei gleichbleibender Güte des Elektrostahls.

Anwendungsgebiete. Der basische Siemens-Martin-Stahl bzw. LD-Stahl genügt für hochwertige Baustähle, so daß vor allem die Nachreinigung dieses Stahls und des Thomasstahls im Elektrostahlofen für hochwertigen Werkstoff, insbesondere auch für legierte Stähle in Frage kommt. Ferner läßt sich schwefel- und phosphorhaltiger Schrott gut auf Sonderstahl verarbeiten.

g) Das Gießen des Flußstahls

Gießvorgang. Der ganze Inhalt einer Birne oder eines Siemens-Martin-Ofens wird nach Beendigung des Arbeitsvorganges in eine oder zwei Pfannen entleert (die demnach bis zu 100 t fassen). Die ausgemauerte *Gießpfanne* hat im Boden einen feuerfesten Ausflußstein, der durch einen Stopfenhebel von außen (bei a, Abb. I.70) verschlossen wird. Hebel a ist im Block b gelagert, dessen unteres Ende büchsenförmig in dem an der Pfanne befestigten Gußstück A sitzt. Der Vorteil dieses allgemein in Stahlwerken angewandten Gießens mit Stopfen liegt darin, daß keine

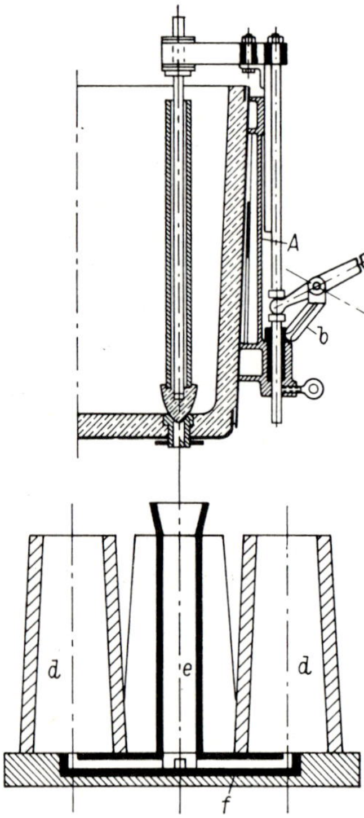

Abb. I.70. Gießpfanne und Kokillengespann.

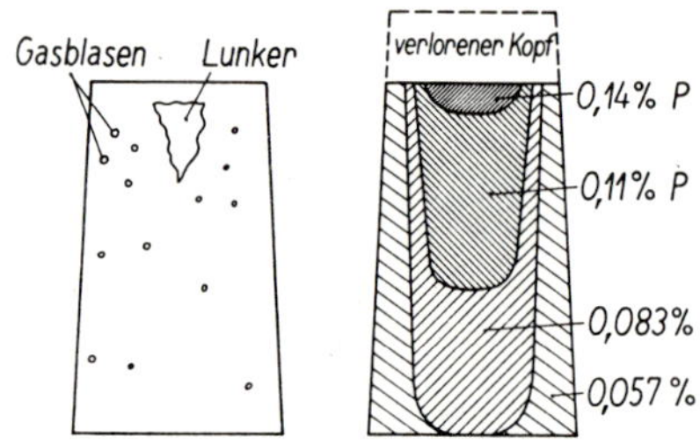

Abb. I.71. Gasblasen, Lunker und Seigerung im Stahlblock.

Schlacke in die Gußform gelangt und daß das Eisen wärmer bleibt als beim Gießen aus der Pfannenschnauze.

Die Gußform ist eine „*Kokille*" (Abb. I.70d). Diese hat meistens quadratischen Querschnitt, besteht aus Hämatit oder Stahlguß und hält 100 – 200 Güsse aus (Stahlgußkokillen 200 – 300 Güsse). Im Martinwerk sind auch Kokillen mit rechteckigem (Brammenkokillen) sowie mit rundem, sechs- und achteckigem Querschnitt (letztere für große Schmiedeblöcke) in Gebrauch. Oft werden mehrere Kokillen zusammen auf eine eiserne Bodenplatte um einen Trichter gestellt (ein „*Kokillengespann*"). Der Guß erfolgt dann als steigender Guß für alle 4 – 6 Kokillen gleichzeitig durch den Trichter *e* und die hohlen Kanalsteine f. Demgegenüber ist fallender Guß – unmittelbar von oben in die einzelne, auf einer Bodenplatte oder auf einem Wagen stehende Kokille hinein – billiger, gibt aber leichter Luft- und Gasblasen im Block. Das Blockgewicht beträgt bei Blöcken für das Walzwerk 2,5 – 5 t, bei Schmiedeblöcken bis zu 100 t (ausnahmsweise sogar bis 300 t). Die konisch nach unten erweiterten Kokillen werden durch Blockabstreifkräne von den erstarrten glühenden Blöcken abgezogen. Die warmen Blöcke werden sofort in die Tieföfen des anschließenden Walzwerks gebracht. – Das *Schleudern von Stahlhohlblöcken* wurde erstmalig 1944 für Blöcke bis zu 45 t Gewicht erfolgreich durchgeführt (Hohlblöcke von 1640 mm Außendurchmesser und 3500 mm Höhe bei 440 mm Wanddicke).

Beruhigung: In Kokillen gegossener Stahl kocht, d. h. es steigen CO_2-Blasen auf (Abb. I.71) und das Bad zirkuliert. An den Gefäßwänden steigen die Blasen auf und im Inneren der Kokille gehen sie z. T. wieder nach unten. Nach der Erstarrung ist der Block besonders am Rande mit Blasen durchsetzt, die in größerer Zahl einige

Zentimeter unter der Oberfläche erstarrt sind, die aus einer weichen weitgehend ferritischen Grundschicht besteht („Speckschicht"). Walzt man die Bramme, so erleichtert diese Schicht den Vorgang. Tiefziehbleche für hohe Anforderungen sind oft aus unberuhigtem Stahl. Die Blasen werden beim Walzen verschweißt. Si und Al binden Stickstoff und Sauerstoff ab. Kocht der Stahl nicht, so entstehen Schwindungshohlräume (Lunker), die sich trichterförmig vom Kopf des Stahlbleches ins Innere erstrecken (Fadenlunker gehen besonders tief). Die oxidierte Oberfläche der Lunker verschweißt nicht. Schnelle Abkühlung vermindert Seigerung.

Beruhigter (killed) Stahl, Stickstoff und Sauerstoff weitgehend durch Al und Si abgebunden, deshalb weniger alterungsanfällig. Nachteil: großer Blocklunker verringert Ausbringung; muß abgeschnitten und wieder eingeschmolzen werden. Bessere Stähle beruhigt bzw. doppelt beruhigt. Für hohe Tiefziehbeanspruchung.

Unberuhigter Stahl reichert sich beim Kochen infolge späterer Abkühlung im Innern und dort späterer Kristallisation in der Mitte mit Verunreinigungen wie P, S usw. an. Seigerungen dieser Art verschlechtern dort die Schweißbarkeit und dynamische Beanspruchbarkeit. Für einfaches und mittelschweres Tiefziehen, jedoch Außenhaut (Speckschicht) erzeugt gute Oberflächen.

Halbberuhigt: Beruhigungszusätze beschränkt, keine Randblasen, Blocklunker klein.

Im Gegensatz zu den ins Walzwerk gehenden Blöcken unterwirft man die großen Schmiedeblöcke für hochwertige Erzeugnisse meist noch besonderen Behandlungen zum Vermeiden der Lunkerbildung. Nach den *Verfahren* von *Riemer* und *Beikirch* hält man den Kopf des Blocks warm, indem man eine Haube aus feuerfestem Stoff aufsetzt und durch Gas- und Luftzuführung eine kräftige Flamme auf die Blockoberfläche einwirken läßt (einfachstes Verfahren für den Großbetrieb).

Blockkopfbeheizung: Ferner hat man auch gute Erfolge mit *elektrischer* Blockkopfbeheizung (Lichtbogenelektroden über dem flüssigen Stahl) erzielt. Man führt auch wohl eine Büchse mit *Lunkerthermit* (s. Aluminothermie) in den erstarrenden Block ein, die ein Aufkochen des Stahls zur Folge hat.

Schlacken sind nichtmetallische Einschlüsse. Sie sind in der Hauptsache entweder *Sulfidschlacken* (Schwefelverbindungen) oder *Oxidschlacken* (Sauerstoffverbindungen), von der Desoxidation oder aus der Schlackendecke herrührend. Nur beim Automatenstahl läßt man Sulfidschlacken (höherer Schwefelgehalt im Stahl) bewußt zur Erhöhung der Zerspanbarkeit zu. Oxidschlackeneinschlüsse vermeidet man durch besonders geeignete Desoxidationsmittel und längeres Abstehenlassen (Beruhigung).

Blockkopfbeheizung wird auch angewendet zum Entgasen (CO, O_2, N_2 etc.) von Stahl und anderen Metallen. Drücke 13 Pa [10^{-1} Torr]. Nachbehandlungsmethoden: Gießstrahlbehandlung, Pfannenbehandlung, Teilmengenbehandlung in Anwendung. Ziele des Verfahrens: O_2-Gehalte des Elektro-LD- und SM-Stahles zur Vermeidung von Gasblasen auf < 2 ppm reduzieren und Weichstähle auf $< 0{,}01\%$ C bzw. chromhaltige Stähle auf $< 0{,}1\%$ C entkohlen.

Vakuumstahl [*I.21.*] Bekannt sind Hochvakuum-Schmelzöfen für Reineisen und hochwarmfeste Sonderlegierungen. *Anwendung* jetzt auf große Schmiedeblöcke, hoher Wasserstoffgehalt, Ursache der Flockenbildung bei der Abkühlung von Schmiedestücken.

Ziel der Vakuum-Umschmelzverfahren (Abb. I.72) seigerungsfreie, einschlußarme dichte Blöcke. Zähigkeitswerte und Korrosionsfestigkeit erhöht, da Oxide aufschwimmen, H_2, O_2 (über CO), N_2 abgasen sowie auch schädliche Spurenelemente, wie Antimon, Blei, Tellur, Wismut, Zink. Behandelt werden Edelstähle, Legierungen auf Ni- und Kobalt-Basis, Metalle, wie Titan, Molybdän, Wolfram, Zirkon, Mangan. Man arbeitet mit Lichtbogen und metallgleicher Elektrode, mit Fremdelektrode oder mit Elektronenstrahl und Abschmelzelektrode bei Drükken im Schmelzraum bis 13 Pa [=0,1 Torr] (Abb. I.72a). Die letztgenannte Schmelztechnik

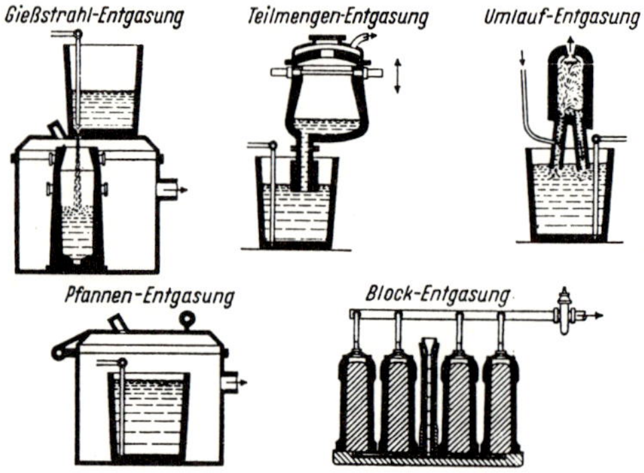

Abb. I.72. Entgasung flüssigen Stahls.

(mit Elektronenstrahl) eignet sich besonders für reaktive Metalle wie Hafnium, Niob, Rhenium, Thorium, Uran, Vanadium, die so einer optimalen schmelztechnischen Raffination unterzogen werden können.

ESU-Verfahren. Das ESU-Verfahren arbeitet nach dem Prinzip der selbstverzehrenden Elektrode. Geschmiedete, gewalzte oder direkt gegossene Elektroden aus dem umzuschmelzenden vakuumbehandelten Material tauchen mit einem Ende in eine elektrisch leitende, als ohmscher Widerstand wirkende überhitzte Schlackenschmelze ein und schmelzen tropfenweise ab. Nach Durchtropfen durch die Raffinationsschlacke wird unter der Schlackenschicht in wassergekühlter Kokille ein neuer Block aufgebaut. Durch Wahl geeigneter Umschmelzbedingungen wird parallele Erstarrung bewirkt, die Voraussetzung für dichten fehlerfreien Block ist. Verbesserungen: höchster Makro- und Mikroreinheitsgrad, fehlerfreies Gefüge und Isotro-

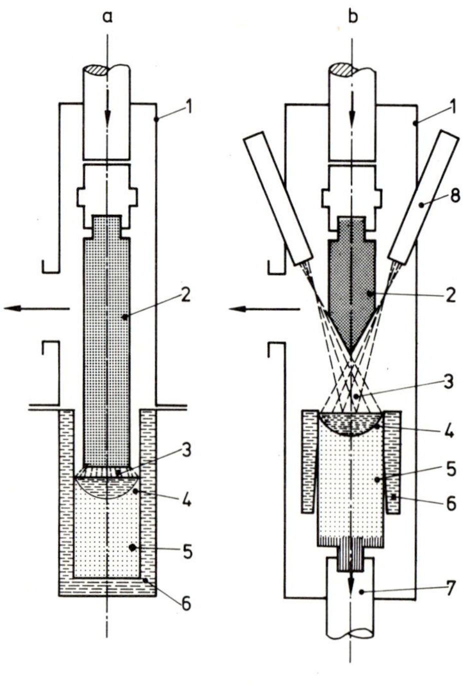

Abb. I.73.a). Schematische Darstellung eines Vakuum-Lichtbogenofens (a) und eines Elektronenstrahlofens (b): 1 Vakuumkessel; 2 Elektrode; 3 Lichtbogen beziehungsweise Elektronenstrahlen; 4 Schmelzsumpf; 5 Ingot; 6 Wasserkühlung; 7 Abzugsvorrichtung; 8 Elektronenstrahlkanonen.

pie über die Blocklänge, geringste Makroseigerung, niedrige Gasgehalte, verbesserte Warmformbarkeit, besonders bei Superlegierungen.

Putzen der Rohblöcke. Es kommt kaum bei Massenstählen, vielfach aber bei hochwertigen Stählen (Elektrostahlwerk) in Frage und wird ausgeführt durch Preßluftmeißeln, Hobeln, Abdrehen, Fräsen oder Flämmen (Sauerstoffhobler, s. Abschnitt „Brennschneiden").

h) Stahlsorten

Allgemeines. Schon die Herstellungsverfahren beeinflussen die Güte des Werkstoffs. Normaler Thomasstahl ist gut warmverformbar, aber spröde bei der Kaltverarbeitung. Das Siemens-Martin-Verfahren ergibt einen hochwertigeren Werkstoff als die Windfrischverfahren, jedoch kann der Thomasstahl (in der Form des Windfrisch-Austauschstahls bzw. Sauerstoff-Blasstahls) den S.-M.-Stahl vielfach ersetzen. Elektrostahl wird als hochwertiger Werkstoff für Werkzeugstähle und höchstbeanspruchte Maschinenteile genommen.

Tabelle I.5. Einige wichtige Stahlanalysen

Stahlart	C %	Si %	Mn %	P %	S %
Bessemerstahl (weich)	0,08 – 0,15	0,1	0,3	0,06 – 0,08	0,04 – 0,06
Thomasstahl (Stabstahl) ...	0,05 – 0,10	Spuren	0,3 – 0,5	0,05 – 0,08	0,04 – 0,07
Thomasstahl (Schienen) ...	0,4	0,1 – 0,2	0,6 – 0,9	0,06 – 0,08	0,04 – 0,07
Siemens-Martin-Stahl (weiche Bleche)	0,05 – 0,12	Spuren	0,3 – 0,45	0,03 – 0,05	0,03 – 0,05
Siemens-Martin-Stahl (harter Draht)	0,3 – 0,7	0,15 – 0,25	0,45 – 0,8	0,03 – 0,05	0,03 – 0,05
Elektrostahl (Stahlguß)	0,1 – 1,0	0,05 – 0,3	0,3 – 0,7	0,01 – 0,03	0,01 – 0,03

Die genauere Gütefeststellung ergibt sich aus der chemischen Analyse (s. Tabelle I.5 usw.), aus Festigkeits- und technologischen Prüfungen und aus der Untersuchung von Metallschliffen.

Haupteigenschaften. Stahl hat eine meist wesentlich höhere Festigkeit als Roheisen und ist dehnbar, in Temperaturen von 700 – 1300 °C gut schmiedbar und walzbar. Der Schmelzpunkt des Flußstahls liegt bei 1400 – 1500 °C, der Siedepunkt bei etwa 2450 °C. Die Dichte schwankt je nach den Beimengungen zwischen 7,8 und 7,85 g/cm³. Die Beimengungen C, Si, Mn, P und S, ferner Ni, Cr, W usw. bei Sonderstählen, beeinflussen die Eigenschaften des Stahls wesentlich, oft entscheidend. Einen allgemeinen Überblick über die chemische Zusammensetzung der wichtigsten Stahlarten gibt Tabelle I.5.

Legierte Stähle [*I.22*]. Durch Einschmelzen normalen Stahls im Siemens-Martin- und/oder Elektrostahlofen bzw. LD-Stahls unter Zusetzen von Nickel, Mangan, Chrom usw. in reinem Zustand oder in Form der betreffenden Eisenlegierungen erhält man *legierte Stähle* von besonderer Festigkeit, Zähigkeit und Elastizität. Zu beachten ist, daß dabei der Kohlenstoffgehalt oft nur 0,1 – 0,3% beträgt, und daß die durch ihn sonst erzielten Festigkeitseigenschaften (auch die Härtbarkeit) demnach durch den Zusatz an Ni, Mn, Cr usw. erreicht bzw. überholt werden. Ein Stahl gilt in Deutschland als legiert, wenn er mehr als 0,8% Mn, 0,5% Si, 0,25% Cu, 0,1% Al, 0,1% Ti oder sonstige Legierungselemente enthält.

Die besten Stahlsorten, also Elektrostahl und die Sonderstahlsorten, werden auch als „*Edelstähle*" bezeichnet. Der früher nicht fest umrissene Begriff des „Edelstahls" umfaßt heute legierte Werkzeugstähle, hochlegierte Stähle und auch unlegierte Werkzeug- und Baustähle, wenn der P- und S-Gehalt je höchstens 0,025 – 0,035% beträgt und der Grundpreis eine bestimmte Untergrenze überschreitet. Siehe auch die Bemerkungen zu Tabelle I.7 und I.8.

Vollständige Benennung. Sie soll bei allen eisenhaltigen Werkstoffen in folgender Reihenfolge durchgeführt werden:

1. Gußzeichen mit Bindestrich (z. B. GS- für Stahlguß),
2. Kennbuchstaben der Erschmelzungsart (Stahlart),
3. Kennbuchstaben für besondere Eigenschaften (z. B. alterungsbeständig),
4. X als Unterscheidungsmerkmal eines hochlegierten Werkstoffs,
5. Kennzeichen St = Stahl und Mindestzugfestigkeit (z. B. St 37),
6. Kohlenstoffsymbol und Kennzahl (z. B. C 35),
7. Symbole und Kennzahlen der Legierungselemente (z. B. Cr 5),
8. Kennzeichen für den Gewährleistungsumfang bzw. Gütestufe (für den Werkzeugstahl),
9. Kennbuchstaben für den Behandlungszustand und zugehörige Zugfestigkeit (z. B. V 70).

Grundsätzlich sind *nur* die *notwendigsten Kennzeichen* anzuführen! Die Gußzeichen werden am Schluß der folgenden näheren Ausführungen behandelt.

Zu 2: *Kennbuchstaben für die Erschmelzungsart:*

E = Elektrostahl	T = Thomasstahl
M = Siemens-Martin-Stahl	W = Windfrisch-Austauschstahl
	usw.

Zur Kennzeichnung basischer oder saurer Herstellung kann an obige Buchstaben ein B = basisch oder Y = sauer angehängt werden.

Beispiel: EY = saurer Elektrostahl.

Zu 3: *Kennbuchstaben für besondere Eigenschaften:*

A = Alterungsbeständig	R = Ruhig vergossen
H = Halbberuhigt vergossen	S = Schmelzschweißbar
L = Laugenrißbeständig	U = Unruhig vergossen
P = Preßschweißbar	Z = Ziehbar
Q = Quetschbar (kaltverformbar)	usw.

Beispiel: MS = schmelzschweißbarer Siemens-Martin-Stahl.

Zu 4: *Niedrig- und hochlegierte Stähle:*
Als *unlegiert* gelten Stähle, die unter 0,5% Si, 0,8% Mn, 0,1% Al oder Ti, 0,25% Cu enthalten (bei unter 0,09% P und unter 0,06% S). Als *niedriglegiert* gelten Stähle, die nicht mehr als 5% an besonderen Legierungsbestandteilen enthalten. Was mehr enthält, gilt als *hochlegiert* und erhält als besonderes Kennzeichen den Vorbuchstaben X (s. auch unter 6 und 7). Sinngemäß werden *Automatenstähle* (DIN 1651) wie *niedriglegierte* benannt, da sie einen Schwefelgehalt von 0,15 bis 0,30% haben.

Zu 5: *Kennzeichen St und Mindestzugfestigkeit:*
Diese einfache Kennzeichnung (z. B. St 37) wird für alle die Fälle beibehalten, in denen eine Wärmebehandlung des Stahls beim Verarbeiter nicht in Betracht kommt, oder wenn die Zugfestigkeit für die Verwendung maßgebend ist.

Zu 6 und 7: *Chemische Symbole und Kennzahlen:*
Als *Kohlenstoffkennzahl* dient das Hundertfache des C-Gehalts. Davor steht bei unlegierten Stählen das Symbol C (z. B. C 35 = Kohlenstoffstahl mit 0,35% C). Bei *legierten* Stählen dagegen wird zuerst die Kohlenstoffkennzahl (ohne C-Symbol) gesetzt, und dann folgen die Legierungsbestandteile mit ihren chemischen Symbolen, geordnet nach fallenden Prozentgehalten, wobei grundsätzlich nur die kennzeichnendsten Elemente angegeben werden sollen. Hinter der Symbolgruppe stehen sodann in entsprechender Reihenfolge die Legierungskennzahlen. *Diese Kennzahlen* werden gebildet durch *Multiplikation* des Prozentgehalts an dem betreffenden Legierungsbestandteil

mit 4 bei Cr, Co, Mn, Ni, W
mit 10 bei Al, Be, Pb, B, Cu, Mo, Nb, Ta, Ti, V, Zr
mit 100 bei P, S, N, Ce, C.

Beispiele: 15 Cr 3 = Chromstahl mit 0,15% C und 3/4 = 0,75% Cr.
13 CrV 53 = Chrom-Vanadinstahl mit 0,13% C, 5/4 = 1,25% Cr und 3/10 = 0,3% V.

Bei *hochlegierten Stählen* wird für die Legierungszusätze der Multiplikator 1 angewandt, dazu kommt an den Anfang der Buchstabe X.
Beispiel: X 10 CrNI 18 8 = Nichtrostender Stahl mit 0,10% C, 18% Cr und 8% Ni.

Zu 8: *Kennziffern für die Gewährleistung:*
Sie betreffen die gewährleistete Streckgrenze, den Fall- oder Stauchversuch, die Kerbschlagzähigkeit, die Warm- oder Dauerstands-Festigkeit und elektrische oder magnetische Eigenschaften, sind einer Tabelle zu entnehmen und an die Werkstoffkennzeichnung, durch einen Punkt getrennt, anzuhängen.

Beispiel: St 42 · 6 = Stahl mit 420 N/mm² Mindestzugfestigkeit und gewährleisteter Streckgrenze und Kerbschlagzähigkeit.

Gütestufen bei unlegiertem Werkzeugstahl:
Damit die verschiedenen Gütestufen des Werkzeugstahls, die sich teils durch verschiedenen Gehalt an Si, Mn, P und S, teils durch verschiedene Erschmelzungsverfahren oder durch bei-

des unterscheiden, zum Ausdruck kommen, wird hinter der C-Kennzahl angehängt

W_1 = für 1. Güte	W_3 = für 3. Güte
W_2 = für 2. Güte	W_4 = für Sonderzwecke

Beispiel: C 100 W_2 = Werkzeugstahl 2. Güte mit 1% C.

Zu 9: *Kennbuchstaben für den Behandlungszustand:*

A	= Angelassen	N	= Normalgeglüht
E	= Einsatzgehärtet	NT	= Nitriert
G	= Geglüht (weichgeglüht)	S	= Spannungsarm geglüht
H	= Gehärtet	V	= Vergütet
K	= Kaltverformt	usw.	

Hinter dem Kennbuchstaben steht der Mindestwert der Zugfestigkeit, der durch die Behandlung erreicht wird. Soll nur die Mindestzugfestigkeit angegeben werden, ohne daß ein Behandlungszustand genannt wird, so ist vor die Festigkeitszahl der Buchstabe F zu setzen.

Beispiele: C 35 V 70 = Kohlenstoffstahl mit 0,35% C, vergütet auf 700 N/mm².
C 35 F 50 = Kohlenstoffstahl mit 0,35% C und einer Mindestzugfestigkeit von 500 N/mm².

Zu 1: *Gußzeichen:*
Hiervon wird, entsprechend DIN 17 006, Blatt 4, absichtlich erst zuletzt gesprochen, weil es sich dabei nicht um gewalzten oder geschmiedeten Stahl, sondern um *Gußwerkstoffe* handelt. Als Gußzeichen sind vorgesehen:

GS	= Stahlguß	GT-	= Temperguß (allgemein)
GG-	= Grauguß	GTS-	= Schwarzer Temperguß
GH-	= Hartguß	GTW-	= Weißer Temperguß.
G-	= Gegossen (allgemein)		

Alle nach dem Bindestrich folgenden Angaben entsprechen im allgemeinen den beim Stahl besprochenen. Auch hier gilt als Grundsatz: Beschränkung auf die notwendigsten Kennzeichen!

Beispiel: GG- 18 = Grauguß mit einer Mindestzugfestigkeit von 180 N/mm².

Zusammenfassung kennzeichnender Beispiele (n. DIN 17 006, Bl. 9):

ASt 42 · 6 N	= Alterungsbeständiger Stahl, 420 N/mm² Zugfestigkeit, gewährleistete Streckgrenze und Kerbschlagzähigkeit, normalgeglüht.
TSt 37	= Thomasstahl, 370 N/mm² Zugfestigkeit.
MYC 35 V 70	= Saurer S.-M.-Stahl, 0,35% C, vergütet auf 700 N/mm².
C 100 W2G	= Werkzeugstahl, 1% C, 2. Güte, weichgeglüht.
EB 13 CrV 53 V	= Basischer Elektrostahl, 0,13% C, 1,25% Cr, 0,3% V, vergütet.
X 10 CrNi 18 8 V	= Nichtrostender Stahl, 0,10% C, 18% Cr, 8% Ni, vergütet.
GG- 18	= Grauguß, 180 N/mm² Zugfestigkeit.

Stahl-Eisen-Werkstoffblätter. Der Verein Deutscher Eisenhüttenleute gibt diese Blätter seit 1946 heraus. Sie sollen die Normenblätter ergänzen und Vorarbeit für neue Normenblätter leisten. Die wichtigsten Blätter sind folgende (Zahl hinter dem Strich = Erscheinungsjahr der letzten Ausgabe) [I.23]:

088-69	Schweißbare Feinkornbaustähle Richtlinien und Verarbeitung
089	Schweißbare Feinkornbaustähle, Gütevorschriften
150-63	Unlegierte Werkzeugstähle
200-69	Legierte Kaltarbeitsstähle
250-63	Legierte Warmarbeitsstähle
320-69	Schnellarbeitsstähle
350-53	Wälzlagerstähle
385-57	Eisenlegierungen mit besonderer Wärmeausdehnung
390-61	Nichtmagnetisierbare Stähle
400	Nichtrostende Walz- und Schmiedestähle
410-70	Nichtrostender Stahlguß
470-60	Hitzebeständige Walz- und Schmiedestähle
471-60	Hitzebeständiger Stahlguß
490-52	Ventilstähle
510-62	Vergütungsstahlguß
550-57	Stähle für größere Schmiedestücke
590-61	Druckwasserstoffbeständige Stähle
670-69	Hochwarmfeste Stähle
680-70	Kaltzähe Stähle
685-68	Kaltzäher Stahlguß
830-55	Stähle für Flammen-, Induktions- und Tauchhärtung
835-60	Stahlguß für Flamm- und Induktionshärtung
850-60	Nitrierstähle

Außer diesen (im ganzen 42) Werkstoffblättern hat der Verein Deutscher Eisenhüttenleute noch 38 *„Stahl-Eisen-Prüfblätter"* herausgegeben, die wichtige Prüfverfahren und Prüfungen behandeln.

Da sich alle Wünsche durch die Kurzbezeichnungen nach DIN 17 006 – trotz guter Sinnfälligkeit – noch nicht erfüllen lassen, ist vom Deutschen Normenausschuß noch ein Entwurf zu DIN 17 007 (*Stoffnummern*) veröffentlicht worden, um zunächst Erfahrungen mit *beiden* Bezeichnungssystemen zu sammeln. Die DIN 17 007 schließt sich an die „Stahl-Eisen-Liste" des Vereins Deutscher Eisenhüttenleute an und schlägt eine rein zahlenmäßige Werkstoffkennzeichnung vor, und zwar zunächst eine Werkstoff-Hauptgruppe (1 = Eisenwerkstoffe), eine Sortennummer und eine Anhängezahl.

Die wichtigsten Eisen- und Stahlnormen [I.24] unter Mitanführung der teilweise noch gültigen älteren Normen der 1600er Reihe:

DIN	1 623	Kaltgewalztes Band und Blech aus weichen unlegierten Stählen, Feinblechen
DIN	1 629	Nahtlose Rohre aus unlegierten Stählen
DIN	1 651	Automatenstähle (9 S 20 ... 60 S 20) Neuentwurf 4. 1970
DIN	1 652	Blanker unlegierter Stahl (St 34-2 bis St 70-2)
DIN	1 681	und 17 245 Stahlguß bzw. Warmfester Stahlguß
DIN	1 691	Grauguß
DIN	1 692	Temperguß
DIN	17 100	Allgemeine Baustähle
DIN	17 155	Kesselbleche
DIN	17 175	Nahtlose Rohre aus warmfesten Stählen
DIN	17 220	und folgende Stähle für Federn
DIN	17 240	Warmfeste Stähle für Schrauben und Muttern

Einteilung und Bedeutung der behandelten Stähle. Im folgenden werden näher behandelt: Die *Baustähle* (Maschinenbau- und Hochbau-Stähle), die *Werkzeugstähle,* weitere wichtige *hochlegierte Stähle* und *Stähle für bestimmte Verwendungsgebiete* (Kesselstähle, Rohrstähle usw.).

Der Anteil der wichtigsten Stahlsorten an der Gesamtstahlerzeugung Deutschlands beträgt:

für unlegierte Baustähle	etwa 95,5%
für legierte Baustähle	etwa 2,5%
für Werkzeugstähle	etwa 1,0%
für physikalische Stähle usw.	etwa 1,0%

Wichtige Maschinenbaustähle (Tabelle I.6). Die in der neuen DIN 17 100 (Allgemeine Baustähle, September 1966) zusammengefaßten Stähle waren bisher in DIN 1611, 1612, 1621 und 1622 als Maschinenbaustähle, Formstähle, Grob- und Mittelbleche genormt. DIN 17 100 ist eine reine „Gütenorm" für Baustähle und ihre Eigenschaften. Sie enthält auch die Feinkornstähle und den Baustahl St 52, und zwar mit Angabe einer weitbegrenzten Zugfestigkeit von 330 ... 500 N/mm^2.

Zeichen für Erschmelzungsart kann vorangestellt werden. z. B. Y = für Sauerstoffblasstahl, M = Siemens-Martin-Stahl und Vergießungsart (U = unberuhigter Stahl, R = beruhigter Stahl, RR = besonders beruhigter Stahl).

Die Stähle dürfen *weder kalt- noch rotbrüchig* sein. Beim *Faltversuch* müssen sie sich um 180° ohne Anrisse auf der Zugseite biegen lassen.

Die *Sprödbruchempfindlichkeit* wird durch Kerbschlagversuche nachgewiesen, wobei für St 34, 37, 42 und 52 eine Kerbschlagzähigkeit von 35 J/cm^2 ISO-Spitzkerbproben verlangt wird.

Die *Eignung* zur *Schmelzschweißbarkeit* ist bei St 37-3, St 34-2, St 37-2, St 46-2, St 46-3, St 52-3 gegeben. *Eignung* zum *Widerstands-Stumpfschweißen* ist bei allen Stählen der Norm gegeben.

Die *Einsatz-* und *Vergütungsstähle* können unlegiert oder niedrig legiert sein. Sie sind jetzt in DIN 17 210 und 17 200 neu genormt. Die wesentlichsten von ihnen sind in Tabelle I.7 und I.8 wiedergegeben.

Zu den Tabellen I.7 und I.8 ist noch zu bemerken: Alle Stähle haben 0,15 bis 0,35% Si, nur Stahl 37 Mn Si 5 hat 1,1 – 1,4% Si. Die unlegierten Stähle C 10 ... C 60 sind *„Qualitätsstähle"* mit je unter 0,045% P und S. Als Ck 10 ... Ck 60 sind sie aber – ebenso wie alle legierten Stähle – *„Edelstähle"* mit je unter 0,035% P und S. Das Kennzeichen „k" bedeutet dabei: „besonders kleiner P- und S-Gehalt". Die Edelstähle unterscheiden sich von den Qualitätsstählen durch größere Gleichmäßigkeit, weitergehende Freiheit von nichtmetallischen Einschlüssen und bessere Oberflächenbeschaffenheit, was in den niedrigeren P- und S-Gehalten nur teilweise zum Ausdruck kommt. Der Stahl 41 Cr 4 ist nur für Härtung aus dem Zyanbad bestimmt.

Die Vergütungsstähle nach DIN 17 200 sind gruppiert nach: Unlegierten Stählen, Mn-Stählen, Cr- bzw. Cr-Mo-Stählen und Cr-Ni-Mo-Stählen. Der Stahl 30 Cr Mo V 9 hat 0,1 bis 0,2% V. In Tabelle I.8 fehlen: 40 Mn 4, 42 Mn V 7, 41 Cr 4 und 34 Cr Ni Mo 6. Überall herrscht, wie auch im Ausland, das Bestreben vor, mit niedriglegierten Stählen auszukommen.– Die Zugfestigkeiten für Vergütungsstähle sind im Normblatt 17 200 nach dem Querschnitt gestaffelt (bis 16 mm, 16 – 40 mm, 40 – 100 mm und 100 – 250 mm Durchmesser). In Tabelle I.8 sind nur die Höchstwerte (für den kleinsten Durchmesser) und die Niedrigstwerte (für den größten Durchmesser) angegeben.

Tabelle I.6. Allgemeine Baustähle nach DIN 17100 (Auszug)

Stahlsorte: Kurzname	Zugfestigkeit in N/mm²	Streckgrenze in N/mm² mindestens	Bruchdehnung ($L_0 = 5\ d_0$) in % mindestens	C-Gehalt in %
St 33 – 1 St 33 – 2	330 bis 500	190	18 (14)	– –
U St 34 – 1 R St 34 – 1 U St 34 – 2 R St 34 – 2	340 bis 420	210	28 (20)	0,17 0,15
U St 37 – 1 R St 37 – 1 U St 37 – 2 R St 37 – 2 St 37 – 3	370 bis 450	240	25 (18)	0,20 0,18 0,17 0,17
U St 42 – 1 R St 42 – 1 U St 42 – 2 R St 42 – 2 St 42 – 3	420 bis 500	260	22 (16)	0,25 0,25 0,23 0,23
R St 46 – 2 St 46 – 3	440 bis 540	290	22 (16)	0,20 0,20
St 52 – 3	520 bis 620	360	22 (16)	0,20
St 50 – 1 St 50 – 2	500 bis 600	300	20 (14)	≈0,25 ≈0,30
St 60 – 1 St 60 – 2	600 bis 720	340	15 (10)	≈0,35 ≈0,40
St 70 – 2	700 bis 850	370	10 (6)	≈0,50

Tabelle I.7. Einsatzstähle nach DIN 17 210

Marken-bezeichnung	Chemische Zusammensetzung in %				Zugfestigkeit bei 11 mm Durchmesser N/mm²
	C	Mn	Cr	Ni	
C 10 / Ck 10	0,07 – 0,13	0,3 – 0,6	–	–	650 – 800
C 15 / Ck 15	0,12 – 0,18	0,3 – 0,6	–	–	750 – 900
15 Cr 3	0,12 – 0,18	0,4 – 0,6	0,4 – 0,7	–	800 – 1050
16 Mn Cr 5	0,14 – 0,19	1,0 – 1,3	0,8 – 1,1	–	900 – 1200
20 Mn Cr 5	0,14 – 0,21	1,1 – 1,4	1,0 – 1,3	–	1100 – 1400
25 MoCr 4	0,23 – 0,29	0,6 – 0,9	0,4 – 0,6	–	1100 – 1400
15 Cr Ni 6	0,12 – 0,17	0,4 – 0,6	1,4 – 1,7	1,4 – 1,7	980 – 1300
17 CrNiMo 6	0,14 – 0,19	0,4 – 0,6	1,5 – 1,8	1,4 – 1,7	1200 – 1400

Tabelle I.8. Vergütungsstähle nach DIN 17200

Marken-bezeichnung	Chemische Zusammensetzung in %					Zugfestigkeit vergütet bis 16 mm Durchmesser N/mm²
	C	Mn	Cr	Mo	Ni	
C 22 / Ck 22	0,18 – 0,35	0,3 – 0,6	–	–	–	550 – 760
C 35 / Ck 35	0,32 – 0,39	0,5 – 0,8	–	–	–	630 – 780
C 45 / Ck 45	0,42 – 0,50	0,5 – 0,8	–	–	–	710 – 860
C 60 / Ck 60	0,57 – 0,65	0,6 – 0,9	–	–	–	850 – 1000
34 Cr 4	0,30 – 0,37	0,6 – 0,9	0,9 – 1,2	–	–	900 – 1100
25 CrMo 4	0,22 – 0,29	0,5 – 0,8	0,9 – 1,2	0,15 – 0,25	–	900 – 1100
34 CrMo 4	0,30 – 0,37	0,5 – 0,8	0,9 – 1,2	0,15 – 0,25	–	1000 – 1200
42 CrMo 4	0,38 – 0,45	0,5 – 0,8	0,9 – 1,2	0,15 – 0,25	–	1100 – 1300
36 CrNiMo 4	0,32 – 0,40	0,5 – 0,8	0,9 – 1,2	0,15 – 0,25	0,9 – 1,2	1100 – 1300
30 CrNiMo 8	0,26 – 0,33	0,3 – 0,6	1,8 – 2,2	0,30 – 0,50	1,8 – 2,1	1250 – 1400

Tabelle I.9. Unlegierte Werkzeugstähle

Gütestufe	Marken-bezeichnung	C %	Si %	Mn %	P %	S %
Edelstähle 1. Güte	C 110 W1	1,10	< 0,25	< 0,25	< 0,025	< 0,025
	C 100 W1	1,00	< 0,25	< 0,25	< 0,025	< 0,025
3. Güte	C 70 W2	0,70	< 0,30	< 0,35	< 0,030	< 0,030
	C 90 W3	0,90	0,15 – 0,50	0,40 – 0,60	< 0,035	< 0,035
für Sonder-zwecke	C 15 WS	0,15	0,15 – 0,35	0,25 – 0,50	< 0,030	< 0,030
	C 85 WS	0,85	0,25 – 0,40	0,50 – 0,70	< 0,025	< 0,025
	C 55 WS	0,55	0,15	0,30 – 0,50	< 0,030	< 0,030
	C 75	0,75	0,15 – 0,40	0,60 – 0,80	< 0,035	< 0,035
	C 35	0,35	0,15 – 0,40	0,40 – 0,60	< 0,035	< 0,035

Der Maschinenbau verwendet ferner noch DIN 17 111 (Schraubenstahl), DIN 1651 (Automatenstahl), DIN 1652 (Gezogenen Stahl), DIN 17 220 (Federstähle) u. a. m.

Wichtige Hochbaustähle. Nach der Ausgabe von DIN 17 100 sind die Markenbezeichnungen der bisherigen DIN 1612 (Formstahl usw.) zu ersetzen durch St 33, St 34, St 37, St 42 und St 52-3.

Der *hochfeste Baustahl* St 52 ist als St 52-3 in DIN 17 100 genormt.

Neben dem hochfesten Baustahl St 52 wurde ein St 50 meS (d. h. mit *erhöhter Streckgrenze*) entwickelt (auch als HSB 50 bezeichnet). Gegenüber $\sigma_S = 300\ N/mm^2$ beim St 52 ergibt der St 50 meS ein $\sigma_S = 400\ N/mm^2$. Bei etwa demselben Summenverhältnis C + Si + Mn wie St 52 erhält der neue Stahl 0,018 – 0,030 Al-Zusatz, der nicht nur zur Abbindung des Sauerstoffs zu Al_2O_3 ausreicht, sondern auch noch für die Bildung von Al-Nitriden zur Verfügung steht, die durch eine Glühbehandlung in submikroskopischer Form ausgeschieden werden. Sie rufen eine Gleithemmung hervor, die die Streckgrenze wesentlich erhöht.

Feinkornbaustähle. Verminderung von C ermöglicht perlitreduzierte oder perlitfreie mikrolegierte Feinkornbaustähle. Eigenschaften sind herabgesetzte Übergangstemperatur mit sinkendem C-Gehalt von 0 auf bis – 80 °C. Die Streckgrenze steigt auf das 1,5fache des St 52-3 ohne Mikrolegierungen und C-Reduzierung. Walzen und gesteuertes Abkühlen führt zu den mechanischen Eigenschaften infolge Feinkornbildung. Quantitativ wird dieser Zusammenhang beschrieben durch die *Hall-Petch-Beziehung*

$$\sigma = \sigma_0 + k_y \cdot d^{-1/2},$$

darin ist *d* die mittlere Korngröße, k_y = eine Konstante (ca. 23 N · mm$^{-3/2}$ für Eisen, 1,7 N · mm$^{-3/2}$ für Aluminium [I.25], σ die Zugfestigkeit nach und σ_0 vor der Kornfeinung.

Die Wirkung der Mikrolegierung hat zwei Mechanismen: Kornfeinung mit Hilfe von Keimbildnern und Ausscheidungshärtung durch feinverteilte Ausscheidungen im Ferritgebiet. Das bewirkt Gitterverspannung, Versetzungsbehinderung und somit Streckgrenzensteigerung.

Wichtige Werkzeugstähle. *Unlegierte* Werkzeugstähle wurden früher nur roh nach Härtegraden eingeteilt: weich = 0,65% C, zäh = 0,85 – 0,90% C, zähhart = 0,9 bis 1,2% C, hart = 1,4 – 1,5% C. Nach *Stahl-Eisen-Werkstoffblatt* 150 ist die in Tabelle I.9 wiedergegebene Einteilung aufgestellt, bei der eine Anzahl Zwischensorten weggelassen sind. Für gering beanspruchte Handwerkzeuge werden darüber hinaus noch übliche Vergütungsstähle und unlegierte Baustähle verwendet.

Die normalen *Einsatz-* und *Vergütungsstähle* nach DIN 17 210 und 17 200 wurden bereits in Tabelle I.7 und I.8 angeführt. Die Stähle für *Flammen-*, *Induktions-* und *Tauchhärtung* sind bisher erst im Stahl-Eisen-Werkstoffblatt 830 zusammengestellt und umfassen Edelstähle unlegiert (Ck 35 – Cf 70) und legiert (40 Mn 4, 37 Mn Si 5, 53 Mn Si 4, 34 Cr Mn 4, 42 Cr Mn 4, und 50 Cr Mn 4). Ebenso liegen die *Nietrierstähle* bisher nur im Stahl-Eisen-Werkstoffblatt 850 vor (31 Cr Mo V 9, 34 Cr Al 6, 34 Al Cr Mo 5, 34 Cr Al Ni 7, 34 Cr Al S 5).

Schnellarbeitsstähle [I.26]. Die Vorteile sind hohe Zähigkeit, Biege- und Kantenfestigkeit (Abb. I.74.a und b). Sie eignen sich für Spiral-, Zentrier-, Gewindebohrer, Reibahlen, Formwerkzeuge, Kaltumformwerkzeuge für Schrauben- und Mutterfertigung, Fließwerkzeuge, und werden angewendet bei schwer zerspanbaren Werkstoffen, austenitischen Chromnickelstählen, Schwermetallegierungen für Gasturbinen und Strahltriebwerke mit hoher Kaltverfestigung. Hartmetalle haben hier zu wenig Kantenfestigkeit [Tab. I.10].

Tabelle I.10. Schnellarbeitsstähle

Stahlsorte Kurzname	Chemische Zusammensetzung						Härte-temperatur °C
	% C	% Co	% Cr	% Mo	% V	% W	
S 3-3-2	0,95 bis 1,03	–	3,8 bis 4,5	2,5 bis 2,8	2,2 bis 2,5	2,7 bis 3,0	1180 bis 1220
S 6-5-2	0,84 bis 0,92	–	3,8 bis 4,5	4,7 bis 5,2	1,7 bis 2,0	6,0 bis 6,7	1190 bis 1230
SC 6-5-2	0,95 bis 1,05	–	3,8 bis 4,5	4,7 bis 5,2	1,7 bis 2,0	6,0 bis 6,7	1180 bis 1220
S 6-5-3	1,17 bis 1,27	–	3,8 bis 4,5	4,7 bis 5,2	2,7 bis 3,2	6,0 bis 6,7	1200 bis 1240
S 6-5-2-5	0,88 bis 0,96	4,5 bis 5,0	3,8 bis 4,5	4,7 bis 5,2	1,7 bis 2,0	6,0 bis 6,7	1210 bis 1240
S 7-4-2-5	1,05 bis 1,15	4,8 bis 5,2	3,8 bis 4,5	3,6 bis 4,0	1,7 bis 1,9	6,6 bis 7,1	1180 bis 1220
S 10-4-3-10	1,20 bis 1,35	10,0 bis 11,0	3,8 bis 4,5	3,5 bis 4,0	3,0 bis 3,5	9,5 bis 11,0	1210 bis 1250
S 12-1-4-5	1,30 bis 1,45	4,5 bis 5,0	3,8 bis 4,5	0,7 bis 1,0	3,5 bis 4,0	11,5 bis 12,5	1210 bis 1250
S 18-1-2-5	0,75 bis 0,83	4,5 bis 5,0	3,8 bis 4,5	0,5 bis 0,8	1,4 bis 1,7	17,5 bis 18,5	1260 bis 1300

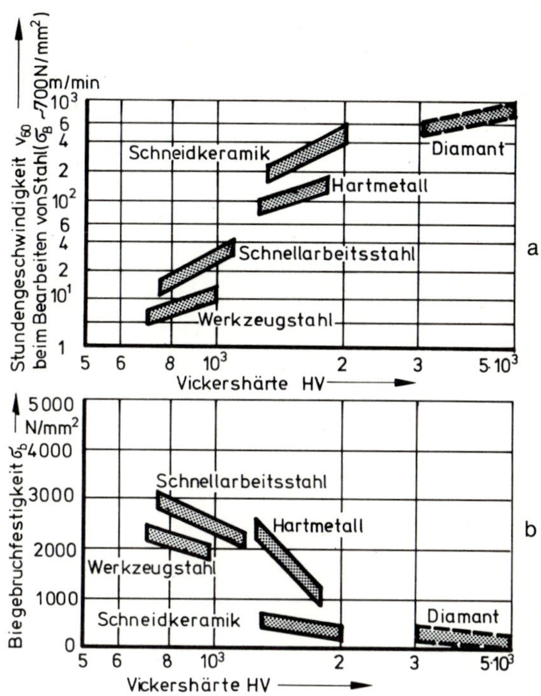

Abb. I.74. Eigenschaften verschiedener Schneidstoffe (nach *Opitz*).

Die Schnellarbeitsstähle haben höchste Warmhärte und Anlaßbeständigkeit aller Werkzeugstähle [Abb. I.75], ausgezeichneten Verschleißwiderstand bei normaler Temperatur und in der Wärme, gute Festigkeitseigenschaften, insbesondere durch hohe Zähigkeit und Biegefestigkeit.

Legierungseinfluß: *Kobalt,* Anlaßbeständigkeit und Warmhärte steigt und damit Standzeit bei höheren Arbeitstemperaturen. Über 600 °C formen sich die Karbide

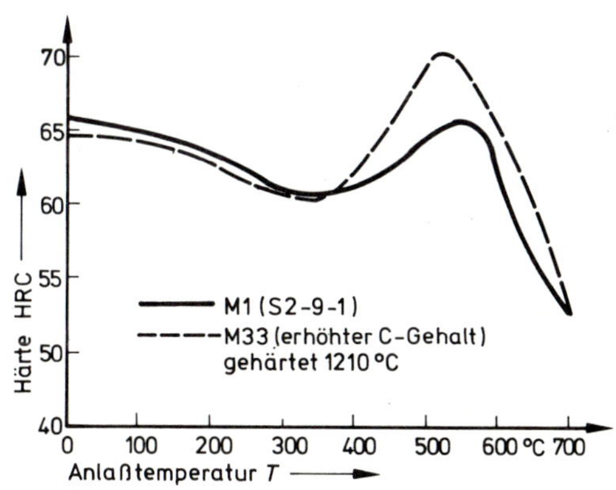

Abb. I.75. Die Anlaßhärten eines Schnellarbeitsstahls mit normalem bzw. erhöhtem Kohlenstoffgehalt in Abhängigkeit von der Anlaßtemperatur.

rasch aus. *Wolfram, Chrom, Molybdän* und besonders *Vanadin* mit C bilden Härte und Verschleißwiderstand.

Schnellstahlmartensit hat 0,5 – 0,6% C.

Verschleißwiderstand:	Grundmasse:	Härte und Zähigkeit
	Karbide:	Größe, Menge, Verteilung, Zusammensetzung und Härte.

Gehärtete und angelassene Schnellarbeitsstähle enthalten vorwiegend das Wolfram- und Molybdän-Karbid M_6C, das auch geringe Anteile an Chrom und Vanadin aufweist, bei höheren Vanadingehalten noch die Vanadinkarbide VC bzw. V_4C_3 (MC), während das Chromkarbid $M_{23}C_6$ vollkommen in Lösung geht.

Der C-Gehalt ist bei der Abstimmung auf die karbidbildenden Elemente W, Cr, Mo, V für Härte, Verschleißwiderstand und Anlaßbeständigkeit von Bedeutung.

Karbide: Fe_4, Mo_2, C; Fe_4, W_2C; VC, V_4C_3.

Erhöhter C-Gehalt verbessert Anlaßbeständigkeit und Standzeit-Einsatz in den USA [Tab. I.11].

Tabelle I.11. Zusammensetzung der amerikanischen Schnellarbeitsstähle der M-40-Reihe.

Sorte	Chemische Zusammensetzung (Anhaltsangaben) % C	% Co	% Cr	% Mo	% V	% W
M 41	1,10	5,00	4,25	3,75	2,00	6,75
M 42	1,10	8,00	3,75	9,50	1,15	1,50
M 43	1,20	8,25	3,75	8,00	1,60	2,75
M 44	1,15	12,00	4,25	6,25	2,25	5,25
M 46	1,25	8,25	4,00	8,25	3,20	2,00
M 47	1,10	5,00	3,75	9,50	1,25	1,50

Bei der pulvermetallurgischen Herstellung sind die Karbide fein verteilt, unabhängig von den Abmessungen vollkommen gleichmäßig, Stähle praktisch seigerungsfrei, Karbidgehalt kann heraufgesetzt werden. Die Festigkeit ist besser, besonders hohe Zähigkeit. Die Standzeit ist bis 400% besser. Schwierige Formen wie Fräser sind besser herstellbar, die Warmformgebung ist bis 3,5% möglich, die Porenfreiheit ist wirtschaftlich schwer herzustellen.

Die Güte der unlegierten Werkzeugstähle hängt nicht nur von der chemischen Zusammensetzung, sondern auch weitgehend von der Erschmelzungsart und Weiterbehandlung im Stahlwerk ab (siehe früher behandelte Gütestufen W 1 – WS). Die Stähle sind im allgemeinen „Wasserhärter".

Wichtige hochlegierte Stähle. Sie ergeben vor allem eine *hohe Beständigkeit gegen Rost, Säuren* und *Hitze.* Nicht hierher gehören die aber in diesem Zusammenhang zu erwähnenden *schwerrostenden* (witterungsbeständigen) Stähle, z. B. reine Eisensorten, wie Armcoeisen und gekupferte Stähle mit 0,2 – 0,7% Cu. Die große Beständigkeit vieler hochlegierter Stähle erklärt man sich dadurch, daß ihre bei Rostbildung, Erhitzung usw. entstehenden Oxide dicht und undurchlässig für Sauerstoff sind. Cr und Ni ergeben sehr widerstandsfähige Mischkristalle. Solche Stähle sind z. B. bekannt unter den Handelsnamen „Remanitstahl" (etwa 13 – 18% Cr), „V2A-Stahl" (18% Cr, 8% Ni), „Sicromalstahl" (0,5 – 1,0% Si, 6,5 – 30% Cr, 0,9 – 9% Al) u. a. m. Gut bewährt haben sich auch Stähle mit Stickstoffzusatz (0,15 – 0,25% N ersetzen 2 – 6% Ni).

Tabelle I.12. Nichtrostende und hitzebeständige Stähle

Markenbezeichnung	C %	Si %	Cr %	Mo %	Ni %	Ti %	Al %	Zugfestigkeit N/mm²	Bruchdehnung δ_5, %
			Nichtrostende Walz- und Schmiedestähle						
X 10 Cr 13	< 0,12	0,4	13					500 – 750	20
X 20 Cr 13	0,20	0,4	13					650 – 900	16
X 8 Cr Ti 17	< 0,10	0,4	17,5			> 7 × C		450 – 600	20
X 12 Cr Ni 188	< 0,15	0,4	18		9,0			550 – 750	50
X 10 Cr Ni Ti 189	< 0,12	0,4	18		10,0	> 4 × C		550 – 750	40
X 5 Cr Ni Mo 1810	< 0,07	0,4	17,5	2	11,5			550 – 700	45
			Hitzebeständige Walz- und Schmiedestähle						
X 10 Cr Al 7	< 0,12	0,75	6,5				0,75	450 – 600	20
X 10 Cr Al 24	< 0,12	1,45	24				1,45	500 – 650	10
X 20 Cr Ni Si 254	< 0,20	1,15	25		4,5			600 – 750	25
X 15 Cr Ni Si 2520	0,15	2,05	25		20			600 – 750	40

Die hitzebeständigen Stähle sind je nach Zusammensetzung zunderbeständig in den Grenzen von 800 – 1200 °C.

Tabelle I.12 gibt eine Anzahl der in den Stahl-Eisen-Werkstoffblättern 400 und 470 aufgestellten nichtrostenden und hitzebeständigen Stähle mit Mittelwerten der Bestandteile wieder. Die Gesamtzahl dieser vorgenormten Stähle beträgt 35.

Alle Stähle werden im Elektroofen erschmolzen (geringster P- und S-Gehalt). Die Dichte liegt meist bei $\varrho = 7{,}7 - 7{,}8$ g/cm³. Zu beachten ist das meist *niedrige Wärmeleitvermögen* – deshalb größere Überhitzungsempfindlichkeit und die meist *große Wärmeausdehnung* – deshalb größere Spannungsgefahren. Außerdem liegt bei Cr- und Cr-Ni-Stählen die Gefahr der *interkristallinen Korrosion* beim Schweißen vor. Man vermeidet diese durch möglichst niedrigen C-Gehalt und Zusatz von Titan oder Niob, die die Karbidausscheidung verhindern (siehe z. B. X 8 Cr Ti 17).

Kesselbaustähle. Die DIN 17 155 (Kesselbleche) sieht die in Tabelle I.13 wiedergegebenen Stahlmarken vor.

Die Stähle werden im allgemeinen im Siemens-Martin-Ofen oder im Elektroofen erschmolzen, können jedoch auch nach neuartigen Verfahren (z. B. als Sauerstoff-Blasstahl) hergestellt werden und werden (bis auf den luftvergüteten 13 Cr Mo 44) normalgeglüht geliefert. Der Si-Gehalt aller Stähle soll unter 0,35% (bis auf 19 Mn 5), der P- und S-Gehalt je unter 0,05% liegen. Alle Stähle sind schmelz-schweißbar. Die Stähle H I-H IV entsprechen schon etwa dem *Izettstahl* (Izett = Immer zäh). Die geringere Alterungsneigung und größere Korrosionsbeständigkeit dieses Stahls wird durch weitgehende Desoxidation mit Al und durch Vergüten erzielt. Den Übergang zu den legierten Stählen bildet der *Reduktionsstahl* (Zuführung des Mn-Gehalts durch Reduktion aus der Schlacke) mit 0,3 – 0,45% Si und 0,8 – 1,2% Mn, warmfest bis 400 °C. Für Höchstdruckkesseltrommeln kommen nur Izett IV und *legierte Stähle* in Frage (letztere mit 0,8% Cr und 0,5% Mo bis 120 bar und 530 °C ausreichend, darüber hinaus mit 2,5 – 6% Cr). *Kesselrohre* werden aus unlegiertem und legiertem Stahl hergestellt, letztere mit 0,8 – 6,5% Cr und 0,3 – 0,5% Mo, bei z. B. 6,5% Cr, 0,4% Mo, 0,8% Al zunderbeständig bis 800 °C (siehe auch den folgenden Unterabschnitt).

Alterungsbeständige Stähle. Bei der Überarbeitung von DIN 17 155 und der nachfolgenden DIN 17 175 wurden die früher mit angeführten alterungsbeständigen Stähle weggelassen, weil

Tabelle I.13. Kesselbaustähle

Marken-bezeichnung	Chemische Zusammensetzung in %				Zug-festig-keit	Kerb-schlag-zähig-keit	Streck-grenze in N/mm²	
	C	Mn	Cr	Mo	N/mm²	J/cm²	200°C	400°C
H I	≦0,16	≧0,40	0,3	–	350–450	80	180	100
H II........	≦0,20	≧0,50	0,3	–	410–500	70	210	120
H III	≦0,22	≧0,55	0,3	–	440–530	60	230	140
H IV.......	≦0,26	≧0,60	0,3	–	470–560	50	240	150
17 Mn 4....	0,14–0,20	0,9–1,2	0,3	–	470–560	50	250	160
19 Mn 5....	0,17–0,23	1,0–1,3	0,3	–	520–620	50	270	180
15 Mo 3....	0,12–0,20	0,5–0,7	0,3	0,25–0,35	440–530	60	250	170
13 Cr Mo 44	0,10–0,18	0,4–0,7	0,7–1,0	0,4–0,5	440–560	60	280	210

sie vorwiegend bei Raumtemperatur oder bei tieferen Temperaturen verwendet werden. Hierdurch enstand die Norm DIN 17 135, in welcher 4 Stahlsorten (A St 35, A St 41, A St 45, A St 52) angeführt werden, deren erste 3 Sorten annähernd H I bis H IV der DIN 17 155 entsprechen. Nur sind zur Erzielung der Alterungsbeständigkeit ein ausreichender Al-Gehalt und Normalglühen vorgeschrieben, ferner bestimmte Kerbschlagzähigkeitswerte bei Temperaturen bis – 50 °C herab.

Rohrstähle. *Geschweißte Stahlrohre* werden hergestellt nach dem *Fretzmoon*-Verfahren, durch Gas- oder Lichtbogen-Schmelzschweißung und durch elektrische Widerstandsschweißung. Siehe auch „Herstellung von Stahlröhren". In DIN 1626 sind autogen und elektrisch geschweißte Flußstahlrohre mit den Werkstoffen St 34, St 37 und St 42 angeführt.

Nahtlose Stahlrohre. Angaben über die Abmessungen enthalten DIN 2448 und 2558. Die zur Herstellung normaler nahtloser Rohre gebräuchlichen Werkstoffe sind in DIN 1629 enthalten.

Für höher beanspruchte Rohre und Temperaturen über 300 °C (bis 400 °C) sind die Werkstoffe St 35 und St 55 anzuwenden, die etwa dem C 12 und C 35 entspre-

Tabelle I.14. (Auszug aus DIN 17 175)

Marken-bezeichnung	Chemische Zusammensetzung in %				Zug-festig-keit N/mm²	Streck-grenze in N/mm² bei	
	C	Mn	Cr	Mo		200°C	400°C
St 35.8........	≦0,17	≧0,40	–	–	350 ... 450	180	110
St 45.8........	≦0,22	≧0,45	< 0,3	–	450 ... 550	210	130
15 Mo 3.......	0,12–0,20	0,5–0,7	–	0,25–0,35	450 ... 550	260	180
13 Cr Mo 44 ...	0,10–0,18	0,4–0,7	0,7–1,0	0,4–0,5	450 ... 580	280	210
10 Cr Mo 9 10. .	≦0,15	0,4–0,6	2,0–2,5	0,9–1,1	450 ... 600	250	210

chen. Für hohe Beanspruchungen und Drücke müssen Werkstoffe nach DIN 17 175 (Nahtlose Stahlrohre aus warmfesten Stählen, Tabelle I.14) gewählt werden. Da aber selbst bei guten unlegierten Stählen (S.-M.-Stahl oder Windfrischaustausch-Stahl) Warmstreckgrenze und Dauerfestigkeit über 400 °C stark abnehmen, sind für höhere Temperaturen noch legierte Stähle in DIN 17 175 eingebaut worden. Dies sind Mo- und Cr-Mo-Stähle, entsprechend den drei letzten Stahlmarken in DIN 17 155.

Federstähle. DIN 17 221 enthält warmgewalzte Stähle für vergütbare Federn mit z. B. 1,5 – 1,8% Si und nur 0,5 – 0,8% Mn (38 Si 7, 51 Si 7) und für höhere Temperaturen mehrere Edelstähle, z. B. 50 Cr V 4, also ein Chrom-Vanadinstahl mit 0,9 – 1,2% Cr und 0,2% V. Die Zugfestigkeit dieser Stähle steigt gehärtet und angelassen auf 1200 – 1700 N/mm² bei 6% Bruchdehnung. Alle diese Stähle müssen Qualitäts- oder Edelstähle sein. Weitere Federstähle enthalten DIN 17 224 und DIN 17 225 (Vornorm „Warmfeste Stähle für Federn“).

Allgemein unterscheidet man Springfederdraht (sog. „Wasser-Federdraht“ mit nur 0,15% C und 0,2 – 0,5% Mn für Matratzen- und Sesselfedern), sodann Federn, die Stöße und Schwingungen aufnehmen (in der Form von Blatt-, Ring-Spiralfedern usw.) und Federn zur Aufspeicherung von Arbeitsvermögen (Uhrwerke, Schloß- und Ventilfedern usw.). Die gewünschten Federeigenschaften erzielt man durch höhere C-Gehalte (meist etwa 0,5 – 1,0%), durch Legierungsbestandteile wie Si (bis 3%), Mn (bis 2%), Cr (bis 4,0%), V (0,1 – 0,8%), W (4 – 9%) und durch Härten und Anlassen. Sehr wichtig ist eine hohe Schwingungsfestigkeit, gegeben durch Vermeiden aller Oberflächenfehler.

Ventilstähle (für Verbrennungskraftmaschinen). Verlangt wird (vor allem für Auslaßventile) hohe Warmfestigkeit, Verschleißfestigkeit und Korrosionsbeständigkeit und dabei eine gute Wärmeleitfähigkeit. Für schwache Beanspruchungen (bis 650 °C) genügt ein Si-Cr-Stahl (4,0% Si, 2,8% Cr), für normale Beanspruchungen bis 700 °C ein höher legierter Si-Cr-Stahl (3,5% Si, 8,5 – 10% Cr) und für hohe Beanspruchungen (bis 800 °C) ein Cr-Ni-W-Stahl (13% Cr, 13% Si, 2,5% W); für letzteren ist auch ein Cr-Mn-W-Stahl mit 16% Cr, 13% Mn, 1% W brauchbar (s. auch Stahl-Eisen-Werkstoffblatt 490).

Wälzlagerstähle (für Kugel-, Rollen- und Nadel-Lager). Nach Stahl-Eisen-Werkstoffblatt 350 haben normale Wälzlagerstähle 0,95 – 1,10% C und 0,4 – 1,65% Cr bei höchstens 0,025% P und 0,025% S, im einzelnen: 100 Cr 2 (W 1), 105 Cr 4 (W 3), 100 Cr 6 (W 3) und 100 Cr Mn 6 (W 4). In Sonderfällen für nichtrostende Lager 41 Cr 4, X 40 Cr 13, X 90 Cr Mo V 18.

Verschleißfeste Stähle. Es gibt *zwei Hauptgruppen* der Verschleißbeanspruchung. 1. Auftreten von Druck oder Schlag (z. B. Brikettpressen, Schienenherzstücke), so daß an den auf Verschleiß beanspruchten Stellen Kaltverformung (Kalthärtung) auftritt. Dann ist der austenitische Manganhartstahl mit 1,1 – 1,4% C und 12 – 14% Mn anzuwenden, der durch Kaltverformung Verfestigung erfährt, vorher jedoch zäh und weich ist. Härte und Festigkeitswerte nicht ineinander umrechenbar, da außergewöhnliche Verfestigungsfähigkeit. Bei geringer Kaltverformung genügt ein niedrig legierter Manganstahl mit 0,6 – 0,9% C, 0,2 – 0,8% Si und 0,8 – 3% Mn.

2. Wenn der Werkstoff ohne wesentlichen Druck nur durch schleifende Wirkung abgetragen wird (z. B. Sandstrahldüsen, Mahltrommeln), ist ein Stahl mit großer Oberflächenhärte zu wählen, z. B. Stahl für Einsatzhärtung, Nitrierhärtung, Oberflächenhärtung oder Stahl mit über 1,2% C und Cr- und W-Zusatz oder auch Hartguß. Auch die Hartverchromung trägt zur Erhöhung der Verschleißfestigkeit bei.

Tiefziehbleche sind in DIN 1623 angeführt (Blatt 1, Feinblech aus weichen Stählen). Der Werkstoff ist meistens weicher S.-M.-Stahl oder LD-Stahl mit 0,10 – 0,15% C, 0,2 – 0,5% Mn, unter 0,08% P, unter 0,06% S. Die Bestimmung der Tiefziehfähigkeit erfolgt durch den Tiefungsversuch nach *Erichsen.*

Automatenstähle sind Stangenstähle für gute Zerspanbarkeit und infolgedessen hohe Schnittgeschwindigkeit und damit besonders zur spanabhebenden Bearbeitung auf schnellaufenden Revolverbänken und Automaten geeignet, gute Oberfläche ohne Schlichten. Viele sind einsatz-, härt- oder vergütbar. Geringer Werkzeugverschleiß, hohe Standzeiten. Sie werden gewalzt oder meist gezogen geliefert. Die günstigen Zerspanungseigenschaften werden hauptsächlich durch einen erhöhten Schwefelgehalt (0,15 – 0,40%) und teilweise durch 0,15 – 0,30% Bleizusatz erreicht, das keine Versprödung bewirkt und keine Legierung bildet. Reibungskoeffizient von Pb etwa gleich dem von Graphit, was „inneren Schmiereffekt" bewirkt und hohe Oberflächengüte. Einschlüsse von Eisen- und Mangansulfit ergeben einen kurzen bröckeligen Span. Nähere Angaben sind in Tabelle I.15 enthalten. Andere, weniger häufig verwendete Zusätze sind Selen und Tellur.

Der Si-Gehalt beträgt für die beruhigt vergossenen (seigerungsarmen) Stähle 10 S 20 bis 60 S 20 etwa 0,1 – 0,4%. Si beeinflußt Form und Verhalten der Sulfide nachteilig für Warmformgebung, wogegen 9 S 20 unberuhigt vergossen (Si-frei, aber geseigert) ist. Der Mn-Gehalt liegt bei 0,5 – 1,3%. Zuviel Mn bindet den S zu MnS, womit die hier günstige Wirkung des S aufgehoben wird. Der P-Gehalt bei 0,035 – 0,1% ist nachteilig für Wärmebehandlung und Schweißbarkeit. N versprödet jeden Stahl, zu wenig N führt zum Schmieren.

Der normale *gezogene* Stahl ist in DIN 1652 genormt, und zwar von St 34-2 bis St 70-2 (bzw. Ck 60). Er kann z. B. K (kalt verformt, gezogen), KG (kaltverformt und geglüht), KN (kaltverformt und normal geglüht) und KV (kaltverformt und vergütet) in Stäben von unter 6 bis zu 80 mm Durchmesser geliefert werden. – Der sog. „Silberstahl" ist ein gezogener Stahl mit sehr blanker, silberartig glänzender Oberfläche, jetzt als „polierter Rundstahl" nach DIN 175 genormt.

Die *Dauerhaltbarkeit* kann *durch Kaltverformung gesteigert* werden. So werden z. B. Ventilfedern mit feinen Stahlkugeln von 1 mm Durchmesser bestrahlt und Stahlkurbelwellen mit besonderen Druckvorrichtungen an den Übergängen kalt gewalzt.

Kaltarbeitsstähle (für spanlose Formung). Für geringe Beanspruchungen unlegierte Stähle mit 0,7 – 1,2% C, sonst legierte Stähle. Cr, Mo, V und W verbessern durch Karbidbildung die Härtefähigkeit, Anlaßbeständigkeit und den Verschleißwiderstand, die durch Ni verbesserte Durchhärtung erhöht die Druckfestigkeit und Tragfähigkeit. Beispiele: 0,9 – 1,45% C, 0,5 – 1,5% Cr; für höhere Beanspruchungen: 1,05 – 1,42% C, 1,2 – 3% W; für hohe Verschleißfestigkeit bei hohen Flächendrükken: 1,65 – 2,1% C, 12% Cr oder 0,4 – 0,5% C, 1,0 – 1,5% Cr, 3,5 – 4% Ni.

In Stahl-Eisen-Werkstoffblatt 200 sind alle wichtigen *legierten Kaltarbeitsstähle* nach chemischer Zusammensetzung und Gebrauchseigenschaften zusammengefaßt.

Warmarbeitsstähle (für Gesenke, Preßstempel, Lochdorne, Druckgußformen usw.). Sie erfordern hohe Anlaßbeständigkeit, ausreichende Warmfestigkeit und

Tabelle I.15. Automatenstahl (DIN 1651) April 1970

Stahlsorte Kurzname	Chemische Zusammensetzung in Gew.-% C	S	Pb	Zugfestigkeit (kaltgezogen) N/mm²	Bruchdehnung (kaltgezogen) %	Probendurchmesser in mm über	bis
	nicht für eine Wärmebehandlung bestimmte Stähle						
9 S 20	≦0,13	0,18 bis 0,25	–	500 bis 750	8	10	16
9 S Mn Pb 28	≦0,14	0,24 bis 0,32	0,15 bis 0,30	470 bis 720	8	16	40
9 S Mn Pb 36	≦0,15	0,32 bis 0,40	0,15 bis 0,30	550 bis 800	7	16	40
	Automaten-Einsatzstahl						
10 S 20	0,07 bis 0,13	0,15 bis 0,25	–	470 bis 720	9	16	40
	Automaten-Vergütungsstähle						
35 S 20	0,32 bis 0,39	0,15 bis 0,25	–	550 bis 750	8	16	40
45 S 20	0,42 bis 0,50	0,15 bis 0,25	–	650 bis 850	7	16	40
60 S 20	0,57 bis 0,65	0,15 bis 0,25	–	670 bis 890	7	16	40

Warmverschleißwiderstand, sowie Unempfindlichkeit gegen dauernde Temperaturwechsel. Für geringe Beanspruchungen unlegierte Stähle mit 0,7 – 1,0% C, sonst legierte Stähle. Cr, Mo, V und W erhöhen die Anlaßbeständigkeit, Warmfestigkeit und den Warmverschleißwiderstand, Ni erhöht die Zähigkeit und das Durchvergütungsvermögen. Beispiele: 0,3 – 0,45% C, 1,5 – 2,5% Cr, 0,2 – 0,7% Mo oder 0,3 – 0,55% C, 0,7 – 2% Cr, 0,2 – 0,5% Mo, 1,3 – 4% Ni oder (für hohe Beanspruchungen) 0,3 – 0,55% C, 1,0 – 2,5% Cr, 0,2 – 0,6% V, 2 – 9% W.

In Stahl-Eisen-Werkstoffblatt 250 sind alle wichtigen *legierten Warmarbeitsstähle* zusammengefaßt.

Stähle für Meßwerkzeuge. Sie sollen sich durch gute Härtefähigkeit, hohen Verschleißwiderstand, möglichst geringes Verziehen beim Härten und geringste Längenänderung im Gebrauch auszeichnen. In Betracht kommen unlegierte Einsatzstähle, Nitrierstähle, Wasserhärter mit 1% C, sodann legierte Stähle als Ölhärter mit 0,9 – 1,3% C, bis 2% Mn, 0,25 – 2,0% Cr, Lufthärter mit 1 – 2% C und 12 – 17% Cr, nichthärtende Stähle mit 18% C, 8% Ni (nichtrostend) und 36% Ni (Invarstahl, bei Raumtemperatur maßbeständig), sowie Wolframkarbid- und diamanthaltige Legierungen (für Tasterspitzen u. dgl.). Durch „künstliches Altern" sollen die Stähle nach dem Härten die nicht vermeidbaren Volumenänderungen bis zum Gleichgewichtszustand erleiden. Sie werden daher auf 120 – 150 °C angelassen, und zwar etwa 100 h lang, dann ist der Gleichgewichtszustand praktisch erreicht.

Stähle für die Elektrotechnik. Aus dem umfangreichen Gebiet können hier nur einige auch für den Maschinenbauer wichtige Beispiele angeführt werden. Dynamostähle (DIN 46 400) haben höchstens 0,07 – 0,08% C bei 0,7 – 4,3% Si (in 10 Blechsorten. Sie sollen hohe Magnetisierbarkeit bei geringen Ummagnetisierungsverlusten besitzen). *Dauermagnetwerkstoffe* sollen nach DIN 17 410 z. B. 3,3 – 5,0% Cr oder 2,1 – 31,0% Co, 4,0 – 9,0% Cr, 0,4 – 1,6% Mo oder 9,0 – 12% Al, 10,0 – 24,0 Co, 15,5 – 27,5% Ni bei nur etwa 0,03% C enthalten. Die Verarbeitung erfolgt durch Warmverformung oder Gießen oder Sintern oder Pressen (mit Bindemitteln).

Als *Weicheisen für Relais* kommen in Frage Armcoeisen oder silizierter Flußstahl (mit 2 – 4,5% Si bei 0,1% C, 0,02% P, 0,02% S). – *Unmagnetischer* oder *nichtmagnetischer Stahl* muß austenisches Gefüge haben, daher z. B. 12 – 19% Mn oder 5 – 6% Mn, 11 – 19% Cr, 8 – 14% Ni usw. bei teils niedrigem (0,1%), teils höherem (0,5 bis 1,0%) C-Gehalt. Siehe auch Stahl-Eisen-Werkstoffblatt 390 (Nichtmagnetisierbare Stähle).

Betonstähle. (DIN 1045, Beton und Stahlbetonbau) Sie werden für die Bewehrung von Stahlbeton verwendet und in Betonstahl, Stabstahl 1 – 4 und Betonstahlmatten 5 – 8 unterteilt. Zugfestigkeit meist 500 – 640 N/mm^2 bei hoher Streckgrenze (340 – 500 N/mm^2), unberuhigte und beruhigte Stähle, teils naturhart mit höherem Mn- und Si-Gehalt.

Bei *Spannbeton* (DIN 4227) werden durch Spannglieder im Beton Druckvorspannungen erzeugt, um im Belastungszustand der Konstruktion die Zugspannungen im Beton zu beschränken oder ganz auszuschließen. *Spannbetonstähle* (Spanndrähte) haben daher sehr hohe Zugfestigkeiten und Streckgrenzen und sind meist kalt gezogen und vergütet: St 180 (bei 2 – 3 mm

Durchmesser), St 150 – 170 (bei 4 – 5 mm), St 130 – 150 (bei 6 – 10 mm). Die Drähte werden bei der Verwendung zu einem Bündel zusammengefaßt.

Schneidmetalle. Das Schneidmetall *Stellit* (Einführung seit 1907) ist ein Gußerzeugnis mit 2 – 4% C, 35 – 55% Co, 25 – 35% Cr, 10 – 25% W, 1 – 5% Fe, besitzt eine sehr große Härte und Schneidfähigkeit, aber auch eine gewisse Porosität und Sprödigkeit. Ein Härten des Stellits kommt nicht in Frage, es wird in 3 Härtegraden geliefert und kann nur durch Schleifen bearbeitet werden. Deutsche Handelsnamen des Stellits sind *Akrit, Caedit, Celsit* und *Percit.* Sie sind durch die Hartmetalle weitgehend verdrängt worden.

Sinterhartmetalle (seit 1927). *Widia, Titanit, Böhlerit* und *Rheinit* sind Karbide von W, Ti, Mo usw., die, seltener gegossen, meist mit einem Trägermetall (z. B. Co oder Ni) gemischt, gemahlen, in Formen gepreßt und gesintert werden, dann nur noch durch Schleifen bearbeitbar sind und die Härte bis 850 °C halten; vor allem für Dreharbeiten geeignet, wobei die Zerspanungsgeschwindigkeit gegenüber Schnellstahl auf das Zwei- bis Vierfache gesteigert werden kann. Hauptsächlich in Plättchenform mit Elektrolytkupfer auf den Werkzeugkörper aufgelötet. Die normalisierten deutschen Hartmetalle enthalten 5 – 8% C, 67 – 88% W, 6 – 15% Co, 0 – 18% Ti. Bei der Umstellung auf wolframfreiere Legierungen entstand noch die Sorte F2 mit 13% C, 33% W, 5,5% Co, 47% Ti, 1,2% N und sodann noch eine Legierung mit 45% Titankarbid, 45% Vanadinkarbid, 10% Ni [Abb. I.74].

Normung der Schneidplatten in DIN 4950. Sintertemperatur normal 1350 – 1700 °C, Sinterzeit ⅓ – 3 h je nach Plättchendicke, Preßdruck 500 – 1200 N/cm², Dichte $\varrho = 10 \ldots 14{,}75$ g/cm³ (bei F2 nur 6,8).

Oxid- und *Metall-Keramische Schneidwerkstoffe,* Herstellernamen z. B. *Widolax, Titoxit, Böloxit* (Einführung seit 1957) bestehen aus gesintertem Al_2O_3 unter Zusatz von Metallkarbiden. Befestigung durch Aufklemmen, Auflöten oder Aufkleben, Schnittgeschwindigkeit das Zwei- bis Dreifache gegenüber Hartmetallen.

Hochfeste Stähle. In neuerer Zeit entwickelt, Festigkeiten σ_B bis 3150 N/mm². Drei Härtungsmechanismen, Ausscheidungshärte durch feindisperse intermetallische Verbindungen wie Karbide, besonders im Korninnern und nicht nur an Korngrenzen und Mischkristallhärte durch Legierungselemente wie Cr, Ni, Si. Hinzu kommt eine erst durch die Verfestigung erzeugte Martensithärte aus dem metastabilen Austenit während der Umformung (transformation induced plasticity, TRIP-Stähle), deshalb bis 40% Dehnung mit starker Erhöhung der Versetzungsdichte, z. T. durch Martensitbildung verursacht, erhöht wesentlich die Festigkeit (Austenitformhärten, austforming oder ausforming). Die notwendige starke plastische Verformung kann ein Nachteil sein, da diese Stähle schwer mechanisch bearbeitbar, schweißbar und kerbempfindlich sind.

Stähle mit < 0,03% interstitiell gelöstem C und Härtung nur durch Ausscheidungen in 18 – 25% nickelhaltigen γ-Stählen durch kubischen Martensit mit Co, Mo, T, Ni und Al als zusätzliche Legierungselemente, die Ausscheidungen bewirken können, zeigen diese Nachteile nicht.

Martensitaushärten wird „maraging“ genannt, ist ebenfalls mit Erzeugung hoher Versetzungsdichten gekoppelt. Ausscheidungen können z. B. Ni_3Mo und Ni_3Ti sein, σ_B bis 2500 N/mm².

Die Bruchzähigkeit liegt hoch, Streckgrenzen- und Zugfestigkeitswerte sind fast gleich. Korrosionsbeständigkeit jedoch gering.

i) Ferrolegierungen

Es sind dies Vorlegierungen zur Herstellung legierter Stähle oder für besondere metallurgische Zwecke im Stahlwerk. Außer den bereits in Tabelle I.4 besprochenen Legierungen ist zunächst noch zu erwähnen: *Ferrosilizium,* mit über 20 – 90% Si. Am gangbarsten ist die 50%ige Legierung, die im elektrischen Ofen gewonnen wird. Sie enthält etwa 50% Si, 49,3% Fe, 0,3% C, 0,35% Mn, unter 0,04% P und S.

Die folgenden Ferrolegierungen werden entweder im Hochofen oder im elektrischen Ofen, teilweise außerdem auch aluminothermisch hergestellt. Im letzteren Fall, aber auch bei Sonderverfahren im Elektroofen, sind sie fast kohlenstofffrei. *Ferroaluminium,* 10 – 20% Al, kein C. – *Ferronickel,* 50% Ni, 0,6% C. – *Ferrochrom,* 45 – 65% Cr, dabei aber 8,6 – 5% C. Dies ist Ferrochrom *carburé,* aber auch Ferrochrom und Ferromangan *affiné* (gereinigt) und *suraffiné* herstellbar mit nur 0,04% C. *Ferrowolfram* 65 – 84% W, 0,4 – 3,3% C (Kohlenstoffgehalt wechselnd). – *Ferromolybdän,* normal 52% Mo, 1,8% C, raffiniert nur 0,3% C, hochprozentig mit 75 – 85% Mo, dabei 3 – 6% C. – *Ferrovanadin,* 30 – 50% V, dabei 1 – 3% C. – *Ferrotitan,* 32% Ti, 3,2% C, aber auch schon mit 56% Ti, 0,5% C dargestellt. – *Ferrophosphor,* 15 – 25% P. Der Restbestandteil der Legierungen ist in der Hauptsache Eisen.

5. Der Stahlformguß

Begriff: Als „Stahlguß“ wird gegossener unlegierter oder niedrig legierter Stahl bezeichnet.

Normung. DIN 1681 enthält die in Tabelle I.16 angegebenen 11 Marken.

Die DIN 17 245 (Warmfester Stahlguß) enthält die Marken GS – C 25, GS – 22 Mo 4, GS – X 22 CrMoV 12 1. Außer den Werten für Zugfestigkeit (450 – 800 N/mm²), Streckgrenze (bei 200 ... 500 °C), Bruchdehnung und Kerbschlagzähigkeit sind auch noch Werte der 1%-Zeitdehnungsgrenze und der Zeitstandfestigkeit (bei 400 ... 550 °C) angegeben.

Tabelle I.16. Stahlguß (DIN 1681)

Stahlgußsorte Kurzname	Zugfestigkeit N/mm²	Streckgrenze N/mm²	Bruchdehnung ($L_0 = 5d_0$) %	Brucheinschnürung %
GS-38	380	190	25	35
GS-38.3				
GS-45	450	230	22	30
GS-45.3				
GS-52	520	260	18	25
GS-52.3				
GS-60	600	300	15	–
GS-60.3				
GS-62	620	350	15	–
GS-62.3				
GS-70	700	420	12	–

Hochlegierter Stahlguß. Durch höheren Zusatz von Mangan, Nickel, Chrom, Molybdän, Vanadin usw. erhält man gegenüber dem unlegierten Stahlguß – entsprechend wie beim legierten Stahl (Sonderstahl) – verbesserte Festigkeitseigenschaften. Manganhartstahlguß mit 1,0 – 1,4% C und 10 – 14% Mn hat hohe Verschleißfestigkeit, Chromstahlguß mit 13 – 18% Cr ist rostfrei und warmfest (bis 850 °C), mit 20 – 25% Cr und 4 – 16% Ni hitzebeständig (bis 1100 °C), zur Ni-Ersparnis Cr-Mn-Si-Stahl (12 – 15% Cr, 10 – 15% Mn, 1 – 2% Si), hitzebeständig bis 950 °C. Siehe auch Stahleisen-Werkstoffblätter 410 (Nichtrostender Stahlguß) und 471 (Hitzebeständiger Stahlguß). Die Angaben dieser Blätter entsprechen etwa den Angaben in Tabelle I.12 über „Nichtrostende und hitzebeständige Stähle". – Gefügebilder über ungeglühten und geglühten Stahlguß s. Tafel II, Abb. 9 und 10.

6. Das Gußeisen

Begriff: „Grauguß" ist ein Eisenwerkstoff mit meist mehr als 2,06% C, von dem ein größerer Teil im Gefüge als Graphit vorhanden ist, der dem Bruch eine hell- bis dunkelgraue Farbe gibt (nach DIN 1691 „Gußeisen mit Lamellengraphit" genannt).

Normung des Graugusses (s. Tabelle I.17). Nach dem Verwendungszweck wurde bisher unterteilt: *Normaler Grauguß* (ausreichend für die allgemeinen Zwecke des Maschinenbaus), *hochwertiger* Grauguß (für hochbeanspruchte Teile), *Sondergrauguß* (nur für Ausnahmefälle) und *Grauguß mit besonderen magnetischen Eigenschaften* (in einer Sondertafel der DIN 1691 angegeben). Die Güteklassen sind in erster Linie nach der Zugfestigkeit eingeteilt. Besonders ist aber noch zu berücksichtigen, daß die Gefüge- und Festigkeitseigenschaften des Gußstücks außer von der chemischen Analyse auch von den Erstarrungs- und Abkühlungsverhältnissen und somit von der Wanddicke abhängen. In DIN 1691 sind zur Kennzeichnung dieser Verhältnisse außer den „Hauptproben" von 30 mm Rohdurchmesser auch „Sonderproben" von 13, 20 und 45 mm Durchmesser angegeben. In Anlehnung an die Arbeiten für die ISO-Empfehlung „Grey Cast Iron" sieht der Normentwurf 7 Sorten vor mit Zugfestigkeiten von 100 – 400 N/mm². Das Kurzzeichen GGL setzt sich zusammen aus gegossen (G), Gußeisen (G), und lamellar (L).

Zur Ermittlung der Zugfestigkeit dienen je nach Vereinbarung angegossene oder getrennt gegossene Probestücke in Form von Stäben, Leisten oder Platten. Für einen *Biegeversuch* sind Rundstücke aus der gleichen Gießpfannenfüllung zu gießen, die für das Gußstück verwendet wird. Für die Form des Probestabes und die Durchführung des Zug- und Biegeversuches gelten DIN 50 109 und 50 110. Die Dichte von Grauguß ist bei Gewichtsrechnungen normal mit $\varrho = 7{,}2\ g/cm^3$ einzusetzen (bei dünnwandigem Grauguß mit 7,4). – Hochwertiger Grauguß hat eine Kerbzähigkeit von 3,50 – 4,00 J/cm² und eine Brinellhärte von 170 – 225. Normaler Maschinenguß hat nur eine Brinellhärte bis 120. Gußeisen hat gegenüber Stahl eine geringere Kerbempfindlichkeit bei schwingender Beanspruchung und eine größere Dämpfungsfähigkeit.

Einfluß der Eisenbegleiter. Abgesehen von dem anschließend behandelten hochwertigen Gußeisen hält man den Gehalt an *Kohlenstoff* zwischen 3,0 und 4,0% und sucht allgemein den großblättrigen, die Festigkeit vermindernden Graphit durch fein zerteilten zu ersetzen. *Silizium* bildet leicht mit dem Eisen das Eisensilizid FeSi und gibt damit den Kohlenstoff als Graphit frei. Diese Wirkung des Si auf die Gra-

Tabelle I.17. Gußeisen mit Lamellengraphit, Grauguß (Auszug aus DIN 1691)

Kurzzeichen (Sorte)	Rohdurchmesser des Probestücks mm	Zugfestigkeit mindestens N/mm²
GGL-10	30	100
GGL-15	13	230
	20	180
	30	**150**
	45	110
GGL-20	13	280
	20	230
	30	**200**
	45	160
GGL-25	13	330
	20	280
	30	**250**
	45	210
GGL-30	20	330
	30	**300**
	45	260
GGL-35	20	380
	30	**350**
	45	310
GGL-40	**30**	**400**
	45	360

phitausscheidung steigt bis etwa 2,7% Si und nimmt darüber hinaus wieder ab. *Mangan* vermindert die Graphitbildung, erhöht dementsprechend die Härte und auch die Schwindung. Man hält daher den Mangangehalt meist unter 1,0%. *Phosphor* fördert zunächst die Graphitbildung ($Fe_3C + P = Fe_3P + C$), wenn auch nicht in dem Maße wie Silizium; das Eisenphosphid Fe_3P bildet aber sodann mit Eisen ein *Phosphideutektikum* (mit 10,2% P, Schmelzpunkt 1000 °C) und mit Eisen und Kohlenstoff ein ternäres Phosphideutektikum, „Steadit" genannt (mit 6,85% P und 1,75% C, Schmelzpunkt 950 °C). Infolge des niedrigen Schmelzpunktes dieser Eutektika macht Phosphor das Gußeisen dünnflüssig, gibt ihm aber gleichzeitig damit zähe, schlecht bearbeitbare und die Festigkeit vermindernde Bestandteile. Gehalt an P daher auch bei Ofen- und Kunstguß nicht über 1,3%, bei hochbeanspruchten Gußstücken unter 0,5%. *Schwefel* ist im Gußeisen als Mangansulfid (Schwefelmangan,

MnS) oder als Eisensulfid (Schwefeleisen, FeS) gebunden. Das MnS schwimmt, infolge seines hohen Schmelzpunkts von 1490 °C, fest auf dem flüssigen Eisen und verbrennt zu MnO und SO_2. Das FeS dagegen bleibt infolge seines Schmelzpunktes von rund 1200 °C auch nach der Erstarrung im Gußeisen als selbständiger, die Sprödigkeit und Härte erhöhender Gefügebestandteil. Schwefel vermindert außerdem die Graphitbildung, erhöht die Schwindung und die Dickflüssigkeit und muß daher möglichst unter 0,1% gehalten werden. Die Gußeisenentschweflung wird mit Hilfe von Entschweflungsbriketts zweckmäßig im Vorherd des Kupolofens durchgeführt. Ein *Gußeisen ist gut* zerspanbar, wenn es mindestens 3,5% C, 2 – 3% Si, unter 0,5% P und möglichst wenig Mn und S (bei fein verteiltem Graphit) hat. Weichglühen (bei 800 °C) ist vorteilhaft, setzt aber die Festigkeit um 30% herab.

Beständigkeit gegen Säuren, Hitze, Korrosion. Mäßige Säurebeständigkeit erhält man durch mäßigen Mangan- und Phosphor- und möglichst niedrigen Schwefelgehalt, sowie durch Zusatz von 0,3 – 0,5% Nickel. *Hochsäurefest* sind Gußlegierungen mit 12 – 18% Si (Thermisilid), die nur noch durch Schleifen bearbeitet werden können. *Hitzebeständig* wird der Guß durch niedrigen Phosphorgehalt und Zusatz von Chrom (bis zu 35%). Chrom bildet sehr wärmebeständige Karbide. *Korrosionsbeständig* ist insbesondere Niresit (mit Zusätzen von 5 – 35% Ni, bis 8% Cr, 2 – 16% Cu, bis 3% Al bei 3 – 10% Mn); es hat auch einen guten Verschleißwiderstand und Volumenbeständigkeit bis 800 °C.

Das Wachsen des Gußeisens. Es handelt sich hierbei zunächst um einen Zerfall des Eisenkarbids bei höherer Temperatur (über etwa 600 °C) in seine Bestandteile Eisen und Graphit bzw. Temperkohle. Die hierdurch hervorgerufene Volumenzunahme beträgt jedoch im Höchstfall 1%. Die Ausscheidung des Graphits verursacht eine Auflockerung des Gefüges, die die Vorbedingung für den zweiten Vorgang ist, für die Oxidation und Korrosion des Eisens, Siliziums usw. Das zweite Wachsen kann unter Umständen mehrere Prozente ausmachen. Silizium begünstigt das Wachsen stark, weniger der Kohlenstoff, Mangan wirkt entgegengesetzt. Neben niedrigem Si- und C- und höherem Mn-Gehalt des Gußeisens ist wichtig ein dichtes Gefüge mit fein verteiltem Graphit (z. B. der anschließend behandelte „Perlitguß").

Perlitguß [I.27]. Als hochwertiges Gußeisen ist seit langem der *Zylinderguß* bekannt, dessen dichtes Gefüge und gute Festigkeitseigenschaften man durch niedrigen C- und Si-Gehalt (2,5 – 3,1% C und 1,0 – 1,6% Si), verhältnismäßig hohen Mn-Gehalt (0,7 bis 1,2%) und niedrigen P-Gehalt (unter 0,35%) bei möglichst niedrigem S-Gehalt erreichte. Das Perlitgußverfahren stammt von *Diefenthäler* und *Sipp* (Firma Lanz, Mannheim) aus dem Jahre 1916. Die chemische Zusammensetzung des Gusses war z. B. 3,25% C, 1,1% Si, 0,8% Mn. Hieraus hergestellte Abgüsse würden bei gewöhnlicher Abkühlung weiß erstarren. Erwärmt man aber vor dem Guß die Formen, so erhält man durch die Verzögerung des Erstarrungsvorgangs und infolge des niedrigen C- und Si-Gehalts des Gußeisens ein perlitisches Grundgefüge mit wenig Graphitabscheidung (s. auch Tafel III, Abb. 13).

Maurer-Schaubild. Im Jahre 1924 trug *Maurer* die Gefügebestandteile des Gußeisens in 3 Gruppen in ein Schaubild ein (Abb. I.76), dessen eine Achse den C-Gehalt und dessen andere den Si-Gehalt angibt, weil C und Si das Entstehen der Gefügebestandteile (Eisenkarbid, Graphit, Perlit, Ferrit) entscheidend beeinflussen. Stahl mit 1% C und 2% Si (Punkt B des Schaubilds) erstarrt noch mit Sicherheit ohne Graphitausscheidung, ein Siliziumstahl mit 7% Si (Punkt C) wird dagegen kein Eisenkarbid mehr enthalten, also ferritisch (Gefügebestandteile Graphit und Ferrit) erstarren.

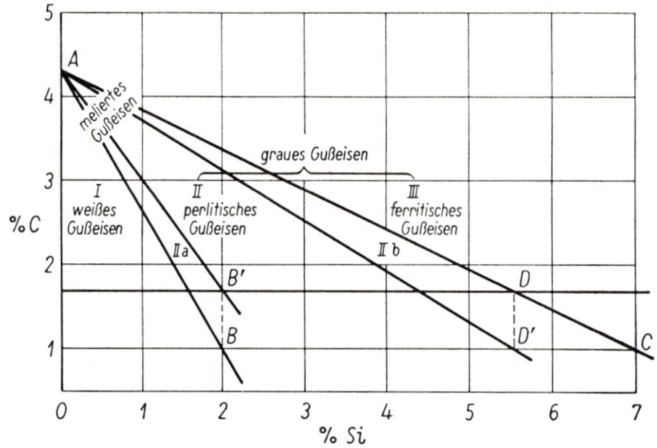

Abb. I.76. Gußeisenschaubild von *Maurer*.

Mit steigendem C-Gehalt werden sich diese Grenzvorgänge schon bei niedrigeren Si-Gehalten abspielen; es ergeben sich Grenzlinien von den Punkten B und C aus, die Maurer bei Punkt A, dem eutektischen Punkt des Eisen-Kohlenstoff-Schaubilds (mit 4,3% C) zusammenlaufen läßt. AB und AC teilen die ganze Bildfläche in 3 Felder. I, II und III. Übergangsfelder II a und II b werden dadurch gekennzeichnet, daß B auf eine Waagerechte durch 1,7% C (Punkt B′) und der Schnittpunkt derselben Waagerechten mit AC, der Punkt D, auf BC projiziert wird (Punkt D′). Die Linien AB′ und AD′ vervollständigen dann das Schaubild; Feld II a entspricht etwa dem Gefüge des Tempergusses. Innerhalb des Feldes B′AD′ (oberhalb B′D) ergibt sich mit Sicherheit *perlitisches Gefüge* mit wenig Graphitabscheidung und in der Höhenlage von 1,7 – 3,0% C ein Feld des Gußeisens von höchster Festigkeit. Grundlegende Änderungen dieses Schaubildes sind bisher nicht erforderlich gewesen.

Greiner und *Klingenstein* haben noch ergänzend festgestellt, daß das Maurer-Schaubild zunächst nur für normale Abkühlungsgeschwindigkeiten gilt, daß aber die Abkühlungsgeschwindigkeit wesentlich durch die Wanddicke des Gußstücks beeinflußt wird. Dementsprechend stellten sie noch ein Zusatzschaubild auf, dessen eine Achse die Wanddicken und dessen andere den C + Si-Gehalt angibt. Dieses Zusatzschaubild gibt in Verbindung mit dem Maurer-Schaubild den besten Überblick über das gesamte Gußeisengefüge.

Graphitverfeinerung. Aufgrund umfangreicher Versuche konnte *Schütz* bereits 1925 feststellen, daß sich mit den gebräuchlichen Gattierungen bei Verwendung von 3,0 – 3,5% Si und schneller Abkühlung (Kokillenguß) der freie Kohlenstoff fein verteilt als *Graphiteutektikum* (Mischkristalle mit 1,4% C und Graphit) abscheiden ließ und einen Guß von hoher Festigkeit ergab. Weitere Untersuchungen, insbesondere von *Piwowarsky* und *Hanemann* (1926 – 1930), zeigten sodann noch, daß bei genügender *Schmelzüberhitzung* (bis etwa 1425 °C) die Graphitkeime, die zur Bildung des groben Graphits führen, weitgehend zerstört werden und beim Erstarren alsdann eine fein verteilte Graphitausscheidung zu erlangen ist. Die planmäßige Überhitzung ist daher allein oder in Verbindung mit den vorher erwähnten Verfahren für die Erzeugung hochwertigen Gußeisens sehr wertvoll.

Neuere Entwicklungen. Die Verminderung der Festigkeitseigenschaften des Gußeisens durch die Kerbwirkung des Graphits wurde weiterhin in Amerika durch Impfung kohlenstoffärmeren Gußeisens mit graphitisierenden Mitteln (z. B. Kalzium-Silizium) in der Pfanne bekämpft (Meehanite-Guß).

Dabei wird die Graphitausscheidung in der Graugußschmelze so gesteuert, daß sie in graupeliger Form gleichmäßig verteilt in der perlitischen Grundmasse auftritt.

Meehanite ist verschleißfest und hat eine höhere Dauerfestigkeit und Kerbschlagzähigkeit als der übliche Grauguß. Er kann gehärtet, vergütet und durch Legieren mit korrosionshemmenden Eigenschaften versehen werden. Wenn keine nennenswerte Dehnung verlangt wird, kann er Stahlguß ersetzen. Auch für Gußstücke mit großen Querschnittsunterschieden geeignet, frei von Rissen und Lunkern. In England wurde ein nadeliger Grauguß entwickelt mit 2,7% C, 1,6 – 2,6% Si, 0,6 – 0,9% Mn und unter je 0,15% P und S, sowie unter Zusatz von 0,5 – 4% Ni, bis 1,5% Cu, bis 0,3% Cr und 0,7 – 1% Mo. Infolge dieser Legierungsbestandteile wird bei der Abkühlung nur ein Teil des Austenits umgewandelt, wobei sich der Ferrit nadelförmig ausscheidet (Zugfestigkeit 400 – 550 N/mm²). Viel bedeutsamer aber dürfte die Entwicklung des *Gußeisens mit Kugelgraphit* sein.

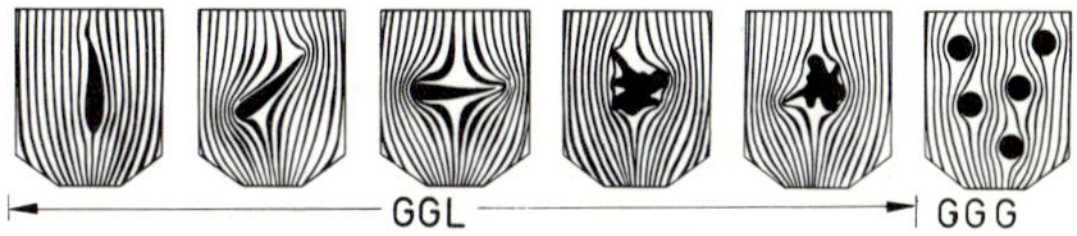

Abb. I.77. Spannungsbilder.

Gußeisen mit Kugelgraphit. Man hat erkannt, daß gegenüber der im Grauguß im allgemeinen vorkommenden Form des lamellaren (streifigen, blättrigen) Graphits nur der kugelige Graphit die für den Spannungsverlauf günstigste Form darstellt (Abb. I.77) und damit eine bedeutende Erhöhung der Festigkeitseigenschaften ermöglicht (s. Tafel III, Abb. 14). Die Zusammensetzung des Gußeisens soll 3,2 bis 3,8% C, 2,7 – 1,8% Si, etwa 0,3% Mn, unter 0,2% P und unter 0,09% S sein. Dazu kommt nach englischen Versuchen ein Pfannenzusatz von etwa 0,5% Ce (Cer), bzw. nach amerikanischen Versuchen ein Zusatz von etwa 0,5% Mg im Mittel. Erreichbar sind dann Zugfestigkeiten von 550 – 850 N/mm² bei 2 – 6% Bruchdehnung. Durch Glühen geht die Zugfestigkeit auf 450 – 550 N/mm² herunter, dagegen wird die Streckgrenze sehr ausgeprägt, und die Bruchdehnung steigt auf 12 – 20% (Kerbzähigkeit 20 – 60 J/cm², Brinellhärte 280 – 320 im Gußzustand und 140 – 180 geglüht). Die Wirkung des Ce-, bzw. Mg-Zusatzes ist noch nicht näher geklärt, beide wirken karbidstabilisierend und entschwefelnd. Für deutsche Verhältnisse – das Verfahren war in Deutschland, durch Versuche von *Adey* (1937/38) an der T. H. Aachen, in seinen Grundzügen bekannt – kommt nur der billigere Mg-Zusatz in Frage, dazu gegebenenfalls noch einige durch Impfung graphitisierende Pfannenzusätze.

Aufgrund bereits vielfacher Anwendung ist in DIN 1693 die Normung dieses hochwertigen Gußeisens vorgesehen. Die Bezeichnung „Gußeisen mit Kugelgraphit" wurde anstatt „Sphärolithisches Gußeisen" oder „Sphäroguß" oder „Kugelgraphitguß" usw. gewählt. Das Kurzzeichen GGG setzt sich zusammen aus Gußeisen (G), gegossen (G) und globular (G). Weiteres s. Tabelle I.18.

Auch die Walzbarkeit (Warmverformbarkeit) des Gußeisens ist nach deutschen und ausländischen Versuchen gegeben, besonders bei Gußeisen mit Kugelgraphit. Vergleichende Dämpfungskurven zeigt Abb. I.78.

Tabelle I.18. Gußeisen mit Kugelgraphit (DIN 1693)

Sorte Kurzzeichen	Zugfestigkeit σ_B N/mm² mindestens	Streckgrenze σ_S N/mm² mindestens	Bruchdehnung σ_5 % mindestens	Gefüge
GGG-45	450	350	5	vorwiegend ferritisch
GGG-38	380	250	17	vorwiegend ferritisch
GGG-42	420	280	12	vorwiegend ferritisch
GGG-50	500	350	7	ferritisch/perlitisch
GGG-60	600	420	2	ferritisch/perlitisch
GGG-70	700	500	2	vorwiegend perlitisch

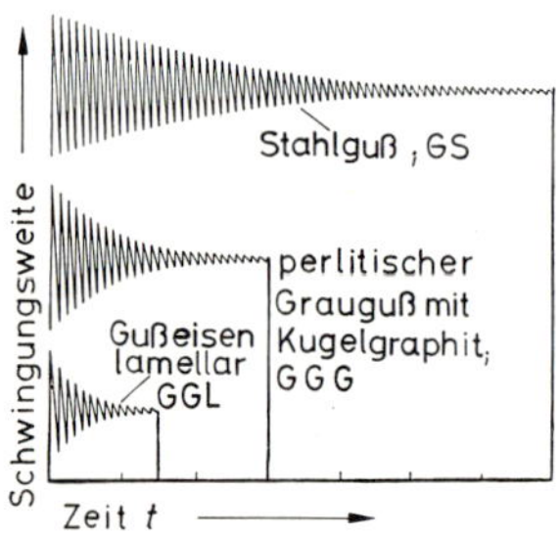

Abb. I.78. Dämpfungskurven einiger Eisenlegierungen (Auswertung von Versuchen nach *G. D. Galloway*).

7. Der Temperguß

Begriff: Temperguß ist ein Eisen-Kohlenstoff-Gußwerkstoff, dessen Zusammensetzung so eingestellt ist, daß das Gußstück graphitfrei erstarrt, d. h. daß der gesamte Kohlenstoff als Eisenkarbid (Zementit) vorliegt. Der Temperrohguß wird dann zum Zerfall des Eisenkarbids einer Glühbehandlung unterworfen, und zwar entweder in entkohlender Atmosphäre geglüht (weißer Temperguß, GTW) oder in neutraler Atmosphäre (perlitischer Temperguß, GTP oder schwarzer Temperguß, GTS).

Normung: DIN 1692 enthält auch den perlitischen Temperguß, der in neuerer Zeit erheblich an Bedeutung gewonnen hat. Sein Gefüge (Perlit + Temperkohle) wird durch Luft- oder Öl-Vergütung erreicht. Das Bruchaussehen ist schwarz bis grau. Beim schwarzen Temperguß ist das Bruchaussehen schwarz, das Gefüge be-

Tabelle I.19. Temperguß (DIN 1692)

Sorte Kurzzeichen	Durchmesser des Probestabes mm	Zugfestigkeit N/mm^2 mindestens	0,2-Grenze N/mm^2 mindestens	Bruchdehnung ($L_0 = 3d$) % mindestens	Brinellhärte höchstens
GTW-35	12	350	–	4	220
GTW-40	12	400	220	5	220
GTW-45	12	450	260	7	200
GTW-55	12	550	360	5	240
GTW-65	12	650	430	3	270
GTW-S 38	12	380	200	12	200
GTS-35	12	350	200	12	bis 150
GTS-45	12	450	300	7	160 – 200
GTS-55	12	550	360	5	180 – 220
GTS-65	12	650	430	3	210 – 250
GTS-70	12	700	550	2	240 – 270

steht aus Ferrit und Temperkohle. Beim weißen Temperguß ist das Gefüge abhängig von der Wanddicke. Die Randzone ist weiß (Ferrit). Nach dem Kern hin kommen Perlit und Temperkohle vor, damit dort graues bis schwarzes Gefüge (s. auch Tafel III, Abb. 15 und 16).

Zu Tabelle I.19 ist noch zu bemerken: Die DIN-Norm ist weiter unterteilt nach Durchmessern des Probestabes (9 – 12 – 15 mm). In der Tabelle sind nur die Mittelwerte (für 12 mm Stabdurchmesser) angegeben. Der GTW-S-38 ist besonders für Festigkeitsschweißungen geeignet (S = Schmelzschweißbar).

Einzelheiten über Zusammensetzung, Erschmelzen des Rohgusses, Formherstellung, Schwindmaß, Abgießen, Temperprozeß, Tempergluhöfen, ggf. nachträgliche Wärmebehandlung sowie Schweißen, ferner Anwendungsbeispiele siehe III A.

Fragen zu Kapitel I.D.

1. Zeigen Sie die Entwicklungstendenzen der modernen Stahlproduktion auf!
2. Worin besteht der Unterschied zwischen der Regenerativ- und der Rekuperativfeuerung?
3. Wie entsteht beim Stahl der Kalt-, Blau-, Warm- und Heißbruch und wie läßt sich die Stahlschädigung mit Hilfe der Legierungstechnik vermeiden?
4. Wie wirken sich die Elemente B, C, O, H, N auf die Eigenschaften des Stahls und deren Änderungen als Funktion der Zeit aus?
5. Wie ändern die Legierungselemente Ni, Co, Mn, Cr, Al, Ti, Si, Mo, V, W das Zustandsschaubild $Fe - Fe_3C$ im Hinblick auf das γ-Gebiet und welche technologischen Eigenschaftsänderungen der Stähle sind zu erwarten?
6. Warum werden die Elemente S, P und N im normalen Baustahl als schädlich angesehen, in ganz bestimmten Stählen jedoch in gewissem Grade zulegiert?
7. Worin liegt der Grund für die Flockenbildung und die Beizblasenbildung beim Stahl?

8. Welche Vor- und Nachteile zeigen beruhigte und unberuhigte Stähle im Gefügeaufbau, in Anwendung und Weiterverarbeitung?
9. Welche Möglichkeiten der Stahleinteilung bestehen von der chemischen Zusammensetzung, vom Verwendungszweck, den technologischen Eigenschaften und der Herstellungsart bzw. sind nach DIN gegeben?
10. Warum kann Stahlguß trotz seiner hohen Festigkeit GGL, GGG, GTS und GTW nicht in allen Fällen ersetzen?
11. Worauf beruht die Warmhärte der Schnellstähle?

E. Die Nichteisenmetalle und ihre Legierungen [I.28]

1. a) Kupfer [I.29, 30, 39]

Vorkommen: Gediegen hochrein, abbauwürdig jedoch nur in Michigan (USA). *Kupfererze:* Sulfidisch: Kupferkies ($Cu_2 \cdot Fe_2S_3$) wichtigstes Kupfererz; Kupferglanz (Cu_2S) ebenfalls wichtig; Buntkupfererz (Cu_3FeS_3). Oxidisch: Rotkupfererz (Cu_2O). Karbonatisch: Malachit ($CuCO_3 \cdot Cu(OH)_2$); Kupferlasur ($2\,CuCO_3 \cdot Cu(OH)_2$).

Größte z. Z. abgebaute Lager in USA (Arizona, Montana), Chile, Sambia u. in Europa auf Karelischer Landenge (UdSSR). Deutsche Vorkommen sehr gering ($\approx$0,3% Welt), hauptsächlich bei Mansfeld (Mansfelder Kupferschiefer, daraus $\approx$90% ges.-deutscher Bergwerksproduktion). **Welt-Bergw.-Prod. 1972** $\approx$7,0 Mill. t Cu-Inhalt, davon USA $\approx$46%, Chile 10% u. UdSSR $\approx$14%, Nord-Rhodesien 12,75%, Kanada $\approx$14%; Gesamt-Deutschland nur 0,05% (3300 t). Dagegen auf Welt bezogen 9,8% ges.-deutscher Raffinade-Cu-Verbrauch ($\approx$762 100 t), davon BRD 88,4%, DDR 11,6%. – Geförderte Erze enthalten je nach Herkunft nur 2 ... 7,5% Cu, daher Aufbereitung zu Konzentraten mit 20 ... 35% Cu.

Gewinnung: Sie richtet sich nach den überwiegend vorkommenden sulfidischen Erzen, deren S durch Rösten z. T. entfernt wird; die übrigen Erze werden an entsprechender Stelle der Verarbeitung zugesetzt.

Rösten der Konzentrate in Schacht-, Flamm- oder Drehöfen. Die Fe-S-Verbindungen des Erzes geben ihren S ab (z. B.: $FeS_2 + O_2 = FeS + SO_2$; und $2\,FeS + 3\,O_2 = 2\,FeO + 2\,SO_2$); SO_2 wird zu H_2SO_4 weiterverarbeitet.

Reduzieren durch Niederschmelzen mit C im Schachtofen oder mit reduzierenden Flammgasen im Flammofen, wobei Rösterz in „Rohstein" (Kupferstein) mit 35 ... 45% Cu und je 25 ... 30% Fe und S übergeht. Die frühere Weiterverarbeitung über Konzentrationsstein (Spurstein) zu Schwarzkupfer mit 90 ... 95% Cu ist heute durch Verblasen des Rohsteins im Konverter (Abb. I.75) ersetzt, wobei Fe und S verschlackt bzw. entfernt werden. Konverterkupfer mit 96 ... 98% Cu bedarf noch einer Raffination.

Raffinieren: *1. Feuerraffination* im Schmelzfluß (oxidierendes Schmelzen), dabei Hauptverunreinigungen oxidiert und entfernt. Restliches SO_2 durch Dichtpolen (da dann blasenfreier Guß) durch Eintauchen frischer Weichholzstämmchen entfernt.

Dann Hauptmenge des Cu_2O durch Desoxidation mit Phosphorkupfer beseitigt und Restmenge durch Zähpolen (Durchführung wie Dichtpolen) entfernt. Schmelzabdeckung dabei

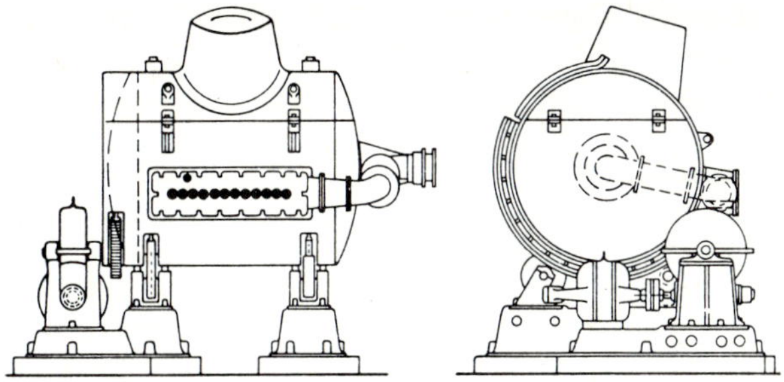

Abb. I.79. Kupferkonverter zum Verblasen von Kupferstein („Rohstein"), erhalten durch Reduktion der Erze mit C im Schachtofen.

mit Holzkohlegries. Ergebnis: *Raffinadekupfer* (A-Cu bis F-Cu, bei sorgfältiger Raffination auch E-Cu nach DIN 1708, Tabelle I.20) mit 99,5 ... 99,90% Cu.

2. Elektrolyse: Gußanoden aus möglichst Cu mit $\geqq$99,0 Cu werden im Bad aus 12 ... 20%iger $CuSO_4$-Lösung + 4 ... 10% H_2SO_4 bei 100 ... 200 Amp/m² und 0,1 ... 0,3 Volt der Elektrolyse unterworfen, wobei Cu an Blechkathoden aus KE-Cu (in Sonderverfahren auf Kohle niedergeschlagen) abgeschieden wird. Verunreinigungen gehen größtenteils in Lösung bzw. in den Bodenschlamm; daraus gewonnenes Au, Ag, Se u. Te decken Kosten der Elektrolyse; Verwendung nur genügend edelmetallhaltiger Cu-Sorten! Als Kathoden-Kupfer gehandelt: KE-Cu (Tabelle I.20). Nach Umschmelzen ohne Schmelzabdeckung, um richtigen O_2-Gehalt (0,02 ... 0,04%) des zähgepolten Cu zu erhalten: E-Cu (Tab. I.20), d. h. Cu für Leitzwecke d. E-Technik.

Zwischen sorgfältig feuerraffiniertem hochleitfähigen Cu und umgeschmolzenem KE-Cu besteht nur unwesentlicher Unterschied; auch el. Leitfähigkeit ist bei beiden $\geqq$ 58 m/Ω · mm².

Eigenschaften: (Siehe auch Normgüten Tabelle I.20).

Allgemeines: Nach Ag höchste el. Leitfähigkeit aller Metalle; hohe Wärmeleitfähigkeit (6mal von Fe, fast 2mal von Al); gut korrosionsbeständig; auch bei tiefsten Temperaturen gut geschmeidig und schlagzäh, sehr gut kalt und warm umformbar; sehr gut löt- und schweißbar; mit den meisten Metallen wertvolle Legierungen bildend; vielseitig färbbar [Tab. I.21]

Dichte $\varrho = 8{,}93$ g/cm³; Schmelzpunkt 1083 °C; Siedepunkt $\approx$2500 °C; el. Leitfähigkeit $\approx$58 [m/Ω · mm²]; Wärmeleitfähigkeit 394 W/km; lin. Wärmeausdehnung $\approx 17 \cdot 10^{-6}$ [cm/cm · °C].

Kerbschlagzähigkeit normalisierten Knetkupfers bei 80 ... 140 J/cm²; Wechselfestigkeit bei 70 N/mm².

Technologische Eigenschaften: Fast jede Warm- und Kaltumformung durchführbar. Drähte bis 0,003 mm Φ ziehbar. Im Versprödungsbereich 300 ... 750 °C Umformung vermeiden! Warmumformung bei 800 ... 900 °C, Rekristallisationsglühen nach Kaltumformung bei 450 ... 650 °C, Normalisieren 1 h bei 650 °C. Durch Abschrecken aus Rotglut in H_2O wird es besonders weich und geschmeidig. – Kupfer ist nur bei Einhalten besonderer Maßnahmen gut gießbar; jedoch Formfülligkeit nur mäßig (einfache Formen!). – Gut weich und hart lötbar, durch die meisten Verfahren (ausgenommen Arcatom) recht gut schweißbar (jedoch O_2-freies Cu zweckmäßig); durch el. Trennschneiden und Oxyarc-Verfahren und Plasmabrenner nicht aber autogen (wegen zu großer Wärmeleitfähigkeit) trennbar.

Korrosionsverhalten: Gegenüber Atmosphärilien Bildung schützender grüner Patina („Edelrost"): $CuCO_3 \cdot Cu(OH)_2$, basisches Kupferkarbonat, evtl. vermengt mit basischem Sul-

Tabelle I.20. Kupfer, gemäß DIN 1708, Jan. 1973 (mit Ergänzungen)

Kurzzeichen	Zusammensetzung in Gew. %	Eigenschaften und Verwendung
Kathodenkupfer [1])		
KE-CU	Cu $\geqq$ 99,90	Kathoden-Elektrolytkupfer/elektrolytisch raffiniert/$\lambda_{el} \geqq 58{,}0$ m/Ω mm^2 (weich), hoch, für Schmelzungen hoher Reinheit, insbes. wenn Leitfähigkeit nach VDE-Vorschrift [1]) verlangt; für Cu-Leg. mit > 60%
Sauerstoffhaltiges Kupfer [2])		
E1-Cu 58 E2-Cu 58	Cu $\geqq$ 99,90 Sauerstoff 0,005 bis 0,0040	E1-Cu 58 elektr., E2-Cu 58 feuerraffiniert, $\lambda_{el} > 58$ m/Ω mm^2 (weich) Für Metallguß, Cu > 60%, Walz-, Preß- und Gesenkschmiedeerzeugnisse [Stangen, Rohre u. a. Protile, Bänder, Bleche]
E-Cu 57		$\lambda_{el} > 57$ m/Ω mm^2, sonst wie E1-Cu 58 und E2-Cu 58
F-Cu		wie E1-Cu 58, E2-Cu 58, E-Cu 57 für geringere Ansprüche
Sauerstofffreies Kupfer [3])		
OF-Cu	Cu $\geqq$ 99,95%	nicht desoxidiert, für hohe Anforderungen, kaum im Vakuum verdampfende Elemente enthalten
SE-Cu SW-Cu SF-Cu	Cu $\geqq$ 99,95% P 0,003 bis 0,040	Für Feuerbuchsen, Stehbolzen u. Apparatebau, Rohre, Walz-, Preß- und Gesenkschmiede-Erzeugnisse

[1]) Enthält noch $\approx$0,035% Si, $\approx$0,0025% S und $\approx$0,003% Ag.
[2]) Ohne Anforderungen an Schweiß- und Hartlötbarkeit.
[3]) Sauerstofffrei heißt frei von an Cu gebundenen Sauerstoff; Sauerstoff kann z. B. an Si als SiO_2 gebunden sein. Damit unempfindlich gegenüber H_2-haltigen Flammengasen beim Gasschmelzschweißen und Flammen-Hartlöten.

fat und in Meeresgegenden mit Chlorid. – Gegenüber Feuerungsgasen bis 750 °C gut beständig, darüber starke Zunderung; ab 1000 °C Einwandern von O_2 längs der Korngrenzen („verbranntes" Cu). In reduzierender H_2-haltiger Atmosphäre über 500 °C entsteht bei O_2-haltigem Cu „Wasserstoffkrankheit": $Cu_2O + H_2 = 2\,Cu + H_2O$; entstehender H_2O-Dampf reißt Cu auf (Blasenbildung, Schweißrisse u. a.). – Sehr gut beständig gegen Wasser und Dampf; nur Wasser mit aktiver CO_2 (in statu nascendi) und Meerwasser greifen mehr oder weniger an. – Oxidierende Säuren greifen stark an (z. B. HNO_3), nicht oxidierende Säuren (HCl, H_2SO_4 u. a.)

Tabelle I.21. Festigkeitseigenschaften

Reinkupfer	Gegossen	Knetzustand	
	mindestens	weich, normalisiert (1 Std./650 °C), mindestens	kalt verfestigt ¼ hart bis extra hart
Festigkeit σ_B N/mm²	150 ... 200	210 ... 240	300 ... 440
Streckgrenze $\sigma_{0,2}$ N/mm²	–	40 ... 80	200 ... 390
Bruchdehnung δ%	25 ... 15	50 ... 35	25 ... 2
Brinellhärte *HB*	50	40 ... 50	75 ... 90

dagegen nur bei Anwesenheit von O_2 über Cu_2O und CuO. Gegen Basen und Salze allgemein beständig. Schwefel greift stark an. Essigsäure bildet „Grünspan", Wein- und Fruchtsäuren bilden ähnliche grüne Verbindungen an der Luft-Flüssigkeitsgrenze. Öle und Kraftstoffe greifen nur an, wenn sie S-haltig sind. Acetylen bildet mit Cu unter Druck hochexplosibles Kupferacetylit, daher Cu-Teile für C_2H_2 unter Druck verboten.

Korrosionsschutz wegen allgemein guter Beständigkeit nur in Sonderfällen erforderlich, z. B. in der Nahrungsmittelindustrie durch galvanische oder besser Feuer-Verzinnung (Heißverzinnung).

Färbung (15 Hauptverfahren mit Abwandlungen) soll bestimmtes Oberflächenaussehen bewirken, Korrosionsschutz jedoch meist nur mäßig. Besonders wertvoll ist künstliche Patina (Grüntönung) durch Einwirkung von Kupfernitrat („Nitrapatina"), die wegen schuppigen Aufbaus auch guten Korrosionsschutz aufweist.

Verwendung: Bestimmend sind die erwähnten allgemeinen Eigenschaften. Hauptanwendungsgebiete sind:

1. Elektrotechnik: ≈50% des Weltkupferverbrauchs für Leitzwecke: Draht, Seil, Profile, Reinkupfer-Gußteile. Fast gesamtes Leitkupfer der E-Technik ist feuerraffiniert und zähgepolt.
2. Legierungen: Cu ist Grundmetall für Messinge (dafür ≈30% des Weltverbrauchs), Bronzen, Rotguß, Neusilber. Als Zusatzmetall dient es in Al-, Zn-, Fe-, Sn-, Pb-Legierungen u. a. (siehe die betr. Legierungen!).
3. Maschinen- und Apparatebau: Als Wärmeaustauscher für Kocher, Pfannen, Heiz- und Kühlschlangen, Rohrleitungen, Lötkolben; für Massivdichtungen (f. Hochdruckleitungen, Dieselzylinderköpfe), Kupfer-Asbestdichtungen (Ottomotoren).
4. Im Bauwesen bei hochwertiger Ausführung als Dach- und Gesimsabdeckung, Regen-Rinnen und -Fallrohre.
5. Als Plattierwerkstoff zur Walzplattierung von Stahl und Aluminium („Cupal") als Korrosionsschutz und für Sonderzwecke.
6. Als Hartlot zum Auflöten von Schnellstahl- und Hartmetallplättchen auf Werkzeugträger.

1. b) Kupferlegierungen

DIN 1718 (Nov. 1959) enthält Begriffsbestimmungen. – Man unterscheidet Bronzen, Rotguß, Messinge und Neusilber.

Bronzen. (Bz): Cu $\geqq$ 60% + ein oder mehrere Hauptlegierungszusätze, aber nicht überwiegend Zn (sonst Sondermessing genannt). Benennung vornehmlich nach Hauptzusätzen.

Mehrstoff-Zinnbronze weist auf Zinn als Hauptlegierungsbestandteil neben weiteren Zusätzen zweitrangiger Bedeutung hin. Gelegentlich noch Bezeichnung nach Verwendungszweck: Leitbronze, Elektrodenbronze. – „Sonderbronzen" als Sammelbezeichnung für alle Bronzen außer Zinnbronze ist vielfach noch üblich, in der neueren Normung jedoch vermieden; sie gestatten oft völlige Einsparung des teuren Sn und haben wertvolle Sondereigenschaften, die den SnBz oft fehlen. Die wichtigsten Bronzen sind folgende:

Zinnbronzen: Cu + 1 ... 20 (25)% Sn, selten mehr; meist desoxidiert mit Phosphorkupfer (Cu + $\approx$14% P), wobei verbleibender P-Restgehalt 0,1 ... 0,5% als Cu_3P, dann international als *„Phosphor-Bronzen"* bezeichnet. (P zählt jedoch hier nicht als Legierungselement!) – Zustandsschaubild Cu-Sn Abb. I.28.

Rest-P-Gehalt liegt als sprödhartes Cu_3P im Gefüge vor, daher bei Knetbronzen P oft unter 0,1% erwünscht, während Gußbronzen bis 0,5% vertragen. P beseitigt σ_B- und δ-vermindernde SnO_2-Häutchen („Zinnsäurekrankheit") aus der Schmelze, liefert daher zähfeste Bronzen bester Formfülligkeit, Gußdichtheit und Korrosionsbeständigkeit. – Gußbronze mit Sn 20 ... 25% (*Glockenbronze*) zeigt weißgrauen Bruch infolge ($\alpha + \delta$)-Eutektoid-Ablagerung an Korngrenzen durch Kristallseigerung; bearbeitete Fläche messinggelb; sehr hart und spröde. – Als galvanische Überzüge: Cu + 10% Sn als Schutzüberzug für Stahlteile und als Unterschicht vor dem Verchromen statt Ni; ferner Cu + > 40% Sn („Speculum", Spiegelbronze), silberfarben, hochanlaufbeständig u. sehr hart, für optische Spiegel, Tafelgeschirr, Schmuckteile. – Gefügebild einer G-CuSn 10: Tafel IV, Abb. 22.

Eigenschaften: Mit Sn-Gehalt steigend gute chem. Beständigkeit und Verschleißfestigkeit (besser als SoMs); hohe Zähigkeit der Knetbronzen; bei höherem Sn-Gehalt sehr gute Lagerlaufeigenschaften für höchste Belastung; walzhart sehr gut federelastisch; Knetbronzen (Sn bis 10%) mit zunehmendem Sn-Gehalt, besonders ab 6%, schlecht bis fast nicht mehr warmumformbar (Rotbruch), aber gut kaltumformbar; Sn-reiche Knetzinnbronzen daher aus Gußzustand kalt umgeformt, z. B. „Caro"-Bronzerohre für Gleitlager ($\sigma_B = 390$ ... 690 N/mm² bei $\delta = 75$ ... 5%). S und S-haltige Stoffe greifen wie bei Cu an. – Normung: Knetlegierungen DIN 17 662 (Dez. 1967), Gußlegierungen DIN 1705 (Juni 1973), sowie Verwendung: Tabelle I.22.

Rotguß (Rg), (Tabelle I.22) Cu + 3 ... 11 Sn + 2 ... 7 (10) Zn, meist 1 ... 6 Pb. – Sparlegierung. – Neuerdings noch $\approx$1% Ni zur Kornverfeinerung und Zähigkeitserhöhung.

Zn verbessert Gießeigenschaften, setzt Empfindlichkeit der Schmelze gegen Aufnahme von Sauerstoff herab, verbessert Anbinden bei Ausguß mit Weißmetall und verbilligt, allerdings auf Kosten von σ_B, δ, Warmfestigkeit und Lagerlaufverhalten; letzteres für mittlere Beanspruchung recht gut, verbessert durch Pb, das auch Gießbarkeit und Zerspanbarkeit begünstigt. – Rg kann auch als Mehrstoff-Zinnbronze bezeichnet werden. Normung nach DIN 1705 Juni 1973. Verwendung siehe Tabelle I.22.

Kupferreiche Sonderbronzen (hochfeste Kupferlegierungen) mit Cu $\geqq$95% + geringen Zusätzen Si, Mn, Mg, Ni, Sn, Cd, Cr u. a., einzeln oder zu mehreren.

Zum Teil aushärtbar, gut schweißbar, weich gut kalt umformbar wie α-Ms, gut warmfest und gut el. leitfähig. Hierher gehören die Leitbronzen (Tabelle I.23), früher genormt nach DIN 1726. – Ni + Si ergibt Aushärtbarkeit („Kuprodur", „Mandura" u. a.). Tab. I.23 a.

Silizium-Bronzen (SiBz) (Tabelle I.23). Si desoxidert stark, daher SiBz gut gießbar, zäh, fest, sehr gut korrosionsbeständig. Zusätzlich Mn verbessert Widerstand gegen Verschleiß und Korrosion, erhöht σ_B vor allem in der Wärme, daher meist vorhanden.

Mangan-Bronzen MnBz (Tabelle I.23). Mn desoxidert ähnlich Si, schneller als Ni Leitfähigkeit-verringernd und Cu entfärbend. Gut warm- und kaltumformbar, stark kalt zu verfestigen, sehr gut warmfest, weich lötbar, sehr korrosionsbeständig. Bei 10 ... 15% Mn hoher spez. el. Widerstand (Widerstands-Legierungen, z. B. „Manganin").

Für Maschinenbauzwecke „Isimabronze" (5 Mn, 2 Si) mit hoher Beständigkeit gegen aggressive Wässer, Ersatz für SnBz. Als Formguß liefern MnBz gute, Sn-freie Gleitlager (Isima-Gußbronzen). Fast alle MnBz treten als Mehrstoffbronzen auf; bei Zusatz von 9 ... 10% Al aushärtbar. – 60 Cu/20 Mn/20 Ni nach Kaltverfestigung ausgehärtet: $\sigma_B \approx 1700\ N/mm^2$; $HV \approx 500$. – „Durochron" (40 Cu/30 Mn/30 Ni) kaltverfestigt nach Aushärtung $\sigma_B \approx 1900\ N/mm^2$; $HV \approx 580$.

Beryllium-Bronzen (BeBz): Cu + 0,6 ... 2,75% Be (0,5 Ni zur Kornverfeinerung u. Zähigkeitsverbesserung) als Guß- und Knetbronze. Vgl. Tab. I.23 a, DIN 17 666!

Hoch aushärtbar durch Ausscheidung von Cu_2Be. Früher (DIN 1726) genormt BeBz 2 mit 1,8 ... 2,1% Be, kaltumgeformt und ausgehärtet $\sigma_B = 1400 \ldots 1500\ N/mm^2$, $\sigma_{02} \approx 1300\ N/mm^2$, $\delta = 2 \ldots 1\%$, $HV \approx 400$, el. Leitfähigkeit 10 bis 20 $[m/\Omega \cdot mm^2]$, warmfester als Cu, gut wärmeleitend. – Durch „Übervergüten" und Hartziehen kann bei Drähten $\sigma_B \geqq 1700\ N/mm^2$ bei $\delta \approx 2\%$ und $\varkappa = 15$ erhalten werden. – *Anwendung* für hochbeanspruchte Spiral- und Blattfedern (DIN 1780), auch für Stromleitung, funkenfreie Werkzeuge von Stahlhärte, Backen und Elektroden für Schweißmaschinen, hoch beanspruchte Kollektor-Lamellen, Fahrdraht el. Bahnen, Antennen von Schnellbooten, Sonderlager, verschleißfeste Getriebeteile, unmagnetische Wälzlager, Kunststoff-Preßformen u. ä. – Durch Zusatz von Zr, Cr, Si, Co, Ag, Fe und Mn kann teilweise das teure Be eingespart werden (Hessenbruchsche Legierungen).

Bleibronze und Zinn-Bleibronze (siehe Tabelle I.23) G-CuPb: Cu $\geqq 60\% + 18 \ldots 28\%$ Pb (u. U. bis 35%), mit kleinen Zusätzen bis höchstens 3% (Ni, Sn, P, Fe, S, Ag). G-CuPbSn: Außer Cu noch 5 ... 28% Pb, 10 ... 4% Sn mit kleinen Zusätzen Ni, Zn, Fe, Sb. – Normung: DIN 1716.

Eigenschaften: Höchste Wärmeleitfähigkeit aller Gleitlagerwerkstoffe. Dichte $\rho = 8{,}9 \ldots 9{,}7\ g/cm^3$; Wärmedehnzahl $18 \ldots 19 \cdot 10^{-6}$; $E \approx 90\,000\ N/mm^2$. Härtere Sorten haben schlechte Einlauf-, aber gute Notlaufeigenschaften. Besonders für dynamische Belastung und stoßartigen Betrieb (Dieselmotor) geeignet, dort 3 ... 5fache Lebensdauer der Sn-reichen Weißmetalle. Hinsichtlich Belastbarkeit Mittelgruppe zwischen G-CuSn bzw. gezogener CuSn8 (z. B. „Carobronze") einerseits und Sn-reichen Weißmetallen andererseits, sind aber den CuSn in der Wärmeleitfähigkeit weit überlegen. Korrosionsverhalten sehr gut, daher auch in der Chemotechnik verwendet. Weiteres siehe unter „Gleitlager-Werkstoffe".

Aluminiumbronzen (siehe Tabelle I.24). Cu $\geqq 70\% + 3 \ldots 14\%$ Al und bei CuAl Zusätze von Fe, Mn, Ni, Si u. a., jedoch kein Zn. Über 10% Al nicht mehr umform-

(Fortsetzung siehe Seite 137)

Tabelle I.22. Knet- und Gußzinnbronzen; Rotguß (Auszug aus DIN 17662, Dez. 1967 und DIN 1705, Juni 1973 [7]) mit Ergänzungen

	Kurzzeichen	Zusammensetzung % (Cu = Rest)				Festigkeitseigenschaften (Richtwerte) [1]			Besondere Eigenschaften (nicht in DIN 17662 u. 1705)	Verwendungs-Richtlinien (mit Ergänzungen gegenüber DIN)
		Sn	Zn	Pb	P	[5]) $\sigma_B \frac{N}{mm^2}$	δ_5 %	HB 10		
Knet-Zinnbronzen (DIN 17662)	CuSn 2 (SnBz 2)	1,5 ... 2,5	0,3	0,05	≦0,3	a 270 b 480	48 3	66 120	sehr gut kalt- und gut warm umformbar $\varkappa > 30$ [m/Ω mm²][2])	Schrauben, Federn, auch für Stromleitzwecke der E-Technik (hohe Strombelastbarkeit), Rohre f. Wärmeaustauscher
	CuSn 6 (SnBz 6)	5,5 ... 7,5	0,3	0,05	≦0,4	a 370 b 660	58 6	80 165	gut kalt, nur mäßig warm umformbar $\varkappa = 10 ... 20$ [m/Ω mm²] [2]) $E = 115000$ N/mm²	Federn [5]) aller Art, auch f. Stromführung, Bourdonrohre, Membranen, stoßbeanspruchte Zahnräder, Rohre, Metalltücher, nichtmagnet. Teile von Bildröhren
	CuSn 8 (SnBz 8)	7,5 ... 9	–	0,05	0 ... 0,1	a 400 b 720	75 5	90 210	gut kalt-, sehr schlecht warm umformbar. Beste Lagerlaufeigenschaften $E = 115000$ N/mm²	ferner für: Teile der chem. Industrie, stranggepreßte und kalt nachgezogene Rohre für hochbeanspruchte Lager [3]), Warmpreßteile

	CuSn 6 Zn (MSnBz 6)	5 ... 7	5 ... 7	–	≦0,1	a 390 b 700	52 7	85 185 (früher Rotmetall 5 (Rm 5) nach DIN 1726)	befriedigende Lagerlaufeigenschaften sehr gut kalt umformbar $E = 110000\ N/mm^2$	Federn [6]) aller Art, Membranen, Gleitorgane nicht zu hoher Beanspruchung
Guß-Zinnbronzen	G-CuSn 20 G-SnBz 20 [7])	20 ... 22	–	–	(mit P desoxidiert)	150 ... 220	≈0 ... 1	170 ... 200	hoch reibverschleißfest, sehr hart u. spröde, nicht für Schlag- u. Stoßbeanspr.	Glocken, Teile mit höchstem Reibungsdruck (Spurlager, Verschleißplatten, Schieberspiegel)
Guß-Zinnbronzen	G-CuSn 12 (G-SnBz 12)	11 ... 13	0,5	1,0	bis 0,4	260	12	80	zähhart, verschleißfest, meerwasserbeständig, gute Bruchdehnung	Hochbeanspruchte Schnecken- und Schraubenräder, unter Last bewegte Spindelmuttern (auch Verbundguß-Ausführung) Kuppelsteine u. -stücke

[1]) aus DIN 17 662 Entw. (Jan. 1954) a = weich geglüht; b = federhart gewalzt; c = hartgewalzt (gezogen); z. Z. gültige DIN 17 662 v. Juli 1962 ohne diese Werte. – [2]) $\varkappa$ = elektr. Leitfähigkeit = $1/\sigma$ – [3]) Handelsmarken: Caro-Bronze, Volvitbronze, Durana Regula, Nida-Bronze u. a. – [4]) in Klammern: $\sigma_{0,2}$ [N/mm^2] – [5]) $\sigma_{0,2}$ siehe Normblatt! – [6]) DIN 1780 (Juli 1956) ... Cu-Leg. f. Blattfedern (Lieferbedingungen) – [7]) **Nachtrag zu Tabelle I.22**: In Neuausgabe DIN 1705 wurde G-SnBz 20 gestrichen, da zunehmend Einzwecklegierung für Glockenguß.

Fortsetzung Tabelle I.22. Knet- und Gußzinnbronzen; Rotguß (Auszug aus DIN 17 662, Dez. 1967 und DIN 1705, Juni 1973 [7]) mit Ergänzungen

	Kurzzeichen	Zusammensetzung % (Cu = Rest)				Festigkeitseigenschaften (Richtwerte) [1])			Besondere Eigenschaften (nicht in DIN 17 662 u. 1705)	Verwendungs-Richtlinien (mit Ergänzungen gegenüber DIN)
		Sn	Zn	Pb	P	[5]) $\sigma_B \frac{N}{mm^2}$	δ_5 %	HB 10		
Guß-Zinnbronzen	G-CuSn 12 (GZ-SnBz 12)	11 ... 13	0,5	1,0	bis 0,4	280	5	90	günstigere Festigkeit als Sandguß, porenfrei, sonst wie G-CuSn 12; Gleitlager-Spitzendr. p bis 12 000 N/cm²	Hochbeanspruchte, schnellaufende Schneckenräder, bes. im Kraftfahrzeug- und Schlepperbau; Kurbel- u. Kniehebellager, Spindelmuttern, Kuppelsteine u. -stücke
	G-CuSn 10 (G-SnBz 10)	9 ... 11	0,5	1,0		270	18	70	sehr gute Bruchdehnung, gut schlagzäh	Leit- und Laufräder, Gehäuse für Pumpen und Turbinen, säurebeständige Armaturen, stoßbeanspruchte Schnecken- und Zahnräder, Ventilsitzringe

Rotguß (DIN 1705)	G-CuSn 10 Zn (Rg 10) (GZ-Rg 10)	9 ... 11	≈4 (1 ... 3)	–	Wegen Zn ist P-Desoxidation entbehrlich, wenn Sn klein. P bis 0,05	250 ... 280 (120 ... 140) [4] 270 ... 300 (150 ... 170) [4]	18 ... 10 10 ... 8	65 ... 90 85 ... 95	hart, meerwasserbeständig, gute Lagerlaufeigensch., gut reibverschleißfest, verbessert durch schnelle Gußerstarrung (p bis 5000 N/cm²)	Höherbeanspruchte Armaturen, Gleitlagerschalen, Buchsen, Schneckenräder mit geringer Gleitgeschwindigkeit, Schiffswellenbezüge, Kalander- und Papier-Walzenmäntel, Gleitplatten, Kuppelstücke
	G-CuSn 5 ZnPb (Rg 5) (GZ-Rg 5) Schleuderguß)	5 ... 6,5 (4 ... 6)	≈7 (4 ... 6)	4 ... 6		200 ... 240 (80 ... 100) [4] 250 ... 300 (80 ... 120) [4]	18 ... 10 20 ... 12	60 ... 80 75 ... 85	gut gießbar, weich u. bedingt hart lötbar, meerwasserbeständig, weniger reibverschleißfest als G-CuSn 10 Zn; stark verbessert durch schnelle Gußerstarrung, daher Kokillen- und Schleuderguß zu bevorzugen	Armaturen für Wasser und Dampf bis 225 °C, Lokomotiv-Verbund-lagerschalen und -Gleitplatten, mäßig beanspruchte Gleitlager, dünnwandige, verwikkelte Gußstücke. Normal und höher beanspruchte Gleitlager, Schiffswellenbezüge, Schleifringe, Ventil-Sitzringe. – Für Gleitlager an Stelle von G-CuSn 10 Zn

[1]) aus DIN 17662 Entw. (Jan. 1954) a = weich geglüht; b = federhart gewalzt; c = hart gewalzt (gezogen); z. Z. gültige DIN 17662 v. Juli 1962 ohne diese Werte. – [2]) $\varkappa$ = elektr. Leitfähigleit = $1/\sigma$ – [3]) Handelsmarken: Caro-Bronze, Volvitbronze, Durana Regula, Nida-Bronze u. a. – [4]) in Klammern: $\sigma_{0,2}$ [N/mm²] – [5]) $\sigma_{0,2}$ siehe Normblatt! – [6]) DIN 1780 (Juli 1956) ... Cu-Leg. f. Blattfedern (Lieferbedingungen) – [7] **Nachtrag zu Tabelle I.22:** In Neuausgabe DIN 1705 wurde G-SnBz 20 gestrichen, da zunehmend Einzwecklegierung für Glockenguß.

Tabelle I.23. Kupferreiche Sonderbronzen, Siliziumbronzen, Manganbronzen, Bleibronzen und Zinn-Bleibronzen (s. auch Tab. I.23 a!)

Normbezeichnung (Handelsname)	Kurzzeichen	Zusammensetzung: Cu in %	Zusammensetzung: Legierungs-Zusätze in %	Zustand [3]	Festigkeitswerte: σ_B in N/mm²	Festigkeitswerte: δ_5 in %	Festigkeitswerte: HB 10	Besondere Eigenschaften	Verwendungs-Richtlinien	
Bronze I	CuCd 1	Rest	0,9 – 1,3 Cd	–	400 – 600	–	–	$\varkappa \leqq 48$ [1])	E-Cu u. Bronze II	Fernmelde-Freileitungen, Kontakte, Federn hoher Strombelastung, Backen und Elektroden von Schweißmaschinen
Bronze II	CuMg 0,4	Rest	0,3 – 0,5 Mg	–	400 – 600	–	–	$\varkappa \leqq 48$ [1])	genügt nicht	
Bronze III	CuMg 0,7	Rest	0,5 – 0,8 Mg	–	600 – 1000	–	–	$\varkappa \leqq 36$	Kürzere Leitungen	
Co-Be-Sonderleitbronze	CuCoBe (Entw. DIN 17666)	Rest	2,0 ... 2,8 Co 0,4 ... 0,5 Be	a	–	–	–	wenig aushärt. ($\varkappa \approx 52$) [1]) warmfest bis 350 °C	Elektroden für Schweißmasch., Elektr. Kontakte	
Chrom-Leitbronze	CuCr	Rest	0,3 ... 1,2 Cr	a	400 – 600	–	–	wenig aushärtend, viel verschleißfester als Cu	Stromleitschienen; $\varkappa \approx 50$ [1])	
Chrom-Beryllium-Leitbronze	–	Rest	$\approx$2,5 Cr; $\approx$0,5 Be	w h k + a	300 ... 350 $>$ 550 bis 750	$\approx$35 $\approx$ 6 $\approx$15	$\approx$ 75 $\cong$ 140 bis 190	$\varkappa = 15,4$ $\varkappa = 13,3$ $\varkappa = 25$ Warmfest bis 350 °C; gut warmverschleißf	Elektr. bzw. Backen v. Widerstands-Schweißmasch. f. Punkt-, Naht- u. a. Schweißmasch.	

„Kuprodur“ A u. B (O. K. D.) (Osnabr. Kupfer- u. Drahtwerke)	entspricht etwa CuNi 2 Si (DIN 17666)	97 ... 98	1 ... 2 Ni (1,1 ... 1,6) 0,5 ... 1 Si (0,4 ... 0,8) ≈0,12 Fe (mind. Ni : Si = 4 : 1; Si kann höher liegen)	w k + a	250 ... 350 500 ... 800	40 ... 30 15 ... 8	50 ... 70 130 ... 210	aushärtbar, warmfest, korrosionsbeständig, gute Lagerlaufeigenschaften	Schwinglager, Ventilbüchsen, Schrauben u. Muttern hoher Warmfestigkeit, Klemmen d. E-Technik, Teile f. Wärmeaustauscher, Rohrleitungen
Siliziumbr. 2 ≡ „Cusimabronze“	CuSi 2 Mn (SiBz 2) (frühere DIN 1726)	Rest	1,5 ... 3,5 Si bis 1 Mn	w ff	≧340 ≧850	≧48 ≧ 3	(60) (180)	$\varkappa$ = 4 ... 6 [1]) hochkorrosionsbeständig	Chemotechnik, stromführende Federn, Metalltücher, Armaturen, Turbinenschaufeln, Ritzel
„Everdur“ (USA) (Guß)	–	94 ... 96	3 ... 4,5 Si 0,5 ... 1,5 Mn evtl. 0 ... 1 Zn	Guß	300 ... 350	35 ... 20	70 ... 90	Wärmeleitf. ≈1/10 von Cu; gut schweißbar	Feste und korrosionsbeständige Gußteile E = 87200 N/mm²
„Everdur A“ (USA) (Knetleg.)	–	96	3́ Si, 1 Ni	w h	300 ... 420 670 ... 1020	85 ... 50 15 ... 5	≈ 80 ≈210	(Profil, Blech, Draht), gut schweißbar, korr.-beständiger als Cu	hochfeste und korrosionsbeständige Teile; Anwendung ähnlich CuSi 2 Mn
Manganbr. 1	CuMn 2	Rest	0,5 ... 1 Mn	w h k + a	≈280 ≈420 ≈400	≈30 ≈ 6 ≈17	≈ 60 ≈105 ≈110	Sehr gut tiefziehbar; ausgehärtet warmf. b. 400 °C	Teile für Glas-Metall-Verschmelzung von Elektronenröhren

Fußnoten siehe Seite 134.

Fortsetzung Tabelle I.23. Kupferreiche Sonderbronzen, Siliziumbronzen, Manganbronzen, Bleibronzen und Zinn-Bleibronzen (s. auch Tab. I.23 a!)

Normbezeichnung (Handelsname)	Kurzzeichen	Zusammensetzung		Zustand [3]	Festigkeitswerte			Besondere Eigenschaften	Verwendungs-Richtlinien
		Cu in %	Legierungs-Zusätze in %		σ_B in N/mm²	δ_5 in %	HB 10		
Manganbr. 14 ≡ „Novokonstant B“ (Vereinigte Deutsche Metallwerke)	CuNi 20 M 10	Rest	~20 Ni ~10 Mn	–	nicht festgelegt			$\varrho = 0{,}50$ [2]) $\alpha = -0{,}000025$ [5]) lötbar	Widerstandsdraht WM 50 (DIN 46460), Teile elektr. Masch., wenn $\varkappa = 2$ verlangt. Federn in aggressiven Wässern (Ersatz f. CuNi 44 („Konstantan“)
Mehrstoff-Manganbronze 12 ≡ „Manganin“	CuMn 12 Ni (frühere DIN 1726)	Rest	12 (... 15) Mn 2 (... 4) Ni	–	nicht festgelegt			$\varrho = 0{,}43$ [2]) $\alpha = 0{,}00001$ [5]) (nicht hoch erwärmbar)	Widerstände v. Meßbrücken u. Präzisionsmeßgeräten; Normal-Widerstände
Mehrstoff-Manganbronze 13 ≡ „Novokonstant A“ (Vereinigte Deutsche Metallwerke“)	CuM 12 NiAl (MMnBz 13) (frühere DIN 1726)	Rest	12Mn 3 Al bis 1 Fe	–	nicht festgelegt			$\varrho = 0{,}5$ [2]) $\alpha = -0{,}00002$ [5]) nicht weich lötbar	Widerstandsdraht WM 50 (DIN 46460) für Stark- u. Schwachstrom, wenn nicht weich zu löten ist (Ersatz für CuNi 44 „Konstantan“)

„Isima-Bronze“ (Knetleg.)	–	Rest	5 Mn; 2 Si 15 Mn; 2 Si	– –	500 ... 540 530 ... 750	38 ... 24 22 ... 11		gut warmfest, bei 400 °C $\sigma_B = 250$ hochwarmfest, bei 400 °C $\sigma_B = 300$	Feuerbuchs-Stehbolzen, Schmiedeteile mit hoher Wärmebeanspruchung (bei 15 Mn $\varrho \approx 0{,}5$ [2]) „Resistin“-Typ)
Guß-Bleibronze (DIN 1716, Juni 1973)	G-CuPb 22	69 ... 76	18 ... 23 Pb (2,5 Ni, 0,25 Fe 3,5 ... 5,5 Sn, 3 Zn)	Verbund-Guß	160	6	50	weich; ohne Wellen-Oberfl.-Härtung	Hochbeanspr. Gleitlager mit Stahlstützschale, Lager in Verbr.-Motoren
	G-CuPb 5 Sn	84 ... 87	4 ... 6 Pb 9 ... 11 Sn (1,5 Ni; 1 Zn; 0,25 Fe; 0,35 Sb)	Guß	240	15	70	mittelharte G-CuSnPb zäh, gute Gleiteigenschaften, gut korrosionsbeständig	Gleitlager m. höheren Flächendrükken, wenn Kantenpressung auftreten kann; Kalander- und Pleuellager, Lager f. Warmwalzwerke; säurebeständige Armaturen
	G-CuPb 10 Sn	78 ... 82	8 ... 11 Pb 9 ... 11 Sn (1,5 Ni; 1 Zn; 0,25 Fe; 0,5 Sb)	Guß	180	8	65 ... 70	mittelweiche G-CuSnPb sehr gute Gleiteigensch., gut verschleiß- und korrosionsfest	Gleitlager mit hohen Flächendrücken (bei Kantenpressung), wie hochbeanspruchte Kalander- und Fahrzeuglager u. a.; auch als Verbundgußwerkstoff

Fußnoten siehe Seite 134.

Fortsetzung Tabelle I.23. Kupferreiche Sonderbronzen, Siliziumbronzen, Manganbronzen, Bleibronzen und Zinn-Bleibronzen (s. auch Tab. I.23 a!)

Normbezeichnung (Handelsname)	Kurzzeichen	Zusammensetzung		Zustand[3]	Festigkeitswerte			Besondere Eigenschaften	Verwendungs-Richtlinien
		Cu in %	Legierungs-Zusätze in %		σ_B in N/mm²	δ_5 in %	HB 10		
Guß-Zinn-Bleibronze (DIN 1716, Juni 1973)	G-CuPb 15 Sn	75 ... 79	13 ... 17 Pb 7 ... 9 Sn (2,0 Ni; 3 Zn; 0,25 Fe; 0,5 Sb)	Guß	180	8	60 ... 65	weiche G-CuSnPb bes. gute Gleiteigenschaften; gut H_2SO_4-beständig	Lager f. Kaltwalzwerke ohne Weißmetalldeckschicht, säurebeständige Armaturen und Gußstücke, hochbeanspruchte Verbundlager
	G-CuPb 20 Sn	69 ... 77	18 ... 23 Pb 3,5 ... 5,5 Sn (2,5 Ni; 3 Zn; 0,25 Fe; 0,5 Sb)	Guß	160	6	50	weiche G-CuSnPb mit besten Gleiteigenschaften, höchste Flächendrücke bei niedr. Laufgeschwindigeit. Bes. g. Notlaufeigenschaften. Sehr korrosionsbeständig	Wegen schwieriger Vergießbarkeit nur, wenn G-CuPb 15 Sn nicht genügt. Lager f. Müllereimaschinen, Wasserpumpen, Kaltwalzwerke, hochbeanspruchte Verbundlager, Pleuellager. – Korrosionsbeständige Armaturen und Gußstücke

[1]) $\varkappa$ = El. Leitfähigkeit [m/Ω · mm²] = 1/ϱ; – [2]) ϱ = spez. el. Widerstand [Ω · mm²/m]; – [3]) w = weichgeglüht, k + a = kalt verfestigt und ausgehärtet, ff = doppelfederhart, h = hart (kaltverfestigt); – [4]) auch Magnesiumbronze genannt, soweit nur Mg als Leg.-Element; – [5]) α = Widerstands-Temperaturkoeffizient bei 20 °C.

Tabelle I.23a. Niedrig legierte Kupfer-Knetlegierungen nach DIN 17666 (Nov. 1970) Auszug mit zusätzlichen Bemerkungen. – (Weitere Cu-reiche Sonderbronzen, ergänzend zu Tab. I.23)

Gruppe	Kurzzeichen	Zusammensetzg. % (Rest Cu) [1] (Zul. Beimengung s. Normbl.!)	Besondere Eigenschaften Halbzeugarten [a ... g] [8] Verwendungshinweise bzw. Beispiele	
Nicht aushärtbare Legierungen	CuAg 0,03	Ag 0,025 ... 0,05	Sehr hohe Leitfähigkeit [2], erhöhte Rekristallisationstemperatur. Kommutator-Lamellen, Ankerwicklungen [a ... e, g]	
	CuCd 0,5	Cd 0,3 ... 0,8	Hohe Leitfähigkeit [3], mittlere σ_B [5], erhöhte Temp.-Beständigkeit. Freileitungen, Fahrdrähte (Bronze I, DIN 48200 u. 48300) [d, e]	
	CuCd 1	Cd 0,9 ... 1,3	Hohe Leitfähigkeit [3], mittlere σ_B [5], erhöhte Temp.-Beständigkeit. Elektroden für Schweißmaschinen [d, f, g]	
	CuCdSn CuMg 0,4	Cd u. Sn je 0,2 ... 0,8 Mg 0,3 ... 0,5	Hohe Leitfähigkeit [3], mittlere Zugfestigkeit [5]) Freileitungen, Fahrdrähte el. Bahnen (Bronze II nach DIN 48200 u. DIN 48300) [e]	
	CuMg 0,7	Mg 0,5 ... 0,8	Mittl. Leitfähigkeit [4], hohe σ_B [6]. – Freileitungen, Fahrdrähte el. Bahnen (Bronze III n. DIN 48200 u. 48300) [e]	
	CuMn 2 CuMn 5	Mn 1,5 ... 2,0 Mn 4,0 ... 5,0	Höhere Temperatur- u. Korrosionsbeständigkeit als Kupfer. – Für Sonderzwecke beim Bau chemischer Apparate [a, c, d]	
	CuSi 2 Mn	Si 0,8 ... 2,0 Mn 0,3 ... 0,7	Sehr gut schweißbar, hohe Temperatur- u. Korrosionsbeständigkeit, gutes Verhalten gegen Druckbeanspruchung	Schrauben, Bolzen, Muttern [a ... e]
	CuSi 3 Mn	Si 2,7 ... 3,6 Mn 0,5 ... 1,3		Bau chemischer Apparate [a ... e, g]
	CuTeP	Te 0,4 ... 1,1 sauerstofffrei	Hohe Leitfähigkeit [3]) gut schweißbar [c, d, f]	gute Zerspanbarkeit; bes. für Drehteile, spez. auch Automaten-Drehteile

Fußnoten siehe Seite 136.

Fortsetzung Tabelle I.23 a. Niedrig legierte Kupfer-Knetlegierungen nach DIN 17 666 (Nov. 1970). Auszug mit zusätzlichen Bemerkungen. – (Weitere Cu-reiche Sonderbronzen, ergänzend zu Tab. I.23)

	Kurzzeichen	Zusammensetzg. % (Rest Cu) [1]) (Zul. Beimengung s. Normbl.!)	Besondere Eigenschaften	Verwendungshinweise bzw. Beispiele	Halbzeugarten [a ... g] [8])
Aushärtbare Legierungen	CuBe 1,7	Be 1,6 ... 1,8; Σ (Ni + Co) 0,2 ... 0,6	Sehr hohe Zugfestigkeit [7])	Mittlere Leitfähigkeit [4]), erhöhte Temperaturbeständigkeit – Federn aller Art, Membranen, verschleißfeste Teile, nicht funkende Werkzeuge, auch Federdraht (DIN 17682)	[a, b, d, e]
Aushärtbare Legierungen	CuBe 2	Be 1,8 ... 2,1; Σ (Ni + Co) 0,2 ... 0,6	Sehr hohe Zugfestigkeit [7])	Mittlere Leitfähigkeit [4]), erhöhte Temperaturbeständigkeit – Federn aller Art, Membranen, verschleißfeste Teile, nicht funkende Werkzeuge, auch Federdraht (DIN 17682)	[a ... e]
Aushärtbare Legierungen	CuCoBe	Co 2,0 ... 2,8 Be 0,4 ... 0,5	Mittlere Leitfähigkeit [4]), hohe Zugfestigkeit [6])	Hohe Temperaturbeständigkeit. – Elektroden für Widerst.-Schweißmasch.	[a, b, d, e]
Aushärtbare Legierungen	CuCr	Cr 0,3 ... 1,2	Sehr hohe Leitfähigkeit [2]), mittlere Zugfestigkeit [5])	Hohe Temperaturbeständigkeit. – Elektroden für Widerst.-Schweißmasch.	[a ... g]
Aushärtbare Legierungen	CuNi 1,5 Si	Ni 1,1 ... 1,6 Si 0,4 ... 0,7	Hohe Zugfestigkeit [6]), mittlere Leitfähigkeit [4]). Schrauben, Bolzen, Freileitungsarmaturen		[b ... e]
Aushärtbare Legierungen	CuNi 2 Si	Ni 1,6 ... 2,5 Si 0,5 ... 0,8	Hohe Zugfestigkeit [6]), mittlere Leitfähigkeit [4]). Schrauben, Bolzen, Freileitungsarmaturen		[b ... f]
Aushärtbare Legierungen	CuNi 3 Si	Ni 2,6 ... 4,5 Si 0,8 ... 1,3	Hohe Zugfestigkeit [6]), mittlere Leitfähigkeit [4]). Schrauben, Bolzen, Freileitungsarmaturen		[c ... f]

[1]) wenn O_2 z. T. als Cu_2O gebunden, nicht gasschmelzschweißbar, jedoch mit Sonderverfahren (z. B. WIG, MIG u. a.) gut schweißbar.

[2]) $\varkappa > 48$;

[3]) $\varkappa > 36 \ldots 48$;

[4]) $\varkappa > 12 \ldots 36\,[\mathrm{m}/\Omega \cdot \mathrm{mm}^2]$;

[5]) $\sigma_B = 400 \ldots 600\ \mathrm{N/mm^2}$;

[6]) $\sigma_B > 600 \ldots 1000\ \mathrm{N/mm^2}$;

[7]) $\sigma > 1000\ \mathrm{N/mm^2}$.

[8]) DIN
[a] Bleche, [b] Bänder 17670
[c] Rohre 17671
[d] Stangen, [e] Drähte 17672
[f] Gesenkschmiedest. 17673
[g] Strangpreßprofile...............17674

Hinsichtlich niedrigen Legierungsgrads gehören auch folgende anderweitig genormte Cu-Legierungen hierher: CuZn 10 (DIN 17 660, Tab. I.25), CuSn 2 (DIN 17 662, Tab. I.24) u. CuNi 5 Fe (DIN 17 664) sowie CuAl 5 (DIN 17 665, Tab. I.22).

bar, daher nur für Guß. Zunehmend mit Al gute Korrosionsbeständigkeit, übertrifft die der SnBz oft wesentlich; chemisch beständigste Cu-Legierungen! Ferner gut verschleißfest bei relativ guten Verarbeitungseigenschaften und billiger als SnBz. – Normung: Gußleg. nach DIN 1714 (Juni 1973), Knetleg. DIN 17 665 (Dez. 1967).

E-Modul ≈120 000 N/mm²; Farbe hell- bis goldgelb. Wegen guter Kerbschlagzähigkeit bei Stoß und Schlag bewährt. Verbundguß mit Stahl und Stahl-Walzplattierung möglich. Weich- und Hartlöten über 6% Al schwierig. Übliches Schweißen wird mit zunehmendem Al-Gehalt schwieriger (Fe-Gehalt dann günstig), dann besser Argonarc-Verfahren. Gewisse G-CuAl-Mn für Gleitlager geeignet, gut verschleißfest, aber schlechte Einlauf- und Notlaufeigenschaften; mittlere bis geringe Gleitgeschwindigkeiten. – Al erhöht stark Zunderbeständigkeit; ab 6% Al zunderbeständig bis 800 °C. Einige der Ni-haltigen G-CuAl-Mn sind aushärtbar ($\sigma_B \approx 1000$ N/mm²; $\sigma_{0,2} \approx 700$ N/mm²; *HB* über 200). – G-CuAl-Mn der engl. Marine (10 Al, 2,5 Ni) hoch seewasserfest, beständig gegen Lochfraß und Kavitation.

Silberbronze AgBz (CuAg) der früheren DIN 1726 (2 ... 6 Ag, 0,5 ... 1,5 Cd), el. Leitf. ≧48 [m/Ω mm²]; für Elektroden el. Widerstandsschweißmaschinen.

„Silfos" (15 Ag, 5 P) als Gleitlagermetall. – Zu den Bronzen gehören auch ein Teil der Silberlote nach DIN 1734 (Juni 1944) f. Schwermetalle u. Eisenwerkstoffe, mit 8 ... 50% Ag, ferner zahlreiche Schmucklegierungen. – CuAg (DIN 17 666) siehe Nachtrag zu Tabelle I.23 in Tab. I.23 a.

Nickelbronzen (homogene Mischkristallreihe = 1. Erstarrungsfall, Abb. I.21 (Ni = 2 ... 45%). Sehr gut korrosionsbeständig, zähfest, bes. warmfest; Farbe ab 15% Ni weiß; allgemein gute Verarbeitbarkeit; schon 1,5% Ni verdoppelt Kerbschlagzähigkeit. Cu-Ni-Mn-Legierungen sind hoch aushärtbar. – Zwölf Nickelbronzen (CuNi 5 ... CuNi 44) genormt: DIN 17 664 (Dez. 1967).

Bis 2% Ni für warmfeste Stehbolzen und Rohre; 5 ... 10% Ni mit 1 ... 2 Fe („Kunifer") für Kondensatorrohre, Chemotechnik; neue Feder-Legierung: Cu/10 Ni/1,5 Si/4 Al als Ersatz f. d. teure CuBe 2; 20% Ni für Kondensatorrohre, Plattierzwecke und Münzen; 25% Ni für el. Widerstände ($\varrho = 0{,}33$), chem. Apparate, Münzen; Marinenickel („Adnic") mit 28% Ni, 1% Mn, 1% Sn, 0,5% Zn als Legierung im Schiffbau; 30 ... 32% Ni: Widerstandslegierung „Nickelin" ($\varrho = 0{,}4$ ... 0,44), auch für Kondensatorrohre und in der Chemotechnik (Guter Ersatz: CuNi 90/10 + 1,5 Fe). – International bekannte Widerstandslegierung „Konstantan" (CuNi 44, DIN 17 664) mit $\varrho = 0{,}5$ (WM 50), Temp.-Beiwert $\alpha = -3 \ldots 4 \cdot 10^{-5}$ je °C mit 43 ... 45% Ni, weich $\sigma_B \approx 500$ N/mm², $\delta \approx 30\%$, für Präzisions-, Anlaß- und Regelwiderstände, Heizgeräte, Thermoelemente usw. – NiFe (oder Co)-Mehrstoffbronzen ergeben zähe Dauermagnetlegierungen für Magnettondraht („Cunife" 20 Ni/20 Fe; „Cunico" 21 Ni/29 Co; „Magnetoflex" mit 12 bzw. 20 Ni, u. je 20 Fe). – „Rübelbronze" (18 ... 40 Ni, 25 ... 35 Fe, 6 ... 8 Al), ähnlich „Turbobronze", für korrosionsbeständige Maschinenteile in der Chemotechnik.

Neusilber (Ns): 70 ... 45 Cu, 11 ... 28 (33) Ni u. 11 ... 46 Zn. Bei niedrigeren Ni-Gehalten zu nickelartigem Messing bei niedrigeren Zn-Gehalten zu den Nickelmehrstoffbronzen zählend. Evtl. weitere Zusätze bis 0,4 Mn, 0,1 ... 5 Fe, bis 3 Pb (für Automatendrehteile) und 0,5 ... 2 Al.

Farbe je nach Zusammensetzung schwach gelblichgrün bis silberweiß (höherer Ni-Gehalt). *E*-Modul ≈140 000 N/mm²; im Bereich 18 ... 33% Ni Widerstands-Legierung ($\varrho = 0{,}3$ ... 0,5), z. B. „Rheotan", Nickelin-Neusilber, „Hawe 30" u. a. – Hinsichtlich Korrosions- und Hitzebe-

(Fortsetzung siehe Seite 142)

Tabelle I.24. Aluminiumbronzen: Knetleg. DIN 17665, Dez. 1967; Gußleg DIN 1714, Juni 1973 [Auszug mit Ergänzungen].

	Legierungsgruppe Benennung	Kurzzeichen [1])	Zusammensetzung Cu %	Zusätze % [2])	Festigkeitswerte σ_B N/mm²	δ_5 %	HB 10	Besondere Eigenschaften	Verwendungs-Richtlinien Beispiele
Knetlegierungen	Aluminiumbronze	CuAl 5 (AlBz 5)	92,5 bis 96	4 ... 6 Al (0,8 Ni; 0,4 As)	$\geqq 350$	$\geqq 10$	80	gut best. gegen Halogenide der Alkalien; Spannungsrißgefahr (Anlassen!) $\varrho = 8{,}2$	Chem. u. Kali-Industrie, Bergbau, Salinen, Kondensatorrohre, Bremsbänder; Federn wie bei CuSn 6. – Stangen, Bleche, Rohre, Drähte für Chemotechnik; $\varkappa \approx 8$
	[AlBz]	CuAl 8 (AlBz 8)	89 bis 93	7 ... 9 Al (0,5 Fe; 0,8 Ni; 0,8 Mn)	$\geqq 450$	$\geqq 30$	110	beständig gegen Meerwasser, Schwefel- und Essigsäure; besser best. als CuAl 5. $\varrho = 7{,}7$; $\varkappa \approx 7{,}7$	korr.-best. Schmiedestücke, Ventilsitzringe; Achsen, Wellen, Schrauben und Armaturen der Chemotechnik; Teile für Schiffbau und Grubenwasser; Stangen, Bleche, Bänder, Rohre, Drähte

Knetlegierungen	Mehrstoff-Aluminiumbronze	CuAl 8 Fe (AlBz 8 Fe)	86,5 bis 91	6,5 ... 9 Al; 1,5 ... 3,5 Fe (0,8 Ni; 0,8 Mn)	≧450	≧25	110	Gemeinsame Eigenschaften der CuAl. Sehr gute Meerwasser- und Korrosionsbeständigkeit Verschleißfestigkeit, Unempfindlichkeit gegen Erosion und Kavitation, Warmfestigkeit. (Werkstoffwahl entsprechend Betriebsbedingungen.) Dichte von oben nach unten: 7,7; 7,4; 7,5; 7,4; 7,4	Konstruktionsteile, z. B. Wellen, Kolbenstangen Spindeln, Bolzen, Schrauben, Muttern, Membranen unter Meerwasser. Verschleißbeanspruchte Teile, z. B. Getriebezahnräder, Schnecken und Schneckenräder, hochbelastete Lagerorgane (gute Schmierung!) – bes. bei Stoßbelastung –, Druckplatten, Gleitsteine, Büchsen, Wälzlagerkäfige. Gut warmfeste Teile, wie Ventilsitzringe, Heißdampfarmaturen. – Steuerteile der Hochdruckhydraulik. – Stangen, Profile, Rohre, Schmiedeteile.
		CuAl 10 Fe (AlBz 10 Fe)	80 bis 86,5	9 ... 11 Al; 1,5 ... 4 Fe; (1 Ni; 1,5 ... ... 3,5 Mn)	≧560	8	160		
		CuAl 9 Mn (AlBz 9 Mn)	86,5 bis 90	7,7 ... 9,7 Al; 1,5 ... 3,0 Mn (1 Fe, 0,8 Ni)	(≧560)	(8)	(160)		
		CuAl 10 Ni (AlBz 10 Ni)	79,5 bis 85	8,5 ... 10,5 Al; 3 ... 6 Ni; 2,5 ... 5,3 Fe (1,5 Mn)	> 560	8	160		
		CuAl 11 Ni (AlBz 11 Ni)	74 bis 78,5	10,5 ... 12,5 Al; 5 ... 7,5 Ni; 4,8 ... 7,3Fe (1,5 Mn)	(≧560)	(8)	(160)		

Fußnoten siehe Seite 141

Fortsetzung Tabelle I.24. Aluminiumbronzen: Knetleg. DIN 17 665, Dez. 1967; Gußleg. DIN 1714, Juni 1973 [Auszug mit Ergänzungen]

	Legierungsgruppe Benennung	Kurzzeichen [1])	Zusammensetzung		Festigkeitswerte			Besondere Eigenschaften	Verwendungs-Richtlinien Beispiele
			Cu %	Zusätze % [2])	σ_B N/mm²	δ_5 %	HB 10		
Gußlegierungen	Guß-Aluminiumbronze	G-CuAl 9 Ni (G-AlBz 9)	88 ... 92	8 ... 10,5Al (1 Ni; 1,2 Fe)	500	20	110	meerwasser- und korrosionsbeständig	Gußstücke für die chem. u. Nahrungsmittelindustrie; Armaturen usw.
	Guß-Eisen-Aluminiumbronze	G-CuAl 10 - Fe (G-FeAlBz)	83 ... 89,5	8,5 ... 11 Al, 2 ... 4 Fe (2,5 Ni, 1 Mn)	500	18	115	meerwasser- und korrosionsbeständig	Gußstücke für Schiffbau, chemische und Nahrungsmittel-Industrie, bes. säurebeständige Armaturen hoher Festigkeit
	Guß-Mangan-Aluminiumbronze	G-Cu-Al 8 Mn (G-MnAlBz)	82 ... 85	7 ... 9 Al, 5 ... 6,5 Mn, 1 ... 2 Ni (1,5 Fe)	440	18	105	verschleißfest, zäh, hoch korr.- u. meerwasserbeständig, kavitations- u. erosionsfest	$\varkappa \leqq 3$ m/Ω · mm² – Für Sonderzwecke im Maschinenbau, Schiffbau und chem. Industrie. Schiffschrauben, Turbinenschaufeln, Lauf- und Leiträder, Armaturen u. ä.

Gußlegierungen	Guß-Nickel-Aluminium-bronze	G-CuAl 9 Ni (G-NiAlBz)	82 ... 97	8,5 ... 10 Al 1,5 ... 4,0 Ni 2,0 ... 4,0 Fe (1,0 Mn)	500	20	110	hochfest, gute Meerwasser- u. Säurebeständigkeit. Sehr gut wechselfest, auch bei Korrosionsbeanspruchung. Hoher Widerstand gegen Kavitation und Erosion	Gußstücke für chem. u. Nahrungsmittel- sowie Ölindustrie, Bergbau, Schiffbau. Schnecken- u. Schneckenräder, Zahnräder, Schrauben- u. Kegelräder, Heißdampfarmaturen, Verschleißteile (z. B. Gleitbacken), Schiffschrauben
		G-CuAl 10 - Ni (G-NiAlBz)	76 ... 81	8,8 ... 10,8 Al 4,5 ... 6,5 Ni	600	12	140		
		GZ-CuAl 10 Ni (GZ-NiAlBz)		3,5 ... 5,5 Fe (2,5 Mn)	600	12	160		
		G-CuAl 11 - Ni (G-NiAlBz)	71 ... 78	9 ... 11,5 Al 5 ... 7 Ni 4 ... 6 Fe (2 Mn)	680	5	170		Wie vor, jedoch für höchsten Zahndruck bei guter Schmierung; Gleitlager hoher Stoßbelastung (Kurbel- u. Kniehebellager) für Lastspitzen bis $p = 25\ kN/cm^2$; Höchstdruckarmaturen der Hydraulik

[1]) alte Kurzzeichen, [2]) wichtigste max. zulässige Beimengungen

ständigkeit Mittelstellung zwischen Ni-Leg. und Ni-freien Cu-Legierungen. An Luft leichtes Anlaufen. Vorwiegend als Knetlegierung, auch als Formguß verwendet. Schweißen und Löten gut durchführbar; Verchromen und Versilbern („Christofle“, „Alfenide“) manchmal üblich. Allgemeine Bezeichnungen: „Alpaka“, „Chinasilber“, „Pakfong“, „German Silver“, u. a.

Verwendung: In der E-Technik für Widerstände unter 300 °C, darüber Gefahr des Zn-Ausdampfens (ϱ-Änderung)! Schaltfedern und Stecker; für sanitäre Anlagen; in der Architektur bes. zur Ausstattung von Wirtschaftsräumen, Läden u. a.; für Uhrenteile, optische, nautische, graphische und Musik-Instrumente; Tafelgeräte (nicht unter 18 Ni, sonst versilbert); für Schmuckwaren und im Kunstgewerbe.

Normung: 7 Legierungen nach DIN 17 663 (Dez. 67). Kurzzeichen CuNi, Z. B. CuNi25Zn15 (60 Cu, 25 Ni, Zn = Rest). Auch Neusilber ist je nach Zn-Gehalt als Sonderbronze oder Sondermessing auffaßbar.

Messinge (System Cu-Zn: Abb. I.27; ferner Tabelle I.25).

Gewöhnliche Messinge (Ms): Legierungen aus 56 bis 95% Cu, Rest Zn, u. U. bis 3% Pb (Verbesserung der Zerspanbarkeit). Ms mit Cu > 67% früher als Tombak bezeichnet.

Tabelle I.25. Kupfer-Knetlegierungen (DIN 17 660, Dez. 1967)

Kurz-zeichen	Bezeichnung (Sonstige Namen)	Zusammensetzung in % (Rest Zn)		Verwendung (Behandlung) (Weiteres siehe Normblatt)
		Cu	Zusätze [3])	
CuZn 44 Pb 2 (Ms 56)	(Hartmessing)	53,5 ... 56,0	1 ... 2,5	Dünnwandige Preßprofile, Profile u. Formstücke f. Zwecke der E-Technik (warmpreß- u. schmiedbar, nicht kalt umformbar)
CuZn 39 Pb 2 CuZn 39 Pb 3 CuZn 40 Pb 2 (Ms 58)	(Hartmessing, Schraubenmessing, Automatenmessing, Platinenmessing, Uhrenmessing, Graviermessing)	57,0 ... 59,5	1,5 ... 3,3	Hauptleg. f. spangebende Formung, gut stanzbar. Stangen, Profile, Bleche, Warmpreßstücke, Rohre, Schrauben, Räder, Automatendrehteile, E-Teile (schmiedbar und warmpreßbar, nur wenig kalt umformbar), gut warmumformbar
CuZn 40 CuZn 38 Pb 1 (Ms 60; Ms 60 Pb)	(Schmiedemessing, Muntzmetall, Yellow-Metall, Beschlag- u. Schloßmessing)	59,5 ... 61,5	als CuZn 38 Pb 1 mit 0,2 ... 2,0 Pb	Stangen, Drähte, Bleche, Rohre, Warmpreßteile, Beschläge, Kondensatorböden, Schrauben u. Drehteile mit Stauchung, Beschlag- u. Schloßmessing u. a. (schmied- und warmpreßbar, kalt umformbar)

Fortsetzung Tabelle I.25. Kupfer-Knetlegierungen (DIN 17 660, Dez. 1967)

Kurz- zeichen	Bezeichnung (Sonstige Namen)	Zusammensetzung in % (Rest Zn) Cu	 Zusätze [3])	Verwendung (Behandlung) (Weiteres siehe Normblatt)
CuZn 36 CuZn 37 CuZn 36 Pb 1 (Ms 63)	(meist verwendet; Druckmessing, Glockenmessing)	63,5 ... 65,0 62,0 ... 64,0	als CuZn 36 Pb 1 mit 0,5 ... 2,5 Pb [1])	Hauptleg. f. Kaltumformung, Stangen, Profile, Bleche, Bänder, Drähte, Rohre (zum Ziehen, Drükken, Hartlöten); Schrauben (Ms 63 Pb), Teile der E-Technik, Profildrahtgitter und Gewebe, im Apparatebau; Blattfedern u. ä.
CuZn 33 CuZn 30 (Ms 67; Ms 70)	(Halbtombak, Lötmessing)	66,0 ... 68,5	–	Wie vor, mit gesteigerter Kaltumformbarkeit; hartgewalzte Federn, Rohrnieten, Schrauben mit Kaltstauchkopf, Drahtgeflechte u. ä.
CuZn 28 (Ms 72) [2])	(Gelbtombak, Schaufelmessing, Augsburger Messing, Cartridge Messing)	71 ... 73	–	Sehr gut kaltumformbar. Auf Flußstahl gut plattierbar, Rohre für Wärmeaustauscher, Metalltücher, Teile höchster Tiefziehbeanspruchung, ND-Turbinenschaufeln u. ä.
CuZn 20 (Ms 80)	(Hellrot-Tombak, Arco-Metall, Goldschaummetall Tournays Metall 82/18)	79,0 ... 81,0	–	Bleche, Metalltücher, Metallwaren (nur kalt verarbeitbar), Federungskörper und Schlauchrohre, Manometerrohre, Rohre für Kältemaschinen, E-Installationsteile, Kunstgewerbe
CuZn 15 (Ms 85)	(Mittelrot-Tombak, Goldtombak)	84,0 ... 86,0	–	Wie vor; auch Schmuck- und Galanteriewaren, federhart gewalzt für Federn, E-Installationsteile
CuZn 10	(Rottombak, Kugelmessing, Talmigold, Pinchbeak)	89,0 ... 91,0	–	Wie CuZn 15, ferner Plattierwerkstoff für Kondensatorrohrböden; für Sonderzwecke der E-Technik; Kunstgewerbe

[1]) Zur Verbesserung der Zerspanbarkeit, bes. f. Automaten-Verarbeitung (kurzbrechender Span). – [2]) Umfaßt auch früher genormtes CuZn 30. – [3]) Zulässige Beimengungen siehe Normblatt.

Weichmessing: Cu$\geqq$61%, homogene α-Mischkristalle, sehr gut kaltumformbar, bis 64% Cu warmumformbar, darüber nur sehr schwierig. – *Hartmessing:* Cu < 56%, inhomogenes ($\alpha+\beta'$)-Mischkristallgefüge (vgl. Abb. I.27 und Tafel IV, Abb. 21), durch β'-Anteil zunehmend härter und spröder; schlecht bis nicht mehr kalt umformbar, aber sehr gut warmumformbar. – Bei 70% Cu größte Dehnung ($\delta\geqq55\%$ bei $\sigma_B\geqq330\,N/mm^2$); bei 56% Cu größte Festigkeit ($\sigma_B\geqq540\,N/mm^2$ bei $\delta\geqq20\%$).

Normung: *Knetmessing* (Zusammensetzung, Verwendung) DIN 17 660 (August 1954), vgl. Tabelle I.25. Für Festigkeitswerte gelten DIN 17 670 (Bleche), DIN 17 671 (Rohre), DIN 17 672 (Stangen, Drähte u. Profile), DIN 17 673 (Gesenkschmiedestücke). – *Gußmessing* nach DIN 1709 (Juni 1973; G-CuZn 33 Pb) (Gußmessing) für Sandguß; GK-CuZn 37 Pb (Kokillengußmessing); GD-CuZn 40 (Druckgußmessing); Verwendung für Gehäuse, Gas- u. Wasser-Armaturen, Beschlagteile, Teile der E-Technik. – Gelegentlich werden auch Tombaksorten vergossen (Gußtombak). –

G-CuZn 37 Pb gut strangpreßbar, mit höherem Cu-Gehalt schwieriger. Stahl mit Ms walzplattierbar; galvanische Starkauftragung für Beschlagteile hoher Festigkeit. Hart und weich gut lötbar, unter Sonderbedingungen preß- und schmelzschweißbar. Korrosionsbeständigkeit allgemein befriedigend; Hartmessing witterungsbeständiger als α-Ms, gegenüber Meerwasser jedoch umgekehrt. Meerwasser kann auch „Entzinkung" und z. B. bei Kondensatorrohren „Lochfraß" bewirken; dann besser Sondermessing. Knetmessing bis 85% Cu ist spannungskorrosionsempfindlich.

σ_B der Knetmessinge, weich geglüht: je nach Sorte 290 ... 540 N/mm², bei $\delta=55$ bis 20%, durch Kaltumformung zu beeinflussen, σ_B der Gußmessinge je nach Gießart 150 ... 340 N/mm² bei $\delta=20$ ... 10%.

Sondermessinge (SoMs) sind Messinge mit gütesteigernden Zusätzen, zu denen Pb nicht zählt: Al, Fe, Mn, Ni, Si, Sn, auch P und As, allein oder zu mehreren (0,1 bis manchmal über 10%).

Sondermessing hat gegenüber Ms erhöhte Festigkeit und Streckgrenze, besonders höhere Warmfestigkeit und oft beachtlich bessere Korrosionsbeständigkeit und Schmiedbarkeit. Cu meist $\geqq$54%, unterschreitet aber bei manchen Handelsmarken 50%; solche Qualitäten sind dann besonders hart und verschleißfest, aber sehr spröde.

Normung nach DIN 17 660 (Okt. 1971): 12 Knetlegierungen. $\sigma_B=300$ ... 790 N/mm² bei $\delta=45$ ... 10%. DIN 1709 (Juni 1973) enthält 10 Gußqualitäten: G-CuZn 40 Fe ($\delta=15$ ... 25%) gut gieß- und lötbar, wasser- und gasdichter Armaturenguß; G-SoMs F 45 ($\delta=20$ ... 25%), zähhart, mit mäßigen Gleiteigenschaften; für Druckmuttern, Stopfbüchsen, Schiffsschrauben; G-SoMs F 60 ($\delta=15$ ... 20%) mit hoher Festigkeit und Härte, weniger für dynamische Beanspruchung; für Ventil- und Steuerungsteile. Seit Jan. 1963 neu genormt, wenn auch schon immer gefertigt: G-SoMs F 75 für bes. hohe statische, weniger für dynamische Beanspruchung; $\delta_5=6$ ... 10%. (Die Zahlen hinter F geben die Durchschnittsfestigkeit für Konstrukteur an.) – Daneben zahlreiche Guß- und Knet-SoMs im Handel; *bekannte Namen:* Admos-Metall, Aeterna-Bronze, Delta-Metall, Durana-Metall, Eutektoid-Lagerbronze), Spreemetall, Zeisebronze (Bezeichnung „Bronze" in diesen Handelsmarken irreführend und daher zu verwerfen. Bronzen haben nach DIN 1718 nie wie obengenannte SoMs überwiegend Zn als Legierungsbestandteil! Hier zur Werbung verwendet, um Bronze-ähnlichen Charakter dieser Sondermessinge zu betonen.) u. a. – Deltametall gegossen: $\sigma_B=290\,N/mm^2$, $\delta=40\%$ aber auch $\sigma_B=540$ ... 590 N/mm², $\delta=12\%$. Deltametall gepreßt: $\sigma_B=420$ ... 460 N/mm², $\delta=38$ ... 28%, aber auch $\sigma_B=670$ ... 690 N/mm², $\delta=21$ ... 19%.

Schmelzpunkt: 900 ... 1050 °C (je weniger Zink, desto höher).

2. a) Blei [I.32 ... 35]

Bleierze. *Bleiglanz* PbS (86,6% Pb), meist begleitet von Zinkblende, auch Kupferkies und Eisenkies, weitaus am wichtigsten; z. Z. abbauwürdige Erze haben 5 ... 10% Pb.

Hauptfundstätten in Deutschland: Rammelsberg, Bad Grund, Hüls, Maubach, Ramsbeck, Bensberg. Größte Abbauländer vor Deutschland: Australien, UdSSR, USA, Mexico, Kanada, Peru, Bulgarien (zus. 64% Welt). – Weißbleierz $PbCO_3$ (77,5% Pb) nur von geringer Bedeutung. – Welt-Bergwerksproduktion 1972: ≈3,4 Mill. t Bleiinhalt, davon Gesamt-Deutschland ≈1,3% (43 500 t, davon BRD ≈88%). – Pb-Weltverbrauch ≈4,2 Mill. t, davon Ges.-Deutschl. 9,3% (373 500 t, davon BRD 82%).

Bleigewinnung. Die Erze werden oft einer nassen Aufbereitung in Wäschen unterzogen, teilweise auch einer elektromagnetischen.

Rösten. Die Erze werden auf runden Flammöfen vorgeröstet und dann nach dem Verblaseverfahren von Huntington-Heberlein fertig geröstet. Hierbei wird das mit gebranntem Kalk gemischte vorgeröstete Erz in 10 ... 20 t fassenden Birnen erhitzt und durch das erhitzte Gemisch Preßluft geblasen. Neuerdings arbeitet man auch vielfach nach dem *Sinterröstverfahren* von *Dwight-Lloyd*, bei dem auf beweglichem Rost liegendes Erz-Kalk-Koks-Gemisch durch Brenner erhitzt und von Saugluft durchzogen wird (Abb. I.80). Kalk dient als Auflockerungsmittel und zur Beschleunigung des Röstvorgangs. Bei allen Röstverfahren ist der Hauptvorgang: $2\,PbS + 3\,O_2 = 2\,PbO + 2\,SO_2$, exotherme Reaktion.

Ein Rösten und teilweise ein Reduzieren von armen Blei-, Zink- und Zinnerzen führt man, insbesondere in Deutschland, auch in *Wälzanlagen* (Drehrohröfen von 2 ... 3 m Durchmesser und 40 m Länge) durch. Erz und Koksabrieb wälzen sich der Luft und den Feuergasen entgegen. Es entsteht ein stark angereichertes Gemisch $PbO + Pb_3O_4$ mit 60 ... 65% Pb, das im Schachtofen weiter verarbeitet wird.

Reduktion. Sie erfolgt stets in Schachtöfen mit Koks unter Zusatz von eisen- und kalkhaltigen Zuschlägen (zur Reduktion vorhandenen Bleisilikats). Hauptvorgang: $PbO + C = Pb + CO$

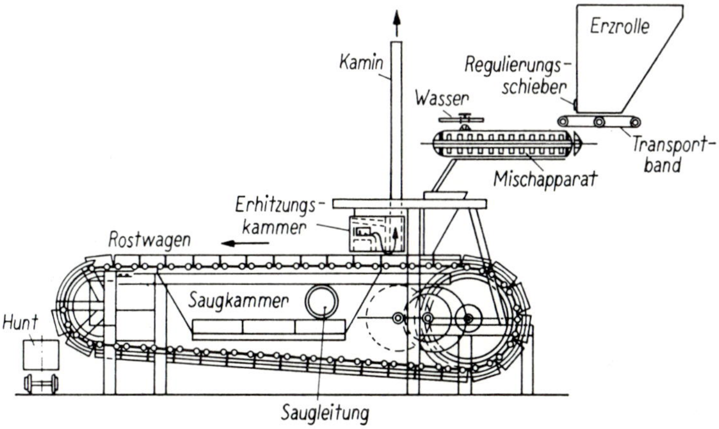

Abb. I.80. Sinterröstverfahren nach *Dwight-Lloyd*. Verarbeitung von Bleierz-Kalk-Koksgemisch. (Sinngemäß auch Vorrösten gewisser Eisenerze zur Auflockerung, sowie Entlastung des Hochofens; siehe dort!)

und $PbO + CO = Pb + CO_2$. Der Schachtofen ist 8 – 9 m hoch, hat 2 ... 2½ m Durchmesser und verschmilzt in 24 h etwa 50 ... 100 t geröstetes Erz von 12 bis 20% Bleigehalt bei einem Brennstoffverbrauch von 7 ... 9%, bezogen auf die Erzmenge. → Rohblei.

Raffination. Erhaltenes Rohblei („Werkblei") enthält bis 1% Silber u. 2 ... 5% Verunreinigungen. Durch Vorreinigung (oxidierendes Schmelzen im Flammofen) und „Seigern" (Abschmelzen der Außenzone von Pb-Gußblöcken, wobei durch Seigerung an Verunreinigungen angereicherter Blockkern, der „Härtling" oder „Seigerdorn", zurückbleibt) entfernt man alle Fremdmetalle außer Silber. Die *Entsilberung* erfolgt dann nach dem Parkes-Verfahren: In großen Kesseln wird hierbei dem Blei 1 ... 1½% des Bleigewichts an Zink zugesetzt. Zink und Blei mischen sich sehr schwer, und Silber ist in Zink viel leichter löslich als in Blei, läßt sich also auf diese Weise in das Zink überführen.

Eigenschaften. Blei ist in DIN 1719 (IV. 1963) genormt, und zwar zwei Sorten Feinblei mit 99,99 und 99,985% Pb, zwei Sorten Hüttenblei mit 99,94 u. 99,9% Pb, zwei Sorten Umschmelz-Blei 99,75 und 98,5% und ein Kupfer-Feinblei Pb 99,9 Cu mit 0,04 ... 0,08% Cu für den Bau chemischer Geräte.

Farbe bläulichweiß; Dichte $\varrho = 11{,}34$ g/cm³; Schmelzpunkt 327,4 °C, Siedepunkt 1740 °C. Zugfestigkeit 13 N/mm², Bruchdehnung $\approx$60%. Blei läßt sich sehr gut gießen (Schwindmaß $\approx$1%), schweißen und löten, ist weich, geschmeidig, läßt sich walzen und strangpressen (zu Blech, Rohren und Draht). Pb ist durch Kaltumformung nicht zu verfestigen, da es schon unter Raumtemperatur rekristallisiert, Festigkeitssteigerung deshalb neuerdings durch Dispersionshärtung mit z. B. Bleioxid und anderen Oxiden, Hydriden usw. An feuchter, CO_2-haltiger Luft und in „harten" Wässern überzieht es sich mit einer grauen Schicht von basischem Bleikarbonat $PbCO_3 \cdot Pb(OH)_2$, welche darunterliegenden Werkstoff schützt. Gegen verdünnte Salzsäure, Schwefelsäure und Flußsäure sehr widerstandsfähig, wenig gegen organische Säuren (z. B. Essigsäure), Kalk und Zement; auch HNO_3, NaOH und KOH greifen an. Durch Einatmen von Bleistaub und Bleidämpfen können Bleivergiftungen entstehen, desgl. durch Einnahme seiner wasserlöslichen Verbindungen, z. B. essigsaures Blei („Bleizucker") und Tetraäthylblei. „Weiches" Trinkwasser greift Pb an; Vergiftungsgefahr! (Milch hilft nicht dagegen, ist sogar schädlich!).

Verwendung. Rein in der chem. Industrie zur Auskleidung von Apparaten, Leitungen, Ventilatoren u. a. (hierbei vielfach ersetzbar durch Kunststoffe, Steingut, Porzellan, Glas), ferner Bleikammern zur H_2SO_4-Herstellung (Pb 99,9 Cu); für Akkumulatorenplatten, Bleikabel, als Blech für Dachdeckung, als Folie für Verpackung; zum Schutz gegen Röntgen- und radioaktive Strahlung; für Bleilegierungen (siehe dort!) und als Legierungszusatz (Bleibronzen und andere Lagermetalle, Weichlote, Rotguß, Messing u. a.); für Wasserleitungs- und Ablaufrohre; für Dichtungszwecke (Bleiwolle, Riffelblei, Ringe und Streifen); zur Herstellung von Bleifarben (Bleiweiß $2\,PbCO_3 \cdot Pb(OH)_2$ und Mennige Pb_3O_4), ferner Bleiglätte PbO als Füllmasse ($PbO + Pb_3O_4 + Pb$) von Akku-Platten, zur Bleiglasherstellung und für Glasuren; Tetraäthylblei Pb $(C_2H_5)_4$ als Antiklopfmittel für Motorbenzin.

2. b) Bleilegierungen

Normung: DIN 17 640 und DIN 17 641, Tabelle I.26, ferner fünf Blei-Druckgußleg. DIN 1741 (Juli 1973), letztere nur noch von Bedeutung, wenn hohe Dichte verlangt; DIN 1703, DIN 1708 siehe weiter unten!

Blei-Antimon-Legierungen, als Hartblei bezeichnet, da Sb das weiche Pb beachtlich härtet. Eutektikum bei 13% Sb, daher durch Sb auch Formfüllung stark verbessert. Normlegierungen mit Verwendung s. Tabelle I.26. – Zwei Druckgußleg. sind Pb-Sb-Leg. (Pb + 2 ... 4% bzw. 12 ... 14% Sb; $\sigma_B = 50 ... 60$ N/mm² bei $\delta = 20$ bzw. 10%.)

Tabelle I.26. **Bleilegierungen:** Auszug aus DIN 17 641 (Okt. 1962) u. DIN 17 640 (Aug. 1959), mit Ergänzungen

Benennung	Kurzzeichen	DIN-Blatt	Leg.-Bestandteile [%], Rest Blei + zul. Beimengungen (s. Normblatt!)	Verwendungsrichtlinien und -Beispiele	
Rohrblei	R-Pb	DIN 17 641	Sb 0,75 ... 1,25; As 0,02 ... 0,05	Hartblei-Rohre f. Trinkwasser-Druckleitungen (n. DIN 1261 u. DIN 1262) [1])	
	Pb (Sb)		Sb 0,2 ... 0,3	für Abflußrohre (weniger fest und weicher als R-Pb)	
Schrotblei	PbSb As		Sb 2 ... 3,8; As 1,2 ... 1,7	Hartschrot f. 2 ... 4 mm Korn-ϕ (As erleichtert Kugelbildg. des Schmelztropfens)	
Hartblei [2])	PbSb 5 PbSb 8		Sb 5 ... 7 Sb 7,5 ... 8,5 („Feuer-Überzugsblei")	Armaturen f. H_2SO_4 bis 60° Bé, u. ä. f. Feuerverbleiung v. Stahl in chem. Anlagen	korrosionsbeständige Bleilegierungen
Kabelblei zwei Sorten	KbPb bzw. KbPb(Sb)	DIN 17 640	Sn 0 ... 0,05 bzw. Sb 0,1 ... 0,15	f. schwachleg. Kabelmäntel, sowie als Basismetall f. leg. Kabelmäntel	
Kabel-Antimon-Blei Kabel-Zinn-Blei Kabel-Tellur-Blei	Kb-PbSb 0,5 Kb-PbSn 2,5 Kb-PbTe 0,04		Sb 0,5 ... 1 Sn $\geqq$ 2,5 Te $\geqq$ 0,035	f. Kabelmäntel, die starken Erschütterungen ausgesetzt sind: beständig gegen Dauerschwingbruch. (Für Kabel z. B. unter Brükken und Straßendecken mit starkem LKW-Verkehr)	
Anodenhartblei	(PbSb 10)	– [3])	Sb 9 ... 10	Anoden für Chrombäder (f. galvanische Verchromung)	
Blei-Silber-Leg.	(PbAg)	–	Ag 0,8 ... 1	Anoden für die Zinkelektrolyse	

[1]) für „weiche" Wässer innen verzinnt. – [2]) ferner 3 weitere Hartblei-Qualitäten als Basis-Leg. f. andere NE-Leg. – [3]) $\triangleq$ zurückgezogener DIN 1728 (Mai 1944).

Blei-Antimon-Zinn-Legierungen: Sn erhöht die Zähigkeit von Hartblei, verringert Dauerbruchgefahr bei dynamischer Beanspruchung, wirkt ebenfalls verfestigend und verbessert Formfülligkeit. Verwendung für Schriftmetalle mit 2,5 ... 16 Sn, 3,5 ... 29 Sb (9 Legierungen in DIN 16 512, Aug. 1963); Bleilot L-PbSn 2 und bleireiche Zinnlote L-Sn 60 Pb; drei Druckgußlegierungen: Pb/5 Sn/10 Sb; Pb/25 Sn/13 Sb/3 Cu; Pb/40 Sn/12 Sb/2 Cu, mit $\sigma_B = 75$, 80, 80 N/mm² und $\delta = 8$; 3; 4%; mit außerdem Cu-Zusatz für Lagermetalle.

Wirkung besonderer Beimengungen: Durch Metallidbildung und Aushärtung wirken schon kleine Bruchteile eines Prozent von Ca, Na, K, Li, Mg, Sr, Ba härtend (siehe Lagermetall LgPb, Tabelle I.36!). Bi schon ab 0,05% schädigt die chem. Beständigkeit stark (Lochfraß, interkristalliner Angriff), während Cu günstig wirkt und außerdem Kristallwachstum durch Rekristallisation hemmt. Ba, Zn und Cd bewirken günstige Lagerlaufeigenschaft.

3. a) Zink [I.36]

Zinkerze. *Zinkblende* ZnS (67,1% Zn) wichtigstes Erz.

Deutsche Förderung im Harz, Schwarzwald und in Rheinland-Westfalen. Größte Abbauländer vor Deutschland: USA, Kanada, UdSSR, Australien, Mexico, Japan, Peru: zusammen ≈50% Welt-Bergw.-Produktion.

Wirklicher Zn-Gehalt der Erze 5 ... 20%. – *Zinkspat* $ZnCO_3$, edler Galmei (52,2% Zn) fast bedeutungslos. – Welt-Bergwerksproduktion 1972: ≈5,5 Mill. t Zinkinhalt, davon Gesamt-Deutschland ≈2,3%. Deutscher Rohzink-Verbrauch 762 000 t (≈9,1% d. Weltverbrauchs).

Zinkgewinnung. Das Zink wird aus den Erzen durch Rösten und reduzierendes Schmelzen gewonnen. Die Zinkspate werden durch *Brennen* in Schacht- oder Flamm-

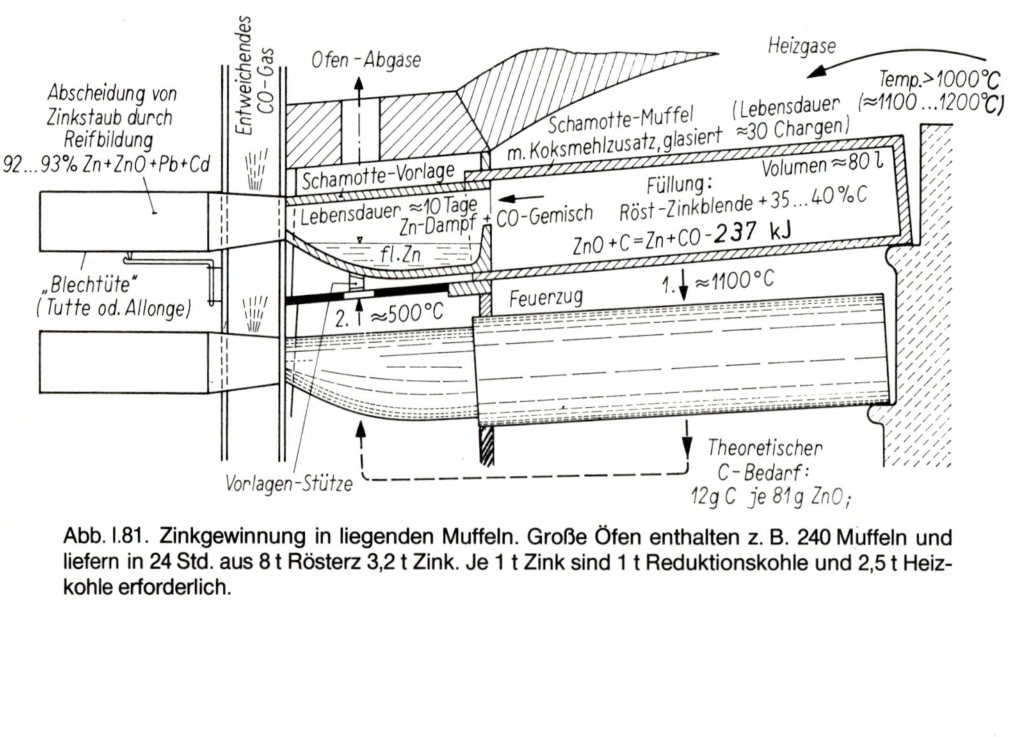

Abb. I.81. Zinkgewinnung in liegenden Muffeln. Große Öfen enthalten z. B. 240 Muffeln und liefern in 24 Std. aus 8 t Rösterz 3,2 t Zink. Je 1 t Zink sind 1 t Reduktionskohle und 2,5 t Heizkohle erforderlich.

öfen ($ZnCO_3 = ZnO + CO_2$) und die Zinkblenden durch sorgfältiges *Rösten* in Muffelröstöfen (System Hasenclever) in Oxide übergeführt. Röstvorgang: $2\ ZnS + 3\ O_2 = 2\ ZnO + 2\ SO_2$.

Reduktion. Von besonderer Wichtigkeit ist, daß Reduktionstemperatur des Zinkoxids zwischen 950 und 1100 °C, Siedepunkt des Zinks aber schon bei 906 °C liegt. Man erhält Zink also in *Dampfform* und muß daher das Verfahren in vollständig geschlossenen Gefäßen, den *Muffeln,* durchführen (Destillation). Hauptvorgang ist eine Reduktion des Zinkoxids durch Kohle ($ZnO + C = Zn + CO$). Abb. I.77 zeigt Zinkmuffelofen. Muffeln bestehen aus feuerfestem Ton und besitzen eine ebenfalls feuerfeste Vorlage zur Aufnahme des kondensierenden Zinkdampfes. In der „Blechtüte“ scheidet sich Zn-Staub durch Reifbildung ab. Im 24-Stunden-Turnus wird flüssiges Vorlagenzink und Zinkstaub abgezogen, die Muffel herausgenommen und neu beschickt. Vorlagenzink = Hüttenrohzink (97,5%). Großer Ofen mit 240 Muffeln verarbeitet in 24 h 8 t Erz von 50 bis 55% Zn, hat dabei ein Ausbringen von 3,2 t Zink und verbraucht 2,5 t Heizkohle und 1 t Reduktionskohle auf 1 t Zink. – Beim kontinuierlich arbeitenden New-Yersey-Verfahren wird Zn aus Erz-Kohle-Preßlingen in vertikalen beheizten Muffeln aus Karborund abdestilliert und viel bleiärmer erhalten: Feinzink Zn 99,99. – Seit 1958 gewinnt Duisburger Kupferhütte Feinzink 99,95 nach elektrothermischem Verfahren, ausgehend von geklinkertem ZnO.

Raffination. Rohzink aus Vorlage enthält 97 ... 98% Zn, 2 ... 3% Pb, geringe Mengen von Eisen, Arsen, Antimon, Kadmium. Raffination durch Umschmelzen in Flammofen, wobei sich schwere Blei-Zink-Legierung am Boden absetzt. Darüber breitet sich Schicht aus „Hartzink“ ($FeZn_{10}$) aus, und hierüber steht dann das raffinierte Hüttenzink Zn 98,5 mit 0,8 ... 1,2% Pb. Fraktionierte Destillation ergibt raffiniertes Hüttenzink Zn 99,5 bzw. Feinzink Zn 99,975.

Elektrolytzinkgewinnung: Röstblende (ZnO) wird mit verdünnter Schwefelsäure ausgelaugt ($ZnO + H_2SO_4 = ZnSO_4 + H_2O$). Elektrolyse der gereinigten Zinksulfat-Lösung ergibt an Aluminiumkathoden Elektrolytzink-Niederschlag. Stromverbrauch ≈4 KWh/kg. Nach Umschmelzen unter Salmiakschicht bekommt man Feinzink. (Zn 99,99 und 99,995%.)

Norm-Zinksorten. Siehe Tabelle I.27 a.

Eigenschaften: Farbe bläulichweiß, Dichte $\varrho = 7{,}13\ g/cm^3$, Schmelzpunkt 419,47 °C, Siedepunkt 906 °C; Beginn des Verdampfens schon bei 500 °C. Hexagonal kristallisierend, jedoch in der Kaltumformbarkeit brauchbar; Durchführung bei > 20 ... 50 °C, darunter Bruchgefahr. Warmformgebung bei 90 ... 160 °C. – Sehr kerbempfindlich und kerbspröde. Kerbschlagzähigkeit selbst im Knetzustand < 20 J/cm². Wechselfestigkeit wohl relativ gut, jedoch Dauerstandfestigkeit sehr schlecht; gibt langdauernder, gleichsinniger Belastung schon von 10 ... 20 N/mm² nach (ungünstiges Kriechverhalten). Rekristallisation von Reinzink schon bei Raumtemperatur, daher keine Kaltverfestigung. Grobkornbildung nach Kaltumformung schon durch längere Lagerung (Versprödung!). Wärmeausdehnung ≈2½× und Wärmeleitfähigkeit ≈2× von Eisen. Zn-Dampf erzeugt „Zinkfieber“ ohne bleibende Schäden. – Vgl. auch Tabelle I.35.

	Feinzink 99,99%		Handelszink 98,5 ... 99%	
	gegossen	gewalzt	paketgewalzt	bandgewalzt
Zugfestigkeit [N/mm²]	30 ... 40	120 ... 140	190 ... 280	260 ... 360
Bruchdehnung [%]	0,5 ... 0,3	60 ... 52	23 ... 24	40 ... 23
Brinellhärte	40 ... 45	32 ... 34	45 ... 50	48 ... 51

Tabelle I.27 a. Zink-Normgüten (gemäß DIN 1706 vom Juli 1966, Auszug)

Kurzzeichen	Benennung (Zahl gibt Mindestzinkgehalt)	Zulässige Beimengungen [1]) in %				Richtlinien für die Verwendung
		Pb	Cd	Sn	Fe	
Zn 99,995	Feinzink 99,995	0,003	0,003	0,001	0,002	Lösliche Anoden; Feinzinklegierungen;
Zn 99,99	Feinzink 99,99	0,006	0,003	0,001	0,003	Tiefzieh-Messing; Tiefzieh-Neusilber
Zn 99,975	Feinzink 99,975	0,02	0,005	0,001	0,005	Bleche, Bänder und Drähte aus Feinzink und Mischzink [2]) Tiefzieh-Messing und Neusilber
Zn 99,9	Feinzink 99,9	0,07	0,025	0,002	0,02	desgl., jedoch keine Tiefzieh-Qual. v. Messing und Neusilber
Zn 99,5	Hüttenzink 99,5	0,45	–	–	–	Mischzinkbleche und -bänder [2]) Handelszinkbleche; Messing, Neusilber
Zn 99 Zn 98,5 Zn 97,5	Hüttenzink 99 Hüttenzink 98,5 Hüttenzink 97,5	0,9 1,3 2,4	– – –	– – –	– – –	Handelszinkbleche, -bänder und -drähte; Verzinkung; Farben; Rotguß, Messing, Neusilber

[1]) Das Fehlen von Werten für zulässige Beimengungen bedeutet nur, daß bestimmte Werte nicht vorgeschrieben sind.
[2]) Mischzink wird im allgemeinen aus Feinzink und Hüttenzink je nach Reinheitsforderung hergestellt; sein Reinheitsgrad liegt zwischen dem von Feinzink und Hüttenzink.

Zink läßt sich gut gießen (Schwindmaß 1,7%), löten und schweißen: Zink ist beständig gegenüber feuchter Luft (Schutzschicht aus $ZnCO_3 \cdot Zn(OH)_2$), Kalt und Warmwasser (bedingt gegen Meerwasser), schwache alkalische Mittel, trockene und nicht säuernde Lebensmittel, S-freie Öle und Treibstoffe u. a. – Zink wird angegriffen durch Heißwasser und Naßdampf, destill. H_2O („Schwitzwasser"), SO_2-haltige Industrieluft, Säuren, auch säuernde Lebensmittel (entstehende Zn-Salze führen zu Erbrechen und Darmstörung), starke Basen, viele Salzlösungen u. a. Allgemein erfolgt starker Angriff bei pH-Wert unter 6 und über 12,5.

Verwendung. Als Korrosionsschutz zur Verzinkung von Stahl und Eisen; als Blech (Zn-Bleche DIN 9721, Zinkband DIN 9722) im Bauwesen, für Gefäße und Behälter, i. d. Drucktechnik; für Zinklegierungen (siehe diese!) u. als Leg.-Zusatz (Ms, Rg, Al- und Mg-Leg. u. a.); als

Tabelle I.27 b. **Feinzink-Gußlegierungen** (DIN 1743, Blatt 2, Juni 1967)

Benennung	Kurzzeichen	Zusammensetzung % (Zn-Rest)	Zulässige Beimengungen % höchstens [1])	Lieferform	Kennzeichnende Gütewerte σ_B N/mm²	δ %	*HB*	Dichte g/cm³	Richtlinien für die Verwendung
Feinzink-Druckguß-Legierung	GD ZnAl 4	Al 3,5 ... 4,3, Cu 0,1, Mg 0,02 ... 0,06	Pb + Cd 0,009, Sn 0,001, Fe 0,05, Ni 0,02	Druckguß	250 ... 300	3 ... 6	70 ... 80	6,7	Druckgußstücke aller Art, insbesondere bei höheren Anforderungen an Maßbeständigkeit
	GD ZnAl 4 Cu 1	Al 3,5 ... 4,3, Cu 0,75 ... 1,25, Mg 0,02 ... 0,06			280 ... 350	2 ... 5	85 ... 105		Druckgußstücke aller Art
Feinzink-Gußlegierungen	G ZnAl 4 Cu 3 GK ZnAl 4 Cu 3	Al 3,5 ... 4,3, Cu 2,5 ... 3,2, Mg 0,03 ... 0,06	Fe 0,075, Pb + Cd 0,009, Sn 0,001	Sandguß Kokillenguß	220 ... 260 240 ... 280	0,5 ... 2 1 ... 3	90 ... 100 100 ... 110	6,8	Druckgußstücke aller Art, sowie Lager, Schneckenräder und andere Gleitorgane (auch Schleuderguß)
	G ZnAl 6 Cu 1 GK ZnAl 6 Cu 1	Al 5,6 ... 6,0 Cu 1,2 ... 1,6	Pb + Cd 0,008 Sn 0,001 Mg 0,005 Fe 0,075	Sandguß Kokillenguß	180 ... 230 220 ... 160	1 ... 3 1,5 ... 3	80 ... 90	6,5	Für Gießtechnisch schwierige Gußstücke

[1]) können bis 0,06% Be enthalten.

Zinkdraht bes. zum Spritzverzinken f. Stahlkonstruktionen, Brückenbau, Wasser- und Schiffbau mit Deckfarbenanstrich; für galv. Elemente; für Gußmodelle und Gesenkformen; als Gußplatten zum galvanischen Schutz von Schiffskörpern u. a.; für kunstgewerbliche Gegenstände; als Hüttenzinkstaub für Reduktionszwecke u. als Pigment f. Zinkstaubfarben („Kaltzink“) zum Unterwasseranstrich mit Kunstharzdecklack, auch im Schiffbau. – Als ZnO: Weiße Farbe, Zusatz zu Reifengummi („weißer Ruß“ für Weißwand-Autoreifen), in der Medizin; $ZnCl_2$-Lösung als Lötwasser und ebenso wie $ZnSO_4$ zur Holzimprägnierung.

3. b) Zinklegierungen

Zn 99,99 + Al (1 ... 6; 15), Cu (0,5 ... 1,5; 4), manchmal auch Mn, in Sonderfällen Fe, Pb (wenn Al-frei).

Normung der Gußlegierungen DIN 1743 (September 1952) (Tabelle I.27 b); Knetleg. DIN 1743 genormt. Neuerdings Zn/0,5 ... 0,8 Cu/0,1 Ti als Walzblech mit wesentlich erhöhter Dauerstandfestigkeit bes. f. d. Bauwesen (Dachrinnen u. ä.).

Allgemeine Eigenschaften: Für Knetleg. je nach Art σ_B ≈200 ... 340 N/mm² gepreßt bis 490 N/mm²; δ ≈50 ... 4%; Gußleg. E ≈130 000 N/mm². Dauerstandverhalten, Kerbschlagzähigkeit und bes. Kaltzähigkeit (ausgenommen ZnAl 15) sehr schlecht. Relativ große Wärmeausdehnung ≈2,5× von Stahl. Technologische Eigenschaften allgemein gut. Kaltumformung bei 20 ... 50 °C (darunter zu spröde). Warmumformung bei 200 ... 300 °C. Alterungsanfälligkeit, bes. durch Cu bedingt, mit Versprödung und Maßunbeständigkeit als Folge. GDZnAl 4 (Tabelle I.27 b) hat jedoch vollbefriedigende Maßbeständigkeit. Al-haltige Leg. neigen bei gleichzeitiger Anwesenheit schon geringster Gehalte an Sn, Pb, Cd, Bi und Ti zu interkristalliner Korrosion schon in feuchter Luft (daher Zn 99,99 erforderlich und Zusatz von Mg < 0,05%). Auch sonstiges Korrosionsverhalten nur mäßig (ähnlich Zn; siehe dort!), daher oft Oberflächenschutz, besonders galvanisch (am besten Ms-Niederschlag mit Dick-Vernickelung und Endverchromung), auch Phosphatierung und Chromatverfahren, u. a.; auch viele Färbeverfahren (mit Lackschutz) bekannt.

Anwendung: Als Knetleg. heute relativ selten (Automatenteile, gestanzte und galv. Blechteile, Behälter u. a.); Hauptanwendung als Guß, bes. als Druckguß, vornehmlich im Kraftfahrzeugbau (Vergasergehäuse, galvanisierte Innen- und Außenarmaturen u. a.), Haushaltmaschinen, Küchengeräte, Büromaschinen; billige Uhren- und Kleinmaschinenteile, Schiffsarmaturen, Teile für Rundfunk- und Fernsehgeräte; ferner für gering beanspruchte Gleitorgane (Lager, Gleitschienen, Schneckenräder; siehe IE. Gleitlager-Werkstoffe!) u. a.

4. a) Zinn [I.29]

Erze. Zinnstein, SnO_2 (78,6% Sn), in Flußsanden („Seifenzinn“), bes. in Malaya, China, Thailand und Indonesien gewonnen; auch „Bergzinn“ in Bolivien, Kongo, UdSSR. Geringe Bergzinn-Vorkommen im Erzgebirge und Cornwall (England) fast erschöpft. Wichtig noch Nigeria. Weltbergwerksproduktion 1972: ≈231 000 t Sn-Inhalt, davon Asien über 73%, Deutschland nur in der DDR 0,43%. 8,0% d. Weltverbr. in Deutschland (15 900 t, davon 86% in BRD). Zinngehalt der Erze 0,3 ... 2%, in Bolivien jedoch 4 ... 6%.

Gewinnung. Aufbereitung durch *Schlämmen;* dabei Konzentrate mit 60 ... 75% erhalten. Seifenzinn nun direkt reduzierbar; Vorkommen aus primären Lagerstätten bedürfen wegen der Verunreinigungen einer *Röstung* mit folgender Auslaugung (verdünnte HCl), wobei Verunreinigungen überwiegend in Lösung gehen. Anschließend *Reduktion* des „Erzschlichs" in Schacht- oder Flammöfen: $SnO_2 + 2\,C = Sn + 2\,CO$. Sn aus Seifenzinn jetzt verkaufsrein (Bankazinn > 99,75%; Billitonzinn > 99,9%). Andere Ausgangserze erfordern Raffination des „Werkzinns" durch „Seigern", „Polen" und Umschmelzen oder durch Elektrolyse. – Rückgewinnung des Sn aus Weißblechabfällen z. B. mittels Chlor und Elektrolyse der erhaltenen $SnCl_4$-Lösung bzw. deren Weiterverwendung in der Textilindustrie. – Normqualitäten siehe Tabelle I.28.

Tabelle I.28. Zinn (gemäß DIN 1704 vom Juni 1973

Benennung (Zahl gibt Sn-Gehalt)	Höchstzulässige Beimengungen in % [frei von Zn u. Al] [1]					
	Fe	Pb	Cu	Sb	As	Zusammen ≦
Zinn 99,90	0,01	0,04	0,03	0,03	0,03	0,1
Zinn 99,75	0,01	0,08	0,05	0,08	0,05	0,25
Zinn 99	0,05	1,00	0,10	0,20	0,10	1,00

[1]) Sonst „Zinnpest-Anfälligkeit".

Eigenschaften. Silberweiß, sehr weich, geschmeidig und dehnbar, daher leicht kalt wälz- und hämmerbar („Stanniol"); schon bei Raumtemperatur rekristallisierend, daher durch Umformung nicht zu verfestigen (ähnlich Pb und Zn); nur wenig fester und härter als Pb; gegossen $\sigma_B \approx 35$ N/mm²; umgeformt ≈ 27 N/mm² bei $\delta > 50\%$ und $HB = 3{,}9$. Schmelzpunkt 231,84 °C, Siedepunkt ≈2270 °C. „Zinngeschrei" = knisterndes Geräusch beim Biegen von Zinnteilen (Translationsumformung der Sn-Kristallite). Zwei Modifikationen: Über +18 °C gewöhnliche Erscheinungsform stabil (β-Sn; Dichte 7,28 g/cm³), stark unterkühlbar; erst bei großer Kälte übergehend in α-Sn (Grauzinn-Pulver, „Zinnpest", Dichte 5,8 g/cm³). β-α-Umwandlung stark erschwert durch 0,5% Sb oder Bi, jedoch erleichtert bes. durch Al und Zn (dann „Zinnpest"-Anfälligkeit). Um 200 °C sehr spröde und leicht pulverisierbar. Im Gegensatz zu Pb völlig ungiftig. Gut gieß- und schweißbar („lötbar"). – Durch Lufteinwirkung von dünner unsichtbarer Oxidhaut SnO_2 überzogen, die häufig schützt. Sn ist u. a. beständig gegen Atmosphärilien, destilliertes und normales Leitungswasser, aggressive Wässer, Meerwasser, Wasserdampf, Milch und verdünnte organische Säuren unter Luftabschluß, Lebensmittel aller Art, alkohol. Getränke, Öle und Treibstoffe u. a.

Verwendung. Überwiegend zur Weißblech-Herstellung, bes. für Konservendosen, auch zur Verzinnung anderer Stahl-, sowie Grauguß- und Tempergußteile, Kupferbehälter u. a.; Zinnfolie für höher beanspruchte el. Kondensatoren (hier nicht ersetzbar durch Al- und Cu-Folie). Herstellung von Zinnlegierungen (siehe diese!) und als Legierungszusatz für Zinnbronzen, Rotguß, Lagermetalle u. a.; Reinzinn-Bierleitungen weitgehend durch Kunststoff ersetzt. – SnO_2 als Email-Zusatz und zur Milchglas-Herstellung; zahlreiche organische Sn-Verbindungen zur Schädlingsbekämpfung in der Landwirtschaft und zur Holzimprägnierung, als Stabilisator für Trafoöle, für PVC-Kunstoffe u. v. a.

4. b) Zinnlegierungen

Zinn-Druckgußlegierungen (DIN 1742, Juli 1971) mit 12 ... 18 Sb, 2,5 ... 3,5 Cu, 0 ... 34 Pb (s. a. III A unter Druckguß) nur noch von geringer Bedeutung; meist ersetzbar durch Al- oder Zn-Druckguß.

Zinn-Antimon-Kupfer: Zahlreiche Lagerlegierungen (Weißmetalle), Gleitlager-Werkstoffe. Zinngeschirr-Legierung Pewter (Sn + 6% Sb + 1,5% Cu) ≡ Kaiserzinn, Britanniametall: für kunstgewerbliche Geräte, Gefäße u. a., frei von Zinnpestanfälligkeit und mit metallischem Klang. Früherer Pewter (Sn + < 10 Pb) überholt. – Sb erhöht Härte, Cu Härte und Festigkeit; eingelagerte harte Kristalle als „Tragkristalle“ ergeben gute Lagerlaufeigenschaften.

Zinn-Blei-Antimon: Zinnreiche Zinnlote DIN 1707 (LSn 50 Pb, 60 Pb und 90 Pb), siehe Lotlegierungen. Sn mit 40 Pb und 4 Sb für niedrigschmelzende elektrische Sicherungen.

Zinn-Blei: Blattzinn (Stanniol) mit meist 0,9 ... 2 Pb, 0,4 ... 1 Cu und etwas Ni und Fe, für Nahrungsmittel-Verpackung, Lametta, Kondensatoren der E-Technik. – Mit Lebensmitteln in Berührung kommende Sn-Pb-Legierungen dürfen gesetzlich nicht über 10% Pb enthalten, sonst Vergiftungsgefahr. – Neuerdings Sn-Ni (65/35) als rosa-bräunlich schimmernder, sehr harter (*HV* > 650, galvanischer Korrosionsschutz-Überzug, für z. B. Uhrenteile, Zeichengeräte, Kompaßteile u. v. a., sowie für dekorative Zwecke und bei Verschleißbeanspruchung, z. B. statt Verchromung verwendet. – Sn + 20 ... 25 Zn, elektrolytisch niedergeschlagen als Korrosionsschutz für Stahl, bes. Schrauben für Al-Verbindung.

5. a) Nickel [I.37]

Normung (mit Gewinnungsverfahren): Hüttennickel DIN 1701 (Febr. 1974): H-Ni 99,95 (Carbonylnickel in Form von Pellets Φ 6 ... 10 mm) frei von Co, Cu, Mn, Sb, Si, Sn u. leicht verdampfenden Elementen (Hochdruck-Karbonylverfahren; auch als Pulver, ≈3 und 10 μm Korn-Dmr.). Elektrolytnickel Co = 0,08% (Elektrolyse; zerschnittene Kathodenplatten). Ferner nach DIN 1702 (Januar 1967) 4 Qualitäten Nickelanoden 99,7, 99,4; Ni 99 CS; 99,0 NiO. DIN 17 740.

Die Erzeugungskapazität für Hüttennickel betrug 1969 468 000 t, davon entfallen auf die UdSSR 105 000 t und auf Kuba 40 000 t. Der Weltverbrauch 1969 lag über der erzeugten Kapazität und betrug 483 000 t. Für 1975 schätzt man eine Welterzeugung von 850 000 – 980 000 t, davon entfallen auf die UdSSR 150 000 t und auf Kuba 60 000 t. Deutsche Vorkommen verschwindend gering.

Eigenschaften: Weißglänzend mit gelblichem Schimmer; Dichte $\varrho = 8{,}88$ g/cm³; Schmelzpunkt 1455 °C, Siedepunkt 3350 °C. Weiteres vgl. Tabelle unten! Ni ist wie Fe, Co u. 6 seltene, Erdmetalle ferromagnetisch; Curiepunkt +360 °C. Ni hat besonders hohe Magnetostriktion, daher verwendbar für Ultraschallgeber u. -empfänger im unteren Frequenzbereich 20 ... 100 kHz. Festigkeitseigenschaften von Ni 99,8:

Mech. Eigenschaft im Zustand	Zugfestigkeit σ_B N/mm²	Streckgrenze $\sigma_{0,2}$ N/mm²	Bruchdehnung δ_{10} [%]	Brinellhärte HB N/mm²
Gußnickel	300 ... 350	—	20 ... 15	≈140
Knetnickel, weichgeglüht	400 ... 450	120 ... 200	50 ... 25	80 ... 90
Knetnickel, hart gewalzt	750 ... 850 [1])	700 ... 800	4 ... 2	180 ... 200

[1]) Draht, hart gezogen, σ_B bis 112

Ni 99,8 im Knetzustand bei 800 °C noch $\sigma_B \approx 130$ N/mm², also warmfester als Stahl; δ sinkt bis 750 °C auf ≈30% und steigt dann wieder; sehr gut kaltzäh (bei – 180 °C zäher als bei 0 °C, keine Versprödung!). Rekristallisationstemp. ≈650 °C. Ähnlich Stahl warmumformbar, jedoch Formänderungswiderstand größer, da warmfester. Bestens kaltumformbar (bis ≈90% Umformgrad). Weichglühen bei 680 ... 780 °C. Zerspanbarkeit erschwert durch „Schmierneigung" wegen hoher Zähigkeit, daher hohe Schnittgeschwindigkeit! Bei Beachtung von Sonderregeln gut gießbar, preß- u. schmelz-schweißbar, weich- u. hartlötbar.

Einfluß von Beimengungen:

S am schädlichsten; über 0,005% (Löslichkeitsgrenze) Bildung von Korngrenzenhäutchen aus Ni-Sulfid bzw. bei größeren Mengen aus niedrig schmelzendem Eutektikum (644 °C); Kalt- u. Warmumformung dann stark erschwert bis unmöglich (Kaltsprödigkeit bzw. Rotbruch), aber Zufügung von etwas Mg u. Mn machen üblicherweise vorkommende Mengen bis 0,02% S unschädlich.

C in kleinen Mengen löslich; über 0,03% wird bei höheren Temperaturen als Graphit ausgeschieden (besser zerspanbar, aber spröder). C-arme Qualität „LC-Ni" ist frei von dieser Ausscheidung und zwischen 400 u. 700 °C etwas warmfester; Zeitdehngrenze verdoppelt bis verdreifacht.

Si bis ≈0,25% ohne nennenswerten Einfluß; aushärtende Ni-Leg. bzw. Ni-Guß enthalten bis 0,5 bzw. 1,5% Si; Si ≈1% erhöht stark Härte und Steifigkeit ebenso Al und/oder Ti „Dura-Ni" = NiAl 4 Ti und verringert Umformbarkeit, dabei Curiepunkt-Erniedrigung auf ≈320 °C (durch 6% auf – 45 °C).

O_2 wird im flüssigen und festen Zustand (Glühen in oxidierenden Gasen) aufgenommen; weder Kalt- noch Warmumformbarkeit dadurch wesentlich benachteiligt.

H_2 und N_2 leicht im festen und bes. im flüssigen Zustand löslich, daher bei Gußteilen und nach Gasschmelzschweißen leicht Blasen- und Porenbildung. – Pb. Zn, Cd u. a. leicht verdampfende Elemente beeinträchtigen bes. Warmumformbarkeit und Verwendbarkeit in Elektronenröhren.

Korrosionsverhalten sehr günstig, da Ni wie Co und Cu zu den „halbedlen" Metallen zählt: Beständig gegen Atmosphärilien (Glanz stumpft ab), Wasser aller Art, auch Meerwasser, Dampf, Nahrungsmittel, Laugen und nicht zu starke Säuren. SO_2, H_2S, Cl_2 u. nitrose Gase in der Luft greifen an. Starker Angriff durch C_2H_2, HNO_3, S, geschmolzenes Zn, Cd, Sn u. a.; stärkeres Zundern erst ab 800 °C.

Verwendung: Seit Wiederaufhebung der Ni-Zwangsbewirtschaftung 1958 durch USA auch bei uns wieder zunehmend verwendet. Ni-Verbrauch BRD 1973 ~52 000 t.

Chemotechnik: Reinnickel und C-armes Ni für Vollbleche und Ni-walzplattierte Stahlbleche bes. für Verarbeitung von Alkalien, Erdölprodukten, Lacken und Farben, ferner im Brennerei- und Brauereigewebe; im Labor für Verbrennungsschiffchen und Tiegel; Ni-Pulver als Katalysator. Außerdem in vielen Sonderindustrien. – *Elektrotechnik:* Grundstoff für Kathoden, Gitter u. a. Teile in Radio- u. Fernsehröhren; als Temperaturfühler von Widerstandsthermometern; für Thermoelement-Draht (Ni – NiCr 90 10); Kernmaterial magnetostriktiver Schwinger für Echolote, Ultraschall-Reinigungs- und -Bohrmaschinen, sowie -Schweiß- u. -Lötvorrichtungen, ferner in der Werkstoffprüfung. Als Folie in photoelektrischen Zellen u. a. – *Oberflächenschutz:* Galv. Vernickelung (bes. mit Nachverchromung) als Korrosionsschutz für Stahl und NE-Metalle (bes. Ms u. Zn-Druckguß). Stromlose Vernickelung („Canigen"- und „Nibodur"-Verfahren) für bes. gleichmäßige Schichtdicken. Spritzvernickelung (Schoop) für Großteile und unregelmäßige Formen. – *Pulvermetallurgie*: Hauptsächlich Karbonyl-Ni-Pulver metallkeramisch verarbeitet zu Ni-Akkumulatorenplatten z. B. in der Ni-Cd-Batterie, Teile der Elektronik und für andere Zwecke. Ni-Pulver ferner (statt Co) als schmelzendes Bindemittel für Karbidgerüste der Sinterhartmetalle aus Basis WC, TiC, TaC, MoC, sowie Ni-leg. Sonderstähle.

5. b) Nickel-Legierungen

Ni $\geqq$45% mit hauptsächlich Co, Cr, Cu, Fe, Mo einzeln oder meist zu mehreren, öfters mit kleinen Zusätzen von Al, B, Be, Mn, Nb, Si, W, V u. a., C meist $\leqq$0,15%, nur vereinzelt mehr. Ni auch < 45%, wenn kein anderes Metall in höherem Prozentsatz vorhanden.

Bisher 5 DIN-Blätter über Ni-Knet-Leg. erschienen (DIN 17 741 niedrig leg. mit < 6% Zusätzen; DIN 17 742 mit Cr u. Mo; DIN 17 743 mit Cu; DIN 17 745 mit Fe; DIN 17 470: 2 Heizleiter-Leg. mit Cr. bzw. Cr + Fe (ferner 5 Heizl.-Stähle), alle vom Okt. 1971). Über 150 Handelsmarken mit Abwandlungen bekannt, alle mit sehr wertvollen, im einzelnen oft sehr unterschiedlichen, oft sogar gegensätzlichen Eigenschaften; für viele Zwecke unentbehrlich. Gemeinsam sind ihnen gute bis ausgezeichnete Chemikalienbeständigkeit und Warmfestigkeit bzw. (u.) Hitzebeständigkeit. Nachfolgend Gruppeneinteilung nach Eigenschaften, derentwegen Haupteinsatz erfolgt; dabei Angabe einiger Handelsmarken, die sich innerhalb einer Gruppe im wesentlichen durch kleine Zusätze unterscheiden.

Hochkorrosionsbeständig:

Ni-Mo (60 bis 63 Ni, 26 bis 32 Mo, 3 bis 7 Fe mit Mn < 1, Si < 1, C < 0,1): z. B. Hastelloy B; Chlorimet 2; Bergit B; Coronel B, 210 u. 220; Langalloy 4R; Superantinit B; Euzonit 70 u. a. Beständig gegen Säuren unter reduz. Bedingungen (H_2SO_4, HF, siedende HCl, feuchtes Chlorwasserstoffgas), nicht für oxidierende Bedingungen (siedende H_2SO_4 > 50%, HNO_3, oxidierende Metallsalze u. a.).

Ni-Mo-Cr (51 bis 61 Ni, 16 bis 19 Mo, 15 bis 17 Cr, 2 bis 8 Fe, 0 bis 5 W u. a.): z. B. Hastelloy C; Bergit C; Chlorimet 3;, Langalloy 5R; Superantinit C; Euzonit 60 u. a. Durch Cr passivierbar, damit auch unter oxidierenden (ebenso wie reduzierenden) Bedingungen beständig, auch gegen Chlorite und Hyperchlorite; kein Lochfraß in oxidierenden Cu- und Fe-Salzlösungen, jedoch unbestänig gegen warme HCl.

Ni-Mo-Fe (65 Ni, 22 Mo, Rest Fe): Bergit A. Zellhaut- und Kunstfaser-Industrie.

Ni-Cr-Fe-Mo (45 Ni, 22 Cr, 25 Fe, 6 Mo): Hastelloy F; Irrobigo 42. Weniger beständig als höher Mo-haltige Legierungen; unter reduz. u. oxid. Bedingungen in alkalischen u. sauren Lösungen verwendbar. – Incoloy 825 (40 Ni, 21 Cr, 31 Fe, 3 Mo mit etwas Ti als Stabilisator) beständig gegen H_3PO_4, Phosphate u. bis 70%ige H_2SO_4 (auch kornzerfallsbeständig u. spannungsrißfrei).

Ni-Cu (Ni + 30/32 Cu, 1 Fe, 0,9 Mn, $\approx$0,1 Cu u. a.): Monel 400, Nicorros, Silverin, Corronil u. a. Gut beständig gegen schwächere Säuren, Alkalien, Dampf u. Wässer; warmfest, schlagzäh auch in der Kälte, hitzebeständig bis 700 °C, je nach Kaltumformung $\sigma_B = 500 \ldots 800$ N/mm², $\delta = 50$ bis 20%, $HB = 120 \ldots 200$. Sonderqualitäten mit 58 bis 84 Ni, 13,5 bis 39,8 Cu, 0,5 bis 1,35 Fe, 1,5 bis 4 Si, 0,6 bis 1,8 Mn, 0,1 bis 0,18 C. – K-Monel 500 (65 Ni, 29,5 Cu, 1 Fe, 0,6 Mn u. a., jedoch mit 2,8 Al + 0,5 Ti ist aushärtbar: $\sigma_B = 650 \ldots 1500$ N/mm², $\delta = 45$ bis 2%; desgl. KR-Monel, jedoch mit 0,23 C (als Graphit). Verwendung in der Nahrungsmittelindustrie, im Maschinen- u. Flugzeugbau, in Ölraffinerien u. Gaswerken, Papierindustrie, Bauwesen, bei Verarbeitung von Farben u. Lacken, in Wasch- u. Haushaltmaschinen u. a., sowie als Zusatzstab bei GG-Kaltschweißung. – Monel-Guß mit 0,08 bis 0,2 C für korrosionsbeständige Gußteile. – Weitere Monel-Handelsmarken enthalten noch kleine Mengen Cr, Mo, Mo + W und als aushärtende Bestandteile noch Si mit Mg, Be u. a. –

Heizleiter-Legierungen auf Ni-Basis: Gut umformbar, jedoch empfindlich gegen S-haltige Gase.

Ni-Cr (NiCr 80 20 n. DIN 17 470): 76 bis 83 Ni, 20 bis 17 Cr, u. U. mit Zusätzen. $\varrho \approx 1{,}1\ \Omega \cdot$ mm²/m, gut warmfest u. wärmeschockbeständig, jedoch weniger zeitstandfest, zunderbeständig bis 1250 °C. Verwendung als Heizleiter el. Schutzgasöfen über 1075 °C, für Lötwerkzeuge, Drahtwiderstände für Φ < 0,15 mm, Al-Herdschmelzöfen u. a. Industrieöfen. Hitze- und korrosionsbeständige Aufschweißlegierung f. Ventilsitze u. ä. (Brightray S u. C; Cecas II; Chromel A; Chromin; Cronix; Hawe 105; Nichrome; R. ex 400; Vacromium C).

Tabelle I.29. Zusammensetzung, E-Modul, Festigkeitswerte bei 20 °C; Zeitdehngrenze und Zeitstandfestigkeit bei hohen Temperaturen von **Nimonic-Legierungen** (normale Wärmebehandlung) [I.39]

Handelsmarke (Henry Wiggin Ltd., Birmingham)	Chemische Zusammensetzung % (Richtwerte)						Elastizitätsmodul E $\times 10^3$ in N/mm² bei				Festigkeits-Richtwerte bei 20 °C in N/mm²		
	Ni	Cr	Co	Fe	C	Sonstige	20 °C	600 °C	800 °C	1000 °C	$\sigma_{0,1}$	σ_B	δ %
Nimonic 80 A	Rest (≈76)	18 21	≦2	< 5	≦0,1	Si≦1; Mn≦1; 1,8 ... 2,7 Ti; 0,5 ... 1,8 Al;	190	190	110	41	610	1090	39
Nimonic 90	Rest ≈56	18 21	15 21	< 5	≦0,1	Si≦1,5; Mn≦1; 1,8 ... 3,0 Ti; 0,8 ... 2,0 Al;	190	176	140	63	820	1210	25

Handelsmarke	Bei Temp. °C	Zeitdehngrenze 0,1% bleib. Dehnung in N/mm² für			0,2% bleib. Dehnung in N/mm² für			0,5% bleib. Dehnung in N/mm² für			Zeitstandfestigkeit in N/mm² für Belastungszeitdauer		
		100 Std.	1000 Std.	3000 Std.	100 Std.	1000 Std.	10000 Std.	100 Std.	1000 Std.	10000 Std.	100 Std.	1000 Std.	10000 Std.
Nimonic 80 A	650	457	331	271	(52)	391	261		422	284		425	287
	750	219	123	85	255	154	68	(274)	172	79	282	181	87
	815	126	60	36	140	74	27	151	82	30	158	88	35
Nimonic 90	650	452	353	306	509	411	315	(539)	443	342	559	468	354
	750	236	140	95	274	178	85	306	210	113	343	239	137
	870	74	30	22	85	38	(17)	98	47	19	110	61	25

(Werte in Klammern durch Extrapolation erhalten)

Ni-Cr-Fe (NiCr 60 15 n. DIN 17 470): 58/62 Ni, 14/16 Cr, Rest Fe, 0 bis 2 Mo. $\varrho \approx 1{,}2\ [\Omega \cdot mm^2/m]$, bis 1075 °C verwendbar: bis 1150 °C zunderbeständig. Heizleiter wie bei Ni-Cr, in keramischen Isolierstoffen verlegte Heizleiter; Thermoelement-Schutzrohre f. Benzinsynthese, Drahtwiderstände für 0,15 bis 0,3 mm Ø. (Brightray B; Chroman B u. B2M (mit 2 Mo); Cromel C; Hawe 110; Cronifer II). –

Hochwarmfest u. hitzebeständig: Unterschiedlich gut wärmeschockbeständig, größtenteils aushärtbar (bes. durch Ti- u. Al-Zusatz), zunder- u. korrosionsbeständig, mit leichter bis erträglicher Umformbarkeit u. Zerspanbarkeit.

Haupttypen: **Ni-Cr-(Fe):** 78 bis 50 Ni, 14 bis 33 Cr, 0 bis 13 Fe mit wechselnden kleinen Zusätzen (Chroman Co, C, D, E; Inco 702; Inconel u. Inconel X; Nimonic 75 u. 80 A; u. a.).

Ni-Co-Cr-(Mo, Fe): 58 bis 33 Ni, 12 bis 30 Co, 10 bis 21 Cr, 3 bis 5 Mo, 0,5 bis 7,5 Fe (Inco 700; Inconel 700; Konel 1; M-156; Nimonic 90, 95 u. 100; Udimet; Waspaloy u. a.). – Typische Beispiele:

Tabelle I.29 der Nimonic-Legierungen, in England im letzten Krieg ausgehend von NiCr 60 20 entwickelt.

Ni-Mo-Fe: 60 bis 52 Ni, 15 bis 30 Mo, 3 bis 20 Fe mit wechselnd kleinen Zusätzen, auch bis 6 W (Hastelloy B; Euzonit 50 u. 70; Leg. 72; Batelle 1320 u. a.).

Weniger häufig die Gruppen: **Ni-Cr-Mo-Fe-(W):** Hastelloy C; Euzonit 60; **Ni-Cr-Fe-Mo:** Hastelloy X. – **Ni-Co-Fe:** Konel 2. – **Ni-Co-Cr-Fe:** K 42 B; Refractalloy 26; DMC. – **Ni-Cr-Mo-Co:** M-252. – **Ni-Co-Cr-Fe-Mo:** DVL 42 u. 52. – Neben den Ni-Legierungen als Hauptvertreter hochwarmfester metallischer Werkstoffe stehen noch Co-Legierungen (siehe dort!) u. hochlegierte Stähle. – Anwendung: Für Gasturbinen in Flugzeugen, sowie stationär (Brennkammern, Flammrohre, Leitring- und Läufer-Schaufeln, Läufer-Scheiben u. -Ringe), für Strahltriebwerke; Auspuffrohre für Kolben-Verbrennungsmotoren, Diesel-Glühköpfe, Thermoelement-Schutzrohre, Transportelemente (Ketten, Bänder) in Durchlauföfen, Einsatzhärtekästen, Nitrierbehälter, Retorten, Glührohre, Überhitzerschlangen u. ä.; ferner Kokillen für G-AlBz, Strangpreßmatrizen für Cu u. Cu-Legierungen u. v. a. –

Magnetisch-weiche Ni-Legierungen mit Sondereigenschaften f. d. E-Technik:

a) Sehr hohe Anfangs- u. gute Maximal-Permeabilität (μ_0 bzw. μ_{max}), niedrige Hysterese-Verluste (schmale Magnetisierungs-Schleife), möglichst geringe Koerzitivkraft H_c, wo bei kleinen Feldern H höchste Permeabilität gefordert; für Sonderzwecke der Meß- u. Nachrichtentechnik auch gleichbleibende Permeabilität. Hierfür **Ni-Fe**-Legierungen, evtl. mit kleinen Zusätzen: 45/45/10 Mn (Megaperm 4510); 48/52 (Permalloy B, Permenorm 4801); 50/50 (Hipernic, Hyperm 50, Nicalloy); 65/25/10 Mn (Megaperm 6510); 72/11/14 Cu/3 Mo (Leg. 1040, M-1040); 76/17/5 Cu/2 Cr (Mu-Metall, Hyperm 766); 78,5/21,5/0,8 Mn (Permax, Permalloy A); 78,5/18/3 Mo (Permalloy C); 78,5/17,7/3,8 Cr bzw. Mo (Cr- bzw. Mo-Permalloy, Hyperm 800 u. 900); 79/15/5 Mo (Supermalloy, Hyperm Maximum); 82/16/2 Mo (Mo-Permalloy-Keramik für Kerne); und noch andere. – Bei allen Legierungen fast durchweg C < 0,1%. Wärmebehandlung meist entscheidend, z. T. Abschrecken aus über 650 °C oder Abkühlen im Magnetfeld, z. T. bis 98% Kaltwalzgrad mit Endglühung, um „Würfeltextur" mit Würfelkante in Walzrichtung und senkrecht dazu zu erhalten (z. B. Hyperm 50 T für magnetische Verstärker u. Kontaktgleichrichter). Anwendung obiger Legierungen bei höheren Anforderungen für: Abschirmungen (in Form von Blechkästen), um Erdfelder oder Streufelder (z. B. von Transformatoren) von bestimmten Geräten fernzuhalten; Relais; leichte u. verzerrungsfreie Nachrichten-Übertrager; magnetische Verstärker u. Kontaktgleichrichter; magnetisch wirksamer Teil von Weicheisen-Instrumenten, sowie Kerne von Meßwandlern (genauer, weiterer Meßbereich); Pupin-Spulen; Trägertransformatoren für Schallwiedergabe (Tonfilm); Präzisionsstromwandler; Impulstrafos; Breitbandübertrager.

b) Stark temperaturabhängige magn. Sättigung, d. h. Permeabilität (Sättigungsmagnetisierung) ändert sich stark mit Temperatur (leider nicht linear). Curiepunkt T_c muß nahe Gebrauchstemperatur liegen (für Ni/Cu 70/30, z. B. bei 80 °C): 57,5 bis 67,5 Ni, 40 bis 30 Cu, 1 bis 2 Fe (Thermalloy A u. B, Calmalloy). Mit pulvermetallurgisch hergestellten, nicht völlig homogen gesinterten Mischkörpern ist auch geradliniger Abfall der Permeabilität bis T_c erreicht worden. Anwendung für magnetische Nebenschlüsse, um reversible Änderung der Remanenz B_r und damit der Feldstärke in Dauermagnetsystemen zu kompensieren: Bei Elektrizitätszählern, Drehspulmeßgeräten, Tachometern (die ein durch Wirbelstrom erzeugtes Drehmoment benutzen). –

In Hochleistungs-Dauermagneten ist Ni nur bis $\leqq$ 30% vorhanden, wobei andere Metalle überwiegen; sie zählen daher nicht zu den Ni-Legierungen, sind nur mehr oder weniger hoch Ni-haltig.

Sonstige Ni-Legierungen: Ni-Mn- u. Mehrstoff-Legierungen: *Mangan-Nickel 1:* Ni + 1 Mn mit erhöhtem C-Gehalt, NiMn 1 (DIN 17 741), gut automaten-zerspanbar, gegen techn. Wässer beständig wie Ni; für Wassermesserteile. – *Mangan-Nickel 2:* Ni + 1 bis 2 Mn, bis 1,5 Si, 0,2 bis 1 Al, $\leqq$ 0,5 Fe; NiMn 2 (DIN 17 741), korrosionsbeständig wie Ni, aber fester, für Innenteile von Glühlampen u. Elektronenröhren. – *Mangan-Nickel 5:* 94 Ni + 5 Mn, NiMn 5 (DIN 17 741), durch Mn beständiger gegen S-Angriff als Ni, beständig unter reduz. Bedingungen (Ni C 5, D-Nickel), für Zündkerzen-Elektroden u. Innenteile v. Elektronenröhren; NiMn 3 Si (3 Mn, 2 Si), bes. beständig gegen Motoren-Verbrennungsgase, für Zündkerzen-Elektroden u. ähnl. Teile; dafür gleichfalls geeignet Mangonic ((97 Ni/3 Mn), W5 (Ni/4 Si/0,3 Mn), W6 (Ni/2 Si/0,5 Mn), W7 (Ni/2,75 Mn/1 Si)).

Duranickel (Aluminium-Nickel) 94 Ni/4 bis 5 Al/ < 1 Si/ < 0,4 Mn/ < 0,15 C/0,3 bis 0,6 Ti, warmgewalzt und ausgehärtet σ_B bis 1200 N/mm²; $\sigma_{0,2}$ bis 950 N/mm²; $\delta \approx 15\%$; $HB \approx 250$; korrosionsbeständig wie Ni, aushärtend, hochfest: Für Unterwassermembranen, Federn u. federnde Teile bis 290 °C. – **Ni-Be** (2% Be), hoch korrosionsbeständig, ausgehärtet σ_B bis 1850 N/mm² bei $\delta_5 \geqq 12\%$ u. $HV \approx 450$ für Kunststoff-Spinndüsen, medizinische Instrumente bes. hoher Zähfestigkeit. – *Contracid-Beryllium* (60 Ni/17 Fe/15 Cr/1,7 Mo/0,8 Be/ Rest Mn, Si) hochkorrosionsbeständig, ausgehärtet σ_B bis 1800 N/mm², $\delta_5 \geqq 2\%$, $HV \approx 400$ für korrosionsbeständige Ventilfedern u. Federn für Sonderuhren, medizinische Instrumente; durch geeignete Wärmebehandlung in weiten Bereichen temperaturunabhängiger E-Modul, daher für Uhrenfedern u. entsprechende Apparateteile.

Ni-Legierungen für Glas-Metall-Verbindungen (Draht u. Band) z. B. bei Elektronenröhren: 42 bis 51 Ni/6 bis 1 Cr/Rest Fe (3 Vacovit-Sorten, Nilo 475, u. a.) [I.39].

Komplexe Ni-Cr-Legierungen für Präzisions- u. Normalwiderstände, bis 140 °C verwendbar: z. B. 73 Ni/21 Cr/2 Al/2 Cu (Evanohm), $\varrho = 3\times$ so hoch als Manganin, viel höheres σ_B [I.39].

Nickel-Sinterlegierungen, metallkeramisch aus Pulvermischungen der Einzelmetalle hergestellt, in vielseitiger Kombination: z. B. Ni- + W-Pulver (20, 30 oder 40% W, Rest Ni), gut kalt umformbar zu dünnem Draht und Band sowie dünnwandigem Rohr für Kathoden- und Elektronenröhren; überzogen mit Ba- und Sr-Oxiden, gering elektrisch und wärmeleitfähig; über 30% W aushärtbar. Ferner 60 Ni/20 Mo/20 Fe, gut kalt umformbar (Blech; Draht bis 0,05 mm Φ ziehbar, bei 1200 °C geglüht). – Außerdem zahlreiche weitere Sinterlegierungen für Teile bes. Wärmeausdehnung. – Ni-Al-Sinterteile mit Hitzebeständigkeit bis 1150 °C, u. a.

Hochwarmfeste und hitzebeständige Ni-Legierungen als Tränkwerkstoffe von Cermets.

6. Die Leichtmetalle

a) 1. Aluminium [I.40]

Rohstoff. Al-Gewinnung fast ausschließlich aus *Bauxit* mit 52 ... 65% Tonerde (Al_2O_3), 2 ... 28% Fe_2O_3, 12 ... 30% Hydratwasser, 1 ... 8% SiO_2.

Haupt-Abbauländer: Jamaika, UdSSR, Surinam, Br.-Guayana, Frankreich, Guinea, USA, die zusammen ≈73% der Bauxit-Weltproduktion 1972 (≈68 Mill. t) lieferten, ferner Ungarn, Jugoslawien, Griechenland u. a. Deutsche Vorkommen am Vogelsberg (Hessen) unbedeutend. Al-Gewinnung aus anderen Rohstoffen (Tone, Kaolin u. a.) möglich, aber wegen des hohen SiO_2-Gehaltes unwirtschaftlich.

Welt-Hüttenproduktion 1972: $\approx$11,5 Mill. t Al, davon Gesamt-Deutschland $\approx$4,3%. Weltverbrauch 1972: $\approx$11,5 Mill. t Al, davon 37% USA; 12,3% UdSSR; 8% Ges.-Deutschland (879 000 t, davon 83% BRD).

Gewinnung. Wegen hoher Verwandtschaft des Al zu O_2 übliche Reduktion mit C nicht möglich. – Al-Erzeugung in zwei Stufen:

1. *Gewinnung reiner Tonerde aus Bauxit* (Bayer-Verfahren), wobei nach Trocknung und Feinmahlung in Kugelmühlen ein Verrühren mit 45%iger NaOH in Mischern, sowie ein Aufschließen bei $\approx$170 °C und 6 ... 8 bar in Autoklaven (1,5 t) während 2 ... 3 Std erfolgt. Es entsteht mit 95% Ausbeute lösliches Na-Aluminat: $Al_2O_3 + 2\,NaOH = Na_2O \cdot Al_2O_3 + H_2O$; Verunreinigungen bleiben ungelöst und werden mit dem „Rotschlamm“ abfiltriert. Im Ausrührer erfolgt „Impfung“ mit Tonerdehydrat $Al(OH)_3$ unter Rühren während 36 ... 48 Std. bei 40 ... 60 °C, wobei sich nun weiteres Tonerdehydrat neu bildet: $Na_2O \cdot Al_2O_3 + 4\,H_2O = 2\,Al(OH)_3 + 2\,NaOH$; (70% Ausbeute). Tonerdehydrat wird durch Kalzinieren bei 1200 ... 1300 °C in nicht mehr hygroskopisches Aluminiumoxid Al_2O_3 übergeführt: $2\,Al(OH)_3 \rightarrow Al_2O_3 + 3\,H_2O$.

2. *Reduktion von Al_2O_3 durch Schmelzfluß-Elektrolyse:* Hoher Schmelzpunkt von Al_2O_3 (2046 °C) wird durch Zusatz von 80 ... 85% Na-Al-Fluorid ($AlF_3 \cdot 3\,NaF$) unter 950 °C herabgedrückt; kommt natürlich in Grönland als Kryolith vor, meist aber synthetisch aus Al_2O_3, NaCl und Flußsäure hergestellt (reiner!). Laufender Kryolithverbrauch bei Elektrolyse nur 10 ... 4%. Abb. I.82 zeigt schematisch den Elektrolyseofen. Badeerhitzung auf 950 ... 980 °C erfolgt durch den Stromdurchgang. Freiwerdender O_2 oxidiert Anodenkohle zu CO. Flüssiges Al wird meist abgesaugt und zu Handels-Barren, -Masseln und -Blöcken vergossen. Ergebnis: Hütten-Al, Tabelle I.30. – Leit-Al für die Elektrotechnik = Al 99,5 H, wobei $\Sigma(Ti + Cr + V + Mn) \leqq 0{,}03\%$; sonst gelten Vorschriften VDE 0202: E-Al. – 1 t Al erfordert $\approx$2 t Al_2O_3 (gewonnen aus $\approx$4 t Bauxit), $\approx$0,5 t Anoden, $\approx$140 kg Kryolith; < 15 000 bis < 16 000 kWh und $\approx$ 200 Arbeitsstunden (einschließlich Strom- und Al_2O_3-Erzeugung, sowie Elektrolysebetrieb).

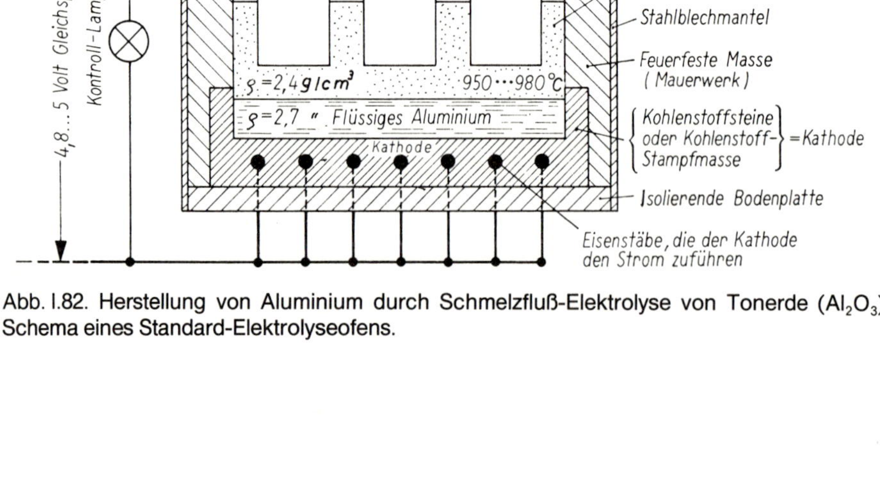

Abb. I.82. Herstellung von Aluminium durch Schmelzfluß-Elektrolyse von Tonerde (Al_2O_3). Schema eines Standard-Elektrolyseofens.

Tab. I.30. Aluminium (Reinst- u. Hütten-Al) DIN 1712, Bl. 1 (Okt. 61)

Kurzzeichen	Zulässige Beimengungen in %, davon						
	insgesamt	Si	Fe	Ti	Cu	Zn	sonstige je
Al 99,99 R	0,01	0,006	0,005	0,002	0,003	0,005	0,001
Al 99,9 H	0,1	0,050	0,035	0,006	0,005	0,04	0,003
Al 99,8 H	0,2	0,15	0,15	0,03	0,01	0,06	0,01
Al 99,7 H	0,3	0,20	0,25	0,03	0,01	0,06	0,01
Al 99,5 H	0,5	0,30	0,4	0,03	0,02	0,07	0,03
Al 99 H	1,0	0,5	0,6	0,03	0,02	0,08	0,03

Raffination nur zur Herstellung von Reinst-Al (Al 99,99 R, Tabelle I.30) für Sonderzwecke in geringer Menge durch Dreischichten-Elektrolyse. Energieverbrauch ≈20 000 kWh/t Al. Preis etwa doppelt so hoch als von Hütten-Al.

Umschmelz-Aluminium wird ganz oder teilweise aus Abfällen und (oder) Rückständen erschmolzen; für viele Zwecke verwendbar, z. B. minderbeanspruchten Formguß, dem Reinaluminium H jedoch in mancher Hinsicht unterlegen, bes. in der Zähigkeit wegen enthaltener Al_2O_3-Häutchen.

Eigenschaften. Silberweiß; Dichte $\varrho = 2{,}7$ g/cm³; Schmelzpunkt 660,2 °C; Siedepunkt ≈2500 °C. Festigkeitswerte siehe Tabelle I.31! Kerbschlagzähigkeit gut ($a_k \approx 90$ J/cm²). El. Leitfähigkeit von E-Al ≈36 m/Ω · mm² (99,995≈37,87). Leitwertgleicher Leiter wiegt etwa halb so viel als Cu-Leiter, jedoch Durchmesser 1,27× größer. Wärmeausdehnung ≈2× von Fe, Wärmeleitfähigkeit ≈2,5×Fe. Gießbarkeit von Rein-Al bedingt durch mäßige Formfülligkeit (wesentlich verbessert z. B. durch Si), Schwindmaß 1,7 ... 1,8%, also starke Lunkerneigung, und Warmbruchneigung, bes. an schroffen Querschnittsübergängen. Öfteres Umschmelzen schädigt Zähigkeit und Formfülligkeit. *E*-Modul ≈72 000 N/mm² (Al-Legierungen 65 000 ... 78 500), also ⅓ von Stahl. Al ist sehr gut kalt umformbar (kfl-Gitter), da sehr dehnbar und geschmeidig, so auch gut fließpreßbar (Tuben) und sehr gut warm umformbar bei 480 ... 550 °C (Reinst-Al bei 300 ... 350 °C) durch Strangpressen, Schmieden, Warmpressen u. a., so-

Tabelle I.31. Festigkeitswerte von Rein- und Reinst-Aluminium {Mindestwerte für Blech/Rohr in Halbzeug [1])

Al-Qualität nach DIN 1712, B. (vergl. Angaben rechts Tab. I.30)		Streckgr. $\sigma_{0,2}$ N/mm²	Zugfestigkeit σ_B N/mm²	Bruchdehnung δ_5 längs %	Härte HB $(P = 5\,D^2)_2$ N/mm²	Härte HB $(P = 5\,D^2)$
Rein-Al (Al 99)						
Blech / Band / Rohr	weich (F 8)	20	80	30/20	22	22
	hart (F 14)	120	140	4/3	38	38
Reinst-Al Al 99,98 R	weich	10	40	30/27	22/15	22/15
	hart	80	100	5	25	25

[1]) Weitere Werte für andere Halbzeugarten und Reinheitsgrade siehe Al-Taschenbuch

wie gut preß- und schmelzschweißbar, sogar kalt preßschweißbar. Durch Sonderlote hart-, plattier- und weich-lötbar (Reib- bzw. Reaktionslötung); Ultraschall-Lötung auch mit üblichen Zinnloten. Klebeverbindungen von Al mit Al oder anderen Werkstoffen durch hochfeste Kunststoffkleber. – *Korrosionsverhalten* trotz theoretisch unedlen Charakters (wegen Stellung in elektrochemischer Spannungsreihe) praktisch viel edler als z. B. Fe, da auch auf frischen Schnittflächen schnell dichte, festhaftende, unsichtbare Oxidhaut (Al_2O_3) gebildet wird. Al ist gegen Angriffsmittel, die diese Schutzhaut nicht zerstören, überraschend beständig. Beständigkeit steigt mit Reinheit (Bedeutung von Reinst-Al!). Al ist beständig gegenüber den meisten Flüssigkeiten und Gasen des täglichen Gebrauchs, besonders Nahrungs- und Genußmittel (gesundheitlich unbedenklich), Seewasser (verbessert noch durch Mg). Allgemein ist es beständig gegen schwache Säuren, jedoch empfindlich gegen auch schwache Laugen. Näheres: Al-Merkblatt W 4 der Aluminium-Zentrale, Düsseldorf. – Oberflächenschutz, bes. anodische Oxidation, erweitert Anwendungsbereich wesentlich; siehe Abschn. Korrosionsschutz.

Verwendung. Hauptsächlich begründet durch geringe Dichte, gute chem. Beständigkeit, gute elektr. und Wärme-Leitfähigkeit, leichte Verarbeitbarkeit, günstige Reflexionseigenschaften, Funkenfreiheit, praktische Unbrennbarkeit, magnetisch neutrales Verhalten und vielseitige Oberflächen-Behandlungsmöglichkeiten.

Hauptanwendungsgebiete sind:

1. Al-Legierungen (siehe diese!) und als Zusatz zu anderen Legierungen (Al-Bz, Sondermessinge, Mg- und Zn-Legierungen, hitze- und zunderbeständige Stähle, Nitrierstahl, Dauermagnet-Legierungen u. a.).
2. Als Desoxidationsmittel, bes. für Stahl (beruhigter und laugenrißbeständiger Stahl, Feinkornstahl).
3. Al-Pulver (Farbpigment, Alitieren und Kalorisieren von Stahl, Sintertechnik).
4. Folie 0,12 ... 0,005 mm, Blatt-Al bis 0,0004 mm, auch Cupalfolie bis 0,015 mm. Folie für Verpackungszwecke, Isolation im Wärme- und Kälteschutz, für Elektrolyt- und Trockenkondensatoren.
5. Leitwerkstoff in der E-Technik für Kurzschlußanker (Druckguß), Wicklungen, Freileitungen (Rein-Al-Seil mit Stahlseele; „Aldrey“-Seile siehe Al-Legierungen!); für Schaltanlagen; Kabel- und Rohrdraht-Umhüllung; Hochfrequenzleiter in Form von Cupal.
6. Oberflächenschutz von Stahl und Mg-Legierungen.
7. Im Haushalt für Küchengeräte und vieles andere.
8. In der chem. und Nahrungsmittel-Industrie für Apparaturen und ganze Anlagen.
9. Im Bauwesen Rein-Al für Bedachung und Isolationsschichten (Knitterfolie).
10. Für Verpackungszwecke (Tuben, Dosen, Fässer, Kannen, Eimer, Wagentanks u. a.).
11. Verspiegelung von Scheinwerfer-Reflektoren u. optischen Spiegeln durch Aufdampfen von Reinst-Al oder AlMg oder 85 Al/10 Ag/5 Si im Hochvakuum.

Aluminothermie. Ausnutzung der großen Verbrennungswärme des Al, sowie seiner hohen Sauerstoff-Affinität; sonst schwer reduzierbare Metalle (Cr, Mn, V u. a.) werden aus ihren oxidischen Erzen unmittelbar freigegeben. Beim Thermit-Verfahren (K. Goldschmidt 1894) wird Gemisch aus Al-Pulver und Eisenoxid nach örtlicher Erhitzung auf $\approx$1100 °C zur exothermen Reaktion gebracht: $Fe_2O_3 + 2\,Al = 2\,Fe + Al_2O_3 + 790\,kJ/kg$ unter Bildung einer Al_2O_3-Schlacke (künstl. Korund zur Schleifmittel-Herstellung) und flüssigem Fe von $\approx$2400 °C. Anwendung zur Preß- bzw. Schmelz-Schweißung von Stahl (Schienen) und Stahlguß, besonders Schweißen von Bruchstellen schwerer Teile.

a) 2. Aluminium-Legierungen

Hauptlegierungselemente: Cu bis 6%, Mg bis 11%, Si bis 13,5 (25)%, Zn bis 6%; in kleinen Mengen auch Cr bis 0,4%, Mn bis 1,5%, Ti bis 0,3%, Σ (Pb, Sn, Cd, Bi, Sb) bis 3%. – *Normung:* Knetlegierungen DIN 1725, Bl. 1 (Febr. 1967), Gußlegierungen

Bl. 2 (Sept. 1973), s. Tab. I.32 u. I.33; Bl. 3: 15 Reduktions-, Verschnitt- u. Vorlegierungen.

Außerhalb dieses Rahmen zahlreiche Sonder-Legierungen in Gebrauch. Ferner eine übereutektische Al-Si-Gußlegierung mit 25% Si + 5% Cu (Mahle 244), hauptsächlich für Kolben von Zweitakt-Motoren, sowie zahlreiche andere Sonderlegierungen.

Gefüge aller Legierungen im Glühzustand aus verhältnismäßig weicher Mischkristallgrundmasse mit eingelagerten härteren Kristallen. Bei Eutektikumbildung meist erheblich untereutektisch, bei G-AlSi naheutektisch und bei Sonderlegierungen auch übereutektisch.

Aushärtbarkeit bedingt durch manche Legierungselemente einzeln oder zu mehreren. Die wertvollsten sind Cu + Mg, Mg + Si, Zn + Mg.

Aushärtevorgang [I.41]: (vgl. Abb. I.83!). Technisch verwertbare Aushärtung in System mit Metallidbildung, das gemäß der 3. Erstarrungsform (Abb. I.23) eine Kurve E – F mit abnehmender Löslichkeit bei sinkender Temperatur hat. Kühlt Legierung X mit x_1%B langsam ab, so beginnt sie mit Unterschreiten der Temperatur a (Schnitt mit E – F) Metallidkristalle verhältnismäßig grobkristallin auszuscheiden (entsprechend Menge x_2 an B). Bei Raumtemperatur daher vergleichsweise schlecht umformbar sowie σ_B und δ unbefriedigend. Wird nach Lösungsglühen unter Auflösung der Ausscheidungen bei Temp. b in H_2O abgeschreckt, so entsteht bei Raumtemperatur übersättigte, unterkühlte, homogene Mischkristallösung mit ausgezeichneter Kaltumformbarkeit; jetzt Nieten, Biegen usw. Je nach Legierungsart durch längeres Lagern bei Raumtemperatur (natürliche oder Kalt-Aushärtung mit Bildung in der Regel Ein-Atomlagen dicker Schichten z. B. aus Cu (Gunier-Preston-Zonen I), elektrische Leitfähigkeit sinkt bzw. durch geringe Erwärmung z. B. bis Temp. c (künstliche oder Warm-Aushärtung mit Bildung mehrerer Atomlagen dicker Schichten z. B. Al_2Cu (Gunier-Preston-Zonen II), elektrische Leitfähigkeit steigt an, finden nachträglich Ausscheidungen des übersättigt vorhandenen Metallids (entsprechend Menge x_2 an B) in meist submikroskopischer, kritischfeindisperser Form statt, die zu Kristallgitter-Verspannung und Blockierung der Gleitebenen führen und dadurch erhebliche Zunahme der Härte und Festigkeit bei oft nur mäßiger Dehnungsabnahme oder gar Dehnungsgewinn gegenüber dem Glühzustand bedingen. Praktisch verwertbarer Bereich für die Aushärtung zwischen X′ und X″, da darunter nicht lohnend, darüber Anschmelzgefahr beim Lösungsglühen. – Aushärtung von AlCuMg z. B. durch Lösungsglühen bei ≈510 °C, Abschrecken in H_2O und Auslagern bei Raumtemperatur ≈36 Std. Nieten: z. B. vor dem Schlagen abschrecken, dann 4 ... 5 Std. schlagbar; durch Lagerung im Kühlschrank auch bis zum nächsten Tag.

Festigkeitswerte der *Knetlegierungen* sind in Tabelle I.32 enthalten, gültig für Halbzeug entsprechend den dort in Spalte 3 angegebenen ergänzenden Normen. – Festigkeitswerte der *Gußlegierungen* siehe Tabelle I.33. – DIN 1725, Bl. 3 (Juni 1973) enthält:

A. *Reduktionslegierungen* (Desoxidation von Stahl und NE-Metallen; für Lackpigment und Sprengmittel),

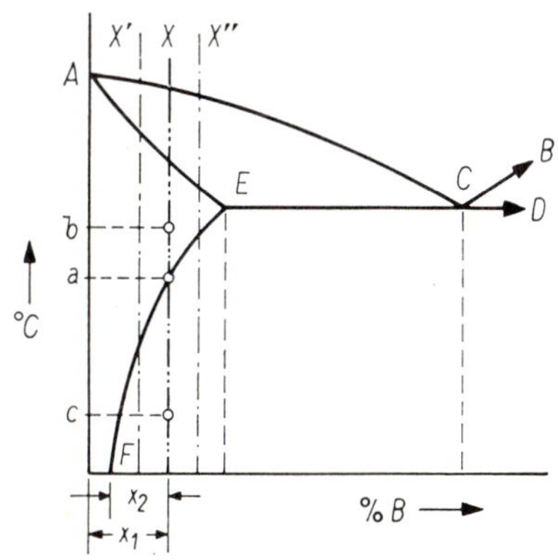

Abb. I.83. Zur Erklärung der Ausscheidungshärtung (Aushärtung). Ausschnitt aus Zustandsdiagramm des 3. Erstarrungsfalls (vgl. I.B). Diagramm muß (weiter rechts) Metallidbildung (intermetallisch-chemische Verbindung) aufweisen.

Tabelle I.32. Aluminium-Knetlegierungen (Auszug aus DIN 1725, Bl. 1, Feb. 67, ergänzt durch Festigkeitswerte) *

Kurzzeichen	Leg.-Bestandteile % [1]) Rest Al	Erg. Normen f. Form, Zustand, mech. Eigensch.	[7]) Festigkeitseigenschaften σ_B N/mm² mind.	$\sigma_{0,2}$ N/mm² mind.	δ_5 % mind.	HB [6])	Werkstoffeigenschaften [5]) Formungseigensch. (weich gegl.)	Eloxierbark. mit dekor. Wirkung	Schweißbarkeit	Korr. best. gegen Meerwasser	Zerspanbarkeit	Typische Anwendungsgebiete
AlMn	Mn 0,9 bis 1,4 Mg 0 bis 0,3	1745 DIN 1746 1748 1732	w 100 p 100 h 160	40 40 130	22 17 4	25 25 40		gut	sehr gut			Apparatebau, Architektur, Bedachung, Metallwaren, Nahrungsmittelindustrie
AlMg 1 [4])	Mg 0,8 bis 1,2 Mn 0 bis 0,2	DIN 1745 bis 1748	w 100 p 100 h 160	40 40 140	20 (18) 17 4	30 30 50	sehr gut				bedingt (Schmierneigung	Architektur, Bedachung, Metallwaren, Nahrungsmittel-Ind., Verpackung
AlMg 2 [4])	Mg 1,7 bis 2,4 Mn 0 bis 0,4	DIN 1745 bis 1748	w 150 p 150 h 210	60 60 160	19 (17) 15 4	40 40 60		sehr gut, wenn Cr ≦0,05	gut bis sehr gut	sehr gut		Archit., Fahrzeugbau, Metallwaren, Möbel-Ind.
AlMg 3 [4])	Mg 1,7 bis 2,4 Mn 0 bis 0,3	DIN 1745 bis 1749	w 180 p 180 h 260	80 80 180	17 (16) 14 4	45 45 75	gut					Archit., App.-Bau, Fahrzeugbau, Ingenieurbau, Schiffbau, Möbelindustrie (Hydronalium)
AlMg 5 [4])	Mg 4,3 bis 5,5 Mn 0 bis 0,55	DIN 59 675 DIN 1732	w 240 p 240/250 h 320/300	110 100 ... 120 240 (200)	17 (16) 14 ... 12 4	55 55 90	ausreichend	bedingt	gut		gut	Fahrzeugbau, Ingenieurbau, Schiffbau; optische und Möbelindustrie (Hydronalium)
AlMg 4,5 Mn	Mg 4,0 bis 4,9 Mn 0,6 bis 1,0	DIN 1745 bis DIN 1949	w 280 p 280 h 310	125 160 240	17 12 8	60 60 85	gut	nicht angewandt				Apparatebau, Drehteile, Elektrotechnik, Schiffbau, Schweißarbeiten, seewasserfest, tiefe Temperaturen. z. B. Methantanker
E-AlMgSi	Si 0,5 bis 0,6 Mg 0,3 bis 0,5	DIN 48 200 u. 48 300 VDE 0210	a + kv 300 ... 360	(250 ... 310)	–	–	nicht angewandt	nicht angewandt			nicht angewandt	Freileitungswerkstoff für die Elektrotechnik („Aldrey")
AlMgSi 0,5	Mg 0,4 bis 0,8 Si 0,35 bis 0,7	DIN 1746 bis 1748	ka 140 wa 220	80 160	15 12	45 70	sehr gut	gut bis sehr gut	gut	gut bis sehr gut	bedingt	Architektur, Metallwaren
AlMgSi 1 [4])	Si 0,75 bis 1,3 Mg 0,6 bis 1,2 Mn 0 bis 1,0 Cr 0 bis 0,3	DIN 1745 bis 1749 DIN 59 675	w≦150 p 140 ka 200 ... 230 wa 280 ... 320	– 90 (80) 100 ... 130 180 ... 160	18 (16) 12 (10) 16 ... 10 12 ... 9 (10)	– 40 60 (65) 80 ... 95	gut bis sehr gut	gut, wenn Cr≦0,05	gut bis sehr gut		ausreichend	Architektur, Bergbau, Fahrzeugbau, Ingenieurbau, Metallwaren, Nahrungsmittel-Industrie, Schiffbau, Textilindustrie

AlMgSiPb [2])	Pb 1,0 bis 3,0 Si 0,6 bis 1,4 Mg 0,6 bis 1,2 Mn 0,4 bis 1,0 Cr 0 bis 0,3	DIN 1746 und 1747	ka 200 wa 200 ... 260	100 100 ... 150	12 10 ... 8	60 60 ... 75	nicht angewandt	ausreichend	nicht angewandt	gut	gut bis sehr gut	Drehteile, insbesondere für Zerspanung auf Automaten
AlCuMg 0,5	Cu 2,0 bis 3,0 Mg 0,2 bis 0,5	DIN 1747 Niete: DIN 59 675	ka 280	–	–	–	gut, auch ausgehärtet				nicht angewandt	Niete
AlCuMg 1 [3])	Cu 3,5 bis 4,5 Mg 0,4 bis 1,0 Mn 0,3 bis 1,0 Si 0,2 bis 0,8	DIN 1745 bis 1749	w≦220 ka 360 ... 400	– 220 ... 270	14 (8) 10 ... 15	– 90 ... 100	ausreichend bis gut	nicht angewandt	Widerstandsschweißen gut	bedingt	gut	Fahrzeugbau, Flugzeugbau, Ingenieurbau, Maschinenbau (Dural)
AlCuMg 2 [3])	Cu 4,0 bis 4,8 Mg 1,2 bis 1,8 Mn 0,3 bis 0,9	Niete: DIN 59 675	w≦250 ka 390 ... 440 (460)	– 240 ... 290 (320)	14 (6) 9 ... 14	– 105 ... 110	ausreichend		bis sehr gut			Bergbau, Fahrzeugbau, Flugzeugbau, Ingenieurbau, Maschinenbau (Dural)
AlCuMgPb [2])	Cu 3,5 bis 5,0 Pb 1,0 bis 3,0 Mg 0,4 bis 1,8 Mn 0,5 bis 1,0	DIN 1746 und 1747	ka 350 ... 380	220 ... 250	12 ... 10 (8)	90 ... 100	nicht angewandt		nicht angewandt		sehr gut	Nur Drehteile, insbesondere für Zerspanung auf Automaten (Dural)
AlZnMg 3	Zn 4,2 bis 5,3 Mg 2,0 bis 3,5 Mn 0,1 bis 0,6 Cr 0,1 bis 0,3		wa (420) 440 ... 460	350 ... 370	(8) 9 ... 7	105 ... 120	ausreichend	ausreichend	ausreichend	gut		Bergbau, Fahrzeugbau, Ingenieurbau, Maschinenbau
AlZnMgCu 0,5	Zn 4,3 bis 5,2 Mg 2,6 bis 3,6 Cu 0,5 bis 1,0 Mn 0,1 bis 0,4 Cr 0,1 bis 0,3	DIN 1745 bis DIN 1749	wa 460 ... 500	380 ... 430	8 ... 7 (6)	120 ... 130			nicht angewandt	ausreichend	gut	Bergbau, Flugzeugbau, Maschinenbau
AlZnMgCu 1,5 [3])	Zn 5,1 bis 6,1 Mg 2,1 bis 2,9 Cu 1,2 bis 2,0 Cr 0,18 bis 0,3 Si 0 bis 0,5 Mn 0 bis 0,3	DIN 1745 bis DIN 1748	w 250 ... 280 wa (500) 520 ... 540	– (430) 440 ... 470	12 7 (6)	– 130 ... 140	bedingt	nicht angewandt	Widerstandsschweißen gut bis sehr gut	bedingt	gut bis sehr gut	Bergbau, Fahrzeugbau, Flugzeugbau, Ingenieurbau, Maschinenbau

[1]) Zulässige Beimengungen siehe Normblatt! – [2]) Pb bedeutet hier Σ (Pb + Sn + Bi + Cd + Sb). – [3]) Diese Leg. auch mit Zusatz „pl.", d. h. als Blech, plattiert mit Reinst- bzw. Rein-Al (DIN 1712, Bl. 3), diese auch niedrig Mg-legiert (DIN 1725, Bl. 4), bzw. mit AlMn bzw. AlMgSi. – [4]) Diese Legierung auch mit Zusatz „dek", d. h. Sonderqualität f. anodische Oxidation mit dekorativer Wirkung. – [5] „Nichtangewandt" bedeutet meist auch unbefriedigend. [6]) Möglichst P = 10 D^2 anzuwenden; Werte für Abnahme nicht bindend. – [7]) Zustands-Kurzzeichen: w = weich (geglüht); p = gepreßt (stranggepreßt); hh = halbhart; h = hart (kaltgewalzt bzw. -gezogen); a + kv = ausgehärtet und kaltverfestigt; ka = kalt ausgehärtet; wa = warm ausgehärtet.

Tabelle I.33. Aluminium-Gußlegierungen nach DIN 1725, Bl. 2. Sep. 1973 – Auszug, mit Ergänzungen

Gußart	Kurzzeichen [1])	Leg.-Bestandteile % (Rest Al) (Zulässige Beimengungen siehe Normblatt!)	Lieferform und Lieferzustand [2])	Festigkeitseigenschaften [3]) $\sigma_{0,2}$ N/mm²	σ_B N/mm²	δ_5 %	σ_{bW} ($50 \cdot 10^6$) ±N/mm²	Dekorative anodische Oxidation [4])	Beständigk. gegen Atmosphärilien	Meerwasser (Seewasser) [4])	Schweißbarkeit [4])	Verwendungshinweise und Beispiele
Als Sandguß (G- ...) oder Kokillenguß (GK- ...) lieferbar	G-AlSi 12	Si 11,0 bis 13,5 Mn 0 bis 0,4	G- ... ; G- ... g GK- ... ; GK- ... g;	70 ... 110 80 ... 110	160 ... 210 180 ... 240	5 ... 10 6 ... 12	55 ... 65 70 ... 100		sehr gut	gut		verwickelte, auch dünnwandige, stoßfeste Gußstücke, Getriebe- u. Motorgehäusesilumin
	G-AlSi 12 (Cu)	desgleichen, jedoch Σ (Cu, Zn, Fe, Ni, Mn, Mg, Pb, Sn) bis 2,5	G- ... GK- ...	85 ... 100 90 ... 120	150 ... 220 180 ... 260	1 ... 4 2 ... 4	60 ... 70 70 ... 80	nicht angewandt	ausreichend	nicht angewandt	ausgezeichnet	wie G-AlSi 12, jedoch wegen Cu weniger korr.-beständig
	G-AlSi 10 Mg	Si 9 bis 11; Mn bis 0,5 Mg 0,2 bis 0,4	G- ... ; GK- ... ; G- ... wa; GK- ... wa	90 ... 110 180 ... 260	170 ... 220 220 ... 320	2 ... 6 1 ... 4	65 ... 75 90 ... 110		sehr gut	gut		verwickelte, auch dünnwandige, schwingungsfeste Gußstücke für höchste Beanspruchung
	G-AlSi 10 Mg (Cu)	desgl., jedoch Mn bis 0,5 Cu bis 0,2 Zn bis 0,2	G- ... ; GK- ... ; G- ... wa; GK- ... wa	90 ... 110 180 ... 260	180 ... 240 220 ... 320	1 ... 4 1 ... 3	65 ... 75 80 ... 100		ausreichend	nicht angewandt		wie G-AlSi 10 Mg, nur etwas weniger korr.-beständig
	G-AlSi 5 Mg	Si 5 bis 6 Mg 0,5 bis 0,8 Mn 0 bis 0,4 Ti 0 bis 0,2	G- ... ; GK- ... ; beide ka bzw. wa	100 ... 180 120 ... 160	160 ... 260 260 ... 320	1 ... 4 1 ... 8	60 ... 65 80 ... 85	ausreichend	ausgezeichnet	sehr gut	gut	verwickelte, korrosionsbeständige Gußteile, auch dünnwandige, mittl. Schwingungsfestigkeit
	G-AlMg 3	Mg 2,5 bis 3,5; Ti bis 0,2 Si 0,5 Mn bis 0,4 u. U. Be	G- ... ; GK- ... ; beide wa	70 ... 100 70 ... 100	140 ... 190 150 ... 200	3 ... 8 5 ... 12	60 ... 65 70 ... 75		ausgezeichnet	ausgezeichnet	ausreichend	mittel- bis höher beanspruchte Gußteile im Schiffbau, chem. Industrie, Bauwesen, Armaturen, Apparatebau
	G-AlMg 3 (Cu)	desgl., jedoch Cu bis 0,3; Zn bis 0,3	G- ... ; GK ... ;	80 ... 100 90 ... 110	140 ... 180 140 ... 200	2 ... 6 3 ... 8	– –	ausgezeichnet	gut	bedingt		Bauwesen, Armaturen, Apparatebau (Korr.-Beständigkeit durch Cu beeinträchtigt)
	G-AlMg 5	Mg 4,5 bis 5,5; Si 0,5 Mn bis 0,4; Ti bis 0,2 u. U. Be	G- ... ; GK- ... ;	100 ... 120 100 ... 140	160 ... 220 180 ... 240	3 ... 8 4 ... 10	60 ... 70 70 ... 80			ausgezeichnet	gut	Gußteile noch guter Formfülligkeit f. Bauwesen, Nahrungsm- u. chem. Ind.: Zylinderköpfe mit Cu bis 0,6%

Als Sandguß (G- ...) oder Kokillenguß (GK ...)	G-AlMg 10 ho	Mg 9 bis 11; Mn bis 0,3 Ti bis 0,15 u. U. Be	ho (homo- genisiert)	140 ... 170	220 ... 300	6 ... 9	–		ausge- zeichnet		bedingt	Teile hoher Meerw.-Beanspr. (auch als Gk u. GD außerhalb Norm)
	G-AlSi 6 Cu 4	Si 5 bis 7,5; Cu 3 bis 5 Mn 0,3 bis 0,6 Mg 0,1 bis 0,3	G- ... ; GK- ... ;	100 ... 150 120 ... 180	160 ... 200 120 ... 180	1 ... 3 1 ... 3	50 ... 60 60 ... 70	nicht an- gewandt			gut	nicht chem. beanspruchte Gußteile aller Art f. mittlere bis höh. Beanspruchung; sehr gut formfüllig
	G-AlSi 8 Cu 3	Si 7,5 bis 9,5; Cu 2 bis 3,5 Mn 0,2 bis 0,5 Mg bis 0,3	G- ... ; GK ... ;	100 ... 150 110 ... 160	160 ... 200 170 ... 220	1 ... 3 1 ... 3	50 ... 70 60 ... 80				sehr gut	Gußteile aller Art, auch dünnwandig, mittlere bis höhere Beanspruchung, nicht korrosionsbeansprucht
	G-AlCu 4 Ti	Cu 4,5 bis 5,2 Ti 0,15 bis 0,30	G- ... ta; GK ... ta; G- ... wa; GK ... wa;	180 ... 230 180 ... 270	280 ... 380 320 ... 400	5 ... 18 4 ... 10	80 ... 90 90 ... 100	nicht an- gewandt	bedingt	nicht an- gewandt	bedingt	hochfeste un. schwingungsfeste, auch warmfeste, nicht korr.-beanspruchte Gußteile, feinkörnig
	G-AlCu 4 TiMg	Cu 4,2 bis 4,9 Mg 0,15 bis 0,3 Ti 0,15 bis 0,3	G- ... ka; GK- ... ka; G- ... wa; GK- ... wa;	220 ... 280 240 ... 380	300 ... 400 320 ... 440	5 ... 15 5 ... 12	80 ... 100 80 ... 120					(wie G-Al-Cu 4 Ti)
GD = Druckguß	GD-AlSi 12	Si 11 bis 13,5 Mn 0 bis 0,4	–	140 ... 180	220 ... 280	1 ... 3	60 ... 70	nicht an- gewandt	sehr gut	gut	ausrei- chend	verwickelte Flüssigkeitsdichte, Gußstücke aller Art, gut korr.-beständig
	GD-AlSi 10 Mg (Cu)	Si 9 ... 11,0 Mn u. Mg je bis 0,5	–	140 ... 200	220 ... 300	1 ... 3 (δ_{10})	70 ... 90		ausrei- chend	nicht an- gewandt	bedingt	wie GD-AlSi 12, jedoch höher schwingungsfest, nicht korr.-beansprucht
	GD-AlSi 6 Cu 4	Si 5 bis 7,5 Cu 3 bis 5 Mn 0,3 bis 0,6	–	150 ... 220	220 ... 300	1 ... 3 (δ_{10})	70 ... 90	bedingt	bedingt			gut schwingungsfeste Gußstücke aller Art, warmfest, nicht korr.-beansprucht
	GD-AlMg 9	Mg 7 bis 10 Si 0 bis 2,5 Mn 0,2 bis 0,5 u. U. Be	–	140 ... 220	200 ... 300	1 ... 5 (δ_{10})	55 ... 65	ausrei- chend	ausge- zeichnet	ausge- zeichnet	nicht an- gewandt	Gußstücke aller Art mit guter chem. Beständigkeit u. Polierbarkeit, bestens zerspanbar

[1]) Hinzu kommen Zeichen gemäß Spalte 3; vgl. [2])! – [2]) G- ... = Sandguß unbehandelt; KG- ... = Kokillenguß; ... g = geglüht u. abgeschreckt. – ... wa = warm ausgehärtet. – ... ka = kalt ausgehärtet (volle Festigkeit erst nach 8 Tagen!). – ... ta = teilausgehärtet. – ... ho = homogenisiert (d. h. durchgeführte Diffusionsglühung zum Ausgleich der Kristallseigerung.) – GD = Druckguß. – [3]) Werte an getrennt gegossenen Proben, in Gußstück nicht an allen Stellen erreichbar. – σ_{BW} = Biegewechselfestigkeit (Umlaufbiegeversuch nach DIN 50 113); keine Abnahmewerte. – Festigkeitswerte im Normblatt für die einzelnen Zustände getrennt angegeben, hier zusammengezogen. – Grundsätzlich gilt: Unbehandelt sind σ_B u. δ niedriger als nach Glühen + Abschrecken. – GK ist feinkörniger u. fester, hat meist niedrigeres δ im Vergleich zu Sandguß G- ...). – Kaltaushärten gibt wesentlich bessere δ-Werte bei niedrigerem σ_B als Warmaushärten. – [4]) „Nicht angewandt" bedeutet meist auch unbefriedigend.

B. *Verschnittlegierungen* (zum Verschneiden der Knetlegierungen),
C. *Vorlegierungen* (bei Leg.-Herstellung zum Einbringen der Legierungsmetalle).

Temperatureinsatzbereich meist bis 175 °C (Kolben-Sonderlegierungen auch höher), darüber starker Festigkeitsabfall. Bei tiefen Temperaturen steigen statische und dynamische Festigkeitswerte praktisch ohne Zähigkeitsverlust. – *Wärmeausdehnung* $\approx$1,5 ... 2$\times$ der von Stahl und Eisen (wichtig für Verbundkonstruktionen!), nur bei Sonderlegierung fast gleich Stahl. – *Formfülligkeit* der Gußlegierungen zwischen 400 mm (Rein-Al) und 730 mm (G-AlSi 12) Spirallänge der Courty-Kokille; durch öfteres Umschmelzen Verschlechterung infolge eingeschwemmter Al_2O_3-Häutchen. Im allgemeinen mehr Lunkergefahr als bei Grauguß durch höheres Schwindmaß (linear bis 1,4%), am wenigsten bei G-AlSi. Warmbruchgefahr nur bei schwierigen Gußstücken. Unter *Veredeln* von Gußlegierungen versteht man hier Schmelzbehandlung mit z. B. metallischem Na oder Na-abgebenden Salzen, bei G-AlSi üblich, auch bei G-AlSiMg: Feinkornbildung mit „seidigem" Bruch. Auch Raffination von Schmelzen mit Chlor bzw. gewissen Chloriden und Flußmittelverwendung für hochwertigen Guß erforderlich. Gießtemperatur meist 680 ... 750 °C. – *Verbundguß* zwischen Schwermetallen, meist Stahl und Eisen einerseits mit Al-Legierungen andererseits, heute oft angewendet („Al-Fin"-Verfahren); damit hohe Wechsel- und Verschleißfestigkeit, sowie E-Grenze des Stahls mit kleiner Dichte, hoher elektr. und Wärmeleitfähigkeit des Al kombiniert. Spröde Zwischenschicht aus $FeAl_3$. Anwendung für Bremstrommeln, Zylinder und Kolben höchster Beanspruchung, Lagerbüchsen u. a. – E-Modul je nach Legierung 64 000 ... 77 500 N/mm² ($\approx$⅓ von Stahl), was bei gleicher Gestalt und Belastung einer $\approx$3fachen Durchbiegung gegenüber Stahl entspricht. Konstruktiv daher große Trägheitsmomente bei kleinem Querschnitt anzustreben. – Die Dichte liegt je nach Legierung zwischen $\varrho = 2{,}6$ ... 2,85 g/cm³. – *Kalt-* und *Warmumformbarkeit* durchweg befriedigend, je nach Legierung aber unterschiedlich: Grundsätzlich erhöhen Legierungszusätze den Warmumformwiderstand, am geringsten Mg + Si, stärker Cu + Mg, am stärksten Mg von 5 ... 7%; auch Mn wirkt erhöhend. Warmumformung je nach Legierung 330 ... 520 °C, also niedriger als bei Rein-Al. – *Zerspanbarkeit* bei hohen Schnittgeschwindigkeiten überwiegend gut bis sehr gut (Näheres DIN 1725, Bl. 1 und 2). – *Schweißbarkeit* überwiegend gut, am besten mit WIG und MIG-Verfahren; dabei naturgemäß starker Festigkeitsabfall ausgehärteter Legierungen. – Hartlöten in Sonderfällen mit Spezialloten (siehe Lote). – *Klebverbindungen* durch hochfeste Kunststoffkleber ergeben heute Verbindungsfestigkeit = Blechfestigkeit, was durch Schweißen, Löten und Nieten nicht erreicht wird. – Grundsätzliches hinsichtlich *Korrosionsbeständigkeit* und *Korrosionsschutz* siehe Abschn. Aluminium; für Al-Legierungen gilt Sinngemäßes. Cu > 0,02% schädigt Korrosionsbeständigkeit merklich bis erheblich, weniger stark auch Fe u. Si, ferner Zn und Ni. – Bei *Verbundkonstruktionen* mit anderen Werkstoffen, z. B. Stahl oder gar Cu-Legierungen ist peinliche Isolierung beider Metalle durch Sonder-Farbanstriche und zwischengelegte Isolierstreifen zu beachten; Rost und Bleimennige wirken stark zerstörend auf Al und seine Legierungen! Beim Nieten (Niete aus verzinktem, kadmiertem oder nichtrostendem Stahl) Schließkopfbildung auf Stahlseite. –

Sinteraluminium SAP [I.42] ist ein aus Rein-Al bestehender Sinterwerkstoff mit einem Gehalt von normal 6 ... 14% Al_2O_3 (Oxid-Häutchen um feinste Pulverkörnchen). $\sigma_B \approx 350$ N/mm² bis über 300 °C; $\sigma_{Sch} = 200$ N/mm² (bei 427 °C$\approx$100 N/mm²). Al-Leg.-Pulver (Fe, Cr) mit 0,5% Al_2O_3. Bei Zerstäuben Feinverteilung intermetallischer Phase, die Wärme-Erweichung verhindert: strangpreß- u. walzbar. Mit steigender Temp. auch steigende δ, im Gegensatz zu SAP. Nach Sintern Verarbeitung durch Strangpressen, Fließpressen, Formschmieden und Walzen (Bleche); nur abbrenn-stumpfschweißbar. SAP rekristallisiert nicht, daher Festigkeitsvorteil über 250 °C ; über 315 °C fester als jede herkömmliche Al-Leg., auch bezüglich Wechselfestigkeit. Warmkriechgrenze der des Ti im Bereich 300 ... 500 °C sogar überlegen. Wärme- und elektr. Leitfähigkeit überraschend hoch, chem. Beständigkeit gut. Anwendung ausschließlich zwischen 250 ... 550 °C (Kolben, Zylinderköpfe, Brennkammern, Aufladergebläse für Düsentriebwerke, Uranumhüllungen für Kernreaktoren, Verdichterschaufeln, Wärmeaustauscher, Dichtungen u. a.).

Verwendung der Al-Legierungen: Hauptgründe für Anwendung siehe Abschn. Aluminium; dort auch z. T. schon Verwendung der Al-Legierungen angedeutet; Beispiele ferner in Tabellen I.32 und I.33. Hauptverbraucher ist das Verkehrswesen: Breite Verwendung bei Landfahrzeugen, im Schiffbau und Flugwesen. Weitere Verbraucher: Vertikaltransport (Aufzüge aller Art); Bauwesen (Hallenkonstruktionen, Wohnhäuser in Tropengegenden, Fenster- und Türrahmen, Mobiliar, Bedachung, Beleuchtungskörper u. a.); Haushaltsgeräte aller Art; allgemeiner und Spezial-Maschinen- und Motorenbau; Brücken- und Kranbau in Sonderfällen bei Leichtkonstruktionen (AlZnMg); chemische und Nahrungsmittel-Industrie, u. a.

b) 1. Magnesium [I.44]

Erzeugung heute überwiegend aus Dolomit ($MgCO_3 \cdot CaCO_3$ mit $\approx$13% Mg), Magnesit ($MgCO_3$ mit $\approx$28,5% Mg), Meerwasser mit $\approx$1,4% Mg (USA und England), sowie Salzquellen mit $\approx$6,7% Mg (USA).

Daraus Gewinnung von reinem wasserfreien $MgCl_2$ und dessen Schmelzfluß-Elektrolyse nach Zusatz von Alkalichloriden zur Schmelzpunkt-Erniedrigung bei 650 ... 700 °C mit Energieaufwand von 18 000 ... 20 000 kWh/t Mg. Elektrolyseofen siehe Abb. I.84! (auch thermische Gewinnung von Mg möglich.) Elektrolytisch und thermisch gewonnenes Mg hat Mindestreinheitsgrad von 99,8%. Nach DIN 17 800 Hüttenmagnesium (Juli 1961) sind H-Mg 99,95 u. H-Mg 99,8 genormt. Raffination im Schmelzfluß unter Überhitzung auf 830 ... 950 °C durch Zusatz und Durchrühren von Salzgemischen (z. B. „Elrasal") auf Basis $MgCl_2$ unter Beimischung von Verdickungsmitteln (CaF_2 u. a.) mit anschließendem Abstehenlassen auf Gießtemperatur.

Mg-Hütten-Weltproduktion 1972: 230 000 t davon USA 46%, UdSSR 22%, Norwegen 16%, Deutschland (nur BRD) 0,35%, das Mg als Werkstoff in die Technik einführte und 1919$\approx$95% der Weltproduktion lieferte. Nach 1945 wurde Deutschland Mg-Erzeugung verboten, erst ab 1954 wieder gestattet.

Eigenschaften. Silberweiß; Dichte $\varrho = 1{,}74\ g/cm^3 = 65\%$ von Al, worin Hauptanwendung in Form von Mg-Legierungen begründet ist (siehe Mg-Legierungen!).

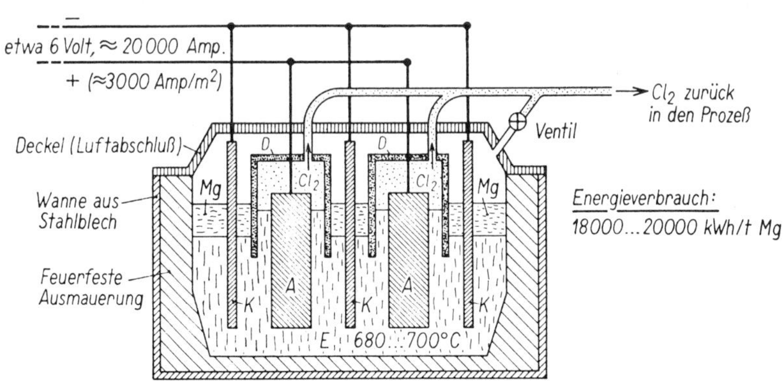

Abb. I.84. Herstellung von Magnesium durch Schmelzfluß-Elektrolyse von Magnesiumchlorid. Schema eines Elektrolyse-Ofens. – A = Anoden aus Kohle (Graphit); K = Kathoden aus Eisenblech (Mg legiert sich nicht mit Fe); E = Elektrolyt: geschmolzenes $MgCl_2$ mit Zusätzen von KCl, NaCl u. a. zur Schmelzpunkterniedrigung; D = Diaphragma (unglasierte Tonglocke) zum Abfangen des Chlors und zur Berühr-Verhinderung zwischen Anode und Mg-Schmelze; Mg = an Kathode abgeschiedenes flüssiges Magnesium, auf E schwimmend.

Festigkeitswerte von Reinmagnesium:

	Sandguß	Kokillenguß	stranggepreßt
Zugfestigkeit σ_B N/mm²	100 ... 110	120 ... 125	≈200
Bruchdehnung δ [%]	≈ 5	≈ 4	≈ 10
Brinellhärte HB	≈30	≈30	≈ 25

Durch Legierungszusätze sind statische und vor allem Dauerstandwerte auf das 2 ... 3fache zu steigern. – Mg kristallisiert hexagonal, daher in der Kaltumformung auch seiner Legierungen wesentlich benachteiligt; hohe Kerbempfindlichkeit, niedriger E-Modul (41 000, bei Legierungen ≈45 000 N/mm²); höchste chemische Affinität aller Gebrauchsmetalle zu O_2; in dünnen Querschnitten leicht brennend; Entflammungstemperatur 667 °C. Mg zersetzt Wasser (Knallgasbildung!). Elektr. Leitfähigkeit 22,4 m/Ω · mm² (≈60% von Al und ≈39% von Cu). Mg praktisch wesentlich korrosionsempfindlicher als Al, weil es nicht in gleichem Maße wie dieses dichte Oxidhaut bildet. In destill. H_2O Bildung unlöslicher $Mg(OH)_2$-Haut, aber Leitungswasser greift stark an. Mg ist grundsätzlich empfindlich gegen auch verdünnte Säuren, ferner gegen Salzlösungen, wird jedoch von Flußsäure jeder Konzentration nicht angegriffen (unlösliche MgF_2-Schutzhaut). Mg ist unempfindlich gegen Laugen (im Gegensatz zu Al), Motorentreibstoffe, Alkohole, Benzol und andere Aromaten, säurefreie Wachse, Fette und Öle u. a.

Verwendung. Weit überwiegend in Form seiner Legierungen (siehe diese!); rein für Stromleitschienen (stranggepreßt); als Anoden zum galvanischen Schutz; als Desoxidationsmittel für Ni und seine Legierungen, Cu u. a.; als Reduktionsmittel bei Gewinnung von Be, Ti, Zr; als Mg-Anoden elektr. Batterien; in der Feuerwerkerei, für Blitzlicht, Magnesiumfackeln usw.

b) 2. Magnesium-Legierungen

Leg.-Elemente der klassischen Legierungen (Tabelle I.34) sind Al(2,5 ... 10), Zn (0,2 ... 3,5) und Mn (0,15 ... 2). – Normung: DIN 1729, Bl. 1 Knetleg. (V. 63) u. Bl. 2 Gußleg. (Juli 1973), während die (noch nicht genormten) neueren Legierungen Zr, Zn (... 6%), Cd, Ce (Ce steht hier für Cer-Mischmetall, einer Mischung der Ceritmetalle mit überwiegend Ce), Di (Di = Didymium = USA-Bezeichnung für Cer-Mischmetall minus, Cer + Lanthan) und Th, u. U. Co und Ca, meist zu mehreren, enthalten.

Al erhöht σ_B und δ, wirkt kornverfeinernd; bis 7% walzbar, bis 9% warmpreßbar, bis 6% noch mäßig kaltumformbar. Günstigste Korrosionsbeständigkeit bei 6 ... 8% Al + 0,2 ... 2% Mn; bei 10 ... 11% maximale Aushärtbarkeit (σ_B≈370 N/mm²). – Mn erhöht stark Beständigkeit gegen Korrosion, auch Spannungskorrosion. Zn erhöht besonders δ, verbessert in Al- und Mn-haltigen Legierungen wenig die Korrosionsbeständigkeit. Zr (0,5 ... 0,7%) stark desoxidierend und reinigend, daher Verbesserung der Korr.-Beständigkeit; starke Kornverfeinerung, porenfreier Guß; verbessert zusammen mit Zn Umformbarkeit. – Ce (2,5 ... 5%) immer in Verbindung mit Zr bewirkt Mikrolunkerfreiheit, steigert Feinkornwirkung des Zr; stärkere Aushärtbarkeit schon bei niedrigen Gehalten; erhöht σ_B, Warmkriechgrenze und Wechselfestigkeit; verschlechtert Korrosionsbeständigkeit. – Didymium (≈2%) erhöht Warmfestigkeit und Warmkriechgrenze. – Th (≈3%) immer in Verbindung mit Zr (+Ce) erhöht σ_B und Kriechgrenze bis 315 °C. –

Tabelle I.34. Magnesium-Knetlegierungen und -Gußlegierungen DIN 1729, Bl. 1 (V. 63) u. 2 (VII 1973). Auszug mit Ergänzungen.

DIN	Kurzzeichen (bish. handelsübliche Bezeichnung d. ASTM-USA)	Leg.-Bestandteile (zul. Beimengungen siehe Normblatt) %	Lieferformen und Lieferzustände 1)	Kennzeichnende Eigenschaften 2)				Verwendungshinweise, Anwendungsbeispiele
Knetlegierungen DIN 1729, Bl. 1 *)	Mg Mn2 (M 2)	Mn 1,2 bis 2,0 Mg Rest	Bleche: Weich und nachgerichtet; walzhart Rohre: Stranggepreßt und nachgerichtet; gezogen und nachgerichtet	Korrosionsbeständig; gut schweißbar; leicht umformbar; mäßige Festigkeit $\sigma_{0,2}$ 100 ... 170	σ_B 200 ... 230	δ_{10} 10 ... 15		Blechprofile, Blechverkleidungen; Kraftstoff-Behälter und -Rohrleitungen, Armaturen (in Blech einschweißbar), Preßteile
	MgAl 3 Zn (AZ 31)	Al 2,5 bis 3,5 Zn 0,5 bis 1,5 Mn 0,05 bis 0,4 Mg Rest	Stangen: wie Rohre Profile: Stranggepreßt und nachgerichtet	Schweißbar; umformbar; mittlere Festigkeit; beschränkt korrosionsbeständig $\sigma_{0,2}$ 130 ... 200	σ_B 240 ... 260	δ_{10} 12 ... 3		Bauteile bei mittelhoher mech. Beanspruchung und noch guter Korrosionsbeständigkeit; für Sonderzwecke, z. B. Ätzplatten
	MgAl 6 Zn (AZ 61)	Al 5,5 bis 7,0 Zn 0,5 bis 1,5 Mn 0,05 bis 0,4 Mg Rest	Gesenkschmiedestücke: Gepreßt Schweißdrähte: Stranggepreßt	Beschränkt schweißbar (kurze Nähte); umformbar; mittlere bis höhere Festigkeit $\sigma_{0,2}$ 180 ... 200	σ_B 250 ... 270	δ_{10} 10 ... 6		Bauteile mit mittlerer bis hoher mech. Beanspruchung im Landfahrzeug- und Maschinen-Leichtbau
	MgAl 8 Zn (AZ 81)	Al 7,8 bis 9,2 Zn 0,2 bis 0,8 Mn 0,12 bis 0,3 Mg Rest	Stangen: Stranggepreßt u. nachgerichtet, ggf. wärmebehandelt Profile: wie Stangen Gesenkschmiedestücke: gepreßt, ggf. wärmebehandelt	Umformbar; nicht schweißbar; aushärtbar; Mg-Leg. höchster Festigkeit $\sigma_{0,2}$ 200 ... 210	σ_B 270 ... 290	δ_{10} 10 ... 6		Mechanisch hochbeanspruchte Bauteile im Landfahrzeug- und Flugzeugbau, sowie für Spezialmaschinen
Gußlegierung DIN 1729, Bl. 2				$\sigma_{0,2}$ N/mm²	σ_B N/mm²	δ_5 %	$\sigma_{bW}\pm$ N/mm²	
	G-MgAl 8 Zn 1 (AZ 81) 1)	Al 7,5 bis 9,0 Zn 0,3 bis 1,0 Mn 0,15 bis 0,3 Mg Rest	Sandg. (G- ...) u. Kok.-Guß (GK- ...) desgl. ho (homogenisiert)	90 ... 120 90 ... 120	160 ... 220 240 ... 280	2 ... 6 8 ... 12	70 ... 90 80 ... 100	Stoßbeanspruchbare Gußstücke guter Dauerfestigkeit
	G-MgAl 9 Zn 1 (AZ 91) 1)	Al 8,3 bis 10,0 Zn 0,3 bis 1,0 Mn 0,15 bis 0,3 Mg Rest	G- ... ho, Sandguß homogenisiert GK- ... , Kok.-Guß unbehandelt GK- ... ho, desgl. homogenisiert G- ... u. GK- ... warm ausgeh. (wa) GD- ... , Druckguß unbehandelt	110 ... 140 110 ... 130 120 ... 160 150 ... 190 150 ... 170	240 ... 300 160 ... 220 240 ... 280 240 ... 300 200 ... 250	6 ... 12 2 ... 5 6 ... 10 2 ... 7 0,5 ... 3,0	80 ... 100 70 ... 90 80 ... 100 80 ... 100 50 ... 70	Dünnwandige, verwickelte, homogenisiert auch stoßfeste Gußstücke guter Dauerbeanspruchbarkeit, auch im Kraftfahrzeugbau (z. B. Getriebegehäuse) und Flugzeugbau, u. v. a.

1) G- ... = Sandguß; GK- ... = Kokillenguß; GD- ... = Druckguß; ohne weitere Zusätze bedeuten diese Bezeichnungen „unbehandelt". – Gegebenenfalls Zusatz: ho = homogenisiert, d. h. diffusionsgeglüht zum Ausgleich der Kristallseigerung, damit bes. Zähigkeitsgewinn (vergl. δ5!); wa = warm ausgehärtet. – 2) $\sigma_{0,2}$ σ_B u. σ_{bW} in N/mm² δ in %. – Bei Knetlegierungen Werte je nach Lieferform u. -zustand sehr unterschiedlich; Angaben im einzelnen siehe DIN 9715 (Mai 1963), dort unterteilt nach Blech (weich oder walzhart), Rohr, Stange, Profil u. Gesenkschmiedestück. – Angaben über Korrosionsbeständigkeit, Schweißbarkeit u. Umformbarkeit nur relativ innerhalb der Mg-Legierungen zu verstehen! – Weitere Eigenschaften: Schmelzbereich 590 bis 610° C; E-Modul 410 000 ... 440 000 N/mm²; el. Leitfähigkeit $\varkappa$ = 6 ... 10 m/Ω mm²; Wäremeleitfähigkeit λ = 214 ... 302 W/km/m · h · ° C (für Rein-Mg λ = 575!).

*) Neu aufgen. gegenüber Ausg. v. IV. 60: MgZn6Zr [bisher ZK 60] (Zn 4,8 ... 6,2; Zr 0,45 ... 0,8; Rest Mg); gemäß DIN 9715 Festigkeitswerte: 18 ... 21/28 ... 30/7 ... 5. Verwendg. f. Teile höchster Festigkeit wie MgAl8Zn.

Fortschritt durch die neuen Legierungen: Bessere Schmelzreinigung, reineres Ausgangsmaterial, daher bessere Korrosionsbeständigkeit, Kornverfeinerung, Steigerung von Warmfestigkeit und Warmkriechgrenze, Verbesserung der Warmumformbarkeit und weitergehende Möglichkeit einer Wärmebehandlung bzw. Aushärtung. σ_B bei Raumtemperatur dagegen nicht viel gesteigert. –

Eigenschaften und Verarbeitung: Grundlegend sind zunächst die im Abschnitt Magnesium angeführten Eigenschaften (siehe dort!), Dichte ϱ je nach Legierung 1,80 ... 1,83 g/cm³. Vorteilhaftes Verhältnis von σ_B zu ϱ. Gegenüber Grauguß 60 ... 80%, gegenüber hochwertigem Al-Guß 15 ... 20% an Gewicht einsparbar. Der großen Kerbempfindlichkeit ist durch entsprechende Gestaltung und Verarbeitung zu begegnen. Wegen schlechter Kaltumformbarkeit (höchstens bis 12% möglich) wird weitgehend warm umgeformt (125 ... 400 °C je nach Legierung). – Wegen des niedrigen E-Moduls [≈44 000 N/mm²] ist entsprechend zu verfahren wie bei Al-Legierungen (s. dort!). – Die Gußlegierungen sind sehr gut formfüllig. Gießtemperaturen 660 ... 800 °C; vorher Schmelzüberhitzung und Reinigung mit Waschsalz (siehe Abschn. Magnesium), sonst Korrosionsgefährdung. Auf ausfließendes Metall Schwefelblüte aufstauben; dadurch SO_2-Schutzgas, sonst Brand und N_2-Aufnahme. Druckguß unter SO_2-Schutzgas mit bis 1500 g Stückgewicht bei 20 000 – 100 000 Abgüssen je Form. Homogenisierglühen der Gußstücke verbessert σ_B und δ. – *Festigkeitswerte* der klassischen Legierungen vgl. Tabelle I.34.

Beispiele neuerer Knetlegierungen: ZW 3 (0,7 Zr, 2 ... 4 Zn), als Preßmaterial stark umgeformt $\sigma_B = 350 ... 400$ N/mm² bei $\delta = 8 ... 14\%$; ZZ (0,6 Zr, 3 Zn, 2 Cd) $\sigma_B = 380$ N/mm², $\delta = 11 ... 14\%$, mit hoher Quetschgrenze $\sigma_{d0,2} \approx 240 ... 250$ N/mm²; Leg. mit 0,6 Zr, 3,75 Ce, 2,9 Th mit Dauerstandfestigkeit bei 200 °C ≈140 N/mm²; Leg. mit 8 Cd, 6 Al, 2 Zn ergibt warm- und kaltgewalzt $\sigma_B > 400$ N/mm², $\delta > 10\%$ und andere. Neuere Gußlegierungen: IK 31 A (0,7 Zr, 3 Th) warmbehandelt $\sigma_B > 200$ N/mm² bei $\delta \approx 4\%$ mit höchster Warmfestigkeit bei 315 °C $\sigma_B \approx 130$ N/mm²; EK 31 D (0,55 Zr, 2 Di) warmbehandelt $\sigma_B = 260$ N/mm² bei $\delta \approx 7\%$ bei 315 °C $\sigma_B = 100$ N/mm²; Z 52 (0,75 Zr, 4,5 Zn) warmbehandelt $\sigma_B \approx 280$ N/mm² (bei – 70 °C ≈31), bei $\delta \approx 15\%$ (bei – 70 °C≈6 ... 7%), dabei Kerbschlagzähigkeit bei – 70 °C unverändert; Kolbengußlegierung (10 Ce, 1,5 Co, 1,5 Mn) $\sigma_B > 290$ N/mm² (bei 300 °C≈12%) bei $\delta \approx 0\%$ (bei 300 °C≈15%); u. v. a. – Sinterlegierung aus Mg/Zr-Pulver und Pulver des Mg-Al-Eutektikums, strangverpreßt und angelassen, $\sigma_B \approx 360$ N/mm². – *Lagerlaufverhalten* siehe Lagermetalle. *Schweißbarkeit* der Knetlegierungen (ausgenommen MgAl 8 Zn) und Gußlegierungen befriedigend bis gut, am besten durch Argon-Schutzgasschweißung; erreichbar ≈80% der Grundfestigkeit. Schweißnähte bei ≈300 °C warm umformbar. – *Nieten* aus Rein-Al oder „Mg 5", bei Verbindung mit Stahl auch kadmierte Stahlnieten, dabei sichere Isolation (siehe Verbundkonstruktion bei Al-Legierungen!) erforderlich.

Korrosionsschutz siehe Abschnitt IG.

Verwendung: (vgl. auch Verwendungsrichtlinien und Beispiele Tabelle I.34). Maßgebend ist die geringe Dichte, sowie das sehr günstige Verhältnis σ_B/ϱ. Transportwesen ist Hauptverbraucher, bes. das Flugwesen (Propeller, Fahrgestell, Behälter, Sitze, Steuerungsteile, Zellenbau, Motor- und Gebläsegehäuse u. a.), ferner die Kraftfahrzeugindustrie mit Deutschland an der Spitze (Gehäuse, Ölwannen, Pumpen, Filter, Abdeckungen, Hinterachsbrücken, Generatoren, Bremsbacken, Ventilatoren, Kolben u. a.), außerdem Schienen- und andere Leichtfahrzeuge, Transportkarren u. a.; tragbare Geräte und Maschinen (Kleinwerkzeugmaschinen, Haushaltgegenstände, Leitern, Laderampen, Förderbandanlagen, Behälter, Lichtbildgeräte, optische und Röntgen-Apparate u. a.); stark zu beschleunigende Teile im Werkzeug-, Textil-, Druck-Maschinenbau, sowie im Apparatebau u. a. m.

c) Beryllium

Erzeugung fast ausschließlich aus hauptsächlich in Brasilien und Indien vorkommendem Beryll ($3\,BeO \cdot Al_2O_3 \cdot 6\,SiO_2$) mit ≈4% Be; zu ≈90% in USA und Frankreich erzeugt. Zwei Herstellmethoden:

1. Reines Be: Beryll in BeF_2 übergeführt, mit Mg reduziert und gewonnenes körniges Material nach Sintern zu Halbzeug verarbeitet.

Eigenschaften: Geschmolzenes Be sehr grobkristallin und als hexagonal kristallisierendes Metall sehr spröde. In reinster Form gesintert bei Warmverarbeitung (bei 360 °C) gut geschmeidig (Verarbeitung zu Stangen, Blechen u. a.); stahlfarben, Dichte $\varrho = 1{,}85$ g/cm³, Schmelzpunkt 1283 °C; schon mit geringen Verunreinigungen fast quarzhart, hochrein jedoch relativ weich. E-Modul 290 000 N/mm², also $\approx 1{,}5\times$ formsteifer als Stahl. Sehr günstiges σ_B/ϱ-Verhältnis. Extreme Giftigkeit von Be-Staub in Luft. Hohe Affinität zu O_2, daher Schmelz-, Guß- und Wärmebehandlung im Vakuum.

Verwendung rein: Röntgenfenster; im Atom-Reaktorenbau als Kernbrennstoff-Hülsen und als Reflektorenmaterial; Raketen-Nasenkegel und -Steuerungsteile. Desoxidation von Ni und Entschwefelung von Cu für Sonderzwecke. –

2. Als Be-haltige Vorlegierung: BeO in Gegenwart von Metallspänen (Cu, Ni, Co, Fe) mit Graphit reduziert und im Lichtbogen geschmolzen ergibt Be-Vorlegierungen mit $\approx$4% Be. Verwendung für Be-haltige Legierungen auf Basis Cu (Berylliumbronze, siehe Cu-Leg.!), Ni (siehe Ni-Leg.!), Co, Zn, Pt; Be-Sonderstahl; Be auch wichtig als Zusatz zu Al- und Mg.-Leg. – Berylliumoxid (BeO), Schmelzpunkt 2550 °C, als hochfeuerfeste Keramik für Flugzeug-Zündkerzen, Tiegel, Kokillen; wegen kleinen Einfangquerschnitts f. therm. Neutronen im Reaktorbau als Moderator.

7. Weitere technisch wichtige Metalle [I.29]

(Physikalische und Festigkeitseigenschaften siehe Tabelle I.35!)

Antimon. Meist aus Antimonit (≡Grauspießglanz), Sb_2S_3 (Südafrika, China, Bolivien, Mexiko, Harz, Jugoslawien u. a.) durch Rösten und reduzierendes Schmelzen gewonnen und dann noch raffiniert. Handelsantimon hat 99,5 ... 99,8% Sb, ist silberweiß mit bläulichem Schimmer, blättrig-grobkristallin und sehr spröde (leicht pulverisierbar); luftbeständig. Zur Härteerhöhung zulegiert zu Pb (Hartblei) u. Sn, Weißmetall u. a. Lagermetalle, Schriftmetall, Britanniametall (Pewter), Weichlote u. a., ferner f. chem. und pharmazeutische Präparate u. a., in Halbleiter-Industrie hochrein zum Dotieren der Elementhalbleiter.

Chrom. Aus Chromit $FeO \cdot Cr_2O_3$ (Türkei, Griechenland, UdSSR, Südafrika, Indien) im Hochofen oder Elektroofen erschmolzenes Ferrochrom nur für gewisse Stahllegierungszwecke brauchbar, da Fe- u. C-haltig. Aluminothermisch aus Chromoxid gewonnenes, C-freies Cr ($>$ 99,8%) als Hauptlegierungselement für rost- und säurebeständige Stähle und für Legierungen bes. des Ni, auch des Cu, Al, Mg u. a. verwendet. – Neuerdings auch Elektrolytchrom aus Ferrochrom.

Unlegiert nur als galv. Überzug für Glanz- und Hartverchromung. – In techn. Reinheit sehr hart und spröde, hochrein jedoch rel. weich, warmfest bis 1100 °C; silberglänzend; sehr beständig gegen oxidierende Einflüsse auch über 1100 °C, wird aber z. B. von Alkalien und HCl angegriffen. Cr-Legierungen durch N spröde (N-Entfernung großtechnisch noch nicht gelöst).

Gold. Au kommt fast nur gediegen als Berg-, Wasch- oder Seifengold vor (Südafrika, UdSSR, Kanada, USA, ferner Australien, Ghana u. a., früher durch Waschverfahren, heute meist aber durch Zyanidlaugerei (Lösung von Gold durch Zyankaliumlösungen und Ausfällen durch Zink oder Elektrolyse) gewonnen. Wesentlich auch Au-Gewinnung aus Anodenschlamm bei Cu-Elektrolyse (s. dort!). Handelsübliches Feingold (99,98%) ist sehr weich, gut kalt umformbar (Blattgold bis 0,0001 mm), durch 10% Cu-Zusatz härter werdend (Münzgold), sehr gut chemisch beständig, in Hg (Amalgambildung) und Alkalizyanidlösungen löslich; wird von Cl-abscheidenden Mischungen (z. B. Königswasser) angegriffen. Schon 0,06% Pb machen Gold brüchig und unbrauchbar. Reingold bezeichnet man als 24karätig. Verwendung für Schmuckwaren und Münzen (mit Cu, Ag und Ni legiert); für Laborgeräte (oft statt Pt) und Spinndüsen (mit Pt oder Ni + Sn legiert); in der Zahnmedizin auch als Weißgold (hoher Ni-

Tabelle I.35. Eigenschaften technisch wichtiger Metalle

Metall (techn. rein, ggf. hochrein)	Chem. Formelzeichen	Dichte ϱ [g/cm³] bei 20 °C	Schmelzpunkt [°C]	Siedepunkt [°C]	Wärmeleitfähigkeit 0 ... 100 °C [W/km] [14]	Lin. Wärmedehnzahl $\alpha \cdot 10^{-6}$ je °C 20 ... 100 °C $\left[\frac{cm}{cm \cdot °C}\right]$	El. Leitfähigkeit [12] $\varkappa$ 20° $\left[\frac{m}{\Omega \cdot mm^2}\right]$	Elastizitätsmodul E [N/mm²] bei 20 °C	Zugfestigkeit σ_B [N/mm²]	Bruchdehnung δ [%]	Vickers- bzw. Brinellhärte	Preis je kg in [DM] (Hüttenmaterial) oft schwankend
Aluminium	Al	2,70	660,2	2270	756	23,9	40	72500	35 ... 60 [1]) (100 ... 160) [2])	55 ... 28 [1]) 10 ... 5 [2])	15 ... 19 [1]) 25 ... 35 [2])	2,23
Antimon	Sb	6,67	630	1325	786	10,8	2,59 [5])	80000	86	1,6	≈30	3,–
Beryllium	Be	1,85	1283	2967	525	11,5	24	292800	140 ... 770 [10])	4 ... 2	60 ... 125	1 000.– ... 20 000.–
Blei	Pb	11,3	328	1740 ± 10	127	28,0	5,3	16000	13,5	31	≈4	1,15
Chrom (hochrein)	Cr	6,9	1800 [5])	2400 [5])	242	8,5	38,1 [4])	250000 (190000) [4])	≈530 [4])	≈60 [4])	≈350 [3]) ≈70 [4])	5,– ... 11,– [3]) 54,– [4])
Eisen (99,98%)	Fe	7,86	1536	2800 [5])	257	12,3	10,0	210000	≈220 [1])	≈50 [1])	45 ... 55	≈–,70 (St 37)
Gold	Au	19,3	1063	2700 [5])	1119	14,2	50,0	77000	122	38,5	18,5	5400–
Iridium	Ir	22,4	2454	≈5300	544	6,6	32	515000	550	6 ... 9	163 ... 255	≈14500,–
Kadmium	Cd	8,64	321	765	332	41,6	13,5	62500	64	≈55	≈16	31,–
Kobalt	Co	8,93	1493	3100	333	12,2	16,0	212000	27 [1])	0 ... 8	≈125 [1])	16,–
Kupfer	Cu	8,9	1083	2400	1390	16,5	58 [1])	127000	22,5 [1])	42 [1]) ≈4 [2])	45 [1]) 130 [2])	6,50
Lithium	Li	0,5	180,5	1370	257	58	11,7	11700	180	22	–	≈90,–
Magnesium	Mg	1,74	650	1100	605	26,0	21,7	28000	160 ... 200	9 ... 5	35 ... 40	2,60
Mangan	Mn	7,4	1244	2097	181	22,8	0,54	201000	–		<1000 [4])	≈4,– (Ferro-Mn)
Molybdän	Mo	10,2	2610 ± 20	5560	525	5,1	18,8	327000	780 ... 1200	(30) 20 ... 10 [1]) (15) 3 ... 1 [2])	200 ... 230 [1]) 280 ... 300 [2])	≈25,–

Nickel	Ni	8,9	1450	3177	302	13,0	16,4	215000	400 ... 500	50 ... 35 1) 4 ... 2 2)	80 ... 90 1) 180 ... 200 2)	10,90
Niobium	Nb	8,6	2468	4957	197	7,1	7,35	160000	340 ... 410 1)	≈40 1) ≈12 2)	15 1) ... 200 2)	300,– ... 350,–
Osmium	Os	22,48	3000	5500	–	6,6	11,2	557000	–		≈350	21000,–
Palladium	Pd	11,9	1554	3980	257	11,0	9,2	113000	140 ... 195	41 ... 39	35 ... 50	3600,–
Platin	Pt	21,5	1770	3800	270	8,99	10,2	170800	127 1)	34 ... 40 1)	≈37 1) ≈55 2)	28700,–
Quecksilber	Hg	13,6	– 39	357	38	60,3	1,038	–	–	–	–	≈18,–
Silber	Ag	10,5	960	2152	1521	19	66,6	80000	140	50 ... 48	25	≈291,–
Tantal	Ta	16,6	2996	6100	197	6,6	8,1	188200	350	≈40 1) ≈12 2)	75 1) ≈120 1)	250,– ... 500,–
Titan	Ti	4,5	1610 ± 10	≈3200	81	8,5	2,04	105000	320	≈40 1) ≈4 2)	≈250 2) 100 ... 400 11)	≈40,–
Vanadium	V	6,12	1720	3350	112	8,3	4,03	130000	390 ... 490	38 ... 26 1) ≈5 2)	18,9 220 ... 400 4)	350,– 4)
Wismut	Bi	9,8	271,3	1560	30	13,5	0,83 9)	34800	5	0	40 ... 45 8)	≈17,–
Wolfram	W	19,9	3380	5926	605	4,50	20,4	405000	4000 6) 7)	0 ... 2	35 ... 40 9)	≈80,–
Zink	Zn	7,23	419	907	420	26	20,8	92000	30 8) 140 9)	0,5 ... 0,3 8) 50 ... 40 9)	3,9	1,96
Zinn	Sn	7,28	232	2300	242	26,7	10,0	41600	27 1) 340 ... 392	> 50	80 ... 192 5)	15,60
Zirkonium	Zr	6,5	1830 ± 40	3577	56	5,4	2,4	7650 1) 9020 2)	412 1) 804 2)	≈30 1) ≈5 2)		400,– (reaktorrein)

1) Knetzustand, weichgeglüht. – 2) hart (kalt verfestigt). – 3) techn. rein. – 4) hochrein. – 5) je nach Zustand. – 6) Einkristall. 1800 – 7)gezogener Draht. – 8) gegossen. – 9) stranggepreßt. – 10) je nach Herstellung und Prüfbedingung. – 11) je nach Gehalt an O_2, N_2 und C. – 12) spez. el. Widerstand $\varrho = 1/\varkappa$ [$\Omega \cdot$ cm]. – 13) bei 800 °C. – 14) Wert in W/km = 0,86 kcal/m h grd

Zusatz); für elektr. Schwachstromkontakte, als Plattierschicht (Feingold oder legiert mit Pt, Ni, Zr u. a.); für Präzisionswiderstände (Au + Ag, Ni, Mn, Sn).

Kadmium. Gewonnen als Nebenprodukt bei der Verhüttung von Zinkblende und Galmei (siehe Zinkerze!) durch Destillation u. Elektrolyse (99,5 ... 99,99%). 1972 Weltproduktion ≈16 500 t, davon USA, UdSSR, Kanada und Belgien ≈52%, Deutschland 1,6%. – Eigenschaften ähnlich Zn, silberweiß, luftbeständig, leicht umformbar, sehr weich. Reinstes Cd ist sehr gut korrosionsbeständig. Unsichtb. Cd-Dampf. – Verwendung zu ≈60% rein als Oberflächenschutz (Kadmierung). Bestandteil von Loten und Legierungen mit niedrigem Schmelzpunkt; für Lagermetalle; Leg.-Zusatz zu Cu, Ni, Zn, Mg u. a.; in der Atomenergietechnik als Moderator; für Braunsche Röhren und Selenzellen, ferner für Cd-Farben; im Ni-Cd-Akkumulator, beim Bau el. Schaltgeräte u. a.

Kobalt. Gewonnen aus Kobaltglanz (Co, As) S; Kobalt-Nickelkies $(Ni, Co, Fe)_3S_4$, Speiskobalt, $CoAs_2$; u. a. Hauptvorkommen: Katanga, Nordrhodesien, Marokko, Kanada, Finnland, Burma. – Gewinnung sehr umständlich ähnlich Nickel. Handels-Co oft nur 98,5% rein (Rest - Ni, Cu, Fe). Grausilbener Metallglanz; Eigenschaften ähnlich Ni, jedoch schwerer umformbar und weniger korrosionsbeständig; ferromagnetisch (Curie-Punkt 1121 °C). – *Verwendung:* Rein selten (Verkobaltung Ni oft unterlegen). Legierungsbestandteil für Dauermagnete (5 ... 52%), Stellite (30 ... 70%), zu 5 ... 30% in Sinterhartmetallen, für magnetisch weiche Werkstoffe hoher Sättigung (z. B. „Hyperm Co 50“ mit 50 Co/50 Fe); 32 ... 79 Co in hochwarmfesten und hitzebeständigen Werkstoffen f. d. Gasturbinenbau. Bestandteil vieler Werkzeug- und Schnellstähle. – Ferner als Katalysator für Treibstoffsynthese, Kobalt 60 (^{60}Co) als γ-Strahler in Werkstoffprüfung und Strahlungsmedizin. – Als Oxid oder in anderen Verbindungen bei Herstellung von Porzellan, Glas, Emaille und in Farb- (Kobaltblau) und Lackindustrie.

Mangan. Reichlich in vielen Eisenerzen enthalten, geht jedoch bei Verhüttung verloren. Höher Mn-haltige Erze werden im Hochofen auf Spiegeleisen (6 ... 24% Mn) bzw. im Lichtbogen-Reduktionsofen auf Ferromangan (35 ... 80% Mn) verhüttet. Beide von bes. Bedeutung zur Desoxidation des Rohstahls und als Stahl-Legierungszusatz. Aluminothermisch aus wichtigstem Mn-Erz Braunstein, MnO_2 (UdSSR, Indien, West- und Südafrika, Brasilien, Chile), gewonnenes Mn ist C-frei; verwendet als Desoxidationsmittel und Leg.-Zusatz f. NE-Metalle. Technisches Mn ist sehr hart und spröde, daher unlegiert und als Hauptbestandteil von Legierungen nicht brauchbar, ausgenommen 70 Mn + 30 Ni zum Hartlöten von nichtrostendem Stahl ohne Flußmittel [I.39].

Molybdän. [I.46] Molybdänglanz, MoS_2, seltener Wulfenit, $PbMoO_4$ (USA-Colorado, Chile, Norwegen, Mexiko, Jugoslawien), ergibt durch Rösten zu MoO_3 über verschiedene Zwischenstufen durch Reduktion Mo-Pulver, das im Vakuum lichtbogengeschmolzen wird; auch Sinter-Verarbeitung. Ferromolybdän (50 – 85% Mo) wird aus dem Oxid meist aluminothermisch hergestellt. – Mo ist silberweiß, hochwarmfest, oxidiert an Luft ab 540 °C, über 700 °C sogar katastrophal. Oxidationsschutz bis 1090 °C durch galvanische oder aufgespritzte Ni-Cr-Leg.-Schicht mit Si- und B-Zusatz; bei noch höheren Temp. Mo-Disilizid und keram. Schichten [I.39]. Damit verwendbar für Turbinenschaufeln. Gut umform- und zerspanbar; Schweißen schwierig; hart lötbar, seit kurzem auch gießbar. – Verwendung zu ≈80% als Legierungszusatz für Stahl und Eisen: steigert Warm- u. Zeitstand-Festigkeit, Härtbarkeit u. Anlaßbeständigkeit, sowie Korrosionsbeständigkeit. Bestandteil von Stelliten und einigen Sinterhartmetallen („Titanit“). Mo-Draht als Halter und Ösen für W-Glühfäden in Lampen, Gitter von Verstärkerröhren und Anodenbleche von Senderöhren; im Röntgenbau; Kontakte für el. Relais und Schnellregler; Abbrennteile für Hochspannungsleistungsschalter; Schmelzeinsätze f. Hochsp.-Sicherungen; Thermoelement-Schutzrohre f. Glas- und Metallschmelzen; f. bestimmte Teile in Überschallflugzeugen und Raketen; bis 30% in hochwarmfesten und hitzebeständigen Stählen und Legierungen f. Gasturbinenbau; als Elektroden el. Glasschmelzöfen. Für Instandsetzung und Neufertigung als flammgespritzte, Haftgrund-verbessernde Zwischenschicht (50 ... 100 μm) unter dicker aufgespritzten Stahl- und Bronzeschichten auf Grundmetallen: Leichtmetalle, Stahl und Superlegierungen, selbst wenn so hart, daß Aufrauhen durch Quarzsand- oder Hartgußkies-Strahlen nicht mehr möglich (Entfettung genügt). Mo-Flammspritzschicht auch ausgezeichnet für Gleitlager und -flächen [I.47]. – MoS_2, Molybdändisulfid, höchstleistungsfähiges Schmiermittel (als Ölzusatz oder Paste. MoS_2 sieht wie Graphit aus, hat aber mehrfach bessere Schmiereigenschaft; für Trockenschmierung über 180 °C bis ≈600 °C meist einzig mögliches Schmiermittel).

Mo-Legierungen: Mo/0,5 Ti/0,03 C; „TZM“ (Mo/0,5 Ti/0,08 Zr/0,02 C); Mo/30 W/0,02 C; TZC (Mo/1,25 Ti/0,3 Zr/0,02 C); Warmfestigkeit bei 1320 °C: $\sigma_B = 370\ N/mm^2$ für TZM; $= 415\ N/mm^2$ für TZC! – Neuere Anwendungen: Widerstandsheizleiter für Hochtemperaturöfen (1200 ... 1700 °C); Druckgußformen; Strangpreßmatrizen für Stahl, Superlegierungen, Ti, U und übliche NE-Metalle; Lochdornspitzen für Schrägwalzverfahren; Reaktor-Brennstoffumhüllungen; im Raketenbau; Mo/30 W beständigster Werkstoff gegen Reinzink-Schmelze (z. B. Förderschnecke 10fache Lebensdauer von Graphitschnecken); u. a. –

Platin. Gewinnung aus gediegenen Vorkommen (Waschverfahren) und aus Pt-haltigen Ni-Cu-Erzen hauptsächlich in Kanada, im Ural, Columbien, Südafrika u. a. – Rohplatin enthält 70 ... 85% Pt, ferner Pd, Ir, Os, Rh, Ru und 8 ... 10% Fe. Raffination mittels Königswasser und Salmiak unter Rückgewinnung der wertvollen Begleitmetalle. Techn. rein 99,5%, hochrein 99,9%, spektroskopisch rein 99,999%. – Weißglänzend mit lichtgrauem Schimmer, weniger weich als Au und Ag, stark kalt umformbar, chemisch hoch beständig gegen die meisten Agentien, aber löslich in Königswasser, heißer konz. H_2SO_4 und konz. HCl, wenn Oxidationsmittel zugesetzt werden; wird auch in der Hitze von S und flüchtigen S-Verbindungen stark angegriffen (daher Schutz für Thermoelementdrähte!); Angriff ferner durch C, P, Si (Versprödung), viele geschmolzene Metalle und geschm. Alkalien. – Verwendung im Gegensatz zu Au und Ag häufig unlegiert für Schmuckwaren, in der Zahnmedizin; in Chemie und Technik ist es fast unersetzbar für Laborgeräte, Le Chatelier-Thermoelemente Pt – Pt/Rh, als Katalysator (Pt-Schwamm) bes. zur H_2SO_4-Gewinnung und vieler anderer Stoffe. Auch Pt-Rh-Legierungen dienen als Katalysator. Pt-Be-Legierungen für Spinndüsen; Leg. (Pt + 20 Ir), neuerdings auch Pt + 10 Ru für höchstwertige el. Kontakte (auf Cu-Legierungen plattiert).

Quecksilber. Selten gediegen; überwiegend gewonnen aus Zinnober HgS (Italien, Spanien, UdSSR, China, USA, Mexico zus. 82%), durch Erhitzen unter Luftzutritt und Kondensieren des Hg-Dampfes. – Einziges bei Raumtemperatur flüssiges Metall, silberglänzend, sehr edel; legiert sich unter Mischkristallbildung (Amalgam) bes. mit Pb, Sn, Zn, Cd, Al, Bi und den Leg. SnBz u. Ms, weniger schnell mit Au, Ag, Cu, kaum mit Mo, W, Fe (daher gehandelt in Stahlflaschen zu je 76 lbs≈41,3 kg). Hg-Dampf (auch bei Raumtemperatur entstehend!) und lösliche Hg-Verbindungen sind gefährlich giftig! – Verwendung für Thermometer und viele andere Meß- und Kontrollgeräte, als Dampf für Turbinenbetrieb, Hochvakuum-Pumpen, Höchstdruckkompressoren, für UV-Lichtquellen („Höhensonne“), Hg-Gleichrichter, Kippschalter, Tageslichtbirnen, bei der Feuervergoldung; zur Herstellung von Knallquecksilber, für Katalysatoren, für Pharmazeutika, als Ag- und Au-Amalgam in der Zahnmedizin; Hg-Verbindungen zur Schädlingsbekämpfung in der Landwirtschaft, für Unterwasseranstrich u. a.

Silber. Vorkommen vielfach gediegen; als Silberglanz Ag_2S, Hornsilber AgCl u. a.; sowie in Begleitung von Pb- und Cu-Erzen. Haupterzeuger: Mexiko, Peru, USA, Kanada, UdSSR, (1972 zus. ≈70%). – Gewinnung aus Rohblei durch Treibprozeß (siehe Pb!); in Mexiko und Peru durch Amalgamation oder Zyanidlaugerei in Verbindung mit Elektrolyse; erhebliche Mengen aus dem Anodenschlamm der Cu-Elektrolyse erhalten. – Höchste Leitfähigkeit für Wärme und elektrischen Strom; sehr dehnbar und leicht kalt umformbar; nimmt geschmolzen leicht O_2 auf (Schwierigkeiten beim Löten und Gießen von Reinsilber: Spratzen); durch Legieren mit z. B. 10% Cu vermeidet man dies und erhöht damit auch Härte, ohne Silberglanz zu beeinflussen. – Korrosionsverhalten: Beständig gegen Halogen-Wasserstoffsäuren (HCl ... HF), Cl, Br, J, auch heiße H_2SO_4 bis 80% Konz., Alkalien und Alkali-Schmelzen u. a., soweit nicht stark oxidierend, ferner fast alle organischen Verbindungen. Angriff durch oxidierende Säuren, Cyanid-Lösungen bes. in Verb. mit O_2; S-Verbindungen bräunen Ag schnell (AgS_2!). – Verwendung haupts. im chem. Apparatebau rein oder legiert, bes. auf Stahl plattiert oder aufgelötet; GG und GS mit Hartsilber umkleidet: Heizschlangen, Kühler, Rohrsysteme, Destillierkolonnen u. a.; Weichsilber als Dichtringe f. Hochdruckanlagen. – Ferner für Münzzwecke, Bestecke und Schmuckwaren (massiv oder Versilberung), legiert f. elektr. Kontaktstellen im Nachrichtenwesen und Relaisbau, el. Sicherungen, Labortiegel; für Silberlote (DIN 1734 und 1735), Sonder-Lagermetall; in der Photo-Industrie; für Thermosflaschen und

Spiegel. – Wichtige Ag-Verbindungen: $AgNO_3$ in Medizin („Höllenstein"), für Wäschezeichentinte und Haarfärbemittel. AgBr ist lichtempfindlich (Ausscheidung von Ag), daher Verwendung in Photoindustrie; in Deutschland dafür jährlich 80 ... 90 t. Auch AgCl und AgJ sind lichtempfindlich. – Ag-Legierungen im chem. Apparatebau: Ag + 0,11% Ni als Feinkornsilber (FK-Silber). – Hartsilber (Ag + 1,2 bis 3% Si) gut walzbar und auf Stahl plattierbar wie Feinsilber, kornfeinend und härtend, vor allem überlegene Wärmehärte. – „Cadag" (Ag + Cd): durch Cd wird Cl-Angriff über 180 °C stark vermindert. – Leg. des Ag mit wenig Cu oder Mg in Einzelfällen. – Für Silberwaren und Bestecke vorwiegend 93,5 u. 80% Ag, Rest Cu.

Tantal. Vorkommen überwiegend zus. mit Nb als Niobit-Tantalit (Australien, Norwegen, Südafrika u. a.). Gewonnen aus Oxiden durch Thermit-Verfahren (siehe dort!). – Aussehen ähnlich Pt. Sehr hoher Schmelzp. (2996 °C). Festigkeit ähnlich mittelfester Stahl, extrem zäh und elastisch, hitzefester als alle anderen Metalle außer W. Sehr leicht warm und kalt umformbar; durch H_2, N_2 u. O_2 Härte und Versprödung stark ansteigend. Gut säurebeständig (außer gegen HF); empfindlich gegen Ätznatron und die meisten anderen Alkalien; Angriff wie Pt durch geschmolzene Metalle und C; über 100 °C oxidierend, daher ggf. Oberflächenschutz. El. schweißbar, gut zerspanbar. – Verwendung als Blech und Draht z. T. als Ersatz für Pt in der Chemotechnik, für Spinndüsen, in Senderöhren, Gleichrichtern und Elektrolytkondensatoren, Ersatz für Pt-Elektroden bei Elektrolyse. Sehr wichtig als Stahl-Legierungselement (Steigerung d. Zähigkeit, Warm- u. Dauerstandfestigkeit; Austenit-Stabilisator beim Schweißen nichtrostender Stähle, da starker Karbidbildner); als TaC in Sinterhartmetallen; für Radar-Geräte u. a. HF-Apparate. 7,5% Ta dem W zugesetzt erhält dessen Elastizität bis Dunkelrotglut. In der Medizin für Instrumente und Bohrer, wegen guter Körperverträglichkeit für künstliche Schädeldecken und als Nähdraht, sowie für ähnliche Zwecke (hier Ersatz durch billigeres Zr möglich).

Titan. [I.48, 49] Aus Ilmenit $FeO \cdot TiO_2$, und Rutil, TiO_2 (USA, Kanada, Brasilien, Australien, Indien, UdSSR, Norwegen u. a. sowie Titanmagnetiten). Gewinnung von Ti-Schwamm heute noch überwiegend durch Reduktion der Zwischenstufe $TiCl_4$ mit Mg unter Argonschutz (Kroll-Verfahren). Geringe Dichte (56% von Stahl) bei rel. hohem Schmelzpunkt und gleichzeitig guter Festigkeit und Dehnung (je nach Reinheit: $\sigma_{0,2} = 200 \ldots 490$ N/mm², σ_B u. δ siehe Tab. I.35!); den Al-Legierungen weit überlegene Warmfestigkeit bis 500 °C, kurzfristig bis 1000 °C beanspruchbar. Ti hat $\approx$45% geringere Dichte als Cr-Ni-Stahl bei etwa gleicher Festigkeit. Nahezu günstigstes σ_B/ϱ-Verhältnis aller bekannten Werkstoffe. Füllt zwischen 150 bis 500 °C Lücke zwischen nicht mehr genügend warmfesten Leichtmetall-Legierungen und hier noch nicht ausgenützten hochwarmfesten Stählen bei niedrigerem ϱ. Schmiedbar (700 ... 950 °C, Warmpressen 900 ... 1000 °C), kalt umformbar (weniger gut als Ti-Leg.), hartlötbar und Argonarc-schweißbar, zerspanbar, formgießbar. Den nichtrostenden Stählen oft stark überlegene Korrosionsbeständigkeit. Unter 882 °C hexagonal (α-Ti), darüber kubisch-raumzentriert (β-Ti). Starke Schädigung durch H_2-Gehalte (Reißen). – Verwendung rein und als Ti-Legierungen (siehe diese!); Ti-Werkstücke für dynamisch-, wärme- und korrosionsbeanspruchte Leichtbauteile im Flugzeugbau, für Düsenantriebe, im Verkehrswesen und Schiffbau, Getter f. Elektronenröhren; Leichtmetall der Orthopädie. – Ti-plattierte Stahlbleche f. Chemotechnik. Rein auch als Legierungszusatz und Desoxidationsmittel für NE-Metalle, und als Ferrotitan, im Lichtbogen-Reduktionsofen mit C gewonnen, als Stahllegierungszusatz. Ti im Stahl erhöht stark Dauerstandfestigkeit und Warmfestigkeit; reinigende Wirkung; als starker Karbidbildner Austenitstabilisator wie Ta; TiC für Sinterhartmetalle.

Titan-Legierungen. Wenn auch „Ti 200" (Krupp) unlegiert schon σ_B bis 800 N/mm² bei $\delta_5 = 20 \ldots 10\%$ erreicht, bieten Legierungen (noch stark in der Entwicklung) doch noch erhebliche Vorteile. Wichtigste Leg.-Elemente: Al, V, Cr, Mn, Fe, Mo, Sn, Zr. – Ti + 3 Mn, 1 Fe, 1 Cr, 1 V, 1 Mo mit $\sigma_B = 920 \ldots 1340$ N/mm² bei $\delta_5 = 20 \ldots 10\%$, wobei $\sigma_{0,2} = 920 \ldots 1120$ N/mm². Weitere Beispiele: Ti/5 Al/2,5 Sn mit $\sigma_B = 900$ N/mm²; $\delta_5 = 15\%$; Ti/4 Al/4 Mn mit $\sigma_B =$ 1120 N/mm²; $\delta_5 = 13\%$. – Nachfolgend 3 Ti-Leg. der Ver. Dtsch. Metallwerke, alle entspr. wärmebehandelt:

VDM-Bezeichnung	$\sigma_{0,2}$ N/mm²	σ_B N/mm²	δ_5	σ_B N/mm² (450° C)	Korrosionsbeständiger Werkstoff für:
TiCr5 Al 3	350 ... 900	1000 ... 1300	20 ... 2	550 ... 650	Komplette Schmiedestücke; Dauerbeanspruchung $\leqq$300° C
TiAl 6 V4	600 ... 1000	1000 ... 1150	15 ... 7	600 ... 650	schweißbar; bis 500° C verwendbar; Turbinenschaufeln
TiAl 4 V4	750 ... 900	900 ... 1050	> 10	550 ... 650	dünnwandige Teile, sowie Drähte; schweißbar; bis 450° C verwendbar

Ferner Ti-Al-V, Ti-Al-Mo, Ti-Fe-Cr-Mo u. a. – 1957 entwickelte USA-Legierung $\sigma_B = 1300$ N/mm²; $\sigma_s = 1180$ N/mm²; $\delta = 6\%$. – Ti + 0,12 Pd mit verbesserter Korrosionsbeständigkeit für Wärmeaustauscher und Kondensatoren im Schiffbau.

Außer O_2, N_2, C, Al und Sn erniedrigen fast alle Legierungsmetalle und H_2 den α-β-Umwandlungspunkt (882 °C), so daß $(\alpha+\beta)$-Legierungstyp vorherrscht; diese Legierungen sind warmbehandelbar, wobei bei rel. kleinen Legierungsgehalten Umwandlung der β-Phase in übersättigten α Mischkristall erfolgt („martensitische" Umwandlung). – Korrosionsbeständigkeit der Ti-Legierungen etwas geringer als die von Rein-Ti. Temperaturbeanspruchbar bis $\approx$500 °C, darüber durch Oberflächen-Nitrieren bis $\approx$800 °C oder Silizieren bis $\approx$1100 °C beanspruchbar. – Obige Ti/4 Al/4 Mn-Legierung erreicht z. B. eine Warmfestigkeit bei 530 °C von noch $\sigma_B \approx 450$ N/mm² bei $\delta_5 \approx 40\%$. – Unter dem Gefrierpunkt fällt die Kerbzähigkeit nur langsam. Schweißbarkeit (Edelgasschutz) meist befriedigend bis gut, am besten bei Ti/5 Al/2,5 Sn. Hartlöten mit Ag. Die wichtigsten Grundeigenschaften des Ti (siehe dort) gelten sinngemäß bei den Ti-Legierungen; auch sie werden durch H_2 stark geschädigt (Reißen!). Absolut frei von Lochfraßkorrosion und Spannungsrissigkeit.

Verwendung: Bau von Überschallflugzeugen ohne Ti nicht denkbar (Düsenflugzeug-Rumpfbleche, Abstrahlbleche und Strahltriebwerksteile, Fahrgestelle); die Bristol Britannia 100 z. B. enthält 1225 kg Ti und Ti-Legierungen; Luftschrauben; fernlenkbare Geschosse; Panzerplatten; Mündungsdämpfer; bei der Marine für Schnorchelgeräte, Wärmeaustauscher, Turbinenschaufeln, Salzwasserpumpen, Radarantennen u. a.; Teile von Hochleistungs-Verbrennungsmotoren, Teile der Chemotechnik, in der E-Technik als Getterwerkstoff und für HF-Röhren.

Vanadium (Vanadin). *Vorkommen* als Carnotit, Roscoelit (+ 4 weitere Erze) haupts. in USA, Peru, Südwestafrika, Nordrhodesien u. a.; V in vielen Eisenerzen enthalten (daher Hüttenschlacken V-haltig). – *Herstellung* über Ca-Reduktion des V_2O_3 und V_2O_5 unter Jodzusatz, ferner thermische Reduktion des VJ_4 und VCl_4; für Stahllegierungszwecke aluminothermisch aus V_2O_5 bzw. als Ferrovanadin (bis 85% V handelsüblich) gewonnen, in Deutschland aus Hüttenschlacken. – *Eigenschaften:* Hochschmelzend ($\approx$1900 °C), blaugrau, $\varrho = 6{,}11$ g/cm³. Rein ($O_2 < 0{,}2$) gut duktil (verbessert durch 3% Yttrium), zu dünnen Drähten und Folien verarbeitbar. N_2, O_2 und H_2 verspröden stark. Über 300 °C stark oxidierend (ggf. Verarbeitung in Inertgas oder Stahlmantel). Sehr gut schweißbar. Gut korrosionsbeständig gegenüber kalter HCl und H_2SO_4, sowie Meerwasser u. a. Geringer Neutronen-Einfangquerschnitt und korrosionsbeständig gegenüber Metallschmelzen (daher geeignet für Reaktorzwecke); gut legierbar mit Uran, daher interessant als festes Lösungsmittel für diesen Kernbrennstoff. Leicht zu legieren mit Fe, Ni, Co, Cu, Al, Sn, Ti, Pt u. a. – V Stahl zulegiert (bis 5%) wirkt stark N-bindend u. reinigend (stärkstes Desoxidationsmittel), erhöht stark Zähigkeit, σ_E, a_k, Dauerstand- und Wechselfestigkeit, Anlaßbeständigkeit und Remanenz; starker Karbidbildner. – *Verwendung:* Konkurrent für Ti und nichtrostenden Stahl bei Raketen und Überschallflugkörpern; Reaktorbaustoff, reaktorrein noch teuer ($\approx$350,– DM/kg); Ferrovanadium für Stahllegierungszwecke (über 90% bisheriger Produktion dafür eingesetzt) kostet nur $\approx 1/10$ davon; besonders Edelstählen zugesetzt, vor allem immer Schnellstahl, vielen warmfesten und hochhitzebeständigen Stählen, sowie hochwertigen Federstählen. – Glas mit V-Oxid-Zusatz absorbiert UV-Strahlen (Schutzglas f. E-Schweißer u. a.).

Wismut. Vorkommen oft gediegen; hauptsächlich als Wismutglanz, Bi_2S_3, Wismutocker, Bi_2O_3, und in Cu- und Pb-Erzen (daraus als Nebenprodukt gewonnen). Haupterzeuger: Bolivien, Australien, USA, Peru, Mexiko, Südkorea, Kanada u. a., auch im sächsischen Erzgebirge (Wismut A.G.). – Gewinnung z. B. aus Bi_2S_3 durch Rösten auf Bi_2O_3, Reduzieren und elektrolytisches Raffinieren (99,3 ... 99,8%). – Farbe rötlich-weiß; dehnt sich beim Erstarren $\approx$1,1% linear aus (negatives Schwindmaß ähnlich Sb, daher Anwendung für Legierungen mit dem Schwindmaß Null!); stärkster Diamagnetismus und geringste elektrische und Wärmeleitfähigkeit aller Metalle, hohe Thermokraft (z. B. Bi-Ag); techn. rein sehr spröde. – Bisher hauptsächlich verwendet für Legierungen und Lote mit niedrigstem Schmelzpunkt (47 ... 100 °C) für Sicherungen, Sprinkler-Anlagen, Füllmaterial beim Biegen dünnwandiger Rohre, Verankerung von Stempeln und Prägestöcken in Grundplatte, Kunststoff-Gießformen, Speziallote für Glas und temperaturempfindliche Teile, u. a.; Leg.-Bestandteil von Lagermetallen, Sonder-Bronzen und -Messing. Bi-Verbindungen in Kautschukindustrie und Färberei, Feuerwerksherstellung, f. Porzellanfarben, Leuchtfarben; in der pharmazeutischen und kosmetischen Industrie. – Neuere Verwendung für Radaranlagen, Panzerplatten u. a.; Bedeutung im Reaktorbau wegen äußerst geringer Neutronen-Absorbierung als Kühlschmelze für Reaktoren. – Gleichrichterindustrie: Eutekt.-Leg. mit Sn oder Cd als Sprühmittel zur Aufbringung von Deckschichten auf Selen.

Wolfram. Wird aus Wolframit (Fe, Mn)O · WO_3 und Scheelit CaO · WO_3 (China, Burma, USA, Bolivien, Portugal, Korea, Australien, Tirol-Reutte), über Wolframsäure WO_3 durch Reduktion mit H_2 zu reinem W-Pulver verarbeitet; Weiterverarbeitung fast ausschließlich durch Sintern und Warmumformen bei 1400 °C, selten durch Lichtbogenschmelzen (Vakuumguß). W ist stahlartig-hellgrau, höchstschmelzend, sehr hoher E-Modul, besser wärmeleitend als Fe. Durch Verunreinigungen sehr hart und spröde. Schweißen schwierig, jedoch Punktschweißen mit Ta-Folie (0,025 mm) als Zwischenlage möglich für Hochtemp.-Zwecke. – Löten mit Au-Ni-Cu-Leg., Ag, Cu oder Ni. – Nieten v. W-Blech mit Ta- oder Mo-Nieten. Wird von Säuren und Laugen kaum angegriffen, aber von heißem Wasser und Dampf langsam zersetzt. Ab 600 °C an Luft erhitzt oxidiert es. Bei 1925 °C noch $\sigma_B = 170\ N/mm^2$.

Verwendung rein als Glühfaden (bis 0,005 mm ⌀ ziehbar) el. Birnen und in Elektronenröhren; Antikathoden von Röntgenröhren; el. Kontakte, die durch starke Funkenbildung hochbeansprucht sind (z. B. Zündverteiler in Otto-Motoren); dafür auch Sinterpreßlinge aus W-Ag oder W-Cu-Pulver; Elektroden beim Arcatom- und Argonarc-Schweißverfahren; als Karbid W_2C für Gußhartmetalle und WC (erhalten durch Erhitzen von W-Pulver und Ruß für Sinterhartmetalle. Unentbehrlich für Warmarbeitsstähle, Schnellstähle und Stellite u. a. – Legierungsbestandteil einiger NE-Metalle (W-Bronze, W-Sondermessing u. a.). – Thermoelement W/Mo arbeitet bis 2500 °C.

Zirkonium. *Vorkommen* als $ZrSiO_4$ („Zirkon") mit $\approx$65% ZrO_2 in Meeres- und Flußsanden, meist zusammen mit Ti-Erzen Rutil und Ilmenit (größter Teil des Zr als Nebenprodukt der Ri-Gewinnung); als „Baddeleyit" mit 90 ... 92% ZrO_2; „Zirkit" ist Gemisch beider. – Hauptvorkommen: USA, Ost-Australien, Brasilien, Donezsteppe u. v. a. – *Haupterzeuger:* USA, in weitem Abstand Japan und Großbritannien u. a. – *Gewinnung:* Nach Kroll-Verfahren (siehe Ti!) über Reduktion des $ZrCl_4$ und K_2ZrF_6, oder des ZrO_2, mit Lichtbogenschmelzen des erhaltenen Zr-Schwamms, oder Schmelzfluß-Elektrolyse z. B. des KZr-Chlorids. Hochrein (99,9%) durch thermische Zersetzung von ZrJ_4 im Hochvakuum bei $\approx$1300 °C (*van Arkel-de Boer*-Prozeß). Häufigste Verunreinigungen: Hafnium (bis 2% Hf), Si, ZrO_2 und ZrN. – *Eigenschaften:* Hochschmelzend ($\approx$1845 °C), gut warmfest; bes. niedriger Einfangquerschnitt f. thermische Neutronen (der des Hf$\approx$25× größer!), damit weitgehend Neutronen-Reflexion, also wichtiger Reaktor-Baustoff, als solcher jedoch Hf-frei! Durch Neutronen-Bestrahlung nahezu keine Festigkeitsveränderung. Bes. korrosionsbeständig gegen „schweres Wasser" und Metallschmelzen (K, Na, K + Na bis 600 °C, die als Reaktor-Kühlmittel in Frage kommen), ferner gegen H_2O und H_2O-Dampf bis 250 °C (verbessert durch Legierung: s. unten!), verdünnte Säuren und starke Laugen, u. a., aber hohe Affinität zu O_2 (Schutz durch Ti-Plattierung oder Zr-Silizid), starker Angriff durch Schmelzalkalien, HCl-Nebel, Cl_2 u. a. – Nimmt leicht H_2, N_2 und O_2 auf (Getterwirkung), dadurch Versprödung. Rein hochduktil (Blech und Draht bis < 0,03 mm!). – *Verwendung:* Fast ausschließlich als Wandungsmat. statt Stahl f. bes. kleine Flüssigkeitsreaktoren f. U-Boote, Schiffe, Flugzeuge. Großtechn. Erzeugung von Zr durch Atom-U-Boot „Nautilus" ausgelöst; Reaktoren dieser Kleinheit nur durch Zr möglich! „Zircalloy-2" u. a. Zr-Legierungen f. Umhüllungen von Kernbrennstoff-Elementen. – In vergleichsweise geringem Umfang f. Emissionsgitter v. Radioröhren, als Gasevakuator (Getter) bei Elektronenröhren, in der Radartechnik; Chemotechnik (Laborgeräte); als Ta-Ersatz (billiger!) in der Chirurgie; Injektion v. Zr-Zitrat gegen „Weiße Pest" (krebsartiger Gewebezerfall durch Strahlungsschäden thermonuklearer Atomwaffen), ZrO_2 als Röntgenkontrastmittel (Magen- und Darm-Unters.). Als Ferro-Zr-Si Stahl zulegiert: Schärfstes Denitrierungsmittel (ZrN-Bildung), starke Entschwefelung (ZrS_2-Bildung), Desoxidation fast wie durch Al; Zr erhöht stark Warm- und Dauerstandfestigkeit, Nitrierhärtbarkeit und Schneidleistung v. Schnellstählen; Zusatz zu Seelenelektroden; erhöht stark Induktion in Dauermagneten. – Leg.-Zusatz zu neueren Mg-Legierungen. – ZrO_2 zus. mit MgO oder allein für höchstfeuerfestes Auskleidungsmat. v. Hochtemp.-Schmelzöfen und -Tiegeln, Formmaterial f. hochschmelzende Metalle (Wachsausschmelzverfahren); ZrO_2 ferner zur Emaille-Verbesserung und als Weißpigment in Farben, als Glühstifte, Zirkonzement f. Isolatoren hoher Überschlagsicherheit; Quarzglas mit $\approx$12% Zr ist bes. korrosions- und hitzebeständig (Beobachtungsfenster beim Vakuumguß). – Zr-Verbindungen ferner f. Zahnzemente, Blitzlicht, sowie f. zahllose sonstige Verwendungsgebiete. –

Zr-Legierungen [I.49]: Sn, Nb, Cr, (Fe, Ni, Pd) verbessern Korrosionsbeständigkeit, u. a. gegenüber Druckwasser bis 350 °C, u. U. bis 500 °C. „Zircalloy 1" (Zr + 2,5 Sn); „Zircalloy 2" (Zr + 1,5 Fe, 0,1 Cr, 0,05 Ni); „Zircalloy 3" (Zr + 0,25 Fe); „Zircalloy-2" der Ver. Dtsch. Metallw. (Zr + 1,5 Sn; 0,12 Fe; 0,1 Cr; 0,05 Ni) für Uranbrennstoff-Umhüllungen; „Ozhenite 0,5" (Zr + 0,1 Nb; 0,2 Sn; je 0,1 Fe und Ni). Russische Legierung (Zr + 0,2 ... 1,0 Nb) verbessert Druckwasser-Beständigkeit bis 500 °C. USA-Sonderlegierungen enthalten 10 ... 20% Nb, durch Wärmebehandlung dann $\sigma_B > 1000\ N/mm^2$ erreichbar. Zr + 0,2 Pd hochkorrosionsbeständig. – Zr-Leg. nur für Sonderzwecke im Elektronenstrahlofen erschmolzen (teuer), normal im Vakuum-Lichtbogenofen; Blöcke heute bis 25 t erzeugbar.

Sinterwerkstoffe (metallkeramische Erzeugung). Reinsteisen und Stahlpulver, Cu- und Al-Legierungen u. a. weiche Metalle, Wolfram, Molybdän, Tantal, Metallkarbide mit Bindemetall (Hartmetalle) u. a. werden als Pulver gemischt, zu Preßkörpern unter Druck meist kalt geformt und gesintert. Je nach Druck porige bis weitgehend porenfreie Erzeugnisse.

Pulvermetallurgie [I.53]. Metallpulver werden gewonnen durch Zerkleinerung in Kugelmühlen, Körnung und Zerstäubung von Metallschmelzen, Reduktion von Metallverbindungen und durch elektrolytische Abscheidung. Diese Pulver werden gewöhnlich kalt, seltener warm unter 10 ... 100 kN/cm² Druck in hydraulischen oder Exzenterpressen formgepreßt und anschließend gesintert. Unter *Sintern* versteht man Erhitzen in reduzierender Atmosphäre (H_2) auf Temperaturen, die in Höhe von $^2/_3$ bid $^4/_5$ des Schmelzpunktes des Metallpulvers liegen. Hierbei tritt ein Zusammenbacken der Metallpulverteilchen ein und eine Verfestigung der Pulvermischung. Die Sintertemperaturen liegen z. B. für Bronze bei 600 – 800 °C, für Eisenlegierungen bei 1000 – 1300 °C, für Hartmetalle bei 1400 – 1600 °C (wobei das Bindemetall Ni bzw. Co schmilzt) und für Molybdän, Tantal und Wolfram bei 2000 – 2900 °C. Erhitzen in elektrischen Öfen oder durch Stromdurchleitung.

Gegenüber dem Guß-Gefüge ist das Sintergefüge feinkörniger und gleichmäßiger und zeigt erhöhte Festigkeitseigenschaften. Nachteilig kann ein Wachstum der Kristalle (Rekristallisation, s. Abschnitt III B!) werden, wogegen man sich z. B. bei Wolfram für Glühlampendraht durch Zusatz von Thoriumoxid oder Alkalisilikaten schützt, die ein stärkeres Kristallwachstum verhindern. Ferner sind die *Porosität* und *geringe Dehnung* der Sinterwerkstoffe zu beachten, die aber durch nachfolgende Kalt- oder Warmverdichtung wesentlich verbessert werden können; für Filterkörper ist Porosität erwünscht.

Sinterwerkstoffe der Technik: Wolfram, Molybdän, Tantal, die Hartmetalle und die Sinterlager-Werkstoffe (aus Bronze- und Stahlpulver) und magnetische Sinterwerkstoffe (Pulver mit Kunstharzbindemitteln). Bei Wolfram, Molybdän und Tantal werden meist dünne Stäbe hergestellt, die man nach dem Sintern noch bei 1200 – 1700 °C hämmert und dann elektr. erhitzt durch Diamantziehsteine zieht. Anwendung von W, Mo und Ta in der Hochvakuum- und Glühlampentechnik und für elektrische Kontaktwerkstoffe. Über Hartmetalle wurde schon in Abschnitt ID (Stahl) und über Sinterlager wird in Abschnitt IE (Gleitlager-Werkstoffe) berichtet.

Cermets (Wortbildung aus „Ceramic" und „metal") sind Sinter-Mischwerkstoffe aus meist Metalloxiden (Boriden, Karbiden u. a.) mit Metallen; thermisch hochschockfest; vertragen (ohne mech. Beanspruchung) Temperaturen bis nahe an den Schmelzpunkt der betr. Metalle. Wegen ihrer Sprödigkeit kombiniert man auch hochhitzebeständige Legierungen mit Überzügen aus Cermets. Wichtig für Gasturbinen und Strahltriebwerke moderner Überschall-Flugzeuge. [z. B. 70 Al_2O_3 + 30 Fe; 80 TiC + 20 Co; 25 Cr-Borid + 75 Ni; MgO + Ni u. v. a.]

8. Gleitlager-Werkstoffe [I.50, 51, 52]

Anforderungen. Möglichst gute *Tragfähigkeit* (Belastbarkeit p in N/cm²). – Zulässigkeit möglichst hoher *Gleitgeschwindigkeiten* (v in m/s). – Möglichst *geringe Reibung* (Reibungszahl μ). – Möglichst *geringer Verschleiß* der bewegten Teile (Welle) und geringer eigener Verschleiß. – *Gute Wärmeableitung* (Vermeidung örtl. Überhitzung bei Notlauf). – Genügende *Wärmehärte* (und Warmdruckfestigkeit; nicht zu tief liegender Schmelzpunkt). – Genügende *dynamische Beanspruchbarkeit* (gegen Wechselbelastung, Stoß, Schlag). – *Gute Einlauf-Eigenschaften* (um Feinstbearbeitung von Lager und Welle zu ersparen; bzw. Neueinlauf nach Störung durch Fremdkörper). – Gute *Notlaufeigenschaften* (z. B. bei Mischreibung oder völligem Fehlen von Öl, d. h. bei trockener Reibung, nicht zum Fressen neigend; Einbettfähigkeit für Fremdkörper). – Betriebstechnisch möglichst *einfache Herstellbarkeit* (leichtes Gießen, Pressen; Einschabbarkeit für Außenmontagen u. a.). – *Gute Korrosionsbeständigkeit* (Lager für chem. Betriebe u. ä.). – *Geringe Dichte* (Flugzeugbau; schnellbewegte Lagerstellen). – Wirtschaftlich *günstige Beschaffbarkeit* der erforderlichen Ausgangsstoffe.

Kein Lagerwerkstoff genügt allen obigen Anforderungen, die andererseits aber auch nie in einem praktischen Lagerungsfall alle zusammen gefordert werden; vielmehr kommt es im Einzelfall nur auf einige der obigen Forderungen besonders an, während andere von untergeordneter Bedeutung oder belanglos sind. So haben sich zahlreiche Werkstoffe entwickelt, die je nach Anforderung Anwendung finden. Ihre Prüfung erfolgt technologisch auf besonderen Lagerprüfständen (viele Konstruktionen) unter verschiedenen Belastungen und Gleitgeschwindigkeiten; ferner durch Ermittlung von Druckfestigkeit, Härte (auch Warmhärte), Stauchung, Dauerfestigkeit u. a., sowie durch Gefügeuntersuchung, jedoch läßt sich durch alle diese Verfahren die Betriebserprobung nicht immer ersetzen, die letztlich entscheidet. – Gefügemäßig liegen meist härtere Tragkristalle in weicher Grundmasse (z. B. bei Weißmetallen), aber auch weiche Nester in härterer Grundmasse (z. B. Bleibronze) vor, wobei die härteren Stellen tragen, die weicheren schon beim Einlaufen etwas abgetragen werden und so beim Anlauf aus dem Stillstand (metallische Berührung zwischen Welle und Lager) schon Öl örtlich bereithalten können. Im normalen Laufzustand findet keine Berührung von Welle und Lagermetall statt, da sich zwischen ihnen ein Schmierfilm ausbildet (reine Flüssigkeitsreibung bei Vollschmierung). Theoretisch, insbesondere bei Druckölschmierung, kommt es dann auf die Art des Lagermetalls überhaupt nicht an; praktisch sind jedoch zeitliche Störungen der reinen Flüssigkeitsreibung der Regelfall (Anlauf, Auslauf u. a.), daher die richtige Lagermetall-Auswahl von wesentlicher Bedeutung. Ferner müssen Lager- und Wellen-Werkstoff aufeinander abgestimmt sein: Für weiche [$HB \leqq 30$], nicht verschleißend wirkende Lagerwerkstoffe, wie Weißmetalle und andere auf Pb- und Sn-Basis (Tabelle I.36), weiche Bleibronze, Cadmium-Lagermetall, genügt Welle im naturharten bzw. vergüteten Zustand; härtere Lagerwerkstoffe, insbesondere bei Vorhandensein verschleißend wirkender Gefügeeinschlüsse (fast alle anderen) erfordern mindestens Vergütung, besser Oberflächenhärtung der Welle (Einsatz-, Brenn-, Induktions- oder Nitrierhärtung).

a) *Die einzelnen Lagerwerkstoffe*

(Dabei bedeuten p = Lagerbelastung in N/cm² und v = Gleitgeschwindigkeit in m/s, und zwar obere Grenzen für günstigste Laufbedingungen nach *Hummel*.

Zinnbronzen s. a. Tabelle I.22! Anwendung allgemein für sehr hohe Lagerdrücke und wenn Steifigkeit der Vollager verlangt, ferner für lagerähnliche Gleitfälle (Beispiele in Tabelle I.22). $p/v \approx 5500/2$ ... 1000/10, aber auch höhere Drücke bei niedrigerem v. – Geringe Notlaufeigenschaften. Caro-, Volvit-, Nida-Bronze u. ä. ≙ CuSn 8 mit P, gezogen.

Rotguß s. a. Tabelle I.22! Alle Legierungen bei mittlerer Belastung hauptsächlich für Volllager, wegen guter Notlaufeigenschaften aber auch für Stützlager mit Weißmetall-Gleitfutter. G-CuSn 10 Zn bes. für Lager im Schwermaschinenbau und Eisenbahnwesen.

Aluminium-Bronze s. a. Tabelle I.24! Hauptsächlich G-CuNiAl und CuAl 10 Fe verwendet für Lager mit mittlerer bis geringerer Gleitgeschwindigkeit bei mittlerer bis hoher Belastung als Vollager, auch als Ersatz für G-CuSn 20, aber p auch viel höher bei schleichenden Geschwindigkeiten.

Messinge, bes. Sondermessinge. α-Ms (70 ... 90 Cu, 3 Pb, 1 Sn, Rest Zn) für billige, gerollte Büchsen bei mittlerer bis niedriger Belastung. SoMs (35 Zn, mit Fe, Ni, Mn, Sn, Al, Si, evtl. 3 Pb) für Schneckenräder, geschmiedet und gegossen. $p/v \approx 4000/0{,}2$ ... 500/7, z. B. Eutektoid-Lagerbronze (60 ... 70 Cu, 1,5 ... 4 Sn, 2 ... 3 Pb, Rest Zn).

Lagermetalle auf Pb- und Sn-Basis (Tabelle I.36). Nur für Lager-Ausgußzwecke; meist Tragschale (Stützschale) aus Stahl (auch GS) oder Rotguß.

Blei-Alkali-Lagermetall (LgPb), ein durch kleine Alkali-Metall-Zusätze u. a. gehärtetes Bleilagermetall für Lager von Eisenbahnwagen, Durchschnittslager im allgemeinen Maschinenbau unter Grobbedingungen (z. B. Bau-, Bergwerks-, Hüttenbetriebs-Maschinen, Brikettpressen u. ä.) bei niedrigem v und reichlichem Lagerspiel (hohe Wärmeausdehnung!), auch für höhere Belastungen bis 2400 N/cm². Bahn-(Bn-)Metall, Satco (USA), Lurgimetall (Pb + 2,8 Ba, 0,4 Ca, 0,3 Na), Union-Lagermetall (Pb + 1,5 Mg, 0,2 Ca).

Lagerhartblei (LgPbSb 15). Für normale Beanspruchung im allgemeinen Maschinenbau bis 1,5 mm Ausgußdicke; auch für Schiffswellenlager. Z. B.: „Palid“ (Pb + 5 ... 11 Sb, 5 ... 7 As, $HB = 18$ ... 26; Gittermetall „N“ mit Pb + 15 SB + 1% Vergütungszusätze, auch Graphit.

Weißmetalle. (Kurzzeichen WM für Weißmetall ist veraltet; es wird jetzt in der Normung für Widerstandsmaterial verwendet.)

Sn-Sb-Cu-Basis: Hochzinnhaltig, fast bzw. ganz bleifrei (LgSn 80), im Vergleich zu den niedrig-zinnhaltigen Weißmetallen verhältnismäßig unempfindlich und geduldig gegen Unregelmäßigkeiten der Fertigung und besser warmfest; geringeres Lagerspiel möglich. $p/v \approx 4500/0{,}5$ ... 500/10, doch auch für höchste Gleitgeschwindigkeiten. Sehr gute Einlauf- und Notlaufeigenschaften, sowie Lötbarkeit. Geeignet z. B. auch für schwere Lok.-Lager, auch für Kuppel- und Schubstangen. Entspricht „Regelmetall“. Künftig auch LgSn 89 (89 Sn, 7,5 Sb, 3,5 Cu, Pb 0,35) für besondere Fälle zur Normung vorgesehen, entsprechend USA-Lagerlegierung „Genuin-Babbitt“. Neuerdings auch Leichtmetallschale (Al-Leg.), ultraschallverzinnt und mit Weißmetall ausgegossen, für höhere Belastungen und Drehzahlen, aber größeres Spiel.

Pb-Sn-Sb-Cu-Basis: Bleireiche Weißmetalle, Cd-frei (LgPbSn 10) für niedrigere Lagerdrükke als LgSn 80; größere Abhängigkeit von Herstellungsbedingungen und in der Wärme diesem unterlegen. Einlauf- und Notlaufeigenschaften noch recht gut. Nach Kühnel: $p/v \approx 1000/1{,}5$ ... 400/6, doch auch höhere Werte.

Tabelle I.36. Lagermetalle auf Pb- u. Sn-Grundlage: Auszug aus DIN 1703 (Mai 1973), zugleich Ersatz f. DIN 1728, Absatz 2

Benennung	Kurzzeichen (...) veraltetes Kurzzeichen	Zusammensetzung % [1]	Brinellhärte [2] bei			Schmelzbereich °C	Gießbereich °C	Lin. Wärmedehnzahl/ $\alpha\,10^{-6}$ [4]	Verwendungs-Richtlinien und Beispiele
			20 °C	50 °C	100 °C				
Lagerhartblei 15	LgPbSb 15	Sb 13 ... 16,5 As bis 1,5 Sn 0,2 ... 1,5 Rest Pb	20,0	17,5	12,5	245 ... 420	450 ... 500	24	Für normale Beanspr. i. allg. Maschinenb.; gut lötbar mit St u. GS für Ausgüsse bis 1,5 mm Dicke
Weißmetall 10	LgPbSn 10 (WM 10) [3]	Sn 9,5 ... 10,5 Cu 0,5 ... 1,5 Sb 14,5 ... 16,5 Pb Rest	23	16	9	235 ... 370	420 ... 450	24,5	Bei höheren Anforderungen an Gleiteigenschaften und Belastung; lötbar auf Rg, St u. GS, mit Zwischenschicht nach bes. Verfahren auch auf GG
Kadmiumhaltiges Weiß metall 6	LgPbSn 6 Cd	Sn 5 ... 7 Sb 14 ... 16 Cu 0,8 ... 1,2 Cd 0,6 ... 1 As 0,3 ... 1 Ni 0,2 ... 0,6 Rest Pb	26	21	15	240 ... 400	480 ... 520	24,7	Bei höheren Anforderungen an Gleiteigenschaften und Belastung, als sie Weißmetall 10 hat. Lötbar wie dieses
Weißmetall 80	LgSn 80 (WM 80) [3]	Sn 79 ... 81 Cu 5 ... 7 Sb 11 ... 13 Pb 1 ... 3	27	20	10	183 ... 400	480 ... 520	22	Bei mäßiger Schlag- und Stoßbeanspruchung, hierin und in Dauer-Schwing-Belastbarkeit jedoch von den Bleibronzen übertroffen [5]. Beste Lötbarkeit und Gießbarkeit

[1]) Zulässige Beimengungen siehe Normblatt! [2]) $P = 2{,}5\,D^2$; 180 s Belastungsdauer. [3]) Für Weißmetall darf heute „WM“ nicht mehr verwendet werden, da WM heute „Widerstandsmaterial“ für Zwecke der Elektrotechnik bedeutet. [4]) [cm/cm · °C] [5]) Jedoch dynamisch noch viel stärker belastbar sind Zinnbleibronzen (siehe dort!).

Desgl. mit Cd: LgPbSn 6 Cd. Einsatz, wenn LgPb und LgPbSn 10 nicht mehr genügen. Ähnlich, jedoch mit As- und Ni-Zusatz: „Thermit" (Pb + 5 ... 7 Sn, 14 ... 16 Sb, 0,8 ... 1,2 Cu, 0,7 ... 1,5 Ni, 0,7 ... 1,5 Cd, 0,3 ... 0,8 As), wobei Zusätze zur Verbesserung des Widerstandes gegen Verschleiß und Schlag-Stoß dienen.

Blei- und Zinn-Bleibronzen (s. a. Cu-Leg. und Tabelle I.23!). Bei Spitzenqualitäten höchste Lagerdrücke (G-CuPb 10 Sn) bzw. höchste Gleitgeschwindigkeiten möglich: $p/v \approx 8000/2{,}5$ ... $400/20$. Weichere Sorten nur als dünner Ausguß in Stahltragschale, oft nur einige $^1/_{10}$ mm, dabei sehr gute Bindung; härtere Sorten auch als Vollager. Dünne Schichten u. U. auch galvanisch aufgetragen. Große Lager zur Vermeidung der Wellen-Oberflächenhärtung und Erleichterung des Einlaufens auch galvanisch mit ≈0,2 mm dicker Pb-Sn-Schicht (9 Sn) versehen. Zahlreiche Handelsmarken bekannt (nachfolgend Zusammensetzung Cu/Pb/Sn): Dicksche Legierung (80/10/10); Dudley-Lagerbronze K (77/12/11); Dudley-Lagerbronze B (77/15/8); Carlon-Bronze (75/15/10); Gruney-Bronze (76/15/9) u. v. a. Neuerdings auch Sinterbleibronze, „MK – L" (Ringsdorff), desgl. „MK – O" mit Graphit-Zusatz.

Zink-Lagerlegierungen. Nur ein Normtyp (4 Al, 1 Cu) für Sand- und Kokillenguß (Tabelle I.27), doch auch zahlreiche Handelsmarken mit ganz andersartiger Legierung nur als Guß für Massiv- und Verbundlager. – Betriebsvoraussetzungen: Mittlere bis mäßige Belastung: $p/v \approx 3800/0{,}5$ ... $500/8$; stoßfreier Betrieb; nur für gute Schmierverhältnisse (neigt zum Fressen); großes Lagerspiel (keine Präzisionslager); auch für Schmutzbetrieb geeignet; gehärtete Wellenoberfläche erforderlich; eigene Abnutzung gering; mäßige Einlauf- und keine Notlaufeigenschaften; 3 ... 4× so großer Reibungswert als Weißmetall; Beachtung konstruktiv guter Verklammerung zwischen Tragschale und Ausguß, sonst Rißgefahr. – *Anwendungsbeispiele:* Nebenlager aller Art im allg. Maschinenbau, wie für Transmissionen, Krangetriebe, Bagger, Zerkleinerungs- und Kohleaufbereitungsmaschinen, Haspeln, Kurbellager für Schwingsiebe, Steuerwellen-Lagerbüchsen, Massivlager für Werks-Lok. u. v. a. – Schmelzbereich je nach Legierung 310 ... 500 °C; Gießtemperaturen 550 ... 700 °C. – Papenburger Lagermetall (5 Cu, 3 Al, 0,2 ... 2 Si); Germania-Lagermetall (4 Cu, 4 Pb, evtl. + Si); Glyco-Weißbronze (6,2 Sn, 4,5 Pb, 3,75 Cu); Goldschmidtsche Legierung (5 Al, 6 Cu); Hohenzollern-Legierung (5 Cu, 2 Al, 1 Mn) u. v. a. Bewährt hat sich auch Zn + 30 Al + 1 Cu.

Kadmium-Legierungen (bisher nicht genormt). Wichtigste Gruppen: Cd + 1,3 Ni (SAE 18); Cd + 2 Cu + 0,5 Ag (wohl leistungsfähigster Typ); Cd + 0,25 Cu + 2,25 Ag. $HB \approx 32$ ... 35 (38), bei 100 °C: ≈18 ... 20, bei 200 °C: ≈8 ... 10. Schmelzbereiche 314 ... 395 °C; Gießtemperatur 450 ... 500 °C. Ausguß möglichst dünn. Weitgehend unempfindlich, auch gegen starke Kantenpressung und Störung der Ölzufuhr; sehr gute Einlauf- und Notlaufeigenschaften; um Vielfaches geringerer Verschleiß als Lagermetalle auf Pb- und Sn-Basis, aber gegen schlechtes, säurehaltiges Öl korrosionsempfindlich (wie Zn-Leg.). Anwendung, wo Weißmetall nicht mehr genügt, jedoch die mit der Verwendung von Bleibronze verbundenen Umstände hinsichtlich Herstellung, Wellenoberflächenhärtung und Lagerkonstruktion umgangen werden sollen. Allgemeine Stellung also zwischen Weißmetall und Bleibronze; belastbar etwa wie LgSn 80, für Lager in Kraftfahrzeug- und Flugzeug-Verbrennungsmotoren u. a., auch für stoßweisen Betrieb geeignet. – Weitere Beispiele: SAE 180 (Cd + 0,4 ... 0,8 Cu + 0,5 ... 1 Ag); Indium-Lager (Cd + 1,2 Ni + 0,4 In), durch Indium unempfindlich gegen säurehaltige Öle.

b) Leichtmetall-Lagerlegierungen

Aluminium-Lagerlegierungen: Heute folgende Haupttypen:

1. Al + 6 bzw. 12 Sn; Sn-Nester in rel. weicher Grundmasse; wenig warmfest; $HB \approx 40$; z. B. KS 980 und 981 u. a.
2. Al + 5 ... 6 Sn, je 1 Pb, Cu, Ni, Si und 0,5 Mg; besser warmfest. Weiche Pb/Sn-Nester in härterer Mischkristall-Grundmasse; $HB = 40$ ... 60 z. B. KS 837 u. a.
3. Al + 6 bzw. 12 Sn + härtende Zusätze Cu, Ni, u. a., ausgehärtet $HB \approx 80$ ... 100 KS 982 und 983 u. a., z. B. Al-Leg. „730" (Al/6,5 Sn/2,75 Si/0,75 Ni) für Hochleistungslager bei reichlicher Schmierung für Verbr.-Mot., Werkzeugmasch.-Getriebe, Walzwerkslager u. a.; p bis 2800 N/cm² u. darüber. Besser wärmeableitend als Bronze und Weißmetall.

1. bis 3. mit relativ guten Notlaufeigenschaften bei Ölmangel infolge Ausschwitzens von Pb bzw. Sn. Nur für Verbundlager, meist schweißplattiert auf hochfester Al-Leg.

4. Al + 5 Zn, 0,5 ... 1 Mg_2Si zur Härtung, evtl. 1 Pb; Mischkristall-Grundmasse mit Mg_2Si-Tragkristallen. $HB = 40$ ... 60. Nur stranggepreßt für Massivlager (Büchsen, Halbschalen) im Glühzustand, z. B. KS 83 A, u. a.

5. Al + 12 Si + etwas Cu, Ni; abgewandelter Silumintyp, ursprünglich als Kolbenlegierung entwickelt; am besten thermisch vergütet; $HB = 100$ ... 120; gute Warmfestigkeit. Stranggepreßt, seltener gegossen; nur als Vollager, z. B. KS 1275 u. a. –

Gemeinsame Eigenschaften: Gut wärmeleitfähig; rel. gute Festigkeit und gute Verarbeitbarkeit; gut belastbar, z. B. $p/v \approx 4000/2$ ... 1000/10; geringer Reibungswert; geringer eigener Verschleiß, jedoch schlechte Notlaufeigenschaften (zuverlässige Schmierung notwendig!), wenn sie auch bei Typ 1 ... 3 noch relativ günstig sind. Zunehmend mit der Härte empfindlich gegen Kantenpressung; größeres Kaltspiel wegen höherer Wärmedehnung im Vergleich zu Weißmetallen. – Verbesserung der Einlaufeigenschaften durch galv. Aufbringung von Cd oder Sn-Pb-Legierung oft vorteilhaft.

Anwendung: Typ 1 ... 3 für Lagerungen allgemeiner Art; Typ 4 bes. für Kurbelwellenlagerung in Ottomotoren, z. B. von Anfang an im Volkswagenmotor bewährt; Typ 5 auch geeignet für Kolbenbolzenbüchsen in Pleuelstangen, Lagerung von Getrieberädern; Grundlagerbüchsen für Dieselmotoren u. a.

Magnesium-Lagerlegierungen: Noch stark in der Entwicklung. Einführung in die Praxis erst im Anfangsstadium. Mehrere Guß- und Knetlegierungen (Preß-Leg.) erprobt und bewährt, davon 9 Leg. mit *HB* zwischen 50 und 78 [I.50]. *p* bei Gußleg. 150 ... 200, bei Knetleg. 300 ... 400 bei $v = 2$ ... 5 m/s und Lagertemperaturen $\leqq 100$ °C; sie sind also weniger hoch beanspruchbar als die Al-Lagerlegierungen. Sauberste Gleitflächenbearbeitung und zuverlässige Schmierung sind wegen mangelhafter Einlaufeigenschaften Voraussetzung. Alle Legierungen, außer MgMn-Typ, der zum „Schmieren" neigt, haben gute Laufeigenschaften, solange *p* und *v* gering bleiben. Notlaufeigenschaften schlechter als die der Weißmetalle.

Ti u. Ti-Legierungen: Ti u. TiCr 5 Al 3 nur nitriert befriedigend; $p/v \approx 1000/7$; für Sonderfälle [I.52].

Grauguß. Seit langem bewährt z. B. Schiffswellenlager in Fischdampfern bis ≈ 750 kW Masch.-Leistung und bei ähnlichen Schiffen. $HB \approx 180$, Gefüge ferritfrei perlitisch, feinkörnig und graphitreich; wegen nur mäßiger Notlaufeigenschaften gewisse Wartung bei guter Schmierung und Ölreinigung. Auch im Landmaschinenbau üblich, ferner in Sonderfällen bei geringer Beanspruchung. Mehrere Sondermarken für Lagerzwecke entwickelt.

Schwarzer Temperguß mit perlitischer Grundmasse GTP hat recht gute Lagerlaufeigenschaften wegen der zahlreichen Temperkohlenester; niedrige bis mittlere Belastung und entsprechende Gleitgeschwindigkeiten. (Weißer Temperguß dagegen ungeeignet, da zu wenig Temperkohlenester als Ölspeicher.)

Kunststoff-Lager. Grundlegendes siehe Abschnitt I.H 4 „Kunststoffe". In Frage kommen:

1. *Kunststoffe aus härtbaren Phenolharzen,* einbaufertig formgepreßt mit meist Baumwoll-Gewebeschnitzel oder -Bahnen (auch Asbest, nicht aber Zellwolle) als Füllstoff, sowie aus gewickelten Rohren oder geschichteten Blöcken zerspanend (Schnellstahl, Hartmetall) herausgearbeitete Lagerkörper als Vollager. Wegen geringer Wärmedehnung Spiel ≈ 3 ... $5 \times$ Spiel bei Metallagern. Zunehmend auch Einpressen eines Futters in Metalltragschale oder Aufbringen eines dünnen Kunststoffwickels auf die Welle; Spiel dann ähnlich wie bei Metallagern möglich. – Teurer als Metallager, aber 30% weniger Kraftkosten und 40% weniger Schmiermittelkosten. Schlechte Wärmeleitfähigkeit; daher vergleichsweise Lagertemperatur höher (nicht über 90 °C zulässig!); empfindlich gegen Kantenpressung; Druckfestigkeit 150 ... 200 N/mm^2. Keine Verschweißneigung mit Metallen; in gewissen Grenzen von *p* und *v* kurzzeitig auch ohne Schmiermittel betriebsfähig. Oft Schmierung mit H_2O auch bei hohen Drücken. Niedriger E-Modul. Anwendung bei gering beanspruchten Lagern; bei mittlerer Beanspruchung ($p \approx 250$ N/cm^2, $v \approx 3$ m/s) Welle gehärtet (Getriebelager, Transmissionen, Achslager); im Walzwerk bei hoher Beanspruchung ($p \approx 5000$ N/cm^2, $v \approx 10$ m/s) gut bewährt wegen hoher Verschleißfestigkeit.

2. *Polyamide* (Faden bekannt als Perlon) und die ihnen ähnlichen *Polyurethane* als Gleitschichten in Metallstützschalen, kleinere auch zerspanend oder als Spritzgußteil hergestellt, bzw. auf Welle oder in Büchse gespritzt oder Metallpulver mit Kunststoffpulver vermischt zu Lagerbüchsen verpreßt, verbessert durch MoS_2-Zusatz. – Poröse metallkeramische Büchsen können nachträglich mit Kunststoff getränkt werden. Ferner für Lager verwendet: Polytetrafluoraethylen, Acetalharze u. Polycarbonate (siehe diese in I.H). – Anwendung für hohe Festigkeitsansprüche, höchste Verschleißfestigkeit bei geringster Reibung; evtl. auch ohne Schmierung laufend. Anwendung: Feinwerktechnik, Lebensmittelbetriebe, Kraftfahrzeugbau, Haushaltmaschinen u. a. Noch relativ neu; auch gesintert verwendet.

3. *Vulkanfiber,* unverleimt oder als Schichtstoff mit Kunstharz verleimt, spangebend verarbeitet, für einfache Lager, Lagerfutter und Lagerringe.

Gummi-Lager. Gummigleitschicht mit Längsnuten, in innen vermessingte Stahlbüchse einvulkanisiert, für Unterwasser-Stevenrohrlagerung mit Wasserschmierung bei Motorbooten (bei größeren Schiffen auch einzeln eingesetzte Lamellen), höchstverschleißfest, geringste Reibung, stark schwingungsdämpfend, unempfindlich, lange Lebensdauer bei mäßiger Genauigkeitsforderung (Wasserschmierung). – Pockholz für solche Lager gilt als veraltet.

Preßholz-Lager. Unverleimtes Naturholz (Birke, Linde, Espe), nach Dämpfen hydraulisch in zylindrische Stahlformen mit Einführtrichter auf 0,4 bis 0,5 × Ausgangsdurchmesser gepreßt und darin auf 8 bis 10% H_2O-Gehalt getrocknet. Nach Erkalten als Büchse in Tragschale fertigbearbeitet auf 5 bis 8 mm Wanddicke bei Zapfendurchmesser 70 bis 100 mm. Lagerspiel 0,2 bis 0,4 mm. Bewährt bis $p \approx 350$ N/cm² und $v \approx 1$ m/s bei Fettschmierung (seltener Öl) für Zerkleinerungsmaschinen, Betonmischmaschinen, Kranfahrzeuge, Förderbänder u. ä., allgemein für rauhen Betrieb. Lebensdauer 4 bis 8× größer als Graugußlager; den Bronzelagern mindestens gleichkommend. Preis ≈½ GG und ⅛ bis 1/12 von Bz. Geringerer Wellenverschleiß als bei Metallagern.

Sintermetall-Lager. Sie bestehen meist aus formgepreßtem und gesintertem Reinsteisen- oder Bronzepulver, u. U. mit etwas Pb- und Graphit- oder MoS_2-Beimischung. Nach Fertigbearbeitung mit Hartmetall bei hohen Schnittgeschwindigkeiten, mit heißem Öl getränkt. $\sigma_{dB} \approx 300$ N/mm²; $HB = 30 ... 60$, je nach Porengehalt. Sehr gute Notlaufeigenschaften. Anwendung für Kleinlager ohne Wartungsmöglichkeit (Ventilatoren), aber auch im Maschinenbau bei geringem p und v unter schwierigen Wartungsverhältnissen. – Bei höherer Belastung: Cu- + Ni-Pulver auf Stahlblech aufgesintert, dann mit LgPbSn 6 Cd-ähnlicher Legierung im Vakuum getränkt.

Flammspritz-Gleitschicht: Nach Schoopschem Verfahren mit z. B. CuSn 10 u. ä. ausgespritzte Stahltragschale, feingedreht und mit Öl getränkt (selbstschmierend) für mittlere Belastung in Sonderfällen. – AlSi-Flammspritzschicht bei Öl-Druckschmierung etwa belastbar wie G-CuPb 20 Sn und G-CuPb 15 Sn bei $v = 0{,}2 ... 5$ m/s. – Auch Mo-Flammspritzschichten haben ausgezeichnetes Gleitverhalten.

Lager aus Preßkohle bzw. Graphit und keramischen Gleitwerkstoff finden Anwendung, wenn es auf hohe Korrosionsbeständigkeit ankommt, z. B. Pumpenlager der Chemotechnik, wenn Schmierung durch angreifendes Fördergut (Säure u. a.) stattfinden soll. Graphitlager nur niedrig belastbar, stoßempfindlich, relativ großer Abrieb.

9. Niedrig schmelzende Legierungen

Durch Hinzufügen eines dritten und vierten Metalls zu einer Zweistofflegierung wird oft eine wesentliche weitere Erniedrigung des Schmelzpunktes erzielt. Zur Herstellung besonders leichtflüssiger Legierungen werden insbesondere Pb, Sn, Bi und Cd benutzt. Zum Beispiel *Rose-Metall:* 25% Sn, 25% Pb, 50% Bi (Schmelzpunkt 94 °C). – *Lipowitz-Metall:* 13,3% Sn, 26,7% Pb, 50% Bi, 10% Cd (Schmelzpunkt 70 °C). – *Wood-Metall:* 12,5% Sn, 25% Pb, 50% Bi, 12,5% Cd (Schmelzpunkt 60 °C).

– Diese und ähnliche Legierungen finden Verwendung als Klischeemetall, zu Sicherheitspfropfen bei Dampfkesseln, zur Verlötung der Stützhebel an Sprinkler-Brausen, die zur Brandlöschung bei einer Luftwärme von 100 °C den Verschluß der Brause freigeben; für Lötzwecke u. v. a. (Siehe auch unter Wismut!)

10. Legierungen für bestimmte technologische Vorgänge

Diese Legierungen – insbesondere solche für Druckguß, für Warmpreßteile und für das Löten – werden, soweit erforderlich, in den entsprechenden Unterabschnitten des Hauptabschnitts III (Werkstoffverarbeitung) behandelt.

Fragen zu Kapitel I.E.

1. Wie unterscheiden sich Messinge, Rotguß, Bronzen und Kupfersorten für elektrische Leitungen ihrer DIN-Bezeichnung und Anwendung nach?
2. Gibt es aushärtbare Kupferlegierungen bzw. Nickellegierungen?
3. Welche Kupferlegierungen eignen sich für schwingungsbeanspruchte Werkstücke?
4. Welche Möglichkeiten zur Härtesteigerung und zur Erhöhung der Dauerstandfestigkeit gibt es bei Blei und beim Zink?
5. Warum sind reines Blei und reines Zink bei Raumtemperatur nicht dauerstandfest bzw. durch Kaltverformung zu verfestigen?
6. Warum darf man Kälteanlagen nicht mit reinem Zinn löten und wie wirken sich die Legierungsbestandteile Sb, Bi, Al und Zn in diesem Zusammenhang aus?
7. Wo liegen die Anwendungsbereiche für reines Nickel und wo für Nickellegierungen im Maschinenbau und in der Elektrotechnik?
8. Welche Leichtmetallegierungen sind aushärtbar?
9. Welcher Unterschied besteht zwischen dem Härten von aushärtbaren Leichtmetallegierungen und dem Härten von Kohlenstoffstahl, dem technologischen Verfahren und den metallphysikalischen Vorgängen nach?
10. Wofür verwendet man Aldrey, Hydronalium und Dural? Wie lauten die DIN-Bezeichnungen?
11. Welche Vor- und Nachteile im Sinne der Leichtbauweise sind von Magnesiumlegierungen zu erwarten?
12. Welche Verarbeitungsschwierigkeiten sind beim Titan zu erwarten? Wo liegen Anwendungsgebiete?
13. Welche Anforderungen werden an Gleitlager gestellt und welcher Einsatzbereich kennzeichnet die unterschiedlichen Lagerwerkstoffe?

F. Betriebs- und Werkstoffe für den Kernreaktorbau

Hinsichtlich Grundlagen und Begriffe der Kern- und Reaktortechnik sei auf einiges Schrifttum verwiesen [I.54 bis 60].

Stark vereinfacht setzt sich eine *Kernenergie-Anlage* aus folgenden Hauptteilen zusammen: Von Strahlungsschutzmantel umgebener Reaktorbehälter enthält den Reaktorkern mit meist von Hülle umgebenen Brennstoffelementen, sowie den Moderator, der vielfach auch als Kühlmittel dient. Der Moderator muß bei Kettenreaktionen entstehende schnelle Neutronen zu langsamen thermischen Neutronen abbremsen, damit sie gesteuertem Zerfallsprozeß zwecks Wärmeerzeugung zur Verfügung stehen. Zur Erzielung erwünschter Flußstärke thermischer Neutronen (und damit Wärmeerzeugung), erforderlichenfalls auch zur Abschaltung des Reaktors, ragen Regelorgane in den Reaktorkern. Wärmeabfuhr aus R.-Kern durch mittels Pumpe im Primärkreislauf umgewälztes Kühlmittel (Flüssigkeit oder Gas), das Wärme auf Wärmeaustauscher überträgt. Hier endet Kernenergieanlage im engeren Sinn. Der schon aus konventionellen Werkstoffen hergestellte Sekundär-Kreislauf überträgt Wärme aus Wärmeaustauscher meist als Wasserdampf an Dampfturbine. Neuerdings auch nur ein direkter Kreislauf (Reaktor „Dresden", Chikago).

Heutige zahlreiche Reaktorbauarten sind einerseits Zeichen des noch jungen Entwicklungsstandes dieser Technik, weisen aber auch andererseits auf teilweise Unzulänglichkeit heute zur Verfügung stehender größtenteils metallischer Werkstoffe hin.

Werkstoffe sind besonders im Bereich des Reaktorkerns außer Wärme- und durch Bestrahlung erhöhter Korrosions-Beanspruchung auch starker Neutronen- und γ-Strahlung ausgesetzt. Dadurch treten je nach Werkstoffart unterschiedlich starke Eigenschaftsänderungen auf.

Stahl auch bei Kernenergieanlagen mengenmäßig bei weitem wichtigster Baustoff. Hauptsächlich erfährt er durch Bestrahlung Erhöhung von σ_S, σ_B und HB bei Verminderung von δ; a_k sinkt und ihr Steilabfall wird zu höheren Temperaturen hin verschoben. Versprödung nur bei Werkstoffen mit krz-Gitter. – Abgeschreckter 18/8-Cr-Ni-Stahl erfährt z. B. bei Flächendosis von 10^{20} Neutronen/cm² $\sigma_{0,2}$-Erhöhung von über 500 N/mm². Qualitativ ist dies einer Werkstoffänderung gleichzusetzen, wie sie durch Kaltumformung bzw. Zusatz von Legierungselementen hervorgerufen werden kann. Auch Änderungen des E-Moduls, der Wärmeleitfähigkeit und anderer physikalischer Größen treten auf. – Elemente mit durch Bestrahlung entstehender Isotopenbildung langer Halbwertzeit dürfen in Reaktorbaustoffen nur in Spuren vorhanden sein. Am gefürchtetsten Co, dessen durch Neutronen-Absorption entstehendes „Kobalt 60" (^{60}Co) Halbwertzeit von 5,25 Jahren hat. Für R.-Baustahl Co-Gehalt $< 0{,}005\%$ verlangt; schwierig erreichbar, daher teuer. Auch Mn, W und Ta begrenzt, doch lange nicht so gefährlich wie Co.

Brems- und Kontrollstäbe, sowie Strahlenschutz ausgenommen, werden im R.-Bau durchweg Werkstoffe mit geringer bis kleinster Neutronen-Absorption verwendet. Nachfolgend nur einige Beispiele.

1. Reaktor-Behälter: Für *Druckbehälter* (höhere Drucke und Temperaturen): Niedrig legierter Stahl, z. B. 19 Mn 5 + 0,5 Mo oder 17 Mn 4 + 0,5 Mo und 0,1 V, u. ä., innen walzplattiert mit Ti-stabilisiertem 18/8-Cr-Ni-Stahl (4 ... 6 mm), Gesamtwanddicke über 100 ... 200 mm. Für *offenen Tank* (swimming pool) von Forschungs- und Versuchsreaktoren: Al 99,5 oder AlMg 3 (6 ... 15 mm). Al (kfl-Gitter) unempfindlich gegen Strahlenschädigung.

2. Spaltstoff (Kernbrennstoff):

a) *Uran,* natürlich vorkommend als ^{238}U mit etwa 0,7% ^{235}U; letzteres ist Spaltstoff für alle mit langsamen Neutronen arbeitende Reaktoren. Für Leistungsreaktoren, bes. zur Erzielung kleinen Reaktorkerns (Schiffs- und U-Boot-R.) U oft an ^{235}U angereichert auf 1,6 bis 20%. Schon bei Raumtemperatur von Luft und H_2O korrodiert, bei höherer Temperatur sehr stark, daher Hülle als Schutz (siehe 3.). Für Verwendung unangenehm: Unterschiedliche Ausdehnungszahl in 3 Achsenrichtungen, daher Hüllen stark beansprucht; starke Eigenschafts- und Formänderung bei α-β-Umwandlungspunkt (668 °C), daher nur darunter brauchbar; schlechte Wärmeleitfähigkeit, daher nur dünne Querschnitte. – Zur Erzielung höherer Hitze- und Formbeständigkeit daher angereichertes U eingebettet in Sinter-Al (SAP), Sinter-Mg oder -Be (-Zr), oder U als Oxid (UO_2 oder U_3O_8), seltener als Karbid, metallkeramisch mit Al u. a. verarbeitet; UO_2 bis 30% an ^{235}U angereichert, auch gemischt mit BeO als „Verdünner"; ferner ^{235}U-Karbid mit ^{232}Th-Karbid in Graphit-Einbettung (1 : 10 : 2000). Angereichertes U legiert mit z. B. 3,5 Mo + 0,5 Si oder 10 Mo + 0,1 Al, ferner mit einigen % Zr, Nb, Al u. a.

b) Nur selten *Plutonium* (^{239}Pu) für „schnelle Reaktoren" und *Thorium* (^{232}Th) (Thorium (^{232}Th) nicht unmittelbarer Spaltstoff, doch entsteht aus ihm durch Neutronen-Anlagerung das ^{235}U) für „Brutreaktoren" verwendet.

3. Spaltstoff-Hüllen zum Schutz des Spaltstoffs gegen Korrosion, sowie Verhinderung des Austretens von Spaltprodukten in Kühlmittel; möglichst kleiner Einfangquerschnitt für thermische Neutronen. In Frage kommen: Bevorzugt Reinaluminium, auch Al + 2 Mn oder + 5 Mn, bzw. Al + 7,8 Fe + je 0,2% Cr, V, Ti, Zr (bis $\approx$420 °C); auch als SAP (nur unter 175 °C); „X-8001" (Al + 1 Ni, 0,6 Fe, 0,2 Si, 0,15 Cu); „Magnox" (Mg mit Zusätzen an Al, Ca, Be); austenitischer Cr-Ni-Stahl (einige 1/100 bis 0,1 mm Rohrwanddicke); Zr als „Zircalloy-2" (98,2 Zr, 1,5 Sn, 0,12 Fe, 0,1 Cr, 0,05 Ni, N < 0,006%); Be, da schwer umformbar, fast nur als Sinterprodukt; in Sonderfällen auch Nb, V, Mo und Ta geeignet. Mg bei Gaskühlung bis 500 °C. Ni-Legierungen (hochwarmfest).

4. Moderator-Substanz (gleichzeitig als *Reflektor* wirkend, d. h. andernfalls entweichende thermische Neutronen in Reaktorkern zurücklenkend): H_2O (u. U. mit gelöstem Zirkoniumhydrid ZrH_2); D_2O („schweres Wasser", teuer!); Be, BeO; Graphit (nuklearrein, meist aus Petrolkoks oder Kohle hergestellt, u. U. gereinigte Naturvorkommen; frei von B und Cd), ggf. große Formstücke zur Dichtung mit Kunstharz überzogen. – Organisch: Terphenyl ($C_{18}H_{14}$)-Isomerengemisch (z. B. „Santowax R").

5. Kühlmittel mit möglichst kleinem Einfangquerschnitt für thermische Neutronen als Wärmeübertrager zwischen Kern und Wärmeaustauscher. *Gase:* CO_2, N_2, N_2O_4, Luft, He. – *Flüssigkeiten:* In erster Linie H_2O (auch D_2O); organische Flüssigkeiten mit Eigenschaften ähnlich denen der Polyphenyle (u. a. auch „Santowax R"); Metallschmelzen, wie Na, Na/K, Pb, Pb/Bi, Bi-Leg., Li.

6. Regel-, Kontroll- und Abschaltorgane in Stab-, Rohr- und Blechform mit möglichst großem Einfangquerschnitt sollen für Wärmeerzeugung nicht erforderliche Neutronen „schlukken"; Regelung durch langsames Ein- bzw. Ausfahren in R.-Kern bzw. Brennstoff-Hohlstab (Schnellabschaltung des Reaktors bei Gefahr durch „Einschießen" der Regelstäbe mit starken Federn). Früher oft Kadmium (sehr wirksam, aber Schmelzpunkt nur 321 °C, daher nicht mehr für Leistungsreaktoren); Hafnium (Hf), Al-Bor-Legierung; unleg. Stahl mit 2,3 bis 4% Bor (hart und spröde); 19/14-Cr-Ni-Stahl + 2,5% Bor; Borkarbid (B_4C) mit Al (z. B. „Boral" $\triangleq$ Al-Gußbramme mit 35 bis 40% B_4C zu Blech gewalzt) oder mit Al in Rohrform sinterverpreßt ($\approx$50% B) oder B_4C allein gesintert in rostfreier Stahlhülle. Hochwirksam: Seltene Erden Samarium (Sm), Europium (Eu) und Gadolinium (Gd) zulegiert zu einfachem oder austenitischem Stahl, oder deren Oxide mit rostfreiem Stahl sinterverpreßt in Hülle aus rostfreiem Stahl.

7. Primärkreislauf-Rohre für Kühlmittel: Bei niedriger Wärme- und Korrosionsbeanspruchung aus Al und Al-Legierungen; darüber praktisch Co-freier un- und niedriglegierter, evtl. warmfester Stahl; 18/8-Cr-Ni-Stahl (evtl. Ti-stabilisiert und Mo-Zusatz); Inconel (bei Metallkühlung); nichtrostender ferritischer Stahl (22/5/1,5-Cr-Ni-Mo); Zircalloy-2 (teuer).

8. Kühlmittel-Pumpen: Zentrifugalpumpen für niedrige Beanspruchung aus Al-Guß; darüber hinaus aus leg. Stahlguß (18/8-Cr-Ni-Stahl oder 11 bis 13%iger Cr-Stahl; Inconel-Guß).

9. Wärme-Austauscher: Al und Al-Legierungen; un- oder niedriglegierte warmfeste Stähle (DIN 17 175); austenitische und ferritische nichtrostende Stähle (siehe 7.!); 70/30-Cu-Ni-Legierung (CuNi 30); Inconel.

10. Strahlenschutz: a) *Reaktor-Schild* (thermischer Schild) meist innerhalb des Reaktors hinter Reflektor; konzentriert durch thermische Neutronen und γ-Strahlen entwickelte Wärme auf sich und führt sie an Kühlmittel ab; schwächt Strahlung bis auf Kühlmittel-Strahlung ab. Ausführung aus Werkstoffen hoher Dichte (γ-Absorption) mit großem Neutronen-Einfangquerschnitt (Neutronen-Absorption) und möglichst guter Wärmeleitfähigkeit, z. B. Stahl (evtl.

GG) mit Bor- oder Samarium-Zusatz und innen H_2O-Kühlung wegen starker Erwärmung, auch Blei mit H_2O-Kühlung, dabei 60 ... 100 cm H_2O-Schicht mit Borsäurezusatz. b) *Sekundärkreislauf-Schild* (biologischer Schild) umfaßt gesamtes Primärkreislaufsystem und schwächt Strahlung auf biologisch zulässige Dosis ab: Blei; Schwer-, sowie Normalbeton; bei Schiffsreaktor „Svannah" z. B. 6 cm Stahl + 15 cm Pb + 15 cm Polyäthylen + 120 cm Beton.

G. Korrosion und Korrosionsschutz der Metalle und Legierungen [I.61]

Korrosionsanfälligkeit metallischer Werkstoffe erzwingt beträchtliche Aufwendungen für Ersatz zerstörter Anlagen und Teilen davon, für Schutzmaßnahmen, um Zerstörung in erträglichen Grenzen zu halten, und für oft erforderlichen Einsatz viel teurerer Werkstoffe als normaler Stahl, obwohl dieser festigkeitsmäßig genügen würde. Für den Konstrukteur ist korrosionsmäßig richtige Werkstoffwahl und Gestaltung, sowie Korrosionsschutz von nicht geringerer Bedeutung als festigkeitsmäßig richtige Dimensionierung!

1. Grundlagen des Metallangriffs durch Korrosion

a) Begriff und Grundgedanke der Korrosion

Begriff: Reaktion eines metallischen Werkstoffes mit seiner Umgebung, die zu einer Beeinträchtigung der Eigenschaften des metallischen Werkstoffs und/oder seiner Umgebung führt. Die Reaktion ist in den meisten Fällen elektrochemischer Art, sie kann aber auch chemischer und metallphysikalischer sein. (DIN 50 900, Entwurf 8. 1972). Beabsichtigter Ätzangriff, z. B. Ätzformgebung bei Integralbauweise im Flugzeugbau u. ä. zählt nicht zu „Korrosion".

Grundursache jeder Korrosion: Durch endotherme Vorgänge mit Energieaufwand aus chemisch gebundenen, stabilen Naturvorkommen gewonnene Metalle sind im allgemeinen um so instabiler, je größer ihre Verbrennungswärme je 1 Mol O_2 ist; sie haben daher das Bestreben, wieder in einen stabileren, energieärmeren Zustand zurückzukehren, sobald sich ihnen Gelegenheit dazu bietet, z. B. bei Anwesenheit eines Elektrolyten und eines weiteren Metalles, das in der Spannungsreihe rechts steht und zu den edleren zählt, so daß sich eine große Potentialdifferenz ergibt (exotherme Bildung chemischer Verbindungen). Dieser Vorgang läuft bei einer Korrosion ab. Nur edlere Metalle (gegen Ende der *Spannungsreihe* stehend) können gediegen in der Natur vorkommen (Cu, Ag, Hg, Au, Pt u. a.) und sind deshalb auch widerstandsfähig gegen Korrosion. Am meisten reaktionsfähig und damit korrosionsanfällig sind die zu Beginn der Spannungsreihe stehenden Metalle. Diese Grundtatsache kann von Fall zu Fall überdeckt werden durch *Passivierung* (Übergang vom chemisch-aktiven in den passiven Zustand), d. h. Bildung einer sehr dichten, festhaftenden Deckschicht: Oxidschichtbildung durch O_2 der Luft; Schichten aus Hydroxid, Sulfid u. a. (*Korrosionspassivität*) bzw. durch Säuren gebildete unlösliche, bedeckende Salzschichten (Sulfate, Karbonate, Fluoride u. a.), die nach anfänglichem Angriff zu starkem Korrosionsabfall führen und weiteren Angriff oft völlig verhindern (*Bedeckungs-Passivität* oder *mechanische P*). Auch molekulare Adsorptionsschichten aus molekularem O_2 oder anderen Gasen können als Deckschichten wirken (Ursache der Beständigkeit von Fe und Al gegenüber konz. H_2SO_4). Durch Oxidschichtbildung (Al_2O_3) kann das nach seiner Stellung in der Spannungsreihe im Vergleich zu Fe viel unedlere Al praktisch wesentlich beständiger als ersteres sein (edelmetall-verwandt), solange Angriffsmittel vorliegen, die seine dichte, festhaftende, schon in Bruchteilen einer Sekunde entstehende Al_2O_3-Haut nicht angreifen; Laugen allerdings, die Fe nicht angreifen, zerstören diese Schutzhaut und wirken daher stark korrodierend. Wegen Deckschichtbildung ist auch das noch unedlere Mg beständig gegen Flußsäure (H_2F_2), die selbst Glas auflöst.

b) Spannungsreihe wichtiger Metalle, Legierungen und Verbindungen

Li/K/Na/Mg/Al/Be/Mn/Zn/Cr/Fe/Cd/Ti/Co/Ni/Sn/Pb // H_2 // Sb/Bi/Cu/Ag/Hg/Au/Pt. Das in der Reihe links von einem Element stehende ist unedler, das rechts von ihm stehende ist edler als das Element selbst; Unterschied um so größer, je größer der Abstand. Unedlere Elemente verdrängen edlere aus deren Salzlösungen und gehen dabei selbst in Lösung (z. B. Fe-Stück in $CuSO_4$-Lösung getaucht, überzieht sich mit Cu, wobei sich Fe dafür löst – nicht aber umgekehrt). – Bei Berührung zweier Metalle unter Zutritt eines Elektrolyten geht das unedlere als Anode in Lösung und schützt damit das edlere, das zur Kathode wird (kathodischer Schutz durch Bildung eines galvanischen Elements). Sitzt z. B. eine Bronzebüchse in einem Schiffskörper aus Stahl und werden beide von Wasser umspült, so wird der unedlere, als Anode wirksame Stahl in Büchsennähe „angefressen", da aus ihm austretender Strom Fe abträgt; Verhinderung durch leitende Anbringung eines Stückes unedleren Metalls (Zn bzw. Mg) als Aktiv- oder Opferanoden am Schiffskörper in Büchsennähe, da dann der aus Zn bzw. Mg austretende und zum Fe fließende Strom den vom Fe nach der Bronzebüchse fließenden Strom gleichsam aufhebt bzw. den aus dem Fe austretenden Strom „überdeckt" und somit den Schiffskörper vor Anfressungen schützt (Fernschutzwirkung); Zn bzw. Mg lösen sich dabei langsam auf und werden dann erneuert (galvanischer oder kathodischer Schutz). –

In obige Spannungsreihe lassen sich auch Oxide, Sulfide usw., sowie mit gasförmigen Elementen gesättigte Elektroden entsprechend einreihen, was für den Korrosionsablauf von großer Bedeutung ist; gleiches gilt natürlich für Legierungen. – Eisenzunder ($FeO \cdot Fe_2O_3 \triangleq Fe_3O_4$) ist z. B. edler als Fe, in der Spannungsreihe also rechts von ihm stehend, so daß ihm gegenüber Fe zur Anode wird; stark korrosive Anfressungen von Schiffsblechen unter Wasser als Folge schlechter Entzunderung seit langem bekannt. Elektrochemische oder galvanische Korrosion tritt hier ein, sobald der Farbanstrich für Wasser durchlässig geworden ist, was schon wenige Monate nach Neuanstrich allmählich steigend einsetzt.

Weiter kann für jedes Medium eine solche Spannungsreihe für Elemente und Legierungen aufgebaut werden (praktische Spannungsreihe) für Leitungswasser:

Mg / MgAl 3 Zn / MgAl 6 Zn / MgAl 8 Zn / MgAl 10 Zn / Zn 99,995 / Zn 99,5 / Stahl verzinkt / Cd / Stahl C 85 / Stahl C 130 / Unberuhigter SM-Stahl (0,2 bis 0,45% Mn) / Unberuhigter SM-Stahl (1% Mn) / Pb / Sn 98% / Sn rein / Al 99,5 / X 12 CrNi 188 / CuZn 40 (Ms 60) / CuZn 37 (Ms 63) / Cu // CuZn 30 (Ms 70) / CuZn 15 (Ms 85) / CuSn 8 (SnBz 8) / CuSn 6 (SnBz 6) / CuNi 10 Fe / CuNi 30 Fe / CuNi 30 / CuAl 10 Fe (AlBz 10 Fe) / CuAl 9 – 11 Ni / CuAl 8 Mn / CuPb 25 / CuPb 5 – 20 Sn / CuZn 16 Si 4 / X 12 CrNi 18 8 passiviert / NiCu 30 Fe (Monel) / NiCu 30 Al(Monel) / Ni rein / Ni techn. rein / Titan / Ag 99,99 / Ag 90,0 / Hg / Cu_2O / Fe_2O_3 / Au 90,0 / Au 99,99 / Pt.

c) Arten der Korrosion

Ebenmäßiger Angriff: Metallabtragung etwa parallel Oberfläche, wobei im allgemeinen die zeitliche Abhängigkeit nicht linear ist; ungefährlichste Korrosionsart. – Abb. I.85/1.

Muldenbildung: Örtlich flach-muldenförmiger Angriff, z. B. unter Rostpusteln; typisch für Anfressungen an Austrittsstellen *vagabundierender Ströme* (Irrströme) und bei galvanischer Korrosion.

Lochfraß: Örtliche Anfressungen mit steilen Wänden und oft kegelartigem Grund; im Endstadium tritt Durchlöcherung der betreffenden Wandung ein. Sehr gefährlich! Ursache meist Lokalelementbindung: Konzentration der Metallauflösung auf wenige Stellen infolge ungenügend ausgebildeter Deckschicht oder bei Porosität bzw. Verletzung einer Schutzschicht, ferner bei örtlicher Aufhebung des Passivierungszustandes; örtliches Vorhandensein eines edleren Metallpartikels (eingewalzter Span u. a.). Wenn Korrosion einmal in Gang gekommen, spielt Belüftungselementbildung noch mit (siehe Kontaktkorrosion!). – Abb. I.85/2.

Interkristalline Korrosion (Korngrenzen- oder zwischenkristalline Korrosion, Kornzerfall) = längs der Korngrenzen auftretende Korrosion mit im Anfangsstadium Kerbzähigkeitsabfall, im Endstadium Kornzerfall; sehr gefährlich! Im Anfangsstadium schwer erkennbar; meist kein Korrosionsprodukt feststellbar. Ursache sehr unterschiedlich, meist Vorhandensein unedlerer Korngrenzen-Ausscheidungen, die mit Korn Element bilden und als Anode bevorzugt herausgelöst werden. – Abb. I.85/3.

Transkristalline Korrosion (Intrakristalline oder innerkristalline K.) = Korrosion mit Bruchverlauf durch das Korninnere. Bisher nur in Verbindung mit Zugspannungen beobachtet (Spannungsrißkorrosion, siehe dort).

Selektive Korrosion: Zerstörung bevorzugt von bestimmten Bestandteilen eines heterogenen Gefüges bzw. korngrenzennaher Teile (z. B. β-Messing in $[\alpha+\beta]$-Messing), aber auch bei homogenen Mischkristallen auftretend: α-Messing ab 15% Zn zeigt „Entzinkung", besonders „Pfropfen-Entzinkung", die viel gefährlicher als gleichmäßige „Lagenentzinkung" in Oberflächenschicht ist. – Abb. I.85/4 links.

Spongiose („Graphitierung"): Zerstörung des Ferrits und Perlits von Grauguß unter Erhaltung des Graphits und/oder Carbids bzw. Steadits, eingebettet in braunschwarzes Korrosionsprodukt (im feuchten Zustand oft schmierig-weich); gleichzeitig Volumen-Zunahme. Sonderfall selektiver Korrosion. – Entstehung durch Salzlösungen (Meerwasser) oder schwache Säu-

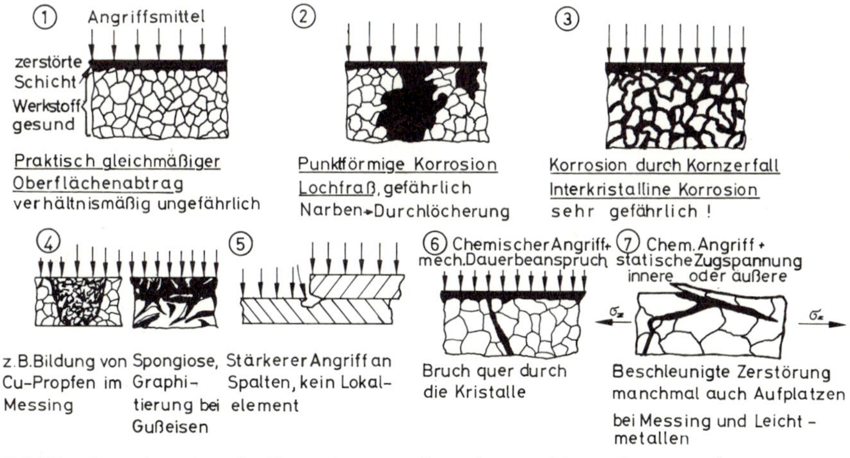

Abb. I.85. Wichtige Korrosionsarten in grobschematischer Darstellung. Näheres siehe Text!

ren bzw. saures Erdreich und gipshaltige Lehmböden, stark begünstigt durch vagabundierenden Strom. – Abb. I.85/4 rechts.

Beizsprödigkeit (Wasserstoff-Versprödung): Durch Einwirkung nichtoxidierender Säuren auf Fe, oder durch Korrosion oder bei kathodischer Behandlung eindringender atomarer H führt zu Versprödung; in Hohlräumen und Mikrolunkern kann H_2 gebildet und angesammelt werden, der wegen mangelnder Diffusionsfähigkeit zu hohen Drücken und damit örtlichen Aufblähungen („Beizblasen") führen kann. Auch Bruch z. B. galvanisch kadmierter Federn dadurch. Vermindert bzw. verhindert durch Zusatz von Inhibitoren (Sparbeizzusatz).

Bodenkorrosion: Von besonderer Bedeutung bei Fe (Rohrleitungen u. a.). – *Bodenangriff:* Rosten des Fe im Erdboden meist durch Mitwirkung zutretenden Sauerstoffs (O_2 beschleunigt). Örtlich unterschiedliche Belüftung kann zu benachbarter Anoden- und Kathodenbildung führen und damit zu einem korrosionsbeschleunigenden Belüftungselement. – *Mikrobiologischer Angriff:* Angriff in nicht belüfteten Böden bei Einwirkung anaerober Mikroorganismen (vor allem in Gräben und im Schlamm des Meereswassers auftretend), die vorhandene Sulfate (Gips) reduzieren und in Gegenwart von CO_2 Schwefelwasserstoff (H_2S) bilden; dabei meist auch örtlich dunkle Färbung der Böden durch FeS-Bildung. Angriff meist in Grübchenform.

Filigran-Korrosion: Fadenförmige Ausbreitung der gelatinösen Korrosionsprodukte, besonders bei Stahl, auch bei Leichtmetallen; feststellbar auf polierten Oberflächen, unter Lackschichten und zu dünnen galvanischen Schichten.

Becherform-Korrosion: (Bubble Cup) ähnlich der Bildung gelatinöser Korrosionsprodukte mit geringer Gasentwicklung, die in die Höhe wachsen, mit gelatinöser Haut überzogene Bläschen bilden, die dann oben aufplatzen und den Eindruck einer Becherform (Krater) vermitteln.

Schichtkorrosion: Blätterteigähnliche Aufspaltung an stranggepreßtem oder gewalztem Material, wobei der interkristalline und selektive Angriff bevorzugt parallel zur Verformungsrichtung erfolgt. Vor allem bei AlCuMg-, AlMg- (höherer Mg-Gehalt) und AlZnMg-Knetlegierungen zu beobachten. Ursache meist zeilige Anordnung von Metalliden oder Schichten unterschiedlicher Konzentration vom Gußblock herrührend. Es liegen abwechselnd Schichten Metall und Korrosionsprodukt vor; dabei im fortgeschrittenen Zustand starke Aufblähung. Auch bei gezogenem Draht beobachtet: Pinselbildung.

Spaltkorrosion: Örtlich verstärkte Korrosion in Spalten, die im korrodierten Metall entweder selbst vorhanden sind (Risse) oder durch Berührung mit anderem Körper (Metallstück gleicher Art oder Nichtmetall) gebildet werden (Fuge). Unterschiedliche Belüftung innerhalb und außerhalb der Spalten wirkt im Sinne der Entstehung eines Korrosionselements (Belüftungselement). Dabei Spalterweiterung. Auch im Spalt verbleibende Korrosionsprodukte können später mitwirken. – Abb. I.85/5. Vgl. Beizprobe, II J!

Kontakt-Korrosion (Galvanische Korrosion): Korrosion durch Berührung des betreffenden Metalls mit einem edleren Metall (siehe Spannungsreihe!) in Gegenwart eines Elektrolyten (auch kondensierte Luftfeuchtigkeit genügt) oder elektronenleitenden Festkörpers. Hierbei ist der korrodierende Teil die Anode; dadurch Bildung eines galvanischen Elements (Korrosions-Element genannt), wobei im Elektrolyten der Strom vom unedleren zum edleren Metall fließt und so das unedlere aufgelöst wird.

Weitere Möglichkeiten einer Elementbildung: Verschiedener Zustand am selben Metallstück (örtliche Kaltumformung; örtlich unterschiedliche Wärmebehandlung); unterschiedlich legierte Metallstücke desselben Grundmetalls; Verbindungselemente (Bolzen, Nieten, Schrauben); Lötung und Schweißung mit vom Grundmetall abweichender Zusammensetzung; Deckschichtbildung; uneinheitliche Werkstoffstruktur (Schlackeneinschlüsse, Seigerungszonen, mehrphasiges Gefüge, die so *Lokalelemente* [wirksame Elektrodenfläche $< 0{,}01\ mm^2$] bilden); von Verarbeitungsvorgängen zurückbleibende Verunreinigungen; örtlich mechanische Zugspannungen; örtlich unterschiedliche Belüftung führt zur Bildung eines Belüftungselements, wobei gutbelüftete Stelle nicht angegriffen, schlechtbelüftete dagegen stark angegriffen wird. – Kontaktkorrosion tritt auch auf, wenn der Elektrolyt Ionen eines edleren Metalls (z. B. Cu) enthält, die sich auf weniger edlem Metall abscheiden können („Zementkupfer"); sehr gefährliche Korrosionsart! Auch wenn an Flächen aus Cu oder Cu-Legierungen kondensierte Flüssigkeitstropfen auf Fe, Zn, Al u. a. herabfallen, tritt diese Erscheinung auf.

Spannungs(riß)korrosion [I.62]: Korrosive Einwirkung eines spezifischen Mediums auf ein Metallteil, das in der Oberflächenzone statische Zugspannungen (Eigen- oder Fremdspannungen) aufweist und hinsichtlich seines Gefüges gewisse Voraussetzungen erfüllt. Im Anfangsstadium (meist interkristalliner Beginn) oft kaum nachweisbar, im fortgeschrittenen Stadium schnell durch impulsartiges Aufreißen zu völliger Zerstörung führend (Weiterlaufen des Risses transkristallin). Besonders bekannt bei gewissen Leichtmetall-Legierungen und Messing (siehe dort!). Sonderfall davon: Laugensprödigkeit (interkristalline Brüchigkeit) von Stahl in stark alkalischen Medien (Apparate zur Behandlung von Calcium- und Ammoniumnitrat), auch bei schwacher Alkalität (Dampfkessel mit NaOH im Wasser) und in ähnlichen Fällen, ist an größere Spannungen (Zug!) gebundene, meist interkristalline Spannungskorrosion (vereinzelt auch intrakristallin verlaufend); auch *Laugenrissigkeit* (früher Laugenbrüchigkeit) genannt. Besonders Auftreten an Dampfkesselblechen (Risse zwischen den Nietlöchern und auf Unterseite von Nietköpfen). Voraussetzung für Auftreten: Alkalische Reaktion; an Eisen gebundener Stickstoff (Eisennitrid Fe_2N); Eigen- oder Fremd-Zugspannungen; erhöhte Temperatur (Kesselbetriebstemperatur). – Vermeidung durch Al-Zusatz ($> 0,05\%$) zum Stahl, wodurch N zu Aluminiumnitrid (AlN) gebunden wird, das weitgehend beständig und nicht ausscheidungsfähig ist. – Abb. I.85/7.

Korrosionsermüdung (Schwingungsrißkorrosion) mit Korrosions-Dauerbruch als Folge ist stark verminderte Dauerschwingfestigkeit metallischer Werkstoffe unter dem Einfluß gleichzeitig wirkender, oft nur schwacher Korrosionsmittel. Korrosionsangriff wirkt hier stärker als Kerben, daher schwerste Schädigung! – Abb. I.85/6, siehe: Korrosionszeitfestigkeit.

Rosten: Rost ist je nach Wassergehalt hell-rotbraunes bis dunkelbraunes Korrosionsprodukt der Eisenwerkstoffe, entstanden durch gleichzeitige Einwirkung von H_2O und O_2 (Luft) auf Fe; weder O_2-freies H_2O, noch O_2 können je für sich allein zum Rosten führen. In Lösung gehende Ferroionen (Fe^{II}) bilden farbloses (weißes) Ferrohydroxid $Fe(OH)_2$, das nur bei O_2-Abwesenheit bestehen kann und durch Luft (O_2) zu braunrotem Ferrohydroxid ($Fe_2O_3 \cdot H_2O$ oder FeO(OH)) oxidiert wird (die Formel $Fe(OH)_3$ gilt als unwahrscheinlich). Wassergehalt unterschiedlich; je weniger Wasser, je älter also der Rost, desto dunkler seine Farbe (durch zunehmenden Anteil an „schwarzem Rost“ $FeO \cdot Fe_2O_3 \triangleq Fe_3O_4$).

Rostgeschwindigkeit steigt bis 60 °C, fällt darüber bis 100 °C auf Rostgeschwindigkeit bei Raumtemperatur. Gesteigert wird Rosten durch Kaltumformung (gestörtes Kristallgitter) und zunehmenden C-Gehalt im Glühzustand, ferner durch örtlich noch anhaftenden Zunder (Lokalelementbildung mit Fe als Anode). Passungsrost: an Paßflächen von Eisenwerkstoffen durch Reibkorrosion entstandener Rost.

Wird Fe von wäßrigen Lösungen berührt, so führt unterschiedliche Belüftung zum Angriff auf örtliche Bezirke durch Lokalelementbildung mit Grübchenbildung: O_2-Konzentrationsunterschiede an Luft-Flüssigkeitsgrenze, in Vertiefungen, Spalten, Grübchen, an örtlichen Abdeckungen durch Korrosionsprodukte, Fremdkörper oder am Rand von Schutzüberzügen; schließlich auch bei Tropfenbildung.

Rostgeschwindigkeit in *Landluft* 0,018 mm/Jahr (Mittel über 8 Jahre), im 10. Jahr nur noch ⅙ der Rostgeschwindigkeit des 1. Jahres; in *Stadt-* und *Industrieluft* im Mittel 0,073 mm/Jahr (zwischen 0,025 und 0,165), dabei Rostgeschwindigkeit etwa konstant; in *Meeresluft* verhältnismäßig gering (0,025), jedoch durch Meerwasserspritzer örtlich starke Zerstörung (Pittings) möglich. In Sonderfällen (Laborluft, Gasabzugskanäle, Lokomotivschuppen u. a.) Rostgeschwindigkeit sehr groß (0,25 mm/Jahr und mehr!).

Verzundern: Bei hohen Temperaturen in oxidierenden Gasen auf Metalloberflächen entstehende feste Korrosionsprodukte. Eisenzunder $= FeO \cdot Fe_2O_3 \triangleq Fe_3O_4$; entsteht auch durch Wasserdampf höherer Temperatur bis 427 °C; über 427 °C FeO-Bildung.

Zunderausblühung = örtlich verstärkte Zunderung durch Zusammenbruch der Schutzwirkung bestimmter Oxidhäute, häufig infolge örtlicher Verletzung der Haut.

Schwefelpocken: Bei Stahl örtliche Zunderauswüchse mit hohem Schwefelgehalt.

Reiboxidation (Reibkorrosion): Bildung von Korrosionsprodukten an Metalloberflächen bei halbtrockener und trockener Reibung (oft nur geringsten Ausmaßes) und Korrosionsbeanspruchung (meist durch Luft-Sauerstoff), meist an Berührstellen von Metallen mit Bewegungsmöglichkeit (Auflagestellen, Passungen). Bei Stahl und Eisen: Wegen Bildung roten, pulvrigen Eisenoxids (Fe_2O_3) auch Passungsrost oder „Bluten" genannt.

Korrosion verbunden mit Kavitation: Werkstoffzerstörung durch mechanische Einwirkung implodierender Dampfblasen bei ansteigendem Wasserdruck. Ihr überlagert sich eine Korrosion vor allem in Stillstandszeiten, die diesen Zerstörungsvorgang beschleunigt. Oft auch mit Erosion parallel laufende Korrosion: z. B. Korrosionsschäden und Erosionsspuren an Dampfturbinenschaufeln aus 5%igem Ni-Stahl (Naßdampfgebiet) durch ammoniumsulfidhaltigen Dampf (als Folge chemischer Entgasung mit Na_2S und Alkalisierung durch Ammoniak).

„Weißer Rost": Auf Reinzink (bzw. verzinkten Teilen) und zinkreichen Legierungen entstehendes Korrosionsprodukt (lockeres weißes Pulver) ohne Schutzwirkung, entstehend in Gegenwart von H_2O (bes. Schwitzwasser) bei schlechter Belüftung, oder durch wäßrige Lösungen (bes. Meerwasser). Kein häufigeres Gebrauchsmetall wird durch Schwitzwasser so stark angegriffen wie Zink (Abtragung bis 1 mm/Jahr).

„Wachsen" von Grauguß: *Primär-Wachstum:* Bis 1% Volumenzunahme durch Wärmeeinwirkung auf perlithaltigen Grauguß durch Zementitzerfall bei Temp. bes. über 600 °C, bei jahrelanger Einwirkung schon ab 350 °C; $Fe_3C \rightarrow 3\,Fe + C$; Gefüge-Auflockerung! Primärwachstum ist noch *keine* Korrosion, wohl aber Sekundär-Wachstum.

Sekundär-Wachstum: Durch oxidierende heiße Gase zunehmend eindringende Oxidation, bes. längs der „herausgebrannten" Graphitplättchen, wobei metallische Grundmasse zunehmend in Fe_3O_4 übergeht („verbranntes Gußeisen"; Wachstum u. U. mehrere %). Günstig wirkt dichtes Gefüge mit feinblättrigem Graphit, besonders belassene Gußhaut; bei starkem Angriff Legierungsschutz durch Cr (u. U. bis 35%!) oder Cr + Ni („Niresist").

d) *Maßeinheiten bei Korrosionsangaben*

Metallgewichtsverlust ΔG durch Wägen vor und nach Korrosion bestimmt. – Korrosionsgeschwindigkeit v_K/g/m^2 · Tag $= \Delta G/S \cdot t$, wobei S = Oberfläche, t = Korrosionsdauer. Lineare Korrosionsgeschwindigkeit v_L/mm/Jahr $= v_K \cdot 0{,}365/\varrho$, wobei ϱ = Dichte /g/cm^3 (bei porösen Körpern Rohdichte). Korrosionsbeständigkeit (Lebensdauer) B /Jahr/mm; Korrosionsverlust (Flächengewichtsverlust) K /g/m$^2 = \Delta G/S$. Weder aus Gewichts- noch aus Dickenabnahme allein können sichere Schlüsse auf die durch Korrosion hervorgerufenen Veränderungen der physikalischen und mechanischen Eigenschaften der Werkstoffe gezogen werden.

2. Korrosionsschutz von Halbzeug und fertigen Konstruktionen

a) *Korrosionsgerechte Konstruktion und Ausführung*

Vermeidung von Spalten, Fugen und „Wassersäcken"; Isolierung zwischen 2 Metallen unterschiedlichen Potentials; Vermeidung unnötiger Oberflächenrauhigkeit (u. U. Politur); Fernhalten von Spänen edlerer Metalle beim Walzen, Ziehen u. a. (Korrosionselementbildung); nachträgliche Beseitigung von Wärmebehandlungsrückständen (Zunder, Salzreste, Ölkohle u. a.); Wärmebehandlung zwecks Kristallerholung zur Verhütung der Spannungskorrosion (Ms!).

b) *Beseitigung oder Abschwächung einer Korrosionsursache*

Lösungsschutz: Zusatz von Inhibitoren (Inhibitoren = organische und anorganische Substanzen wie Amine, Thioharnstoff, Schwefelverbindungen, Ketone, Aldehyde usw. kombiniert mit oder ohne Phosphaten bei HCl, H_2SO_4 zum Stahlbeizen) zum angreifenden Mittel, ≙ Sparbeizzusatz zu Beizsäuren, so daß Verunreinigungen und Oxide abgelöst werden, Metallangriff jedoch unterbleibt (damit auch mögliche Beizsprödigkeit verhindert); Entfernung von O_2 (Vakuumentgasung, Zusatz von leicht oxidierbarem Na_2S, Wasser über Eisenspäne leiten) und Zusatz basisch reagierender Stoffe zu Kessel- und Kühlwasser bei dessen Aufbereitung, um dem Wasser die „Härte" zu nehmen und etwa freie Säuren zu neutralisieren, dadurch auch Bildung schützender Deckschichten, weiter begünstigt durch gewisse Na-, Ca- oder Cr-Salze, Wasserglas u. a.; Beseitigung aggressiver CO_2 aus Wässern. Neuerdings auch Zusatz von Meta- und Polyphosphaten (z. B. 0,001 ... 0,002% Natriumhexametaphosphat „Calgon"), die durch „Pufferung" Korrosion verhüten. Zusatz von Korrosions-Schutzöl zu H_2O-Füllung hydraulischer Anlagen, u. v. a.

Gasschutz: Verwendung nicht oxidierender Gase beim Blankglühen; Vermeidung S-haltiger heißer Gase bei Ni und Ni-reichen Legierungen; für Lagerungszwecke Lufttrocknung durch Chlorkalzium, Silikagel u. a.; VPI-Verfahren (wobei über Gasphase wirksame Inhibitoren atmosphärische Korrosion verhindern, VPI-Einwickelpapier für Lagerung und Versand). Ferner Rostschutz leerstehender Kessel durch Füllen mit Ammoniak (Restwasser bildet damit schützendes NH_4OH; O_2 wird ferngehalten), und ähnliche Methoden.

Statt eines galvanischen Schutzes kann man schwachen Gleichstrom (6 ... 10 V) aus besonderer Batterie über, gegen Schiffskörper isolierte, sich nicht auflösende, außerhalb des Schiffskörpers angeordnete Anode in diesen hineinschicken, der von dort austretenden galvanischen Strom kompensiert und damit Anzehrungen verhindert (Cumberland-Verfahren). –

Aus Schienen elektr. Bahnen infolge schlecht leitender Verlaschung in Erdreich austretender Gleichstrom kann in nahegelegene Rohrleitungen eintreten und an anderer Stelle aus diesen wieder austreten. Austrittstellen solcher Irrströme zeigen an Schienen und Rohren narbenartige elektrolytische Anfressungen (blanke Mulden). Gleichartig kann Rückstrom von Schweißdynamos und Erdung elektr. Maschinen über Rohrleitungen im Erdboden wirken. Schäden gleicher Ursache an Fe- und NE-Metallen auch an Kondensatoren, Kreiselpumpen, Ölkühlern, Wellen und Lagern, Zahnflanken, Schraubenköpfen u. v. ä. durch Irrströme schlecht isolierter elektrischer Anlagen, dabei bes. Gleichstrom gefährlich (durch Wechselstrom höchstens 10% der Gleichstromschäden).

c) Richtige Wahl korrosionsbeständiger Werkstoffe

Sie ist für den Konstrukteur außerordentlich wichtig, da bei stärker angreifenden Mitteln nur selten ein geeigneter Schutzüberzug allein ausreicht, es sei denn, es liegt stärkere Walzplattierung oder Inkromierung vor.

Ausreichender Reinheitsgrad der Metalle und ihrer Legierungen besonders gegenüber Ausscheidungen bildenden Verunreinigungen ist oft wesentlich für ihre Verwendbarkeit:

Beispiele: P- und S-Blockseigerungszonen in Stahl sind stark korrosionsanfällig (Lokalelement!). – Al-haltige Zn-Legierungen sind besonders empfindlich gegen Spuren von Sn, Pb, Cd u. a. (Gefahr interkristalliner Korrosion!), daher Bedeutung des Feinzinks. Umwandlung des Sn („Zinnpest"; „Zinnpest"-Bildung ist keine Korrosion) begünstigt durch Spuren Al, Zn, Mn, Co und Mg. – Schon geringer Bi-Gehalt in Pb fördert stark Angriff durch H_2SO_4. – Reinst-Al ist viel haltbarer als Rein-Al, das durch Spuren Fe und Cu geschädigt wird. – Kleinste Fe-, Ni- und Cu-Verunreinigungen wirken sehr nachteilig auf Mg.

Legierungsschutz nennt man die Verbesserung der Korrosionsbeständigkeit durch Legierungselemente. (Siehe auch Kap. I.D 4, Einfluß der Legierungsbestandteile).

Legierungen sind am widerstandsfähigsten, wenn homogene Mischkristalle vorliegen; weniger günstig, aber meist brauchbar sind eutektische Legierungen, wenn ihre Gefügebestandteile nur geringen Potentialunterschied aufweisen. Meist sehr ungünstig sind gröberheterogene Legierungen (Gemenge verschiedener Kristallarten) wegen Lokalelementbildung. Maßgebend für die Beurteilung des Gefüges ist der in Frage kommende Wärmebehandlungszustand.

Schnelle Abkühlung nach Glühen bzw. Gießen verfeinert Gefüge und verbessert damit auch Korrosionsbeständigkeit.

d) Korrosionsschutz durch Überzüge

α) Vorbehandlung zur Reinigung der Metalloberfläche

Thermisch: Flammstrahlen von Stahl: Autogen-Spezial-Brenner sprengt blättrigen Rost infolge unterschiedlicher Ausdehnungskoeffizienten und durch Kristallwasser-Entzug ab. Nach Abbürsten in Poren noch festsitzender Rückstand ist wasserfreies Fe_2O_3, also passiv (Rostschutzwirkung). Neuer Anstrich auf noch 40 ... 50 °C warmer Fläche gibt beste Bedingungen für Haftfestigkeit und Unterrostungsschutz von Farbfilmen.

Mechanisch: *Sandstrahlen* mit Quarzsand oder Stahlkies (Weißhartguß-Grieß oder zerhackter Hartstahldraht) gibt gleichzeitig Aufrauhung, dadurch beste Verankerung bes. von Metallspritz- und Farbschichten. – *Schleifen* mit Scheiben oder Bändern, Kleinteile auch in Trommeln mit kleinen Schleifsteinen und Seifenwasser. – *Kratzen* und *Bürsten* meist mit rotierenden Stahl- oder Messingdraht-Bürsten, mit H_2O oder Öl als Schmiermittel, die Schmirgelpulver enthalten können, dabei weniger Abtragen von Metall, als vielmehr Glattziehen der Oberfläche (auch zur Nachbehandlung zwecks Porenschließung weicher, galvanischer Schichten, wie Ni, Cu, vor Endbehandlung). Auch Abreiben mit Stahl-Feinwolle vor Anstrich von Leichtmetallblechen. – *Polieren* = Schleifen mit feineren Mitteln (Polierrot, grünes Chromoxid, Tripel, Wiener Kalk, Tonerde), verwendet als Paste (mit Talg oder Stearin), neuerdings auch flüssig (Suspension mit Öl); für große Stückzahlen auch automatisch; kleine Massenteile mit kleinen Stahlkugeln und Seifenlösung in Trommeln.

Entfettung: *Lösungsentfettung* durch organische Lösungsmittel (Flammpunkt über 37,8 °C): Petroleum; Trichloräthylen („Tri“ = C_2HCl_3), Perchloräthylen („Per“ = C_2Cl_4), (letztere beide zwar unbrennbar, aber Nervengifte, daher gute Absaugung!); im Großbetrieb geschlossene Waschanlagen; lösen auch viele Harze und Lacke, Wachse, Paraffin, Teer, Pech, Asphalt u. a., daher Universalreiniger; neuerdings auch Methylenchlorid (sehr wirksame Entlackung!). – Für Elektroplattierung nur als Vorentfettung brauchbar.

Chemische Entfettung (Abkochentfettung mit stark alkalischen Lösungen): Mineralöle werden emulgiert, organische Öle und Fette verseift und damit wasserlöslich. Neuzeitliche Bäder enthalten: Alkalische Stoffe (Soda, Ätznatron, Wasserglas, Trinatriumphosphat), ferner Emulgier- und Benetzungsmittel, sowie Enthärtungsmittel.

Elektrolytische Entfettung: Teile als Kathode in alkalischer Lösung, Reinigung teils chemisch wie oben, teils mechanisch durch entstehenden H_2, der Schmutz und Fett abstößt. Geringerer Zeitaufwand, jedoch u. U. Gefahr der H_2-Versprödung wie beim Beizen. Sonderfall: Kupro-Dekapieren, dabei neben Entfettung gleichzeitig dünne Verkupferung.

Beizen (Dekapieren) zur Beseitigung vorhandener Oxide.

Chemisches Beizen: Nach Entfettung wird Werkstück in oft angewärmte Beize (meist verdünnte Säure oder Säure-Gemisch) unter Bewegung mehrfach getaucht, heiß nachgewaschen, in Kalkmilch neutralisiert und fertiggewaschen. Der Säure zugesetzter Inhibitor, d. h. Hemmstoff („Sparbeizzusatz“ = organische und anorganische Verbindungen) verhindert Metallangriff zu rd. 99% und damit Wasserstoff-Versprödung, und mindert Säureverbrauch. Efco-Virgo-Prozeß entfettet gleichzeitig. Auch Natriumhydrid-Lösung zum Dekapieren geeignet. –

Elektrolytisches Beizen: Anodisches oder kathodisches Beizen, dabei Zunderschicht gelokkert bzw. abgesprengt, sehr kurze Behandlungszeit, H_2-Versprödung nur gering, bei anodischer Schaltung ganz vermieden. Bullard-Dunn-Verfahren, das mit verdünnter H_2SO_4 und Zinnsalzzusatz arbeitet, wodurch dünner Sn-Überzug entsteht. Im Kolene-Verfahren wird Grauguß anodisch (Entfernung von Graphit, gebundenem C und Sand) und kathodisch (Reduktion von Oxiden, Hammerschlag, sowie mechanische Sandentfernung) behandelt.

Chemisches und elektrolytisches Polieren *Chemisch:* Mischung aus Salpeter-, Phosphor- und Essigsäure geeignet für Kupfer, Messing, Silber, Neusilber, Monel, Aluminium; für letzteres Alpol-Verfahren empfohlen.

Elektrolytisch: (Verf. nach Jacquet) Ergibt einwandfreien Hochglanz, ohne Kristallstruktur der Oberfläche zu verletzen, bei erheblicher Zeitersparnis und geringen Kosten im Großbetrieb. Werkstück gut mechanisch vorarbeiten, erhält dann nur letzte Glanzfeinung. Verfahren für 16 Metalle entwickelt, Legierungen müssen homogene Mischkristalle aufweisen, andernfalls matte und rauhe Flächen erhalten. Teile als Anode geschaltet. Für Bäder je nach Metall verschiedene Säuren, oft unter Zusatz von Alkohol bzw. Glyzerin.

β) Schutz der Eisenwerkstoffe durch Überzüge

β_1) *Metallische Überzüge:*

Tauchverfahren: *Wäßrige Lösungen:* Tauchverkupfern in mit H_2SO_4 angesäuerter $CuSO_4$-Lösung für blanken Schweißdraht, Federdraht u. ä. vor Endzug, Cu-Schicht fest haftend und glänzend, Überzüge sehr dünn und wenig schützend, erleichtern aber Ziehvorgang wesentlich („Cuprodine"-Verfahren). Neben Tauchen auch Durchlaufen und Spritzen. Neuerdings stromlose (chemische) Vernickelung (Kanigen-, Nibodur- und Niphos-Verfahren). Festhaftende Ni-Abscheidung durch Reduktion aus Ni-Salzen, porenfrei, mittelhart und biegezäh. Ni enthält 7 ... 10% bzw. um 2% Phosphor; hoher Schutzwert. Auch für viele NE-Metalle geeignet.

Salzschmelzen: Zinndiffusionsverfahren durch Niederschlag aus Zinnsalzschmelze, Zinnbelag gut in Oberfläche eindiffundiert, statt Heißverzinnung. Heißverzinnung erhalten durch Tauchen in geschmolzenes Zinn oder durch Aufreiben von Zinngrieß mit Flußmittelzusatz auf erhitztes Werkstück mit Baumwollappen (Reibverzinnung).

Metallschmelzen: Schmelzüberzüge auf St, GS, GG, und GTW ergeben beste Anlegierung an Grundmetall, daher feste Haftung. Bei Draht auch Durchziehverfahren mittels Trichterdüse.

Geeignet für niedrig schmelzende Metalle Zn, Sn, Pb und Al (Feuer- oder Heiß-Verzinkung usw.). C, bes. Graphit und S in Stahl besonders schädlich für Haftung, daher u. U. vorher entkohlendes Glühen und Oberflächenentschwefelung (Sendzimir-Prozeß u. a.). Bei Zn spröde Metallidschicht („Hartzink"), die Umformbarkeit schädigt, durch 0,5% Al-Zusatz zum Zn weitgehend verringert (Patentverzinkung). – Bei Al-Schmelztauchung (Tauch-Alitieren) entstehende zu dicke Metallidschicht Fe/Al muß sinngemäß verhindert werden, wenn Umformbarkeit der Teile erforderlich. Tauchschichtdicken bei Zn 100 ... 300 g/m^2, bei Sn 12 ... 55 g/m^2 und bei Al$\approx$65 g/m^2. Verzinntes Stahlblech heißt *Weißblech* (s. a. Elektroplattierung), das besondere Bedeutung für Konservendosen hat. Al-Tauchüberzüge gewinnen steigende Bedeutung bes. wegen hoher Temperaturbeständigkeit. – Statt Tauchverbleiung auch „Homogen-Verbleiung": Auf dünn verzinnte Teile wird Pb z. B. mit Autogenflamme aufgeschmolzen; Überzug sehr festhaftend und dicht (Chem. Industrie).

Elektroplattieren: Galvanische (elektrolytische) Metallüberzüge aus wäßrigen Lösungen mittels Gleichstromquelle (vergl. DIN 50 950/51/53/56). Forderungen an Plattierschichten: Gute Haftfestigkeit, Porenfreiheit, glatte Oberfläche und optimale mechanische Eigenschaften. Dickengleichmäßigkeit des Niederschlags bei unregelmäßiger Werkstückform wesentlich begünstigt durch „Tiefenstreuung" des Bades (abhängig von Zusammensetzung) und erfordert vielfach besondere „Hilfsanoden" und „Stromblenden".

Für Eisenwerkstoffe kommen in Frage: Cu, Ni, Cr, Sn, Zn, Pb, Cd, auch gewisse Legierungen sind aus Komplex-Salzen niederschlagbar: Messing, Zinnbronze u. a. – Cu als Endüberzug bedeutungslos, jedoch dünne (0,3 bis 2 μm) Unterkupferung zur Haftverbesserung für folgende Vernickelung und End-Glanzverchromung. Da letztere nie dicht zu bekommen, würden, unmittelbar auf Fe aufgebracht, längs der Korngrenzen und an Rißstellen infolge Spannungen Angriffsmittel zur Stahl-Unterlage kommen können, dadurch Korrosions-Elementbildung mit Fe als Anode (beschleunigte Korrosion). Gleiches gilt für Glanzchromschichten auf Cu-Legierungen u. a. Ni bildet mit deckschichtveredelndem Cr kein Element; ohne dicke Unternickelung keine Dauerhaftigkeit der Glanzchromschicht. Hartchromschichten dagegen werden direkt auf Fe aufgebracht; sie dienen weniger dem Korrosionsschutz, als vielmehr der Erhöhung des Verschleißwiderstandes bzw. zum Ausgleich eines vorhandenen Verschleißes (Kurbelwellen, Zapfen u. a.) und zur Verminderung der Reibung. – Ni ist wohl das wichtigste Elektroplattiermetall, da sehr polierfähig und schon in dünnen Schichten wegen guter Porendichtheit bestens schützend, nur wegen seines „Anlaufens“ aus dekorativen Gründen meist Endverchromung. Zn-Elektroplattierschichten gleichmäßiger und dünner als bei Heißverzinkung (wichtig für maßhaltige Teile), daher zunehmende Verwendung. Wesentlich ist hier völliges Fehlen einer „Hartzink“-Zwischenschicht, daher beste Duktilität der Teile.

Die Zn-Schicht kann noch Chromsalz-Schutzschichten erhalten (Cronak-, Elektrogranodine-, Iridite-Verfahren u. a.), evtl. mit zusätzlicher Lackierung. Cd hat viel geringere Bedeutung, jedoch für Sonderfälle zu beachten: Leichter lötbar, geringerer elektr. Kontaktwiderstand, beständigerer Metallglanz, bessere Gleiteigenschaften, leichter umformbar, widerstandsfähiger gegen Alkalien (Waschlauge), beständiger gegen Schwitzwasser, feuchten Gips und Meeresluft, jedoch unbeständiger gegen Industrieluft, Harz, Kunststoff-Ausscheidungen und von viel geringerer „Fernschutzwirkung“ auf Fe, verglichen mit Zn; Schichtendicken 6 – 12 μm.

Sn-Elektroplattierung fast ausschließlich zur Weißblech-Herstellung („Elektro-Weißblech“, heute zu ≈70%), die gegenüber Heißverzinnung erheblich Sn spart. Schichtdicke max. 1,2 μm (gegenüber 10 ... 25 μm bei Heißverzinnung), daher Nachdichtung durch Erhitzen auf Schmelzpunkt des Sn, wodurch dieses breitläuft, porendicht und glänzend wird. – Pb als galv. Niederschlag kommt fast nur gegen Säureangriff in Frage (Heiß- bzw. Homogen-Verbleiung überwiegt), Anwendung auch für Isolierrohr- und „Rohrdraht“-Blech in der E-Technik. – Galvanische Messingschichten auf Fe von großer Bedeutung als Zwischenschicht vor Aufvulkanisieren von Gummi, da dieser auf Ms besonders gut haftet; starke Ms-Überzüge (0,1 ... 1 mm) für Stahlbeschläge im Eisenbahnwesen und Schiffbau. Ms-Zwischenschichten vor Vernickelung haben gegenüber Cu gewissen Vorteil. Niedrig-Sn-haltige Bronzeniederschläge sind selten, dagegen 58 Cu/42 Sn (Speculum) sehr hart, silberglänzend und anlaufbeständig mit vorzüglicher Schutzwirkung. – Galvanische Behandlung birgt immer Gefahr der H_2-Versprödung des Stahls, die besonders Wechselfestigkeit schädigt; durch möglichst unmittelbar folgende Wärmebehandlung (z. B. Kochen in Wasser) weitgehend rückgängig zu machen.

Spritzplattieren (Flammspritzen, Lichtbogenspritzen oder Plasmaspritzen): Durch Acetylen-Sauerstoffgemisch, elektrischen Lichtbogen mit oder ohne Plasma wird Plattiermetall-Draht geschmolzen, durch meist Preßluft oder Schutzgas versprüht und auf gereinigte und aufgerauhte, zweckmäßig vorgewärmte Metallfläche (Sandstrahlen, Beizen, u. U. Rändeln) aufgeschleudert. Tröpfchen, bei Ankunft plastisch weich, werden plattgeschlagen und verfilzen miteinander. Pulverspritzpistolen selten, meist nur für nicht in Drahtform lieferbare, schwerschmelzende Metalle (W, 18/8 Cr-Ni-Stahl, Ni-Cr-Leg. 80/20, Si-reicher Hartguß u. ä.). Spritzschicht schwammartigporös, daher Nachdichtung wichtig. Porosität manchmal von Vorteil: Bei Reibbeanspruchung (Festhalten des Schmiermittels) und zur Verankerung eines Anstrichs. Nachbehandlung: Erhitzen, dadurch mindestens Diffusionsverbindung mit Unterlage, oder Zusammenfritten oder Aufschmelzen, „Frottieren“ durch Aufdrücken oder Reiben mit Bürsten, chem. Verfahren (Imprägnieren), Farb- bzw. Lackanstrich. Härte meist größer als Knetmetall wegen Oxidanteil; Dichte, σ_B und δ kleiner; gegen Schlag und Stoß empfindlich, auch gegen Rolldrücken.

Wichtigste Auftragsmetalle: **Zn:** Innen- und Außenschutz kleinerer Schiffskörper, Eisenkonstruktionen, Masten u. ä. mit folgendem Farbanstrich, der damit unterrostungssicher ist. – **Al:** Spritzalitieren mit folgendem Wasserglas-Anstrich und Eindiffundieren bei 800 ... 850 °C, dann zunderbeständig bis $\leqq$ 1000 °C, dabei Spritzschicht auf Stahl $\geqq$0,15 mm, auf Grauguß $\geqq$0,2 mm erforderlich (z. B. GG-Kokillen, Überhitzer-Anlagen, Einsatzglühbehälter). – **Sn** und **Pb** mit folgendem Aufschmelzen („Spritzschweißen“), dabei Pb für rauchgasbeanspruchte Teile und chem. Anlagen (Hallen). – Cu, Ms, SnBz, Ni und Ni-Leg., rostfreie Stähle, leg. Gußeisen u. a. je nach Korrosionsbeanspruchung. Ni/Cr (80/20)-Spritzschichten bis 1250 °C hitzebeständig. Colmonoy-Spritzschichten (65 ... 85% Ni, 8 ... 20% Cr, 2 ... 5% B, 8 ... 10% Fe) anschließend bei 1050 °C eingeschweißt, sehr hart und korrosionsbeständig (chem. Industrie, Ventilsitze u. ä.).

Spritzplattieren bes. mit Zn und Pb für Teile, die wegen ihrer Größe keine Badbehandlung erfahren können. Massenteile (z. B. Fittings) auch in Trommeln maschinell spritzplattierbar, besser als feuerverzinkte Fittings mit nachgeschnittenem Gewinde. Spritzdicke meist 0,01 ... 0,5 mm.

Spritzleistung in kg/h: Sn 13, Pb 9, Zn 8, Ms 2,8, Cu 2,6, Al 2 ... 2,5, Stahl 2 ... 4,5; bei Lichtbogenspritzung über 10. – Metallspritzen auch für andere Zwecke anwendbar: Dichtspritzen ausgearbeiteter Risse in Gußstücken, wenn Schweißen und Löten unmöglich (keine Festigkeitsverbindung!), Grauguß-Pulverspritzen zur Ausbesserung von Gußteilen chemischer Anlagen, dabei auch legierter Sonderguß und säurebeständiger Guß mit 14 ... 18% Si verspritzbar, weiterhin keramische Werkstoffe.

Pulver-Diffusions-Verfahren (Zementier-Verfahren). Oberflächlich durch Sandstrahlen, „Trommeln" u. a. aktivierte Teile werden in Feinstmetallpulver, zur Verhinderung des Zusammensinterns mit Oxiden gemengt, eingepackt und darin erhitzt. Metallpulver durch Feinmahlung aktiviert (oberflächliche Zerstörung des Kristallgitters und Erzeugung einer „Beilby"-Schicht). Weitere Aktivierung durch Zusatz von Halogeniden (meist Ammoniumchlorid 10 ... 15%). Nachteilig für Diffusion ist C-Gehalt des Stahls, daher C-armer Stahl oder Entkohlung (Glühen in H_2) oder galvanische St-Auftragung. Eindringtiefe abhängig von Temperatur und Zeit.

„Sherardisieren" (Diffusionsverzinken) bei 230 ... 400 °C während 2 ... 4 h in langsam umlaufenden Trommeln, nur für kleine Massenteile. Zn-Überzug stark zerklüftet. – *Pulver-Alitieren* (Kalorisieren, Alumentieren): Eindiffundieren von Al, viel angewendet, da u. a. wirtschaftlich für Fe-Schutz gegen Verzunderung bis 1000 °C; verschiedene Mischungen Al mit Al_2O_3, Kohle und Salmiak gebräuchlich. Wesentliche Verbesserung durch Verwendung von Pulver aus Al/Fe-Legierung (50/50) statt Rein-Al, da wesentlich höhere Temperaturen möglich. Diffusionsvorgang oft in inertem Gas (meist H_2), um Oxidation zu vermeiden. Pulveralitieren jedoch Metall-aufwendiger als Spritzalitieren mit Diffusion, doch müssen solche Schichten vor Glühung durch Bitumen- oder Wasserglas- oder Borax-Überzug gegen Oxidation geschützt werden. Verwendung einer AlMg-Legierung (4 ... 10% Mg) soll dauerhafteren Zunderschutz ergeben. Pulveralitieren bevorzugt für kleinere Teile, Spritzalitieren bes. für große und sperrige Teile, sowie verzugsempfindliche Teile, da Glühtemperatur niedriger.

Verfahren:	Glüh-Temp.	Glühzeit	Al-Verbrauch
Spritz-Alitieren	800 ... 850 °C	2 ... 4 Std.	≈0,75 kg/m²
Pulver-Alitieren	900 ... 1050 °C	4 ... 20 Std.	1,2 – 2,5 kg/m²
Tauch-Alitieren	1050 ... 1100 °C	3 ... 4 Std.	1,2 – 2,5 kg/m²

Auch Elektroplattierschichten können durch thermische Behandlung eindiffundiert werden, meist zur Verbesserung ihrer Haftfestigkeit, manchmal auch um Oberfläche zu härten (Cu in Al). Auf diese Weise auch Legierungsschichten herstellbar, die sich elektrolytisch nicht abscheiden lassen: Corronizing-Verfahren für Ni-Zn-Legierung, korrosionstechnisch sehr wertvoll.

Gas-Diffusionsverfahren: Auftragsmetall wird im Hochvakuum verdampft und auf Werkstück niedergeschlagen (Bedeutung nur für nichtmetallische Unterlagen).

Verbindungen des Auftragsmetalls, meist Halogenide, werden an der zu bedeckenden hocherhitzten Oberfläche thermisch zersetzt, wobei das freiwerdende Metall eindiffundiert; je eindiffundierendes Metallatom entweicht ein Atom des Grundmetalls (Atomaustausch durch Platzwechsel-Reaktion). Am wichtigsten *„Inkrom"-Verfahren* (Inkromieren): Werkstück wird in mit $CrCl_2$ angereicherter keramischer Masse (in verschlossenen Kästen verpackt) auf 950 ... 1000 °C erhitzt: $Fe + CrCl_2 = FeCl_2 + Cr$, wobei Diffusionsschichten von normal 0,1 ... 0,3 (0,5) mm Dicke mit an der Oberfläche ≈35% Cr erhalten werden. Diffusionsdauer je nach Schichtdicke 2 ... 20 h. Da C-Gehalt Cr-Diffusion behindert, ist C-armer Stahl (auch P- und S-arm!) am günstigsten („IK-Stahl"). Geringer Legierungsgehalt ohne Einfluß. Auch für weißen Temperguß anwendbar. Schichthärte $HRC = 25 ... 50$.

Chrom-ferritische Schicht weitgehend kalt umformbar ohne Beeinträchtigung der Schutzwirkung, bis 850 °C dauerzunderbeständig (kurzzeitig bis 1000 °C), mattsilbernes Aussehen, nötigenfalls hochglanzpolierbar, Widerstands-Punkt- und -Naht-schweißbar und lötbar, Nachschleifen selten nötig, da Teile maßhaltig anfallen, bei dickeren Schichten aber Maßschliff möglich. Außer Weichstahl bei Erfordernis hoher Verschleißfestigkeit und Härte auch C-reicher Stahl (dann vergütbar und härtbar) bzw. Werkzeugstahl bzw. randaufgekohlter Einsatzstahl sind mit Vorteil inkromierbar (größerer Glühzeitbedarf). Randschicht enthält dann auch sehr harte Cr-Karbide; Randhärte $HRC = 50 \dots 70$. Cr-Verbrauch ≈ 200 g/m^2 relativ gering. *Anwendung:* Inkromierter Stahl ist wirtschaftlicher Austauschwerkstoff für Cu- und Ni-Legierungen bei starker chemischer und (oder) Zunderbeanspruchung, u. U. auch Verschleißbeanspruchung, z. B. nahtlose Rohre für Wärmeaustauscher aller Art (setzen keinen Kesselstein an!), bei Lufterhitzern bis 850 °C, Maschinenteile: Schrauben und Muttern aller Art und Größe, Spindeln, Schieber, Wellen, Verschraubungen, Blechteile, Turbinenschaufeln, Ventilkugeln, ferner Teile für Glüh- und Trockenöfen, Wärmebehandlungsgeräte, Oberleitungsarmaturen u. v. a.

Abwandlung: *Onera-Glanzchrom-Prozeß:* Einpackmasse aus Cr-Pulver/Al_2O_3-Gemisch umgibt Teile und wird von Fluorwasserstoffgas (meist durch thermische Zersetzung von Ammoniumfluorid hergestellt) durchströmt, wobei gebildetes Chromfluoridgas bei 1080 ... 1090 °C katalytisch zersetzt wird und Cr eindiffundiert; bei Weichstahl in 1 h 0,1 mm, in 6 h 0,25 mm Schichtdicke erreichbar, Oberfläche hier mit Hochglanz anfallend. In äußerster Randzone über 50% Cr.

Mechanisches Plattieren. Man unterscheidet 1. *Walz- oder Walzschweiß-Plattieren,* bei der Grund- und Plattiermaterial in Blechform größerer Dicke nach Oberflächenreinigung und meist Kantenverschweißung mit Anschluß eines Zuführröhrchens zur Füllung der Fuge mit Schutzgas (H_2) auf Walztemperatur gebracht und auf gewünschte Dicke fertiggewalzt werden; meist angewendetes Verfahren. – 2. *Gußplattierung:* Ein- oder beidseitiges Angießen des Plattiermetalls an gereinigte Blechbramme mit folgendem Verwalzen auf Endabmessung. – 3. *Umformungsfreie Plattierung:* Endabmessungen von Grund- und Deckmaterial werden unter Druck und Temperatur vereinigt. – 4. *Lötplattierung* mit Lot als Verbindung zwischen Grundmetall und Deckschicht. – Grundmetall muß bei 1. bis 3. gut preßschweißbar sein; niedriger C-Gehalt (St 35 ... 52), in besonderen Fällen auch Sonderstähle geeignet. Ziel: Wertvolles Material einzusparen. Metallauflage meist Cu, Ni und deren Legierungen, bes. Ms, Bz, Monel u. a., Al, rost- und säurebeständige Stähle. Schichtdicken 3 ... 60% der Gesamtdicke, meist um 10% ein- oder beidseitig. Bes. Vorzüge: Gegenüber anderen Verfahren Deckschicht vollkommen porenfrei, plattiertes Werkstück verhält sich wie Massivteil aus Plattierwerkstoff, ist jedoch fester entsprechend Grundmaterial. Bes. zu beachten: Plattierung an Halbfertigmaterial vorgenommen, daher sind später anfallende Schnittkanten entsprechend zu schützen. – 5. *Sprengplattieren* findet Anwendung beim Beschichten von Stahlblech mit Werkstoffen, die im Falle erhöhter Temperatur beim Warmwalzplattieren oder Auftragschweißen Schwierigkeiten bereiten, z. B. Titanauflagen. [I.63].

Plattierung mit Cermets. Cermet = meist gesintertes Oxid- oder Karbid-Gerüst mit Metallen als Füllstoff, z. B. Al_2O_3 mit Cr; TiC mit Cr bzw. Co bzw. W; alkalifreie Glasfritte mit Cr, u. a. (auch Sinterhartmetalle gehören hierher). Solche „keramische" Überzüge auf z. B. Gasturbinenteile aufgesintert erhöhen Dauerstandfestigkeit und erniedrigen Oberflächentemperatur um 40 ... 80 °C; Kohlenstoffabscheidung und Bildung von Karbiden auf Korngrenzen des Grundmetalls damit verhindert. –

β_2) Nichtmetallische Überzüge: Anorganisch

Email-(Schmelz-)Überzug. Vorteil: Verbindet mechanische Festigkeit der Eisenwerkstoffe fast mit chemischer Beständigkeit des Glases. Nachteil: Empfindlichkeit gegen Stoß und kurzzeitig erhebliche und häufige Temperaturschwankungen. Email ist glasartige Schmelzmasse, deren Wärmeausdehnungszahl im Gebrauchstemperaturbereich möglichst wenig von der des

Grundmetalls abweichen soll, um Wärmerisse zu vermeiden. Wird in einer oder mehr Schichten aufgebracht; je dünner Gesamtschichtdicke, desto günstiger physikalisches Verhalten. Auf Stahlblech heute noch überwiegend zwei Schichten, 1. Schicht, Grundemail, für Haftung; 2. Schicht, Deckemail. Modernstes Verfahren Direktemaillierung nur mit Deckemail. Besonderes Stahlblech geglüht in Stickstoff, Wasserstoff und Wasserdampf mit max. 0,006% C notwendig. Diese Emailschicht ist besonders dünn und so unempfindlich gegen Schlag und Biegung. Einschichtemaillierung 0,10 ... 0,15 mm dick, Zweischichtemaillierung 0,2 ... 0,3 mm dick. Hauptbestandteile: Quarzmehl, Borax, Feldspat, Ton (Kaolin), Magnesia. – Grundemail (beste Anbindung!) enthält u. a. besonders noch Ni- oder Co-Oxid. Bestandteile staubfein gemahlen und als Wasserschlicker durch Tauchen (auch elektrophoretisch), Spritzen (auch elektrostatisch) oder Streichen auf gereinigte Fläche aufgetragen und angetrocknet, dann eingebrannt. Beim „Einbrennen" (Aufschmelzen) wird auf Fe gebildete Oxidschicht aufgelöst. Fe reduziert Co-Oxid zu Co, zwischen Fe und Co Bildung eines galvanischen Elements (0,33 V) mit Fe als Anode, dadurch zerklüfteter Fe-Angriff, der beste Verankerung sichert.

Deck-Email (Glasur) enthält gleiche Stoffe, jedoch statt Ni- oder Co-Oxid „Weißtrübmittel" SnO_2, besser neuerdings stärker deckendes TiO_2, das dünnere und säurebeständigere Schichten ermöglicht, durch entsprechende Metalloxide verschieden färbbar. Deckbrandtemperatur 840 °C während ≈4 min. Grundbrandtemperatur für Stahl 850 ... 860 °C, für Grauguß 760 °C, Brennzeit ≈15 min. Emails für chem. Industrie erhalten der Beanspruchung entsprechende Zusammensetzung. In USA neuerdings auch vollkontinuierliche Anlagen.

Zement-Überzug: Wäßriger Zementschlamm, u. U. mit Zusatz von Fluor-Verbindungen, wird mehrmals unter Zwischenhärtung auf grobgereinigte Fläche aufgetragen, damit alkalischer Schutz für Fe, der auch leichten Rost reduziert. Stark verrostete Flächen zweckmäßig vorher flammstrahlen und nachbürsten. Bewährt für Frischwassertanks, für Stahlbau, bes. unter Wasser, und Unterwasserflächen von Schiffen mit folgendem Farbanstrich. Tankdecke unter Kessel erhält starken Belag hitzebeständigen Zements.

Oxidische Überzüge: *Metallfärbung:* Die bekannten Anlauffarben haben auch mit Nachölen nur beschränkten Rostschutzwert. – *Schwarzblau-Färbung* durch Heißtauchen in kochendes Leinöl oder „Abbrennen" mit Ozokerit (Erdwachs). – *Blaufärben* durch Tauchen in siedende Lösung von unterschwefligsaurem Natron + essigsaurem Pb (giftig!) mit Ofentrocknung, für Gewehrläufe auch auf beginnende Dunkelrotglut erhitzen und Abreiben mit „Blutstein" (Fe_2O_3). – Braunschwarz-Färben oder *Brünieren* von Waffen, Beschlagteilen, Kleineisenwaren u. a. nach vielen Rezepten möglich, u. a. auch bestreichen mit $SbCl_3$-Lösung und Lufteinwirkung (Bildung eines basischen Eisensalzüberzugs), nach mehrmaliger Wiederholung Einreiben mit Wachs. – *Schwarzfärben* durch Warmtauchen in geschmolzenes Gemisch aus Ätznatron und Salpeter (4 : 1), auch wäßrige Lösungen verschiedener Zusammensetzung dafür bekannt, Nachbehandlung durch Einreiben mit Wachsen. – Viel wirksamer als obige Schichten ist Fe_3O_4-Überzug dunkel-blaugrauer *„Glanzbleche"*, erzeugt durch Endwalzung Grobzunder-freier Stahlbleche bei Dunkelrotglut zwischen Polierwalzen.

„Inoxidieren" von Stahl und Grauguß erfolgt durch mehrfach wechselnde Einwirkung oxidierender und reduzierender Heizgase in Inoxidofen bei 800 ... 900 °C, dadurch festeingewachsene, dichte Schicht aus Fe_3O_4, evtl. mit Deckschutzschicht, für Kochgeschirre, Tiegel, Fensterrahmen, Säulen u. a.

Phosphat-Überzug oder *Phosphatieren* nach *W. Coslett*, 1906 (*Coslett-*, *Atramentol-*, *Parker-*, *Bonder*-Verfahren u. a.). Allgemein nur als guter Haftgrund für Anstriche, da Schicht stark mikroporös. Tauchen in meist heißen, angesäuerten, wäßrigen Bädern mit leicht wasserlöslichen, primären Mn-, Zn- oder Fe-Phosphaten, die bei entsprechender Temperatur und Konzentration durch Hydrolyse als ternäre, wasserunlösliche Phosphate auf Fe-Werkstoff kristallin festwachsen. Zusatz oxidierender Stoffe (Nitrate, Nitrite, Chlorate u. a.) erhöhen Abscheidegeschwindigkeit der Phosphatüberzüge, so daß Behandlungszeit wesentlich verringert wird, auch unzulässige Fe-Anreicherung im Bad unterbunden und Lebensdauer verlängert wird. Heute meist 1 ... 5 min Tauchzeit bei 90 ... 95 °C, seit 1941 auch Kaltbäder (20 ... 30 °C) möglich, wenn Puffersubstanz (z. B. saures Na-fluorid) pH-Wert auf 2,8 ... 3,1 zu halten gestattet. Schichtdikken 3 ... 15 µm, hochwertig entsprechend den heißerzeugten Phosphatschichten. Schutzwert steigt mit zunehmender Feinkörnigkeit.

Die billigen Phosphat-Überzüge sind wichtigste Vorbehandlung für alle Lackierungen und Anstriche, bes. im Karosseriebau. Auch Nachbehandlung durch Wachsen, Fetten und Ölen (evtl. unter Rußzusatz) für Kleinteile, wie Schrauben und Muttern, Beschlagteile aller Art u. ä. – Auch nicht tauchbare Großteile (Brücken, Masten und andere Eisenkonstruktionen) durch Spritzen nach Kaltverfahren phosphatierbar. Phosphatschichten bringen auch große Vorteile bei Kaltumformung von Stahl (Draht- und Rohrzug, Tiefziehen u. a.), da wegen guten Anhaftens mit billigen Schmiermitteln (Emulsionen) gearbeitet werden kann. Phosphatierung als Mittel zur Verminderung gleitender Reibung, wobei Ph.-Schicht als Trennschicht wirkt und Schmiermittel gut festhält, mit Vorteil im Fahrzeugbau verwendet: Kolben und Kolbenringe, Ventilstößel, Nockenwellen, Getriebeteile, Zahnradflanken u. a. – Auch Zn und Zn-Legierungen sind phosphatierbar.

β_3 Nichtmetallische Überzüge: organisch

Kombination von Flammstrahlen mit chemischer Behandlung wird Flammphosphatieren (Schutzflammen, Flammgrundieren) genannt. Einbrennen der umgewandelten Rost- bzw. Zunderschicht einschließlich Reaktionsprodukte mit Stahl ergibt Schutzschicht und Haftgrund für nachfolgende Anstriche. [I.64].

Rostumwandler beruht auf der Reaktion der Phosphorsäure mit fest haftendem Rost auf Stahloberflächen. Lösungen enthalten zusätzlich Netzmittel, Metallphosphate, Inhibitoren und bei Bedarf auch Fettlösemittel sowie Anstrichbindemittel.

Wash-Primer enthalten organische oder anorganische Bestandteile sowie Phosphorsäure, die mit Metallgrund reagiert. Primer werden wie Anstrichstoffe aufgetragen, bestehen aus zwei Komponenten, die getrennt gelagert und kurz vor der Verarbeitung gemischt werden. Erste Komponente: organische Bestandteile, basisches Zinkchromat, Lacklösungsmittel und zweite Komponente: Phosphorsäure, Wasser und Alkohol. Verwendung bei Eisen, Zink, Aluminium, Kadmium und Magnesium, wenn Phosphatieren oder Chromatieren nicht möglich oder unwirtschaftlich.

Überzüge aus Fetten, Ölen und Wachsen für Lagerung und Versand, nur kurzzeitig brauchbar. Verwendet werden ungefettete Mineralöle (bis 60% Luftfeuchtigkeit), Natur-Vaseline (bis 80%) und gefettete Vaseline (bis 90% Luftfeuchtigkeit). Verbesserung ihrer Schutzwirkung durch Zusatz von Emulgatoren und Stabilisatoren (hochmolekulare Stoffe, wie Sulfonate, Oleate, Stearate u. a.), dadurch Emulgierbarkeit mit H_2O erzielt, damit beste Benetzung des zu schützenden Stückes. (Öle und Fette pflanzlicher und tierischer Herkunft können korrodierende Fettsäuren bilden, daher vermeiden!) Beste Wachse sind Kohlenwasserstoff-Wachse, die Ceresine (Gemische verschiedener Mineralwachse): Tauchen in Wachs-Schmelzen oder Aufspritzen des gelösten Wachses, wobei Lösungsmittel verdampft. Haftfähiger und druckfester als Öl und Fett. Alle diese Überzüge sind sinngemäß auch für Nichteisenmetalle brauchbar.

Farb- und Lackschichten („Anstrichstoffe"), aufzubringen durch Pinselstreichen, Spritzen durch Druckluft (1 – 6 bar), Spritzen durch Lackzerstäubung ohne Druckluft – Airless (200 bar), Heißspritzen 40 – 80 °C (40 – 70 bar) mit und ohne Druckluft, elektrostatisches Lakkieren mit Druckluft oder airless und rein elektrostatisches Lackieren, Tauchlackieren. Übergießen nach entsprechender Untergrundreinigung, Spritzverzinken, Phosphatieren usw. zur Erzielung guten Verankerungsgrundes; bes. für Großobjekte von erheblicher wirtschaftlicher Bedeutung. Sie „trocknen" zu berührungsunempfindlichen „Häuten" oder „Filmen", welche neben gewisser mechanischer Widerstandsfähigkeit und Härte vor allem gute Haftung auf der Unterlage aufweisen müssen. Evtl. vorheriges „Spachteln" auf besonders aufgetragenem „Haftgrund" zur Einebnung des Untergrundes mit nach Erhärtung anschließendem Schleifen mit Bimsstein oder Schmirgelpapier unter Wasserverwendung. Spachtel = Gemisch aus Kreide, essigsaurem Blei („Bleizucker", giftig!) und Terpentinöl; auch andere Mischungen. Korrosionsschutzmäßig Spachtelung jedoch nachteilig, da Abblättergefahr und Wirkungslosigkeit des Grundanstrich-Pigments!

Mögliche *Bestandteile* von Anstrichstoffen: *Feste Filmbildner:* Natur- und Kunstharze, Asphalte, Peche, Abkömmlinge der Zellulose und des Kautschuks. – *Flüssige Filmbildner:* Fette trocknende Öle, wie rohes Leinöl, meist Leinölfirnis (d. h. mit „Siccativen" zur Abkürzung der Trockenzeit versetztes Leinöl), sowie präparierte Öle: z. B. Standöl, d. h. durch Erhitzen vorbehandeltes Öl mit überlegener Filmeigenschaft; ferner „geblasene Öle", erhalten durch Luftdurchleitung in der Wärme, u. U. nachbehandelt mit Chlorschwefel, dann „faktisierte Öle" genannt. – Lösungsmittel für feste Filmbildner, und Verdünnungsmittel. – *Pigmente:* Feinpulvrige Stoffe zur Erzielung von Deckfähigkeit und Filmverfestigung, insbes. zur Erzielung guten Korrosionsschutzes durch chemische Wirkung. Übliche Klassenbezeichnung der Anstrichstoffe.

Übliche Klassenbezeichnung der Anstrichstoffe

Filmerzeugung durch:	ohne Pigment	mit Pigment
nur flüssige Filmbildner (trocknende Öle)	Firnisse Standöle u. a.	Ölfarben, Firnisfarben, Standölfarben
nur feste Filmbildner (mit Lösungsmitteln)	flüchtige Lacke	flüchtige Lackfarben oder „Emaillen" (Email-Lacke)
gleichzeitig feste und flüssige Filmbildner	Öllacke u. a.	Lackfarben, Öllackfarben, Ölemaillen

Den Pigmenten kommt besondere Bedeutung als Rostschutz zu: Pigmente von basischem Charakter bilden mit Säureanteil des flüssigen Filmbildners Seifen (wichtig zur Filmfestigung) z. B. Bleiseifen bei Blei-Mennige/Leinölfilm, ferner elektrochemische Rostschutzwirkung durch Passivierung der Fe-Oberfläche (verbreitetste Grundanstrichfarbe). Weitere Rostschutz-Grundanstrich-Pigmente: Außer roter Bleimennige (Pb_3O_4), für geringere Beanspruchung evtl. Verschnitt mit Schwerspat + ZnO, oder mit kristallwasserfreiem (evtl. kreidehaltigem) Fe_2O_3 (allein oder kombiniert mit Pb_3O_4), auch gemischt mit ZnO. Sehr leistungsfähig sind Bleizyanamid, Bleichromat, Zinktetraoxichromat, Calziumorthoplumbat, leistungsschwächer ZnO allein oder mit basischem Bleisulfat. Bestes Bindemittel für Grundanstrich: Firnis auf Basis von Leinöl (u. U. auch Sojaöl). – Bleiweiß ($2PbCO_3 \cdot Pb(OH)_2$) bildet besonders stark Bleiseifen, da hochbasisch; Film dadurch besonders dicht, fest und quellsicher, also widerstandsfähig gegenüber Witterung (Schiffsdeckanstrich!). Weitere Deckanstrich-Pigmente: Sulfobleiweiß, Zinkoxid, Lithopone ($BaSO_4 + ZnS$), Titanweiß (TiO_2) u. a.; verbessernd wirkt vielfach geringer Zusatz von Faserpigmenten (Asbestine), da filmverfestigend. Wichtig ferner Lichtreflexion zur Verhinderung der Tiefenwirkung des Lichtes mit Bindemittel-Zersetzung als Folge; oberflächlich nicht vermeidbar, genannt „Kreidung", d. i. Abwischbarkeit durch Bindemittel-Zersetzung freigegebener Pigmentteilchen. – Besondere Bedeutung hat neuerdings „Kaltverzinkung" durch „Kaltzink"-Anstrich (95% Zn-Staub, 5% Polystyrol als Bindemittel, und Lösungsmittel). Bestens bewährt für Unterwasseranstrich von Schiffen, im Hafen- und Schleusenbau, auch bei Meerwasserangriff in den Tropen, nach USA-Versuchen der Bleimennige erheblich überlegen (Galvanische Schutzwirkung!). Filmbildner Butyltitanat liefert mit Metallpigmenten Zn bzw. Al zunehmend hitzebeständige Lackfarben (z. B. mit Zn bis 450 °C, mit Al bis 600 °C!).

Chemikalienfeste Anstrichstoffe für starke Beanspruchung (Chemische Industrie): Chlorkautschuklack (Kautschuk, in Tetrachlorkohlenstoff gelöst und mit Cl behandelt), Vinyllacke, Epoxidharzesterfarben, ferner Lackfarben auf Basis von zyklischem Kautschuk und Desmodur-Desmophen, sowie von Silikonharz, ferner für höchste Beanspruchung die bei 120 ... 180 °C „einzubrennenden" Epoxidharz- und Phenolharzlacke; besonders hochwertige Filmbildner sind Ölalkydharze, die als Einbrennlacke (120 ... 160 °C) sehr beständige, auch weiße und hellbunte „Emaillen" ergeben (für Kraftwagen, Fahrräder u. ä., immer mit Phosphatierung als Untergrundbehandlung).

Schutzfilme auf Basis Asphalt, Bitumen, Teer und Pech. (Schwarzfärbung durch kolloidal eingelagerten C). Von großer Bedeutung für Unterwasser- und Bilgenschutz von Schiffen und für Wasserbauten, Schutz gegen Bodenkorrosion (Rohre), für Hüttenanlagen, Anlagen der chem. Industrie, Zäune, Kleineisenzeug u. v. a. – *Naturasphalt,* kombiniert mit Ölbindemitteln (Ölkombinationsfarbe, Asphaltlack) besonders gegen Witterungseinflüsse bei schwach chemischer Wirkung (Gaswerke u. a.); *Bitumen* (Erdölrückstands- oder Hochvakuum-Bitumina) mit Schwerbenzin oder -Benzol als Lösungsmittel. Beide erheblich lichtempfindlich (Filmzersetzung; Teere und Peche weisen diesen Nachteil nicht auf), durch AlBz-Pigment wesentlich zu verbessern, dabei gleichzeitig Farbaufhellung. – Bei destruktiver Destillation von Holz, Torf und Kohlen anfallende *Teere* und die aus ihnen durch Austreiben flüchtiger Anteile erhaltenen *Peche* (mit Lösungsmitteln) sind sehr wertvoll durch größte Wasserabweisung (Boden- und Unterwasserschutz). Anstrich-Emulsionen auf Bitumen- oder besonders Teer-Pech-Grundlage sind von überragender Witterungsbeständigkeit, besonders gegen Rauch und Industriegase. Auch Kombinationen obiger Produkte mit sonstigen festen Filmbildnern (Natur- und Kunstharze) üblich.

Kunststoff-Schichten (Außerhalb des Rahmens der Anstrichstoffe) : 3 Arten der Aufbringung:

1. *Kunststoffspritzen* (Flammspritzen, lösungsmittelfreier Schmelzauftrag) mit flammenbeheizter Pulverspritzpistole und Zuteilapparat als vernebelte Schmelze auf gereinigte (am besten gesandstrahlte), 100 ... 150 °C warme Metallfläche 0,8 ... 1,2 mm dick aufgespritzt und glasurartig verlaufen. In Frage kommen folgende Thermoplaste: Polyaethylen (Lupolen, Trolen), u. U. mit Oppanol gemischt, Polyakrilsäureester (Plexigum), Polyamide (Nylon, Ultramid, Trogamid) und Polystyrol; zu beachten ist Vermeidung der Zersetzungstemperatur beim Erhitzen.

2. *Pulver-Heißtauchung* (Wirbelsintern): Auf etwa 200 °C erhitzte Teile werden in mit kaltem Kunststoffpulver gefüllte Behälter getaucht, denen von unten über Lochboden Druckluft dosiert zugeführt wird, wodurch Pulverteilchen in der Schwebe gehalten werden. Nach wenigen Sekunden Tauchdauer herausnehmen, wobei den Werkstücken noch innewohnende Wärme genügt, das anhaftende Pulver in glasurartige Schicht zu verwandeln. Geeignet für die üblichen Thermoplaste.

3. *Auskleidung* von Behältern etc. mit Folien, Platten u. ä., mit oder ohne Aufklebung durch Kunstharzkleber, jedenfalls mit gegenseitiger Verschweißung der Plattenränder. Geeignet für Polyvinylchlorid (Vinidur, Trovidur) und dessen Mischpolymerisat mit Polyvinylacetat (Mipolam), Polyisobutylen (Oppanol O und ORG, Dynagen), letztere besonders für Großbehälter und Kesselwagen für konz. HCl; Polyäthylen, Silikone u. a. Ferner Aufkleben von Schaumstoffplatten aus Polyestercyanat- (Moltopren) und Polystyrol- (Styropor)-Basis auf Blechwandungen im Schiffbau verhindert nicht nur Schwitzwasser-Korrosion, sondern dient gleichzeitig der Schall- und Temperatur-Dämmung.

Gummi-Überzüge: Überwiegend Anwendung im chemischen Apparatebau: 1. *Platten-Gummierung:* Metallisch reine Flächen werden mit Gummilösung überzogen, darauf 2 .. 4 mm dikke Platten aus Kautschuk-Schwefel-Mischung luftfrei aufgedrückt und durch folgendes Erhitzen des Werkstückes vulkanisiert. Dünne Beläge auch kaltvulkanisierbar, wobei schwefelfreie Kautschukfelle mit in Schwefelkohlenstoff gelöstem Schwefel oder wechselweise mit SO_2 und H_2S behandelt werden.

2. *Kataphoretische Aufbringung* (Elektrophorese), wobei aus milchartiger Natur-Latex (elektr. negativ geladene Kautschuktröpfchen in basisch reagierender Flüssigkeit), der Schwefelpulver zugesetzt sein kann, durch Gleichstrom auf dem als Anode geschalteten Werkstück im Latexbad Kautschuk niedergeschlagen wird (die den Tropfen mechanisch anhaftenden S-Teilchen werden mitgeschleppt und eingebaut), anschließend erfolgt Warmvulkanisation oder, wenn S noch nicht beigemengt, Kaltvulkanisation, wie oben.

3. *Spritzgummierung* mit Latex, der S-Pulver zugesetzt wurde, mit folgender Vulkanisation. – Vor allem kataphoretische Aufbringung gestattet Gummierung auch schwieriger Formen, wie Pumpengehäuse, Rührer, Lochbleche, Siebgewebe u. a.

Schutz der Nichteisenmetalle

Grundsätzlich von viel geringerer Bedeutung als bei Eisenwerkstoffen, da NE-Metalle allgemein weniger korrosionsanfällig gegen leichte Beanspruchung (Witterung). So können z. B. Konstruktionen für Brücken, Kräne, Gittermasten u. ä. aus Al-Legierungen völlig ohne Anstrich und Wartung bleiben. Dächer aus Cu-, Zn- und Al-Blech erfordern keinen Schutz, da sie ausreichend passiv werden. NE-Metalle werden manchmal als korrosionsbeständiger Werkstoff statt der Eisenwerkstoffe eingesetzt. – Trotzdem ist für bestimmte Zwecke bzw. Legierungen Korrosionsschutz erforderlich.

γ_1) *Aluminium und seine Legierungen*

Grundsätzliches über Korrosionsverhalten siehe Abschnitt Aluminium.

Inhibitoren. Sehr wirksame Hemmstoffe als Zusatz zum Korrosionsmedium (wenn durchführbar) sind anorganische und organische Kolloide, wie Wasserglas, Stärkekleister, Leimstoffe u. ä., ferner N-haltige Verbindungen, wie Alkaloide, organische Amine u. a. – Oxidationsstoffe, wie Chromate, Kaliumpermanganat und Wasserstoffsuperoxid bewirken Verstärkung der natürlichen Oxidschicht bzw. wirken oxidierend auf Angriffsflüssigkeit bzw. deren schädliche Reaktionsprodukte ein.

Chemische Verfahren. (Haben gegenüber anodischer Behandlung an Bedeutung stark eingebüßt.) Verwendung alkalischer Chromatlösungen mit verschiedenen Zusätzen, z. B. Alrock-, Irotka-, MBV-, EW-Verfahren.

Verwendung von Permanganat, z. B. Protal-Verfahren. Erzeugung von Fluorid- bzw. (und) Cr/Al-Phosphatschichten, z. B. Bonder-, Pacz- und Alodine-Verfahren; letzteres soll dem Schutzwert nach dem Eloxal-Verfahren gleichwertig sein. Diese Schichten haben grünlichgraues, mattes bis mattglänzendes Aussehen.

Anodische Oxidation. Ergibt mit Gleich- oder Wechselstrom in sauren Bädern auf Werkstück (als Anode geschaltet) verstärkte Al_2O_3-Schicht, die porig ist und fest einwächst. Als Säureanteil in Deutschland Oxalsäure (*Eloxal-Verf.*), in USA Schwefelsäure (Alumilite-Verf.), in England Chromsäure (Bengough-Verf.) üblich, wobei peinlich Chloride vermieden werden müssen, da sonst Al in Lösung geht.

Schichten mehr oder weniger durchscheinend bis unsichtbar. Vorher peinliche Oberflächenbearbeitung, da alle Verletzungen und Strukturunterschiede hervorgehoben werden. Alle Schichten mehr oder weniger porös, daher Nachdichtung erforderlich: Kochen in Ni-Co-Azetatlösung, besser Behandlung mit Wachs, Öl, Fett, Siliconen. Verankerung photographischer Schichten möglich zur Aufbringung witterungsbeständiger Lichtbilder, Skalen u. a. (Seofoto-Verfahren). Eigenschaften je nach Verfahren und Legierung etwas unterschiedlich. Anwendung als Korrosionsschutz, aber auch für dekorative Zwecke (färbbar), zur Erhöhung der Verschleißfestigkeit, elektrischen Isolierung (auch für Starkstrom), Erzielung bester Lichtreflexion (technische Spiegel, Wärmestrahler), bester Grundierung für Anstrichstoffe, Erzielung einer Schmiermittel-Tragschicht für Gleitbeanspruchung.

Mechanisches Plattieren (Walzschweißplattieren). (Grundsätzliches unter β_1, doch hier auch Strangpreßplattieren möglich für Profile.) Rein- oder Reinst-Al-Schichten auf korrosionsempfindlicher AlCuMg- oder AlZnMg-Legierung für Bleche, Cu auf Al (*Cupal*) besonders für Wärmeaustauscher und in der Hochfrequenztechnik, Plattierdicke meist 5 ... 10% ein oder beidseitig, in Sonderfällen auch mehr.

Elektroplattieren: Grundgedanke: Anodische Verstärkung der Oxidschicht, deren schwammartige Anzehrung chemisch durch alkalische Lösungen oder elektrolytisch durch kathodische Schaltung schließlich verbleibendes Al_2O_3-Gerüst für notwendige Verankerung liefert. Nach *Elytal-Verfahren* wird mit teilweiser Ablösung der Oxidschicht gleichzeitig Ms oder Cu niedergeschlagen. Üblich: Glanzverchromung auf Unternickelung. Direkt-Verchromung zur Erhöhung der Verschleißfestigkeit (DLV-Verfahren). Grundsätzlich alle bekannten Metallniederschläge erzeugbar, doch allein vom Korrosionsstandpunkt aus betrachtet wenig sinnvoll; Verletzungen und Poren in diesen Schichten führen wegen Bildung eines wirksamen Korrosionselements schnell zu Lochfraß.

Spritzplattieren: Korrosionstechnisch wenig sinnvoll, da Spritzschicht porös und insbesondere bei Schwermetallschichten zu starker Korrosion führend, wenn Angriff vorliegt. Für andere Zwecke, z. B. Spritzverstahlung von Motorzylindern und ähnliche Gleitflächen, Spritzverkupferung zur Verbesserung elektr. Kontakte u. ä. jedoch ausgeführt; Fernhaltung korrodierender Mittel dann wichtig. Spritzplattierung korrosionsempfindlicher Al-Legierungen (AlCuMg u. a.) mit Rein-Al möglich, erfordert jedoch zusätzliche Porenfüllung durch Lack.

Chemische Verzinkung durch Tauchen in „Zinkatbeize" liefert Zn-Schicht, die fest eingewachsen ist; Haftgrund für nachfolgende Schichten.

Farben und Lacke: Vorher Oberflächenreinigung und, wenn durchführbar, chemische (MBV u. a.) oder anodische (Eloxal-)Behandlung, für Großobjekte wirtschaftlich am günstigsten durch „Wash-Primer", d. i. ein Zwei-Komponenten-Lack; dadurch chemisches Abbinden vorhandener Fettschichten (ersetzt vorherige Entfettung) und Erzeugung eines sehr dünnen Films mit hohem Haftvermögen für folgenden Anstrich. Übliche Ölfarbenanstriche hier überholt.

Heute viele Kunstharzlacke und Öllacke mit korrosionspassivierenden Pigmenten (Verbindungen des Zn, Cr und Ti) oder inerten Pigmenten (Mennige u. ä. völlig unbrauchbar, da stark korrodierend!). Ferner farbloser Zaponlack (Sonderqualität, Kombinationslack) und Messington-Zapon, der korrosionsbeständigen Lasurüberzug und Messing-Aussehen verleiht. Am leistungsfähigsten sind Kunstharz-Einbrennlacke.

Emaille-Überzüge. Während bisher nur Email-ähnliche Überzüge auf Basis anodischer Oxidation mit eingebautem TiO_2 oder ähnliche existierten, wurde neuerdings durch Bayer-Leverkusen auch echtes mineralisches Schmelz-Email entwickelt (bisher nur für dekorative Zwecke).

Gummi-Schichten. Auch gummiplattierte Kavitationsschutzplatten örtlich eingesetzt bei Schiffskörpern aus AlMg-Legierung von Bedeutung.

γ_2) *Magnesium und seine Legierungen*

Grundsätzliches über Korrosionsverhalten siehe Abschnitt Magnesium.

Inhibitoren. Als korrosionshemmende oder -verhindernde Zusätze zum Angriffstoff kommen Alkalisulfide, Alkalifluoride und Chromate in Frage.

Chemisch erzeugte Schutzschichten. Am besten Chromatbeizen, das messinggelben Farbton liefert: 10 ... 20%ige Salpetersäure + 15% Alkalibichromat: Ätzt sehr stark an, daher u. U. statt HNO_3 Zusatz von Alaun oder Magnesiumsulfat, auch Bichromat-Kochverfahren (1 ... 2stündiges Kochen in 5%iger Alkalibichromat-Lösung). Chromatfreie Verfahren verwenden selenige Säure oder As-haltige Lösungen, evtl. auch Vorbeizen mit Fluor-haltigen Salzen oder Phosphaten, Titanaten u. a.

Anodische Oxidation. Deutsche Verfahren (*Elomag, Flussal, Seomag*) arbeiten mit stark alkalischen Lösungen (NaOH) ohne oder mit Zusatz von Fluoriden, Silikaten oder einem Gemisch verschiedener Stoffe, oder sie enthalten Fluoride oder Phosphate. USA-Verfahren (Dow-12, Manodyz, AMCR, Galvanik Anodize, Navy-13 D) arbeiten mit Bädern auf teils Chromat- (u. U. schwach saure Bäder) oder Phosphat-Basis, teils auf Silikat- und Oxalatbasis (manche nur für bestimmte Legierungen brauchbar). Schichten sind undurchsichtig und von viel geringerer Härte als beim Eloxal-Verfahren des Al. Haftfestigkeit dickerer Überzüge bei mechanischer Beanspruchung gering (Absplittern); Einfärben möglich, Porosität relativ hoch.

Walzschweiß-Plattierung: Bleche aus MgAl und MgZn werden gegen Spannungskorrosion manchmal mit MgMn- oder AlMg-Legierungen oder Rein-Al plattiert.

Spritzplattierung mit AlMg-Legierungen und folgender Lackierung für Büromaschinen, tragbare Kleinwerkzeugmaschinen, optische Geräte, auch in der Kfz.- und Herdindustrie von gewisser Bedeutung.

Farb- und Lack-Überzüge. Auch hier gibt chemische oder anodische Vorbehandlung den geeigneten Haftgrund bzw. sind Wash-Primer zu empfehlen.

γ_3) *Zink und seine Legierungen*

Grundsätzliches über Korrosionsverhalten siehe Abschnitt Zink.

Phosphatieren. Dadurch bester Haftgrund für Anstriche; ohne Anstrich mit Wachsnachbehandlung für Innen-Beanspruchung gut.

Chromatisieren in Tauchbädern, die Chromsäure oder Bichromate mit Säuren enthalten. Bildung grün-gelblicher Schicht aus basischem Chromat (0,5 ... 1 µm dick), für Innen-Beanspruchung mit Wachsüberzug ausreichend (Druckgußteile in Geräten der E-Technik u. ä.), für Außen-Atmosphäre zusätzlich Lackschutz erforderlich.

Elektroplattieren. Besonders Glanzverchromung von Druckgußteilen (Kraftfahrzeug-Beschläge, sowie Teile der verschiedensten Geräte) nach vorheriger Verkupferung und Dickvernickelung bei richtiger Durchführung sehr zuverlässig und witterungsfest. Verkupferung und Versilberung für kunstgewerbliche Teile nur mit Klarlackschutz, beide des Aussehens wegen (selten).

Farben und Lacke. Verwendet zur Nachbehandlung heißgalvanisch oder spritzverzinkter Eisenteile, aber auch von Zink-Dachrinnen und -Regenfallrohren; zwecks guter Haftfestigkeit der Farben und Lacke müssen Teile mehrere Monate der Außenatmosphäre ausgesetzt werden oder besser Aufrauhung durch Phosphatieren, insbesondere dann, wenn sofort nach Verzinkung gestrichen werden soll. Für Anstrich schon stark verwitterter Teile wird Pigment-Mischung aus 80% Zn-Staub und 20% ZnO empfohlen.

3. Pflege und Reinigung

Eine in angemessenen Zeitabständen sachgemäß durchgeführte Pflege und Reinigung selbst korrosionsgeschützter Teile wirkt sich meist sehr günstig auf die Lebensdauer aus: z. B. Entfernung von Niederschlägen, wie Staub, Krusten (Kesselstein), ferner Schlammablagerungen, etwaige Korrosionsprodukte u. a., andernfalls könnten bei Wärmeübertragung örtliche Überhitzung (Wärmestauungen) mit Zerstörung des betreffenden Bauteils oder evtl. vorhandener Schutzschichten (z. B. Email), bzw. Verstärkung des Korrosionsangriffs, z. B. durch Bildung eines Korrosionselements die Folge sein. Glanzchromflächen unter Witterungseinfluß halten länger durch gelegentlich aufgebrachte hauchdünne Siliconfett- oder Wachsüberzüge. Wichtig auch Vermeidung von Oberflächen-Verletzungen. Sie könnten Ausgangsstellen für beschleunigte Korrosion werden, insbesondere, wenn dabei etwa vorhandene Schutzschicht durchstoßen wird. Witterungsbeanspruchte Lackschichten z. B. an Kraftfahrzeugen bedürfen gelegentlich einer „Politur“ zur Verhinderung von „Kreidungs“-Erscheinungen. Damit wird nicht nur „Stumpf“-werden der Lackschicht verhindert, sondern diese auch richtig „ernährt“ und wasserabstoßend gehalten. Siliconzusatz zu Poliermitteln sehr günstig als stark hydrophober Stoff. Gefährlich für Lackschichten sind scharfe alkalische Waschmittel.

Fragen zu Kapitel I.G.

1. Definieren sie den Begriff Korrosion, allgemein sowie interkristalline und transkristalline Korrosion und Spannungskorrosion und grenzen Sie diese von den Begriffen Erosion und Kavitation ab.
2. In welchem Falle ist die Oxidation der Metalle erwünscht und wie kann sie mit technischen Mitteln verstärkt werden?
3. Was verstehen Sie unter Korrosionsschutz-Opferanoden?
4. Inwieweit läßt sich die elektrochemische Spannungsreihe für die Beurteilung der Korrosionsanfälligkeit von Werkstoffkombinationen anwenden?

5. Was verstehen Sie unter Chromatieren, Alitieren, Phosphatieren (Bondern) und wann ist welches Verfahren anzuwenden?
6. Wo liegen die Vorteile der Feuerverzinkung gegenüber der Verzinnung?
7. Stellen Sie die Vor- und Nachteile einiger Schutzmethoden gegen Korrosion dar.
8. Läßt sich die Wirkungsweise eines Lokalelementes mit Hilfe der elektrochemischen Spannungsreihe erklären und welche Rolle spielt dieses bei der interkristallinen Korrosion?

H. Technisch wichtige nichtmetallische Werkstoffe

1. Kunststoffe [I.65, 66, 67, 68]

Einführung. Die Werkstoffe des Maschinenbaus haben in einer über fünf Jahrzehnte zurückgehenden Entwicklung – 1907 schuf *L. H. Baekeland* das härtbare Phenolharz, Bakelite genannt – eine wesentliche Bereicherung durch die Kunststoffe (Englisch: Plastics, daher im Deutschen der vorgeschlagene Ausdruck „Plaste", der in Wortverbindungen schon eingeführt ist, z. B. Duroplast, Thermoplast, Elastoplast) erfahren. Dies sind „künstlich" geschaffene Werkstoffe, deren wesentlicher Bestandteil hochmolekulare organische Verbindungen sind, die durch Abwandlung von Naturprodukten oder synthetisch erhalten werden. Dem Praxisbrauch entsprechend zählen nicht dazu: Faserstoffe, Lacke, Leime und Gummiwaren, auch nicht, wenn diese aus gleichartigen Rohstoffen hergestellt werden. – Wie alle widerstandsfähigen organischen Naturstoffe (z. B. Horn, Haare, Naturgummi) haben sie als Grundsubstanz sehr große Moleküle (Makromoleküle). Diese entstehen durch Koppelung von oft vielen Tausenden einfacher Moleküle und haben Molekulargewichte von oft weit über 100 000.

Weltkunststofferzeugung 1950: $\approx$1,5 Mio. t, 1973: $\approx$43 Mio. t, dabei die USA weit in Führung; demgegenüber Westdeutschland 1950: $\approx$100 000 t, 1973: $\approx$6,1 Mio. t. Westdeutscher Anteil an Welterzeugung 1950: 6,7%, 1973: 14,4%. (1938 Deutschland noch weltführend, 1939 Weltanteil noch 33,3%). Von 1938 (Welt $\approx$200 000 t) bis 1973 mehr als Verzweihundertfachung der Weltproduktion!

a) Kunststoffe aus Naturstoffen (seit $\approx$1860)

Kaseinabkömmling: **Kunsthorn** (KH) seit 1897 [Galalith, Osalith u. a.], aus Labkasein + Formaldehyd erhalten, Härtung nach plastischer Formgebung.

Sehr geschmeidig und zäh, Schnitzwerkstoff; hohe Wasseraufnahme (normal $\approx$10%, u. U. bis 30%) bedingt Formänderungen, daher für technische Teile ungeeignet; vielseitig färbbar, gut zerspanbar; Biegen noch möglich bei 100 ... 120 °C; σ_{bB} = 10 000 ... 18 000 N/cm²; a_n = 200 ... 400 N · cm/cm²; Gebrauchstemperatur bis $\approx$60 °C. – Verwendung für Gebrauchsgegenstände und Galanteriewaren, wenn nicht besondere Maßhaltigkeit gefordert.

Cellulose (Zellstoff)-*Abkömmlinge* aus Holz-Cellulose oder Baumwoll-Linters: Cellulose = $(C_6H_{10}O_5)_n$, wobei n ≈2000; chemisch ein Polyalkohol.

Vulkanfiber (Vf), seit 1859 [Dynos, Hornex, Lederstein u. a.]. Nach Quellung (Pergamentierung) von Cellulosebahnen in Chlorzinklauge (seltener H_2SO_4) schichtverpreßt („gegautscht") und gewässert (je nach Dicke 3 Wochen bis 6 Monate).

Vf ist einer der mechanisch festesten Kunststoffe (Tabelle I.37 und Abb. I.93) mit guten Gleiteigenschaften. Bearbeitung spanabhebend; Biegen dünner Platten auf Heißbiegemaschinen, auch beschränkt tiefzieh- und drückbar (dazu Erweichung in Heißwasser). – Vielseitige Anwendung in der Maschinen-, Metallwaren-, Armaturen-, Auto- und Textil-Industrie, in E-Technik, für Kofferherstellung u. v. a. – Als Schichtpreßstoff mit härtbarem Kunstharz verleimt [Dynopas, Gesalith u. a.,] auch kombiniert mit Holzfurnieren, für Lagerbüchsen, Zahnräder u. a.

Zellglas (ZG) [Cellophan, Transparit u. a.], erhalten durch Lösung von Cellulose in vorwiegend CS_2 und NaOH zu Viskose und deren Auspressen durch Schlitzdüsen in „Spinnbad" zur Ausfällung; Folien normal 0,02 mm dick.

Reißfestigkeit längs ≈7600 N/cm², quer ≈4600 N/cm², Bruchdehnung längs 18 ... 20%, quer 30 ... 40%; unempfindlich gegenüber Nahrungs- und Genußmitteln, billig. Bei Qualität „wetterfest" ist Wasserdampfdurchlässigkeit durch Lackieren herabgesetzt. Viel verwendet für Verpackung, Wursthüllen (Schlauch aus Rundschlitzdüse), Trennfolie in mehradrigen el. Kabeln u. ä. – Als Faden: Zellwolle. – Vf und ZG sind Hydrat-Cellulose.

Celluloid (CD) ≡ Zellhorn [Hellaridin, Walderit u. a.], bekannt seit 1867, erhalten durch Veresterung von Cellulose mit $(HNO_3 + H_2SO_4)$-Gemisch zu Cellulosenitrat („Nitrocellulose", Collodiumwolle mit Sprengstoffeigenschaft!), das mit Kampfer in Alkohol als Weichmacher plastifiziert wird.

Leicht brennbar, daher nur begrenzt anzuwenden. Feuchtigkeitsbeständiger als Celluloseazetat; $\sigma_{zB} = 6000$ N/cm², $a_n = 1000 \ldots 2000$ N · cm/cm²; Warmformbeständigkeit (Martens) = 58 °C. Verarbeitung durch Gießen (aus Lösung), Formkörper durch Tauchen in Lösung, Warmumformen von Folien (Ziehen, Blasen, Saugen).

Acetylcelloid (ACD) als Spritzgußmasse [Cellon, Cellidor A, Ekaron, Trolit W u. a.] und Folie [Ultraphan, Cellit u. a.]. Gewinnung ähnlich Celluloid durch Verestern mittels Essigsäure-Anhydrid, H_2SO_4 als Katalysator, teilweise Verseifung zur Verbesserung der Löslichkeit.

Verschiedene Härtegrade durch Weichmacher-Zusatz. σ_{zB} ≈3000 ... 5000 (7500) N/cm², Warmformbeständigkeit (Martens) = 48 ... 55 °C; $a_n = 550 \ldots 650$ N · cm/cm²; $a_k = 100 \ldots 200$ N · cm/cm².
Verarbeitung durch Spritzgießen (auch Metallumspritzung), Strangpressen; mit Weichmachern und Wachsen versetzt zum Vergießen und Tauchen (Schutzpackungen); Sicherheitsglas; Tiefzieh-Verpackungen u. a.

Celluloseazetat (CA) (Acetylcellulose, C.-Triacetat) seit 1915 [Triafol T, Cellidor S u. a.], erhalten durch höhere Veresterung mit Essigsäure und Essigsäureanhydrid.

Eigenschaften als Spritzguß Tabelle I. 37. Farblos klar; transparent und opak färbbar. *Verwendung:* Stopp- und Rücklichter, Telefonhörer und -kästen, el. Rasierapparate, Schalterta-

Tabelle I.37. Formmasse-Typen: **Spritzgußmassen:** DIN 7741 u. Beibl. (2.72), DIN 7742 (8. 1959), DIN 7743 (5. 1959), DIN 7744 (8. 1961) [Auszug]

Typ [8]	Spritzgußmasse [8]	Mindestanforderungen an die Eigenschaften von Probekörpern (Form gemäß Normblatt): Grenzbiegespannung bei 20 °C σ_{bG} (DIN 53452) N/cm²	Biegefestigkeit σ_{bB} (DIN 53452) N/cm²	Formbeständigkeit i. d. Wärme mit Vicatnadel in Luft (VDE 0302), °C	Schlagzähigkeit a_n 20°C	Schlagzähigkeit a_n −40°C	Kerbschlagzähigkeit a_k (DIN 53453) N cm/cm² 20°C	Kerbschlagzähigkeit a_k (DIN 53453) N cm/cm² −40°C	Wasseraufnahme gegenüber „Trokkenzustand" (DIN 53472) max. mg	Gewichtsverlust bei 80 °C (DIN 7742/43) max. %	Spez. Durchgangswiderstand ϱ_D (DIN 53482) Ω · cm mindestens	Dielektrischer Verlustfaktor bei 1 MHz tan δ (DIN 53483) max.
300	Polycarbonat (DIN 7744)	7500	–	150	– [7]	–	200	–	–	–	$4 \cdot 10^{15}$	10^{-3}
411	Celluloseacetobutyrat (CAB) (DIN 7743)	5500	–	100	– [7]	180	20	13	75	0,5	–	–
412		4500	–	80	– [7]	150	50	16	70	1,8	–	–
413		3800	– [1]	70	– [7]	120	150	19	55	3,5	–	– [5]

431		5500	–	65	500	–	60	–	250	4	–	–
432	Cellulose-azetat	4400	–	55	500	–	100	–	160	5	–	–
433	(CA)	3300	–	50	500	–	120	–	150	6	–	–
434	(DIN 7742)	6000	–	80	750	–	50	–	200	3	–	–
435		4800	–²)	65	650	–	80	–	150	5	–	–⁶)
501	Homopoly-merisat	–	9000³)	90	170	–	20	–	2	–	$\geqq 10^{14}$	$3 \cdot 10^{-4}$
502	(Entwurf DIN 7741)	–	10000⁴)	100	220	–	25	–	2	–	$\geqq 10^{14}$	$3 \cdot 10^{-4}$

[1]) $\sigma_{zB} \approx 2200$ N/cm². – [2]) $\sigma_{zB} \approx 4500$ N/cm². – [3]) $\sigma_{zB} \approx 4500$ N/cm². – [4]) $\sigma_{zB} \approx 5500$ N/cm² [5]) tan $\delta \approx 2{,}1 \cdot 10^{-2}$. – [6]) tan $\delta \approx 4{,}8 \cdot 10^{-2}$. – [7]) Nicht meßbar, da zu zäh. – [8]) Außer obigen Normtypen im Spritzguß verarbeitbar: **Polyäthylen, Polypropylen, Polymethylstyrol u. MP mit Acrilnitril, Polystyrol-MP** mit Acrilnitril oder mit Acrilnitril + Vinylcarbazol; **Polyvinylcarbazol. „Schlagfeste Polystyrole“:** Polystyrol-MP mit Budadiën bzw. Gemische mit synthetischem Kautschuk ($a_n = 600 \ldots 1500$ Ncm/cm² bzw. nicht mehr meßbar; $a_k = 60 \ldots 250$ Ncm/cm²); **PVC: Polymethacrylderivate: Polyamide** schwachvernetzendes **Polyurethan: Zelluloseäther: Acethylcelloid.**

Tabelle I.38. Formmasse-Typen: **Preßmassen** nach DIN 7708, Bl. 2 bis 4 (Dez. 1973) [Auszug] *)

Preßmasse	Typ	Harzbasis	Füllstoff (Harzträger) und seine Struktur (Beispiele)	Geforderte Mindesteigenschaften an Probekörpern: Biegefestigkeit σ_{bB} DIN 53452 N/cm²	Schlagzähigkeit a_n (DIN 53453) Ncm/cm²	Kerbschlagzähigkeit a_k (DIN 53453) Ncm/cm²	Formbeständigkeit i. d. Wärme n. Martens (DIN 53462) bis °C	Glutbeständigkeit (DIN 53459) Gütegrad	Wasseraufnahme (DIN 53472) mg/100 cm³	Oberflächenwiderstand R_o (DIN 53482) Vergleichszahl
Phenoplast-Preßmassen	11	Phenole: Phenol, Kresol usw.	Gesteinsmehl	5000	35	10	150	4	45	8 ... 10 [1])
	12		Asbestfasern, kurzf.	5000	35	20	150	4	60	8
	13		Glimmerblättchen [3])	5000	30	20	150	4	20	10 ... 11 [1])
	15		Asbest, langfaserig	5000	50	50	150	4	130	7
	16		Asbestschnur-Stückchen	7000	150	150	150	4	90	7
	30		Holzmehl	6000	50	15	100	2	200	8 ... 10 [1])
	31		Holzmehl [3])	7000	60	15	125	3	180	8 ... 10 [1])
	32		Holzmehl	7000	60	15	125	3	180	8
	51		Zellstoff-Fasern [3])	6000	50	35	125	3	300	7 ... 10 [1])
	54		Papierschnitzel	8000	80	55	125	3	500	7
	57		Papierbahnen	12000	150	100	125	3	1500	7
	71		Baumwoll-Fasern [3])	6000	60	60	125	2	250	7
	74		Bw.-Gewebeschnitzel [3])	6000	120	120	125	2	300	7 ... 10 [1])
	77		Bw.-Gewebebahnen	8000	250	180	125	2	450	7
	83		Bw.-Fasern + Holzmehl	6000	50	35	125	3	200	8
Aminoplast-Preßmassen	131	Harnstoff	Holzmehl od. kurzfaserige Zellulose	6000	50	12	100	3	300	10
	132		kurzfaserige Zellulose	9000	80	15	100	3	300	10
	150	Melamin	Holzmehl	7000	60	15	120	3	250	10
	152		kurzfaserige Zellulose	8000	70	15	120	3	200	10
	153		Baumwoll-Fasern	6000	50	35	125	3	300	9
	154		Bw.-Gewebeschnitzel	6000	60	60	125	3	300	8
	155		Gesteinsmehl	4000	25	10	130	4	200	8
	156		Asbestfasern	5000	35	20	140	4	200	8
	157		Asbestfasern + Holzmehl	6000	45	15	140	3	200	9
Kalt- u. Bitumen-P.	212	Phenole	Gesteinsmehl, Asbestfasern [2])	4000	20	15	150	4	70	8
	214		Gesteinsmehl, Asbestfasern [2])	4500	20	17	165	4	50	11
	916	Naturharz od. Bitumen	Asbestfasern lang	4000	35	35	65	2	10	8
	917		Asbestfasern mittel	2500	15	15	65	1	30	8
	918		Asbestfasern kurz	1800	12	12	50	3	30	10

[1]) 2. Wert bezieht sich auf elektr. hochwertigen Typ, im Normblatt durch Zusatzzahl .5, z. B. 11.5, gekennzeichnet. – [2]) 212 u. 214 werden kaltgepreßt; Härtung durch Nachbehandlung in Wärmeschrank. Alle anderen Typen warmverpreßt und härten dabei aus. – [3]) Hiervon auch ammoniakfreie Qualität, im Normblatt durch Zusatzzahl .9 gekennzeichnet, z. B. 31.9 usw. –

*) **Nachtrag zu Tabelle I.38.** Neuausgabe DIN 7708, Bl. 2 (12, 1973) bringt 3 neue **Phenoplast-Typen: 52** (mit harzimprägniertem kurzfaserigen bzw. gemahlenen Zellstoff) mit relativ geringer Wasseraufnahme; **75** (mit Textilfasersträngen, z. B. Kunstseide), hoch schlagzäh (a_n u. a_k je $\geqq$14,0); **84** (mit Baumwoll-Gewebeschnitzel + Papierfasern 1:1), gut schlagzäh (a_n u. a_k je $\geqq$7). – Nach Blatt 3 (12, 1973) sind **Aminoplast-Typen 130 u. 131** Umbenennung für bisherige Typen 131 u. 132 ohne sonstige Änderung. – Beiblatt zu DIN 7708 (VIII. 1960) bringt außer den in Tabelle I.38 angegebenen noch weitere mechanische, thermische u. elektrische Eigenschaften. – DIN 16911 (XI. 1961) bringt **Polyester-Preßmassetyp 801** (mit 30 ... 35% Glasfasern + 30% andere anorganische Füllstoffe), besonders schlagzäh (a_n u. a_k je $\geqq$22).

sten, Tonabnehmerarme, Spinnspulen, Lupenfassungen, Kugelschreiber, Werkzeuggriffe; Kämme, Brillengestelle, Galanteriewaren u. v. a.; wenig geeignet für techn. maßhaltige Teile, da Formänderung durch H_2O-Aufnahme. Gießfolien (Filme brandsicherer als aus Celluloid). Weiterentwicklung mit äußerst geringer Brennbarkeit und Erlöschen außerhalb Flamme [Cellidor U] für Blitzlicht- und Schalterabdeckkästen, Lampenschirmen u. ä.

Cellulose-Acetobutyrat (CAB), seit 1940: Folie [Triafol B] und Spritzguß [Cellidor B], erhalten durch Veresterung mit Essigsäure und Buttersäureanhydrid.

Wärme- und feuchtigkeitsfester als Celluloseazetat, weitgehend tropen- und wetterfest. Eigenschaften als Spritzgußmasse Tabelle I. 37. *Verwendung* für Lenkradumspritzung, Schaltbretter, Möbel- und Türbeschläge, Staubsaugerteile, Radio- und Schaltergehäuse, Füllhalter, Ölleitungen für paraffinhaltiges Rohöl und Salzwasser, Rohre und Hülsen für Rohrpost u. ä. auch durch Wirbelsintern als gut elektrisch- und wärmeisolierende, schlag- und stoßfeste Schicht aufgetragen auf Handräder, Griffe und Rohre (innen und außen).

Cellulose-Äther (CAE) seit 1933 (Äthylcellulose) [Trolit AE, Ethocel u. a.], erhalten durch Verätherung von Cellulose (Verbindung mit verschiedenen Alkoholen bzw. Glykolsäure), mit geringem Weichmachergehalt für Spritzgußteile bes. hoher Zähigkeit.

Gegen Säuren und Laugen beständiger als vorgenannte Ester. $\sigma_{zB} = 2500\ N/cm^2$; a_n nicht meßbar, da zu elastisch; $a_k = 500\ N \cdot cm/cm^2$. *Verwendung* für Spinnspulen, Lenkradumpressung, Telefonhörer u. ä.

b) Klassische Kondensationsharz-Kunststoffe, Duromere

(Kondensate; seit ≈1910; 1907 erhält der Amerikaner Leo v. Baekeland Patent auf PH-Verarbeitung – daher „Bakelit").

Härtbare (duroplastische) Kunststoffe, Duromere oder Duroplaste. Rohstoffe: Steinkohle, Wasser, Luft und Kalk. Daraus gewonnene Grundstoffe erfahren zusammen mit Formaldehyd und einem Katalysator Härtung durch *Kondensation,* d. i. chemische Umwandlung, bei der Moleküle wenigstens zweier verschiedener Stoffe (z. B. Phenol und Formaldehyd) zusammentreten und flüchtige Stoffe abspalten (z. B. H_2O), während die Molekülreste sich zu fadenartigen Großmolekülen verbinden und so das makromolekulare Kondensat (Kunstharz) aufbauen. Dabei wird die chemische Zusammensetzung der Ausgangsstoffe völlig verändert. Kondensation wird durch Wärme eingeleitet, verläuft dann stark exotherm; daher gegen Ende Wasserkühlung, um das härtbare, in Alkohol und anderen Lösungsmitteln lösliche sowie schmelzbare A-Harz (bei Phenolharz „Resol" genannt) zu erhalten. (Ohne Kühlung nicht rückgängig zu machende Erhärtung schon im Reaktionsgefäß!). Durch Erwärmen auf 100 bis 120 °C härtet Resol noch nicht durch, ist in Alkohol aber nur quellbar, schwer schmelzbar (Resitol, allgemein B-Harz). Weitere Erwärmung von Resitol auf 150 bis 180 °C ergibt vollgehärtetes Harz, das weder löslich noch quellbar sowie unschmelzbar ist (Resit, allgemein C-Harz). A-Harz wurde unter Molekülvergrößerung durch Kondensation erhalten; der kontinuierliche Übergang vom A- über den B- in den C-Zustand erfolgt ohne weitere Vergrößerung der Fadenmoleküle, jedoch mit starker räumlicher Vernetzung (irreversibel) (vgl. Abb. I.92). Gesamtvorgang heißt *Polykondensation*. Weiteres Erhitzen führt zu keiner Erweichung mehr, sondern zu thermischer Zersetzung.

Phenol- und Kresol-Harze (PF; Phenoplaste): Grundstoffe sind Phenol C_6H_5OH oder Kresol $CH_3 \cdot C_6H_4 \cdot OH$, Destillationsprodukte des Steinkohlenteers, ferner Formaldehyd $H \cdot COH$ in 30 ... 40%iger wäßriger Lösung („Formalin") und ein Katalysator.

1 Mol Phenol (oder Kresol) + 1 Mol Formaldehyd + basischer Katalysator (z. B. Ammoniak) = *Resol* (Phenol-A-Harz). Resol bei 20 °C fest (kolophoniumähnlich spröde); geht bei Erwärmung bis 180 °C über Resitol in Resit über (siehe oben!). Diese Härtung darf erst bei Endformgebung erfolgen! – 1,2 Mol Phenol + 1 Mol Formaldehyd + saurer Katalysator (z. B. HCl) = *Novolak;* bei 20 °C fest, durch Wärme schmelzbar und in z. B. Alkohol löslich wie Resol, aber nicht wie dieses durch Wärme allein härtbar. Erst durch Zusatz von Hexamethylentetramin $N_2(CH_2)_6N_2$ (oft kurz „Hexa" genannt), das beim Erhitzen in Ammoniak und Formaldehyd zerfällt, härtet es unter Bildung von Novolak-Resit. Novolak, das zusammen mit Hexa sehr viel schneller härtet als Resol, ist Grundlage aller Schnellpreßmassen, die seit 1927 zum Einsatz kamen.

Verarbeitung, Eigenschaften und *Verwendung:* **Preßmassen** (Normtypen Tabelle I.38): Durch Entwicklung der Schnellpreßmassen (alle heutigen Phenolharz-Warmpreßmassen) von großer Bedeutung. Erhärtung unter Druck (200 ... 400 bar; bei sehr hohen Teilen u. U. bis 600 bar) und 150 ... 180 °C soweit, daß Preßteil starr ohne Kühlung aus der Form kommt. Zusammensetzung einer Schnellpreßmasse: Normal ≈45% Novolak (bei Type 31,5 für verwikkelte Großteile bis 55%), dabei Harz pulverisiert oder in Lösung; ≈45% Harzträger (= Füllstoff, siehe Tabelle I.38; ≈8% „Hexa"; ≈1% Flußmittel (Metallsalze, Spezialwachse, MgO); ≈1% Farbstoff. Bei pulvrigen Harzträgern bei ≈110 °C Knetmischen, Auswalzen der teigigen Masse zu „Walzleder" und nach Abkühlung Zerkleinern; im übrigen Tränkung faseriger oder flächiger Harzträger unter Rückgewinnung des Harzlösungsmittels beim Trocknen. Harz geht hierbei in B-Zustand über. Nur dunkle gedeckte Farben möglich; Harz wird durch Wärme und Licht gelblichbraun! Hellere Farben nur in Gelb-Rot-Reihe. Harzträger beeinflussen Festigkeit und Zähigkeit der Preßteile wesentlich, sind daher nicht nur Streckmittel.– [Bakelite, Alberit, Trolitan, Kerit, Keritex, Resinol u. a.) Verarbeitung durch *Warmpressen* bzw. *Spritzpressen* (aber nicht Spritzguß!) zu Formteilen aller Art, auch mit Metalleinlagen (Umspritzung). Normtypen in Tabelle I.38, z. B. Typ 11, 12, 15 für Kabelmuffen, Lampenfassungen, Gerätestecker u. ä.; Typ 16 wie vor, wenn stark mechanisch beansprucht; Typ 30,5 für el. hoch beanspruchte Teile (Auto-Elektrik, Klemmplatten); Typ 31,5 vielseitigst verwendbar (kleine Massenteile bis Rundfunkgehäuse); Typ 32 ammoniakfrei, daher geeignet zur Einbettung korrosionsempfindlicher Metallteile; Typ 51, 54, 71 und 83 für Teile höherer Gebrauchsfestigkeit, wenn Typ 31,5 nicht ausreicht; Typ 57 für Teile bes. hoher Zähfestigkeit, doch einfacher Form; Typ 74 bes. für Lagerschalen (desgl. nichtgenormter Typ mit Furnierschnitzel); Typ 74.5 für el. hochwertige Teile; Typ 77 für besonders hohe Zähigkeit bei einfacher Form: Lagerschalen, Zahnräder u. ä. Ferner Sonderpreßmassen.

Kaltpreßmassen (Typ 212 und 214), auch mit Asphalt und Teerpech als Bindemittel, von geringerer Bedeutung für Sonderzwecke (E-Technik), dabei Härtung der Preßteile in Wärmeschrank; Hauptbedeutung für rasch härtende Kitte.

Strangpressen für Voll- und Hohlprofile als Halbzeug nur in Typ 31,5 (Eigenschaften wie Formpreßteile) für z. B. Gardinenstangen, Haltestangen) mit Stahlrohreinlage) u. a.

Edelkunstharz als Gieß- oder Vergußharz [Trolon, Dekorit, Idonit u. a.]: Phenolresole mit hohem Formaldehyd-Anteil, ohne Harzträger; vorsichtig gehärtet, daher auch in Weiß u. a. hellen Farben, jedoch durch Licht und Wärme weiterhärtend und nachdunkelnd. Platten, Stäbe, Blöcke, Formgießlinge; Bearbeitung spanabhebend. $\sigma_{zB} = 4000$ ... 6000 N/cm², $\sigma_{dB} = 6000$ ... 14000 N/cm²; $a_n = 100$ ... 200 N · cm/cm², $a_k = 15$ ... 20 N · cm/cm²; Warmformbeständigkeit (Martens) 40 ... 70 °C; nicht brennbar (vgl. Tabelle I.44!). Verwendung für Möbelbe-

Tabelle I.39. Genormte **Schichtpreßstoff-Typen:** Preßspan, Hartpapier, Hartgewebe, Vulkanfiber.

Typ [1]	Schichtpreßstoff-Art	Auszug aus DIN-Blatt [2]	Herstellung bzw. Zusammensetzung	Lieferformen	Einige Eigenschaften (Mindestwerte-Bereich für sämtliche Einzelzypen
Ps 3010/3060	Preßspan f. Elektrotechn.	**DIN 7733** DIN 7734 (X. 1958)	gegautscht [3] bzw. geklebt [4]	Tafeln, Rollen	σ_{zB} (ungefalzt, längs, ≧ 1 ... 5 mm) = 7000 ... 8000 N/cm²; Bruchdehnung (längs) = 2,5 ... 7%; Durchschlagfestigkeit (ungefalzt) je nach Dicke und Typ = 8 ... 13 kV/mm
Hp (14) 2061/2068	Hartpapier	**DIN 7735** DIN 7735 (Okt. 65)	Phenolharz + Zellulosepapier bzw. Naturharz + Zellulosepapier	Tafel, Streifen, gewickeltes nicht formgepreßtes Rundrohr;	σ_{zB} = 5000 ... 12000 N/cm²; σ_{bB} = 8000 ... 15000 N/cm²; σ_{dB} [5]) = 4000 ... 15000 N/cm²; a_n = 80 ... 250 Ncm/cm²; a_k = 50 ... 150 Ncm/cm²; Wärmebeständigkeit nach Martens ≦ 150 °C
Hgw (22) 2081/2099	Hartgewebe		Phenolharz + Baumwollgewebe bzw. Zellwollgewebe (grob, fein, feinst)	formgepreßtes Rohr, Umpressung, Vollstab, Flachleiste, Formteil	σ_{zB} = 5000 N/cm²; σ_{bB} = 7000 ... 8000 N/cm²; σ_{dB} [6]) = 4000 ... 20000 N/cm²; a_n = 150 ... 300 Ncm/cm²; a_k = 150 ... 200 Ncm/cm²; Wärmebeständigkeit nach Martens ≧ 110 ... 130 °C
Vf (11) 3110/3161	Vulkanfiber	**DIN 7737** DIN 7738 (IX. 1959)	Schichverpressung pergamentierter ungeleimter Papiere [7]	Tafeln, Stäbe, Bahnen (Streifen, Band), Rohr	σ_{zB} (längs) = 5500 ... 7000 N/cm²; σ_{bB} = 8000 ... 9000 N/cm²; σ_{dB} [8]) = 15000 ... 18000 N/cm²; Schlagzähigkeit a_n = 800 ... 900 Ncm/cm² [9]); Kerbschlagzähigkeit a_k = 200 ... 250 Ncm/cm² [10])

[1]) Zahl in Klammern: Anzahl der Einzel-Typen. – [2]) 1. DIN-Nr.: Typen; 2. DIN-Nr.: Abnahme, Prüfverfahren. – [3]) „gegautscht" = mehrere Faserstoffbahnen naß ohne Klebstoff unter Druck vereinigt. – [4]) „geklebt" = durch Verkleben einzelner Lagen hergestellt. – [5]) Für Tafel und Streifen: σ_{dB} = 10000 ... 15000 N/cm². – [6]) Für Tafel und Streifen: σ_{dB} = 18000 ... 20000 N/cm². – [7]) Auch dünne Vf-Platten mit härtbarem Kunstharz unter Druck und Wärme verleimt: Vf-Schichtstoff. σ_{bB} = 16000 N/cm²; a_n = 540 Ncm/cm² (Dynopas, Gesalith). – [8]) σ_{zB} (längs) bis 10000, (quer) bis 6000 N/cm²; σ_{bB} bis 16000 N/cm²; σ_{dB} bis 30000 N/cm². – [9]) a_n bis 1700 Ncm/cm². – [10]) a_k bis 700 Ncm/cm².

schlagteile, Galanteriewaren, Modellkörper u. a.; Sonderqualitäten für Chemotechnik und E-Technik.

Schichtpreßstoff Tabelle I.39: Hartpapier [Pertinax, Hares, Dytron, Trolitax u. a.] und Hartgewebe [Harex, Resitex, Novotex u. a.] hochfest, vgl. Abb. I.94. Anwendung für Bremsbacken, Druckbolzen und -schrauben, Isolierteile, Lagerbüchsen und -schalen, Laufrollen, Reibräder, Riemenscheiben, Seil- und Schnurrollen, Schneckenräder, Ziehwerkzeuge u. v. a. Auch mit Glasseidenmatten schichtverpreßt, dann kurzzeitig hochhitzebeständig (Raketenspitzen u. ä.).

Aminoplaste (UF/MF): Harnstoff- oder Carbamid-Harze, Melaminharze und Anilinharz. – Harzgewinnung (seit 1927): Harnstoff $CO(NH_2)_2$, aus CO_2 und NH_3 synthetisch hergestellt, bzw. Thioharnstoff $CS(NH_2)_2$ ähnlich unter Verwendung von Na_2S gewonnen.

Harzträger mit Harnstofflösung und Formaldehyd getränkt und getrocknet; Härtung durch Wärme eingeleitet (Harzbildung auf Harzträger!) und im A-Zustand unterbrochen. Fertighärtung bei Endverarbeitung zu Formstück oder Halbzeug sinngemäß wie bei PH; Melamin $NCNH_2$, aus N_2, und CaC_2 über Kalkstickstoff und Dicyanamid gewonnen, wird sinngemäß mit Formaldehyd kondensiert zu farblosem, färbbaren Melaminharz (seit 1939). Hochwertiger als Harnstoff-Preßmassen, auch mit Glasfaserverstärkung (dann stark verminderte Nachschrumpfung). – Statt Melamin manchmal auch Dicyandiamid mit Formaldehyd kondensiert zum Dicyandiamidharz; daraus die sogenannten „Didi"-Preßmassen. – Anilin $C_6H_5NH_2$, aus

Steinkohlenteer über Benzol und Nitrobenzol gewonnen, liefert sinngemäß das allerdings thermoplastische Anilinharz (seit 1923) [Panilax], das aber heute nur mäßige Bedeutung hat (schwer verarbeitbar, nicht härtend).

Verarbeitung, Eigenschaften und *Verwendung:* Harnstoff- und Melaminharze sind farblos, lichtbeständig, daher auch weiß und in hellen Farben herstellbar, praktisch geruch- und geschmackfrei, etwa doppelt so teuer wie Phenolharze. Im Vergleich zu Harnstoffharzen haben Melaminharze günstigere Härtungseigenschaften, höhere mechanische Festigkeit, Warmformbeständigkeit, Kriechstrom- und Feuchtigkeitsfestigkeit. Alle Aminoplaste haben im Vergleich zu den Phenoplasten größere nachträgliche Schrumpfung, daher bei verwickelten Formen Neigung zu Spannungsrissen. Nicht als Edelkunstharz, da ohne Harzträger Rißbildung. – *Preßmassen* (Tabelle I.38): Warmpressen unter ähnlichen Drücken wie PF (Harnstoffharze 140 ... 160 °C, Melaminharze 120 ... 165 °C), Harzgehalt 50 ... 60%; Spritzpressen schwierig, Spritzguß unmöglich. Verwendung für Eß- und Trinkgeschirre, Haushalts- und Gebrauchsgegenstände, Lebensmittelverpackung, el. Isolierteile, wobei Melaminharzteile bes. kriechstromfest, Typ 156 und 157 auch gut glutfest. – Harnstoffharz-Preßmassen: [Bakelite, Pollopas, Resopal-Preßmasse, Cibanoid u. a.]; Melaminharz-Preßmassen: [Bakelite, Melopas, Ultrapas, Supraplast u. a.] – *Strangpressen* von Voll- und Hohlprofilen (vorwiegend Typ 131). – *Schichtpreßstoffe* fast nur als Hartpapier, vorwiegend auf Basis Melaminharz als Dekorationsplatten [Resopal, Ultrapas, Formica, Getalit u. a.], dabei vielfach nur dünne Deckschicht auf PF-Hartpapier; als Kern auch Hartfaser- und Holzspanplatten [Hornitex-Super, Novatex, Allopal u. a.].

c) *Polymerisationsharz-Kunststoffe (Polymerisate, seit ≈1930)*

Nicht härtbar, thermoplastisch, d. h. durch Wärme erweichend **(Thermoplaste = Plastomere)** – Hauptrohstoffe: Kohle, Kalk, Wasser, Luftsauerstoff, aber auch Erdöl und -gas, Hydrier- und Crack-Gas. Durch Einwirkung von z. B. Säuren, Alkoholen, Benzol u. a. auf die aus den Rohstoffen gewonnenen Ausgangsstoffe entstehen kleine Molekül-„Bausteine“ (Monomere); sie sind ungesättigte Verbindungen, d. h. solche, in denen jeweils 2 C-Atome durch Doppelbindung verbunden sind, z. B. Äthylen

$$\begin{matrix}H\\H\end{matrix}\!>C=C<\!\begin{matrix}H\\H\end{matrix}$$

Summenformel C_2H_4. Durch z. B. Katalysatoren, Druck und Wärme (auch Licht) erfolgt Aktivierung, d. h. „Aufbrechen“ eines der C-Valenzarme, wobei hier 2 Valenzen frei werden, die Verbindung mit den Nachbarmolekülen eingehen können.

Polymerisation ist nun Vielfachaneinanderlagerung gleichartig aufgebauter Kleinmoleküle (Monomere) nach Aktivierung zu Großmolekülen (Polymeren) in Fadenform. Ergebnis: *Po-*

Abb. I.86. Regellose (amorphe) gegenseitige Lage der Fadenmoleküle bei Thermoplasten, ungereckt (= unverstreckt); „Wattebauschstruktur“, schematisch. (In Wirklichkeit fugenlos dicht liegend.)

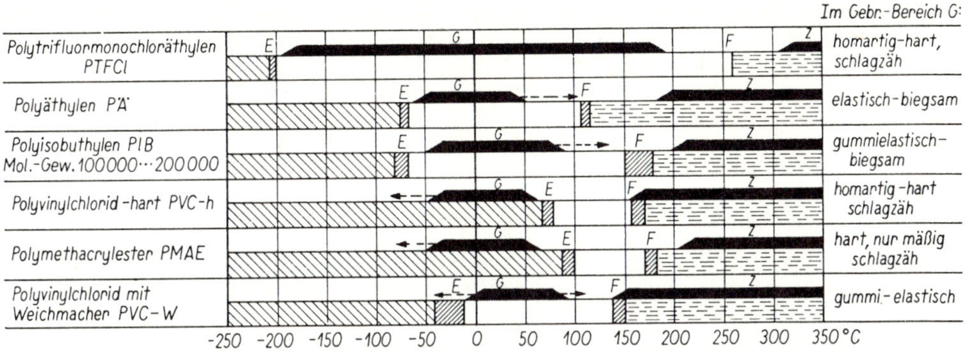

Abb. I.87. Zustandsbereiche einiger thermoplastischer Kunststoffe (nach *Buchmann*); E = Einfriertemperatur (darunter starr); G = Gebrauchsbereich; F = Fließtemperaturgrenze bzw. -bereich; Z = Zersetzungstemperaturbereich.

lymerisat, bei dessen Bildung chemische Zusammensetzung des Monomeren erhalten bleibt und sich kein flüchtiger Stoff abscheidet. Durchschnittliche Zahl zusammentretender Kleinmoleküle (Polymerisationsgrad n) wird als Index an Formel des Monomeren angehängt: z. B. Monomer Äthylen C_2H_4; Polymer: Polyäthylen $(C_2H_4)_n$ (vgl. Tabelle I.41!). Je höher n, desto fester und härter das Kunstharz. – Geht man von Gemischen chemisch verwandter Monomeren aus, so werden deren Moleküle in statistischer Verteilung in das Makromolekül eingebaut. Ergebnis: Mischpolymerisate (MP) oder Copolymerisat.

Thermoplaste (Th) sind Linearpolymere, deren Makromoleküle, langen Fäden (Ketten) vergleichbar, in sich durch starke primäre Kräfte (Hauptvalenzen) gebunden und untereinander durch relativ schwache Sekundärkräfte (Nebenvalenzen) zusammengehalten werden. Normal ungeordnete (amorphe) gegenseitige Lage der Molekülfäden mit Mehrfach-Punktberührung (Abb. I.86); „Wattebauschstruktur". Durch Erwärmung nehmen sekundäre Bindekräfte ab, dadurch über knetbaren Zustand (Blas- und Tiefziehvorgang) in gewissem Temperaturbereich zäh- bis schließlich leichtflüssig werdend (Fließtemperaturbereich F, Abb. I.87; an dessen unterer Grenze Preß- bis Spritzguß-Vorgang, im oberen Bereich Schmelzschweißen. – Manche bei Raumtemperatur nicht ganz starren Th. lassen sich als Strangpreß-Fäden und -Bänder stark kalt (bei PSt warm) recken (verstrecken), wobei Molekülfäden unter Überwindung schwacher Sekundärbindekräfte gegeneinander gleiten (Abb. I.88); dadurch in Reckrichtung

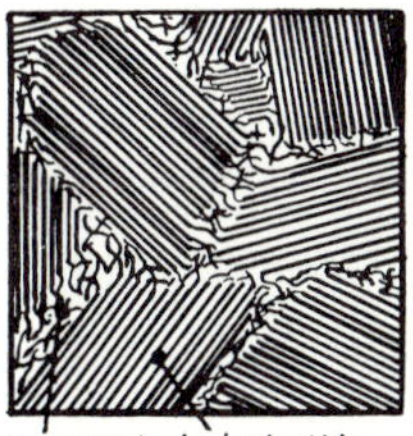

Abb. I.88. In horizontaler Richtung gereckte (verstreckte) „Wattebauschstruktur" (wesentliche σ_B-Erhöhung bei ε-Minderung) mit ausgesprochener Richtungsorientierung; Reckung irreversibel (z. B. gereckte Fäden, Bänder u. Folien) schematisch.

Abb. I.89. Überwiegend kristalline Struktur (mizellare Bereiche; Bündel paralleler gerader Fadenmoleküle), dazwischen amorph (regellosliegende Molekülfäden); z. B. Polyäthylen, Polypropylen, Polymethylenoxid. Schematisch.

erhebliche Steigerung von σ_{zB} unter δ-Abnahme. Reckung nach Entlastung nicht zurückgehend (irreversibel). Ausgeprägt gilt dies auch für Polyamide und Polyfluorkarbone (Tabelle I.43). – Manche Th. (z. B. Polyäthylen und Polymethylenoxid) bilden bei langsamer Abkühlung aus höherer Temperatur u. U. bis 85% kristalline Struktur, wobei Pakete paralleler, gerader Molekülfäden (Abb. I.89) mit dazwischen oft nur geringem Anteil amorpher Zonen entstehen. Durch Abschrecken aus höheren Temperaturen amorpher Zustand auch bei Raumtemp. fixierbar (weicher, zäher, weniger fest, transparenter). Vgl. auch Tabelle I.41 (Kristallinität %).

Polyvinylchlorid seit 1928 (PVC, früher PCU) [Vinidur, Mipolam PVC, Hostalit C, Vinnol u. a., früher Igelit PCU], mit etwa 55% Cl, hergestellt durch Einwirkung von HCl auf C_2H_2 und Polymerisation des so erhaltenen Vinylchlorids H_2CCHCl.

PVC *hartgestellt* (ohne Weichmacher): Eigenschaftswerte Tabelle I.40. Gelbbraun mechanisch fest, hornartig hart und schlagzäh ($a_n = 1500$ N cm/cm²), hochbeständig gegen Chemikalien, Alkohole und Benzin (Näheres DIN 16929). – Verarbeitung durch Walzen (Platten, Folien) Strangpressen (Profile, Rohre), Spritzpressen, Flaschenblasen, Spritzgießen (schwierig!), Tiefziehen (nach Erweichung durch Heißluft), Zerspanen sowie Schweißen von Halbzeug u. a. – Heute wichtigster Kunststoff überhaupt. *Verwendung:* In großem Umfang in der Chemotechnik und verwandten Industrien (Formmassen und Halbzeug für geschweißte Rohrleitungen, Armaturen, Apparate und Auskleidungen; spritzgegossene Wälzlagerkäfige, als hochwertige el. Isoliermassen, Akku-Kästen; für viele Gebrauchsgegenstände u. a. – Nach Suspension in Tetrachlorkohlenstoff CCl_4 nachchloriert (früher PC) mit $\approx$65% Cl: Weißes Pulver, verwendet bes. für Kleber zur Verbindung von PVC-Halbzeug, Lacke, chemikalienfeste Fasern und Borsten, Gießfolien u. a. – Mischpolymerisate (MP) mit Vinylacetat bzw. Vinylpropionat bzw. Styrol bzw. chloriertem Polyäthylen üblich für harte, glasklare und hellfarbige Erzeugnisse, aber weniger kriechstromfest und korrosionsbeständig als PVC, jedoch besser fließfähig z. B. für Langspielplatten, mit Mineralfüllung für Fußbodenbeläge u. a. – PVC *weichgestellt:* [Mipolam, Coroplast, Vestolit u. a.]. Durch Zusatz von Weichmachern (20 ... 45%), d. h. praktisch nicht flüchtigen Quellmitteln, meist Ester (z. B. Trikresylphosphat u. a.), wird PVC je nach Zusatzmenge lederartig bis weichgummiähnlich (elastische Gummieigenschaften aber nicht annähernd erreicht, auch in Gestaltfestigkeit bei Raumtemp. unterlegen). Je nach Weichheitszahl 10 ... 90 (Shore Härte 93 ... 45): $\sigma_{zB} = 2500 ... 800$ N cm/cm²; $\delta = 250 ... > 400\%$. Weniger chemisch beständig als Hart-PVC, auch leichterer Angriff durch Fette und fette Öle. Verarbeitung durch Spritzgießen und Strangpressen zu Formteilen (Dichtungen, Pufferungselemente, Verschlußstopfen und -kappen, Lenkergriffe, weiche Stecker u. a. Isolierteile, Beklei-

Tabelle I.40. Hart-Polyvinylchlorid (PVC) und Hart-PVC-Mischpolymerisat (MP)

(Eigenschaften)		PVC	MP
Dichte ϱ	g/cm³	1,38	1,34
Zugfestigkeit	N/cm²	6000	6000
Biegefestigkeit	N/cm²	11000	10000
Druckfestigkeit	N/cm²	8000	7500
Schlagzähigkeit a_n	Ncm/cm²	> 1000	> 1000
Kerb-Schlagzähigk. a_k	Ncm/cm²	50	50
Formbeständigk. (Martens)	°C	65	60
Formbeständigk. (Vicat)	°C	90	75
Zul. Dauerwärmebeanspr.	°C	60	50
Spez. el. Widerstand	Ω · cm	> 10^{14}	> 10^{14}
Durchschlagfestigkeit	kV/mm	20 ... 60	20 ... 60

dungsteile u. v. a.) und Profilen (Schläuche für allgemeinen Gebrauch, Dichtungs- u. a. Profile, Isolationsummantelung el. Drähte und Kabel, gewebefreie Isolierschläuche u. ä.

Polyvinylcarbazol (PVK) [Luvican M 170]: Verarbeitung durch Warmpressen (190 °C) und Spritzguß (250 °C!), wegen hoher Temperatur schwer verarbeitbar.

Gut kerbschlagzäh, Warmformbeständigkeit (Martens) 170 °C, also besser als PH, auch kriechstromfester als dieses, ausgezeichneter Isolator; leicht brennbar ≙ Polystyrol; sehr säure- und bes. laugenbeständig. Verwendung für stark wärmebeanspruchte Teile, besonders in der HF-, Rundfunk- und Fernsehtechnik.

Polyvinyläther [Lutanal, Oppanol C u. a.). Je nach bei monomerer Herstellung verwendetem Alkohol und nach Polymerisationsgrad ölförmig, mit Weichharz- oder Hartharz-Charakter; [Oppanol C] ist rohgummiartig.

Verwendung für Kleber, Isolierbänder, Heftpflaster, Hochspannungskabel-Tränkmasse; zusammen mit Nitrozellulose für benzinfeste Dichtungen u. a.

Polyvinylalkohol (PVAL) [Moviol, Polyviol, Folie: Synthol; USA: Resistoflex], erzeugt durch hydrolytische Spaltung von Polyvinylacetat (PVAC).

Haupteigenschaften: In organischen Lösungsmitteln unlöslich, absolut treibstoffest, jedoch gegen H_2O nicht beständig; mit Weichmachern (z. B. Glyzerin) zu lederartigen Erzeugnissen hoher Festigkeit und guter Alterungsbeständigkeit verarbeitbar. – *Verwendung:* Treibstoff-, Öl- und Lösungsmittelbeständige Schläuche, Membranen, Dichtungen; mit wasserdichter Armierung für Motortreibstoffleitungen („Silberschlauch"); in Mattenform als Druckübertragungsmittel bei Verarbeitung ungesättigter Polyesterharze u. a.

Polystyrol (PS) ≡ Polyvinylbenzol, seit 1923. Normalsorten: [Trolitul, Vestyron, Styroflex u. a.]. Äthylen + Benzol → Äthylbenzol, daraus durch Dehydrierung das Monomer Vinylbenzol (≡ Styrol).

Je nach Polymerisationsgrad und Herstellverfahren verschiedene Qualitäten. Normal ohne Füllstoff und Weichmacher, nur in Sonderfällen mit Fe-Pulver für Magnetmassen oder mit SiO_2-Pulver für el. Sondermassen. Meist glasklar verwendet, auch durchsichtig und opak färbbar, völlig wasserunempfindlich, säure-, laugen- und ölbeständig; hervorragende el. Eigenschaften; leicht brennbar unter Abschmelzen; Dichte $\varrho = 1{,}05$ g/cm³ (nur PP und PE sind leichter); leicht löslich in Benzol u. ä. organischen Lösungsmitteln (damit Verklebbarkeit von Einzelteilen); physiologisch unbedenklich; sehr gestalt- und maßbeständig, schlagempfindlich. Eigenschaften typisierter Spritzgußmassen Tabelle I.37. Verarbeitung meist durch Spritzgießen; Halbzeug als Stäbe, Rohre, Platten [Trolitul] und gereckte Folien [Styroflex, Styrofol]. *Verwendung:* Installations- und Isolierteile der E-Technik, bes. der HF-Technik: Teile für Wassermesser; Füllhalter, Möbelbeschläge, Galanteriewaren, Kämme, Eß- und Trinkgeschirre u. v. a. – Isolierfolien (glasklar, bedruckbar, alterungsbeständig, zäh) weitgehend in der E-Technik, auch für Lebensmittelverpackung. Auch stark gereckte Fäden aus weichgemachtem PS [Styroflexseide] für HF-Isolierzwecke. – *Schlagfeste* PS [Trolitul S, u. a.] sind Mischungen mit synthetischem Kautschuk, bzw. MP mit Butadien und Acrylnitril, seit 1955, ABS-Polymerisat [Novodur]. Einbettung auch großer Metallteile ohne Rißgefahr, aber etwas alterungsanfällig und Kälteversprödung. Verwendung für Radiogehäuse, Kühlschranktüren, Zahnräder, Teile f. Büromaschinen, Radio-, Fernseh- und Tonbandgeräte u. v. a. Sehr gut schlag- und kerbschlagzäh ($a_k = 200 \ldots 250$ Ncm/cm²), während reines PS schlagspröde ist ($a_k \approx 20$ Ncm/cm²).

Tabelle I.41. Polyäthylen (PE), einige Eigenschaften, abhängig vom Polymerisationsgrad n

Herstellverfahren	Hochdruck-Polymerisation (älter)	Niederdruck-Polymerisation (neuer)
dabei Druck/Temp.	≈2000 bar/≈200 °C	0 bar/20 °C oder ≈50 bar/≈150 °C
Haupt-Gruppen	Weich-Polyäthylen (Molekül verzweigt)	Hart-Polyäthylen (Molekül linear)
Molekulargewicht	≈10000 ... 40000	≈50000 ... 100000
Polymer.-Grad n	≈360 ... 1400	≈1800 ... 3600
Dichte ϱ [g/cm³]	≈0,91 ... 0,93	≈0,94 ... 0,96
Kristallinität %	≈65 ... 75%	≈85 ... 95%
σ_{zB} N/cm²	≈1100 ... 1800	≈2500 ... 4000
Zerreißdehnung %	≈600 ... 250	≈100 ... 20
Kerbfestigkeit ¹)	10 ... 5	4 ... 3
Shore-Härte ²)	≈50 ... 60	≈65 ... 70
σ_{zB}-Abnahme auf halben Wert	bis ≈40 °C	bis ≈60 °C
Form standfest ³)	bis ≈98 °C	bis ≈110 °C
Gasdurchlässigkeit ¹)	20 ... 14	8 ... 5
Steifigkeit und Wärmebeständigkeit	zunehmend →	
Erweichungspunkt	≈105 ... 120 °C	≈125 ... 130 °C

¹) Vergleichszahlen – ²) mit Durometer-A – ³) ohne Belastung.

Polyvinylacetat und -acetale (PVAC), seit 1935, sowie MP davon, für Lacke und Kleber, Spachtelmassen, Fußbodenbeläge, Kunstleder, Zwischenschicht für Sicherheitsglas u. v. a.

Polyäthylen (PE) [Hostalen, Vestolen, Lupolen H, Trolen 200 u. a.], $(C_2H_4)_n$, erhalten durch Polymerisation (Tab. I.41) von C_2H_4, das billig aus Kokerei- oder Erdgas durch Ausfrieren gewonnen wird.

Hochdruck-PE seit 1939, Niederdruck-PE seit 1953. Heute einer der wichtigsten und leichtesten Kunststoffe. Während üblicherweise Thermoplaste Fadenmoleküle in „Wattebauschstruktur" haben, neigt PE stark zu Kristallisation (Abb. I.89); dabei Kristallbereiche durch amorphe Zwischensubstanz miteinander verbunden, wodurch fester Zustand bei 20 °C mit ≈75% kristallinem Anteil vorliegt. Einfriertemperatur bei – 70 °C. Schnelles Abkühlen erhöht amorphen Anteil (geschmeidiger, kältefester); auch Beimischung von z. B. Polyisobutylen [Oppanol B] normal 20 ... 50% erhöht ihn, dadurch auch Verbesserung der Verarbeitbarkeit.

Haupteigenschaften: (Tabelle I.41) Billigster Kunststoff, normal schwach milchig farblos, beliebig transparent oder gedeckt (opak) färbbar, wachsartiger „Griff", gut zäh und biegsam, hohe Dehnfähigkeit der Feinfolien, sehr geringe Feuchtigkeitsaufnahme und -durchlässigkeit, physiologisch indifferent, geruchs- und geschmackfrei, rel. gute Warmformbeständigkeit (Martens) ≈60 °C für Qualität hart (ϱ=0,95 g/cm³), geringe Oberflächenhärte, hohe Wärmedehnzahl, sehr chemikalienbeständig (Säuren, auch HF, Alkalien, Alkohole, Ester), aber nur bedingt gegen Benzin und Benzol. Höchstkonzentrierte Säuren, Halogene und Oxidationsmittel wirken zersetzend. Quellend in CS_2 und Chlorkohlenwasserstoff; Durchlässigkeit für CO_2 und O_2 ziemlich groß. Entzündbar, brennt wie Wachs. Ab ≈120 °C Oxidation (langzeitig schon über 70 °C), dabei Vernetzung mit Eigenschaftsverschlechterung (Versprödung, gefördert auch durch Licht). Ohne O_2-Zutritt bis 290 °C erhitzbar ohne chem. Veränderung.

Verarbeitung: Spritzguß (Fließbereich F = 112 ... 115 °C, Abb. I.87) für Formteile; Strangpressen (Profile, Rohre, Schläuche, Bänder, Fäden [Trofil]), Walzen, Blasen dünner Folien mit Ringschlitzdüsen, dickerer mit Breitschlitzdüsen. Neuerdings Formsintern von Weich- oder Hart-PE-Pulver zu Behältern bis 2000 l Fassungsvermögen und mehr. Eignung zum Wirbelsintern und Flammspritzen. Durch Heizelemente schweißbar (nicht mit HF!). Für dicke Folien und dünne Platten Tiefziehen, Blasen und Saugen. Verarbeitung auf Lösungsmittelweg kaum möglich; nicht klebbar. – *Halbzeug:* Rohre (6 ... 125 mm Durchmesser; bis 10 bar Betr.-Druck), dickere Folien (0,2 ... 1,5 mm) zum Tiefziehen und Auskleiden, Feinfolien (0,025 ... 0,2 mm), $\varrho = 0{,}92\ g/cm^3$, durch Ringblasverfahren erzeugt, weich, schmiegsam, nicht völlig klar; zähere bis pergamentsteife Folien ($\varrho = 0{,}92 \ldots 0{,}95\ g/cm^3$) aus Breitschlitzdüse gepreßt über gekühlte Rollen, glasklar, hochglänzend. – *Verwendung:* Spritzguß-Formteile verschiedenster Art, Hochfrequenzteile; Drahtisolation, Seekabelisolation, Korrosionsschutzüberzüge (Wirbelsintern, Flammspritzen, verschweißte Folien für Behälterauskleidung); Verpackungstechnik, insbes. Folienbeutel, Flaschen, Büchsen und Dosen aller Art; Großbehälter für Chemotechnik und Nahrungsmittelindustrie; Gebrauchsgegenstände: Unzerbrechliche Geschirre, mediz. Geräte, Folien ferner für Winterumhüllung von Baustellen, tragbare Treibhäuser u. ä. Neuerdings rußvernetztes PE [Trolen-Dur] mit guter Warm-Formbeständigkeit und -Festigkeit, in Kälte sehr gut schlag- und kerbschlagzäh, maßbeständig, chemikalien- und witterungsfest, leicht zerspanbar. – *Sulfochloriertes Polyäthylen* ist ein synthetischer Weichgummi (Elastomer); vgl. Abschnitt „Gummi".

Polypropylen (PP), seit 1956 [Hostalen PPH u. a.]. Aus Erdöl bzw. -gas gewonnenes Propylen liefert durch besondere Lenkung der Polymerisation isotektisches, kristallisierendes PP: $(CH_3 - CH - CH_2)_n$ mit erhöhtem Schmelzpunkt (165 °C).

Neben leichter Verarbeitbarkeit ungewöhnliche *Eigenschaften:* Niedrigste Dichte aller Kunststoffe ($\varrho = 0{,}89 \ldots 0{,}92\ g/cm^3$), hochwarmformbeständig (sterilisierbar bis 120 °C), gut kerbschlagzäh ($a_k = 100 \ldots 150\ N \cdot cm/cm^2$), $\sigma_{zB} = 2500 \ldots 3500\ N/cm^2$, bei 94 °C noch $\sigma_{zB} = 1190\ N/cm^2$; keine Spannungskorrosion; einer der besten Isolatoren; im Gegensatz zu PE jedoch gewisse Versprödung unter 0 °C und größere O_2-Empfindlichkeit, sonst dem PE weitgehend auch in Aussehen und „Griff" ähnlich, z. T. bis 90 °C chemikalienfest. Verarbeitung und Einsatz $\triangleq$ PE. Neu u. a. Rohre für korrosive Böden, Schiffstrossen aus stranggepreßten Fäden [Trofil P], schwimmend, verrottungsfest, auch unter – 50 °C gut biegsam.

Polymethacrylester (PMMA) ≡ Polymethacrylsäuremethylester (Polymethylmethacrylat), Acrylharz, Polyacrylate [Plexiglas, Resartglas u. a.] seit 1928. Aus C_2H_2 über Acetaldehyd und Aceton mit Blausäure gewonnenes Monomer Methacrylester

$$H_2C = C \begin{matrix} \diagup CH_3 \\ \diagdown COO \cdot R \end{matrix}$$

(wobei R = organisches Radikal) wird in Formen oder durch Schleuderguß blockpolymerisiert. Auch MP mit Acrylnitril [Plexidur, Sadur u. a.], gut zähfest. Sammelbezeichnung: *Acrylgläser. Haupteigenschaften:* Tabelle I.42.

Plexiglas: Etwas höhere σ_{zB}, aber viel geringere a_n als PVC; von keinem anderen Kunststoff erreichte optische Eigenschaften, farblos-glasklar, beliebig färbbar, witterungsbeständig, zu 90% UV-lichtdurchlässig (also besser als Silikatglas), geringere Dichte als dieses und splittersicher, aber geringere Oberflächenhärte (jedoch leicht polierbar); brennbar, gut el. isolierend, beständig gegen Laugen und verdünnte Säuren; sehr gut zerspanbar und begrenzt warm umformbar; leicht zu kleben und zu schweißen. – *Plexidur:* Zäher und fester, unbeständig gegen konz. Laugen, jedoch benzolbeständig; schwachgelblich, sonst ähnlich Plexiglas. – Handelsformen: Scheiben, Blockmaterial, Rohre, Stäbe, Wellglas. Verarbeitung: Zerspanung von Halbzeug, Spritzgießen, Strangpressen, Warmbiegen von Scheiben, Verbindungsschweißen.

Tabelle I.42. Eigenschaften von Acrylgläsern

Eigenschaften:	Normales Acrylglas „Plexiglas"	Acrilnitril-MP „Plexidur"
Dichte ϱ g/cm³	1,18 bis 1,19	1,18
Zugf. σ_{zB} N/cm²	7000 ... 7500	10000 ... 12000
Bruchdehnung δ %	$\approx$4	30 bis 50
Biegefest. σ_{bB} N/cm²	10000 bis 12000	17500 bis 19000
Schlagzähigk. a_n Ncm/cm²	200	400 ... 700
Kerbschlagz. a_k Ncm/cm²	20 ... 30	40
Warmformbest. (Martens)	$\approx$80 °C	$\approx$70 °C
Naturfarbe	farblos-glasklar	gelblich-glasklar

Verwendung: Plexiglas bes. für gebogene Verglasungen im Fahrzeug- und Flugzeugbau, Schaugläser, durchsichtige Lehrmodelle, chem. und mediz. Apparate, Prothesen, Meß- und Zeichengeräte, Schutzbrillen und Uhrgläser, untergeordnete optische Linsen, Schmuck, Reklame- und Gebrauchsgegenstände, Füllhalter, Rücklichter, Leuchten meist für techn. Zwecke, Dachverglasungen und Schutzwände u. a. – Plexidur: Ähnlich wie oben für höhere mech. Anforderungen, wenn leicht gelblicher Eigenton nicht stört, bes. für Isolierteile der E-Technik, Brillengestelle, durchsichtige Abdeckungen, in der Orthopädie u. a.

Polyoximethylen (POM) $\equiv$ Acetalharz $\equiv$ Polyformal [Delrin]. Polymerisiertes Formaldehyd (= Methylenoxid); $(O \cdot CH_2)n$, wobei $n \approx 1000$; zu 80 ... 85% kristallin ähnlich PE und PP mit nur geringem amorphen Anteil.

Verarbeitung: Form- und Spritzpressen, Spritzgießen und Strangpressen mit oder ohne Harzträger und Farbstoff. – Naturfarbe opak-weiß; Dichte $\varrho = 1{,}425$ g/cm³; zähhart und steif mit stahlähnlichem Rückfedervermögen zwischen −40 ... +125 °C; zerspanbar, schweiß- und klebbar. $\sigma_{zB} = 7100$ N/cm², $\delta = 15$ ... 75%; bei 70 °C: $\sigma_{zB} = 5300$ N/cm²; $\delta = 330$ ... 460%; sehr gut wärmestandfest, bei 170 °C noch $\sigma_z < 50$ N/cm² ertragend. $\sigma_{bB} \approx 10\,000$ N/cm²; a_n ~ > 900 Ncm/cm². – Beständig gegen alle bekannten Lösungsmittel, schwächere Alkalien und Säuren (pH 4 ... 12); brennbar. – *Verwendung:* Hochbeanspruchte Gewindeteile (Schrauben), Förderketten, Autoteile (auch Heizungsgebläse), kleinere Lager und Zahnräder (z. B. f. Haushaltmaschinen), Armaturen, Pumpenteile, Aerosolflaschen u. a., auch Fasern und Folien. Vielfach im Austausch für Metalle (Ms, Zn-Druckguß, Al-Leg., sogar Stanzblech und GG), da leichter.

Polyisobutylen (PIB) [Oppanol B, Rhepanol]. Aus Wassergas $(CO + H_2)$ gewonnenes Isobutylen mit Katalysator polymerisiert:

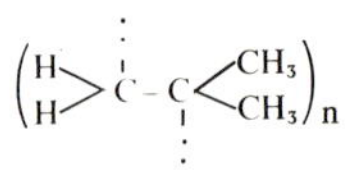

wobei n = 55 ... 360; je nach Molekulargewicht 3000 ... 200 000, viskosölig über weich-klebrig-plastisch bis rohgummiartig; farblos durchscheinend. Niedrigmolekular (M.-G. = 3000 ... 50 000) als Zusatz zu Schmier- und Isolierölen zur Verbesserung des Viskositätsverhaltens und ggf. der elektrischen Eigenschaften, als Klebstoff für Isolierbänder und Heftpflaster, für Dichtmassen u. ä. Hochmolekular (M.-G. = 100 000, bes. 200 000) für thermoplastische Verarbeitung bei 170 ... 200 °C. Dichte $\varrho = 0{,}93$ g/m³; weichgummiartig elastisch (jedoch nicht vulkanisierbar!), bei längerer Beanspruchung „kalter Fluß"; $\sigma_{zB} \approx 600$ N/cm² bei M.-G. = 200 000, δ

über 1000%. Weit über Einfriertemperatur (– 70 °C) liegende Gebrauchstemperatur; Zersetzung ab 350 °C. Hochwertiger el. Isolierstoff, praktisch wasserundurchlässig (besser als Gummi). Alle Sorten (auch mit Beimischung) alterungsbeständig, jedoch durch gleichzeitige Einwirkung von O_2 und Licht langsamer Abbau (Erhärtung); physiologisch indifferent. Beständig gegen nichtoxidierende Säuren, starke Alkalien und Salzlösungen; unlöslich in Estern und Ketonen; unbeständig gegen konz. H_2SO_4 und HNO_3, sowie Halogene. Anquellen und langsames Lösen durch Benzin und Treibstoff-Mischungen, Dieselöl, Schmieröl und Benzol u. ä. – PIB mit PE oder Kautschuk gemischt verarbeitbar. PIB-Zumischung zu Gummi oder PE verbessert deren Verarbeitbarkeit bzw. die Alterungsbeständigkeit der Gummimischungen. Aktiver Füllstoff (z. B. Ruß, Graphit) verstrammt, erhöht Härte, Lichtbeständigkeit und Festigkeit, wobei δ und kalter Fluß vermindert werden. Gut warmschweißbar und nach Anquellen mit Benzin kaltpreßschweißbar (quellschweißbar). – *Verwendung* von PIB mit M.-G.≈200 000: Je nach Sorte (ohne oder mit verschiedenen Füllmitteln) für hochwertige wasserfeste Kabel- und Leitungsisolierung, Flaschendichtringe; mit Ruß- oder Graphitzusätzen für Korrosionsschutz (Behälterauskleidung mit Folien und von Rohren mit Strangpreßschläuchen, mit Klebern eingeklebt); alterungs- und verrottungsfeste Folien für Baugewerbe (Schutz gegen Feuchtigkeit und drückendes Grundwasser im Hoch- u. Tiefbau. – *Butylgummi* (ein Elastomer) ist MP mit Isopren (s. Abschnitt „Gummi").

Polyfluorcarbone (Polyfluorolefine): *Polytetrafluoräthylen* (PTFE) seit 1946 [Hostaflon TF, Fluon, Teflon u. a.]. Aus Äthylalkohol C_2H_5OH mittels Chlorkalk CaCl(OCl) gewonnenes Chloroform CCl_3H liefert nach Umsetzen mit H_2F_2 das Difluormonochlormethan CF_2ClH; dieses bei 600 ... 800 °C über Pt geleitet ergibt das Monomer C_2F_4, das bei 1500 bar mit Katalysator und Beschleuniger druckpolymerisiert das PTFE $(C_2F_4)_n$ liefert; weißes Pulver (≈100,– DM/kg). *Polytrifluorchloräthylen* (CTFE) seit 1950 [Hostaflon C, Fluorothene, Kel-F u. a.] ist einfacher, daher billiger herstellbar; $(C_2F_3Cl)_n$.

Gemeinsame Eigenschaften: Höchst chemikalienbeständig selbst gegen „Königswasser". Angriff nur durch geschmolzene und gelöste Alkalimetalle, sowie durch F bei höheren Temperaturen; wasserdampf- und gasdicht, witterungsbeständig, nicht entflammbar, physiologisch indifferent; keine Versprödung bis – 200 °C; ausgezeichnet elektrisch isolierend, hoch kriechstromfest, völlig wasserabstoßend (hydrophob).

Im einzelnen: **PTFE** (Tabelle I.43): Extrem niedrige Reibungszahl (0,04 gegen alle Stoffe), klebrige Stoffe haften nicht, hoch reibverschleißfest; wird nicht thermoplastisch; ab 325 °C

Tabelle I.43. Eigenschaften von Polyfluorcarbonen

Eigenschaften:		Polytetrafluoräthylen (PTFE)	Polytrifluorchloräthylen (CTFE)
Dichte ϱ g/cm³		2,1 bis 2,3	2,1 bis 2,2
σ_{zB} N/cm²	Formstück	100 bis 300	350 bis 500
	Folie ungereckt	1500 ... 5000	≈4500
	Folie gereckt	bis 12000	20000 bis 35000
δ %	ungereckt	1000 ... 5000	900 ... 2000
	gereckt	≈60	30 bis 40
Durchschlagfestigk. kV/mm		> 50	≈100
mech. Eigensch. fast gleichbl.		von –90 bis +250 °C	von –90 bis +130 °C
dauernd beanspruchbar bis		280 °C	150 °C
Zersetzung oberhalb		400 °C	300 °C

geht kristallines Produkt in gelartige nichtfließende Masse über unter 25% Vol.-Ausdehnung. Schlagfest ($a_n = 80$ ... 90 Ncm/cm²), hoch dauerstand- und ungewöhnlich warmfest, $\sigma_{dB} \approx 13\,000$ N/cm², auch bei 250 °C fast unverändert. – Verarbeitung relativ schwierig: Kaltpressen (200 ... 300 bar) des weißen Pulvers zu Formkörpern, dann frei auf 350 ... 380 °C erhitzen, dabei Sintern zu homogenem Stück. Durch Abschrecken wird gelartig-amorpher Zustand „eingefroren", daher sehr zäh, flexibel und farblos durchscheinend; bei verlangsamter Abkühlung weitgehendes Kristallisieren, dabei sehr dicht und formstandfest, opak-weiß. Folien vom Rundblock geschält, durch Nachwalzen mechanisch vergütet; Folien mit Glas- und Asbestfaser-Gewebe warm formgepreßt. Rohre und Profile durch Strangpressen aus Pulver; dünne Schläuche und Drahtumspritzungen aus mit Mineralöl geschmiertem Pulver durch Schneckenstrangpressen geformt und nach Verdampfen des Öls gesintert. Unter geringem Druck bei 320 ... 380 °C preßverschweißbar (aus Folien gewickelte dünnwandige Schläuche, Formstücke, Gefäßauskleidungen). Durch Sonderverfahren klebbar. Mit wäßrigen Dispersionen: Imprägnieren von Asbest- und Glasfaser, sowie Gewebebeschichtung (beschichtetes Mehrlagen-Glasgewebe bei 370 °C und 70 bar verpreßt). Herstellung mit Graphit, MoS_2 oder Metallpulver hochgefüllter Preßmassen; auf Metall bei 400 °C aufgebrannte Überzüge aus Sonderdispersionen.

Verwendung: In Chemotechnik, Flugzeug- und Raketenbau: Massiv (Pumpen, Ventile) oder Auskleidung bzw. Ummantelung von Rohren; Schläuchen, Dichtungen, Packungen, Membranen (bes. warmdruckstandfest durch Gewebeeinlage [Rivalon]), Faltenbälge für Öl und Treibstoffe, sowie Heißdampf. In E-Technik für Hochfrequenz bei höchsten Ansprüchen, bes. im Kondensatoren- und Radarbau, sowie Hochspannungskabel bei hohen Temperaturen; Isolation von Hochleistungs-E-Motoren und -Transformatoren. – Schmierlose Lager aus gefülltem PTFE oder damit imprägniertem Sintermetall. Backenbeläge für Heißsiegel- und Kunststoff-Preßschweißgeräte. Gleitschichten durch Aufsintern von PTFE-Pulver oder, wo hohe Sintertemperatur nicht vertragen wird, neuerdings durch PTFE-Phenolharz-Zweikomponentendispersion, mit Spritzpistole aufgetragen und bei 150 °C eingebrannt [Emralon 310] oder mit lufttrocknender Dispersion ohne Einbrennen [Emralon 320] für Gleitschichten auf Kunststoff, Holz, Gummi u. a.

CTFE (Tabelle I.43): Thermoplastisch, bei 230 ... 280 °C plastisch fließbar. Im Gegensatz zu PTFE etwas anquellend in Chlorkohlenwasserstoffen, Äthern und Estern; viel leichter verarbeitbar, alle üblichen Kunststoff-Verarbeitungsverfahren möglich. Aus z. B. 100 °C abgeschreckt bleibt es glasklar, amorph, zäh; bei langsamer Abkühlung durch Teilkristallisation getrübt, härter und spröder. Auch Flammspritzen zu dichten Überzügen und porösen Filterschichten möglich. Dispersionen in verschiedenen Lösungsmitteln [Hostaflon D] für einzubrennende Überzüge. – Verwendung ähnlich PTFE, jedoch geringer warmstandfest. Jetzt auch Filtermembranen und Batterie-Diaphragmen aus mikroporösen Folien.

d) In verschiedenen Reaktionsweisen aufgebaute Kunststoffe (seit 1940)

Aufgrund fortgeschrittener Kenntnis makromolekularer Aufbaureaktion seit ≈2 Jahrzehnten technisch gezielt entwickelt. Neu hier teilweise angewendete *Polyaddition,* d. h. Aufbau von Makromolekülen aus verschiedenen chemischen Gruppen, wobei Ausgangsprodukte schon in Vorreaktion gewonnene größere Moleküle (z. B. kurze „Fadenstücke") sein können. Wenn reaktionsfähige Gruppen an Fadenenden, dann Bildung langer Fadenmoleküle (Thermoplaste); wenn 3 solcher Gruppen an verschiedenen Stellen, dann Bildung vernetzter Duroplaste. Für Polyaddition verhältnismäßig milde Bedingungen erforderlich; keine Abspaltung flüchtiger Bestandteile. Reaktion stark exotherm, daher oft schwierig Zwischenstufen abzufangen (wie bei PF u. UF/MF). Bildung hoher Molekulargewichte relativ leicht. Zum Unterschied von Polymerisation Molekülverknüpfung nicht über C, sondern über

Heteroatome, z. B. O u. N. Ergebnis: *Polyaddukt.* Durch Auswahl unterschiedlich gebauter Vorprodukte können Bau der Makromoleküle und damit Eigenschaften des Kunststoffs den Bedürfnissen entsprechend gesteuert werden.

Abb. I.90. Durch ungesättigte Seitengruppen weitmaschig (lose, schwach) vernetzte Fadenmoleküle (Versetzungspunkte = ●); Elastomer ungedehnt; z. B. schwachvernetztes Polyurethan, Silicongummi; sinngemäß Weichgummi (hier vernetzt durch Schwefelbrücken). Schematisch.

Abb. I.91. Elastomer wie Abb. I.89, jedoch in horizontaler Richtung gedehnt (Dehnung reversibel). Schematisch.

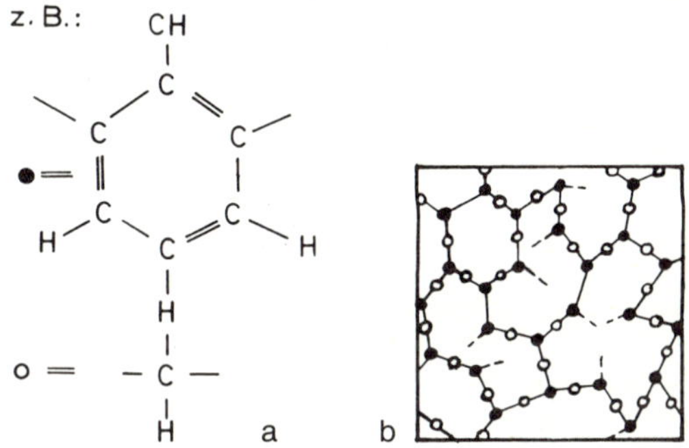

Abb. I.92. Durch ungesättigte Seitengruppen stark vernetzte Fadenmoleküle (dreidimensional zu denkendes Gittergerüst); gehärtet, Duromer; z. B. Siliconharz, starkvernetztes Polyurethan- und Polyester-Harz. Schematisch.

Abb. I.93. Starke Bindung von 2 verschiedenen Atomgruppen (● und ○) zu starrem räumlichen Gerüst (Duroplast), entsprechend dem Endzustand der härtbaren klassischen Kondensationsharz-Kunststoffe. Schematisch.

Bei manchen Kunststoffen sind die Fadenmoleküle durch ungesättigte Seitengruppen räumlich weitmaschig (schwach, lose) vernetzbar, dann weichgummiartiges Verhalten (Elastoplast, Abb. I.90), z. B. Silicongummi, schwachvernetztes Polyurethan. Dehnung durch Recken (Abb. I.91) nach Entlastung wieder zurückgehend (reversibel). – Tritt durch solche Seitengruppen starke Vernetzung ein, dann Bindung der Fadenmoleküle zu starrem räumlichen Gittergerüst (Abb. I.92): Duromerbildung durch irreversible Härtung, z. B. Siliconharz, starkvernetztes Polyurethan- und Polyester-Harz. – Auch die klassischen Duromere zeigen, wenn auch andersartig entstanden und aufgebaut, ein starres Raumgerüst, hier aus zwei unterschiedlichen Atomgruppen (Abb. I.93), zusammengetreten durch Polykondensation mit Härtung bei Endformung. – (Abb. I.86 und Abb. I. 88 ... 93 enthalten wahren Kern, ohne Vielfalt der Variationsmöglichkeiten wiederzugeben, so daß Gefahr besteht, Vorstellung einseitig festzulegen; sie sind daher nur als grobschematische Beispiele aufzufassen).

Silicone (seit 1943) [Silophen B, Silastic u. a.], als Polykondensate duroplastisch. Cl_2 über auf Rotglut erhitzte Mischung aus $SiO_2 + C$ geleitet liefert $SiCl_4$; Cl-Austausch mit verschiedenen organischen, O-haltigen Verbindungen und „Polyverätherung" liefert die Silicone, wobei an Si-Atomen des durchgehenden Gerüstes (... – Si – O – Si – O – ...) verschiedenartige organische C-haltige Seitengruppen hängen, z. B. 2mal – CH_3, $(OSiCH_3CH_3)_n$ = Methylsiliconharz. Durch verschiedenartige Seitengruppen abwandelbar, z. B. Phenylgruppe u. a. Auch Mischkondensation von Silikonen mit organischen Harzkomponenten üblich.

Kennzeichnende Haupteigenschaften: Fast gleichbleibende Eigenschaft in großem Temperaturbereich, stark wasserabweisend (hydrophob) und korrosionsbeständig; sehr gut el. isolierend und kriechstromfest, gutes Dielektrikum. – Verwendungsformen: *Silikonharze* vertragen nach Härtung durch Wärmezufuhr (engmaschig vernetzte Duromere) dauernd bis 180 °C, kurzzeitig bis 300 °C. Mit Füllmitteln wärmestandfeste Formmassen (verarbeitbar wie übliche Duromere) und Glasfaser-Hartgewebe. Verarbeitung als Lacke [Siladur] für bis 200 °C belastbare E-Motoren (bei gleicher Leistung bis 30% kleiner); für hitze- und korrosionsbeständigen Anstrich. Glimmer-Schichtstoffe für E-Isolation [Mikanit].

Silicongummi (weitmaschig vernetzt), Vulkanisation durch Vernetzung zwischen organischen Seitengruppen mit Peroxiden unter Verstrammung durch aktive Füllstoffe (z. B. SiO_2, TiO_2); nach Formung Heiß- oder Kaltvulkanisation wie Naturgummi; auch Verarbeitung als streichbare Pasten. Tempern bei 200 ... 250 °C verbessert bes. elastische Standfestigkeit. Verschiedene Härtegrade (Shore-Härten 30 ... 90). $\sigma_{zB} = 400$ ... 500 N/mm²; $\delta = 800$ ... 900%; Durchschlagfestigkeit $\approx$30 kV/mm, hochwertiger el. Isolierstoff. Dauerwärmebeständigkeit bis 180 °C, kurzzeitig bis 260 °C; bis – 80 °C elastisch, ozon-, witterungs- und wasserbeständig, jedoch Angriff durch starke Säuren und Laugen, sowie Heißdampf; Anquellen durch Alkohole, fette Öle u. a. (Nitrilsilicongummi zusätzlich ölbeständig.) – Verwendung unter extremen Bedingungen für el. Isolationen, Elektrolytkondensatoren, Dichtungen und Transportbänder (nichthaftend!) u. a. – Mech. Abriebfestigkeit von Naturgummi wird nicht erreicht, jedoch noch einsatzfähig, wenn Naturgummi versagt.

Siliconöle (linear, unvernetzt), je nach n (n = Polymerisationsgrad) dünnflüssiger als H_2O bis honigartig, kristallklar, geringste Viskositätsänderung von – 60 ... + 300 °C. Verwendung als temperaturunabhängige Schmiermittel, Hydrauliköl, Stoßdämpf-Flüssigkeit, Dielektrikum (z. B. f. Transformatoren), jedoch nicht für el. Schalter und Verbrennungsmotoren, da in Hitze zerfallend unter Bildung von SiO_2. Trennmittel zum Einstreichen von Kunststoff-Formen u. a., für wasserfeste Polituren, als Uhren- und Tachometeröl, zum Wasserabweisendmachen (Hydrophieren) von Isolatoren, Zündkerzen u. a.

Siliconpasten vaselinartiger Konsistenz für ähnliche Zwecke, ferner als physiologisch reizlose Grundlage mediz. und kosmetischer Präparate. – *Silicondispersionen* in wäßrigen Flüssigkeiten und Toluol als Antischaummittel, für stark wasserabweisende Imprägnierung von Papier, Textilien (z. B. Zeltplanen), Leder (dabei atmungsaktiv!), Pelzen u. a.

Polyamide (PA), seit 1937 [Durethan BK, Ultramid, Trogamid u. a.], als Faser: [Perlon L, Nylon]. Mehrere Arten: Gewonnen ausgehend von Phenol (und Benzol) über Cyklohexanol: α) + Amino-Caprolaktam durch Polyaddition, oder β) + Adipinsäure durch Polykondensation; auch andere Möglichkeiten.

PA sind Stoffe mit Eiweiß-verwandtem Aufbau. Dichte $\varrho = 1{,}07$ ... 1,14 g/cm³; elfenbeinfarben-opak, beliebig färbbar; je nach Sorte 2 ... 10% H_2O-Aufnahme, dadurch zäh und schlagfest (a_n, z. T. auch a_k nicht mehr feststellbar), verschleißfest; gegen organische Lösungsmittel beständig, chemikalienbeständig (außer gegen Säuren und starke Laugen, sowie Phenole); Warmformbeständigkeit (Vicat) bis 230 °C [Ultramid A], sehr gute Gleiteigenschaften (verbessert durch Graphitfüllung); kältebeständig bis – 25 °C; $\sigma_{zB} = 4000$ ... 7000 N/mm²; $\delta = 250$ ...

170%; Schmelzpunkt je nach Sorte 180 ... 250 °C, und zwar im Gegensatz zu sonstigen Thermoplasten meist Erweichungsbereich ganz eng auf $\approx$5 °C begrenzt; geschmolzen sehr dünnflüssig. Bei hoher Temperatur (bes. geschmolzen) oxidationsempfindlich. Gefüge teils kristallin, teils amorph ähnlich PE und wie dieses durch Abkühlgeschwindigkeit beeinflußbar. Wenn langsam abgekühlt, vorwiegend kristallin, dadurch härter, steifer, abriebfester. Kaltverstreckbarkeit von Bändern und Fäden um 300 ... 500%, dadurch σ_{zB}-Zunahme auf 20 000 ... 30 000 N/mm² bei δ-Abnahme auf 40 ... 25%.

Verarbeitung durch Spritzguß (geringste Wanddicken!), Schnecken-Strangpressen (Kabelummantelung; Bänder und Folien 0,01 ... 2 mm dick, Blasfolien, Blaskörper, Rohre, Profile, Stäbe), Formpressen (wenig üblich), Sintern (ggf. mit Graphit, MoS_2, Metallpulver oder Quarzmehl gemischt, anschließend bis nahe Schmelztemp. erhitzt), Flammspritzen und Wirbelsintern. – Gut zerspanbar, klebbar (mit konz. Ameisensäure), schweißbar (Heißgas-, HF- und Wärmeimpulsschweißen); Sonderqualitäten als Lösung verarbeitbar. –

Verwendung: Maschinenteile (kleinere, auch schmierlose Lager; Zahnräder, Wälzlagerkäfige, Schrauben, Muttern, Sicherungsunterlegscheiben, Dichtungen, Führungsteile; hochverschleißfeste, reibungs- und geräuscharme Transportketten u. a.), im Apparatebau (Gehäuse, Spulenkörper, Staubsaugerteile, Telefonhörer); Ummantelung starker Seile und Kabel; Feldkabel; Schutzmantel über PE-isolierten Leitdrähten; biegsame Druckrohre 2,5 ... 10 mm Φ für bis 10 bar. Bänder für Treibriemenaufbau, Gurte aller Art, Treib- und Zugriemen; Gefäßauskleidungen (verschweißt bzw. verklebt).

Polyurethane (PUR) seit 1940, im weiteren Sinn zu den Polyamiden gerechnet, als lineare PUR diesen in Aufbau, Struktur und Eigenschaften ähnlich.

Lineare PUR (Thermoplaste) [Durethan U, Ultramid U; als Faser: Perlon U], erhalten durch Polyaddition von Diisocyanaten und Dialkoholen (oder Diaminen).

Verarbeitung: durch Spritzgießen (110 °C), Strangpressen (Profile, Borsten, Fasern), Folienblasen, Formpressen, Pulversintern und Flammspritzen. – *Haupteigenschaften:* ϱ= 1,21 g/cm³; farblos-opak, gedeckt färbbar; Härte je nach Sorte unterschiedlich; gegenüber PA geringere H_2O-Aufnahme (max. 2 ... 3%), daher bessere el. Eigenschaften als PA und nicht O_2-empfindlich bei guter Maßhaltigkeit. Schmelzpunkt z. B. 180 ... 185 °C [Durethan U_0] bzw. 150 ... 160 °C [Durethan U_{50}], σ_{zB} = 5900 bzw. 2100 N/cm², δ-250%, hoch schlagzäh (nicht mehr meßbar) und kerbschlagzäh, kältebeständig, warmformbeständig (Vicat) bis 175 °C bzw. 74 °C; hochverschleißfest, sehr gute Gleiteigenschaften; kleb- und schweißbar; beständig gegen schwache Säuren, auch starke Laugen, Öle und übliche Lösungsmittel. – *Verwendung:* Gebrauchsgegenstände und techn. Teile höchster Festigkeit und Zähigkeit (Lager, Zahnräder u. a.) ähnlich PA, Umspritzung auch großer Metallteile; Sonderqualitäten für el. Isolierteile und -folien. –

Stark vernetzendes PUR (Duromer), erhalten durch Polyaddition der Isocyanatgruppe [Desmodur] mit Polyester aus zweibasischen Säuren und Alkoholen, die Überschuß an Hydroxylgruppen enthalten (z. B. [Desmophen]), statt dessen neuerdings auch mit billigerem Polyäther.

Verarbeitung: Umsetzen in flüssiger Phase nach Mischen beider Komponenten, evtl. mit Lösungsmittelzusatz; dabei Harzbildung bei Raumtemperatur, beschleunigt durch höhere Temp. und Aktivatoren. – *Haupteigenschaften:* Hart bis elastisch einstellbar, je nach angestrebtem Vernetzungsgrad; beständig gegen Benzin, Öle und H_2O. – *Verwendung* als Gießharz für Modellteile, techn. Formteile, als Vergußmasse; als Zweikomponenten-Lacke (sogen. „DD“-Lacke aus Desmophen und Desmodur), auch für el. Isolation; Kleber; Schaumstoff [Moltopren].

Schwachvernetzendes PUR (überwiegend Elastomer), [Vulkollan, Ithelit], erhalten durch Behandlung leichtschmelzbarer linearer PUR (mit Überschuß an Isocyanatgruppen) mit wenig H_2O oder Glycolen, dabei leichte Vernetzung (ähnlich Gummi-Vulkanisation mit S).

Verarbeitung durch rasches Vergießen (auch Spritzguß) der Mischung ohne Weichmacher oder Füllstoffe. – *Haupteigenschaften:* Dichte $\varrho = 1{,}26$ g/cm³; hochelastisch bis hartgummiartig je nach Zusammensetzung, im Shore-Härtebereich 65 ... 96 (10 Qualitäten); gute el. Eigenschaften, Durchschlagfestigkeit ≈20 kV/mm; üblichem Gummi überlegen an Einreißfestigkeit; nicht alternd, Öl-, Benzin- und Ozon-beständig; hoch verschleißfest, unbrennbar; unbeständig gegen Säuren, Laugen, kochendes H_2O und Sattdampf („feuchte Wärme"); in organischen Lösungsmitteln anquellend, daher damit quellschweißbar; Verwendungstemperatur –20 ... +80 °C, mehrtägig bis 100 °C, kurzzeitig bis 130 °C; über 160 °C Zersetzung; unter 0 °C Verstrammung, unter –20 °C Einfrieren. Für Shorehärte (A) = 80 z. B. $\sigma_{zB} = 3000$ ... 3500 N/mm²; $\delta = 600$ ... 700%; Farbe grau; sehr fest verbindbar mit Geweben und Metallen. – *Verwendung,* wo andere Elastomere nicht genügen: Formteile (Manschetten, Dichtungen, Ventilkegel, Membranen, Vollreifen (Laufrollen), Reibräderbelag, Ringe, Teile elastischer Kupplungen, Lagerbüchsen, Federungselemente, endlose Zahnriemen, Schuhabsätze, auch Fasern für elastische Bänder und Möbelbezugsstoffe. –

Polyesterharze (UP) seit 1942. Ester allgemein = salzähnliches Kondensat aus Reaktion zwischen Säure und Alkohol unter Austritt von H_2O. Großmoleküle und damit Bildung von Polyester als *Polykondensat* erst möglich, wenn beide Reaktionspartner mindestens je zwei reaktionsfähige Gruppen enthalten, die zu Molekülketten führen. Soweit linear: Plastomere; soweit vernetzend: Duromere.

Unvernetzte lineare UP-Harze: Polyterephtalsäureester (Polyterephtalate), erhalten durch Polykondensation aus Terephthalsäure und Äthylglycol (zweiwertiger Alkohol), für Gießfolien [Hostaphan, Mylar u. a.]. – $\varrho = 1{,}4$ g/cm³; unverstreckt = 6000 N/mm², verstreckt = 20 000 N/mm², $\delta = 140$ ... 150%; brauchbar von –60 ... +150 °C; Durchschlagfestigkeit ≈160 kV/mm bei 0,04 mm Dicke; beständig gegen H_2O, Säuren, Fette, Öle, viele org. Lösungsmittel; unbeständig gegen starke Alkalien; fast gasundurchlässig, kochfest, schwer entflammbar, physiologisch unbedenklich. – Verwendung als hochfestes E-Isoliermaterial und Dielektrikum, für Verpackungen, Kaschierungen, als Trennfolien. – Ferner Chemiefasern [Diolen, Trevira, Lanon, Terylene] für knitterfeste, strapazierfähige Gebrauchstextilien (Bekleidung). –

Vernetzende ungesättigte Polyesterharze: Fadenmoleküle mit ungesättigten Seitengruppen, flüssig, durch Härter vernetzt, dann Duromer: Lackharze und Kleblacke als vernetzende Polykondensate, evtl. mit Zusätzen (z. B. Styrol) nachpolymerisiert, in vielen Variationen und Modifikationen, heute in größter Menge für Kunstharzlacke verwendet, darunter auch das schon seit 1927 bekannte Phtalharz [Glyptalharz], mit dem Glimmer verklebt wird [Mikanit] als hitzebeständiges el. Isoliermaterial (Tafeln, Formstücke), ferner Alkydharze, Maleinatharze u. a. – UP, erhalten aus gesättigten Dikarbonsäuren und Polyalkoholen (z. B. Äthylenglykol, kurz „Glykol", u. a.), gelöst in leicht polymerisierbaren flüssigen Monomeren (meist 30 ... 40% Styrol, und Vinylacetat u. a.), als Rohharze [Palatal, Dobeckan, Leguval, Vestopal, Polyleit u. a.]. Mit Monomeren zusammenpolymerisiert bei 90 ... 135 °C, wobei zugesetzter Katalysator (ein organisches Peroxid, z. B. Benzoylperoxid u. a.) vernetzende Härtungsreaktion einleitet und Wärme zu Ende führt; Zustand nun hart, unschmelzbar und unlöslich. Auch Kalthärtung möglich, wenn bei Ansatz noch Aktivator (Aminbeschleuniger, z. B. Dimethylanilin u. a.) zugefügt wird; erforderliche Härtetemperatur dabei als Reaktionswärme im Harz selbst erzeugt. Reaktionsverlauf in einem Zuge, ohne daß Zwischenstadien wie bei Phenolharz (Resol, Resitol) fixierbar sind. Heute chemisch große Variationsmöglichkeit (viele UP-Typen) durch unterschiedliche Reaktionspartner (Säuren und mehrwertige Alkohole), Mischverhältnisse und Zusätze; Endharze dadurch von sprödhart bis zähelastisch mit unterschiedlichen Erweichungs-

Tabelle I.44. Einige Eigenschaften füllstofffreier Gießharze (Beispiele)

Eigenschaften:	Phenolharz [P 1600]	Epoxidharze [Araldit B]	[Araldit D]	Polyesterharze Leguval K 25 R	[Leguval T 30]
Gießtemperatur °C	20	130 ... 140	20	25	25
Härtungsbedingungen mit Härter	2,75 ... 3 Std. bei 50 ... 60 °C	14 Std./120 °C 1 ... 2 Std./200 °C	14 Std./20 °C 15 min/100 °C	5 ... 6 min bei 25 °C	4 min bei 80 °C
dabei Vol.-Schrumpfung	≈1%	0,5 ... 2,3%	0,0 ... 1,3%	7 ... 8%	≈8%
Dichte ϱ g/cm³	1,25	1,22	1,2	1,25	1,27
Zugfestigkeit σ_{zB} N/cm²	4000 ... 6000	6500 ... 8000	5500 ... 8000	≈5000	≈8000
Biegefestigkeit σ_{bB} N/cm²	≈8000	9000 ... 14000	9000 ... 14000	≈7000	≈12000
Schlagzähigkeit a_n Ncm/cm²	100 ... 200	100 ... 200	150 ... 250	≈50	≈100
Warmformbest. (Martens) °C	(40 ... 80) [1]	110 ... 120 [3])	60 ... 70 [4])	≈180	≈175
spez. Widerstand [Ω · cm]	10^{12}	> 10^{16}	10^{12}	$5 \cdot 10^{15}$	$3 \cdot 10^{15}$
Beständigkeit gegen: [2])					
schwache Säuren	+	+	+	+	+
starke Säuren	–	o	o	+	+
schwache Laugen	+	+	+	+	+
starke Laugen	–	+	+	+	+

[1]) mit Vicatnadel bestimmt – [2]) + = beständig; o = bedingt beständig; – = unbeständig – [3]) Warmhärtung – [4]) Kalthärtung.

punkten, Reaktionszeiten, Härten, Wärmestandfestigkeiten, el. und chemischen Eigenschaften erzielbar.

Allgemeines Einsatzgebiet: Vor allem glasfaserverstärkte Kunststoffe (GFK); Gießharze für el. Isolierzwecke und Modellherstellung; Bindemittel für anorganisch gefüllte UP-Formpreßmassen. – Übliches UP-Rohmaterial (Polykondensat) bei Raumtemp. flüssig, in Lieferform meist 30 ... 40% Monostyrol enthaltend und in einigen organischen Lösungsmitteln löslich; glasklar bis leicht gelblich getönt.

Haupteigenschaften, gehärtet: 1. *ohne Harzträger:* Säurebeständig, manche Typen empfindlich gegen konz. Alkalien, rel. große Volumenschrumpfung bei Härtung durch Polymerisation (6 ... 8%, linear 2 ... 2,7%). Vgl. Tabelle I.44! Gießprodukte gut zerspanbar und polierbar; Eigenfarbe fast wasserklar ohne Alterungsverfärbung, in lichten Tönen färbbar; Durchschlagfestigkeit 35 ... 40 kV/mm. Wird Teil des Glykols durch Cl-haltige Verbindungen ersetzt und 2 ... 5% Sb_2O_3 zugefügt, dann schwerbrennbar (selbstverlöschend), z. B. [Palatal PS 300].

2. *mit Harzträger:* Überwiegend 25 ... 75% alkalifreie Glasseidenfaser (5 ... 13 μm Fadendicke mit σ_{zB} = 900 ... 1400 N/mm²!) als Strang (Roving 20/30/60 = Strang paralleler Glasseidenfäden mit 4000/6000/12000 Einzelfäden) Gewebe, Matte, Vorformling u. a., vor allem zur erheblichen Festigkeitssteigerung und Schrumpfminderung (Tabelle I.45), aber auch als Pulver (Quarzmehl, Glimmer, Kaolin, verschiedene Oxide und Karbonate, gemahlene Harzabfälle, Metallpulver u. a.), die die Schwindung und in dickeren Gußteilen Erwärmung mindern, ferner Härte und E-Modul erhöhen. Glasfaserverstärkte UP-Harze (für glasfaserverstärkte Teile kommen außerdem folgende Harze in Frage: Epoxidharze, Phenolharze, Methacrylat-Gießharz, Siliconharze, Melaminharz, Alkydharz, Furanharze, Polystyrol u. PVC. Sammel-Kurzbezeichnung f. glasfaserverstärkte Kunststoffe: GFK.) haben nur geringe Dehnung (< 2%), daher bei Beanspruchung sofort Lastübertragung auf Glasfaser, bevor Bruchlast umgebenden Harzes erreicht wird. Dünnwandige Teile mit hohem Glasanteil sind flexibler als dickwandige mit geringem Glasanteil. Stoß wird elastisch aufgenommen; bei Überlastung splitterfreier Bruch. Hohe Formstabilität; unempfindlich gegenüber Temperaturschwankungen und Witterungseinfluß. Ungefärbt hohe Lichtdurchlässigkeit (bei 1,2 mm dicker Platte 85 ... 90%); durchfärbbar transparent und opak, oder nur mit gefärbter Deckschicht (Gelcoat); hoch chemikalienbeständig (etwas unterschiedlich je nach Harzsorte) geruchlos und physiologisch unbedenklich (Nahrungsmittelbehälter), geringe Wärmeleitfähigkeit ($\lambda \approx 0{,}35$ W/Km, ≈1/200 von

Tabelle I.45. Vergleich von glasfaserverstärktem Polyesterharz mit Konstruktionsstahl St 70. 2

Eigenschaften:	Polyesterharz [1]) verstärkt durch: Glasseiden- stränge [2])	gewebe	Matte oder Vorformling	St 70.2 (zum Vergleich)
Zugfestigkeit σ_{zB} N/cm²	84000	18000 ... 35000	14000 ... 21000	70000 ... 84000
Dichte ϱ g/cm³	1,9	1,7 ... 1,9	1,5 ... 1,6	7,8
spez. Zugfestigkeit σ_{zB}/ϱ	44000	10500 ... 18500	9000 ... 13000	9000 ... 11000
Druckfestigkeit σ_{dB} N/cm²	49000	21000 ... 25000	18000	35000 ... 42000
Biegefestigkeit σ_{bB} N/cm²	105000	21000 ... 35000	19000 ... 22000	42000 ... 46000
Elastizitätsmodul N/mm²	42000	14000 ... 21000	8400 ... 11900	210000
Schlagzähigkeit a_n Ncm/cm²	1560	560	440	1000
Wärmeleitfähigk. W/km	0,432	0,288	0,245	59,5
lin. Wärmedehnzahl $\beta \cdot 10^{-3}$ /mm/m · °C	7	10	25	12
Glasinhalt/Gew.-%	70	60	35	–

[1]) Entsprechende Werte bei Einsatz von Epoxidharzen. – [2]) Rovings.

Fe), Warmformbeständigkeit (Martens) = 150 ... 250 °C je nach Harzsorte, hochfest und gut schlagzäh auch bei tiefen Temperaturen, stark schalldämmend.

Abb. I.94 gibt Festigkeitsvergleich zwischen einigen Kunststoffarten einerseits, sowie Aluminium-Legierungen und Stahl andererseits. Glasfaserverstärkte Polyester- (und Epoxid-) Harze übertreffen z. T. Al-Legierungen und erreichen Stahl, wenn auch ihr E-Modul kleiner ist, aber gewichtsbezogener E-Modul.

Verarbeitungsart und *Anwendungsbeispiele: Preßverfahren:* Für füllstoffhaltige Teile in Serie; Warmpressen (120 °C, 4 ... 10 bar, 70 s) ab 1000 Stück, auch Kaltpressen schon ab 200 Stück, z. B. Gehäuse kleinerer E-Motoren und Ventilatoren, HF-Isolierteile, Spulenkörper, Zündspulenköpfe, Staubsaugergehäuse, Arbeitsschutzhelme (Glasfasereinlage), Teile der Radartechnik, Schaltkästen, gedruckte Schaltungen u. a. – *Niederdruck-Schichtverfahren:* Badewannen, Lager- und Transportgefäße für Getränke, Sport- und Marineboote bis 14 m Länge (Landungsboot von 25 m bewährt), Autokarosserien u. a., allgemein Großteile in Einzelfertigung und kleinen Serien. – *Gießen* langsamer härtender Massen: Modelle für Lehr- und Ausstellungszwecke, Zahnkranz von Kettenrädern; Ausgießen (Quarzmehlfüllung) von Hohlräumen bei Kondensatoren, Kabelendverschlüssen, Motoranker, Rohrstößen u. a. – *Imprägnieren* der Oberflächen poröser Stoffe (Holz, Beton, Zementasbest u. a.) durch Aufgießen, Spachteln, Streichen, Spritzen. – *Kontinuierliche Verfahren:* 1. Rohrherstellung mit Glasfasereinlage durch Gummisack-, Schleuder- bzw. Wickel-Verfahren; nach letzterem Verfahren auch Fässer, Bojen, Pkw-Luftführungsrohre u. ä. Bisher größter Rohrdurchmesser 1 m bei 5 mm Wanddicke, 1,6 km lang, auf Baustelle hergestellt. 2. Glasfaserverstärkte ebene und gewellte Lichtwandplatten, fast glasklar bis opak. 3. Rundgliederketten nach neuem Wickelverfahren: Gegenüber Stahlkette gleicher Zugfestigkeit bis 77% Gewichtsersparnis; Preis zwischen St 35 und Cr-Ni-Stahl; Einsatz bei chem. Beanspruchung. Ferner Flanschringe u. ä. – Auch weitere Verarbeitungsverfahren üblich.

Epoxi(d)harze (EP) ≡ Äthoxylinharze, seit 1945 [Araldit, Epoxin, Lekutherm, Epikote u. a.], sind im Rohzustand Kondensate, erhalten aus Epichlorhydrin und phenolischen Verbindungen (z. B. Biphenolen) unter Bildung von HCl und Aufspal-

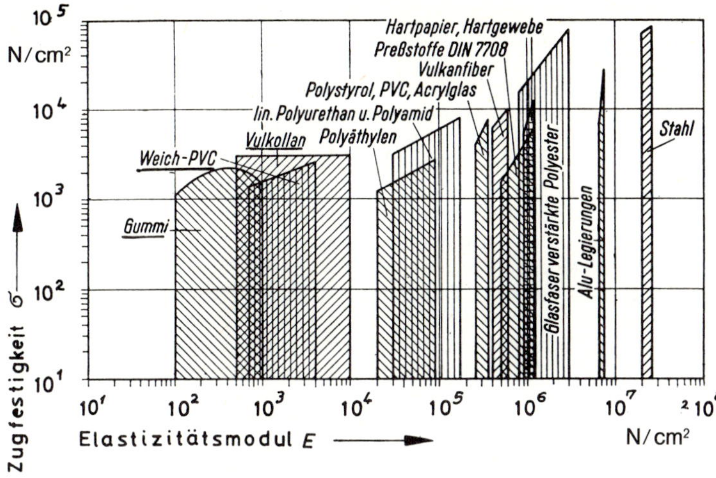

Abb. I.94. Gegenüberstellung der 3 Gruppen: 1. Elastomere (Natürlicher und künstlicher Gummi, sowie Weich-PVC.). 2. Thermo- und duroplastische Kunststoffe. 3. Al-Legierungen und Stahl; hinsichtlich Zugfestigkeit und E-Modul. („Vulkollan" ist schwachvernetztes Polyurethan, ein synthetischer Weichgummi). – Beachte beim Vergleich den doppellogarithmischen Maßstab!

tung des Epoxidringes zu kettenförmigen Harzmolekülen mit reaktionsfähigen Epoxid (= Äthylenoxid)-gruppen an den Enden. Diese flüssigen bzw. – wenn fest – noch schmelzbaren und löslichen Rohharze erfahren Polyaddition durch für Endverarbeitung zugesetzte Härter (Anhydride zweibasischer Säuren, Amine u. a.), dann warm- oder kalthärtbarer Duromer. Viele Variationsmöglichkeiten. In Lösung lassen sie sich auch mit härtenden Phenol-, Harnstoff- und Melaminharzen vernetzen oder mit Fettsäuren verestern. Auch polyadditive Kombination mit Polyamiden und Polyamidoaminen [Versamide].

Kennzeichnende Eigenschaften (füllstofffrei): Tabelle 44; drucklose Härtung, geringster Härtungsschwund ohne Nachschwund, daher hoch maßhaltig; normal leicht gelbbraun glasklar, neuerdings auch farblos-wasserklar [Maraglas], färbbar; außerordentliche Haftung auf fast allen Werkstoffen, bes. Metallen; alterungsbeständig; sehr gute mech. und el. Eigenschaften (z. B. Durchschlagfestigkeit $\approx 2\times$ der von Porzellan); gut chemikalienbeständig; zerspanbar; geschmack- und geruchlos, physiologisch unbedenklich; hitzebeständig bis 180 °C, Zersetzungsbeginn über 300 °C; je nach Type mehr oder weniger brennbar; flammwidrig erst nach Einbau von $\approx$30% Chlor [Epi-Rez 5161]. – *Verarbeitung* als Gieß-, Laminier- und Klebharz, ferner als Formmassen und Lackharz.

EP-*Gieß-* und *Imprägnierharze:* Je nach Rohharztyp und Härter Guß und Härtung bei 20 °C oder 100 ... 120 °C als Reinharz oder mit Füllstoffen (Quarzmehl, Kaolin, $CaCO_3$, Talkum, gewisse Metalloxide, Glasfaserstücke, Graphit, MoS_2, Metallpulver, in Mengen von oft dem mehrfachen Harzvolumen); durch letztere beachtliche Eigenschaftsveränderung: Geringere Wärmeausdehnungszahl, evtl. größere Wärmeleitfähigkeit, noch geringerer Härtungsschwund, höhere Druckfestigkeit, erhöhte Dichte, Verbilligung. Verwendung zum Guß auch großer Teile in meist Metallkokille (Silikon-Trennmittel!); da drucklos, auch Einbettung bzw. Verbindung empfindlicher Teile; unter Vakuum zum porenfreien Imprägnieren von

Wicklungen und Ausfüllen kleinster Hohlräume. Formkörper, Lehren, Tiefziehwerkzeuge, Isolierkörper, als Vergußharz für Meßwandler, Kondensatoren, Durchführungen, Kabelendverschlüsse, Ringkollektoren, Rotoren, Statoren u. ä.; ferner Halbzeug für spangebende Verarbeitung: Blöcke, Stangen, Platten, Rohre (hoch Graphit- oder MoS_2-gefüllt für selbstschmierende Lager bes. in der Chemotechnik, kleine Reibungszahl, hochverschleißfest [Kufalit]); Sonderqualitäten bis + 170 °C verwendbar.

EP-*Laminierharze* (d. h. mit meist fasrigen, auch flächigen Harzträgern; Fertigteil = Laminat). Verarbeitung wie UP-Laminierharze (s. dort) bes. mit Glasfasereinlage, mit ähnlichen Eigenschaften wie diese (Tabelle I.45). Statt Glasfaser je nach Verwendungszweck auch Papier, Textilgewebe, Asbest, Glimmer, Metallfolien, Drahtgitter u. a., einzeln oder kombiniert. Eigenschaften fast gleichbleibend zwischen – 60 ... + 110 °C, bei Sonderharzen bis 160 °C und mehr. Verwendung gleichartig wie UP-Laminate (unter ND-Schicht- u. kontinuierlichen Verfahren angegeben), ferner für größte Montage- und Kontrollehren (viele m^2) im Flugzeugbau; für Kopierfräsmodelle, Flugzeugnasen, Propeller-Nabenverkleidung, Raketenspitzen, Formen zum Kunststoffpressen (Niederdruckverfahren), für Vakuumformung thermoplastischer Folien und Platten, u. ä.

EP-*Formpreßmassen,* mineral- bzw. meist glasfasergefüllt, mit geringster Härtungs- und ohne Nachschwindung bes. für rißfreie Umpressung größter Metallteile, sowie maßgenaue Teile ≙ UP-Preßmassen (s. dort!). Bestes Fließvermögen, auch spritzpreßbar. Preßdruck 50 ... 150 bar beim Formpressen, 400 ... 800 bar beim Spritzpressen, bei ≈165 °C; Härtezeit 2,5 min + 15 s/mm. $\sigma_{zB} = 10\,000$ N/cm²; $a_n \approx 700$ Ncm/cm²; Warmformbeständigkeit (Martens) = 140 °C; Durchschlagfestigkeit ≈40 kV/mm.

EP-*Klebharze:* Bindemittel mit höchstem Haftvermögen zum Verkleben bes. von Metallen untereinander, aber auch von Keramik, Glas, vulk. Kautschuk, gehärteten Kunststoffen (nicht Thermoplaste und Silikone), Leder, Textilien u. ä. untereinander und mit Metallen. Je nach Harztype heiß oder kalthärtend bei Härtezeiten von Tagen bis Minuten, grundsätzlich drucklos möglich, wenn auch manchmal Druckanwendung zur Kleinhaltung der Klebfuge (< 0,2 mm) zweckmäßig. Reinharze allein oder mit Harzträger (Glasgewebe), wenn Wärmedehnzahl der Klebschicht der des Werkstücks angeglichen werden soll und Klebschicht gleichzeitig gut isolieren soll. Blechklebung fester als Nietung und Schweißung.

EP-*Lackharze* für kalt- oder heißvernetzbare Lackfilme höchster chemischer Beständigkeit, bester Haftung und Umformbarkeit (Tiefziehbarkeit damit lackierter Bleche!). Verwendung auch für Holz, Beton u. a., als Schutz- und Isolierlack in der E-Industrie; entsprechend pigmentiert als Rostschutzgrund, sowie für beste Spachtelmassen. –

Polycarbonate (PC) seit 1953 [Makralon, Lexan], lineare Biphenol-Polyester der Kohlensäure, als Polykondensat erhalten durch Veresterung bestimmter bifunktioneller Alkohole (aromatische Biphenole) mit Kohlensäure; Molekulargewicht bis ≈150 000.

Wichtigste Eigenschaften: Dichte $\varrho = 1{,}2$ g/cm³; thermoplastisch mit hohem Schmelzbereich (222 ... 230 °C); Dauerwärmebeständig bis + 140 °C; Versprödung unter – 100 °C; in diesem Temperaturbereich gute Festigkeit und Zähhärte wenig verändert. $\sigma_{zB} = 6200 \ldots 6700$ N/cm² (= 5400 bei + 120 °C); $\delta = 60\%$; Reißfestigkeit ≈1000 bei Reißdehnung 80 ... 100%; $\sigma_{zB} = 10\,000 \ldots 12\,000$ N/cm²; $\sigma_{bB} = 8000 \ldots 8400$ N/cm²; hochzäh; a_n nicht mehr feststellbar; $a_k = 200 \ldots 250$ N · cm/cm², Warmformbeständigkeit (Martens) = 115 ... 127 °C, (Vicat = 165 °C). Praktisch keine Wasseraufnahme, daher dimensionsstabil; beste el. Eigenschaften bis 140 °C wenig verändert. Eigenfarbe schwach gelblich klar durchsichtig (Lichtdurchlässigkeit ≈90% bei 2 mm), transparent und opak färbbar. Beste el. Isoliereigenschaften bis ≈140 °C fast konstant, u. a. Durchschlagfestigkeit ≈120 kV/mm (0,05 mm-Folien). Geruch- und geschmackfrei, physiologisch unbedenklich; sehr witterungs-, licht- und alterungsbeständig; gut chemisch beständig gegen Säuren, Oxidations- und Reduktionsmittel, Alkohole, Benzin, Öle u. a., bedingt gegen schwache Laugen; unbeständig gegen starke Laugen, Ketone,

Äther, Chlorkohlenwasserstoff, Benzol. Lösungsmittel: Äthyl- und Methylchlorid (als Klebmittel und gelöst zur Filmherstellung). Verarbeitungseigenschaften ähnlich [Plexiglas].

Verarbeitung durch Spritzgießen (260 ... 290 °C), Strangpressen, Blasen von Hohlkörpern, Folien-Gießen (aus PC-Lösung), Tiefziehen von Filmen und Platten (150 ... 200 °C), in gewissem Temp.-Bereich „schmiedbar"; Kleben und Schweißen, Zerspanen, Polieren, Lackieren, durch Aufdampfen Verspiegeln. – *Verwendung:* Technische Teile hoher Festigkeit und Zähigkeit, dielektrisch beanspruchte Teile auch für hohe Temperaturen. E-Technik: Spulen, Gehäuse, Stecker, Kontaktleisten, für Meß- und Regelgeräte, Polkappen, Akku-Kästen, Teile der Radio- und Phono-Industrie, als Isolierfolien [Makrofol] (0,02 ... 0,2 mm). Ferner Teile der Feinmechanik, im Kfz-Bau, in der Lichttechnik, für Büromaschinen; Schallplatten, Haushalt- und viele Gebrauchsgegenstände.

Polyimide, gehören zu den Kunststoffen, die noch oberhalb 200 °C gute mechanische und elektrische Eigenschaften haben und auch bei längerem Gebrauch bei diesen Temperaturen nicht verspröden. Sie sind Derivate aus der Reaktion von Pyromellit-Anhydrid mit aromatischen Diamiden. Sie gehören zu den wärmebeständigsten organischen Polykondensaten. Neuerdings auch thermoplastisch verarbeitbar durch Pressen von Pulvern bei 340 bis 360 °C und 280 bis 350 bar.

Sie werden von aliphatischen und aromatischen Kohlenwasserstoffen nicht angegriffen; starke Laugen und wässrige Ammoniaklösungen greifen jedoch an. Polyimide sind gut bearbeitbar, klebbar.

Polysulphon, thermoplastisches Polykondensat mit guten mechanischen Eigenschaften von – 70 bis + 150 °C. Die Diphenylsulphongruppe bewirkt hohe Formbeständigkeit in der Wärme und schützt gegen oxidativen Abbau. Zeitfestigkeitsverhalten sehr günstig. Zeitkriechversuch bei 700 N/cm^2 Belastung und Temperatur von 150 °C bei 6000 Belastungsstunden nur 1,5% Dehnung.

Elementorganische Polymere, Aufbau wie Silicone, jedoch außer Silizium enthalten sie noch Aluminium, Titan, Bor, Phosphor, Magnesium und andere Elemente. Weiter kommen Kohlenwasserstoffgruppen darin vor.

e) Schaumstoffe auf Kunstharz-Basis (vgl. DIN 7726 v. Dez. 1966)

Schaumstoff = künstlicher Werkstoff geringer Dichte mit Zellstruktur. [Iporka, Moltopren, Styropor, Troporit, Araldit-Schaummasse u. a.] – Dichte je nach Herstellung 0,005 ... 0,1 (≡Rohdichte nach DIN 53 420). – Lieferform: Halbzeug (Block, Platte) und Formteil (Rohstoffe dazu).

Offenzellig: Verbindung der Zellen untereinander und mit Außenluft, dünnstegiges Gerüst, schwammartig, daher saugfähig; gut schallisolierend; auch offenzellige Formteile mit geschlossener Außenhaut.

Geschlossenzellig: Durch hauchdünne Zellwände gegenseitig abgeschlossene polyedrische Hohlräume. Gut wärmeisolierend und schwimmfähig; wenn weichelastisch, gut stoßdämpfend. *Gemischtzellig:* Überwiegend offen- und geschlossenzellig.

Kunstharzbasis: Acetylcellulose, Phenol- und Harnstoffharz, PVC mit oder ohne Weichmacher, Polystyrol, Polyäthylen, Silicone, Polyurethane, Polyester, Epoxidharze u. a. Schaumbildung überwiegend durch Zusatz von Treibmitteln, die durch Reaktion mit Partnern bei Harzbildung Gase (z. B. CO_2) bilden und damit den entstehenden Kunststoff aufschäumen; nur selten (z. B. bei Harnstoffharz) Aufschäumen mit Luft durch Schaumschlagverfahren.

Hartschaumstoffe mit hohem Verformwiderstand und geringer elastischer Verformbarkeit: Wenn zähhart, bei Belastung langsame, z. T. reversible Zusammendrückung; wenn sprödhart, bei Überlastung Zusammenbruch des Zellgefüges. Verwendung in reiner Leichtbauweise (ohne Deckschichten): Isolierende Formteile für Wärme- und Kältetechnik, Schaumkörper. In Verbundkonstruktion als Stützmittel für tragende Deckschichten aus Schichtkunststoff (Hartpapier, glasfaserverstärkte Laminate u. ä.), Sperrholz, Blech: Isoliertechnik (Kühlräume und -Karosserien), im Flugzeug- und Fahrzeugbau („Sandwich"-Konstruktion), für orthopädische Teile, zum Ausschäumen von Hohlräumen (Bausektor und Schiffbau). – *Weichelastische Schaumstoffe* mit geringem Verformwiderstand bei fast vollelastischer Verformbarkeit auch bei hohem Druck: Verwendung für Polsterungen aller Art, Wärme- und Schallisolierung, Polierscheiben, Filter, Malerwalzen, Reinigungsmaterial (Schwämme u. ä.), Teppichunterlagen, Hilfsmittel in der Bekleidungsindustrie u. a.

Weichmacher sind feste oder flüssige organische Verbindungen oder deren Gemische, die Thermoplaste weich machen.

Dazu bestehen zwei Möglichkeiten, die innere Weichmachung durch Mischpolymerisation oder die äußere Weichmachung durch Zusatz von Weichmachern. Es gibt für PVC etwa 400, wichtigstes Auswahlkriterium ist Verträglichkeit. Für PVC gilt folgende Reihenfolge: Phthalate, Phosphate, Ester, Adipin-Sebacinsäure und Epoxide. Weiteres Kriterium ist Migration, d. h. die Wanderung der Weichmacher im Grundwerkstoff. Je höher das Molekulargewicht der Weichmacher, desto geringer die Neigung zur Wanderung.

Abbaubare Kunststoffe zersetzen sich nach dem Gebrauch. Wichtig für Verpakkungen. Zwei Möglichkeiten: biologischer und photochemischer Abbau.

Biologisch abbaubare Kunststoffe sind aliphatische Polyester, die über Mikroorganismen abgebaut werden können. Die für Verpackung zur Zeit vorwiegend eingesetzten Kunststoffe wie PE, PS und PVC sind resistent gegen biologischen Abbau. PE mit Molekulargewicht unter 450 dagegen biologisch abbaubar. Photochemischer Abbau geschieht unter Einwirkung von UV-Licht und Sauerstoff. Makromoleküle werden oxidativ zu kurzkettigen Bruchstücken gespalten und zerfallen nach Versprödung. Dazu sind Aktivatoren bzw. UV-Licht absorbierende Copolymerisate notwendig. Aktivator für Polystyrol: Sty-Grade, für PVC: zweiwertige Eisenionen. Eintritt der Reaktion kann durch lichtempfindliche Farbstoffe angezeigt werden.

f) Kunststoff-Normung

Nach DIN-Taschenbuch 21, „Kunststoffnormen", 6. Auflage 1971, bestehen z. Zt. 145 Normen, und zwar: über Kunststoffarten und Normtypen; Formen und Abmessungen von Halbzeug; Arbeitsverfahren und Werkzeuge; Lieferbedingungen, sowie Prüfverfahren und Prüfgeräte zur Ermittlung der verschiedenen Eigenschaftswerte.

Nachfolgend einige wichtige DIN-Blätter über erwähnte Eigenschaftswerte: Zugversuch (DIN 53 455, 53 354, 53 371, 53 571, 53 504); Druckversuch (DIN 53 454, 53 421, 53 472); Biegeversuch (DIN 53 452, 53 423, 51 950); Schlagbiege- und Kerbschlagbiegeversuch (DIN 53 453, 51 222); Härteprüfung von Gummi nach Shore (DIN 53 505); Kugeldruckhärte (Entw.-DIN 53 456); Warmformbeständigkeit nach Martens (DIN 53 458, 53 462); Warmformbeständigkeit nach Vicat (VDE 0302/III. 43, § 7 b; Bestimmung der Glutbeständigkeit (DIN 53 559); elektr. Durchschlagfestigkeit (DIN 53 481); Kriechstromfestigkeit (DIN 53 480); Lichtbogenfestigkeit (DIN 53 484).

g) Korrosion und Korrosionsbeständigkeit von Kunststoffen

Kunststoffe korrodieren nicht im gleichen Sinne wie metallische Werkstoffe. Bestimmte chemische Substanzen jedoch können durch Diffusion ins Innere eindringen und zur Quellung des Materials führen. Mechanische Spannungen fördern einen vorzeitigen Bruch. Spannungs(riß)korrosion, richtiger Spannungsrißbildung, tritt besonders bei Polyamiden auf.

Besonders bekannt als korrosionsbeständige Kunststoffe sind Hart-PVC, Polyisobutylen, Polyolefine, Fluorkunststoffe, Polyester und Epoxide. Manche Kunststoffe wirken durch Abgabe chemischer Bestandteile korrosiv auf Metalle.

Korrosionsschutz von Metallen kann sonst in der Regel mit fast allen Kunststoffen erreicht werden, und zwar durch Anstriche, Beschichtungen, Überzüge, Ummantelungen und Auskleidungen.

2. Gummi

Einführung. *Kautschuk* ist der Rohstoff, *Gummi* dagegen der vulkanisierte Kautschuk. – Weichgummiartige Stoffe (Elastomere) allgemein (speziell Weichgummi) sind Werkstoffe, die auf mindestens das doppelte ihrer spannungsfreien Länge gereckt werden können und nach Entlastung in kurzer Zeit auf praktisch (fast) Ausgangslänge zurückgehen. Weichste und beste Naturgummisorten bis auf zehnfache Ausgangslänge reckbar. Elastisches Verhalten folgt nicht Hookeschem Gesetz: Dehnung und Spannung einander nicht proportional; außerdem aufgewendete Formänderungsarbeit nicht vollständig wiedergewonnen (Abb. I.95), daher Eignung nicht nur als federnde, sondern auch als schwingungsdämpfende Elemente (Abb. I.96 und Abb. I.97). Auf elastischem Verhalten beruht auch Eignung als Dichtung.

Naturgummi (NG). Rohstoff Naturkautschuk (NK), hochmolekulare Kohlenwasserstoffverbindung $(C_5H_8)_{n\approx 6000}$, cis-1.4-Polyisopren, bestehend aus gewellten Fadenmolekülen (Abb. I.98) mit Dicken/Längen-Verhältnis um 1 : 1000; Mol.-Gew. $\geqq 400\,000$.

Gewinnung: Wichtigste Kautschukpflanzen wildwachsende Hevea-Arten, aus deren Milchsaft (Latex) früher Wildkautschuk gewonnen wurde. Aus ihrer Heimat Brasilien (Ausfuhrhafen Para, daher „Paragummi") wurde ihr wichtigster Vertreter, die Hevea Brasiliensis, 1876 durch Samenschmuggel (V. H. Wickham) über England in andere tropische Regengebiete (Indonesien, Malakka, Siam, Indochina, auch Kongo u. a.) verpflanzt und dort in Plantagen gezogen (Plantagen-Kautschuk). Wild-K. heute unbedeutend ($< 1\%$); Plantagen-K. überwiegend in Asien gewonnen (Tabelle I.46).

Aus grätenförmigem Rindenschnitt fließt der Latex mit 25 bis 35% K.-Anteil in Sammelbecher; pro Baum jährlich 3 bis 4 kg K.-Anteil. Im Latex sind elektr. negativ geladene K.-Faden-

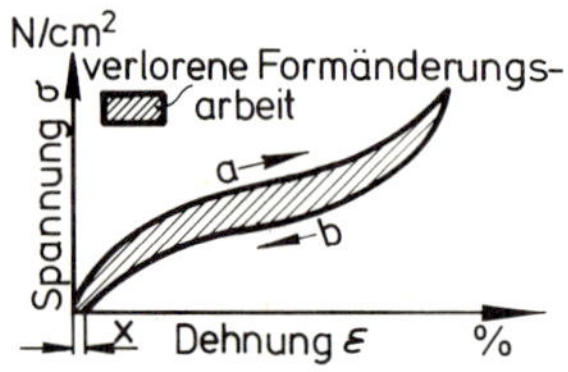

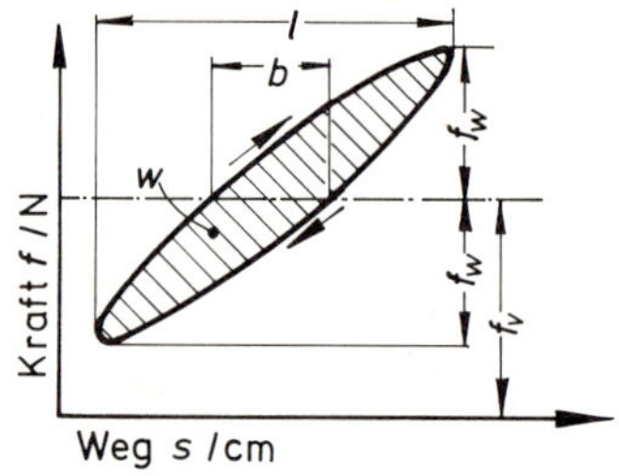

Abb. I.95. Spannungs-Dehnungs-Diagramm von ungefülltem Weichgummi (schematisch). a = Belastung; b = Entlastung (bleibende Längung x übertrieben!).

Abb. I.96. Dämpfung einer Gummifeder bei dynamischer Beanspruchung (schematisch). Wechselnde Drucklast P_w ist Druckvorlast P_v überlagert; Flächeninhalt A = Maß für Dämpfung = Energieverlust pro Schwingung (absolute Dämpfung), Wärmeerzeugend. Mechanischer Verlustwinkel δ als Dämpfungsmaß: tan δ = Schleifenbreite b/Schwingungsweite w (dimensionslos), hier $\approx$ 0,33.

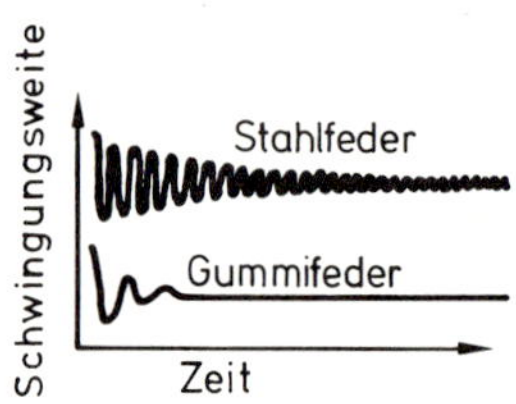

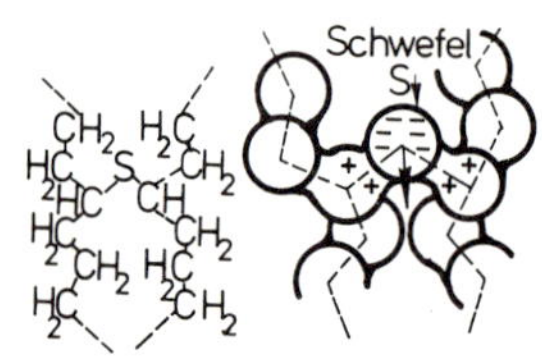

Abb. I.97. Dämpfwirkung einer Gummifeder bei Stoßbeanspruchung, verglichen mit Stahlfeder.

Abb. I.98. Schwefelbrücken führen beim Vulkanisieren je nach Anzahl (gebundene S-Menge) zu einer mehr oder weniger starren räumlichen Vernetzung der Kautschuk-Fadenmoleküle und bilden so den Gummi.

Tabelle I.46. Produktion von Natur- und Synthese-Kautschuk (in Millionen t)

Jahr:	1937	1939	1941	1943	1945	1950	1958	1959	1960	1973
Natur-Kautschuk (Welt)	1,2	1,0	1,6	0,47	0,26	1,89	2,0	2,1	2,17	3,45
Synthese-Kautschuk (Welt)	0,06	0,13	0,22	0,55	1,05	0,82	1,83	2,29 [1]	2,66	7,34
von letzterem erzeugt in:										
USA und Kanada	–	–	0,01	0,25	0,87	0,5	1,2	1,51	1,68	2,6
Deutschland (ab 1950 BRD)	gering	0,02	0,06	0,13	0	0	0,03	0,05	0,1	1,3 (EG)
Ostblock (UdSSR u. Satelliten)	0,06	0,11	(0,13)	(0,16)	(0,18)	0,26	0,58	0,62	0,65	1,3
Sonstige Welt	–	–	0,02	0,01	–	0,06	0,02	0,11	0,13	2,1

[1]) Produktionskapazität an Synthese-Elastomeren 1959 Welt: 3,26 Millionen t.

moleküle in H_2O mit K.-Serum suspendiert und bleiben wegen ihrer Aufladung schwebend (ähnlich Eiweiß und Fett in animalischer Milch), solange nicht durch Säuren Gerinnung infolge Neutralisation der el. Aufladung erfolgt; daher wie bei Milch (dort mit Na_2CO_3) Konservierung durch Basenzusatz. – Konzentrierter (bis 70%) Latex entweder nach Zusatz basischer Konservierungsmittel (Ammoniak u. a.) zum Endverarbeiter besonders gleichmäßiger hochdehnbarer Erzeugnisse in Faß oder Tankschiff versandt, oder durch Zusatz von z. B. Essigsäure koaguliert und so Fest-K. gewonnen; bei Sprühtrocknung fällt er pulverförmig an (sprayed rubber). Er wird entweder mit Waschwasser zu „Fellen" gewalzt (Crepe-K.) oder zur Fäulnisverhinderung durch Räuchern dünner Walzfelle bei 40 bis 50 °C konserviert (smoked sheets).

Verarbeitung zu Weichgummi erfordert u. a. Schwefelzusatz zwecks *Vulkanisation,* d. i. Additionsreaktion unter räumlicher Vernetzung der K.-Fadenmoleküle durch S (Abb. I.98), wobei aus mechanisch schwachem Fast-Thermoplast Kautschuk (durch Wärme nicht schmelzbar, nur zäh-klebrig werdend) hochelastisches Vulkanisat Gummi entsteht; dabei steigende Verstrammung durch zunehmenden S-Gehalt. Versteifung des Roh-K. schon unter +10 °C und sein zunehmendes Klebrigwerden ab +30 °C gingen verloren; G. nun von –30 °C bis +65 °C (kurzzeitig –60 °C bis +100 °C, für Sondermischungen bis +165 °C) verwendbar. – Nach Zerhacken der Roh-K.-Ballen Plastifizierung des infolge langer Fadenmoleküle sehr zähen Roh-K. durch Mastikation („Weichwalzen") in Gummiknetern (Mastikatoren), d. s. heiz- und kühlbare Walzwerke. Dabei teils mechanisches Zerreißen, teils durch Luft-O_2 und Wärme gewollt-oxidativer Abbau langer Molekülketten, wobei Plastizität zunimmt, aber Dehnbarkeit des Enderzeugnisses, σ_B und Alterungsbeständigkeit (verglichen mit Latexprodukten unveränderter Kettenlänge), darunter leiden. Heute auch chemischer Molekülabbau durch Peptisatoren (Oxidationsmittel). Dann Fertigstellen der *Mischung:* Immer *erforderliche S-Menge* (für Weichgummi 0,5 bis 5% S, Abb. I.99, als S-Staub („Schwefelblüte") oder S-Verbindungen für Vulkanisation. Je nach Endziel noch erforderlich: *Vulkanisationsbeschleuniger:* Einfache (MgO), Halbultra- und Ultrabeschleuniger, d. s. bestimmte organische Verbindungen, z. B. die „Vulkacit"-Beschleuniger (in vielen Sorten); letztere verbessern gleichzeitig Alterungsbeständigkeit, mechanische Festigkeit, und verringern Verschleiß.

Aktive Füllstoffe (bes. Ruß versch. Erzeugung; schwächer „Weißruße": SiO_2, pyrogen aus $SiCl_4$ erzeugt [„Aerosil"-Degussa]; Misch-Gele auf Basis Al-Si und K-Si u. v. a.; auch ZnO-aktiv) zur Verbesserung von Festigkeit, Kerbzähigkeit, Härte, Abrieb- und Verschleißwiderstand (Vgl. Tabelle I.47), sowie Minderung der Oxidierbarkeit; *halbaktive* (MgO, $MgCO_3$, Feinstkaolin u. a.) und *inaktive Füllstoffe* (Kieselkreide $CaSiO_3$, Talkum, Kaolin grob u. a.) zur Verbilligung. *Dispergiermittel* (H_2O) und *Weichmacher* (Naftolen, Harzöl u. a.). *Faktisse* (Faktis) ist

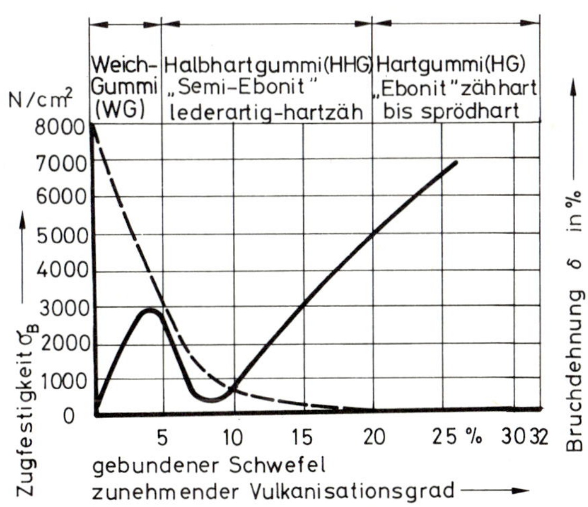

Abb. I.99. Naturgummi: Zugfestigkeit und Bruchdehnung der drei Gummiklassen, abhängig vom S-Gehalt, bezogen auf Gesamtmenge K + S (Kautschuk kann bis max. 32% S binden).

Tabelle I.47. Rezept [1]) und Eigenschaften einer Laufflächenmischung für Autoreifen

Buna S 3 ($\approx$500 „Defo-Härte" [2])	100,0
„Kautschol" (Weichmacher)	5,0
„Naftolen ZD" (oder Weichmacher HM)	3,0
Kolophonium (erhöht Einreißfestigkeit)	1,5
Ozokerit (Hartparaffin) als Lichtschutz	1,0
Stearinsäure (Rußverteiler, verzögert Vulk.-Einsetzen)	2,5
Zinkweiß „Rotsiegel", ZnO (verbessert Wärmeleitg.)	5,0
Ruß CK 4 (0,02 ... 0,03 μ Φ)	40,0
Phenyl-β-Naphthylamin (Alterungsschutz)	1,0
Schwefelblüte (S) zur Vulkanisation	1,8
„Vulkazit AZ" (Vulk.-Beschleuniger)	1,0
	Σ 161,8

Optimale Vulkanisation:
60 min bei 143° C

Eigenschaften:
σ_{zB} = 2200 ... 2500 N/cm^2;
δ = 550%; [3])
Zw.-Zahl (300%) = 650 ... 750; [7])
Shore-Härte = 60; [4])
Rückprall-Elastizität 40%; [2])
Einreißfestigkeit = 160 N/cm^2; [5])
Abrieb = 115 mm^3; [6])

[1]) Ferner wichtig: **Mischvorschrift** mit Mischzeiten für verschiedene Kneter, und Reihenfolge der Zugaben; S immer zuletzt! – [2]) DIN 53 514 – [3]) DIN 53 504 – [4]) DIN 53 505 – [5]) DIN 53 507 – [6]) DIN 53 516 – [7]) „Zwischenzahl" = Spannung in N/cm^2 bei 300% Dehnung.

geschwefeltes oder chloriertes organisches Öl, wie Rüböl u. a. als nichtquellender Weichmacher zur Erhöhung der Klebrigkeit bei Verarbeitung, der Spritzbarkeit, Elastizität, Kälte- und Lösungsmittelbeständigkeit. *Farbstoffe* und Pigmente („Goldschwefel" = Sb_2O_5 ; TiO_2 , Fe_2O_3 , Chromgrün u. v. a.) zur Einfärbung. *Alterungsschutzmittel* (Antioxidantien, z. B. Phenylnaphtylamin u. a.) zum Oxidationsschutz; je geringer übrigens S-Gehalt, desto alterungsbeständiger. *Lichtschutzmittel:* Hartparaffin (Ozokerit, Ceresin), „Antilux", zur Stabilisierung gegen Lichtrißbildung. *Ermüdungsschutzmittel* gegen Rißbildung bei dynamischer Beanspruchung; u. U. zur *Mischerleichterung* Paraffin, Wollfett u. a. – Ggf. *Treibmittel* (Na_2CO_3 , „Porofor") z. B. für poröse Strangpreßerzeugnisse (Dichtprofile). Evtl. *Odorisiermittel,* um Gummi-Eigengeruch zu überdecken. Für Sonderzwecke zahlreiche weitere Zusätze. –

Gründliche Mischung auf den Gummiknetern ähnlichen Maschinen, auch in Trogmischern. Zusammenstellen einer Mischung (Rezept) für bestimmten Zweck erfordert große Erfahrung, und bei Neuentwicklung oft lange Versuchsreihen im Labor. Beispiel in Tabelle I.47.

Formgebung der Mischung in meist Preßformen (z. B. Autoreifen und Formteile aller Art), wobei unter Druck und Hitze zunächst thermoplastisch geformt und anschließend vulkanisiert wird; ferner Strangpressen (Schläuche, Profile), Spritzen (auch ein Strangpressen zum Ummanteln elektrischer Leitungen); Kalandrieren (Plattenziehen in z. B. 4-Walzen-Kalandern für Transportbänder- und Treibriemen-Felle); Streichverfahren (Auftragen auf Gewebe, Kunstleder) und Tauchverfahren, beide unter Verwendung von Gummilösungen in Leichtbenzin, Benzol u. a. Auch Spritzguß-Verarbeitung (vgl. III E) für Massenteile.

Heißvulkanisieren durch Erwärmen nach Formgebung auf 130 bis 150 °C je nach Dicke während weniger Minuten (dünne Teile, bes. Latex-Tauchartikel) bis zu mehreren Stunden (Traktorreifen u. a.), und zwar in Stahlformen unter Druck oder zwischen beheizten Stahlplatten (Bänder, Riemen, Platten), oder frei ohne Druck in Heißdampf oder Heißluft (dünnere Teile, Schläuche, Formteile aller Art, z. B. in Talkum eingebettet; Tauchartikel auf ihrem Tauchmodell u. a.).

Kaltvulkanisieren nur noch in Sonderfällen für billige dünnwandige Ware durch Behandlung z. B. in Chlorschwefel S_2Cl_2 (gelbrote Flüssigkeit) gelöst in Schwefelkohlenstoff CS_2 , oder in Dunst von S_2Cl_2 , oder in S_2Cl_2 mit bis zu 60% gelöstem S, auch durch wechselweise Behandlung mit SO_2 und H_2S. Kaltvulkanisate jedoch weniger alterungsbeständig; früher oder später ganz verlassen. – Hierher gehören auch selbstvulkanisierende Gummilösungen, die Ultrabeschleuniger enthalten (Gummilösung = in z. B. Benzin gelöster Kautschuk mit Zusätzen).

Verarbeitung des Latex (L.). Da Fadenmoleküle nicht durch Mastizieren etc. abgebaut, ist höchste Dehnbarkeit, σ_B bis 4000 N/cm² und gute Alterungsbeständigkeit für L.-Produkte kennzeichnend. Vulk. immer mit Kolloidschwefel bei 95 ... 110 °C/35 ... 10 min (Heißluft). – *Bestreichen* von Stoffen mit L.-Mischungen (mit S, Füll- und Farbstoffen, Beschleuniger u. a.) auf Streichmaschinen; Tauchen für nahtlose Gegenstände (Handschuhe, Flaschensauger u. ä.), wobei z. B. Porzellanformen in L. ein- oder mehrmals getaucht werden, dann frei vulkanisieren auf Form, heute meist heiß. – *Gieß-Verfahren:* „Sensibilisierte“ Latex-Mischung in vorgewärmte Gipsform gießen, Umschwenken und nach einigen Min. Rest ausgießen, dann Vulk.: Techn. Hohlkörper, auch Gummipuppen u. a. – *Gummifäden* durch Auspressen der L.-Mischung aus Spinndüsen in Koagulierbad, dann Vulk.; $\sigma_B > 3000$ N/cm². – *Anodenprozeß* (Kata- oder Elektrophorese) siehe I.G.2; elektr. negativ geladene K.-Fadenmoleküle werden an als Anode geschaltetem Werkstück niedergeschlagen, wobei zum Vulkanisieren erforderlicher Kolloid-S beigemengt mechanisch anhaftend mitgetragen wird (Rührer, Rohre, Siebe u. a. in der Chemotechnik). – *Schaum-* bzw. Schwammgummi aus „sensibilisiertem“ L. mit Vulk.-Zusatz u. a., durch Schlagen aufgeschäumt; Schaum erstarrt beim Füllen in vorgewärmte Form; nach Gelierung bei 60 °C folgt Vulkanisieren bei 100 °C; $\varrho \approx 0{,}15$ g/cm³. Schall- und Wärmeisolierung; Kissen; Polsterung. Für Schwämme nach Schälen der Haut Walzen zur Porenöffnung.

Als *Klebstoff* in der Schuhfertigung (Leder auf Leder, Filz oder Leinen auf Leder; Verkleben zerfaserter Lederabfälle durch Pressen zwischen Platten); auch als Zusatz zu Zellstoffmasse im Holländer für wasserdichte Sonderpapiere. Aufspritzen auf dünn zu gummierende Flächen mit Vulkanisieren; Korrosionsschutz.

Gummi-Regeneration ($\approx$25% des verarbeiteten R.-K.): Chemisch gebundener Schwefel nicht mehr ausscheidbar, wohl aber nicht gebundener und evtl. kleiner Teil sonstiger Zusätze. Ausgangsmaterial: Fabrikationsabfälle und Altgummi.

Nach Qualitätssortierung und Zerkleinerung staubfeines Mahlen. Für untergeordnete Gummiteile kann man der K.-Mischung bis 50% dieses Mehls beifügen, wobei Natur-K. mehr verträgt als z. B. Buna S. – Überwiegend jedoch *Regenerieren:* Im Prinzip Weiterführen der Reversion (= Übervulkanisation durch überhöhte Vulk.-Zeit), Abb. I.100, die Wiedererweichung (Replastifizierung) zur Folge hat. 3 h/180 °C führt zu völliger Plastfizierung, wobei K.-Moleküle aufgespalten werden und sich selbständige freibewegliche Fadenstückchen bilden, ohne jedoch vorhandene S-Bindung zu lösen. Bei Weichgummi aber größter Teil der Doppelbindungen noch frei, damit weitere Vulkanisationsfähigkeit des Regenerats gegeben. (Hartgummi aber nicht in diesem Sinn regenerierbar, da praktisch alle S-bindefähigen Stellen besetzt; daher nur gemahlen als Streckmittel für Hartgummimischungen verwendbar.) Regeneriervorgang wird unterstützt durch Walzen auf enggestelltem Refiner-Walzwerk. Ferner wird Plastifizierung durch starkquellende Weichmacher (Teeröle u. ä., sowie synthetische Weichmacher) gefördert; dadurch weitgehender Abbau unter Eingriff in Kautschuk-Struktur, daher durch Weichmacher auch Herabsetzen der Regenerierzeit und -Temperatur möglich.

Für Deutschland wichtigste *Regenerier-Verfahren:* 1. *Alkali-V.* mit 10%iger NaOH (Mahlgut: Lauge = 1 : 3) bei 220 °C/8 ... 11 h, dabei Baumwollfaser gelöst und durch Auswaschen entfernt (bei steigendem Synthese-G.-Gehalt jedoch zunehmend Regenerat-Verhärtung). – 2. *Heißdampf-V.:* Erhitzen des Mahlgutes in Heizkesseln unter Dampfdruck bis 12 bar mit el. Zusatzheizung auf 180 ... 240 °C/bis 8 h; nur für Naturgummi bei niedriger Füllung, wobei etwaige Textilfaser erst bei 240 °C zerstört wird. – 3. *Dampf-Luft-V.:* Für überwiegend Synthesegummi enthaltende Abfälle meist unter Verwendung chem. Abbaumittel; 2 ... 3 bar Luft erleichtern Regenerieren 1 ... 2 h bei 150 °C. – Regenerat mit oder ohne Weichmacherzusatz. – Ferner 8 weitere R.-Verfahren.

Regenerat meist Frisch-K.-Mischung zugesetzt; immer dadurch Qualitätsminderung, daher nie für Teile hoher Elastizität und höchster Beanspruchung (Kfz-Reifenlaufflächen), jedoch wegen verbliebener Vulkanisationsfähigkeit des R. viel günstiger als sonstiger Füllstoff. Nur selten für ganz untergeordnete Teile allein weiterverarbeitet.

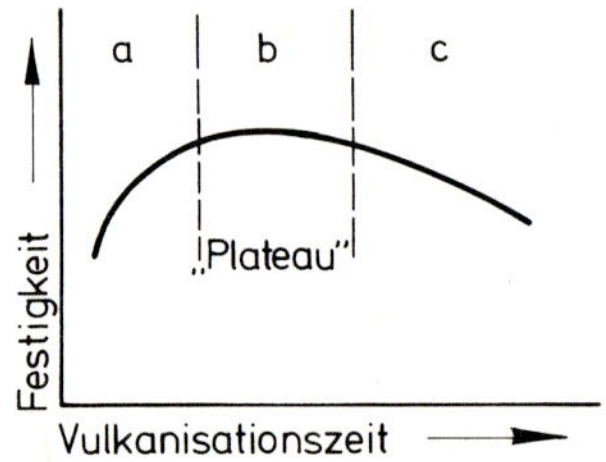

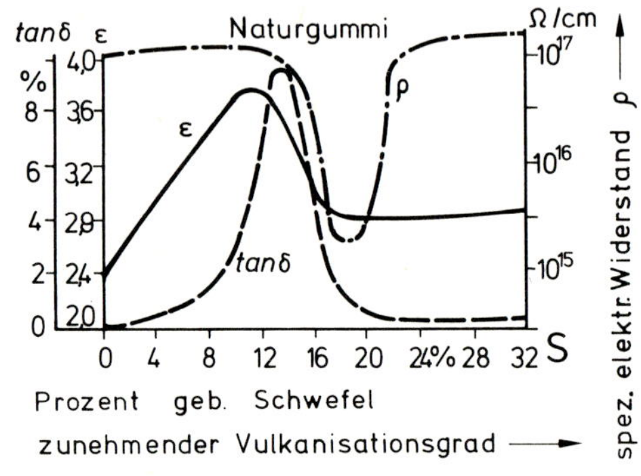

Abb. I.100. Vulkanisationskurve (schematisch). Durch Mischen wird möglichst breites „Plateau" angestrebt. „Überzeiten" führt zu Wiedererweichen (Reversion) infolge Molekülabbau; a) Untervulkanisation; b) Optimale Vulkanisation; c) Übervulkanisation (Reversion).

Abb. I.101. Dielektrische Kenngrößen ändern sich ungleichmäßig bei steigendem Vulkanisationsgrad (Messung bei 1000 Hz). ε = Dielektrizitätskonstante; tan δ = dielektrischer Verlustfaktor; beide durchlaufen Maximum bei $\approx$12% S.

Eigenschaften von Natur-Weichgummi: Dichte je nach Füllung $\varrho = 1{,}0 \ldots 2{,}0$ g/cm³; (dagegen Kautschuk $\varrho = 0{,}91 \ldots 0{,}94$ g/cm³). Auch ungefüllt rel. gute Festigkeit (Tabelle I.48); je nach Mischung und Vulk.-Grad $\sigma_B = 500 \ldots 3200$ (Latexteile bis 4000) N/cm²; $\delta = (1000)\ 800 \ldots 300\%$ (Abb. I.99). E-Modul keine Konstante (Abb. I.95), dagegen Schubmodul G konstant. „Verfestigung" unter Druck und Verschlaffung (d. h. Herabsetzung der Federkonstante) unter Zug auf große Formänderung zurückzuführen. Bei Stoß und Schwingung Federkonstante etwas größer als bei stat. Belastung. Stärker gedehnt (200% und mehr) zieht er sich bei Erwärmung zusammen (Joule-Effekt); kann auch bewirken, daß Gummifederung bei Erwärmung steifer wird oder daß gedehnter Dichtring durch Reibungswärme auf Welle festfrißt, daher Dichtringe nur unter Druck verwenden. Unbelastet dehnt er sich wie andere Stoffe bei Erwärmung aus; lin. Wärmedehnzahl $\alpha = 100 \ldots 120 \cdot 10^{-6}$ cm/cm · °C bei üblicher Mischung ($\approx 10\times$ von Fe); ungefüllt α mehr als doppelt so groß, bei „harter" Mischung die Hälfte. „Formschrumpfen" bei Herstellung erschwert Einhaltung enger Toleranzen. Wärmeleitfähig-

Tabelle I.48. Zugfestigkeit u. Bruchdehnung wichtigster Synth. Gummisorten f. allg. Gebrauch, verglichen mit Naturgummi

Gummiart:	**ohne** akt. Füllstoff ¹)		**mit** akt. Füllstoff ¹)	
	σ_{zB} N/cm²	δ %	σ_{zB} N/cm²	δ %
Buna S-Gummi	$\approx$ 200	300 ... 400	$\approx$2300	500... 600
GR-S-Gummi	$\approx$ 200	300 ... 400	$\approx$2000	500 ... 600
„Cold Rubber"	$\approx$ 200	350 ... 450	$\approx$3000	500 ... 600
Naturgummi	$\approx$3000	$\approx$800 ²)	$\approx$3200 ³)	550 ... 650

¹) Z. B. Gasruß. – ²) Latex-Tauchware größter Weichheit: δ bis 1000%. ³) In Zerreißfestigkeit σ_{max} (Reißspannung) ist Naturgummi mit 1800 ... 2200 N/cm² dem synth. Gummi mit 500 ... 800 N/cm² besonders stark überlegen.

keit $\lambda = 0{,}21$ W/Km ($\approx 1/600$ von Fe). – Guter el. Isolator (Abb. I.101). Rel. gut luft- und wasserdicht- und -beständig. Nachteilig sind starkes Quellen in Ölen und Treibstoffen (Benzin u. a.), aber darin nicht mehr löslich wie Kautschuk. Alterung durch Licht (bes. UV) und O_2 (bes. Ozon O_3), dadurch Rißbildung bzw. Erweichen und Schmierigwerden infolge Molekülabbau; daher Alterungs- und Lichtschutzmittel wichtig. Bei Hochspannungskabel Einsatzgrenze bei 11 KV. – Gut beständig gegen Salzlösungen, verdünnte HCl und H_2SO_4 (wenn konz., nur mäßig beständig); unbeständig gegen auch verdünnte oxidierende Säuren (HNO_3).

Weichgummi-Verwendung: Etwa zu 90% für Fahrzeugbereifung (Decken und Schläuche; Vollgummi), ferner Flach- und Keilriemen, Förderbänder und Tragrollen dazu, Schläuche aller Art ohne oder mit Cordeinlage (auch bis 200 bar und mehr mit einvulkanisierter Stahldrahtumklöppelung für Hydraulik), Formdichtungen verschiedenster Art, auch als Strangpreß-Nutprofile (evtl. Schaumgummi), Pumpenmembranen, Stopfen, Stoßdämpfer, Griffe, Aus- und Umkleidungen in der Chemotechnik, Kabel- und Drahtisolierung, gummierte Gewebe, Schuhwerk und Besohlmaterial, medizinische Gummiwaren u. v. a.

Hartgummi. Über 5 ... 20% S (Abb. I.99) begrenzen Halbhartgummi oder Semi-Ebonit (mechanisch ungünstig!); erst > 20 ... 32% S führen zu Hartgummi oder Ebonit (Hancock 1844), mit steigendem S-Gehalt härter und spröder werdend. Beste Ergebnisse ungefüllt; als Füllmittel zur Verbilligung nur Althartgummimehl; andere ergeben Festigkeitsminderung (für Sonderzwecke Kieselkreide, ZnO, jedoch kein Ruß).

Vulkanisation: 140 ... 150 °C/6 ... 8 h, mit Vulk.-Beschleuniger etwa die Hälfte. Formgebung ähnlich Weichgummi, auch Hohlkörper über Latex-Gießverfahren (s. o.!). – *Eigenschaften:* Dichte $\varrho = 1{,}12$ bis 2,0 g/cm³; hornartig hart, aber spröder; Naturfarbe schwarz, durch Lichteinwirkung bleichend. Hochbeständig gegen Säuren, Laugen u. a. Chemikalien; gut el. isolierend (Abb. I.101). Bis 65 °C warmfest, darüber bis 120 °C zunehmend erweichend; schlecht wärmeleitend; sehr geringe Wasseraufnahme (< 0,01%). Völlig alterungsbeständig; brennbar (schwer entzündbar). $\sigma_{dB} = 7000$ ... 10 500 N/cm²; $\delta = 3$ ... 2%; unter starkem Dauerdruck geringer „kalter Fluß". – Hartgummi auch auf Basis synthetischen Kautschuks (Buna, Perbunan u. a.) herstellbar. Buna-Hartgummi wärmebeständiger (bis 160 °C) bei gleicher chem. und mech. Beständigkeit. – *Verwendung:* Hauptsächlich in Chemotechnik für Rohrformstücke, Ventile, Flanschrohre u. ä.; Aus- und Umkleidung von Rohren und Behältern (Aufkleben unvulkanisierter „Felle", dann Vulkanisieren); auch Anwendung des Anodenprozesses (s. o.!); Akku-Kästen, Filterplatten, Ausrüstungsteile f. Maschinen- und Kunstseidenindustrie u. a. – In Chemotechnik und E-Technik neuerdings teilweise durch Kunststoffe ersetzt.

Metall-Gummi-Bindungen, als Konstruktionselemente [Schwingmetall] für bes. Schwingungs-(auch Schall-)Isolierung (vgl. Abb. I.96 u. 97), z. B. Motoraufhängung, Maschinenlagerung, federnde Schienenbahnräder; Gummikupplungen vieler Art bes. für schlecht fluchtende und leicht winkelversetzte Wellen. Ferner Lager für Schiffsschraubenwellen unter Wasser; Druck- und Wringwalzen; Aus- u. Umkleidung von Rohren, Behältern u. ä. in der Chemotechnik, sowie sonstiges.

Verbindungsverfahren: 1. Ältestes Verfahren mit dünner Hartgummi-Zwischenschicht, die sehr fest mit Fe bindet; 2. Messing (70/30)-Zwischenschicht, galvanisch aufgetragen; 3. Chlorkautschuk-Zw-Sch. mit 65% Cl-Gehalt („Megum"-Verf.); 4. Zw.-Sch. aus zyklisiertem Kautschuk, erhalten aus K. + konz. H_2SO_4, z. B. „Pepren"; 5. Polyisocyanat-Bindung („Desmodur R"). Nach Aufbringung dieser Zwischenschichten aufkonfektionieren der Weichgummimischung und Druckvulkanisation (> 100 N/cm²). – 6. Schon vulkanisierter Gummi direkt aufklebbar mit Epoxidharzen (s. Kunststoffe).

Richtlinien für Lagerung von Gummi: Vor Licht und möglichst O_2 (auf alle Fälle O_3) geschützt in Schrank oder Kiste; kühl, nicht zu trocken (Keller); Paraffinschutzschicht, Einpudern mit Talkum; spannungsfrei bzw. ohne Falten lagern.

Künstlicher (synthetischer) Gummi. *Geschichtliches:* Schon 1860 durch Analyse Isopren (Methylbutadien) als kleinster Kautschuk-Baustein gefunden, doch erst 1906/09 erste Isopren-Synthese von *F. Hofmann,* Farbenfabr. Bayer-Elberfeld, u. *Harries,* Kiel, ohne jedoch zu brauchbarem Gummi zu kommen. Ab 1915 in Leverkusen aus isoprenähnlichem Dimethylbutadien *Methylkautschuk* erzeugt, der aber nur brauchbaren Hartgummi bes. für Akku-Kästen der U-Boote lieferte (bis (Kriegsende ≈2500 t erzeugt, ab 1918 verlassen). – 1925/26 *Butadien-Polymerisat* [Buna] durch *E. Konrad:* Ausgehend von Kohle und Kalk über Calciumkarbid (CaC_2) → Acethylen C_2H_2 → Acetaldehyd CH_3-CHO, daraus mit NaOH das Acetaldol $CH_3-CH \cdot OH-CH_2-CHO$, das durch H_2-Anlagerung unter Druck Buthylenglykol $CH_3-CH \cdot OH-CH_2-CH_2 \cdot OH$ und daraus durch Abspaltung von $2\,H_2O$ das gasförmige Butadien $CH_2=CH-CH=CH_2$ liefert.

Heutige **Synthesegummi-Arten** (Elastomere) (Handelsmarken in [...]):

1. **Butadien-Styrol-Emulsions-MP** (Styrol-Gummi, MP ≡ Mischpolymerisat): [Buna S] mit ≈26% Styrol, ähnelt weitgehend dem NG; Verarbeitbarkeit verbessert durch strukturverbessernde Katalysatoren [Buna S 3]; am verbreitetsten. USA: [GR-S, Hycar OS], Kanada: [Polysar S], England: [Butacon S], UdSSR: [SKS-30]. Für Vulkanisation aktive Füllstoffe erforderlich (Tabelle I.48). Besser wärmebeständig als NG, gut abriebfest, geeignet für Autoreifen (jedoch ≈8% höherer Benzinverbrauch durch stärkere Walkerwärmung, verglichen mit NG), Förderbänder, techn. Gummiwaren, Schuhsohlen u. a. – [Buna SS 3] mit ≈49% Styrol für el. hochwertige Isolierung u. a. [Buna S 4] mit weiter erhöhtem Katal.-Gehalt, noch leichter verarbeitbar, allerdings Abfall an Abriebfestigkeit und Elastizität. – Ölplastifizierter Buna [Buna SO 40 und OP, GR-S-1500 u. a.], wie [Buna S 3], jedoch Latex mit zugefügter Weichmacher-Kombination (Erdölabkömmlinge, wie „Naftolen" u. ä.) zusammen koaguliert; leichter verarbeitbar und billiger; Elastizität und Abriebwiderstand vermindert; Verwendung für weniger hoch beanspruchte Teile. – *Tieftemperatur-Gummi* (Cold Rubber) [Buna S 4 T; GR-S 1500 u. a.]: Redox-Polymerisation bei +5 °C mit hochwirksamen Katalysatoren, dadurch Struktur-Verbesserung: NG-ähnlicher, dehnbarer, abriebfester, besser verarbeitbar (seit 1945, Grundlage dazu 1939). Heute von größter Bedeutung!
2. **Butadien-Acrylnitril-Emulsions-MP** (Nitril-Gummi): [Perbunan (Buna N)] mit ≈25 bis 28% Acrylnitril $CH_2=CH-C\equiv N$, [Perbunan extra (Buna NN)] mit 34 bis 36% Acrylnitril, beide „Defo"-Härte 3000 ... 4500 (DIN 53 514); USA: [GR-A, Chemigum N, Hycar OR, Butapren N]; England: [Butacon A]; UdSSR: [SKN]-Sorten. Nur unbedeutend quellbar in Benzin und Mineralöl, abnehmend mit steigendem Nitrilgehalt (Hauptanwendungsgrund!); alterungs- und verschleißbeständig, aber weniger elastisch und kältefest. Vulkanisate (hoher Rußgehalt oder andere aktive Füllstoffe) gut wärmebeständig; nur rel. geringer el. Widerstand bis zu „leitfähigem" Gummi. – *Verwendung* für Öl-, Treibstoff- und Lösungsmittelbeständige Schläuche, Membranen, Dichtungen etc., Hydraulik-Ausrüstungsteile. Nicht für Autoreifen, da infolge innerer Walkreibung zu heiß werdend. [Nyhapren] = mit Phenolharz modifizierter Nitrilgummi, unter S-Zusatz zu zähelastischen, heißwasserfesten Produkten vulkanisiert.
3. **Isobutylen** (vgl. Abschnitt Kunststoffe: Polyisobutylen (PIB)) **-Isopren-MP** (Butylgummi) seit 1937: Lösungs-MP bei – 100 °C mit starkem Katalysator (seit 1941). – USA: [GR-I; Butyl]; Kanada: [Polysar-Butyl]. Enthält 1 ... 3% Isopren, dadurch vulkanisierbar (170 °C). Dichte $\varrho = 1{,}33\ g/cm^3$; 5 Qualitäten mit unterschiedlichem Mol.-Gew. je nach Verwendung. Schwieriger zu verarbeiten als [Buna S 3]. $\sigma_B \approx 1750\ N/cm^2$, mit Aktivruß $> 2000\ N/cm^2$; etwas dehnbarer als NG und Buna, aber weniger elastisch. Hoch beständig gegen Chemikalien, Oxidationsmittel und Alterung, auch gegen Licht und Ozon-Einfluß; ≈10mal weniger gas-

durchlässig als NG. Im Vergleich zu Rein-Polyisobutylen (siehe Abschn. Kunststoffe) auch füllstofffrei „standfest“ (geringster „kalter Fluß“); el. hochwertiger Isolator (auch für Hochspannung).

Verwendung bes. für Auto-Luftschläuche, Heizschläuche für Reifenvulkanisation, ferner für Dichtschicht („Seele“) schlauchloser Reifen; Kabelisolation, bes. für Hochspannungs- und Zündkabel. – [Brombutyl]: Verschweißen und Vulkanisation des Butyl-K. zusammen mit anderen Elastomeren neuerdings verbessert durch Einführung von Brom in den Kohlenwasserstoff.

4. **Chloropren-Polymerisate** (Polychloropren ≡ Poly-Chlorbutadien) seit 1930: $(CH_2-CCl=CH-CH_2)_n$. USA [GR-M, Neopren, Hypalon, Viton], 11 Handelsmarken; UdSSR: [Sowpren], u. a. Viel größerer Anwendungsbereich als Perbunan-Sorten. $\varrho = 1{,}25$ g/cm³; mittelhart, nicht entflammbar, recht gut beständig gegen Öle, Benzin und sonstige Lösungsmittel vom Kohlenwasserstoffcharakter; auch gegen sonstige anorganische und organische Chemikalien beständiger als NG, hoch wasserfest; gut alterungs- und wärmebeständig, Ozon- und wetterfest, besser gasdicht als Buna-Qual. und NG, dem Butyl-G. jedoch hierin unterlegen. Abriebfest und kerbzäh, mehr lederartig, aber auch ohne Vulk.-Mittel nachhärtend („Kristallisation“, siehe Abschn. Kunststoffe). Elektr. Eigenschaften ungünstiger als NG, Buna-S und Butylgummi. Phys. Eigenschaften durch geeignete Füllstoffauswahl (Hochaktivruß) beeinflußbar: Ungefüllt σ_B bis 2500 N/cm², δ = bis 900%; mit Aktivruß $\sigma_B > 3000$ N/cm², $\delta = 400 \ldots 600$%. Bleibende Deformation jedoch wesentlich höher als bei NG und Buna. Für bestimmte Zwecke Verarbeitung mit Weichmachern (Erdöl-Produkte), auch MP mit Acrylnitril für quellfeste Sorten.

Verwendung z. B. für Bergwerks-Förderbänder, Rillenflachriemen f. Transmission, Dichtmanschetten, biegsame Werkstattüren, Brückenwiderlager (mit einvulkanisierten Drahtgewebelagen oder Blechen, mehrlagig), Stoßdämpfer, Unterwasserkabelmäntel, Schutzkleidung, Rohr- und Behälterauskleidung (z. B. gegen 75%ige NaOH bis 115 °C, u. ä.). Als scherfester Haftkleber für Metalle und Kunststoffe. Damit überzogenes Nylon-Gewebe für See-Schleppbehälter (f. Mineralöle) und für Ballonhüllen; Walzenmäntel für Heißkalander; Zündkerzenkappen, isolierende Fußmatten u. v. a., jedoch nicht für Autoreifen (werden durch innere Reibung, sogen. Walken, zu heiß!). –

5. **Thioplaste** (Elastothiomere; Polysulfidgummi): Schwefelhaltiger gummiartiger Werkstoff noch nicht genau bekannter Struktur (≈10 verschiedene Arten); z. T. seit 1928 (*J. C. Patrick*) bekannt. [Perduren G und H, Thiogutt, Resinit u. a.]; USA: [Thiokol A, FA, LP 2 und 3, PR-1 u. a.]; England: [Vulcaplas, Novaplas A] u. a. – Entstehung durch Polykondensation (siehe Abschn. Kunststoffe!). Typisches Beispiel (einfachster Fall): Dichloräthan (≡ Äthylendichlorid) $Cl-CH_2-CH_2-Cl$ + Na-Tetrasulfid $Na_2S_4 \rightarrow$ Kondensation 2 ... 6 h/70 °C → $-CH_2-S_4-CH_2-$ (Grundbaustein des Polymeren) + 2 NaCl. Statt Dichloräthan auch andere Cl-Verbindungen (Trichlor-Verb.); statt Na_2S_4 auch Na-Polysulfide mit geringerem S-Anteil. – Auch kombinierte Polymere aus Thioplasten + Butadien-Acrylnitril-Pol. [Perduren L, Thiokol RD]. – „Vulkanisation“ ist ein Weiterkondensieren in Formen unter Druck. Bei Rezeptur normalerweise Ruße zugesetzt, ferner meist ZnO bis 10%, bei anderen auch Oxidationsmittel (Peroxide) als „Vulk.-Mittel“. Erkalten in Form unter Druck; für Strangpressen wenig geeignet. Manchmal zur Verbesserung der Verarbeitbarkeit bis 10% NG oder Buna zugesetzt, damit aber Verlust an Quellbeständigkeit.

Haupteigenschaften: Für Einsatz am wichtigsten ist größte Quellbeständigkeit gegen Öl, Benzin und Lösungsmittel aller Art (außer Chlorkohlenwasserstoff), besser als Perbunan. Sehr widerstandsfähig gegen O_2, Alterung, Witterungs- und Ozoneinfluß, sowie viele Chemikalien. Bei tiefen Temperaturen mehr lederartig. Mech. Eigenschaften sehr bescheiden; auch mit Ruß max. $\sigma_B = 1000 \ldots 1200$ N/cm²; $\delta = 400 \ldots 500$%; elastisches Verhalten ungünstiger als bei NG und Buna. Kälte- und Wärme-Beständigkeit unbefriedigend; Versprödung ab −25 °C; Erweichung über +80 °C; bei Sonderqualitäten erheblich besser. Durch unangenehmen Geruch Verwendung eingeschränkt. – *Verwendung* bes. für quellfeste Teile, Auskleidung von Benzintanks und Treibstoffschläuchen; Dichtungswerkstoff, Druckwalzenbezug, aber auch Ummantelung el. Kabel, sowie als Bindemittel und Schutzanstrich.

6. **Chlorsulfoniertes Polyäthylen:** USA: [Hypalon]. – Erhalten durch Behandlung von PE (siehe Abschn. Kunststoffe!) mit Cl_2 und SO_2, dabei Aufnahme von 26 ... 29% Chlor und 1,3 ... 1,7% Schwefel. Vulkanisation durch Metalloxide (z. B. MgO) oder Diamine in Wärme und Anwesenheit geringer Feuchtigkeit. Gut auf Kalandern und Spritzmaschinen verarbeitbar; höherer Füllstoffzusatz möglich. Vulkanisiert σ_B bis > 2000 N/cm² bei $\delta = 200$ ... 600% je nach Beimischung; rel. niedriger Einreißwiderstand, jedoch gut abriebfest; bis 125 °C wärmebeständig (unter 200% Dehnung bis ≈70 °C), witterungs- und alterungsfest; Kältebeständigkeit nur mäßig. Einziger wirklich *voll* Ozon-beständiger gummielastischer Werkstoff. Hochbeständig gegen Chemikalien und Öle, sowie UV-beständig, quillt aber in Aromaten und chlorierten Kohlenwasserstoffen. – Verwendung bes. für Dichtungen an Ozon-Generatoren und in Lichtbogennähe, sowie in anderen, den Eigenschaften entsprechenden Sonderfällen, wenn andere Werkstoffe versagen.

7. **Silicon-Gummi** [Silastic, Silpren, Silastomer u. a.] siehe Abschn. Kunststoffe.

8. **Schwachvernetzte Polyurethane** [Vulcollan, Ithelit, Chemigum SI] siehe Abschn. Kunststoffe.

9. **Acrylgummi** [Lactopren EV, Hycar PA 21]: MP aus 95% Acrylsäureäthylester $CH_2 = CH - CO - OC_2H_5$ und 5% Chloräthylvynyläther; kalt verarbeitbar, vulkanisiert in der Wärme unter Einfluß organischer Basen, von Peroxiden, Chinondioxym oder bestimmten Metalloxiden. σ_B bis 1500 N/cm², $\delta = 400$ ... 500%. Größte Beständigkeit gegen Alterung, Ozon, UV-Licht und Mineralöl; gut biegerißbeständig, niedrige bleibende Dehnung. Wärmebeständigkeit sehr gut, nur von Silicongummi übertroffen. – Anwendung den Eigenschaften entsprechend. –

10. **Trifluorchloräthylen-Vinylidenfluorid-MP** („Fluor-Gummi"): C_2F_3Cl mit $C_2H_2F_2$ mischpolymerisiert und mit Peroxiden oder Aminen in der Wärme vulkanisiert, evtl. mit ZnO, Rußen u. a. gefüllt: σ_B bis 2500 N/cm², $\delta = 300$ ... 600%, gut kerbzäh, Wärmebeständigkeit nur von Silicongummi übertroffen. Beständig gegen Säuren, Oxidationsmittel, Basen und viele organische Lösungs- und Quellmittel, außer gegen Fluor-haltige organische Verbindungen; gut kältefest, alterungs- und witterungsbeständig, flammwidrig. – *Verwendung* für entsprechend beanspruchte Schläuche, Membranen u. a.; in der E-Technik bei hohen Anforderungen für Hochfrequenz (Kondensatoren, Radar, u. a.), hoch temperaturbeanspruchte Hochspannungskabel u. ä. –

11. Jüngste Entwicklung 1963: **Polybutadien-Kautschuk:** [Buna CB] (Chem. Werke Hüls in Marl). Dem Naturkautschuk voll entsprechend, in Abwandlung mit allen Vorzügen, nicht aber bestimmten Nachteilen des NK herstellbar. Ausschlaggebend bei Herstellung ist Verwendung bestimmter metallorganischer Misch-Katalysatoren nach Prof. Ziegler. Produktion ab Juli 1963. Einsatz für Schwermaschinen, Flugzeuge und Groß-Lkw.

Nicht vulkanisierbare, gummiähnliche Kunststoffe. Weichgummielastisches Verhalten wird bei obigen Elastomeren durch Vulkanisieren oder einen ihm ähnlichen Effekt mehr oder weniger ausgeprägt erreicht. So wie nun Kautschuk schon einen gewissen elastischen Deformations-Anteil besitzt, der durch Vulkanisieren weiterentwickelt wurde, zeigen auch verschiedene nicht vulkanisierbare Kunststoffe in bescheidenem Umfang weichgummiartiges Verhalten.

Wegen ihrer Bedeutung in der Praxis sei noch einmal in diesem Zusammenhang auf die schon im Abschnitt Kunststoffe behandelten Werkstoffe verwiesen: 1. *Polyisobutylen* (PIB): [Oppanol B, Rhepanol u. a.]. Da Vulkanisation nicht möglich, sind Teile wärmeempfindlich und neigen zum Fließen und Kleben. Durch Verschneiden mit NG oder Buna vulkanisierbare PIB-Mischungen mit erheblicher Eigenschaftsverbesserung erzielbar. – 2. *Weichgestelltes Polyvinylchlorid* (PVC-weich): [Mipolam-weich, Coroplast, Vestolit u. a.] siehe Abschnitt „Kunststoffe".

Wie aus Obigem zu ersehen, erfüllt kein Gummi alle in Sonderfällen zu stellende Anforderungen gleichzeitig, daher die Vielseitigkeit der nicht nur durch Natur-Kau-

Tabelle I.49. Bei „Züchtung" einiger Sondereigenschaften von Gummi und gummiähnlichen Kunststoffen geeignete und ungeeignete Ausgangs-Gummisorten, ihre erreichbaren sonstigen Eigenschaften und ihre Verarbeitungsmöglichkeit

Gezüchtete **Sondereigenschaft**	Dafür **geeignete** Gummisorten:	Folgende Eigenschaften dabei		Dabei Fertigung folgender Artikel		Dafür **ungeeignete** Gummisorten:
		gut zu erreichen:	**schwer** zu erreichen:	möglich:	erschwert:	
Hohe **Wärmebeständigkeit** [1])	Perbunan, Buna S, Buna SS, (Buna 85) Silicongummi [7])	el. Leitfähigkeit; Quellbeständigkeit gegen Öl und Benzin	Weichheit über 80, el. Durchschlagfestigkeit, geringe H_2O-Dampfdurchlässigkeit; oft hohe Kältebeständigkeit	Formteile, Profile, Preßplatten, Dichtungen, Schläuche	Freihandartikel, Tauchwaren, Gießartikel	Naturgummi, Perduren [8]), Thiokol [8]), Oppanol [6]) PVC-weich [5])
Hohe **Kältebeständigkeit** [2])	Naturgummi Buna S. Oppanol [6]), (Buna 85) Silicongummi [7])	hohe Dehnung, große Weichheit, Beständigkeit gegen Alkohole, Säuren, Wetter, Stoßelastizität	große Festigkeit, Quellbeständigkeit gegen Öl und Benzin; hohe Gasundurchlässigkeit; oft hohe Wärmebeständigkeit	Freihandartikel, Formteile, Platten, Dichtungen	Profile, Schnüre, Schläuche	Perbunan (bis – 40° C gut), Buna SS, PVC-weich [5])
Hohe **Quellbeständigkeit** gegen Mineralöle und Benzin [3])	Thiokol [8]), Perduren [8]), Perbunan, PVC-weich [5]) Nitrilsilicongummi [7])	hohe Festigkeit, Dehnung el. Leitfähigkeit, Wärmebeständigkeit, Abriebfestigkeit, Alterungsbeständigkeit; geringe Gasdurchlässigkeit	Weichheit über 80, hohe el. Durchschlagfestigkeit und Isolation, Kältebeständigkeit unter – 60° C, Alkoholbeständigkeit, geringe H_2O-Dampfdurchlässigkeit; gutes elastisches Verhalten	Formteile, Preßplatten, Dichtungen, Profile Schläuche, Gummimanschetten	Freihandartikel	Naturgummi, Buna S, Buna SS, Oppanol [6]) (Buna 85)
Hohe **elektr. Durchschlagfestigkeit** und Isolation [4])	Naturgummi Buna S Buna SS Oppanol [6]) PVC-weich [5]) Silicongummi [7])	hohe Festigkeit, Dehnung, Elastizität, große Weichheit, Kälte- und Säurebeständigkeit, Alkoholbeständigkeit; geringe H_2O-Dampfdurchlässigkeit	hohe Quellbeständigkeit gegen Öl und Benzin, Wärmebeständigkeit über 70° C, hohe Abriebfestigkeit, hohe Gas- und H_2O-Dampf-Undurchlässigkeit	alle Artikel	–	Perduren [8]), Thiokol [8]), Perbunan

1) Trockene Wärme schädlicher als feuchter Dampf.
2) Abhängig von großer Weichheit und Elastizität des Gummis.
3) Quellung um so größer, je höher Aromaten-(z. B. Benzol-)Gehalt des Benzins und Zähigkeit des Öls.
4) Abhängig von Geschlossenheit der Gummischicht; günstig Preßvulkanisation.
5) Polyvinylchlorid mit Weichmacher,
6) Oppanol B = Handelsmarke für Polyisobutylen.
7) Weitmaschig vernetzte Silicone.
(zu 5)–7): siehe I.H 1, Kunststoffe.)
8) Siehe Thioplaste (Polysulfid-Polymer)!

tschuk-Mangel bedingten größtenteils gezielt entwickelten Kunstgummi-Arten. Werden gewisse Eigenschaften „herausgezüchtet", so leiden darunter oft andere Eigenschaften bzw. werden gewisse Fertigungsverfahren erschwert. Einen groben Überblick über das Wichtigste ohne Anspruch auf Vollständigkeit zeigt Tabelle I.49.

Guttapercha und Balata. Beide sind unterschiedliche Kohlenwasserstoff-Verbindungen, dem Polyisopren des Naturkautschuks ähnlich. Wie NK aus Latex, jedoch anderer verschiedener tropischer Pflanzen gewonnen, die alle zu den Sapotazeen gehören.

Wesentlicher *Eigenschaftsunterschied* gegenüber NK, wohl aber wie dieser vulkanisierbar, wenn auch meist unvulkanisiert verwendet. Wärmeverhalten von thermoplastischer Natur. Guttapercha ($\varrho = 1{,}01$ g/cm³) z. B. von – 10 °C bis 40 °C weichlederartig, darüber zunehmend erweichend, ab 70 °C knetbar und in kochendem Wasser schmelzend. Früher bes. für Unterwasserkabel. – Balata ($\varrho = 1{,}04$ g/cm³), der Guttapercha ähnlich, aber besser Luft- und Lichtbeständig; wohl weicher, aber zäher. Früher für Treibriemen und Friktionsmischungen (Isolierband) u. a. – Beide heute praktisch bedeutungslos, da bessere und preisgünstigere Werkstoffe zur Verfügung.

3. Leder und lederähnliche Stoffe

Leder aus Tierhaut. Die tierische Haut besteht aus der *Oberhaut,* der eigentlichen *Lederhaut* und dem lockeren Zellgewebe, der *Unterhaut.* Oberhaut, Unterhaut und die in die Lederhaut reichenden Haare sind zu entfernen. Dies erfolgt durch ein „Kälken“ oder „Aschern“ (in zementierten Gruben mit Kalkmilch) oder durch ein „Schwitzen“ (d. h. durch Aufhängen der Häute in geschlossenen Kammern bei +16 °C). Durch ein weiteres Beizen wird der Kalk entfernt und die Haut aufgelokkert. Die nicht getrocknete Lederhaut ist stark der Fäulnis ausgesetzt, würde aber nach dem Trocknen hart und brüchig werden. Um sie sowohl dauerhaft als auch geschmeidig zu machen, wird sie einem Gerbverfahren unterworfen.

Gerberei. Bei der *Lohgerberei* wird die vorbereitete Haut, die „Blöße“, in mit Wasser gefüllten Gruben mit dem Gerbstoff (Eichenrinde, Fichtenrinde [„Lohe“], Quebrachoholz) eingesetzt. Nach 1½ – 3 Jahren ist das Leder „gar“. *Schnellgerberei:* Die Grubengerbung läßt sich auf 1 – 3 Monate abkürzen, wenn man Gerbstoffauszüge (aus Eichenholz oder Quebrachoholz mit heißem Wasser ausgezogen) verwendet und die Häute in Drehtrommeln dauernd in der Gerbbrühe bewegt. – Die *Weißgerberei* benutzt als Gerbstoff Alaun und Kochsalz; sie ist aber heute durch die *Chromgerberei* fast verdrängt, die mit Chromsalzen gerbt und ein sehr geschmeidiges, festes und haltbares Erzeugnis ergibt. – Bei der *Sämischgerberei* werden die Häute wiederholt mit Tran eingerieben und dann der oxidierenden Wirkung der Luft ausgesetzt. Das Leder ist hellgelb, sehr weich und geschmeidig („Waschleder“ für Handschuhe, Bandagen usw.). – ϱ des lohgaren Leders $= 0{,}86$ g/cm³ (für trockene Ware) und $= 1{,}02$ g/cm³ (für gefettete Ware). Chromleder: $\varrho = 0{,}8 - 0{,}85$ g/cm³.

Zurichten. Nach dem Gerben wird das Leder langsam getrocknet, geölt und gefettet, außerdem oft gewalzt und gehämmert, um ihm erhöhte Festigkeit und Glanz zu geben. Vielfach folgt auch noch ein Schwärzen, Färben oder Lackieren.

Der deutsche **Lederverbrauch** verteilt sich auf Schuhleder mit 65%, Abfalleder mit 20%, Geschirr- und Wagenleder mit 10% und technisches Leder mit nur 5%. Deutschland vermag höchstens 50% seines Lederverbrauchs selbst zu decken. Beseitigung der Mangellage durch Kunstleder.

Verwendung im Maschinenbau. *Lederstulpe,* aus Chromleder hergestellt, das man mit Glyzerin oder Wasser aufweicht, über Holz- oder Metallformen preßt und dann trocknet. – *Rohhautritzel,* aus indischer Büffelhaut in dünnen Scheiben mittels Bindemittel unter hohem Druck zusammengepreßt. – *Treibriemen,* entweder lohgegerbt oder chromgegerbt, und zwar aus Rindshaut. Brauchbar ist nur das „Kernstück“ (Croupon), ein Streifen von etwa 1,2 m Breite und ebenso großer Länge aus dem Mittelrückenteil des Tieres. Die Dicke der Haut und damit des einfachen Lederriemens ist nur zu 5 (höchstens 6) mm anzunehmen. Ein guter einfacher Riemen kann höchstens 1 m breit sein, darüber hinaus sind nur Doppelriemen brauchbar. Feuchtigkeit, Öl und hohe Temperaturen wirken schädigend. Ein Einfetten (nicht Einölen) und ein Reinigen durch Abwaschen mit warmem Wasser alle Jahre ist zu empfehlen. Zugfestigkeit der Treibriemen 20 ... 38 N/mm², Dehnung 20 – 25%, je nach Gerbung und Fettung (bei Chromriemenleder Dehnung bis 70%). Chromtreibriemen müssen wegen großer Dehnbarkeit öfter gekürzt werden.

Kunstleder. Als Grundlage für das aufzutragende bzw. dazwischengeschichtete Bindemittel dienen gewebte oder verfilzte Fasern, als Bindemittel früher Kautschuk oder Buna jetzt Vinyl-Polymerisate (s. Abschnitt „Kunststoffe"). Zugfestigkeit 10,5 N/mm² und 20% Dehnung (Leder: 22 .. 35 N/mm² und 12 – 18%), Luftdurchlässigkeit wie bei Leder.

Linoleum. Leinölfirnis, durch den Sauerstoff der Luft zu „Linoxyn" oxidiert, wird mit Harzen und Kopalen zu „Linoleumzement" verschmolzen. Letzterer, mit Korkmehl und Farbsubstanz verknetet, ergibt die körnige „Linoleummasse", die durch erhitzte Walzen auf Juteunterlage aufgepreßt und geglättet wird. Ähnlich ist *Lincrusta,* bei der die Linoleumschicht auf zähe Papierbahnen aufgewalzt ist. Lincrusta wird mehr als Wand-, Tisch- und Möbelbelag, Linoleum als fußwarmer Bodenbelag verwendet ($\varrho = 1{,}1$ g/cm³).

4. Holz

Gefüge. Das technisch verwendbare Holz wird von Laub- und Nadelbäumen gewonnen. Der Stamm des Baumes besteht aus drei Schichten, die von innen nach außen als Mark, Holz und Rinde bezeichnet werden. Die Holzschicht wächst jährlich am äußeren Umfang nach, was man deutlich in einem senkrecht zur Stammachse geführten Schnitt an den Jahresringen erkennen kann (s. Abb. I.102). Die inneren dunkleren Ringe heißen „Kernholz", das äußere hellere und noch im Wachstum begriffene Holz nennt man „Splintholz". Der Querschnitt senkrecht zur Achse heißt „Hirnschnitt" und zeigt das „Hirnholz". Ein Radialschnitt durch die Stammeslängsachse führt die Bezeichnung „Spiegelschnitt", weil er die vom Mark zur Rinde gehenden „Markstrahlen" in Form glatter glänzender Stellen durchschneidet. Ein parallel zu einer Sehne des Hirnschnitts gelegter Längsschnitt, der „Tangential-, Flader- oder Sehnenschnitt", zeigt das „Langholz".

Chemische Zusammensetzung. Holz besteht zu 40 – 50% aus Zellulose $(C_6H_{10}O_5)_n$. Hieraus setzen sich jedoch nur die Wandungen der Holzfasern, länglicher holzbildender Zellen, zusammen. Dazu kommen 20 – 30% Lignin (in seiner Zusammensetzung dem Kunstharz entspre-

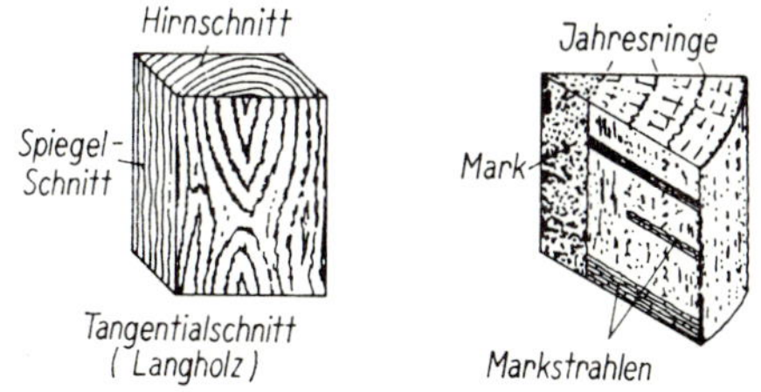

Abb. I.102. Holzstammschnitte.

chend) als Kittsubstanz und 20 – 25% Holzpolyosen (der Zellulose verwandt, teils Kohlehydrate).

Fällen. Es erfolgt durch Einkerben, Sägen, Abgraben der Wurzeln. Der gefällte Baum wird gezopft, d. h. alles ungeeignete Holz abgehauen bzw. abgesägt. Die weitere Verarbeitung vollzieht sich auf Sägewerken.

Eigenschaften. Infolge des geringen Zusammenhalts in der Querrichtung ist Holz leicht in der Längsrichtung (durch Keilwirkung ohne Schneiden) *spaltbar.* Ebenso ist die Festigkeit in der Längsrichtung wesentlich größer als in der Querrichtung. In der Querrichtung soll Holz nur auf Druck beansprucht werden. Ein Ersatz für die gänzlich fehlende Dehnbarkeit ist eine gewisse *Biegsamkeit.* Zug- und Druckfestigkeit von Hölzern s. Tabelle I.50.

Frischgefälltes Holz enthält bis zu 40% Feuchtigkeit. Durch natürliche Lufttrocknung (in 1 – 5 Jahren) ist es möglich, den Feuchtigkeitsgehalt des Nadelholzes auf 10% herabzudrücken, während Laubholz noch bis zu 17% behält. Durch künstliche Trocknung (in Trockenkammern, Laubholz bei 30 – 40 °C, Nadelholz bei 50 – 95 °C, je nach Dicke) läßt sich die Trockenzeit auf 1 – 10 Wochen verkürzen. Das Ausscheiden des Wassers verursacht eine Volumenverminderung, das „Schwinden". Das wasserreichere Splintholz schwindet stärker als das Kernholz. Schwindmaß in Richtung der Stammachse $\frac{1}{10}$ – $\frac{1}{2}$%, in Richtung des Radius 3 – 5% und in der Sehnenrichtung 5 – 10%. Die Folge ist ein „Werfen" (Verziehen) des Holzes und auch ein Reißen, ein Spalten längs der Fasern. Beim Trocknen bleiben die nicht verdunstbaren Teile des Saftes zurück und ziehen später begierig Feuchtigkeit aus der Luft an, das Holz „quillt". Schwinden und Quellen nennt man das „Arbeiten" des Holzes.

Wichtige *Vorteile der Hölzer* als Werkstoff sind folgende: Ihre *Wärmeleitfähigkeit* ist sehr gering, daher sind sie sehr gute Wärmeschutzstoffe. Ihre *Bearbeitbarkeit* durch Sägen, Hobeln, Drehen, Bohren usw. ist eine ausgesprochen gute und ebenso ihre *Verbindbarkeit* durch Leimen (Kunstharzleime).

Zerstörung. Unter Wasser und in trockener Luft sind die meisten Hölzer unbegrenzt haltbar. Dagegen können Fäulnis, Schwammbildung und Wurmfraß dem Holz sehr gefährlich werden. Das Faulen entsteht hauptsächlich durch Zersetzung der organischen Saftstoffe bei Wechsel von Trockenheit und Nässe, der Holzschwamm durch Pilze, die bei Feuchtigkeit, Mangel an Luft und Licht gedeihen, und der Wurmfraß durch Holzwürmer.

Schutz. *Schwammbildung* wird verhütet durch Trockenhalten des Holzes (Luftzufuhr) und durch Fernhalten von Stoffen, die Keime enthalten können (verdächtiger Bauschutt!), *Wurmfraß* und *Fäulnis* durch Anstriche aus Fluoriden, Kresolen und Phenolen oder durch ein „Imprägnieren" (vollständiges Durchtränken) des Holzes, z. B. mit Zinkchlorid, Kreosotöl (karbolsäurehaltigem Teeröl), Kupfervitriol. Statt der Volltränkung wendet man heute meist die Spartränkung nach dem Rüping-Verfahren (mit Preßluft und Teeröl) an. Für Wohnräume und Viehställe nimmt man an Stelle des Teeröls (Geruch!) lieber Phenole oder Fluoride als Tränkmittel. Das Ankohlen (Oberflächenverkohlen) des Holzes ist von geringer Wirkung.

Holzveredlung. *Sperrholz* (DIN 4078, 4079) sind dünne Holztafeln (*Furniere*), die in sich kreuzenden Richtungen mehrfach übereinandergeleimt sind unter Verwendung von Kunstharzleim. – Furniere mit gelöstem Phenolharz (s. Kunststoffe) getränkt und in Furnierpressen heiß gepreßt ergeben das *Hartholz* oder *Lignofol* (lignum = Holz, folium = Blatt). Zugfestigkeit 225 N/mm², Druckfestigkeit 175 N/mm², Dichte $\varrho = 1{,}2 - 1{,}4$ g/cm³. Noch höhere Gütewerte durch *Tegofilm-Verleimung:* Dünne Papierbahnen, mit Phenolharz getränkt und bei 90 °C getrocknet (0,07 mm dick), werden zwischen die dünnen Holzplatten gelegt und mit ihnen in geheizten Pressen zu einer Platte verpreßt. Zug-, Druck- und Biegefestigkeit steigen dadurch wesentlich. Die Platten sind wasserfest, wetterfest, schimmelsicher und tro-

Tabelle I.50. Holzarten

Die wichtigsten Holzarten	Mittlere Dichte (Lufttrocken) ϱ/g/cm³	Mittlere Druckfestigkeit (in der Faserrichtung) N/cm²	Mittlere Zugfestigkeit N/cm²	Verwendung
Sehr weiche Hölzer:				
Linde, Pappel, Weide	0,45 – 0,53	4 000	8 100	Holzbildhauerei
Weiche Hölzer:				
Tanne, Fichte, Kiefer	0,45 – 0,52	4 350	9 400	Schreinerei, Gießerei, Modelle
Pitchpine-(Pechkiefer-)Holz	0,67	4 900	10 500	Fußböden, Schiffbau
Lärche, Erle	0,59	5 300	10 700	Wasserbau, Gießereimodelle
Ziemlich harte Hölzer:				
Rotbuche, Nuß-, Birn- und Apfelbaum	0,68 – 0,73	5 500	11 750	Gießereimodelle
Esche, Ulme	0,68 – 0,72	4 450	8 200	Werkzeugstiele, Wasserbau
Eiche......................	0,69	5 400	9 000	Eisenbahnschwellen, Hochb.
Harte Hölzer:				
Weißbuche, Ahorn	0,83	5 900	10 350	Holzzahnräder
Sehr harte Hölzer:				
Ebenholz, Pockholz	1,23	10 500	–	Zapfenlager im Wasser

penfest. Verwendung im Flugzeugbau, Wagenbau und in der Möbelindustrie. – Die DIN-Bezeichnung für Hartholz ist „Kunstharz-Preßholz" (DIN 7707) oder kurz „Preßholz".

Durch Pressen von astreinem, geradfaserigem Rotbuchenholz senkrecht zur Faser in dampfgeheizten Pressen entsteht *Lignostone,* ein ebenfalls sehr widerstandsfähiges Hartholz, Zugfestigkeit 246 N/mm², Druckfestigkeit 150 N/mm². – *Panzerholz* besteht aus Sperrholzplatten, die ein- oder beiderseitig mit dünnen Platten aus Aluminium (auch Stahl, Kupfer, Messing, Zink) mittels Klebstoff belegt sind; es ist sehr elastisch und widerstandsfähig gegenüber Biege- und Knickbeanspruchungen. Umgekehrt kann auch Aluminium mit Holzfurnieren oder Kunstharzplatten belegt werden. – *Metallholz* wird durch Durchtränkung von trockenem Holz mit niedrigschmelzenden Metallen erzeugt, das Gefüge bleibt erhalten. Es entsteht ein Verbundstoff mit gegenüber dem Holz erhöhter Druckfestigkeit und stark verringerter Quellung. Metallholz läßt sich hobeln, sägen, bohren und leimen (Verarbeitung zu Lagern).

Homogenholz besteht aus einem verfilzten Fasergefüge mit eingelagerten Bindemitteln und wird in einem Gieß- und Preßverfahren hergestellt. Es läßt sich wie weiches Holz bearbeiten und leimen und ist quellungsfrei. Verwendung z. B. für dünnwandige großflächige Modelle in der Gießerei, für Möbel und Innenausbau von Eisenbahnwagen und Schiffen.

Holz als Ware. 1 Festmeter (fm) = 1 m^3 feste Holzmasse; 1 Raummeter (rm) = 1 m^3 geschichtetes Holz = 0,7 – 0,8 fm. Man unterscheidet *Waldnutzholz* (Langholz, Schichtholz) und *Handelsnutzholz* (eingeteilt in: Rundholz, Kantholz, Breitschnittholz, Latten, Brennholz).

Normalprofile für Bauhölzer (DIN 4070 – 4073): Baukantholz mit 8/8 bis 28/30 cm Querschnitt; Schnittholz in Längen von 3,5 – 8,0 m und Dicken von 1,5 – 15,0 cm; Schwellen mit 18/18 (16/20) bis 28/30 cm Querschnitt; Telegraphenstangen und Masten für elektrische Leitungen in Längen von 7, 8,5 und 10 m, oberer Durchmesser der geschälten Stange 15 cm.

Verwendung des Holzes im Maschinenbau. Sie beschränkt sich heute auf Teile von landwirtschaftlichen, Müllerei-, Textil- und Papiermaschinen, Kupplungs- und Bremsbacken, Bretter von Reibhämmern, Gießereimodelle, Kämme von Holzzahnrädern (Weißbuche), Zapfenlager im Wasser (Pockholz), Werkzeugstiele, Wagenbau, Verpackung und Holzpflaster – abgesehen von veredeltem Holz (Flugzeug- und Wagenbau).

5. Mineralische Baustoffe [I.69]

a) Natürliche Steine

Härteskala. Abgesehen von der Entstehung ist das wichtigste Unterscheidungsmerkmal für die einzelnen Steinarten ihre Härte. Nach einem Vorschlag von Mohs ist folgende Härteskala üblich: 1. Talk, 2. Steinsalz, Gips; 3. Kalkspat, 4. Flußspat, 5. Apatit, 6. Feldspat, 7. Quarz, 8. Topas, 9. Korund, 10. Diamant.

Technisch wichtige Steinarten. *Granit,* ein weitverbreitetes hartes Gestein aus Feldspat, Quarz und Glimmer. – *Serpentin.* – *Basalt* in Platten- oder Säulenform. – *Gneis* (eine schieferige Ausbildung des Granits), *Glimmerschiefer, Tonschiefer.* – *Kalkstein* (kohlensaurer Kalk) in

Tabelle I.51. Eigenschaften von Naturgesteinen

Gestein	Dichte ϱ/g/cm³	Mittlere Druckfestigkeit N/cm²	Chemische Bestandteile in %						
			SiO_2	Al_2O_3	MgO	CaO	CO_2	FeO	$Na_2O + K_2O$
Granit	2,60	20 000	71	16	0,5	1,5	–	1,5	8,5
Gneis	2,65	19 000	68	15	1,5	2,5	–	5	6
Basalt	2,85	26 000	49	18	4	11	–	12	4
Sandstein	2,30	10 000	80	9	0,5	1	–	3	4
Kalkstein	2,60	10 000	3	1	1	52	42	0,5	0,5
Dolomit	2,50	10 500	2	4	17	30	45	1	1

edelster Form als Marmor (Carrara) bekannt, wird meist gleich in Kalköfen in gebrannten Kalk übergeführt. – *Dolomit* (kohlensaurer Kalk und kohlensaure Magnesia). – *Gips* (wasserhaltiger schwefelsaurer Kalk). – *Sandstein,* Quarztrümmer, die durch tonige oder kalkige Bestandteile verbunden sind, ein weiches Gestein. – *Tuff,* vulkanische oder Kalktuffe, locker, porig. – *Sand* (Quarzkörnchen), *Ton, Kaolin* (reiner Ton, zur Porzellanherstellung), *Lehm* (verunreinigter Ton) kommen zur Herstellung von Mörtel und künstlichen Steinen in Betracht, während die festen natürlichen Steine als Baustoffe für Straßen- und Hochbau, für Fundamente, ferner als Mühlsteine, Schleifsteine benutzt werden. – Dichte, Druckfestigkeit und chemische Zusammensetzung einiger wichtiger Natursteine sind in Tabelle I.51 zusammengestellt.

b) Künstliche Steine

Ungebrannte künstliche Steine. *Lehmsteine – Kalksandsteine* (DIN 106, Kalksand steine) – *Hüttensteine* (Hüttenhartsteine), Vollsteine aus Schlackensand (gekörnter Hochofenschlacke), Kalk- und Schlackenmehl oder Zement in Formen gepreßt, erhärten an der Luft oder unter Dampf bzw. kohlensäurehaltigen Abgasen (DIN 398). – *Schlackensteine,* leichte Vollsteine aus Steinkohlen- und Koksrückständen mit hydraulischen Bindemitteln gepreßt und an der Luft gehärtet. – *Hüttenschwemmsteine,* ähnlich den Hüttensteinen, aber leichter, aus geschäumter Hochofenschlacke, Kalk und Schlackenmehl oder Zement. – *Rheinische Schwemmsteine,* aus Bims und Kalk oder Zement ($\varrho = 0{,}7 - 0{,}85$ g/cm^3). – *Korksteine,* aus Korkstückchen mit Ton oder mit Steinkohlenpech als Bindemittel, ϱ (weiß) $= 0{,}25$ g/cm^3, (schwarz) $= 0{,}56$ g/cm^3. – Siehe auch Tabelle I.52.

Gebrannte künstliche Steine. *Gewöhnliche Ziegelsteine:* Mauerziegel (DIN 105). Der Rohstoff ist Ziegelton, Ziegelerde, Lehm. Normalformat: $25 \times 12 \times 6{,}5$ cm bei einem Gewicht von 3,7 kg, $\varrho = 1{,}6 - 1{,}9$ g/cm^3. *Hohlsteine* haben den Zweck, an Gut und Gewicht zu sparen. *Klinker* sind bis zur Sinterung gebrannte Ziegelsteine aus kalkarmen Tonen oder eisenoxidhaltigem Lehm. *Verblendsteine* sind aus festerem Ton besonders sorgfältig hergestellt, in verschiedenen Farbtönen, siehe Tab. I.52.

Tabelle I.52. Künstliche Baustoffe

Baustoff	Dichte (Raumgewicht) ϱ/g/cm^3	Druckfestigkeit N/cm^2
Mauerziegel	1,75	1 000 – 1 500
Klinker	1,95	4 000
Kalksandsteine	1,90	1 500 – 3 000
Hüttensteine	1,80	1 000 – 2 500
Rheinische Schwemmsteine	0,80	120
Schamottesteine	1,80	2 000 – 10 000
Magnesitsteine	2,55	5 000 – 15 000
Silikasteine	1,75	2 000 – 4 000
Steinzeug	2,15	38 000 – 58 000
Hartporzellan	2,40	40 000 – 55 000
Steatit	2,70	75 000 – 95 000

c) Mörtel, Zement, Beton

Mörtel (DIN 1053). Man unterscheidet zwischen *Luftmörtel,* der nur an der Luft erhärtet, und *Wassermörtel* oder *hydraulischem Mörtel,* der auch im Wasser erhärtet. Zu den Luftmörteln gehören: Lehmmörtel, Kalkmörtel, Gipsmörtel, zu den Wassermörteln: Traßmörtel, Wasserkalkmörtel, Zementmörtel. Die wichtigsten Mörtelrohstoffe sind gebrannter Kalk, Traß (vulkanischer Tuffstein), Zement, Gips.

Zemente. Sie bestehen hauptsächlich aus Kalk, Kieselsäure und Tonerde. Meist wird auf künstlichem Wege durch Mischen von Kalkstein, Ton usw., Brennen des Gemenges bis zur Sinterung und nachheriges Mahlen zu feinem Mehl sog. „Portlandzement" hergestellt. Er soll nach den deutschen Normen (s. DIN 1164) nicht weniger als 1,7 Gewichtsteile Kalk (CaO) auf 1 Gewichtsteil Kieselsäure (SiO_2) + Tonerde (Al_2O_3) + Eisenoxid (Fe_2O_3) und nicht mehr als 3% Zusätze zu besonderen Zwecken enthalten. *Eisenportlandzement* soll aus mindestens 70% Portlandzement und höchstens 30% gekörnter Hochofenschlacke, bei wiederum höchstens 3% Zusätzen bestehen. Er ist dem Portlandzement gleichwertig. *Hochofenzement* besteht vorwiegend aus basischer Hochofenschlacke (bei mindestens 15 Gewichtsteilen Portlandzement). – Für Portlandzement: ϱ lose = 1,25 g/cm³, eingerüttelt = 1,95 g/cm³, erhärtet = 2,3 g/cm³; Druckfestigkeit nach 28 Tagen Wasserlagerung = 3200 N/cm².

Kalkmörtel („Mauerspeise"). Er wird aus gebranntem Kalk durch Ablöschen des Kalks mit Wasser und Mischen mit Sand im Verhältnis 1 : 2 bis 1 : 4 hergestellt. Beim Löschen des Kalks bildet sich Kalkhydrat ($CaO + H_2O = Ca(OH)_2$). Der Mörtel erhärtet dadurch, daß das Kalkhydrat aus der Luft Kohlensäure aufnimmt und unter Abgabe des Hydratwassers Kalziumkarbonat bildet ($Ca(OH)_2 + CO_2 = CaCO_3 + H_2O$). Das vollständige Erhärten („Abbinden") dauert mehrere Jahre.

Baugipse (DIN 1168). *Stuckgips* wird durch Anmachen von Gips (aus Gipsstein, $CaSO_4 \cdot 2\,H_2O$, durch Erhitzen auf 120 – 180 °C gewonnen) mit Wasser hergestellt, erhärtet schnell (in ½ h), indem der Gips durch Aufnahme von Wasser wieder in Gipsstein übergeht (z. B. beim Stuckgips: $CaSO_4 \cdot \frac{1}{2}\,H_2O + 1\frac{1}{2}\,H_2O = CaSO_4 \cdot 2\,H_2O$). *Estrichgips* wird bei 800 – 1000 °C gebrannt und erhärtet in 6 – 20 h, sehr druckfest und wetterbeständig (Druckfestigkeit 800 – 2500 N/cm²).

Zementmörtel. Man erhält ihn durch Mischen von Zement und Sand, für Hochbau z. B. im Verhältnis 1 : 3. Je mehr Sandzusatz, desto geringer die Festigkeit. Zement bindet sehr schnell ab (sog. „Schnellbinder" in ½ h, „Normalbinder" in 2 – 4 h), erhärtet aber auch erst nach längerer Zeit vollständig.

Beton (DIN 1045). Ein Gemenge von z. B. 1 Teil Zement, 2 Teilen Sand und 4 Teilen Steinschlag (oder grobem Kies). Sand und Zement werden durcheinandergeschaufelt, mit Wasser angefeuchtet und dann mit dem gleichfalls genäßten Steinschlag vermengt. Das ganze Gemisch, in Holzformen schichtenweise eingestampft, ergibt einen allmählich erhärtenden und dann sehr widerstandsfähigen Steinblock. $\varrho = 2{,}0 - 2{,}4$ g/cm³. Druckfestigkeit bis 11 000 N/cm².

Stahlbeton. Ein Beton mit Stahleinlagen, der nicht nur hohe Druckfestigkeit, sondern auch eine bedeutende Zugfestigkeit besitzt. Hierhin gehört auch der *Monierbau,* Zementmörtel mit Einlage von Drahtgeflecht oder Streckmetall, für Gewölbe, Decken, Behälter.

d) Keramische Werkstoffe (Tonwaren)

Hierhin gehören außer den bereits behandelten gebrannten und feuerfesten Steinen, sowie Töpferwaren und Steingut noch *Steinzeug, Porzellan* und *Steatit.* Die

Ware läßt sich vor dem Brennen durch Drehen, Gießen oder Spritzen gut verarbeiten.

Steinzeug. Der Rohstoff ist ein hellfarbig brennender Steingutton, der an sich Flußmittel enthält oder dem solche zugesetzt werden. Verwendung für Geschirr, Klinkersteine, Kanalisationsröhren, Fußbodenplatten.

Porzellan. *Hartporzellan* enthält für technische Zwecke etwa 50% Kaolin (Ton), 25% Quarz und 25% Feldspat, wird bei 1400 – 1500 °C gebrannt und hält Temperaturwechsel bis über 1000 °C gut aus. Es besitzt eine hohe mechanische Festigkeit (s. Tabelle I.52), hohe Verschleißfestigkeit und Widerstandsfähigkeit gegen chemische Einflüsse (ausgenommen Flußsäure). Verwendung für Behälter, Rohrleitungen, Ventile, Pumpen usw. in der chemischen und Nahrungsmittelindustrie. – *Weichporzellan* enthält weniger Porzellan und mehr Feldspat und vor allem Quarz (z. B. 25% Ton, 30% Feldspat, 45% Quarz). Verwendung vorzugsweise für kunstkeramische Zwecke.

Steatit. Der Rohstoff ist Speckstein mit etwas Ton- und Feldspatzusatz. Steatit hat hohe Festigkeit, geringe Wärmeleitfähigkeit und hohes elektrisches Isolationsvermögen und wird vorzugsweise für Zündkerzen von Motoren und als Isolierstoff für elektrische Zwecke verwendet. – Siehe auch Tabelle I.52.

Oxidkeramische Werkstoffe. Hierunter versteht man die Oxide des Aluminiums, Magnesiums, Berylliums, Zirkoniums und Thoriums. Sie sind sehr feuerbeständig, chemisch gut widerstandsfähig und haben einen sehr hohen Verschleißwiderstand. Anwendung als Isolierstoffe in der Elektrotechnik, ferner in der Schleiftechnik, für Tiegel usw. *Sintertonerde* (Al_2O_3), Schmelzpunkt 2048 °C, $\varrho = 3{,}83$ g/cm³, Druckfestigkeit 3000 N/mm²; *Sinterspinell* ($MgO \cdot Al_2O_3$), $T_s = 2100$ °C, $\varrho = 3{,}3$ g/cm³, Druckfestigkeit 1800 N/mm²; *Sinterberyllerde* (BeO), $T_s = 2750$ °C, $\varrho = 2{,}9$ g/cm³, Druckfestigkeit 750 N/mm².

e) Glas

Aufbau. Unter Glas versteht man anorganische Stoffe, die aus dem Schmelzfluß „glasig" erstarrt sind, d. h., also unter Beibehaltung der unregelmäßigen (nichtkristallinischen) Anordnung der Moleküle, wie sie dem flüssigen Zustande des Werkstoffs entspricht. Quarzglas besteht aus fast reiner Kieselsäure, technische Gläser enthalten außer Kieselsäure und alkalischen Flußmitteln vor allem noch Kalk, z. B. als Fensterglas etwa 70% SiO_2, 1% Al_2O_3, 14% Na_2O, 11% CaO, 2% MgO, 2% BaO (also ein Natron-Kalk-Silikat, $Na_2O \cdot CaO \cdot 6\ SiO_2$). Sie werden aus Sand, Soda und Kalk erschmolzen.

Eigenschaften. Glas ist in der Hitze fast unbegrenzt verformbar, hart und druckfest, durchsichtig und farblos, isoliert gut gegen Wärme und elektrischen Strom und ist sehr widerstandsfähig gegen chemische Angriffe. Nachteile sind seine Sprödigkeit und geringe Widerstandsfähigkeit gegen schroffe Temperaturwechsel. Nur Quarzglas ist gegen Temperaturwechsel unempfindlich. Dichte der technischen Gläser $\varrho = 2{,}4 \ldots 2{,}7$ g/cm³ (Bleigläser $\varrho = 3 \ldots 6$ g/cm³), Druckfestigkeit 400 ... 1200 N/mm². Da Glas keinen bestimmten Schmelzpunkt hat, versteht man bei ihm unter Schmelztemperatur die zur Erschmelzung erforderliche Ofentemperatur (normal 1400 – 1450 °C, bei Quarzglas 1700 – 1800 °C).

Glasarten. *Tafelglas* (Fensterglas) DIN 1249, aus dem Wannenofen gezogen, *Gußglas,* aus dem Wannenofen gegossen und gewalzt (durchscheinend, aber nicht durchsichtig), *Drahtglas,* gegossenes Glas mit eingebettetem Drahtnetz, *Spiegelglas* (hochwertigstes Flachglas), *Sicherheitsflachglas* mit stark verminderter Splitterwirkung, z. B. Mehrschichtglas mit Zwischenschicht aus Kunstharz, *Haushalt-* und *Flaschenglas, Laboratoriumsglas, Beleuchtungsglas, Optische Gläser* (Zusatz von Borsäure und Phosphorsäure zur Erzielung größter Gleichmäßigkeit); Hauptarten sind *Bleiglas* bzw. *Flintglas* (Kristallglas), $K_2O \cdot PbO \cdot 6\ SiO_2$, stark lichtbrechend, und das bleifreie Kronglas, das geringe Lichtbrechung und Farbenzerstreuung hat, *Farbige Gläser* (Zusatz von Metalloxiden und Sulfiden), *Milchglas* (Zusatz von Trübungsmitteln, z. B. Knochenasche), *Quarzglas* (aus Bergkristall im elektrischen Ofen erschmolzen) für optische Linsen, chemische Geräte usw., als „Homosil" ganz schlierenfrei, *Quarzgut* (aus reinem Quarzsand, wesentlich billiger als Quarzglas) für Großapparate der chemischen Industrie als „Rotosil, Vitreosil, Dioxyl", *Rohrleitungen* aus Glas für Kühlschlangen, Bierdruckleitungen usw., *Glasröhren.* – *Plexiglas* s. Abschnitt „Kunststoffe".

Glaswatte (durch Zerschleudern des Glasflusses) und *Glaswolle* (durch Zerblasen des Glasflusses hergestellt) sind als besonders gute Mittel für Wärmeschutz und Schallschutz und als Filterstoffe für Säuren, Laugen und verunreinigte Luft zu verwenden.

Wasserglas ist eine durchsichtige oder durchscheinende zähflüssige Masse aus 66 – 76% SiO_2 und 24 – 34% Na_2O (Natronwasserglas) oder K_2O (Kaliwasserglas); Natronglas schwerer, Kaliglas leichter in Wasser löslich, Verwendung zur Streckung von Seifen, zum Dichten von Kalk, Mörtel und Beton, zur Aufbewahrung von Eiern, zur Erhöhung der Feuersicherheit von Holz und anderen brennbaren Stoffen.

f) Kohle, Graphit

Ausgangsmaterial Kohlenstoff, z. B. als Ruß, Petrol- und Hüttenkoks, Anthrazit, Naturgraphit, Elektrographit. Bindemittel wie Teer oder Pech bei hohem Druck in Strang- oder Matrizenpressen ergeben Formfestigkeit nach Glühen bei 1500 °C in Kohlepulver eingebettet bei dreiwöchigem Glühprozeß. Verwendung für Elektroden (Karbidöfen, Schmelzöfen, Bodenelektroden für Aluminiumöfen), Kohleformsteine, Ausmauerung von Gestellböden, Rast und Schacht von Hochöfen. In kleineren Abmessungen Kohleheizstäbe, Kohleschiffchen und Tiegel bis 3000 °C.

Kohlenstoffäden dienen zur Verstärkung anderer Stoffe durch Verbund von Faser und Matrix und finden Anwendung bei Höchsttemperaturen im chemischen Apparate- und Industrieofenbau, da Kohlenstoff ganz allgemein unter steigender thermischer Belastung zugfester wird.

6. Isolierstoffe der Elektrotechnik

Kennzeichnende Eigenschaft eines Isolierstoffes hoher spez. Durchgangswiderstand (10^9 bis $10^{18}\ \Omega \cdot cm$). Isolierstoffe haben keine freibeweglichen Elektronen. Stoffe geringer elektrischer Leitfähigkeit nennt man auch Dielektrika, dazu gehören Gase, Festkörper und Flüssigkeiten. Nur zur Trennung stromführender Leiter ohne Ausnutzung von Festigkeitseigenschaften dienen z. B. Transformatorenöl und Isolierlacke.

Bei Isolatoren von Freileitungen und Substraten für gedruckte Schaltungen sind auch Festigkeitseigenschaften von Bedeutung. Isolierstoffe (Dielektrika) mit Polarisationserscheinungen für Kondensatoren. Ihrer Herkunft nach können Isolierstoffe organisch oder anorganisch, d. h. natürliche und abgewandelte Naturprodukte sowie Kunststoffe sein.

Einteilung der Isolierstoffe nach Wärmebeständigkeit in VDE 0530:

bis 90 °C	Baumwolle, Seide, Papier
bis 105 °C	Baumwolle, Seide, Papier u. ä., imprägniert oder getränkt mit flüssigen Isoliermitteln
bis 120 °C	Phenolharz (-hartpapier), Melaminharz-Schichtpreßstoff, Polyesterharze, Polyamid- oder Epoxidharze, Polyurethan als Überzug für Lackschichten, Triacetatfolie
bis 130 °C	Mikanite, Mikafolium, Glas-, Asbestfaserstoffe gebunden mit Schellack oder einem der vorstehenden Harze
bis 155 °C	Glimmer, Glasfaser, Asbest gebunden mit geeigneten Kunststoffen
bis 180 °C	Silikone, Glimmer, Glas, Asbest und Polyimide
über 180 °C	Glimmer, Glas, Porzellan, Quarz, Steatit, PTFE und Silikonharze

7. Metalloide als Werkstoffe

Metallische Verbindungen, Intermetallische Verbindungen, Intermediäre Phasen oder auch Metallide genannt, sind bei Raumtemperatur hart und spröde, oft kein Erweichungsintervall, deshalb nur zum Teil bei hohen Temperaturen verform- und klebbar (wenn Bindungsart metallischen Charakter hat). Metalle mit Kohlenstoff (Karbide) oder Stickstoff (Nitride) können höhere Härten als Diamant erreichen, Schmelzpunkte bis 4000 °C.

Anwendungen: bei Schneidmetallen, als Dispersionsteilchen in Metallen, z. B. H, B, C, N und P bilden solche Partikel wie Fe_3C, WC, TiC und ZrC.
Einige eutektische Gemische von Metallfluoriden zeigen extrem hohe Wärmekapazitäten und Schmelzwärmen und eignen sich daher zur Energiespeicherung in Form von Wärme.
Beispiel für Wärmespeicheröfen und Wärmekraftmaschinen: eutektische Mischungen aus Fluoriden der Alkali- und Erdalkalimetalle (NaF/MgF_2) sind den bisher verwendeten Wärmespeichermaterialien (gesintertes Magnesiumoxid (MgO) oder Eisenoxid (Fe_2O_3)) überlegen.

8. Halbleiter

Halbleiter sind Stoffe, die bei Zimmertemperatur eine elektr. Leitfähigkeit von 10^{-10} S/cm haben. Diese Leitfähigkeit kann auch durch Fremdstoffeinbau (Dotierung) geeigneter Werkstoffe mit entsprechender Leitfähigkeit erreicht werden.

Sie können amorph und kristallin sein. Die Leitfähigkeit kann über Elektronenbewegungen oder Bewegung von Ionen erfolgen. Technisch wichtige Halbleiter Germanium, Silizium und Selen, sie haben kristallinen Aufbau. Weniger gebräuchlich Bor, Tellur und Kohlenstoff. Technisch nicht verwendet Phosphor, Arsen und Antimon mit ihren halbleitenden Modifikationen.

9. Faserstoffe in der Technik

a) Naturfasern

Von den mehr als 2000 Pflanzenarten mit technisch verwertbaren Fasern haben nur wenige Bedeutung erlangt, so z. B. Lein- oder Flachsfasern, Baumwolle, Hanf, Jute, Sisal, Ramie.

b) Chemiefasern (Kunstfasern) [I. 71]

Die Fasern zeichnen sich durch ein geringes spezifisches Gewicht und hohe Elastizitätsmoduln aus, dadurch kann ihre spezifische Steifigkeit hohe Werte erreichen.

Von den Verstärkungswerkstoffen dieser Art sind besonders die Glasfasern, Borfasern (mit Wolframseele) und die Kohlenstoffasern weitgehend entwickelt und teilweise zur technischen Reife gebracht. Andere Faserstoffe sind in der Entwicklung, jedoch entweder noch zu teuer oder zu schwierig zu verarbeiten, so daß sich ein wirtschaftlicher Einsatz verbietet. Für Hochtemperaturanwendungen sind nur Faserwerkstoffe mit hohem Schmelzpunkt und möglichst geringer Verminderung der mechanischen Eigenschaften brauchbar.

Glasfasern sind die bedeutendsten Faserstoffe. Der Durchmesser beträgt in der Regel 10 μm, der E-Modul 73 000 N/mm² bis 120 000 N/mm² je nach Zusammensetzung des Glases. Die *Herstellung* erfolgt im allgemeinen durch das Düsenziehverfahren, dabei tritt tropfenförmig Glas durch eine Lochplatte mit etwa 200 Löchern von 1 – 2 mm Durchmesser aus und wird mit einer Geschwindigkeit von 60 m/s abgezogen, so daß sich die gewünschten Durchmesser bilden. Dann werden die Fasern mit einer Schlichte versehen.

Ein nicht so häufig angewendetes Verfahren ist das *Stabziehen,* dabei werden von der Spitze des erhitzten Glasstabes die Einzelfasern abgezogen. Anschließend wird eine Schlichte aufgebracht. *Stapelfasern* werden mit dem Düsenblasverfahren hergestellt, dabei werden die aus der Lochplatte austretenden Tropfen mit Preßluft abgeblasen.

Kohlenstoffasern werden im gleichen Durchmesserbereich wie Glasfasern hergestellt. Es gibt mehrere Herstellungsverfahren, z. B. die Pyrolyse von Polyacrylnitril-Faser (PAN), oder Cellulosefasern, das ist eine Aufspaltung der Kohlenstoffverbindungen in inerter Atmosphäre in

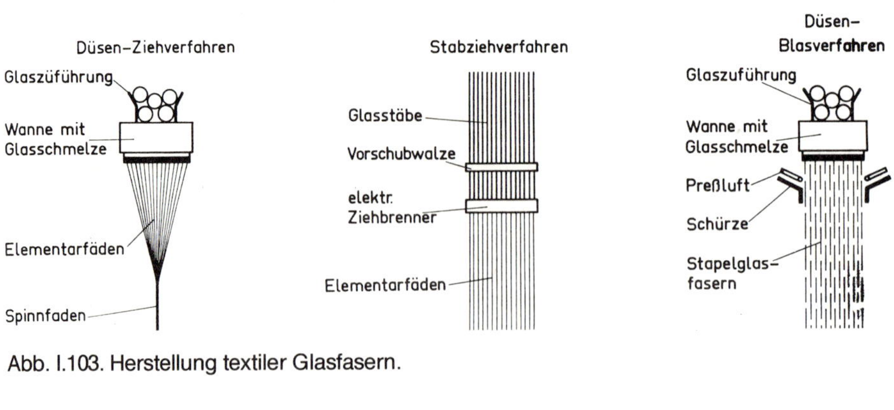

Abb. I.103. Herstellung textiler Glasfasern.

mehreren Stufen bei Temperaturen bis 2800 °C. Dabei bildet sich eine Graphitstruktur aus. Auch hierbei ist eine Schlichte notwendig für die Einbettung in Epoxidharz, z. B. Polyvenylalkohol. Der E-Modul beträgt bis zu 540 000 N/mm², die Zugfestigkeit kann Werte von 2900 N/mm² erreichen bei einer Dichte von $\varrho = 2{,}25$ g/cm³ und einem Schmelzpunkt $T_s = 3800$ °C.

Preisgünstige Fasern haben geringere Festigkeiten, die jedoch auch in diesem Falle bis nahezu 2000 °C erreichen werden.

Folgende Metalle eignen sich zur *Herstellung von Fasern* (Filamenten): Beryllium, Stahl (kohlenstoffarm), René 41 (Legierung auf Nickelbasis), Niob, Molybdän, Wolfram, Bor (mit Wolfram-Seele), Borkarbid (mit Wolfram-Seele), Siliziumkarbid (mit Wolfram-Seele) und Titan Diborid (mit Wolfram-Seele). Sie können durch Warmziehen mit oder ohne Ummantelung, Pressen von Schmelzen durch Düsen oder mit Hilfe eines mit Metall gefüllten Glasrohres, das durch eine Heizzone geführt und dabei gezogen wird, hergestellt werden.

c) Keramische Fasern

Asbest. Sammelbegriff für natürlich vorkommende Silikat-Mineralien, die in sechs Modifikationen auftreten können.

Dichte $\varrho = 2{,}5$ g/cm³; Schmelzpunkt bei 1520 °C. Zugfestigkeit technisch verwendeter Fasern liegt um 1000 N/mm², Spitzenwerte bis 5700 N/mm² erreichbar. Schlichte nicht erforderlich, die Affinität zu den meisten Harzen ist zufriedenstellend. Die Zersetzung beginnt erst bei 600 °C. Als natürliche Faser hat Asbest nur begrenzte Längen und ist deshalb nicht gut zur Faden- oder Roving-Fertigung geeignet. Technischer Einsatz gegenüber Glasfasern ist gering.

Die keramischen Werkstoffe sind in ihrer Anwendung über das Versuchsstadium noch nicht hinaus. Zu ihnen zählen: Boride, Karbide, Nitride, Oxide, Silizide und Silikate.

d) Whiskers

Whiskers sind anisotrope Einkristalle mit in der Regel nur einer Schraubenversetzung in der Mitte und sonst idealem Kristallaufbau.

Infolgedessen erreichen sie in Einzelfällen fast theoretische Werte der interatomaren Bindungskräfte, was zu hohen Zugfestigkeiten und Elastizitäts-Moduln führt. Sie können durch Abscheidung aus der Gasphase, Reduktion von Metall-Halogeniden oder elektrolytische Abscheidung hergestellt werden. Die Durchmesser liegen zwischen 0,5 und 30 µm.

Als Nachteil sind geringe Scher- und Biegefestigkeiten sowie die geringe Länge von nur einigen Millimetern zu sehen, auch bei der Herstellung sind noch nicht alle Schwierigkeiten überwunden.

Außerordentlich viele Werkstoffe – metallische und nichtmetallische – sind zur Herstellung geeignet, haben jedoch in der Regel das Versuchsstadium noch nicht verlassen. In größeren Mengen wurden bisher Al_2O_3-Whisker hergestellt, preisgünstiger sind jedoch die SiC-Whisker. Preislich günstig sind weiterhin Whisker aus Aluminium-Borid. Berylliumoxid, Borkarbid, Graphit, Magnesium-Oxid, Aluminiumnitrid, Siliziumnitrid, Chrom, Eisen, Kobalt, Nickel, Kupfer und Silber eignen sich ebenfalls zur Herstellung von Whiskers, Schladitz-Whisker sind polykristallin und zeichnen sich durch eine hohe Zahl von Fehlstellen aus, die Zahl der Versetzungen liegt weit über der verformter Metalle. Diese hohe Versetzungsdichte, verbunden mit einer submikroskopischen Feinkörnigkeit von 7 bis 9 Nanometer (nm) bedingt, daß die freien Wege der Versetzung stark herabgesetzt sind. Es bedarf also ungewöhnlich hoher Schubspannungen, um die Gleichung einzuleiten.

10. Verbundwerkstoffe (Halbzeug)

a) Metallverbundbleche

Plattierte Metalle fertigt man als Platten, Bleche, Bänder, Rohre und Drahtmaterial. Zu den plattierten Plattenmaterialien gehören Stähle mit Deckschichten aus Blei, Kupfer, Nickel sowie korrosionsbeständigem Stahl. Die Bleche und Bänder umfassen mit Rein-Al plattiertes Aluminium, mit korrosionsbeständigem Stahl plattiertes Kupfer und unterschiedliche Kombinationen von Kupfer und Kupferlegierungen, Nickel- und Nickellegierungen.

Einige plattierte Materialien benötigen ein drittes Metall als Zwischenschicht, um die Bildung intermetallischer Phasen zu verhindern, z. B. bei der Beschichtung von Stahlplatten mit rostbeständigen Stählen wird ein dünner Belag, in der Regel galvanisch abgeschiedenen Nickels, notwendig, das den Kohlenstoff des Stahles daran hindert, in den rostbeständigen Stahl einzudiffundieren und den Chrom abzubinden und damit die korrosionshemmende Wirkung aufzuheben. *Bimetalle* sind zusammengeschweißte Stähle verschiedenen Nickelgehalts, z. B. 25% (größte Ausdehnung) und 36% (geringste Ausdehnung), bei Erwärmung krümmen sich diese Streifen, was für Regelvorgänge nutzbar gemacht werden kann.

b) Kunststoffbeschichtung von Stahl

Verwendung finden Grund-, Zieh-, Tiefzieh- oder Sondertiefziehgüten kaltgewalzten Stahles. Bei besonders hohen Ansprüchen erfolgt vor der Beschichtung elektrolytisches Verzinken oder Feuerverzinken.

Die *Herstellung* des Verbundwerkstoffes erfolgt in mehreren Stufen: Auftragen einer Grundierung (Primer oder Haftvermittler), Warmbehandlung im Ofen, Auftrag der eigentlichen Deckschicht, meist Walzverfahren, Filmbildung durch Wärmebehandlung, dann evtl. Bedrucken, Prägen bzw. Aufwalzen von Folien.

Die zur Verwendung gelangenden Beschichtungsstoffe können in zwei Gruppen, die Duroplaste und die Thermoplaste, zusammengefaßt werden.

Die charakteristischen Basen bei den Thermoplasten sind: a) Polyvinylchlorid als Organosol bzw. Plastinol, b) Polyvinylchlorid-Mischpolymerisat, c) Polyvinylfluorid bzw. Vinylfluorid bzw. Vinyledenfluorid.

Die positiven Eigenschaften dieser Gruppe sind die sehr gute Umformbarkeit. Der Nachteil ist, ausgenommen bei Fluoridprodukten, die Schmutzanfälligkeit im Wetter.

Die charakteristischen Basen bei den Duroplasten sind: a) Alkyd-Melaminharzlacke, b) Polyester-Kombinationen, c) hitzehärtende Acrylatprodukte, d) Aethoxylinharzlacke, e) silikonmodifizierte Kombinationen.

Allen Duroplasten gemeinsam ist, abgesehen von den Epoxidharzkombinationen, die gute Wetterbeständigkeit bei geringster Schmutzanfälligkeit. [I.72]

c) Kunststoffverbundwerkstoffe (Verbundfolien)

Verbundfolien können aus Zwei- und Mehrschichtfolien bestehen. Materialkombinationen: Polyäthylen mit Polyamid, Polyäthylen mit Polyäthylen-terephthalat, Polyäthylen mit Polypropylen, bei Dreischichtfolien Polyäthylen außen.

d) *Hochleistungs-Verbundwerkstoffe*

Sie finden Anwendung für mechanisch und/oder thermisch hochbeanspruchte Bauteile.

Verstärkungswerkstoffe, Faser, Fäden oder Whiskers in Kunststoff-, metallischer oder keramischer Matrix eingebettet, sind in drei Gruppen einteilbar: Glasfasern, Kohlenstoff- und beschichtete Borfasern und keramische Whiskers.

Glasfaserverstärkte Kunststoffe (GFK). Preßstoffe, Gießharze und thermoplastische Kunststoffe dienen als Matrix-Werkstoff. Bei thermoplastischen benutzt man Kurzfasern, in anderen Fällen werden verwendet: Glasfaservlies aus regellos und einzeln liegenden Stapelfasern, Glasseidenmatten aus geschnittenen oder ungeschnittenen Spinnfäden, Glasfadengelege aus Fadensystemen, deren Fäden parallel oder im Winkel zueinander liegen, Glasgewebe, aus Kette und Schuß bestehend (rovings), Glasfasermatten, durch Steppen hergestellt und Glasfaserplatten, durch Verkleben gebildet.

Glasfasern können nach dem Düsenziehverfahren, Stabziehverfahren oder Düsenblasverfahren hergestellt werden (Abb. I.103) [I.73].

Die Verstärkung des GFK kann in Art und geometrischer Anordnung den am Bauteil angreifenden äußeren Lasten angepaßt werden, was bei herkömmlichen Werkstoffen, wie Metallen und Kunststoffen, nicht möglich ist. Die elastischen Kennwerte, wie Elastizitätsmodul und Querkontraktionszahl sowie die Festigkeiten, werden in Richtung parallel zu den Fasern von den Eigenschaften der Faser bestimmt, im anderen Falle – senkrecht zu den Fasern – dominieren die Eigenschaften der Matrix. Im Vergleich mit Stahl weisen GFK-Laminate einen niedrigeren Elastizitätsmodul auf, was bei der Konstruktion berücksichtigt werden muß. Nachteilig wirkt sich weiter die Neigung zur Rißbildung weit unterhalb der Zug-Bruchdehnung aus. Bei Langzeitbelastungen wirkt sich die Kriechneigung des Matrix-Kunststoffes negativ aus.

Mikroglaskugeln werden als Verstärkung für Duromere verwendet. Sie verbessern die Festigkeit des Laminats und auch die Fließeigenschaften der Schmelze.

Kohlenstoffasern können von unterschiedlicher Art sein. Sie sind als Teil eines Verbundwerkstoffes dann von besonderer Bedeutung, wenn ihr Elastizitätsmodul hoch ist. Als Matrixwerkstoffe kommen Polyesterreaktions- und Epoxidharze zur Anwendung. Ein Mangel ist in der geringen Druckfestigkeit zu sehen.

Im Gegensatz dazu sind *Bordrähte* als Verstärkung für Harze wegen der größeren Fadendurchmesser bei dieser Belastungsart vorteilhaft.

Whiskers weisen hohe Herstellungskosten auf und haben deshalb bisher trotz umfangreicher Forschungsarbeiten als Verstärkungswerkstoff kaum einen nennenswerten Einsatz gefunden.

e) *Hochtemperaturbeständige Verbundwerkstoffe*

Bis ca. 350 °C können sie mit neuen Werkstoffen, wie Polyimiden, Polybenzimidazolen oder Zyanatharzen, erzeugt werden.

f) *Keramische Werkstoffe*

Sie weisen große thermische Beständigkeit, eine günstige Dichte, vielen aggressiven Medien gegenüber eine gute Oxidations- und Korrosionsbeständigkeit, im besonderen bei hohen Temperaturen auf.

Tabelle I.53. Anwendungsmöglichkeiten moderner Verbundwerkstoffe.

	GFK	KFK	BFK	Verstärkte Keramik	Kohlenstoff/Kohlenstoff	Verstärktes Metall
Luft- und Raumfahrt	●	●	●	+	●	●
Verkehrstechnik	●	○	○	–	–	○
Antriebstechnik	●	●	●	+	+	●
Maschinenbau	●	●	○	+	+	○
Apparatebau	●	○	○	+	+	○
Wehrtechnik	●	●	●	+	+	●
Bauwesen	●	○	○	+	–	○
Nachrichtentechnik	●	●	–	+	–	○
Freizeit- und Sportgerätebau	●	○	–	–	–	–

● Anwendung realisiert, Wirtschaftlichkeit gegeben; ○ Anwendung möglich, Wirtschaftlichkeit fraglich oder noch nicht gegeben; + Anwendung denkbar, Technologie noch nicht ausgereift; – Anwendung nicht sinnvoll.

Bei den normalen keramischen Werkstoffen jedoch ist die niedrige Zug-, Biege- und Stoßfestigkeit sowie die geringe Temperaturwechselbeständigkeit ein erheblicher Nachteil. Hier bewirkt die Einlagerung von Fasern mit höherem Elastizitätsmodul und größerer Fließgrenze als die keramische Matrix eine Verbesserung der Eigenschaften. Duktile und zähe Fasern erhöhen die Arbeitsaufnahmefähigkeit. Werden Fasern aus hochschmelzenden Legierungen oder keramischen Werkstoffen gewählt, so müssen sie innerhalb des Verbundwerkstoffes eine hinreichende chemische und mechanische Verträglichkeit aufweisen. Für oxidkeramische Matrixen sind deshalb hochschmelzende Legierungen auf Wolfram- und Molybdänbasis besonders geeignet. Kohlenstoff-Kohlenstoffverbundwerkstoffe weisen gute spezifische, mechanische Eigenschaften nahezu ohne Temperaturabhängigkeit bis 2500 °C auf, jedoch ist die Entwicklung der Verarbeitungsverfahren noch nicht abgeschlossen.

Metallische Matrixen für Faser-Verbundwerkstoffe haben in den letzten Jahren Eingang vor allem im Leichtbau, in der Energie- und Elektrotechnik gefunden. Hier finden deshalb als Matrixwerkstoff die Leichtmetalle, warmfeste und hochwarmfeste Legierungen und Werkstoffe hoher elektrischer Leitfähigkeit Anwendung. Die Faserwerkstoffe sind vornehmlich kontinuierlicher Art. Chemische und mechanische Verträglichkeit von Faser und Matrix sind erforderlich. Fertigungsmethoden für die Herstellung solcher Verbundwerkstoffe sind noch nicht ausgereift. Als Herstellungsverfahren kommen in Frage: Beschichten, Stapeln und Verdichten der Fasern mit metallischen Werkstoffen sowie die direkte metallurgische Herstellung durch Einbringen anderer Werkstoffe in festem, breiigem oder flüssigem Zustand mit dem Ziel, eine faserähnliche Ausrichtung durch gerichtete Erstarrung zu erhalten. (Tabelle I.53) [I.74].

Fragen zu Kapitel I.H.

1. Welche Kunststoffe lassen sich schweißen?
2. Was kennzeichnet die Polykondensation?
3. Durch welche Bestandteile sind einige Kunststoffe besonders temperaturbeständig geworden?
4. Was sind Gießharze und wo finden sie Anwendung?
5. Welche Weichmacherarten gibt es für Kunststoffe und worin besteht ihre Wirkung?
6. Sind Bakelite thermoplastisch?
7. Welche Bindekräfte wirken zwischen den Fadenmolekülen der Plastomere und Duromere und welche lassen sich durch Temperaturbeeinflussung verringern, ohne daß der Werkstoff zerstört wird?
8. Welcher Kunststoff spaltet bei der Erwärmung Chlorwasserstoff ab und welche Gefahren bilden sich dadurch beim Brennen bzw. Löschen von größeren Lagerbeständen dieses Werkstoffs?
9. Was ist Latex und was versteht man unter Synthesekautschuk?
10. Was verstehen Sie unter Vulkanisieren?
11. Wie bereitet man Leder auf?
12. Woraus besteht Holz und welche Vor- und Nachteile hat dieser Werkstoff im Maschinenbau?
13. Wie werden Glasfasern hergestellt und worauf ist ihre festigkeitssteigernde Wirkung in Verbundwerkstoffen zurückzuführen?

J. Schmierstoffe

1. Schmierstoffarten

Fette, Öle, Olivenöl, Rizinusöl, Rüböl, Klauenöl, Tran, Tierfett, Talg. Sie sind Verbindungen der Fettsäuren mit Glyzerin und werden aus den Rohstoffen durch Auspressen in hydraulischen Pressen (bei Pflanzenölen), durch Ausschmelzen (bei Fetten) oder durch Ausziehen mit Hilfe von Fettlösungsmitteln (z. B. Benzin oder Schwefelkohlenstoff) gewonnen. Ihre Verwendung als Schmierstoffe ist, gegenüber den Mineralölen, sehr zurückgegangen, da sie leicht *verharzen,* d. h. an der Luft zu Harz eintrocknen und *ranzig* werden (in freie Fettsäure und Glyzerin zerlegt werden).

Mineralöle. Sie bilden keine Säuren, verdicken nicht und trocknen nicht ein. Sie werden in der Hauptsache aus dem *Erdöl* (Rohöl), in neuerer Zeit auch aus den Ölen des Steinkohlen- und Braunkohlenteers und durch Kohleverflüssigung (*Hydrierung*) gewonnen. Die nach Abtreibung des leichter siedenden Rohbenzins, Leuchtpetroleums und Gasöls verbleibenden flüssigen Rohschmieröle werden einer

Destillation unter Einleiten von überhitztem Dampf und unter Unterdruck (Vakuum) unterworfen. Letzteres geschieht, weil diese hochsiedenden Kohlenwasserstoffe (Siedetemperatur über 350 °C), unter Atmosphärendruck siedend, weitgehend zerlegt und an Zähflüssigkeit verlieren würden. Man erhält in der Hauptsache: *Spindelöle, leichte Maschinenöle, schwere Maschinenöle, Zylinderöle.* Entsprechend erhält man aus Steinkohlenteer *Teerfettöle.* – Die bei der Destillation zurückbleibenden Öle (die „Rückstandsöle") werden als Dampfzylinderöle verwendet. Vielfach werden die Destillate noch mit Schwefelsäure behandelt (Abscheiden von Ruß, Asphalt und Harz) und durch Bleicherde von Säureresten befreit (Raffinat). Man unterscheidet demnach: *Destillate, Raffinate* und *Rückstandsöle.*

Verarbeitete Öle sind: *Mischöle,* aus Erdölen, Braunkohlen- oder Steinkohlenteerölen gemischt; *gefettete Öle* (kompoundierte Öle), Mischungen von Mineralölen und fetten Ölen, neigen zur Verharzung; *Arbeitsöle* (Bohröle), durch Seifen emulgierbar gemachte Mineralöle; *Emulsionsöle,* Mischungen von Mineralölen mit wässerigen Lösungen bestimmter Alkalien; *Voltolöle,* durch elektrische Glimmentladungen verdickte Öle. Eine *Emulsion* ist eine Flüssigkeit (z. B. Milch, Eigelb), die das Öl in sehr feiner Verteilung schwebend enthält.

Siliconöle (s. auch IH1d bei „Siliconen") zeichnen sich durch sehr geringe Viskositätsänderung, große Feuersicherheit und Widerstandsfähigkeit gegen Säuren und Laugen aus und sind vor allem als Hydrauliköle sehr geeignet, auch in Schmierfette umwandelbar.

Verseifung von Fetten. Tierische und pflanzliche Fette und Öle sind im Gegensatz zu den Mineralölen „verseifbar", d. h. man kann sie durch Erhitzen mit Kalilauge, KOH, oder Natronlauge, NaOH (in neuerer Zeit meist „Karbonatverseifung" mit Soda, Na_2CO_3, unter Zusatz von Natronlauge), in Glyzerin und fettsaures Kalium bzw. Natrium zerlegen. *Kaliseife* ist „Schmierseife" (weich), *Natronseife* ist „Kernseife" (hart). Zersetzt man die Fette mit Kalziumhydroxyd $Ca(OH)_2$ (gelöschter Kalk), so entsteht die in Wasser unlösliche *Kalkseife.*

Schmierfette. Sie bestehen aus Auflösungen von Kalk- oder Natronseife in Mineralöl. Die *kalkverseiften Fette* sind weicher und haben einen Tropfpunkt bis etwa 100 °C; sie sind für weniger hochbelastete Lager geeignet. Die *natronverseiften Fette* sind fester, haben einen höheren Tropfpunkt (etwa 180 °C) und werden für hochbelastete Lager benutzt. Bei bestimmten Erdölsorten erhält man aus dem Destillationsrückstand *Vaseline*; sie dient als Schmiermittel bei kleinen Kugel- und Nadellagern, hauptsächlich jedoch als Rostschutzmittel. – Die Bezeichnungen der Fette richten sich nach dem Verwendungszweck, z. B. *Maschinenfett* (Staufferfett), *Wagenfett, Drahtseilfett, Zahnradfett, Kalt- bzw. Heißwalzenfett.*

Graphitschmierung. Graphit wird, fein gemahlen und geschlämmt (Flockengraphit), als Zusatz zu Schmierölen gebraucht. Er wirkt schleifend und glättend. Reine Graphitschmierung hat sich bei geringen Pressungen und Geschwindigkeiten (Förderrollen, Förderschnecken) bewährt.

Wiedergewinnung benutzten Öls. Benutztes Mineralöl wird entweder gefiltert oder geschleudert oder gründlicher in folgender Weise gereinigt: 1. Mechanische Vorreinigung (Entwässerung und Schlammabscheidung), 2. Reinigung durch Säuerung (Ruß, Asphalt und Harz durch Schwefelsäure abscheiden), 3. Neutralisierung und Vorbleichung (Neutralisieren von Säureresten durch Kalkhydrate und Vorbleichen durch Bleicherde, die sich mit Säureresten belädt), 4. Destillation (leichtflüssige Bestandteile abdestillieren), 5. Nachbleichung (wie Vorbleichen) und Schlußfilterung. Etwa 30% des Schmieröls werden in Deutschland wiedergewonnen.

2. Anforderungen an Schmierstoffe

Von einem guten Schmieröl ist folgendes zu verlangen:

1. Genügende Schlüpfrigkeit (Adhäsion).
2. Ein *Zähigkeitsgrad* (Viskosität), der dem Verwendungszweck entspricht und der bei stärkerem Temperaturwechsel sich nicht viel verändert.
3. Es soll unter dem Einfluß der Luft weder dick werden noch eintrocknen (harzen), noch auch zu leicht verdampfen. (Die Temperatur, bei der Schmieröle so steif werden, daß sie nicht mehr fließen, nennt man ihren „Stockpunkt", die Temperatur, bei der sie anfangen, brennbare Gase zu entwickeln, den „Flammpunkt".)
4. Es muß möglichst säurefrei sein und auch keine Neigung besitzen, Säuren zu entwickeln.
5. Es soll weder ungelöste Bestandteile (Schleim, Haut) noch feste Körper (Koks) enthalten.

3. Schmierstoffprüfung

Normung. Die Normen DIN 6531 und 53 652 und folgd. wurden ersetzt durch DIN 51 501, 51 550 und folgd.

Dichte. Sie läßt unter Umständen auf die Herkunft des Öls schließen, hat aber keine Bedeutung für die Beurteilung der Schmierfähigkeit und dient hauptsächlich zur Gewichtsberechnung.

Prüfung der Zähigkeit (s. DIN 51 550, 51 561). Sie wird durch *Viskosimeter* (*Engler, Höppler, Ubbelohde, Vogel-Ossag* usw.) bei verschiedenen Temperaturen des Öls gemessen. Die Zeit, welche eine gewisse Menge Öl zum Ausfluß aus einem Gefäß braucht, dividiert durch die Zeit, die die entsprechende Menge Wasser von 20 °C zum Auslaufen nötig hat, ergibt die Viskosität.

Das in Deutschland meistens benutzte *Englersche Viskosimeter* (Abb. I.104) besteht aus einem innen vergoldeten Ausflußgefäß *a* mit einer aus Platin angefertigten Ausflußöffnung, dem Verschlußdeckel mit Verschlußstift *b*, dem Thermometer *c*, dem äußeren Erwärmungsbad *e* mit Rührer *d* und aus dem Meßkolben, in dem das ausfließende Öl in Mengen bis zu 200 cm³ aufgefangen wird. Für sehr dickflüssige Öle nimmt man Meßkolben, die 50 und 100 cm³ fassen. – Viskosität z. B. bei Spindelöl 1,8 – 12 (bei 20 °C), bei Gasmaschinenöl 3 – 6 (bei 50 °C) und bei Heißdampfzylinderöl 3 – 9 (bei 100 °C).

Flammpunktprüfung (s. DIN 51 584). Das Öl wird in einem Porzellantiegel, der wieder in einer Blechschale auf einer Sanddecke steht, vorsichtig so lange erhitzt, bis beim Vorbeiführen einer Flamme ein vorübergehendes Aufflammen eintritt. Die Festlegung des etwas höher liegenden „Brennpunkts" spielt praktisch keine Rolle. Für *Fette* kommt entsprechend der „Tropfpunkt" in Frage. – Flammpunkt 125 – 200 °C (bei Heißdampfzylinderöl 270 °C).

Stockpunktprüfung (s. DIN 51 583). Man kann sich damit begnügen, das Öl im Reagenzglas mit eingehängtem Thermometer in eine Kältemischung zu stellen und zu beobachten, bei welcher Temperatur sich bei Neigung des Glases kein Fließen des Öls mehr zeigt. – Stockpunkt meist zwischen + 5 °C und – 15 °C.

Chemische Prüfungen. Sie sollen den Gehalt an Säuren, Harz, Wasser, Seife, Asche, den Gehalt der Mineralöle an fetten Ölen (d. h. Pflanzen- und Tierölen), Kautschuk u. a. feststellen. –

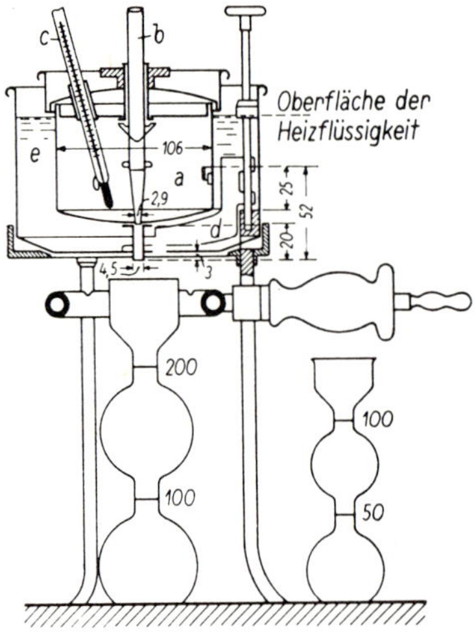

Abb. I.104. Englersches Viskosimeter.

Wassergehalt (DIN 51 582): Wasser kann im Öl die Schmierwirkung beeinträchtigen. In Schmierfetten ist aber ein gewisser Wassergehalt zum Stabilisieren der Seifen-Mineralöl-Emulsion erforderlich. – *Aschegehalt* (DIN 51 803): Höherer Aschegehalt deutet bei Ölen auf unsachgemäße Herstellung, bei Schmierfetten auf Überschuß an Verseifungsmitteln usw. hin. – *Neutralisationszahl* (DIN 51 558): Sie gibt die Anzahl mg Kaliumhydroxyd (KOH) an, welche die freien Säuren in 1 g des Öles neutralisiert. Freie Mineralsäure soll nicht vorhanden sein (wegen Metallangriffs), freie organische Säuren sind in geringer Menge unschädlich.– *Verseifungszahl* (DIN 51 559): Sie gibt an, wieviel mg KOH zur Verseifung der in 1 g Öl vorhandenen verseifbaren Anteile nötig sind, und ist bei Mineralölen sehr niedrig. Sie gibt einen Anhalt über den Gehalt an fettem Öl und über eingetretene Ölalterung.

Hartasphalte sind Erdölanteile, die sich als Krusten oder Rückstände abscheiden können. – *Emulgierbarkeit:* Sie gibt an, in welchem Maße sich das Öl in Wasser zerteilen läßt. Öle für Umlaufschmierungen (z. B. Turbinenöle) sollen nicht mit Wasser emulgieren.

Ölprüfmaschinen. Sie suchen die Lagerreibung des Öls zu bestimmen, da diese Reibung nicht eindeutig durch die Viskosität bestimmt ist. Öle gleicher Viskosität können vielmehr durchaus verschiedene Lagerreibung besitzen. Sehr wertvoll sind auch Untersuchungen und Prüfungen an eingelaufenen Arbeitsmaschinen (Drehbänken usw.) und an laufenden Antriebsmaschinen (Dampf- und Gasmaschinen usw.).

4. Verwendung der Schmierstoffe im Betrieb

Reibungszustände. *Trockene Reibung:* Die Schmierung fehlt ganz. Durch Herausreißen kleiner Metallteilchen tritt Fressen ein. – *Mischreibung:* Schmierung zu gering. Der Schmierstoff bildet einen unvollkommenen Ölfilm. Teilweise metallische Berührung der Gleitflächen und damit Verschleiß. – *Grenzreibung:* Ölfilm vorhanden, zu geringes Lagerspiel, kleine Gleitgeschwindigkeiten bei hohen Belastungen, z. B. im Anfahrzustand von Maschinen und bei Kantenpressungen. – *Volle Flüssigkeitsreibung* (Schwimmreibung): Sie soll der Normalzustand sein. Infolge genügender und zweckentsprechender Schmierung sind die Gleitflächen durch eine Schmierölschicht getrennt, die eine Fläche schwimmt auf der anderen.

Ölauswahl für Lager. Je höher die Gleitgeschwindigkeit, je geringer die Flächenpressung, je feiner die Passung, um so dünnflüssiger ist der Schmierstoff zu wählen. Bei Fetten gilt das Entsprechende hinsichtlich der Konsistenz. Wenn bei kleinen Gleitgeschwindigkeiten und hohen Flächenpressungen die Lagertemperaturen zu hoch werden, so ist das Öl zu dickflüssig gewählt. In starkem Dauerbetrieb ist durch Beanspruchung, Luftsauerstoff, Verschleiß usw. mit einer Alterung des Öls zu rechnen, d. h. es bilden sich Abbauerzeugnisse (Schlamm, Metallseifen, harzige Ausscheidungen). Also muß auch dementsprechend die Ölauswahl getroffen werden, bzw. ist das Öl auszuwechseln (zu reinigen).

Transmissionen und Triebwerksteile. Vielfach ist Fettschmierung ausreichend. Als Öle werden Teerfettöle und Mineralöle verwendet. Flammpunkt 130 – 170 °C; Viskosität 3 – 12 (bei 50 °C).

Verbrennungskraftmaschinen. Schmierstoffe, die bei den in den Zylindern auftretenden Temperaturen noch beständig sind, können nicht hergestellt werden. Zweckmäßig ist ein mäßiger hoher Flammpunkt (nicht unter 175 °C) und kein Hartasphaltgehalt. Viskosität über 3 (bei 50 °C).

Dampfturbinen. Die Öle für Umlaufschmierungen usw. sollen längere Zeit (über 10 000 Betriebsstunden) umlaufen, ohne sich zu verändern. Hier genügen nur Raffinate (ungefettet), die nicht zur Bildung von Emulsionen neigen. Flammpunkt über 165 °C bei einer Viskosität von 2,5 – 3,4 (bei 50 °C), bzw. über 180 °C bei einer Viskosität von 3,4 – 7 (bei 50 °C).

Schneid- und Kühlöle (mit Wasser nicht mischbar). Sie dienen zur Metallbearbeitung, wenn hohe Schnittgeschwindigkeiten und Spanleistungen verlangt werden. Flammpunkt über 140 °C, Viskosität über 1,8 (bei 50 °C). Zweckmäßig sind gefettete und ungefettete Mineralöle.

Kühlmittelöle (wasserlösliche *Bohröle*). Sie bestehen aus einer Lösung von Seife in Mineralöl und werden etwa im Verhältnis 1 : 10 mit Wasser emulgiert. Anwendung für Bohr-, Fräs- und Schälmaschinen und als Zusatz zum Preßwasser.

Spanlose Formgebung. Beim Pressen und Ziehen geht man vom Fett mehr zum Öl über (Mineralöl mit Flammpunkt ~180 °C und Viskosität 10 – 11 bei 20 °C).

Härterei. Übergang vom Rüböl zum reinen oder gefetteten Mineralöl. Flammpunkt über 140 °C, Viskosität über 1,5 bei 50 °C. Zu dieser Gruppe gehören auch *Blankhärteöle,* die infolge Entfernung aller unbeständigen Verbindungen, Einbrennungen und Krustenbildungen verhindern und eine blanke Oberfläche ergeben. Für *Anlaßöle* kommen wegen des erforderlichen hohen Flammpunkts fast nur Zylinderöle in Frage (Flammpunkt 250 – 335 °C, Viskosität 2,5 – 6,5 bei 100 °C).

Transformatoren- und Schalteröle. Sie werden unter dem Namen „Isolieröle" zusammengefaßt. Flammpunkt über 145 °C, Viskosität unter 8 bei 20 °C, Stockpunkt – 15°C, in Sonderfällen – 40 °C.

Schmierfette. Für Maschinenfett (Staufferfett) soll liegen: Der Tropfpunkt über 75 °C (bei anderen Fetten herunter bis 45 °C, bei Heißlagerfett aber über 120 °C), der Aschegehalt unter 4% (bei anderen Fetten teilweise bis 12% zulässig), der Wassergehalt unter 4% (andere Fette zwischen 1 – 6%, bei Heißwalzenfett aber nur 0,1%). Fette bieten Vorteile für staubige Betriebe, weil sie den Zutritt von Verunreinigungen zu den Gleitflächen verhindern. Der Kraftbedarf ist etwas höher als bei Ölschmierung.

Literatur zu Kapitel I.

I.1 VDE/VDI-Richtlinien VDE/VDI 3511, 1967, 47 Seiten, 66 Literaturquellen, Normenhinweise

I.2 Werkstoffhandbuch Stahl und Eisen, Abschn. W 11 - DIN 43 710 ff., DIN 16 160

I.3 *Pressner, H. K.,* ATM, Blatt V 2164-2 (Juni 1972), S. 101

I.4 *Schuster, Fritz,* Verbrennungslehre, 1970, München-Wien

I.5 *Bischoff, G., Gocht, W.,* Das Energiehandbuch, 1970, Braunschweig

I.6 Ruhrkohlenhandbuch, 5. Auflage, Essen 1969

I.7 Die Technik des Eisenhüttenwesens (Verein Deutscher Eisenhüttenleute) 1939

I.8 *Middendorf, H.-W.,* VDI-Z, 115 (1973), Nr. 5, S. 389 – 390

I.9 VDI-Z, 1938, S. 129

I.10 VDI-Z, 1935, S. 883 und 1938, S. 129

I.11 *Rothe, R.,* Flüssige Kraftstoffe, 1949 – *Jantsch, F.,* Kraftstoffhandbuch, 6. Aufl. 1960

I.12 Chemie-Ingenieurtechnik, 1956, H. 1

I.13 *Hofmann, G.,* Industrieöfen, Bd. II, Leipzig 1970

I.14 *Hütte,* Taschenbuch d. Werkstoffkunde, 4. Aufl. 1967, S. 439

I.15 *Horstmann, D.,* Das Zustandsschaubild Eisen-Kohlenstoff und die Grundlagen der Wärmebehandlung der Eisenkohlenstofflegierungen. Bericht Nr. 180 des Werkstoffausschusses des VDEh, 4. Aufl. 1961, Verlag Stahleisen, Düsseldorf

I.16 *Varga, T.,* Technische Rundschau 1973, Nr. 28, S. 3

I.17 *Schropp, H.,* „Schweißspannung und Schweißverzug" in Betriebshütte, Bd. I, 6. Aufl., S. 386/89, Berlin 1964

I.18 *Luckau, Joh.,* Maschinenmarkt 80 (1974), H. 4, S. 51

I.19 *Keil, F.,* Hochofenschlacke (Bd. 7 der Stahleisenbücher)

I.20 Technica, 1968, H. 26, S. 2523

I.21 Maschinenmarkt, 1974, S. 148

I.22 *Houdremont,* Handbuch der Sonderstahlkunde, 3. Aufl., 1972 – *Rapatz, F.,* Die Edelstähle, 5. Aufl., 1962

I.23 Taschenbuch der Stahl-Eisen-Werkstoffblätter, Düsseldorf 1971

I.24 DIN-Taschenbuch 4, Stahl und Eisen, Gütenormen

I.25 *Stüwe, H. P.,* Einführung in die Werkstoffkunde, BI Hochschultaschenbücher, Mannheim 1969

I.26 *Haufe, W.,* Technische Rundschau, 1972, 6.10., S. 21

I.27 *Piwowarsky, E.,* Hochwertiges Gußeisen, 2. Aufl. 1961

I.28 Werkstoff-Handbuch Nichteisenmetalle, 2. Aufl. 1960

I.29 Tafel-Wagemann, Lehrbuch der Metallhüttenkunde, 2. Aufl., Band I, 1951

I.30 DIN-Taschenbücher, Bd. 26 und 27

I.31 Deutsches Kupfer-Institut e. V., Berlin, Kupfer- und Kupferlegierungen, 1952

I.32 Blei und seine Legierungen, 2. Aufl., 1940

I.33 *Hofmann, W.,* Blei und Bleilegierungen, 2. Aufl., 1962

I.34 *Heuser, G.,* Vorkommen, Aufbereitung, Verhüttung, Verarbeitung usw., Metall 9 (1955), S. 675/82 und S. 704/07

I.35 Werkstoff-Handbuch Nichteisenmetalle, 2. Aufl. 1960 – Schriftenreihe der Bleiberatung e. V., Düsseldorf: Ringbuch Blei

I.36 Zink-Taschenbuch, Metallverlag Berlin

I.37 *Volk, K. E.,* Nickel und Nickellegierungen

I.38 *Meyer* und *Kruger,* Stahl und Eisen, 92 (1972), S. 113 ff.

I.39 INCO: International Nickel Deutschland GmbH, Düsseldorf, Postfach 5925

I.40 Aluminium-Taschenbuch

I.41 *Böhm, H.,* Aluminium, 1963, S. 753 – 59

I.42 *Zeerleder, v., A.,* Aluminium, 1955, S. 513

I.43 *Eversheim, P.,* Technische Rundschau, 1959, Nr. 20, S. 37 – 39

I.44 *Schropp, H.,* Konstruktion, 1956, S. 41 – 48

I.45 Smith-Giessen, Metall, 1955, S. 198/99

I.46 Molybdän-Dienst, Düsseldorf, H. 10, 12, 18 (1961/62)

I.47 *Steffens, H. D.,* u. *M. Dittrich,* Schweißen und Schneiden, 1963, S. 97/106

I.48 Maschinenmarkt, 1962, S. 19/20

I.49 Vereinigte Deutsche Metallwerke, VDM-Handbuch, 1964, S. 183/85

I.50 *Kühnel, R.,* Werkstoffe für Gleitlager, 2. Aufl., 1952

I.51 *Schmid, E.,* u. *R. Weber,* Gleitlager, Berlin 1953

I.52 *Weber, R.,* Werkstoff-Handbuch Nichteisenmetalle, 2. Aufl., VDI-Verlag 1960

I.53 *Eisenkolb, F.,* Einführung in die Werkstoffkunde, Bd. 5: Pulvermetallurgie, 2. Aufl. 1967, Verl. Technik

I.54 *Riezler, W.,* und *W. Walcher,* Kerntechnik, Teubner-Verlag, Stuttgart

I.55 *Höcher, K. H.* und *K. Weimer,* Lexikon der Kern- und Reaktortechnik, Franckh'sche Verlagsbuchhandlung, Stuttgart

I.56 *Cahen, G.,* und *P. Treille,* Kernenergiekunde für Ingenieure, nach 2. franz. Auflage übersetzt von Busse, E., VDI-Verlag Düsseldorf, 1960

I.57 3 Vorträge der 2. Reaktortagung „Kernreaktoren für Schiffsantrieb", Sonderdruck der VDI-Z 101 (1959), S. 1469 – 1499

I.58 *Merz, L.,* Regelung von Leistungsreaktoren VDI-Z. 101 (1959), S. 1117/29

I.59 *Epprecht, W.,* Werkstoffkunde für Kerntechnik, Basel und Stuttgart 1961

I.60 *Gebhardt/Thümmler/Segrezzi,* Reaktorwerkstoffe, Teil I, Metallische Werkstoffe, Stuttgart 1964

I.61 *Tödt, F.,* Korrosion und Korrosionsschutz, 2. Aufl., Berlin 1961

I.62 *Schropp, H.,* Spannungskorrosion von Messingteilen Konstruktion 5 (1953), S. 12/14

I.63 *Eichhorn, Fr.,* Schweißen und Schneiden, 1972, S. 386

I.64 *Steffens, H. D.,* Z. f. Werkstofftechnik 4 (1973), S. 61

I.65 *Schulz, G.,* Die Kunststoffe, 2. Aufl. 1964

I.66 *Saechtling, H.* u. *Zebrowski,* Kunststoff-Taschenbuch, 19. Aufl. 1974

I.67 *Stoeckhert, K.,* Kunststoff-Lexikon, 5. Aufl. 1972

I.68 *Wandeberg, E.,* Kunststoffe – ihre Verwendung in Industrie und Technik, 3. Aufl. (i. Vorbereitung)

I.69 Stoffhütte, 4. Aufl. 1967

I.70 *Kollmann, F.,* Technologie des Holzes, Berlin

I.71 *Taprogge, R.,* u. a., Faserverstärkte Hochleistungs-Verbundwerkstoffe; zukünftige Entwicklung und Anwendung, ite-Mitt. (1972), H. 12, S. 1 – 35

I.72 Mitt. Forschungsgesellschaft Blechverarbeitung, 1967, Nr. 23/24, S. 225

I.73 *Hansmann, J.,* Ingenieur Digest (1970), H. 12, S. 48

I.74 *Taprogge, R.,* Z. f. Werkstofftechnik/Journal of Materials Technology 4 (1973), Nr. 3, S. 147

II. Werkstoffprüfung

A. Werkstoffprüfung metallischer Werkstoffe [II.1 – 5]

1. Die wichtigsten Festigkeitsprüfungen

a) Ruhende Beanspruchung

Zugversuch (DIN 50 145/46). Stabförmige Probe mit Querschnitt A_0/mm^2 (in neueren Normen auch Fläche mit A und Last bzw. Kraft mit F bezeichnet) wird in Zerreißmaschine mit langsam zunehmender Last F/N bis Bruch belastet.

σ-ε-Kurve (Abb. II.1 u. 2) steigt zunächst geradlinig steil an (*Hookesche* Gerade im elastischen Bereich) bis Elastizitätsgrenze σ_E, wobei *technische Elastizitätsgrenze* (DIN 50 143) $= \sigma_{0,01}/\text{N}/\text{mm}^2 \triangleq$ bleibender Dehnung $\varepsilon_{bl} = 0{,}01\%$. *Elastizitätsmodul* $E/\text{N}/\text{mm}^2$ ist als nicht realisierbare Spannung für $\varepsilon = 100\%$ elastischer Dehnung nur Rechengröße, eine Werkstoffkonstante („Federkonstante" des Metalls), die sich innerhalb einer Legierungsgruppe nur

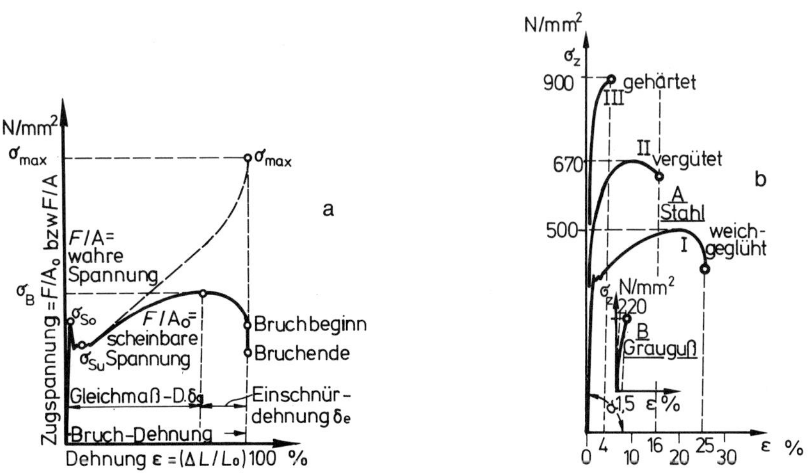

Abb. II.1.a) Zerreiß-Schaubild weichen Stahls (Spannungs-Dehnungs-Diagramm); unstetiger Verlauf. σ_B Zugfestigkeit; σ_S Streckgrenze (Fließgrenze beim Zugversuch). b) A härterer Stahl in verschiedenem Wärmebehandlungszustand I bis III; B Grauguß.

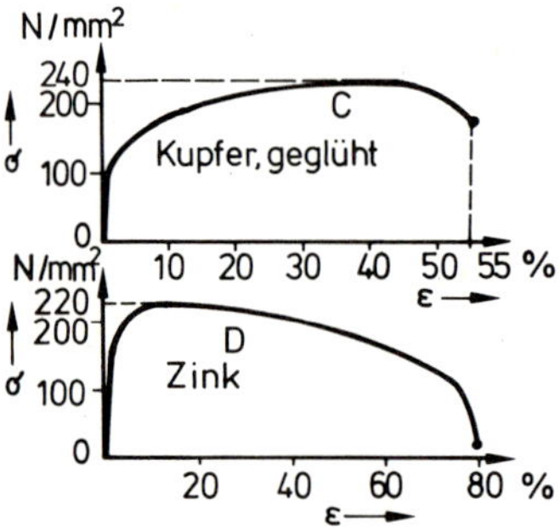

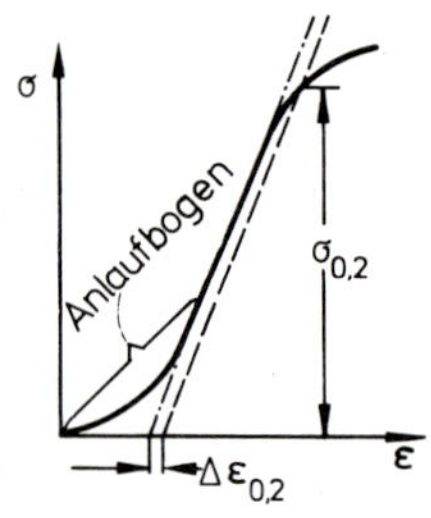

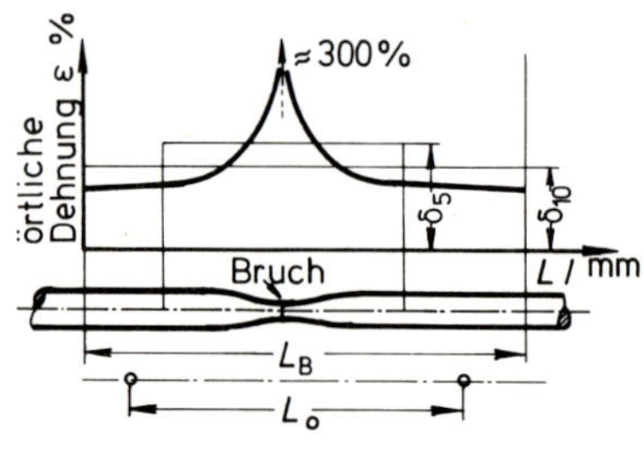

Abb. II.2. Zerreiß-Schaubilder des Cu (C) und Zn (D).

Abb. II.3. Ermittlung von $\sigma_{0,2}$ aus dem von der Zerreißmaschine aufgezeichneten F-ΔL-Diagramm. („Anlaufbogen" bedingt durch anfängliches Rutschen zwischen Probestab und Beißkeilen bis zum Festbeißen.)

Abb. II.4. Unterschiedliche Verteilung der örtlichen Dehnung über Stablänge, erhalten durch Unterteilung der Meßlänge L_0: Im Bereich der Einschnürung am stärksten, im engbegrenzten Bruchbereich u. U. bis 300% und mehr.

wenig verändert (für übliche Stähle $E \approx 210\,000$ N/mm²). Je mehr und leichter ein Material elastisch dehnbar ist, desto kleiner ist sein E-Modul; für Gummi z. B. viel kleiner als für Stahl. Je größer $\sphericalangle \alpha$ (Abb. II.2), desto größer E. Im elastischen Bereich gilt: $\sigma = E \cdot \varepsilon$, wobei ε = Dehnung $\Delta L/L_0$ (dimensionslose Verhältniszahl), in Abb. II.1 u. 2 als $\varepsilon \cdot 100$ in % der Meßlänge eingetragen. Weicher Stahl mit unstetigem Kurvenverlauf (Abb. II.1) erreicht schließlich ausgeprägte natürliche *Streckgrenze* $\sigma = F_{So}/A_0$ N/mm² („Fließ"-Beginn mit geringem Zurückgehen von F bis F_{Su}; F_{So} daher leicht am Lastzeiger der Zerreißmaschine abzulesen). Konstrukteur rechnet mit σ_S, oder σ_B und entsprechendem Sicherheitsfaktor; σ_E kaum verwendet. Für harte Stähle und alle anderen Metalle mit stetigem Kurvenverlauf (Abb. II.2) muß als Ersatz für σ_S wesentlich zeitraubender die *Dehngrenze* (0,2-Grenze) $\sigma_{0,2} = F_{0,2}/A_0 \cdot$ N/mm² entsprechend $\varepsilon_{bl} = 0{,}2\%$ mit Feindehnungsmessern ermittelt werden (DIN 50 144). Vereinfachte zeichnerische Bestimmung von $\sigma_{0,2}$ aus entsprechend groß aufgenommenem Maschinen-Diagramm nach Abb. II.3.

Höchstwert von F (F_{max}) liefert *Zugfestigkeit* ($\sigma_{zB} \equiv$) $\sigma_B = F_{max}/A_0$ N/mm². Durch Querschnittsminderung von A_0 bis A_B beim Bruch fällt bei weichen Metallen zuletzt F wieder mehr oder weniger (Brucheinschnürung). Die wirkliche Zugspannung, auf jeweils noch vorhandenen Querschnitt A bezogen, steigt jedoch weiter an bis zum Bruch (gestrichelter Kurvenverlauf in Abb. II.1). Reißlast F_B beim Bruch auf Bruchquerschnitt A_B bezogen gibt Zerreißfestigkeit σ_{max} (Reißspannung); normal nicht ermittelt. *Streckgrenzen-Verhältnis* = $(\sigma_s/\sigma_B) \cdot 100\%$ steigt z. B. ausgeprägt durch Kaltumformung, nicht so stark durch Vergütung, wobei δ und ψ fallen. – Formänderungskennwerte: Auf Probestab markierte Meßlänge L_0/mm vor Versuch meist 5 · bzw. 10 · Ausgangsdurchmesser d_0 (bei anderen als Kreisquerschnitten wird Ersatz-$d_0 = 1{,}13\sqrt{A_0}$ ermittelt); also Meßlängenverhältnis 5 bzw. 10 (Indizes für δ). Solche Zugproben heißen Proportionalstäbe (DIN 50 125). Für langen Proportionalstab ist $L_0 = 10 \cdot d_0 = 11{,}3\sqrt{A_0}$, für den kurzen (meist verwendet!):

$L_0 = 5 \cdot d_0 = 5{,}65 \cdot \sqrt{A_0} \cdot$ Meßmarkenentfernung nach Bruch = L_B liefert *Bruchdehnung* $\delta = [(L_B - L_0)/L_0] \cdot 100\%$ wobei Indizes von δ_5 bzw. δ_{10} verwendetes Meßlängenverhältnis angegeben. (Für Temperguß δ_3 nach DIN 50 149 üblich). $\delta_5 \approx 1{,}2 \cdot \delta_{10}$; $\delta_{10} \approx 0{,}834 \cdot \delta_5$; δ setzt sich zusammen aus Gleichmaßdehnung δ_g + Einschnürdehnung δ_e (Abb. II.1). Örtliche Dehnung der Zugprobe stark unterschiedlich, am stärksten an Bruchstelle, nach beiden Seiten abnehmend (Abb. II.4), weshalb δ um so kleiner, je größer Meßlängenverhältnis; Angabe des letzte-

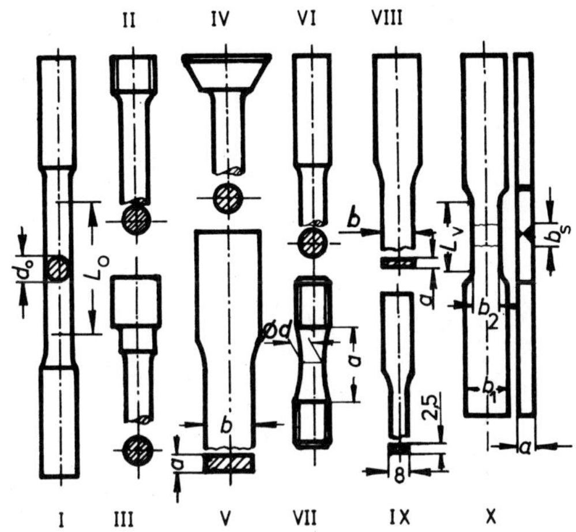

Abb. II.5. Genormte Probestabformen: I bis V – Kurze Proportionalstäbe ($L_0 = 5 \cdot d_0$) DIN 50 125; I Zugprobe A; II.. B; III.. C; IV.. D; V = ..E. – VI: Temperguß (DIN 50 149) neuerdings wie I; VII Grauguß (DIN 50 109); VIII Dünne Bleche (DIN 50 114); IX Druckguß (DIN 50 148); $L_0 = 50$ mm; X Schmelzschweißung DIN 50 120. – Einzelmaße siehe die betr. DIN-Blätter!

ren als Index von δ daher sehr wichtig! Vergleichbare δ-Werte nur dann, wenn Bruchabstand von Meßlängen-Endmarken bei Kurzstab $\geqq 1/3 \cdot L_B$, beim Langstab $\geqq 1/5 \cdot L_B$, andernfalls bei Bruch noch innerhalb der Meßmarken richtiges δ nur feststellbar, wenn vor Versuch L_0 in $\geqq$ 10 ... 20 gleiche Abschnitte unterteilt; δ-Ermittlung dann nach DIN 50 146. – *Brucheinschnürung:* $\psi = [(A_0 - A_B)/A_0] \cdot 100\%$. – Hohes δ läßt auf geringe Empfindlichkeit gegen örtliche Werkstoffüberanstrengung und auf günstiges Verhalten bei Kaltumformung schließen; auch hohes ψ bedeutet gutes Formänderungsvermögen.

Für sehr harte und (oder) sehr spröde Werkstoffe (Hartguß, gehärteter Stahl, Sn-reiche Bronze, gewöhnlicher GG) werden δ und ψ sehr klein bis ≈ 0, daher normal nicht gemessen; Ersatzgröße für Formänderungsvermögen dann Bruchdurchbiegung f_B (siehe Abschnitt 4: Biegeversuch). – Wärmebehandlungszustand eines Stahls von wesentlichem Einfluß auf Verlauf der σ-ε-Kurve (Abb. II.2, A): Natürliche Streckgrenze im gehärteten Zustand völlig verschwunden. Arbeitsvermögen des Werkstoffs ($\triangleq$ Flächeninhalt unter Zerreißkurve) nimmt von I über II nach III stark ab, ebenso wie δ und ψ. – Genormte Probestabformen Abb. II.5. – Zugversuch an Schweißproben DIN 50 123 und 50 120 (Schmelzschweiß-Stumpfnähte); DIN 50 126 (Kehlschweißnähte, „Kreuzprobe"); DIN 50 127 (Bruchflächenbeurteilung von Schweißnähten).

Kerben im Zugstab ergeben stark erhöhtes σ_B (auf A_0 in Kerbgrund bezogen) bei stark verringertem δ, wie Abb. II.6 zeigt; Arbeitsaufnahmevermögen (Formänderungsarbeit) stark vermindert, plastische Umformung (nur im Kerbbereich!) stark behindert, daher selbst bei duktilen Metallen zunehmend Neigung zu Trennungsbruch (Sprödbruch); δ also hier Anhalt für Kerbzähigkeit. Neben Werkstoff-Festigkeit (am glatten Stab ermittelt) spricht man daher auch von *Gestaltfestigkeit,* die die Form des Bauteils berücksichtigt. Selbstverständlich würden solche Kerben die Dauerfestigkeit bei dynamischer Belastung, verglichen mit glattem Stab, stark herabsetzen. – *Belastungsgeschwindigkeit* ist von gewisser Größe ab von wesentlichem Einfluß auf σ_S, σ_B, δ und ψ; nimmt sie hohe bis höchste Werte (z. B. beim Schlagzugversuch) an, steigen Festigkeitswerte erheblich, während Zähigkeitskennwerte δ und ψ stark fallen („Fließen" braucht Zeit und kann der Umformgeschwindigkeit nicht mehr folgen); selbst zähe Metalle zeigen dann Sprödbruch. Für statischen Zugversuch auf elastischen Bereich bezogen daher Belastungsgeschwindigkeit $\leqq 10$ N/mm² je Sek., dann richtige σ_S-Werte (DIN 50 114). – Temperatur-Abhängigkeit wichtigster Festigkeitseigenschaften: Abb. II.7. – Ab ≈ 300 °C natürliche Streckgrenze nicht mehr feststellbar, ferner starke Abhängigkeit der σ_B und σ_S von Versuchszeit, wobei langsame Zugbeanspruchung erheblich niedrigere Werte liefert. Für Ermittlung der *Warmstreckgrenze* daher besondere Vorschriften (DIN 50 112), wobei um Prüfstab Spezi-

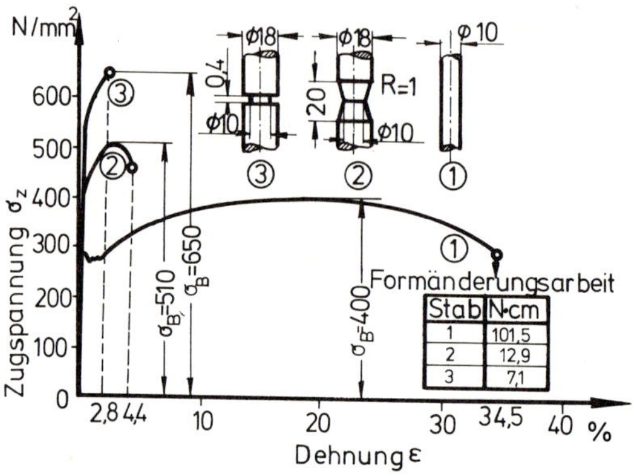

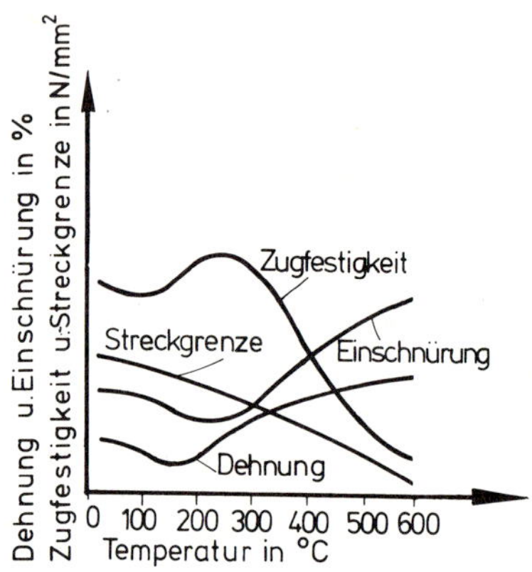

Abb. II.6. Kerbzugfestigkeit. Erhöhung von σ_B und Erniedrigung von δ beim statischen Zugversuch durch Kerben im Zugstab (nach *Ludwik*; Fläche unter Zerreißkurve ist Maß für Formänderungsarbeit.

Abb. II.7. Wichtigste Festigkeitseigenschaften, abhängig von der Temperatur (schematisch) für Stahl.

alofen gesetzt wird. Belastungszunahme $\leqq 5$ N/mm² je Sek. Nach Möglichkeit wird σ_S, wenn nicht mehr möglich, $\sigma_{0,2}$ mit eingebauter Feinmeßeinrichtung bestimmt. Warmzugfestigkeit für Konstrukteur ohne Interesse. Für unlegierte Baustähle ist oberhalb ≈ 350 °C, bei legierten Stählen je nach Zusammensetzung etwas höher; Warmstreckgrenze, für Leichtmetalle über ≈ 250 °C die 0,2-Grenze, überwiegend ohne Bedeutung als Rechengrundlage für Konstrukteur; dann Durchführung des Standversuchs.

Standversuch (DIN 50 119). Er soll Werkstoffverhalten bei ruhender Beanspruchung ermitteln, wenn außer Belastung und Temperatur noch *Zeit* von wesentlichem Einfluß (Zeitstandverhalten), also Warmstreckgrenze nicht mehr genügt, weil auch bei Beanspruchung darunter noch mit langsamem Weiterdehnen (allgemein Kriechen) zu rechnen ist. Durchführung meist im Zugversuch.

Wenn unter Spannungseinfluß *Kriechgeschwindigkeit* v_{kr} nicht von vornherein $=0$, dann zwei mögliche Fälle: a) Anfangs wohl v_{kr} beachtlich, aber schließlich auf praktisch 0 zurückgehend; Werkstoff hält „beliebig lang" stand, da Spannung unterhalb *Dauerstandfestigkeit* (= auf d_0 bezogene größte ruhende Spannung, die eine Probe „unendlich lang" ohne Bruch aushält), wenn auch gewisse bleibende Formänderung in Kauf genommen werden muß. Fall liegt vor, wenn (beim Zugversuch) durch bleibende Dehnung (allgemein: Kriechen $\equiv$ Fließen) entstehende Werkstoffverfestigung durch Temperatur- und Zeiteinfluß nicht rückgängig gemacht werden kann. – b) Anfangs-v_{kr} beachtlich, im Laufe der Zeit wohl zunächst kleiner werdend, doch Kriechen hört nie auf; mit Querschnittsschwächung (Zugversuch) schließlich wieder Anwachsen von v_{kr}, bis endlich Bruch eintritt, wenn auch erst nach Monaten oder Jahren, da vorliegende Spannung > Dauerstandfestigkeit. Werkstoffverfestigung durch Dehnung wird hier durch Temperatur- und Zeiteinfluß laufend wieder rückgängig gemacht (Entfestigung) infolge Kristallerholung und Rekristallisation.

Zeitstandfestigkeit $\triangleq$ Beanspruchung, die nach Ablauf bestimmter Versuchszeit zum Probenbruch führt (DIN 50 118/19). Mögliche Werkstoffbeeinflussung, um Temperatur beginnender Entfestigung zu erhöhen, durch entsprechende Legierung und (oder) Wärmebehandlung, z. B. bei Vergütungsstählen besonders durch Zwischenstufenvergütung. Bis ≈ 500 °C gibt auch

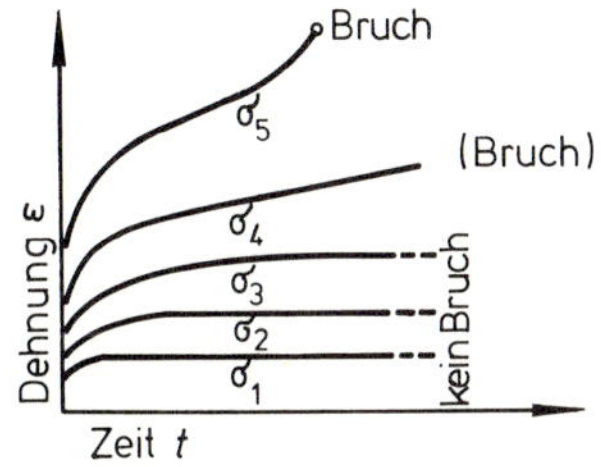

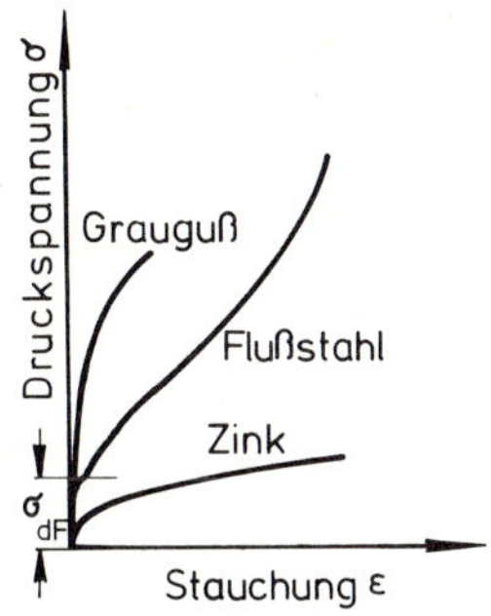

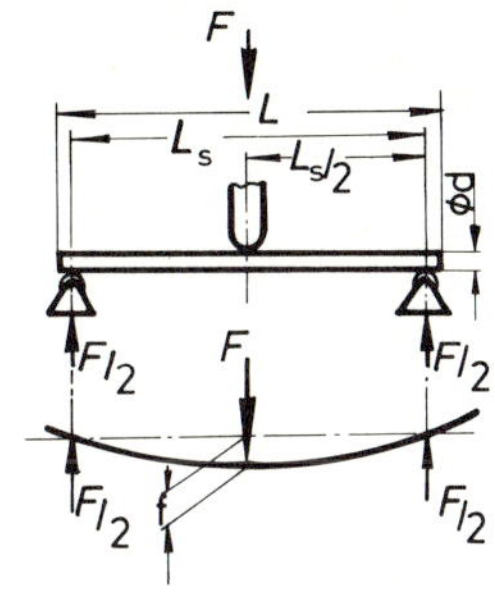

Abb. II.8. Kriechkurven für gleiche Temperatur, jedoch unterschiedliche Belastungsstufen σ_1 bis σ_5 (schematisch).

Abb. II.9. Spannungs-Stauchungs-Schaubild (nach *Siebel*).

Abb. II.10. Biege-Versuchsanordnung (schematisch). *F* Biegelast; *L* Stablänge; L_s Stützweite; *f* Durchbiegung, $L_s = 20 \cdot d\,\Phi$.

Grobkorn meist größere Dauerstandfestigkeit als Feinkorn, GS daher oft günstiger als entsprechender St; über ≈500 °C oft Feinkorn überlegen. – In Abb. II.8 entsprechen Kurven für $\sigma_{1\,...\,3}$ obigem Fall a); Dauerstandfestigkeit wird über σ_3 liegen; durch σ_4 tritt schließlich Bruch nach langer Zeit ein, durch σ_5 schon viel früher. – Grundsätzlich nimmt ertragene Spannung mit steigender Temperatur rasch ab: Unleg. Stähle bis 450 ... 500 °C für niedrige Spannung noch verwendbar; MoCu-, CrMo- und CrV-Stähle für > 500 ... 600 °C brauchbar; gewisse austenitische Stähle für > 600 ... 800 °C (jedoch um 500 °C niedrig legierten Stählen nicht überlegen!); höchste Werte für Legierungen auf Basis CrNiCo (Fe-frei). – Manche Metalle (Zn, Pb, Sn u. a.) kriechen schon bei Raumtemperatur, da ihre Rekristallisationstemperatur um bzw. unter Raumtemperatur liegt; daher auch keine Verfestigung durch Kaltumformung. – Zwischen Dauerstandfestigkeit (früher σ_{Dst}) und anderen Eigenschaften eindeutige Beziehung bisher nicht festgestellt. Wirkliche Dauerstandfestigkeit nicht sicher zu ermitteln; als Konstruktionsunterlagen werden daher festgestellt: a) Im 45-Stunden-*Kurzzeitversuch* die DVM-*Kriechgrenze* σ_{DVM} (DVM = Deutscher Verband für die Materialprüfungen der Technik) (früher DVM-Dauerstandfestigkeit) ≙ jener Spannung, bei der in der 25. bis 35. Stunde nach Belastung Dehngeschwindigkeit $10 \cdot 10^{-4}$%/h beträgt und außerdem bleibende Dehnung nach 45 h 0,2% nicht überschreitet (DIN 50 117). Bis ≈500 °C für St und GS oft brauchbar, darüber im allgemeinen nicht mehr. Auch für längere Zeiten gibt σ_{DVM} nur ungefähren Anhalt; wirkliche zumutbare Spannung dann oft erheblich darunter liegend. Neigung zu Versprödung kann mit σ_{DVM}-Ermittlung nicht erkannt werden.

Wichtiger daher b) *Langzeitversuch* oft bis 1000, 5000 oder 10 000 Std., selten mehr. Sehr zeitraubend, gibt jedoch gut brauchbare Kennwerte für praktischen Werkstoffeinsatz auch über 500 °C (DIN 50 118): Ermittelte Zeit-Dehnlinien in log-log-Auftragung liefern durch Interpolation gesuchte *Zeitdehngrenze* (z. B. $\sigma_{0,2/10000}$ bzw. $\sigma_{1/10000}$ mit Temperaturangabe), d. h. jene dem Werkstoff zumutbare Spannung, die 0,2% bzw. 1% bleibende Dehnung nach 10 000 Std. ergibt (auch andere Index-Kombination möglich; Temperaturangabe als Index vor σ). Extrapolation auf Werte über Versuchsdauer hinaus oft irreführend. Versprödungsneigung durch Zeit- und Temperatureinfluß *nur* mit Langzeitversuch erfaßbar; u. U. Verwendung gekerbter Proben, die bei versprödungsanfälligen Stählen stärkere Neigung zu umformungsarmem Bruch zeigen; Zeitstandfestigkeit nimmt hier viel stärker ab als bei glattem Stab. – Zeitstandversuch an schmelzgeschweißten Stumpfnähten nach DIN 50 128.

Druckversuch an Metallen nach DIN 50 106, ≡ Stauchversuch, ist Umkehrung des Zugversuchs; bei Metallen nur in Sonderfällen verwendet:

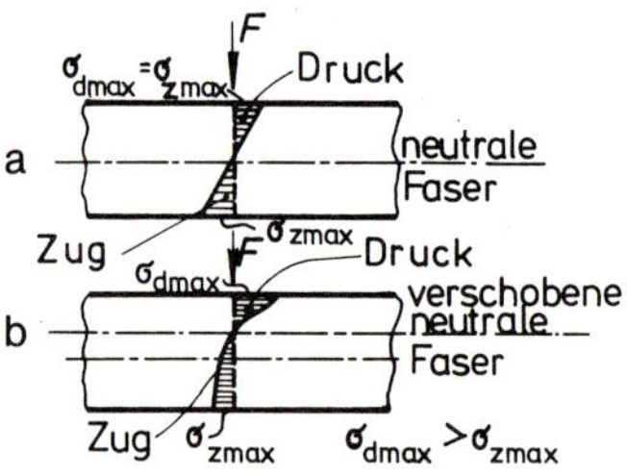

Abb. II.11. Verteilung von Zug- und Druckspannung bei Biegung im elastischen Bereich: a) Für Werkstoffe, die Hookeschem Geradliniengesetz folgen, z. B. Stahl; b) Für davon abweichende Werkstoffe, z. B. Grauguß.

Druckbeanspruchte Gußwerkstoffe, bes. Grauguß ($\sigma_{dB} > \sigma_{zB}$); Lagermetalle; Sinterwerkstoffe. – Normalprobe für grobe Messungen: Höhe $h_0 = d_0$ (Durchmesser); Langprobe für Feinmessungen: $h_0 = 2{,}5 \ldots 3 \cdot d_0$. Ermittelt werden u. U. hauptsächlich: *Stauchung* $\varepsilon_d = [(h_0 - h)/h_0] \cdot 100\%$; *Verlauf der Stauchkurve* (Abb. II.9), wobei weicher Stahl direkt *Quetschgrenze* σ_{dF} liefert, in allen anderen Fällen als Ersatz $\sigma_{d\,0,2}$ (0,2-Grenze) sinngemäß wie beim Zugversuch zu ermitteln: *Spannung beim Auftreten erster Risse; Druckfestigkeit* $\sigma_{dB} = F_{max}/A_0$ in N/mm² nur bei spröden Werkstoffen zu ermitteln; *Ausbauchung* (Querdehnung) $\psi_d = [(A - A_0)/A_0] \cdot 100\%$. – Hingegen ist Druckversuch wichtigstes Prüfverfahren für mineralische Baustoffe (Beton, Stein) und Holz, dessen $\sigma_{dB} < \sigma_{zB}$; auch für Kunststoffe verwendet.

Biegeversuch für Grauguß nach DIN 50 110. Meist kreisrunder Stab auf zwei Stützen mittenbelastet (Abb. II.10). Anwendung fast nur für spröde Werkstoffe.

Biegemoment in C ist $M_b = (L_s/2) \cdot (F/2)$; Biegespannung $\sigma = M_b/W = F \cdot L_s/4 \cdot W$ N/mm², wobei W = äquator. Widerstandsmoment; für Kreisquerschnitt $W = (\pi/32) \cdot d_0^3 \approx 0{,}1 \cdot d_0^3$ cm³. Außer Zug- und Druckspannungen (Abb. II.11) treten noch Schubspannungen auf. $\sigma_b \triangleq$ Spannung im Probenrand, wobei für GG $\sigma_{dmax} > \sigma_{zmax}$. Im elastischen Bereich gilt: *Durchbiegung* $f = (F \cdot L_s^3)/(48 \cdot E \cdot I)$ mm; (daraus Elastizitätsmodul E zu ermitteln), wobei I = äquatoriales Trägheitsmoment; für Kreisquerschnitt $I = \pi \cdot d_0^4/64 \approx 0{,}05 \cdot d_0^4$ cm⁴. *Biegebruchspannung* $\sigma_{bB} = (F_{max} \cdot L_s)/(4 \cdot W)$ N/mm²; *Bruchdurchbiegung* f_B nur versuchsmäßig zu ermitteln (wichtigster Dehnungskennwert für GG u. a. spröde Werkstoffe). Für f_B-Vergleich bei unterschiedlichem Stabdurchmesser wichtig: *Biegepfeil* $\varphi = (f_B/L_s) \cdot 100\%$. – Für GG genormte Stabdurchmesser d = 10, 13, 20, **30**, 45 mm, wobei Normalstabdurchmesser d = 30 mm; Stützweite $L_s = 20 \cdot d$; Stablänge sowie Druckstück- und Auflagerrollen-Radius festgelegt. Probestab meist getrennt nahtlos aus der gleichen Pfanne wie Gußstück gegossen und unbearbeitet mit Gußhaut geprüft, seltener aus angegossener Probeleiste und allseitig bearbeitet. – *Federblech-Biegeversuch* mit Feinmessung (DIN 50 151) zur Ermittlung des E-Moduls.

Verdrehversuch (Torsionsversuch). Einseitig eingespannter Stab wird am freien Ende durch Drehmoment M_d auf Torsion beansprucht.

Als statischer Versuch selten, höchstens zur Untersuchung sonst nicht geprüften Wellenmaterials oder zur Prüfung des richtigen Vergütungsgrades von Drehstabfedern (Messung des Verdrehwinkels bei verlangtem M_{dmax} und des vollen Zurückgehens nach Entlastung). Siehe auch Verwindeversuch, II B!

Scher- und Lochversuch.

a) *Scherversuch* ermittelt Widerstand gegen Abscheren von Rundmaterial. Durchführung zur Prüfung von Nietdraht, fertigen Nieten, sonstigem Runddraht und dünnen Stangen. Ausführung überwiegend zweischnittig (Abb. II.12 b), da hier besser als beim einschnittigen Versuch (Abb. II.12 a) zusätzliche Biegespannung vermieden wird. Schergerät nach DIN 50 141. Scherfestigkeit $\tau_{aB} = F_{max}/2 \cdot A = 2 \cdot F_{max}/\pi\, d^2$ N/mm² für zweischnittigen Versuch: Abb. II.12 b_1 u. b_2.

b) *Lochversuch* ermittelt Abscherwiderstand von Blechen durch Ausschneiden einer Ronde mittels Schnittwerkzeug. Prüfwert gestattet Vergleich verschiedener Werkstofflieferungen und Errechnung zu erwartender Pressenbelastung durch Schnittwerkzeuge. Versuch mit Werkzeug nach Abb. II.13 liefert $\tau_{aB} = F_{max}/A = F_{max}/\pi \cdot d \cdot s$ N/mm²; außer vom Werkstoff ist Prüfwert hauptsächlich abhängig von *s, d,* Stirnfläche des Stempels (eben oder konkav) und vom Spiel *S* zwischen Stempel und Matrize (meist 0,5 mm), ist also keine echte Werkstoff-Kennziffer. –

c) *Scherzugversuch* von Punktschweißnähten (DIN 50 124) dient der Festigkeitsermittlung von Schweißpunkten, der Ermittlung der Punktschweißbarkeit verschiedener Werkstoffe und zum Leistungsvergleich von Punktschweißmaschinen.

Härteprüfung. Härte allgemein ist der Widerstand, den ein Körper dem Eindringen eines härteren Eindringkörpers entgegensetzt.

Härtekennziffer *H* abhängig von Besonderheiten des Prüfverfahrens, daher jeweils unterschiedliche Werte erhalten, die empirisch ineinander umrechenbar sind (Tabellen und Kurven).

a) **Kugeldruckversuch** nach *Brinell*: Kugel mit Durchmesser *D* (Abb. II.14) wird mit Prüflast (in der neuen Norm Prüflast mit *E* bezeichnet) senkrecht in Oberfläche gedrückt; Eindruck-Durchmesser *d* liefert Härtewert.

DIN 50 351, Januar 1973. Bes. geeignet auch für nicht mikrohomogene Werkstoffe (GG, GT), sowie bei grobem Korn und nicht zu hoher Härte. – *F*/N wird auf Eindruckkalottenfläche *F*/mm² bezogen. *Brinellhärte* (Nach der neuen Norm wird der Härtewert ohne Einheit angegeben, die Kraft *F* wird in N eingesetzt, bei Verwendung von kp entfällt der Faktor 0,102, die Zahlenwerte der alten und neuen Norm stimmen überein.) $HB = 0{,}102 \cdot 2 \cdot F/\pi \cdot D \cdot (D - \sqrt{D^2 - d^2})$. Praktisch liefert Tabelle II.1 für verwendete *F* und *D*Φ den Härtewert aus gemessenem *d*Φ.

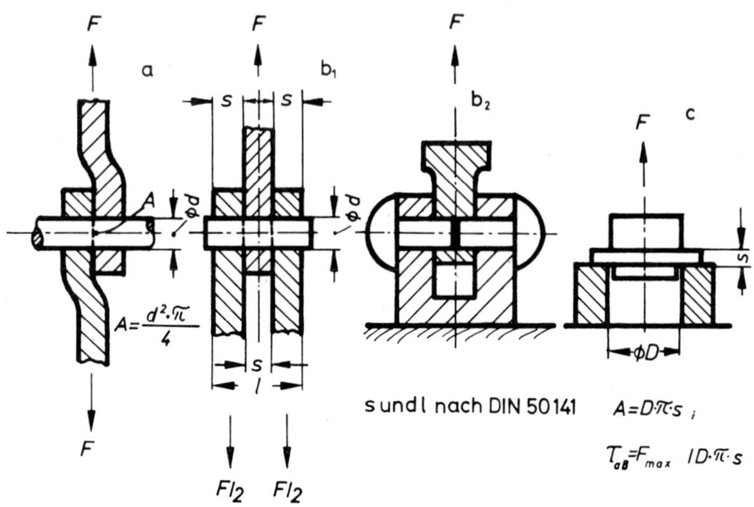

Abb. II.12. Scherversuch (schematisch): a Einschnittig; b¹ und b² Zweischnittig; c Scherversuch an Grauguß (nach *Sipp*).

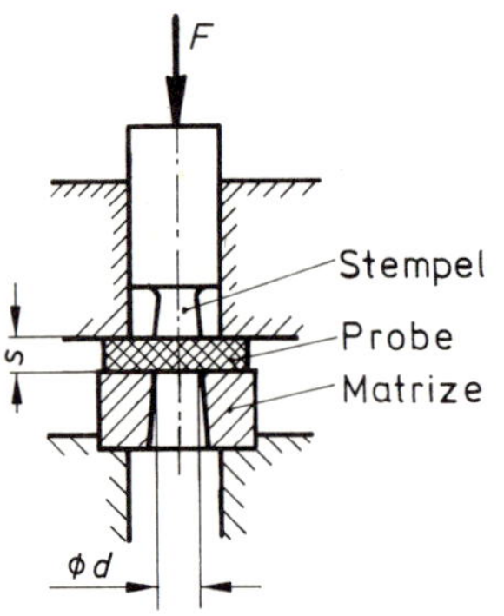

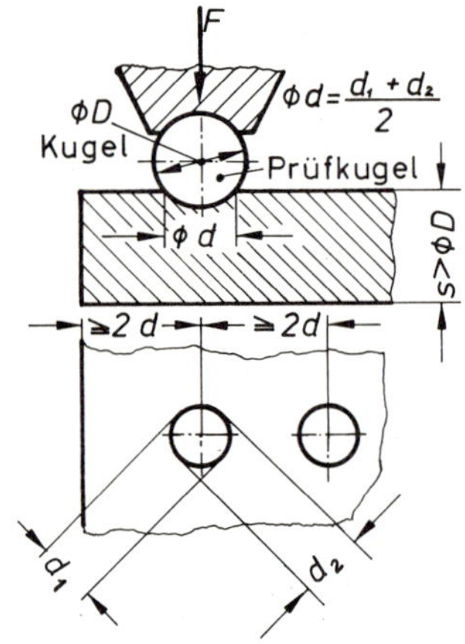

Abb. II.13. Lochversuch (schematisch).

Abb. II.14. Brinell-Härteprüfung. Je nach D Φ (1; 2,5; 5; 10) ist d = 1 ... 7 mm Φ.

Last F stoßfrei innerhalb $\geqq 5$ s aufbringen, für Stahl und die meisten NE-Metalle 10 ... 15 s einwirken lassen, für stark fließende Metalle (Zn, Pb u. ä.) $\geqq 30$ s. – $d\Phi$ auf 1/100 mm genau mit Meßlupe oder Brinell-Mikroskop in zwei zueinander senkrechten Durchmessern ausmessen. – Kugel aus gehärtetem Cr-Werkzeugstahl ($HV \geqq 630$) nur für Prüfstückhärten bis $HB \approx 400$, darüber Hartmetallkugel oder besser anderes Prüfverfahren (*HV*, *HRC*). Prüfstück-Oberfläche metallisch blank und eben (Schlichtfeilgüte). Last so, daß $d\Phi = 0{,}2 \ldots 0{,}7 \cdot D\Phi$. Proben-Unterseite darf keine Druckstelle zeigen. *HB* stimmt bis ≈ 350 mit Vickershärte *HV* überein, darüber liefert sie wegen Stahlkugel-Abplattung zu niedrige Werte. Näherungsweise gilt für Stahl: $\sigma_B = c \cdot HB$ in N; Umrechungszahl c im Mittel 3,4 (von 3,3 ... 3,5 steigend mit fallendem Streckgrenzenverhältnis); so ermittelte σ_B-Werte erfordern Zusatz: „Aus *HB* mit $c = \ldots$ errechnet".

b) **Pyramidendruckversuch** nach *Vickers*. Diamantpyramide (Abb. II.15) mit Prüflast F senkrecht Oberfläche eingedrückt; Eindruckdiagonale d liefert Härtewert.

DIN 50 133; Prüfgeräte DIN 51 225. – Anpassungsfähigstes Härteprüfverfahren; vom weichsten bis zum härtesten Werkstoff einheitliche Härteskala, jedoch Mikrohomogenität vorausgesetzt (z. B. nicht für GG und GT). Besonders geeignet für harte, sehr dünne und kleine Proben, sowie für Einsatz-, Nitrier- und Plattierschichten. – Die Vickershärte *HV* ist proportional dem Quotienten aus der Prüfkraft F und der Oberfläche A des bleibenden Eindrucks. *Vickershärte* $HV = 0{,}189 \cdot F/d^2$, praktisch liefert Tabelle für verwendete F den Härtewert für gemessene d. *Regellasten* 49, 98, 196, 294, 490 und 980 N. *Kleinlast-Härteprüfung* mit $F = 1{,}96 \ldots 49$ N für dünne Schichten. *Mikrohärteprüfung* (Hanemann-Zeiss) mit $F = \sim 0{,}002 \ldots 10$ N für Härtemessung einzelner Gefügebestandteile, dabei Prüfdiamant (Vickersform) in Objektiv-

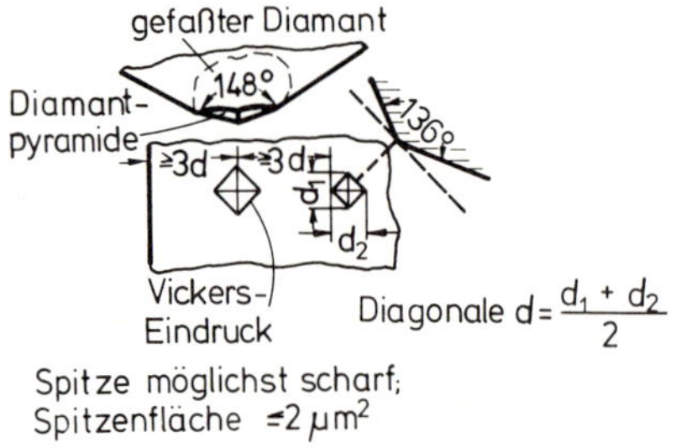

Abb. II.15. Vickers-Härteprüfung: Quadratische Diamantpyramide mit Flächenöffnungswinkel 136°; Diagonale des Eindrucks d = 0,1 ... 1 mm.

Tabelle II. 1. Prüflast *P* je nach Härtegrad und Prüfstückdicke

Kugeldurchmesser D	Prüfkraft *F* in N für Belastungsgrade $\frac{0{,}102\,F}{D^2}$ (in kp für Belastungsgrade $\frac{F}{D^2}$)				
mm	30	10	5	2,5	1,25
10	29 420	9 800	4 900	2 450	1 225
(10)	(3 000)	(1 000)	(500)	(250)	(125)
5	7 355	2 450	1 225	613	306,5
(5)	(750)	(250)	(125)	(62,5)	(31,25)
2,5	1 840	613	306,5	153,2	76,6
(2,5)	(187,5)	(62,5)	(31,25)	(15,625)	(7,8125)
1	294	98	49	24,5	12,25
(1)	(30)	(10)	(5)	(2,5)	(1,25)
Verwendungsbeispiele	St, GS, GG, GT, Titan-, Nickel- u. Kobaltlegierungen	Al-Leg, Cu-Leg, Messing, Bronze, Nickel	Rein-Al., Mg.-Leg. Zink Gußmessing	weichere Lagermetalle auf Sn- u. Pb.-Basis	weiche Werkstoffe: z. B. Pb, Sn Weichmetalle

Frontlinse des Metallmikroskops. – Proben bzw. Schichtdicke $\geqq 1{,}5 \cdot d \triangleq 10 \cdot t$; Eindrucktiefe $t \approx 1/7\, d$. – *Oberfläche* um so sorgfältiger vorbereiten, je kleiner Eindruck, mindestens ≙ Schleifkorn 000, u. U. polieren. Beziehung zwischen σ_B und *HV* wie bei *HB* angegeben (bis $\sigma_B \approx 4000$ N); Umrechentabelle in DIN 50 150. – **Andere Eindruckkörper für Kleinlast-Härteprüfung:** Diamantpyramide mit Rauten-Grundfläche nach *Knoop,* wobei nur lange Diagonale *d* ($\approx 7\times$ der kurzen) gemessen wird. *HK* heute viel für sehr harte, spröde und dünne Schichten mit größerer Ablesegenauigkeit als *HV* verwendet; $P = \sim 2 \ldots 40$ N. – *P. Grodzinski* empfiehlt Diamant-Doppelkegel (schiffchenähnliche Eindruckform) bei gleichem Vorteil gegenüber *HV.*

c) **Rockwell-Härteprüfung.** Härteprüfung mit Vorlast, wobei aus bleibender Eindringtiefe *e* des Prüfkörpers Härtezahl in „Rockwell-Einheiten" abgeleitet wird. DIN 50 103 (Prüfgerät DIN 51 224; Aufnahmevorrichtungen DIN 51 200).

Kegeldruckversuch Rockwell C (C = cone = Kegel); Härtekurzzeichen (*HRC*). Diamantkegel (Abb. II.16) mit Vorlast $F_0 = 98 \pm 2$ N aufsetzen, dann Anfangsstellung der Tiefenmeßuhr durch Skalendrehung auf Null (1 Skalenteil = 1/500 mm); nun Zusatzlast $F_1 = 1373$ N aufbringen, somit Gesamtlast $F = 1471$ N; 2 s Einwirkdauer, bei Proben ohne zeitabhängiges plastisches Verhalten, sonst 5 ... 30 s, siehe Normblatt. Nach Wegnahme von F_1 unter Vorlast F_0 Zeigerstellung ablesen. Härtewert (100-e) ist jene Teilstrichzahl, die an 100/500 mm Eindringtiefe noch fehlt; z. B. $HRC = 64$ für gehärteten Stahl bedeutet, daß die bleibende Eindringtiefe $100 - 64 = 36 \cdot 1/500 = 0{,}072$ mm war. Je größer die Härtekennziffer, desto kleiner die Eindringtiefe. Meßuhr liefert also ohne Rechnung oder Tabelle den Härtewert unmittelbar, der jedoch später nicht mehr nachprüfbar ist. – *HRC*-Wert im Bereich zwischen 20 ($\triangleq HV = 234$ bzw. für Stahl $\sigma_B = 800$ N/mm²) und 70 üblich, also für festeren bis gehärteten Stahl und Hartguß, sowie NE-Metalle ähnlicher Härte. Mindestprobendicke *s* in diesem Bereich von 1,6 ... 0,6 mm linear abnehmend.

Kugeldruckversuch Rockwell B (B = ball = Kugel); Härtekurzzeichen (*HRB*). Stahlkugel 1/16″ Durchmesser (≈1,59 mm). Prüfdurchführung mit Vorlast $F_0 = 98 \pm 2$ N sinngemäß wie unter Kegeldruckversuch, nur Anfangsstellung des Meßuhrzeigers auf 130 (30) bringen und Zusatzlast $F_1 = 883$ N, somit Gesamtlast $F = 980 \pm 6{,}5$ N. *HRB*-Werte zwischen 35 und 100 üblich, erfassen also Stahl im niedrigen bis mittleren Festigkeitsbereich. – *HRB* und *HRC* nicht so genau wie *HB* und *HV*; wegen direkter Ablesbarkeit des Härtewertes beliebt, sind aber wegen Tiefenmessung auf satte und starre Werkstückauflage angewiesen. – Härte-Vergleichstabelle *HB : HV : HRC*/B, sowie Vergleichskurve *HRC*: Shorehärte in DIN 50 150.

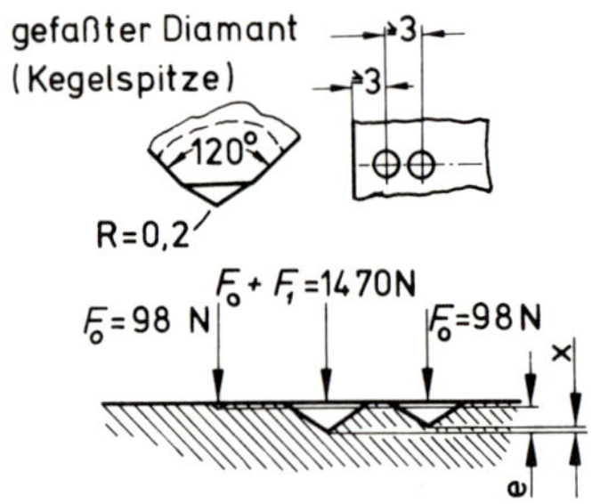

Abb. II.16. Rockwell-C-Härteprüfung: x = Rückfederung nach Wegnahme von P_1 ; e = bleibende Eindrucktiefe (Meßgröße); Eindruck ⌀ 0,01 ... 0,2 mm.

d) Sonstige Härteprüfverfahren geringerer Bedeutung.

Schlaghärteprüfung: *Kugelschlaghammer* mit Spannfeder, die durch Druck gegen das Prüfstück gespannt wird, treibt nach Federauslösung Schlagmasse gegen 5- bzw. 10-mm-Kugel; *HB*-Wert aus gemessenem Eindruckdurchmesser mittels zugehöriger Tabelle. – Beim „Poldi-Härteprüfgerät“ befindet sich zwischen 10-mm-Kugel und Schlagbolzen in Hülse ein Vergleichsstab bekannter σ_B (bzw. *HB*); kräftiger Hammerschlag auf Schlagbolzen erzeugt gleichzeitig Kugeleindruck in Prüfstück und Vergleichsstab. Zugehörige Tabelle liefert mittels beider ausgemessener Eindruckdurchmesser direkt σ_B (oder *HB*) des Prüfstücks. Ähnlich „Brinellmeter“ und „Morin-Härteprüfer“. Prüfflächenlage bei diesen Geräten beliebig. Prüfstückmasse ≧50 kg oder auf Amboß satt aufliegend. Prüfgerät leicht ortsbeweglich (für große Stükke, schwer zugängliche Stellen, Prüfung in Werkstofflager und auswärts); weniger genau als statische Verfahren.

Rücksprung-Härteprüfung: Beim *Shore-Skleroskop* fällt wenige Gramm (3 g, neuerdings auch 20 g) schwerer Hammerbär mit abgerundeter Diamantspitze in Glasrohr auf Prüffläche und prallt ohne nennenswerten Eindruck zurück. Rücksprunghärte h_r, neuerdings mittels Schleppzeiger abgelesen, ist Shorehärte. Skala mit 130 gleichen Teilen so bemessen, daß $h_r = 100$ der Härte von gehärtetem C-Stahl mit 0,9% C entspricht. Vergleichbare Härtewerte nur bei Werkstoffen praktisch gleichen E-Moduls. Anwendung für gehärtete und andere sehr harte Teile (Hartguß-Walzen, gehärtete Kurbelwellen-Laufflächen u. a.), für Gleichmäßigkeits-Prüfung großer Flächen (Bleche) und für Härtevergleich verschiedener Teile. – Beim *Duroskop* nach *Kirner* schwingt kleiner Pendelhammer mit Kugelspitze in handlichem Gehäuse, das gegen vertikale Prüfstückfläche gehalten wird. Rücksprungwinkel, mittels Schleppzeiger an Skala abgelesen, liefert Härtekennziffer.

Behelfsverfahren. *Rockwell-Handhärteprüfer* nach *J. Müller* gestattet *HRC*-Behelfsprüfung an schwer zugänglichen Stellen. – *Feilenprobe:* Dreikant-Probierfeilen bestimmter Ausführung gestatten Ermittlung qualitativer Härteunterschiede zwischen Prüfstück und gehärtetem Vergleichsstab mit *HRC* = 60 ... 61. – Entsprechend dem physikalisch nicht klar faßbaren Begriff „Härte“ sind außerdem noch ungezählte weitere Verfahren entwickelt worden; z. T. noch beschränkt in Gebrauch, z. T. wieder aufgegeben.

b) Schlagartige Beanspruchung

1. Schlagzug-, Schlagdruck- u. Schlagverdreh-Versuche (wenig verwendet).

Allgemein wird mit steigender Dehngeschwindigkeit σ_B und σ_S stark erhöht, eigenartigerweise auch δ (ausgenommen austenitische Stähle). Als Prüfeinrichtung werden Sondergeräte verwendet: Fallhämmer, Pendelschlagwerke, rotierende Schwungscheiben u. ä. –

2. Schlagbiege- und Kerbschlagbiegeversuch

a) **Schlagbiegeversuch an ungekerbten Proben,** gelegentlich zur Untersuchung von im Betrieb stoßbeanspruchtem Material (Stahl für Schienen, Achsen, Radreifen, Ankerketten u. ä.), bei spröden Werkstoffen auch, wenn Kerbschlagwerte zu klein würden: Zn und seine Legierungen (DIN 50 116); bei hartvergüteten und gehärteten Stählen, besonders Werkzeugstahl; in Sonderfällen auch bei Grauguß; zur Untersuchung des Schlagsprödigkeitsgrades, der bei Cu und Ms in bestimmtem Temperaturbereich eintritt. Durchführung auf Fallwerken oder meist Pendelschlagwerken (Abb. II.17).

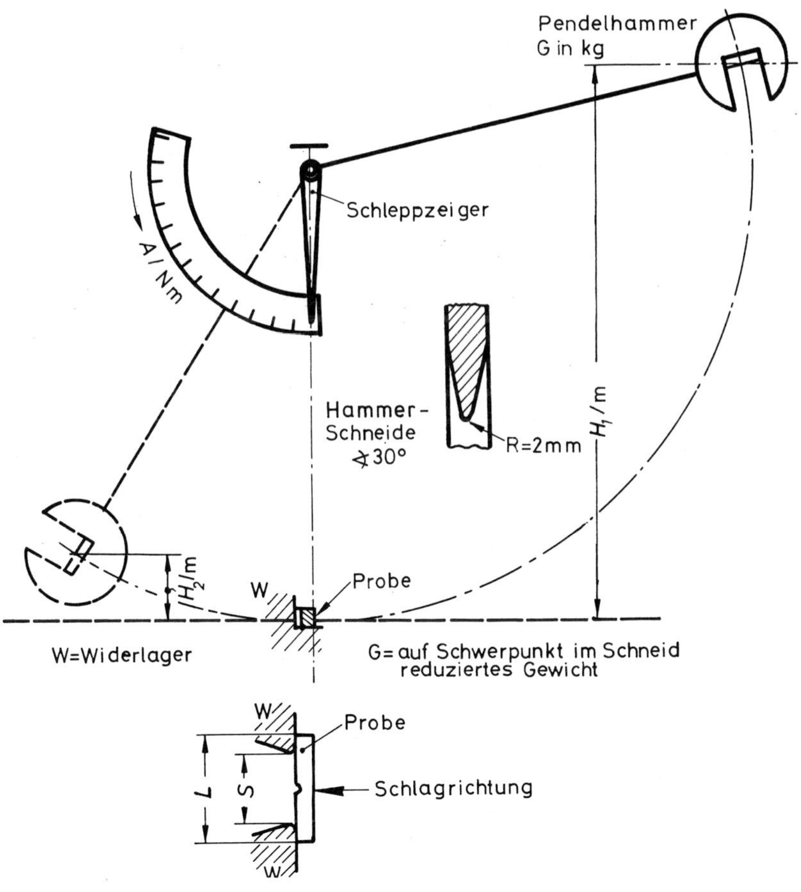

Abb. II.17. Pendelschlagwerk (schematisch); Charpy-Pendelhammer. Arbeit: A.

Tabelle II. 2. In Deutschland übliche Kerbschlagproben (a bis e nach DIN 50 115)

Probenform		Abmessungen in mm						Querschnitt im Kerbgrund F/cm²	Widerlagerentfernung S/cm²
Bezeichnung	Bild 115	Länge $L \pm 1$	Breite $B \pm 0{,}1$	Höhe $H \pm 0{,}1$	Kerbtiefe $t \pm 0{,}1$	Kerb Φ $d \pm 0{,}1$	Höhe i. Kerbgrund $h \pm 0{,}1$		
DVM-Probe [1])*)	a_1 a_2	55	10	10	3	2	7	0,7	40
ISO-Probe [2])	b	55	10	10	5	2	5	0,5	40
DVMF-Probe (Flachkerb)	c	55	8	10	4	8	6	0,48	40
DVMK-Probe (Kleinprobe)	d	44	6	6	2	1,5	4	0,24	30
VGB-Probe [3])	e	160	15 [3])	30	15	4	15	2,25	120
Schnadt-Probe (nicht genormt)	f	55	10	9,5	2 ungekerbt	2 **) ∞***)	3 5	0,3 0,5	40

[1]) DVM = Deutscher Verband für Materialprüfung. – [2]) ISO = International Standardizing Organisation (früher ISA). – [3]) VGB = Vereinigung der Großkesselbesitzer (bei Blechdicke < 15 mm B = Blechdicke, also F entspr. kleiner. – *) DVM-Probe ist **Regelprobe** – **) oder 1, oder 0,04. – ***) dann ≙ Schlagzerreißprüfung.

b) **Kerbschlagbiegeversuch** zur Ermittlung der Kerbschlagzähigkeit. a_k für St und GS: DIN 50115; für schmelzgeschweißte Stumpfnähte DIN 50122.

Anwendung und *praktische Bedeutung:* Sehr viel verwendet; gibt allgemeinen Kennwert, der in Verbindung mit Festigkeitswerten Sicherheit gegen Sprödbruch unter ungünstigen Umständen verschafft; soll Aufschluß geben über Werkstoffverhalten bei durch Kerb behinderter Umformung durch Schlag und Stoß. Verwendung bes. zur laufenden Prüfung von Güte und Gleichmäßigkeit des Werkstoffs und seiner Behandlung. Bei Stahl liefert a_k Vergleichsmaß für Neigung zu Trennbruch als Folge von Gefügeaufbau und Vorbehandlung und für Anfälligkeit gegen Alterungs- bzw. Anlaßsprödigkeit, Kalt- und Warmversprödung, Werkstoffschädigung. a_k z. B. um so besser, je gründlicher durchgeschmiedet und je geringer P und S, bzw. deren örtliche Ausseigerung.

Durchführung: In Deutschland wird in Pendelschlagwerk nach Charpy (DIN 51 222, Abb. II.17) gekerbte Probe (Abb. II.18 und Tabelle II.2) durch Schneide des Pendelhammers G durchschlagen; dabei verbrauchte *Schlagarbeit* $W = G \cdot (H_1 - H_2)$ J. – W, mittels Schleppzeiger auf geeichter Skala abgelesen, wird auf Probenquerschnitt im Kerbgrund bezogen und liefert so *Kerbschlagzähigkeit* (auch Kerbschlagwert, spez. Kerbschlagarbeit, nicht jedoch Kerbzähigkeit! s. unten) $a_k = W/A/\mathrm{J/cm_2}$. Wegen u. U. Streuung möglichst jeweils 3 Proben! Probenform und -größe wegen fehlenden Ähnlichkeitsgesetzes von starkem Einfluß auf a_k-Wert, daher nach Möglichkeit DVM-Probe (Regelprobe)! Von kleinen Proben kann auf größere oder gar ganze Werkstücke nicht geschlossen werden. Im Ausland auch andere Proben- bzw.

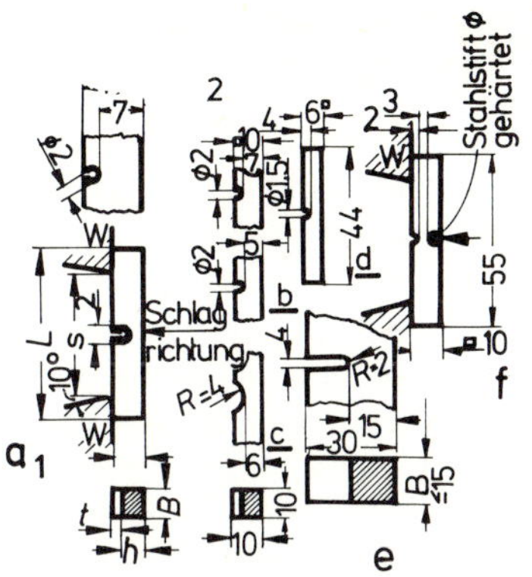

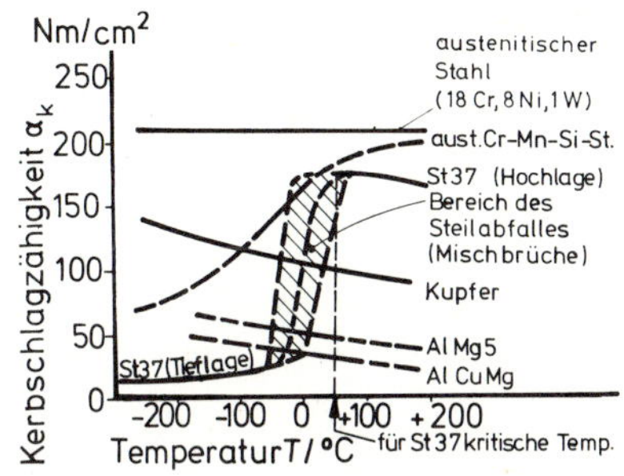

Abb. II.18. Deutsche Kerbschlagproben a ... e (DIN 50115); vergl. Tabelle II.2. a_1 (nicht genormt) und a_2 DVM-Probe (Regelprobe); *b* ISO-Probe, bes. für zähe Stähle, bei denen DVM-Probe nicht mehr durchschlagen wird; *c* DVMF-Probe (Flachkerb) nach *Benneck*, wenn bei Sprödbrüchen DVM-Probe zur Stahlunterscheidung zu geringe a_k-Unterschiede liefert (bes. bei tiefen Temperaturen); *d* DVMK-Probe (Kleinprobe) für kleinere Querschnitte; *e* VGB-Probe (auch DVMG- oder große Charpy-Probe genannt) für Kesselbleche und Stahlguß. – *f* Probe nach *H. M. Schnadt* (nicht genormt): F überwiegend auf Schlag-Zug beansprucht; Kerbradius r = 0,002 bzw. 0,5 bzw. 1 mm oder ungekerbte Probe; zur Feststellung, bei welcher Kerbschärfe Trennbruch eintritt.

Abb. II.19. Temperaturabhängigkeit der Kerbschlagzähigkeit einiger Werkstoffe.

Kerbformen, z. T. mit Spitzenkerb $r = 0{,}25$ mm, üblich. In England wird fast ausschließlich einseitig eingespannte Spitzkerbprobe mit *Izod*-Pendelhammer geprüft.

Brucharten: Verformungsbruch (sehniger Zähbruch) bei a_k-Hochlage; Trennbruch (körniger Sprödbruch) bei a_k-Tieflage; Übergang zu letzterem (Streubereich mit Mischbrüchen) bei Stahl vor allem durch Temperatur-Erniedrigung (Abb. II.19). Steilabfall von a_k, wenn Übergang plötzlich. Je niedriger Temperaturbereich des Steilabfalls (kritische Temperatur T_k), desto günstiger. – Bei den meisten NE-Metallen (ausgenommen z. B. Zn-Legierungen) steigt a_k mit sinkender Temperatur sogar leicht an (Abb. II.19). Bei austenitischen Stählen kein Steilabfall, manchmal allmähliches Absinken, oft keine a_k-Veränderung. – Alterungsanfälligkeit von Stahl außer u. U. über Stickstoff-Analyse nur über a_k normalgeglühter und künstlich gealterter Proben (Tabelle II.3) feststellbar: Mechanische Alterung durch Stauchen einer 10×12 mm-Probe auf 10×10 mit Abarbeiten der Stauchwölbung, dann Kerben und 2 *h* auf ≈250 °C erwärmen; statt Stauchen auch Kalteinpressen eines 45°-Keils mit $r = 1$ mm auf $t = 3$ mm Tiefe und Abarbeiten der Seitenwulste. Tabelle II.3 läßt klar hohe Alterungsanfälligkeit gewöhnlichen Thomasstahls gegenüber SM-Stahl erkennen. Hinzu kommt Prüfung im Anlieferzustand bei schon gebrauchten Werkstoffen, um schon eingetretenen Alterungsgrad festzustellen.

Tabelle II. 3. Alterungseinfluß auf SM- und Th-Stahl

Zustand:	Kerbschlagzähigkeit a_k J/cm² 20 °C bei SM-Stahl	gew. Th-Stahl
a) normalgeglüht	120 ... 150	120 ... 150
b) künstlich mechanisch gealtert	80 ... 100	5 ... 20

Alterungseinfluß auf a_k-Temperaturkurve: Hauptsächlich wird T_k zu höheren Temperaturen verschoben; starker a_k-Unterschied zwischen ungealtert und gealtert nur dann, wenn Versuchstemperatur im kritischen Bereich!

Kerbschlagzähigkeit a_k ist kein in Konstruktionsberechnungen verwendbarer Kennwert, sondern gibt nur allgemeinen Anhalt mit technologischem Charakter für Arbeitsaufnahmevermögen (Formänderungsarbeit) gekerbter Proben bei Schlagbiegebeanspruchung (Neigung zu Zäh- oder Sprödbruch). a_k nicht zu verwechseln mit statischer *Zähigkeit* (gegeben durch δ und ψ), Kerbempfindlichkeit (Verhalten gekerbter Proben unter Wechsellast), *Kerbzähigkeit* (ermittelt an Kerbproben unter statischem Zug; vergleiche Aa 1, und Abb. II.6), oder *Schlagempfindlichkeit* (siehe 2 a).

Keiner dieser Kennwerte für bestimmten Werkstoff kann wegen Fehlens gesetzmäßigen Zusammenhangs in einen anderen umgerechnet werden! Nicht einmal qualitative Schlußfolgerungen sind immer möglich, wenn auch oft ψ und a_k gleichsinnig abnehmen. Grauguß mit Lamellengraphit (GGL) ist z. B. viel weniger kerbempfindlich als Stahl, da bei ersterem Gefüge schon völlig mit Kerben (Graphitplättchen) durchsetzt, also zusätzlicher Oberflächenkerb sehr wenig ausmacht, jedoch seine Kerbschlagzähigkeit ist so niedrig (absoluter Sprödbruch), daß a_k-Prüfung sinnlos.

c) Schwingende Dauerbeanspruchung

Allgemeines: Wird Probestab (Werkstück) schwingender Dauerbeanspruchung ausgesetzt, so tritt Bruch oft weit unter den im statischen Versuch ermittelten Festigkeitswerten, sogar noch unter seiner Fließgrenze (σ_s, σ_{dF} usw.) auf. Solche Schwingbeanspruchungen sind bei Maschinenteilen der Regelfall, daher Ermittlung der Dauerschwingfestigkeit (Kurz Dauerfestigkeit σ_D) von besonderer Bedeutung.

Kennzeichnung: *Dauerschwingbeanspruchung* ist über lange Zeit dauernd auftretende oder häufig wiederholte, oft gleichmäßige, vielfach nach Frequenz und Schwingungsausschlag auch unregelmäßig verlaufende schwellende oder wechselnde Spannungsänderung; Auftreten unter Zug-, Druck-, Biege- (σ) oder Verdreh-Beanspruchung (τ). Dabei „dauernd" ausgehaltene Höchstspannung ohne Brucherwartung σ_D bzw. τ_D. Versuchsmäßige Ermittlung an glatten, polierten Stäben immer mit gleichmäßig verlaufender Spannungsänderung im Dauerschwingversuch (Dauerversuch) gemäß DIN 50 100 in Dauerprüfmaschinen verschiedener Bauart (vergl. auch DIN 50 113 Umlaufbiegeversuch; DIN 50 142 Flachbiegeversuch). – *Beanspruchungsbereiche* und *Kurzzeichen* gemäß Abb. II.20: Positive oder negative Mittelspannung $\sigma_m \triangleq$ statischer Vorspannung, um die Schwingungsausschlag σ_a erfolgt.

Kennwerte: Dauerfestigkeit allgemein $\sigma_D = \pm\sigma_m \pm \sigma_a$ für Zug und Druck, bzw. Biegung (Vorzeichen angeben!); Sonderfälle: *Wechselfestigkeit* $\sigma_W \triangleq \sigma_D$ für $\sigma_m = 0$, also $\sigma_o = -\sigma_u = \pm\sigma_a$, früher „Schwingfestigkeit" genannt; *Schwellfestigkeit* $\sigma_{Sch} = 2 \cdot \sigma_m$; $\triangleq \sigma_D$ für $\sigma_m = \sigma_o/2 = \sigma_a$; (früher „Ursprungsfestigkeit" σ_{Ur}). – Auch als Verdrehversuch ausgeführt, dann sinngemäß τ_D bzw. τ_W bzw. τ_{Sch}. – Wenn andernfalls nicht eindeutig, werden Zeiger *z* (Zug), *d* (Druck) oder *b* (Biegung) beigefügt, z. B. $\sigma_{zdW} = \pm 200$ N/mm² $\triangleq$ Zug-Druck-Wechselfestigkeit; $\sigma_{dD} = -200 \pm 150$ N/mm² $\triangleq$ Druck-Dauerfestigkeit im Schwellbereich; $\sigma_{bD} = +150 \pm 100$ N/mm² $\triangleq$ Biege-Dauerfestigkeit im Schwellbereich, usw. – Bei Maschinenteilen verwickelter Gestalt (z. B. Kurbelwellen) spricht man statt von Dauerfestigkeit von *Gestaltfestigkeit:* Kein reiner Werkstoffkennwert, sondern Dauerfestigkeit, durch Form und Bearbeitung herabgesetzt. *Lebensdauer* (Dauerhaltbarkeit) ist bei bestimmter Dauerschwingbeanspruchung bis zum

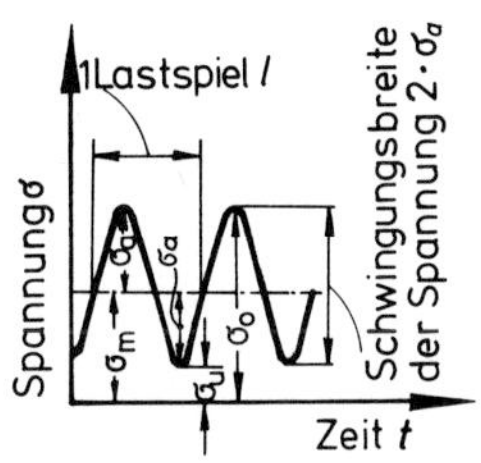

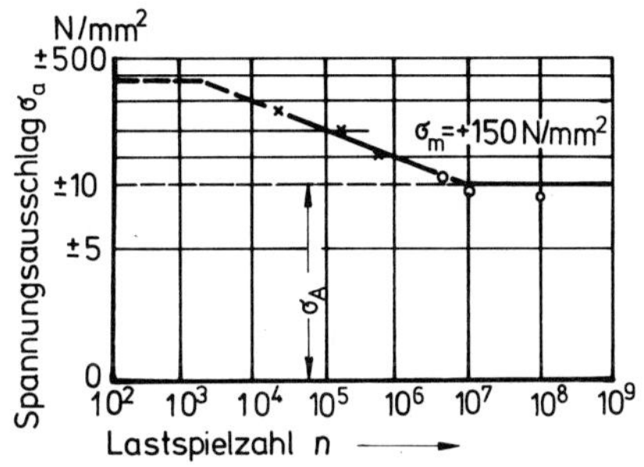

Abb. II.20. Spannungs-Zeit-Verlauf mit Dauerschwingversuch (schematisch) für Normalspannung σ (sinngemäß für Schubspannung τ). $\sigma_o = \sigma_m + \sigma_a$ = Oberspannung (dem Absolutwert nach die größere Spannung); $\sigma_u = \sigma_m - \sigma_a$ = Unterspannung; $\sigma_m = (\sigma_o + \sigma_u)/2$ = Mittelspannung; $\sigma_a = (\sigma_o - \sigma_u)/2$ = Spannungsausschlag der σ_m überlagerten Wechselspannung ($\pm\sigma_a$); $2 \cdot \sigma_a = \sigma_o - \sigma_u$ = Spannungs-Schwingbreite (früher „Wechselspannung").

Abb. II.21. Wöhler-Kurve eines Stahls in doppellogarithmischer Darstellung: Eingestellte Mittelspannung $\sigma_m = \pm 150$ N/mm²; gefundener „dauernd" ertragener Spannungsausschlag $\sigma_A = \pm 110$ N/mm²; $\sigma_D = \sigma_m \pm \sigma_A = +150 \pm 110$ N/mm²; Zeiger klein, wenn Spannung vorgegeben (hier σ_m), dagegen groß, wenn durch Versuch ermittelt (hier σ_A). – x = Probe gebrochen; ○ = Probe nicht gebrochen („Durchläufer").

Bruch erreichte Lastwechselzahl N (mit Spannung als Zeiger), z. B. $N_{(+10 \pm 15)} = 2{,}3 \cdot 10^6$. – Bei stoßweiser Belastung meist für Biegung: z. B. Dauerschlagbiegefestigkeit bzw. -haltbarkeit. – Ermittlung der Dauerfestigkeitswerte nach *Wöhler-Verfahren:* 6 ... 10 gleichartige Probestäbe werden je nach Ziel gestaffelter Wechsel- oder Schwellbeanspruchung unterworfen, wobei σ_m oder σ_u für alle Proben einer Wöhlerreihe gleichgehalten, während σ_a oder σ_o von Probe zu Probe so verändert werden, daß schließlich „unendlich oft" (praktisch bis zu endlicher *Grenzlastwechselzahl*) ertragene größte Beanspruchung gefunden wird. Wöhlerkurve in log-log-Darstellung (Abb. II.21) aus eingetragenen Bruchlastwechselzahlen liefert zwei Gerade, die sich bei Grenzlastwechselzahl schneiden. *Grenzlastwechselzahl* = jene Erfahrungslastspielzahl, jenseits der ein Bruch nicht mehr zu erwarten ist; sie ist bei Stahl $10 \cdot 10^6$; Leichtmetalle haben keine eigentliche Grenzlastwechselzahl (Wöhlerkurve fällt ständig weiter), man nimmt daher 10^8 an. *Zeit(Schwing)festigkeit* = σ_D-Wert für Bruchlastspielzahl (als Zeiger angeben!) < - Grenzlastspielzahl, z. B. $\sigma_{D\,(0{,}3 \cdot 10^6)} = +150 \pm 140$ N/mm² ist größer als σ_D. Anwendung, wenn Teil während geschätzter Lebensdauer nur begrenzte Lastspielzahl auszuhalten hat. Aus Zeitfestigkeit jedoch nicht auf σ_D schließbar. – Dauerfestigkeitswerte für verschiedene Belastungsfälle im bekanntesten *Dauerfestigkeitsschaubild* nach Smith zusammengestellt zeigt Abb. II.22. (Weitere Dauerfestigkeitsschaubilder nach *Gerber, Lannhardt-Weyrauch, Goodmann, Kommerell* („Spannungshäuschen") und *Roš*, sowie *Pohl*: siehe DIN 50 100!)

Wichtige Einflüsse auf Höhe der Dauerfestigkeit von Stahl: a) *Lastspielfrequenz* $n \leqq 10\,000$/min ohne wesentlichen Einfluß.– b) *Temperatureinfluß:* Unter 20 °C steigt σ_D mit fallender Temperatur (wie σ_{zB}), aber Kerbempfindlichkeit steigt, so daß σ_D gekerbter Proben nur wenig zunimmt. Über 20 °C ändert sich σ_D ähnlich σ_{zB} (Abb. II.7); σ_D verliert bei hohen Temperaturen dann im allgemeinen Bedeutung gegenüber Dauerstandfestigkeit. – c) *Oberflächenverletzungen* (Bearbeitungsriefen u. a.) mindern σ_D um so mehr, je schärfer sie sind und je kerbempfindlicher der Stahl ist (je größer Härte bzw. σ_D; am stärksten, wenn $\perp$ Beanspruchungsrichtung verlaufend. – *Konstruktive Kerben* (Bohrungen, Nuten u. a., bzw. Formkerben, wie Querschnittsübergänge und ähnliche Richtungsänderungen des Kraftflusses) ergeben erheblich herabgesetzte σ_D (siehe „Gestaltfestigkeit"); Wirkung also gerade umgekehrt wie bei statischer Belastung, wo Bruchfestigkeit durch Kerb sogar erhöht wird (siehe Aa und Abb. II.6). Auch innere Kerben (Kaltschweißstellen, Schlackeneinschlüsse, Blasen u. a.) können σ_D so wesent-

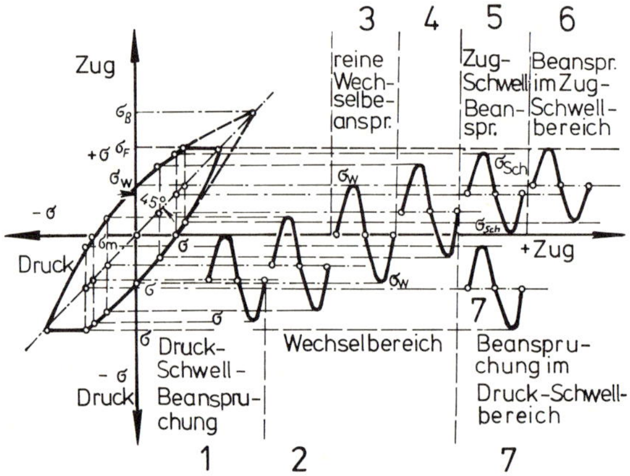

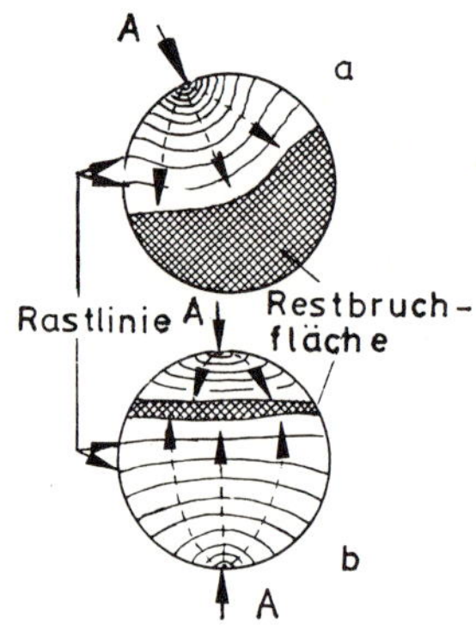

Abb. II.22. Zug-Druck-Dauerfestigkeitsschaubild nach *Smith* (schematisch) für Stahl mit Spannungsausschlägen und -Grenzwerten.

Abb. II.23. Dauerbruch (schematisch). A Anbruchstellen (Dauerbruchbeginn); → = Fortschreitrichtung (senkrecht Rastlinienverlauf); a) durch Zugschwellbeanspruchung; b) durch Flachbiegung im Wechselbereich (hier Dauerbruch eines Lkw-Vorderachsschenkels durch schwingende Belastung infolge Bodenunebenheiten; Hauptzugbeanspruchung unten durch Wagenbelastung; Anbruch auch von oben infolge Hochwerfens des Rades durch Bodenunebenheiten und Zurückschwingen des Rades vor Bodenberührung).

lich mindern, daß äußere Kerben als zweitrangig erscheinen; bei üblichem Grauguß, mit inneren Kerben völlig durchsetzt, beeinflussen äußere Kerben σ_D praktisch nicht, im Gegensatz zu Kerben beim statischen Versuch, die die Festigkeit mindern (statt wie bei Stahl erhöhen). – Richtig angeordnete „Entlastungskerben“ (um negative Wirkung schon vorhandener konstruktiver Kerben zu mindern) können bei Stahl nicht nur Erhöhung der statischen, sondern auch Erhöhung der Dauerfestigkeit bewirken; bei GG dagegen sind sie wirkungslos. – d) Bei gleichzeitiger feuchter *Korrosionseinwirkung* treten Brüche noch nach hohen Lastspielzahlen (für Stahl $> 500 \cdot 10^6$) auf; Wöhlerkurve fällt (wie bei Leichtmetall) ständig weiter ab; keine wahre σ_D! Festgestellte ertragene Belastungen, als *„Korrosionszeitfestigkeit“* bezeichnet, erheblich unter σ_D für polierte Oberfläche; Korrosionsschutzmittel daher bei Dauerschwingbeanspruchung mit Korrosionsgefahr von größter Bedeutung. – e) *Kaltumformung* (z. B. Kaltrekken) mit Kaltverfestigung als Folge steigert σ_D erheblich (bei weichen Stählen z. B. bis 50%), wenn auch nicht so stark wie σ_{zB} oder gar σ_S. *Mechanische Alterung*, die Kerbschlagzähigkeit a_k stark erniedrigt, erhöht σ_W, stärker noch σ_{Sch}. – f) *Eigenspannungen* erhöhen σ_D, wenn an höchstbeanspruchten Stellen als Druckvorspannungen in Oberfläche (bei Zugspannungen dagegen erniedrigend!). Weil Druckvorspannungen bei großer σ_m mit zunehmender Schwingdauer aber allmählich abgebaut werden, wird mindestens Zeitfestigkeit erhöht. Damit Nachteile einer Oberflächenaufrauhung und besonders gleichzeitiger Korrosionseinfluß mindestens weitgehend zu mildern oder gar aufzuheben. Zur erwünschten Druckvorspannung führen z. B.: Härten, bes. Oberflächenhärten, Nitrieren, Oberflächendrücken, Kugelstrahlen, Aufkugeln von Bohrungen, Gewindekaltrollen u. a.: etwaige Bohrungen bzw. Kerben daher vor Durchführung solcher Behandlung ausführen. Auch etwaiges Richten von Werkstücken oft so durchführbar, daß für σ_D günstiger Eigenspannungszustand entsteht. – g) *Probengröße:* Größere Proben bzw. Werkstücke brechen vor allem bei schwingender Beanspruchung schon bei u. U. bis zu 30% niedrigeren Beanspruchungen als kleinere. – Damit sind die vielseitigen Einflüsse auf σ_D nur in den Hauptpunkten umrissen, nicht zuletzt der Grund dafür, warum das Arbeiten des Konstrukteurs mit Dauerfestigkeitswerten auf erhebliche Schwierigkeiten stößt.

Dauerbruch (Dauerschwingbruch) ist Bruch infolge σ_D-Überschreitung; weitaus häufigste Bruchart der Praxis (Abb. II.23). Auch an kerbfreien Maschinenteilen bei Unterdimensionierung möglich, meist aber durch Oberflächenkerben (zu kleiner Radius an Querschnittsübergängen; Bearbeitungsriefen, Spannungsrissen u. a.) oder Innenkerben (Schlackeneinschlüssen u. a.) hervorgerufen. *Kennzeichen:* Auch bei zähen Werkstoffen im Dauerbruchbereich ohne Umformung (Gewalt-Sprödbruch vortäuschend); neben glatter, mit „Rastlinien" durchsetzter Dauerbruchfläche ist „Restbruchfläche" erkennbar, die schließlich eingetretenem Gewaltdurchbruch entspricht und sehniger Zäh- oder körniger Sprödbruch sein kann. Rastlinien um so enger, je langsamer Dauerbruch fortschritt (je geringer Querschnitts-Überbeanspruchung). Durchbruch oft Monate bis Jahre nach erstem Daueranbruch.

2. Technologische Prüfungen

Man versteht darunter mit meist einfachen Mitteln schnell durchführbare Prüfverfahren, die überwiegend Aufschluß geben sollen über Verarbeitungsverhalten des Werkstoffs oder späteres Betriebsverhalten daraus gefertigter Werkstücke unter oft extremen Verhältnissen.

Sie geben somit meist unter Verzicht auf zahlenmäßige Feststellung bestimmter Eigenschaften ein Allgemeinbild über Werkstoffbrauchbarkeit unter Zusammenwirken verschiedenster Beanspruchungsarten. In einfachster Form stellen sie als Brauchbarkeitsprüfung älteste Werkstoff-Prüfart dar, wurden schließlich weiter vervollkommnet, teilweise auch genormt bzw. in Abnahmevorschriften festgelegt, sind aber grundsätzlich je nach Ziel und Ausführart anzahlmäßig nicht begrenzt und jederzeit variierbar und ergänzbar. Sie sind heute so unentbehrlich wie früher.

a) Grob- und Mittelbleche (≧3 mm), Stäbe, Stangen

a) *Biege- und Faltversuch:* In einfachster Form über Amboßhorn oder im Schraubstock, mittels Fallhammer und V-Gesenk oder ähnlich, normal bei Raumtemperatur über D so weit biegen, bis erster Anriß auftritt. Falten = Biegen um 180° über D. Durchführung auch warm als Rotbruchprobe (siehe 7b!). – Faltversuch nach DIN 1605, Bl. 4 (Abb. II.24); $D = x \cdot a$; in verschiedenen Werkstoffvorschriften ist $x = 4 \cdot a$. ... $0{,}5 \cdot a$ oder sogar $D = 0$ verlangt. – b) *Kerbfaltversuch* bei sehr zähem, sehnigen Werkstoff, bei dem ungekerbte Faltung (Abb. II.24c) nicht zum Anriß führt; Biegung immer bis Anbruch (oder Durchbruch), da Bruchbeurteilung Hauptsache. – c) *Schlagbiegeversuch* als technologische Probe prüft fertige, später stoßbeanspruchte Maschinenteile stichprobenweise auf Trennbruchneigung, wenn a_k des Werkstoffs unbekannt. – d) *Kaltstauchversuch* (Abb. II.25) durch viele leichte Hammerschläge oder Druck bis zum verlangten Stauchverhältnis $[(h_0 - h_1)/h_0] \cdot 100\%$ bzw. bis Einriß mit Angabe des erreichten Stauchverhältnisses; Maß für Kaltumformverhalten.

b) Feinbleche (< 3 mm). Geringe Dicke begünstigt Biegbarkeit, daher Prüfverschärfung nötig, um „gut" und „schlecht" zu trennen.

a) *Faltversuch* (DIN 1623) an Blechstreifen 50 mm breit; entweder milder mit Zwischenlage eines Bleches gleicher Dicke ($D = a$), oder schärfer bis Schenkelberührung ($D = 0$) nach Abb. II.26a; Riß darf nicht auftreten. – b) *Doppelfaltversuch* (Abb. II.26b) für dünnere Bleche; setzt größte Geschmeidigkeit voraus. – c) *Hin- und Herbiegeprobe* nach DIN 1781 (Abb. II.27), als Maß für Formänderungsvermögen von Blechen und Bändern. Vorschrift z. B.

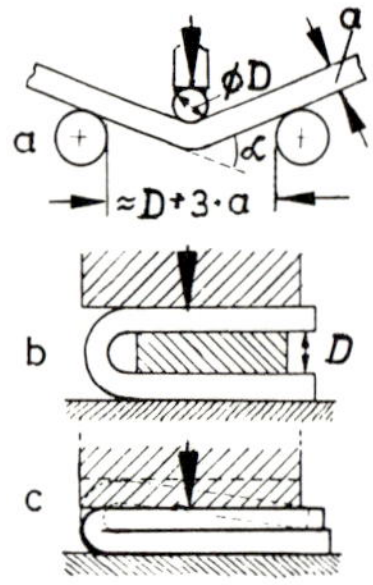

◄ Abb. II.24. a) Faltversuch nach DIN 1605, Bl 4 für Rundstab (a ϕ) oder Flachstab (Dicke a mit Breite 30 ... 50 mm) oder ganzes Profil –; b) Falten ($\alpha = 180°$) bei D = x · a; c) Falten mit Schenkelberührung (Flachfaltung); D = 0.

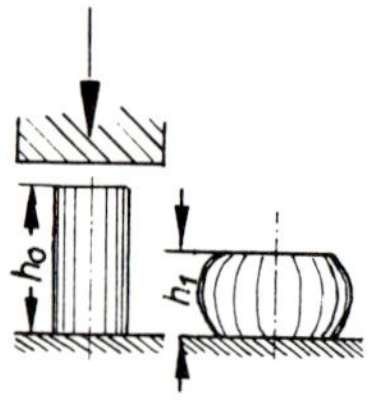

Abb. II.25. Stauchversuch (kalt oder warm; Druck oder Schlag).

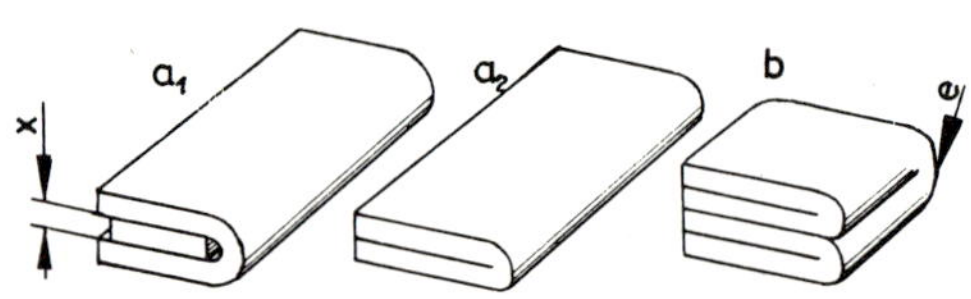

Abb. II.26. Falt- und Doppel-Faltversuch an Blechen. a_1 und a_2 einfache Faltung (x je nach Vorschrift; bei a_2 x = 0); b Doppelfaltung („Taschentuchprobe") schärfste Beanspruchung an Stelle e.

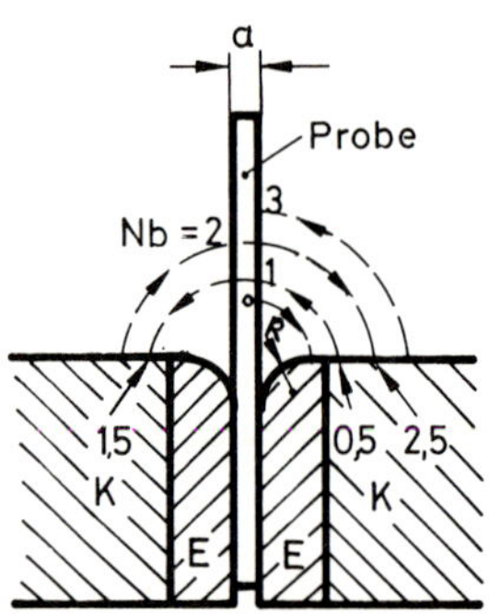

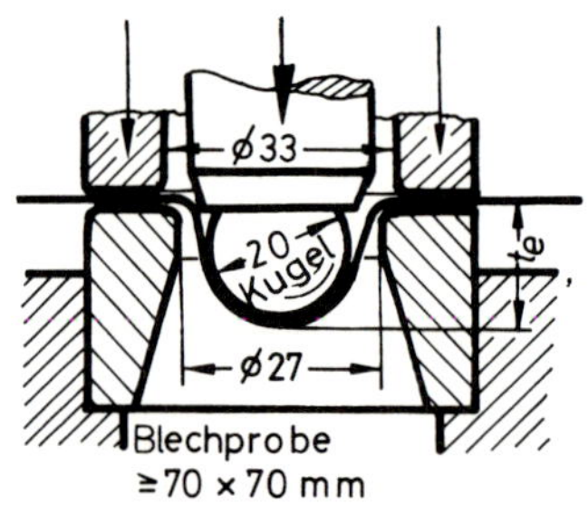

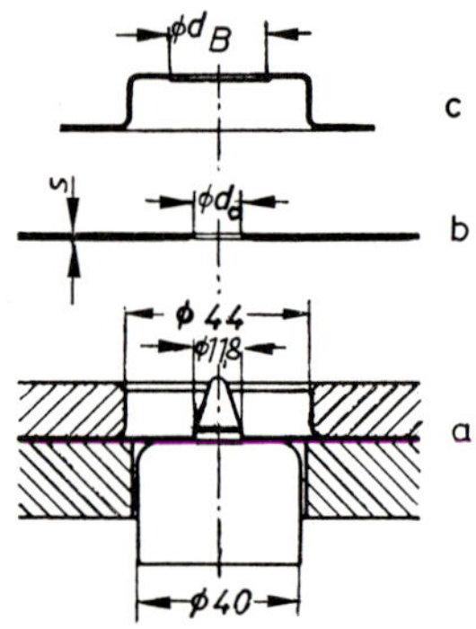

Abb. II.27. Hin- und Herbiege-Versuch für Feinblech bzw. Blattfedern (DIN 1781). Probestreifen der Dicke a ist 10 mm breit. K Klemmbacken; E auswechselbare Einsätze dazu mit verschiedenen Radien r = 1 ... 5 mm je nach Blechdicke und Werkstoff. Biegung im Pfeilsinn; Biegezahlen bis Nb = 3 eingezeichnet.

Abb. II.28. Tiefungsversuch an Blechen und Bändern nach *Erichsen* (DIN 50 101).

Abb. II.29. Tiefziehweitungsversuch nach *Siebel* und *Pomp*. a Prüfeinrichtung; b Zuschnitt des Probeblechs; c Probe nach Prüfung.

für Blattfedern aus Cu-Leg. und für Dynamobleche. Festgestellt wird „Biegezahl" Nb (Vergleiche auch 3a, Drähte). – d) *Rückfederversuch* für Federbleche stellt Rückfederwinkel γ nach 135°-Biegung um vorgeschriebenen Radius *r* fest. – e) *Abkantversuch* prüft rißfreie 90°-Biegbarkeit weniger geschmeidiger Bleche um Kanten von unterschiedlichem Radius. – f) *Tiefungsversuch* (nach Euronorm 14 – 67 treffender „Einbeulversuch" genannt) nach Erichsen (DIN 50101) an Blech und Band bis 2 mm Dicke, Abb. II.28. Tiefungswert t_e = Kalottentiefe = Stößelweg von Berührstellung bis Beginn durchgehenden Anrisses. (Für kleinere Bandbreiten zwischen < 90 ... ≧30 mm wird Kugeldurchmesser 15 bzw. 8 mm verwendet; DIN 50102.) Gibt Maß für allgemeine Umformbarkeit und Kornfeinheit; dient mehr qualitativen Vergleichen. Beanspruchung wohl tiefziehähnlich, läßt aber nicht eindeutigen Schluß auf Tiefziehfä-

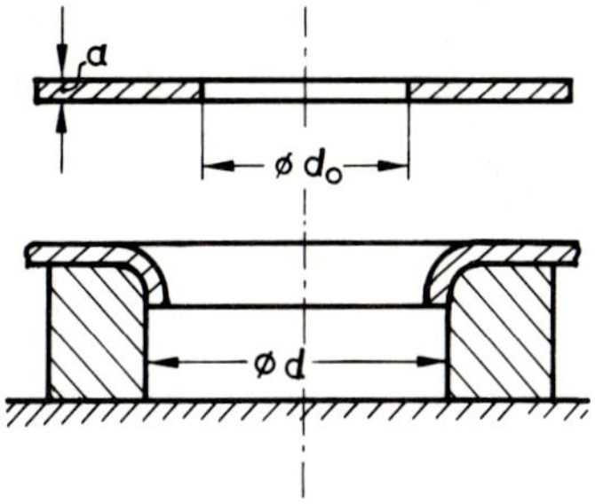

Abb. II.30. Bördelversuch. d und r je nach Forderung.

higkeit zu. – g) *Näpfchen-Ziehversuch* dagegen liefert gutes Bild über Tiefziehbarkeit. Kennziffer $\beta = D_{max}/d$, wobei D_{max} = max. Rondendurchmesser, der bei Ziehstempeldurchmesser (z. B. 30 mm) noch nicht zum Reißen der Probe führt. Anderes Verfahren mit Erichsen Tiefungsgerät: Näpfchenzug in mehreren Zügen, u. U. bis Einreißen, dabei Einzugsverhalten = $d/D = m < 1$; Blech um so tiefziehfähiger, je kleiner m; (günstig, wenn σ_B und δ groß, σ_S gering); u. U. erfolgt Vorverfestigung des Blechstreifens zwischen Druckwalzen im Walzziehversuch. – h) *Tiefziehweitungsversuch* (Aufweitprobe) nach Abb. II.29: Festgespannte Probe b (gebohrt) wird mit Werkzeug a bis Einrißbeginn im Lochrand gemäß c gezogen. Erreichte Aufweitung = $[(d_B - d_0)/d_0] \cdot 100\%$ ist Gütemaß für Tiefziehfähigkeit. – i) *Keilzugversuch* [II.1] nach *G. Sachs* gestattet Materialfließgrad, *Streckziehversuch* nach *Güth* Streckziehumformfähigkeit des Bleches zu beurteilen – k) *Bördelversuch* (Abb. II.30) läßt auch guten Schluß auf Formänderungsfähigkeit zu.

c) Drähte, insbesondere Seildraht aus unleg. C-Stahl (C = 0,35 ... 1%) hoher Reinheit, mehrmals gezogen und zwischendurch patentiert (IC 1) mit σB = 750 ... 3000 N/mm^2.

a) *Hin-* und *Herbiegeversuch* nach DIN 51211 entsprechend Feinblechprüfung (siehe 2c und Abb. II.27) auf entsprechender Prüfvorrichtung. – b) *Verwindeversuch* nach DIN 51212 (Abb. II.31) an neuen Drähten bis $d \leqq 7$ mm Φ. Vgl. auch DIN 51201/IIIb. – Ermittelt wird Verwindungszahl bis Bruch, bei Metallüberzügen (Zn, Sn) auch Verwindezahl bis zum Abblättern. Beobachtet wird Gleichmäßigkeit der Verwindung über *L*, Auftreten etwaiger Längsrisse sowie Bruchform. – c) *Wickelversuch* bes. zur scharfen Prüfung der Haftfestigkeit metallischer Überzüge. Weicher Stahldraht (σ_B = 600 ... 1100 N/mm^2), Cu- und Bz-Drähte (vgl. DIN 43136 und 43140): Draht muß in $\geqq 8$ eng aneinanderliegenden Windungen auf Dorndurchmesser *D* = Drahtdurchmesser *d* gewickelt bruchfrei und ohne Abblättern bleiben. – Nach DIN 51231 ist $D = 10 \cdot d$ für Cu-Draht mit Sn- oder Zn-Auflage. – d) *Knotenzugversuch* bei dünnen Drähten $\leqq 0{,}37$ mm verlangt bei Draht mit einfachem Knoten noch 50% von σ_B (DIN 2078 und 6890).

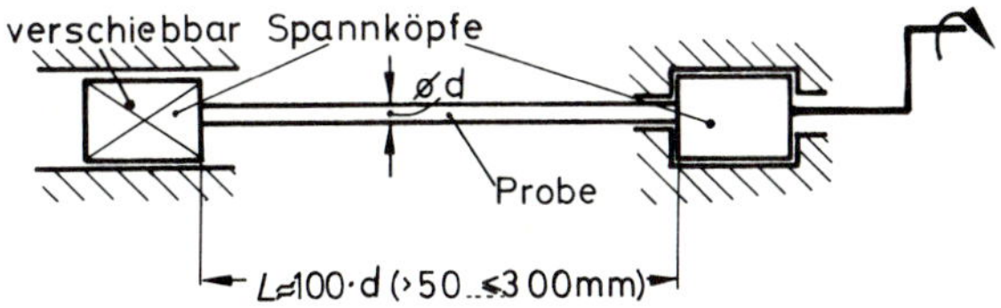

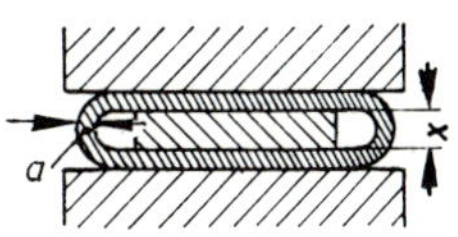

Abb. II.31. Verwindeversuch (DIN 51 212). Linker Spannknopf nicht drehbar, aber verschiebbar.

Abb. II.32. Querfaltversuch (Rohr) nach DIN 50 136. a Rohrwanddicke; z. B. Zwischenlage x = 2 · a für St 35; x = 4 · a für St 45; x = 6 · a für St 55.

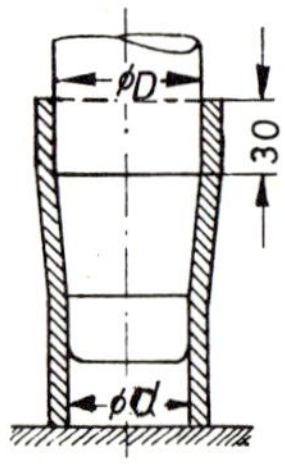

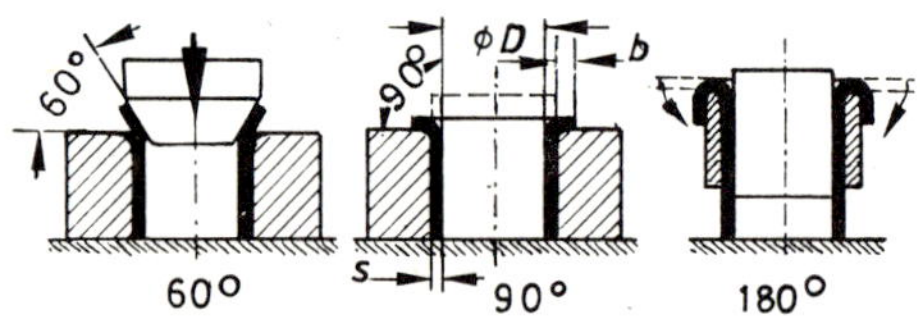

Abb. II.33. Aufweitversuch an Rohren (DIN 50 135). Für Stahl: Kegel 1 : 5 (11° 25′); für Messing: Kegel 1 : 1,21 (45°); D ϕ je nach Vorschrift bzw. Vereinbarung.

Abb. II.34. Bördelversuch an Rohr. b > 0,12 D ϕ, und > 1,5 s.

d) **Rohre** aus Stahl, Grauguß oder NE-Metallen.

a) *Biegeversuch* wie bei Flach- und Rundproben (≙Abb. II.24), dabei Stützrollen und Stempel profiliert; hauptsächlich zur Prüfung dünnwandiger, mit Sand, Pb u. a. gefüllter Rohre. Biegung, bis vorgeschriebener $\sphericalangle\alpha$ erreicht oder Feststellung von $\sphericalangle\alpha$ bei erstem Anriß. – b) *Querfaltversuch* nach DIN 50 136 an Stahlrohrabschnitten ($L=50$ mm) bei Nennweiten $\leqq 400$ mm und Wanddicke $\leqq 15\%$ Außendurchmesser (Abb. II.32) normal im Anlieferzustand bei Raumtemp., wobei Rohrwand nicht einreißen darf; seltener Verschärfung durch vorheriges Abschrecken aus 600 °C bzw. 900 °C in H_2O. – c) *Doppelfaltversuch* (≙Abb. II.26), Verschärfung des Querfaltversuchs, für dünnwandige Rohre hoher Zähigkeitsforderung; bei höchsten Anforderungen (z. B. Ölfeldrohre) vorher Gewinde aufgeschnitten! – d) *Stauchversuch* an kurzem Rohrabschnitt bis zu starker Faltenbildung zur Prüfung des Umformvermögens z. B. dünnwandiger Cu-Rohre, auch Stahlrohre; dabei Biegebeanspruchung in Längs- und Querrichtung auftretend. – e) *Aufweitversuch* nach DIN 50 135 zur Prüfung bes. von Einwalzrohren, wobei in Rohrende eingepreßter Kegeldorn (Abb. II.33) mit Kegelwinkel nach Vorschrift verlangte Aufweitung durchführt; Rißfreiheit verlangt. – f) *Bördelversuch* (Abb. II.34): Je nach Werkstoff bzw. verlangter Prüfbedingung werden Bördelungen von 60°, 90° oder 180° gefordert; u. U. bes. Vorschriften für Bördelbreite auf Innenseite und für Ausrundungsradius. (Vgl. auch DIN 50 139 (Nov. 1965) über Bördelversuch an Rohren!) – g) *Ringaufdornversuch* nach DIN 17 175 für Rohre bis 146 mm Außendurchmesser: 10 mm breiter Rohrring wird durch Kegeldorn bis Anrißbeginn geweitet, dabei Güteziffer $= [(d_1 - d_0)/d_0] \cdot 100\%$. – h) *Ringzugversuch:* α) Für Stahlrohre über 146 mm Außendurchmesser nach DIN 17 175: Rohrabschnitt (Breite = Rohrwanddicke) wird zwischen Zughaken in Zerreißmaschine zerrissen; oder 2 Ringe unter 90° versetzt auftrennen, rotwarm geraderichten und als Stab zerreißen. – β) Für GG-Rohre „Ringversuch" DIN 28 500; ≙Biegeversuch (durch Druckprüfung des Ringes nicht ersetzbar, da wohl gleiche Biegespannung, aber dabei Zugspannung auf der gefügedichteren Rohraußenseite!). – i) *Innendruckversuch* nach DIN 50 105 hauptsächlich für NE-Metallrohre: Rohrabschnitt $l=5 \cdot d\Phi$, an Enden abgedichtet, mit H_2O abgedrückt, liefert bei vorgeschriebenem Druck p [bar] Tangentialdehnung $[(U_1 - U_0)/U_0] \cdot 100\%$, wobei U_0 = Rohrumfang vor, U_1 bei Preßdruck p; bei Drucksteigerung bis p_{max} [bar] (Bruch), wobei $\sigma_B = 9{,}81 \cdot (p_{max} \cdot d)/(200 \cdot s)$ N/mm^2, wenn d = Rohrinnendurchmesser mm, s = Rohrwanddicke mm. – (Innendruckversuch nach DIN 50 104 zur Dichtigkeitsprüfung siehe Zerstörungsfreie Prüfverfahren, 5. Abdrückversuch).

e) **Nieten, Schrauben, Muttern:** Prüfung auf ausreichendes Formänderungsvermögen.

a) *Stauchversuch* nach DIN 1613; Bl. 1: Nietschaft ($h=2d$) wird auf ⅓ h rotwarm gestaucht; Riß unzulässig. – Sinngemäß für Kesselanker und Schraubenwerkstoff. – Kaltstauchung für

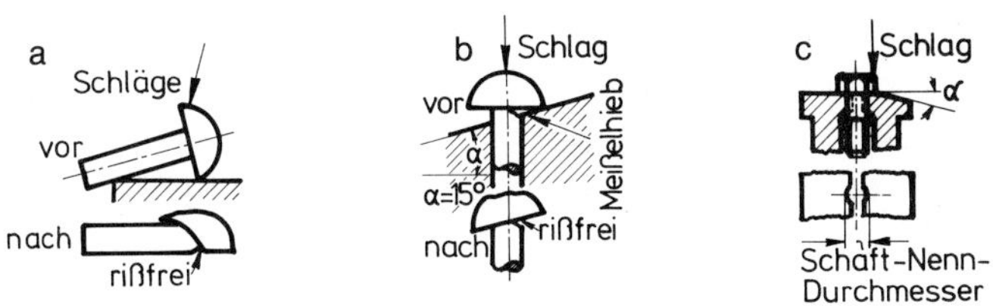

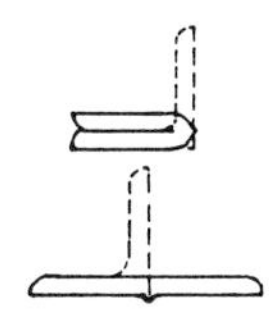

Abb. II.35. Kopfschlagversuche: a) Kopfschlagbiegeversuch; b) Schrägkopfschlagversuch; c) Kopfschlagversuch an Schraubenbolzen (DIN 267) nur bis M 16 (nicht für Schrauben mit Gewinde bis Kopf).

Abb. II.36. Zusammenschlag- und Ausbreitversuch, hier an Winkelprofil (sinngemäß an U-, T- und Doppel-T-Profil).

kaltzuschlagende Nieten. – b) *Kopfausbreitversuch* bei Warmnieten: Nietkopf wird rotwarm auf ⅓ Schaftdurchmesser plattgeschlagen, dabei Schaft in Aufnahmebohrung; Riß unzulässig. – c) *Gewindebiegeversuch:* ≙ Faltversuch (180°) des Gewindeschaftes bis Schenkelberührung, wobei im Gewindegrund höchstens Haarrisse zulässig. – d) *Kopfschlagversuch* zur Prüfung des Übergangs Kopf/Schaft von Nieten und Schrauben. *Kopfschlagbiegeversuch* für Nieten (Abb. II.35 a); *Schrägkopfschlagversuch* (Abb. II.35 b) für Nieten; für Schrauben entfällt Kerb, jedoch $\alpha = 30°$; Kopfschlagversuch nach DIN 267 für Schrauben bis M 16 (Abb. II.35 c). – e) *Abwürgeversuch* nach DIN 267 für Schrauben bis M 16; Mutter (gleicher Werkstoff wie Schraube) anziehen bis Schraubenbruch (evtl. Drehmomentmessung). Gewinde darf nicht ausreißen. Gleichzeitig Mutterprüfung: Mutter darf nicht vor Schraubenbruch platzen. – f) *Aufdornversuch* (DIN 267) für Muttern (auf Gewindeaußendurchmesser aufgebohrt) mit Kegeldorn 1 : 100, dabei Aufweitung ≧5% des Lochdurchmessers ohne Platzen. – g) *Kerbbiegeversuch* (DIN 267): Schraubenschaft bis Mitte einsägen und abschlagen; dabei zäher Verformungsbruch verlangt. –

f) **Formstahl:** *Zusammenschlage-* bzw. *Ausbreitversuch* (Abb. II.36), dabei Rißfreiheit verlangt; sinngemäße Proben bei T, U u. I-Profilen.

Besonders rißgefährdet sind Innenecken beim Ausbreiten, da dort bevorzugt Seigerungszonen in Randnähe. – Ggf. an herausgearbeiteten Proben. – Versuche nach 1 a ... d. –

g) **Schmiedewerkstoffe.** Nachfolgend Warmversuche, durchgeführt bei Schiedetemperatur; dabei Prüfung auf Rißfreiheit (Schmiedbarkeits-Prüfung). Als „Rotbruchproben" Durchführung zwischen 700 ... 1000 °C.

a) *Stauchversuch* sinngemäß wie 1 d und Abb. II.25. – b) *Warmbiege-* bzw. *-faltversuch* nach DIN 1605, wie 1 a und Abb. II.24. – c) *Ausbreit-* bzw. *Streckversuch,* Abb. II.37, bis Randrißbeginn. Als Gütemaß gilt Breitung $= [(b_1 - b)/b] \cdot 100\%$ bzw. Streckung $[(l_1 - l)/l] \cdot 100\%$; Versuch erfüllt, wenn 150% rißfrei erreicht, also z. B. $(b_1 - b) = 1{,}5 \cdot b$. – d) *Aufdornversuch,* Abb. II.38:

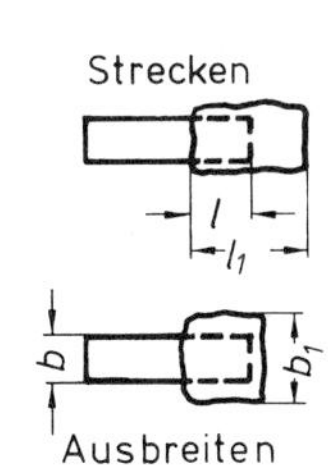

Abb. II.37. Streck- und Ausbreitversuch (Schmiedeprobe).

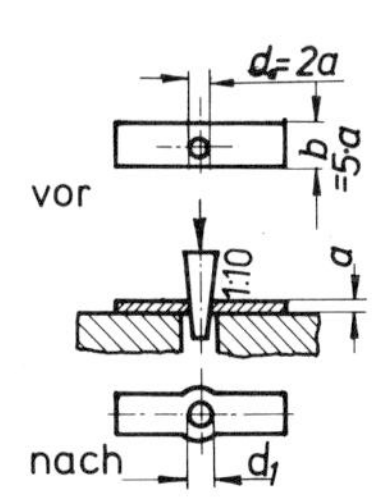

Abb. II.38. Aufdornversuch an Flachmaterial.

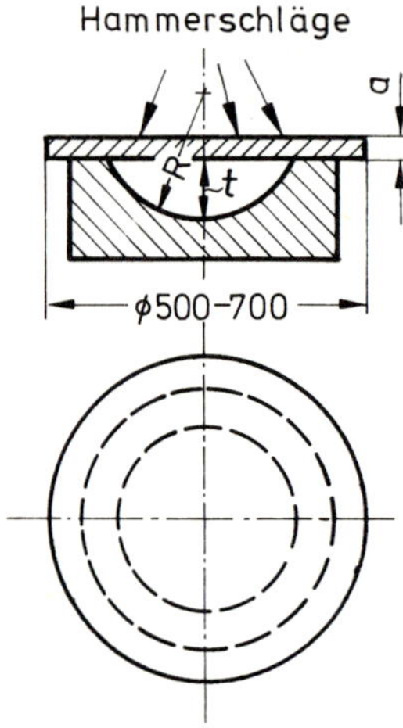

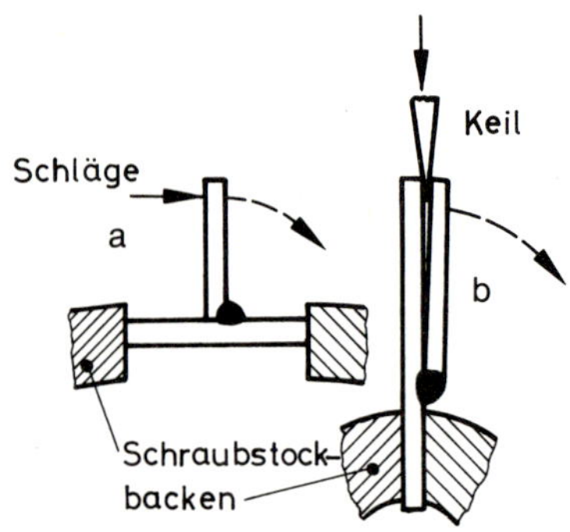

Abb. II.39. Polterprobe (Kümpelprobe).

Abb. II.40. Aufbrechen der Kehlschweißnähte nach DIN 50 127: a) Winkelprobe; b) Keilprobe.

Flachmaterial oder Blechstreifen über Lochplatte vorgelocht; Loch d_0 dann mit Kegeldorn 1 : 10 bis Einrißbeginn aufweiten. Gütemaß ist Erweiterung $= [(d_1 - d_0)/d_0] \cdot 100\%$. – e) *Kümpelprobe,* Abb. II.39: Glühende Blechplatte in Kalottengesenk hämmern; etwaige Nachwärmung und Verhältnis $r:a$ sowie t im Liefervertrag festlegen. Oberfläche soll rißfrei bleiben und nicht abblättern. – f) *Bördelprobe* bei Rohren (Bördelbreite festlegen) und Blechen; Rißfreiheit verlangt.

h) **Schmelzschweißnähte.** Prüfung im langsam abgekühlten Zustand bei Raumtemperatur.

a) *Werkstatt-Biegeversuch:* Stumpfschweißprobe wird bis zur Schweißnaht in Schraubstock gespannt (Naht knapp außerhalb der Backen) und durch Hammerschläge bis Bruch gebogen. Biegewinkel bei Anbruch ist Maß für Zähigkeit der Schweiße. Hauptsächlich Beurteilung des Bruchgefüges (Blasen, Schlackeneinschlüsse, Bindefehler, Bruchkorn u. a.) b) *Winkelprobe* und *Keilprobe* nach DIN 50127 (Abb. II.40) zum Aufbrechen der Schweißnaht (Beurteilung wie 8a). – c) *Faltversuch* nach DIN 50121 sinngemäß wie Abb. II.24a: Schweißraupe auf Zugseite und auf Blechdicke abgearbeitet, Längskanten gebrochen. $D = 2 \cdot a$ bis Blech-$\sigma_B \leqq 42$ [410 N/mm²], darüber $D = 3 \cdot a$; Biegewinkel α bis Anrißbeginn ist Maß für Umformfähigkeit der Schweiße; u. U. Faltung bis Schenkelberührung möglich (Abb. II.24c) oder Kerbfaltprobe nach DIN 50127. Verschärfung des Faltversuchs, wenn nicht nachgeschweißte Wurzel auf Zugseite liegt.

Schmelzschweißnahtprüfung auf Rißbeständigkeit. a) *Warmrißbeständigkeit* von Schweißzusatzwerkstoffen nach DIN 50129; W. liegt vor, wenn Schweißnähte während Abkühlung (Hauptgefahr unter 500 °C) rißfrei bleiben. Neigung zur *Schweißnahtrissigkeit* hängt nicht nur vom Zusatzwerkstoff, sondern auch vom Grundwerkstoff ab, da dieser bei C > 0,2% durch Aufschmelzen C in Schweiße einführt (daher richtige Elektrodenwahl!). Probeschweiße so legen, daß Querschrumpfung stark behindert, z. B. bei *Doppel-Kehlnahtprobe,* oder für austenitische Elektroden *Zylinderprobe* (siehe DIN 50129!).

b) *Schweißrissigkeit* bei Gasschmelzschweißung von Stahl höherer Festigkeit (C > 0,2%, dünne Bleche). Rißbildung im Grundwerkstoff über 1100 ... 1300 °C neben und unter der Schweiße. Prüfung durch Probeschweißung zweier starr eingespannter Bleche (Spannvorrichtung nach *J. Müller).*

c) *Schweißempfindlichkeit* bei Lichtbogenschweißung harter und auch weicher Stähle, besonders starker Abmessungen. Intrakristalline Risse; Rißentstehung im Grundwerkstoff neben und unter der Schweiße nach dem Schweißen, oft erst im Betrieb. Prüfung durch Aufbrechen kalter Probeschweißung.

i) **Preßschweißnähte.**

a) *Feuerpreßschweißprobe,* wobei überlappt verschweißte Probestäbe durch Zugversuch (Vergleich mit ungeschweißtem Stab) oder besser Faltversuch ≙ DIN 50121 geprüft werden. – b) *Aufknöpf-* bzw. *Abpell-Versuch* an Widerstands-Punkt- bzw. -Nahtschweißungen sowie Verdreh-Scherprobe einer Punktschweißung.

k) **Bruchgefüge-Beurteilung.** Bei vielen obiger Verfahren treten Brüche auf bzw. werden sie erzwungen. Auch anderweitig entstandene Brüche (auch solche bei Schadensfällen) geben oft guten ersten Teilaufschluß über gewisse Werkstoffeigenschaften bzw. über Werkstoffart.

Z. B.: *Gießereiroheisen:* Graphit grob- oder feinblättrig (Korngröße), Tönung heller (schneller erstarrt) oder dunkler. – *Gußeisen:* Grau-(GG), meliert- oder weiß-erstarrt, Korngröße, Fremdeinschlüsse, Blasen, Lunker, poröse Stellen (Mikrolunker), u. a. – *Temperguß:* Weißer (GTW), schwarzer (GTS) und Schwarzkern-Temperguß; „Faulbrüchigkeit" (Gußgraphit im Kern), poröse Stellen, Tiefe der Entkohlungszone u. a. – *Stahlguß* (GS): Sehniger Zähbruch oder körniger Sprödbruch, Korngröße, Lunker und poröse Stellen, Transkristallisation u. a. – *Stahl:* Seidiger Zähbruch oder körniger Sprödbruch (dabei Korngröße!), Fremdeinschlüsse (versch. Schlackenarten), Doppelungen bei Blechen, Holzfaserstruktur (infolge P- und S-Seigerung), Schwarzbruch (C-Ausscheidung als Graphit), Kohlungstiefe nach Einsetzen, Entkohlung, Flockenbildung, innere und Randrisse, Korngrenzenbruch, Dauerbruch (II, A c, Abb. II.23) u. a. – Entsprechend aufschlußreich können Brüche bei den NE-Metallen als Guß- oder Knetlegierungen sein.

l) **Funkenprobe.**

In halbverdunkeltem Raum wird Probe gegen mittelharte Schleifscheibe gedrückt. Form und Farbe des Funkenbündels läßt groben Schluß auf annähernden C-Gehalt und gewisse Legierungselemente zu. Vergleich mit Probestücken bekannter Zusammensetzung durch gemeinsames Anschleifen gibt besseres Bild. Gewisse Erfahrung erforderlich, dann bis 20 Stahlsorten sicher unterscheidbar. Hauptsächlich zur Prüfung auf Werkstoffverwechslung und zum Vorsortieren.

3. Verschleißprüfung

Verschleiß (= Abrasion) ist unerwünschte Oberflächen-Veränderung durch mechanisches Lostrennen kleiner Teilchen. Begriff, Vorgang und Gliederung des Verschleißgebietes nach DIN 50320.

Man unterscheidet 5 **Verschleißelemente:** *Grundkörper* (der zu untersuchen ist), *Gegenstoff* (gegen den Bewegung stattfindet: Fest, flüssig oder gasförmig), *Zwischenstoff* (fremde Festkörper, Flüssigkeit, Luft), *Bewegung* (Gleiten, Rollen, Stoßen; Geschwindigkeitsablauf) und *Belastung* (Flächenpressung ruhend, schwingend, schlagartig). Weitere wesentliche *Einflußfaktoren:* Gefügeaufbau und evtl. Einschlüsse, Oberflächen-Vorbehandlung (Rauhigkeit), Korngröße, Legierungsbestandteile, Härte, Versuchstemperatur u. a.

Verschleißarten: *Gleitverschleiß; Rollverschleiß* (z. B. zwischen Schiene und Rad); *Stoßverschleiß; Erosion* oder Strahlverschleiß (dabei „Auswaschungen" durch geschlossenen Mineralpulverstrom, wie Sandstrahl, DIN 50332, oder Flüssigkeitsstrom evtl. mit festen Schwebeteilchen); *Kavitation* oder Sogverschleiß (auf Unterdruckseite in strömenden Flüssigkeiten durch zusammenstürzende Hohlsoggebiete); *Tropfenschlagverschleiß* (infolge Beaufschlagung durch wiederholte Schläge frei fliegender Flüssigkeitsteile).

Wichtigste Verschleiß-Erscheinungsformen: *Metallische* bzw. *oxidische Pulverabtragung;* „Fressen" durch zunächst örtliche Druckverschweißung mit folgendem Herausreißen dieser Partien; *Grübchenbildung* durch Gefügezerrüttung unter Wälzdruck (z. B. auf Zahnflanken); *Auswaschung* (durch Erosion); *Auskolkung* (durch Tropfenschlag) u. a. – Manchmal verschiedene Verschleißarten überlagert, gleichzeitig Einwirkung des Luftsauerstoffes. – Verschleißverhalten eines Werkstoffs durch allgemein gültige Kennzahl nicht anzugeben. Prüfversuch muß sich späterer Betriebsbeanspruchung weitgehend anpassen. Prüfung des Verschleißverhaltens auf über 30 verschiedenartigen Prüfmaschinen möglich. Am bekanntesten sind die von Amsler, Mohr & Federhaff, Spindel-MAN, Sawin-Skoda sowie Schleifteller-Typ der MAN (DIN 50330). Dabei meist Kurvenfeststellung der zeitlichen Abhängigkeit des Gewichtsverlustes; Abrieb je Zeiteinheit manchmal konstant, zunehmend oder abnehmend, je nachdem, ob „Fressen" eintritt oder ein „Einlaufen".

4. Zerspanbarkeitsprüfung

„Zerspanbarkeit" ist Gesamtverhalten des Werkstoffs bei spanabhebender Formung.

Beurteilung der Zerspanbarkeit nach:

1. **Standzeit-Verhalten:** Versuchskurve gibt Aufschluß über zulässige Schnittgeschwindigkeit v unter bestimmten Schnittbedingungen bei als wirtschaftlich angenommener Standzeit T (Nutzungsdauer der Schneide bis zum nächsten Anschliff).
2. **Oberflächengüte** (Rauhigkeit) des Werkstücks, abhängig außer von Werkstoffart von v (hohes v gibt bessere Oberfläche) und von Abnutzungsgrad der Schneide.
3. **Schnittkräften** (vgl. DIN 768): Hauptschnittdruck P_3 möglichst klein und nicht vibrierend, um Werkzeug und Maschine zu schonen.
4. **Spanbildung** (Spanform): Ob kurzbrechend (erwünscht auf Automaten, da andernfalls Arbeit sehr erschwert), oder nichtbrechend-lockig bzw. drahtig, hängt nicht nur vom Werkstoff, sondern z. T. auch von Schneidenform (Spanbrechnuten) und Spanwinkel, von v sowie anderem ab. – Hinzu kommt Berücksichtigung der Zerspanungsart (Drehen, Bohren, Fräsen usw.), die beim gleichen Werkstoff oft unterschiedliches Verhalten ergibt, sowie Kühl- bzw. Schmiermittel-Einfluß. – Zerspanbarkeitsprüfung ist sehr komplexes Sondergebiet, das praktisch aus dem Rahmen der eigentlichen Werkstoff-Prüfung herausfällt.

5. Prüfung auf Korrosionsbeständigkeit

Korrosions-Begriff, -Arten und -Ursachen siehe Abschnitt I.G. – Korrosionsprüfung bezweckt Auswahl geeigneten Werkstoffs oder Schutzverfahrens bei bekanntem Angriffsmittel oder Beständigkeitsermittlung bestimmten Werkstoffs gegenüber verschiedenen Angriffsmitteln, ggf. Feststellung der Auswirkung zusätzlicher Einflüsse auf bestimmten Korrosionsablauf. So vielseitig wie die Korrosion selbst müssen auch die Korrosionsprüfverfahren sein.

Vor Festlegung des Prüfverfahrens muß zu erwartende oder schon aufgetretene Korrosionsart geklärt sein. – Im *Naturversuch* wird Prüfung der praktischen Beanspruchung angeglichen. *Laboratoriumsversuch* arbeitet mit Verschärfung der Versuchsbedingungen(sinnvolle Begrenzung!). Übergangsform zwischen beiden ist *Betriebsversuch:* Einsetzen von Proben oder ganzen Konstruktionsteilen in Betriebsapparate; dann zweckmäßig, wenn Korrosionsbeanspruchung der Werkstoffe komplex und durch Natur- oder Labor.-Versuch nicht zuverlässig nachahmbar. – *Korrosionseinheiten* (DIN 50901): Korrosionsgeschwindigkeit v_K/g/m² je Tag ergibt Versuch direkt durch Feinwägung; lineare Korrosionsgeschwindigkeit v_L mm/Jahr, aus v_K errechnet, ist besonders anschaulich für Konstrukteur. – *Korrosionsversuch-Normung:* DIN 50901, 50905, 50907, 4852, 4854, 50908, 50909, 50910, 53210.

6. Metallographische Prüfung

Wichtigste Grundlagen der Metallographie bringt Abschn. I, B. – Hier nur Andeutung der sehr vielseitigen Prüfverfahren möglich:

1. **Herstellung der Versuchsproben:** Heraustrennen durch Sägen, Bohren, Trennschleifen etc. so, daß keine mechanischen (Kalthärtung) und thermischen (Anlaßwirkung gehärteter Stähle) Veränderungen des Gefüges erfolgen.

2. **Umschmelzen:** Manchmal ist Gußgefüge von Interesse; dabei Umschmelzen ohne chemische Veränderungen in geeigneten Versuchsöfen.

3. **Temperaturmessung:** Nur sehr begrenzt durch Flüssigkeits- und Widerstands-Thermometer, meist durch Thermoelement, über 1600 °C durch optische und Strahlungs-Pyrometer (vgl. IA).

4. **Aufnahme von Abkühlkurven** von Metallen und Legierungen (vgl. IB) bes. zur Feststellung von Haltepunkten; behelfsmäßig möglich; zweckmäßig durch Dilatometer, Kalorimeter, Röntgenfeinstrukturanalyse, Mikroskop.

5. **Werkstoff-Untersuchung durch Röntgenstrahlen** siehe II, 9.

6. **Untersuchung des Gefüges:** a) *Vorbereitung* der nach 1. herausgtrennten Proben erfolgt zur *Makro-Untersuchung* (d. h. mit bloßem Auge bzw. mit Lupe) durch Feilen (Schleifen) und anschließend Flächen-Feinschliff mit Schmirgelpapier bis Körnung 00, für *Mikro-Untersuchung* (d. h. mit Mikroskop) durch Feinschliff bis 600 und anschließend Naßpolieren meist mit Tonerde (Al_2O_3) auf Filztuchscheibe. Auch Mikroschliffe grundsätzlich zuerst ungeätzt mit bloßem Auge und im Metallmikroskop betrachten. Bei GG dabei Verteilung des Graphits, bei St usw. Schlacken- und sonstige Einschlüsse besser erkennbar als nach Ätzung. – b) *Gefüge-Entwicklung* erfolgt durch Ätzen. Zahllose Ätzmittel für Makro- und Mikro-Schliffe üblich [II.6]. Für *Stahl-Makroschliffe gebräuchlichste Ätzungen:* Nach Heyn (Kupferammoniumchlorid; Seigerungsnachweis); nach Oberhoffer (Seigerung und Primärstruktur); nach Adler (Schweißnähte und Seigerungen); HCl ($\varrho = 1{,}19$ g/cm³) für Tiefätzungen zur Entwicklung der „Faser"-Struktur, Aufdeckung von Rissen und porösen Stellen; Schwefelabdruck nach Baumann (auf Fotopapier) für Schwefelseigerungen; nach Fry zum Nachweis von „Kraftwirkungslinien" an alterungsanfälligen Stählen; u. a. – *Für Mikroschliffe der Eisenmetalle wichtigste Ätzungen:* 1 ... 3%ige alkohol. HNO_3 oder HCl am gebräuchlichsten; „V2A-Beize" (HNO_3 + HCl) für nichtrostende Stähle, u. v. a. – Zahlreiche Ätzmittel für NE-Metalle, dem jeweiligen Sonderzweck angepaßt [II.7].

7. **Mikrogefüge-Untersuchung** ungeätzt und geätzt im optischen Metall-Mikroskop meist bei ins Objektiv reflektierter zentraler oder seitlicher Beleuchtung, seltener „Dunkelfeld"-Beleuchtung (Strahleneinfall so schräg, daß keine Reflexion spiegelnder Flächen ins Objektiv erfolgt, Streustrahlen diffus reflektierender Einschlüsse dagegen leuchten auf dunklem Grund auf). Maximal-Vergrößerung $\approx$1600×, für UV-Aufnahmen (Sonderobjektive!) $\approx$2000×. Makro- und Mikro-Aufnahmen siehe Tafel I ... IV, bei IB. Elektronen-Mikroskop für Forschungszwecke liefert Vergrößerung bis 80000× (sehr umständlich).

7. Chemische Prüfung

Man unterscheidet *Voll-* und *Teilanalysen,* je nachdem, ob alle maßgebenden oder nur der eine oder andere Bestandteil bestimmt wird.

1. **Analytische Bestimmung:** Kleine Spaneinwaagen in meist Säuren gelöst, daraus durch Chemikalienzugabe erhaltene Ausfällung einer Verbindung des zu bestimmenden Stoffes wird gewogen (Gewichtsanalyse) oder durch Titrieren (Mengenbestimmung zugegebener Meßlösung bekannter Konzentration) wieder gelöst (Maßanalyse). C-Bestimmung durch Verbrennung einer Spaneinwaage und gasanalytische Bestimmung der erhaltenen CO_2-Menge.
2. **Potentiometrische Bestimmung** z. B. durch Messung des elektrochemischen Potentials gegenüber bekannter flüssiger Elektrode!
3. **Photometrische Bestimmung** durch Messung der Färbungsintensität einer Lösung mit lichtelektrischem Kolorimeter.
4. **Spektrochemische Bestimmung** (optische *Spektralanalyse);* sie beruht auf Nachweis bestimmter Elemente im Lichtbogen-Spektrum, das durch Ziehen eines Lichtbogens gegenüber Probe erhalten wird, durch Vergleich mit Wellenlängentabellen oder -atlanten über Nachweislinien wichtigster Elemente. Bei qualitativer Bestimmung Gehalte nur grob abschätzbar. Beim quantitativen Verfahren wird Schwärzungsgrad der „Bandenlinien“ des Spektrums auf Fotoplatte als Maß für Menge des Bestandteils lichtelektrisch gemessen. Schnellverfahren mit „Quantometer“, das 11 Elemente in 1 min mengenmäßig zu bestimmen gestattet. S und gasförmige Elemente dabei nicht bestimmbar, C nur schwierig.
5. **Fluoreszenz-Analyse,** wobei die zu untersuchende Metalloberfläche Röntgenstrahlung ausgesetzt wird. Von dieser erregte Eigenstrahlung der Atome wird in Spektrometer-Strahlengang nach Wellenlängen zerlegt und durch Zählrohr aufgenommen und aufgezeichnet. Nur für Elemente der Ordnungszahlen über 20. Damit auch Feststellung von Oberflächen-Zusammensetzungsänderungen bei Korrosion; auch Schichtdickenmessung.

Für Betriebsmann wichtig ist die **Tüpfelprobe:** Auf kleine metallisch blanke Stelle wird Tropfen geeigneten Lösungsmittels gebracht und Reaktionsablauf beobachtet. Festgestellt wird Gas- bzw. Schaumentwicklung, Färbung des Tropfens bzw. die sich bildende Metallsalz-Abscheidung. Durch Vergleich mit Proben bekannter Zusammensetzung schnell Werkstoff-Verwechslungen bzw. Art des Legierungsgrades feststellbar.

8. Physikalische Prüfungen [II.9]

Man versteht darunter aus der Physik entnommene Verfahren zur Bestimmung gewisser Werkstoff-Kenngrößen. Nachfolgend nur einige wichtige Kennwerte; Meßverfahren zu ihrer Ermittlung nach *F. Kohlrausch.*

1. **Elastizitätsmodul** E und **Schubmodul** G: Ermittlung aus Dehnungsmessung bzw. elastischer Durchbiegung bzw. Verdrehwinkelmessung, vergleiche II, Aa.
2. **Dichte** ϱ_m = Masse/Volumen g/cm³.
3. **Wichte** γ = Gewicht/Volumen N/dm³ (früher spez. Gewicht).
4. **Spez. Wärme** siehe I.1.
5. **Wärmeausdehnung** = reversible Ausdehnung durch Temperaturerhöhung (kubischer Ausdehnungsbeiwert $\beta \approx 3 \cdot$ linearem Ausdehnungsbeiwert α; vgl. Tabelle I.35).
6. **Wärmeleitfähigkeit** λ (Wärmeleitzahl) = Wärmemenge J, die in 1 h durch Körper von 1 m Länge und 1 m² Querschnitt bei 1 °C Temperaturgefälle strömt [W/Km]; vgl. Tabelle I.35.!
7. **Spez. el. Widerstand** ϱ = Widerstand R eines Leiters von der Länge $l = 1$ m und dem Querschnitt $q = 1$ mm² (Dimension: $\Omega \cdot \text{mm}^2/\text{m} \equiv 10^{-4}\,\Omega \cdot \text{cm}$); sein Reziprokwert ist die *el. Leit-*

fähigkeit $\varkappa = 1/\varrho/\mathrm{m}/\Omega \cdot \mathrm{mm}^2 \equiv 10^4\,\Omega^{-1} \cdot \mathrm{cm}^{-1}$, also in ihrem Zahlenwert jene Anzahl Meter, die ein Draht von 1 mm² Querschnitt haben darf, um eben 1 Ω Widerstand zu haben. – *Temperaturbeiwert α von ϱ* bei reinen Metallen positiv, d. h. ϱ-Zunahme mit der Temperatur; für Cu z. B. $\alpha_{0°} = 0{,}004$ pro °C bei 0 °C; bei Konstantan (vgl. I E) jedoch $\alpha_{20-100\,°C} = -0{,}00004 \ldots -0{,}00003$, also negativ. α ist außerdem temperaturabhängig. – Bei den *magnetischen Eigenschaften*, die an entsprechenden Werkstoffen evtl. zu prüfen sind, interessieren z. B. die Hystereseschleife und in diesem Zusammenhang Güteziffer und Leistung eines Dauermagneten; Remanenz und Koerzitivkraft, magnetische Sättigung und ihre Temperaturabhängigkeit, Anfangs- und Maximal-Permeabilität; bei Dynamo- und Trafo-Blechen: Ummagnetisierungsverlust (bisher Watt- oder Eisenverlust), ein Sammelbegriff für Hysterese-, Wirbelstrom- und Nachwirkungsverlust.

9. Zerstörungsfreie Prüfverfahren

Sie ermöglichen Feststellung der Fehlerfreiheit bzw. Ermittlung bestimmter Eigenschaften oder eines Spannungszustandes, ohne daß Werkstück dabei verwendungseinschränkend beschädigt oder gar zerstört wird. – Z. T. gilt dies schon für die Härteprüfverfahren, soweit sie sich auf die Oberflächenhärte beschränken.

a) **Untersuchung des Kristallzustandes** (Teilchengröße; intra- und interkristalline Spannungen; Kristallgitterstörungen) durch Beobachtung von Linienbreite und Intensität bei Debye-Scherrer-Rückstrahlaufnahmen mit „monochromatischen" weichen Röntgenstrahlen (Wellenlänge $\lambda = 1 \ldots 2 \cdot 10^{-7}$ mm). Im Glühzustand Linien scharf, mit zunehmender plastischer Umformung (Textur) zunehmend verwaschen, durch Rekristallisation wieder scharf, bei Grobkornbildung in einzelne Punkte aufgelöst; auch Wechselbelastung gibt Änderung der Linienbreite.

b) **Bestimmung von Oberflächenspannungen** (Eigenspannungen oder Spannung bei elastischer Formänderung), auch bei Schwingbeanspruchung nach gleichem Verfahren wie unter 1. an kleinen Flächenpunkten (0,2 mm²), daher auch in Kerben, auf ± 10 ... 20 N/mm² genau; einziges Verfahren zerstörungsfreier Eigenspannungsmessung (kostspielig). – Auch mech. Dehnungsmessung zur Spannungsermittlung über Feststellung kleiner Längenänderungen durch an Bauteil angesetzte *Dehnungsmeßgeräte* versch. Bauart. – Vielseitig ist auch Verfahren mit *Dehnungsmeßstreifen:* Papierstreifen (1 ... 2 cm²) mit zick-zack-förmig aufgeklebtem Widerstandsdraht wird auf Werkstück aufgeklebt, wobei Draht nach Belastung unter gleicher Dehnung steht wie Werkstückoberfläche. Aus dem mit Dehnung sich änderndem Drahtwiderstand wird zu ermittelnde Spannung errechnet; auch für dynamische Messungen brauchbar, dann mittels Oszillograph.

c) **Durchstrahlverfahren.**

1. **Sichtbares Licht:** Starke Lichtquelle zur Fehlersuche in durchsichtigen oder durchscheinenden Werkstoffen (Glas, Porzellan, Kunststoffe); Lage- und Bindungsfeststellung von metallischen Gewindebüchsen, Schrauben, eingepreßten Drahtnetzen u. a. in ihnen. – *Optische Spannungsprüfung* unter Anwendung der Doppelbrechung polarisierten Lichts, die mit Verspannung örtlicher Zonen verbunden ist. Dabei Feststellung noch zulässiger Eigenspannungen in Glasteilen, die möglichst spannungsarm sein sollen (chem. Industrie) oder der Gleichmäßigkeit der Spannungsverteilung splitterfreier vorgespannter Scheiben, z. B. Securit u. a. bei Kraftwagen.

2. **Röntgen- und Gammastrahlen** sind ebenso wie sichtbares Licht elektromagnetische Transversalwellen, jedoch unsichtbar und mit wesentlich kürzerer Wellenlänge und höherer Frequenz; sie durchstrahlen mehr oder weniger alle Stoffe. Durchstrahlung um so leichter, je niedriger Ordnungszahl des Elements (z. B. durch Leichtmetall weniger geschwächt als durch Stahl). Dabei werden durch ausgelöste Elektronen „Schattenbilder" entworfen, in denen Fehlstellen (Hohlstellen, Wandschwächungen oder Fehlstellen geringerer Dichte) oder eingebettete

andere Stoffe größerer Dichte (Schwermetallteile in Leichtmetallen oder Kunststoff, Stahlarmierung in Beton u. a.) dadurch sichtbar werden, daß die Strahlen durch sie weniger bzw. mehr geschwächt werden, also z. B. bei Filmaufnahmen die lichtempfindliche Schicht mehr oder weniger geschwärzt wird.

3. **Röntgenstrahlen:** Erzeugung in Rö.-Röhren mittels hochgespanntem Gleichstrom (50 ... 400 kV, Sonderformen bis 500 kV, bei 2 ... 10 mA Stromstärke), erhalten durch Gleichrichtung hochtransformierten Wechselstroms; Wellenlänge 10^{-8} ... $6 \cdot 10^{-10}$ mm, Frequenz $3 \cdot 10^{18}$ ... $5 \cdot 10^{19}$. Stärkere Rö.-Röhren bis 2000 kV heute überholt durch *Betatron* (Elektronen-Beschleuniger). Betatron entspricht z. B. Rö.-Röhre für 20000 kV; Stahl-Durchstrahldicke bis 500 mm (herab bis zu 70 mm). – Weitere Vervollkommnung neuerdings durch Fernsehübertragung. – *Regelung der Rö.-Strahlenhärte* (Wellenlänge!) durch Spannungswahl; *Regelung der Intensität* durch Wahl der Stromstärke: Dadurch gute Anpassungsfähigkeit an Werkstoffart und -dicke; weitere Anpassung bei Filmaufnahmen durch Belichtungszeit. *Bildgüte* (Detailerkennbarkeit) abhängig von Kontrast und Schärfe: *Bildkontrast* bedingt durch „Härte" der Strahlen (um so kontrastreicher, je weicher, d. h. je größer Wellenlänge!). *Bildschärfe* abhängig von geometrischen Aufnahmegrößen (vor allem Brennfleck ≡ Fokus möglichst klein!) und funktionell durch die „innere Unschärfe" bei Filmaufnahmen (durch „Verstärkerfolien" verschlechtert). Streustrahlung zu verhindern durch Strahlenabdeckung der nicht aufzunehmenden Werkstückpartie und der Filmrückseite mit Blei (um so notwendiger, je dicker Prüfling und je härter Strahlung). Normal-Brennfleck 4 ... 5 mm Durchmesser, bei *„Feinfokus-Röhren"* 0,2 ... 0,5 mm, daher durch sie Erhöhung der Fehlererkennbarkeit und Kontrastgewinn. *„Hohlanodenröhren"* gestatten Hohlkörper in einer Stellung von innen zu durchstrahlen, wobei Filme um Außenseite gelegt; evtl. kreisförmige Anordnung vieler Werkstücke mit Film auf Außenseite und gemeinsame Durchstrahlung (Zeitgewinn für Massenprüfung). – *Bilderzeugung: Leuchtschirmbild* (einfach und billig) für subjektive Betrachtung, bes. für leicht durchstrahlbare Werkstücke (Leichtmetall, dünnwandiger Stahlguß, geschweißte Blechteile u. a.). Grundsätzlich Fehlererkennbarkeit geringer als bei Filmaufnahme. Gefahr erhöhter Unschärfe begegnet durch Hochstromröhre mit rel. niedriger Spannung (rel. weiche Strahlen); bei sperrigen Werkstücken Feinfokusröhre; wesentliche Verbesserung durch *„Rö.-Bildverstärker"*, einem evakuierten Glasbehälter hinter Prüfling mit Fotokathodenschicht auf Leuchtschirm. Dadurch auch Durchleuchtungsprüfung von Werkstücken möglich, für die sonst schon Filmaufnahme notwendig wäre (Stahl z. B. bis 45 mm). *Leuchtschirmfoto* zur Einsparung von Rö.-Film fast so gut wie Filmaufnahme, wenn neuere Erkenntnisse berücksichtigt: Fehlererkennbarkeit verbessert, wenn Schirmhelligkeit 10 : 1 bis 100 : 1 verringert bei Verlängerung der Belichtungszeit. – *Direkte Filmaufnahme* gibt bestes Bild (s. Abb. II.41). Durch Verstärkerfolien (DIN 54112 (Filme, Verstärkerfolien, Kassetten f. Aufnahmen mit Rö.- u. Gamma-Strahlen)) auf beiden Seiten des doppelschichtigen Films wird Belichtungszeit verkürzt, Fehlererkennbarkeit jedoch verringert, wodurch Vorteil kleinen Brennflecks bzw. großen Fokusabstands eingebüßt wird. *Stereo-Filmaufnahmen* möglich, die räumliche Lage der Fehler bzw. Einschlüsse erkennen lassen.

Gamma-Strahlen haben größere „Härte" (Wellenlänge $3 \cdot 10^{-9}$ ... $5 \cdot 10^{-11}$, Frequenz 10^{19} ... $6 \cdot 10^{20}$) und damit bessere Durchdringfähigkeit als Rö.-Strahlen; sie entsprechen mit einigen Millionen Volt erzeugten Rö.-Strahlen. Streustrahlung stärker, daher bei geringer Durchstrahldicke wegen schlechterer Fehlererkennbarkeit unterlegen. Frühere Gamma-Strahler (z. B. Radium, Mesothorium als natürliche Strahler) heute überholt durch radioaktive Isotope z. B. Kobalt 60 mit Halbwertszeit 5,3 Jahre (d. h. Strahlintensität nach 5,3 Jahren nur noch halb so groß, u. a. (z. B. Tantal 182 (H.-Z. = 111 Tage); Caesium 137 (H.-Z. = 33 Jahre); Iridium 192 (H.-Z. = 74 Tage)), in dickwandiger Pb-Kapsel verschlossen, die zur Werkstück-Durchstrahlung einseitig (u. U. automatisch mit Fernsehschirm-Verfolgung an strahlensicherem Ort) geöffnet wird. Filmaufnahme wie bei Rö.-Strahlen, jedoch Belichtungszeiten viel länger, da Energiedichte geringer. Weder Strahlungs-Apparatur noch Wartung nötig, überall leicht anbringbar. Strahlungshärte und -intensität vorgegeben durch Strahler; nur Belichtungszeit Werkstoffdicke anzupassen. Überwiegend für größere, mit Rö.-Röhren schwer erfaßbare Dikken, etwa bis 150 mm Stahl, darüber besser Betatron (s. oben). – *Bild-Auswertung:* Bei subjektiver Betrachtung von Schirmbild und Negativ spielt Erfahrung des Auswerters große Rolle;

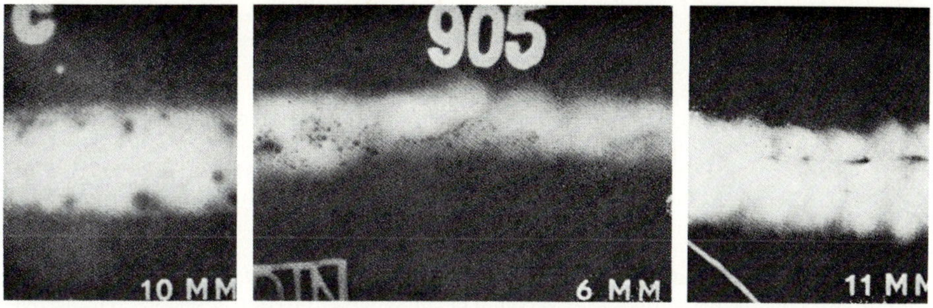

Abb. II.41. Wiedergabe von Röntgen-Negativ-Ausschnitten der Sammlung von Muster-Röntgenaufnahmen des „International Institute of Welding“: a) 10-mm-Blech: Gasblasen; b) 6-mm-Blech: Gasporen; c) 11-mm-Blech: Schlackeneinschlüsse.

manche Fehler werden übersehen, u. U. auch überbewertet. Beim *Röntgen-Densograph* durchleuchtet Lichtstrahl den Film und fällt dann auf lichtelektrische Zelle, die Spiegelgalvanometer steuert; dessen Lichtstrahl erzeugt Fotokurve (Densogramm), die Größe und Begrenzung der Fehlstellen zu beurteilen gestattet. Beim *Zählrohr-Verfahren* wird Intensität der durch Werkstück getretenen Strahlung mit Geiger-Müller-Zählrohr quantitativ gemessen. An Fehlstelle geringere Strahlenschwächung, also stärkeres Ansprechen des Zählrohrs. Besonders für Messung von Wanddicken-Unregelmäßigkeiten durch Korrosion und Abbrand. Nicht zum Nachweis kleinster Einzelfehler, aber bei Häufung kleiner Hohlstellen (schwammige Stellen) und größerer Fehlerausdehnung schnelle und sichere, zahlenmäßig auswertbare Anzeige. – *Grenzen der Fehlererkennbarkeit:* Feine Risse meist nicht erkennbar, besonders wenn sie schräg zur Durchstrahlrichtung liegen und nicht klaffen; manchmal Erfolg mit vergrößert projizierten Feinfokus-Aufnahmen. Sehr kleine Einzelporen (meist unschädlich!) nicht immer erkennbar, örtliche Porenanhäufung (poröse Zonen) dagegen gut.

d) **Oberflächenprüfung im sichtbaren Licht.**

1. *Einfache Betrachtung* ohne Vorbehandlung läßt oft schon Risse, Überwalzungen und eingewalzte Splitter (bei Blechen), Ziehriefen, Bindefehler, schlechte Überzüge, Poren, offene Blasen, Bearbeitungskerben, Korrosionsnarben u. a. feststellen; Lupe hilft dabei. Lichtart und -richtung oft wesentlich (Seitenbeleuchtung!). – 2. *Beizprobe* besonders zum Rißnachweis an Oberflächen und Querschnitten (gebräuchlicher Stahlwerkstest), dabei Rißaufweitung (Wirkung: siehe Spaltkorrosion!). Stahl: Kochen in 30%iger HCl + Sparbeizzusatz. Al und seine Legierungen: NaOH; Mg-Leg.: ½stündige Behandlung in 80 °C warmer Lösung von 15% Kaliumbichromat + 2% Ammoniumacetat mit Nachspülen (Gelbfärbung der Fehlstellenränder), bekannt als CA-*Verfahren;* ferner Mg-Preßlegierungen: 2 Teile 2%ige HCl + 1 Teil 10%ige HNO_3 zum Weißbeizen; Fehler dann gut erkennbar. – Cu und seine Leg.: Beizen mit HNO_3. – Auch „Faserverlauf“ durch Beizen nachweisbar. – 3. *Anschliff* mit folgender Makroätzung zum Rißnachweis. – 4. *Kapillarprobe* (Kalkmilchprobe; Kreide-Öl-Verfahren; Ölkochprobe) zum Nachweis feinster Makrorisse: Bestreichen der Teile mit dünnflüssigem Öl (wenn möglich besser in Öl kochen), sauber trockenwischen, Bestreichen mit Kreide-Spiritus-Aufschlämmung, dann leicht erwärmen: In Fehlstellen eingedrungenes Öl tritt z. T. wieder aus und zeichnet Rißverlauf scharf ab. Stahl- und ölige NE-Metallteile auch Tränken mit dünnem anilinfarbigem Öl, für ölfreie Leichtmetallteile auch wäßrige Anilinfarblösung, kurz nachbeizen und schnell Tauchen in heißem Kalkmilchbad mit Antrocknen. – 5. *Fluoreszenz-Verfahren* verwendet fluoreszierende fettlösende Flüssigkeit, die nach Bestreichen oder Tauchen in auch feinste Risse eindringt. Nach Trockenwischen werden Risse in halbverdunkeltem Raum durch Aufleuchten unter UV-Lampe sichtbar. – 6. *Fehlerprüfung durch entwickelte Indikatorfarbe:* Prüfstück wird mit farbloser Phenolphthalein-Lösung behandelt, abgewischt und mit Kalkmilch bestrichen oder mit Kalk eingepudert, dabei Rotabzeichnung der Fehlstellen; oder bei etwas fettigen Teilen: Teilebehandlung mit „P_3“ von Henkel, nach Abwischen Einpudern mit

Phenolphtalein-Pulver (Rotabzeichnung der Fehler). – 7. *Zufällige Beobachtung:* Auswirkung von Rissen auf Spanablauf (z. B. periodisches Spanbrechen beim Drehen und Hobeln) sowie auf Schnittfläche (Glanz-Stufenmarkierung hinter Rißstelle); Rostliniennetz über Rißstellen durch Atmosphärilien-Angriff u. ä.

e) **Abdrückversuch.** Zur Prüfung von Rohren, Behältern, Gehäusen u. a.; dabei Verschließen der Hohlkörper durch zugehörige oder Blind-Deckel und Abdrücken: 1. *Innendruckversuch für Hohlkörper* nach DIN 50104 mit meist H_2O zur Festigkeitskontrolle, wobei z. B. Prüfdruck = 1,2 ... 1,5 × max. Betriebsdruck. – 2. *Dichtigkeitsprüfung* durch Abpressen mit Luft, wobei Prüfstück unter Wasser, oder mit leicht schäumender Seifenlösung (besser Nekallösung) bestrichen wird (bei Luftaustritt Schaumhäufchen).

f) **Prüfung mit Wärmedurchleitung.** Zum Nachweis innerer Bindefehler, z. B. Blechdoppelungen als Folge flachgewalzter Brammenlunker, Bindefehler in Lagerausgüssen, Plattierbindefehler u. a.: Nasse Bleche z. B. durch Flammenrost von unten schnell erhitzt: Wo Blech am längsten feucht bleibt, liegt Blechdoppelung vor. Oder einseitiges Bestreichen (evtl. nur Strichschraffur) mit Thermocolorfarben (A. W. Faber), die als Ölkreide oder Farbpulver für Spritz- oder Streichfarbe bei Erreichen bestimmter Temperatur deutlichen Farbumschlag erfahren. Wo nach einseitigem Erhitzen Farbe nicht umschlägt, ist Bindefehler. – Auch laufende Prüfung von Bändern und aneinandergereihten Blechtafeln, die über intensive Anwärmzone wandern, ergeben durch Thermoelemente oder Widerstandsthermometer als Zeilenabbild aufzeichenbare Linienbilder, deren Linien an Fehlstellen unterbrochen sind.

g) **Prüfung mit Stromdurchleitung** auf Basis genau durchführbarer Widerstands- oder Leitfähigkeits-Messung: 1. *Galvanische Ankopplung,* d. h. unmittelbare Stromdurchleitung: Profilen wird durch Schleifkontakte in kurzem, über Prüflänge verschiebbaren Bereich laufend Gleichstrom gleicher Stärke zugeführt. Durch querschnittschwächende Fehler innerhalb Prüfbereich wird normaler Spannungsabfall des gesunden Querschnitts erhöht; Feststellung durch Anzeige- oder Schreibgerät (Prinzip des Sperry-Schienenriß-Suchgeräts in Eisenbahn-Meßwagen). Sinngemäß Feststellung von Blechdoppelungen durch Querstromzufuhr von beiden Blechoberflächen; damit auch Dickenunterschiede feststellbar, bis auf 3% genau, auch wenn Zugänglichkeit nur von einer Seite.

2. *Induktive Ankopplung,* d. h. Prüfstück wird in magnetisches Wechselfeld gebracht und Wirbelstrom in ihm induziert; Spannungsabfall dann wegen Rückwirkung auf Primärspule (bzw. Meßspule) durch Messung von deren Scheinwiderstand (bzw. Wechselspannung). Sammelbezeichnung: *Wirbelstromverfahren* mit Durchlaufspulen, aber auch mit Tast- oder Aufsetzspulen, beide in Einfachschaltung (für Werkstoffart und -zustand) oder Differentialschaltung (für örtliche Fehler). *Prüfgerät* von *Schirp* mit Differentialschaltung für NE-Metallprofile, hauptsächlich für Längsfehler, auch Querrisse, Einschlüsse, Poren, auch Wanddickenunterschiede und Doppelungen. Damit automatische Massenprüfung mit Sortierung gut/schlecht. Gleiches Gerät gestattet auch Legierungsgruppenunterschied und Wärmebehandlungsfehler (Festigkeitsunterschied ab 5%) nachzuweisen. – *Verfahren* nach *Förster* mit Durchlauf- bzw. Tastspule für NE-Metall-Profile zum Fehlernachweis, zur Unterscheidung von Werkstoffgruppen und Wärmebehandlungszustand, aber auch zum einseitigen schnellen Messen der Dicken von Wandungen und Isolierschichten (z. B. Eloxal- bzw. Lackschichten). – Auch Sondergeräte zur Prüfung der Verwechslung und Wärmebehandlung von NE-Metall-Kleinteilen. – *Stahlprüfgerät* (Bauart Dr. *Heitmüller,* Kiel) entspricht magnetinduktiver Prüfung ferromagnetischer Werkstoffe nach Vormagnetisierung bis Sättigung (um Störungen durch magnetische Inhomogenitäten auszuschalten). Prüfung auf Oberflächenfehler (Risse u. a.), ferner für Unterschied in Festigkeit, Wärmebehandlung, Härte (Verwechslungsprüfung); automatische Stangen- und Rohr-Massenprüfung mit Sortieranlage und Stempelmarkierung der Fehlstellen; auch für Leichtmetall anwendbar. – Für Einzel-Formteilprüfung „Fecodyn"-Gerät von *F. Bekker* (Hahn & Kolb); auch entsprechende Geräte von *Heitmüller* bzw. *Cornelius.*

h) **Magnetische Prüfverfahren.** Sie beruhen auf Ferromagnetismus: Feststellung des Grades seines Vorhandenseins (1 und 2) bzw. Fehleraufdeckung durch Feldstöranzeige (3). –

1. **Verwechslungsprüfung** durch Handmagnet zur Unterscheidung ferromagnetischen Stahls einerseits und unmagnetischen (austenitischen) Stahls bzw. NE-Metalle andererseits. – Durch Messung der Anziehungskraft (Dauermagnet an Feder- oder Neigungswaage mit Schleppzei-

ger) wegen verschiedener Anziehungskraft auch Stahlgruppen trennbar, sowie Feststellung des Grades der Kaltumformung austenitischen Stahls (mit Kaltumformung zunehmend Ferritbildung!). Auch Härtesortierung z. B. von Bohrern durch Vormagnetisierung (Verfahren der AEG); ungenügend harte Bohrer haben geringere Remanenz. – Auch Fe-Nachweis durch Magnetnadel-Abweichung manchmal verwendbar (Armierungsstahl nahe Oberfläche in Beton).

2. **Permeabilitätsänderung:** *Magnetische Härteprüfung* durch Messung der Induktionsänderung einer Spule infolge Permeabilität des durchgestreckten Prüflings bei Vergleich mit Normalstück (Differentialschaltung). Ferner „Ferrograph“ nach *Förster,* „Cyklograph“ von Du Mont (USA), „Ferroskop“ von Alfred Herbert Ltd. – *Magnetische Messung der Einsatz-Härteschicht,* wobei Meßspule das einsatzgehärtete und Vergleichsspule nichtgehärtetes Stück gleicher Abmessung umschließt. – *Dickenbestimmung unmagnetischer Schichten* auf Stahl, z. B. Plattierschichten, Überzug aus nichtmetallischem Stoff (Lack, Emaille, Isolierstoff u. a.); unmagnetische Schicht wirkt wie Luftspalt zwischen ferromagnetischem Grundwerkstoff und Spulenjoch, erniedrigt also Induktivität der Drosselspule mit zunehmender Schichtdicke.

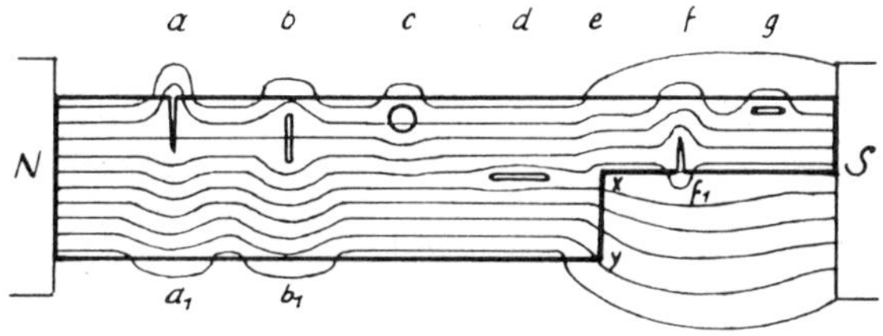

Abb. II.42. Magnetischer Feldlinienverlauf (schematisch) bei Gleichstrom-Polmagnetisierung; Streulinien-Austritt an Fehlstellen und Querschnittsänderung.

4. **Feststellung des Austritts magnetischer Feldlinien an Fehlstellen:** Hauptsächlich zur Prüfung auf Oberflächenrisse oder oberflächennahe Tiefenfehler. Magnetisch gesättigter Querschnitt erfährt an Fehlstellen, die magnetisch durchfluteten Querschnitt schwächen, Austritt magnetischer Feldlinien (dann Streulinien genannt), z. B. Abb. II.42; damit dort Magnetpolbildung. – *Induktive Anzeige* heute durch schwingende Anordnung der Suchspule (oder des Werkstücks), wobei Fehlstelle infolge Streulinienschnitt akustisch oder oszillographisch nachgewiesen wird. Im allgemeinen selten, in Sonderfällen bei glatten Profilen und Drahtseilen eingeführt (z. B. Drahtseil-Prüfgerät Bauart ehemalige Reichsröntgenstelle).

Magnetpulver-Prüfung hingegen von größter Bedeutung zum Nachweis bes. von Oberflächenrissen in Stahlteilen: Nach Magnetisierung (siehe unten!) wird in z. B. Petroleum suspendiertes feinstes Pulver aus Karbonyleisen (Eisenfeile viel zu grob!) oder Fe_3O_4, sogenanntes „Magnetpulveröl“, über Werkstück geschwemmt. An Streulinien-Aus- und Eintrittsstellen werden Pulverwülste festgehalten und zeigen selbst lupenunsichtbare Fehlstellen vielfach verbreitert deutlich an. Magnetisierungsarten nach Abb. II.43. Nach Prüfung Entmagnetisierung erforderlich.

Prüfeinrichtungen: Bei heutigen stationären Anlagen z. B. Kombination von Wechselstrom-Jochmagnetisierung und Wechselstrom-Selbstdurchflutung, dabei in einer Prüfung Längs- und Querrisse sowie unter beliebigem Winkel dazu liegende nachweisbar. Durch langsame Wechselstrom-Abschaltung gleichzeitig Entmagnetisierung. Ferner stationäre Geräte zur Zylinder-Innenwandprüfung. Tragbare Rissepürfer: Tunnel- und Jochmagnete (Steckdosenanschluß) für Blechschweißnähte, Rohrschweißverbindungen, auch Rohrknotenpunkte; dabei Magnetpulveröl mit Ölkanne aufgebracht. Ohne Gerätbeschaffung kann mit kurzgeschlossenem Schweißkabel, einigemal um Werkstück gelegt, Mittel- bis Großteilprüfung erfolgen. Mit Gleichstromstoß (1000 ... 6000 A) arbeitende Geräte nur zur Prüfung von magnetisch hartem Stahl (hohe Remanenz): Stromstoß aus starker Akku-Batterie (Magnaflux-Gerät), durch Entladung eines Kondensators (Heubach-Gerät), oder aus Stromstoß-Transformator (Siemens-

Gerät). Nach Stromstoß-Magnetiserung Teile in Magnetpulveröl tauchen. Gutteile dann entmagnetisieren. – *Fehleranzeige:* Deutlichkeit um so größer, je näher Fehler an Oberfläche; am besten bei Oberflächenriß bzw. -Schlackenzeile, dann Wechselstrom ausreichend, der infolge Skineffekt in Oberflächennähe zusammengedrängtes Magnetfeld liefert (Wirkungstiefe je nach Stromstärke 1 ... 3 mm); damit auch feinste Haarrisse bis 10^{-4} mm Breite nachweisbar. Tiefenfehler erfordern Gleichstrom, da dann ganzer Querschnitt magnetisch gesättigt wird (≙ Abb. II.42), nicht nur wie bei Wechselstrom Randzone. Je tiefer Fehler, desto „verwaschener" die Anzeige. Prüferfahrung wichtig! Auch Wurzelfehler von Schweißungen auf Raupenoberseite (ähnlich Abb. II.42 f) erkennbar [II.10]; wichtig, wenn z. B. bei Rohrschweißungen Wurzelseite nicht mehr zugänglich. Auch in Innen- und an Außenecken (Abb. II.42 x, y) sowie verwaschen auch auf gegenüberliegender glatter Seite (Abb. II.42 e) treten Pulveransammlungen auf (Vortäuschung nicht vorhandener Fehler, was Prüfer wissen muß). Rißfehler in Innenecken damit also nicht nachweisbar (bei Zweifel Kontrolle durch Beizprobe (4 b) oder Kapillarprobe (4 d) u. a.). – Für blanke Oberflächen (deutlichste Anzeige) schwarzes Magnetpulver, für dunkle Oberflächen (Guß- oder Schmiedeteile mit Oxidhaut) auch helle Pulver bzw. fluoreszierende Magnetpulver (Prüfung in halbverdunkeltem Raum unter UV-Licht). – *Urkundliches Festhalten der Fehler* durch Fotoaufnahmen oder viel billiger durch vorheriges Aufpressen feuchten Seidenpapiers auf Prüfstelle und nach Magnetisierung darauf Erzeugung des Fehlerbildes; Weiterbehandlung siehe dort!

i) **Prüfung mittels Schall.** Schallwellen sind mechanische Longitudinalschwingungen im Gegensatz z. B. zu den elektromagnetischen Transversalschwingungen der elektrischen Wellen, des sichtbaren Lichts, der Röntgen- und Gamma-Strahlen.

1. **Schall im hörbaren Bereich.** Frequenz $\nu = 16$ Hz (tiefster Ton) bis 20000 Hz (höchster Ton). *Klangprobe* durch einfaches Anschlagen: Anregen der Eigenschwingung des Prüfstücks; Beurteilung nach Klangbild, Frequenzspektrum sowie Klangdauer und zeitlicher Klangfärbung. Altbekannt ist Klangprobe durch Beklopfen von Glas und Porzellan (wenn rißfrei, klarer Klang, sonst dumpfes „Scheppern"), ferner Radreifenprüfung bei der Eisenbahn durch Beklopfen mit langstieligem Hammer („Abklingeln") vor Einsatz des Zuges; Prüfung am Kopf gehaltener Schraubenbolzen durch Schaftanschlagen; Gegeneinanderschlagen aufgehängter Flugzeugspantringe aus Mg-Gußlegierung zur Prüfung auf Mikrolunker und Risse; Mutternprüfung durch Fallenlassen auf Amboß u. ä.; Werkstoffunterscheidung: C-armer Stahl hat dumpferen, C-reicher und bes. gehärteter Stahl hat hellen, lang nachschwingenden Klang. MgAl-Blech klingt metallisch, MgMn-Blech dagegen dumpf, ähnlich Pappe. – *Klangprüfung mit Tonverstärkung,* wenn Prüfraum nicht geräuscharm: Klangabnahme mit Mikrophon, Abhören mit Kopfhörer oder Lautsprecher. – *Elektrische Messung der Abklingzeit* bei Massenprüfung: Nach Klangverstärkung wird Klangstärke und Dämpfungsgrad elektr. gemessen. Abklingzeit bis auf halbe Stärke gilt als Gütemaß, z. B. von Druckgas-Stahlflaschen u. a. – *Aufnahme der Resonanzkurve:* Breite der durch Tonsender angeregten Resonanzkurve ist Maß für mechanische Dämpfung. Fehlstellen aller Art (Lunker, Poren, Risse u. a.) führen zu starker Dämpfungserhöhung; u. U. auch Lage der Fehlstelle im Werkstück feststellbar. –

2. **Ultraschallprüfung** (Ultraschall nachfolgend abgekürzt mit US) zur Feststellung von vor allem Innenfehler (Ungänzen) in Metallen und Nichtmetallen. *Verwendete Frequenz* $\nu = (20)$ 100 [kHz] ... 6 (10) [MHz], ≙ in Stahl Wellenlänge $\lambda = (300)$ 60 ... 1 (0,6) mm; Fortpflanzungsgeschwindigkeit v in Stahl ≈6000 m/s, in Al ≈6300 m/s; $\nu = v/\lambda$. Je kleiner ν, desto geringer Streuung im Werkstoff, desto größer daher Reichweite; daher aber Bündelung abnehmend, so daß Auflösevermögen (Fehlererkennbarkeit) mit ν abnimmt. Hohes ν erfordert mit zunehmender Durchschalldicke entsprechend große Schallenergie. Für Gußstücke (rauhe Oberfläche) und andere grobkörnige Werkstoffe daher $\nu \leqq 1{,}5$ MHz; für feinkörnige Werkstoffe und glatte Oberflächen $\nu > 1{,}5$ ... 6 (10) MHz. – US-*Erzeugung:* Unter $\nu = 100$ [kHz] durch Magnetostriktionseffekt, ab 100 kHz durch Piezoeffekt, wobei überwiegend Quarzkristallplatte durch elektr. Schwingungen geeigneten Hochfrequenzsenders zu mechanischen Longitudinalwellen (Dikkenschwingungen) angeregt wird; entsprechend verwandelt Empfänger ankommende mechanische US-Schwingungen in el. Schwingungen zurück. Fortpflanzung in Gasen (starke Schwächung) und Flüssigkeiten nur als Longitudinalwellen, außerdem geradlinig und bei Schrägeintritt unter Brechung bzw. an Konvergenzflächen konvergierbar, ähnlich Licht („Schalloptik").

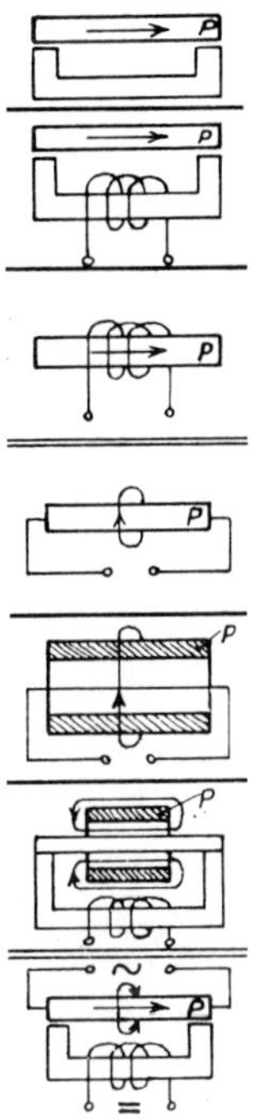

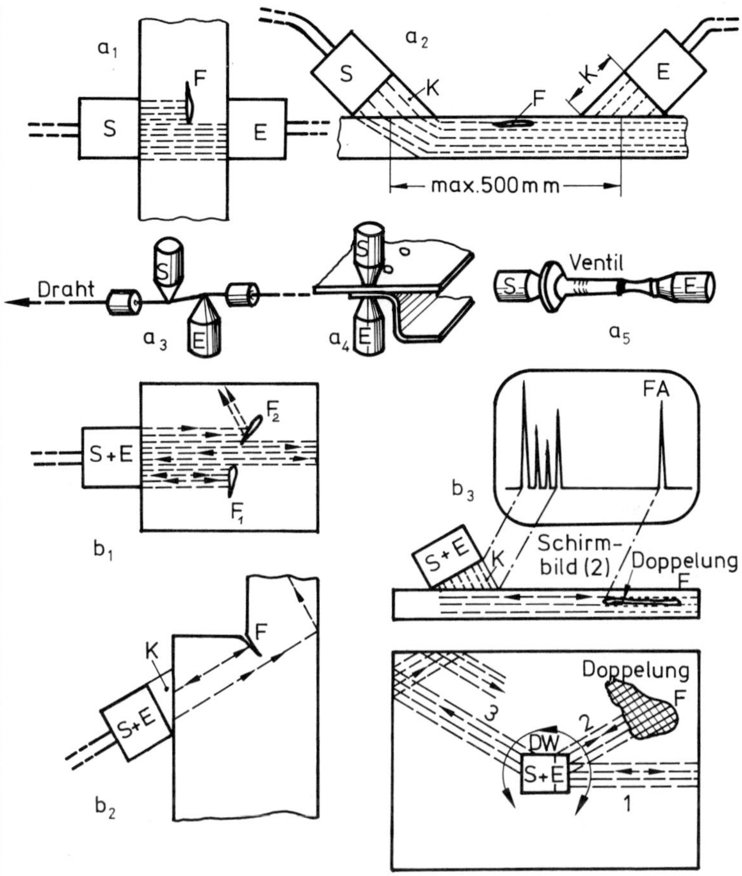

Abb. II.43. Arten der Magnetpulverprüfung (in Anlehnung an DIN 54 121 v. August 1956) P = Prüfstück; Stromstoß nur bei magnetisch hartem Werkstoff brauchbar.

Abb. II.44. **Ultraschall-Prüfverfahren:** S Schallsender; E Schallempfänger; K Kunststoffkeil; DW drehbarer Winkelschallkopf in b_3; F = Fehler;

a Durchstrahlverfahren: a_1 US-Durchleitung (Senkrecht-Einstrahlung); Fehlstelle schwächt Schalldurchgang. – a_2 Schrägeinstrahlung mit Winkelschallkopf, dabei Anregung von Plattenwellen; Störung durch Fehlstelle (hier Doppelung), daher geschwächte Anzeige durch E; sinngemäß an Schweißfehlstellen usw. – a_3 Drahtprüfung auf Risse; a_4 Prüfung von Punktschweißstellen auf Bindefehler mit Gummispitztastern S und E; a_5 Prüfung von Ventilen auf Stumpfschweißfehler bzw. Aushärtung. – (a_3 bis a_5 nach *W. Lehfeldt*).

b Impuls-Reflexions-Verfahren (Echo-Verfahren): b_1 Senkrecht-Einstrahlung: Rückwand liefert durch Fehler F_1 und F_2 geschwächtes Rückwandecho; F_1 liefert Fehlerecho zwischen Eingangs- und Rückwandecho; F_2 wird nicht angezeigt, da Echo verloren geht. – b_2 Schrägeinstrahlung an Gußstück mit Riß F, der Fehlerecho liefert; Rückwandecho geht verloren. – b_3 Plattenwellen mittels drehbarem Winkelschallkopf (DW) gestatten Blechtafel in allen Richtungen zu durchschallen; je nach Richtung Reflexion an Blechkanten (1, 3) bzw. an Fehlstellen F (hier Doppelung), die im Schirmbild Fehleranzeige FA liefert (links davon Eingangsecho).

In Festkörpern können dagegen mehrere Wellenarten auftreten: Bei $\approx \perp$-Einstrahlung als geradlinig laufende Longitudinalwellen, außerdem in ausgedehnten Körpern senkrecht Ausbreitrichtung als Transversalwellen, u. U. auch als transversale Oberflächen- oder Rayleigh-Wellen, die sogar Risse und Löcher in Eloxalschichten erkennen lassen. In Platten (Blechen) etwa bis 20 mm Dicke, durch Winkelschallkopf unter bestimmtem Winkel angeschallt, entstehen unter Totalreflexion der Longitudinalwellen durch Resonanz transversale, und zwar antisymmetrische (Biege-) und symmetrische (Dehnungs-) „*Plattenwellen*" in Blech und Draht, die ganzen Querschnitt erfassen; auch in Rohr-Umfangsrichtung erzeugbar. Fortpflanzung immer parallel Oberfläche.

Arbeitsverfahren: 1. Durchstrahlverfahren (Abb. II.44a) mit kontinuierlichem Strahl zwischen zwei Schallköpfen (Sender und Empfänger) arbeitend, die beiderseits des Prüflings an diesen mittels Flüssigkeit oder Fett satt angekoppelt sein müssen; schon kleinste Lufträume (Blasen) an Koppelstelle Schallkopf/Werkstück fälschen Prüfergebnis. Gemessen wird beim Empfänger ankommende US-Energie, die je nach Reflexion oder Dämpfung an Fehlstelle, deren Größe entsprechend, Abschwächung oder gar Auslöschung erfährt.

α) *Senkrecht-Einstrahlung* (Abb. II.44a_1) erzeugt Longitudinalwellen; hauptsächlich für Grobbleche. Um nachteilige stehende Wellen zu unterdrücken, wird Frequenz „gewobbelt" (schnell zwischen einem oberen und unteren Grenzwert gewechselt). – β) *Schrägeinstrahlung* mit Winkelschallköpfen (Abb. II.44a_2) ergibt „Plattenwellen" parallel Blechoberfläche, die ganzen Blechquerschnitt erfüllen. Gegenüber α) erheblich größerer Blechabschnitt prüfbar, z. B. 500 mm zwischen beiden Schallköpfen; Blechbewegung senkrecht dazu. Für Blechdicken 0,1 ... 20 mm.

2. **Impuls-Reflexionsverfahren** (Abb. II.44b): Nur 1 Schallkopf, der abwechselnd als Sender für US-Impulse ($\approx$300 „Blitze"/s) und zwischen den einzelnen Blitzen als Empfänger für von Werkstückbegrenzung und Fehler zurückkommendes „Echo" geschaltet ist. ν meist $\geqq$1 MHz; nur für Grauguß, Gummi, Kunststoff muß man auf 0,4 ... 1 MHz heruntergehen. Laufzeitmessung des Impulses, zeitlich aufgelöst durch Kathodenstrahlröhre mit stehendem Schirmbild in Zackenform (Abb. II.44b_3).

α) *Senkrecht-Einstrahlung* (Abb. II.44b_1) bes. bei großen Teilen und dickeren Wandungen, aber schon ab 3 mm Blechdicke möglich; gegenüber 1. bei dickeren Blechen besseres Fehlerauflösevermögen (auch kleinste Zacken im Schirmbild erkennbar). – β) *Schrägeinstrahlung* (Abb. II.44b_2 u. b_3) mit dreh- und verstellbarem Winkelschallkopf regt Plattenwellen ($\triangleq$ 1, β) in Blechen an, wobei je nach Frequenzwahl Blechdicke zwischen 0,1 ... 25 mm. Fehleranzeige hier leichter automatisierbar als bei 2, α, jedoch viel schwieriger als bei 1.

B. Werkstoffprüfung von Kunststoffen und Gummi

1. Kunststoffe

a) mechanische Eigenschaften

Zugversuch (Preßmassen DIN 53455, Folien DIN 53371, Schaumstoffe DIN 53571, Gewebekunstleder DIN 53354) zur Ermittlung von: Zugfestigkeit, Dehnung, Streckgrenze, Reißfestigkeit und Reißdehnung ergibt Kraftverlängerungsdiagramm, das in Spannungs-Dehnungs-Diagramm umgerechnet wird (Abb. II.45).

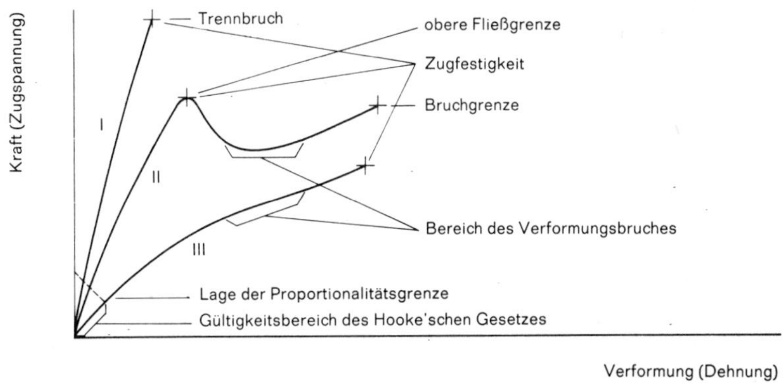

Abb. II.45. Schematische Kraft(Zugspannungs-)-Verformung-(Dehnungs-)Diagramme [II.11.]. Kurve I, z. B. Polystyrol, zeigt Trennbruch. Kurve II, z. B. Polyamid, zeigt starkes Fließen mit anschließendem Verformungsbruch. Kurve III, z. B. Weichpolyäthylen, Fließen bei ständiger Verfestigung des Materials.

Im Zugversuch ermittelte Werte dienen in erster Linie Qualitätskontrolle und Eigenschaftsvergleich. Für den Konstrukteur von relativ geringer Bedeutung, durch Variation von Prüftemperatur und Deformationsgeschwindigkeit vergrößert sich der Aussagewert. Untersuchungen des Langzeitverhaltens für den Konstrukteur wichtiger.

Biegeversuch (DIN 53452) ermittelt σ_{bB} in N/cm², d. i. Biegespannung bei Höchstlast oder bei Bruch des Probekörpers. Einer der wichtigsten Spannungsverformungsversuche für Werkstoffe mit geringem Kriechen.

Druckversuch (DIN 53454). Da Druckbeanspruchungen in der Regel Langzeitbelastungen sind, haben Ergebnisse nur geringe Bedeutung für die Konstruktion. Man konstruiert besser mit Ergebnissen von Dauerdruckstandsuntersuchungen.

Schlagbiegeversuch (DIN 53453) wird an ungekerbten Probekörpern vorgenommen. In Verbindung mit weiteren mechanischen Eigenschaften (Zugfestigkeit, Dehnung und Härte) bei vergleichbaren Verarbeitungsbedingungen ein vergleichendes Urteil über voraussichtliches Verhalten von Konstruktionsteilen bei schlagartiger Beanspruchung möglich.

Anwendung in der Produktionskontrolle und Entwicklungslaboratorien. Abwandlungen: Schlagbiegezähigkeit nach *Charpy* bzw. IZOD (DIN 51230).

Schlagbiegeversuch an gekerbten Probekörpern (DIN 53453) gibt Hinweise auf Gestaltfestigkeit. (Vergleich von Schlagzähigkeit und Kerbschlagzähigkeit.)

Elastizitätsmodul: E in N/cm² ist das Verhältnis von Spannung zu der dadurch erzielten elastischen Verformung definiert in dem Bereich, in dem Spannung und Verformung einander proportional sind (*Hookescher* Bereich). In der Praxis 0,5% Verformung zulässig. *Zug-E-Modul, Biege-E-Modul* und *Druck-E-Modul* werden unterschieden. Sie hängen von der Verformungsgeschwindigkeit ab.

Werte als Konstruktionswerte nur bei relativ kleinen Deformationen brauchbar, bei längerer Einwirkung tritt Spannungsrelaxation auf, was zum Absinken des E-Moduls, besonders bei thermoplastischen Produkten führt. Er ist also zeitabhängig.

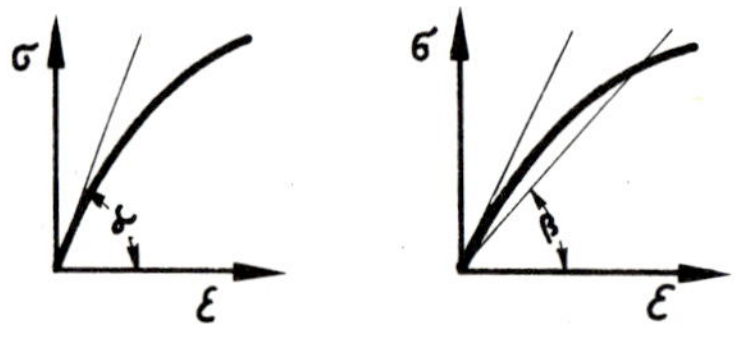

Abb. II.46. Tangentenmodul α; Sekantenmodul β Tangentenmodul wird durch den Anstieg der Tangente im Nullpunkt bestimmt, der Sekantenmodul entspricht einem um 15″ kleineren Winkel ($\tan\alpha < \tan\beta$).

Tangentenmodul aus Anstieg der durch den Nullpunkt gehenden Tangente ermittelt. Häufig wird mit *Sekanten-E-Modul* konstruiert, der um etwa 15″ kleinere Tangens kann leichter ermittelt werden (Abb. II.46).

Der **Kriechversuch** (Kriechen = zeitliche Zunahme der Verformung bei ruhender Belastung.) (DIN 50118, 50119).

Kriechkurven (Zeitdehnlinien) zeigen den Zusammenhang zwischen Zeit und Verformung im Kriechversuch.

Die Zeitbruchlinien sind die Verbindungslinien der Zeitstandfestigkeiten, deshalb auch Zeitstandfestigkeitslinien genannt. Zeitstandfestigkeit ist die auf den Anfangsquerschnitt der Probe bezogene ruhende Belastung, die nach einer bestimmten Belastungszeit den Bruch bewirkt. Dauerstandfestigkeit dagegen ist diejenige höchste ruhende Belastung, die eine Probe „unendlich lange“ ohne Bruch ertragen kann (Abb. II.47).

Da Kunststoffe schon bei relativ geringen Belastungen zum Kriechen neigen (kalter Fluß), ist dieser Langzeitversuch für den Konstrukteur von großer Bedeutung. Werte nur übertragbar, wenn Umweltbedingungen konstant bleiben (z. B. Temperatur und Luftfeuchtigkeit), dabei ist der Alterung bei höheren Versuchstemperaturen besondere Beachtung zu schenken. Konstruktionsunterlagen liefern besonders die Dehngrenzlinien, auch Zeit-Stand-Kurven genannt.

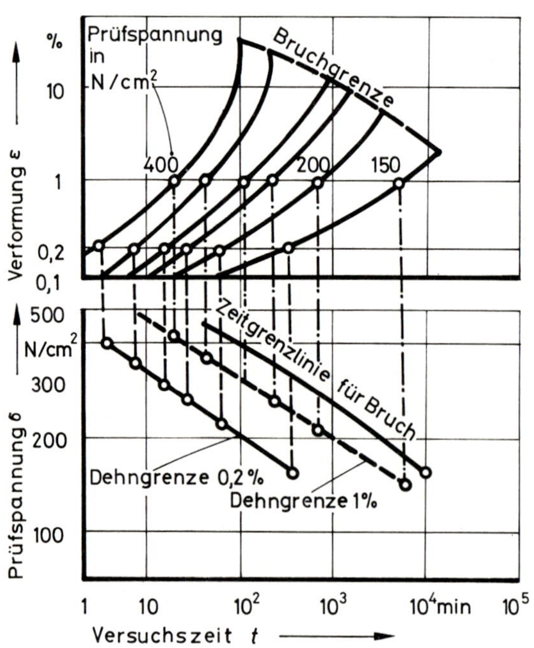

Abb. II.47. Kriechkurven mit Zeitdehnlinien vermitteln den Zusammenhang zwischen Zeit und Verformung im Kriechversuch bei ruhender Belastung.

Dauerschwingversuch (DIN 50100) und DIN 53513 und für weich elastische Schaumstoffe DIN 53574).

Durchführung ähnlich wie bei Metallen, jedoch experimentelle Schwierigkeiten, da Verformungsamplitude nicht wie bei Metallen eine zeitlich konstante Kraftamplitude zur Folge hat (infolge Relaxation). Hohe innere Dämpfung und geringe Leitfähigkeit führen zu schwer kontrollierbaren Erwärmungen.

b) Thermische Eigenschaften

Wärmeleitfähigkeit in W/Km; *Wärmedurchlaßzahl* in W/Km^2; *Wärmeübergangszahl* in W/Km^2 (DIN 52612, Bl. 1 u. 2; 52613 und 4108; 1341).

Wärmeleitfähigkeit ist in dem technisch interessierenden Gebiet zwischen 20 °C und 100 °C nur wenig temperaturabhängig, Ausnahme PE. Grundlegende Stoffkonstante ist Wärmeleitfähigkeit λ. Wärmeübergangszahl α, dagegen keine Stoffkonstante, sondern von Faktoren wie Oberflächenbeschaffenheit und Form sowie den Strömungsverhältnissen des umgebenden Mediums abhängig.
Linearer Ausdehnungskoeffizient in 1/K in Verarbeitungsrichtung stark temperaturabhängig.
Formbeständigkeit in der Wärme nach Martens in °C ist die Temperatur, bei der die zunehmend erwärmte Probe unter Last um einen bestimmten Betrag durchgebogen ist (DIN 53458 und DIN 53462).
Vicat – Erweichungspunkt in °C ist die Temperatur, bei der in die zunehmend erwärmte Probe ein definiert belasteter Stahlstift von 1 mm^2 Querschnitt 1 mm tief eindringt.
Prüfungen dienen der Fertigungsüberwachung, Umrechnungen zwischen den Verfahren sind allgemein gültig nicht möglich, Martens-Methode nur anwendbar auf härtbare und nicht härtbare Preßmassen, die bei höheren Temperaturen noch eine gewisse Festigkeit aufweisen. Vicat-Methode soll nur noch auf Thermoplaste angewendet werden.

Brennbarkeit. Ein Produkt ist entflammbar (entzündbar), wenn es mit einer genormten Anordnung in Brand gesetzt werden kann (DIN 53459 und 53328).

Wenn die Probe nach der Entflammung ohne weitere Wärmezufuhr weiterbrennt, gilt das Produkt als brennbar. Brennt das Produkt nach der Entflammung nicht weiter, ist es selbstlöschend.

c) Elektrische Eigenschaften

Durchgangswiderstand R_0 (DIN 53482) ist das Verhältnis der an den im Kontakt mit dem Isolierstoff befindlichen Elektroden anliegenden Spannung zu dem zwischen diesen Elektroden im Isolierstoff verlaufenden Strom.

Der spezifische Durchgangswiderstand bezieht sich auf ein Materialstück von 1 cm^2 Querschnitt und 1 cm Länge. Er ist eine physikalisch definierte Größe. Wichtig für den Konstrukteur sind Angaben über die Änderung des spezifischen Durchgangswiderstandes nach längerer Warmlagerung des Isolierstoffes in Luft, Wasser oder Öl.

Oberflächenwiderstand wird zwischen zwei Elektroden gemessen, die in festgelegter Weise (DIN 53482) auf die Oberfläche aufgebracht werden.

Die Werte sind stark von der Luftfeuchtigkeit und von Verunreinigungen der Oberfläche beeinflußt. Einige weitere Abhängigkeiten (Probekörperdicke, Elektrodenform und -anordnung) verringern ebenfalls die Genauigkeit.

Widerstand zwischen Stöpseln (DIN 53482) wird zwischen genormten Stöpselelektroden gemessen. Er gibt Aufschluß über das elektrische Isoliervermögen und gegebenenfalls über Inhomogenität eines Isolierstoffes. Dabei geht gleichzeitig auch der Widerstand der Oberfläche mit ein.

Kriechstromfestigkeit (DIN 53480). Bewahrte Kriechspurbildung an der Oberfläche infolge einer örtlichen thermischen Zersetzung von Isolierstoffen unter Einwirkung eines Kriechstromes.

Dabei spielen auf der Oberfläche abgelagerte Verunreinigungen eine große Rolle, da sie die Ursache kleiner Lichtbögen sind. Im Extremfall völlige Zerstörung. Einteilung in 5 Kriechstromfestigkeitsstufen.

Dielektrische Eigenschaften (DIN 53483) sind relative Dielektrizitätskonstante und dielektrischer Verlustfaktor. Relative Dielektrizitätskonstante ε_r gibt an, um welches Vielfache die Kapazität eines Kondensators mit einem Isolierstoff als Dielektrikum größer ist als die Kapazität desselben Kondensators mit Luft.

Der dielektrische Verlustfaktor $\tan \delta$ ist der Tangens des Fehlwinkels, um den die Phasenverschiebung zwischen Strom und Spannung beim Kondensator von $\frac{\pi}{2}$ abweicht, wenn das Dielektrikum ausschließlich aus dem Isolierstoff besteht. Beide Werte sind Materialkonstanten und werden in Abhängigkeit von der Frequenz, der Temperatur und der elektrischen Spannung bestimmt. In der Isoliertechnik werden niedrige dielektrische Verlustfaktoren verlangt, um sich entwickelnde Wärme klein zu halten. Für Hochfrequenzschweißungen von Thermoplasten ist ein hinreichend großer dielektrischer Verlustfaktor zur Erzeugung der Schweißtemperatur notwendig.

2. Gummi

Normen über Weichgummi-Prüfung

DIN 50519 (Shore- und Kugeldruck-Härte; DVM-Weichheitszahl); DIN 53504 (σ_B, δ, Dehnungs-Spannungsverlauf); DIN 53505 (Shore-Härteprüfung A, C, D); DIN 53506 (Nadelausreißversuch); DIN 53507 (Widerstand gegen Weiterreißen); DIN 53518, Bl. 1 Bleibende Dehnung); DIN 53512 (Stoßelastizität); DIN 53513 (viskoelastische Eigenschaften); DIN 53514 („Defo"-Härte und -Elastizität); DIN 53515 (Weiterreißversuch nach Graves); DIN 53516 (Abriebwiderstand); DIN 53517 (Druck-Verformungsrest); DIN 53521 (Quellverhalten); DIN 53522, Bl. 1 (Dauerknickversuch), Bl. 2 (Bestimmung der Rißbildung) Bl. 3 (B. d. Rißwachstums); DIN 53523 (Plastizitätsbestimmung); DIN 53524 (Anvulkanisationsverhalten).

Fragen zu Kapitel II.

1. Welche Kennwerte kann man dem Spannungs-Dehnungs-Diagramm entnehmen?
2. Kann man die Kennwerte aus dem Spannungs-Dehnungs-Diagramm mit Kerbschlagzähigkeit, Härtewerte, Dauerfestigkeit u. a. Festigkeitsprüfungen in Beziehung setzen?
3. Welche Maßnahmen können zur Erhöhung der Schwingfestigkeit ergriffen werden?
4. Welchen Einfluß auf die Dauerfestigkeit haben Kerben, Temperaturerniedrigung bzw. -erhöhung und korrosive Einflüsse?
5. Welches Härteverfahren (Brinell, Vickers, Rockwell) eignet sich für welche Werkstoffe besonders? Sind sie untereinander vergleichbar, welches ist besonders für die Massenfertigung geeignet?
6. Lassen sich zwischen Härtekennwerten und anderen Werten der Festigkeitsprüfung Beziehungen herstellen?

Literatur zu Kapitel II.

II.1 *Siebel, E.*, Handbuch der Werkstoffprüfung, Bd. I, 2. Aufl. 1958, Bd. II, 2. Aufl. 1955, Bd. III, 2. Aufl. 1957

II.2 *Riebensahm-Schmidt,* Werkstoffprüfung, Metalle, 5. Aufl. 1958, Werkstattbücher, H. 34

II.3 *Matthaes, K.*, Die Prüfung metallischer Werkstoffe, 1952

II.4 DIN-Taschenbuch 19, Materialprüfnormen für metallische Werkstoffe, 6. Aufl. 1973

II.5 *Daeves, K.*, Werkstoff-Handbuch Stahl und Eisen, 3. Aufl. 1953

II.6 *Schrader, A.*, Ätzheft, 4. Aufl. 1957 Berlin

II.7 Werkstoff-Handbuch Nichteisenmetalle, Teil II, VDI-Verlag 1960

II.8 Handbuch für das Eisenhütten-Laboratorium, Bd. II, Stahl-Eisen-Verlag, 1966

II.9 *Kohlrausch,* Praktische Physik, Bd. 1, 22. Aufl. 1968

II.10 *Schropp, H.*, Autogene Metallbearbeitung, 1944, Heft 17/18 und 19/20

II.11 Kunststoff-Physik im Gespräch, 1969,

III. Werkstoffverarbeitung

A. Gießen [II.7/III.1 ... 7]

Einleitung: Gießen in Fertigformen ist einfachste spanlose Formgebung der Metalle; es zählt zum Urformen (DIN 8580, Okt. 1963) – Das auch heute mengenmäßig wichtigste Gußmetall ist Grauguß („Eisenguß", graues Gußeisen, GG); außerdem kommen in Betracht: Stahlguß (GS), Temperguß (GT als GTW, GTS oder GTP) und „Metallguß" als NE-Schwermetallguß und Leichtmetallguß; Cu-Legierungen, auch „Buntmetalle" genannt.

Von 1958 = 2500 Gießereien im Bundesgebiet waren 1200 Grau-, Stahl- und Tempergießereien, 1300 Metallgießereien. Von insgesamt 4420000 t Jahreserzeugung waren 1958 82,5% *Eisenguß*, 8,3% GS, 4,7% GT, 2,4% Schwermetallguß, 2,1% Leichtmetallguß.
Nachfolgend als wichtigste zunächst Graugießerei behandelt, da GG auch noch in ferner Zukunft wichtigstes Gußmetall im Maschinenbau.

1. Wichtigste Eigenschaften der Gußmetalle

Vergießbarkeit (Formfüllvermögen): Ermittlung mit Hilfe der Gießspirale und anderer Formen [III.8]; ausgelaufene Spirallänge ist Maß dafür.

Einflußfaktoren vgl. [III.8]! Höher schmelzende reine Metalle (Fe, Cu, Ni u. a.), aber auch Al sind mehr oder weniger schlecht formfüllig, da strengflüssig. Niedrig schmelzende Metalle (Pb, Sn, Zn u. a.) verhalten sich viel günstiger. Besser gießbar sind Legierungen; unter diesen sind Mischkristall-Legierungen (z. B. α-Ms, Al-Mg, SnBz, GS u. a.) relativ schlechter, eutektische oder naheutektische Legierungen dagegen (z. B. Gußeisen, Temperrohguß, G-AlSi 13 u. a.) sehr gut formfüllig.
Gießbarkeit (umfaßt alle Einflußfaktoren). Gut gießbar sind Legierungen, die eine richtig hergestellte, für sie geeignete Form ohne Bildung von Lunkern, Schwindrissen und zu Schäden führenden Spannungen gut ausfüllen. Verschiedene Metallbegleiter beeinflussen die Formfülligkeit z. T. erheblich: Oxide bei allen Metallen verschlechternd (Wichtigkeit guter Desoxidation!). Schwefel bei GG stark nachteilig, während Phosphor Formfüllvermögen stark erhöht, aber gleichzeitig das Gußstück versprödet, daher bei Maschinenguß mit 0,2 ... 0,8% je nach geforderter Zähigkeit bzw. Verschleißfestigkeit begrenzt, bei Geschirr-, Ofen-, Röhren- und Kunstguß u. U.bis 1,3% erwünscht. – Stark verbessernd wirkt C (GG, GT-Rohguß, höher C-haltiger GS).

Gaslöslichkeit und Gasabscheidung bei Erstarrung: Grundsätzliche Abhängigkeit Abb. III.1.

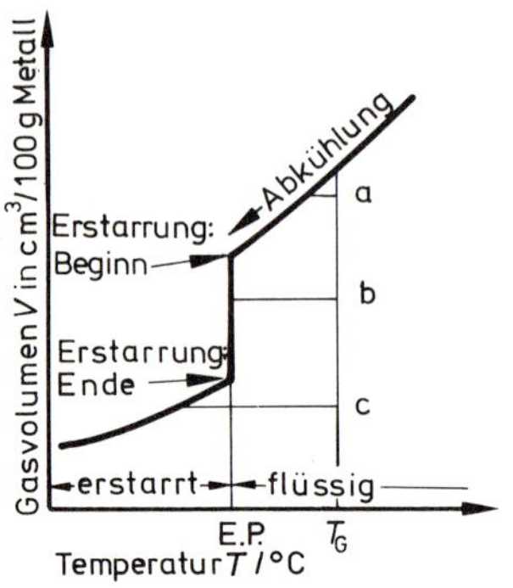

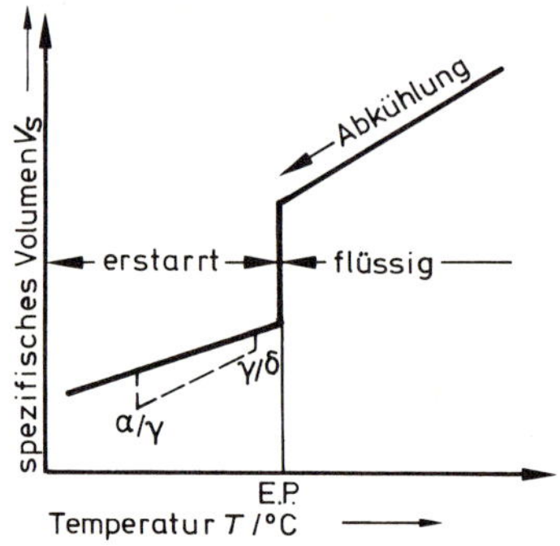

Abb. III.1. Abhängigkeit der Gaslöslichkeit eines Metalls von der Temperatur (schematisch) E. P. = Erstarrungspunkt; T_G = Gießtemperatur.

Abb. III.2. Schwinden (Volumenkontraktion) bei Abkühlung reiner Metalle, dabei sprungartige Kontraktion beim Erstarrungspunkt (E. P.). Bei Fe Verlauf im festen Zustand gestrichelt; beachte Ausdehnung beim Übergang $\gamma \rightarrow a$!

Bei gelöster Gasmenge a „kocht" Schmelze (Gasblasen entweichen bei Abkühlung bis Erstarrungsbeginn); Gußstück blasig bzw. in Verbindung mit Schwindung mikroporös. Bei Gasmenge b Schmelzspiegel ruhig, aber noch Gasblasen bzw. mikroporöse Stellen im Gußstück. c liefert blasenfreien Guß, aber noch geringe Gasabscheidung an Korngrenzen (Versprödung). – Die einzelnen Gase sind verschieden stark löslich, z. B. H_2 stark löslich in Fe-Gußwerkstoffen (auch in Mg, Al, Ni und Cu); CO dagegen fast unlöslich. O_2 bildet sofort Oxide (z. B. FeO), die mehr oder weniger in Lösung gehen und bei GS (ebenso wie durch FeS) zu Rotbruch und Kaltversprödung führen, wenn nicht durch Desoxidationsmittel entfernt. Auch stark rostiger Einsatz führt zur FeO-Bildung, das mit dem reduzierend wirkenden C-Gehalt CO bildet (Schmelze „kocht") und bei Erstarrung stark blasigen Guß liefert. Verhinderung durch entsprechenden Si-Gehalt bzw. Al-Zusatz (Beruhigung) zu GS und GG. Ähnlich entsteht durch SO_2-Bildung aus Cu_2O und Cu_2S blasiger Kupferguß. (Siehe ferner Wasserstoffkrankheit des Cu unter IE!) – Manche besonders stark gaslösende Metalle erfordern daher *Vakuum-Schmelzen* und *Vakuum-Guß*. – Manche Legierungsmetalle erhöhen die Gaslöslichkeit (z. B. hinsichtlich H_2-Löslichkeit Ni-Zusatz zu Fe und Cu), während andere sie verringern (z. B. Zusatz von Zn, Sn, Al u. a. zu Cu). – Gasblasen innen immer glatt, Lunkerhohlräume dagegen rauh!

Seigerung: Örtlich angereichertes Abscheiden eines Legierungsbestandteils bzw. einer Verunreinigung aufgrund meist geringerer Dichte und Unlöslichkeit in der Schmelze (Blockseigerung), bzw. Bildung inhomogener Kristalle beim Erstarren aufgrund vorliegenden Erstarrungs-Schaubildes (Kristallseigerung).

Kristallseigerung oder Zonenkristallbildung (siehe I.B!): Besonders stark neigen dazu Sn- und Al-Bronzen. Auch ständige Eisenbegleiter Si, Mn, C, P und S neigen in dieser Reihenfolge zunehmend zu Kristallseigerung in Fe; gewisse Versprödung ist die Folge. Homogenisierglühen beseitigt oder mindert stark die Kristallseigerung: Ausgleichsglühen von GS-Blöcken im Tiefenofen zwischen Gießen und Walzen; Normalglühen von GS (dabei außerdem noch Umkörnung); Zähigkeits-erhöhende Glühung von Cu-Legierungen und vor allem der Gußteile aus Leichtmetall-Legierungen.

Blockseigerung (Makroskopische Seigerung, auch durch Analyse nachweisbar) ist örtliche Anreicherung von Legierungs- oder Begleitelementen meist infolge geringerer Dichte in der Mitte des Blockkopfes (bzw. des oberen Gußstückteils), insbesondere P- und S-Verbindungen im Fe, wie schon beim Stahl-Blockguß erwähnt (Abb. I.71, rechts).

Verringerung oder Vermeidung normaler Blockseigerung durch schnelle Abkühlung; hohe Reinheit der Legierung; Anordnen eines „verlorenen Kopfes", mit dem Hauptseigerungszone entfernt wird; bei Stahl „Beruhigen" durch Si, Al u. a., da damit Aufsteigen von Gasblasen vermieden und damit Aufschwimmen der P- und S-Verbindungen verhindert wird (beruhigte Stähle sind praktisch seigerungsfrei); Strangguß; Vakuumguß.

Umgekehrte Blockseigerung entsteht, wenn Anreicherung zuletzt erstarrender Bestandteile in Außenzonen erfolgt. Dazu neigen besonders die Systeme Cu-Sn, Al-Cu, Zn-Cu und Mg-Legierungen. Bei hoher Erstarrungsgeschwindigkeit kann ggf. diese Restschmelze, durch Erstarrungsdruck an Korngrenzen der Oberfläche herausgetrieben werden und dort tröpfchenförmig erstarren („Schwitzkugeln" oder „Seigerungsperlen"). Praktisch völlig vermieden durch „Tauchgießen" und „Tütenguß-Verfahren" [II.7]. Auch bei P-reichem GG, begünstigt durch starke Schwindung, entweichende Gase u. a. Schwitzkugelbildung aus sehr hartem Steadit (sog. „Phosphid-Eutektikum", ternäres Eutektikum Fe/C/P).

Spritzkugelbildung: Kugelförmige, mit umgebendem Metall nicht oder nur schlecht verbundene Einschlüsse in GG (bei GS kaum störend). Zwei Entstehungsmöglichkeiten: Gußspritzer „matten" Eisens (bei niedriger Gießtemperatur) fliegen durch die Luft, oxidieren oberflächlich, erstarren und schmelzen nach Zurückfallen in die Schmelze nicht wieder ein; sie sind feinkörnig erstarrt, wenig härter als Grundmasse, stören bei Zerspanung nicht, können aber dünne Wandungen schwächen und Bruch veranlassen. – Oder: Gasblasenhohlräume werden durch Erstarrungsdruck mit P-reicher Restschmelze (Steadit) gefüllt; solche quarzharten Spritzkugeln („harte Stellen") können Zerspanungswerkzeug zerstören.

Umgekehrter Hartguß: Fehlererscheinung mit mehr oder weniger unregelmäßig, meist im Innern von GG-Stücken auftretenden Zonen weißer Erstarrung (quarzhart), also im Gegensatz zu normalem Schalenhartguß, der infolge Abkühlung in Eisenkokillen in der Außenzone weiß erstarrt.

Wird begünstigt durch stark rostigen Einsatz, hohen S-Gehalt, zu niedrige Gießtemperatur und Gattierfehler (zu hoher Satz minderwertigen Schrotts, sogenannte „Inzucht", auch durch zu hohen St-Zusatz), zu große Windmenge, zu niedrigen Kokssatz und dadurch bedingten zu hohen C- und Si-Abbrand. – Sichere Vermeidung: Schmelzüberhitzung in Verbindung mit Entschwefelung (siehe Gattieren); Anschnitte vergrößern; schneller und heißer gießen (richtige Gießtemperatur); Mn-Zusatz günstig, dann auch größere Mengen minderwertigen Schrotts verarbeitbar, bei gründlicher Entschwefelung auch 100% Schrott (ohne Roheisen).

Schwinden ist bei fast allen Metallen und Legierungen auftretende Volumenverringerung vom Erstarrungsbeginn an gerechnet bis herab auf Raumtemperatur. Grundsätzliche Abhängigkeit, Abb. III.2, zeigt beim Erstarrungspunkt sprunghafte Volumenänderung (Hauptursache der Lunkerung!), sowie fast linearen Verlauf der Wärmeausdehnzahl α im festen und flüssigen Zustand.

Nur Wismut und Bi-reiche Legierungen sowie Metallid AlSb u. a. zeigen Volumenzunahme beim Erstarren; damit Sonderlegierungen mit Schwindmaß Null herstellbar. – Auch GGL erstarrt schon im flüssigen Zustand beginnend unter vorübergehender Volumenvergrößerung, Abb. III.3, zurückzuführen auf das Auskristallisieren von Graphit (technisch wertvoll wegen guter Ausfüllung der Form); ihr überlagert sich die Schwindung der metallischen Grundmasse, in die Graphit eingelagert ist; Endergebnis 1% lineare Schwindung. Die stahlartige Grundmasse allein hätte etwa 2% lineares Schwindmaß, wie ja auch bei GS vorhanden.

Das Maß, um welches die Gußform größer sein muß als das fertige Gußstück, heißt *Schwindmaß.* Raumschwindmaß $\approx 3 \cdot$ lineares Schwindmaß (Längenschwindmaß). Das Schwindmaß ist außer vom Gußwerkstoff abhängig von der Erstarrungsgeschwindigkeit (Formwerkstoff, Wanddicke), wobei schnellere Abkühlung zu geringerem Schwindmaß führt. Das Schwindmaß von ggf. Null bei GTS ist bedingt durch die beim Tempern erfolgende Volu-

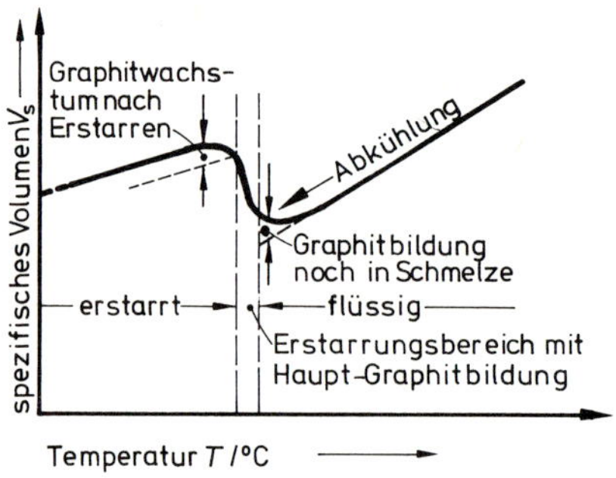

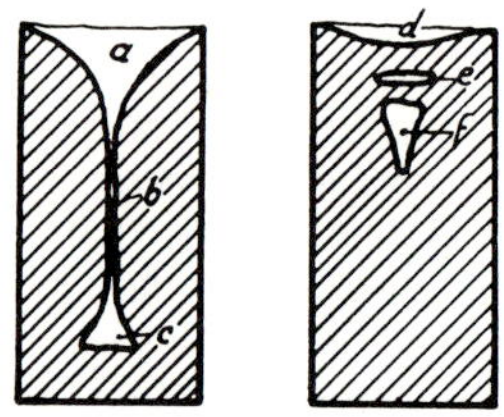

Abb. III.3. Schwinden bei Grauguß mit Volumenvergrößerung im Erstarrungsbereich durch auskristallisierenden Graphit.

Abb. III.4. Groblunkerformen: a Offener tiefer Kopflunker, der sich fortsetzt in b Fadenlunker und c Fußlunker; d eingefallene Stelle (seichter Kopflunker); e flacher und f tiefer Innenlunker (e und f geschlossene Kopflunker).

menzunahme durch Temperkohlebildung aus Fe_3C; Temperrohguß für GTW und GTS hat hohes Schwindmaß von Weißhartguß (2 ... 2,5%), was zu wissen wichtig ist zur Beurteilung der großen Lunkergefahr von Tempergußstücken! – *Schwindmaßstab* des Modellherstellers bzw. Freiformers ist unter Berücksichtigung des mittleren linearen Schwindmaßes hergestellter Maßstab. – Schwindmaßbestimmung nach DIN 50131 durch Gießen eines Stabes 100×18×12 in Graugußkokille und Ausmessen nach Abkühlung. – Lineare Schwindmaße in Tab. III.1.

Tabelle III. 1. Lineare Schwindmaß-Richtwerte nach DIN 1511 (Okt. 1971), maßgebend für Modellherstellung, falls vom Besteller nicht anders verlangt in %

Stahlguß (GS)	2	Kupfer- und Zinnguß	1,9
Grauguß (GGL)	1	Zinkgußlegierungen	1,3
Weißer Temperguß (GTW)	1,6	Bleiguß	1
Schwarzer Temperguß (GTS)	0,5	Aluminium- und Magnesium-Gußlegierungen	1,25
Gußzinnbronze	1,5		
Rotguß, Gußmessing	1,3		

Weitere tatsächliche lineare Schwindmaße in %

Weißhartguß		Zinkguß	1,6
Temperrohguß	2 ... 2,5	Zinkgußlegierungen	1,0 ... 1,5
Weißer Temperguß (GTW)	1,2 ... 2	G-SnZn, G-CuSn	0,8 ... 1,6
Schwarzer Temperguß (GTS)	0 ... 1,2	GGG (mit Kugel-Graphit)	1,2 ... 1,8
GS je nach C- u. Leg.-Geh. [1]	1,5 ... 2,5	GGL (mit Lamellen-Graphit)	0,5 ... 1,2
Al-Leg. (Sandguß), ausgenommen Silumin	1,25 ... 1,8	Zinnguß u. LgSn 80	0,5
Kupferguß	bis 1,8	Zn-Druckgußlegierung	0,6 ... 1,1
Silumin (G-AlSi 13)	1,0 ... 1,2	Silumin-Druckguß	0,5
		Wismut	−1

[1]) austenitischer GS bis 3%.

Schwindung-verringernd bei GG wirken alle Maßnahmen, die die Menge des ausgeschiedenen Graphits vergrößern, wodurch allerdings zunehmend Festigkeit des GG leidet. Je hochwertiger der GG, d. h. je fester und weniger spröde er ist, desto größer ist sein Schwindmaß. Schwindungverringernd wirken also hoher C- und Si-Gehalt, niedriger Mn-Gehalt und langsame Abkühlung. – NE-Druckguß dagegen zeigt wegen *schnellerer* Abkühlung geringeres Schwindmaß als entsprechender Sandguß.

Lunker sind nach außen offene oder meist geschlossene Hohlräume im Gußstück, hervorgerufen durch Schwindung in Verbindung mit ungleichmäßiger Abkühlung. Weder Schwindung allein bei ganz gleichmäßiger Abkühlung noch ungleichmäßige Abkühlung bei Schwindmaß Null führen zu Lunker. Lunker-Beispiele vgl. Abb. III.4, 5 u. 6.

Das Lunkern oder „Saugen" ist die Folge der Erstarrung des Gußstücks von außen, wobei sich an zuerst erstarrter Kruste weiteres Metall erstarrend ansetzt und zuletzt als Folge der Volumenverminderung ein Hohlraum zurückbleibt. Lunker treten fast immer an Orten der letzten Erstarrung von Schmelzgut auf, in der Regel in dicken Gußpartien. Innenlunker von vorher erstarrten Schichten umgeben und an Innenoberfläche mit Dendriten ausgefüttert (rauh). Sind Hohlräume innen glatt und oxidiert, dann mindestens ausschlaggebend durch Gasdruck verursacht, wobei direkte Verbindung mit Kern oder Formwand in Form von „Einblaslöchern": Umstrittener Begriff „Blaslunker" kein echter Lunker; meist auch an Stellen vorhanden, wo Lunker nicht zu erwarten.

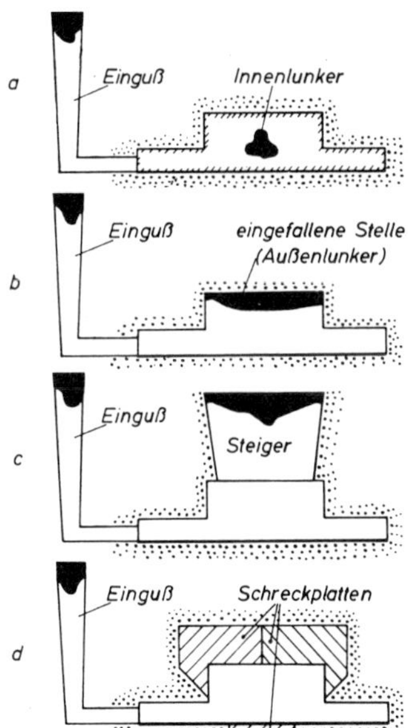

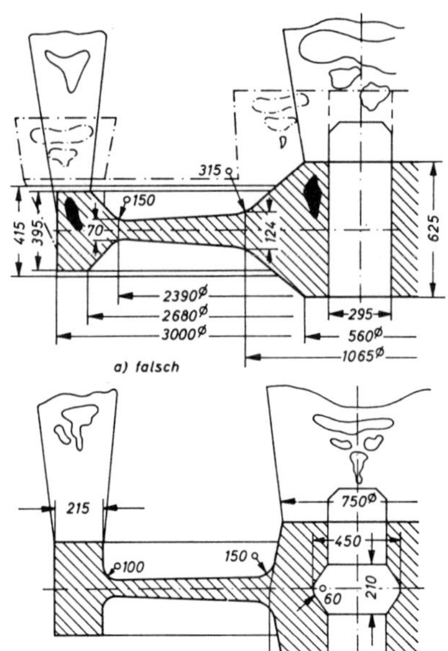

Abb. III.5. Lunkerbildung im Gußstück (a, b) und ihre Vermeidung durch (c) dicken Steiger, oder durch (d) Schreckplatten (miteingeformte „Kokillen").

Abb. III.6. Lunkerbildung an Schwungrad (Stahlguß). a) **falsch,** ausgezogen: Zu engen Steiger und verlorener Kopf, daher Lunker in Kranz und Nabe; strichpunktiert: durch größeren Querschnitt Lunkerfreiheit im Gußstück trotz ungünstiger Form (schwierige Abtrennung von Einguß und Steiger). – b) **richtig:** Querschnittsgleichheit zwischen Steiger, verlorenem Kopf und Gußstück.

Feinlunker sind häufigste Ursache „schwammiger" poröser Stellen: Viele kleine in Scharen und zusammenhängenden Feldern auftretende Schwindungshohlräume, die meist größeren Querschnitt „verseuchen" (oft gefährliche Festigkeitsminderung!); bei Ausmündung in Gußoberfläche: Undichter Guß. – *Mikrolunker* sind kleinste Schwindungshohlräume an Dendriten-Korngrenzen, nur mikroskopisch feststellbar; Hauptursache für Unterlegenheit der Gußstücke gegenüber Schmiedestücken. – Feststellung der Neigung einer Legierung zur Lunkerbildung durch Lunkerproben verschiedener Ausführung [III.4].

Vermeidung von Lunkern: Neben konstruktiver Vermeidung örtlicher Werkstoffanhäufungen und schroffer Querschnittsübergänge wirken folgende *gießtechnische* Maßnahmen in diesem Sinn: Speziell bei *Blockguß:* Warmhalten des Blockkopfes durch Beheizen (meist Thermitsatz u. a.); Strangguß; gemeinsam bei *Block- und Formguß:* Nicht zu hohe Gießtemperatur; geringe Gießgeschwindigkeit; langsame und möglichst gleichmäßige Abkühlung; wenn möglich Gattieren auf geringes Schwindmaß; richtiges Ansetzen eines „verlorenen Kopfes" („Druckkopf") bzw. Steiger großer Querschnitte; rechtzeitiges heißes Nachgießen in Einguß, verlorenen Kopf und Steiger, ggf. Offenhalten durch Stahlstange. Speziell bei *Formguß:* Genügend weite Einguß- und Steiger-Kanäle; richtiges „Anschneiden" der Form; gleichmäßiger Abkühlen durch Miteinformen von „Kokillen" oder „Schreckplatten" in Form (Abb. III.5 d) oder Kern an Stellen dickerer Querschnitte („Gießen auf Kokille" zur Erzielung „gerichteter Erstarrung"), ggf. auch örtliche Anordnung von „Kühlnägeln"; Miteingießen verzinnter Kühlkörper verschiedener Form und großer Oberfläche (die aber nicht etwa einschmelzen, sondern nur fugenfrei eingebunden werden) zur örtlichen Kühlung dickerer Gußstellen (z. B. Kreuzungsstellen von Wandungen); örtliche Verwendung von Heizsteigereinsätzen („Heizkernen"), die infolge Beimischung von Thermitpulver zum Sand beim Guß Wärme abgeben und damit örtlich aufheizen, so daß dort Werkstoff länger flüssig bleibt und „nachgesaugt" werden kann; Anordnen von „Saugballen" („Saugmassel") an lunkergefährdeten Stellen.

Gußspannungen sind ebenso wie Lunker auf Schwinden in Verbindung mit ungleichmäßiger Abkühlung zurückzuführen. Bei gleicher Werkstückform und gleichen Abkühlbedingungen werden sie um so größer, je höher Schwindmaß und *E*-Modul des Gußwerkstoffs; sie können bei GG bis 50% der Zugfestigkeit erreichen. Vergleichsmessungen an verschiedenen Gußlegierungen hinsichtlich Größe der entstehenden Gußspannungen mit Hilfe des „Spannungsgitters" [III.4].

Gußspannungsentstehung im Drehbankbett (Abb. III.7 A): GG (und GS) sind bis ≈450 °C herab noch plastisch nachgebend gegenüber Volumenverringerung, lassen daher bleibende Gußspannungen noch nicht aufkommen. Während ganzer Abkühlung hat dickere Wange a stets höhere Temperatur und noch stärkere Schwindung vor sich als dünnere Bettwandung b, die in der Abkühlung vorauseilt und während ihrer Schwindung plastische Formänderung von a bewirkt. Erst wenn b ≈450 °C unterschreitet und seine plastische Nachgiebigkeit verliert, bewirkt nachhinkende Restschwindung von a elastische Formänderung von a und b im gezeichneten Sinn (übertrieben dargestellt). In a daher Zugspannungen, im oberen Teil von b Druckspannungen, im unteren Teil von b wieder Zugspannungen (geringer als in a) wegen der unten konvexen Wölbung. Unten angesetzte Leisten c verhindern zwar nicht Gußspannungen, mindern aber Bettdurchwölbung wesentlich. – Ebene gleichdicke Platte nach Abb. III.7 B (oben) verzieht sich leicht, da Mitte wegen schlechterer Wärmeabfuhr später erkaltet; daher im Mittelbereich radiale Zugspannungen, im früher erkalteten Randbereich tangentiale Druckspannungen; Randleiste a (unten) und ggf. angeordnete weitere Rippen verhindern Plattenverzug, nicht aber Spannungen. – Ungeteiltes Schwungrad Abb. III.7 C erfährt in relativ dünnen Armen radiale Druckspannungen vom in der Schwindung nachhinkenden dicken Kranz, in dem tangentiale Zugspannungen entstehen (überlagert durch Biegespannungen). Bei einer Riemenscheibe mit relativ dünnem Kranz im Vergleich zu den Armen liegen die Verhältnisse genau umgekehrt: Zug in den Armen und tangentialer Druck (mit Biegung überlagert) im Kranz. – Im doppelwandigen Zylinder (Abb. III.7 D) wird äußerer Mantel a schneller erstar-

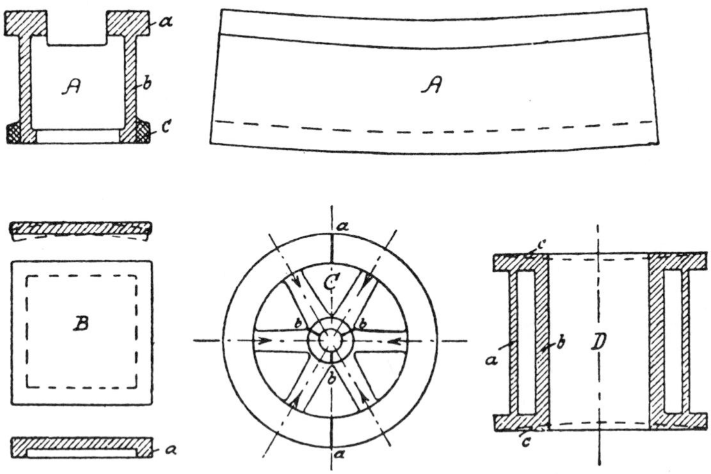

Abb. III.7. Beispiele für Auftreten von Gußspannungen und ggf. Verzug: A Drehbankbett; B Platte; C Schwungrad; D Doppelmantel-Flanschzylinder (Erklärungen hierzu im Text!).

ren und abkühlen als Innenwandung b und Flansch c; in a daher Druck, in b Zug, wobei sich Flansche c konkav einwölben (gestrichelt).

Verringerung bzw. Beseitigung der Gußspannungen: Kein Gußstück ganz ohne Spannungen unter normalen Gießereibedingungen herstellbar; nur nachträgliche Glühung beseitigt Spannungen ganz: Bei GG 500 ... 550 °C, aber wenig üblich, nur bei GG-Stangenmaterial für Automatenbearbeitung kleiner Drehteile und bei Schleudergußrohren; auch Festigkeitsverlust bei Sandguß dabei. Bei GS Normalglühen aus anderen Gründen üblich; dabei auch spannungsfrei erhalten, wenn ab $\approx$600 °C im Ofen abgekühlt. – Gewisse Spannungsminderung schon durch längeres Lagern im Freien durch häufigen Temperaturwechsel (bes. „Ausfrieren“ im Winter), sowie neuerdings durch Schwingungserregung mit Rüttelapparat, wobei wenigstens gefährliche Spannungsspitzen abgebaut und Verzug durch Zerspanung gemildert werden.

Konstruktive Maßnahmen in erster Linie zu beachten: Anzustreben sind Vermeidung örtlicher Stoffanhäufungen, größerer Wanddickenunterschiede und schroffer Querschnittsübergänge; Vermeidung scharfer Innenecken durch richtige (nicht zu starke!) Ausrundung; örtliche Verstärkung nicht durch Wandverdickung, sondern durch Verrippung; Vermeidung örtlicher Einrißgefahr durch *Reißrippen* (z. B. zwischen Flansch und Zylinderwand, Nabe und Radscheibe); ggf. Kassettenverrippung großflächiger Wandungen zu deren Verstärkung; mehrteilige Ausführung z. B. des Schwungrades Abb. III.7 C, dabei entweder zweigeteilt durch Kranz und Nabe oder nur Zweiteilung des Kranzes (bei a) oder nur Naben-Dreiteilung (bei b); spätere Verbindung der Nabe nach Zwischenlagen an bearbeiteten Trennstellen durch Schrumpfringe bzw. des Kranzes durch seitlich eingelassene Schrumpfringe oder bei zweiteilig gegossenem Rad durch eingesetzte Kranzschließen. Zu dicke Arme von Riemenscheiben durch größere Anzahl dünnerer Arme ersetzen, u. U. auch Arme gebogen angeordnet. Bei kleineren Doppelwandzylindern (Abb. III.7 D) kann Mantel a in der Mitte geteilt und nach Fertigbearbeitung durch Manschette wieder verschlossen werden.

Gießtechnische Maßnahmen: Sie kosten mehr oder weniger Arbeitsaufwand und sind Notbehelf, wenn konstruktive Möglichkeiten schon ausgeschöpft; sie stimmen z. T. mit den bei Lunker-Vermeidung angegebenen überein, da Lunker und Gußspannungen auf gleiche Ursache zurückgehen. In erster Linie kommen in Frage: Nicht zu heiß und nur langsam gießen; langsam und gleichmäßig abkühlen; in besonders kritischen Fällen Kastenform in angewärmten Tiefenofen stellen und nach Guß Deckel schließen; Miteinformen von Kühleisen (Schreckplatten) in Form bzw. Kern an Stellen dickerer Querschnitte (in Abb. III.7 D z. B. b und c „auf Kokille gießen", um Abkühlgeschwindigkeit jener von a anzugleichen); früheres Bloßlegen von Stellen, die dicker bzw. sonst abkühlbehindert sind (z. B. Kranz und Nabe von Schwungrad Abb. III.7 C bald nach Guß freilegen, während Arme noch bedeckt bleiben; Platte Abb. III.7 B im Mittelbereich freilegen, während Randbereich sandbedeckt bleibt); Miteingießen von verzinnten Kühlspiralen und Kühleisen („Kühlkörpern"), die durch eigene Wärmeaufnahme dem Gußwerkstoff örtlich Wärme entziehen und zu schnellerer Kühlung beitragen; sie können durch Ausbildung als Zuganker auch Spannungsriß-gefährdete Stellen gegen Reißen sichern (armierter Guß); für Drehbankbett Abb. III.7 A kommt neben Gießen der Gleitbahn a „auf Kokille" auch entgegengesetzt gekrümmtes Einformen in Frage, wobei auftretende Gußspannungen das Bett dann geradeziehen (dabei Gußspannungen nicht vermindert, sondern nur ihre Auswirkungen auf die Gestalt ausgeglichen).

Warm- und Kaltrisse. *Warmrisse,* erkennbar an Dunkelfärbung der Bruchfläche (Oxidation), entstehen in der Form bei Abkühlung nach Erstarrung bis herab zur Rotglut (σ_B noch sehr gering).

Gefahr um so größer, je größer zu erwartende Zugspannungen, je geringer σ_B im Temperaturbereich der Entstehungsgefahr (bei GS daher Σ (P+S) < 0,1% sowie Schmelze gasarm und rein), je mehr Gußstück im Schwinden durch die Form (insbesondere den Kern) behindert wird (daher GS oft noch rotwarm aus der sehr festen Form „ausschlagen"), je ungünstiger konstruktive Formgebung (dann z. B. möglichst Reißrippen in Innenecken zur Rißsicherung). Bei GS auch innere Warmrisse in der Nähe von Werkstoffanhäufungen möglich, manchmal mikroskopisch klein, zackig-interkristallin.

Kaltrisse (blankes bis blaues Bruchaussehen) entstehen im Temperaturbereich von Raumtemperatur bis Blauwärme ($\approx$300 °C) als Folge hoher Gußspannungen schon ohne (ggf. schon in der Gießform), meist aber bei zusätzlicher äußerer Beanspruchung, besonders durch Schlag, z. B. beim Gußputzen, durch hartes Aufstoßen in der Werkstatt oder spätere Betriebsbeanspruchung.

Verringerung der Entstehungsgefahr durch Verringerung der Gußspannungen. Für GG: P-Gehalt $\leqq$0,3% anstreben, ferner möglichst niedrigen Gasgehalt (bes. H_2).

2. Modelle (DIN 1511)

Modell ist Nachbildung des zu gießenden Werkstücks aus geeignetem Werkstoff unter Berücksichtigung des Schwindmaßes (vgl. Tab. III.1!) und Maßzugabe an Stellen späterer Bearbeitung; es ist ggf. mit Kernmarken versehen („Kernmodell"), um Lagerstellen für Kern in der Form zu bilden. Kerne erzeugen beim Guß Hohlräume („Innenkern") oder unterschnittene Außenpartien („Außenkern") des Gußstücks. Modell, mit entsprechender Aushebeschräge versehen, kann je nach Werkstückform ungeteilt, zwei- oder mehrteilig sein, u. U. auch Ansteckteile haben. Im weiteren Sinn gehören hierzu auch Schablonen und Ziehgerippe sowie Kernkästen mit Zubehör.

Modellwerkstoff: Holz ist gebräuchlichster Werkstoff; es soll raumtrocken (Feuchtigkeitsgehalt 10 ... 12%) und Kernholz ohne lose Äste sein. Modellhersteller wählt Holzart (vgl. DIN 52180 bis 52191, Prüfung von Holz) – *Modellgüteklassen:* Klasse 1a: Modelle und Kernkästen in Sonderausführung für hohe Stückzahlen für Hand- und Maschinenformerei aus Hartholz, an Verschleißstellen metallarmiert. Klasse 1 wie 1a, jedoch ohne Metallarmierung. Klasse 2: Für Handform-Serienfertigung aus Erlen- oder Lindenholz (letzteres nur für verwickelte Stecharbeiten). Klasse 3: Modelle, Kernkästen, Skelettmodelle und Schablonen für Einzel-Handformerei aus Fichten- oder Tannenholz.

Holzarten. *Hartholz:* Ahorn-, Birnbaum-, Kirschbaum-, Nußbaum- und Ulmenholz, sehr dauerhaft und zäh; Eichen- und Rotbuchenholz nur für kleinere Verschleißstellen, da Rißneigung. – *Weichholz:* Erlenholz (sehr gleichmäßig und feinzellig, gut bearbeitbar) am gebräuchlichsten für kleinere und mittlere Modelle (ggf. auch auf Holz-Modellplatten für kleinere Serien); Lindenholz (sehr weich und gleichmäßig, nur für verwickelte Stecharbeiten); Fichten- und Tannenholz (billigste Sorte, harzarm); Kiefernholz (harzreich, daher gut feuchtigkeitsbeständig; gewisse Rißneigung, daher gut „sperren"!). Für dünnwandige Teile und Modellplatten Sperrholz (nur kunstharzverleimt!). Homogenholz (siehe Abschnitt Holz) besonders für Ausbesserungen und Hohlkehlen; für letztere neben Lederprofilstreifen (teuer) auch Holzleisten oder Kittmassen. – Beispiele für Holzmodelle Abb. III.11 bis 16.

Metalle sind wegen größerer Haltbarkeit überlegener Modellwerkstoff für Massenfertigung, daher überwiegend für Modellplatten in Formmaschinen sowie Kernkästen (-büchsen) für Kernblas- und -Schieß-Maschinen. Für Bruchersatz muß Ur- oder Mutter-Modell vorhanden sein, bei dessen Herstellung Schwindmaß für Modellgußwerkstoff + Werkstück-Gußwerkstoff berücksichtigt wurden.

In Frage kommen: GG 20 und GG 25 (DIN 1691) für kleine Dauermodelle und bes. Modellplatten (starr!), wobei Modell mitgegossen oder aus CuZn 36, CuSn 10, CuSn 10 Zn oder Al-Gußlegierung aufgeschraubt. GG ist billig, hochverschleißfest, jedoch spröde und schwierig reparierbar, ferner vor Rost zu schützen. – Guß-Kupferlegierungen (wie oben) für Dauermodellplatten (teurer, aber besser; leicht lötbar, gut verschleißfest, korrosionsbeständig). – Guß-Al-Legierungen: G-AlSi5Mg ka, G-AlMg3 wa (DIN 1725, Bl. 2) u. a. für nicht höchste Stückzahlen (gut gießbar, ausgehärtet gut polierbar, korrosionsbeständig, leicht). – Andere Metalle: Zn-Legierungen, Hartblei (12% Sb) und Weißmetall für Aufschraubmodelle auf Formplatten *veraltet,* da zu weich; ggf. noch für Urmodelle (Muttermodelle); dafür ideal: 40% Pb / 40% Sn / 15% Sb / 3% Bi / 1% Cu / 1% Zn, da lin. Schwindmaß nur 0,1%; hart und dauerhaft, gut bearbeitbar, jedoch ziemlich teuer (Urmodelle meist aus Holz). – Aus Blech getriebene Modelle nicht bewährt! Stahl für Stahlkanten (Verschleißschutz), Dübel, Schrauben, Befestigungsleisten u. a.

Sonstige Modellbaustoffe: Hartpapier und Hartgewebe seit Aufkommen der Gießharze nur noch selten verwendet. Letztere neuerdings als Gieß- und Laminierharze, besonders: Stark vernetzendes (härtendes) Polyurethanharz für Handformmodelle und bes. für Großmodellplatten, aber auch für Kernkästen und Trockenschalen für Sandkerne. – Manchmal auch Alabastergips für Preßform-Modellplatten, hart lackiert (nicht für Rüttelformmaschinen!) bei $\leqq 100$ Abgüssen sowie als Gießform für Metallmodellplatten. – Kunstgußmodelle aus Gips oder Ton, lackiert. – Für Modellplatten bevorzugt auch Kunststeinmassen („Monolith", Gipszement u. a.) mit größerer Stoßfestigkeit als Gips. Keramik nur noch von geringer Bedeutung. – Wachs als Modellwerkstoff beim Modellausschmelz-Verfahren (siehe dort!), desgl. dort thermoplastische Kunststoffe. Wachs ferner beim Glockenguß für Glockenkrone, Schriften und Bilder sowie nach Trocknung des Glocken-„Hemdes' zum Oberflächenglätten. Neuerdings auch Polystyrol-Hartschaum für „Vollform-Gießen" mit „verlorenem" Modell, DBP Nr. 108 861 (Grünzweig & Hartmann AG).

Modellriß, Modellaufbau: *Modellriß* = Umrißskizze des Modells unter Berücksichtigung der Bearbeitungszugaben und Kernmarken mit Angabe des Kernverlaufs und ggf. der Gießrichtung sowie der Kastenteilflächen; er geht von der Werkzeichnung aus. *Modellaufbau* = Art der Zusammensetzung eines Holzmodells aus zu verleimenden Teilen aus Gründen der Festigkeit, ggf. unter Angabe der Modell-Teilfugen und Ansteckteile; er geht vom Modellriß aus. Vgl. Abb. III.11 bis 16.

Tabelle III. 2. Bearbeitungszugaben in mm.

Gußwerkstoff	Schleifen oder Räumen	Drehen, Hobeln, Fräsen bei Gußstücken bis 800 mm	über 800 mm
Grauguß	0,3 ... 1	2 ... 5	6 ... 20
Temperguß	0,3 ... 1	2 ... 3	–
Stahlguß	–	3 ... 8	> 8 ... 30
Metallguß	0,3	2 ... 3	4 ... 10

Bearbeitungszugabe berücksichtigt spätere spanabhebende Bearbeitung. Wenn zu klein: Ausschuß; wenn zu groß: zu hohe Bearbeitungskosten. Tabelle III.2 gibt Beispiele von Erfahrungswerten.

Zugabemaß hauptsächlich abhängig von: Gußstückgröße, Schwindmaß, Einformtechnik, Lage der Bearbeitungsflächen in der Form, gefordertem Genauigkeitsgrad u. a.

Modellanstrich zum Feuchtigkeitsschutz und zur Kennzeichnung des Gußwerkstoffs sowie zur Oberflächenglättung (Vermeiden des Anhaftens von Sand). Verwendung wasserfester Kunstharzlacke. Farbkennzeichnung nach DIN 1511 (Tabelle III.3).

Modellherstellung in Modelltischlerei (bzw. -schlosserei). Holzmodelle unter entsprechender Verleimung *nur* mit wasserfesten, härtenden Kunstharzleimen sowie Sperrung mit gekreuzter Faserrichtung.

Tabelle III. 3. Modell-Anstrich nach DIN 1511 (Okt. 1971).

Fläche bzw. Flächenteil:	GGL bzw. GGG	Stahlguß	Temperguß	Schwermetallguß	Leichtmetallguß
Grundfarbe für unbearbeitet bleibende („freie") Flächen am Modell und im Kernkasten	rot bzw. lila	blau	grau	gelb	grün
zu bearbeitende Flächen	gelbe	gelbe	gelbe	rote	gelbe
		Schraffur über der Grundfarbe			
Stellen für Abschreckplatten u. Marken f. einzulegende Dorne	blau bzw. rot	rot	rot	blau	blau

Bei allen Gußwerkstoffen: Kernmarken schwarz; Sitzstellen loser Teile (Ansteckteile) schwarz umrandet; Lage des Kerns auf Modellteilfläche schwarz oder schwarz markiert: Hohlkehlen, wenn am Modell nicht angebracht, schwarz gestrichelt unter Angabe des Halbmessers. – Dreh- u. Ziehschablonen farblos lackiert, Schablonierkanten in der dem Gußwerkstoff entsprechenden Farbe.

Modellteilflächen zuerst fertigstellen, mit Stahldübeln und zugehörigen Lochplatten versehen, dann unter Zwischenlegen von Papier lösbar verkleben und nach Fertigstellen der Modellform mittels Stecheisen an Teilfläche wieder „sprengen". – Herstellung der Holzkernkästen sinngemäß. – Metallmodelle und -kernkästen sowie Kernbüchsen (ungeteilt für glatte ausziehbare Kerne) nach Regeln der Metallbearbeitung in Modellschlosserei gefertigt.

3. Sandformerei

Anforderungen an die Form: 1. So *dauerhaft,* daß sie Beanspruchungen bei etwaigem Transport und beim Guß standhält; 2. so *ausgeprägt* („scharf"), daß Gußstück an freien Flächen keiner Nacharbeit bedarf und saubere Oberfläche bekommt; 3. normal möglichst *schlecht wärmeleitend* zur Erzielung langsamer Abkühlung (geringe Gußspannungen und nicht zu harte Gußhaut!), ausgenommen Schalenhartguß, bei dem u. U. nur örtlich, gegen Metallkokille zur Erzielung harter „Schale" gegossen wird; 4. *gut gasdurchlässig,* damit durch Reaktion zwischen Schmelze und Formstoff entstandene Gase entweichen können; 5. genügend *hitzebeständig,* damit Formstoff nicht am Gußstück ansintert.

Diesen Bedingungen genügen am besten Formen aus Sand, Masse und Lehm, weniger gut Metallformen (zu gut wärmeleitend, auf die ggf. Gattierung abzustellen ist, die aber auch oft ausschlaggebende Vorteile haben; siehe Kokillenguß).

a) Der Formsand und seine Aufbereitung

Gelingen guten Gusses hängt vornehmlich von Zusammensetzung, Beschaffenheit und Verhalten des Formsandes während des Gießens ab; ungeeigneter Sand oder falsche Anwendung guten Sandes gelten zu über 50% als Guß-Ausschußquelle.

Gießerei-Neusand (Rohsand) (Anlieferzustand aus Sandgrube): Nur bestimmte Quarzsandvorkommen geeignet [III.2 u. III.12]. Maßgebend für Eignung als Form- und Kernsand sind in erster Linie Korngröße (0,75 ... 0,06 mm) und deren Größenstufung (je gleichmäßiger Korngröße, desto besser Gasdurchlässigkeit!), ferner Σ ($Fe_2O_3 + CaO + MgO$ u. a. Alkalien) $\leqq$ 6%, sonst Schmelzpunkterniedrigung des Quarzes („Ankleben" am Gußstück), aber auch nicht zu niedrig, um erwünschtes oberflächliches krustenförmiges Zusammenbacken des Sandes zu erreichen, der dann beim Putzen schalenförmig abfällt. SiO_2-Anteil 100 ... 75%, Schlämmstoffe (Bindetone und Staub) 0 ... 25%. *Bindetone* sind entweder *Glimmerton,* sowie *Kaolinit,* ein Tonerde-Kieselsäurehydrat (Hauptbestandteile natürlicher Tone), Plättchen mit Dicke $\geqq$20 µm; Länge oder Breite > 100 µm; Quellfähigkeit (n. *Enslin*): H_2O-Aufnahme je 100 g Trockensubstanz = 60 ... 150 g, keine innerkristalline Quellung; oder *Bentonit* (ein Tonerdesilikat der Montmorillonit-Reihe), auch natürlich vorkommend, aber meist künstlich hergestellt; Plättchen mit Dicke $\geqq$1 µm, Länge oder Breite > 100 µm; Quellfähigkeit (n. *Enslin*): H_2O-Aufnahme je 100 g Trockensubstanz bei „Ca-Bentonit" = 200 ... 300 g, bei „Na-Bentonit" 600 ... 700 g. Bentonite (in deutschen Gießereien seit 1934) sind wichtigster anorganischer Zusatz synthetischer Formsande, die damit zur Bindung viel geringeren H_2O-Zusatz benötigen als Sande mit Glimmerton und Kaolinit.

Aufbereitung macht Sand erst gebrauchsfähig für Formereizwecke. Sie umfaßt: Knollenbrechen, Auflockern und ggf. Entstaubung (manche Quarzkörner zersplittern durch Gießhitze) und Enteisenung schon gebrauchten Altsandes (Entfernung von Formerstiften, Eisenspritzern

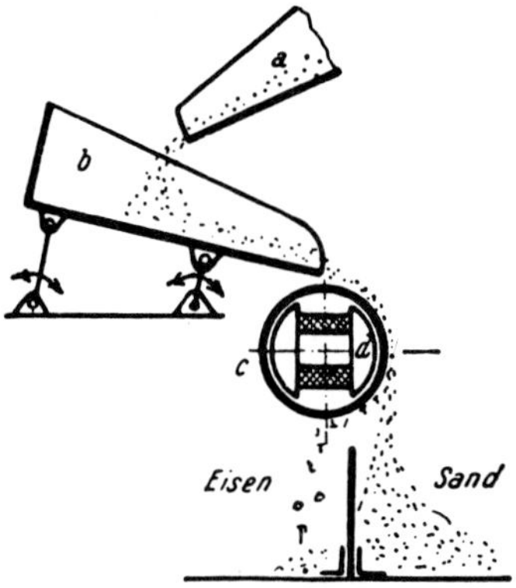

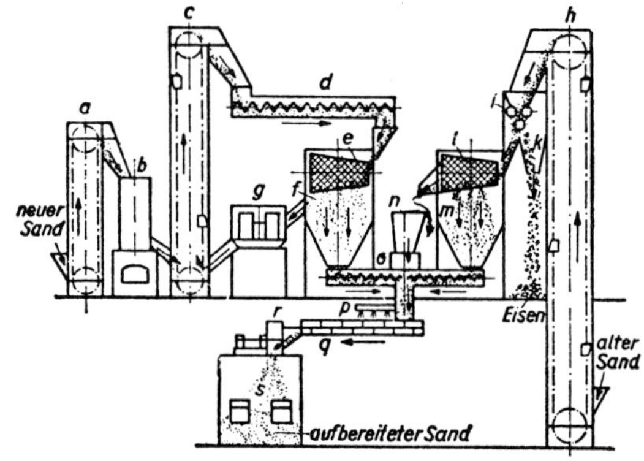

Abb. III.8. Magnetscheider zum Trennen des Eisens vom Sand: a Sandzufuhr; b Schüttelrinne; c Umlaufende Trommel; d Elektromagnet, in c feststehend.

Abb. III.9. Vollmechanisierte Formsand-Aufbereitungsanlage: a, c und h Becherwerk; b Trokkenofen; d Förderschnecke; e und l Trommelsieb; f Sandsilo für Neusand; g Kollergang; i Brechwalzen; k Magnetscheider; m Sandsilo für Altsand; n Kohlenstaubzuteiler; o zwei Förderschnecken zur unterschiedlichen Einstellung des Mischungsverhältnisses; p Sandbefeuchtung (Brause); q Misch- und Anfeuchtapparat; r Sandmischmaschine; s Sandsilo.

u. ä. durch Magnetscheider), Abb. III.8; Zusatz von Neusand (Rohsand nach Trocknung, Knollenbrechen und Sieben), Steinkohlenstaub, ggf. Bindeton; innige Mischung aller Bestandteile und entsprechendes Befeuchten. Altsandanteil je nach geforderter Gasdurchlässigkeit 30 ... 80%, bei Vollentstaubung auch 100% (also ohne Neusand!). Entstaubung zunehmend als Trocken- oder Naßentstaubung durchgeführt; bevorzugt Naßentstaubung, gefördert durch steigende Durchführung des Naßputzens, wobei auch Silikosegefahr (Silikose = Erkrankung durch „Staublunge" (SiO_2 wirkt zerstörend auf Lungengewebe)) vermieden.

Statt veralteter Sandaufbereitung mit Handwalze und Sieben heute durch teil- oder vollmechanisierte Aufbereitungsanlagen in zahlreichen Bauarten (Beispiel Abb. III.9), aber auch kleinere Einheiten für Teilaufgaben: Trocken-Öfen und -Trommeln, Kollergang-Knollenbrecher und -Sandmischer, ältere Stiftenkorbschleuder, neuere Trommel-, Band-, Rad- und Turboschleuder, u. v. a. [III.2].

Klassische formfertige Sande (Gießerei-Gebrauchssande). Man unterscheidet: *„Grüner"* oder *magerer Formsand:* Bildsamkeit durch 5 ... 8% Bindetongehalt + $\approx$4% H_2O, nur für „Naßguß" geeignet (Formen würden beim Trocknen zerfallen!); *mittelfetter Sand* oder *Massesand* mit > 8 ... 15% Bindetongehalt + $\approx$7% H_2O, bildsamer, naß zu wenig gasdurchlässig, daher Formen daraus zu trocknen („Trockenguß"); *fetter Sand* oder *Masse* (Formmasse) mit > 15 ... 20% und mehr Bindetongehalt + bis $\approx$10% H_2O, am bildsamsten, nach erforderlicher Trocknung am festesten; ggf. Zusatz gemahlener Magerungsmittel (gebrauchte feuerfeste Tonziegel, Schamottesteine u. ä.). Verwendung für besonders schweren Eisenguß, u. U. auch für Stahlguß. – Durch Trocknung erhalten Massesand- u. Masse-Formen System feinster Schwindrißchen, die erforderliche Gasdurchlässigkeit ergeben. – Zugesetzter Steinkohlenstaub (Aschegehalt < 12%) aus bester Gas- oder Flammkohle: Für dickwandigen Guß 4 ... 5%, für dünnwandigen Guß 5 ... 7%; mehr als 8% vermeiden, sonst Schädigung der Gasdurchlässigkeit (Bildung von Gashohlräumen, „Blaslunker"). Steinkohlenstaub vergast bei $\approx$900 °C und bildet dünnen Gasfilm zwischen Formwand und Metall (glatte Oberfläche!), verhindert somit auch „Anbrennen" des Sandes an Gußoberfläche. Neuerdings statt Steinkohlenstaub oft „Kugelpech" (durch Zerstäuben globuliertes Pech) mit Schmelzpunkt bei 130 °C und < 0,25% Asche. Zusatz von 1 ... 2% für Naßguß ersetzen 5 ... 7% Steinkohlenstaub; bei Trockenguß Zusatz $\approx$2 ... 3% (wirkt z. T. auch als Bindemittel).

Modellsand. Trotz Streben nach Einheitssand auch heute noch oft mehrere besonders aufbereitete Modellsandarten (für Maschinenformerei, Hand-Naß- und -Trocken-Formerei); Aufbereitung besonders sorgfältig, Korn möglichst gleichmäßig, knollenfrei und gelockert. Nur wenige cm dick über Modell geben, u. U. aufsieben, dann mit billigerem *Füllsand* (kohlestaubfrei) hinterstampfen. Für Kleinkasten-Maschinenformerei meist nur Modellsand.

Synthetische Form- und Kernsande sind möglichst Bindeton-arme oder -freie Sande („Silbersand", Silikasand) mit Bindemittel-Zusätzen, die Natursande nicht enthalten. Hierzu gehören schon mit Bentonit (s. o.!) gebundene Sande. Binder für Verwendung bes. zur Kernherstellung (*Kernbinder*) [III.2]: 1. *Reine Ölbinder:* Früher besonders Leinöl und Fischtran, heute zunehmend synthetische Fettpeche und veresterte synthetische Fettsäuren, sowie „Erstarrungsöle" (sikkativierte Öle), die durch Aufnahme von Luftsauerstoff erhärten; Trocknung bei 225 ... 250 °C, beste Gasdurchlässigkeit und hohe Festigkeit; nicht hygroskopisch. – 2. *Emulsionsbinder* (Kernemulsionen): Wässrige Sulfitablauge (harzhaltiger Rückstand aus Zellulosekochern) oder Melasse (Abfallprodukt bei Zuckerrüben-Verarbeitung) mit eingerührtem Ölgemisch verbessert „Grünstandfestigkeit"; Trocknung schwierig bei 140 ... 180 °C. – 3. *Kunstharzbinder:* Teilkondensiertes, noch flüssiges Einstufen-Phenolharz (A-Zustand) als Sandbeimischung; Erhärtung bei 160 ... 180 °C. Vorteile gegenüber Kernölen: Geringere Trockenzeit und Gasentwicklung beim Guß. *Kunstharz-Quellbinder*-Mischungen besonders geeignet für Hochfrequenztrocknung in 2 ... 5 min, so daß dadurch erstmals Kern-Fließfertigung möglich wurde. Hierfür Harnstoff-Harze oder Harnstoff-Phenol-Harzgemische. Rein Harnstoffharzbindende Sande auch für geschüttete Großkerne mit Kalthärtung durch Katalysator für große Stahlgußstücke. Zugabe von Bindeton zu Harnstoffharz-Kernsandmischungen gibt Sande für auf Kernschießmaschinen herzustellende Kleinkerne. Härtung durch Katalysator bei Raumtemperatur. In jüngster Zeit auch Furanharz-Bindemittel für Warm-, bzw. bei Großkernen für Kalthärtung. Siehe ferner Maskenform-Kerne (Croning-Verfahren)! – 4. *Naßbinder:* Sulfitablauge (s. o.!), Dextrin (auf 200 °C erhitzte Stärke), Melasse (s. o.!), Pektine (gelierende Pflanzenstoffe) u. ä. bilden mit H_2O echte oder kolloidale Lösungen; Zugabe als Pulver oder Lösung; gründliche Mischung! Trocknung bei $\approx$180 °C. – 5. *Trockenbinder:* Gemische aus Bindeton mit organischen Stoffen, wie Zellpech (getrocknete Sulfitablauge), Stärke (aufgeschlossene Mehlkombinationen, die durch H_2O schon kalt quellen), Dextrin bzw. Steinkohlen-Hartpech. Verarbeitung wie Naßbinder mit H_2O als Anmachflüssigkeit. – Ferner Zugabe von in H_2O gequollenen harzreichen Holz-Feinspänen ($\approx$70% H_2O-Gehalt), die beim Kerntrocknen stark schwinden und gut gasdurchlässigen Kern liefern (z. B. Kernsand aus 74% Altsand, 25% Grünsand und 1% Holzmehl; anfeuchten auf 8 bis 8,7% H_2O-Gehalt.). – Getrocknete Kerne mit Naß-, wie mit Trockenbindern sind hygroskopisch, daher bald zu verwenden! – Siehe ferner: Kern- bzw. Formsande und deren Binder beim Zementsand-, sowie beim CO_2-Erstarrungsverfahren und Modellausschmelzverfahren. – Neuerdings statt Quarzsand manchmal auch *Schlackensand* (siehe Schlackensandformverfahren!).

Formsandprüfung (DIN 52 401 v. 10. 1955) [III.2] ermittelt chemische und physikalische Eigenschaften des rohen bzw. aufbereiteten Sandes, ggf. an besonderen Norm-Probekörpern.

Chemische Prüfung als rationelle (Teil-)Analyse meist nur bei Erschließung und Überwachung von Lagerstätten (siehe Gießerei-Neusand).

Physikalische Prüfung: Hauptsächlich Bestimmung der Korngrößen-%-Anteile in 12 Stufen (> 3 ... 0,02 mm) durch Normsiebsätze (DIN 4188) [Begriffe: Gleichmäßigkeitsgrad, Mediankorn, Hauptkörnung, Trennschärfe und Sanddreieck siehe DIN 52 401], der Korn-Form und -Oberfläche (mit Stereomikroskop), des Schlämmstoffgehalts, der Feuerbeständigkeit (stufenweises Erhitzen von Probeziegeln zwischen 900 und 1400 °C mit mikroskopischer Zwischenuntersuchung auf Zusammenfritten, bzw. Verglasung oder Verschlackung); ferner an feucht mit Rammgerät normverdichteten Sandzylinderproben Ermittlung des Raumgewichts und der Verdichtung, der Druck- und Scherfestigkeit, sowie der Deformationsfähigkeit; für getrocknete Normkerne auch Bestimmung der Biege- und Zugfestigkeit; Prüfung der Gasdurchlässigkeit normgerammter Probekörper (Durchgang cm^3 Luft mit 1 cm H_2O-Säule Überdruck in min je 1 cm^2 Querschnitt und 1 cm Höhe); Abbruchprobe zur Beurteilung der „Grünstandfestigkeit"; Härteprüfung der Sandform (Prinzip der HRB-Prüfung): 20 mm-Kugel, 4,9 N Belastung, Messung der Eindringtiefe); Prüfung auf Steinkohlenstaub-Gehalt (Glühen einer Trockenprobe bei 750 °C, wobei C verbrennt; prozentuale Gewichtsabnahme); Bestimmung des H_2O-Gehalts (Probenwägung vor und nach Trocknung) u. ä.

b) Werkzeuge und Hilfsstoffe

Der Former benötigt im Vergleich zu anderen Berufen nur eine Reihe relativ billiger normaler und Sonder-Formwerkzeuge zur Herstellung, zum Ausbessern und ggf. zur Nachbehandlung der Form, außerdem einiges meist billiges Verbrauchsmaterial:

Formwerkzeuge: 1. Zur *Modellvorbereitung:* Modellbürste (Reinigung), Stoffbeutel für Formpuder mit zugehörigem Kasten, ggf. Zerstäuber für Petroleum (statt Formpuder). – 2. Zur *Sandaufgabe:* Handsieb (Aufsieben von Modellsand), Sandschaufel. – 3. Zur *Sandverdichtung:* Z-förmiger Hakenstampfer (Tiefenverdichtung), Handstampfer kurz und lang mit schmaler Finne (Vorverdichtung in Tiefe) und am anderen Ende Pilzkopf (Endverdichtung), Preßluftstampfer mit Pilzkopf (kurz und lang), ggf. Zackenlauf-Holzmodell, konische bzw. keilige Modellhölzer (für Einguß und Steiger), Stahl-Streichlineal (Abstreifen des Kastens nach Aufstampfen), Luftspieße gerade und gebogen (Luftstechen nach Modell hin, sowie Unterstechen gießfertig aufgestellter Formkästen), ggf. Modell für Eingießtümpel in Aufsetzkasten, u. ä. – 4. Zur *Modellentfernung:* Modell-Aushebe-Haken, bzw. -Schrauben bzw. -Spitzen; Wasserpinsel mit Topf (Befeuchten der Sandkanten um Modellteilfläche mit Nachverdichten durch Streichblech bzw. -kelle oder Polierschüppe; Handhammer, sowie leichter und schwerer Holzhammer (Losschlagen des Modells). – 5. Zum *Ausbessern der Form* und *Anschneiden* (letzteres z. T. noch vor Ausheben des Modells): Mehrere Lanzetten und Sandhaken verschiedener Form und Größe, Polierherz oder Herztruffel, Polierlöffel und -kelle, Satz Polierknöpfe (-stücke), Dämmbrett (Kantenausbesserung, in Abb. III.10a), Blasebalg bzw. Preßluftschlauch mit gedrosseltem Mundstück (Ausblasen der Form, auch vor Guß), Spiegel bzw. Handlampe (Ausleuchten tiefer Formstellen) u. ä. – 6. Zur *Nachbehandlung der Form* (ggf. nach Trocknung): Schwärzepinsel und -topf für Formschwärze (f. Trockenguß), Zerstäuber für Formschwärze, Stoffbeutel für Steinkohlenstaub bzw. Graphit (f. „grüne" Formen), Abflammgerät für Gasflamme (zum oberflächlichen Antrocknen „grüner" Formen für Leichtmetallguß unmittelbar vor Vergießen). – 7. *Verschiedenes:* Handkehrbesen, Holzraspel bzw. Schruppfeile (Nacharbeit der Endflächen an Kernen), Hartholzkeile (vorsichtiges Trennen der Formkastenhälften nach Fertigstampfen), Kneifzange (Abzwicken von Draht), Schraubenzieher, einige Pinzetten verschiedener Größe, Innen- und Außentaster-Zirkel (Maßüberprüfung von Formhohlräumen: Spätere Wanddicke am Gußstück, bzw. von Kernabmessungen). – 8. Für *Kernstückformer:* Kernstückgabeln, -messer und -hämmer; weicher Pinsel für Talkumpuder. – 9. Für *Schablonen-* und *Freiformer:* Wasserwaage, Spitz- und Stangen-Zirkel, Senklot, Schwindmaßstab u. ä.

Verbrauchs-(Hilfs-)Material der Formerei und Kernmacherei: *Formpuder* (erleichtert Trennung Modell/Form): Am besten Lykopodium (schwachgelber Staub = Sporen von Bärlappgewächsen, stark wasserabweisend, am wirksamsten, aber teuer, daher meist nur noch in Kernmacherei), ersatzweise Holzkohlen-, Braunkohlen- oder Graphit-Staub, Talkum (Specksteinpuder), Kunstharz (Resol)-Pulver, Stärkemehlgemische; Pulver von Kalk, Seifenstein, gebranntem Ton, Bimsstein, bzw. Handelsmarken aus Gemischen dieser Stoffe. Freies SiO_2 verboten! (Silikosegefahr). Statt *Formpuder* auch Aufstäuben von Petroleum, Dieselöl u. ä. – *Formschwärze (-schlichte)* verhindert Ankleben des Sandes am Gußstück und gibt glatte Gußoberfläche; meist Suspension von Graphitpuder und Tonmehl in H_2O mit weiteren Zusätzen zur Verbesserung der Gasdurchlässigkeit. – *Formpuder* (Steinkohlestaub oder Graphitpulver), auf Form aus magerem Sand aufgestäubt und ggf. einpoliert. – *„Formlack“* (siehe CO_2-Formverfahren!); *„Weiße Schwärze“* für G-SnBz und G-AlBz, auf Zirkon (ZrO)-Basis. – *Formerstifte* (spitzenlose Flachkopfdrahtstifte zur Armierung empfindlicher Sandkanten); *Kernstützen* (Abb. III.21); *Kühlspiralen, Kühleisen* und *Kühlnägel* (siehe Lunkerverhütung und Gußspannungen); *Zeitungspapier* (u. U. für Trennung des Ober- und Unterkastens beim Aufstampfen, ferner für Trennung zwischen Form und in dieser aufgestampften Kern beim Ziehschablonieren (z. B. Abb. III.30); *Breitkopf*(Dachpappen-)*Nägel* (Armierung v. Eingußstellen, um Sandausspülen durch einfließende Schmelze zu verhüten); *Klebstoffe,* meist Kleister zum Zusammenkleben von getrennt hergestellten Kerneinzelteilen zum Gesamtkern („Klebkern“); *Holzwollseil* (für Aufbau auf Rohr drehschablonierter Kerne [Abb. III.68]); *Wachsschnur* (für Luftkanäle in formschwierigen Kleinkernen); *Koks* (für Aufbau größerer Kerne als gasdurchlässige „Seele“); *„Siebkerne“* (für Siebeinguß als Schlackenfang); *„Poröse Kerne“* (zur Lunkerverhinderung); *Heizkerne* (siehe Lunkerverhütung!), hergestellt unter Verwendung von *Thermitpulver; Preßluft, Brenngas* (zum Abflammen, s. o.!), Kohlensäure (siehe CO_2-Verfahren) u. v. a.

c) *Herdformerei*

Einfachstes und ältestes Formverfahren. In Anwendung beschränkt auf flache Teile. – „Herd“ (Herdbett, Herdboden) ist meist 10 ... 30 cm dick (je nach Stückhöhe) über Koksschicht aufgestampfte Formsandschicht (oberste Lage Modellsand) auf Gießereiboden. Für offene Herdformerei Herd nach Wasserwaage ausgerichtet, bei häufiger Anwendung zwischen waagrecht fest montierten Eisenbahnschienen oder I-Trägern mit Streichplatte abgezogen. Für bedeckten Herdguß genügt waagrecht Herdlage nach Augenmaß.

Offener Herdguß (Abb. III.10a). Gußform-Herstellung durch Eindrücken flachen Holzmodells unter Klopfen mit Holzhammer, oder bei Kerneisenguß Einschneiden mit Lanzette oder Kelle (ggf. nach Pappschablone). Statt Einguß wie in Abb. III.10a bei größeren Teilen ggf. unter Eingußstelle eingelegte getrocknete Lehmplatte, um Sandauswaschung zu vermeiden; auch seitliches Ansetzen getrockneten Lehmeingußkastens oder dessen örtliches Aufsetzen auf Rand offener Form. Luftstechen nach unten hin zwecks Gasabzug in Koksbett mit Nachglätten (damit Eisen nicht in Stichlöcher läuft). Oberseite der Gußstücke bleibt besonders an

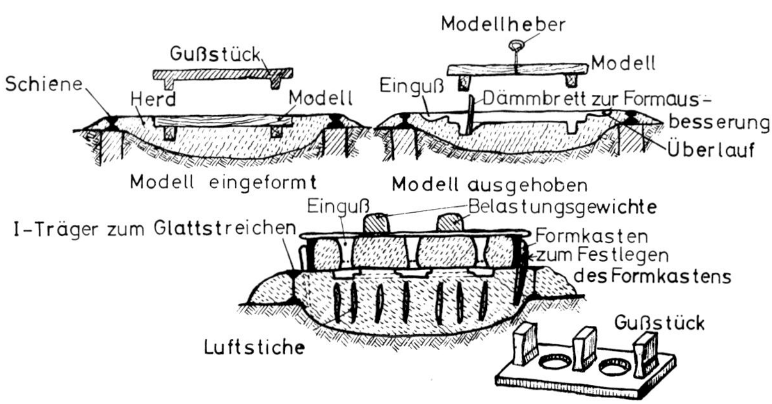

Abb. III.10. Herdguß: a Offener Herdguß; b Bedeckter Herdguß.

schmalen Partien leicht konvex gewölbt mit durch Oberflächenspannung der Schmelze bedingten gerundeten Kanten und bes. Ecken. Gefüge dicht und feinkörnig (schnelle Abkühlung nach oben!). – Beispiele: überwiegend flache Gußteile, wie Ankerplatten, Bodenbelagplatten, Deckel, Kühleisen, Kerneisen, wobei ggf. Stahltragbügel u. ä. mit eingegossen werden können (vgl. Abb. III.30b), Formgitter (Traggerüste großer Sandballen), Feuerungsroste, Belastungsgewichte, aber auch Fensterrahmen, einfache Formkästen, Wasserkästen u. ä. – Wanddicke soll ≦ 10 mm sein.

Bedeckter Herdguß (Abb. III.10b). Soll auch obere Fläche des Gußstücks mit scharf ausgeprägten Kanten versehen und eben sein, dann Form mit auf Stampfboden aufgestampftem Formkasten bedecken, durch den gegossen wird; ggf. auch Steiger in ihm. Deckkasten enthält jedoch keinen Teil der Werkstückform. – Ist letzteres der Fall, dann spricht man von *Bodenformerei* (vgl. Abb. III.25, 27 und 30).

d) Kastenformerei

Vorteil: Einformen in zwei- oder mehrteiligem Formkasten vermeidet gegenüber Herdformerei zu starke Verdichtung des Sandes, der hier auf Modell gedrückt wird, und läßt weitesten Spielraum hinsichtlich Gußstückgestalt, vor allem in der Gußstückhöhe. Durch höheren hydrostatischen Druck der Schmelze allseitig gut ausgeprägter („scharfer“) Abguß.

Formkästen. *Werkstoff:* Meist Grauguß, auch wandungsgewölbtes oder -gewelltes, eckenverschweißtes Stahlblech, neuerdings auch Al- oder Mg-Gußlegierungen (leicht!); für Großkästen auch U- oder I-Walzstahlprofil, an Ecken verschweißt, vernietet oder verschraubt (Ecklaschen); gegenüber GG jedoch stärkerem Rostansatz unterworfen und weniger formsteif, da dünnwandiger (dadurch auch leichter!). Behelfskästen auch aus Holz (wenn z. B. erforderlicher dritter Formkasten fehlt); Lebensdauer auf wenige Benutzungsfälle beschränkt.

Kastenform quadratisch, rechteckig, für Teile mit runder Teilfläche auch rund. – Kleine Kästen haben zur Handhabung *Handgriffe* (aus Stahl, eingegossen bzw. bei Stahlkästen angeschweißt), große Kästen haben *Tragzapfen* zum Aufsetzen und Wenden mittels Krantraverse. Für Massenguß von Werkstück-Sonderformen auch Spezialformkästen. – *Teilflächen* bearbeitet. – Bei ebenen Innenflächen *Sandleiste* an Teilfläche oder besser an beiden Seiten als Halt für eingestampften Sand (bei profilierten Stahlformkästen nicht erforderlich, da Halt durch Profil); vgl. Abb. III.11 bis 16. – Gegenseitige Fixierung der Kastenhälften durch *Stiftführungen* verschiedener Ausführung: Entweder an beiden Kastenteilflächen angegossene Lochaugen (bei Stahlkästen angeschweißte U-Laschen), durch eingesteckte lose Stahlstifte (u. U. auch Federspreizstifte) verbunden, oder Lochaugen an einer Kastenhälfte und Augen mit festgeschraubtem Stift an der anderen. Augenanordnung immer so, daß seitenverkehrtes „Zulegen“ vor Guß unmöglich, also unsymmetrisch. Beim Aufstampfen wie beim „Zulegen“ vor Guß Oberkasten rechts drehen, damit etwaiges Spiel zwischen Bolzen und Auge immer in derselben Richtung! – Führungsstifte mit Langloch zum Verkeilen von Ober- und Unterkasten ersetzen Belastungsgewichte; für diesen Zweck auch verschiedene Formkasten-Verklammerungen entwickelt. – Größere, relativ flache Kästen erhalten miteingegossene bzw. fest eingenietete oder eingeschraubte (ggf. entfernbare) *Schoren* (Zwischenwände und Querrippen) bzw. Schorengitter, die jedoch mit Unterkante 20 ... 30 mm vom Modell abstehen müssen (ggf. Modellform angepaßt!); durch Schoren wird Kasten gleichzeitig versteift. An Schoren können dann über Z-förmig gebogene, miteingestampfte, in Lehmbrei getauchte Sandhaken (bei Großformen oft über 100) die manchmal tonnenschweren Sandmassen „aufgehängt“ werden (z. B. in Abb. III.24 u. 25) und halten so sicher im Kasten auch beim Transport.

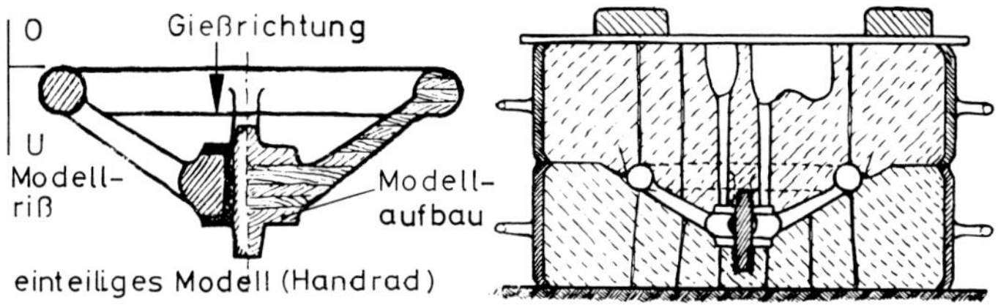

Abb. III.11. Einformen eines ungeteilten Modells: Handrad mit Kegelarmstern.

Formvorgang ist je nach Gußstückform, Art der Modellteilung (ggf. ungeteilt), notwendigen Ansteckteilen (bei hinterschnittener Form), etwa erforderlichen Innen- und (oder) Außenkernen, u. U. notwendiger Werkstückteilung schon beim Guß und nicht zuletzt nach abzugießender Stückzahl sehr unterschiedlich und vielseitig.

Er kann auch hinsichtlich der zahlreichen Anschnitt- und Steigersysteme [III.2], der Kerntechnik (Herstell-[III.2], Einsetz- und Halterungstechnik), der Verwendung von „Wanderballen", gabeltransportierbaren Außenkernstücken, „verlorenen Teilen" oder „Sparhälften", „Lehmdeckeln" (Ersatz für eingesparten 3. Kasten) usw. stark variieren. Wenn auch heutige Hauptgrundregeln Allgemeingut sind, stellt man doch in verschiedenen Gegenden bzw. Gießereien im einzelnen unterschiedliche Arbeitsmethoden fest. Die optimale Formtechnik ist in Einzelheiten oft umstritten, z. T. auch abhängig von vorhandenen Einrichtungen. – Nachfolgend sollen daher anhand einiger Beispiele stark schematisiert nur die wichtigsten Richtlinien des Formvorgangs angedeutet werden. Im folgenden bedeuten U = Unterkasten, O = Oberkasten, ggf. M = Mittelkasten. Verwendung von „grünem" Sand, falls nicht anders angegeben.

1. Beispiel: Ungeteiltes Modell mit Innenkern, Abb. III.11, Handrad mit Kegelarmstern. Modell mit Kranz auf Stampfboden und aufstampfen des U, wenden und längs Kranz außen auf größten Φ herunterpolieren, anschließend Sand aus Mitte herausholen und auf Armmitte abpolieren; Einstauben, um Ankleben des O-Sandes am U-Sand zu verhindern; O aufsetzen. Nach Teileinfüllen von Sand Einguß- und Steiger-Modellhölzer „stellen" und Sand um diese festdrücken, nachfüllen, dann Tiefen- und Endverdichtung, Abstreifen, Luftstechen usw. – Bei Naßguß kleinerer Kästen kann auch auf Steiger verzichtet werden; die Form ist genügend gasdurchlässig. Trockenguß bedarf eines Steigers. – Nach Modellentfernung Einsetzen des Kerns und Fertigmachen der Form zum Guß.

2. Beispiel: Einfachgeteiltes Modell mit Innenkern, Abb. III.12, Untersatz. Dübellose Modellhälfte mit Teilfläche auf Stampfboden legen und aufstampfen des U, wenden, aufsetzen der 2. Modellhälfte, legen der Schlackenlauf-Modelleiste, O aufsetzen und unter Verwendung der Modellhölzer für Einguß und Steiger fertigstampfen, wie oben. Die beiden Flansch-Anschnitte (Einläufe) werden nach Abheben des O mit Lanzette in U eingeschnitten, bevor U-Modellhälfte entfernt wird.

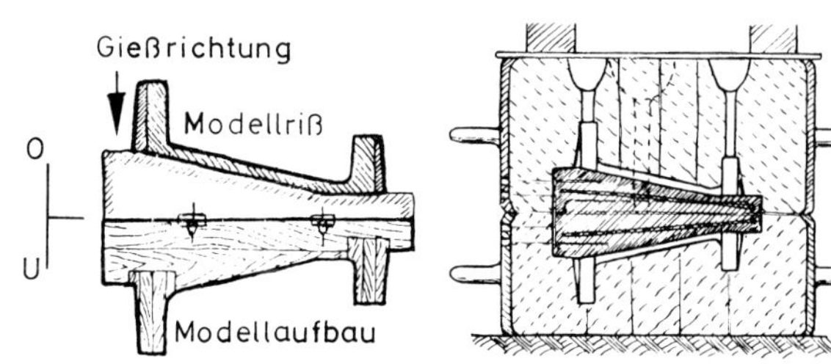

Abb. III.12. Einformen eines einfach-geteilten Modells: Untersatz, mit Innenkern.

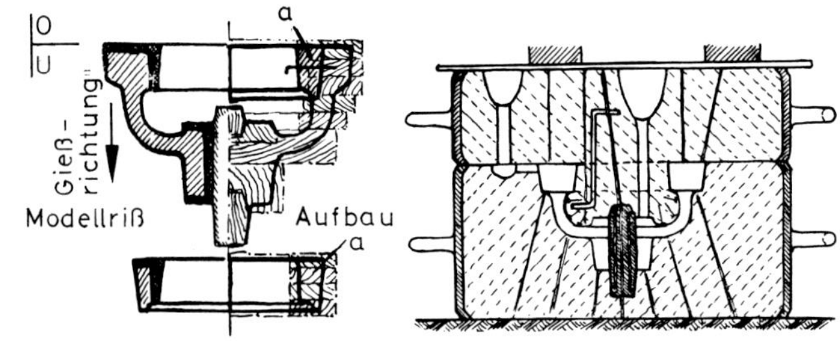

Abb. III.13. Einformen eines Modells mit Ansteckteil und Innenkern: Lagerkappe; a geteilter Ansteckring (siehe Text!).

3. Beispiel: Modell mit Ansteckteil (sonst ungeteilt) und Innenkern, Abb. III.13, kleine Lagerkappe (einformtechnisch ungünstig, da innen hinterschnitten!). Modell mit Flansch auf Stampfboden, U aufstampfen und wenden. Einlegen des zweiteiligen Ansteckringmodells (Haltestifte entfernt!). Aufstampfen des O, wobei nach unten vorstehender „Sandballen" durch eingelegte „Sandhaken" (vorher in Lehmbrei getaucht) mitgetragen wird. Beim Abheben des O geht Ansteckring mit heraus: seine beiden Teile werden sofort anschließend vorsichtig seitlich entfernt. Nach Entfernen des Modells aus dem U wird Kern eingesetzt und Form gußfertig gemacht. Für derartige Formen Trockenguß zweckmäßig, denn an O nach unten hängender Sandballen ist empfindlich.

4. Beispiel: Einformen einer *Seilrolle* Abb. III.14; gilt sinngemäß auch für *Keilriemenscheibe.* Für Massenherstellung mit ungeteiltem Modell, getrennt hergestelltem Kranzkern (Außenkern), ferner Nabenkern (Innenkern): oben Modell; obere Nabenhälfte braucht nicht, wie hier gezeichnet, lose (abnehmbar) zu sein, wenn Stampfboden mit Loch für Kernmarke verwendet (meist üblich, Modell billiger!); Kranzkern mit zugehörigem Kernkasten (Abb. III.20), darauf Wendeblech, auf dem getrocknet wird. Holzschraube (nur für Aufbewahrung) bei Kernherstellung durch Belastungsgewicht ersetzt.

5. Beispiel: Einformen einer *Riemenscheibe,* ballig, mit Kranzbunden, Abb. III,15. Links: Für *Einzelfertigung* mit dreiteiligem Formkasten, ohne Kranzkern, nur Nabenkern. Ballig geforderte Riemenlauffläche fällt durch Bearbeitungszugabe beim Guß konisch aus, erst durch Zerspanung Balligkeit erreicht. Modell auf Stampfboden, dann M aufstampfen (für loses Nabenteil gilt Sinngemäßes wie beim 4. Beispiel, dabei loser Kranzbundring oben; auf Mitte Kranzbundring herunterpolieren, U aufsetzen und aufstampfen. U mit M gemeinsam wenden, O aufstampfen unter Einlegen von Sandhaken (siehe 3. Beispiel!). O abdecken und Modell entfernen, wobei loser Kranzbundring noch in der Form bleibt; er kann erst nach Abdecken von M entfernt werden. Nabenkern nach Trocknung einsetzen und Fertigmachen zum Guß. Auch Einguß (mit oder ohne Schlackenlauf) über Anschnitt am Kranz möglich (besser!). – Rechts: Für *Massenfertigung* mit zweiteiligem Formkasten und Kranzkern: Riemenlauffläche

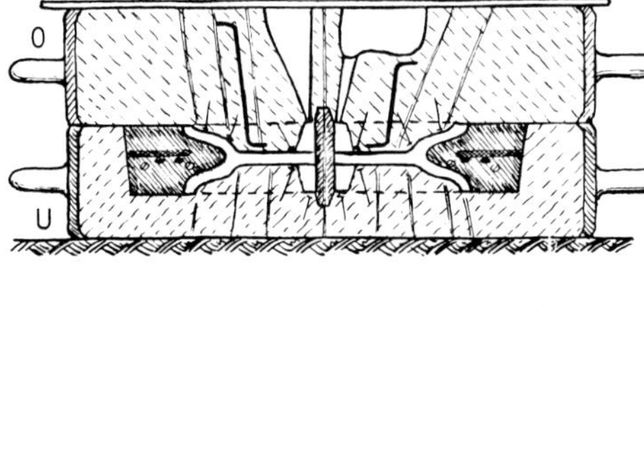

Abb. III.14. Einformen einer kleinen Seilrolle: Massenfertigung mit Kranzkern, oben Modell, unten gießfertige Form; Kranzkern im Kernkasten Abb. III.20 hergestellt.

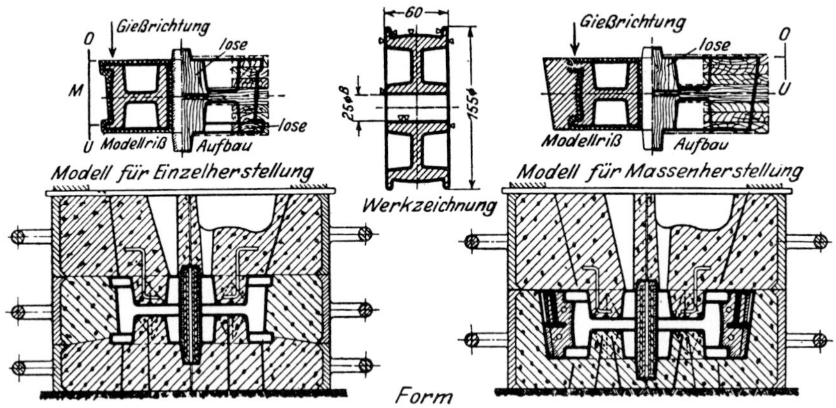

Abb. III.15. Einformen einer Riemenscheibe mit Kranzbunden. Links: Einzelfertigung, dabei Modell ohne Hauptteilung, jedoch mit losem unteren Kranzbundring, dreiteiliger Kasten. Rechts: Massenfertigung; Modell ungeteilt, Verwendung eines Kranzkerns (Außenkern); zweiteiliger Formkasten. – In beiden Fällen kann lose gezeichnetes Nabenteil fest sein, wenn Stampfboden mit Loch versehen (billiger!).

fällt hier ballig an, da Außenkern entsprechende Form hat; nach Guß hier viel geringere Spanabnahme. Für abnehmbar gezeichnetes oberes Nabenteil gilt Sinngemäßes wie unter Beispiel 3 vermerkt. – Hier wegen Profilierung des Außenkerns kein loser Kranzbundring erforderlich.

6. Beispiel: Einformen eines *Kompressorzylinders,* Abb. III.16. Formherstellung in Massesand (Trockenguß) sinngemäß, jedoch hier steigend vergossen über Einguß-Ringkanal mit vier Anschnitten am unteren Ende; schon am Modell (a) berücksichtigt. Kastenhälften zusammengeklammert und hochkantstehend vergossen (c). Kernluft-Abzug über mit Lanzettenspitze ge-

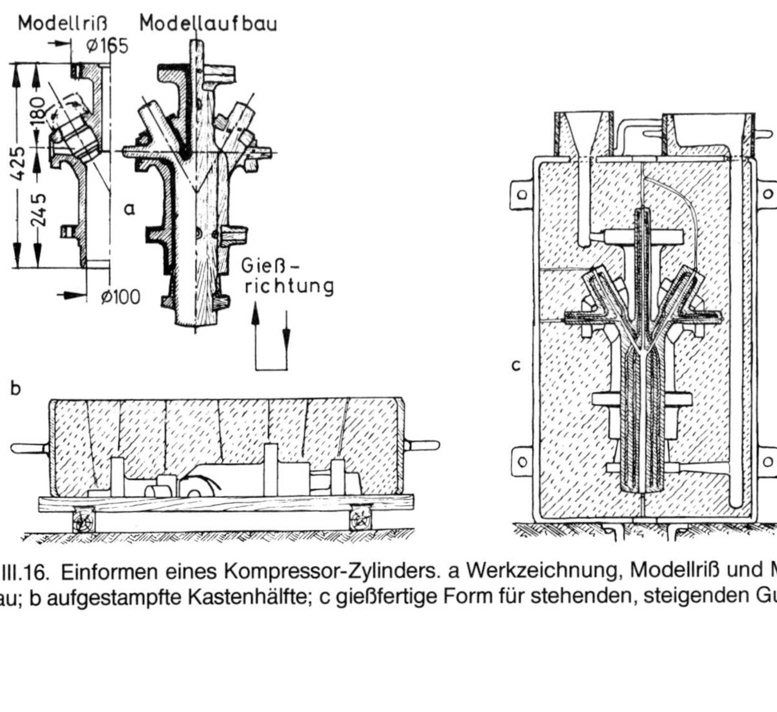

Abb. III.16. Einformen eines Kompressor-Zylinders. a Werkzeichnung, Modellriß und Modellaufbau; b aufgestampfte Kastenhälfte; c gießfertige Form für stehenden, steigenden Guß.

zogene Rillen in Teilfläche; beachte besonders Luftabfuhr aus rechtem Stutzenkernteil. Außerdem an den drei Kernenden Luftstiche senkrecht Teilfläche. –

Entsteht Form in Boden- oder Grubenformerei durch Holzmodell (oder durch Freiformen) für Umrißbegrenzung und werden Zwischenwände des Gußstücks nur durch eingesetzte Kerne gebildet werden, dann *„Kernblockform"* oder *„Kernform"* genannt (Abb. III.17) [III.13].

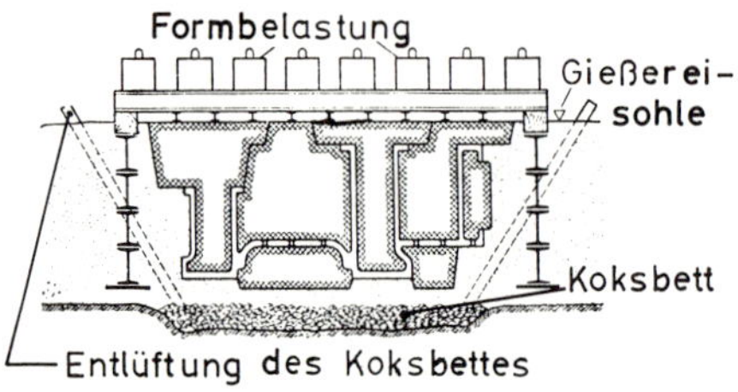

Abb. III.17. Bodenform für Drehbankbett als Kernblockform (Kernform); alle Zwischenwände nur durch Kerne gebildet, davon zwei hängend (nach *W. Eger*).

Kernherstellung für Kastenguß in Kernkästen bzw. -büchsen: Innenkerne überwiegend (bis auf Kernlagerstellen) von Schmelze umflossen, müssen daher sehr widerstandsfähig, gestalt- und maßstabil, in erhöhtem Maße gasdurchlässig, sowie gegenüber Gußstückschwindung nachgiebig sein; sollen sich beim Gußputzen leicht entfernen lassen und Gußstück mit glatter Innenwand liefern.

Kernsande: Besonders größere (aber auch kleinere) Kerne gedrungener Form als „Grünkern" (nicht getrocknet!) aus natürlichem oder synthetischem *„grünen" Sand* möglichst guter Gasdurchlässigkeit; auch bei NE-Schwermetall-Naßguß, sowie bei Guß von Al-Legierungen. Besonderer Vorteil bei laufender Großserienherstellung, da Trocknung entfällt und u. U. teure Kernbinder eingespart werden; ferner bei Dünnwandguß (geringere Gefahr des Wandreißens, da grüner Kern viel nachgiebiger als getrockneter harter Kern). Ausreichende Kernversteifung durch eingelegte Kerneisen hier besonders wichtig. – *Mittelfetter* und *fetter Sand,* letzterer vor allem in der Kernstück-Formerei für Außenkerne bei Kunstguß, heute nur noch selten verwendet, weil überwiegend verdrängt durch *synthetische Sande,* wobei meist tonfreier Quarzsand, u. U. mit etwas Formsand gemischt, mit Kernbinder versetzt wird (siehe diese unter „Synthetische Form- und Kernsande").

Kernfertigung in Kernkästen (geteilt) oder -büchsen (ungeteilt) durch besondere Kernmacher in Kernmacherei. Handfertigung durch Stopfen (bei Kernbüchsen) bzw. Eindrücken in beide Kernkastenhälften mit Nachverdichten durch Klopfen (leichter Holzhammer), Abstreifen und Naßverbinden beider Hälften mit „Tonschlämme", Zusammenlegen beider Kernkastenhälften, mit Zwinge zusammenspannen, dann offene Enden nachverdichten und abstreifen. So gefertigter Kern heißt „Schweißkern". „Klebkern" dagegen ist Kern, der wegen schwieriger Form in mehreren Einzelteilen hergestellt, getrocknet und dann zu Gesamtkern verklebt wird (z. B. Zylinderblock-Kanalkern). – Fertigung auf Kernformmaschinen siehe Abschnitt Formmaschinen. – Kernversteifung durch eingelegte Kerneisen: Draht geeigneter Stärke, bei Großkernen auch im offenen Herdguß gegossene Gitter, die gleichzeitig über Haken den Transport ggf. zum Trocknen und zum Einsetzen ermöglichen. Beispiele für Kerne und Kernkästen Abb. III.18, 19 und 20. Die in diesen Bildern gezeichneten Kerneisen gelten für Fertigung aus tongebundenem Sand. Bei neuzeitlichen synthetischen Kernsanden kann man auf sie oft verzichten. – Gewisse Kerne, z. B. für Radiatoren (hohle Rippenheizkörper), müssen trotz ihrer oft großen Länge ohne Kerneisen (und Kernstützen!) aus z. B. mit „Erstarrungsöl", neuerdings auch mit Kunstharz gebundenen Sanden (siehe synthetische Sande) hergestellt werden (Formen stehend vergossen); beim Gußputzen rieseln sie bei leichtem Klopfen aus den Kernmarkenöffnungen des Gußstücks.

Kernstützen: Längere Kerne, die durch Kernlagerstellen nicht ausreichend sicher gelagert werden können, sowie Kernblöcke in Formen für Grundplatten, Gehäuse

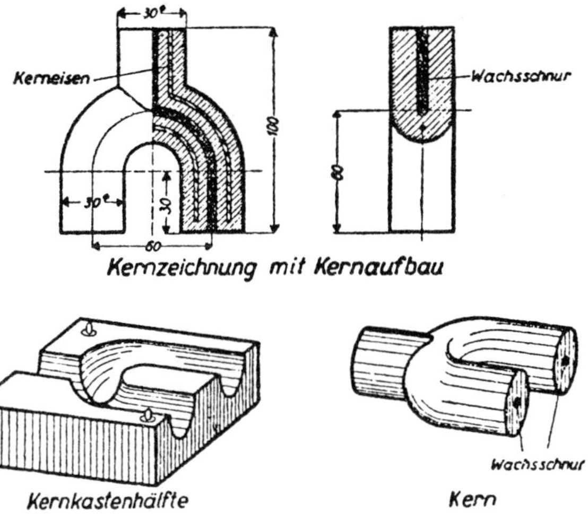

Abb. III.18. Gabelkern, als „Schweißkern" erzeugt, d. h. getrenntes Stampfen beider Kernkastenhälften, dann Verbinden mit Tonschlämme im Kernkasten (hier mit ebener Teilfläche).

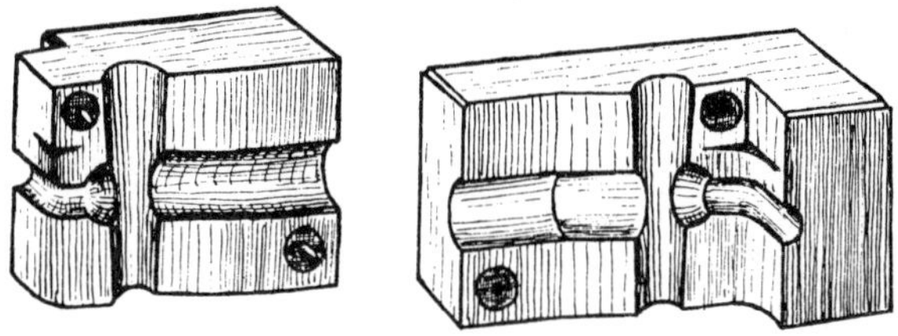

Abb. III.19. Kernkasten mit gewölbter Teilfläche für Hahnkern.

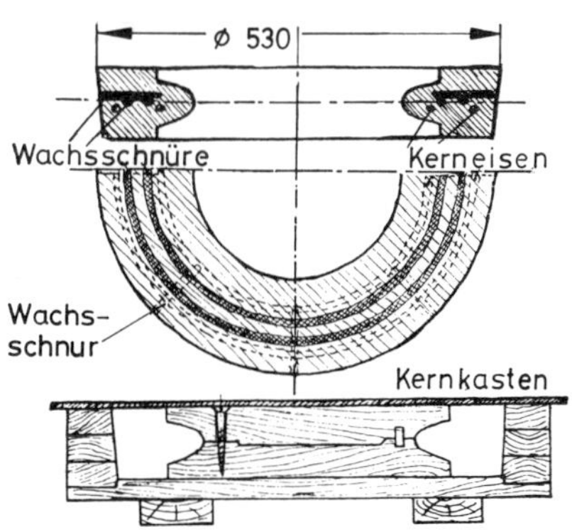

Abb. III.20. Seilrollen-Kranzkern mit Kernkasten (für Seilrolle Abb. III.14)

u. ä. (vgl. Abb. III.17!) müssen zur Erzielung richtiger Wanddicke und Verhinderung des Aufschwimmens in der Schmelze durch Kernstützen bzw. Kernnägel in ihrer Lage gehalten werden. – Kernstützen immer sorgfältig feuerverzinnt; binden dann unter Oberflächendiffusion gut in Gußstück ein, schmelzen aber nicht ein, auch nicht, wenn aus Grauguß. Selbst kleinste Rostflecken führen unweigerlich zu örtlicher Gasblasenbildung (Rost $Fe(OH)_3$ + C-Gehalt des GG → in Schmelze un-

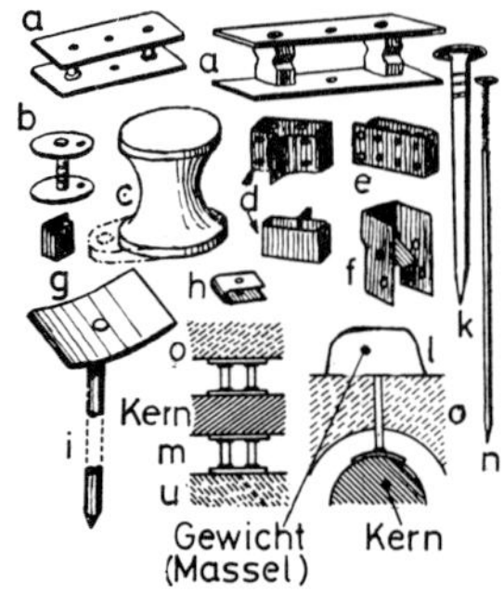

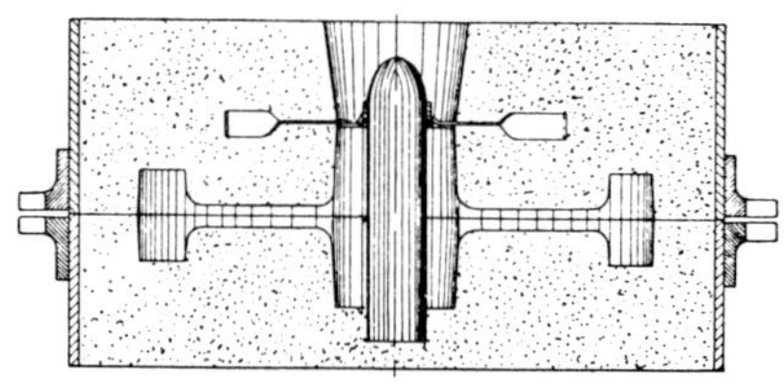

Abb. III.21. Einige häufiger vorkommende Ausführungen von Kernstützen (alle gut tauchverzinnt!): a Normale Doppel-Kernstützen; b „Motorenböckchen"; c Grauguß-Böckchen für schweren Guß (ggf. mit Öse zur Befestigung an senkrechter Wand); d „Wandstärke-Kernnägel" (gibt es auch gekrümmt für Rundkerne); e und g Kastenkernstützen; f Blechkernstütze; h „Kernklemme" für sehr dünne Wandungen; i Stangen-Kernstütze; k Kernnagel; l Aufnahme des Kernauftriebs über Stangen-Kernstütze durch Gewichtsbelastung; m Kernabstützung nach unten und oben; n Kernstift zur Befestigung von Kernstützen an Formwand.

Abb. III.22. Spezialkernstütze in aufgestampfter Form zur oberen Kernabstützung (schon beim Einformen über Modell-Kernmarke gelegt).

lösliches CO-Gas), dann örtliche Gußstücksschwächung erheblich! Sitzstellen von Kernstützen sind immer Schwachstellen im Guß, also Notbehelf, ohne den man aber vielfach nicht auskommt. Nach Möglichkeit Konstruktion so, daß gedrungene Kerngestalt mit ausreichender Lagerung in der Form auch ohne Kernstützen erreicht wird!

Wichtigste *Arten von Kernstützen:* Abb. III.21. a und b: Meist verwendet, Stahlbleche mit Distanzstücken vernietet, u. U. mittels Kernstiften an senkrechter Formwand befestigt; c aus Grauguß für Großgußteile; d mit Ansatz in Formwand eingedrückt; Perforierung zur Verbesserung des Einbindens in den Guß; i oft mit geriffeltem Schaft (Druckübertragung auf Form durch Reibung); l: Von der geringen Formwanddicke des O kann Kernauftrieb nicht aufgenommen werden, daher auf erforderliche Länge abgeschnittene Stangenkernstütze nach i durch Gewicht belastet; k: Kernnagel, mit Wanddickenlehre in Formwand gedrückt, dadurch auf Gußwanddicke vorstehend, zur Stützung kleinerer Kerne; n: Kernstift zur Kernstützenbefestigung an senkrechter Wand (Formerstifte ungeeignet, da nicht verzinnt!). – Stimmt Höhe vorhandener Kernstützen nicht genau, dann Zwischenlegen eines oder mehrerer „Kernplättchen". – Abb. III.22 zeigt Spezialkernstütze als Ersatz für hier nicht ausführbares oberes natürliches Kernlager; Kernstütze sitzt nach dem Guß im abzutrennenden „Verlorenen Kopf" über der Nabe, braucht daher nicht verzinnt zu sein.

Formen aus fetteren Sanden (Massesand und Masse) für *Trockenguß* werden in gleicher Weise hergestellt wie die aus magerem Sand für Naßguß. Wenn auch Naßguß für kleinere und je nach Erfahrung auch mittelgroße Teile besonders in der Massenfertigung erhebliche Vorteile hat (kein Formtrocknen, daher Guß unmittelbar nach Einformvorgang u. U. am Band; Formkasten leichter zu entleeren), so erfordern größere bis größte Formen doch Trockenguß.

Vorteile gegenüber Naßguß: 1. Größere Festigkeit sowie Widerstandsfähigkeit gegenüber Gießhitze; 2. keine Gefahr des „Treibens" (Formerweiterung, z. B. Dickerwerden von Wandungen bes. im unteren Formteil durch hydrostatischen Druck der Schmelze auf zu locker gestampfte Form; vgl. Abb. III.80,1) größerer Formen wie bei Naßguß; 3. bessere Bildsamkeit; 4. Schlacken und Blasen können besser aufsteigen, da Metall länger dünnflüssig bleibt; 5. weichere „Gußhaut", da langsamere Abkühlung in trockener Form; 6. aus gleichem Grund geringere Gußspannungen und weniger Neigung zu Innenlunkern; 7. beim Transport nicht so empfindlich; 8. im allgemeinen bessere Oberflächenglätte der Gußstücke, besonders an beim Guß senkrecht stehenden Wänden, da mit Formschwärze gestrichen und daher auch Sand leichter abfällt („grüne" Formen werden nur gepudert); 9. geringere Gießgas-Entwicklung; durch Trocken-Schwindrißchen Gasdurchlässigkeit der Form relativ besser.

Zusammengefaßt bei Trockenguß geringere Ausschußgefahr! In Grenzfällen ausschlaggebend für Anwendung von Trockenguß außer Werkstückgröße: Forderung besonders sauberer Oberfläche (glatt, frei von „Schülpen" und Sandstellen); wenn relativ viel an Oberfläche zerspant wird.

Massesand und Masse nicht nur in der Kastenformerei, sondern auch in der *Bodenformerei* verwendet. Formherstellung dort entweder mit *Modell* (größere Stückzahl), durch *Schablonieren* (für wenige oder Einzel-Abgüsse, wenn Werkstückform geeignet) oder durch *Freiformen* bei Einzelfertigung großer Teile, wobei Hauptform ohne Modell nach Zeichnung entsteht, u. U. aber für formschwierige Stellen (Augen, Flansche, Füße u. a.) einzelne Modellteile örtlich mit eingeformt werden.

Form- und gießgerechter Entwurf von entscheidender Bedeutung für wirtschaftliches Gießen und funktionstüchtiges Gußstück. Hier außer Hinweis auf einiges Schrifttum [III.14, 15] nur kurze Zusammenfassung des Wichtigsten (Abb. III.23):

1. Aushebeschräge so groß wie möglich, Abb. III.23/I; 2. Unterschneidungen möglichst vermeiden, Abb. III.23/II; 3. Augen, Knaggen und Rippen möglichst so ansetzen, daß sie fest am Modell sind, also Ansteckteile vermeiden (Abb. III.23/I u. II); 4. Modellteilung möglichst einfach halten, Abb. III.23/III; 5. Möglichst Kerne vermeiden, Rippenguß vorziehen, Abb. III.23/IV; 6. bei notwendigen Kernen für sichere Auflage in natürlichen Kernlagerstellen sorgen, möglichst ohne Kernstützen, die immer Schwachstellen im Guß sind; 7. ausreichende Luftabführung aus Kern über Kernlagerstellen, sowie leichte Entfernbarkeit von Kernmasse und ggf. Kerneisen; 8. Querschnitte so bemessen, daß leichte Füllung der Form durch flüssiges Metall möglich; 9. Große waagrecht zu gießende Flächen möglichst vermeiden (bei Kastenguß kleinerer Teile beim Guß Kasten leicht schräg stellbar); 10. möglichst Vermeidung örtlicher Werkstoffanhäufung und schroffer Querschnittsübergänge; 11. Rücksichtnahme auf Schwindung und damit Innenlunker, sowie auftretende Spannungen.

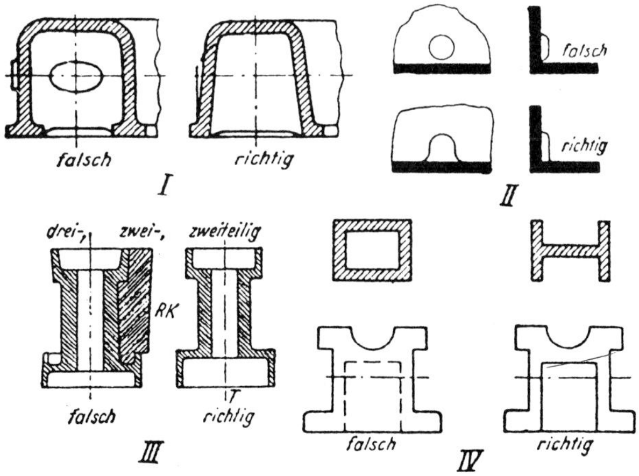

Abb. III.23. Formgerechter Entwurf: I Teil einer Grundplatte, II Augenanordnung; III Kleine Doppel-Riemenscheibe; IV Lagerbock.

e) Schablonenformerei

Holzmodelle lassen sich, wenn einzuformendes Teil Drehkörper ist (z. B. Schwungrad, Riemen- oder Seilscheibe, Zahnrad, Lagerschild u. a.) durch *Drehschablone,* oder wenn sich seine Form längs einer Leitlinie erzeugen läßt (Rohrkrümmer, Schwungradarm, Spiralturbinengehäuse u. ä.), durch *Ziehgerippe* in Verbindung mit *Ziehschablone* ersetzen. Diese Formhilfsmittel sind viel billiger als Modell, erfordern jedoch *längere Einformzeit.* Schablonenformerei kommt daher nur in Frage, wenn neben geeigneter Werkstückform Einzelfertigung (bzw. kleine Stückzahl) vorliegt. Bei Fertigung größerer Stückzahl wird man auch an sich schablonierbare Werkstücke mit Modell einformen, da dann Modell- und Lohnkosten geringer sind.

Schablonieren von Drehkörpern (Drehschablonieren), erläutert am Gehäusedeckel Abb. III.24: Anstelle von Modellriß und Modellaufbau tritt Werkriß mit Schablonenschema; hier 3 Schablonenbretter, bei denen Arbeitskanten unten abgeschrägt und in Schnittrichtung mit Blech beschlagen sind (Abb. III.24, Mitte). Schablonierspindel in Spindelfuß sitzend, der im Gießereiboden eingestampft ist. Bodenfläche und damit Kastenteilfläche $\perp$ Spindel. Nachfolgend O = Oberkasten, U = Unterkasten. Einformvorgang: Abb. III.24/1, U über Spindel, vollstampfen und glattstreichen, Schablonieren mit Oberteilschablone 1, an Spindel über Angel („Fahne") und Stellring drehbar gelagert, außen auf Kastenrand laufend; damit Sandnegativ („falsches Bett des Oberkastens"), also Sandmodell, für O erhalten. Nach Abnahme von Schablone, Angel und Stellring Streusand oder Talkum aufstreuen (um Ankleben des O-Sandes zu verhindern) und Aufsetzen des O, einlegen der „Schlackenlauf"-Modelleiste, sowie „Stellen" der Modellhölzer für Einguß und Steiger, dann Aufstampfen des O, wobei mehrere an „Scho-

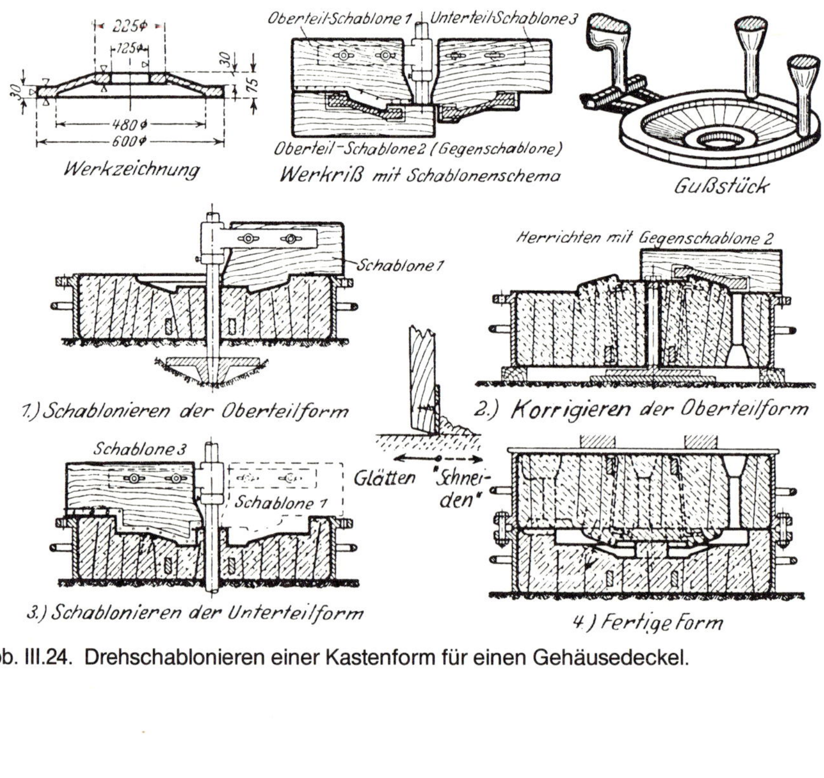

Abb. III.24. Drehschablonieren einer Kastenform für einen Gehäusedeckel.

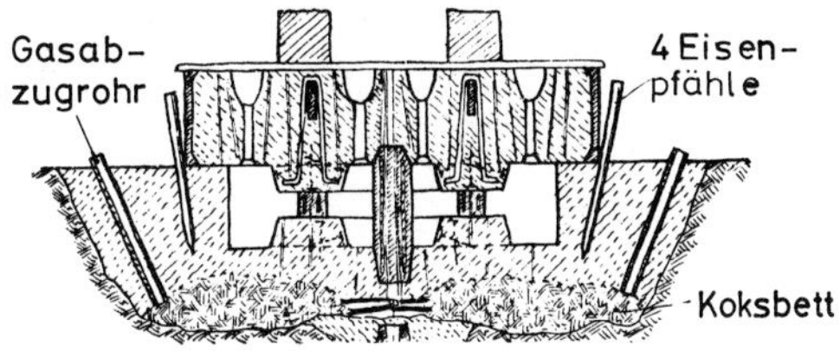

Abb. III.25. Gießfertige drehschablonierte Bodenform für eine Bremsscheibe 700 mm Dmr.

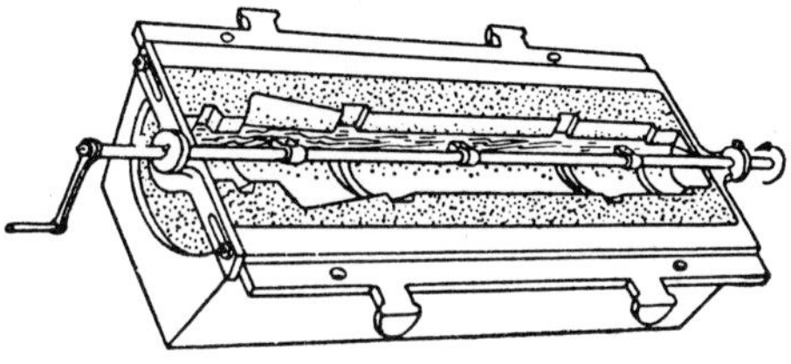

Abb. III.26. Drehschablonieren mit waagrechter Spindel (Kastenform).

ren“ hängende Sandhaken über Unterkastenrand vorstehenden Sandballen mit tragen. Abb. III.24/2: Durch Aufstampfen gegen „Sandmodell“ im U fällt O-Form mehr oder weniger „verbeult“ an, daher nach Abheben von O, Wenden und Abstellen über Hilfsspindel nun Gegenschablonieren (Korrigieren, „Herrichten“) mit Oberteilschablone 2 (Gegenschablone ≙ Negativ von Schablone 1); dabei Schablone 2 über Metalldübel in Hilfsspindel (oder in Sandloch eingesetztes Zentrierholz mit Dübelloch) zentrisch geführt und außen auf Kastenrand laufend. Abb. III.24/3: Fertigschablonieren des U (herausnehmen der Wanddicke) mit Unterteilschablone 3, die gegenüber Schablone 1 um Werkstückdicke + Bearbeitungszugabe größer ist (evtl. auch an Schablone 1 halbes Werkstückprofil aus Holz mit Laschen angeschraubt, oder Schablonierprofile 1 und 3 an gegenüberliegenden Seiten desselben Schablonenbretts, dann Holzersparnis!). – Seichte Bohrung relativ großen Durchmessers in der Mitte nicht durch getrennt hergestellten Kern, sondern durch Stehenlassen des Sandes beim Schablonieren des U mit Schablone 3. – Anschneiden der U-Form am Rand (vgl. Gußstückskizze), in O Eingußtümpel und Steiger-Erweiterung einschneiden und glätten. Nach Herausziehen der Spindel (Fuß bleibt im Boden!) und Sandfüllung der Spindellöcher in U und O Zulegen der Form (Abb. III.24/4); gezeichnete Belastungsgewichte entbehrlich, wenn, wie hier U mit O verschraubt; Gießen, z. B. Naßguß. Luftstiche in Skizzen 1 bis 4 durch Striche symbolisiert. – Bei größeren Teilen Unterteilform nicht in Kasten, sondern im vorbereiteten „Herd“ der Gießerei (unten gröberer Füll-, darüber gesiebter Modellsand), wobei mitschablonierte Kegelstumpffläche als „Schloß“ zwischen beiden Formhälften (Abb. III.28) für gutes Zusammenpassen sorgt; außerdem richtige Lage von O durch eingeschlagene Eisenpfähle in Gießereiboden gesichert. Man spricht dann von „Bodenformerei“ im Gegensatz zu „Herdformerei“ (siehe diese unter 3 c, Abb. III.10!).

Unter Bodenform immer Koksbett mit außerhalb des O nach oben führenden Gasabzugsrohren (Abb. III.25); Luftstechen von Bodenform nach Koksbett hin mit Nachpolieren (damit Eisen nicht in die Luftstiche läuft und sie unwirksam macht). In Abb. III.25 Nabenbohrung durch getrennt hergestellten Kern erzeugt, dessen Lagerstellen durch Kernmarken-Holzmodell erzeugt wurden, das beim Schablonieren über Spindel gesteckt wurde. Auf mitschablonierte Kegelstumpfform als „Schloß“ hier verzichtet, da 4 Stahlpfähle sichere Oberteil-Fixierung gewährleisten. – In der Kastenformerei auch Drehschablonieren längerer Formen liegend mit waagrechter Spindel üblich (Abb. III.26).

Grobschematisch zeigt Abb. III.27 Entstehung der Bodenform für ein *Schwungrad;* Schabloniervorgang prinzipiell wie bei Abb. III.24, jedoch erforderliches Gegenschablonieren des im Anschluß an Abb. III.27, II aufgestampften Kastens nicht dargestellt. Durch gerade Schablonenkante (Abb. III.27, I) erzeugte kreisscheibenförmige Sandfläche entspricht Mittelebene, in die in Ober- und Unterteil Vertiefungen für Arme eingezogen werden (siehe Ziehschablo-

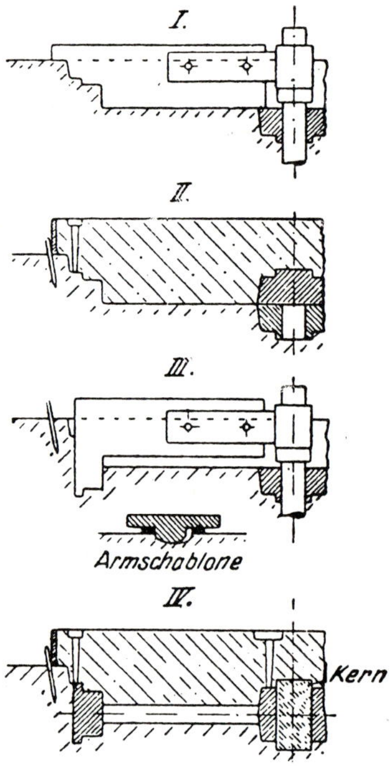

Abb. III.27. Drehschablonieren der Bodenform für ein kleineres ungeteiltes Schwungrad (stark schematisiert) mit Armerzeugung durch Ziehschablonieren; vgl. Abb. III.32.

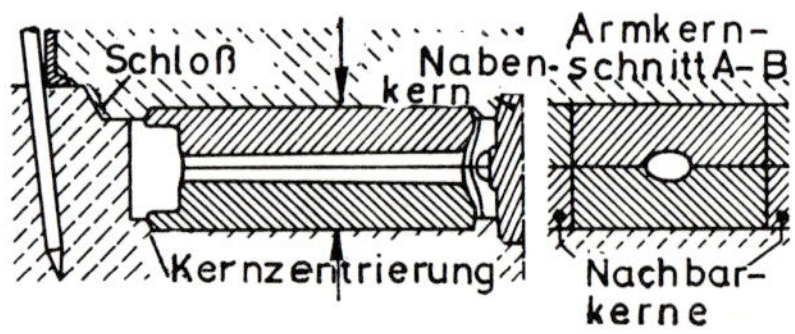

Abb. III.28. Armerzeugung durch „Armkerne" beim Drehschablonieren eines Schwungrades.

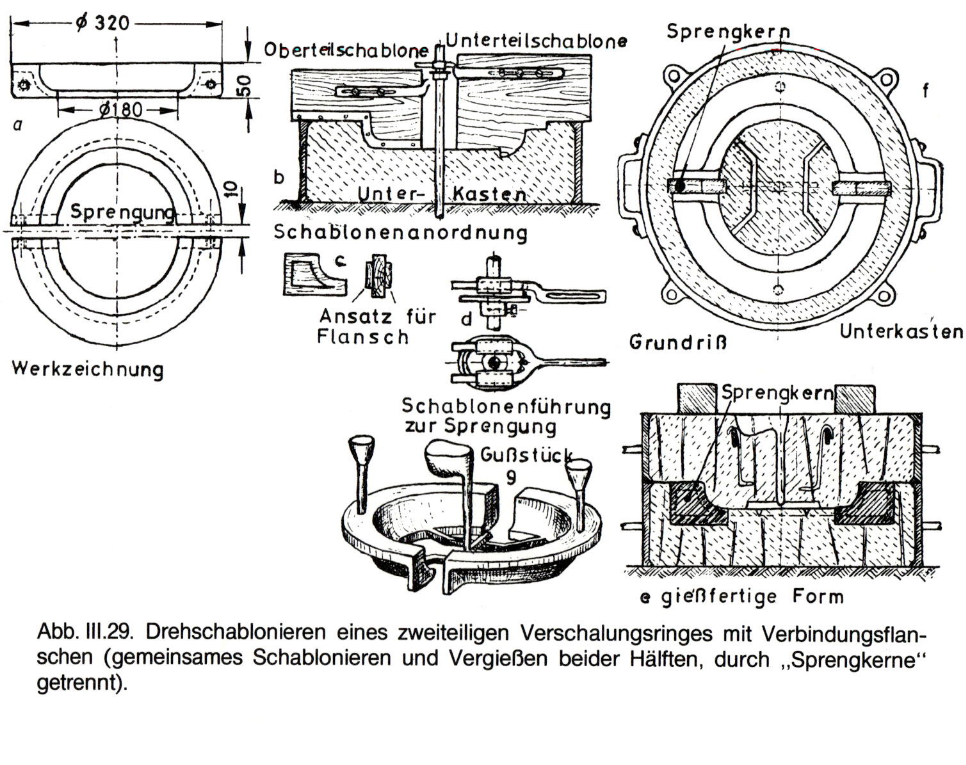

Abb. III.29. Drehschablonieren eines zweiteiligen Verschalungsringes mit Verbindungsflanschen (gemeinsames Schablonieren und Vergießen beider Hälften, durch „Sprengkerne" getrennt).

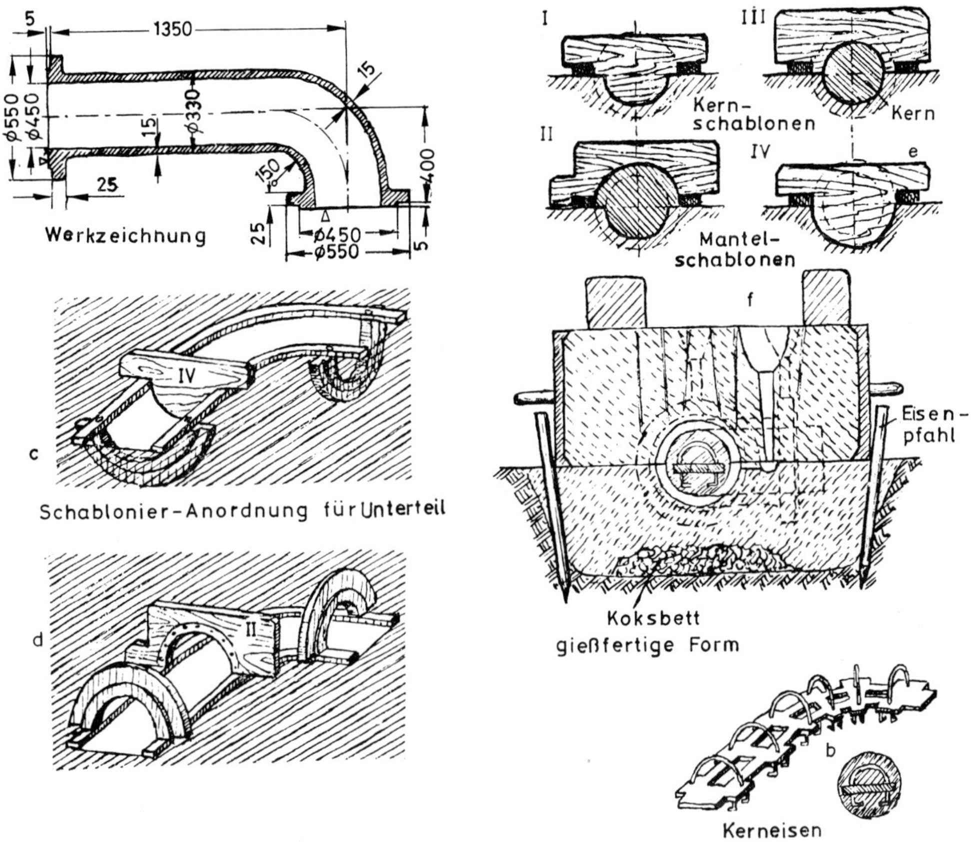

Abb. III.30. Ziehschablonieren der Bodenform für einen Flanschrohrkrümmer mit Schablonieren des Kerns in der Bodenform.

nieren! Abb. III.32). Hier Nabenform durch zwei über Spindel gesteckte Nabenmodellhälften und Kernmarken erzeugt. Statt des Ziehschablonierens der Armform auch Verwendung von in Kernkästen getrennt hergestellten „Armkernen“ (Außenkerne!), z. B. für 6 Arme 12 gleiche Kernsektoren, von denen zwei aufeinandergelegt den Hohlraum für einen Arm freilassen (Abb. III.28); durch sie werden gleichzeitig Innenprofil des Kranzes und Außenprofil der Nabe gebildet, besonderes Nebenmodell also entbehrlich. Schablonierprofil der 3 Schablonen unschwer aus Abb. III.28 durch Vergleich mit Abb. III.24 zu entnehmen. –

Zweiteilige Drehkörper, gemeinsam schabloniert und vergossen, erläutert am *Verschalungsring* Abb. III.29: Schablonenführung nach d ermöglicht Durchschablonieren beider, durch „Sprengkern“-Abstand voneinander getrennter Halbkreisbogenstücke. Beide Sprengkernmodelle werden beim Aufstampfen nach O-Schablone ausgerichtet in U eingesetzt; sie werden beim Schablonieren des U mit O-Schablone nur gestreift. Nach Aufstampfen des O wird dieser nach Wenden gegenschabloniert (in Abb. III.29 nicht dargestellt), wobei Gegenschablone mit Dübelspitze abwechselnd in zwei um Sprengkernabstand versetzte Dübellochbüchsen in Holzeinsatz im Spindelloch des O geführt wird. Beim Fertigschablonieren des U mit U-Schablone wird diese bis an Sprengkernmodell herangeführt, hochgehoben und dahinter weiterschabloniert. Nach Entfernung der beiden Sprengkernmodelle Einsetzen der beiden Sprengkerne, wobei Hohlraum für anzugießende Flansche freibleibt. Einguß mit Schlackenlauf und Anschnitten, sowie Steiger siehe Gußstück (g)! – Sinngemäß entsteht Form für zweiteilig zu gießendes Schwungrad (Teilung durch Kranz und Nabe). Auch hier zwei Sprengkernmodelle für Kranz, außerdem zwei Nabenmodellhälften für U mit O mit Sprengkernmarken, da beim Guß auch beide Nabenhalbschalen durch Sprengkern mit seitlich angesetzten halben Bohrungskernen getrennt sind. – Siehe ferner Drehschablonieren von Lehmform und -kern Abb. III.67 u. 68 unter III.A 4 „Lehmformerei“. –

Ziehschablonieren von Form und Kern für geeignete Werkstücke in Einzelfertigung, erläutert am *Flanschrohrkrümmer* Abb. III.30 (Massesand für Trockenguß): Beim Aufstampfen des Herdes Flanschhalbmodelle nach Ziehgerippeleisten ausgerichtet, die mit Dübelspitzen in Dübellöchern der Flanschmodellhälften sitzen, miteinstampfen. O-Form mit Schablone I bis Ende Ziehgerippe ziehen (außerhalb der Flanschen später Kernlagerung!). Nach Auslegen mit feuchtem Zeitungspapier (gute Trennung von Form und Kern!) aufbauen des Kerns mit Einsetzen des im offenen Herdguß (siehe „Herdformerei“ unter 3 c!) hergestellten Kerneisens (b) mit Tragbügeln und Haken auf Unterseite; dann Schablonieren mit Schablone II nur im Bereich zwischen beiden Flanschen, wobei jetzt oben noch „Rohrwanddicke“ auf dem Kern sitzt. Außerhalb der späteren Flanschen wird gleich mit Schablone III bis Ziehleistenende fertigschabloniert; II muß hier einseitig an Außenkante einer Ziehleiste geführt werden. Damit „Sandmodell“ für O fertig. Jetzt Ziehgerippe abnehmen, beide oberen Flanschmodellhälften mit Dübelspitzen in Dübellöcher der unteren, im Sand befindlichen Hälften stecken, O aufsetzen und mit Stahlpfählen gegenüber Herd fixieren, dann Aufstampfen gegen „Sandmodell“ (papierbedeckt) unter Einsetzen von Einguß- und Steiger-Modellhölzern (vgl. f!), Abheben und Wenden. Zum Gegenschablonieren des O wird Ziehgerippe um 180 °C gedreht mit Dübellöchern (in c oben gezeichnet) auf Dübelspitzen der im O eingebetteten Flanschmodellhälften gelegt und mit Schablone IV zwischen Flanschmodellhälften, mit I außerhalb derselben nachgezogen. Von Kern in Bodenform wird mit Schablone III „Wanddicke“ abgenommen. Kern jetzt fertig, nach Einhängen von 3 S-Haken in örtlich freigelegte Tragbügel (b) ausgehoben und hängend getrocknet. Nach Herausschablonieren der Wanddicke in U mit Schablone IV Fertigmachen der Anschnitte, sowie Formtrocknen mit tragbarem Trockenofen an Ort und Stelle. Anschließend Schwärzen von Form und Kern, Kerneinsetzen unter Verwendung mehrerer Kernstützen (Bogenkern nur an beiden Enden „natürlich“ gelagert!). Beim Gußputzen wird Kerneisen mit Brechstange zerbrochen. – Bei nicht zu großen Viertelbogen-Krümmern (z. B. Radius bis ca. 600 mm) getrenntes Schablonieren beider Kernhälften (ggf. eingelegte Kerneisen) auf Stahlziehplatte mit Leitbrett (Schablonenführung) Abb. III.31, getrennt trocknen und beim Einsetzen in ziehschablonierte Form mit „Tonschlämme“ verbinden. – Ähnlich

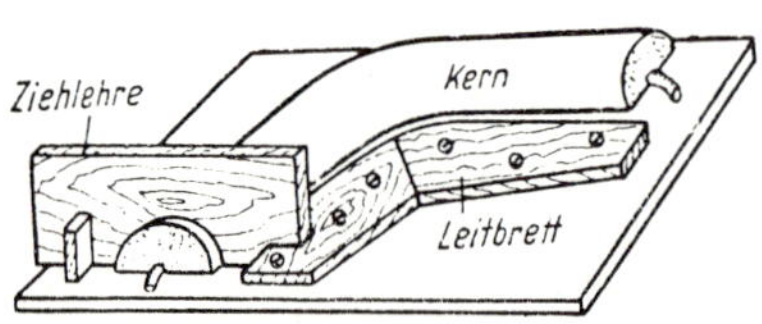

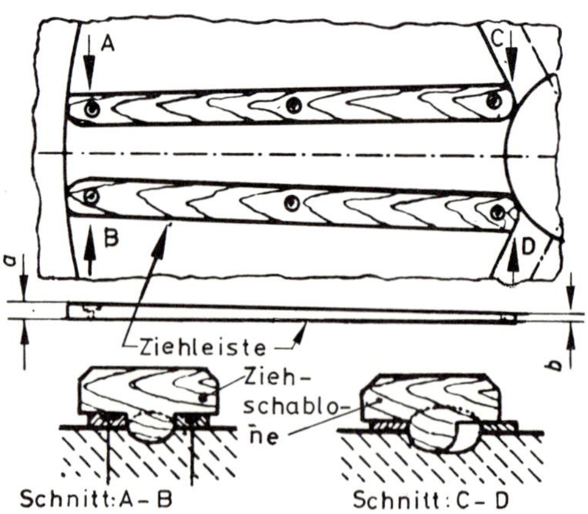

Abb. III.31. Ziehschabloniereinrichtung für halben kleinen Rohrkrümmerkern.

Abb. III.32. Ziehschablonieren der Schwungrad-Armform für drehschabloniertes Schwungrad nach Abb. III.27.

wie Flanschrohrkrümmer nach Abb. III.30 entsteht auch Spiralgehäuse einer Wasserturbine in Einzelfertigung: Wegen ständig sich verjüngendem Querschnitt werden für 8 auf Ziehgerippe markierte Stellen 8 Sätze zu je 4 zusammengehöriger Ziehschablonen (≙I ... IV in Abb. III.30) verwendet. Damit wird jeweils ⅛ Umfang schabloniert und anschließend stufenförmige Form mit Poliertruffel zu stetig sich verjüngendem Kanal bzw. Kern „vermittelt"; Flansch, Füße u. a. durch miteingestampfte Modellteile erzeugt. – Auch Form für Schwungradarme bei Schablonierverfahren nach Abb. III.27 durch Ziehschablonieren erzeugt, erklärt durch Abb. III.32: Auf nach Abb. III.27, I drehschablonierter Mittelebene Anreißen der Armmittellinien mit Lanzettenspitze; Armbreite an Nabe und Kranz nach Zeichnung mit Schwindmaßstab markieren, Armumriß anreißen und auf Riß mehrere Formerstifte mit abgezwicktem Kopf (etwa 5 mm vorstehend) stecken, Oberteil aufdecken und wieder abheben; dadurch Armrisse auf O übertragen. Anheften der beiden Ziehleisten (Abb. III.32) nach Armriß mittels langer Kernnägel (Schnitt A-B). Ziehschablone entspricht halbem Armquerschnitt an engster Stelle A-B zusätzlich dortiger Ziehleistendicke a. Ziehleistendicke b bei C-D um halbe Armdickendifferenz dünner als bei A-B (a); dadurch mit derselben Ziehschablone unterschiedliche Armdicke und Armbreite zwischen Kranz und Nabe erzielbar. Ziehschablone liegt beim Schablonieren abwechselnd an linker und rechter Ziehleistenkante an. Das Gleiche wiederholt sich an allen 6 Armrissen der Bodenform und des gewendeten Oberteils (Deckkastens).

f) Herstellen gußeiserner Rohre; Schleuderguß

Rohre aus Grauguß in großen Mengen für unterirdisch verlegte Gas- und Wasser-Hauptleitungsrohre benötigt; Beanspruchung durch Innendruck, Biegung und Korrosion (innen und außen). Herstellung in besonderen Rohrgießereien. – Graugußrohre geschätzt wegen gegenüber auch gutgeschützten Stahlrohren außen und innen überlegener Korrosionsbeständigkeit, besonders in aggressiven („sauren") Böden und gegenüber Brauchwasser, besonders aber Thermalwasser, Sole, Kaliendlauge und andere schwach-aggressive Agentien in der Chemietechnik. Anwendung von GG-Rohren seit über 500 Jahren bekannt. Leitungen aus 16. und 17. Jahrhundert z. T. heute noch in Betrieb (z. B. im Schloßpark von Versailles).

Normung: DIN 28 514, Flanschenrohre bis 4000 mm Länge; DIN 2431/32, Muffendruckrohre bis 5000 mm Länge; Innendruck normal bis 10 bar, bei verstärkter Wand bis 20 bar. Seit über 10 Jahren bei Schleuderguß bis 32 bar Innendruck, wobei z. B. Rohr mit 600 NW (Nennweite ≙ Innendurchmesser) Wanddicke von 27,5 mm hat, gegenüber bei 10 bar nur 15,5 mm. Ferner DIN 28 502, Bl. 1 ... 3 (April 1962): Gußeiserne Druckrohre und Formstücke. GG-Leitungen in Wien seit über 160 Jahren, in Godesberg und Hamburg seit über 100 Jahren in Benutzung und heute noch in Betrieb. – Für erdverlegte Rohre fast ausschließlich *Muffendruckrohre* (gewisse Nachgiebigkeit heute meist gummigedichteter Muffe bei Bodenbewegungen, besonders in Bergbaugebieten). *Flanschenrohre* für oberirdische Leitungen. – Erreichte σ_B für Sandgußrohre $\geqq 140\ N/mm^2$, für Schleudergußrohre aus Sandform (*Moore*-Verfahren) $\sigma_B = 180 \ldots 220\ N/mm^2$, aus Stahlkokille (*Briede* und *de Lavaud*) $\sigma_B \geqq 200\ N/mm^2$.

Nachteile *statisch* liegend vergossener Sandgußrohre: Kerne längerer Rohre biegen durch, daher zu halten durch Kernstützen (mögliche Schwachstellen!); obenliegende Rohrfläche unsauber (Neigung zu Sand- und Schlackenansammlung, sowie Blasenstellen), bei leicht geneigtem Formkasten und Einguß an tiefster Stelle zu vermeiden; Gefüge mit grobblättrigerem Graphit; geringere Festigkeit als bei Schleuderguß.

Statischer Guß: Bis 1915 längere gerade Rohre ausschließlich stehend vergossen im Sandguß hergestellt: 20 bis 25 Formen nach Abb. III.33 an intermittierend sich drehendem Gestell (Karussell) hängend, wobei Muffen- u. Hauptkern getrennt hergestellt wurden, mit Fertigungsstufen: Aufstampfen, Trocknen, Kerneinsetzen, Gießen, Form entleeren. Erste Fließfertigung! – Flanschenrohre aller Abmessungen mit beiderseitigem Flansch auch heute noch vielfach sta-

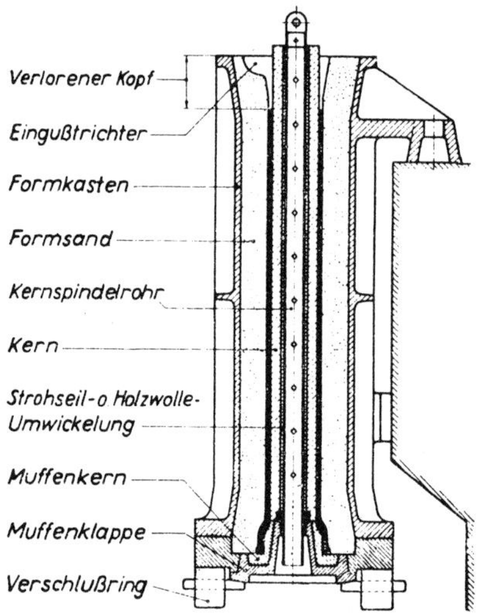

Abb. III.33. Stehende Sandform zum statischen Guß von Muffenrohren aus Grauguß. Zweiteiliger Kasten, einteilige Form. Formherstellung mittels Stampfmaschine nach Einsetzen von Metall-Rohrmodell, zentriert auf Muffenmodell (nicht dargestellt); anschließend wie dargestellt getrennt schablonierter Lehmkern zentriert in von unten eingesetztem Muffenkern.

tisch vergossen, ab 2 m Länge stehend; desgleichen Muffendruckrohre mit NW z. T. > 600 mm (bis 1500 mm Φ hergestellt). – Ferner werden in zweiteiliger liegender Sandform, auf Formmaschinen hergestellt, Rohrformstücke aller Art gegossen. Bei z. T. verwendeter Schraubmuffen-Rohrverbindung wird Form für Einschraubring auf Sonderformeinrichtung nahtlos hergestellt; entsprechendes Gußgewinde in Muffe wird durch gleichartig hergestellten Kern erzeugt. –

Rohr-Schleuderguß (Zentrifugalguß): Nach 1915 (in Deutschland seit 1926) zunehmend Einführung des Schleudergusses von Muffendruckrohren.

Verfahren: a) *Wassergekühlte Stahlkokille* nach *Briede* und *de Lavaud,* Abb. III.34: In auf Wagen fahrbarem (Fahrbahn heute nach links leicht abfallend, in Abb. III.34 nicht dargestellt) Mantelrohr a ist Kokille b aus warmfestem Cr-Mo-Stahl drehbar gelagert, durch Rollen c gestützt; zwischen a und b Fließwasserkühlung. Aus Sektorenpfanne h, die bei gleichmäßigem Kippen in gleichen Zeiten gleiche Schmelzmengen abgibt, wird Schmelze über lange Gießrinne in die nach links bewegte Kokille b spiralförmig eingetragen, dabei Wagengeschwindigkeit genau auf Kippgeschwindigkeit (Schmelzmenge) von h abgestellt. Für Muffenbereich Trok-

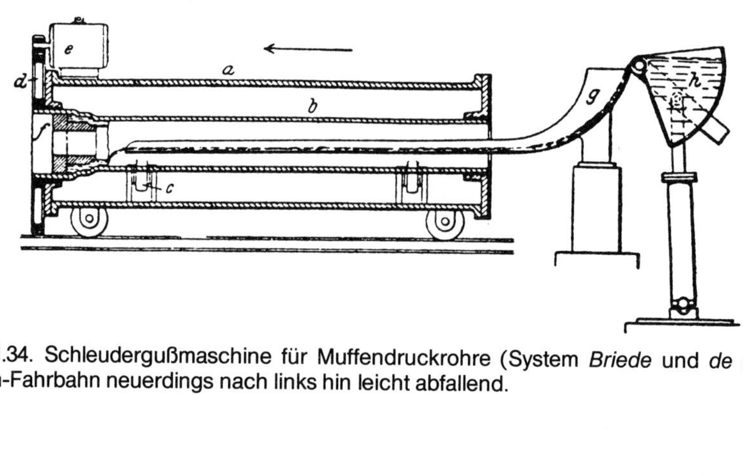

Abb. III.34. Schleudergußmaschine für Muffendruckrohre (System *Briede* und *de Lavaud*). Wagen-Fahrbahn neuerdings nach links hin leicht abfallend.

kenkern erforderlich (bei jedem Guß zu erneuern), im übrigen erhaltene Wanddicke durch genau bemessene Schmelzmenge bedingt. Kokillendrehung durch Motor *e* über Zahnrad *d*. Drehzahl $n \approx 2000/\sqrt{d}$, wobei d = mittlerer Rohr Φ in cm (z. B. für $d = 60$ cm ist $n \approx 260$ ¹/min; für $d = 8$ cm wird $n \approx 700$ ¹/min). Stahlkokille mit Einstreupulver geschlichtet (Ferrosilizium, Graphit, Bentonit, Al-Pulver u. a. einzeln oder gemischt). Erstarrung in 4 ... 6 s. Nach Abstellen der Drehbewegung wird Rohr noch gelbglühend durch Innengreifzange ausgezogen und geht z. B. über Hängebahn in ≈20 m langen Durchlaufofen, in dem bei 920 ... 960 °C infolge schroffer Kühlung beim Guß außen entstandenes weißes bis meliertes Gefüge grau wird. Endgefüge: Feinstverteilte, sehr kleine Graphitblättchen (bei Erstarrung bes. im Innenbereich entstanden) und temperkohleartige Einschlüsse (Zementitzerfall im Glühofen). Nach Abkühlung wird noch ≈150 °C warmes Rohr in Teerbad von 120 °C getaucht und damit korrosionsgeschützt. Bruchdurchbiegung f_B und damit Biegezähigkeit bestem Maschinenguß gleichwertig oder sogar überlegen. Kokillen-Lebensdauer mehrere tausend Abgüsse. Seit 1950 auch Kokillen aus Hämatit-GG (Halberger Hütte, Brebach), mit 15 ... 30 Kokillen im Turnus arbeitend (Kok.-Lebensdauer einige hundert Abgüsse); Weiterentwicklung: Auch in Deutschland angewendetes „Wetspray"-Verfahren.

Vorteile der Schleudergußrohre gegenüber statischem Sandguß: 1. Festigkeitserhöhung 20 ... 25%; 2. bei gleicher Rohrfestigkeit Werkstoffersparnis wegen geringerer Wanddicke bis 25%; 3. dichtes, Gasblasen- und Lunker-freies Gefüge; Schlacken, Oxide, S als MnS u. a. auf Innenseite abgeschieden; 4. größte Gleichmäßigkeit der Wanddicke; 5. wesentlich geringere Sprödigkeit infolge sehr feiner Graphitverteilung und Glühnachbehandlung; 6. gegen feuchtes Erdreich ≈20% besser korrosionsbeständig (S-freie Außenzone mit Glühhaut!); 7. Erzeugungssteigerung um 100 ... 150% (bei 4-Mann-Bedienung liefert Maschine stündlich 15 ... 20 Rohre); 8. Verminderung der Formfläche um ≈50%. – Schleudergußrohre zwar nicht wesentlich billiger als Sandgußrohre, haben aber obige Vorteile. Herstellbereich bisher von 80 bis 600 mm NW, heute z. T. bis 1500 mm. Auch Flanschenrohre mit einseitigem Flansch so hergestellt; auf der anderen Seite dann Aufschraubflansch. –

b) *Sand-ausgekleidete Schleuderform* nach *Moore*, „Sandspun"-Verfahren: Guß in waagrecht gelagertem, nicht verfahrbaren Stützrohr, das mit einer der Außenform des Rohres entsprechenden, getrockneten, ≧100 mm dicken Sandauskleidung (neuerdings Quarzmehl-Bentonit-Gemisch) ausgeschleudert ist. Bemessene Eisenmenge aus normaler Gießpfanne über kurze Einlaufrinne am muffenfreien Ende eingegossen, dabei gleichmäßige Verteilung über ganze Länge. Auch hier Sandkern nur für Muffenbereich. Sandauskleidung bei jedem Guß erneuert, daher mehrere Formen abwechselnd benützt. Bei genügend dicker Sandauskleidung hier auch Rohre mit beidseitigen Flanschen herstellbar. Wie bei Sandguß hier keine Wärme-Nachbehandlung erforderlich! Stundenleistung einer Maschine ≈10 Rohre. In jüngster Zeit Metallkokille mit nur dünnem Sand-Kunstharz-Gemisch ausgekleidet (Halberger Hütte, Brebach); wegen schnellerer Erstarrung Stundenleistung damit gesteigert. In den letzten Jahren schon größere Mengen Rohre aus Kugelgraphitguß geschleudert. – Kurze Rohrstücke auch in Maschine mit senkrechter Achse geschleudert; Drehzahl dann wesentlich höher als bei waagrechtem Schleudern, trotzdem Wand unten etwas dicker als oben. – In den letzten Jahren Herstellverfahren und Anwendungsgebiet des Schleudergusses wesentlich erweitert, auch für Stahlguß und NE-Metalle. –

Schleuderguß anderer Werkstoffe: 1. Drehkörper mit glatter Innenwand (ohne Innenkern) bzw. Körper, bei denen Außenform durch Außenkerne von Rundform abweichen kann („*Schleuderguß*" im engeren Sinn, „*echter Schleuderguß*"), z. B. Bronzerohre (bis 1500 mm Φ, 8000 mm lang) als Wellen- und Walzenbezüge, Rohre für Lagerbüchsen; Ringe, Zylinder (auch Rippenzylinder mit eingelegten Außenkernen) [III.16], Schneckenradkränze. Bei Rg und besonders G-CuPb ist genaue Temratureinhaltung von Schmelze und Form wichtig, um Entmischungsgefahr durch Zentrifugalkraft zu vermeiden. Ferner aus GG Seiltrommeln, Bremsringe und -Trommeln, allgemein Gußstücke mit Außenprofil. – 2. Gußteile ohne Drehkörper-

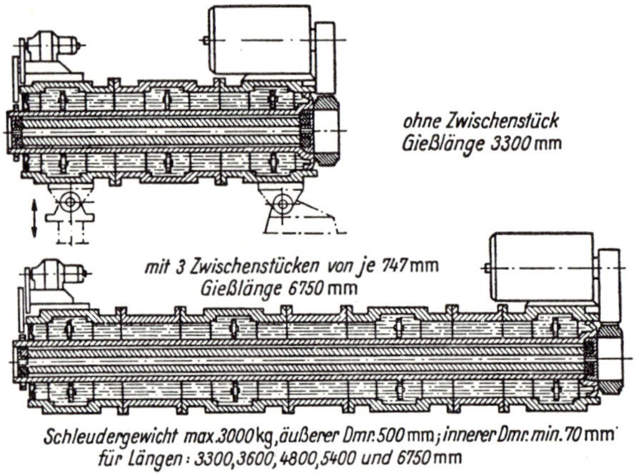

Abb. III.35. Horizontal-Schleudermaschine für Stahlguß-Rohrrohlinge.

form, z. T. ohne Hohlraum, aber dennoch mit Achse, um die ihre Masse etwa polarsymmetrisch angeordnet ist; etwaige Hohlräume durch Kerne geformt, also nicht durch Fliehkraft („*Formschleuderguß*", „*unechter Schleuderguß*"), vgl. Abb. III.36. – 3. Zwei oder mehrere Formen auf Drehtisch mit senkrechter Achse angeordnet um zentralen, alle Formen versorgenden Einguß; auch hier alle Hohlräume durch Kerne geformt („*Druck-Schleuderguß*" (Abb. III.40), ebenfalls ein „unechter Schleuderguß").

Stahlschleuderguß: seit 1920; wegen hoher Gießtemperatur und großem Schwindmaß mehr Schwierigkeiten als bei GG. – 1. *Waagrecht-Schleudern*: Geschleuderte Stahlrohre Abb. III.35, erzeugt in wassergekühlter, mit 3 ... 4 mm dickem eingeschleuderten Sandfutter ausgekleideter Kokille in Gießlängen 3300 ... 6750 mm, z. B. RohraußenΦ 500 mm, InnenΦ 70 mm, Schleudergewicht max. 3 t zur Herstellung von Rohrrohlingen für Weiterverarbeitung nach Warmpilgerverfahren (siehe dort!) zu dünnwandigem Rohr, besonders für hochlegierte, nach Mannesmann-Schrägwalzverfahren (siehe dort!) zu schwer oder nicht mehr verarbeitbare Stähle, z. B. hochlegierten Cr-Ni-Stahl (Rohrluppe müßte sonst durch Hohlbohren von Vollblöcken erzeugt werden!). Anderes Verfahren von Röchling-Wetzlar [III.7] arbeitet mit luftgekühlter, schwerer GG-Kokille, mit Tonschlichte bestrichen (getrocknet!); während der Erstarrung axialer Längsdruck auf Kopfende des Rohrs (Warmriß-Vermeidung). – 2. *Senkrecht-Schleudern* von Rohrluppen (20 ... 45 t) auf Schleudermaschinen der A. Thyssen-Hütte, ferner Senkrecht-Blockschleudern für Geschützrohre. – Anwendungsbeispiele für weiterverarbeiteten Stahlschleuderguß: Nahtlose Rohre, Rohre für Normalisieröfen; Glaswalzen, Druckkörper, verschleißfeste Blasversatzrohre (siehe Verbund-Schleuderguß!), Radreifen (fertiggewalzt aus Schleuderrohling statt geschmiedetem Ring), Hohlwellen, Zahnkranzrohlinge, Flansche, Flugmotorenzylinder u. v. a. – *Werkstoffeigenschaften geschleuderter Rohlinge liegen etwa zwischen normalem GS und Schmiedestahl.* Ferner „Suyk"-Verfahren (Holland) für Senkrecht-Schleuderguß: Rohre mit 30 ... 350 mm AußenΦ und 15 ... 325 mm InnenΦ, 600 ... 1400 mm lang, sowie für Vollstangen; für Fe- und NE-Legierungen. Für Rohre (bes. für Lagerbüchsen, ohne Entmischungsgefahr, auch bei Bleibronze mit 30% Pb!) innen feststehender Stahldorn (Kern), um den Form rotiert; Innen-Oberfläche des Rohrs durch Dornausdehnung stark reibend gedrückt („gewalzt"); besonders feines Korn, hohe Festigkeit und Härte.

Formschleuderguß auf Senkrecht-Schleudermaschinen: Beispiel Abb. III.36. Dabei erhebliche Werkstoffersparnis, ferner dichteres Gefüge, höhere Festigkeit und Zähigkeit nach Normalglühung. Weitere Beispiele: Formfertige Eisenbahn-Radreifen mit folgender Normalglühung, Zahnradblöcke für Getriebe (Abb. III.37) u. v. a.

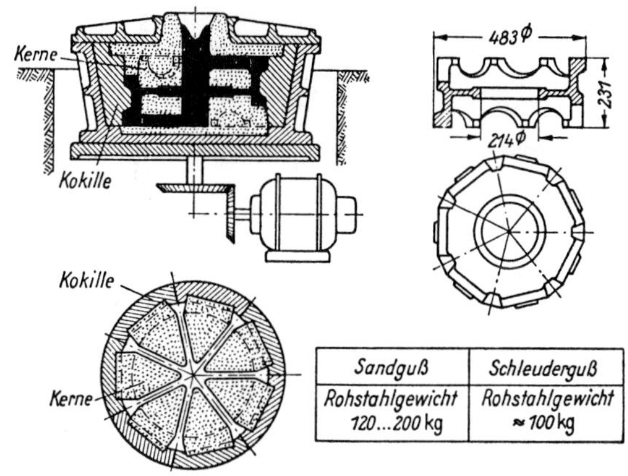

Abb. III.36. Senkrecht-Schleuderguß auf Formschleudermaschine, hier für Stahlguß-Kurbelgehäuse-Mittelstück für Doppelstern-Flugmotoren („Unechter Schleuderguß“).

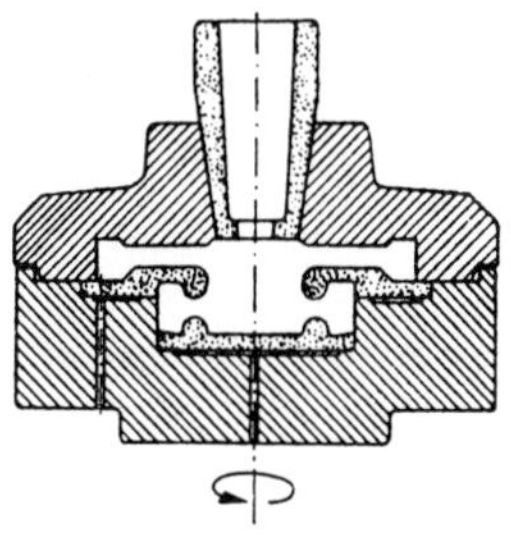

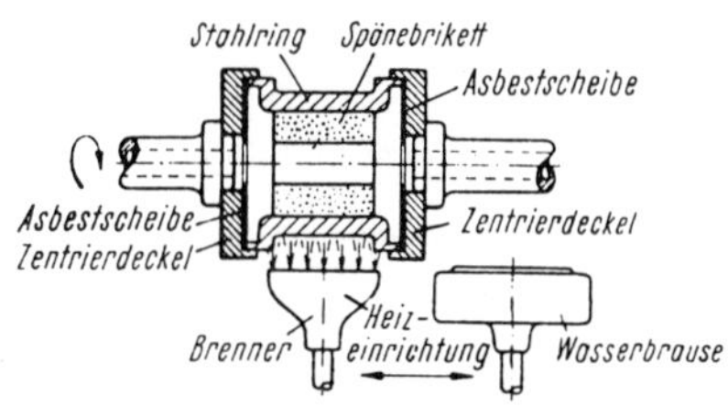

Abb. III.37. Senkrecht-Schleuderguß eines Stahlguß-Zahnradblocks. Kokille mit eingelegtem Außenkern (Sand). Verzahnung später durch Zerspanung; Mittelzone ausgebohrt.

Abb. III.38. Lager-Verbundschleuderausguß mit festem Einsatz (Spänebrikett), besonders für Bleibronze-Ausguß.

Verbundschleuderguß besonders geeignet für Werkstücke aus verschiedenen Werkstoffen, z. B. unlegierter Stahl, aus geschleudert mit verschleißfestem oder korrosionsbeständigem Stahl (u. U. Weiterwalzen solcher Schleudergußrohlinge; vielseitig anwendbar); Lagerschalen-Schleuderausguß, wobei verzinnte Tragschale aus St bzw. Rg mit Lagermetallschicht (G-CuPb, LgSn 80 u. a.) versehen wird (Abb. III.38 u. 39); bevorzugt auch GG-Sorten mit außen und innen verschiedener Zusammensetzung nacheinander, aber miteinander bindend, in Kokille eingeschleudert; nach gleichem Prinzip Verbund-Stahlgußwalzen, außen hoch verschleißfest, senkrecht geschleudert; ferner Stahlblech (verzinnt) bindend mit GG ausgeschleudert, u. a. –

Druckschleuderguß auf Senkrecht-Schleudermaschinen; Näheres in Abb. III.40.

Schwermetall-Schleuderguß: Seit 1928 Horizontalschleudern von Sondermessing-Rohren auf einfachen Rollbockmaschinen und 1930 Herstellung langer Bronze- und Rotguß-Büchsen nach Abb. III.34, später Vertikalschleudern von Zahnkränzen, Ringen, kurzen Büchsen und Druckmuttern. Zweckmäßiger Abkühlvorgang für die verschiedenen Legierungen unterschiedlich schnell, daher Metallkokille teils in Wasser laufend, teils spritzgekühlt, ggf. mit keramischem Überzug (Schlichte; Verfahren der Osnabrücker Kupfer- und Drahtwerke) oder festem Sandfutter, vereinzelt auch Auskleidung mit Cu-Blech. Höchste Dichte und Porenfreiheit und damit höchster Gütewert nur bei entsprechend großer Schleuderkraft (hohe Drehzahl) und von außen nach innen gerichtetem Erstarrungsverlauf. Besonders wirkungsvoll Qualitäts-

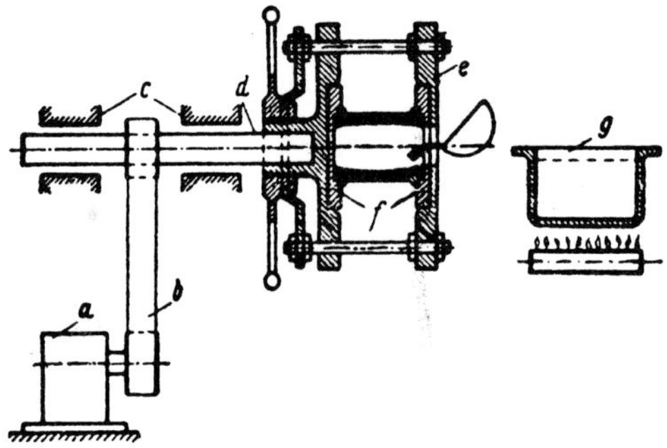

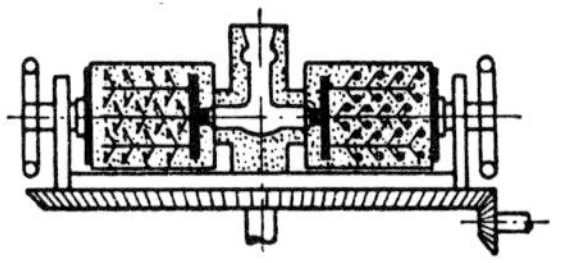

Abb. III.39. Lager-Verbund-Schleuderausguß mit flüssigem Einsatz in vorgewärmte Tragschale.

Abb. III.40. Druckschleuderguß, ein „unechter" Schleuderguß (schematisch). Zwei oder mehr Formen um zentralen Einguß angeordnet; hier Formen für Gießtrauben nach Modell-Ausschmelzverfahren (vgl. Abb. III.65.!).

steigerung bei Sn-armen Rg-Legierungen: G-CuSn 5 ZnPb hat $\approx$3mal so hohe Verschleißfestigkeit wie G-CuSn 12, dessen Verschleißfestigkeit durch Schleudern nur um $\approx$1,5faches steigerbar ist. Lagerschalen-Verbundguß siehe oben! Von 1950 bis 1957 Schwermetall-Schleuderguß in der Bundesrepublik von 5,4 auf 12,5% (12 600 t jährlich) angestiegen. Bedeutung von Schwermetall-Schleuderguß besonders auf Gebieten: Gleitlager, Schneckenräder, Schiffswellenbezüge (als Korrosionsschutz normaler Stahlwellen), Zylindereinsatzbüchsen, Ventilsitzringe und Gravurwalzen.

g) *Maschinenformerei*

Formmaschinen zur Herstellung von Form bzw. Kern sind Werkzeugmaschinen der Formerei bzw. Kernmacherei; sie erzeugen aus Form- bzw. Kernsand mittels Modellplatte bzw. Kernkasten („Kernbüchse") die Form bzw. den Kern. – *Ziel*: Verkürzung der Formzeit; Erleichterung der Formarbeit; Unabhängigkeit von Facharbeitern (bedient durch angelernte Arbeiter). – Entwicklung beginnt 1827 mit Erfindung der Modellplatte (Hüttenwerk Rotehütte/Harz), zunächst in Handformerei verwendet. Viel später erst (ab $\approx$1849) Formmaschinen im eigentlichen Sinn mit neben Formbildung durch Modellplatte zusätzlichen *Aufgaben* (in entwicklungsgeschichtlicher Reihenfolge): 1. Trennung von Form und Modellplatte; 2. Sandverdichtung; 3. u. U. zusätzlich erforderliches Wenden der Form. Sie können unabhängig voneinander in Einzelmaschinen geschehen (Entwicklungsbeginn), wurden später in einer Maschine kombiniert (üblichste heutige Arbeitsweise); in jüngster Zeit mit Entwicklung mechanisierter Formanlagen (Fließfertigung) z. T. wieder Einzelmaschinen entwickelt.

Modellplatte $\triangleq$ Verbindung von Stampfboden und Modellhälfte (meist mit Anschnitt und ggf. Einguß); *einteilig* (gegossen) oder *zusammengesetzt* (montiert). Baustoffe siehe Abschnitt 2. „Modelle"! Nur selten noch in Handformerei benützt, weit überwiegend in Verbindung mit Formmaschinen. Man unterscheidet nach Aufbau und Funktion: *Standardplatte* (eine oder mehrere gleiche Modellhälften angeordnet) und *Mischplatten* (mehrere Modellhälften ver-

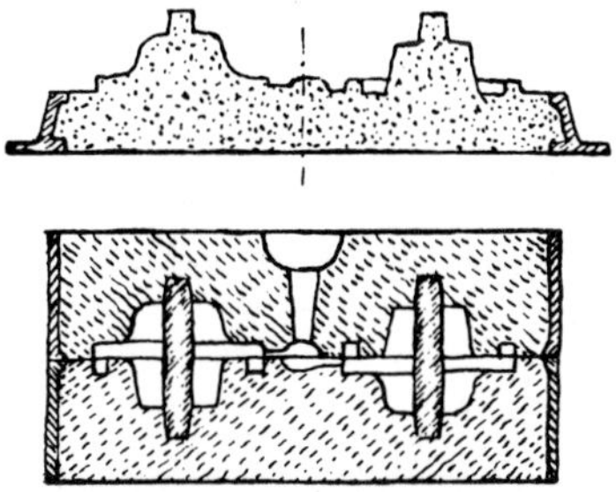

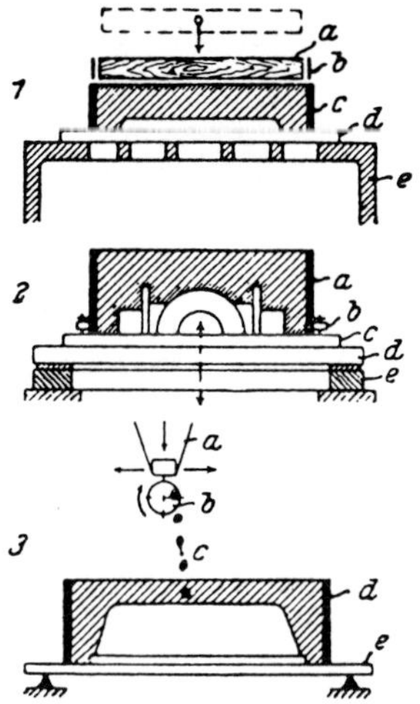

Abb. III.41. Reversierplatte nach *Bonvillain:* a Formplatte; b gießfertig zusammengesetzter Formkasten mit eingesetztem Kern.

Abb. III.42. Hauptarten der Sandverdichtung bei Formmaschinen (schematisch). 1 Hand- oder Kraftpressung; 2 Verdichtung auf Rütteltisch; 3 Schleuder-Verdichtung.

schiedener Art und Größe auf *einer* Platte); ferner gewöhnliche *einseitige Platten* (nur einseitig mit Modell bestückt, also für O und U je eine Platte); *Reversierplatten* nach *Bonvillain* (Abb. III.41), ebenfalls einseitig, jedoch Modellhälften für O und U nebeneinander: Zwei damit geformte Kästen um 180° gegeneinander gedreht zusammengesetzt geben Form für zwei Werkstücke; *doppelseitige Platten* (für Wendeplattenmaschinen und kastenloses Formen), bei der eine Seite Modellhälfte für U, die andere die zugehörige Modellhälfte für O enthält; *Durchzugplatte* in Verbindung mit „Abstreifkamm“ für Durchziehformmaschinen. – Hinsichtlich des verwendeten Werkstoffs unterscheidet man: Holz- bzw. Metallplatten, Gipsplatten, Gips- bzw. Kunststeinplatten mit eingegossenen oder aufschraubbaren Metallmodellhälften, Kunststeinplatten, Kunstharzplatten. – Anwärmen von Metallmodellplatten früher mit Heißluft, heute elektrisch (eingegossene Heizstäbe), um Feuchtigkeitsniederschlag aus oft wärmerem Sand auf kalter Platte zu verhindern und damit Trennung beim Ausheben zu erleichtern.

Bauelemente (Arbeitsweise) der Formmaschinen zur Lösung der beiden Hauptaufgaben: Sandverdichten, sowie Trennen von Form und Modell:

Sandverdichtung (Abb. III.42): 1. Von Hand mittels handbetätigter Stampfer: Gießtechnisch günstig, da Sand am Modell dichter, nach Formrücken zu loser (gut für Gasabzug!). 2. (Abb. III.42,1): Mittels Preßplatte a (von Hand oder maschinell durch Druckluftkolben betätigt) wird Sand unter Verwendung des Füllrahmens b vom Formrücken her in Formkasten c (oben ohne Sandleiste!) über Modellplatte d verdichtet; nur für flache Modelle und Kastenhöhe ≦ 150 mm. Gießtechnisch ungünstig, da Sand über Modell loser, nach Formrücken zu am dichtesten (schlecht für Gasabzug!). 3. (Abb. III.42,2): Durch Rütteln auf Rütteltisch (vgl. Abb. III.47). Sand am dichtesten über Modell (günstig!), im Formrücken aber zu lose, daher immer nachstampfen von Hand (Großrüttler) bzw. bei Kleinrüttlern meist kombiniert mit Nachpressen nach 2; Formkastenhöhe > 150 mm bis zu größten Höhen und für höchste Modelle; auch für „Schüttkerne“. 4. (Abb. III.42,3): Durch mechanisches Schleudern (portionsweises Wurfschleudern) mit Schleuderformmaschine („Sandschleuderer“). Besonders bei größeren, heute auch bei Kleinkästen angewendet; Sandverdichtung sehr günstig, Nachstampfen nicht

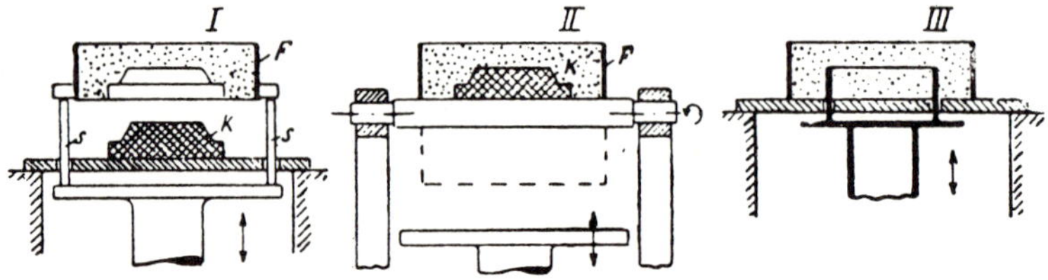

Abb. III.43. Hauptarten der Trennung von Form und Modellplatte (schematisch): I Stiftenabhebung der Form; II Wendeplattenprinzip (vgl. Abb. III.44 u. 45); III Durchziehprinzip (vgl. Abb.III.46!).

erforderlich. (Druckluft-Schleudern nicht bewährt; seit Anfang der dreißiger Jahre wieder verlassen; nicht zu verwechseln mit Formblasverfahren!) 5. Nach Formblas- bzw. -Schießverfahren: Arbeitsweise siehe Kernblas- bzw. -Schießmaschinen weiter unten; Kastenfüllung in 2 ... 5 s, Luftdruck 30 ... 35 bar. 6. Nach Membranpreßverfahren mittels Hochdruckpressen seit 1956; Grundgedanke: Verdichtung mit Preßluft über zwischengeschaltete weiche Membrane, dadurch auch bei unterschiedlicher Sandhöhe über Modell größere Gleichmäßigkeit in der Sandverdichtung.

Trennung von Form und Modellplatte (Abb. III.43), bei heutigen Formmaschinen meist gefördert durch Preßluft- (oder elektromagnetisch) betätigte Vibratoren. Sie erfolgt: 1. (Abb. III.43,I): Durch Abheben des Formkastens F von feststehender Modellplatte K durch Stifte S, bzw., was prinzipiell das Gleiche ist, durch Absenken der Modellplatte aus feststehendem Kasten. Wenig günstig, da Lösen von Sandstellen aus Form durch Schwerkraft begünstigt. 2. (Abb. III.43,II): Mittels Wendeplatte nach Wenden des mit Modellplatte verriegelten Kastens F und Abstellen auf Tisch, dabei nach Entriegelung entweder Absenken des Kastens von ruhender Platte (wie hier) oder Abheben der Modellplatte von auf Tisch ruhender Form (Abb. III.44). Konstruktiv andere Lösung: Wenden durch „Umrollen“ ≙ Abb. III.45 (Wendeachse außerhalb Modellplatte); auch dabei entweder Absenken der Form oder Abheben der Modellplatte. 3. (Abb. III.43,III): Durch nach unten Hindurchziehen des um Modellplattendicke erhöhten Modells, wobei Modellplatte einen dem Modellumriß entsprechenden Durchbruch besitzt („Abstreifkamm“); sinngemäß auch Stiftenabhebung des Abstreifkamms mit Form von stillstehender Platte mit Durchziehmodell (Abb. III.46).

Einteilung der Formmaschinen. Nach dem *Verwendungszweck* kann man die beiden Obergruppen: Formmaschinen zur Herstellung der Kastenform, und Kernformmaschinen unterscheiden, wenn auch im Einzelfall häufig dieselbe Maschine

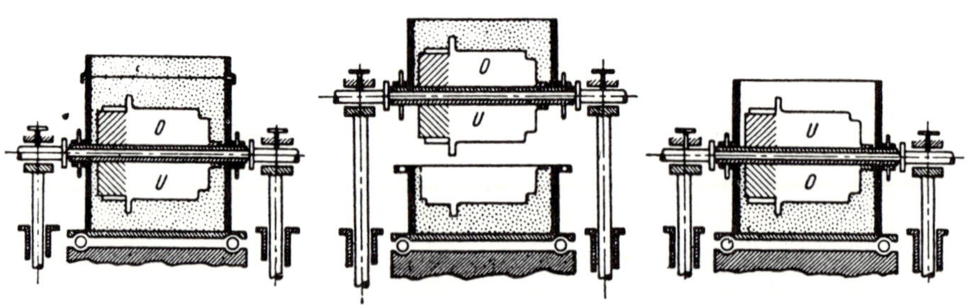

Abb. III.44. Formvorgang auf Wendeplattenmaschine. Links: Aufgestampfter Unterkasten schon gewendet und auf Rolltisch abgestellt, Oberkasten aufgestampft; Mitte: Abheben der Wendeplatte vom Unterkasten, der anschließend ausgefahren wird; Rechts: Nach Wenden der Platte Oberkasten auf Rolltisch abgestellt und neuer Unterkasten aufgelegt, usw.

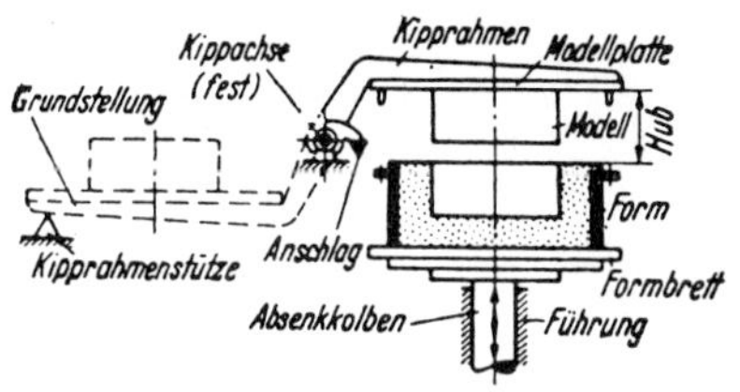

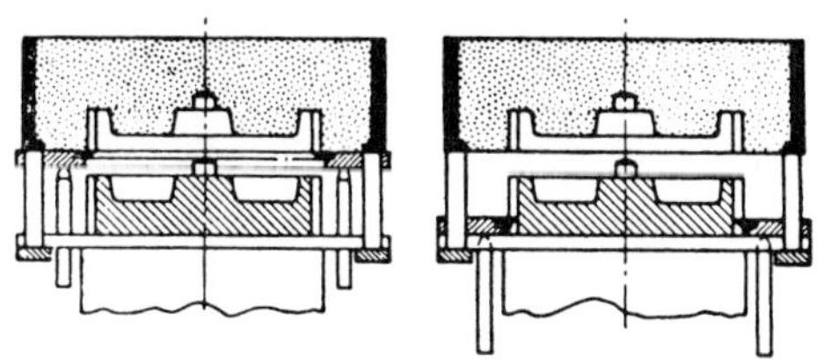

Abb. III.45. Arbeitsprinzip des Umrollens (Umschwenkens) mit anschließendem Absenken der Form (analog Abb. III.43. II, hier jedoch Wendeachse außerhalb Modellplatte).

Abb. III.46. Durchziehplatte: Stiftenabhebung von Abstreifkamm mit Zahnradform; dann Absenken des Abstreifkamms (analog Abb. III.43. III, nur dort Modell nach unten durchgezogen).

zur Herstellung einer Kastenform für den Hauptgußkörper ebenso wie zur Herstellung eines Kerns geeignet sein kann. Die Praxis benennt nach Art des Verdichtens, Trennens und ggf. Wendens; Beispiel: „Rüttel-Preß-Gestellwende-Absenktisch-Formmaschine" (z. B. Abb. III.48).

Standardmaschinen stellen unterschiedliche Kombinationen der o. a. möglichen Aufgaben-Lösungen dar. – Die ältesten Maschinen, die mit Handstampfung (heute noch hergestellt), und die später eingeführten wasserhydraulisch angetriebenen Formmaschinen (veraltet) sind weitgehend bzw. ganz verdrängt durch heute üblichste Formmaschinen mit Preßluftantrieb, angeschlossen an zentrale Preßluftleitung. Preßluft (meist 6 bar) ist eine der teuersten Energieformen (3 ... 4 DPf/m^3 Ansaugluft, dabei Leitungsverlust durch Undichtigkeit $\geqq$25%). In neuerer Zeit schon vereinzelt elektr. Einzelantrieb (mit Ölhydraulik bzw. Unwuchtrüttler), der sich wohl weiter durchsetzen wird; damit Unabhängigkeit von zentraler Preßluftleitung mit ihren Nachteilen.

Der Praktiker teilt die Formmaschinen wie folgt ein: 1. Maschinen zur Herstellung der Kastenform für Haupt-Gußkörper.

Stiftenabhebe-Formmaschine mit Handstampfung. Zwar heute im Hintergrund, in kleinen und mittleren Gießereien, besonders Armaturen-Gießereien noch wirtschaftlich; auch heute für verschiedene Kastengrößen hergestellt. Vorteile: Einfach, wenig störanfällig, schneller und leichter Formplattenwechsel; auch für kleine Stückzahlen über billige Gipsmodellplatten wirtschaftlich; vgl. Abb. III.43,I!

Stiftenabhebe-Preßformmaschine mit Handpreßholm oder mit Kraftpressung (Preßluftkolben). Zwecks gleichmäßigerer Druckverteilung im Sand Preßplatte manchmal annähernd der Modellform entsprechend ausgespart; vgl. Abb. III.42,1 und Abb. III.43,I!

Rüttelformtisch: Seltener „Hammerrüttler", wobei Schlagmasse („Hammer") gegen Unterseite des feststehenden Tisches schlägt, überwiegend jedoch „Stoßrüttler" (Amboßrüttler), wobei angehobener Tisch mit Modellplatte und Formkasten auf feststehenden (ohne Stoßausgleich) oder federnd gelagerten (mit Stoßausgleich) Rüttelformtisch („Amboß") zurückfällt. Formereiboden dann frei von störenden Erschütterungen; Preßluftantrieb heute weit überwiegend. Neuere Entwicklung seit 1954: Hydraulische Rüttler. – Arbeitsweise des Preßlufttrüttlers Abb. III.47: 1 Ruhestellung; Rütteltisch a verbunden mit Rüttelkolben b in als Zylinder ausgebildetem Amboß c, der seinerseits als Kolben in Gestell d auf Federn ruht. 2 und 3: Zunehmendes Heben von a mit darauf verriegelter Modellplatte mit Kasten und Sandfüllung (nicht gezeichnet) durch Lufteintritt unter b, dabei Federn unter c zusammengedrückt (Reaktionswirkung). Durch Luftaustritt über Schlitze in c Bewegungsumkehr eingeleitet, wobei schließlich in 4 Tisch a auf mit Hartholz oder Vulkanfiber bestückten Amboß fällt, der seinerseits infolge der gespannten Federn (3) hochgeschnellt ist, also kein Energieverlust wie bei Rüttlern ohne Stoßausgleich durch Abwandern über Fundament in Boden. Stoß kommt voll der Sand-

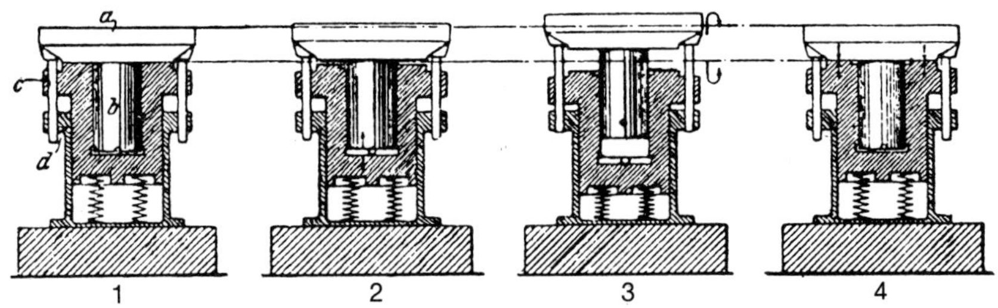

Abb. III.47. Rüttelformtisch („Amboßrüttler") mit Stoßausgleich, halbschematisch.

verdichtung zugute (Wirkung plötzlicher Massenabbremsung durch Stoß). Immer Nachverdichten des Sandes im Formrücken! – Rüttler allein besonders für große und größte Formen und Schüttkernkästen. Je nach bewegter Masse um 1 ... 4 Stöße/s; je Kasten 30 ... 60 Stöße erforderlich. Kleinrüttler ab 100 bis $\approx$800 kg Hubvermögen (Modellplatte + Kasten + Sand), Großrüttler ab 1000 bis 45 000 kg Hubvermögen. Bis 10 000 kg H.-V. mit eingebauter preßluftbetätigter Stiftenabhebung mit Vibrator, auch für Modellplatten mit Abstreifkamm, ferner mit Wendeeinrichtung (pneumatisch oder elektrisch) und einfahrbarem Formwagen. Über 10 000 kg H.-V. Abhebe- und Wendevorrichtung neben Rüttler aufgestellt. Großrüttler auch

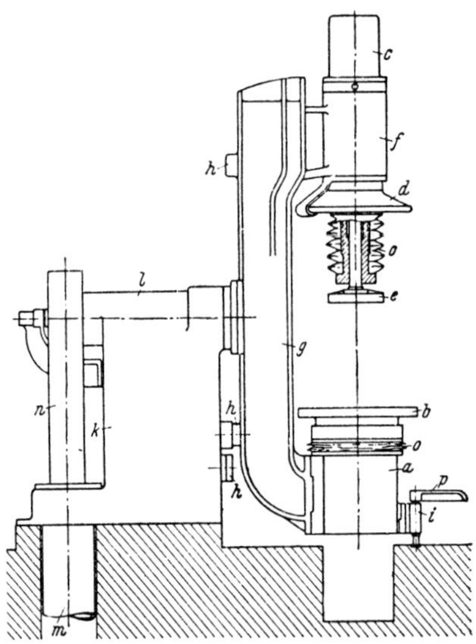

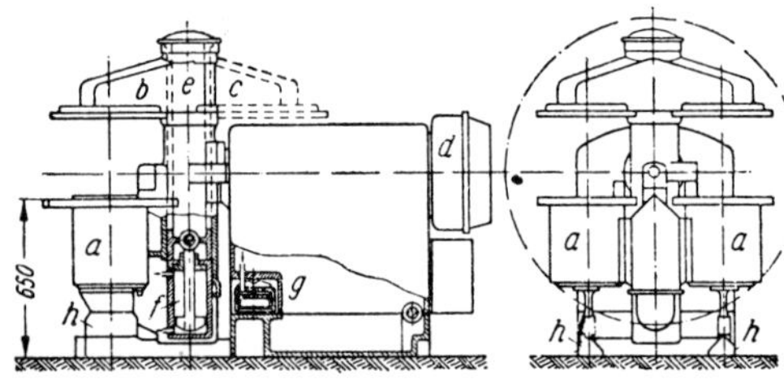

Abb. III.48. Rüttel-Preß-Gestellwende-Absenktisch-Formmaschine (*G. Zimmermann,* Düsseldorf-Rath): A Rüttel- und Preßzylinder; b Formtisch (darauf wird Modellplatte befestigt); c Absenkvorrichtung; d Handrad zum Einstellen der Anfangs-Absenkgeschw.; e Gegendruckplatte beim Pressen, zugleich Absenktisch; f ausschwenkbarer Preßholm (zwecks Sandzugabe aus Deckenbunker); g schwenkbare Ständersäule; h Anschläge; i Verriegelung; k Wendegestell; l Wendezapfenlager; m Wendezylinder; n Verklammerung der Wendeorgane; o Schutzfaltenbälge; p Fußhebel.

Abb. III.49. Zwillingsformmaschine (*Metzger,* Kallnach/Schweiz): a Preß- und Rüttelzylinder; b Preß- und Absenktisch; c = b, jedoch ausgeschwenkt; d Wendevorrichtung; e Schwenkzylinder; f Absenkzylinder für b; g Hubzylinder zum Freilegen des Maschinengestells und damit a von h; h Abstützung von a nach Zurückgehen von g.

zur Herstellung von Formen für Stahlwerkskokillen und für Thomas-Konverterböden bewährt.

Rüttelpreßformmaschine ist heute meistgebrauchte Maschine, in verschiedenen Größen gebaut; größere Maschinen immer mit Stoßausgleich; überwiegend mit Gestellwende- (Abb. III.48) oder Umroll-Einrichtung (analog Abb. III.45) kombiniert. Preßdruck zwischen 3 ... 8 bar einstellbar mit Druckausgleich für schwankenden Luftdruck; auch Membran- und Hochdruckpreßverfahren vereinzelt schon eingesetzt (s. o.!). – Klein: Mit Stiftenabhebung von Hand. Groß: Öldruckabhebung, erst langsam, gefördert durch Vibrator, dann schnell. Meist 2 ... 3 s rütteln, dann pressen (vereinzelt auch schon Rütteln und Pressen gleichzeitig), ggf. Wenden, anschließend mit Vibrator Trennen von Form und Modell durch Form-Absenken; alle Vorgänge durch gleiche Steuerung ausgelöst. Umroll-(Umschwenk-)Rüttelpreßformmaschinen bes. zum Einbau in Fließbandanlagen geeignet; mit Nutzlast von 1 ... 2 t hergestellt. – Eine der modernsten Formmaschinen ist die „Zwillingsformmaschine" (Abb. III.49) mit el. Einzelantrieb. Fertigt gleichzeitig Ober- und Unterkasten nebeneinander; Rüttel-Preß-Gestell-wende-Tischabsenk-Prinzip. Modellaushub durch ölhydraulisches Absenken der beiden Preßtische (b) nach Wenden. Doppel-Preßtisch um 180° seitlich abschwenkbar (c), damit Sandzufuhr aus Bunker über Maschine möglich. Weitere Erklärung in Bildunterschrift. Abgabe der Kästen auf Band gut möglich.

Maschinen für **„Kastenloses Formen"** (Sandblock-Formverfahren) im Prinzip seit 1880 bekannt, heute für Eisenguß, Schwer- und Leichtmetallguß viel verwendet, besonders für flache, bzw. mäßig hohe kleinere und mittlere Teile (Naßguß). Sondermaschinen erforderlich mit entweder geschlossenem Kastenpaar (Durchstoßprinzip, Abb. III.50) oder seitlich zu öffnenden „Abschlagkästen". Wesentlich: Formkästen sind Bestandteil der Maschine (damit Formkastenpark eingespart); ggf. nach Kerneinlegen maschinell zugelegter gießfertiger Sandblock wird ohne Kasten vergossen (mit Platte beschwert und ggf. zur Gießdruckaufnahme von Blechrahmen oder leichtem Lochblech-Überwurfkasten umgeben); liefert fast gratfreie Gußstücke; im Vergleich zu maschinellem Kastenguß $\approx$30% Zeiteinsparung. Abb. III.50 zeigt eine der ältesten, heute noch gebräuchlichen stationären Bauarten mit „doppelter Pressung" (im Gegensatz zu „zweiseitiger Pressung" beim Stapelguß, Abb. III.79) von gleichzeitig Ober- und Unterform. Nach Ausschwenken doppelseitiger Modellplatte k um Säule i Zusammenfahren beider Kästen und Ausstoßen des zugelegten Sandformblocks nach oben mittels Preßkolben g; eingelegtes Brett (wie hier) oder Blechplatte dient zum Abtransport an Gießstelle. – Heute mehrere neue Bauarten wesentlich niedriger, für höhere Modelle auch nach Wende- bzw. Um-

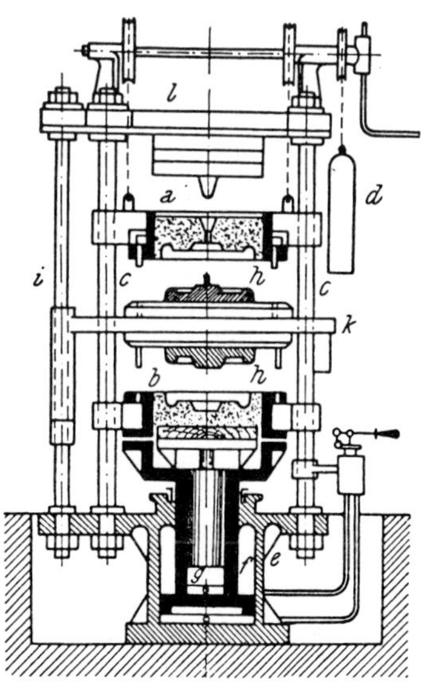

Abb.III.50. Doppelpreß-Formmaschine für kastenlosen Guß (Durchstoß-Prinzip): a Maschinen-Oberkasten; b Maschinen-Unterkasten; c Führungssäulen; d Gegengewicht; e Gestellzylinder; f Kolben in e, als Zylinder für g ausgebildet; g Preß- und Ausstoßkolben; h beide Modellhälften auf doppelseitiger Modellplatte k; i Säule zum Ausschwenken von k; l festes Querhaupt, gegen das durch f hochgefahren und durch g gepreßt wird.

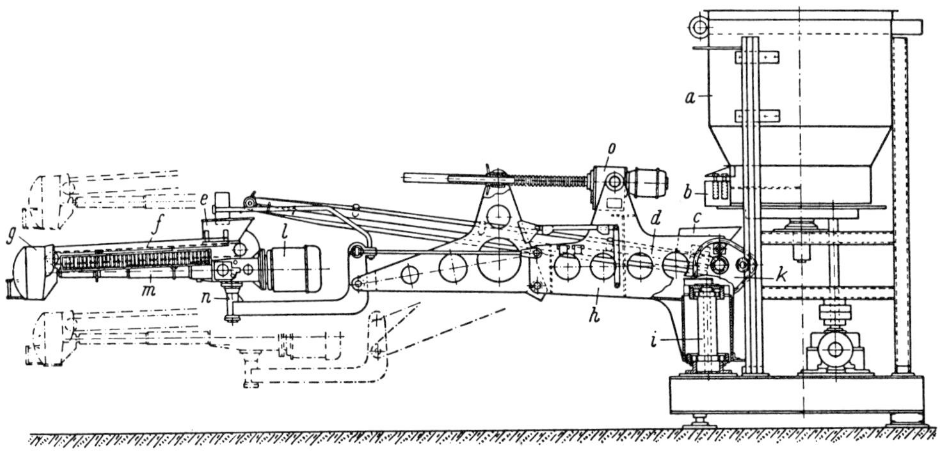

Abb. III.51. Ortsfeste Schleuderformmaschine (Sandslinger) (*Graue,* Hannover-Wülfel) für Handsteuerung: a Sandbehälter; b Sandauslauf; c und e Trichter; d und f Förderbänder; g Schleuderkopf mit Handgriff für Handbedienung durch stehenden Former; h Schwenkarm, um Zapfen i drehbar; k Motor; l Schleudermotor, der über Welle m Schleuderscheibe in g antreibt; n Drehzapfen für Schwenkarm mit g; o Hebe- und Senkvorrichtung (obere und untere Endlage strichpunktiert).

roll-Verfahren arbeitend (mit z. B. Abstreifkasten für obere und Durchstoßkasten für untere Hälfte). Stationäre Formmaschinen geben Form z. B. auf Band ab, bei fahrbaren Ausführungen werden Formen auf Boden gießfertig mehrreihig aufgestellt.

Schleuderformmaschinen (Sandslinger) $\approx$1915 in USA entwickelt, seit 1921 in Deutschland, aber erst seit 1950 voll durchgesetzt; nur Sandverdichter, unabhängig von Modellplatten, auch bei normalen Modellen und Kästen verwendbar. In Abb. III.51 kommt Sand aus Bunker a (vom Kran aus, oder durch Becherwerk nachgefüllt) über Förderbänder d und f zum Schleuderkopf g (vgl. Abb. III.52!), der wegen Drehbarkeit des Schwenkarms h um Zapfen i und des linken Arms mit Band f um Zapfen n große Halbkreis-Ringfläche bestreichen kann, in der mehrere Formkästen stehen können. Höhenverstellbarkeit von g strichpunktiert; g neuerdings nach allen Seiten schwenkbar, so daß auch schräg nach unten geschleudert werden kann. Sandslinger bevorzugt für mittelgroße bis größte Kästen: Großausführungen haben am Schleuderkopf Sitz für Former, der selbst mitfahrend Bewegung des Kopfes über Formkasten ölhydraulisch steuert. Sandverdichtungsleistung bis 55 m^3/Std. mit Schleudermotor bis 100 PS und Aktionsradius (Ausladung) bis $\approx$10 m bei Sandwurfgeschwindigkeit bis 60 m/s. Auch für Groß-Stahlgußformen. Ausführung ortsfest oder fahrbar auf Wagen („Lokomotivtyp"; auch „Konsoltyp"). Kleinere Ausführungen für kleinere und mittlere Kästen erforderlichenfalls kombinierbar mit weiteren davon getrennten Maschinen zum Trennen und Wenden („Umroller" bzw. „Gestellwender"), vor allem eingesetzt im Zuge der Fließfertigung. Für kleinere Kästen neuerdings Sonderbauart „Schwingschleuderformmaschine".

Formblas- und Schießmaschinen: In Kernmacherei seit langem bewährtes Blasverfahren nach Sand-Luft-Mischsystem (siehe Kernformmaschinen) auf Formherstellung übertragen. Arbeitsweise: Über Modellplatte (auf fahrbarem Tisch) Formkasten legen und unter Maschine fahren: durch Steuerung wird Rollwagen mit auf Kasten liegender Blaseinrichtung mittels Maschinentisch unter Sandbehälter gepreßt; Blasvorgang unter Kastenfüllung bei durch Druckübersetzer erhöhtem Luftdruck (30 ... 35 bar) in 2 ... 5 s beendet; nach Ablassen der Luft aus Sandbehälter und Absenken des Tisches wird Form auf Wagen weggefahren und abgehoben. – In neuerer Zeit auch „Schießen" von Formen analog Kernschießverfahren.

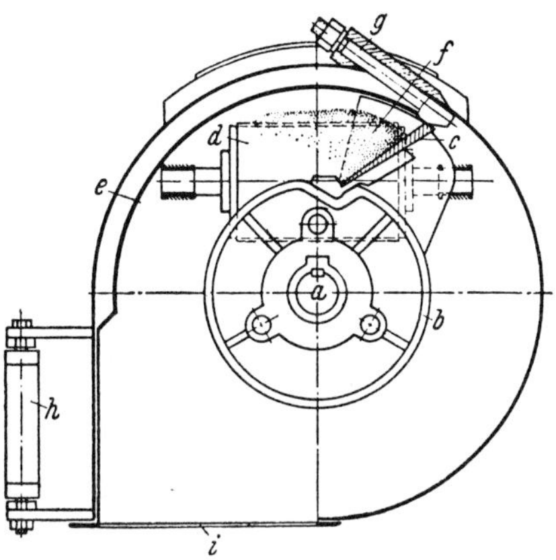

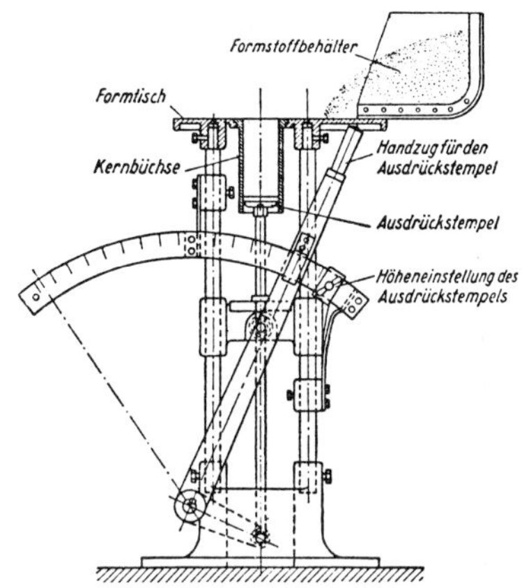

Abb. III.52. Schleuderkopf zum Sandslinger nach Abb. III.51: a Antriebswelle, angetrieben vom Schleudermotor; b Schleuderscheibe mit einer Schleuderschaufel (-Becher) c; d Zubringerband für Sand über Umlenkrolle; e Blechgehäuse; f entstehender faustgroßer Sandballen; g Befestigung von e; h Handgriff; i Auswurföffnung.

Abb. III.53. Kernausdrückmaschine (Durchstoßverfahren nach *Hertzog*).

Zahnräder-Formmaschine (früher „Kerneinsetzmaschine“ genannt) dient zur Herstellung großer Stirn- und Kegelzahnräder (2 ... 6 m Φ); dabei wird Grundform schabloniert und Zahnbereich mittels heb- und senkbaren Zahnlückenmodells (über Teilvorrichtung weiterbewegt entsprechend Zahnteilung) erzeugt. Bevorzugt auch Herstellung von nackten Zahnkränzen, die auf getrennt hergestellte Radkörper aufgezogen werden.

Kernformmaschinen. Altes Kernpreßverfahren nach *Knüttel* (1899), ausgeführt auf Kernpreß-Wendeplattenmaschinen, heute weit im Hintergrund, so daß sich Beschreibung erübrigt. – Heute noch verwendete bzw. neuere Kernformmaschinen sind:

Kernausdrückmaschinen (*A. Hertzog*, 1883), Abb. III.53: Nach Füllen und Verdichten von Hand in zylindrischer (oder prismatischer) Kernbüchse Ausstoßen des Kerns durch Ausdrückstempel mit Gestänge von Hand; verschiedene Kernbüchsengrößen auswechselbar, Kernlänge einstellbar. Kernlänge $\leqq 5 \cdot \Phi$.

Kernstopfmaschinen, „Kernwolf“, Abb. III.54, kam in den neunziger Jahren aus den USA zu uns. Von Hand oder motorisch betrieben, für Zylinderkerne bis 600 mm Länge, von Blechrinne aufgenommen und nach Bedarf in Einzellängen zerschnitten. Wohl Luftkanalbildung, aber Einlegen von Kerneisen unmöglich. Auch heute noch häufig verwendet.

Schubkolben-Kernpreßmaschinen, Abb. III.55, Antrieb von Hand oder mit E-Motor, für 6 ... 80 mm Φ; Sandverdichtung durch hin und her gehenden Kolben mit Luftnadel. Für größere Längen bis 600 mm neben Luftkanal auch Kerneisen mit einpreßbar (Abb. III.55): In diesem Fall trägt Luftnadel einen Luftnadelkopf, dessen Stirnfläche um Luftkanalquerschnitt größer

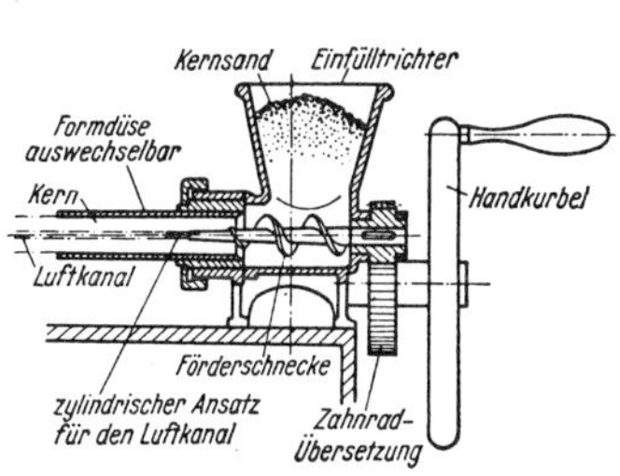

Abb. III.54. Kernstopfmaschine („Kernwolf“) nach Arbeitsprinzip des zum Wurststopfen eingerichteten Fleischwolfs arbeitend.

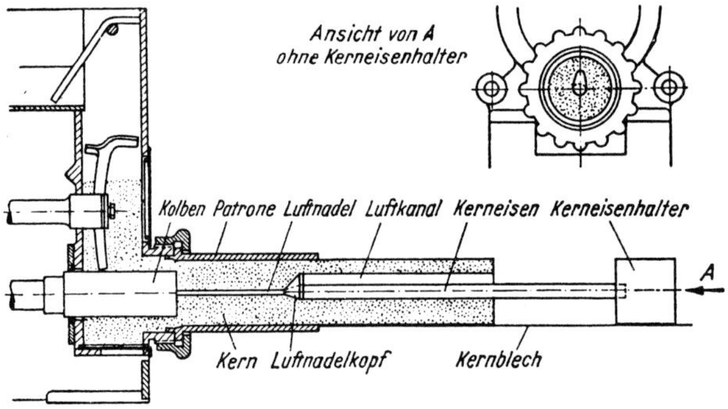

Abb. III.55. Schubkolben-Kernpreßmaschine mit Zusatzgerät für längere Kerne zum Einlegen von Kerneisen (Bauart: *H. Wagner*, Laasphe).

ist als Kerneisenquerschnitt. Kerneisen, über das der entstehende Kern schubweise weitergeschoben wird, stützt sich gegen feststehenden Halter.

Kernwende- und Abziehmaschine, Abb. III.56, für größere hinterschnittene Kerne (hier freistehender bauchiger Kern für Topfformerei); Aufstampfen von Hand (aber auch durch Blasen oder Schießen). Spezialunterkasten liefert z. B. hier Kernmarke des in der Gießform freistehenden Kerns. Nach Wenden und Abziehen (von Hand oder mit Preßluftkolben) steht Kern im Unterkasten und kann zum Trocknen ausgehoben werden.

Preßluft-Kleinrüttler in Tischhöhe mit anschließender Arbeitsfläche (oder Transportband); Arbeitsweise siehe Rüttel-Formtisch Abb. III.47; auch Tabor-Maschine mit Wende- und Absenk-Einrichtung, sowie Vibrator (Gießerei- und Werkzeugmaschinenfabrik, Frankfurt). Geeignet für höhere einfache Kerne ohne seitliche Unterschneidung, „Schüttkerne", meist zylindrisch, prismatisch oder ringförmig; ggf. Einlegen von Kerneisen. Nach wenigen Sekunden Rütteln folgt Nachstampfen, Abstreichen, Luftstechen, Trennen (meist durch seitliches Abziehen des zweiteiligen Kernkastens und Abtransport.

Kernblasmaschinen. *Arbeitsprinzip:* Pneumatische Schubverdichtung des Sandes nach „Sand-Luft-Mischverfahren", wobei Preßluft, in direkter Beaufschlagung auf Sand gegeben, Sandmasse zerteilt (aufwirbelt) und Korn im Luftstrom schwebend in den Kernkasten schleudert (hier trotz etwa vorhandener Teilung oft „Kernbüchse" genannt). Sandbehälter dauernd unter Preßluftdruck (5 ... 6 bar). In Kernbüchse vorhandene und zusätzlich bei Ventilbetäti-

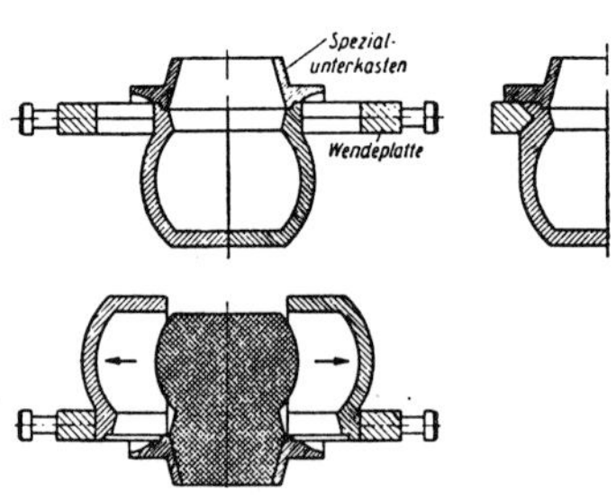

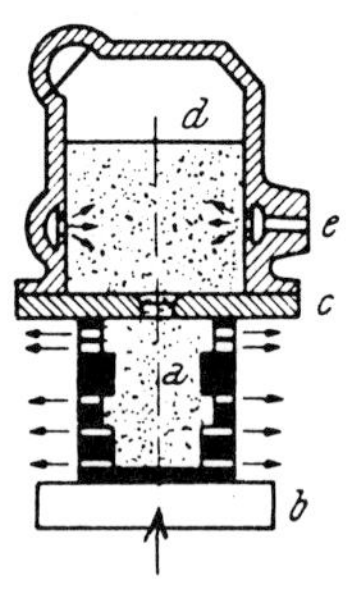

Abb. III.56. Wendeplatte mit Abziehbüchse einer Kernwende- und Abziehmaschine (Werkbild Röperwerk). Oben: Füllstellung; unten: gewendet und Kernkasten abgezogen, Kern zum Ausheben.

Abb. III.57. Kernblasprinzip, senkrechte Spannachse; a Kernkasten (Kernbüchse) mit seitlichen Luftaustrittsdüsen (z. B. wie Abb. III.59); wenn a senkrecht geteilt, dann waagrecht zusammengespannt; b Preßluft-Hubtisch zum Anpressen von a an c; c Düsenplatte (-Kopf); d Sandbehälter mit Füllung; e neuzeitlicher tangentialer Lufteintritt.

gung mit Sand eintretende Luft muß über Spezialdüsen schnell genug entweichen können. – Erste Blasmaschine 1909 (*Demmler,* USA), 1926 (*Kretschmer*) erstmals in Deutschland; in dreißiger und vierziger Jahren Kernherstellung wesentlich revolutionierend. Grundgedanke Abb. III.57; wenn a senkrecht geteilt, dann Hälften waagrecht zusammengespannt (analog Abb. III.61). Früher Luft von oben auf Sand gegeben, dadurch bei „steiferen" („plastischen") Sanden unerwünschte Kraterbildung im Sandbehälter, die dort Rührwerk erforderte; heute (bei e) tangentiale Luftzufuhr über Ringkanal und Schrägschlitze zum Sandbehälter. Für größere Kernserien Metall-Kernbüchsen (z. B. G-AlMg 5), nur für kleine Serien (z. B. bis 2000) Hartholzbüchsen mit Stahlrohrarmierung des Einblaskanals (möglichst groß!) und ggf. in Strömungsrichtung in Kernbüchse eingearbeitete Gummi- oder Metall-Prellstücke zur Verschleißminderung; u. U. eingelegte Kerneisen (analog Abb. III.62) oder Luftspieße (Abb. III.63); letztere aus fertigem Kern vor Trennung herausgezogen; auch Einbetten von Schreckeisen („Kokillen", s. A 1., Lunkerverhinderung!), die durch Druckstifte oder Klemmen zu halten sind. – Heute Blasverfahren besonders für kleine und mittlere Kerne noch angewendet, aber erkennbar langsam verdrängt durch heute verbreitetstes Verfahren, das Kernschießen. Jüngere Entwicklung: Redfordmaschine (ab 1950), dabei direktes Blasen kombiniert mit Sand-Luft-Mischverfahren. Ferner viel verwendet: Tisch-Kernblasmaschine für kleine Kerne bis 400 g aus jeder Sandart.

Kernschießmaschinen sind neueste, heute Europa beherrschende Entwicklung; entscheidend vereinfachende Weiterentwicklung der pneumatischen Schubverdichtung; Ziel erreicht, auch „steifste" Sande zu verarbeiten. – Seit 1950 Kernschießmaschine von *F. Hansberg* (Ital. Pat. 1949), ab 1951 vom Röperwerk in Dülken und ab 1953 von Vogel & Schemmann, Hagen-Kabel, gebaut. – Wesentliche Merkmale des Sandschießverfahrens gegenüber Kernblasen: Sandbehälter (1,5 ... 80 l Fassungsvermögen) nicht dauernd unter Druck (daher Luftverbrauch nur $\approx 1/4$ der Blasmaschine). Expansion dosiert zugegebener Preßluftmenge (4 ... 6 bar) verwendet zum Sandtransport in Kernbüchse; Luft drückt dabei Sand vor sich her. Durch schußartiges Sandbeschleunigen beste Verdichtung! Bei „steifsten" Sanden erleichtert durch kombiniertes System, wobei seitlich zugeführte Zusatzluft Sand etwas auflockert; nach Schuß Luft im Sandbehälter praktisch entspannt. Größter Vorteil: Bis zu mittleren Stückzahlen (viele tausend) Weiterverwendbarkeit vorhandener Holzkernkästen (Abb. III.58, rechts) aus Handkernmacherei, nur mit Schlitzdüsen (Abb. III.59) versehen; damit erleichterte Rationalisierung auch in kleineren Kernmachereien. Abb. III.58 zeigt falsche und richtige Verfahrensanwendung: 1. Unten offener Kernkasten auf Entlüftungsunterlage mit Schlitzdüsen (Abb. III.59) oder Siebblechen; 2. Bei kleiner Einschußöffnung exzentrisch einschießen, damit noch Schlitzdüse nach oben entlüftet; 3. Schlitzdüsen an unterschnittenen Stellen in Richtung des Sandaufbaus zur Entlüftung; 4. Seitliche Kernkastenöffnungen (z. B. für Kernmarken) mit Entlüftungsplatten verschließen. – Für Entlüftung heute Schlitzdüsen (Abb. III.59) vorherrschend; Schlitze nach unten (außen) erweitert und durch Verstärkungsring (5) unterstützt.

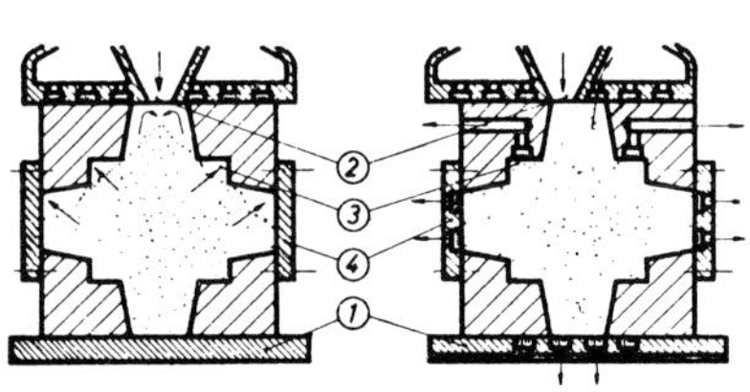

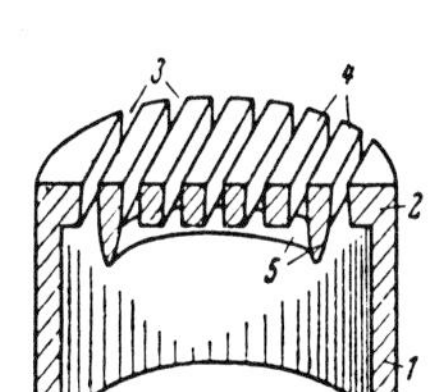

Abb. III.58. Kernschießen: Kernkasten (-Büchse) über Unterlage 1, durch Hubtisch gegen Schießkopf 2 des Sandbehälters gepreßt (schematisch; näheres s. Text!) Werkbild Röperwerk.

Abb. III.59. Schlitzdüse zur Kernkasten-Entlüftung beim Kernblasen und -Schießen: 1 Düsenwand; 2 Düsenboden; 3 nach unten sich erweiternde Schlitze; 4 Düsenstege; 5 Verstärkungsring (Werkbild *H. W. Krauss*).

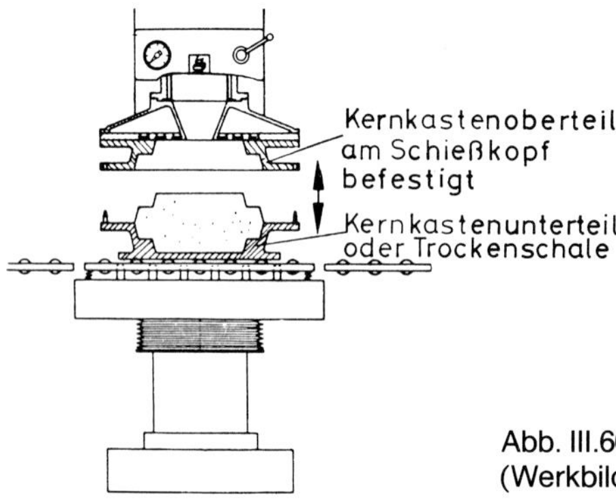

Abb. III.60. Kernschießmaschine als Trennvorrichtung (Werkbild *Röperwerk*).

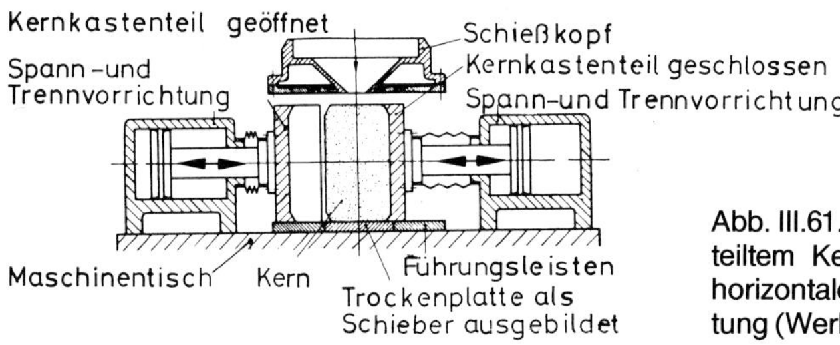

Abb. III.61. Trennung von vertikal geteiltem Kernkasten und Kern durch horizontale Spann- und Trennvorrichtung (Werkbild *Röperwerk*).

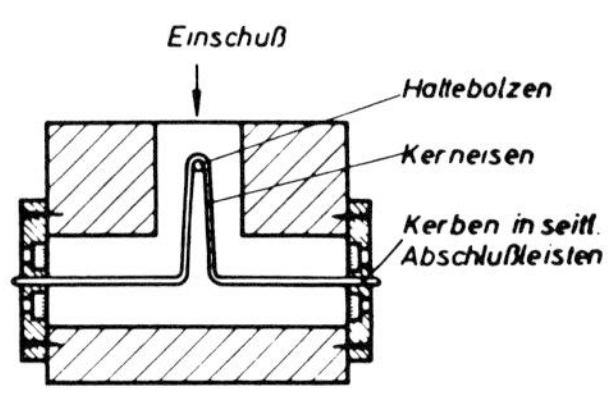

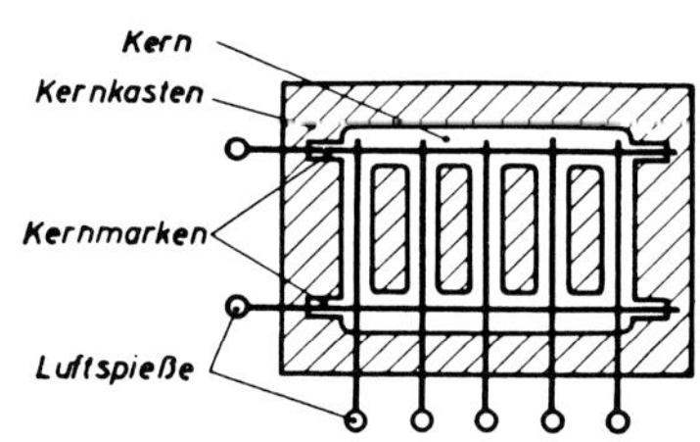

Abb. III.62. Gebogenes Kerneisen, in Kern mit „einzuschießen", daher beim Schießen durch gekerbten Haltebolzen unterstützt, der vor Trennung aus Kernkasten herausgezogen wird (Werkbild *Röperwerk*).

Abb. III.63. Erzeugung von Luftkanälen in geschossenem Kern durch eingesteckte und dann mit eingeschossene Luftspieße, die vor Trennung aus Kernkasten herausgezogen werden (Werkbild *Röperwerk*).

Abb. III.60 zeigt Kernschießmaschine als Trennvorrichtung, dabei Kernkasten-Oberteil am Schießkopf befestigt, Unterteil bzw. Trockenschale auf Rollbahnstück über Hubtisch; nach Fertigstellung Abtransport auf Rollenbahn. – Abb. III.61: Trennung von Kernkasten und Kern mittels Preßluftkolben; Kernabtransport auf Trennplatte. – Abb. III.62 zeigt Verfahren beim „Miteinschießen" gebogener Kerneisen, während gerade Kerneisen zwischen Schuß und Trennung leicht eingedrückt oder eingeschlagen werden können. – Abb. III.63 läßt Erzeugung von Luftkanälen in geschossenen Kernen erkennen, die bei besonders verwickelten Kfz.-Zylinderblockkernen notwendig werden können. –

Seit 1952 viel auch Sondermaschinen mit Zusatzeinrichtung für CO_2-Härtung in Gebrauch (siehe Kohlensäure-Härteverfahren!), später vollautomatisch arbeitende Drehtischmaschinen mit Schießoberteil und besonderem „Härtekopf", einzusetzen im Fließbandbetrieb. Für Kernschießautomaten u. a. kennzeichnend ist Schnellschußventil und durchbrochener Siebeinsatz im Sandbehälter (2,5 ... 30 l Inhalt) mit laufender Sandbeschickung durch Vibrations-Förderrinne über Sandbehälter, horizontal und vertikal verstellbare Kernbüchsenspannvorrichtung und Windkessel im Untergestell. – „San-Blo"-Maschinen (USA) nach Pulsator-System arbeitend: Mit 3 bar vorfüllen, dann bis zu 10mal mit 6 bar beaufschlagen (Schießen in einzelnen Portionen). Ab 1956 Großkern-Schießmaschinen.

h) Neuere Formverfahren auf Basis Sand

In modernen Gießereien mit Serienfertigung gewinnen nachfolgende Verfahren mit ihrer Möglichkeit erheblichen Zeitgewinns bei größeren Durchsatzmengen und z. T. wesentlicher Verbesserung der Oberflächengüte und Maßhaltigkeit neben herkömmlichen Verfahren zunehmend Bedeutung:

Zementsand-Verfahren [III.2]. Über USA (Randupson-Verfahren) wurde Zementsandverfahren durch H. Gödel-Chemnitz (1933) in Deutschland bekannt und ab 1943 dann weiter verbessert. – Heutiger Stand: Mischung aus tonfreiem Quarzsand („Silbersand") mit $\approx$75% Korngröße zwischen 0,3 ... 1 mm und Portlandzement Z 225 (mit 60 ... 65% CaO), und zwar 100 Gewichtsteile Sand (davon 50 ... 80% entstaubter Zement-Altsand) + 7 ... 10 (12) Teile Zement + 6 ... 8 (10) Teile H_2O. Unmittelbar nach Mischung (4 Stunden später beginnt Abbindung!) Anlegen einer 30 ... 70 mm dicken Schicht (Gummihandschuhe!) an Modell, dann hinterfüllen mit Zement-Altsand (ohne Binder). Übliche Graphitschlichte nicht brauchbar (blättert ab!); Sonderverfahren entwickelt. – Auch Kerne so herstellbar. Um Gußstückschwindung durch Form oder Kern nicht zu behindern (Warmrißgefahr), wird dem Zementsand ggf. 2 ... 4% Spezialbinder („Zerfallsförderer") zugegeben; am ältesten Alkylin (Zelluloseäther) oder Zelluloseglykolate, neuerdings organische Stoffe, die nicht nur zerfallsfördernd wirken, sondern schon Abbindevorgang des Zements beschleunigen und Gasdurchlässigkeit noch erhöhen. – *Anwendung:* Für Eisen- und Stahlgießerei, Hand- und Maschinenformerei (bes. mit Sandslingern); hauptsächlich für Groß- und Größtgußstücke in der Bodenformerei, aber auch für Kasten-Kleinguß.

Hauptmerkmale bzw. *Vorteile*: Weniger anstrengend, kürzere Formzeit (Zeiteinsparung 20 ... 50%); keine Trockeneinrichtungen (Öfen) erforderlich; für Großgußstücke höheres Ausbringen je m^2 Bodenfläche; keine bzw. geringere Formbewehrung durch Roste oder Eiseneinlagen, keine Versteifungen durch Formerstifte; Schülpenbildung fast ausgeschlossen; $\approx$3fache Gasdurchlässigkeit (keine Gasblasen, ruhiger Guß) und etwa doppelte Druckfestigkeit üblichen Trockengusses; „Treiben" der Form ausgeschlossen; sehr gute Maßhaltigkeit und saubere Gußoberfläche; Putzzeiteinsparung, da Sand leicht abfällt. – Manchmal entscheidende Nachteile: Lange Abbindezeit (36 ... 48 Std., bei Größtformen bis 72 Std.).

Schlackensand-Verfahren: Zerkleinerte Kupolofen- oder Hochofenschlacke (graues Roheisen!) in Trommelmühlen zermahlen, in Mischer mit 25 ... 30% Quarzsand innig vermengt und mit 7 ... 8% H_2O hydratisiert; muß wie Zementsand innerhalb 4 ... 5 Std verarbeitet werden: In 20 ... 30 mm dicker Schicht an Modell anlegen und mit gewöhnlichem tongebundenem Füllsand hinterstampfen; geeignet für Formen und Kerne. Hinsichtlich Druckfestigkeit und Gasdurchlässigkeit werden übliche Werte normalen Formsandes weit übertroffen.

Kohlensäure-Erstarrungs-Verfahren („CO_2-Verfahren") [III.2]. Erste Anwendung schon Mitte des 19. Jahrhunderts, doch erst seit etwa 10 Jahren voll betriebsreif. In Deutschland seit 1953 eingeführt, heute weit verbreitet mit großer Zukunftserwartung. *Prinzip*: Mit Wasserglas-(Natriumsilikat Na_2SiO_3) haltigem Binder versetzter Quarzsand erhärtet durch CO_2-Einwirkung, wobei gebildetes Kieselsäuregel gleichsam als „mineralischer Leim" Quarzkörner verkittet; auch Bildung von Soda Na_2CO_3, die bei Sandaufbereitung auszuwaschen ist. *Normalsand-*

mischungen für GS: 100 kg Quarzsand (0,2 ... 0,5 mm Korn⌀), 5 kg Wasserglas-haltiger Binder, 1 kg Asphalt-Binder; für GG und Schwermetallguß: 100 kg Quarzsand, 4 kg Wasserglas-haltiger Binder, 1 kg Asphaltbinder; für Leichtmetallguß: 100 kg Quarzsand, 3 kg Wasserglas-haltiger Binder, 1 kg Steinkohlenstaub. Für bestimmte Fälle Sondermischungen, u. a. auch für Mg-Legierungen. – Bei sehr großen Gußwanddicken bei GG Zusatz von Schamotte, bei GS Zirkonoxid oder Chrommagnesitmischung. – Bindetongehalte sehr schädlich (stören Erhärtung). Zusatz zu 1,5% Dextrose begünstigt Kernzerfall. Mischzeit nicht über 4 Min. (CO_2-Anteil der Luft leitet schon Bindeprozeß ein.) Formtechnik wie üblich, nur größere Aushebeschräge an Modell und Kernkasten zweckmäßig. CO_2-Zufuhr über Sondergerät (Dusche oder Lochrohrsonde) aus Flasche vor oder nach Entfernen des Modells; bei Maschinenformerei auch durch Schlitzdüsen der Modellplatte; auch kastenloser Guß. Kernhärten immer im Kernkasten; entsprechend arbeitende Kernschießautomaten liefern laufend schon harte Kerne. – CO_2-Druck 2 ... 2,5 bar. Einblaszeit je nach Kern- bzw. Formgröße 2 s bis wenige Min. CO_2-Verbrauch $\approx$ 1 kg je 100 kg Sand (bei kleinen Kernen aber Mehrfaches!). Bei kurzen Blaszeiten härten Kerne und Formen an Luft noch auf Mehrfaches der Druckfestigkeit unmittelbar nach Blasen. Verwendung besonderer „Schwärzen", als „Formlack" bekannt.

Vorteile des CO_2-Verfahrens: Schnellste aller Formmethoden; festes Stampfen nicht erforderlich; Sandversteifung (Sandhaken, Formerstifte, Kerneisen) weitgehend entbehrlich; Ofentrocknung und damit „Kernstützschalen" entfallen; bessere Maßgenauigkeit der Gußstücke; kein blasiger Guß, da Sand wenig gast; hohe Haltbarkeit von Form und Kern; weniger Transportkosten; größere Ausbringung je Flächeneinheit und erhöhte Stundenleistung; keine Warmrisse (Form und Kern geben nach); Arbeiten mit Einheitssand; geringere Einrichtungskosten; eilige Gußstücke noch am Tage des Bestelleingangs gießbar. – Zu berücksichtigende *Schwierigkeiten*: Aushärten des Sandes an Luft, daher vor Luft geschützt (abgedeckt bzw. in Bunker) lagern; größere Aushebeschräge an Modell und Kernkasten; bei „Überblasen" mit CO_2 schlechter Kernzerfall; Schwierigkeiten bei Sand-Wiederverwendung (Na_2CO_3-Auswaschen, s. o.); Einfrieren der CO_2-Flaschenventile bei zu großer Entnahme (dann Flaschen-Batterien mit Ringverbindung). Universelle *Anwendbarkeit* für kleinste Formen und Kerne (z. B. Rippenzylinder und -zylinderköpfe, Gebläseräder; dünnwandige Wassermantelkerne für Kfz-Motoren u. v. a.) bis zu Großformen und -kernen (Werkzeugmaschinen-Gestelle bzw. -Gehäuse, Grundplatten, Kernblockformen u. v. a.) ohne Gewichtsgrenze nach oben.

Jüngste Entwicklung [III.17] für CO_2-Kerne (mit Ziel: Höhere Festigkeit, bessere Sandlagerfähigkeit, noch besserer Kernzerfall) läßt zwei Wege erkennen: Statt nur wasserglashaltigem Binder finden Verwendung: 1. Binder-Kombination Wasserglas + Harnstoffharz (in schwedischer Automobil-Gießerei); 2. CO_2-härtbares Phenolharz in erdalkalischer Lösung (bei Peugot). Dabei Binderzusatz nur $\approx$2% (gegenüber 4 ... 5% beim reinen CO_2-Verf.), aber „Trocknung" bzw. „Ausbacken" (Wärmepolymerisation des Harzes) nach CO_2-Härtung (wesentlich geringerer CO_2-Verbrauch), wobei Trockenschalen überflüssig. Kern-Biegefestigkeit jetzt 400 ... 500 N/cm² (gegenüber 150 ... 200 N/cm² beim CO_2-Verfahren). –

Maskenformverfahren (Croning-Verfahren, Genaugießverfahren). 1944 von *J. Croning*, Hamburg entwickelt; nur bei größerer Stückzahl wirtschaftlich. – *Sandmischung*: Reiner Quarzsand („Silbersand") + 4 ... 10% Phenolharz (sogenanntes „Zweistufenharz", Novolak mit „Hexa"-Zusatz, siehe Abschnitt Kunststoffe!). Älteres Mischverfahren: Kunstharzpulver mit Sand (Anfeuchtung mit 2‰ Mineralöl) vermischt (da sonst Entmischungsgefahr!). Neuer: Harzlösung in Methylalkohol mit Sand verknetet; eingeblasene Luft verflüchtigt Lösungsmittel, damit rieselfähiges Sandkorn mit Harzumhüllung erhalten. – *Formherstellung* meist nach „C-Verfahren I": Auf erhitzte Metallmodellplatte (280°C; mit Silikon-Emulsion als Trennmittel eingesprüht) wird Sand geschüttet oder aufgeblasen. Nach 4... 8 s Einwirkdauer entsteht durch Harzschmelzen 4 ... 8 mm dicke zusammengebackene Kruste; anschließend nicht gebundenen Sand abkippen (weiter verwendbar). Noch weiche Kruste nun 1,5 min bei 450°C in Ofen oder unter el. beheizter Haube fertighärten und fertige Maskenformhälfte abheben (Abb. III.64). – Nach „C-Verfahren II": Über Modellplatte noch ebenfalls beheizte „Konturenplatte" im Abstand gewünschter Maskenschichtdicke. Hohlraum zwischen beiden meist pneumatisch mit Croning-Sand gefüllt (seltener Konturenplatte als Preßstempel zum Sandandrücken), sonst wie I. – Nach etwaigem Einlegen gleichartig hergestellter Croning-Kerne Zusammenle-

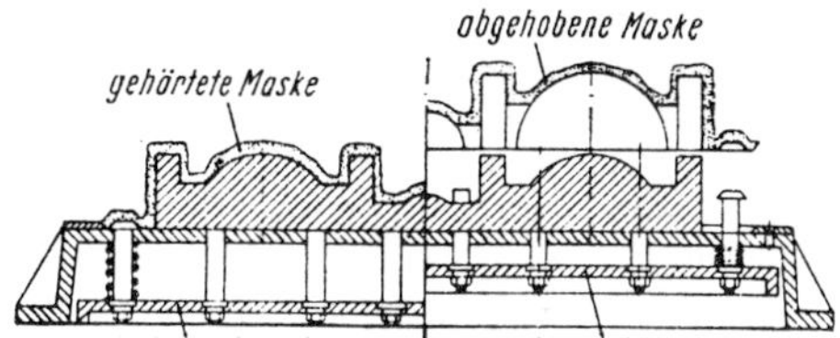

Abb. III.64. Modellplatte mit Formmaske (Croning-Verfahren), nach *J. Müller.*

gen beider Maskenformhälften, Eingußöffnung (meist in Teilebene) mit Papier überklebt (durch das später einfach hindurch gegossen wird), um Einfallen von Fremdkörpern zu verhindern. Mehrere Maskenformen z. B. in Blechkasten mit Zwischenraum aufstellen und zur Gießdruckaufnahme mit Stahlkugeln, Stanzbutzen, Stahlkies o. ä. hinterfüllen. Oft genügt auch beiderseitiges Aufschütten von Sand; dünnwandige Kleinteile auch ohne Hinterfüllung abgießbar. – *Croning-Kerne* sinngemäß hergestellt, dabei zwei- oder mehrteiliger Metallkernkasten, in dem auch Nachhärtung erfolgt. Je nach Kernquerschnitt wird Hohlkern (in Sonderfällen mit „grünem" Sand gefüllt) oder bei kleinen Abmessungen Vollkern (mit loser Innenzone) erhalten. – Vielseitige maschinelle Einrichtung einschließlich Klebpressen bis zum Automaten entwickelt. *Gußwerkstoffe*: Praktisch für alle geeignet unter Berücksichtigung ihrer besonderen Eigenschaften durch entsprechenden Harzgehalt und Sonderschlichten, z. B. besonders für GG, GS, Edelstahlguß, Leichtmetallguß, Rein-Kupferguß und Cu-Legierungen. Stückgewichte von 50 g bis 100 kg.

Besondere Vorteile: Sehr geringer Formstoffverbrauch, daher rel. teurer Kunstharzbinder vertretbar; hohe Konturengenauigkeit der Abgüsse (oft besser als Kokillenguß); extrem große Gasdurchlässigkeit der Formen und Kerne (daher Steiger meist überflüssig, nicht jedoch verlorener Kopf bei GS); Ausbringungsquote übertrifft bei Vollmechanisierung alle anderen Gießverfahren. – Entwicklungstendenz des Maskenformverfahrens, dort auch über „Hot-box"-Verfahren und Hinweis auf gewisse Vorteile des nicht harzumhüllten Sandes (ältere Trockenmischung) in Sonderfällen. –

Shaw-Verfahren, englisches Verfahren, in Deutschland seit 1955. *Modell* aus allen gebräuchlichen Werkstoffen, auch Holz, bevorzugt Metall (Messing, poliert); Modellhälfte auf Platte (Hartgips) montiert, von Rahmen umgeben, mit Trennmittel (Silikonemulsion) übersprüht. *Formstoff:* Vorhydrolysierte Lösung auf Basis Äthylsilikat (Aufschlämmung von Kieselsäure in Alkohol), durch vorwiegend basischen Beschleuniger (oder HCl) gelierend, mit feinstkörnigem hochfeuerfesten Füllstoff (z. B. Sillimanit o. ä.) zu sirupartiger Konsistenz angerührt. (Typischer „Investment"-Formstoff, d. h. besonders für Auschmelzverfahren geeignet). *Formherstellung:* Formstoff über Modell gießen (ggf. hinterfüllt mit Schamottemasse); in wenigen Minuten erstarrt (jetzt gummiartig), dann *Abflammen* durch Entzünden des beim Gelieren freiwerdenden Alkohols unterm Abzug; dadurch Bildung eines Netzwerks feinster Rißchen, die ausreichende Gasdurchlässigkeit ergeben. *Glühen* der kastenlosen, gießfertig zugelegten und verklebten Formhälften $\approx$1 h bei 800 ... 1000°C. *Vergießen* der noch rotglühenden oder erkalteten Form je nach Einzelfall (so heiß wie nötig, so kalt wie möglich!). Dann Putzen und bei GS Wärmebehandlung. – *Anwendungsgebiet*: Für kleine bis mittlere Stückzahlen (20 ... 100 je Auftrag) bei verlangter hoher Maßgenauigkeit, glatter Oberfläche und geringster Zerspanung, sowie bei dünnen Wandungen, die nicht mehr mit Sandformen erreichbar sind; an sich alle Metalle vergießbar, wegen rel. teuren Formstoffs jedoch bevorzugt schwieriger bearbeitbare, bes. mittel- und hochlegierter Stahlguß, W-Stahl, Stellit, aber auch GG, Bz, Ms, Al- und Mg-Legierungen. Stückgröße meist 0,5 ... 5 kg (u. U. bis 150 kg). –

Modell-Ausschmelzverfahren (Feingieß-Verfahren, Wachsausschmelzverfahren): Ältestes, im Prinzip schon im Altertum bekanntes Gießverfahren; seit $\approx$1910 für Zahnprothesen, im Maschinenbau seit $\approx$1940 in USA, seit 1950 in Deutschland. (In Glockengießereien seit jeher zur Herstellung der Glockenkrone und für Schriften und Bilder verwendet.) *Grundgedanke* dieses Verfahrens mit „verlorenem" Modell: Ebenso viele Modelle aus leicht schmelzendem

Stoff herstellen, wie Gußstücke erforderlich; um Modell wird feuerfeste Masse gebracht, nach deren Trocknung Modell ausgeschmolzen und entstandener einteiliger Hohlraum mit Schmelze ausgegossen. Einzelheiten des *Verfahrens* für kleinere Serien zeigt Abb. III.65. *Modell* aus Mischung auf Basis Bienenwachs (mit härtenden Zusätzen, wie Schellack, Paraffin u. a.) oder aus thermoplastischem Kunststoff (Polystyrol u. a.) durch *Spritzguß* in geteilter Form (ggf. mit Kerneinlage) gewonnen. Spritzgußform für kleinere Serien (> 100 ... 4000) nach Urmodell gegossen aus Legierungen auf Pb- oder Sn-Basis nur für Wachsmodelle (Abb. III.65/1 ... 4), für mittlere Serien (1000 ... 20 000) nach Schoopschem Verfahren auf Urmodell Cr-Stahl aufgespritzt und hintergossen, für Größtserien (> 20 000) aus verschleißfestem Stahl zerspanend bearbeitet (für Wachs- oder Kunststoffmodelle); mit Schlichte ausgesprüht. *Gußform-Herstellung*: Größere Zahl kleiner Einzelmodelle mit getrennt gespritztem „Gießsystem" zu „Modellbaum" („Modelltraube") mittels heißem Spatel von Hand zusammengeschweißt oder verkittet (Abb. III.65,7), dann Tauchen (8) in „Dipcoat" (Aufschlämmung) von feinstkörnigem feuerfestem Formstoff in Binder (Primärüberzug) und Bestreuen mit gröberem Formstoff; Lufttrocknung, Hinterfüllen der Gießtraube in beiderseits offenem Blechkasten mit breiiger oder feuchtkörniger keramischer Masse auf Vibrationstisch (9), Trocknen bei Temperaturen, bei denen Modell ausschmilzt (größtenteils wieder verwendbar), schließlich 6 ... 8 h Formbrennen bei 800 ... 1100°C und Abgießen der heißen Form; nach Entformen und Abtrennen der Gußteile ggf. Wärmebehandlung. – *Feuerfeste Masse:* Äthylsilikatgebundene Pulver aus Quarz, ZrO_2, MgO, Chromit u. ä. – *Vergießen* variierbar je nach Werkstoff, Stückgewicht und Formschwierigkeit: Normal aus Schmelztiegel oder mit Kelle, mit Kippofen-Gießvorrichtung (Abb. III.66), mit Über- oder mit Unterdruck bzw. durch Schleuderguß (Abb. III.40). – *Gußmetalle*: Alle überhaupt gießbaren Metalle möglich, bevorzugt hochwarmfeste Stähle und Legierungen auf Ni- und Co-Basis für Gasturbinenteile und Werkzeuge (Stellite), rost- und säurebeständige, hitzebeständige, Einsatz-, Vergütungs-, Nitrier- und Werkzeug-Stähle.

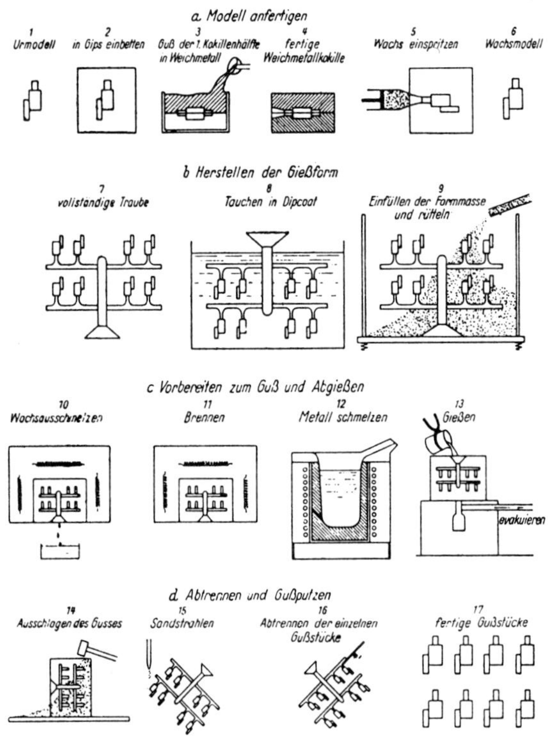

Abb. III.65. Arbeitsablauf (schematisch) beim Modell-Ausschmelzverfahren für kleinere Serien 100 ... 4000 Stück (nach *Klingenstein*).

Anwendung grundsätzlich dort, wo bisher formschwieriges Teil bevorzugt kleiner Abmessung nur mit großem Aufwand aus dem Vollen herausgearbeitet werden konnte bzw. aus schwer bearbeitbarer Legierung besteht; Beispiele: Teile für Näh-, Schreib- und Rechenmaschinen, Waffenteile, Werkzeuge, kleine Zahnräder, Gasturbinen-Leit- und Laufschaufeln (auch Hohlguß), ganze Gasturbinen-Leitapparate (bis 30 kg), Gasturbinenläufer mit Verdichter in einteiliger Konstruktion u. v. a. – Verfahren erlaubt Konstruktionen, die durch kein anderes Herstellverfahren realisierbar sind; u. U. Modell in Einzelteilen gespritzt und zusammengesetzt (geklebt). – *Größe der Teile* von wenigen Gramm bis 50 kg; Großteile immer als

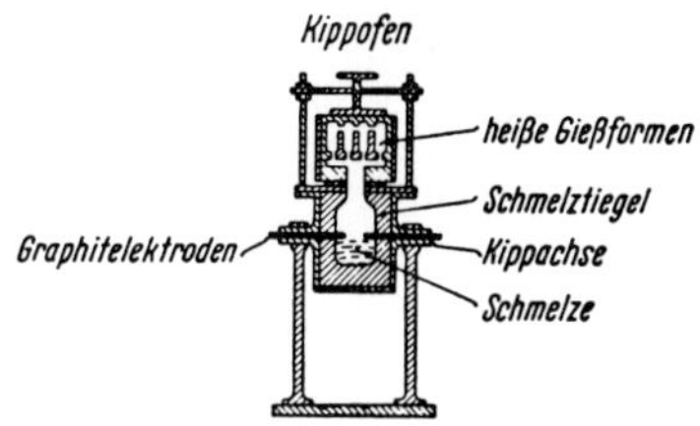

Abb. III.66. Kippofen-Gießvorrichtung für Modell-Ausschmelzverfahren.

Einzelteile eingeformt und vergossen. *Vorteile*: Höchste Maßgenauigkeit und beste Oberflächenbeschaffenheit aller Gießverfahren; Nacharbeit ganz überflüssig oder wesentlich verringert (oft nur an Paßflächen durch Schleifen), daher wesentliche Einsparung teurer Werkstoffe; völlige Konstruktionsfreiheit. – *Abarten*: **„Method X“:** Modelltraube erhält durch mehrfaches Tauchen (6 ... 20mal mit Zwischentrocknung) in Binder/Keramik-Schlicker feuerfeste Hülle („Formschale“) von 5 ... 6 mm Dicke, aus der Wachsmodell durch Lösungsmittel (auf Trichloräthylenbasis) entfernt wird (rückgewinnbar). Formschale wird ohne Einbettung (oder in Blechkasten mit losem Sand hinterfüllt) vergossen. – **„Glascast“-Verfahren:** Statt teurer Äthylsilikat-gebundener Formmasse hier Glaspulver in H_2O mit billigem Binder; auch hier nur ≈6 mm dicke Formschale; Brennzeit ≈15 min; ≈50% billiger als Normalverfahren. – **„Mercast“-Prozeß** für Einzelteilguß (in USA üblich): Quecksilber, in Matrize gefüllt und unter – 40°C erstarrt; in diesem Temperaturbereich Modell mit Formschale versehen und bei Raumtemperatur ausgeschmolzen; sonst wie oben. Erschwerung durch tiefe Temperatur und Sicherheitsmaßnahme gegen Hg-Dampf. –

Neues **„Vollform-Gießen“** (DBP Nr. 1 108 861, Grünzweig & Hartmann AG) arbeitet auch mit verlorenem Modell aus feinstporigem Polystyrol-Hartschaum, das in einteiligem Formkasten, ggf. mit schon eingelegtem Sandkern, mit Formsand umstampft wird; dabei auch Einguß, Anschnitt und Druckkopf aus Hartschaum. Modell vergast beim Eingießen der Metallschmelze; Gußstücke gratfrei, da einteilige Form. *Anwendung* für Prototypen, Kleinserien, Großmaschinenguß, eiligen Ersatzteilguß bei fehlendem Holzmodell. Modellherstellung zerspanend aus Schaumrohblock, ggf. aus Einzelteilen verklebt.

4. Lehmformerei

Für große dickwandige Gußstücke sind Sandformen gegenüber Gießdruck nicht genügend widerstandsfähig, bei höheren Temperaturen getrocknete Lehmformen dann besser. Formen meist ohne Kasten (aber auch Kastenformen kommen vor) durch Aufmauern der Form (Schablonieren oder Freiformen), also ohne Modell, jedoch ggf. für formschwierige Partien Teilmodelle, zur Verhinderung des Lehmanklebens geölt. Formherstellung als Bodenform (in Formgrube) oder als tragbare gemauerte Form, freistehend oder in Grube hinterstampft vergossen.

Der Formlehm und seine Aufbereitung: Gemenge feinkörnigen Quarzsandes (als Magerungsmittel zur Schwindminderung) mit > 35% Bindeton, mit H_2O zu dickem Brei bzw. knetweicher Masse angemacht; je nach Tongehalt unterscheidet man „Magerlehm" und „Fettlehm". 30 ... 50 Schüttvolumen% organische, am besten faserige Magerungszusätze, wie faseriger Torfmull, Flachsabfälle, Gerberlohe, tierische Haare, Stroh- oder Heuklein, gemischt mit Häcksel, Sägespänen u. ä. (früher auch Pferdemist); sie schrumpfen beim Trocknen (~ 300 °C), vergasen beim Guß und hinterlassen feine Kanäle, die in Verbindung mit Trockenschwindrißchen erforderliche Gasdurchlässigkeit ergeben, aber auch beim Formen im feuchten Zustand Zusammenhaltekraft verbessern (Verhinderung des „Fließens"). Aufbereitung in Lehmknetern (Tonschneidern).

Formherstellung: Beim *älteren Verfahren* („Hemd"-Formmethode), z. T. noch in kleinen Glockengießereien verwendet, wird auf gemauerten und z. B. mit Kernschablone fertiggeformten und getrockneten Kern mittels Mantelschablone das „Hemd" („Falsche Wand", ggf. „Falsche Glocke") in Lehm aufgetragen, getrocknet und feingeschlichtet (bei Glocken durch Übergießen mit Wachs und Nachschablonieren); darüber wird Mantel aus strenger knetbarem Lehm über feiner Schlichtlehmschicht aufgetragen, ggf. hintermauert und getrocknet. Nach Abheben des Mantels wird „Hemd" abgetragen und Form gießfertig gemacht.

Neueres Verfahren mit getrennter Herstellung von Kern und Mantel (u. U. gleichzeitig durch verschiedene Former), auch in modernen Glockengießereien angewendet, erläutert (Abb. III.67: Zu formender Zylinder (a); Schablonenschema (b). Mit Schablone 1 gemäß (c) Kernfundament aus Formsand mit Gipsauftragung schabloniert und nach Abbinden (jetzt hart) mit Abfallfett bestrichen, darüber dünne Lehmschicht, dann mit eingegossenen Tragankern bestückte Ringplatte (offener Herdguß!) als Kernträger aufgelegt, Kern aufgemauert (Ziegel- oder Lehm-Steine mit Formlehm als Mörtel) und mit Schablone 2 fertigschabloniert,

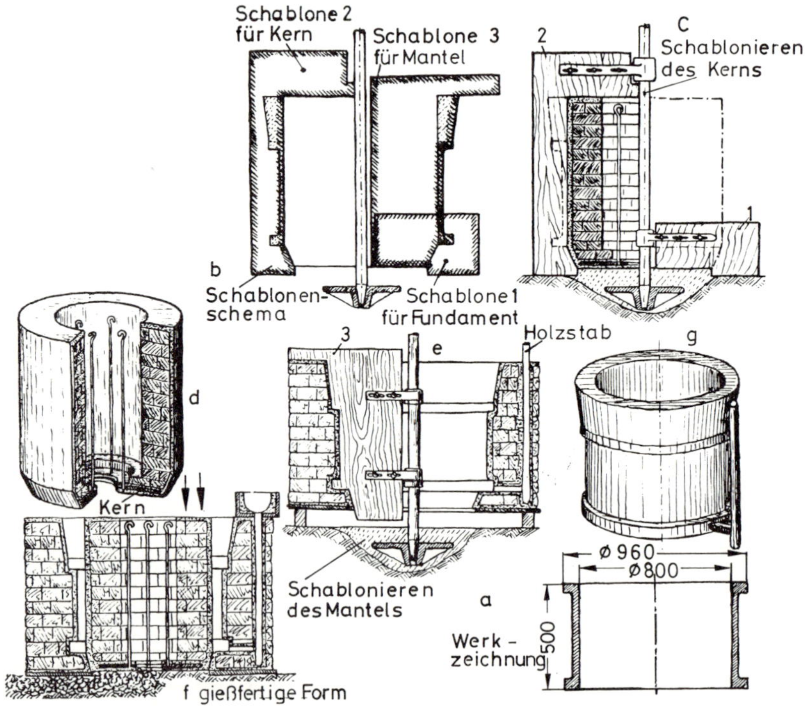

Abb. III.67. Drehschablonieren einer gemauerten Lehmform für Bundzylinder mit getrennter Herstellung von Mantel und Kern.

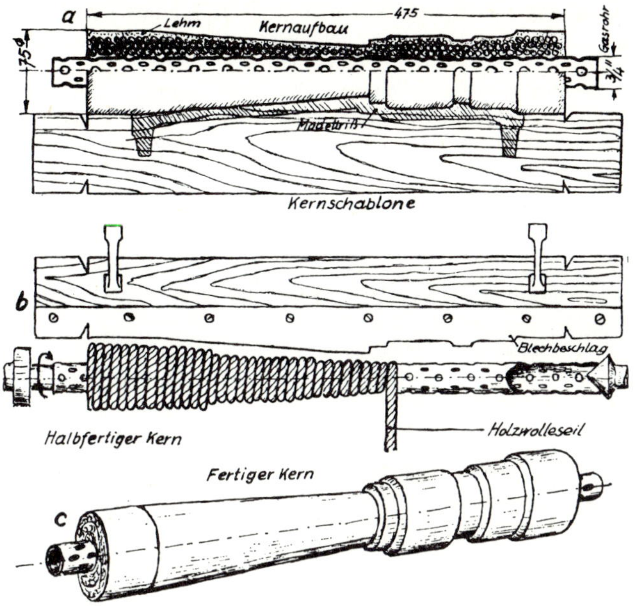

Abb. III.68. Drehschablonieren eines Diffusorkerns in Lehm über perforiertem Tragrohr auf Kerndrehbank.

die am harten Fundament geführt wird; dabei äußerste, nur wenige mm dicke Schlichtlehmschicht faserfrei und mit Koksmehl versetzt durch Feinsieb gestrichen. Beachte unteren Zentrierkegel für späteren Kernsitz im Mantel! Fertiger und getrockneter Kern in (d). Auf entsprechender quadratischer Platte (dickes Stahlblech) mit ausgebranntem Loch wird sinngemäß Mantel schrittweise aufgemauert und schabloniert mit Schablone 3, dabei gefettete oder geölte Holzstäbe für Einguß und Anschnitt eingelegt (später herausgezogen); dann Trocknen. Zulegen der Form nach Schwärzen (beachte gegenseitige Zentrierung!) an Gießstelle auf Koksbett, Kernbelastung und Aufsetzen des Eingußkastens (f). Fertiges Gußstück mit „Gießsystem“ in (g). – Hier wesentlicher Zeitgewinn gegenüber älterer Methode, auch fällt „Hemd“ weg. – Lehmform-Mantel bei geeigneter (nicht hinterschnittener, am besten konischer) Außenform u. U. bis zu 10mal oder öfter (mit Zwischen-Ausbesserung) verwendbar (in begrenztem Maß Dauerform). –

Herstellung eines auf durchlöchertem (Gasabzug!) Tragrohr *drehschablonierten Lehmkerns* zeigt Abb. III.68: Aufbau über Holzwollseil, das Trockentemperaturen standhält, aber beim Guß verkohlt bzw. vergast und so nach schon erstarrter Gußschicht Zusammenbrechen des Kerns unter Schwinddruck ermöglicht: Verhinderung von Warmrissen, wie sie unnachgiebiger Kern zur Folge hätte. Zwischen den einzelnen stramm gespannten Seillagen jeweils Lehmschicht. – Auch Bodenformen in Lehmformmethode oft als „Kernform“ (Kernblockform, Abb. III.17) mit Lehmkernen aufgebaut, die ggf. auch in Kernkästen (eingeölt!) unter Einbau einer „Koksseele“ mit strengknetbarem Formlehm geformt werden. –

5. Trocknen der Formen und Kerne [III.2]

Trocknen dient vor allem der Erhöhung der Gasdurchlässigkeit und Festigkeit. Öfen langsam anheizen, andernfalls Rißbildung begünstigt. Halten gleichmäßiger Temperaturen durch Regelgeräte.

Trockentemperaturen. Für Sandformen und große Kerne aus fettem Sand (Massesand), Masse und Lehm meist 250 ... 300 (350)°C; für kleinere Kerne aus synthetischem Sand normal 150 ... 200°C, jedoch für Kerne mit reinen Ölbindern 225 ... 250°C.

Größere Trockenöfen (Trockenkammern), Abb. III.69 (oben!), ≧2 m hoch, doppelwandig gemauert mit Luftzwischenschicht (Wärmeverlust-Minderung), mit doppelwandiger Flügel- oder Schiebetüre aus Blech (Schlackenwolle-Isolation); Beheizung mit festen Brennstoffen, Gas oder Öl. Verbrennungsgase streichen unmittelbar durch Kammer, dabei neuere Öfen mit *Luftumwälzung* durch Gebläse (Abb. III.69). Beschickung durch Herdwagen oder Kran (dann

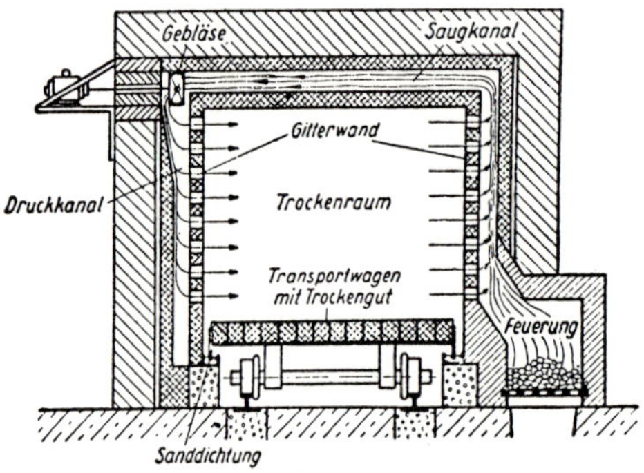

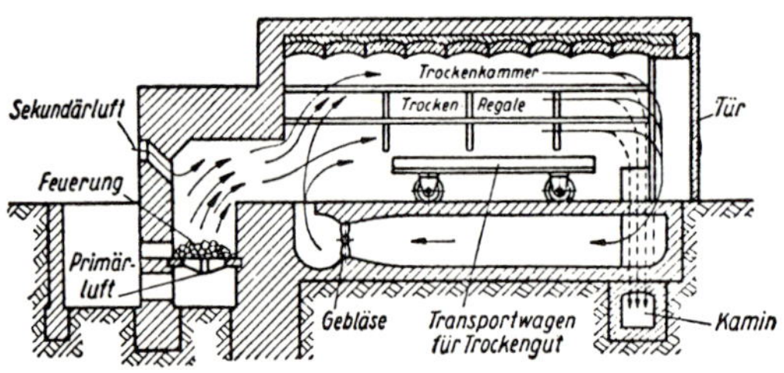

Abb. III.69. Oben: Trockenkammer mit Heizkanälen, Luftumwälzung durch Gebläse, ausfahrbarer Herd (Sanddichtung zur Fahrgestell-Schonung). Unten: Kleinere Trockenkammer mit Vorfeuerung und Luftumwälzung für mittlere Kerne und kleine Formen.

zum Einfahren abdeckbarer Schlitz in Ofendecke). Grundfläche 10 bis über 100 m², je m³ Ofenraum und Füllung 3 ... 4 kg Koks (bzw. entsprechende Menge anderer Brennstoffe je nach Heizwert). Seltener auch Unterflur-Tiefenöfen mit Deckel (Vereinfachter Krantransport). In Großserienfertigung auch Wanderöfen, durch die Formen auf Wanderrost entgegen dem Verbrennungsgasstrom laufen und getrocknet verlassen.

Trocknen kleinerer Kerne in Kleinkammeröfen (Abb. III.69, unten) mit ausfahrbaren Herden bzw. Gestellen, Trockenschränken mit einzeln ausziehbaren Fächern, Waagrecht-Durchlauföfen und Turmtrockenöfen (Paternoster-Prinzip). Beheizung auch hier wie oben, gelegentlich auf elektrisch, u. U. Hochfrequenz-Trocknung für Kernsande mit Kunstharz-Quellbinder-Mischung; auch Infrarot-Trocknung mit größerer Tiefenwirkung.

Zum Trocknen von Bodenformen dienen auf Deckkasten gesetzte **„Wandertrockenöfen“**, die heiße Verbrennungsgase durch die Form treiben; dabei Deckkasten mit Abstand (auf Träger liegend) gegenüber Bodenform unter Abdichtung aller Öffnungen außer Einblasloch (Einguß- oder Steiger-Öffnung), damit Heizgase durch Sand getrieben werden; andernfalls Abplatzen oberster Formschicht durch Dampfdruck. Beheizung mit Koks bei 80 ... 150 kg Verbrauch für im Mittel 10 h Blaszeit. Durch E-Motor (0,8 ... 1 kW) betriebener Ventilator drückt Verbrennungsluft in Ofen und damit Heizgase in Bodenform.

6. Dauerformen, Kokillen-Formguß

Übliche Sandformen sind „*verlorene Formen*", da Zerstörung beim „Ausschlagen" des Gußstücks; Streben nach öfter verwendbarer Form so alt wie Gießereiwesen. Dauerform im engeren und eigentlichen Sinn ist sehr oft verwendbare Metallform für Formguß, die *Kokille*.

Kokillen heißen auch die Blockformen in Stahl- und Metallwerken zur Herstellung des Zwischenprodukts Gußblock. Von Kokillen spricht man ferner, wenn man in Sandformen eingelegte „Schreckeisen" zur Lunkervermeidung oder Spannungsminderung meint. – Dauerform im weiteren Sinn bezieht auch Formen ein, die bei geeigneter Werkstückform für rel. beschränkte Zahl (z. B. 10 ... 50) Abgüsse geeignet sind, z. B. klassische keramische Formen aus Lehm und Schamotte, mit Zwischenausbesserung oft täglich mehrmals abgießbar. Neuere keramische Formen enthalten hauptsächlich Siliziumkarbid mit Na-Silikat (Wasserglas) bzw. tonfreien Quarzsand oder Schamottegrieß u. a. mit Äthylsilikat als Binder. Im Handel befindliche „Silester" verschiedener Art sind auch Äthylsilikate; diese Siliziumester dienen als Bindemittel für Sillimanit (gebrannter Ton bzw. Kaolin), Mullit ($SiO_2 + Al_2O_3$), Feuerton u. ä.; sie ergeben hochfeuerfeste „Dauerformen" (richtiger „dauerhafte" Formen). Auch Gips, Asbest, Magnesit u. ä., ggf. mit organischen Zusätzen, dienen für keramische „Dauerformen" beschränkter Lebensdauer. –

Werkstoff für Kokille (zwei- oder mehrteilig), heute fast ausschließlich perlitischer Grauguß; Herstellung nach Muttermodell durch Gießen in z. B. Gipsform. Nur selten Kokillen aus Stahlblock zerspanend geformt, dann jedoch durch Schweißen leichter zu reparieren bzw. zu ändern. Kerne, soweit ziehbar, aus warmfestem Stahl bzw. wenn verwickelt, als Sand- oder Maskenformkerne eingelegt. – Kokillen-Bauarten: *Vollkokille* in allen Teilen aus Metall; *Gemischtkokille*: Metallkokille in Verbindung mit Sand- bzw. Maskenformkernen, ggf. auch mit solchen Einsätzen (Außenkerne) für Teile der Außenform; *Halbkokille:* Untere Formhälfte Metall, oben Formkasten mit Sandfüllung; bei Sonderbauart *Klapp-* oder *Buchkokille* sind Kokillenhälften (-platten) durch Scharnier verbunden (Abb. III.71). – Formgußkokillen, Bauelemente und Bezeichnungen siehe VDG-Merkblatt (Entw.) Dez. 1959 (VDG = Verein Deutscher Gießerei-Fachleute).

Kennzeichen des Gießverfahrens mit Metallkokille: 1. Wesentlich *schnellere Erstarrung* des Gußwerkstoffs durch Abschreckwirkung, im Vergleich zu Sandguß damit aber auch Fließen in der Form behindert; darauf abzustellen sind Werkstück-Legierung mit Ziel guter Formfüllbarkeit, ferner Gußkonstruktion und Eingußsystem. 2. Kokillenwerkstoff *gasundurchlässig*, daher Entlüftungskanäle in Teilfuge (Abb. III.70); keine Gasreaktion mit Formwerkstoff. 3. Formfüllung schaumfrei, begünstigt durch Schwenkgießen (Abb.III.70). 4. *Steiger* müssen nicht nur speisen, sondern auch durch ihr Gewicht während Erstarrung nachdrücken, daher meist vertikale Teilebene. 5. Gießen schwierig zu speisender Stücke nach *Schwenkgießverfahren;* Schwermetallguß nur nach diesem Verfahren! 6. Nach Abguß Stück *schnell entformen* (wegen des Schwindens!); besondere Regeln bei Kokillen-Konstruktion beachten (Formschräge und Kernkonizität nicht zu knapp)! 7. Während Sandform gegenüber Erstarrungsschwindung nachgibt, bleibt *Kokille starr*: Darauf sind Legierung des Gußstücks, seine Konstruktion und Kokillenkonstruktion abzustellen. Geeignete NE-Legierungen siehe die betreffenden Normblätter! (GK- ... ≙ Kokillenguß, z. B. GK-Ms 62 = Kokillengußmessing, DIN 1709, Bl. 1, u. ä.) 8. Gußkonstruktion nicht zu verwickelt. 9. *Kerne für Kokille* meist aus warmfestem Stahl (rechtzeitig ziehen, um Aufschrumpfen des Gußstücks zu vermeiden!) (Abb. III.71); bei nichtziehbarer Kernform bzw. Schwierigkeiten mit Schwindung normale Sand-, CO_2- oder Mas-

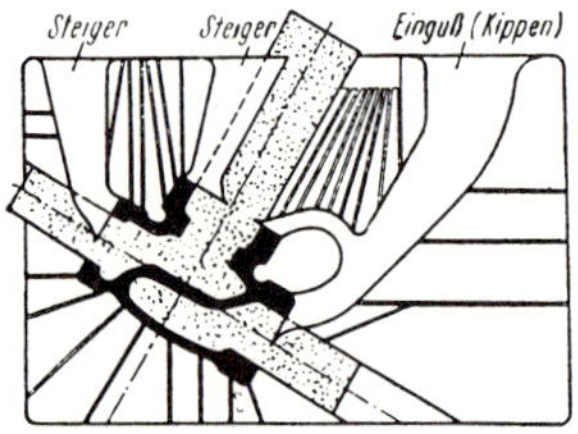

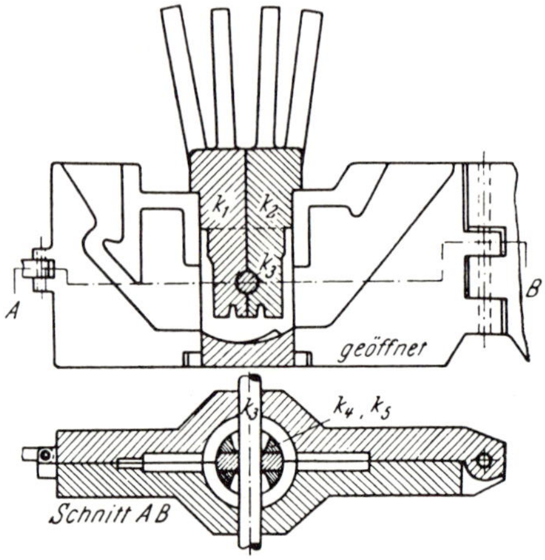

Abb. III.70. Zweiteilige Kokille für Ventilkörper mit Sandkerneinlagen (Gemischkokille). Beachte Entlüftungskanäle (Doppellinien) in Teilebene! Beim Schwenkgießen wird Kokille um 45 nach rechts gedreht (Einguß dann waagerecht); mit zunehmendem Eingießen erfolgt Hochdrehen in gezeichnete Lage.

Abb. III.71. Vollkokille für Leichtmetallkolben. k_1 ... k_5 Metallkerne mit Handgriffen.

kenformkerne einlegen. 10. Geeignete *Kokillenschlichte* verhindert Anschweißen des Gußwerkstoffs, schont Kokille und mindert Abschreckwirkung. 11. Kokille nur *warm vergießen,* bei Gießbeginn also vorgewärmt (Kokillenschonung, Milderung der Abschreckwirkung); je nach Gußwerkstoff und Gießfolgegeschwindigkeit zwischendurch kühlen (GG, GK-Ms) oder zusätzlich beheizen (immer bei Mg-Leg., ggf. auch bei Al-Leg.). 12. Gewindeeinsätze, Rohrleitungen, Büchsen u. ä. eingießbar, bei geeigneter Oberflächenbehandlung mit guter metallischer Bindung durch Diffusion.

Vorteile von Kokillenguß, verglichen mit Sandguß: 1. Höhere σ_B, bes. σ_S, höheres Streckgrenzenverhältnis, größere Härte und Zähigkeit, dichteres und feinkörnigeres Gefüge infolge schnellerer Erstarrung; sie ermöglicht auch raschere Gießfolge. 2. Praktisch frei von Poren, Lunkern und anderen Gießfehlern aller Art. 3. Größere Maßhaltigkeit (geringere Toleranzen, kleinere Bearbeitungszugaben). 4. Glattere Oberfläche (ggf. besser schleif- und polierbar). 5. Wahlweise härteres oder weicheres Gußgefüge, abhängig von Legierung bzw. geregelter Kokillentemperatur. 6. Sparsamerer Werkstoffverbrauch (geringere Wanddicke, da fester; Einguß und Steiger kleiner). 7. Wenn Kokille vorhanden: Kürzere Lieferzeit. 8. Größere Ausbringung je Flächeneinheit. 9. Bei Massenware geringere Herstellkosten je Stück. 10. Bedienbarkeit durch Angelernte. –

Anwendung des Kokillen-Gießverfahrens für kleinere bis mittlere Teile bei Grauguß, Stahlformguß, Schwermetallen (weit überwiegend Messing, seltener andere Cu-Gußlegierungen oder sonstige Schwermetalle) und Leichtmetallen (Al- und Mg-Legierungen), nachfolgend im einzelnen erläutert:

a) Grauguß in Kokille

In Deutschland Entwicklungsbeginn um 1900 (Rohrformstück-Kokillenguß von *H. Rolle*), bedeutend erst ab 1930. Heute große Bedeutung für druckdichte Serien- und Massenteile sehr unterschiedlicher Wanddicke und mit Betriebsinnendrücken bis 350 bar für Kältemaschinen, Kompressoren, hydraulische Steuerungsteile, Druckluft- und Hydraulik-Bremsen, Stoßdämp-

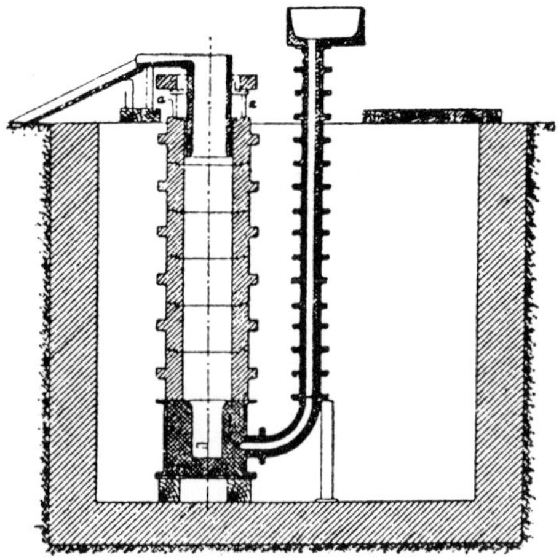

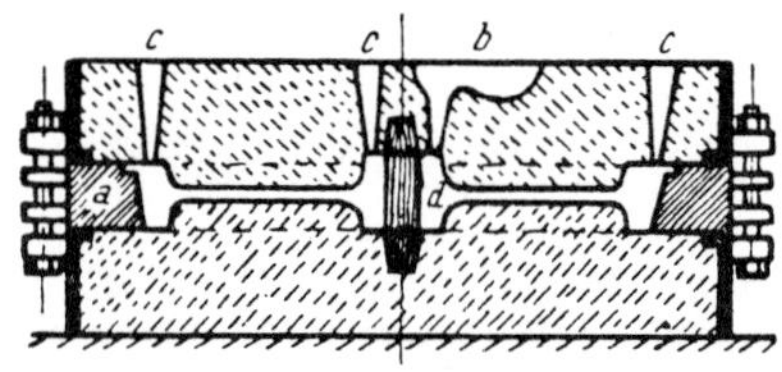

Abb. III.72. Gießfertige Form für Schalenhartguß-Walze mit grau erstarrten Lagerzapfen; steigender Guß in Gießgrube.

Abb. III.73. Gießform für Eisenbahnrad in GG mit Kokillenring zwischen Ober- und Unterkasten; damit Schalenhartguß der Kranz-Lauffläche.

fer, aber auch Glasformen, Läppscheiben, Typensegmentbogen für Schreibmaschinen u. ä. – Stückgewichte von wenigen Gramm bis ≈70 kg Einzelteilgewicht. Spitzenleistung: ≈3 t Werkstückgewicht (Prüfdruck 500 bar) bei 10 t Kokillengewicht. –

Vor Guß Kokille auf ≈300 °C vorgewärmt, je nach Gießfolge im weiteren Verlauf ggf. Ventilatorkühlung. Haltbarkeit je nach Gußstückgestalt 3000 Abgüsse und wesentlich mehr. Kokillenschlichte häufig auf Basis Ton und Graphit mit Wasser oder Öl. – Gußgattierung Si-reich, um trotz Abschreckwirkung Weißerstarrung an Oberfläche und Kanten zu verhindern, z. B. 3,7 ... 3,8% C, 2,4 ... 2,55% Si, 0,45 ... 0,55% Mn, 0,35 ... 0,4% P, S≦0,1%, relativ heiß bei ≧1400 °C vergossen. Gußstücke frühzeitig entformt (Hellrotglut) und bei Sandkernen unentkernt in Sand verpackt 4 ... 5 Std. bei 900 ... 960 °C geglüht mit langsamer Abkühlung auf 200 °C; damit gut zerspanbar.

Schalenhartguß (GHK), *Hartgußkennzeichen* („Gießerei-Lexikon“, 2. Aufl. 1960): GHV = *Vollhartguß* (= Weißhartguß); GHK = *Schalenhartguß,* also Guß gegen Kokille (bzw. z. B. GH-15 = Schalenhartguß mit 15 mm tiefer Weißeinstrahlung); GHH = *Halbhartguß* (meliert); GHM = *Mildhartguß*; GHS = *Sandhartguß*; mit örtlich begrenzter Weißerstarrung der Oberflächenzone häufig verwendet, z. B. Walzen für Blechwalzwerke und Papierkalander; Kollergangsringe, Steinbrecherbacken, Eisenbahnräder u. ä. – Erreicht wird Weißeinstrahlung durch Guß gegen Kokille, wobei Si- und Mn-Gehalt so, daß Sandform graue Erstarrung, Kokille dagegen weiße Randzone liefert, z. B. 3,3 ... 3,8% C, 0,5 ... 0,8% Si, 0,5 ... 1,1% Mn, 0,4% P, S≦0,1%. Abb. III.72 zeigt Gießform für Hartgußwalze als Halbkokille. Walzenkörper soll als Schalenhartguß, Lagerzapfen dagegen grau erstarrt sein (gut zerspanbar). Walzenkörper in Kokille, Lagerzapfen in Sandform gegossen. Guß steigend über Einguß aus sandausgekleideten Flanschrohrstücken mit tangentialem Einlauf am unteren Zapfen, um durch kreisende Schmelzbewegung etwa mitgerissene Schlacke, Schaum und losgelöste Formbestandteile infolge Zentrifugalwirkung in Mitte zu bringen und damit glatte Walzenoberfläche zu bekommen. Holzstützen a für Sandform des Oberzapfens (Stahlrohr mit Sandauskleidung) nach Vollgießen entfernen, damit Zapfenform beim Schwinden nachsinken kann und Querschwindrisse am Zapfenübergang vermieden werden. – Abb. III.73 zeigt Gießform für Griffin-Räder, Eisenbahnräder aus GG mit Schalenhartgußzone am Laufkranz, wie z. T. in außerdeutschen Ländern üblich. –

b) Stahlformguß in Kokille

Anwendung für Klein- bis Mittelguß in Serienfertigung. Besonders zu beachten hohes Schwindmaß (2%), das Kokillenformguß lange unmöglich machte, und hohe Gießtemperatur (1600 ... 1700 °C). Vollkokillen selten und nur für einfachste Werkstückform, meist Halbkokillen mit einfach gestaltetem Kokillen-Unterteil in Verbindung mit Sandform für Oberteil. Tiefer in Gußstück hineinragende Formpartien durch Sandkern gebildet, um Schwindbehinderung zu vermeiden. Geeignete Kokillenschlichte wichtig für sauberen Guß. An Stellen dünnwandigen Gußquerschnitts Kokillenwand von außen beheizen (Gasbrenner), um Rißbildung im Gußstück zu verhindern; schnell und heiß gießen! Unbearbeitete Kokillen-Oberfläche erhöht Lebensdauer wesentlich. Gießstrahl soll nicht auf Kokillenwand treffen; ggf. dort Kerneinlage (Abb. III.74). Kokille aus hochwarmfestem legiertem Grauguß bzw. Schmiedestahl.

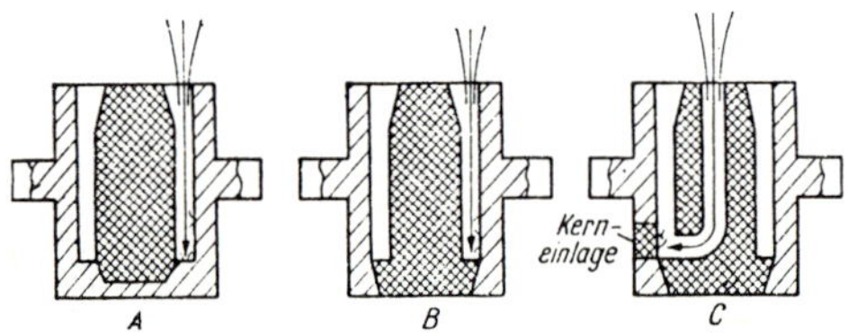

Abb. III.74. Stahlformguß (Stahlguß) in Kokille mit Sandkern. A: Erosion von Kokillenboden und Wand; B: Besser, jedoch noch Wandangriff; C: Gut; Kerneinlage schont Kokillenwand; Guß durch Kern hindurch.

c) Aluminium-Kokillenguß

Erste Anfänge um 1900 in Frankreich und Deutschland, aber erst ab 1920 stärkerer Auftrieb durch Serien- und Massenfertigung im Motorrad- und Kraftwagenbau, Apparatebau, E-Technik und Flugzeugbau (Siluminkolben, Kurbelgehäuse u. a.). Heute weit über 50% des Al-Gusses in Kokille vergossen, damit wichtigstes Verfahren für Leichtmetallguß. – Geeignete Al-Legierungen für Kokillenguß geradezu ideal, da gut formfüllig; bei Gießtemperatur um 750 °C geringer Verschleiß der GG-Kokille; Wärmeinhalt ($\approx$2730 kJ/dm^3) wesentlich geringer als bei GG ($\approx$8200 kJ/dm^3) oder Cu-Legierungen ($\approx$5800 kJ/dm^3), daher schnelle Erstarrung bei geringer thermischer Kokillenbelastung. – Hauptsächlich Voll- (Abb. III.71) und Gemischt-Kokillen gebräuchlich, ggf. auch Halbkokillen mit Kernblock als Oberteil. Besonders bewährt für Kokillen: Meehanite-Gußeisen neben Cr-, Ni- und Mo-legiertem GG oder Cr-V-Stahl. Kokillentemperatur beim Einguß 300 ... 400 °C, bei langsamer Gießfolge Kokille zusätzlich von außen beheizt (Gasflamme). Fast immer steigender Guß und Steiger-Schlitzanschnitt; bei schwieriger Füllung of Schwenkgießverfahren (Abb. III.70). Rippenpartien an Zylinderköpfen werden (wenn nicht durch eingelegte Maskenkerne) durch Stahl-Lamellenpakete geformt, die Einzelabziehen der Lamellen (verminderte Rippen-Reißgefahr!) und bessere Reinigung ermöglichen. – Erste Ansätze zu *Kokillengießmaschinen* schon alt, heute bes. hydraulischer oder elektrischer Antrieb für Universalmaschinen (Kokillen auswechselbar) oder für große Gußstücke Sondermaschinen. Halb- und Vollautomaten noch in Entwicklung; für Kolbenfertigung schon rel. hoher Mechanisierungsgrad erreicht.

Niederdruck-Kokillen-Gießverfahren (Abb. III.75) im Prinzip nicht neu. Gasdruck auf Schmelze bringt diese über Steigrohr in Kokille. Nach Erstarrung Druckwegnahme, damit Abreißen der Metallsäule an Einschnürstelle und Zurücksinken. Seit 1940 in England für Flugmotoren-Rippenzylinder, später auch andernorts für z. B Kurbel- und Getriebegehäuse, sowie Kolben u. a. im Fahrzeugbau. – Verfahren aussichtsreich mit SO_2 als Druckgas für Mg-Legierungen, da völliger Luftabschluß.

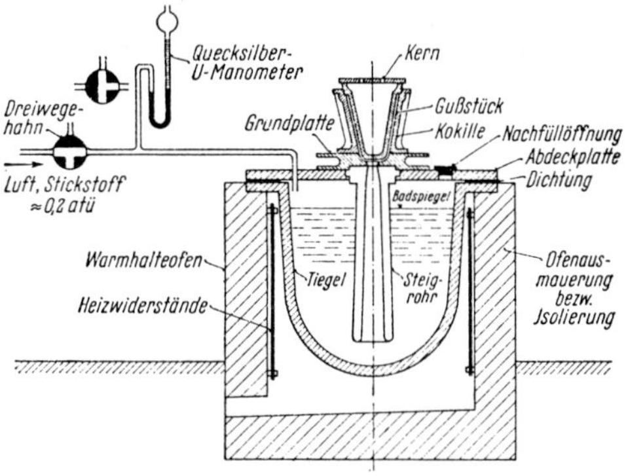

Abb. III.75. Kokillen-Niederdruck-Gießverfahren für Al-Legierungen (schematisch) nach *W. Büchen.*

Gußstückgewichte von wenigen Gramm bis meist ≈60 kg (z. B. Lkw-Motorblock), für einfachere Teile bis 150 kg, vereinzelt wesentlich darüber. – *Kokillen-Haltbarkeit*: 20 000 ... 35 000 Abgüsse. *Werkstück-Beispiele*: Flugmotoren- und Kraftwagen-Kurbelgehäuse und Motorblökke (z. B. GK-AlSi 10 Mg a u. a.), Kolben, Hinterradtraverse und Motoraufhängung für Motorroller, Zylinderköpfe mit und ohne Rippen, Ölwannen, ringförmige Wärmeaustauscher u. a., sowie viele Teile in E-Technik und Apparatebau. – 1960 von gesamtem Al-Guß in Deutschland 53,1% in Kokille (23,2% Sandguß, 23,7% Druckguß).

d) Magnesium-Kokillenguß

Entwicklungsbeginn rel. spät nach 1930 (I. G.-Farben, Bitterfeld), nachdem schon 1925 Mg-Druckguß eingeführt durch Fa. Elektron-Metall/Cannstatt (jetzt Mahle KG). Zunächst Herstellung von Textilmaschinenteilen, dann Ölpumpengehäuse, kurz darauf Kurbelgehäuse und Motorenteile für Motorräder. – *Gießtechnik*: Wegen hoher Affinität des Mg zu O_2 muß Kokille direkt aus Warmhalteofen mit Salzbadabdeckung abgegossen oder mit Gießlöffel unter Aufstäuben von Schwefelblüte (dabei Bildung von SO_2-Schutzgas) gefüllt werden. Kokille mit Borsäure-haltiger Schlichte versehen und mit Schwefelblüte eingestäubt. Wärmeinhalt der Mg-Legierungen niedrig (≈1592 kJ/dm^3), daher Kokille immer beheizt (meist Gasflamme). Wegen geringer Dichte (≈1,8 g/cm^3) Kokille gut entlüften! Gußteile hoch wärmerißempfindlich, daher Kerne frühzeitig ziehen und Konstruktion darauf abstellen; oft Schwenkgießverfahren (Abb. III.70) zwecks Erleichterung der Formfüllung angewendet. Heute in Bundesrepublik ≈6% der Mg-Gußerzeugung als Kokillenguß, weitgehend durch Mg-Druckguß (1961 bei 91%!) verdrängt; Sandguß nur noch ≈3%. 1952 noch ≈72% Kokillenguß! Neben obigen Beispielen heute zahllose Teile aus Mg-Kokillenguß, vor allem dort, wo es auf geringes Gewicht z. T. auch in Verbindung mit hohen Beschleunigungen ankommt, vorwiegend im Flugzeug- und Kraftfahrzeugbau, bei Textil- und Druckereimaschinen und anderen Industrien. – Volkswagenwerk in Wolfsburg hat Europas größte Magnesium-Kokillen- und Druckgießerei, die 1958 mit 11 000 t≈77% des deutschen Mg-Gusses erzeugte.

e) Schwermetallguß in Kokille

Früher verwendete gravierte Naturstein-Kokillen längst verlassen. Erste Einführung des Gießens in GG-Kokillen relativ spät um 1923 (*Carl Piel,* Solingen), beginnend mit Messing; auch heute noch weit überwiegend. Späte Einführung bedingt durch Schwierigkeiten gegenüber Leichtmetall-Kokillenguß: Geringere Viskosität der Schwermetalle; niedrigere Wärmeleitfähigkeit und relativ höherer Abschreckeffekt mit Fließbehinderung als Folge; Oxidationsneigung des Zn-Anteils, daher durch ZnO Kokillen-Verunreinigung, Gefügeporosität, Versprödung und Oberflächen-Verschlechterung des Gußstücks. – Wichtigste Abhilfen durch *C. Piel* entwickelt: Schwenkgießverfahren (Abb. III.70, Schwermetalle nur nach diesem Verfahren!) mit kleinster Gießhöhe (Laminar-Strömung), damit geringerer Abschreck-Effekt und bessere Oberfläche (Wirbelverhinderung); Kokillenreinigung vor jedem Guß und Tauchen in Schlichte-Aufschlämmung. Schlichte aus Kreide, Ton, Knochenasche in H_2O mit Wasserglas als Bindemittel. Formfüllverbesserung durch Legierungsabwandlung, auch Fülldruck-Erhöhung bzw. Luftabsaugung. Unterdrückung der Zn-Verdampfung durch Zusatz von Al ($\approx$0,5%) und Si, die um Gießstrahl schützenden „Oxidhautschlauch" bilden. Zusatz von Mg (0,02 ... 0,05%) als Maßnahme gegen Al_2O_3-Anreicherung in Schmelze durch Kreislaufmaterial, damit Verhinderung von undichtem Guß und Versprödung; Mg und Be dienen auch zur Verbesserung des Oberflächenaussehens. – Erstarrung auf Rütteltisch (Vibrationsmethode) begünstigt Formfüllung und Feinkornbildung. –

Heute Schwermetall-Kokillenguß weitgehend eingeführt besonders für Armaturen und Beschlagteile aller Art (weit überwiegend Ms bzw. SoMs). Andere Cu-Legierungen ohne Legierungsabwandlungen (meist Al-Zusatz) nur beschränkt kokillengießfähig, jedoch heute auch Neusilber, Gußbronzen und Rotguß („Ingolin", „Sinolin"), sowie As- und Sb-haltige Lagerbronzen in Kokille vergossen. Zunehmende Bedeutung haben Al-Mehrstoffbronzen, ferner el. leitfähiger Cu-Guß für E-Technik, z. B. Kontaktschleifstücke guter, dem Sandguß überlegener Verschleißfestigkeit (bei letzterem jedoch el. Leitfähigkeit etwas günstiger). Andere Schwermetall-Legierungen kommen für Kokillenguß kaum bis nicht in Frage. – Zwar z. Z. noch Ausweitung des Schwermetall-Kokillengusses, doch zeichnet sich deutlich Konkurrenz durch maschinengeformten Sandguß, Maskenformverfahren und Druckguß auf Halbautomaten ab.

f) Sturzguß, Tauchgießen

Sturzguß ist eine Sonderform des Kokillengusses zur Herstellung gewisser Hohlgußstücke ohne Kern. Geteilte Metallkokille mit Schmelze gefüllt und nach kurzer Zeit, wenn gewünschte Krustendicke erstarrt, Schmelzrest durch Kippen ausgegossen. Soll örtlich Gußwand dicker werden, muß dort Kokillenwand dicker sein. Innenseite mehr oder weniger rauh. Wanddicke bis 2 mm herab erzielbar. Seit langem bekannt für Figurenguß in Zn; Anwendung auch z. B. für Kannenausgüsse (Gießtüllen) aus Al für Haushalt-Wasserkessel u. ä. – Reine Metalle und Legierungen mit kleinem Erstarrungsintervall am günstigsten. –

„Tauchgießen" [III.21] ist umgekehrtes Prinzip zur Herstellung vieler gleicher Gießformen für Kunststoffteile aus „Gießharzen": Kaltes Muttermodell (Positiv) aus Stahl oder Aluminium wird während 1 ... 2 s in 139 ... 140°C heiße Schmelze (Schmelzbehälter mit Thermostat!) aus Eutektikum Sn-Bi mit 43% Sn und Schmelzpunkt 138°C getaucht und anschließend auf ihm erstarrte Formschale abgezogen. Diese kann als Gußform für Standguß oder nach Einsetzen in Stahl für Spritzguß verwendet werden; sehr wirtschaftlich und formgenau.

g) Ausgießen von Lagerschalen

Die „Kokille" (Halbkokille) hier einerseits durch auszugießende Lagerschale gebildet (Verbundguß), andererseits durch „Dorn", der Laufflächenbereich formt, daher Bearbeitungszugabe möglichst klein (bis 100 mm NennΦ = 0,75 mm, bis 200$\Phi \leqq$ 1 mm, > 200$\Phi \leqq$ 2 mm). Abb. III.76 zeigt drucklosen Handausguß, Abb. III.77 Lagerausguß unter Druck, dabei Luftabführung aus Form durch Fugen zwischen Kappen, Tragschale und Dorn. – Bei Weißmetall auszugießende Schale vorher innen verzinnt, mit Form auf 250 ... 300°C vorgewärmt; Gießtemperatur je nach Ausgußlegierung (siehe Abschn. Gleitlagermetalle!), bei Weißmetall z. B. 420 ...

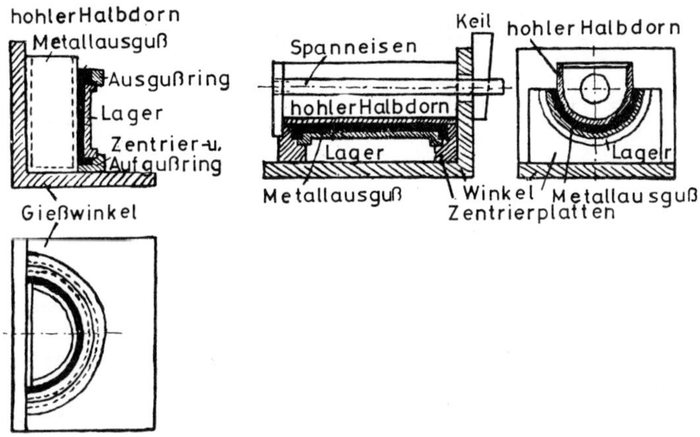

Abb. III.76. Handausguß von Lagerschalen mit Gießvorrichtung. Links: Stehender Guß, rechts: Liegender Guß.

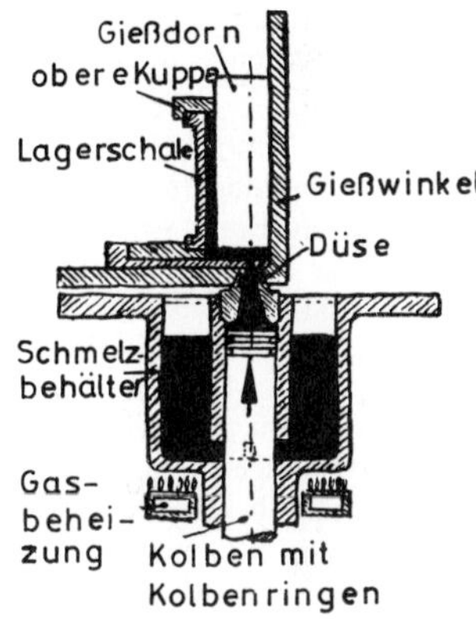

Abb. III.77. Lagerschalenausguß im Druckgieß-Verfahren.

450 °C. – Schleuderausguß von Lagerschalen (Abb. III.38 u. 39!) zählt nicht zu Kokillenguß! –

(Zu Kokillen im weiteren Sinn zählen auch die Druckgießformen, d. h. Stahlformen für Druckguß; siehe diesen unter A. 15!)

7. Fertigmachen der Formen zum Abgießen

Man nennt es auch „Zulegen“ und versteht darunter säubern nach ggf. Trocknung, Ausblasen, ggf. Ausflicken, Einlegen der Kerne. Zudecken unter Abdichten der Umfangsbegrenzung in Teilfläche, Verklammern der Formkästen bzw. Belastung des Oberkastens und vorübergehendes Abdichten der Steigeröffnungen durch Lehmstopfen, die später beim Guß hochschwimmen. – Sachgemäße Ausführung mindert Ausschuß.

Gießdruck-Aufnahme. Schmelze übt auf Form Seitendruck S, Bodendruck B und Auftrieb A aus. – S wird bei Kastenguß vom Formkasten aufgenommen; Bodenformen sind entsprechend

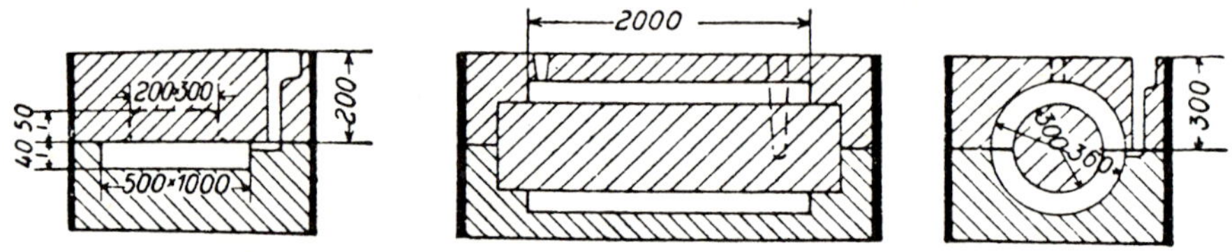

Abb. III.78. Beispiele für Belastungsberechnungen (siehe Text!).

zu hinterstampfen. – B von Bedeutung für Bodenformen mit Koksbett (z. B. Abb. III.25); wenn nicht genügend gestampft, Eisendurchbruch in Koksbett bzw. ggf. „Treiben".

Belastungsberechnung. Auftrieb („Deckeldruck") $A = F \cdot h \cdot \varrho \cdot 9{,}81$ N wobei F = Fläche der Werkstück-Form in der waagrechten Teilebene [dm²], h = senkrechter Abstand der Teilfläche vom Schmelzspiegel im Einguß [dm], ϱ = Dichte des flüssigen Metalls (bei GG 7,0 [kg/dm³]). Für einfache Grauguß-Platte, Abb. III.78, links: $A = 5 \cdot 10 \cdot 2 \cdot 7 \cdot 9{,}81 = 6867$ N, abzüglich Gewicht des sandgefüllten Deckkastens; Plattendicke ohne Einfluß! Gestrichelter Aufsatz auf Platte vermindert Auftrieb auf $A = [(5 \cdot 10 - 2 \cdot 3) \cdot 7 + 2 \cdot 3 \cdot (2 - 0{,}5) \cdot 7] \cdot 9{,}81 = 6661$ N. Beim Rohr Abb. III.78 Mitte und rechts kommt hinzu Auftrieb des Kerns = Gewicht der von ihm verdrängten Schmelzmenge abzüglich Kerneigengewicht (Dichte $\varrho \approx 1{,}5$), somit hier $A = (3{,}6 \cdot 20 \cdot 3 - \left(\frac{3{,}6^2 \cdot \pi}{4} \cdot 20 \cdot \frac{1}{2}\right) \cdot 20 \cdot \frac{3^2 \cdot \pi}{4} \cdot 20 \cdot (7 - 1{,}5) = 15\,470$ N. Belastung der Gießform $P = A + \approx 50\%$ Zuschlag aus Sicherheitsgründen.

Gießarten. Form wird liegend (z. B. Abb. III.11 ... 15 u. a.), stehend (Abb. III.16 und Abb. III.72) oder seltener bei horizontalflächigem Kastenguß in Schräglage abgegossen. *Liegender Guß* Normalfall; *stehender Guß* bei stark beanspruchten Gußstücken und solchen, die liegend zu große waagrechte Fläche mit Gefahr der Schaumansammlung bieten (Rohre, Walzen, Zylinder u. ä.). – Meist *„fallender" Guß* („Kopfguß") mit Einguß von oben bzw. über Teilfläche direkt in Form, bei rel. dünnwandigen Teilen unerläßlich; fallender Gießstrahl darf Form nicht beschädigen (ggf. Auftreffstelle armieren!). *„Steigender" Guß* mit Formanschnitt an tiefster Stelle (Abb. III.16 und Abb. III.72) eigentlich vorzuziehen, da er Fremdkörper besser nach oben nimmt; nur zweckmäßig, wenn Formquerschnitt genügend groß, steigender Schmelzspiegel also nicht zu kalt wird. – *„Stapelguß"* (Abb. III.79) für flache Teile mit gemeinsamem Einguß für z. B. 10 und mehr Formkästen. Jeder in Doppelseit-Pressung auf Formmaschine hergestellte Kasten enthält auf Oberseite untere Formhälfte, auf Unterseite obere Formhälfte; bei ebenen Teilen (z. B. Kolbenringen) kann er auch einseitig eben sein. Nicht zu verwechseln mit aus Raumgründen treppenförmig gestapelten Formkastenpaaren mit Einguß in Kastenrand-

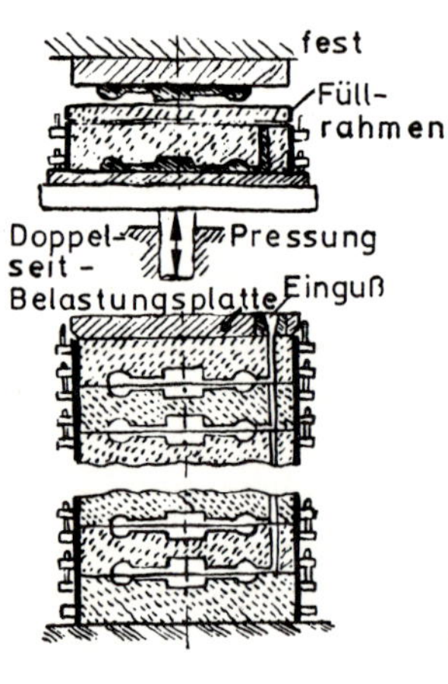

Abb. III.79. Stapelguß.

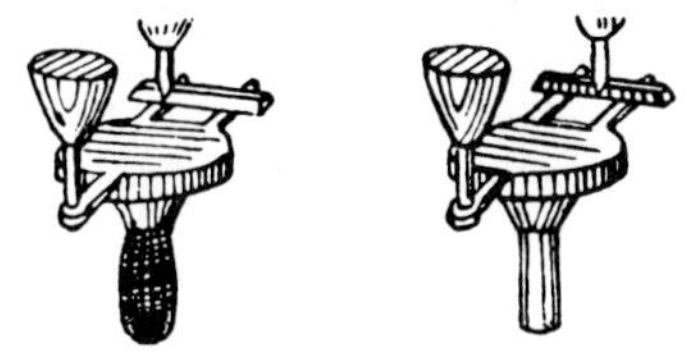

Unterteil zu leicht aufgestampft, Gießtrichter falsch gesetzt.

Form normal gestampft. Richtige Trichteranordnung.

1

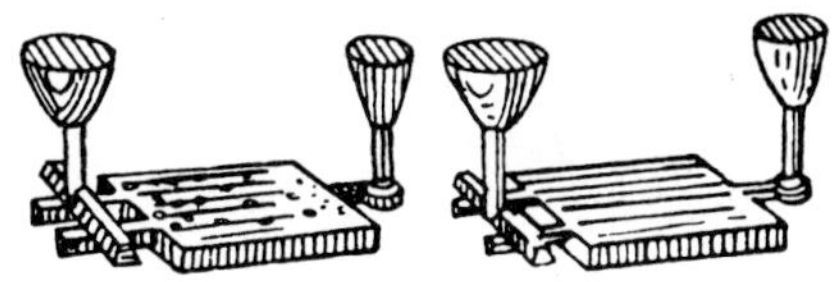

Anschnitte zu stark. Schlacke kann in die Form eindringen.

Größenverhältnisse der Trichter und Anschnitte richtig.

2

Gießtrichter zu klein, Anschnitt zu stark, Schlacke dringt in die Form.

Trichter- und Anschnittgröße richtig.

3

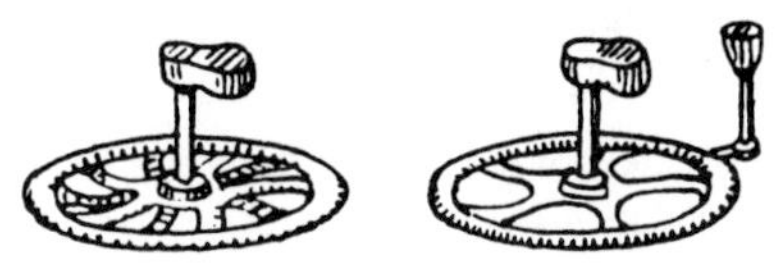

Steigtrichter fehlt, Oberteil falsch aufgesetzt.

Trichteranordnung richtig, Form richtig zugedeckt.

4

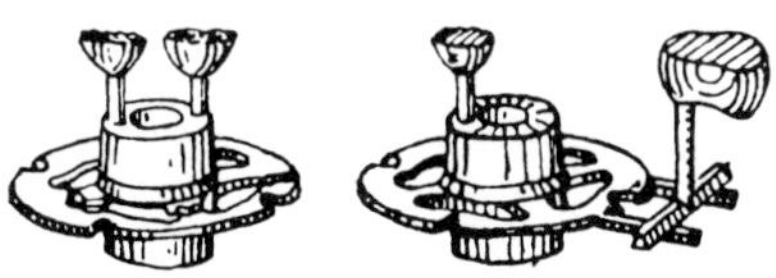

Von der Nabe aus gegossen, die Nabe ist nicht vom Sand frei gemacht, daher gerissen.

Gießtrichter zwischen den Armen angeschnitten, Nabe frei gemacht, zwecks gleichmäßiger Abkühlung.

5

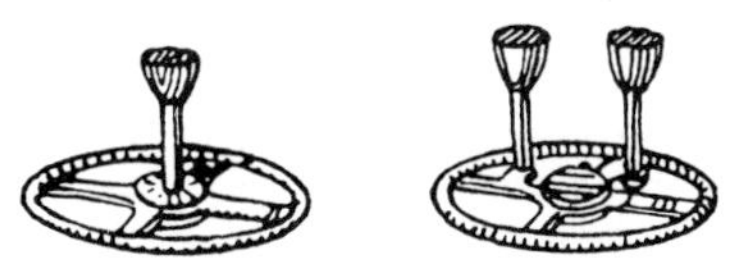

Trichter falsch gesetzt, daher Abreißen der Arme.

Trichteranordnung richtig.

6

Abb. III.80. Beispiele für Anordnung von Einguß, Steiger, Schlackenlauf und Anschnitten, sowie einige Gußfehler, jeweils links: Falsch; rechts: Richtig (Formaufweitung bei 1 links durch Seiten- und Bodendruck heißt „Treiben").

nähe (einzeln vergossen) oder mit durch Zwinge zusammengespanntem Kastenpaarstapel, der umgelegt über die einzelnen Eingüsse in Kastenteilebene (stehender Guß) vergossen wird.

Einguß, Lauf, Anschnitt. *Einlauf* („Lauf") mit ausreichendem Querschnitt, der beim Guß ständig voll zu halten ist, stellt Verbindung zwischen *Einguß* (Einlauftrichter z. B. Abb. III.13, u. U. erweitert zu Gießtümpel Abb. III.11) und *Anschnitt* (Eintrittstelle in Form), am besten über *Schlackenlauf* mit seitlich in Form führendem doppeltem oder dreifachem Anschnitt, her. Alle zusammen bilden „Anschnitt-System (sehr vielseitige Technik, nach Gußmetall unterschiedlich, von wesentlichem Einfluß auf Gelingen des Gusses), das zusammen mit „Steigersystem" das „Gießsystem" bildet. Günstiges Querschnittsverhältnis von Einlauf: Schlackenlauf: Σ Anschnitte = 4 : 3 : 2, d. h. zunehmende Verengung. – Abb. III.80,1 ... 6 zeigt diesbezüglich einige Gegenüberstellungen Falsch/Richtig. Insbesondere falsch sind bei Schlackenlauf-Anordnung Einlauf direkt über Anschnitt oder ganz am Ende des Schlackenlaufs, da dann Schlacke mit in Form gerissen werden kann; ausgeprägt verhindert dies „Zackenlauf". Steiger (wegen Luft- und Reaktionsgas-Abführung auch „Windpfeifen" genannt) bei Trockenguß notwendig, bei Naßguß kleineren Volumens wegen guter Gasdurchlässigkeit oft entbehrlich, wenn auch vorteilhaft.

8. Der Schmelzbetrieb

Gußeisen wird in geeigneten Schmelzöfen meist auf Basis Gießereiroheisen (graues Roheisen) unter Zusatz von Grauguß- und Stahl-Schrott bzw. -Spänen, Desoxidationsmitteln u. a. mit Zuschlagstoffen zur Schlackenbildung erschmolzen.

a) Gießerei-Roheisen-Sorten

Normal grau erstarrtes Roheisen (Tabelle III.4), im Hochofen gegenüber weißem Roheisen durch um $\approx$25% erhöhten Kokssatz gewonnen, daher teurer als weißes Roheisen. Früher nur nach Bruchkorngröße beurteilt, heute in erster Linie nach Analyse (für Gattierungsberechnung!) ausgewählt, wobei jedoch Feinkornbruch immer bevorzugt, um auch ohne Überhitzung keine Schwierigkeiten mit „Vererbungseigenschaften" zu haben: Sehr grobblättriger Primärgraphit wird beim Niederschmelzen nicht ganz aufgelöst; verbliebene Graphitreste führen dann im Gußstück infolge Keimwirkung zu frühzeitig in Schmelze wachsenden, somit groben Graphitblättchen mit geringer Gußfestigkeit und hoher Sprödigkeit als Folge.

Außerdem weit über 100 in- und ausländische Spezial- oder Sonder-Roheisensorten [III.2] der verschiedenen Hüttenwerke, z. T. mit besonderen Handelsbezeichnungen auf dem Markt. Gegenüber normalem Roheisen meist unterschieden durch niedrigeren oder höheren C-Gehalt bzw. besonders höheren Mn-Gehalt, z. T. legiert. C-arm genannt, wenn C$\leqq$3,3% (... 2,3%) (z. B. „Siegerländer"-Sondereisen, Schorndorfer Feinkorneisen, „DKC" der Duisburger Kupferhütte, u. a.), durchweg sehr feinkörnig, hartmachend, besonders für dickwandige, mechanisch hochbeanspruchte Gußteile, auch Zylinder; C-reich genannt, wenn C > 4% (... 5%) (z. B. „HK"-Sonderroheisen (Metallhüttenwerke Lübeck), „Stürzelberger" Sondereisen, beide mit sehr niedrigen P- u. S-Gehalten.), z. T. durch niedrigen Si-Gehalt meliert bis weiß, ebenfalls feinkörnig und hartmachend, besonders für Hartguß, aber auch grau, z. T. bis 3% Si. – „Kalterblasenes" Spezialroheisen (Birlenbacher Hütte) C-arm mit S = 0,01 ... 0,04%. Holzkohlenroheisen (z. B. der Concordia-Hütte, Werfen/Salzburg, „Birlenbach", sowie Schwedische u. a. ausländische Hütten) mit extrem niedrigem S-Gehalt bis herunter zu 0,005% für gewisse Sonderzwecke. – Auch Ni- und Cr-legierte Sorten erhältlich, auch mit Ti.

Synthetisches Roheisen aus Stahlschrott und Gußbruch erschmolzen als Zusatz für spätere GG-Gattierung heute seltener, jedoch *Synthetisches Gußeisen,* aus Stahlschrott mit C-Zugabe (Holzkohle, Graphit-Abfälle der Chemotechnik) in Graugießereien erschmolzen zum direkten Vergießen heute von großer Bedeutung in mittleren und größeren Gießereien.

Tabelle III. 4. Normal-Handelssorten von **Gießerei-Roheisen** (Gesamt-C = 3,5 ... 4,2%)

Sorte:	Si %	Mn %	P %	S %	Bes. Kennzeichen; Eignung für:
Hämatit-Roheisen („Hämatit")	2 ... 2,5	0,7 ... 1,5	0,08 ... 0,12	max. 0,04 (... 0,015)	P sehr niedrig, teurer als I ... IV, thermisch hoch beständig; für Zylinderguß, feuerbeständiger Guß, Stahlwerkskokillen u. ä.
Gießerei-Roheisen I (GR I)	2,25 ... 3	≈0,8 (... < 1,0)	0,5 ... 0,7	max. 0,04	Für Aufbau meister Gattierungen, nicht dickwandiger u. Zylinderguß, da Si dafür zu hoch u. Mn zu niedrig
Gießerei-Roheisen III (GR III)	1,8 ... 2,5	max. 1	0,7 ... 1	max. 0,06	Bes. f. dickwandige Gußteile, da Si niedriger u. Mn höher
Gießerei-Roheisen IVA (GR IVA)	1,8 ... 2,5	max. 0,7	1 ... 1,4	max. 0,06	Bes. f. dünnwandigen Guß, da sehr dünnflüssig durch hohen P-Gehalt, der hohen Steadit-Gehalt (niedrig schmelzend, quarzhart) bedingt, daher rel. hart u. Werkzeug verschleißend. Für Badewannen, Poterieguß, Kunstguß u. ä. – Gattierungszusatz zur Erhöhung des P-Gehalts anderer Eisensätze
Gießerei-Roheisen IVB (GR IVB) [früher „Luxemburger" genannt]	1,8 ... 2,5	max. 0,7	1,4 ... 2	max. 0,06	

b) Metallische Zusätze zum Gießereiroheisen

Graugußschrott. *Kreislaufmaterial* (Eingüsse, Steiger) und *Eigenbruch* (Fehlgüsse aus eigener Gießerei); Zusammensetzung bekannt. Prozentualer Anfall von Kreislaufmaterial abhängig von Gußstückgröße, z. B. für Gußstückgewichte bis 1 kg≈200%, bei ≈5 kg Gußgewicht ≈90%, bei 100 kg≈22%, bei 1000 kg≈10%, bei 5000 kg≈7 ... 5%. – Schrott vom Schmelzen her schon mit S angereichert, daher dem Roheisen unterlegen; neues Einschmelzen bedingt abermals S-Erhöhung. Wenn daher beim Abstich nicht besonders entschwefelt wird, darf Schrottanteil nicht zu hoch sein, z. B. bei Maschinenguß 25 ... 30% des Gesamt-Eiseneinsatzes. Wird jedoch vor Guß in Vorherd gründlich entschwefelt, kann auch mit 100% Gußbruch guter Guß erhalten werden.

Fremdes Brucheisen („Kaufbruch") meist bedenklich, da oft minderwertig (stark S-haltig); Zusammensetzung meist unbekannt. Hochwertig und sehr begehrt aber Stahlwerks-Kokillenbruch („Hämatitbruch"), da sicher P- und S-arm (Tabelle III.5). Stark verbrannter, oxidreicher „Brandbruch" (z. B. Roststabbruch mit hohem S-Gehalt aus Brennstoff) gehört in Hochofen, da sich erforderliche starke Entschwefelung nicht lohnt.

Stahl-Kernschrott zum Drücken des Si- und C-Gehaltes z. B. für hochwertigen Zylinderguß, meist nicht über 20% Zusatz, u. U. bis 60% des Eiseneinsatzes verwendet.

Eisenspäne: Sowohl Grauguß- als auch Stahlspäne entweder ohne Bindemittel hochdruckbrikettiert (600 ... 1000 bar, nach Ronay) oder je 100 kg mit 4 kg Zement und 1,2 l verdünnter Ammoniumchloridlösung gemischt, in konische Holzformen gestampft und luftgetrocknet (früher auch Kalkbindung nach *Weiss*). Neuerdings nach Crofts-Prozeß Zufuhr zerkleinerter Späne über seitlich am Ofenmantel angeschweißten Druckluftzylinder, dessen Stößel Späne unmittelbar in Schmelzzone drückt; damit weder Oxidation noch S-Aufnahme möglich.

Ferrolegierungen, Sonderzusätze: Spiegeleisen (6 ... 30% Mn), Ferromangan (40 ... 80% Mn), Silicomangan (14 ... 25% Si, Mn > 65%), Ferrosilizium (Normalsorten mit 15, 45, 75 und 90% Si, meist mit niedrigem Si-Gehalt verwendet) zur Regelung des Mn- bzw. Si-Gehaltes bei Gattierung, sowie zur Desoxidation. Ferner Ferrophosphor (meist 20 ... 25% P) zur P-Erhö-

Tabelle III. 5. Chemische Zusammensetzung einiger Graugußerzeugnisse (Richtwerte)

Erzeugnis:	Dicke mm	% C	% Si	% Mn	% P	% S
Armaturen f. Dampf, Wasser, Gas	3 ... 5	3,4	2,8	0,6	0,7	0,09
	15 ... 25	3,5	1,9	0,7	0,5	0,1
Dynamoguß (unmagnetisch)[1]	4 ... 8	≦3,0	1,5 ... 3,0	6 ... 7	0,5	0,06
Elektroguß (hohe Permeabilität) ..	8 ... 15	3,7	2,7 ... 3	0,5	0,6	0,05
Emailliergß	3 ... 8	3,6 ... 3,8	2,5 ... 2,8	0,5	0,8	0,09
Feuerbeständiger Guß	15 ... 40	3,5 ... 3,3	1,8 ... 1,45	0,4	0,25	0,07
Feuer- u. säurebeständiger [2]) Guß	12 ... 30	3,3	1,7 ... 1,4 [2])	0,7 ... 0,8	0,3 ... 0,25	0,08
Kunstguß......................	2 ... 6	3,3 ... 3,4	3,2 ... 2,9	0,6	1,3 ... 1,2	0,08
Kraftwagenzylinder	5 ... 8	3,25	2,0 ... 2,3	0,7	0,5	0,07
Maschinenguß (gewöhnlicher)	10 ... 50	3,6 ... 3,2	2,2 ... 1,5	0,4 ... 0,8	0,4 ... 0,8	< 0,1
Ofen- und Poteriegußs (Geschirrguß)	3 ... 8	3,5 ... 3,6	2,4 ... 2,8	0,5 ... 0,6	1,2 ... 0,8	0,08 ... 0,12
Radiatoren u. andere Heizkörper .	5 ... 40	3,4 ... 3,6	2,6 ... 1,7	0,7 ... 0,8	1,1 ... 0,5	0,08 ... 0,11
Schalenhartguß-Walzen	–	3,3 ... 3,8	0,5 ... 0,8	0,5 ... 1,1	0,3 ... 0,5	0,05 ... 0,1
Röhrenguß	5 ... 12	3,5 ... 3,7	1,5 ... 2,2	0,6	0,8 ... 1,1	0,09 ... 0,12
Stahlwerkskokillen (Hämatit-GG) ..	–	3,4 ... 3,6	1,6 ... 2,0	0,4 ... 0,6	≦0,1	0,08
		(3,8)	(1,2)	(0,7)	(0,06)	(0,06)

[1]) Austenitischer GGL, außer Mn noch 12 ... 14% Ni als Leg.-Element, eine der etwa 20 austenitischen Gußeisensorten, ähnlich den „Ni-Resist"-Typen. [2]) Hochsäurebeständiger Guß hat bis 18% Si, ab ≈5% S weiß erstarrt.

hung, wenn GR IV fehlt. Zugabe als „EK-Pakete", früher „ME-Formlinge" genannt (von der Maschinenfabrik Esslingen eingeführt): Zement-gebundenes Brockenmaterial, um Abbrand im Ofen möglichst gering zu halten; auch Verpackung in Konservendosen üblich, die bis zur Schmelzzone standhalten. Geometrische Form der EK-Pakete unterschiedlich, läßt Art der Ferrolegierung erkennen, verringert also Verwechslungsgefahr. – Obige Ferrolegierungen finden hochprozentig auch als Pfannenzusätze Verwendung (H. W.-Pakete zur Gattierungskorrektur), außerdem Al, das ebenso wie Si und Mn stark desoxidiert und somit Schmelzviskosität erhöht (Erhöhung der Dünnflüssigkeit durch Oxidentfernung).

c) Gattieren; Gattierungsberechnung

Gußeisenklassen. Die verschiedenen Gattungen von Gußerzeugnissen zeigen je nach Wanddicke und Ansprüchen, die an sie hinsichtlich Festigkeit, Zerspanbarkeit, Dichtigkeit, Korrosionswiderstand, physikalischer Sondereigenschaften u. a. gestellt werden, unterschiedliche Zusammensetzung; Tabelle III.5 enthält einige Beispiele.

Gattieren ist planmäßiges Beschicken des Schmelzofens aufgrund einer Gattierungsberechnung, mittels der aus gewünschter Zusammensetzung des zu erschmelzenden Eisens die Mengen der in ihrer Zusammensetzung bekannten Schmelzrohstoffe unter Berücksichtigung des Ab- und „Zubrandes" ermittelt werden.

Einfluß des Umschmelzens. Beim Schmelzen im Gießereischachtofen hat man mit einem *Verlust* (Abbrand) an Silizium von ≈10%, an Mangan von ≈15% und mit einer *Schwefelvermehrung* („Zubrand") von ≈50% (aus dem Koks) zu rechnen, wenn nicht besondere Entschwefelungseinrichtungen vorgesehen sind; Kohlenstoff- und Phosphorgehalt verändern sich wenig. (Flammofenschmelzen s. Abschn. 9 b!)

d) Gießereikoks

Anforderungen ähnlich wie bei Hochofenkoks, jedoch Brenntemperatur noch höher (1200 ... 1300 °C), um alle vergasbaren Bestandteile zu entfernen und damit Entzündungstemperatur so hoch wie möglich zu bringen; Koks soll nur im unteren Schachtteil brennen, andernfalls zu großer Wärmeverlust. Bruch hellgrau-graphitglänzend; Koks großstückig (≧80 ... < 200 mm) und gleichmäßig. Hergestellt aus „unterer" Fettkohle. Normaler Gießereikoks enthält 85 ... 87% C, 7 ... 9 (< 10)% Asche, 0,9 ... 1 (< 1,2)% S, bis 4% H_2O; Heizwert $H_u = 28\,600$ ... 29 500 kJ/kg.

e) *Zuschläge*

Aufgabe: Asche des Kokses, am Roheisen haftenden Sand, möglichst großen Anteil des Koksschwefels, Oxide und andere Verunreinigungen in leichtflüssige Schlacke überzuführen. Am gebräuchlichsten Kalkstein (97 ... 98% $CaCO_3$), auch Dolomit ($CaCO_3 + MgCO_3$), seltener auch ≈⅓ Zugabe von Flußspat (CaF_2), der sehr dünnflüssige Schlacke liefert. – Besondere Bedeutung beim Gießereischachtofen wegen der Koksasche, wesentlich geringere oder keine Zugaben in anderen Öfen.

9. Schmelzöfen

Guß direkt aus Hochofen (*Guß erster Schmelzung*) schon im vergangenen Jahrhundert immer seltener, heute kaum mehr, es sei denn in Sonderfällen für untergeordnete Teile (Belastungsgewichte u. ä.). Für Abflußrohre minderer Bedeutung nur noch selten gemischtes Verfahren: Roheisen aus Hochofen über Mischer mit Zusatz von Kupolofen-Eisen. – Fast ausschließlich heute Erschmelzen des Gußeisens auf Basis kalten Gießerei-Roheisens in besonderen Schmelzöfen (*Guß zweiter Schmelzung*), da man dabei durch Gattieren jedes gewünschte Eisen erhalten kann und unabhängig vom Hochofen-Standort ist.

a) *Der Gießerei-Schachtofen (Kupolofen) [III.2]*

Unter allen Schmelzöfen beste Ausnützung der Verbrennungswärme, einfach in Aufbau und Betrieb, kaum störungsanfällig, liefert gießfertiges Eisen meist ausreichender Überhitzung und Regelbarkeit der Zusammensetzung, daher zu ≈90% in Eisen- und Tempergießereien vorherrschend.

Heutige Bauart (Abb. III.81 u. 82). Baumaße früher nach DIN 6920 für Ofen-Nennleistungen 1, 2, 4, 6, 9 und 12 t/h mit lichtem Innen⌀ 500 ... 1400 mm, Blechmantel⌀ 900 ... 2100 mm; Differenz zwischen beiden = *Ausmauerung* (Dicke 200 ... 350 mm) mit Dinas- oder Schamottesteinen; billiger und sehr wirtschaftlich auch Aufstampfen mit „Klebsand" (85% Quarzsand mit 15% Bindeton). Ofenfutter also „sauer", da normalerweise mit saurer Schlakkenführung betrieben (s. unten!). *Basische Zustellung* (seltener) zur Minderung des S- und P-Gehalts: Stabilisierter Dolomitzement (14,44% SiO_2, 40,04% CaO, 40,3% MgO, 1,5% Al_2O_3, 3,4% FeO). Zugabe von Kalziumkarbid CaC_2 (1,5 ... 5% des Gesamtsatzes) bewirkt hier Verringerung des Si- und Mn-Abbrandes um ≈50%, erhöhte C-Aufnahme des Eisens, P-Werte von ≈0,06%. – Gichtzone zur Abriebverhinderung mit gußeisernen „Steinen" (Schlagpanzer) armiert ähnlich Hochofen. *Blechmantel* je nach Ofengröße 6 ... 10 mm dick. *Winddüsen*-Gesamtquerschnitt ≧ ⅙ lichter Ofenquerschnitt (für Temperguß und Sonderguß mit hohem Satzkoksanteil ≧ ⅕); Düsenquerschnitt möglichst verstellbar (Schieber). Ofen ruht auf 4 etwa 1,2 m hohen Säulen, dazwischen Bodenklappe (Fallklappe) zum Entleeren nach Herunterblasen. Sandbett über Bodenklappe nach *Stichloch* hin leicht geneigt. Etwas höher liegt bei Öfen ohne festen Vorherd ständig offenes *Schlackenabführloch.* Ggf. *Vorherd* wie in Abb. III.81 u. 82, nicht immer ausgeführt.

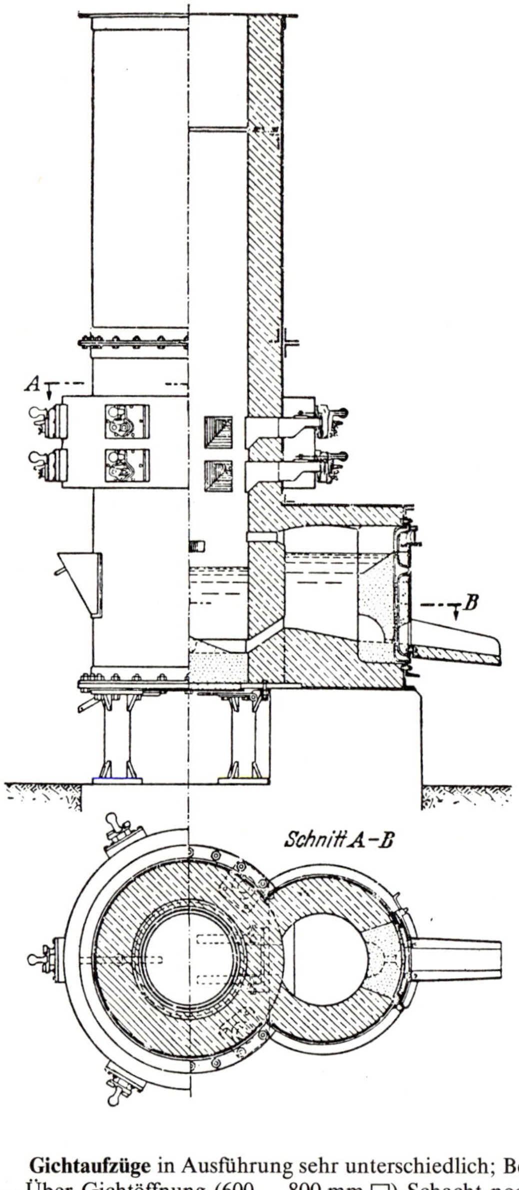

Abb. III.81. Gießerei-Schachtofen (Kupolofen) mit festem Vorherd, System *R. Stotz* u. *R. Gerich*. Syphon-Verbindung zum Vorherd bewirkt schlackenfreies Eisen. Schlackenabfluß seitlich aus Schacht (Weiter oben liegende Gichtöffnung, Schlagpanzer und Kamin fortgelassen).

Gichtaufzüge in Ausführung sehr unterschiedlich; Beispiel für größeren Ofen in Abb. III.82. – Über Gichtöffnung (600 ... 800 mm □) Schacht noch 3 ... 4 m höher geführt; endigt über meist Zwischenschaltung einer Funkenkammer im Stahlblechkamin mit Abdeckhaube.

Wind und seine Erzeugung. Zugeführte normalerweise kalte Verbrennungsluft heißt wie beim Hochofen „Wind". Theoretisch benötigt 1 kg guter Koks $\approx 8\ m^3$ Wind; für günstigen Ofengang praktisch $\approx 6{,}5\ m^3/kg$ zugeführt. Erforderliche *Windmenge* abhängig vom Satzkoksverbrauch (siehe unten!); für allgemeinen Maschinenguß mit 12 ... 15% Satzkoks, z. B. $\approx 120\ m^3/min$ je 1 m^2 lichter Schachtquerschnitt. – *Winddruck* mit Ofengröße steigend, im ehemaligen Ofen-Normgrößenbereich zwischen ≈ 400 mm WS (0,04 bar) und ≈ 1100 mm WS (0,11 bar); entsprechend benötigte *Windmengen je Minute* = 20 ... 190 m^3 bei Gebläse-Lei-

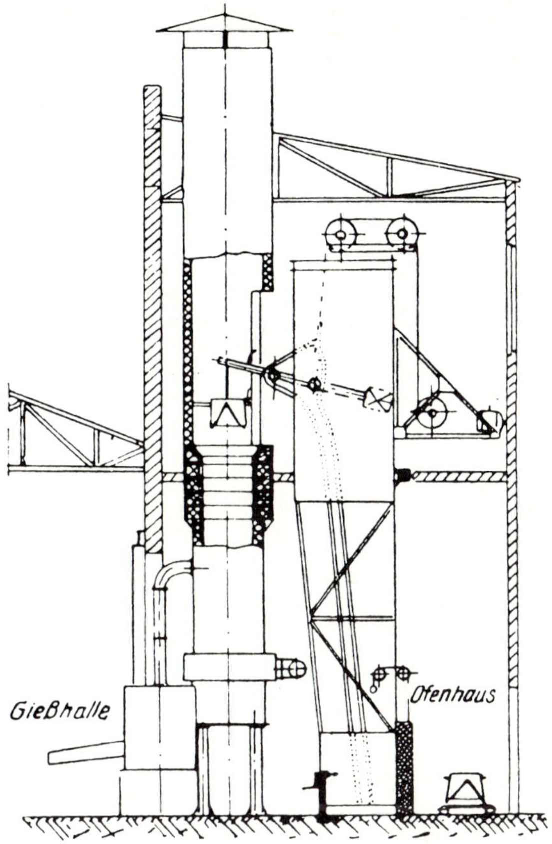

Abb. III.82. Gichtaufzug an einem großen Kupolofen mit festem Vorherd; aus diesem Gasabzugskamin in Schacht (Badische Masch. Fabr. Durlach).

stungsbedarf ≈2 ... 60 kW; Gebläse-Förderleistung bei kleinen Öfen ≈130%, bei größeren ≈120% der am Ofen erforderlichen Windmenge. – *Winderzeugung* durch Kreiskolben- oder Kapselgebläse ($n \approx 300$ ... 800 ¹/min) bzw. durch Turbo oder Turbinengebläse (Zentrifugalgebläse, $n = 2800$ ... 2900 ¹/min). Bei Widerstand im Leitquerschnitt (Düsenverschlackung, Niedergangsstörung im Schacht) bleibt bei ersteren zugeführte Luftmenge gleich, aber Druck steigt, während bei letzteren Druck gleichbleibt, aber zugeführte Windmenge zurückgeht, daher nicht nur Druck- sondern auch Windmengenmeßgeräte zur Überwachung notwendig.

Ofenbetrieb: Anzünden mittels Holzspänen oder Reisig, Stückholz (auch Torf) und Teil des „Füllkokses" (Anheizkoks), oder ohne Holz mittels Gas- oder Ölbrenner, der durch rückwärtige Ofentüre (Einsteigöffnung) eingeführt wird. Nach Weißglut wird restliche Füllkoksmenge (gut trocken, insgesamt ≈10% stündlicher Schmelzmenge) über Gicht bis ≈600 mm über Düsen-Oberkante (800 ... 1000 mm, wenn „heißes" Eisen bis 1500 °C erwünscht) eingefüllt. 1 ... 3 h Durchbrennen (je nach Ofengröße) mit natürlichem Zug, dabei Einsteigöffnung, Düsen, Stich- und Schlackenloch offen. Dann Ofen bis auf eine Düse, Stich- und Schlackenloch dichtmachen, auf Füllkoks eine Schicht Kalkstein und weiter abwechselnd Aufgeben von Eisen, Satzkoks (der eigentliche Schmelzkoks), wieder Kalkstein (25 ... 50% der Koksmenge, bei 30% und mehr geringster Eisenverlust) usw. bis kurz unterhalb Gichtöffnung. Satzkoksmenge (auf Eisen bezogen) 10 ... 12% für Schwer- und Schwerstguß, 12 ... 15% für allgemeinen Maschinenguß, 14 ... 16% für hochwertigen Guß, 17 ... 19% für Temperrohguß, 18 ... 22% für Sonderguß. – Nun Gebläse anstellen und Düsen öffnen; nach 5 ... 6 min soll erstes Eisen vor Düsen tropfen (Schauloch!). Stichloch verschließen mit plastischem Lehmstopfen, sobald erstes Eisen aus Rinne tropft. Bei späterem Abstich wird Stichloch mit spitzer Stahlstange aufgestoßen und erforderliche Eisenmenge in Pfanne abgelassen, wiederholt in Abständen von 15 ... 30 min mit zwischenzeitlichem Stichlochstopfen. Bei Öfen ohne festen Vorherd fließt Schlacke, wenn Höhe erreicht, ständig durch Schlackenloch (gegenüber Stichloch) in fahrbaren Karren ab. *Schlacke* normal „sauer", d. h. Überschuß an SiO_2 gegenüber basischen Bestandteilen (CaO, MgO u. a.), daher auch nur ungenügend entschwefelnd. *Schlackenmenge* 7 ... 9% des Eisengewichts. – *Abgas* (Gichtgas) hat 13 ... 18% CO, 13 ... 10% CO_2, Rest N_2; Heizwert 840 ... 1050 kJ/m^3; Temperatur an Gicht bei hohem Ofen und niedrigem Satzkoksanteil 300 ... 450 °C (kein „Oberfeuer"), bei niedrigem Ofen oder hohem Satzkoksanteil > 450 ... 550 °C („Oberfeuer"). In oder kurz über Düsenebene bei normalem Kaltwindbetrieb 1650 ... 1700 °C. – *Betriebszeit* des Kupolofens meist täglich nur einige Stunden $\triangleq$ Gießvorhaben, manchmal nur an 2 oder 3 Wochentagen. Nach Beendigung des Gichtens Herunterblasen; wenn letzter Einsatz Schmelzzone (Schauloch!) erreicht hat, Winddrosselung. Nach Ablaufen des Resteisens wird nicht mehr geschmolzener Eisen-, verbliebener Koks- und Schlacken-Rest durch Öffnen der Bodenklappe entfernt und mit H_2O abgelöscht. – Für Sonderzwecke in Sonderausführung Ofen auch im wöchentlichen Dauerbetrieb möglich.

Gewisse *Entschwefelung* des flüssigen Eisens durch Kalkstein-Zuschlag: $FeS + CaO + C = Fe + CaS + CO$; CaS geht in die Schlacke. Mn führt nur wenig S als MnS in Schlacke ab, spielt aber wichtige Rolle im Gußeisen, da es dort verbliebenen S als MnS bindet, außerdem natürlich Festigkeit begünstigt. Stärkere Entschwefelung erforderlichenfalls anschließend im *Vorherd* mit Sodabriketts.

Vorherd (wenn vorhanden) in vielen Konstruktionen, besonders für hochwertigen Guß üblich. Fassungsvermögen auf vorgesehene Gußstückgröße abgestellt. Vor Eisen-Einlaß gut vorgeheizt (ggf. durch Gas- oder Ölbrenner) und durch Ofen-Stichflamme laufend weitergeheizt, wenn heißes Eisen erhalten werden soll. Ausführung fest (z. B. Abb. III.81 u. 82) oder schwenkbar (kippbare Deckelpfanne zur Entleerung in Gießpfanne) bzw. fahrbar. Bei festem Vorherd Schlackenabfluß immer aus diesem, also kein Schlackenstichloch im Ofen.

Vorherd-Vorteile: Größere Eisenmengen zu speichern und warmzuhalten; schützt Eisen vor Windeinfluß, mindert Oxidation und unnötige Aufkohlung; verhindert Verstopfen der Windformen durch zu hoch steigende Schlacke; ermöglicht Gattierungskorrektur und erleichtert zusätzliche Entschwefelung durch Na_2CO_3 (Sodabriketts): $Na_2CO_3 \rightarrow Na_2O + CO_2$; $FeS + Na_2O + C = Fe + Na_2S + CO$. S-Abnahme $\approx$35 ... 40% bei Zugabe von 0,5% Na_2CO_3, bezogen auf Eisengewicht. Abzug lästiger Gase bei Entschwefelung über Rohr in Schacht-Oberteil, was bei Pfannenentschwefelung nicht möglich ist. – *Nur* bei ungenügender Vorherdheizung Nachteil nicht ausreichend heißen Eisens. – Bei besonders heiß zu vergießendem dünnwandigem Guß Kupolofen *ohne* Vorherd.

Überwachung des Schmelzbetriebs: Schon erwähnte Winddruck- und Windmengenmessung; Temperaturmessung in Rinne bzw. Vorherd und Pfanne mit thermoelektrischen (Eintauch-) oder optisch-elektrischen Pyrometern, wobei z. B. heiß erschmolzenes Eisen 1420 ... 1480 °C erreichen muß. Aufschluß über richtiges C- und Si-Verhältnis zur Erzielung grauer Erstarrung bei gegebener Wanddicke sowie dabei erhaltene Bruchkorngröße liefert *Gießkeilprobe* [III.18]. Von jeder Gattierung wird je nach Gießart in grüner oder trockener Form Keil mit bis 40 mm Rückendicke gegossen, bei Hellrotglut entformt und in H_2O abgekühlt; Längs-

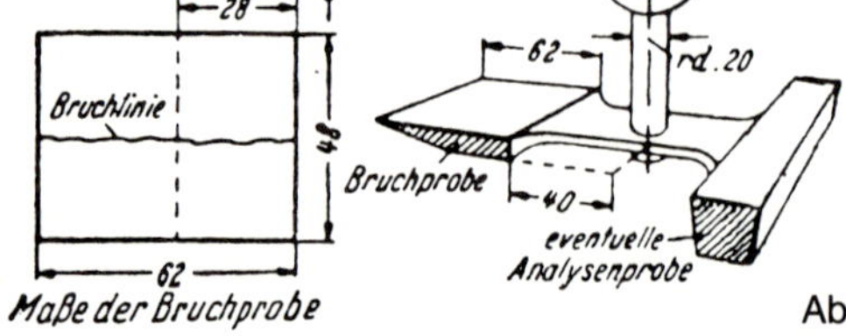

Abb. III.83. Gießkeilprobe nach *Sipp* und *Roll*.

bruch gibt Auskunft innerhalb 2 ... 3 min, bis zu welcher Wanddicke Erstarrung grau, meliert bzw. weiß erfolgt, während Analyse erst nach Stunden zur Verfügung stünde. Erforderlichenfalls sofort Pfannenkorrekturen möglich. Gießkeilprobe nach *Sipp-Roll* für dünnwandigen Naßguß in Abb. III.83; dabei ist Bruchaussehen z. B. bei 3,14% C + 1,12% Si ganz weiß, bei 3,46% C + 2,09% Si bis auf äußerste Spitze ganz grau; dazwischenliegende Werte zeigen mehr oder weniger lange weißerstarrte Keilspitze mit meliertem Übergang zu grauer Erstarrung. Nachträgliche chem. Analyse, metallographische Schliffbild-Untersuchung und Festigkeitsprüfungen (σ_{zB}, σ_{bB}, f_B, HB) erfolgen trotzdem zur laufenden Qualitätskontrolle und Erfahrungssammlung (Verwertung bei späteren Gattierungen und als Unterlage für etwaige Reklamationen).

Verwendung anderer Brennstoffe als Koks (außer zum Anwärmen des Vorherdes) nur bei Koksmangel von Bedeutung. Besonders interessierend dann zunächst Winderhitzung.

Kupolofen mit Winderhitzung. Grundgedanke geht zurück bis 1832 (Kupolofen in Wasseralfingen); erstmals praktisch bewährt 1922 beim *Schürmann*-Ofen; dabei Windtemperatur max. 280 °C; hohe zusätzliche Kosten verhinderten weitere Verbreitung. – *Zweck* der Heißwind-Kupolöfen: Kokseinsparung, heißes Eisen (bis ≈1500 °C), bessere Gußqualität, verbilligte Gattierung, Gießausschußminderung. – Endgültigen praktischen Erfolg hatten Arbeiten von Prof. *Piwowarski,* TH Aachen (1930). Dieser „Aachener Heißwind-Kupolofen" wurde in Industrie-Gießerei erstmals 1943 (Abb. III.84) wegen Koksmangels in der Schweiz in Betrieb genommen. Bei ihm wird Wind in Röhren-Winderhitzer (Rekuperator) aus hitzebeständigen Werkstoffen („Sicromal") auf 450 ... 600 °C aufgeheizt mit Generatorgas aus minderwertigem Koks. Wegen hoher Temperaturen Kühlkästen mit H_2O-Kühlung um Ofen im Schmelzzonenbereich. S-Aufnahme um ≈30% verringert; dabei auch Si-Abbrand von 22 auf 5% und Mn-

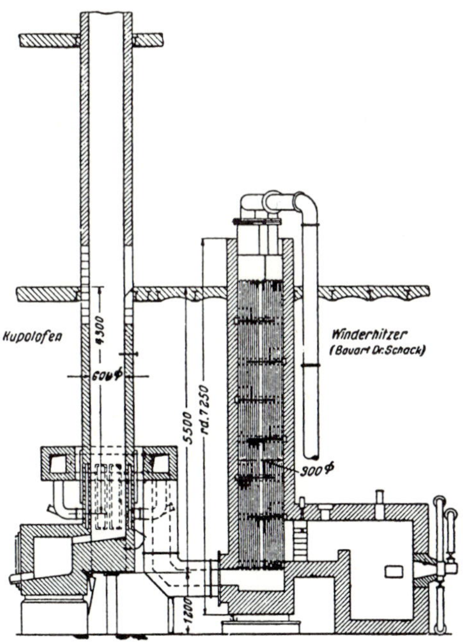

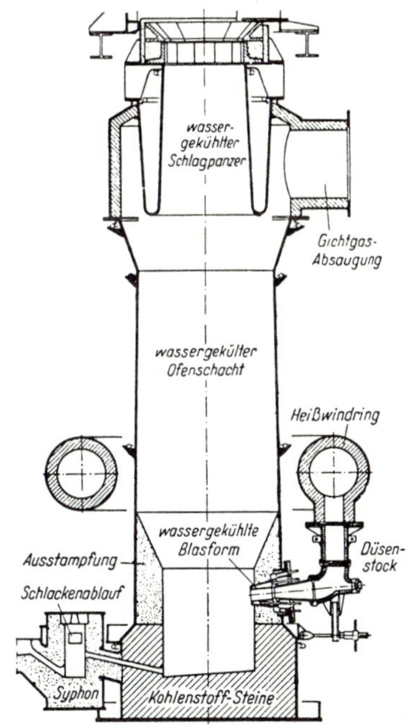

Abb. III.84. Aachener Heißwind-Kupolofen-Anlage (nach *E. Piwowarsky* mit Schackschem Rekuperator), 1943 bei AG der Eisen- und Stahlwerke vorm. Gg. Fischer-Schaffhausen in Betrieb genommen.

Abb. III.85. Heißwind-Kupolofen: Schacht im mittleren und oberen Teil ohne Futter; dort Bildung durch Wasserkühlung erstarrter Schlackenschicht.

Abbrand von 35 auf 28% zurückgegangen. Seither mehrfach ausgeführt und bewährt, z. T. mit konstruktiven Verbesserungen („Spiral-Rekuperator" u. a.). Abb. III.85 zeigt Heißwind-Kupolofen mit Wasserkühlung von Schacht, Winddüsen und Schlagpanzer. *Vereinfachte* Heißwindkupolöfen für kleinere Produktion mit durch Öl- oder Stadtgas beheizten Rekuperatoren und sonstigen Vereinfachungen (geringere Investitionskosten!).

Basischer Heißwind-Kupolofen, futterlos und wassergekühlt; unterhalb Düsenebene Kohlenstoffstein-Ausmauerung, darüber kein Futter, nur Bildung erstarrter basischer Schlackenschicht. GG- und (oder) St-Schrott ohne Roheisen liefert hochwertigen S-armen Guß. Anwendung bei Erzeugung großer Mengen Eisens gleicher Qualität (Großguß, Massenerzeugnisse gleicher Art); besonders für Gußeisen mit Kugelgraphit (GGG) geeignet; nicht für Temperrohguß. – Verwendung auch in Stahlwerken, um aus minderwertigem, C- und S-reichem sauren Roheisen hochwertige Rotor-, LD- und SM-Weichstahl-Qualitäten zu erzeugen. Besondere Bedeutung gewinnt neuerdings dem Heißwind-Kupolofen nachgeschaltete *„Schüttelpfanne"* für fast vollkommene Entschwefelung mit CaC_2, ggf. Aufkohlung und Aufsilizierung, sowie Herstellung von GGG.

b) Der Gießerei-Flammofen (Herdofen) [III.13]

Anwendung: Für besondere Schmelzaufgaben größerer Gießereien ist Kupolofen nicht verwendbar: Wenn niedrigerer C-Gehalt (2,5 ... 3%, dann hohe Schmelztemperatur!) und geringerer S-Gehalt erforderlich, als im Kupolofen möglich, z. B. für hochwertigen GTS und gewisse Hartgußarten, bes. Walzenguß; ferner wenn große Ausschußstücke nicht wirtschaftlich Kupolofen-gerecht zerkleinerbar, dann Einsatz unzerkleinert in Flammofen von oben nach Abheben einzelner Deckengewölbe-Bogenstücke.

Bauarten und Betrieb: Abb. III.86 zeigt neuzeitliche feste Bauart; gelegentlich auch kleinere umlaufende und kippbare Ausführungen. *Baugröße*: 5 ... 45 t Schmelzgewicht. *Beheizung* mit langflammiger Steinkohle (Halbgasfeuerung). Brennstoffverbrauch 20 ... 35% des Einsatzgewichts; durch Luftvorwärmung Brennstoffersparnis 15 ... 20%. Bei anderen Konstruktionen Beheizung mit Koksofengas, Mischgas, Öl oder Kohlenstaub. *Windverbrauch* 5,8 m^3 (= 7,5 kg) je 1 kg Steinkohle, davon $\approx 2/3$ Primär- und $\approx 1/3$ Sekundärluft. *Ausmauerung* meist sauer (Silikasteine), Herd: Klebsand-Stampfmasse; Futter durch Schmelze stark angezehrt, daher schon nach 10 ... 20 Chargen Erneuerung der Ausmauerung, Flammofen-Eisen deswegen rel. teuer. In Sonderfällen basische Zustellung (haltbarer, aber teurer) bes. für niedrigen S-Gehalt. Seitlich zwei Ofentüren für Bearbeitung der Schmelze: Schlacken-Abziehen („Abkrampen"), Einbringen schaufelbarer Einsätze und Zuschlagstoffe. – *Schmelzdauer* durchschnittlich 8 ... 10 Std. –

Metallurgie: Viel höhere Treffsicherheit der Analyse als beim Kupolofen; Eisen stark überhitzt; Bad gut zu entschlacken und zu desoxidieren. Schlackenbildung aus abgeschmolzenem Mauerwerk; keine schlackenbildende Zusätze. Schlackenmenge 4 ... 6,5% des Einsatzgewichts.

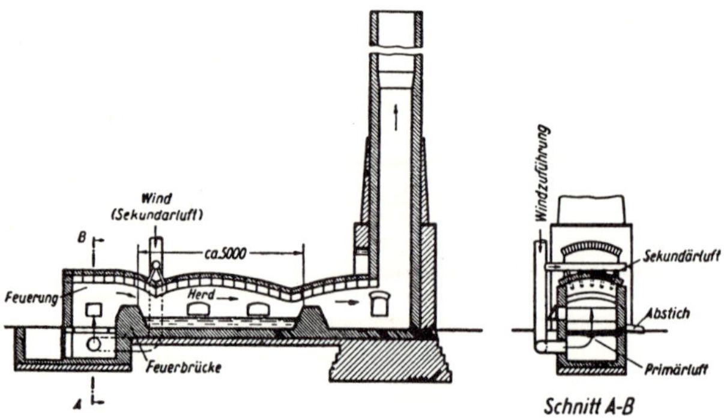

Abb. III.86. Gießerei-Flammofen mit Unterwind (Herdofen) für etwa 12 t Chargengewicht; Beheizung mit Steinkohle.

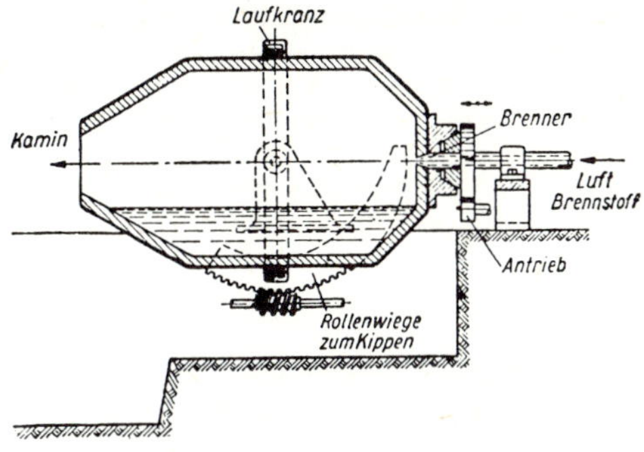

Abb. III.87. Brakelsberg-Trommelofen. Pendelnd umlaufender Flammofen zum Beschicken und Abgießen in Längsrichtung kippbar.

Durch reichlichen Luftüberschuß stark oxidierende Flammengase. Bei Kohlefeuerung *Abbrand*: C = 8 ... 20%, Si = 19 ... 35%, Mn = 20 ... 40% des Einsatzes dieser Elemente; Fe = 1 ... 2%, u. U. bis 7%. P unverändert; S-Zunahme wesentlich geringer als im Kupolofen, je nach S-Gehalt der Ofengase und nach Schmelzführung, jedoch bei Gas- und Ölfeuerung unbedeutend.

Duplex-Verfahren in Sonderfällen: Vorschmelzen im Kupolofen, „Fertigmachen" im Flammofen. – Beispiel für *umlaufenden Flammofen* ist der 1927 eingeführte *Brackelsbergofen* in verschiedenen Ausführungen; eine davon zeigt Abb. III.87, früher auch als „tiegelloser Ofen" bezeichnet. Einsatz zur Herstellung von hochwertigem GG, GT und bei Windvorwärmung auch von GS. Fassungsvermögen 3 ... 4 t (USA bis 8 t). Stahlblechmantel sauer (Silikasteine) ausgemauert, in schaukelnder bzw. umlaufender Bewegung, dadurch beste Wärmeübertragung auf Schmelzgut und hohe Lebensdauer des Futters (200 Chargen und mehr, bei höher gekohltem Guß bis 400 Chargen). Beste Entgasung und Desoxidation. Vor Beschicken Heißblasen. Beheizung außer mit Kohlenstaub auch mit Öl, Gas oder kombiniert. Zum Beschicken und Entleeren auch in Längsrichtung kippbar.

c) Elektro-Schmelzöfen

Vorteile: Bessere Schmelzreinigung, höhere Temperaturen (Feinung durch Überhitzen), gute Regelbarkeit des Schmelzgangs. *Nachteile*: Höhere Anlage- und Betriebskosten, daher besonders für hochwertigen Guß, u. U. zur Stromeinsparung mit flüssigem Einsatz (Duplex-Betrieb). Für GG kommen heute 3 Ofenbauarten in Frage:

Lichtbogenofen, der Lichtbogen-Widerstandsofen System Héroult ≙ Lichtbogenstahlofen (Abb. I.68, Näheres siehe dort!). Zustellung meist basisch, wenn gute Entschwefelung (ggf. Entphosphorung) erforderlich, seltener sauer (Futter billiger und haltbarer) bei S-reinem Einsatz. Fester Einsatz („Korb"-Beschickung) selten, meist flüssig nach Vorschmelzen im Kupolofen (Duplex-Verfahren). Z. B. 3 Betriebsperioden:

1. *Frischen* (C-Herabsetzung) durch O_2-Träger (z. B. Walzensinter Fe_3O_4) + ggf. P-*Entzug* durch CaO-Zugabe; dann Abziehen schwarzer Frischschlacke; 2. *Desoxidation* (Ferromangan, Ferrosilizium, Al-Si-Ca-Legierungen u. a.), ggf. erforderliche *Rückkohlung* durch C-Zusatz; 3. *Entschwefelung* (bis 0,02%) durch unter Lichtbogeneinfluß aus zugegebenem CaO + C gebildeter CaC_2-Schlacke, wobei S als CaS in weiße Feinungsschlacke geht, die bis Abstich zum Oxidationsschutz auf Schmelze bleibt; ggf. Auflegieren. – Oft im Lichtbogenofen nur Überhitzung zur Auflösung noch vorhandener Roheisen-Graphitreste mit folgendem „Impfen" zwecks feiner Graphitausbildung (Graphiteutektikum), d. h. beim Abstich Zugabe graphitisierender Mittel (z. B. feines Ca-Si-Pulver u. a.), die als feinverteilte „Keime" für Graphitbildung wirken. – *Anwendung* in Graugießerei überwiegend zur Herstellung von hochwertigem, bes. legiertem Grauguß, ausgehend von minderwertigem Einsatz; seltener auch für synthetischen GG aus Stahlschrott + C. – Ofengröße meist bis 3 t in Graugießereien. Bes. Vorteil: Hohe Betriebstemperatur, daher sehr heiße reaktionsfähige Schlacke (S-Entzug bei basischer Zustellung).

Kernloser Induktionsofen, Abb. I.69, Näheres siehe dort! Ausschließlich als Niederfrequenz-Tiegelofen (Netzfrequenz-Ofen), in letzter Zeit zunehmend verbreitet zur Herstellung von hochwertigem synthetischen, insbesondere legiertem GG mit festem Einsatz von Stahlschrott unter C-Zugabe. Legierungsdurchmischung stark begünstigt durch ausgeprägte Badbewegung als Folge der Magnetfeldbildung. – Schlacke weniger heiß, daher ungenügende Reaktionsfähigkeit für Entschwefelung (S-reiner Einsatz!); keine unerwünschte Aufkohlung möglich, da ohne Elektroden. Fassungsvermögen bis 3 t; auch für Duplex-Betrieb.

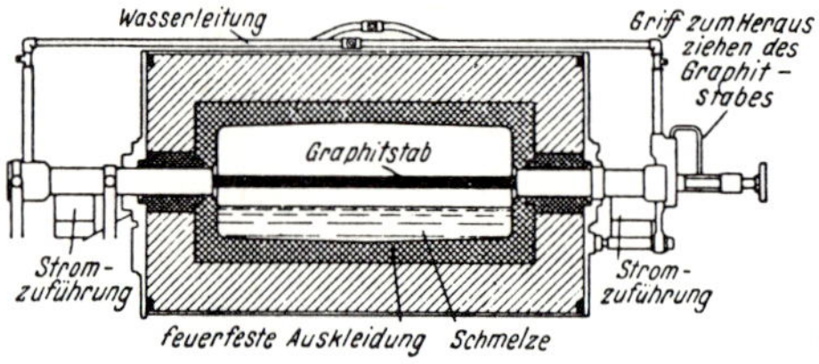

Abb. III.88. Graphitstabofen nach *O. Junker* (schematisch) mit bis zu drei Graphitstäben.

Graphitstabofen (Widerstands-Strahlungsofen, Kohlestabofen), Abb. III.88. Ausführung als Trommelofen mit *einem* Heizstab (bis 300 kg) oder als Wannenofen mit mehreren (z. B. 3) Heizstäben (500 kg bis 3 t). Durch Stromdurchfluß ($\approx$500 A/cm^2) auf Weißglut erhitzte Heizstäbe bevorzugt aus Graphit strahlen Wärme auf Schmelzgut, das bei GG bis 1550 °C, bei GS bis 1700 °C erhitzt wird. Beim Trommelofen auch mit 120 Grad-Schaukelbewegung, beide Ausführungen zum Entleeren kippbar. Bedienung einfach, Betriebssicherheit groß, nur geringe Chargenoxidation. Durch Fe_3O_4-Zugabe auch Frischen zur C-Minderung möglich. Reduzierende Ofenatmosphäre (CO) durch gewissen Heizstab-Abbrand, jedoch wesentlich geringerer Verbrauch als beim Lichtbogenofen. Heizstabspannung 15 ... 75 V. Schlacke heiß genug für mäßige Reaktionsfähigkeit. Gut geeignet für hochwertigen GG, bes. auch GGG.

d) Tiegelöfen

Tiegelöfen (50 ... 300 kg) mit Koks-, Öl- und Gasfeuerung in Grau- und Stahlgießereien heute fast bedeutungslos; hoher Brennstoffverbrauch bis 100% vom Einsatz. Vorteil: Schmelze kommt mit Brennstoff und Brenngasen nicht in Berührung, damit u. a. auch keine S-Aufnahme, sowie geringster Abbrandverlust. Gleiches gilt auch für Elektro-Tiegelofen (kernlosen Induktionsofen), der noch weitere Vorteile besitzt und heute Tiegelofen verdrängt hat. – Für NE-Metalle (siehe dort!) jedoch Tiegelofen noch häufig im Einsatz.

e) Schmelzofen-Vergleich

Nachfolgend einige wesentliche Vergleichs-Gesichtspunkte für die Praxis:

Gießereischachtofen: Niedrige Brennstoff-, Bedienungs- und Unterhaltungskosten; große Schmelzleistung, dabei je Ofengang mehrere Abstiche entsprechend jeweils erforderlichen Schmelzmengen mit kurzen Zwischenzeiten. Eignung für normalen und Qualitäts-Grauguß, sowie einfachsten Temperguß.

Flammofen: Hohe Brennstoff-, Bedienungs- und Unterhaltungskosten; große Schmelzleistung mit in der Regel einmaligem Abstich je Schmelzgang (ggf. unterbrochen). Eignung besonders für Walzenhartguß und hochwertigen Temperguß; einziger Ofen zum Einschmelzen von wirtschaftlich nicht zerkleinerbarem Großschrott.

Elektroöfen: Hohe Betriebskosten, wenn nicht in Sonderfällen Strom billig; Bedienungs- und Unterhaltungskosten groß; kleinere bis größere Schmelzleistungen; je Ofengang Entleerung auf einmal oder mit Unterbrechung (gute Warmhalteeigenschaft). Eignung für hochwertigen GG und GS.

Tiegelofen: Sehr hohe Brennstoff- und Unterhaltungskosten (Tiegelverschleiß); sehr kleine Schmelzleistung. Für Eisenwerkstoffe heute bedeutungslos.

Wirkungsgrad (zum Eisen- und Schlackenschmelzen ausgenützte Wärmemenge in % der durch Brennstoff bzw. el. Energie zugeführten Wärmemenge): Kupolöfen 40 ... 50%, Flammöfen 12 ... 20%, Tiegelöfen 6 ... 15%, Lichtbogenöfen 60 ... 80%; im einzelnen abhängig von Ofengröße und Betriebsart.

10. Das Gießen

Gießpfannen. Aus Stahlblech, geschweißt oder genietet, mit richtig geformter Schnauze (genügend weit ausladend, gut ausgerundet, nach Ausfransen leicht auswechselbar), mit geeignetem Futter ausgekleidet, gut trocken und vor Füllen möglichst warm.

Pfannenarten mit Fassungsvermögen: Gießkellen (Gießlöffel) bis 5 kg; Handpfannen bis 25 kg, je zum Tragen durch einen Mann; Gabel- oder Scherpfannen, Abb. III.89 (bis 100 kg), von 2 ... 4 Mann zu tragen; desgl. > 100 ... 500 kg für Hängebahnbeförderung; Trommelpfannen, Abb. III.90, u. U. mit Schlackenfänger (rechts), 500 ... 2000 kg, im Prinzip gleich „Teekannenpfanne“ mit außen angesetztem abnehmbarem Ausguß, ferner auf Schmelze schwimmender, über Gabel angelenkter Graphitblock als Schlackenfänger, wahlweise Gleis- oder Krantransport; Kran-Kipppfannen (500 kg ... 25 t, vereinzelt 50 t) für große Gießleistung, mit Schneckentrieb im Krangehänge zum Kippen (Handrad oder bei Großausführung Kettenzug); Kran-Stopfenpfanne, Abb. III.89 oben (2 ... 60 t) nur für Stahlguß.

Pfannenfutter: Auskleidungsmasse feinkörniger Klebsand mit etwas Graphit, auch fetter Formsand (Masse) mit Graphit und geringem Wasserglaszusatz; wegen etwaigen Alkaliengehalts nicht jeder Lehm brauchbar. Sondermischungen als „Pfannenglasuren“ fertig im Handel. Immer muß Pfannenblech mehrere kleine Bohrungen im Boden und Wandung haben, um einwandfreie Trocknung zu beschleunigen und Luft aus Futter beim Einfüllen der Schmelze entweichen zu lassen, sonst Gefahr des Rissigwerdens. – Pfannentrocknung nach Ausfüttern bei

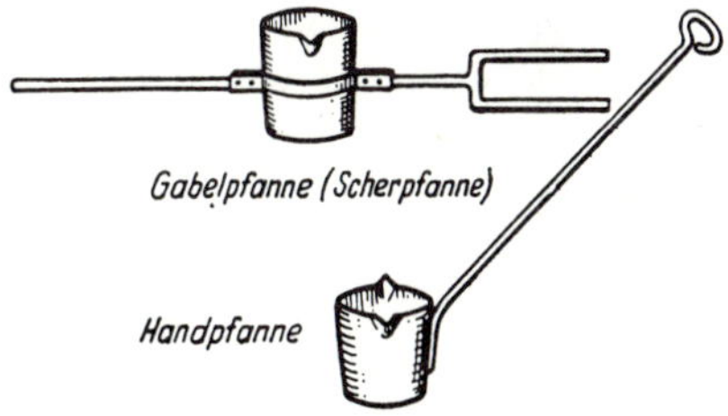

Abb. III.89. Gießpfannen für Handtransport.

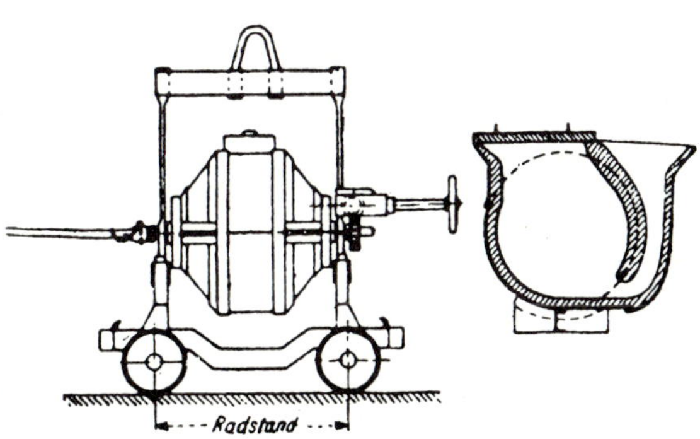

Abb. III.90. Trommelpfanne, rechts Schlackenfänger (Ardelt-Werke).

möglichst hoher Temperatur: Große Pfannen im Trockenofen, kleinere mittels besonderer Pfannenfeuer (Vorrichtungen mit Gas- oder Ölbrennern); ideal auch fahrbare elektrische Pfannentrockner. Pfanne dabei mit Öffnung nach unten darübergestülpt. Pfannenfeuer zweckmäßig in Schmelzofen-Nähe. – Trockenzeiten z. B. für 100-kg-Scherpfanne 10 ... 15 min, für 3-t-Pfanne 45 ... 60 min. –

Abgießen der Form mit nicht unterbrochenem Gießstrahl, der Eingußtrichter (evtl. Tümpel mit vorübergehendem Stopfenverschluß) ständig voll hält; bei jeder Unterbrechung, besonders etwaigem Pfannenwechsel, würde gebildete Oxidhaut Bindung mit nachgegossenem Eisen verhindern. Wenn kein Schlackenabschneider in Pfanne vorhanden, muß mit Krammstock (Krampstock) Schlackenschutzschicht bzw. aufgestreute Holzkohle (Oxidations- und Wärmeabstrahlschutz) zurückgehalten werden. Automatische Gießanlage in Massenfertigung vgl. [III.22, 23]!

Gießtemperatur (nicht zu verwechseln mit Abstichtemperatur!) auf Wanddicke abgestellt (siehe die verschiedenen Gießerei-Taschenbücher!); je dünnwandiger, desto heißer! Temperatur nicht höher als nötig, so niedrig wie möglich! Zu heißes Gießen vergröbert Korn, erhöht Gasgehalt, Seiger- und Lunkerneigung, sowie besonders Gußspannungen, mindert Festigkeit. Erforderlich daher Temperaturmessung und ggf. in der Pfanne noch Abstehenlassen zwecks Kühlung. Niedrigst mögliche Gießtemperatur (nach vorheriger Überhitzung im Ofen, ggf. mit Impfung) gibt günstigste Festigkeitswerte. Gußeisen normaler Analyse mit starker, feinverteilter Graphitabscheidung bei mittlerem Wanddickenbereich liefert z. B. bei 1240 °C Gießtemperatur günstigste Festigkeitswerte. Temperaturabfall beim Abgießen vieler kleiner Kästen aus einer Pfanne beachten, diese daher nicht zu groß wählen! Zu „mattes“ (kaltes) Eisen begünstigt „umgekehrten Hartguß“ (s. o. Abschn. 1!) und verschlechtert Formfüllvermögen erheblich. Temperaturen des flüssigen Eisens: Kaltes Eisen ≈ 1200 °C, warmes Eisen 1240 ... 1260 °C, heißes Eisen 1320 ... 1360 °C, sehr heißes Eisen 1380 ... 1400 °C, überhitztes Eisen $\geqq 1450$ °C.

Gießzeit so, daß Erstarrung erst nach Gießende einsetzt; hierfür besondere Faustformeln in Gießerei-Taschenbüchern; meist 10 ... 30 s, auch bei schwersten Stücken selten über 60 s. Wesentlich daher auf Gußstückgröße abgestellte „Schluckleistung“ der Form durch richtig bemessenes Gießsystem. Bei Großguß ggf. gleichzeitig über 2 Gießtrichter aus 2 Pfannen gießen. – Durch Einwirkung der Schmelze auf Formstoff entstehende brennbare Gießgase (u. a. CO) sind sofort zu entzünden, um Explosionen und Luftverpestung zu vermeiden.

Nach dem Guß soll Graugußteil möglichst gleichmäßig und ohne Schwindbehinderung auf 200 ... 100 °C (besser noch darunter) in Form abkühlen, um Mindestmaß an Gußspannungen zu erreichen (s. in Abschnitt 1 „Gußspannungen“); bei Größtgußstücken (80 ... 100 t) hierfür u. U. mehrere Wochen erforderlich. –

Ausbesserungsarbeiten bezwecken Rettung mangelhafter Gußstücke vor Ausschuß durch sachgemäße Instandsetzung ohne Funktionswert-Minderung. *Angießen* („Aufgießschweißen“) schlechter oder abgebrochener Teile von Großgußstücken nach vorheriger örtlicher Einformung, wobei Angußstelle vor Aufguß durch Durchlaufen heißen Eisens angeschmolzen wird; durch Aufgießen allein keine Bindung! Meist billiger nach Rotglutvorwärmung (oft nur örtlich) Gasschmelz-Auftragsschweißung bzw. nach örtlicher Einformung Lichtbogen-Schmelzschweißung unter Niederschmelzen von Graugußelektroden. – *Abdichten* undichter bzw. schwammiger Stellen, die erst bei Zerspanung erscheinen, z. B. an Zylindern, Hydraulik-Teilen u. a.: Manchmal genügt schon Zurostenlassen mittels Salzwasser; u. U. Einsaugenlassen von $CuSO_4$-Lösung, die Cu abscheidet; sehr zweckmäßig oft Einsaugenlassen kalthärtender Kunstharzmischung mit Zusatz von Graugußmehl, sowie zahlreiche weitere Imprägnierverfahren, auch für NE-Guß, wie „Igelitieren“ u. v. a. [III.2]. Als bestes Abdichtverfahren gilt „Moguloid“-Imprägnierverfahren, das Druckdichtheit bis 400 °C und 700 bar selbst gegen Petroleum ergibt [III.2]. Riß-Abdichtung durch „Holt“-Verfahren. – *Spachteln* kann kleine Oberflächen-Schönheitsfehler abdecken, wenn erforderlich. – Alle Verfahren sind unbedenklich; ggf. ist Kunde davon zu verständigen. – Vgl. auch [III.24]!

11. Das Gußputzen

Bezweckt Entfernung des am Rohguß nach dem Ausschlagen noch anhaftenden Sandes und der Kerne, der Eingüsse und Steiger (falls nicht wie bei GG und Roh-GT schon abgeschlagen), eines etwaigen verlorenen Kopfes, der Gußnähte (in Formteilfugen eingeflossenes Metall), anhaftende Formerstifte u. ä.

Schon in Gießhalle erfolgt vor eigentlichem Putzen das Entformen („Ausschlagen" des Gußstücks aus der Form), heute bis 70 t Gußgewicht zweckmäßig auf *Vibrationsausschlagrost* mit Staubabsaugung, der auch schon weitgehend entkernt; durchfallender Altsand durch Förderband zur Aufbereitung abtransportiert. Anschließend ggf. Abschlagen von Einguß und Steiger. – Durchführung des Putzens in besonderem Raum (Gußputzerei); beim Trockenputzen wegen starker Staubentwicklung (Silikosegefahr!) (Silikose (Staublunge) = gefährliche Lungenerkrankung durch SiO_2-Staubteilchen (< 4 μm); kann zu Invalidität und Tod führen) gute Absaugung und beim Freistrahlputzen Schutzhelm mit Frischluftzufuhr; daher zunehmend Naßputzen.

Putzverfahren: Erst *Putzstrahlen* zur Sandentfernung, dann erst verschiedene metallische Trennverfahren.

a) Druckluft-Putzstrahlen

Saugverfahren: Injektorprinzip, heute für Gußputzzwecke veraltet und verlassen.

Druckverfahren: Abb. III.91. Sand gelangt aus Vorratsbehälter über a in b (dort Druck über e), wird von da über f (Störungsbeseitigung über m durch Öffnen von k) durch Druckluft aus c in g gedrückt zu Blasdüse i (6 ... 8 mm lichter Φ) aus Weißhartguß, besser mit Hartmetallfutter auf Wolframkarbid-Basis (Lebensdauer 800 ... 1000 h gegenüber 2 ... 3 h bei Hartguß). Druckverfahren (im Prinzip seit 1893) hat wesentlich größere Putzwirkung als Saugverfahren. Anwendung für Trockenstrahlen größerer Stücke, falls überhaupt noch Druckluftstrahler ver-

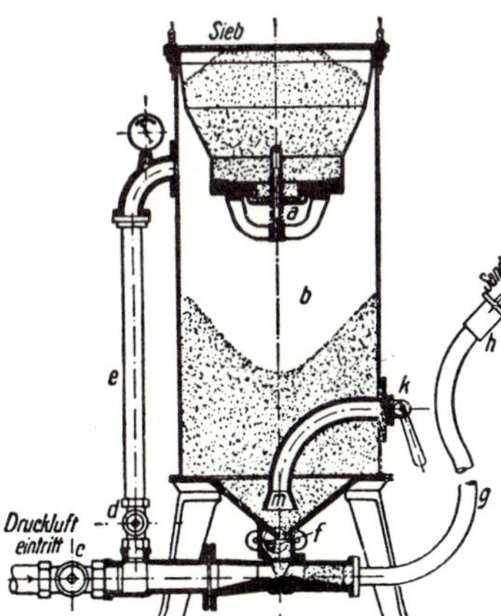

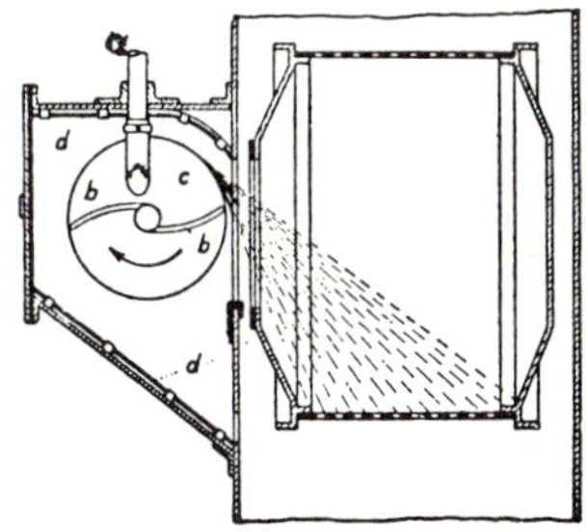

Abb. III.91. Sandstrahlgebläse, nach Druckverfahren arbeitend. a Sandeinlaßventil, b Druckraum, c, d Hähne, e Verbindungsrohr, f Sandventil, g Schlauch, h Strahlrohr, i Düse, k Ventil, m Rohr.

Abb. III.92. Schleuderstrahl-Drehtrommelmaschine (Drehtrommel-Sandfunker) schematisch. a Sandeinlaßrohr, b Schleuderschaufeln auf c Schleuderscheibe, d Schutzbleche.

wendet; immer noch zum Strahlen von Großguß im Freien, wobei praktisch Strahlmittel verloren, daher billiger Quarzsand. – Sonderfall ist „*Vacu-Blast-Verfahren*", seit 1953 in Deutschland, mit Sonderstrahlkopf, der nach außen abschirmt und Strahlmittel nach Aufprall sofort wieder absaugt, also Strahlmittel-Kreislauf, daher für teure metallische Strahlmittel geeignet.

b) Schleuder-Putzstrahlen

Heute fast ausschließlich für kleine und mittlere, selten größere Gußstücke. Erste Anlagen schon Ende vorigen Jahrhunderts, seit 1932 in Neukonstruktion zunehmend eingeführt. Entweder *Einscheibenrad* (vgl. Abb. III.92!) mit 2 Radialschaufeln und den Schaufeln seitlich zugeführtem Strahlmittel oder meist *Leitkanalrad* (mehrere Radialschaufeln zwischen zwei Scheiben) bei Strahlmittelzufuhr in Achsenhöhe (ähnlich Zentrifugalpumpe). Strahlrichtung veränderlich, breitstrahlend. Direkter elektrischer Einzelantrieb bei geringem Leistungsbedarf, putzintensiver, wirtschaftlicher als Druckluftstrahlen, da hohe Strahlgeschwindigkeit (40 ... > 60 m/s, wobei Quarzsand zerpulvern würde) und damit Sinken der Putzzeiten. Überstreichen größeren Putzbereichs, erheblich größerer Strahlmitteldurchsatz (40 ... 200 kg/min) für *Strahlmittel auf* Fe-*Basis*. Lebensdauer auswechselbarer Schaufeln aus St und GS≈70 h (auch Hartguß), aus Hartmetall ≈500 h; gute Strahlmittel-Reinigung (Formsand, Staub) vermindert Verschleiß wesentlich! Auch bei Strahlmittel auf Fe-Basis Staubentwicklung aus abzutragendem Formsand, daher gute Absaugung.

c) Druckwasser-Putzstrahlen

Naßputzen vor allem hygienisch wichtigste Entwicklung, da staubfrei (keine Silikose-Gefahr). Schon 1921 in USA (General Motors, Strahl-Kabine mit 7 bar), Ende zwanziger Jahre in Deutschland Freistrahl-Putzanlage mit Balken-Schutzumgrenzung für Großguß bei Maschinenfabrik Eßlingen (60 ... 70 bar Heißwasser). Heute auch Niederdruck-Strahlen bis 35 bar (wirkt mehr abschwemmend); meist aber Hochdruck-Strahlen mit 75 ... 160 bar bei 5 ... 6 mm lichtem DüsenΦ (wirkt „schneidend" auf Sandballen und Kernmassen).

d) Feste Strahlmittel

Quarzsand (Gebläsekies) bis Mitte zwanziger Jahre fast ausschließlich in Deutschland; auch heute noch für Druckluft-Freistrahlen. Korngröße 1 ... 2 mm für mittleren Guß (selten), 2 ... 3 mm für Großguß. – Schon um Jahrhundertwende *Hartgußstrahlmittel* in USA, ab 1916 in Deutschland erster Hartgußkies und -schrot, ab 1925 weiter verbreitet. Sogenannter „Stahlkies" damals ausschließlich aus Weißhartguß, also kein Stahl. Seit 1943 zerhackter Hartstahldraht, „*Drahtkorn*", verbreitet ab 1952 (zum Leichtmetall-Putzen Drahtkorn „Granal" aus Al-Leg.). Ab 1953 auch „Blechkorn" aus in Würfel zerschnittenem Stahlblech, bisher seltener.

Putzerei-Maschinen und -Anlagen [III.25]: Trockenputzanlagen noch überwiegend, da auch gut für Fließfertigung geeignet, aber Naßputzanlagen zunehmend im Kommen mit großem Vorteil absoluter Staubfreiheit. Vielfach heute Trocken- und Naßputzanlagen gemischt vorkommend.

Trockenputzen: 1. *Rommel-Putztrommel*, um Längsachse rotierende Stahltrommel mit Verschlußdeckel, n bis 50 1/min, mit Kleinputzgut (< 1 kg Stückgewicht) und Hartguß-Putzsternchen fast ganz gefüllt (nur Reiben, kein Stoßen!). Staubabsaugung durch hohlen Trommelzapfen. Seit 1890 bekannt, neuerdings durch Schleuderputzstrahlmaschinen zurückgedrängt.

2. *Schleuderstrahl-Drehtrommelmaschine* (Abb. III.92) mit seitlichem Schleuderputzstrahl aus stirnseitiger Öffnung auf Putzgut („Drehtrommel-Funker"). Trommel aus Lochblech zum Durchfall von Strahlmittel und Formsand, mit innen Längsleisten zur Umwälzung des Putzgutes; Füllung $\leqq \frac{1}{3}$, $n \approx 1$ 1/min, Staubabsaugung. Bedeutungsvoller in neuerer Zeit.

3. *Muldenbandtrommel* mit steilstehender Mulde, gebildet aus Lochplatten-Raupenband, das sich langsam von vorne unten nach hinten oben unter Umwälzung des mittelschweren Putzgutes bewegt, dabei Schleuderputzstrahl von oben. Staubabsaugung, Trennung von Strahlmittel und Sand. Nach vorne Deckelverschluß, nach dessen Hochklappen bei entgegengesetztem Bandlauf Austragen geputzter Werkstücke erfolgt.

4. *Tischmaschinen,* gebaut als *Drehtischmaschinen* (am verbreitetsten) für mittlere Stückgröße, dabei durch Gummischürzen abgegrenzter Sektor des Hartguß-Tischrostes außerhalb Schleuderstrahl-Putzraum (Auflegen, Umlegen und Entnahme), während innen aus verschiedenen Richtungen gestrahlt wird. *Schwenktisch-Maschinen* sind kleine geschlossene Putzkabinen mit beim Türöffnen ausschwenkbarem Drehtisch, für mittelgroße Stücke. *Langtischmaschinen* mit endlosem Gliederband oder Rollenbahn zum Schleuderputzen beim Kabinendurchlauf. –

5. *Kreisförder-Schleuderstrahlanlagen,* wobei Gußstücke an Hakenstangen endloser Förderkette drehbar hängend beim Kabinendurchlauf allseitig bestrahlt werden. Durchlauf kontinuierlich oder bei Kleinanlagen unterbrochen (außen Behängen, inzwischen innen Bestrahlen).

6. *Putzkästen* für Kleinteile und *Putzkabinen* für mittlere bis größere Teile mit Drehtisch zum Schleuderstrahlputzen, bei beiden Putzer von außen Putzvorgang steuernd. In *Putzhaus* mit Druckluft-Freistrahlputzen für große Stücke steht Putzer mit Staubschutzhelm (Frischluftzufuhr) und Schutzanzug, Strahlschlauch in der Hand.

Naßputzen mit Druckwasserstrahl vollkommen staubfrei, daher für Großguß sich immer mehr durchsetzend. Durchführung in Putzkabinen bzw. -kammern (Abb. III.93), sowie in Putzhäusern mit Bedienung wie vor von außen bzw. innen, dabei Strahlrohr schwenkbar festgelegt und vom Putzer gesteuert.

Metall-Trennputzarbeiten verschiedener Art folgen erst nach Sandentfernung: Für GG *Pulverbrennschneiden* zum Abtrennen nicht abschlagbarer dicker Einläufe und Steiger, auch kleiner verlorener Köpfe (für GS normales Brennschneiden); Abtrennen verlorener Köpfe durch *Trennschleifmaschinen* oder *Kaltsägen* (in jeder Richtung schwenkbar), bei Großguß durch Abstechen mittels *Kopfdrehbank,* wobei Gußstück festliegt und Abstechstahl mit Planscheibe rotiert (Stahlvorschub über Spindel mit Sternrad und festem Anschlag). Für Leichtmetallguß auch Einlauf und Steiger auf *Bandsägen* abgetrennt, oder bei weniger empfindlichen Kleinteilen ebenso wie bei Schwermetallguß durch „Abhacken" auf *Eingußabschneidmaschine* („Knacker"), dabei durch Exzenter betätigter Obermeißel gegen festen Untermeißel sich bewegend. Bei Kleinguß werden nicht abschlagbare Gußnaht- sowie Steiger- und Einlauf- bzw. Anschnitt-Reste auf ortsfesten *Schleifböcken,* bei mittleren und großen Stücken durch tragbare *Handschleifmaschinen* bzw. solche mit biegsamer Welle entfernt. Nur wenn anders nicht möglich, werden Gußnähte durch Preßluftmeißel abgetrennt.

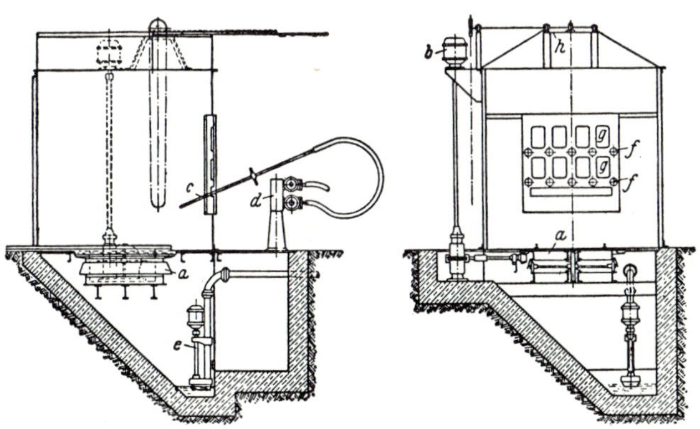

Abb. III.93. Druckwasser-Putzanlage: a Drehscheibe, b Antrieb zur Drehscheibe, c schwenkbare Strahlrohre, d Druckwasserzufuhr, e Druckwasserpumpe zur Kläranlage, f Durchstecköffnungen für Strahlrohre, g Fenster, h Schließeinrichtung.

12. Stahlguß [III.3]

Stahlguß ≡ Stahlformguß ist in Fertigformen vergossener Flußstahl („Gußstahl" hingegen ist veraltete Bezeichnung für heutigen Begriff „Flußstahl").

Teurer als GG, daher nur zu verwenden, wenn höhere Festigkeit und vor allem Schlagzähigkeit verlangt und Temperguß nicht ausreicht. Wegen kleinster Mikrolunker zwischen Gußdendriten geschmiedetem Stahl unterlegen, also weniger „gefügedicht".

Werkstoff-Eigenschaften von GS unter I.D; Gefügebilder Bildtafel II, Bild 9 u. 10.

Neben genormten unlegierten, sowie warmfesten legierten GS-Qualitäten (DIN 1681 und 17 245) kommen viele Sonderqualitäten, wie höher und hochlegierte säurebeständige, verschleiß- und hitzebeständige u. s. w. GS-Qualitäten zur Verwendung. Je höher C-Gehalt, desto niedriger Gießtemperatur und Schwindmaß (bis herab zu 1,5%); niedrigster C-Gehalt und hoher Legierungsgrad steigern Schwindmaß bis über 2%, u. U. bis 2,8% und mehr.

Gießeigenschaften in wesentlichen Punkten verschieden gegenüber GG, dabei besonders zu beachten:

200 ... 300 °C höhere *Gießtemperatur,* daher höhere Hitzebeständigkeit der Form; schlechteres *Formfüllvermögen* besonders niedrig C-haltiger Sorten, daher nicht zu dünne Wandungen und zu verwickelte Konstruktionen (hier wesentlicher Fortschritt durch Elektro-Stahlguß; größeres *Schwindmaß,* daher stärkeres Lunkern und Schwinden, das in Verbindung mit entstehenden Gußspannungen bei Behinderung durch hier festere Form zu Warmrissen führen kann. Verbleibende Spannungen durch späteres Glühen abgebaut. Vergleiche hierzu III A 1. unter „Lunker" und „Gußspannungen", sowie deren Bekämpfung; dort auch Forderungen an den Konstrukteur.

Herstellung der Form. 1841 (Patent 1851) gelang *Jacob Mayer*-Bochum erster Stahlguß durch höhere Schmelztemperatur (ausreichende Dünnflüssigkeit) und vor allem hitzebeständige gasdurchlässige Form für *Trockenguß* auf Basis ≈80% Schamotte (gebrannter Ton), 15 ... 20% Bindeton mit etwas Koks- oder Graphitpulver und organischen Auflockerungsmitteln (vgl. Lehmformerei). Heute billigere „Formmassen" bzw. Formsande, die auch Quarzsand enthalten [III.2]. Bei größeren Stücken muß von Schmelze berührte Formfläche frei von Quarzsand sein, sonst Anschmelzen am Gußstück, was durch zweimaligen Schlichte-Aufstrich (vor und nach Trocknen) auf Basis Schamotte-Ton-Graphit verhindert wird. Gasdurchlässigkeit erreicht beim Trocknen (300 ... 600 °C) durch zahllose kleine Schwindrißchen in Verbindung mit Hohlräumen durch Vergasung der Auflockerungsmittel. Bedeutungsvoll auch Zementsandformverfahren und synthetische Sande für Trockenguß; für kleinere und kleinste Teile auch Formmasken (Croning)-, Modellausschmelz- und verwandte Verfahren (siehe 3. h). Seit Jahrhundertwende auch *Naßguß*, zunächst für kleine, heute auch für relativ große Teile.

Formtechnik (mit Modell, Schablonieren und Freiformen) im wesentlichen wie bei GG; besonders wichtig gut nachgiebige Kerne. Kennzeichnend ist große Zahl starker Steiger, ggf. verlorener Kopf (Abb. III.94). Häufig haben Kerne bei Naben wegen des verlorenen Kopfes keine natürliche obere Lagerung, dann Kernhalterung gemäß Abb. III.22. Als wichtige konstruktive Maßnahme wird besonders auf „Reißrippen" verwiesen; diese erstarren zuerst und verhindern Warmrißbildung in konstruktiven Kerben bzw. Innenecken.

Erschmelzen der Rohstoffe. SM-*Verfahren* an erster Stelle, wenn laufend Großguß erzeugt; basische Zustellung überwiegt weit. Beschickung nach Roheisen-Schrott-Verfahren (20% Roheisen) wie bei Stahlerzeugung (siehe dort!). Für kleinere Teile oft nicht dünnflüssig genug, dann Nachbehandlung im Lichtbogen-Stahlofen (Duplex-Verfahren). – *Klein-Bessemer-Verfahren* („Kleinbessemerei") seit Jahrhundertwende (gefördert durch *C. Krautheim*/Chemnitz. – Heute billigster GS bei bescheidener Qualitätsforderung): Si-reiches, P-armes, graues Rohei-

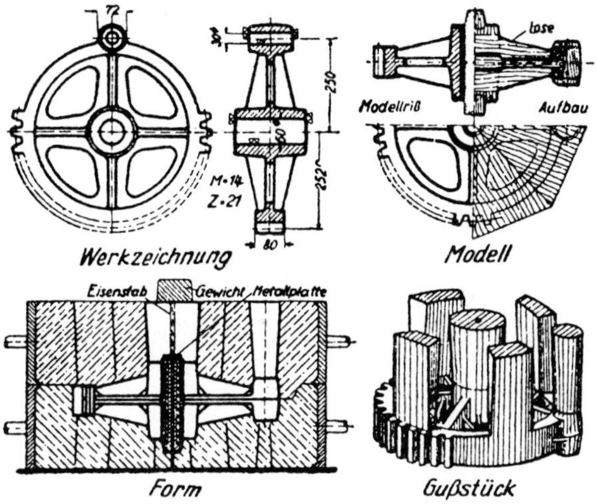

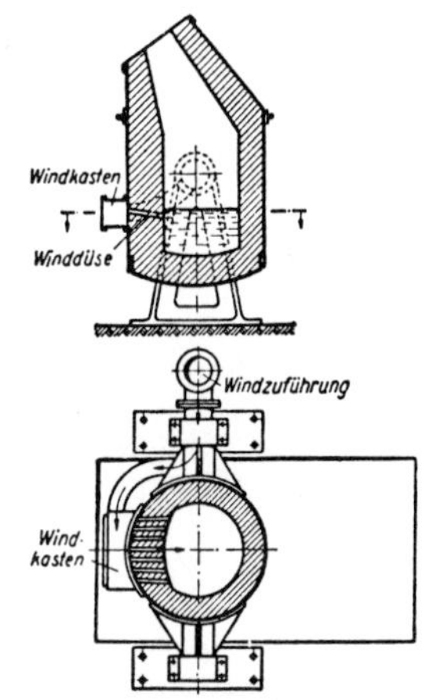

Abb. III.94. Typische kleinere Stahlgußform. Beachte: Wegen starker Schwindung (lin. 2%) 4 kräftige Steiger auf Kranz, verlorener Kopf über beiden Naben; Verhinderung des Kernaufschwimmens (obere Kernzentrierung nach Abb. III.22 nicht gezeichnet).

Abb. III.95. Gießerei-Kleinkonverter für die „Kleinbrennerei"

sen, ggf. mit 30 ... 50% Stahlschrottzusatz im Kupolofen erschmolzen mit Rinnen-Analyse 2,6 ... 3% C, 1,4 ... 1,9% Si, 0,4 ... 0,8% Mn, < 0,1% P, ≦ 0,12% S. Schmelze sofort in danebenstehender Kleinbessemer-Birne zu Stahl gefrischt, jedoch hier seitliche Windzufuhr kurz unter Badoberfläche (Abb. III.95). Liefert in kurzen Zeiten kleinere Mengen hocherhitzten dünnflüssigen Stahls für mittlere bis kleinere Stücke bei bescheidenen Qualitätsanforderungen (billigster GS); heute durch Elektro-Stahlguß stark zurückgedrängt. – *Elektrostahlguß* durch Niederschmelzen von kaltem Einsatz (Stahlschrott) im Lichtbogen-Stahlofen mit bester P- und S-Entfernung, je < 0,03%, oder Nachbehandlung von SM-Ofen-Schmelze; besonders für dünnwandigen, hochwertigen unlegierten und legierten GS, bes. im Kfz-, Fahrzeug-, Dampf- und Wasserturbinen-, sowie Strahltriebwerksbau. – Hochlegierter GS (säure-, verschleiß- und hitzebeständige sowie Magnet-Legierungen) am besten im kernlosen Induktionsofen erschmolzen. Auch Graphitstab-Ofen (Abb. III.88) findet Verwendung; bei letzteren beiden geringster Legierungsabbrand.

Gießen bei großen Stücken mit Kran-Stopfenpfanne (Abb. III.70 oben), bei kleineren Stükken mit Pfannen mit Schlackenfänger analog Abb. III.90, rechts bzw. „Teekannenpfanne". Zur zusätzlichen Lunkerbekämpfung wird unmittelbar nach Guß auf verlorenen Kopf, Steiger und Einguß „Entlunkerungsmittel" auf Basis Thermitmischung aufgestreut; freiwerdende Wärme hält dort Schmelze länger flüssig und erleichtert Nachsaugen. – *Gußputzen* wie bei GG.

Kombinationsverfahren: Von großer Bedeutung heute für mittlere bis größte Werkstücke. *Guß-Schweiß-Konstruktion*: Sperrige, verwickelte Konstruktionen in Teilstücken gegossen, dann lichtbogen-verschweißt (z. B. Dampfturbinengehäuse mit angeschweißten Schnellschluß-Ventilgehäusen, u. ä.). – *Kombinierte Schweißkonstruktion* zwischen GS, Walz- und Schmiedeteilen, Blechen und Rohren (z. B. Schiffsruder, oder Dampfturbinengehäuse mit eingeschweißten Kühlrohren u. ä.). – GS-*Schmiede-Konstruktion,* wobei verwickelte Partie gestaltfertig zusammen mit später auszuschmiedendem Blockteil gegossen wird (z. B. Ruderstock mit gestaltfertig gegossener Flanschpartie, anschließend Ausschmieden des Ruderschaftes, der nur auf ca. halbe Länge und entsprechend größere Dicke mitgegossen wurde); in ausgeschmiedetem Teil Gewinn an Festigkeit und Zähigkeit.

Anwendung von GS für Teile < 1 g (Modell-Ausschmelzverfahren, siehe Beispiele dort!) bis ≈400 t Gußgewicht (größter Walzenständer, Schmelzen dann z. B. mit 2 SM-Öfen zu je 200 t);

allgemein für formschwierige nicht mehr schmiedbare Stücke bei vor allem geforderter hoher Schlagzähigkeit und Festigkeit, wenn GT und GGG nicht mehr ausreichen. – In manchen Fällen ging man von früheren Stahl-Schweißkonstruktionen auf die wirtschaftlichere und kraftflußgünstigere Gestaltung durch Gießen über.

Wärmebehandlung. (Erläuterung nachfolgend angegebener Verfahren in I.C „Wärmebehandlung des Stahls"!) – Nur GS-Teile ohne besondere mechanische Beanspruchung besonders durch Stoß werden im Gußzustand verwendet; im Normalfall mindestens Normalglühung. Wegen oft sehr verschiedenartiger Beanspruchungen auch Anwendung weiterer Wärmebehandlungsverfahren, meist vorherigem Normalglühen nachgeschaltet, besonders bei neuzeitlichem Kleinguß.

Für unlegierten GS: *Normalglühen,* um grobes Guß-(Primär-)Gefüge feinkörnig zu machen und dabei σ_B, σ_S und a_k zu steigern. Größere und formschwierige Teile nach Abkühlen an Luft bei $\approx$650 °C in zweitem Ofen „auffangen" und dort zu Ende kühlen, damit auch wärmespannungsfrei. – *Spannungsarmglühen* (Minderung von Abkühl-, Bearbeitungs- und Schweiß-Spannungen). – *Weichglühen* bei $\sigma_B > 700$ N/mm², dann körniger Perlit, gut zerspanbar, ggf. umformbar. – *Vergüten,* wenn $C \geqq 0{,}4\%$, σ_B-Steigerung. – *Einsatzhärten,* wenn $C \leqq 0{,}2\%$, verschleißfeste Oberfläche, zäher Kern. – *Brenn-* oder *Induktions-Oberflächenhärten,* wenn $C \geqq 0{,}35$ auf gleichem Grund. – *Vollhärten* ($C \geqq 0{,}4\%$).

Legierter GS: Ggf. gleiche Verfahren wie oben, jedoch unter Berücksichtigung von durch Legierungsgrad und -höhe oft wesentlich veränderter Temperaturbereiche. Zusätzlich kommen hier in Frage: *Abschrecken* zur Austenitstabilisierung (Mn-Hartstahlguß, austenitischer säurebeständiger 18/8-Cr-Ni-GS u. a., z. B. aus 1000 ... 1150 °C in H_2O); *Härten* in Luft, Öl bzw. H_2O; nach Vorbearbeitung *Vergüten,* dann noch Endzerspanung; *Nitrieren* (GS aus Nitrierstahl); *Inkromieren* nach Fertigbearbeitung (dann säurebeständig!); *Alitieren* (Al-Diffusionsschicht), dann zunderbeständig. – Beide letztgenannten Verfahren auch für unlegierten GS. –

Beispiele größter Vielseitigkeit bietet allgemeiner Maschinenbau, ebenso wie Bau von Kraftfahrzeugen, Flugzeugen, Schiffen, Schienenfahrzeugen; Dampf-, Wasser- und Gasturbinen, Landmaschinen, Reaktoren, Anlagen und Maschinen der E-Technik und Chemotechnik, Hütten- und Bergwerks-Maschinen und -Einrichtungen, Zerkleinerungsmaschinen u. v. a.

13. Temperguß [III.26, 27,2]

Begriff: Temperguß (GT) (früher fälschlich auch „schmiedbarer Guß" oder „Temperstahlguß" genannt) wird als unterledeburitischer Weißhartguß graphitfrei vergossen, ist als Rohguß sehr spröde und quarzhart, wird aber durch nachträgliches Glühen (Tempern) in schlagzähen, gut zerspanbaren und in beschränktem Maß umformbaren Zustand übergeführt. – Normung von GT vgl. I.D!

Man nützt hervorragende Formfülligkeit des Rohgusses mit rel. niedriger Gießtemperatur zum Gießen dünnwandiger formschwieriger Teile aus (die in GS u. U. nicht herstellbar wären) und führt sie erst anschließend durch allerdings kostspieliges Glühverfahren in stahlähnlich zähen Zustand über. – *Anwendung* allgemein für Teile mit geforderter Schlagzähigkeit, für die GG zu spröde, GS dagegen ungenügend formfüllig, zu hohe Gießtemperatur erfordernd und zu teuer wäre, da seine Festigkeit und Zähigkeit nicht voll ausgenützt würden. GT also Mittelqualität zwischen GG und GS, wobei sich Festigkeits- und Zähigkeitsbereiche teilweise überdecken.

Hauptarten: *Weißer Temperguß* GTW (früher GTW auch europäischer, GTS amerikanischer Temperguß genannt), entkohlend geglüht („Frischtempern"), silberhelles bis hellgraues Bruchaussehen (bei dicken Teilen mit dunklerem Kern), wanddickenabhängiges Gefüge und Festigkeitsverhalten. – *Schwarzer Temperguß,* GTS, neutral ohne Entkohlung geglüht („Glühtempern"), schwarzes Bruchaussehen, wanddickenunabhängiges Gefüge und Festigkeitsverhalten. – *Perlitischer Temperguß* GTP, wie GTS vergossen und geglüht, jedoch mit anderem Glühendverlauf (Vergütung), graues bis schwarzes Bruchaussehen, sonst wie GTS.

Abart des GTS ist *Bohrguß* für hohlzubohrende Teile (Schlüssel), bei dem in Rohguß-Kernzone abgeschiedener Primärgraphit (bei normalem GT „Faulbruch" genannt, auf Gattierfehler zurückzuführen) späteres Ausbohren erleichtert. – *Schwarzkernguß* ist GTS mit entkohlter (heller) Randzone („Bilderrahmenbruch"), früher z. T. beabsichtigt (rostbeständigere Gußhaut), heute als fehlerhaft angesehen (Folge undichter Gastemperöfen). – GTW erstmals durch Prinz Rupprecht v. d. Pfalz 1670/71 hergestellt; GTS in USA entwickelt, seit Ende zwanziger Jahre auch in Deutschland verwendet.

Werkstoffeigenschaften unter I.D.

Rohgußzusammensetzung von GTW und GTS unterschiedlich, vgl. auch Abb. III.96! Im einzelnen:

$\Sigma(C+Si) \leqq 3{,}8\%$, sonst Primärgraphit-Ausscheidung („Faulbruch"); wesentliche Unterschreitung erschwert Graphitisierung (Fe_3C-Zerfall) beim Tempern. Verhältnis S : Mn so, daß aller S an Mn als MnS gebunden und etwas Mn in Grundmasse gelöst, dann günstigste Graphitisierung; letztere durch Cr > 0,15% erschwert. Rel. hoher S-Gehalt von GTW oft angestrebt, da dann Zerspanbarkeit (z. B. Fitting-Bearbeitung) erleichtert (vgl. Automatenstahl!).

	C %	Si %	Mn %	P %	S %
GTW	2,8 ... 3,4	0,8 ... 0,4	0,25 ... 0,5	≦0,1	0,15 ... 0,25
GTS	2,1 ... 2,7	1,4 ... 0,9	0,25 ... 0,5	≦0,1	≦0,15

Erschmelzen des Rohgusses, z. B. aus ≈15% Roheisen, ≈30% Stahlschrott, ≈55% Kreislaufmaterial (Eigenbruch), dazu Mn- und Si-Träger, für GTW heute fast ausschließlich im *Kupolofen,* wenn C < 3% im *Heißwind-Kupolofen,* dann ggf. nötiges Aufschwefeln durch Gipszusatz. – Für GTS wegen aus Qualitätsgründen niedrigeren C-Gehalts (keine Entkohlung beim Tempern!) im *Flammofen* (5 ... 20 t), im *Trommelofen* (Brakelsberg-Ofen), seit 1950 im Netzfrequenz-*Induktionsofen* mit kaltem Einsatz (670 ... 700 kWh/t) oder mit flüssigem Einsatz (150 ... 170 kWh/t) im Duplexverfahren nach Niederschmelzen im Heißwind-Kupolofen. Nur billigste GTS-Qualitäten ($\sigma_B = 280 ... 330\ N/mm^2$, $\delta = 6 ... 5\%$) in USA im Kupolofen.

Formherstellung meist aus „grünem" Sand, also *Naßguß* (natürliche oder synthetische Sande mit Kohlestaubzusatz), Kerne aus synthetischen Sanden. Für Kleinteil-Massenguß Form-

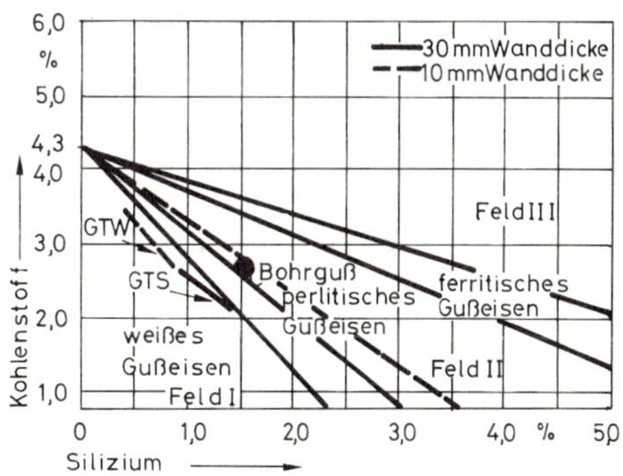

Abb. III.96. Gußeisen-Gefügeschaubild nach *E. Maurer* mit eingetragenen Zusammensetzungsbereichen von Temperrohguß für weißen (GTW) und schwarzen Temperguß (GTS), sowie Bohrguß.

maschinen (bes. auch kastenlose) mit Standard- oder Misch-Formplatten bzw. Kern-Blas- oder -Schießmaschinen. Für kleine Serien Gips- oder Holz-Modellplatten bzw. Holzkernkästen, bei größeren Serien aus Metall (Abschnitt 3 g). Große Teile (GTW bis 80 kg, Wanddicke bis 60 mm; GTS bis > 120 kg, Wanddicke bis 100 mm) mit Modell handgeformt, als *Trockenguß* (Massesand) vergossen. *Kokillenguß* gestattet wegen Abschreckwirkung höheren Si-Gehalt (bis 2,5%), dadurch wesentliche Temperzeit-Kürzung!

Schwindmaß für Rohguß 2 ... 2,5%, daher starke Lunkerneigung, infolgedessen wie bei GS reichlich und kräftige Steiger, ggf. verlorener Kopf und „Saugballen" erforderlich. *Endschwindung* (für Modellfertigung) kleiner, da beim Tempern durch Graphitisierung wieder „Wachsen" stattfindet. Endschwindmaße für Temperguß siehe Tab. III.1!

Abgießen bei 1400 ... 1500 °C meist mit Gießkelle oder Handpfanne aus Trommelpfanne, bei größeren Stücken direkt aus letzterer. – *Gußputzen* wie bei GG (Abschn. 11).

Temperprozeß erst führt zu Endgefüge, dabei wird unterschieden:

1. *Frischtempern für* GTW unter gleichzeitigem teilweisen C-Entzug: Bei $\geqq 1000$ °C erfolgt Sekundärgraphitbildung (Graphitisierung): Zementit-(Fe_3C)-Zerfall nach Auflösung im Austenit $\rightarrow 3\,Fe + C$, dabei C-Abscheidung aus Austenit zu nesterförmigen zerklüfteten – im Gegensatz zu kompakten Graphit-„Kugeln" bei GGG, die schon in Schmelze entstehen und aus Kugelbüscheln hexagonaler Pyramidenkristalle bestehen (siehe Bildtafel III, Bild 14!) – Graphitknötchen (Temperkohlenester). Dem überlagert sich Randentkohlung durch ($CO + CO_2$)-Atmosphäre, wobei CO_2 aus Gußoberfläche C unter eigener Reduktion zu CO aufnimmt, dann aber wieder durch O_2 (z. B. aus Packmitteln) oxidiert usw. Bildung völlig entkohlter ferritischer Randzone von ≈ 2 (... 3) mm Dicke, in die durch Diffusionsgefälle ständig weiter C aus Werkstückkern nachwandert und wieder entfernt wird (Gleichgewichtszustand). Entkohlungsgrad (abgesehen von Analyse) hauptsächlich von Glühdauer abhängig (wirtschaftliche Grenze!). Anschließend an ferritische Randzone folgt dünner ferritisch-perlitischer Übergangsbereich mit schon wenig Temperkohle, dann Kerngefüge mit Temperkohlenestern in Perlit; bei verlangsamter Topfabkühlung im Packmittel auch Ferrithöfe um Temperkohlenestern („Bullaugenstruktur", Bildtafel III, Bild 15). – *Glühzeit* je nach Wanddicke, Abb. III.97, z. T. für große Stücke über 100 h. Kleinteile bis 4 (6) mm Wanddicke u. U. ganz entkohlbar, dann homogenferritisches Gefüge bester Schweißbarkeit. – *Durchführen des Frischtemperns* früher nur in „Tempererz" verpackt in Tempertöpfen (0,2 ... 1 t Guß + $\approx$gleiches Gewicht Packmittel) aus GG (veraltet), unlegiertem oder Cr-Ni-legiertem GS. Packmittel ist Roteisensteinsplit (Fe_2O_3), „verdünnt" 1 : 4 ... 1 : 5 mit schon gebrauchtem „Alterz", so daß etwa 10% Fe_2O_3 zur Verfügung. Fe_2O_3 geht infolge O_2-Abgabe in $FeO \cdot Fe_2O_3 = Fe_3O_4$ über (Reduktion). Heute bei GTW auch weitgehend *Gasfrischtempern* ohne Packmittel, dabei Kleinguß in Kästen („Körben") aus hitzebeständigem Lochblech (vgl. Abb. III.98) bzw. Großteile auf Herdwagen bzw. Stapelplatte aufgeschichtet. Ofenatmosphäre z. B. 30% CO, 10% CO_2, 25% H_2, 13% H_2O (Dampf), Rest N_2, erreicht durch Einblasen von H_2O-Dampf, der z. B. am bzw. auf dem Ofen durch kleinen Kessel erzeugt wird, geheizt durch ausgestoßene Tempergase, dabei bestmögliche Entkohlung ohne Gußstück-Zunderung.

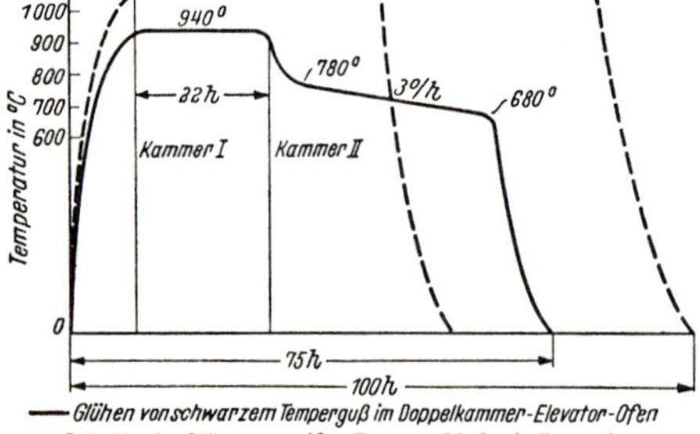

Abb. III.97. Typische Glühkurven für weißen und schwarzen Temperguß (nach *K. Rösch*).

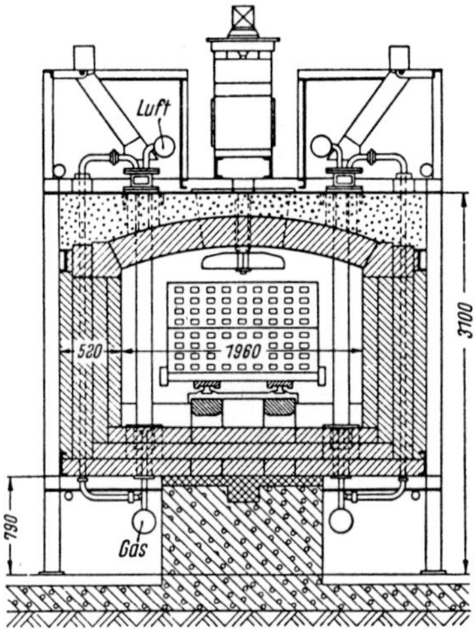

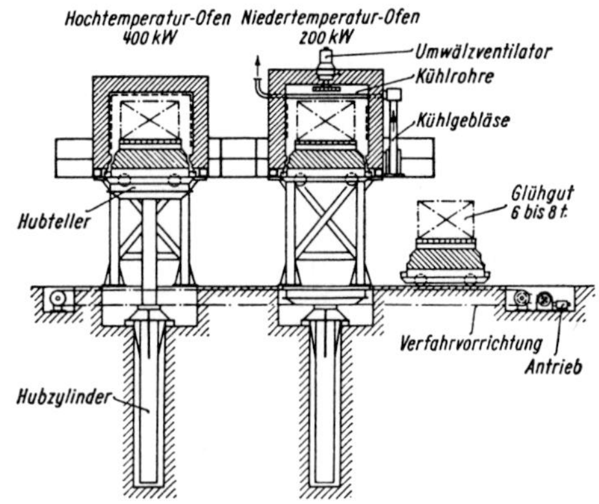

Abb. III.98. Tunnel-Gastemperofen (Querschnitt) mit indirekter Gasbeheizung durch Strahlrohre, Bauart: BSI-Indugas/Ludwig 1955. Kleine Teile in Lochblechkästen, oben Ventilatorflügel zur Tempergas-Umwälzung.

Abb. III.99. Elektrisch beheizte Zweiofen-Elevator-Temperanlage für GTS, schematisch (nach *H. Banneitz*).

2. *Glühtempern* von GTS ohne C-Entzug: 1. Stufe der Graphitisierung wie unter a) bei 940 ... 950 °C (1. Glühstufe, Abb. III.97), dabei Bildung von Temperkohlenestern in C-gesättigtem Austenit, anschließend in 2. Glühstufe verlangsamter Temperaturabfall (3 ... 5 °C/h) zwischen 780 ... 680 °C, dabei begünstigt durch rel. hohen Si-Gehalt. 2. Stufe der Graphitisierung, in der aus Zementitanteil des Perlits sinngemäß wie oben C ausfällt, der sich an vorhandene Temperkohlenester anlagert. Endgefüge: Ferritische Grundmasse und Temperkohle (gesamter C bleibt im Guß!). *Durchführen des Glühtemperns* früher in Tempertöpfen, in denen Gußstücke in Sand verpackt waren; heute ausschließlich Gasglühtempern analog unter 1., wobei sich aus ursprünglicher Luftfüllung des Ofens nach Verbrauch des O_2 (Bildung hauchdünner Randentkohlung) von selbst inerte Glühatmosphäre mit nur geringem CO-Anteil einstellt. GTP mit gegenüber GTS erhöhter Festigkeit dadurch erreicht, daß 2. Glühstufe durch Abschrecken aus 850 °C mit Anlassen (siehe unten!) ersetzt wird. Dieser GTP mit $\sigma_B = 500$ ... 800 N/mm² und $\delta = 8$ ... 2% findet neuerdings starkes Interesse.

Temperglühöfen. Beheizung mit festen Brennstoffen verlassen. Heute Kammer-, Tiefen- und Tunnelöfen mit Tempertopf-Beschickung (GTW), *direkt* beheizt mit Ferngas, Misch- oder Generatorgas (vereinzelt auch Koksofengas); ferner kleinere Herdwagenöfen (ausfahrbarer Herd) mit elektrischer Beheizung für Topfglühung. Wesentlicher Fortschritt war *indirekte* Gasbeheizung über Strahlrohre (Abb. III.98) oder durch elektrische Heizwiderstände zum Gastempern von GTW und GTS [III.30] mit automatisch gesteuerter Glühkurve: Haubenglühöfen (Haube durch Kran gehoben bzw. versetzt, Glühgut auf Fundament), Tunnel- oder „Durchlauföfen" (Durchstoßöfen), Querschnitt in Abb. III.98, und Elevatoröfen [III.30], wobei unten offene Glühhaube fest auf Gestell über Flur und abschließende Stapelplatte (Wagen) mit Glühgut von unten (meist hydraulisch gehoben) eingefahren wird. Für GTS ist 2-Ofen-Elevator-Anlage bestimmt, Abb. III.99: Links Aufheizen und 1. Glühstufe, dann Glühgut nach Umsetzen im rechten vorgeheizten Ofen mit automatisch gesteuerter Glühkurve langsam (Kühleinrichtung!) und gleichmäßig (Luftumwälz-Ventilator!) kühlen.

Putzen nach Tempern für in Packmittel getemperte Teile durch Rommeln oder leichtes Schleuderstrahlen. Nach Gastempern entfällt Putzen, außer bei folgendem Verzinken bzw. Verzinnen, dann vorher leicht Schleuderstrahlen oder Beizen.

Richten von Glühgut aus Tempertöpfen bei verlangter Formgenauigkeit meist nötig, beim Gastempern nur selten; auch Reißen der Temperteile beim Gastempern verschwindend gering gegenüber Topftempern. Richten dünnwandiger Teile kalt, dickwandiger warm, bei Massenware in Richtgesenken unter Presse.

Wärmebehandlung. *Vergüten* bei GTW und GTS durch Abschrecken aus Temperprozeß von ≈850 °C in Luft, Wasser oder Öl, oder kalte Temperteile auf 850 °C erhitzen mit raschem Abkühlen; in beiden Fällen Anlassen auf 650 °C. Aus GTS so GTP erhalten; auch bei GTW erhebliche Festigkeitssteigerung. *Weichglühen* (um A_{c1}) zur Verbesserung der Zerspanbarkeit (körniger Perlit!), dabei auch δ-Verbesserung, aber σ_B sinkt. *Abschrecken* von GTS aus 650 ... 700 °C nötig, wenn anschließend Verzinken erfolgen soll, sonst Versprödung.

Oberflächenhärten (Erhöhung der Verschleißfestigkeit) bei GTP ohne weiteres, bei GTS löst sich durch Erhitzen Temperkohle im Fe; bei GTW nur örtlich nach Abspanen der Ferritschicht.

Schweißen von GTW manchmal üblich (Gieß-Schweiß-Konstruktion, z. B. PkW-Hinterachse, dabei beide formschwierige GTW-Endstücke mit Achsrohr aus Stahl durch Abbrenn-Stumpfschweißen verbunden); auch Schmelzschweißen möglich. GTS praktisch nicht schweißbar (wird sprödhart).

Anwendungsbeispiele: GTS und GTP: Transportkettenglieder, Dieselkolben, Triebwerksteile, Zahnräder, Laufrollen, Steuerwellen, Nockenscheiben, Bremstrommeln, Hinterachsgehäuse, Kurbelwellen (in USA bis 260 kg Höchstgußgewicht); außerdem zahllose kleinere Teile. GTW besonders in Deutschland noch bevorzugt, aber GTS nimmt auch hier stark zu. Hier etwa ⅓ des GTW für Fittings; im übrigen Beschlagteile aller Art im Maschinen-, Apparate- und Waggonbau, Transportkettenglieder, Hochspannungsarmaturen u. a. E-Teile, verwickelte Teile im Fahrzeug- und Flugzeugbau mit Anschweißmöglichkeiten an Stahl wegen guter dynamischer Festigkeit; Rohrknotenpunkte von Fahrradrahmen, Schäkel, Seilklemmen, Schiffbaubeschläge, Schraubenschlüssel, Meßwerkzeuge u. v. a.

14. NE-Metall-Formguß [II.7]

Hier Sandguß im weiteren Sinn (Schleuderguß Abschn. 3 f; Kokillenguß Abschn. 6; Druckguß Abschn. 15).

Formherstellung aus mineralischen Stoffen verschiedener Art wie in der Eisengießerei über Modell, bzw. Formplatte auf Formmaschine; ggf. durch Schablonieren (z. B. Glockenguß).

Formstoffe sind „*Grünsand*“ (Naßguß, am verbreitetsten, vorwiegend für Leichtmetalle, da gut gasdurchlässig; jedoch bei Al-Guß Formen kurz vor Guß „abflammen“! Bei Mg-Guß mit Zusatz von „Schwefelblüte“ (S) und Borsäure (H_3BO_3), besonders auch für warmrißempfindliche Legierungen, da Form nachgiebiger; *Massesand* (Trockenguß, bes. für größere Teile); *Masse* (siehe Abschn. 12, Stahlguß) für über 1300 °C zu vergießenden größeren Schwermetallguß; *Lehm* (Glockenguß); *Gips* und *Schaumgips* besonders zum Guß von Modellplatten (Ms und Al-Leg.); ferner alle unter „Neuere Formverfahren“ (Abschn. 3 h) genannten Formstoffe in Verbindung mit diesen Verfahren.

Schmelzrohstoffe. Legierungsherstellung heute grundsätzlich in Metallhütten und Umschmelzwerken. Gießereien setzen fertiglegiertes „*Blockmaterial*“ ein, variieren Grundlegierungen ggf. für Sonderzwecke durch Legierungszusätze und führen Gattierungskorrekturen als Ausgleich für Abbrand durch.

Nur in wenigen Sonderfällen Grundaufbau der Legierung in Gießerei, wenn seltenere Sonderlegierungen nicht kurzfristig erhältlich. – Neben Blockmaterial werden Kreislaufmaterial, sowie u. U. brikettierte Späne gesetzt, wobei je nach Gütevorschrift Menge begrenzt sein kann.

Gießerei-Schmelzöfen. In großen Gießereien wird in besonderen Schmelzöfen vorgeschmolzen, dann auf Gießöfen, auch Absteh- oder Warmhalteöfen genannt, verteilt; hier „Schmelzbehandlung" (s. u.!) und Einstellen der Gießtemperatur. Kleine Gießereien arbeiten mit kombinierten Schmelz- und Gießöfen, aus denen auch während des Schmelzens Metall zum Guß entnommen werden kann. Alle Öfen mit automatischer Temperaturregelung.

Ofenarten: *Tiegelöfen* vorherrschend in kleineren Gießereien mit öfterem Legierungswechsel. Beheizung mit Koks überholt, heute üblich mit Gas, Öl, seltener durch el. Widerstand. Fassungsvermögen für Leichtmetalle 25 ... 100 kg, für Schwermetalle 60 ... 800 kg. Tiegel meist aus Ton-Graphit (halten 15 ... 20 Schmelzgänge), zum Warmhalten von Al-Legierungen auch GG mit Schamotte-Wasserglas-Schlichte, für Mg- und Pb-Legierungen geschweißte Stahlblechtiegel ohne Schutz, da Fe-Angriff nicht erfolgt. *Induktions-Schmelzöfen* [III.18] (geringster Abbrand, hohe Gußqualität durch sehr niedrigen H_2- und O_2-Gehalt) Ausführung mit *magnetischem Kern:* Netzfrequenz-(NF-)Rinnenofen (Abb. III.100), auch als kombinierter Schmelz- und Schöpfofen mit mittlerer Trennwand. Nicht mit fester Charge anfahrbar; „Sumpf" muß anderweitig vorgeschmolzen werden. Legierungswechsel schwierig, aber guter Wirkungsgrad. *Ohne magnetischen Kern:* Kernloser Netzfrequenz-NF-)Induktionsofen analog Abb. I.69, jedoch hier Spule direkt um keramisch gestampften Tiegel und Spulenoberkante nur bis halbe Tiegelhöhe, dann ruhige Schmelzoberfläche. – Für Legierungen, die Fe nicht angreifen (z. B. Mg- und Pb-Legierungen), auch aushebbarer Stahltiegel (8 ... 12 mm Blechdicke) in nicht kippbarem Ofen, Abb. III.101 dabei Wärmeerzeugung vorwiegend in Schmelze, zum kleinen Teil auch in Tiegelwand. – Mittelfrequenz (MF-)-Induktionsofen für kleinere Chargengewichte (... 40 kg) hat gewisse Nachteile, seine Weiterentwicklung als *Haubenschmelzofen* jedoch beachtlich: Durch Hebezeug hebbare und über mehrere Tiegelstellplätze schwenkbare Schmelzhaube mit Induktionsspule wird über Tiegel auf Fundament gestülpt. Sehr kurze

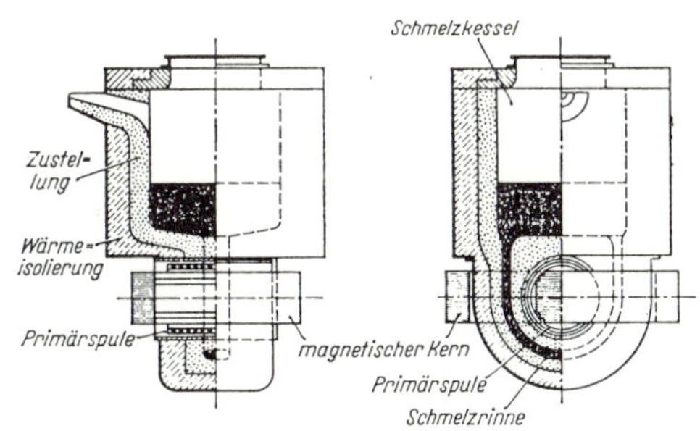

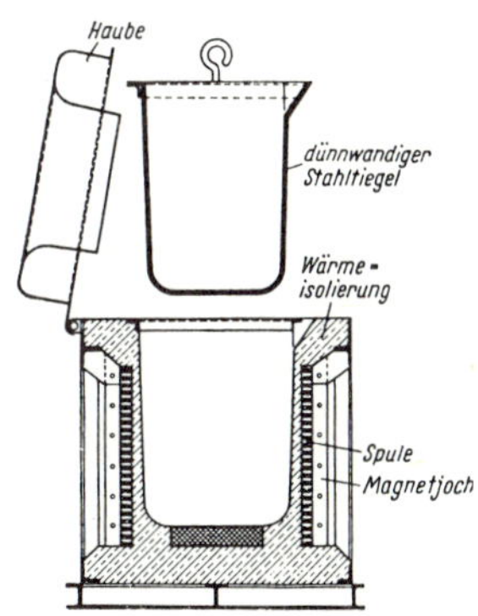

Abb. III.100. Kippbarer Netzfrequenz-Rinnenofen („Sekundärspule" ist Schmelze in gebogener Rinne).

Abb. III.101. Kernloser Netzfrequenz-Induktions-Tiegelofen, nicht kippbar, jedoch mit herausnehmbarem Stahltiegel.

Schmelzzeit; direkt aus tragbarem Tiegel Form füllbar, während Haube inzwischen Inhalt anderen Tiegels schmilzt. – Bei *Kesselofen* (50 ... 1000 kg) für niedrigschmelzende Metalle (Pb-, Zn- und Sn-Legierungen) befindet sich kalottenförmiger Kessel über Feuerungsraum (Öl- oder Gasbeheizung); entweder kippbar, oder über Bodenhahn zu entleeren bzw. Schöpfentnahme.

Herdofen (0,5 ... 5 t) als kippbarer Flammofen mit Öl- oder Gasbeheizung für Schwermetall-Gießereien, als el. beheizter Wannenofen mit Heizwiderständen in Wannendeckel (Schmelzofen für Leichtmetall-Gießereien), ferner als gas- oder ölbeheizte kipp-, dreh- und schaukelbare Kleinflammöfen, z. B. als Trommelofen für Leicht- und Schwermetall-Gießereien zum Einschmelzen von Spänen und Schrott (0,5 ... 25 t), als Kugel- und Ellipsoid-Ofen für gleichen Zweck (0,25 ... 4 t), sowie als Wannenofen (0,5 ... 25 t).

Hochvakuum-Lichtbogen-Schmelzofen für Formguß [II.7] nur für Sonderfälle, wenn hoch gasempfindliche Legierung vollständig gasfrei sein muß, um verlangte Zähigkeit zu ergeben, z. B. Titan-Formguß (Betrieb teuer). Auch Formen des Modell-Ausschmelzverfahrens nach vorheriger Entgasung kommen bei Ni- und Co-Legierungen dafür in Frage; meist jedoch nur Vakuumbehandlung der Schmelze.

Schmelzbehandlung und Fertigmachen zum Guß. Grundsätzlich: Schmelze ggf. durch Deckschicht gegen Lufteinwirkung so gut wie möglich schützen, trotzdem durch „Abbrand" mögliche Legierungsveränderung, da nicht alle Bestandteile gleichstark oxidieren, daher vor Guß Legierungskorrekturen. Oxidschicht auf Schmelze heißt „Krätze". Oft Schmelzbehandlung mit „Schmelzmitteln", das sind Abdeckmittel, Entgasungsmittel, Schmelzreinigungsmittel, Al-Entferner, Desoxidatoren, Entschwefelungsmittel, Kornfeinungsmittel, Spurenelemente zur Herabsetzung der O_2-Aufnahme leicht oxidierbarer Metallschmelzen. Im einzelnen:

Al-Legierungen: Nicht über 760 °C erhitzen, sonst starke Gasaufnahme. Al-Si-Leg. (Silumin-Typen) durch Na oder Na-haltige Salze kornverfeinern („feinen"), dadurch σ_B- und δ-Steigerung, Minderung der Lunkerneigung). Al-Mg-Legierungen über 3% Mg nehmen leicht H_2 und N_2 auf; Al_2O_3 und Mg_3N_2 sind Ursache harter Stellen im Guß; Schmelze mit $MgCl_2$-haltigen Salzmischungen abdecken und nach deren Abziehen mit neuer Salzdecke durch deren Einrühren „waschen". Gießtemperatur $\leqq 750$ °C. – Weiße Flecken auf Bruchfläche sind Zeichen H_2-Gehalts, wenn Waschen nicht ausreicht. Wichtig: Ganz trockener Schmelzeinsatz, sonst infolge H_2O-Zersetzung H_2-Aufnahme und Al_2O_3-Bildung. Al_2O_3-Häutchen, die wenig schwerer als Al sind, schwimmen nicht auf, gelangen in Gußstück und führen zu dessen Versprödung; gleiche Folgen hat zu hoher Satz kleinstückigen Schrotts.

Mg-Legierungen: Schmelzen in geschweißten Stahlblechtiegeln ohne Schlichte möglich, da kein Angriff (Fe legiert sich nicht mit Mg, ganz im Gegensatz zu Al!). Einschmelzen möglichst wenig über Liquiduspunkt; erst kurz vor „Waschen" auf 750 °C erhitzen unter Aufstreuen und Einrühren von „Waschsalz" auf Basis ($MgCl_2 + KCl$), das, da hygroskopisch, gut trocken sein muß. Salz nimmt Oxid und Nitrid auf und reinigt auch sonst, sinkt dabei auf Tiegelboden. Mehrere Waschungen, bis Oberfläche metallisch blank. Nach Waschen Überhitzen (wegen Dünnflüssigkeit und zur Kornfeinung) je nach Legierung auf 850 ... 930 °C mit Salzabdeckung (Vorsicht! Brandgefahr), dann Abstehenlassen bis Gießtemperatur 680 ... 800 °C je nach Wanddicke. Beim ruhigen Vergießen darf Salzdecke nicht reißen; laufend „Schwefelblüte" aufstäuben zur SO_2-Bildung (als Schutzgas gegen O_2-Zutritt). – Nach *Elfinal*-Verfahren wird nach vorherigem Waschen $FeCl_2$ mit Tauchglocke bis Tiegelboden gebracht. Unter Aufwallung (Cl-Abgabe) entstandenes $MgCl_2$ reinigt, während freiwerdendes feinstes Fe ungelöst als Keime für Feinkornbildung wirkt, ersetzt also gefährliches starkes Überhitzen bzw. teuren Be-Zr-Zusatz.

Schwermetall-Legierungen: Am schwierigsten Reinkupferguß für leitende Teile der E-Technik (E-Cu-Guß, noch nicht genormt). Badoberfläche möglichst klein und ohne Schmelzabdekkung; C könnte mit O_2 zu CO-Bildung führen (blasiger Guß). Kein Rühren mit Eisenstangen!

Desoxidation nicht mit P (Reste schädigen Leitfähigkeit stark!), sondern mit Mg. Rein-Cu besonders empfindlich gegen H_2- und SO_2-Aufnahme, daher Schutz gegen Gasaufnahme, jedoch keine Entgasungsmittel verwenden, ggf. Schutzgas. – Sonstige Schwermetall-Legierungen weniger schwierig. SnBz empfindlich gegen O_2; SnO_2-Häutchen in Schmelze bewirken „Zinnsäurekrankheit" (Versprödung), daher Desoxidation mit Phosphorkupfer, dann „Phosphorbronze" genannt. – Rg ebenso wie Ms wegen Zn-Gehalt gegen O_2-Aufnahme unempfindlich (über Schmelze Zn-Dampf, der O_2 unter ZnO-Bildung abbindet; weißer ZnO-Rauch). Verdampftes Zn durch Nachsetzen ergänzen! – Rein-Ni-Guß selten, sehr schwierig herzustellen wegen begieriger H_2-Aufnahme (ergibt blasigen Guß); Ni-Legierungen weniger empfindlich. Beide sorgfältig zu desoxidieren. – Pb und Pb-Legierungen wegen Pb-Verdampfung (Bleivergiftung!) sowie Zn und seine Legierungen wegen Zn-Dampfbildung („Zinkfieber" ≡ „Gelbgießerei-Fieber" in Messinggießereien) gesundheitlich gefährlich, daher gute Absaugungsanlage. – Sandguß von Al- und Mg-Legierungen weitgehend zurückgedrängt durch Kokillen- bzw. Druckguß.

15. Druckguß [II.7]

Begriff: Druckguß ist Gußerzeugnis, bei dessen Herstellung Metall in flüssigem (bei Cu-Leg. in breiigem) Zustand unter hohem Druck schnell in genau gearbeitete Dauerform aus Stahl gedrückt wird. Zur Verarbeitung kommen hauptsächlich Zn-, Al-, Mg-Legierungen, weniger auch Cu-Legierungen, heute nur noch selten Pb- und Sn-Legierungen, an denen seinerzeit das Druckgieß-Verfahren entwickelt wurde.

Druckgießen ist kürzester Weg vom Hütten-Blockmetall zum einbaufertigen Teil (daher früher auch „Fertigguß" genannt) mit geringstem Werkstoffaufwand, geringster Nacharbeit (meist nur Entgraten), wobei oft verwickelte, bisher mehrteilige Ausführung durch einteiliges Druckgußstück ersetzt werden kann. Druckgießen ist Weiterentwicklung des Kokillengießens und in starker Ausweitung begriffen. Bezeichnung „Druckguß" früher eingeführt als Sammelbegriff für *„Spritzguß"* (≙ heutigem Warmkammer-Verfahren) und *„Preßguß"* (≙ heutigem Kaltkammer-Verfahren); beide Ausdrücke heute aus Metallgießerei verschwunden. Mit „Spritzguß" wird heute ausschließlich gleichartige Gießformgebung von Kunststoffen bezeichnet. Auf Metallsektor wird Guß obiger Begriffsfestlegung heute ausschließlich mit Druckguß bezeichnet.

Arbeitsverfahren. Es haben sich zwei Verfahren herausgebildet: Das ältere, ursprünglich für niedrigschmelzende Pb- und Sn-Legierungen entwickelte *Warmkammer-Verfahren* und das jüngere, eigentlich für höherschmelzende Metalle (Ms) entwickelte *Kaltkammer-Verfahren.*

a) Warmkammer-Verfahren: Druckkammer befindet sich im (am) Warmhaltebehälter und wird mit diesem dauernd erhitzt (Überhitzungsgefahr; evtl. größerer Maschinenverschleiß). Druckerzeugung durch *Kolbenpumpe* (heute vorherrschend, vg. Abb. III.102 oder durch *Druckluft* (20 ... 60 bar); heute nur noch vereinzelt, dabei Verwendung eines schwenkbaren, pfeifenkopf-ähnlichen Tauchschöpfers mit Druckluft-Anschluß. Verwendbar für alle Druckguß-Legierungen, ausgenommen die des Cu. Soweit eingesetzt raschere Schußfolge möglich, Automatisierung leichter durchführbar als bei b); bei Kolbenmaschinen Preßdruck 70 ... 250 bar.

b) Kaltkammer-Verfahren: Druckerzeugung immer mit Kolbenpumpe, wobei Druckkammer (-Zylinder) vom Warmhaltebehälter getrennt. Abb. III.103 zeigt heute noch gebräuchliches Verfahren mit senkrechter, zur Maschine gehöriger Druckkammer, außerhalb und par-

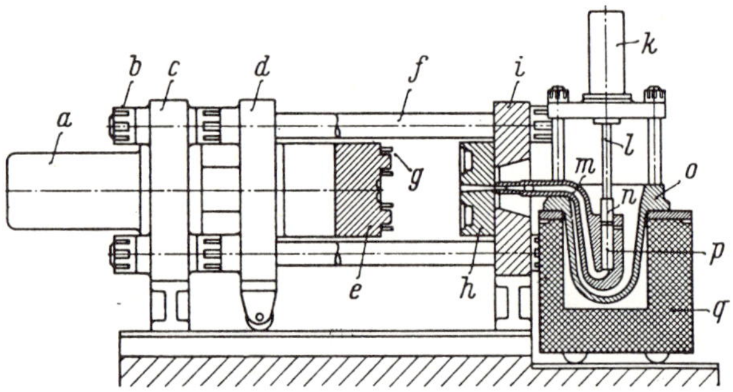

Abb. III.102. Neuzeitliche reinhydraulische Warmkammer-Druckgießmaschine mit Kolbenpumpe (nach *G. Lieby*). a Schließzylinder, b Rundmutter, c Kopfplatte, d bewegliche Maschinenplatte, e Auswerferformhälfte, f Säule, g Auswerfer, h Eingußformhälfte, i feste Maschinenplatte, k Schußzylinder, l Kolbenstange, m Druckbehälter, n Druckkolben, o Tiegel, p Druckkammer, q Ofen.

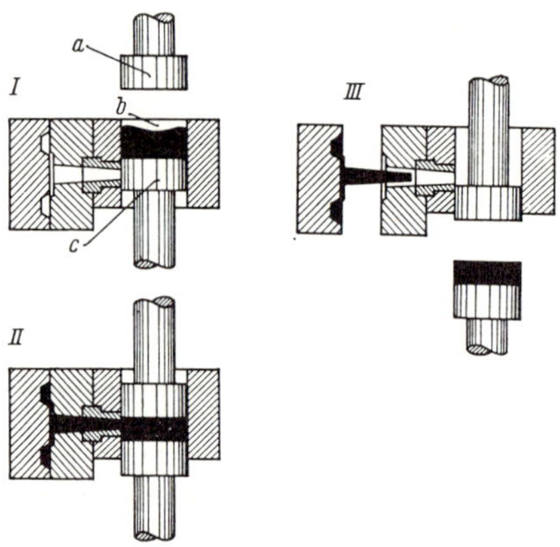

Abb. III.103. Arbeitsweise einer Kaltkammer-Druckgießmaschine mit senkrechter Druckkammer parallel Formteilebene (Verfahren nach *J. Polack*, seit ≈1927). a Preßkolben, b Preßkammer, c Gegenkolben. I Metall eingeschöpft; II nach Vorschub von a gibt unter Federdruck stehender c nach (hat jetzt festen Anschlag); Gießvorgang; III Abtrennen und Ausstoßen des Gießrestes; Formöffnung.

allel Formteilebene; ähnliches Verfahren mit in Gießform eingearbeiteter Druckkammer für Kleinteile nicht bewährt und verlassen. Abb. III.104 zeigt heute vorherrschendes Verfahren mit waagrechter Druckkammer, Abb. III.105 entsprechende Maschine dazu; verschiedene Variationen möglich. – Im Gegensatz zu a) bei gleicher Legierung vergleichsweise niedrigere Temperatur in Druckkammer, in die Metall erst unmittelbar vor „Schuß" normal durch Handschöpfer eingebracht wird. Wegen nur kurzer Verweilzeit dort damit geringere thermische Beanspruchung von Druckkammer und Kolben, auch für Stahlangriff durch Al-Legierungen kaum Zeit, also Maschinenschonung. Alle Druckgußlegierungen damit verarbeitbar einschließlich Cu-Legierungen (letztere ausschließlich hier!). Schußleistung geringer als bei a), da Schmelzeinbringung von Hand. Automatische Fülleinrichtung aufwendig und störanfällig, aber bei Mg-Legierungen erforderlich und bewährt (Abb. III.106); dabei SO_2-Schutzgas aus Flasche. – Besonderer Vorzug von b): Relativ hochschmelzende Metalle (Cu-Leg.) wegen Verarbeitbarkeit unter Liquiduslinie („breiig") bei höchsten spez. Preßdrücken bis 2000 bar verarbeitbar. Erstarrung unter Aufrechterhaltung des Preßdruckes erhöht Gußdichte und damit σ_B und δ. Heute auch bei Zn-, Al- und Mg-Leg. vorherrschend.

Druckgießmaschinen (einheitliches Bezeichnungswesen von Druckgießmaschinen und -Formen nach VDG-Merkblätter M 101 und F 101) in verschiedenen Ausfüh-

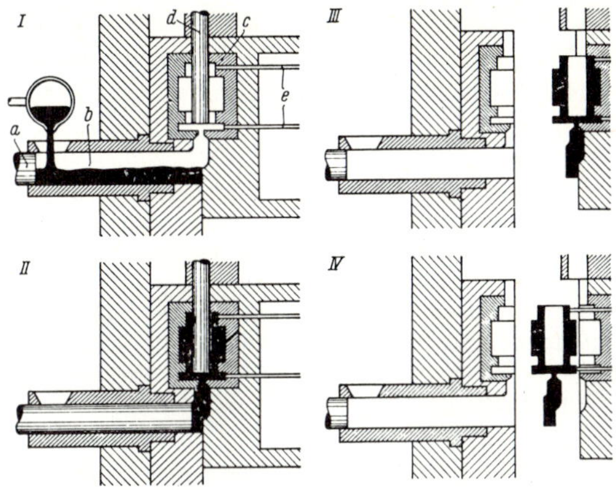

Abb. III.104. Arbeitsweise des Kaltkammer-Druckgießverfahrens, hier waagerechte Druckkammer senkrecht Formteilebene (Verfahren nach *V. Eckert,* seit ≈1930). I Form geschlossen, Metall flüssig oder breiig in Druckkammer b; II Hydraulisch betätigter Druckkolben a drückt Metall durch Anguß und Anschnitt in Formhohlraum c mit Kern d; III Form c geöffnet, Kern d ausgefahren, Kolben in Ausgangsstellung; IV Auswerferstifte e stoßen Gußstück aus (e gehen dann zurück, c wird geschlossen und d eingefahren).

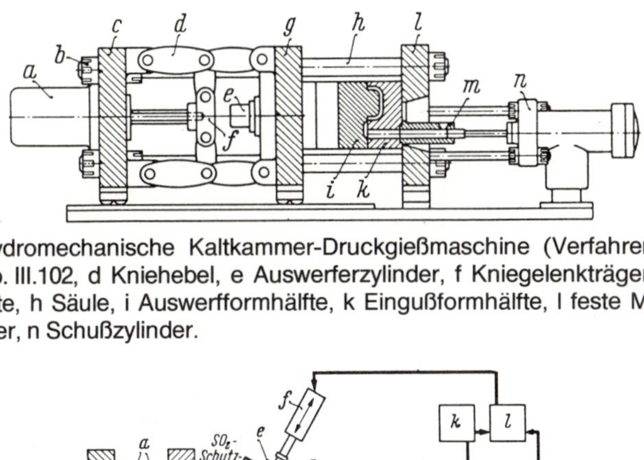

Abb. III.105. Hydromechanische Kaltkammer-Druckgießmaschine (Verfahren Abb. III.104); a ... c wie Abb. III.102, d Kniehebel, e Auswerferzylinder, f Kniegelenkträger, g bewegliche Maschinenplatte, h Säule, i Auswerfformhälfte, k Eingußformhälfte, l feste Maschinenplatte, m Druckkammer, n Schußzylinder.

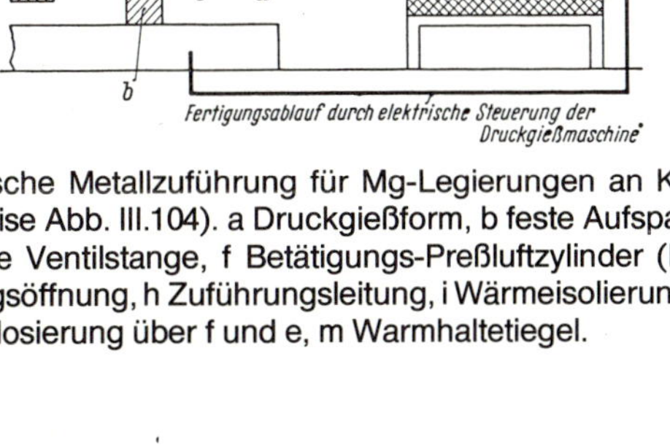

Abb. III.106. Automatische Metallzuführung für Mg-Legierungen an Kaltkammer-Druckgießmaschinen (Arbeitsweise Abb. III.104). a Druckgießform, b feste Aufspannplatte, c Druckkammer, d Druckkolben, e Ventilstange, f Betätigungs-Preßluftzylinder (Einlaß der Schmelze), g Deckel zur Reinigungsöffnung, h Zuführungsleitung, i Wärmeisolierung, k Badniveau-Regler, l Steuerung für Metalldosierung über f und e, m Warmhaltetiegel.

rungen, besitzen alle *Schließaggregat,* das Formhälften zusammenpreßt; Schließdruck abhängig von Werkstückfläche (cm^2) in Formteilebene und spez. Preßdruck (bar), bei größten ausländischen Maschinen heute bis ≈25 MN. Ferner *Preßaggregat,* das Metall in Form drückt.

Abb. III.102 zeigt Kolben-Warmkammer-Druckgießmaschine, Abb. III.105 Kaltkammer-Druckgießmaschine mit waagrechter Druckkammer, beide mit heute üblichem elektrisch geregeltem hydraulischen Antrieb. Veraltete Warmkammer-Maschinen mit Handbetrieb nur noch selten verwendet, ggf. gelegentlich für kleinere Serien, bes. von Teilen aus Pb- und Sn-Legierungen, soweit für Sonderfälle noch verlangt. *Gießleistungen* (Schußleistungen): Warmkammermaschinen halbautomatisch bis 600 Schuß/h, Kaltkammer-Maschinen 350 ... 300 Schuß/h, Druckguß-Automaten für kleinere Teile aus Zn-Legierungen ≈1200 Schuß/h und mehr. Automatisierung bei Druckgußfertigung in ständiger Weiterentwicklung [III.31, 32].

Druckgießformen [III.33] (vgl. Abb. III.107) sind zweihälftige Stahlformen, bestehend aus Einguß- und Auswerf-Formhälfte, ggf. mit ziehbaren seitlichen oder in Öffnungsrichtung angeordneten festen Stahlkernen, u. U. mit Schiebern für hinterschnittene Stellen (einheitliches Bezeichnungswesen von Druckgießmaschinen und -Formen nach VDG-Merkblätter M 101 und F 101).

Mit einzugießende Teile (Gewindebolzen und -ringe, Lagerbüchsen, Wellen u. ä.) sind ggf. von Hand nach Einsprühen der Form mit Trennmittel vor Gießprozeß einzulegen. Kritische Stellen (Eingießbereich) oft mit Wasserkühlbohrungen (für Cu-Legierungen unerläßlich) versehen.

Gießformen-Stähle: 1. Für Pb- und Sn-, sowie Zn-Leg. bei kleinen Serien ungehärteter, unlegierter C-Stahl (0,6 ... 0,8% C). 2. Für Leichtmetall- und Zn-Leg. (größte Stückzahlen) geeignete Warmarbeitsstähle, hochvergütet, heute vielfach warmfeste Mo-Werkzeugstähle bevorzugt, da besser wärmeleitfähig und weniger warmrißanfällig als die früheren zusätzlich mit Cr und W legierten Stähle. 3. Für Cu-Legierungen hochlegierte Warmarbeitsstähle mit bis 15% W, bis 10% Cr und 1,5% V. – Stahlkerne und -Schieber nitriert bzw. sulfinuziert; Formoberfläche nach Vergütung poliert bzw. durch „Schlammstrahlen" (z. B. Druckwasserstrahl mit suspendiertem feinen Glaspulver) seidenmattiert (Trennmittel haftet besser).

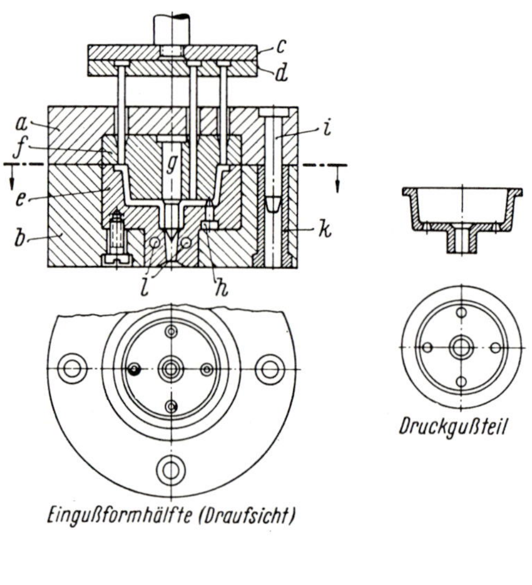

Abb. III.107. Druckgießform (grundsätzlicher Aufbau) in edelstahlsparender Bauweise; nur feste Kerne. a Auswerfformhälfte, b Eingußformhälfte, c Auswerferdeckplatte, d Auswerferplatte, e Formteil 1, f Formteil 2, g, h Kerne, i Führungsstift, k Führungsbüchse, l Wasserkühlung.

Gießform-Lebensdauer: Für 1. praktisch beliebig (mehrere Millionen Schuß); für 2. bei Zn-Legierungen praktisch unbegrenzt, bei Al-Leg. heute bis 250 000 Schuß, für Mg-Legierungen noch höher; für 3. $\leqq$10 000 je nach Formschwierigkeit, z. T. noch unbefriedigend. – *Luftabfuhr aus Gießform* durch seichte Schlitzanschnitte in mehrere um Werkstückbegrenzung angeordnete „Luftsäcke" oder in um ganzes Werkstück herum angeordneten Kranzkanal, wesentlich erleichtert durch Vakuumguß (s. u.!).

Druckguß-Legierungen: In den betreffenden Normblättern mit Kurzzeichen GD ... gekennzeichnet. Nicht alle für Sand- und Kokillenguß geeigneten Legierungen für Druckguß brauchbar, da hier *Sonderforderungen:*

Die wichtigsten sind: 1. Legierung mit Erstarrungsbereich (daher reine Metalle, ausgenommen Pb und Sn, sowie eutektische Legierungen mit Haltepunkt wenig geeignet; 2. Ausscheidungsfrei in der Wärme und geschmolzen im Warmhaltetiegel; 3. Ausreichend dünnflüssig für Druckguß (Konturenschärfe; keine Neigung zu Bindefehlern an Schmelzstoßstellen beim Vollfließen der Form trotz schroffer Kühlung); 4. Seigerungs- und lunkerfrei bei ungleichmäßiger und schroffer Kühlung; 5. Gußstück maß-, gefüge- und möglichst korrosionsbeständig; 6. Bei Schwindbehinderung in Form möglichst wenig zu Warmrissen und Gußspannungen neigend; 7. Flüssig relativ leicht frei von schädlichen Gasen zu halten. – Im einzelnen: (Siehe auch die betreffenden Legierungsgruppen in Abschn. I.E!)

a) **Pb-Legierungen** (DIN 1741, Juli 1973), heute nur noch „GD – Pb 85" (im Normblatt bisher als Sg Pb 85 bezeichnet) mit $\approx$10% Sb, $\approx$5% Sn; $\sigma_B \approx 80$ N/mm², $\delta \approx 8\%$, $HB \approx 20$, $\varrho \approx 9{,}8$ g/cm³. Nur noch für Sonderteile hoher Dichte (Schwung- und Pendelgewichte, Meßgeräteteile) und Drucklettern.

Sn-Legierungen (DIN 1742, Juli 1971), heute nur noch „GD-Sn 75" (im Normblatt bisher mit Sg Sn 75 bezeichnet) mit $\approx$17% Sb, $\approx$5% Cu, $\approx$3% Pb; $\sigma_B = 100$ N/mm²; $\delta \approx 2\%$, $HB \approx 30$; $\varrho \approx 7{,}2$ g/cm³. Nur noch selten für Teile in Elektrizitäts- und anderen Zählern und Geschwindigkeitsmessern. – Auch Rein-Sn und -Pb druckgießbar, aber nur selten, wenn Korrosionsbeständigkeit bzw. hohe Dichte maßgebend.

b) **Zn-Legierungen** (DIN 1743, Juni 1967): Idealer Druckgießwerkstoff mit besten Gießeigenschaften, Wanddicke bis 0,5 mm möglich, jedoch Feinzink Zn 99,99 als Basis, da geringste Sn- und Pb-Gehalte zu interkristalliner Korrosion führen (siehe Abschn. Zn-Legierungen!).

GD-ZnAl 4 mit 4% Al (am maßbeständigsten) und GD-ZnAl 4 Cu 1 mit zusätzlich 1% Cu (besser gießbar und verschleißbeständiger), beide mit 0,02 ... 0,05% Mg (besser korrosionsbeständig), vgl. Tab. I.27 b; $\sigma_B \geqq 250$ bzw. 270 N/mm², $\delta \geqq 1{,}5$ bzw. 2%, $HB \geqq 70$ bzw. 80, also relativ gute Festigkeit, jedoch ungünstige Dauerstandfestigkeit, bei tieferen Temperaturen Kaltversprödung; obere Verwendungstemperatur 90 ... 100 °C. Auf Warm- und Kaltkammermaschinen verarbeitet, auf letzteren bes. für Stücke, die galvanisch behandelt werden. Oberflächenbehandlung wegen Korrosionsschutz und (oder) besseren Aussehens durch hauptsächlich Verchromen, Phosphatieren und Lackieren. – Neuerdings GD-ZnAl 4 Cu 1 mit 0,004 ... 0,005 Be, dadurch $\sigma_B = 270$ ... 330 N/mm², $\delta = 11$ ... 7%, $a_k = 110$ ... 80 J/cm², außerdem noch bessere Oberfläche [III.34].

c) **Mg-Legierungen** [III.35] (DIN 1729, Bl. 2, Juli 1973): 2 Legierungen mit 8 bzw. 9 Al und 1 Zn (Tab. I.34) mit $\sigma_B = 200$ ... 250 N/mm², $\delta_5 = 0{,}5$ ... 2%, $HB = 60$ ... 85, $\varrho \approx 1{,}8$ g/cm³. Für Druckguß besser als Al-Leg. geeignet, vor allem da keine Fe-Aufnahme aus Druckkammer und Form; gute Gießeigenschaften bes. für verwickelte dünnwandige Teile, wenn auch Festigkeitswerte etwas niedriger als bei Al-Leg. Geringe Warmfestigkeit und größere Warmrißempfindlichkeit beim Übergang flüssig-fest (durch Gestaltung auszugleichen!). Brennbarkeit der Schmelze durch SO_2-Atmosphäre bzw. Salzdecke auf Schmelze im Tiegel (vgl. Mg-Sandguß!) beherrschbar. Auf Warmkammer-Maschinen grundsätzlich verarbeitbar, heute jedoch fast ausschließlich auf Kaltkammermaschinen, dabei Verfahren nach Abb. III.106 bewährt. – Korrosionsschutz fertiger Teile zweckmäßig durch Bichromatisieren und Lackieren.

Al-Legierungen (DIN 1725, Bl. 2, Sept. 1973): 5 Legierungen auf Basis Al-Si, Al-Si-Cu und Al-Mg (Einzelheiten siehe Tab. I.33), dabei je nach Legierungsart $\sigma_B = 160$ ... 280 N/mm²,

$\delta = 1 \dots 3\%$, $HB = 60 \dots 90$, $\varrho \approx 2{,}7$ g/cm³; dabei Legierungen mit Si: Gute Gießeigenschaften und Korrosionsbeständigkeit; mit Mg: Besonders gute Korrosionsbeständigkeit, gut polierbar, jedoch mindere Gießeigenschaften; kleine Cu-Gehalte mindern Korrosionsbeständigkeit, steigern aber σ_B. Allgemein gegenüber Zn- und Mg-Legierungen etwas schlechter formfüllig (u. U. geringere Konturenschärfe), praktisch ausgeglichen durch höheren Gießdruck, daher heute auch für dünnwandige Kleinteile. Hohe Schmelzwärme ermöglicht Herstellung sehr großer Druckgußteile (u. U. bis 35 kg). Gute Korrosionsbeständigkeit durch natürliche Oxidschicht, nur in Sonderfällen Korrosionsschutz (siehe Abschn. Korrosionsschutz). Heute Warmkammer-Verfahren völlig verlassen, da Kaltkammer-Verfahren mit niedrigerer Gießtemperatur ($\approx$700 °C) schonend für Druckkammer und Form (geringeres Fe-Lösen). – Rein-Al (für elektrisch leitende Teile der E-Technik) greift Druckkammer und Form durch Auflösen von Fe stark an, trotzdem für Sonderfälle verwendet: Druckausguß der Blechpaket-Nuten kleiner Anker für Kurzschlußläufer-Motoren. – Sogenannte Automatenlegierungen des Al mit Pb-Zusatz für Druckguß nicht brauchbar, da zu spröde.

e) **Cu-Legierungen** [III.36]: Bisher nur GD-CuZn 40 Pb (DIN 1709, Juni 1973) und Si-haltiges SoMs (82% Cu, 13 ... 14% Zn, 5 ... 4% Si; „Tombasil"), sowie GD-CuZn 39 Pb 2 durch Druckguß verarbeitet. Nur Kaltkammerverfahren anwendbar. Trotz Druckgießens im breiigen Zustand (unter Liquiduslinie) Arbeitstemperaturen noch 850 ... 900 °C, daher bedenklicher Formen- und Druckkammer-Verschleiß. Erhaltenes Gefüge sehr günstig zwischen Guß- und Schmiedegefüge liegend. Neuere billigere Formherstellung durch Kalteinsenken (siehe Kaltumformung) und Funkenerosionsverfahren begünstigt Ms-Druckguß. Einfacher gestaltete preßbare Werkstücke kommen durch Warmpressen meist billiger. –

Ganz grob läßt sich der Schwierigkeitsgrad der für Druckgußverarbeitung geeigneten Legierungen folgender Metalle durch die angegebenen Verhältniszahlen ausdrücken: (Pb und Sn) : Zn : Mg : Al : Cu = (0,3) : 1 : 3 : 5 : 7.

Vakuum-Druckgießen [III.37]. In Deutschland noch im Erprobungsstadium, im Ausland schon beachtliche Erfolge:

Während Metalleinspritzung sind hier alle Schwierigkeiten mit Luftabführung aus Form behoben. Druckgußteile können nun Wärmebehandlung erfahren, ohne daß sich dabei Blasen zeigen (sonst als Folge von Lufteinschluß unter Oberfläche) und Oberfläche rissig wird. Vakuum $\approx$400 mm Hg. Im Prinzip z. B. druckdichter Kasten um Form, Warmhaltebehälter direkt unter Form in Maschine angeordnet, Metall durch Vakuum eingesaugt und nachverdichtet oder andere Verfahren ähnlicher Art.

Verbunddruckguß: Liegt an sich schon vor, wenn vorher einzulegende Kleinteile anderer Metalle (Bolzen, Büchsen, Ringe, Wellen u. a.) miteingegossen werden. Im engeren Sinn ist darunter Druckausgießen oder -Umgießen großer Büchsen, Ringe etc. zu verstehen:

z. B. Motorblock aus Al-Legierung mit eingegossenen Zylinderlaufbüchsen aus GG, oder äußeres Umgießen von GG-Bremsbelägen in Bremsbacken und -Trommeln, Al-Kühlrippen auf GG-Zylindern und -Gehäusen u. a. – GG-Teile vorher sandstrahlen oder Salzbad-behandeln und vorgewärmt in Druckgußform legen; Al-Legierungen dann mit 650 °C unter Druck von 750 bar eingedrückt; dabei hochfeste, temperaturbeständige, gut wärmeleitende Verbindung.

Vorteile von Druckguß [III.38] sind Ursache ständig zunehmender Ausweitung des Druckgießverfahrens. Im einzelnen:

1. Relativ große Maßgenauigkeit (z. B. bei Zn-Druckguß $\triangleq$ ISA/IT 7) und kleiner Maßstreubereich innerhalb einer Serie; 2. Freizügigkeit der Gestaltung, rel. verwickelte Teile mög-

lich; 3. Teile aus anderen Werkstoffen leicht eingießbar, d. h. Verbundguß ohne größere Schwierigkeit; 4. Werkstoffeinsparung durch geringe Wanddicken bei trotzdem guter Festigkeit; ggf., wenn überhaupt zerspant wird, geringste Bearbeitungszugaben; 5. Hohe Oberflächengüte (Rauhtiefe u. U. nur 1 ... 2 µm), gute Konturenschärfe; Oberflächenbehandlung meist ohne Vorbehandlung möglich; 6. Für sehr große Stückzahl absolute Austauschbarkeit, da gleiches Formwerkzeug; 7. Hohe Wirtschaftlichkeit; Geringster Werkstoffeinsatz, schneller Metallumlauf, geringe Lohnkosten (hohe Stückzahl/h, angelernte Arbeiter), wenn auch Werkzeug-, Einrichtungs- (und Betriebsmittel-)Kosten groß, aber auf große Stückzahl umgelegt; 8. Verglichen mit anderen Gießverfahren bei gleicher Legierung ausgeprägtes Feinkorn, daher σ_B und δ größer; auch kleinere Wanddicken und feinere Konturen herstellbar. –

Kleinstes Druckgußteil für Uhren $< 0{,}1$ g; schwerstes Al-Druckgußteil (kfz-Zylinderblock) 25 ... 35 kg. –

Konstruktive Richtlinien [III.38] für Druckgußteile: Konstrukteur muß immer mit Druckgußfachmann zusammenarbeiten, um funktionelle Aufgaben und gießtechnische Forderungen in Einklang zu bringen; nur dann optimale Lösungen! Nachfolgend nur einige Hauptforderungen:

Möglichst geringe Wanddicken, über Gußstück möglichst gleichmäßig bei geringsten Dikkenunterschieden; ggf. schlanke Übergänge; wenn möglich Verstärkung durch Verrippen. Unterschneidungen möglichst vermeiden (erfordern teure Schieber in Form). Durchdringungen möglichst vermeiden; Löcher soweit als möglich vor-, besser fertiggießen; größere Flächen flach verrippen. Um größere Bohrungen in dünnen Wänden Augenwulst. Formteilung möglichst immer in einer Ebene; genügend Aushebeschräge (so groß, als funktionsmäßig zulässig!). Einzugießende Teile an Eingießstelle kordeln, sandstrahlen u. ä. Möglichst entgratgerecht gestalten für Abgrat-Schnittwerkzeug. Erleichterung des Metallflusses durch Hohlkehlen bzw. Abrundungen (einheitliche Radien erleichtern Formherstellung); dadurch auch Verbesserung der Dauerhaltbarkeit des Werkstücks und Erhöhung der Form-Lebensdauer (Minderung der Einreißgefahr).

Gießpressen [II.7] kann als Abart des Druckgießens aufgefaßt werden; Anwendung für hochschmelzende Legierungen (Cu-Legierungen) bei begrenzter Stückzahl.

Prinzip: Druckkammer und Anschnittsystem fallen weg. Auf in Preßmatrize eingebrachtes Metall im breiigen Zustand (unter Liquiduslinie) drückt Stempel durch Abstreifring hindurch, quetscht Metallüberschuß heraus und trennt ihn ab (Abgraten). Nun Endverdichtung in geschlossener Form, dann Stempelrückführung nach 4 ... 6 s; dabei streift Abstreifring Teil vom Stempel ab. Kleinste Wanddicke 1,5 mm; Werkstück gefügedicht und fest. Gegenüber Kokillenguß Metalleinsparung bis 70%; erhebliche Abkürzung der Bearbeitungszeit.

Druckguß von Eisenlegierungen: Legierter Grauguß wurde schon in den dreißiger Jahren in USA im Druckgußverfahren verarbeitet, wobei rotwarm ausgestoßene Teile sofort im Glühofen behandelt wurden. Beim Guß wurden dabei Schutz- und Kühlbleche in die Form eingelegt. Das Verfahren konnte sich nicht durchsetzen. – 1959 hörte man aus der U.d.S.S.R. über die Herstellung von Druckgußstücken aus Stahlguß, z. T. im Vakuum-Druckgießverfahren hergestellt.

Anwendung von Druckguß: Druckguß ist heute so weit verbreitet und so allgemein bekannt, daß Hinweise auf einige Industrien genügen.

Zn-*Legierungen*: Verwendung beim Bau von Kraftfahrzeugen (vom Vergaser bis zum Firmenzeichen, in einem Fall bis zu 75 kg verschiedene Druckgußteile je Wagen), Geräten der E-

Tabelle III. 6. Druckgußerzeugung in der Deutschen Bundesrepublik: absolut, sowie in % der jeweiligen Gesamtmetallguß-Erzeugung bei den einzelnen Basismetallen [1])

Basismetall		Zn	Al	Mg	Cu	Pb	Sn
Westdeutsche Druckguß-Erzeugung 1961 in t		29 851	29 781	23 835	5009	345	21
Anteil des Druckgießverfahrens in % der westdeutschen Metallguß-erzeugung	1950	93,0	7,1	25,9	2,0		
	1961	97,5	23,7	91,0	5,1		

[1]) Z. B. 1961 wurden 23 835 t Druckgußteile aus Mg-Legierungen erzeugt, das waren 91% der Gesamt-Mg-Gußerzeugung v. 26 192 t; noch 1950 wurden von der damals sehr viel kleineren Gesamt-Mg-Gußerzeugung nur 25,9% als Druckguß verarbeitet.

Technik und Optik, Büromaschinen, Haushaltsgeräte und -Maschinen, Registrierkassen, Sicherheitsschlössern, Zählwerken, Uhren u. v. a.; sogar auf Gewebe aufgießbar (Reißverschluß!). – Mg-*Legierungen*: Hauptsächlich dort, wo geringe Dichte ausschlaggebend, so für Foto- und Filmgeräte, Feldstecher u. a. optische Geräte, Radioapparate, bes. Flugzeugteile, tragbare Maschinen und Geräte, Büromaschinen u. v. a. – Al-*Legierungen*: Neben Teilen der E-Technik, Optik, chemische Geräte, Haushaltsmaschinen und -geräte, vor allem Gußstücke für den Kfz.- und Flugzeugbau, dabei Teile mit über 1000 mm Länge; neuerdings einteilige 6-Zylinder-Motorblöcke mit eingegossenen GG-Zylinderbuchsen, sowie alle maßgeblichen Teile von Außenbordmotoren einschließlich Pleuel. –

Mindeststückzahl aus Wirtschaftlichkeitsgründen: Stark abhängig von Kompliziertheit der Form, weit mehr als von Größe der Teile.

Bei kleineren einfach gestalteten Stücken kompakter Form, aber auch bei dünnwandigen, sperrigen Teilen, besonders wenn viel Werkstoff und Bearbeitung gespart wird, schon ab 1000 Stück lohnend. Im allgemeinen Mindeststückzahl bei 2000 ... 3000, seltener mehr. Eng damit zusammen hängt *Preis der Gußform*: Bei einfachen kleinen Teilen u. U. um 500,– DM, ggf. aber auch bis 15 000,– DM und weit mehr für verwickelte Großteil-Formen, die oft viele Tonnen wiegen; doch weniger das Gewicht, als vielmehr die Kompliziertheit der Form ist ausschlaggebend. – Druckguß-Erzeugungsmengen bei uns vgl. Tab. III.6.

16. Strangguß [III.39]

Grundgedanke: Statt Guß in Standkokille auf Grundplatte seit ≈30 Jahren Senkrecht-Strangguß für Voll- oder Hohlquerschnitte (Abb. III.108) in beiderseits offener, Kühlwasserdurchflossener Kokille, nur bei Gießbeginn unten verschlossen. Verschluß wird mit zunehmend erstarrendem Strang im Tempo des Erstarrens und des darauf abgestellten Nachgießens abgesenkt und schließlich Strang in Vertikallage oder nach Umlenken in die Waagrechte auf Länge für Weiterverarbeitung geschnitten. – Für Eisenwerkstoffe heute Guß pfannenweise diskontinuierlich (Stranglänge ≙ Gießpfanneninhalt); für NE-Metalle, besonders Leichtmetalle auch voll-

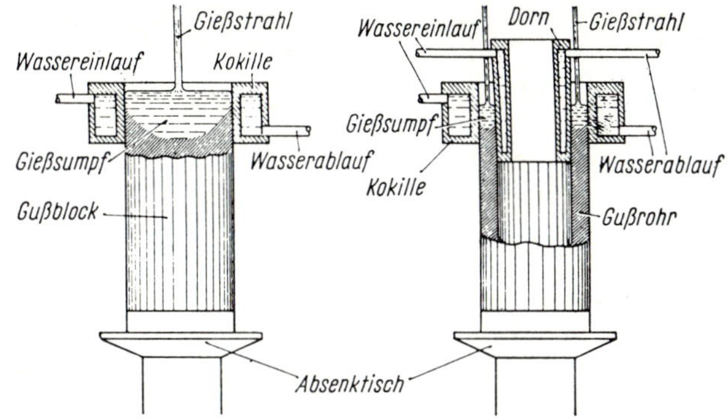

Abb. III.108. Grundgedanke des Vertikal-Stranggießens; links Vollstrangguß, rechts Hohlstrangguß (Rohr).

kontinuierlich (bei Bedarf auch über Wochen ohne Unterbrechung). *Vollstrangguß* ist Halbzeug für Weiterverarbeitung; *Rohrstrangguß* jedoch auch Formguß.

Auf grundlegenden Versuchen von *S. Junghans* (1927) basierend zunächst Stranggießen von NE-Metallen; 1936 schon gute Erfolge bei Messing, sowie Al, Mg und deren Legierungen. Wegen Schwierigkeiten durch hohe Temperaturen bei Stahl erst 1949 erster Stahl-Strangguß mit Einführung der Kokillen-Oszillation (*Junghans*); ab 1952 voll betriebsreif.

Heute Stahlknüppel-Strangguß [III.40] (bis gleichzeitig 8-strängig) von 50×50 mm² (Absenkgeschwindigkeit $v_A = 7$ ... 10 m/min) bis 225×225 mm² ($v_A \approx 1$ m/min), sowie ab 1959 Brammen-Strangguß [III.40, III.41] bis 1500×200 mm² ($v_A \approx 0{,}7$ m/min) für Blecherzeugung.

Arbeitsverfahren z. B. einer Breitbrammen-Stranggußanlage für 1000×200 mm² (Abb. III. 109) [III.41]: Stahl aus Stopfenpfanne gelangt mit 1600 ... 1630 °C über auf 1000 °C vorgeheizte Zwischenwanne mit Ausflußregelung durch Stopfen in ≈600 mm hohe wassergekühlte, innen hartverchromte Schmiedekupfer-Kokille. Bei Gießbeginn Kokille unten durch eingefahrenen Anfahrkopf (= Strangquerschnitt), auf vorher hochgefahrenem „Kaltstrang“ sitzend, verschlossen, mit Asbestschnur abgedichtet und Kühlschrott aufgegeben. Aus Kokille austretender, erst randerstarrter Strang durchläuft ≈6 m lange Kühlkammer (Spritzwasser-Kühlung) mit Rollenschürze (um Ausbauchung des innen noch flüssigen Strangs zu verhindern). Nach Austritt aus Kühlkammer Strang außen dunkelrot (≈680 °C) und auch innen erstarrt. Über zwei Treibrollenpaare, nach deren Passieren Anfahr-Kaltstrang abgenommen und senkrecht nach unten abgesenkt wird, Weitertransport über Biegerolle (Strangtemperatur jetzt wieder ≈810 °C durch Aufwärmung aus Kern) und mit Stampfmasse zugestellte Rutsche zur Richtmaschine (Temp. jetzt ≈960 °C). Anschließend durch zwei mitlaufende O_2-Schneidbrenner Trennen auf Walzbrammenlänge.

Vertikale Kokillen-Oszillation: ≈20 mm Hub; abwärts = Stranggeschwindigkeit, aufwärts ≈3× so schnell. Über oberen Kokillenrand Zufuhr von Rapsöl („Schmierung“) und Koksgas (Oxidationsschutz). Vergießdauer eines Strangs aus 30 t-Pfanne z. B. ≈30 min, dann Vorbereitung für nächsten Guß in etwa gleicher Zeit, also ≈60 min Gießfolgezeit. Kokillen-Haltbarkeit 1000 und mehr Abgüsse. Wegen Abschneiden des Strangfußes (mit Anfahrkopf) und des Kopfstücks (mit Lunker) Brammenausbringung 95 ... 96% des Pfanneninhalts.

Für Rund- und Quadrat-Knüppel z. T. auch noch Schnitt auf Länge im Vertikalstrang, bei NE-Metallen durch mitlaufende Trennsäge.

Stranggießbare Stähle: Beruhigte unlegierte und legierte Stähle; Strangguß unberuhigter Stähle wegen des „Treibens“ durch Gasblasenbildung heute noch im Versuchsstadium.

NE-*Metalle*: Cu und Cu-Legierungen (Messing, Zinn- und Sonderbronzen, Rotguß, Neusilber); Al, Mg und deren Legierungen; Zn-Legierungen; Lötzinn; Silber.

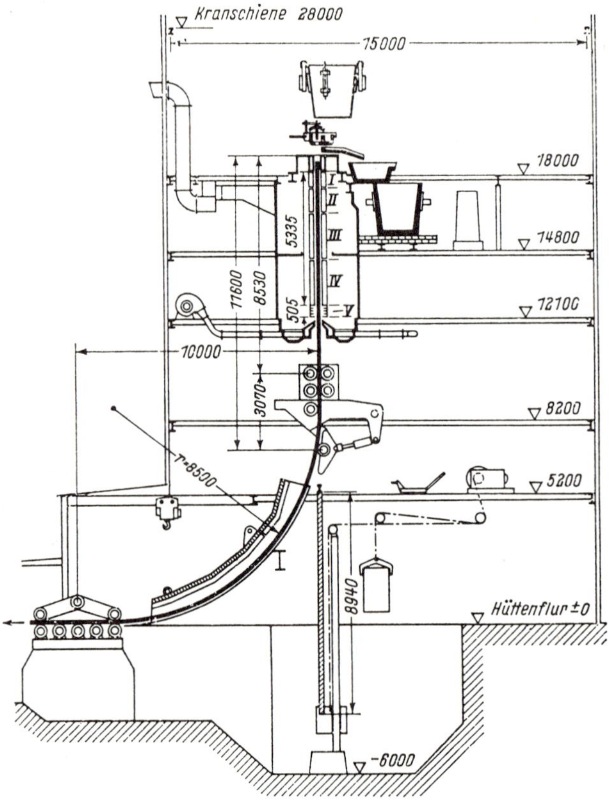

Abb. III.109. Aufbau der Breitbrammen-Stranggußanlage der Dillinger Hütte (nach *W. Gerling* und *K.-H. Bauer*).

Gußeisen: Vor allem Rohrstrangguß bis 1000 mmΦ und 10 m Länge, besonders für Zylinderbüchsen großer Schiffsdieselmotoren, auch Leitungsrohre (insofern Formguß); seltener Vollstrangguß (bis 400 mmΦ) als Vormaterial für Lager. Neuerdings auch Waagrecht-Stranggießen von GG (durchgeführt von Fa. Gontermann-Peipers/Siegen) in Anlage ähnlich Abb. III.110, dabei Düse aus Spezialgraphit hoher Dichte, Verschleißfestigkeit und guter Wärmeleitfähigkeit. Strangaustrittsgeschw. von 1 ... 0,2 m/min im Taktverfahren, Abziehen durch Klemmbacken; Kühlung durch Wasser. Düsen-Haltbarkeit 6 bis max. 24 h. – Bes. Eigenschaft: Sehr dichtes, feinkörnig-perlitisches Gefüge, feinste Graphit-Einlagerung. – Herstellung von Rundstangen, Leisten u. Profilen verschiedener Form. Verwendung zur spanenden Herstellung von Hydraulik-Apparaten, Steuergehäusen, Gleitbacken u. ä.; vorgesehen auch für z. B. Drehbankwangen, u. U. auf Stahlschweißkonstruktion des Bettes aufgeklebt.

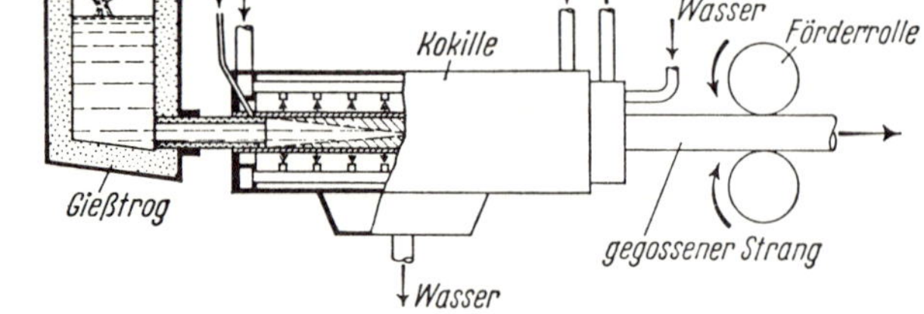

Abb. III.110. Waagerecht-Strangguß von *Tessmann* (Concast) für Aluminium-Stränge (Stromschienen; Weiterverarbeitung zu Draht).

Stranggußvorteile: 1. Wegen gleichmäßiger Gießbedingungen hochwertiges Gefüge (homogen, da frei von Lunkern und Blockseigerung; feines Primärkorn). – 2. Knüppel kleiner Querschnitte erzielbar unter Umgehung von Tiefofen (Wärmegrube) und Blockwalzwerk. – 3. Durch Abfallverringerung 8 ... 15% größere Ausbringung als beim Standkokillen-Blockguß. Dortige Verluste durch Trichter und „Gießknochen" (beim Gespanngießen), verlorenen Blockkopf, Abschopfen beim Vorblocken, Blockputzen u. a. hier nicht auftretend. – 4. Saubere Strangoberfläche (Fortfall des Blockputzens). – Zusammengefaßt: Bei Qualitätsverbesserung wirtschaftlicher. Für Leichtmetalle wird Vormaterial für Warmumformung nur noch stranggegossen.

Groß-Hohlstrangguß [III.42] von Kupferlegierungen bei relativ geringer Wanddicke nach Prinzip Abb. III.108 (rechts), wobei jedoch Rohrstrang unterhalb Kokille in Kühlwasser taucht, durch Osnabrücker Kupfer- und Drahtwerke seit Ende 1959 (ab 1961 voll in Betrieb) für Hohlzylinder mit Fertigmaß bis 1500 mm AußenΦ und 10 m Länge bei bis 30 t Gußgewicht; dabei Hubzylinder-Unterkante 28 m unter Hüttenflur. Verwendung solcher Hohlzylin-

Tabelle III. 7. Festigkeitswerte einiger Kupfer-Legierungen nach Hohlstrangguß.

Werkstoff [1])	σ_B	$\sigma_{0,2}$	δ	HB	E
Rotguß 5 (Rg 5)	250	80	10	65	90 000
G-NiAl Bz F 50	500	200	10	120	100 800
Vielstoff-Ni-Bronze	750	500	8	220	143 000

[1]) σ_B, $\sigma_{0,2}$ u. E in N/mm^2; δ in %

der hauptsächlich für Schiffswellen-Bezüge als Korrosionsschutz und für Saugwalzen von Papiermaschinen. Kokillen unterschiedlicher Abmessungen je nach Auftrag auswechselbar. Anlage für gesamteuropäischen Bedarf an Hohlzylindern ausreichend; außerdem Preßbolzen bis 800 mmΦ und Walzbrammen darauf stranggießbar. – Beispiele damit erzielbarer Festigkeitswerte im Hohlstrangguß für 3 Cu-Legierungen in Tabelle III.7; letzte Entwicklungsstufe ist dort erwähnte Vielstoff-Nickel-Bronze. –

Andere Stranggußverfahren: Für Leichtmetalle neben Senkrecht-Block- und Hohlstrangguß auch Waagrecht-Strangguß (Abb. III.110). Plattier-Strangguß als Verbundguß (VLW), wobei zwischen zwei feststehenden schmalen Seitenkokillen die auf entstehenden Strang aufzuplattierenden Deckbleche mit Strang abwärtsgleiten, heute schon weitgehend ersetzt durch Walzplattierverfahren. –

Ferner zahlreiche weitere, z. T. voll kontinuierliche Verfahren für Cu und seine Legierungen, sowie Leichtmetalle; sie knüpfen sich an die Namen VLW-Bonn, Asarco, Eldred, Properzi, Rigamonti, Hazelett, Hunter Douglas, Gautschi-Ugine u. a.

B. Metallkundliche Grundlagen der plastischen (spanlosen) Umformung

1. Plastische Kaltumformung

Im Gegensatz zu nicht kristallisierten amorphen Körpern (Gläser, Schlacken, viele Kunststoffe), die isotrop sind, d. h. mit in allen Raumrichtungen gleichen Eigenschaften, liegen Metalle immer kristallin vor, sind also anisotrop.

Einkristall: Man versteht darunter ein Metallstück, das ohne Großwinkel-Korngrenzen durch und durch gleiche Kristallgitter-Orientierung besitzt; Herstellung z. B. aus vielkristallinem Stück durch wiederholte kritische Kaltumformung mit kritischer Glühung. Einkristall hat in verschiedenen Gitterrichtungen stark unterschiedliche Eigenschaften, ist also anisotrop (Tab. III.8, Cu-Einkristall mit kfl.-Gitter, vgl. I. B, Abb. I.8).

Tabelle III. 8. Beispiel für Anisotropie: Kupfer-Einkristall (nach W. Engel)

Beanspruchungsrichtung, bezogen auf Gitterelement (Würfel)	parallel Würfelkante	in Richtung Flächendiagonale	in Richtung Raumdiagonale
Zugfestigkeit N/mm^2	146	201	350
Bruchdehnung [%]	10	50	33

Ähnlich stark richtungsabhängig sind physikalische Eigenschaften, darunter el. Leitfähigkeit, ferner Korrosionswiderstand u. a.

Plastisches Umformen von Metallkristallen heißt in der Hauptsache: *Gegeneinander-Verschieben der Atom-„Kugelebenen", aus denen Kristalle wichtigster Metalle aufgebaut sind, durch Gleitung* (Translation); dabei 3 Gleitmöglichkeiten in Kugelebene dichtester Packung (Abb. III.111) unter 60° (Furchenrichtung zwischen Kugelkuppen).

Hexagonale Kristalle haben nur *eine* Gleitebenenschar, nämlich parallel Basisfläche des Elementargitters (rhombisches Prisma), im Gegensatz zu kubischen Kristallen mit mehreren Gleitebenenscharen (vgl. I. B, 2). – Zylindrischer Einkristall-Zugstab hexagonalen Aufbaus (Zn, Mg u a.) mit einziger Gleitebenenschar angenommen unter 45° (Richtung größter Schubspannung) zur Zugrichtung (Abb. III.112a) wird gezogen: Mit Überschreiten der Streckgrenze wird Gleitwiderstand in Gleitebenenrichtung an schwächster Stelle überwunden, Translation (Gleitung) setzt zunächst örtlich ein. Nach gewisser Atomunordnung und damit erhöhtem Gleitwiderstand dort kommt Translation hier zunächst zum Stillstand, während sofort Nachbarebenen gegeneinander abgleiten, also von einer Stelle aus Weiterschreiten der Gleitung über ganzen Zugbereich (Abb.III.112b), wobei sich Gleitebenenrichtung zunehmend in Zugrichtung dreht (Abb. III.112b u. c); dabei wird Kreisquerschnitt zunehmend oval bis schließlich bandförmig unter bogenförmiger Riffelung der Oberfläche. Wäre Gleitebenenschar senkrecht Zugrichtung (dort Schubspannung = 0) angenommen worden, würde Gleitung unmöglich sein und schließlich umformungsloser Sprödbruch eintreten.

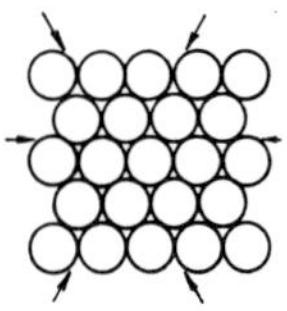

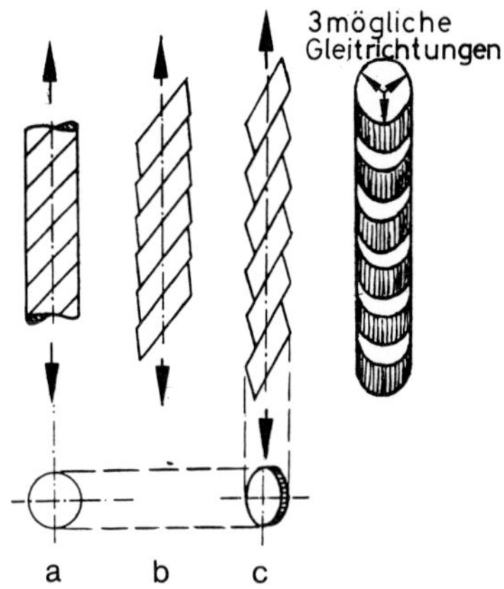

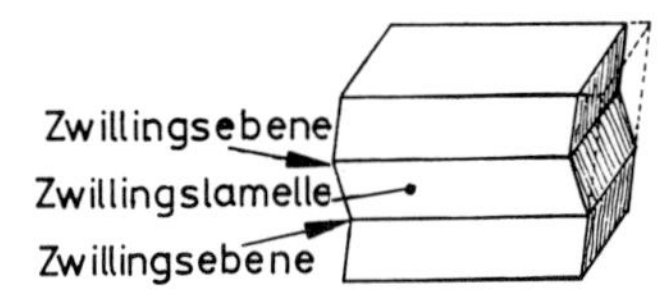

Abb. III.111. Ebene Atomkugelschicht in dichtester Packung. Pfeilrichtungen: 3 bevorzugte Gleitrichtungen unter 60 gegeneinander (schematisch).

Abb. III.112. Reckung eines hexagonalen Einkristalls. Gleitung (Translation) beim Zugversuch (schematisch).

Abb. III.113. Mechanische Zwillingsbildung (schematisch) als untergeordnete Umformmöglichkeit.

Festigkeitssteigerung mit steigender Kaltumformung (Abb. 115) ist auf zunehmende Blockierung der Gleitebenen durch örtliche Raumgitterstörungen zurückzuführen.

Kubische Kristalle (Fe, Cu, Al u. a.) haben mehrere Gleitebenenscharen, die sich räumlich kreuzen, somit viel günstigeres Umformverhalten. Beim kubisch-flächenzentrierten Gitter z. B. sind alle Flächen parallel zu den Oktaederflächen mögliche Gleitebenen. Hier kommt jene Schar zunächst zum Gleiten, die günstigster Richtung unter 45° zur Zug- oder Druckrichtung am nächsten kommt.

Mechanische Zwillingsbildung als weiterer Umformmechanismus neben Gleitung nur von untergeordneter Bedeutung, nicht bei allen Metallen gleich leicht, bevorzugt bei Schlagbeanspruchung auftretend.

Dabei klappt Kristallgitter in Breite von Tausenden bis Millionen von Atomschichten in kristallographisch bestimmten Flächen und Richtungen um (Abb. III.113). Zu beiden Seiten einer Zwillingsebene ist Gitterordnung aufbaumäßig völlig gleich und geordnet, jedoch spiegelbildlich zueinander. Umgeklappte Gitterschicht, von zwei parallelen Ebenen begrenzt, heißt Zwillingslamelle (Deformations-Zwilling). Kreuzende Gleitebenen nicht mehr vorhanden, daher auch Gleitung an Zwillingsebene blockiert. Zwillingsbildung behindert daher Umformbarkeit und erhöht wesentlich Festigkeitszunahme. Andererseits hexagonales Zn wegen leicht eintretender Zwillingsbildung (auch wegen niedrigerer Rekristallisationstemperatur) viel besser kalt umformbar als ebenfalls hexagonales Mg, das sehr schwer Zwillinge bildet. Zwillingslamellen viel beobachtet in Schliffen von z. B. α-Messing und austenitischen Stählen, die sie schon durch innere Spannungen bei ungleichmäßiger Abkühlung bilden.

Kristallhaufwerk. Unsere Werkstoffe sind selten Einkristalle, sondern Kristallhaufwerke, d. h. aus Vielzahl unregelmäßig begrenzter anisotroper Kristallite mit

a b c d

Abb. III.114. Zunehmende Umformung eines Kristallhaufwerks durch horizontalen Zug (schematisch). c und d: Texturgefüge. In d Vergr.-Maßstab wesentlich geringer als in a ... c.

zufälliger (statistischer) gegenseitiger Orientierung ihres Atomgitters aufgebaut, sind also als Ganzes quasi-isotrop, d. h. in allen Raumrichtungen mit praktisch gleichen Eigenschaften behaftet, abgesehen von Sekundäreinflüssen durch vorangegangenen Umformprozeß mit Ausrichtung von Schlackeneinschlüssen (z. B. „Walzfaser"-Richtung) u. ä.

Kristallite sind miteinander „verwachsen" an Korngrenzen, das sind quasi-amorphe Übergangsbereiche von der einen zur anderen Gitterorientierung mit Dicken von Hunderten von Atom-Durchmessern. Festigkeit im Korngrenzenbereich viel größer (erhöhte Zusammenhaltekraft) als im Korninnern, auch Umformbarkeit sehr viel schlechter, weshalb zunehmende Kornfeinheit des gleichen Werkstoffs zunehmende Festigkeit bei vergrößertem Formänderungswiderstand bedeutet. Im Korngrenzenbereich sind u. U. auch bevorzugt umformungsbehindernde Verunreinigungen angereichert; dort infolge Gitterunordnung auch stärkerer Korrosionsangriff im Vergleich zum ungestörten Kristall-Innern (Grundgedanke der Korngrenzenätzung).

Kaltumformung eines Kristall-Haufwerks: 1. Spannungsarm geglühtes Ausgangsgefüge (hexagonal angenommen) mit Polyederstruktur, unbeansprucht (Abb. III.114a); 2. Durch horizontale Zugbeanspruchung über σ_E werden in einigen mit ihrer Gleitrichtung günstig (unter 45°) liegenden Kristalliten erste Gleitlinien (Schnitt zwischen Schliffoberfläche und Gleitebe-

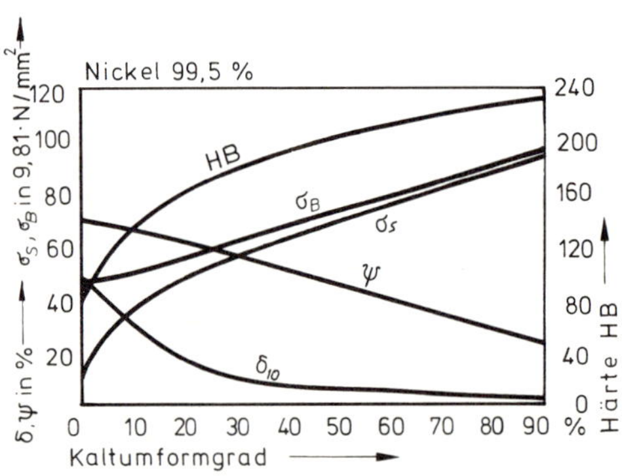

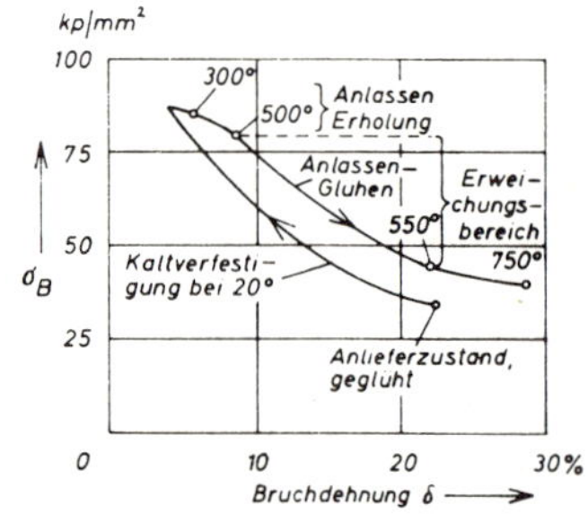

Abb. III.115. Einfluß des Kaltumformgrades (z. B. durch Kaltwalzen) auf einige Festigkeitseigenschaften von reinem Ni. Kennzeichnend: Stärkerer Anstieg von σ_S im Vergleich zu σ_B. (Ähnlich bei den meisten duktilen Metallen, auch Fe).

Abb. III.116. Beziehung zwischen σ_b und δ bei zunehmender Kaltverfestigung (Kalthärtung) mit zunehmender Kaltumformung (unterer Kurvenast) und anschließend steigender Erhitzung (oberer Kurvenast).

ne) erkennbar (am polierten, nur anfänglich korngrenzen-geätztem Metallschliff); Abb. III. 114b), die aber nicht an Korngrenzen heranreichen, da dort Gleitblockierung; dabei maßliche Änderung des Werkstücks kaum feststellbar. 3. Mit zunehmender Umformung auch Gleitlinien in weniger günstig liegenden Kristalliten (Abb. III.114c); Gleitlinien stark vermehrt, z. T. schon wellig verworfen; deutliche Kristallit-Reckung in Zugrichtung. Nach stärkerer Reckung Kristallitform und gegenseitige Lage etwa den Saftzellen eines Apfelsinenschnitzes vergleichbar. 4. Sehr starke Reckung (Abb. III.114d); Umformfähigkeit fast erschöpft; Haufwerk gerichteter, gegenseitig verkeilter „Fasern".

Gefüge nach Abb. III.114c und d heißt Umformungstextur (Textur-Gefüge, s. Tafel IV, Bild 19), kennzeichnend für Kaltumformung.

Stark gleichrichtender Umformungsgrad zwingt quasi-isotropem Glühgefüge nach Abb. III.114a weitgehend ausgerichtete Anisotropie auf. – Gleichartig würden Abb. III.114b ... d aussehen bei Stauchung in senkrechter Richtung, nur würden dann nicht Kristallit-Fasern, sondern -Scheibchen entstehen (feststellbar durch Schliff senkrecht Zeichenebene).

Mit zunehmender Kaltumformung steigen σ_B, σ_S, HB u. a.; gleichzeitig fallen δ, ψ, a_k, el. Leitfähigleit u. a. Besonders kennzeichnend ist schnelleres Ansteigen von σ_S im Vergleich zu σ_B, so daß Streckgrenzenverhältnis besonders stark ansteigt (vgl. Abb. III.115 sowie Abb. III.116, unterer Ast!).

2. Kristallerholung, Rekristallisation und Sammelkristallisation

Nach Kaltumformung steht Werkstoff infolge gestörten Kristallgitters unter inneren Spannungen, die u. a. Eigenschaftsänderungen nach Abb. III.115 verursachen. Atome haben Bestreben in geordneten Gitterzustand zurückzukehren, sind jedoch im Normalfall wegen mangelnder Beweglichkeit daran gehindert. Mit zunehmender Temperatur wird Neuordnung möglich, wobei sich schließlich Ausgangseigenschaften vor Kaltumformung wieder einstellen.

Kristallerholung. Schon bei Temperaturen, die weder mikroskopisch noch röntgenographisch nachweisbare Gefügeveränderungen bewirken, treten allmählich einsetzend Eigenschaftsveränderungen auf (Abnahme von σ_B, σ_S, HB sowie Zunahme von δ, ψ, a_k), wobei gemäß Abb. III.116 z. B. für Fe, Ni u. a. δ früher und stärker zunimmt, als σ_B bei gleicher Temperatur abnimmt (Grundgedanke der Umformungsvergütung (vgl. I.C). T_e (Abb. III.117) sinkt mit steigendem Umformgrad (zunehmender Kalthärtung) zu niedrigeren Temperaturen.

Rekristallisation ist Kristallneubildung bei Metallen durch ausreichende Wärmeeinwirkung nach Kaltumformung (oder während einer Warmformgebung), ohne daß dabei ein Umwandlungspunkt überschritten wird (daher alle umformbaren Metalle, auch wenn ohne Umwandlungspunkt, bei gegebener Voraussetzung rekristallisierbar). Vorgang gemäß Abb. III.118: 1. Ausgangsgefüge z. B. Abb. III.118; mit steigender Temperatur wird nach Ablauf der Kristallerholung Rekristallisationsschwelle überschritten; 2. Abb. III.118a: Bildung zunächst sehr kleiner Kristallite mit geordnetem Atomgitter an einigen bevorzugten Stellen (Gleitlinien und Korngrenzen), ausgehend von „Keimen"; diese entstehen um so zahlreicher, je stärker umgeformt wurde (mit erklärend für Grobkornbildung bei geringer Umformung); 3. Abb. III.118b: Einzelne dieser neuen Kristallite sind auf Kosten ihrer Nachbarn schon angewachsen; nur noch wenig unverändertes Texturgefüge vorhanden; 4. Abb. III.118c: Voller Auslauf der Rekristallisation: Einige bevorzugte Kristallite sind weitergewachsen, bis sie schließlich mit ande-

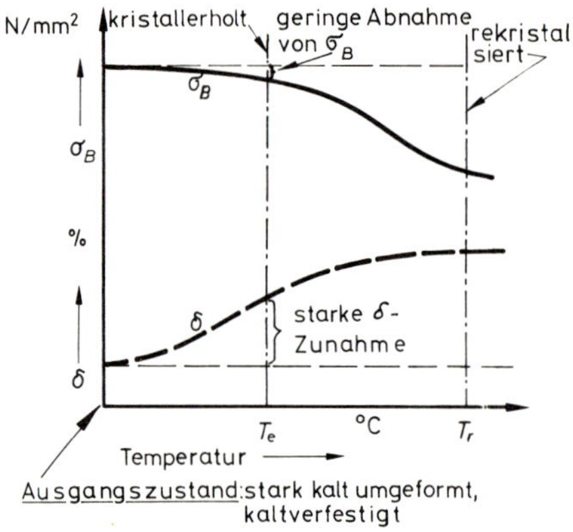

Abb. III.117. Einfluß zunehmender Temperatur auf σ_b und δ, ausgehend vom stark kaltumgeformten Zustand (schematisch). T_e führt zu Kristallerholung, T_r zu Rekristallisation.

ren gleicher Wachstumsenergie unter Bildung neuer Korngrenzen zusammentrafen. Werkstoff hat jetzt in etwa gleiche Korngröße (arteigene Korngröße) wie vor Umformung (Abb. III.114a). Korngrenzen von Erwärmung (Abb. III.114c) sind völlig verschwunden, wenn nicht dort etwa Fremdstoff-Ausscheidungen waren, die dann als „Perlschnüre“ noch erkennbar sind und auf vorangegangene Kaltumformung schließen lassen.

Werkstoff hat nach Rekristallisation wieder gleiche Eigenschaften und ist spannungsfrei wie vor Kaltumformung. Weitere Wechsel von Kaltumformung und Rekristallisation lassen sich beliebig oft fortsetzen, so daß durch zwischengeschaltetes Spannungsarmglühen beliebig weit kaltumgeformt werden kann. Soll Werkstück im Endzustand gewissen Kalthärtungsgrad haben, so ist letzte Zwischenglühung so zu legen, daß zum Schluß noch mehr oder weniger kaltumgeformt werden kann. – Je größer Umformgrad, um so mehr „Keime“ bilden sich, bei um so niedrigerer Temperatur beginnt R. Bei sehr starker Umformung setzt R. ein, bevor Erholung ganz abgeschlossen. Abb. III.119 zeigt Temperatur beginnender R. abhängig vom Stauchgrad bei α-Fe. Unter Schwellenwert der R. für bestimmte Temperatur versteht man den aus R.-Kurve entnehmbaren Mindestumformgrad, hier z. B. ≈50% Stauchgrad für 500 °C und 10 ... 11% für 650 °C. – Bei 8 ... 12% Umformgrad von technischem Fe erreicht R.-Kurve A_1 (723 °C). Wurde weniger umgeformt, so wird beim Erhitzen A_1 überschritten, ehe R. einsetzen kann; da sich dann schon γ-Kristalle bilden, wird R. stark behindert. Im Bereich 8 ... 12% Umformgrad (kritischer Reckgrad) und bei Temperaturen 700 ... 750 °C und mehr (kritische Temperatur) entsteht maximale Korngröße (Abb. III.120). Kritische Umformung *bei* kritischer Temperatur ergibt aus gleichem Grund Grobkorn. Mit steigendem C-Gehalt flacht Maximum der Korngröße schnell ab, so daß über 0,3% C extremes Grobkorn nicht mehr entsteht. Legierungselemente können kritischen Umformgrad stark verschieben: Bei Stahl mit 0,1% C und z. B. 2,8% Si liegt er zwischen 3,5 ... 7%. – Kornneubildung durch R. läuft bei ausreichender Temperatur sehr viel schneller ab als Umkörnung durch Umwandlung. – Temperatur beginnender Entfestigung bzw. R. um so niedriger, je niedriger Schmelztemperatur (Tabelle III.9).

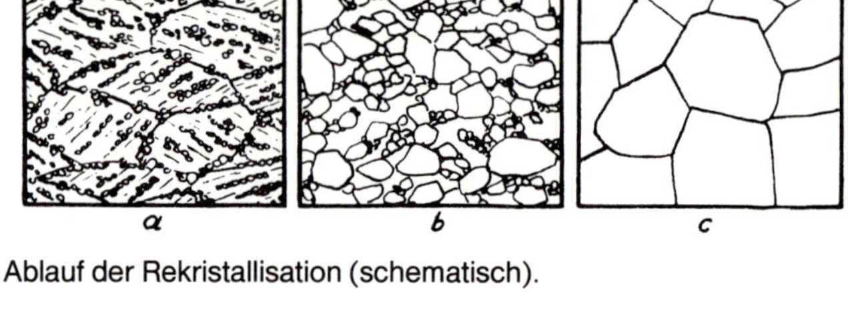

Abb. III.118. Ablauf der Rekristallisation (schematisch).

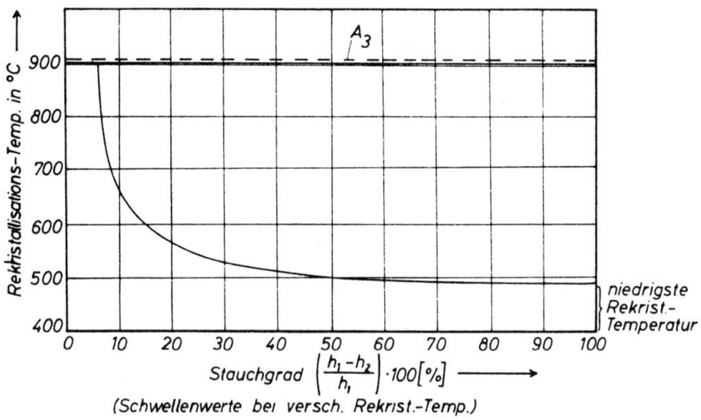

Abb. III.119. Rekristallisationskurve von C-armem Stahl (α-Fe).

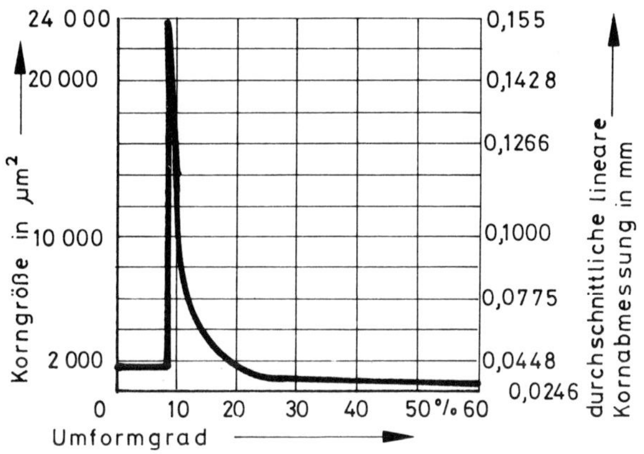

Abb. III.120. Einfluß des Umformgrades auf Korngröße nach Rekristallisation von C-armem Fe.

Tabelle III. 9. Rekristallisations-Temperaturen einiger Metalle [°C]

Metall	Schmelzp.	Rekr.-Temp.
W	3 410 °C	≈1 200 °C
Ni	1 455 °C	600 ... 700 °C
Fe	1 536 °C	450 ... 500 °C
Cu	1 083 °C	200 ... 230 °C
Ag	961 °C	≈200 °C
Al	660 °C	150 ... 240 °C
Mg	650 °C	≈150 °C
Zn	419 °C	7 ... 25 °C
Pb	327 °C	–3 °C
Sn	232 °C	–3 ... + 25 °C

Die in Tab. III.9 angegebenen Rekr.-Temperaturen sind Mindest-Temperaturen nach sehr starker Kaltumformung. – Pb und Sn erfahren also schon bei Raumtemperatur keine Kaltumformung mehr, da übliche Umformungsgeschwindigkeit geringer als Rekristallisationsgeschwindigkeit. Es spielt sich dabei das gleiche ab wie bei Warmumformung höher rekristallisierender Metalle.

Kaltumformung liegt also nur vor, wenn bei Umformtemperatur die Rekristallisationsgeschwindigkeit gleich Null oder kleiner als Umformgeschwindigkeit ist.

Sammelkristallisation. Rekristallisiertes Korn ist noch nicht ganz im Gleichgewicht. Wird langzeitig auf hohe Temperaturen weiter erhitzt, so folgt weiteres langsames Kornwachstum. Durch absichtlich zugesetzte Fremdstoffe kann man Sammelkristallisation stark hindern oder unterbinden. Bei Wolframdraht für Glühlampen wird als Wachstumshemmittel dem W etwas Thoriumoxid zugesetzt, das Lebensdauer der Glühlampen stark erhöht.

3. Warmumformung

Hier grundsätzlich gleicher Umformmechanismus, nur läuft Rekristallisation der Umformung parallel. Mit zunehmender Temperatur sinkt Gleitwiderstand auf kristallinen Gleitebenen und damit auch Formänderungswiderstand (vgl. Abb. III.121

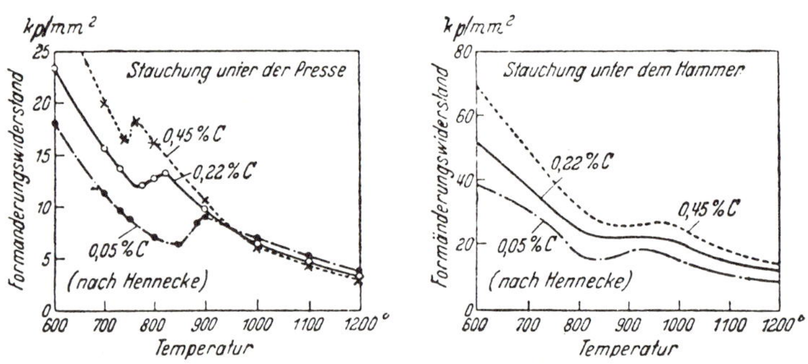

Abb. III.121. Formänderungswiderstand dreier C-Stähle, abhängig von Umformtemperatur und Umformgeschwindigkeit: links 6%/s, rechts 7000%/s. Bildkorrektur: Formänderungswiderstand 1 kp/mm² = 9,81 N/mm² (VDEh-Bericht 94/1926). – Beachte unterschiedlichen Ordinatenmaßstab!

u. III.122). Bei manchen Metallen (z. B. Mg) entstehen zusätzlich weitere Gleitmöglichkeiten, daher erhebliche Umform-Erleichterung. – Bei Warmumformung Zugbeanspruchung immer gefährlich, daher möglichst vermeiden (Ausnahme: Drahtziehen bei Wolframdraht nur warm möglich, da kalt zu schlecht umformbar). Am günstigsten dreiachsige Druckbeanspruchung (z. B. Strangpressen). – *Warmumformung allgemein liegt vor, wenn bei Umformtemperatur Rekristallisationsgeschwindigkeit ≧ Umformgeschwindigkeit.*

4. Einflüsse auf plastische Umformbarkeit eines Metalls

Vorbedingung: Fähigkeit zur Ausbildung kristalliner Gleitebenen. Bei reinen Metallen und Mischkristallegierungen meist sehr gut, schlechter bei eutektischen Legierungen. Metallide sind praktisch nicht mehr umformbar. Feinverteilte Metallideinschlüsse in Mischkristallen können jedoch annehmbare Umformbarkeit ermöglichen (Fe_3C in streifigem oder gar körnigem Perlit bei Stahl), als Grobausscheidung (z. B. Korngrenzen-Zementit bei Stahl) jedoch Umformung fast unmöglich machen, soweit sie nicht in Lösung gebracht werden (z. B. über GOSE durch Lösung im γ-Fe, vgl. Abb. I.32).

Anzahl der vorhandenen Gleitebenenscharen. Hexagonales System schlecht, da nur *eine,* kubisches System besser, da *viele* sich kreuzende Gleitebenenscharen vorhanden.

Größe und Anordnung der Gefügebestandteile. Grobstruktur nachteilig, besonders Gußstruktur; ungünstig ferner Hohlräume (z. B. Mikrolunker) und nichtmetallische Einschlüsse (Schlacken). Sehr nachteilig ungenügende Korngrenzenfestigkeit bei Umformtemperatur, sowie spröde Ablagerungen dort.

Wirkung außerer Beanspruchungsverhältnisse. Gefahr einer Werkstofftrennung in Gleitebenen oder Korngrenzen um so größer, je größer Zugspannung dort. Zug besonders bei Warmformgebung sehr gefährlich.

Umformtemperatur. Siehe zunächst unter 3. Mit zunehmender Kaltumformung steigende Gleiterschwerung wird durch Rekristallisation abgebaut, sowie Gleitung zunehmend erleichtert (Abb. III.121). NE-Metalle und -Legierungen ohne Umwandlungspunkt verhalten sich grundsätzlich ähnlich, Abb. III.122.

Umformart. Für Gesamt-Formänderungsverhalten eines Kristallhaufwerks ist äußeres Spannungsfeld maßgebend: Ziehen, Tiefziehen, Walzen, Stauchen usw. geben oft verwickelte Spannungsüberlagerungen und haben sehr unterschiedliches Werkstoffverhalten zur Folge. Umformmäßig am günstigsten überwiegende oder ausschließliche Druckbeanspruchung.

Formänderungsgeschwindigkeit von erheblichem Einfluß: Langsames Umformen oft noch möglich, wo bei schnellem Umformen Werkstoff versagt. Formänderungswiderstand wesentlich von Umformgeschwindigkeit abhängig. Abb. III.121 läßt erkennen: *Formänderungswiderstand* bei schneller Hammer-Umformung ($\approx$7000%/s) 2 ... 2½ mal größer als bei langsamer Preßumformung ($\approx$6%/s), da Rekristallisation der hohen Umformgeschwindigkeit beim Hammerumformen nur schlecht folgen kann und andererseits Gleitwiderstand auf kristallinen Gleitebenen mit zunehmender Umformgeschwindigkeit steigt; praktisch nur wenig auswertbar, da Gewinn beim Preßschmieden durch stärkere Abkühlung kleinerer und mittlerer Teile mehr als rückgängig gemacht wird, daher fast nur bei Großteilen angewendet, dort jedoch hauptsächlich aus anderen Gründen. Umwandlungsbedingte Wendepunkte der Kurven in Abb. III.121 lassen erkennen, daß Formänderungswiderstand von γ-Fe im gleichen Temperaturbereich größer ist als von α-Fe (γ-Fe hat dichteres Atomgitter als α-Fe, vgl. I.B); praktische Bedeutung beim z. B. Hammerschmieden von Stahl insofern, als im Bereich 800 bis 1000 °C Formänderungswiderstand annähernd gleich bleibt.

Formänderungswiderstand steigt mit zunehmendem C-Gehalt (ausgenommen bei Preßumformung über 950 °C infolge Lösung des Fe_3C im Austenit). *Formänderungswiderstand fällt* grundsätzlich mit steigender Temperatur.

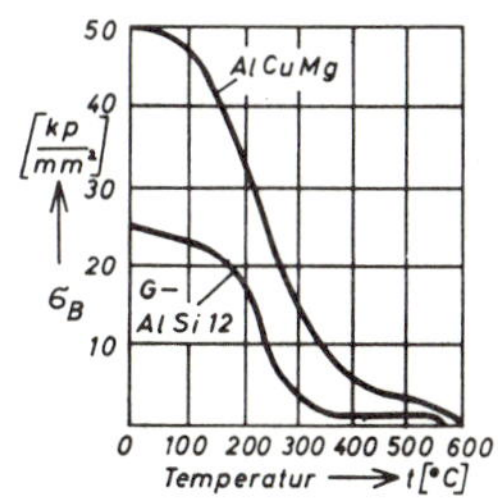

Abb. III.122. Temperatur-Abhängigkeit der Festigkeit zweier Al-Legierungen: AlCuMg (Duralumin) und G-AlSi 12 (Silumin). Siehe auch Abb. III.121.

5. Entstehung von Eigenspannungen

Wird bei Kaltumformung nicht über ganzen Querschnitt die Fließgrenze $\sigma_{0,2}$ überschritten, wird also im Kern eine Zone nur elastisch deformiert, dann bleiben Eigenspannungen nach Kaltumformung zurück.

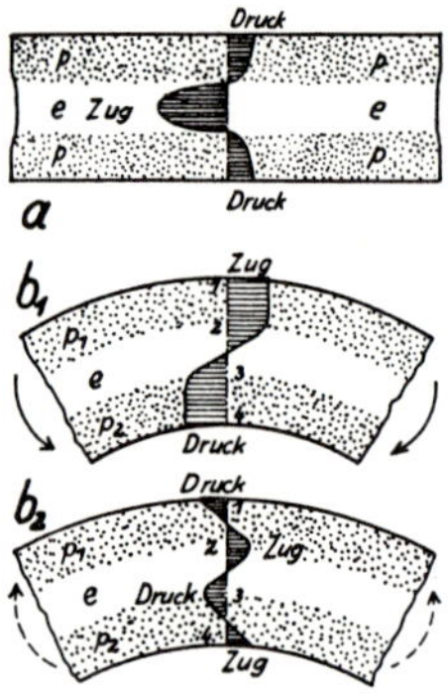

Abb. III.123. Nach nur teilweiser plastischer Umformung zurückbleibende unterschiedliche Eigenspannungen; punktierte Zonen p plastisch umgeformt; e nur elastisch deformiert, daher dort Rückfederstreben.

In Abb. III.123 a wurde z. B. nur Randzone p plastisch gestreckt (etwa durch Rundkneten, Oberflächen-Fest- bzw. Glattwalzen u. ä.), während Kernzone e davon nicht erfaßt wurde, dann versucht elastisch gelängte Zone e zurückzufedern, wird aber von p daran gehindert, steht also unter Zug, während in p Druckspannung entsteht, die wegen Erhöhung der Dauerschwingfestigkeit sehr erwünscht sein kann.

Biegen über vollen Querschnitt nach Abb. III.123 b_1 bei nicht zu kleinem Biegeradius deformiert Zone e nur elastisch, während p_1 plastisch gereckt und p_2 gestaucht wird. Nach Wegnahme des biegenden Moments daher Teilauffedern (je kleiner im Vergleich zur Blechdicke der Radius, um den gebogen wird, desto kleiner auch Rückfederung) gemäß b_2, wobei elastisch deformierte Zone e in die Gerade zurückzufedern sucht, aber von p_1 und p_2 daran gehindert wird, nur gewisse Biegeradius-Vergrößerung auftritt. Rückfederstreben von e bewirkt bleibende unterschiedliche Randspannungen: In (1) Druckeigenspannung und in (4) Zugeigenspannung, wobei letztere Daueranbruchgefahr dort begünstigt und ggf. Spannungsrißkorrosion bewirken kann.

Sinngemäß treten in ähnlichen Fällen, wenn Querschnitt nicht ganz oder nicht überall gleichmäßig stark plastisch umgeformt wurde oder sich Umformung nur auf einen Teil des Werkstücks erstreckt, örtlich unterschiedliche Eigenspannungen auf, mit denen gewisses Zurückfedern gekoppelt ist. Beste Formstabilität nach dem Umformen daher, wenn vorher oder der Umformung überlagert Gesamtquerschnitt über $\sigma_{0,2}$ beansprucht: Sinn des Blechwalkens vor dem Tiefziehen oder des dem „Streckziehen" überlagerten Reckens des ganzen Blechs.

6. Bedingung für Kaltumformung

Während bei Warmumformung Fließwiderstand k_f (auch Formänderungs-Festigkeit genannt; k_f ist Hauptspannungsdifferenz, bei der Werkstoff fließt (aus VDI-Arbeitsblatt 3201 „Fließkurven ..." zu entnehmen); Dimension N/mm²) immer unterhalb Trennfestigkeit σ_R des Werkstoffs (Abb. III.124), sofern nicht fehlerhafter Werkstoff (z. B. rotbrüchiger Stahl) vorliegt, steigt bei Kaltumformung mit anteiliger Zugspannung der Fließwiderstand k_f mit zunehmendem Umformgrad (Formänderung), während in gleichem Maß σ_R fällt. Kaltumformung nur durchführbar, solange k_f unter σ_R bleibt, sonst Bruch. – Bei Kaltumformung unter dreiachsigem Druckspannungszustand (z. B. beim Fließpressen) ist dagegen Umformung nur durch Haltbarkeit des Werkzeugs begrenzt. –

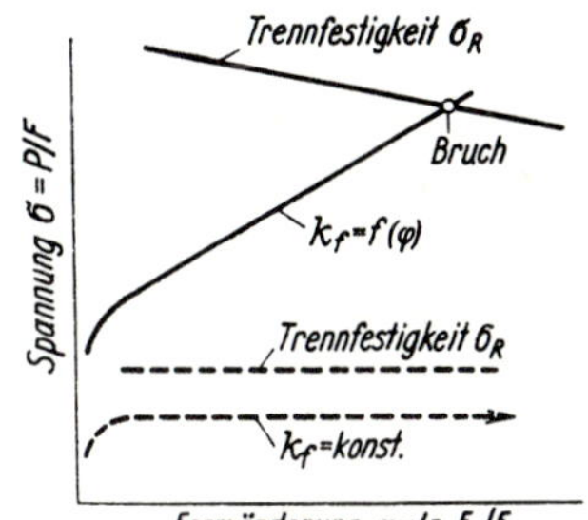

Abb. III.124. Fließkurven-Verlauf eines Metalls bei Kalt- und Warmumformung (schematisch).

C. Warmumformung

1. Werkstoffe und Warmumformung des Stahls

Werkstoffe. *Schweißstahl* wird heute nicht mehr benutzt. *Flußstahl* hat 0,05 – 0,7% C für Maschinen- und Bauteile und 0,6 – 2,0% C für Werkzeuge. Mit steigendem Kohlenstoffgehalt sinken Schmiedbarkeit und Walzbarkeit. Der Mangangehalt geht bis 0,8%, der Siliziumgehalt soll unter 0,35% betragen. Phosphor- und Schwefelgehalt zusammen sollen nicht über 0,1%, bei hochwertigerem Vergütungsstahl nicht über 0,07% liegen. Nähere Angaben über die einzelnen Stahlsorten wurden bereits im Abschnitt I.D gebracht.

Von den *Nichteisenmetallen* sind gut schmiedbar und walzbar: Kupfer, Aluminium, Phosphorbronze, Messing mit 56 – 65% Cu, die Sondermessinge und die Aluminium- und Magnesium-Knetlegierungen. Kupfer wird durch längeres Schmieden spröde und muß dann ausgeglüht werden. Kupfer und Bronze, auf 500 °C erhitzt und plötzlich abgekühlt, werden, im Gegensatz zum Stahl, geschmeidig. Zink darf nur auf 100 – 160 °C erhitzt werden.

Warmumformung des Stahls. Weicher Stahl darf zum Schmieden bis auf *Weißglut* (1200 – 1300 °C), harter Stahl nur bis auf *Gelbglut* (1000 – 1100 °C) erhitzt werden. Die untere Erwärmungsgrenze soll bei heller *Rotglut* (800 – 900 °C) liegen.

Sinkt die Temperatur bei der Bearbeitung auf 300 – 500 °C (blaue Anlauffarbe), so wird der Stahl „*blaubrüchig*"; er wird, wie schon erwähnt, außerordentlich spröde und bekommt sehr leicht Risse. „*Überhitzt*" ist der Stahl, wenn er infolge zu langen Verweilens auf einer zu hohen Temperatur grobkristallinisch und spröde geworden ist, ohne daß er sich chemisch verändert hat. Die Überhitzung kann meistens durch Schmieden und Walzen, auch durch Erhitzen, ½ h lang, bis über die Linie *GOSK* des Zustandsschaubilds und Abkühlen an der Luft (Umkristallisation, Bildung kleiner Kristalle) wieder aufgehoben werden. „*Verbrannt*" ist Stahl, wenn durch Wirkung der Luft oder der Flammengase bei sehr hoher Temperatur (1200 °C und mehr, oberhalb Linie *AE* im Zustandsschaubild) eine chemische Veränderung eingetreten ist (s. auch Tafel III, Abb. 18). Es setzt dann schon ein teilweises Schmelzen ein; die Schmelzstellen verbrennen unter Bildung von Eisenoxiden, die sich zwischen den groben Kristallen sammeln. Verbrannter Stahl ist unbrauchbar. Sehr leicht verbrennen kohlenstoffreiche Werkzeugstähle.

Stahl nimmt in warmem Zustand lebhaft Sauerstoff auf. An der Oberfläche bildet sich eine Oxidschicht (*Zunder, Hammerschlag, Walzensinter*), die sich aber leicht abklopfen oder mit einem Dampfstrahl abspritzen läßt. Ein *Normalglühen* (oberhalb der Linie *GOS*) macht einen durch Kaltbearbeitung spröde gewordenen Stahl wieder geschmeidig.

Bei Werkzeugstahl mit hohem Kohlenstoffgehalt, besonders dann, wenn der Stahl mehr als 1% Si enthält und bei niedriger Temperatur (etwa 700 – 780 °C) geschmiedet wird, kommt es zum Zerfall des Eisenkarbids und zu Ausscheidungen von Temperkohle (*Schwarzbruch*). Dieser Fehler kann durch *sofort* anschließendes nochmaliges Schmieden bei höherer Temperatur beseitigt werden, später aber nicht mehr.

Anwärm- und Abkühlfehler. Sie sind zunächst durch die im vorigen angegebenen zu niedrigen oder zu hohen Temperaturen bedingt. Außerdem muß das Werkstück im Ofen ganz gleichmäßig erwärmt werden. Beim Anwärmen entstehen außen Druck-, innen Zugspannungen. Dadurch kann der Werkstoff, bei zu schnellem Erhitzen, von der Kernzone her aufplatzen. Das Erhitzen muß also bis auf etwa 650 °C zunächst langsam erfolgen (untere Grenze der plastischen Verformbarkeit), und zwar mit einer Temperatursteigerung von nur 30 – 250 °C/h je nach Stückgröße. Beim Abkühlen verlaufen die Spannungsvorgänge umgekehrt, außen entstehen Zug- und innen Druckspannungen. Daher kann das Werkstück bei zu schnellem Abkühlen außen reißen. Wichtig daher langsames Erkaltenlassen an einem zugfreien Ort oder in mit Asche gefüllten Kühlkisten.

Glühbehandlung des Stahls. Um insbesondere größeren und hochbeanspruchten Werkstükken neben der verlangten Zugfestigkeit eine genügende Dehnung und Zähigkeit zu geben, müssen sie nach dem Schmieden durch Glühen bzw. Vergüten nachbehandelt werden. Hierüber wurde alles Nähere bereits im Abschnitt I.C (Wärmebehandlung des Stahls) gebracht.

2. Wärmeöfen

a) Schmiedeöfen

Schmiedefeuer. Der *einfache Schmiedeherd* wird meistens noch an der Wand der Schmiede aufgemauert. Als Brennstoff wird eine gut backende Steinkohle von kleiner Korngröße (Nuß 3 oder 4) und geringem Schwefel- und Aschegehalt oder Koks genommen. *Das freistehende Schmiedefeuer* gestattet das Anwärmen beliebig langer Stücke; die Windzuführung von unten ergibt eine gleichmäßigere Windverteilung.

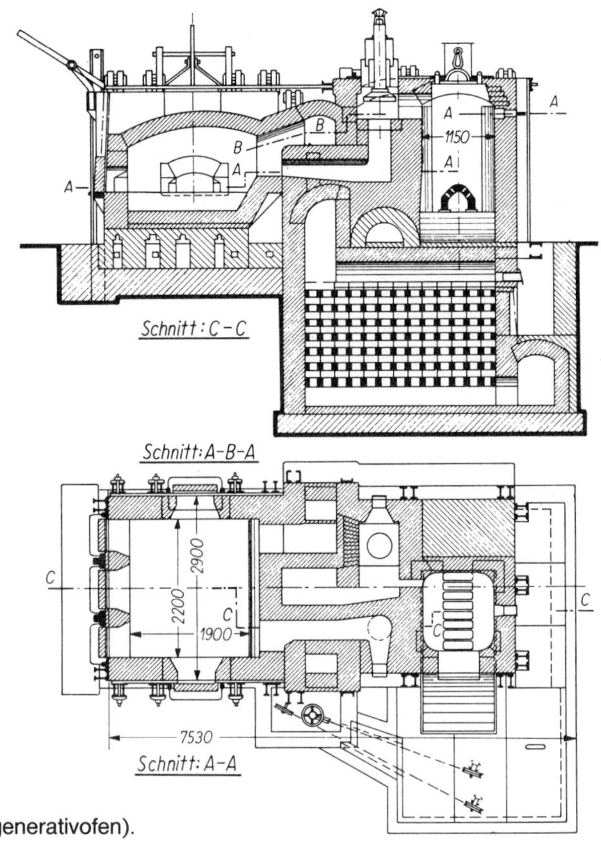

Abb. III.125. Schweißofen (Regenerativofen).

Elektrische Schmiedefeuer (Elektroessen) sind aus den elektrischen Widerstandsschweißmaschinen entstanden; eine Sonderbauart unter ihnen sind die Elektronietwärmer (s. Abschnitt „Nieten"). Vorteile: schnellere Erwärmung (bis 10mal so schnell) als im Kohlenfeuer, weniger Verzunderung, kein Rauch, keine Leerlaufverluste (durch Anbrennen, Unterbrechungen), gute Regelbarkeit der Erwärmung, sofortige Betriebsbereitschaft, Fortfall des Kohlenverschubs und des Kohlenaufbewahrungsraums.

Flammöfen. Große Schmiedestücke werden stets in Flammöfen erhitzt. Geht die Erwärmung bis zur Weißglut, so nennt man den Ofen *Schweißofen.* Als Feuerung kommt zunächst die einfache, mit langflammiger Kohle beschickte Rostfeuerung (auch mit Unterwind oder Dampfeinführung) in Betracht. Wirtschaftlich günstiger arbeitet ein Rekuperativofen oder ein Regenerativofen (Abb. III.125). Bei letzterem ist rechts oben der Gaserzeuger eingebaut, links sieht man den in diesem Falle ziemlich kleinen Arbeitsherd, rechts unten im Schnitt $C-C$ einen der beiden Wärmespeicher für Luft (das Gas wird nicht vorgewärmt).

Soll der Werkstoff nur bis zur Rotglut erhitzt oder geglüht werden, so nimmt man *Glühöfen.* Diese sind den Schweißöfen in der Bauart ähnlich. Sollen sehr schwere Gegenstände, z. B.

Tabelle III. 10.

Art des Schmiedeofens	Versuchswerte		Werte des Dauerbetriebs mit allen Pausen	
	Steinkohlenverbrauch auf 100 kg Stahl in kg	Wirkungsgrad des Ofens in %	Wärmeverbrauch, um 1 kg Stahl auf 1 200 °C zu erwärmen, in MJ	Wirkungsgrad des Ofens (errechnet) in %
Schmiedefeuer	35 – 100	4 – 8	29,4	3
Gewöhnlicher Flammofen ...	25 – 35	8 – 12	15,9	5,5
Rekuperativofen	18 – 25	12 – 16	10,7	8,5
Regenerativofen	12 – 20	15 – 25	7,8	11,5

Panzerplatten, geglüht werden, so baut man *ausfahrbare Herde* (größte Herdflächen 3,5 × 30 m). Der Herdwagen ruht auf Kugeln, die in Rinnen liegen.

Gefäßöfen. Diese Öfen werden benutzt, wenn der zu erwärmende Gegenstand nicht mit der Flamme in Berührung kommen darf, d. h. vor Oxidation zu schützen ist, z. B. beim Glühen der Drähte, der stählernen Werkzeuge vor dem Härten und der Neusilberbleche. Gefäße aus Gußeisen oder Stahlguß werden über eine Kohlen- oder Gasfeuerung gesetzt und durch Deckel verschlossen, nachdem das Arbeitsstück eingelegt ist. Neuerdings werden Öfen dieser Art auch zum Teil *elektrisch* geheizt (elektrische Blankglühöfen und Härteöfen).

Wirtschaftlicher Vergleich der Schmiedeöfen. Tabelle III.10 gibt einen Überblick über den Kohlenverbrauch und Wirkungsgrad von Schmiedeöfen. Walzwerksöfen (s. Abschnitt b) arbeiten allerdings heute schon viel günstiger. Das *elektrische Schmiedefeuer* braucht 15 – 25 kWh bei größeren, 30 – 40 kWh bei kleinen Schmiedestücken auf 100 kg Stahl. Da ein großes Elektrizitätswerk 1 kWh mit 1 kg Kohle erzeugt, so sind im Elektrizitätswerk 15 – 40 kg Kohle notwendig, um mit dem elektrischen Schmiedefeuer 100 kg Stahl zu erwärmen.

Der *Wirkungsgrad* des Ofens wird *errechnet* aus dem Verhältnis der nutzbar gemachten zur aufgewendeten Wärmemenge. Letztere läßt sich aus Kohlenmenge und Heizwert der Kohle bestimmen, erstere durch einen *kalorimetrischen Versuch* (Eintauchen des glühenden Eisens in ein Gefäß mit abgewogener Wassermenge, Messen der Wassertemperatur vor und nach dem Eintauchen), oder angenähert durch *Rechnung.*

a) *Kalorimetrischer Versuch* (Beispiel): Ein Stahlstück von 5 kg werde im Schmiedefeuer von 20 °C auf 1200 °C erwärmt und dann in einen Bottich von 50 l Wasserinhalt getaucht. Das Wasser erwärme sich hierdurch von 10 °C auf 30 °C, zur Erwärmung seien 3 kg Schmiedekohle von 7000 kcal ≙ 29,4 MJ Heizwert gebraucht worden. Dann ist der Wirkungsgrad des Schmiedefeuers

$$\eta = \frac{50 \cdot (30 - 10)}{3 \cdot 7000} = 0{,}048.$$

b) *Rechnung*: . . . $Q = G \cdot (T_2 - T_1) \cdot c.$

Hierin bedeutet Q = Wärmemenge in kcal, G = Gewicht des Schmiedestücks in kg, T_1 = Anfangstemperatur, T_2 = Endtemperatur des Schmiedestücks, c = mittlere spezifische Wärme. Um obige 5 kg Stahl von 20 °C auf 1200 °C zu erwärmen, sind bei $c = 0{,}167$ (nach Oberhoffer) erforderlich

$$5 \cdot (1200 - 20) \cdot 0{,}167 = 985{,}3 \text{ kcal} = 4{,}138 \text{ MJ}.$$

Demgegenüber wurden bei a) ermittelt: $50 \cdot (30 - 10) = 1000 \text{ kcal} = 4{,}19 \text{ MJ}$.

b) Walzwerksöfen [III.7]

Tieföfen. Die auszuwalzenden Blöcke (Flußstahl mit etwa 0,1 – 0,6% C) kommen entweder rotglühend aus der Gießhalle des naheliegenden Stahlwerks, oder sie sind erkaltet und dann nochmals auf Weißglut zu erhitzen. Bei den hellrotglühenden Blöcken würde die Hitze zur unmittelbaren Verarbeitung im Walzwerk ausreichen. Das Innere dieser Blöcke ist aber noch teilweise flüssig; die erstarrte Außenhaut würde beim Auswalzen reißen, und das flüssige innere Metall herausgequetscht werden. Aus diesem Grunde setzt man die Blöcke in viereckige, feuerfest ausgemauerte Gruben, die unter Hüttenflur liegen und durch Kohlen- oder meist heute Öl- oder Gasfeuerung geheizt werden (Tieföfen).

Stoßöfen. Tieföfen kommen hauptsächlich für große warme Blöcke in Betracht. Kleine und die meisten kalten Blöcke werden in *Flammöfen* erwärmt, die als Stoßöfen (Abb. III.126) gebaut werden. Die kalten Blöcke werden hinten eingesetzt und durch Stoßen mit Hilfe einer maschinellen Stoßvorrichtung nach vorn allmählich dem heißeren Teil des Ofens zugeführt. Der Boden besteht aus einer aufgestampften Quarzsandschicht. In den hinteren, mit stärkerer Neigung versehenen Teil sind Gleitrippen (Rohre, Flacheisen) eingelegt, um die Reibung beim Blockvorschieben zu vermindern. Beim neuzeitlichen Stoßofen wird entweder die *Regenerativfeuerung* (wie beim Siemens-Martin-Ofen) oder die *Rekuperativfeuerung* (s. Abb. III.126) angewandt. Auch Rekuperatoren aus hitzebeständigen Stahlrohren haben sich gut bewährt; sie ergeben sehr günstige Wirkungsgrade. Ölheizung oder Gichtgasbeheizung mit Ölzusatz wird zunehmend verwendet. Ferner werden die Öfen für größere Leistungen meist als Mehrzonenöfen (2 – 4 Brennzonen) ausgeführt.

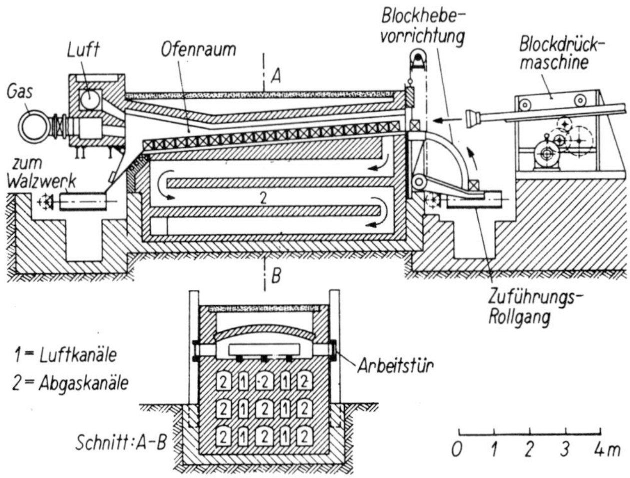

Abb. III.126. Stoßofen mit Rekuperativfeuerung.

Wirtschaftliches. Der Steinkohlenverbrauch für 100 kg Einsatz beträgt bei geheizten Tieföfen und warmem Einsatz 1 – 2,5 kg, bei kaltem Einsatz 10 – 12 kg, bei Stoßöfen und kaltem Einsatz 7 – 9 kg. Es werden Ofenwirkungsgrade bis zu 30% erzielt, in Einzelfällen sogar 50% und mehr durch Unterbeheizung und mechanische Gas-Luftgemischregelung.

c) Härteöfen

Schmiedefeuer. Zum Erwärmen ist möglichst nur Holzkohle zu verwenden, weniger gut ist Gaskoks, nicht zu empfehlen ist Steinkohle. Obwohl das Schmiedefeuer in kleinen Betrieben noch oft benutzt wird, sind auch dort besondere Härteöfen besser am Platze.

Härteöfen ohne Muffel. Sie kommen für weniger empfindliche Stahlsorten und für massige Stücke in Frage und sind entsprechend Abb. III.127, a und b mit Rost- oder Gas- oder Ölfeuerung eingerichtet. Nachteile: Die Heizgase treten in unmittelbare Berührung mit den zu härtenden Stücken, und die Erhitzung des Werkstücks wird leicht ungleichmäßig (Abb. III.127 a ungünstiger als b, weil bei b keine Flammen auf den Herd kommen).

Diese Nachteile vermeidet z. B. der *Steinstrahlofen,* bei dem ein Gas-Luftstrom durch eine Verteilungs- und Druckausgleichkammer in den Strahler tritt, der aus hochfeuerfesten Steinen besteht, und dann durch feine Kanäle geht, an deren Ende sich in den erweiterten Verbrennungspfeifen die Flamme entwickelt. Die Wände der Verbrennungspfeifen kommen zum Glühen, die Wärme wird auf das Werkstück ausgestrahlt, ohne daß dieses mit der Flamme in Berührung kommt.

Härteöfen mit Muffel. Empfindlichere Teile sollen nicht mit der Flamme in Berührung kommen. Man legt sie daher in Muffeln aus feuerfestem Stein, Graphit oder Gußeisen, die von außen erwärmt werden. Die Feuerung kann wieder eine Rost-, Gas- oder Ölfeuerung sein (s. Abb. III.127 c). *Elektro-Muffelöfen* mit Silitheizkörpern haben in tiefen Nuten an den Wänden eines Muffelraumes senkrechte Silitstäbe (Siliziumkarbid, Karborundum), die durch den elektrischen Strom zum Glühen gebracht werden und ihre Hitze auf die Werkstücke ausstrahlen.

Lebensdauer der Silitstäbe etwa 700 Brennstunden, Anheizzeit bis auf 1300 °C etwa 90 min, in Größen für 4 – 150 kVA Leistungsaufnahme ausgeführt. Elektro-Muffelöfen mit Widerstandsheizung haben meistens eine Heizwicklung aus Chrom-Nickel-Stahl, die sehr widerstandsfähig gegen Wärme und gegenüber mechanischen Einwirkungen ist. Sie sind sehr geeignet für Temperaturen bis zu 1000 °C.

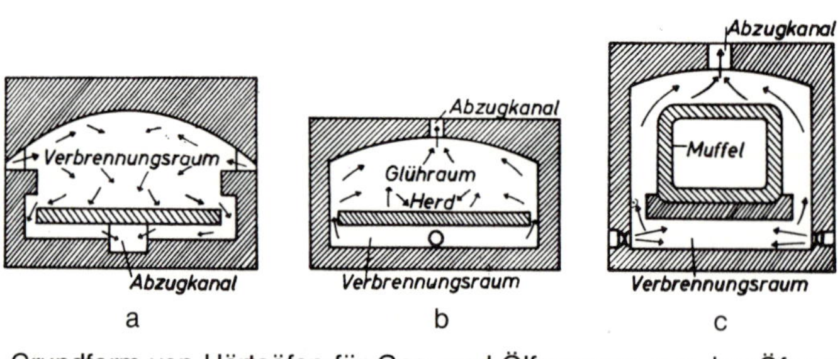

Abb. III.127. Grundform von Härteöfen für Gas- und Ölfeuerung. a u. b = Öfen ohne Muffel; c = Muffelofen.

Blei- und Salzbadhärteöfen. Sie ergeben gleichmäßigste Erwärmung des Stahlstücks, vollständigsten Schutz gegen Oxidation und zugleich die Möglichkeit, das Arbeitsstück nur teilweise zu erwärmen, was z. B. bei Dreh- und Hobelstählen, Spiral- und Gewindebohrern, Feilen usw. erwünscht ist. Bleibäder kommen höchstens bis 850 °C in Frage. In Salzbädern, die bei schwerflüssigen Salzen Temperaturen von 1200 – 1300 °C zulassen, läßt sich vor allem Schnelldrehstahl gut härten. Die Salzmischung besteht aus Kochsalz (NaCl) mit Soda (Na_2CO_3), Kalisalpeter (KNO_3), Borax ($Na_2B_4O_7$) oder Chlorbarium ($BaCl_2$).

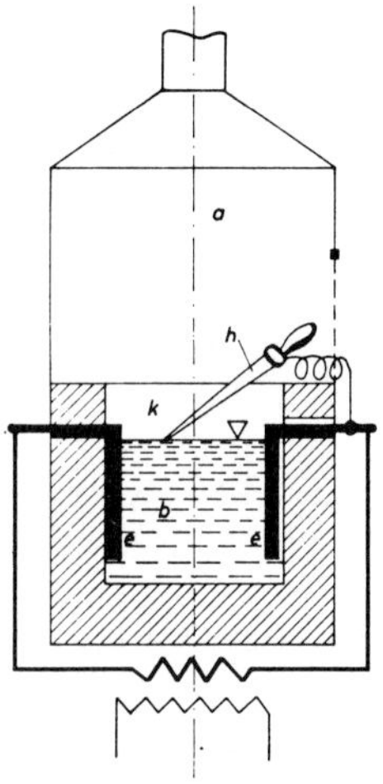

Abb. III.128. Elektrisch geheizter Salzbadofen. a = Haube, b = Salzmischung, c = Elektroden, h = Hilfselektrode, k = Kohleplättchen.

Einen elektrisch geheizten Salzbadhärteofen zeigt Abb. III.128. Im Schamottetiegel mit Haube a befindet sich die Salzmischung b, welcher Strom von 5 – 25 V Spannung durch die Stahlelektroden e zugeführt wird. Da Salze nur in flüssigem Zustand gute elektrische Leiter sind, so muß die Schmelzung mit einer beweglichen Hilfselektrode h eingeleitet werden, mit der man vom Kohleheizplättchen k aus einen flüssigen Streifen durch das Salzbad zieht. Vorteilhaft ist es, die zu härtenden Stücke in einem gasgeheizten Muffelofen auf etwa 600 °C vorzuwärmen. Um sie dann im elektrischen Salzbadofen von 600 °C auf 1000 – 1200 °C zu bringen, sind für mittlere Stücke nur 1 – 5 min erforderlich (Stücke von 12 kg in 4 min). Die gangbarsten Öfen haben bei 1300 °C eine Leistungsaufnahme von 12 – 75 kVA.

Fließöfen. Sie kommen für Massenfertigung in Frage. Eine bewährte Konstruktion für kleine und mittelgroße Teile zeigt Abb. III.129. Der Kettenherd A ist zwischen den Kettenrädern B_1 und B_2 gespannt. B_1 wird durch einen Elektromotor angetrieben und B_2 über 2 Seilrollen C_1 und C_2 vom Gewicht C nach rechts gezogen. Die einzelnen Herdglieder werden durch Rollen D auf der Fahrbahn E geführt. Der Ofen wird durch 4 Ölbrenner (bei F) erhitzt. Links bei G fällt das Glühgut in das untergestellte Abkühlbad. Neben der Massenerzeugung ist die Lebensdauer des Herdes (Unterteil aus Stahlguß, Mittelteil aus Temperguß und Oberteil aus feuerfestem Guß) entscheidend für die Wirtschaftlichkeit des Ofens.

Anlaß- und Warmhärtebäder. Abb. III.130 zeigt ein Wärmehärtebad mit Heizwicklungen a für elektrische Erwärmung des Schamottetiegels b, der noch einen Isolierdeckel h trägt. Vom Luftgebläse f aus wird Kühlluft bis zu 600 °C eingeblasen, die bei d – e abzieht. Bei c wird ein

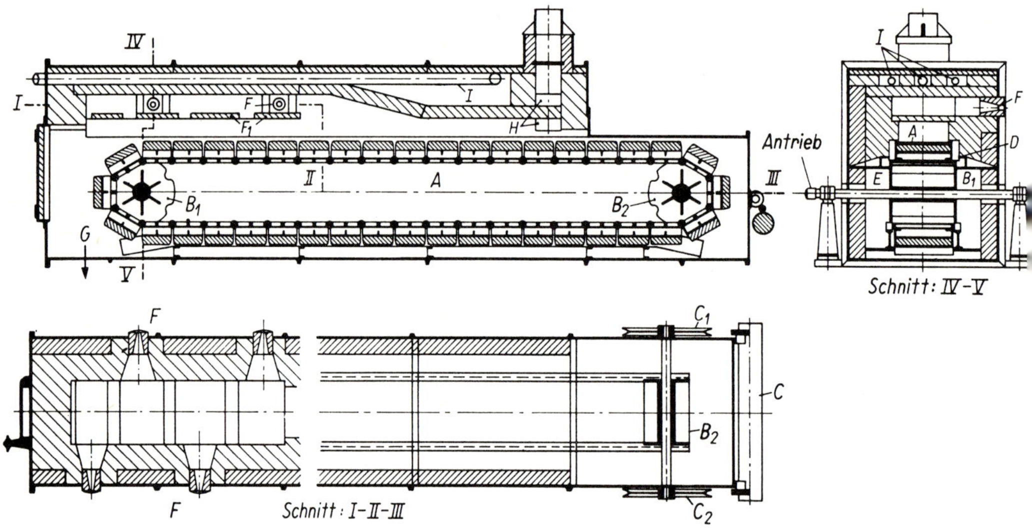

Abb. III.129. Fließofen. A = Kettenherd, B_1 u. B_2 = Kettenräder, C_1 u. C_2 = Seilrollen, C = Gewicht, D = Rollen, E = Fahrbahn, bei F: Ölbrenner, unter G: Abkühlbad.

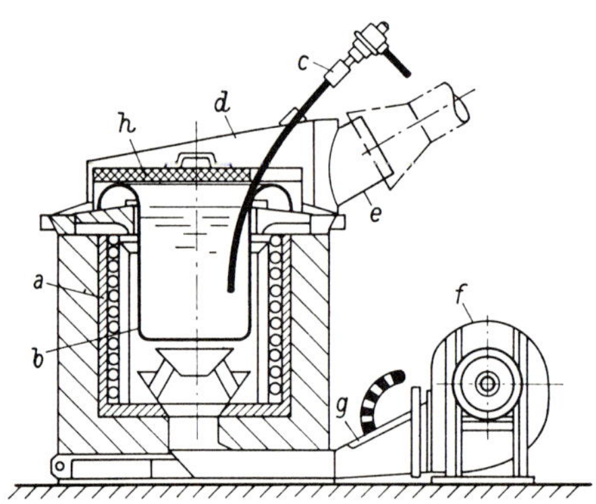

Abb. III.130. Warmhärtebad. a = Heizwicklungen, b = Schamotteziegel, c = Pyrometer, f = Luftgebläse, h = Isolierdeckel.

Pyrometer eingehängt. Diese und ähnliche Öfen können sowohl für die Warmhärtung (bei 200 – 300 °C) wie für Zwischenkühlung und zum Anlassen (bis 600 °C) verwendet werden. Als Anlaß- und Warmbadsalz wird z. B. AS 140 verwendet, ein Salz aus gleichen Teilen Kaliumnitrat (KNO_3) und Natriumnitrit ($NaNO_2$) mit einem Schmelzpunkt von 140 °C.

3. Praxis des Härtens und Vergütens

Begriffe. Alle Grundlagen wurden bereits im Abschnitt I.C (Wärmebehandlung des Stahls) behandelt. Wiederholt sei kurz folgendes: Das normale *Härten* ist das *Abschrecken oder Umwandlungshärten* (mit den Abarten des gebrochenen, des

Warmbadhärtens usw.). Es besteht praktisch im Abschrecken eines höher gekohlten Stahls aus Rotglut; er wird glashart und muß meistens nachher noch angelassen (wiedererwärmt) werden. Gehärtet werden meist Werkzeugstähle (mit etwa 0,6 – 1,5% C). *Vergüten* dagegen ist das Abschrecken eines niedriger gekohlten Stahls und das nachherige Anlassen auf so hohe Temperaturen, daß eine wesentliche Steigerung der Zähigkeit, Festigkeit und Dehnung eintritt. Vergütet werden meist Maschinen- und Konstruktionsstähle (mit etwa 0,2 – 0,7% C). Beim *Oberflächenhärten* erfährt entweder härtbarer Stahl durch Oberflächenerhitzung oder weicher Stahl durch Kohlenstoff- oder Stickstoffaufnahme an der Oberfläche beim Erwärmen und anschließenden Abschrecken eine wesentliche Härtesteigerung nur in der Randschicht. Nur der *praktische Härtevorgang* bei den wichtigsten Härteverfahren wird im folgenden noch näher behandelt.

Arbeitsvorgang beim Umwandlungshärten. Die zweckmäßige Erhitzungstemperatur ergibt sich aus dem Eisen-Kohlenstoff-Schaubild und soll möglichst durch genaue Messung mit Segerkegeln oder Pyrometern ermittelt werden. Das *Ablöschen* erfolgt in Wasser von etwa 16 – 22 °C. Beschleunigen kann man die Abkühlung durch Zusatz von Schwefelsäure oder 8%ige Natronlauge, zurückhalten durch Benutzen von warmem Wasser, Öl, Fett, Salzlösungen oder durch Anwendung eines kalten Luftstroms. Der Stahl hat jetzt *Glashärte,* d. h. er ist zwar sehr hart, aber zugleich so spröde, daß er nicht verwendbar ist. Unbedingt erforderlich ist daher, soweit nicht ein Härten im Warmbad erfolgt ist, noch ein *Anlassen* bis zu Temperaturen von 225 – 330 °C.

Das einfachste *Mittel zum Anlassen* ist die *Eigenwärme* des nur am vorderen Teil abgeschreckten Stücks (z. B. bei Meißeln, Dreh- und Hobelstählen). Ein gleichmäßiges Anlassen erzielt man durch das Auflegen des Stücks auf eine hellrotwarme Eisenplatte, durch den Gasbrenner oder durch ein warmes Sandbad. Letzteres, oder noch besser ein *Blei- oder Ölbad,* soll für Stücke genommen werden, die vollständig anzulassen sind (z. B. Fräser). Im letzteren Fall wird man die Anlaßtemperatur mit dem Thermometer beobachten, in allen anderen Fällen aber einfacher durch Beobachtung der Anlauffarben feststellen, welche die an einer blank gemachten Stelle sich bildende Oxidschicht annimmt. Diese *Anlauffarben,* die zugehörigen Temperaturen und die Arbeitsstücke, die so weit angelassen werden, sind folgende:

Hellgelb, 225 °C, für Dreh- und Bohrstähle, Fräser für harten Stahl.
Dunkelgelb, 240 °C, für Hobel- und Bohrstähle für Stahl und Gußeisen.
Gelbbraun, 255 °C, für Schraubenschneidbacken.
Braunrot, 265 °C, für Gewinde- und Spiralbohrer.
Purpurrot, 275 °C, für Bearbeitung von weichem Stahl und Messing.
Violett, 285 °C, für Meißel, Lochstempel, Scheren.
Dunkelblau, 295 °C, für Holzhobel, Holzfräser.
Hellblau, 315 °C, für Holzsägen, Federn.
Grau, 330 °C, für Sensen.

Sobald die gewünschte Anlauffarbe erscheint, muß sofort *nochmals in Wasser* bzw. Öl usw. *abgelöscht* werden, da bei langsamem Abkühlen alle Härte verlorengehen würde.

Als *weitere Erwärmungsmittel für das Anlassen* kommen hauptsächlich noch in Frage:
Erhitzte Sandbäder oder Bunsenbrenner,
Auskochen in Wasser (bis 100 °C) oder Öl (bis etwa 200 °C),
Anlaßsalze, z. B. AS 140, AS 200, AS 300 für Temperaturen von 150 – 550 °C,
Schnellarbeitsstahl-Anlaßsalze für Temperaturen von 530 – 580 °C,
Bleibäder für Temperaturen von etwa 400 – 800 °C. – Weniger gut ist das Anlassen im Glühofen.

Darüber hinaus kommen für das *Erhitzen auf Härtetemperatur* neben geeigneten Öfen besonders wiederum Salzbäder in Frage, so z. B. Mischungen von Chlorkalium und Chlorbarium für 800 – 1000 °C, Chlorbarium ($BaCl_2$) für 1000 – 1300 °C. Letzteres oder ähnliche Salze (Handelsnamen z. B. Houghton- oder Durferrit-Schnellstahlsalz) sind vor allem für die Härtung von Schnellarbeitsstählen geeignet, die Härtetemperaturen von 1180 – 1310 °C verlangen.

Arbeitsvorgang beim Vergüten. Vergütet werden außer den Kohlenstoffstählen vor allem auch Sonderstähle, weil bei ihnen der Einfluß der Vergütung noch größer ist. Das Erhitzen wird wie beim Härten durchgeführt, das Abschrecken meist in Öl. Das Anlassen erfolgt auf 300 – 700 °C (engeres Gebiet für den Stahl 500 – 700 °C). Bei stärkeren Stücken hat sich ein zweimaliges Abschrecken bewährt, zunächst Erhitzen auf 800 – 850 °C und Abkühlen in Öl, dann Erhitzen auf nur 760 – 820 °C (um die äußere Schicht im Korn zu verfeinern), Abkühlen in Öl und Anlassen.

Wirkung der Abschreckmittel. Die Abkühlleistungen einer Anzahl Abschreckmittel wurden durch Versuche wie folgt (in weiten Grenzen) festgestellt:

Wasser (rein und mit Beimengungen)	400 – 1200 °C/s
Rüböl und Mineralöl	100 – 200 °C/s
AS 140 bei 250 °C	150 – 160 °C/s
Preßluft von 1 bar	35 – 40 °C/s
Ruhende Luft	3 – 4 °C/s

Das AS 140 ist ein Abschrecksalz für Warmbadhärtung (1 Teil KNO_3 + 1 Teil $NaNO_2$). Die schroffe Härtewirkung von 8%iger Natronlauge (Spannungen) wird zweckmäßig durch gebrochenes Härten gemildert. Grundsätzlich soll nicht schroffer als unbedingt notwendig abgeschreckt werden.

Besonderheiten legierter Stähle. Bei Cr-Ni-, Cr-Mn- und Mn-Stählen tritt nach dem Anlassen bei langsamer Abkühlung eine *Anlaßsprödigkeit* auf (starke Verringerung der Kerbzähigkeit). Als Ursache werden Ausscheidungsvorgänge bei 500 °C angesehen. Abhilfe durch schnelles Abkühlen oder durch Zusätze von Mo und W. – Wie Abb. III.131 zeigt, behalten *Schnellarbeitsstähle* auch beim Anlassen bis auf 550 – 600 °C eine hohe, sogar erhöhte Härte, die stark von der richtigen Härtetemperatur abhängt. Man bezeichnet diese für die Schneidhaltigkeit von Werkzeugstählen wichtige Eigenschaft als *Anlaßbeständigkeit.* Sie ist zu erklären durch das Ausscheiden von Sonderkarbiden und Umwandlung des Restaustenits in Martensit bei den genannten Temperaturen.

Härtefehler und Durchhärtung. *Zu niedrige Härtetemperaturen* ergeben leicht eine ungleichmäßige Härtung bei nicht genügender Einhärtungstiefe, *zu hohe Härtetemperaturen* dagegen Grobkorn (Überhitzung und Überzeitung). Unter *Überzeitung* versteht man ein zu langes Halten auf Härtetemperatur. – Eine *ungleichmäßige Abkühlung* führt zur Bildung weicher Zonen (*Weichfleckigkeit*). Diese tritt z. B. auf bei ungenügender Bewegung im Abschreckbad (Dampfblasenbildung), beim Halten in Härtezangen und bei festhaftendem Zunder. – Infolge Abnahme der Abkühlgeschwindigkeit vom Rande zum Kern hin wird ein Kohlenstoffstahl schon bei etwa 15 mm Durchmesser nicht mehr *durchhärten.* Ni, Cr, Mn usw. erniedrigen die kritische Abkühlgeschwindigkeit und erhöhen damit die Durchhärtung.

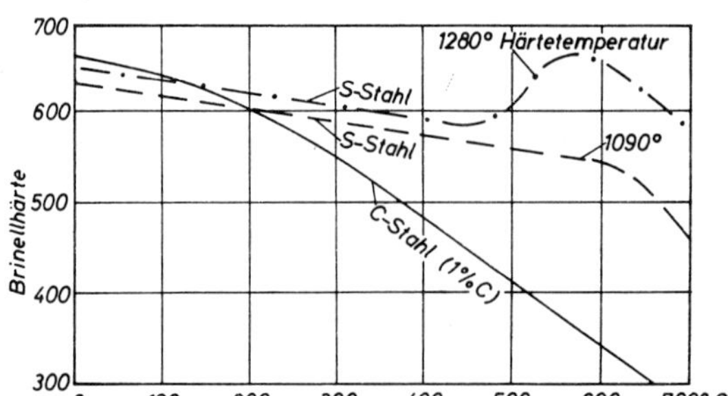

Abb. III.131. Anlaßbeständigkeit der Schnellarbeitsstähle.

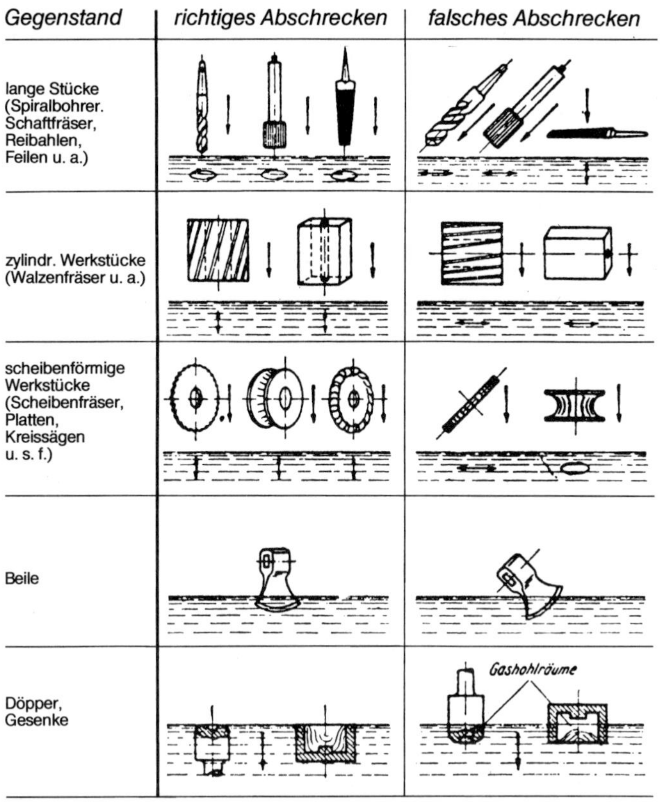

Abb. III.132. Richtiges und falsches Abschrecken beim Härten.

Spannungen und Härterisse. Die Folge der Härtung ist zunächst eine *Volumenvergrößerung*, denn das Härtungsgefüge Martensit nimmt einen größeren Raum ein als der Perlit. Infolge der plötzlichen Abkühlung des rotglühenden Körpers wird die Schale schnell erkalten, der Kern aber (insbesondere bei stärkeren Stücken) noch länger warm bleiben. Bei der nun folgenden Abkühlung des Kerns ergeben sich Zugspannungen im Kern und Druckspannungen in der Schale. Die Folgen der Härtung sind also starke Spannungen im Werkstück, die zum Verziehen und zu Rissen führen können.

Vermeiden der Härterisse. Schon das Erhitzen des zu härtenden Stahls muß gleichmäßig und langsam erfolgen, um etwa vorhandene innere Spannungen zu beseitigen. Am besten ist für wichtige Teile ein dem Härten vorausgehendes Ausglühen. Schroffe Querschnittsübergänge und scharfe Ecken sind am Arbeitsstück zu vermeiden, da sie schon bei der Herstellung und erst recht beim Ablöschen zu starken Spannungen führen. Die Bildung von „Härterissen" (eigentlich „Spannungsrissen") wird aber besonders durch das schroffe Abschrecken gefördert, das daher möglichst gleichmäßig erfolgen muß. Alle Gegenstände müssen im „Härtebad" (Wasser usw.) hin und her bewegt werden, damit die den Körper einhüllende Dampfschicht entweicht. Die Gleichmäßigkeit der Abkühlung wird, wie Abb. III.132 für mehrere Beispiele zeigt, durch entsprechende Eintauchrichtung und Bewegung im Bade erzielt, die sich nach der Form der Werkzeuge richten müssen.

Allgemeines über Oberflächenhärten. Das Oberflächenhärten wird für Werkstücke angewandt, die eine harte, verschleißfeste Oberfläche und einen zähen, gegen

Stoß- und Biegebeanspruchungen widerstandsfähigen Kern haben sollen. Dies kann entweder durch *reine Wärmebehandlung* oder durch *Diffusionswirkung* erzielt werden. Im ersteren Fall wird härtbarer Stahl an der Oberfläche so schnell erhitzt, daß eine starke Wärmestauung eintritt. Beim anschließenden Abschrecken wird der Teil der Randzone, der über *GOSK* erhitzt worden war, in Härtegefüge übergeführt (*Flammen-*, *Induktions-* und *Tauch*-Härteverfahren). Im zweiten Fall wird *weicher* Stahl, auch schwach legierter Sonderstahl, an der Oberfläche durch Aufnahme von Kohlenstoff oder Stickstoff beim Erwärmen in seiner Härte stark gesteigert; anschließend wird abgeschreckt (*Einsatz-* und *Nitrier*-Härteverfahren). In beiden Fällen werden die Kerneigenschaften des Werkstoffs nicht beeinflußt.

Bilder über Flammhärten [III.43], Induktionshärten und Einsatzhärten wurden bereits im Abschnitt I.C (Wärmebehandlung des Stahls) gebracht, ebenso dort schon die grundlegenden Ausführungen über diese Verfahren.

Einsatzhärten. Die *Aufkohlungsmittel* (Einsatz- oder Härtepulver genannt) können fest, flüssig oder gasförmig sein. Das normale feste Mittel ist eine Mischung von 60 Teilen Holzkohle und 40 Teilen Bariumkarbonat ($BaCO_3$). Als flüssige Mittel kommen Salzbäder in Frage, z. B. die Durferritsalze C 3 und C 5 (Durferrit ist der Handelsname), deren wirksame Bestandteile Zyanide (C_2N_2), gemischt mit Salzen der Alkalimetalle sind. Die gasförmigen Mittel (Leuchtgas, Butan, Propan) werden in Deutschland selten angewandt. Die *Einsatztiefen* betragen meistens 1 – 2 mm. Die *Einsatzzeit* für 1 mm Einsatztiefe bei 900 °C beläuft sich auf

etwa 4 h bei festen Mitteln (Holzkohle)
etwa ½ h bei festen Mitteln (60 Holzkohle + 40 $BaCO_3$)
etwa 2 h bei Durferritsalzen
etwa 6 h bei gasförmigen Mitteln.

Eine Einsatztiefe von 2 mm ist bei 60 Holzkohle + 40 $BaCO_3$ in etwa 3,5 h, bei Durferritsalzen in etwa 6 h erzielbar.

Je nach Art des angewandten Aufkohlungsmittels spricht man von *Pulverzementieren, Gaszementieren, Badzementieren.* Verwendet man gleichzeitig Kohlenstoff und Stickstoff abgebende Gase oder Bäder, so spricht man von *Karbonitrieren,* ferner noch von *Borieren* bei Behandlung in oder mit Bor-abgebenden Mitteln (s. auch Abschnitt I.C).

Anwendungsgebiete des Einsatz- und Nitrierhärtens. Beide sind vorteilhaft für alle Teile, die außen hart, im Innern aber weich (Bruchgefahr gering) sein sollen, z. B. für Zapfen, Kolbenstangen, Rollen, Wagenachsen, Matrizen, Stempel, Zahnräder usw. Man kann im Einsatz gehärtete Teile hinterher leicht im Innern und an den nicht gehärteten Teilen bearbeiten; sie verziehen sich beim Härten auch weniger leicht.

4. Handwerkzeuge des Schmiedes

Hämmer. Der *Handhammer* (Schmiedehammer) hat ein Gewicht von 1 – 2 kg, Länge des Holzstils etwa 400 mm. Die obere abgerundete Schneide heißt „Finne“, die untere, etwas gewölbte viereckige Fläche „Bahn“. Beide Teile sind aus gehärtetem Stahl und auf das mittlere weiche Stahlstück aufgeschweißt (wenn nicht der ganze Hammer aus härterem Stahl ist). Größere Handhämmer, im Gewicht von 5 – 15 kg (Holzstiel 600 – 800 mm lang), muß der Gehilfe des Schmieds, der Zuschläger, mit beiden Händen schwingen. Sie heißen *Zuschlag-* oder *Vorschlag-(Vor-)Hämmer.* Ist die Richtung der Finne parallel der des Stiels, so nennt man sie *Kreuzschlaghämmer.* Abarten dieser Handhämmer sind z. B. der *Schlichthammer,* der *Setzhammer,* der *Ballhammer.* Zum Lochen der Schmiedestücke in der Glühhitze wird ein „*Durchschlag*“ benutzt, zum Abhauen eines Endstücks oder Trennen zweier Teile der „*Abschrot*“.

Zangen. Sie dienen zum Festhalten der glühenden Schmiedestücke und werden oft durch einen über die langen Schenkel geschobenen Ring zugespannt.

Gesenke. Um die Umrisse des Schmiedestücks auszubilden, sind oft außer den Hämmern Gesenke erforderlich. Man unterscheidet zwischen einfachen und doppelten Gesenken, letzte bestehen aus Ober- und Untergesenk. Das Obergesenk wird an einem Stiel gehalten (oder mit der Zange), das Untergesenk wird mit einem Zapfen in ein Loch des Ambosses gesteckt. Viel gebrauchte Gesenkformen werden in einem Gußblock zum „Gesenkstock" vereinigt.

Amboß. Als Unterlage für das Schmiedestück und zur Aufnahme der Schlagwirkung des Hammers dient der Amboß. Er besteht aus weichem Stahl, die obere Fläche (Amboßbahn) ist jedoch noch verstählt, d. h. es ist eine dünne harte Stahlplatte aufgeschweißt.

5. Maschinenhämmer

a) Grundlagen

Amboßgewicht. Alle Maschinenhämmer haben den mit steigendem Gewicht des Hammerbärs immer größer werdenden Nachteil, daß der Schlag auf Arbeitsstück und Amboß das Fundament und den Boden der ganzen Umgebung erschüttert. Diese Erschütterung bedeutet außerdem einen Arbeitsverlust und muß durch möglichst großes Gewicht des Ambosses (bzw. seiner gußeisernen Unterlage, der „*Schabotte*") gegenüber dem Bärgewicht herabgemindert werden. Es ist üblich, das Schabottegewicht gleich dem 12 – 25fachen Bärgewicht zu wählen. Richtiger aber ist es, besonders bei Luft- und Dampfhämmern, das im nächsten Absatz erklärte Arbeitsvermögen des Hammers zur Bemessung heranzuziehen und das Schabottegewicht in kg gleich einem vielfachen, erfahrungsgemäß gleich dem 5,5 – 7fachen des Arbeitsvermögens des Hammers in mkp bzw. Nm zu machen. Die schwere Schabotte vermeidet der später besprochene Gegenschlaghammer.

Kennzeichnende Hammerwerte. Kennzeichnend für einen Maschinenhammer sind zunächst: Bärgewicht G, Hubhöhe h des Bärs und Schlagzahl bzw. Schlag-(Auftreff-)Geschwindigkeit v. Das Arbeitsvermögen dieses Hammers in der Form des Fallhammers ist:

$$W = \frac{1}{2}\, m \cdot v^2 = \frac{1}{2} \cdot \frac{G}{g} \cdot v^2 = G \cdot h,$$

hieraus:

$$v = \sqrt{2gh} = 5 - 6 \text{ m/s}.$$

Für den Dampfhammer mit Oberdampf wird bei einem Zylinderdurchmesser d und einem Dampfdruck p_m:

$$W = \frac{1}{2}\, m \cdot v^2 = \frac{1}{2}\, \frac{G}{g} \cdot v^2 = G \cdot h + \frac{d^2\, \pi}{4} \cdot p_m \cdot h,$$

hieraus:

$$v = \sqrt{\frac{G + \frac{d^2\,\pi}{4} \cdot p_m}{G} \cdot 2\, g\, h} = 7 - 8 \text{ m/s}.$$

Das *Arbeitsvermögen* eines Fallhammers von 1500 kg ≙ 15 000 N Bärgewicht und 2 m Fallhöhe ist hiernach $A = 300$ mkp ≙ 3000 Nm, seine Auftreffgeschwindigkeit $v = 6{,}27$ m/s. Zum Ausschmieden schwerer Stücke ist ein Arbeitsvermögen von etwa 20 000 – 30 000 mkp ≙ 200 000 ... 300 000 Nm erforderlich, das bei 2 m Fallhöhe Bärgewichte von 10 000 – 15 000 kg ≙ 100 000 ... 150 000 N oder die Anwendung eines schweren Dampfhammers verlangt. Das kennzeichnende Gesamtmerkmal für jeden Hammer ist also sein Arbeitsvermögen.

Setzt das glühende Eisen dem herabsausenden Hammer eine Widerstandskraft F entgegen, und ist der Weg des Hammers im glühenden Stahl (das Maß der Zusammendrückung) $= s$, so kann man angenähert das Arbeitsvermögen A des Hammers gleich der Staucharbeit (Formänderungsarbeit) setzen.

$$W = \frac{1}{2} m v^2 = F \cdot s.$$

Hierbei ist in s die Bewegung des Ambosses vernachlässigt, was bei kleinen Hämmern zulässig ist; bei großen Hämmern ist diese Größe aber zu berücksichtigen. Um Stahl von 0,22% C bei 800 °C noch schmieden zu können, muß man (s. Abb. III.121) einen Formänderungswiderstand von mindestens 130 ... 150 N/mm² überwinden. Will man also z. B. unter einem bestimmten Hammer noch ein Stück von $100 \times 100 = 10\,000$ mm² Oberfläche ausschmieden können, so hat man eine Kraft notwendig von $F = 140 \cdot 10000 = 1400$ MN. Nimmt man s nach Erfahrungswerten an, so hat man jetzt eine Beziehung zwischen dem zu schmiedenden Stück und den Hauptabmessungen des Hammers, z. B. bei $s = 50$ mm $= 0{,}05$ m wird das erforderliche Arbeitsvermögen des Hammers $W = 1\,400\,000 \cdot 0{,}05 = 70\,000$ Nm. Hierbei ist noch die Reibung an den Druckflächen vernachlässigt. Diese Rechnung ergibt naturgemäß nur einen ersten Anhalt für die Größe der Schmiedearbeit, bzw. für die Hammerabmessungen.

Einteilung der Hämmer. Die Maschinenhämmer lassen sich zunächst einteilen in *Winkelhämmer* und *Parallelhämmer.* Winkelhämmer werden durch einen Stiel (Helm) geführt, die schlagende Hammerfläche bildet während der Bewegung mit der Amboßfläche einen Winkel. Bei Parallelhämmern gleitet der Hammerbär zwischen Geradführungen, die schlagende Fläche ist also stets parallel der Amboßfläche. Da dies vorzuziehen ist, führt man heute alle wichtigen Maschinenhämmer als Parallelhämmer aus.

b) Stielhämmer (Winkelhämmer)

Man unterschied früher: Stirnhämmer, Brusthämmer und Schwanzhämmer. Verbesserte Stielhämmer mit Transmissionsantrieb sind auch jetzt noch für kleinere Leistungen in Betrieb (sog. *Hebelhämmer*).

c) Fallhämmer

Die Fallhämmer (Fallwerke) sind Parallelhämmer. Der Fallbär wird an einem Riemen oder Brett, auch Kette oder Stange, hochgezogen, gleitet dabei zwischen senkrechten Führungen, fällt aus beliebiger Höhe nieder und wirkt also nur durch sein Eigengewicht. Mit der Fallhöhe steigt und fällt die Schlagstärke. Die Anzahl der Schläge in der Minute ist gering. Anwendung hauptsächlich für Gesenkschmiedearbeiten.

Riemenfallhämmer. Bei den einfachsten Fallhämmern wird der Bär an einem Seil, das über eine Rolle herabhängt, unmittelbar von Hand hochgezogen. Bei größeren Fallhämmern ist eine durch Transmission angetriebene Welle erforderlich, wenn nicht elektromotorischer Einzelantrieb in Frage kommt. Hängt dabei der Hammerbär an einem Riemen, so hat man den Riemenfallhammer. Er wird ausgeführt mit 25 – 2000 kg Bärgewicht und 1,5 – 3 m Hubhöhe (nur bis 200 kg für Anheben unmittelbar von Hand), Schlagzahl höchstens 45/min. Arbeitsvermögen A bis zu 60000 Nm.

Brettfallhämmer. Hier tritt an die Stelle des Riemens ein Holzbrett aus möglichst hartem Holz. Dieses Brett, welches fest (aber nicht starr) mit dem Bär verbunden ist, geht oben zwischen zwei sich drehenden Rollen hindurch, von denen die eine festgelagert ist, die andere aber gegen das Brett gepreßt werden kann. Beim Anpressen (mit Hilfe eines Gestänges) wird das Brett und damit der Bär hochgehoben, beim Verschieben der beweglichen Rolle fällt der Bär herab. Bärgewicht: 50 – 1500 kg, Fallhöhe: 1,5 – 2,2 m, Schlagzahl bis 60/min, Arbeitsvermögen A bis zu 30000 Nm.

Der Brettfallhammer ist der gebräuchlichste Fallhammer, weil der Brettverschleiß geringer ist als der Riemenverschleiß, weil das Brett billiger ist als der Riemen und weil der Wirkungsgrad von allen Fallhämmern der günstigste ist. Mechanischer Wirkungsgrad der Riemenfallhämmer = 0,45 – 0,65, der Brettfallhämmer 0,5 – 0,78.

Fallhammeraufzüge. Das Aufzugswerk wird durch Dampf- oder Preßluftzylinder betrieben. An die Stelle des Riemens bzw. Bretts tritt ein Drahtseil oder eine Zugstange, oder der Bär ruht auf den Kolbenstangen von 2 Preßluftkolben. Bärgewicht meist 300 – 10000 kg, Fallhöhe 2 – 4 m, Schlagzahl bei den Größen über 10000 kg, nur 1 – 3/min. Arbeitsvermögen A bis zu 400000 Nm.

d) Federhämmer

Blattfederhämmer. Die Bewegung einer Kurbel oder eines Exzenters wird unmittelbar auf den Bär übertragen. Um aber im Totpunkt der Kurbel, wo der Schlag des Hammers erfolgt, die Hammergeschwindigkeit nicht gleich Null werden zu lassen, ist die Zwischenschaltung einer Blattfeder oder eines anderen federnden Mittels notwendig.

Die einfachste Form eines Federhammers ist hiernach die, bei der in die Schubstange eine bügelförmige Blattfeder eingeschaltet wird (*Bügelfederhammer*). Von den verschiedenen sonstigen Bauarten der Blattfederhämmer gibt Abb. III.133 ein Beispiel im *Verbundfederhammer*. Die aus einer Anzahl einzelner Federn zusammengesetzte Blattfeder b überträgt die Exzenterbewegung auf den senkrecht geführten Bär c. Bei der Abwärtsbewegung des Exzenters bleibt der Bär zunächst noch stehen, und die Feder biegt sich nach unten durch, bis Bärgewicht und Federspannung gleich groß sind. Darauf steigt der Bär, fängt aber noch nicht an zu fallen, wenn die Exzenterbewegung aufwärts geht, sondern setzt vermöge seines Arbeitsvermögens noch die Aufwärtsbewegung fort. Die Feder biegt sich allmählich nach oben durch und nimmt das Arbeitsvermögen des Bärs auf. Nunmehr erfolgt erst bei weiterer Aufwärtsbewegung des Exzentermittels die Abwärtsbewegung des Bärs, der also sein Eigengewicht und die Spannkraft der Feder beim Schlag zur Geltung bringt. Dadurch, daß auch die Exzenterstange a als Feder (Verbundfeder) ausgebildet ist, wird die Schlagwirkung noch erhöht. Das Ansetzen und die Reglung der Umdrehungszahl erfolgt durch einen Handhebel d oder einen Fußhebel e. Derartige Hämmer werden mit 30 – 200 kg Bärgewicht, 150 – 350 mm Bärhub und einer Schlagzahl von 140 – 300/min gebaut.

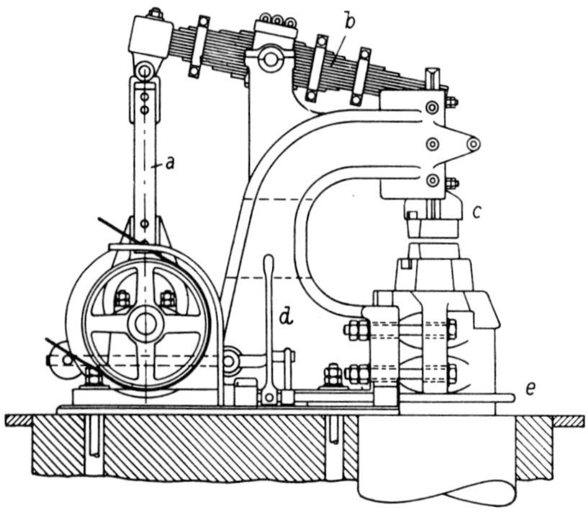

Abb. III.133. Verbundfederhammer.
a = Exzenterstange,
b = Blattfeder,
c = Bär,
d = Handhebel,
e = Fußhebel.

e) *Lufthämmer (Luftfederhämmer)*

Einzylinderhämmer. Die schon seit 1884 gebauten Einzylinderhämmer hatten als Hauptnachteil eine hohe, wenig standfeste Bauart. Deshalb Übergang zum Zweizylinderhammer.

Zweizylinderhämmer. Sie werden einfachwirkend oder doppeltwirkend gebaut. Den Übergang vom hochgebauten Einzylinder- zum niedriggebauten Zweizylinderhammer stellte zunächst die viel verwendete Bauart des *einfachwirkenden Yeakleyhammers* für 30 – 250 kg Bärgewicht dar. Dann ging man mehr zu den *doppeltwirkenden Zweizylinderhämmern* über, hauptsächlich gebaut von Bêché & Groß in Hückeswagen Abb. III.134 und Eumuco in Leverkusen.

In Abb. III.134 wird der Arbeitskolben a durch einen Elektromotor über eine Räderübersetzung angetrieben. Arbeitskolben a erzeugt in den zugehörigen Zylinderräumen I und II und den mit ihnen in Verbindung stehenden Bärzylinderräumen III und IV abwechselnd Über- und Unterdruck. Dementsprechend wird der Bärkolben b in den Bärzylinder hineingehoben oder nach unten geschleudert, je nach Steuerung durch die zwischen beiden Zylindern angeordneten Rundschieber. Bei Mittelstellung der Schieber wird der Bärkolben hochgehalten. Einzelschläge erhält man durch plötzliches Aufreißen der Schieber in die Schlagstellung. Auch läßt sich, durch besondere Stellung der Schieber der Bärkolben auf das Schmiedestück festpressen (z. B. zum Biegen des Stücks). Der Bärkolben a ist absichtlich als Hohlkolben ausgeführt, wodurch er gegenüber einem Bär mit voller Kolbenstange ein wesentlich höheres Widerstandsmoment und damit erhöhte Bruchsicherheit besitzt. Diese Hämmer werden mit Bärgewichten von 40 – 3000 kg und Schlagzahlen von 210 – 70/min bei 3 ... 140 kW Kraftbedarf ausgeführt.

Wirtschaftliches. Durch Versuche wurde für einen Lufthammer von 400 kg Schlaggewicht festgestellt im Mittel: Wirkungsgrad des eigentlichen Lufthammers = 0,86, Wirkungsgrad der Luftpumpe = 0,87, Wirkungsgrad der Kraftübertragung durch die schwingende Luft = 0,92. Also gesamter mechanischer Wirkungsgrad des Lufthammers:

$$0{,}86 \cdot 0{,}87 \cdot 0{,}92 = 0{,}69.$$

Ferner war der Wirkungsgrad des Elektromotors = 0,89, der Wirkungsgrad des Riemenantriebs = 0,95; also der Gesamtwirkungsgrad der Hammeranlage:

$$0{,}69 \cdot 0{,}89 \cdot 0{,}95 = 0{,}58.$$

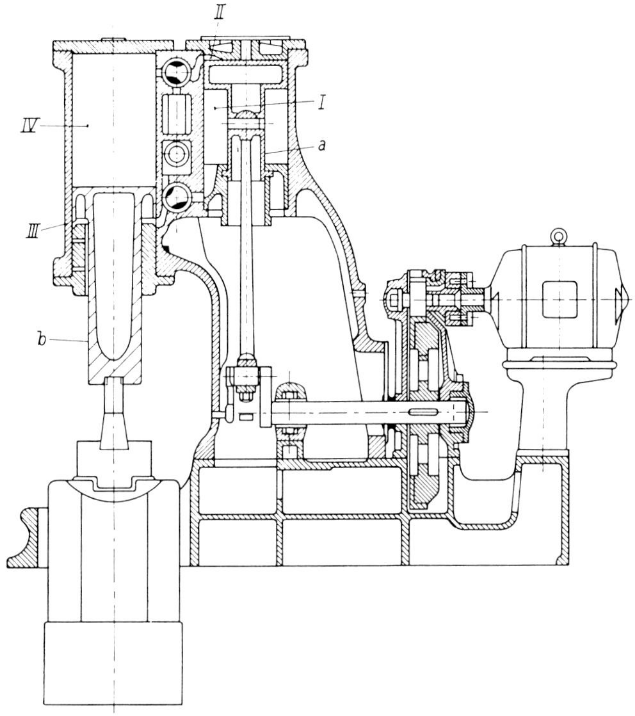

Abb. III.134. Zweizylinder-Lufthammer. a = Arbeitskolben, b = Bärkolben, I, II, III, IV = Zylinderräume.

Rechnet man den gesamten *wärmewirtschaftlichen Wirkungsgrad* aus, so ist vorstehender Wirkungsgrad von 0,58 noch mit dem wirtschaftlichen Wirkungsgrad einer Kraftzentrale (einschließlich der Leitungsverluste), der z. B. = 0,12 gesetzt werden kann, zu multiplizieren; man erhält:

$$0{,}58 \cdot 0{,}12 = 0{,}07 = 7\% \text{ (für Vollbetrieb).}$$

Demgegenüber ergibt sich der wirtschaftliche Wirkungsgrad eines gleich großen Dampfhammers nur zu etwa 3% für Vollbetrieb (4% bei Heizdampfentnahme).

f) Dampf- und Preßlufthämmer

Dampfhämmer. Der erste Dampfhammer ist im Jahre 1842 nach Entwürfen von *Nasmyth* durch die *Gebrüder Schneider* in Creuzot erbaut worden. Im Laufe der folgenden Jahrzehnte kamen verschiedene andere Bauarten auf, die jedoch alle wieder aufgegeben wurden. Man baut heute entweder, und zwar nur bei großen Hämmern (bei denen nicht die Endgeschwindigkeit, sondern das Bärgewicht die größte Wirkung ergibt), den alten Nasmythschen Hammer oder, bei allen kleinen und mittleren Hämmern, solche mit *frischem Oberdampf.* Der herabfallende Kolben erhält durch die Steuerung von oben Dampf zugeführt. Die Endgeschwindigkeit und damit die Schlagzahl und Schlagkraft werden hierdurch wesentlich erhöht. Der Dampfdruck beträgt 8 – 10 bar.

Abb. III.135 zeigt einen Einständerhammer mit loser, vom Hammerständer getrennter Schabotte. Fundamentplatte und Hammerständer sind zum Schutz gegen unberechenbar hohe Beanspruchungen durch starke Federn elastisch miteinander verbunden. Der Hauptabsperrschieber wird durch Handhebel A und Stange B bedient. Der eigentliche Steuerschieber ist der Kolbenschieber C, der bei Handsteuerung durch Handhebel D, Daumen E und Stange F betätigt wird, bei Selbststeuerung aber durch die am Hammerbär befestigte Stange G, Daumen H und Stange F. Die Federn drücken die Steuerung nach unten. Handhebel K verschiebt die Mittellage des Schiebers C und regelt hierdurch Schlagstärke und Hub bei selbsttätiger Steuerung.

Einteilung. Je nach Bauart, Hammergröße und Verwendung unterscheidet man im wesentlichen:

1. *Einständerhämmer,* Fallgewichte 100 – 2000 kg, Bärhub 315 – 1120 mm (s. a. Abb. III. 135).
2. *Doppelständerhämmer* mit zwei Gußeisen- oder Stahlgußständern, Fallgewichte 300 – 10 000 kg, Bärhub 600 – 2000 mm.
3. *Doppelständerhämmer mit Blechständern,* auch „Brückenhämmer" genannt, Fallgewichte 1500 – 10 000 kg, Bärhub 1000 – 2000 mm; größerer Raum zwischen den Ständern als bei 2 (s. a. Abb. III.137).

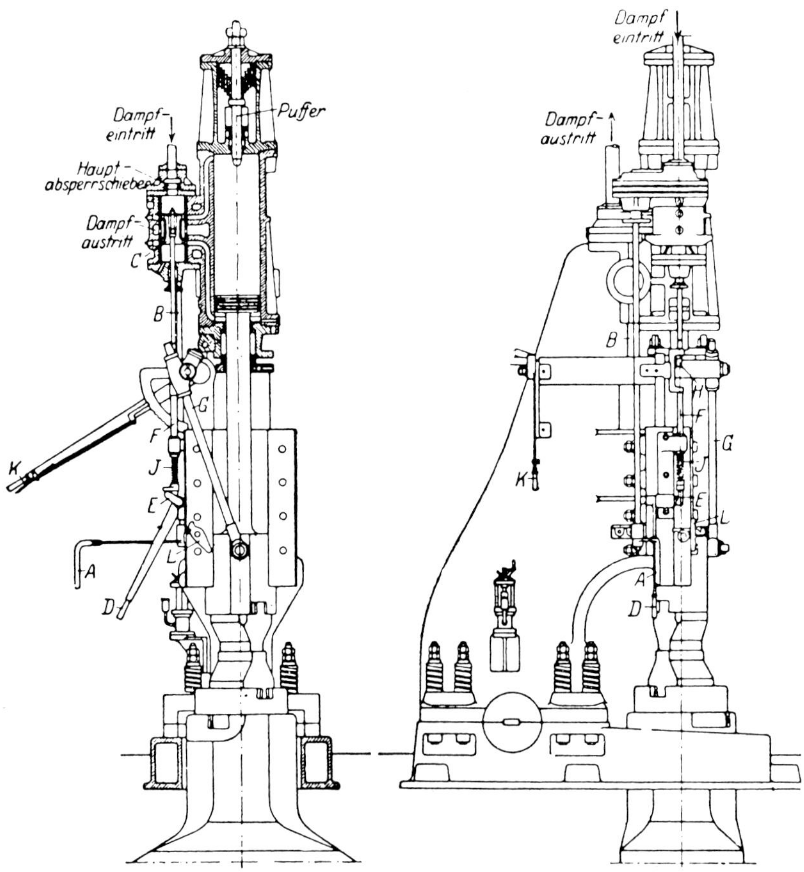

Abb. III.135. Dampfhammer (Preßlufthammer). A, D, K = Bedienungshebel, C = Kolbenschieber, G, H, F = Selbststeuerung.

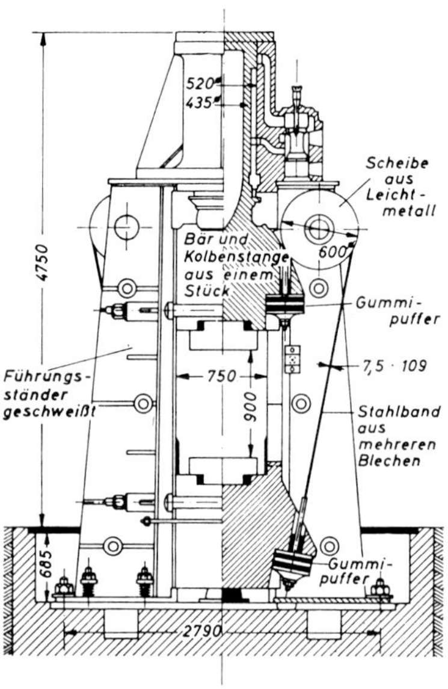

Abb. III.136. Gegenschlaghammer.

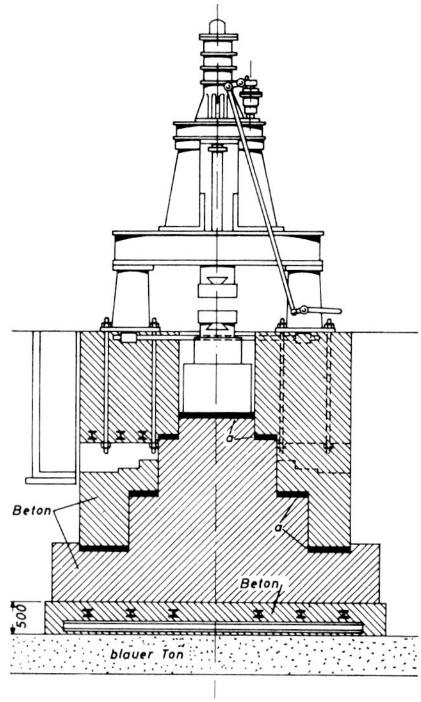

Abb. III.137. Schwerer Dampfhammer mit Fundament.

4. *Schnellgesenkhämmer,* Doppelständerhämmer mit fest mit den Ständern verbundener Schabotte, damit keine Verschiebungen von Ober- und Untergesenk auftreten. Arbeitsvermögen 12 500 ... 200 000 Nm, Bärgewichte 500 – 7500 kg, Bärhub 850 – 1250 mm.

5. *Gegenschlaghämmer,* s. a. Abb. III.136, Arbeitsvermögen 25 000 ... 100 000 Nm, Hub eines Bären 400 – 900 mm.

Die Hämmer unter 1 – 3 kommen hauptsächlich für die Freiformschmiede, die unter 4 und 5 für die Gesenkschmiede in Betracht. Alle fünf Bauarten können als Antriebsmittel Dampf oder Preßluft haben.

Der 1861 aufgestellte und 1911 abgerissene Hammer „Fritz" der Kruppschen Gußstahlfabrik hatte 50 000 kg, ein Hammer der Bethlehem-Werke (Pennsylvanien) sogar 125 000 kg Fallgewicht. Heute bearbeitet man aber die schweren Schmiedeteile unter der hydraulischen Presse schneller und wirtschaftlicher.

Preßlufthämmer. Der Dampfhammer Abb. III.135 kann ohne weiteres auch mit Preßluft von etwa 6 – 8 bar betrieben werden. Dabei ist festgestellt worden, daß 800 m^3 (bei mittleren) bis 950 m^3 (bei kleineren Hämmern) angesaugte Luft die gleiche Schlagarbeit verrichten wie 1000 kg Dampf des mit 8 – 10 bar betriebenen Dampfhammers. Mit 1000 kg Dampf lassen sich in einer Dampfturbine $\approx$180 kWh erzielen. Zur Verdichtung von 900 m^3 angesaugter Luft sind aber nur $\approx$90 kWh erforderlich, so daß sich für den Preßluftbetrieb eine Ersparnis von $\approx$50% ergibt. Von vornherein für Preßluftbetrieb gebaute Hämmer haben einen noch wesentlich geringeren Luftverbrauch als Dampfhämmer, die mit Preßluft betrieben werden. Versuche der Demag-Duisburg haben gezeigt, daß bei ihrem für 2 – 3 bar gebauten Preßlufthammer 750 m^3 angesaugte Luft einer Dampfmenge von 1000 kg des Dampfhammers gleichgesetzt werden können.

Gegenschlaghämmer (Doppelgesenkhämmer). Der in Abb. III.136 wiedergegebene Hammer treibt durch Dampf oder Preßluft den oberen Bär an, der mit Kolben und Kolbenstange aus einem Stück geschmiedet ist (Verringerung der Gefahr der Kolbenstangenbrüche!). Der untere Bär ist mit dem oberen über Scheiben mit Stahlbändern verbunden und wird hierdurch gegenläufg zum oberen Bär bewegt. Arbeitsvermögen $A = \frac{d^2}{4} \cdot p_m \cdot h = \frac{m_1 \cdot v^2}{2} + \frac{m_2 \cdot v^2}{2} = m \cdot v^2$, wobei $v = 3 - 4$ m/s. Im Falle der Abb. III.136 wird, bei 2 · 450 mm Hub, $A = 70\,000$ ... 80 000 Nm. Der Hammer vermeidet die schweren Schabotten und die starken Bodenerschütterungen. *Anwendungsgebiet:* In der Gesenkschmiede für Stücke, die während des Schmiedens nicht festgehalten zu werden brauchen.

Normung. DIN 55 150 Einständer-Lufthämmer – DIN 55 151 Einständer-Oberdruckhämmer – DIN 55 152 Zweiständer-Oberdruckhämmer (Baugrößen) usw.

Fundamentierung. Im allgemeinen war es früher üblich, Hammer und Schabotte mit getrennten Fundamenten zu versehen und zwischen Schabotte und deren Fundamentmauerwerk eine Eichenholz-Bohlenlage als elastisches Zwischenglied einzuschalten. Als Nachteil ergab sich, daß die Holzunterlage durch Kondenswasser und Öl litt und daß das Erdreich sich ungleichmäßig unter den getrennten Fundamenten verschob. Die Folge war ein Hängen des Hammers und schiefe Lage der Schabotte zum Hammerbär. Man baut daher neuerdings vielfach die Hämmer geschlossen, d. h. Hammer und Schabotte verbunden und auf gemeinsamem Fundament. Abb. III.137 zeigt einen schweren Dampfhammer von 4000 kg Fallgewicht mit einer Schabotte von 70 000 kg nach Bauart *Schweissguth.* Bei a sind Filzunterlagen angebracht, die senkrechten Flächen zwischen den Fundamenten sind mit Dachpappe isoliert. Bei diesen schweren Hämmern sind allerdings Hammerunterteil und Schabotte nicht unmittelbar miteinander verbunden.

Rausch empfiehlt, die Fundamente weichfedernd zu lagern, z. B. mit Hilfe von Stahlschraubenfedern oder auch senkrechten Pfählen, die als harte Federn wirken. Hiermit soll die Übertragung der Erschütterungen in die Umgebung verringert werden.

g) Vergleich der Maschinenhämmer

Fallhämmer. Kleine und mittelgroße Bärgewichte (50 – 2000 kg), große Fallhöhen (bis 2,5 m), niedrige Schlagzahlen (bis 60/min), eignen sich vorwiegend für Einzelschläge in der Gesamtschmiede. Wirtschaftliche Grenze gegenüber dem Dampfhammer bei 1000 kg Bärgewicht.

Federhämmer. Kleine Bärgewichte (30 – 300 kg), kleine Hubhöhlen (0,2 – 0,4 m), hohe Schlagzahlen (meist 100 – 300/min), eignen sich zum Ausstrecken dünner, stabartiger Teile. Wirtschaftliche Grenze gegenüber dem Dampfhammer bei 300 kg Bärgewicht.

Lufthämmer. Kleine und mittelgroße Bärgewichte (40 – 3000 kg), kleine und mittelgroße Hubhöhen (0,3 – 1,1 m) und hohe Schlagzahlen (100 – 300/min), eignen sich für alle kleineren Arbeiten der Freiformschmiede, teils auch für die Gesenkschmiede. Wirtschaftliche Grenze gegenüber dem Dampfhammer bei 600 kg Bärgewicht.

Dampf- und Preßlufthämmer. Kleine, mittelgroße und große Bärgewichte (100 – 10 000 kg), kleine und große Hubhöhen (bis 2 m), niedrige und hohe Schlagzahlen (meist bis 200), eignen sich für *alle* Arbeiten der Freiform- und Gesenkschmiede, in der Bauart des Gegenschlaghammers nur für die Gesenkschmiede.

6. Schmiedepressen

a) Schrauben- oder Spindelpressen

Übliche Bauart. Diese Pressen werden für Hand-, Transmissions- oder elektromotorischen Antrieb zum Pressen von Niet- und Schraubenköpfen, zum Prägen und Lochen gebaut (erstmalig bereits 1645 als Münzprägepresse).

Abb. III.138 zeigt die übliche Bauart. Die angetriebene Welle, heute meist mit direktem elektromotorischen Antrieb, ist mit den beiden aufgekeilten Reibtellern g um ein geringes Maß verschiebbar. Die in dem Doppelständer geführte flachgängige Schraube c bewegt sich bei entsprechender Drehung der Antriebswelle und durch Reibung hervorgerufener Mitnahme des Schwungrads e (Lederringe f) nach unten und mit ihr der ebenfalls im Ständer parallel geführte Stempel a, in dem das Schraubenende drehbar gelagert ist. Das Schwungrad geht mit abwärts, kommt also nach und nach mit größeren Durchmessern der Reibteller in Berührung. Die Schrauben- und damit die Stempelbewegung wird demnach gegen Schluß der Abwärtsbewegung immer schneller, außerdem wird das im Schwungrad aufgespeicherte Arbeitsvermögen in Preßdruck umgesetzt. In einer bestimmten Tiefstellung kann von Hand oder durch selbsttätige Umschaltung mit Hilfe eines Nockens i die Aufwärtsbewegung eingeleitet werden. Der andere Reibteller liegt nunmehr am Schwungrad an. Die Einrichtung l, m, o, p dient zum Vor- und Fertigstauchen von Bolzen n. Bei neueren Bauarten wird z. B. das Gewicht des Stößels durch 2 Luftzylinder ausgeglichen und dadurch die Bandage beim Hochlauf geschont.

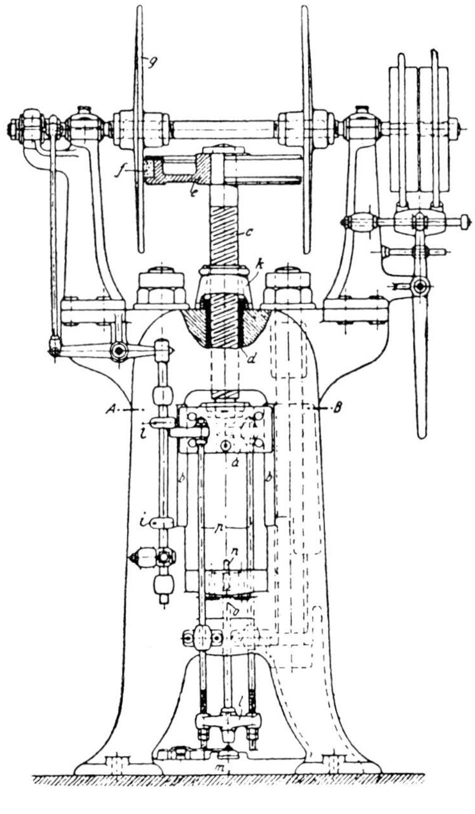

Abb. III.138. Spindelpresse.
a = Stempel,
c = Schraubenspindel,
e = Schwungrad,
f = Lederringe,
g = Reibteller.

Die abgebildete Spindelpresse hat 110 mm Spindeldurchmesser, 300 mm Hub und einen Kraftbedarf von 2 kW. Sie kann z. B. 2000 – 3000 Nietköpfe von 10 – 25 mm Schaftdurchmesser in 10 h pressen. Es werden Spindelpressen bis etwa 450 mm Spindeldurchmesser mit Druckleistungen bis zu 12,5 MN (ausnahmsweise sogar bis 28,0 MN) gebaut.

Vincentsche Reibkegelpresse. Bei ihr ist die Spindel in der Längsrichtung unbeweglich und wird durch einen kegelförmigen Reibteller angetrieben. Der Stempel steht fest, während ein von der Spindel angetriebenes Unterteil mit dem aufliegenden Werkstück abwechselnd gegen ihn angehoben und gesenkt wird.

b) Kurbel- und Exzenterpressen

Übliche Bauart. Der Antrieb erfolgt meistens heute durch eigenen Elektromotor. Bei der älteren Ausführung (Abb. III.139) sitzt auf der Antriebswelle, außer Fest- und Losscheibe, ein Schwungrad a, das wiederum gegen Schluß der Abwärtsbewegung das aufgespeicherte Arbeitsvermögen zur Verstärkung der Preßwirkung abgeben soll. Von der Antriebswelle aus erhält, entweder unmittelbar oder durch Rädervorgelege, der in Parallelführung gleitende Stempel seine Bewegung durch Exzenter oder Kurbeln.

Der Exzenterhub ist mit Hilfe von Schnecke und Schneckenrad (bei b) leicht verstellbar. Die Ein- und Ausrückung erfolgt von einem Fußhebel aus über Stange und Gabel f. In der auf die Exzenterwelle aufgekeilten Muffe d sitzt seitlich ein Stahlbolzen c, der durch die Ausrückgabel f nach links gedrückt, beim Lösen der Gabel aber durch eine Nute des Zahnrads e vorgetrieben und von Bolzen, die in der Nute sitzen, mitgenommen wird.

Kurbel- und Exzenterpressen werden im allgemeinen für Kräfte bis 6 MN, ausnahmsweise bis 20 MN gebaut und in der Schmiede zur Herstellung von Niet- und Schraubenköpfen, ferner für Stanzarbeiten und als Abgratpressen, zur Entfernung des beim Gesenkschmieden entstandenen Grats, gebraucht. DIN 55 170 – 55 180: Baugrößen von Exzenterpressen.

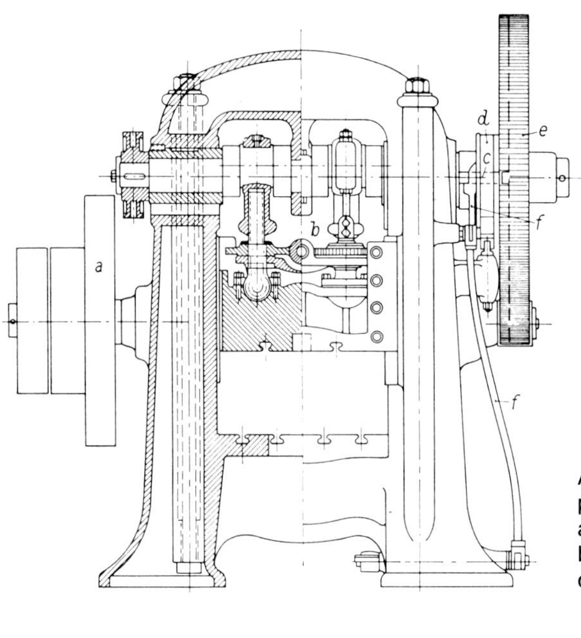

Abb. III.139. Exzenter-Schmiedepresse
a = Schwungrad,
b = Hubverstellung,
c, d, e, f = Ausrückvorrichtung.

Hammermaschine. Vereinigt man mehrere Kurbel- oder Exzenterpressen in einem Gerüst (unter Einbau von Federn im Gestänge zur Erzielung einer mehr schlagartigen Wirkung), so nennt man die Presse „*Hammermaschine*" oder „*Haumaschine*". Man kann dann in rascher Aufeinanderfolge die Formgebung von Arbeiten im Gesenk durchführen, insbesondere das Anspitzen von Schienennägeln, das Absetzen von Quadrat- auf Rundstahl usw.

c) Schmiedemaschinen (Stauchmaschinen)

Wirkungsweise. Die Schmiedestange (Abb. III.140) wird mit dem glühenden Ende in die Höhlung der festen Backe bis an einen Anschlag gelegt (I). Darauf wird die bewegliche Backe gegen die feste gedrückt und der Stab dadurch festgeklemmt.

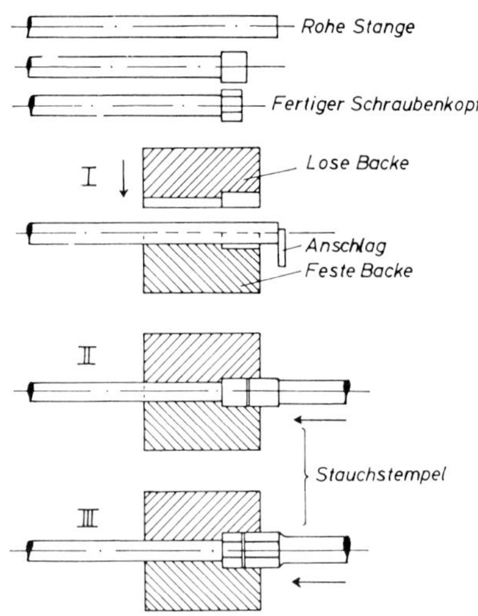

Abb. III.140. Wirkungsweise einer Schmiedemaschine (Näheres s. Text).

Nun erfolgt, nach Seitwärtsschwenken des Anschlags, der erste Druck des Stauchstempels (II); letzterer und die bewegliche Backe gehen zurück, das Arbeitsstück kann (wenn erforderlich) in entsprechender Weise in einem zweiten Gesenk derselben Backen fertiggestaucht werden (III).

Ausführungsbeispiel (Abb. III.141). Von der Riemenscheibe A geht der Antrieb weiter über die Rädervorgelege BC auf die Kurbelwelle D. Diese bewegt die durch Bolzen E verbundenen beiden Schubstangenteile F_1 und F_2, damit ferner den Druckbolzen G, den Einfallhebel H und schließlich den Stauchschlitten J, wenn Einfallhebel H die gezeichnete waagerechte Lage einnimmt. Dies ist aber nur so lange der Fall, als Tritthebel K vom Schmied niedergedrückt wird. Läßt er ihn los, so wird dieser Hebel K durch Feder P und Gestänge NML hochgezogen und hierdurch, ferner durch einen Hebel O usw., der Einfallhebel H hochgeschwenkt. Dadurch wird die Verbindung zwischen Schubstange F_1F_2 und Stauchschlitten J gelöst; Stauchschlitten J bleibt stehen, und Bolzen G gleitet bei diesem Leerlauf der Schubstange in Schlitzen S, die in den Seitenwänden der Stauchschlitten sitzen. Einfallhebel H ist mit seinem Gewicht durch die Hebel WVU und den mit einem Gegengewicht versehenen Hebel T ausgeglichen. Am rechten Ende des Stauchschlittens J sitzen die Stauchstempel.

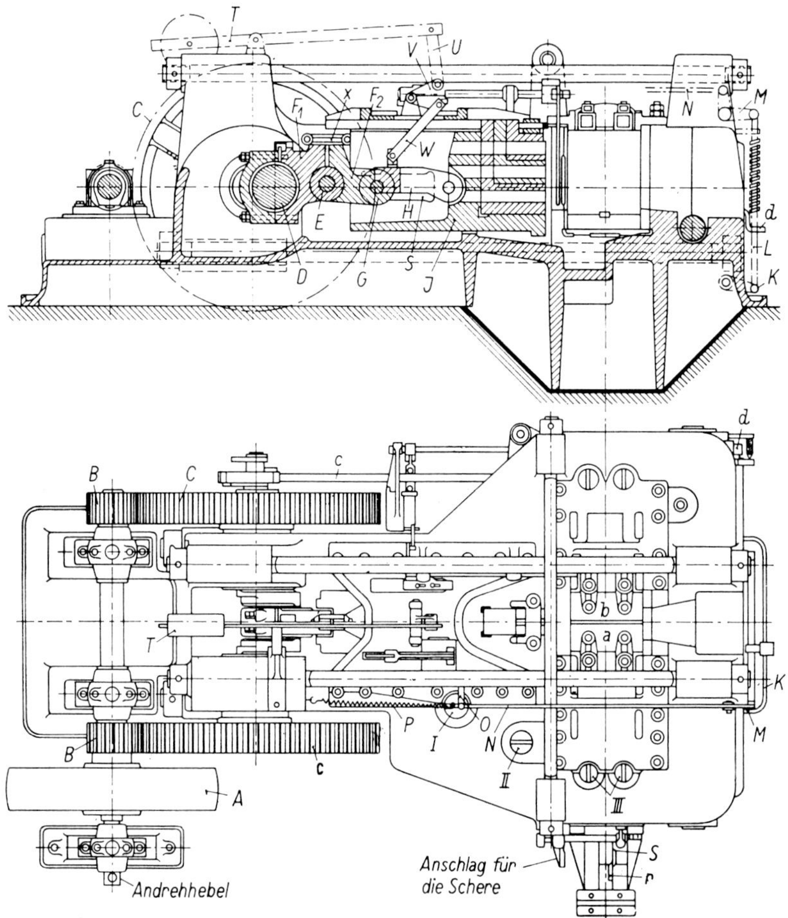

Abb. III.141. Schmiedemaschine (Näheres s. Text).

Von den beiden Klemmbacken a und b steht Backe b gewöhnlich beim Schmieden still; sie kann aber durch die Exzenterstange c mit Hilfe von Handhebel d verschoben werden. Backe a dagegen wird bei jedem Hub des Stauchschlittens von diesem aus durch Kniehebel (mit den drei festen Drehpunkten I, II und III) gegen Backe b gedrückt. Zur Sicherung gegen Überlastung sind zunächst die Vorgelegeräder C mit Abscherbolzen auf der Kurbelwelle befestigt. Außerdem verbindet ein Sicherheitsbolzen x die Schubstangenteile F_1 und F_2; er zerreißt, wenn die Schubstange nach oben ausknicken will. Schließlich sitzt in der Kniehebelanordnung noch ein Zerreißbolzen. Diese Schmiedemaschine wird für Preßkräfte von 1 ... 15 MN ausgeführt.

Sonderbauarten. Eine besondere Abart der Schmiedemaschinen sind die *Warm-* und *Kaltmutternpressen,* auf denen in einem Arbeitsgang aus der quer zur Maschinenlängsachse vorgeschobenen Stange die rohe Mutter gepreßt wird – rohe Mutter im Gegensatz zur blanken Mutter, die durch Abstechen von der gezogenen Sechskantstange und Bearbeiten auf dem Automaten hergestellt wird –, und zwar erzielt man mit einer Mutternpresse bei Gewindedurchmessern von ½ – 1 ½″ etwa 5000 – 10 000 Stück in 10 h. Das Kaltpressen ist wirtschaftlicher als das Warmpressen, daher werden heute alle Muttern bis ½″ Gewindedurchmesser kalt gepreßt.

Eine andere Abart von Schmiedemaschinen sind die *Revolverpressen,* bei denen warm abgeschnittene Stifte in die sich ständig drehende Revolverscheibe gesteckt und während der Weiterdrehung der Revolverscheibe durch einen Döpper gestaucht und z. B. mit dem Nietkopf versehen werden. Eine solche Presse liefert etwa 8000 – 10 000 Nietköpfe von 10 – 25 mm Schaftdurchmesser in 10 h, gegenüber 2000 – 3000 der Spindelpresse.

d) Rein hydraulische Pressen [III.44]

Druckwasseranlage. Gewöhnliche Plungerpumpen (mit 2 oder 3 Plungern und unmittelbarem elektrischem oder Dampfantrieb) drücken das Wasser in einen *Speicher* (Akkumulator, Abb. III.142). Dieser bestand früher meist aus einem feststehenden Zylinder mit beweglichem Plunger. Unter den Plunger tritt Druckwasser und hebt ihn hoch. Auf dem Plunger sind an einer Kopfplatte und Tragstangen schwere Gewichte aus Gußeisenplatten oder Ballastkästen (mit Eisenstücken, Steinen und dergleichen gefüllte Eisenblechkästen) aufgehängt (*Gewichtsspeicher*). Seltener sind Dampfspeicher im Gebrauch (in der Hauptsache nur auf Schiffen). Bei Neuanlagen wird der leichte Druckstöße hervorrufende und teure Gewichtsspeicher fast immer ersetzt durch den *Preßluftspeicher.*

Bei ihm geht das Wasser von der Preßpumpe bei a (Abb. III.142) durch den festen Kolben K_w in den Hohlkolben K_l, treibt diesen hoch und drückt die Luft im Zylinder C und in der Flaschenbatterie B zusammen. Der Preßdruck beträgt 50 – 300 bar, der wirtschaftlich günstigste ist 100 – 200 bar.

Druckübersetzer (Multiplikator). Der volle Druck wird entweder unmittelbar von der Preßpumpe erzeugt, oder man schaltet der Presse noch einen Druckübersetzer vor. Er besteht aus 2 Wasserzylindern mit einem abgesetzten gemeinsamen Kolben; auf die größere Kolbenfläche drückt der kleine Wasserdruck. Im Zylinder mit dem kleineren Kolben wird im Verhältnis der Kolbenquerschnitte ein höherer Wasserdruck erzielt.

Presse. Die Arbeitsweise ist dieselbe wie bei den dampfhydraulischen Pressen (s. Abb. III.144), auch die Bauart ähnelt der dort besprochenen. Reinhydraulische Pressen werden in allen Abstufungen von etwa 2 ... 300 MN Preßdruck gebaut und als Lochpressen (für Geschoßblöcke, Blöcke für nahtlose Röhren) oder als Zieh-

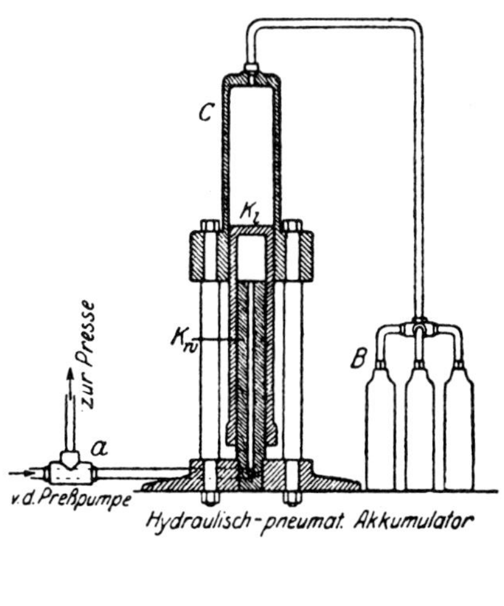

Abb. III.142. Preßluftspeicher.

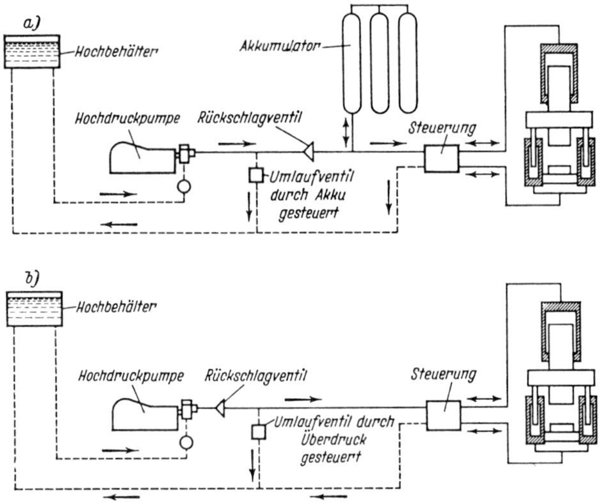

Abb. III.143. Arbeitsweise a) des reinhydraulischen Antriebes und b) des direkten Pumpenantriebes reinhydraulischer Pressen.

pressen (für Geschoßhülsen, nahtlose Röhren, hydraulische Zylinder), ferner als Gesenk-, Kümpel- und Bördelpressen sowie als Schmiedepressen benutzt.

Die meist übliche Bau- und Arbeitsweise zeigt Abb. III.143a mit dem *reinhydraulischen Antrieb* (*Pumpen-Akkumulator-Betrieb*). Das fast immer als Druckflüssigkeit verwendete Wasser wird durch eine oder mehrere Hochdruckpumpen in einen druckbelasteten Akkumulator gefördert und gelangt von dort unter einem Druck von etwa 200 bar über Steuerorgane zur Presse. Bei dem in neuerer Zeit auch schon mehr zur Anwendung kommenden *direkten Pumpenantrieb* nach Abb. III.143b ist die Druckflüssigkeit Wasser oder Öl. Sie wird über Steuerorgane von der Pumpe direkt zur Presse geleitet. Der Ölbetrieb hat mehrere Vorteile (z. B. größere Lebensdauer sämtlicher bewegter Teile, geringere Abmessungen der schneller laufenden Pumpen). Die mit dem Öl verbundene Brandgefahr läßt sich durch geeignete bauliche Maßnahmen beseitigen. – *Schnellschmiedepressen* kommen heute auf 80 – 100 Hübe/min bei Preßkräften von 5 ... 8 MN. – *Pressen mit Unterflurantrieb* (im Gegensatz zum Oberflurantrieb nach Abb. III.143 u. 144) bewegen die unter Flur angeordneten Preßzylinder mit Preßrahmen nach oben, haben also den Nachteil der Bewegung größerer Massen, aber den Vorteil der niedrigeren Bauhöhe und der Vermeidung von Rohrleitungen über Flur. Sie haben Aussicht, auch als Freiform-Schmiedepressen Anwendung zu finden.

e) Dampfhydraulische Pressen

Bauart. Der Betriebswasserdruck beträgt mindestens 400 – 600 bar. Die größten Pressen können 100 ... 200 MN Preßdruck ausüben. Eine der üblichen Bauarten zeigt Abb. III.144. Der Dampftreibapparat kann auch oben über dem Preßzylinder sitzen. Vorteile: Geringer Platzbedarf, Fortfallen der Hochdruckleitungen vom Dampftreibapparat zum Preßzylinder. Nachteil: sehr hohe Bauart. Die Bauart nach Abb. III.144 ist die üblichere.

Arbeitsweise. In Abb. III.144 ist Ventil 1 für den Abdampf und 2 für den Frischdampf des Dampftreibapparates da. Ventil 3 regelt den Frischdampf und 4 den Abdampf der Rückzugzylinder. Die Ventile 5 und 6 sind die Frisch- bzw. Abdampfventile des Steuerkolbens für das Füllventil K. Der Steuerhebel A, der mit Hebel B gekuppelt ist, steht in Stellung II (Stillstand). Die Ventile 1, 3 und 6 sind geöffnet, 2, 4 und 5 sind geschlossen. Bei dieser Steuerstellung läßt sich die Presse in jeder Lage festhalten, da die Rückzugkolben Frischdampf haben und der Steuerkolben des Füllventils K auf Abdampf steht, wodurch Ventil K geschlossen bleibt.

Vor Beginn eines Arbeitshubes wird der Obersattel R auf das Schmiedestück aufgesetzt. Dazu wird Hebel A in Stellung III (Vordruck) gebracht, wodurch Abdampfventil 4 geöffnet wird und die Rückzugkolben L das Querhaupt Q nicht mehr halten. Unter dem Druck von 8 bar im Füllbehälter T öffnet sich Ventil K, und der Preßzylinder M füllt sich. Nunmehr wird Hebel A in die Stellung IV (Preßdruck) gebracht. Das Frischdampfventil 2 des Dampftreibapparates öffnet sich, Frischdampf tritt unter Kolben N und wirkt auf Plunger O. Der entstehende Wasserpreßdruck oberhalb O wird auf Plunger P fortgepflanzt. In seiner höchsten Stellung schlägt Dampfkolben N an Anschlag U und schließt damit über V das Frischdampfventil 2.

Der *Rückzug* wird durch Umlegen des Hebels A in die Stellung I (Rückzug) eingeleitet. Abdampfventil 1 öffnet sich, führt Abdampf auf die Oberseite des Dampfkolben N und drückt diesen herunter. Gleichzeitig öffnet sich Frischdampfventil 3, und damit tritt Frischdampf unter die Rückzugkolben L. Ferner öffnet sich noch Ventil 5 und damit Füllventil K, und das beim beginnenden Rückzug von Plunger P verdrängte Wasser kann zum Zylinder des Plungers O und in den Füllbehälter T abfließen. Zum Schluß wird wieder Hebel A in Stellung II (Stillstand) gebracht. Querhaupt Q mit Plunger P gehen so weit nach oben bis der Zylinderraum oberhalb Kolben O ganz mit Wasser gefüllt ist.

Bei z. B. einem Dampfzylinderdurchmesser von 1100 mm und einem Dampfdruck von 10 bar übt Plunger O einen Druck von 0,95 MN aus. Hat O einen Durchmesser von 200 mm, so entsteht oberhalb O – und damit auch über P – ein Wasserdruck von 300 bar. Bei 800 mm Durchmesser des Plungers P ergibt sich eine *Arbeitskraft* von 15,08 MN oder ≈15 MN.

Anwendungsbereich. Ein Nachteil der dampfhydraulischen Pressen ist der verhältnismäßig hohe Dampfverbrauch, da die Expansionsfähigkeit des Dampfes nicht genügend ausgenutzt

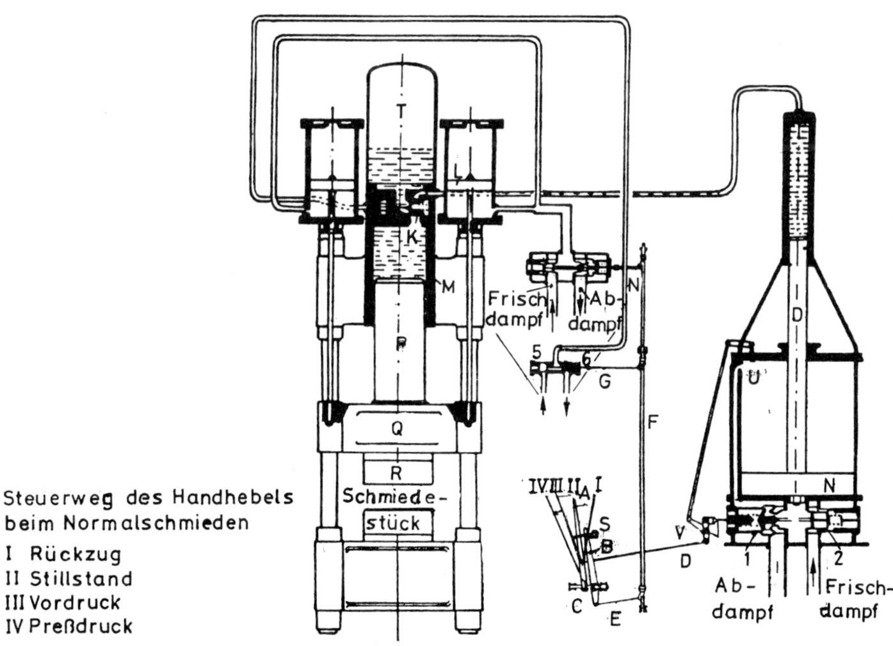

Abb. III.144. Dampfhydraulische Presse (Näheres s. Text).

werden kann. Dampfhydraulische Pressen sind vor allem für Einzelanlagen und dann für sehr große Preßdrücke am Platze. Sie werden heute seltener gebaut.

Um 1930 waren in Deutschland zwei 150 MN-Dampfhydraulische Pressen in Betrieb; sie wurden nach dem Weltkrieg demontiert. Zur Zeit haben die größten deutschen hydraulischen Pressen nur 60 ... 70 MN. Die Einführung des Vakuumgusses (s. I.D) macht es möglich, auch mit Pressen dieser Größenordnung die schwersten Schmiedestücke von 150 – 200 t Gewicht in einwandfreier Beschaffenheit zu liefern. Schwere Hohlkörper werden übrigens heute meist geschweißt oder gewickelt. – Für schwere Kaltschmiedearbeiten kommen allerdings in neuerer Zeit besonders große Gesenkschmiedepressen in Betracht. So soll 1964 auf einem westdeutschen Metallwerk eine Presse von 300 MN Preßkraft für die Fertigung von Flugzeugteilen aus Leichtmetall in Betrieb kommen.

f) Normen und Druckgrenzen

Normen. Als hydraulische Pressen sind genormt:

In DIN 9891 *Hydraulische Zweisäulenpressen, einstufig* (in Viersäulen-Bauart) mit 3,15 ... 40 MN Preßkraft (in Sonderbauarten auch von 50 ... 160 MN) bei 630 – 2000 mm Hub.

In DIN 9892 *Freiform-Schmiedepressen, dreistufig* (durch 3 Kolben stark abgestufte Wirkung) mit 10 ... 40 MN Preßkraft (in Sonderbauarten bis 160 MN) bei 1000 – 2000 mm Hub.

In DIN 9893 *Einständerpressen* mit 1,6 ... 10 MN Preßkraft bei 400 – 900 mm Hub.

In DIN 9894 *Hydraulische Abgratpressen* mit 5 ... 50 MN Preßkraft bei 450 – 1250 mm Hub.

Druckgrenzen. Die übliche Druckgrenze für die Weiterleitung des hohen Wasserdrucks in Rohrleitungen ist mit Rücksicht auf deren Haltbarkeit etwa 300 bar. In den hydraulischen Pressen selbst geht man bis höchstens 600 bar. Darüber hinaus nehmen die Anlagekosten unverhältnismäßig zu, insbesondere aber ergeben sich Schwierigkeiten in der Widerstandsfähigkeit des Zylinderwerkstoffs. Einen höheren Preßdruck zu erzielen, macht keine Schwierigkeiten. Praktisch wurde dies schon um 1900 durchgeführt bei der *Huberschen Hochdruckpresse* [III.45], die mit 3000 – 7000 bar Druck arbeitet und zum Pressen kunstgewerblicher Gegenstände benutzt wird, wobei die Teile unmittelbar unter diesem hohen Druck eingespannt in Formen im Wasser liegen.

g) Hammer oder Presse

Ein Teil der Hämmer (Fall-, Feder- und Lufthämmer) kommt nur für bestimmte, im früheren schon enger begrenzte Schmiedearbeiten in Frage (Gesenkschmiede, leichte Formschmiedearbeiten). Dasselbe gilt für Spindel- und Exzenterpressen wie auch Schmiedemaschinen (bestimmte Gesenkarbeiten, Abgratarbeiten). Für größere Schmiedearbeiten stehen dann nur noch Dampf- und Preßlufthammer und hydraulische Presse in Wettbewerb.

Die Nachteile des Dampf- und Preßlufthammers sind sein Verlust an Arbeitsvermögen (bis zu 50% gehen in Schabotte und Fundament), die Erschütterung des Bodens und die Kürze der Einwirkungsdauer auf das Arbeitsstück, so daß bei schwereren Stücken nur oberflächliche Wirkungen erzielt werden. Als Vorteile stehen dem gegenüber das leichte Abspringen des Zunders, das gute Ausfüllen der Gesenkform durch den schnellen scharfen Schlag des Hammers, die geringere Abkühlwirkung u. dgl. Er ist also, in der Form des Fall-, Dampf- und Preßlufthammers, am geeignetsten für fast alle Gesenkschmiedearbeiten.

Andererseits hat die hydraulische Presse zwar eine geringe Arbeitsgeschwindigkeit, sie kann aber lange Zeit einen kräftigen, beinahe beliebig großen Druck auf das Arbeitsstück ausüben. Ihre Wirkung ist viel weitgehender, sie knetet das Schmiedestück viel gründlicher durch als der Hammer, außerdem ohne Erschütterung des Bodens und bei verhältnismäßig kleinen Fundamenten. Zum Ausschmieden eines Blockquerschnitts von 5000 cm^2 ist ein Dampfhammer von 12 t Fallgewicht, eine Presse von 12 MN Preßdruck erforderlich; bei 10 000 cm^2 sind die entsprechenden Zahlen 27 t (Hammer) und 17 MN (Presse). Die Überlegenheit der hydraulischen Presse ist hier schon augenfällig; ihr gehört restlos das Gebiet der großen und größten Schmiedearbeiten. In der Bauart der Schnellpressen dringt sie aber auch schon in das Gebiet der mittelgroßen Schmiedearbeiten vor.

h) Sondermaschinen

Als Sondermaschinen sind hauptsächlich noch anzuführen die *Schmiedewalze* (bei der in 2 Walzen, die stichweise vor- und zurückgehen, mehrere Kaliber nebeneinander angeordnet sind); sie wird meistens zum Zwischenformen benutzt und ersetzt dann einen Reckhammer, ferner die *Elektrostauchmaschine* (bei der Werkstoffstangen elektrisch nach dem Widerstandsverfahren erhitzt und dann angestaucht werden). Sie kann einen Teil der Arbeiten von Waagerecht-Schmiedemaschinen übernehmen.

i) Hilfsmaschinen

Die langsame und schwerfällige Bewegung (Drehung) großer Schmiedestücke mit Hilfe von Kranen – vor allem bei größeren Schmiedepressen – wird seit längerem in Amerika und neuerdings auch in Deutschland durch *Schmiedemanipulatoren* ersetzt. Dies sind freilaufende oder schienengebundene Wagen mit elektrischem Antrieb, deren Zangenschenkel meist mit Druckwasser betrieben werden. In neuester Zeit werden sie vollhydraulisch gebaut. Sie erzielen eine wesentlich schnellere und leichtere Handhabung der Schmiedestücke und damit eine bedeutende Verringerung der Verlustzeiten.

7. Schmiede- und Preßarbeiten

a) Allgemeines

Überblick. Schmiede- und Preßarbeiten bestehen aus der Werkstoffbehandlung und aus der Formgebung. Die *Werkstoffbehandlung* umfaßt die Wärmebehandlung (Erwärmen, Glühen, Vergüten) und die Oberflächenbehandlung (Beizen, Strahlen, Verzinken usw.). Bei der *Formgebung* unterscheidet man Freiform- und Gesenkschmieden. Das Freiformschmieden ist geeignet für kleine, das Gesenkschmieden für große Stückzahlen. Die wesentlichsten *Arbeitsgänge* des Freiformschmiedens sind: Absetzen, Recken, Stauchen, Biegen, Kröpfen und Abtrennen, die des Gesenkschmiedens sind: Vor- und Fertigschmieden, Stauchen, Walzen und Abtrennen.

Normen. Die DIN-Blätter 7521 – 7527 enthalten die technischen Richtlinien für Schmiedestücke aus Stahl (Lieferung, Gestaltung und Herstellung). Im einzelnen bringt besonders DIN 7522 allgemeine Gestaltungsregeln nebst Beispielen, DIN 7523 die Gestaltung von Gesenkschmiedestücken.

b) Freiformschmieden

Schwindmaß; Bearbeitungszugabe. Bei allen Schmiedearbeiten ist die *Schwindung* des Stahls mit 1,0 – 1,5% zu berücksichtigen. Die *Bearbeitungszugabe* beträgt für kleine Stücke 3 mm, für

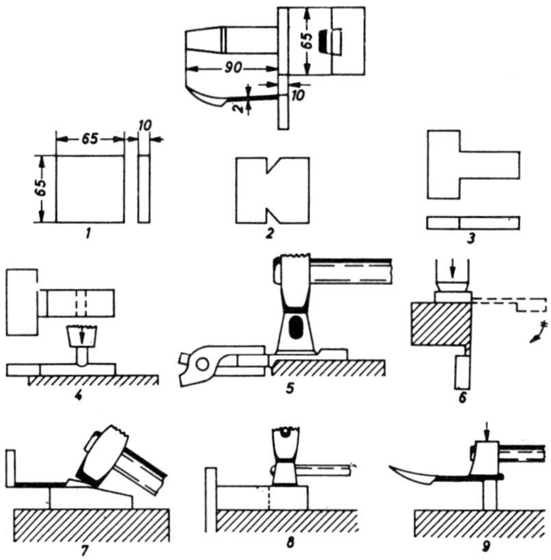

Abb. III.145. Schmieden einer Verschlußfeder (Näheres s. Text).

mittlere 5 – 10 mm und für große 15 – 30 mm für jede Fläche, *Schmiedetoleranzen* sind für kleine Stücke –5 bis +15%, für mittlere –3 bis +5% und für große ±2½%, und zwar in der Dicke und Länge.

Schmieden einer Verschlußfeder (für Wasserkästen an Lokomotiven). Im Arbeitsvorgang 1 der Abb. III.145 wird ein Stück Federstahl zu einer quadratischen Platte ausgeschmiedet. Bei 2 werden mit dem Schrotmeißel die Ecken ausgehauen, bei 3 wird die Federzunge vorgeschmiedet und bei 4 beiderseitig eingekehlt. Bei 5 wird das zwischenliegende Stück auf 2 mm Dicke abgeschmiedet, bei 6 die Zunge rechtwinklig zum Fuß gebogen, bei 7 die Griffstelle über einem Legeeisen gerundet, bei 8 die Zungenbreite auf Maß geschmiedet und schließlich bei 9 die Biegestelle mit dem Setzhammer eingestaucht.

Abb. III.145 soll eine einfache Handschmiedearbeit und dabei die wichtigsten Arbeitsgänge des Freiformschmiedens zeigen, wogegen Abb. III.146 eine große Schmiedearbeit unter der hydraulischen Presse veranschaulicht.

Schmieden einer Kurbelwelle (für eine Schiffsmaschine). Im Arbeitsgang 1 (Abb. III.146) wird der Rohblock (Bramme) aus Siemens-Martin-Stahl flach ausgeschmiedet und bei 2 an beiden Enden eingekehlt und die Enden weggestreckt. Bei 3 wird der Flanschenzapfen rund geschmiedet und der Flansch mit dem Kehleisen abgesetzt. Bei 4 erfolgt das Rundschmieden des Flanschenzapfens und das Ausschmieden der Vierkantenden und bei 5 das Ausbrennen der Kurbeln mit dem Schneidbrenner. Dann werden vor Arbeitsgang 6 die Lagerstellen in der mechanischen Werkstatt vorgedreht (vorgeschruppt). Der Arbeitsgang 6 stellt nur das Erhitzen der linken Kurbelwellenhälfte für den Vorgang 7 dar. Im Arbeitsgang 7 erfolgt dann das Verdrehen der ersten Kurbel um 120°. Hierzu wird die Kurbel in die Presse eingespannt und auf das rechte Vierkantstück eine Ratsche aufgebracht, die durch Zug vom Kran aus betätigt wird und die Verdrehung der Kurbel um 120° bewirkt. In gleicher Weise vollzieht sich bei Arbeitsgang 8 und 9 das Erhitzen der rechten Kurbelhälfte und das Verdrehen der dritten Kurbel um 120°.

Für diese großen Schmiedearbeiten sind reinhydraulische bzw. dampfhydraulische Pressen besser geeignet als Dampf- und Preßlufthämmer.

Kurbelwellen für Großkolbenmaschinen. Für diese schweren Kurbelwellen ist das Ausschmieden der ganzen Welle aus einem Block nicht mehr gut angängig. Man ist daher zur Herstellung aus Einzelteilen (Kurbelzapfen, Kurbelwangen, Hauptwelle und Endzapfen) übergegangen, wobei sich je zwei Schrumpfverbindungen mit geschwächten Schrumpfzapfen in den Wangen ergeben, die – in Verbindung mit der Schwächung der Wangen durch die Zap-

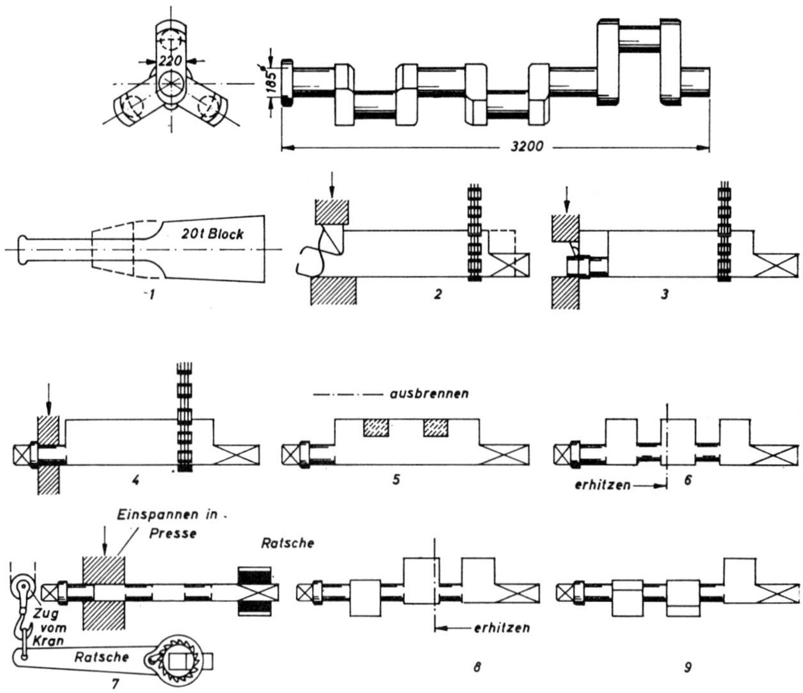

Abb. III.146. Schmieden einer Kurbelwelle (Näheres s. Text).

fen – vielfach Anlaß zu Brüchen gaben. Stellt man nun, um je eine Schrumpfverbindung in Wegfall zu bringen, die Kurbelkröpfungen (Kurbelhübe) aus einem Stück her, so liegt die Lunker- und Kernseigerungszone im besonders hoch beanspruchten Kurbelzapfen, und durch das Ausarbeiten des Werkstoffs zwischen den Wangen wird überdies die Schmiedefaser durchschnitten.

Nach einem neuen Verfahren des Dortmund-Hoerder Hüttenvereins (*Ringverfahren*) wird nun, wie in Abb. III.147 angedeutet, der Kurbelhub (d. h. Kurbelzapfen und Wangen) für sich aus einem Gußblock hergestellt, der zunächst stark gestaucht und dann aber durchlocht wird (zur Entfernung der Lunker- und Seigerungszone). Der gestauchte und durchlochte Ringkörper wird sodann oval länglich ausgeschmiedet und ergibt nun, in der Mitte durchgeschnitten, zwei Kurbelhübe. Die Hauptwelle, der Kurbelhub und der Endzapfen werden darauf durch Schrumpfverbindungen (Schrumpfzapfen) zusammengefügt, d. h. die Wellen werden in die Kurbelwangen mit verstärkten Schrumpfzapfen eingeschrumpft. Diese Ausführung hat sich bei über 300 Großkurbelwellen bestens bewährt.

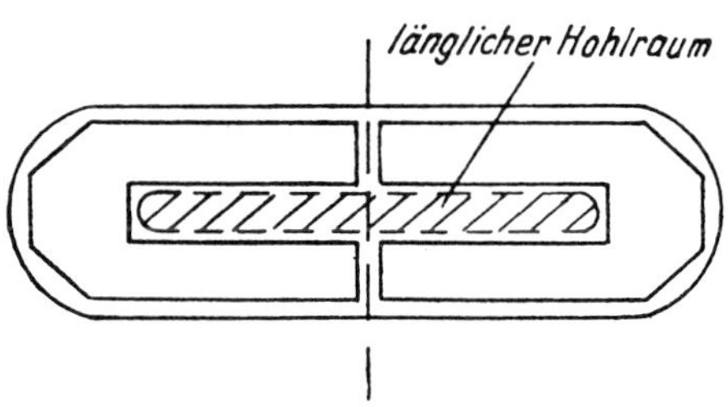

Abb. III.147. Kurbelhubherstellung nach dem Ringverfahren.

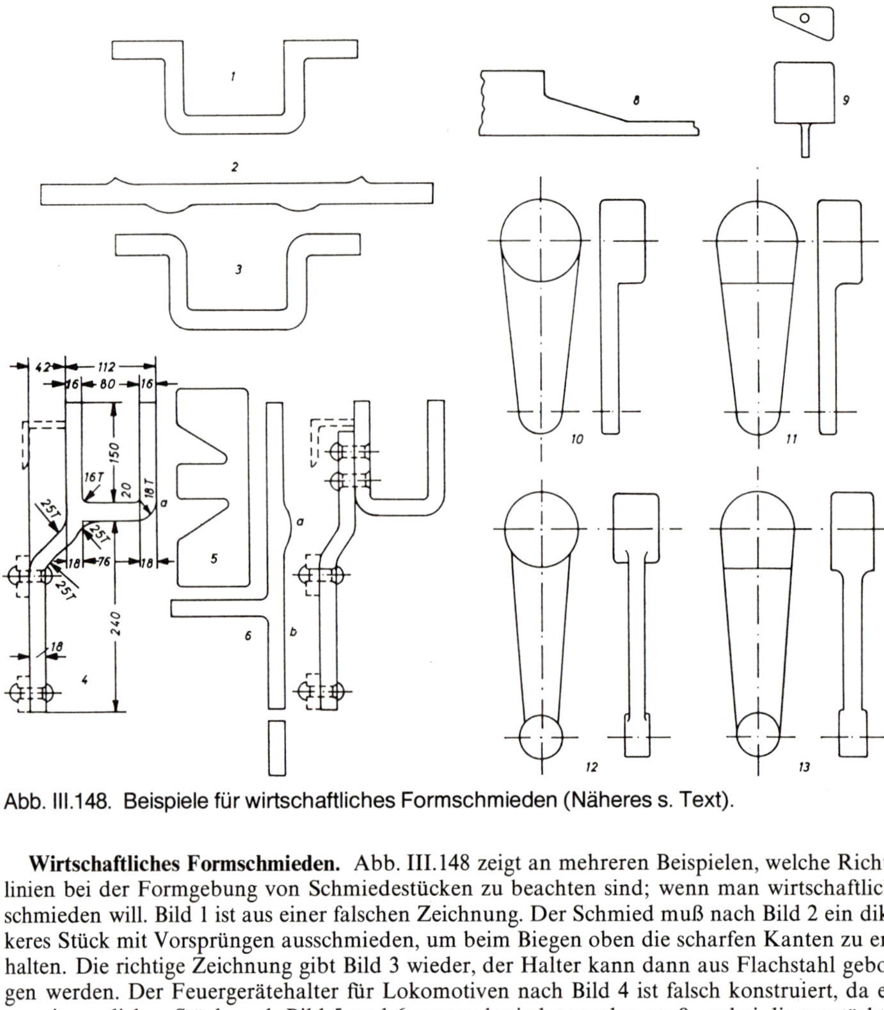

Abb. III.148. Beispiele für wirtschaftliches Formschmieden (Näheres s. Text).

Wirtschaftliches Formschmieden. Abb. III.148 zeigt an mehreren Beispielen, welche Richtlinien bei der Formgebung von Schmiedestücken zu beachten sind; wenn man wirtschaftlich schmieden will. Bild 1 ist aus einer falschen Zeichnung. Der Schmied muß nach Bild 2 ein dikkeres Stück mit Vorsprüngen ausschmieden, um beim Biegen oben die scharfen Kanten zu erhalten. Die richtige Zeichnung gibt Bild 3 wieder, der Halter kann dann aus Flachstahl gebogen werden. Der Feuergerätehalter für Lokomotiven nach Bild 4 ist falsch konstruiert, da er aus einem dicken Stück nach Bild 5 und 6 ausgeschmiedet werden muß, wobei die verstärkte Ecke bei a und das Biegen bei b noch besonders unbequem sind. Richtig ist das Zusammennieten aus 2 gebogenen Flacheisen nach Bild 7, soweit man nicht neuerdings zum Zusammenschweißen übergeht. Geneigte Flächen (Bild 8) sind bei größeren Stücken, die unter dem Dampfhammer ausgeschmiedet werden, möglichst zu vermeiden. Die Neigung läßt sich nur mit einem Legeeisen nach Bild 9 schmieden; dieses wird aber nicht immer vorhanden sein und ist auch bei starker Neigung wegen der Gefahr des Herausfliegens nicht mehr verwendbar. Beim Formschmieden eines Hebels soll das Auge nicht rund nach Bild 10 sein, sondern gerade abgesetzt werden nach Bild 11; die Schmiedearbeit wird wesentlich vereinfacht. Dasselbe gilt für Bild 12; außerdem darf der Hebelarm nicht bei × eingezogen werden, da diese Stellen schwer sauber zu schmieden sind. Die richtige Ausführung zeigt Bild 13.

c) Gesenkschmieden

Anwendungsbereich. Einzelne oder in geringer Anzahl hergestellte Schmiedestükke werden von Hand nach der Schablone geschmiedet (Freiformschmiede). Im allgemeinen lohnt sich demgegenüber das Schmieden im Gesenk, wenn mehr als etwa 50 Stück desselben Gegenstandes auf einmal anzufertigen sind, bei großen Stücken und bei Blechkörpern auch schon bei einer geringeren Anzahl. Im Gesenk geschmiedete Stücke sind mit einer Genauigkeit bis auf 0,5 mm herstellbar, so daß sie für manche Zwecke ohne Nacharbeit verwendbar und austauschbar sind. Bei Massenerzeugung werden die Herstellungskosten sehr niedrig.

Bearbeitungszugabe, Toleranzen. Die Bearbeitungszugabe beträgt für kleine Stücke (bis 5 kg) etwa 1 – 1,5 mm, für mittlere 2 – 3 mm und für größere (über 20 kg) 3 – 5 mm für jede Fläche. Die Schmiedetoleranzen liegen für kleine Stücke bei –0,5 bis + 1,5 mm, für mittlere bei –1 bis +2,5 mm und für große bei –1 bis +3,5 mm.

Das Gesenk. Es besteht meistens aus *Ober-* und *Untergesenk.* Die einfachste Form stellen die Federgesenke dar, die aus einem Stück mit einer das Ober- mit dem Untergesenk verbindenden Feder hergestellt werden und zum Schmieden von Zapfen, Absetzen von Wellen u. dgl. benutzt werden. Während diese einfachen Gesenke von Hand gehalten und auf den Amboß gelegt werden, befestigt man viele Gesenke nach Abb. III.149 am Hammerbär bzw. Amboß mit Hilfe von Schwalbenschwanz, Schwalbennut und zwischengeschlagenem Keil.

Der *Werkstoff* der Gesenke ist Gußeisen (mit Schrumpfringen zum Schutz, Lebensdauer: 400 – 500 Schmiedestücke), Stahlguß (für einige tausend Schmiedestücke) und Stahl (für alle höher beanspruchten Gesenke). In vielen Fällen genügt unlegierter Siemens-Martin-Stahl; für hochwertige Gesenke wird legierter Stahl genommen, gehärtet oder ungehärtet. Vielfach werden die Gesenke mit Gas oder elektrisch geheizt, um die Lebensdauer zu erhöhen.

Die *Herstellung* der Stahlgesenke erfolgt meist durch Vorschmieden, Bearbeiten auf Werkzeugmaschinen (vielfach Fräsen) und anschließendes Härten. Gesenke für flache Teile können auch einfach warm oder kalt gepreßt werden.

Für die *Behandlung der Gesenke im Betrieb* ist ein Anwärmen auf 150 – 300 °C vor Inbetriebnahme und ein Schmieren von Bedeutung, letzteres, um den Fließwiderstand an den Druckflächen zu vermindern. Geschmiert wird mit Öl, Fett, Wachs oder Vaseline (die bei höherer Temperatur vergasen), gemischt mit etwas Graphit. Kleine Risse werden unter dem Hammer mit dem Punzeisen nachgestemmt oder auch zugeschweißt. Auftragschweißung hat sich jedoch bis jetzt nicht bewährt.

Für die *Gestaltung* der Gesenke ist u. a. maßgebend, daß man tiefe Gesenkeinarbeitungen und scharfe Kanten vermeiden und die Formen nicht unterschneiden soll. Die Gratbildung (von 1 – 1,5 mm bei kleinen bis zu 3 – 5 mm bei größeren Teilen) soll möglichst konstruktiv z. B. zur Bildung von Rippen ausgenutzt werden. Die Seitenschräge beträgt 1 : 10 bis 1 : 12 und ist an die schmale Seite zu legen. Schwächere Querschnitte als Gratstärke sollen nicht vorkommen.

Gesenkschmiedearbeiten. Abb. III.149 zeigt die Herstellung einer *Rohrverschlußglocke* unter dem Fallhammer. Die Vertiefung ist in das Gesenkunterteil gelegt, um eine sichere Lage des Rohstücks zu erzielen. Ein kleines Stück der Glocke liegt noch im Obergesenk, um ein gutes

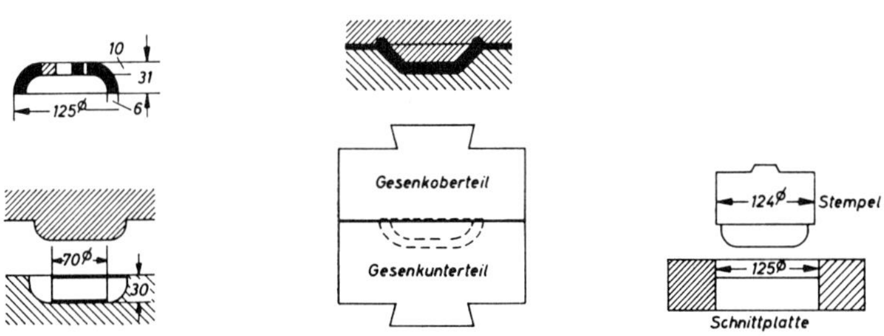

Abb. III.149. Gesenkschmieden einer Rohrverschlußglocke.

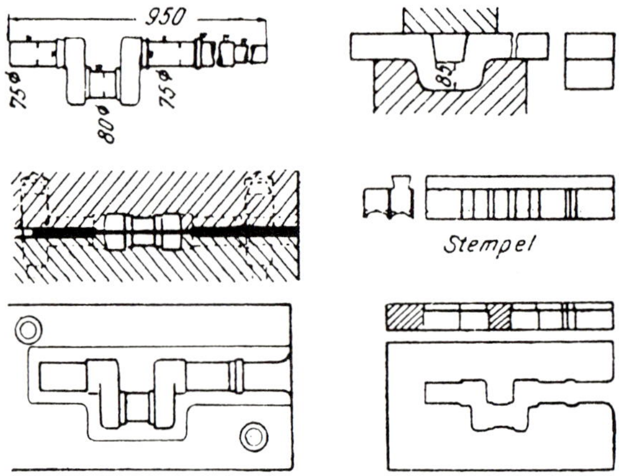

Abb. III.150. Gesenkschmieden einer Kurbelwelle.

Abgraten zu ermöglichen. Abb. III.150 erläutert das Schmieden einer einfach gekröpften *Kurbelwelle* unter dem Dampfhammer, teils im halboffenen Gesenk. Ein Knüppel von 120 mm im Vierkant wird zunächst auf 85 × 140 mm vorgeschmiedet und im halboffenen Biegegesenk (rechts oben) unter Hammer oder Presse vorgebogen. Das Fertigschmieden erfolgt dann im geschlossenen Gesenk (links unten) und anschließend das Abgraten (Abgratstempel rechts unten) im warmen Zustande. Anschließend wird die Welle nochmals im Fertiggesenk durch einen Schlag mit dem Hammer nachgerichtet. Sodann veranschaulicht Abb. III.151 noch das vorteilhafte Schmieden eines *Schwenklagers* unter dem Hammer und in der Schmiedemaschine. Bei a ist das vorgeschmiedete Stück gezeichnet. Bei b wurde es vorgeschmiedet und bei c fertiggeschmiedet, beides im Gesenk unter dem Hammer. Bei d wird sodann in der Schmiedemaschine vorgelocht und bei e in einem zweiten Arbeitsgang fertiggelocht (ausgestoßen) und fertiggepreßt. Früher wurde vollgeschmiedet und der Hohlraum ausgebohrt. Außer der Verkürzung der Arbeitszeit wird hier noch das Einsatzgewicht je Stück von 9 auf 6,4 kg herabgedrückt.

Ein Teil der Blechwarenverarbeitung wird ebenfalls mit Hilfe von Gesenken durchgeführt, z. B. das *Kümpeln von Kesselböden* unter hydraulischen Pressen durch Hineindrücken des flachen Blechs mit Hilfe des Obergesenks in das dem Außenrand des Kesselbodens entsprechende Untergesenk.

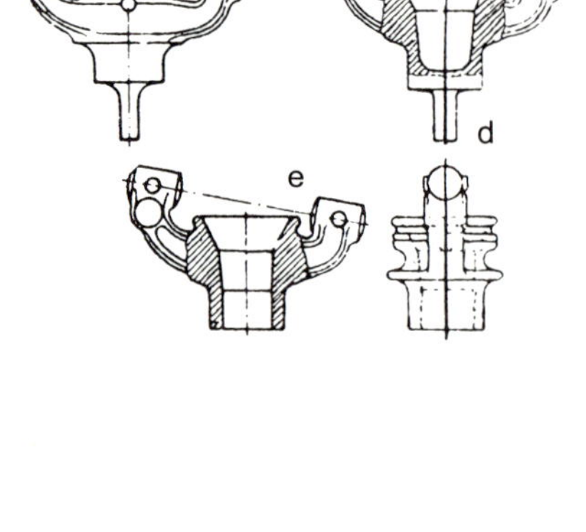

Abb. III.151. Gesenkschmieden eines Schwenklagers.

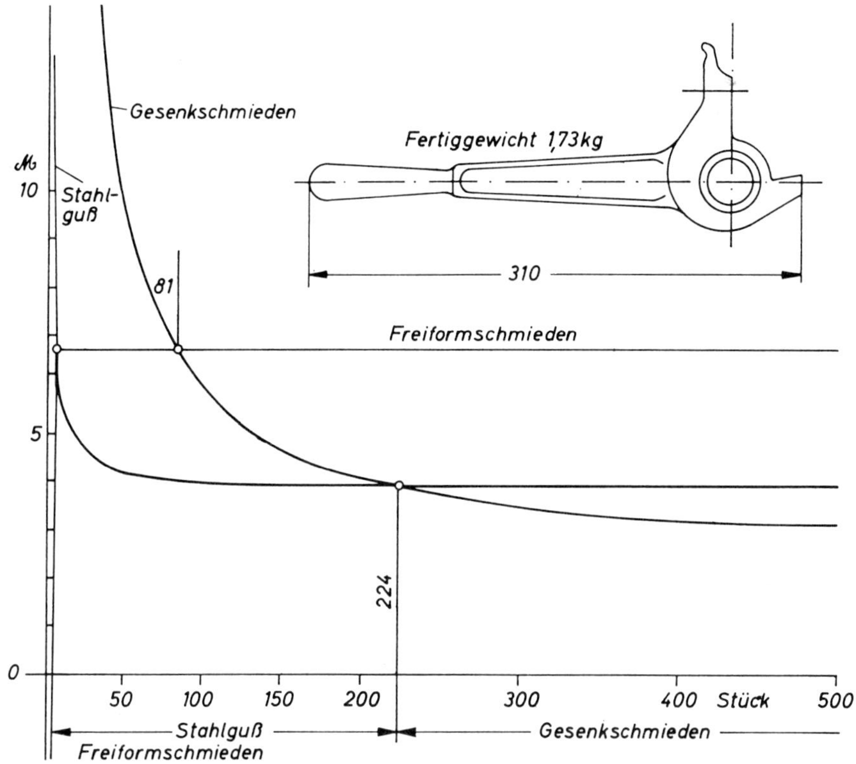

Abb. III.152. Einfluß der Stückzahl auf die Wahl der Herstellungsart.

Wirtschaftliches. Abb. III.152 zeigt die Abhängigkeit des Stückpreises von der Stückzahl je nach Wahl des Werkstoffs und der Herstellungsart. Beim Freiformschmieden sind die Kosten stets die gleichen; beim Stahlguß fallen sie mit steigender Stückzahl schnell ab, beim Gesenkschmieden langsamer, so daß für wenige Stücke das Freiformschmieden am billigsten, für eine mittlere Stückzahl die Herstellung aus Stahlguß und erst für hohe Stückzahlen (hier für mehr als 224 Stück) das Gesenkschmieden am vorteilhaftesten ist. Welchen Anteil die Werkstoff-, Werkzeug- und Lohnkosten an den Schmiedekosten haben, ist aus Tabelle III.11 zu ersehen (alte Richtzahlen).

Tabelle III. 11.

Einzelkosten	Gesenk-schmieden DM	Freiform-schmieden DM	Stahlguß DM
Hebel, Abb. III.152			
Werkstoffkosten je Stück	0,29	0,32	0,37
Gesenk-(Modell-)Kosten	350,0	–	16,0
Lohnkosten des rohen Stückes	1,13	4,50	1,69
Lohnkosten der Bearbeitung eines Stückes	0,94	1,88	1,79

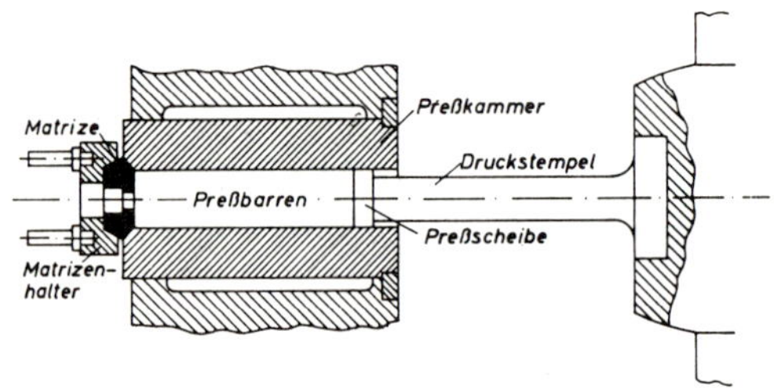

Abb. III.153. Schema der Strangpresse.

Warmpressen von Nichteisenmetallen und Legierungen. Bei vollen Metallkörpern aus Kupfer, Messing, Bronze, Zink, Aluminium, den meisten Aluminium- und Magnesiumlegierungen ist zur Herstellung von Armaturen, Profilstücken, Automobil- und Lokomotivteilen, Bestandteilen elektrischer Geräte usw. an Stelle des Formgusses oder der Bearbeitung aus dem Vollen das Pressen im Gesenk in rotwarmem Zustand getreten. Der gepreßte Körper ist nicht nur billiger, sondern auch dichter und fester als der Gußkörper.

Preßmetall-Legierungen: Messing mit 54 – 63% Cu (z. B. Schraubenmessing CuZn 39 Pb2), Al und Al-Leg. (z. B. Al 99,5; AlMg 3 ... 5; AlCuMg), Mg-Leg. (z. B. MgAl 3 Zn, MgAl 6 ... 7 Zn).

Warmpreß-Maschinen. Das Metall, bzw. die Legierung wird aus kleinen Blöcken in *Druckwasserstrangpressen* (Bauarten *Dick* und *Berry*) zu Stangen von gewünschtem Querschnitt gepreßt. Abb. III.153 zeigt den Hauptteil einer solchen Presse. Der erwärmte Preßbarren wird von rechts, nach Zurückziehen des Druckstempels, in die Preßkammer eingeführt und unter einem Gesamtdruck von 10 ... 15 MN durch die Stahlmatrize nach links herausgepreßt. Die fertigen Stangen werden dann in kurze Stücke zerschnitten, letztere im Glühofen auf Rotglut erhitzt und unter der Presse im Gesenk in die Form gepreßt. Als Gesenkpressen werden vor allem Spindelpressen, sodann Kurbel- und Exzenterpressen für kleine Teile und reinhydraulische Pressen für große Teile verwendet.

Die *Gesenke* sind meist aus Chrom-Nickel-Stahl (z. B. 0,2 – 0,43% C, 1,4% Cr, 4,5% Ni, oder für hohe Stückzahlen 0,3% C, 2,3% Cr, 4,5% W) und leiden trotz des hochwertigen Werkstoffs stark. Die günstigste *Preßtemperatur* ist etwa: für Kupfer 900 °C, die meisten Messingsorten 800 °C, Aluminium 400 °C, Silumin 250 °C, Mg-Leg. 250 °C.

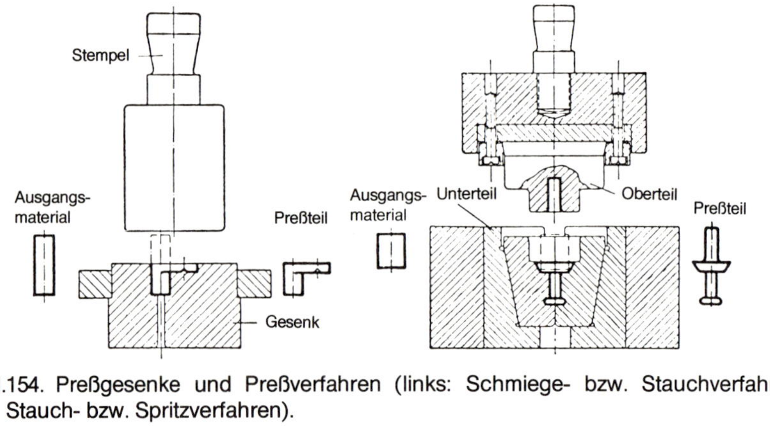

Abb. III.154. Preßgesenke und Preßverfahren (links: Schmiege- bzw. Stauchverfahren – rechts: Stauch- bzw. Spritzverfahren).

Die *üblichen Preßverfahren* sind: 1. Das *Schmiegeverfahren;* der Rohstoff schmiegt sich in die Form, ohne daß Stoffanhäufungen auftreten, die die Abmessungen des Rohkörpers überschreiten. 2. Das *Stauchverfahren;* das Metall wird an einer bestimmten Stelle angehäuft. 3. Das *Druckverfahren (Spritzverfahren);* das Metall wird in Öffnungen des Unterstempels hineingedrückt. Abb. III.154 zeigt links ein einteiliges offenes Gesenk und das Schmiege- bzw. auch Stauchverfahren und rechts ein zweiteiliges geschlossenes Gesenk und das Stauch- bzw. auch Spritzverfahren.

Der beim Pressen entstehende Grat wird in einer *Abgratpresse* beseitigt, und die durch das Anwärmen mit einer Oxidschicht überzogenen Preßteile werden schließlich noch durch Beizen in Salpetersäure gereinigt.

Bei einem *wirtschaftlichen Vergleich* der in Wettbewerb tretenden Verfahren ergab sich für eine Anzahl von Teilen folgendes: Setzt man den Preis von Messingpreßteilen = 100 DM, so kosten in der Kokille gegossene Messingteile 140 DM, aus dem Vollen bearbeitete Messingteile 260 DM, Aluminiumpreßteile 55 DM, Aluminiumspritzgußteile 48 DM. Warmpreßteile und Spritzguß sind also annähernd gleich teuer, Warmpreßteile sind aber bedeutend billiger als Teile aus Kokillenguß, während die Herstellung aus dem Vollen weitaus die teuerste ist. Bemerkenswert ist auch, daß sich die Herstellungskosten beim Warmpressen wie folgt verteilen: Löhne 33%, Kraftverbrauch 9%, Werkzeuge 58%. Der hohe Anteil der Werkzeugkosten ergibt sich aus dem verhältnismäßig schnellen Unbrauchbarwerden der Gesenke durch Reißen.

Strangpressen von Stahl. Das im Prinzip sehr einfache Verfahren – entsprechend dem Strangpressen der NE-Metalle – wurde in letzter Zeit von einer französischen Forschungsgemeinschaft und in Deutschland in Lizenz vom Schwerter Profileisenwalzwerk aufgegriffen.

In einer normalen Strangpresse wird der auf 1100 – 1250 °C (je nach Stahlsorte) erhitzte Block durch eine Matrize gepreßt. Ausschlaggebend für den Erfolg war ein geeignetes *Schmiermittel.* Nach umfangreichen Versuchen fand man es im Glas, das dem warmen Block genügend Widerstand entgegensetzt, teilweise schmilzt und einen viskosen (zähflüssigen) Film ergibt, der den Block mit einer dünnen Schicht umhüllt. Das Verfahren ist besonders geeignet für Profile, deren Walzung im Warmwalzwerk nicht möglich ist, wie z. B. unterschnittene und Hohl-Profile.

8. Walzen [III.7]

a) Grundlagen

Walzvorgang. Beim Walzen wird das Arbeitsstück zwischen zwei waagerecht liegenden, zylindrischen, sich in entgegengesetzter Richtung drehenden Walzkörper hindurchgeführt und erfährt demnach eine Streckung in der Längsrichtung und zugleich eine Querschnittsverringerung. Walzendurchmesser und Stärke des Arbeitsstücks vor und nach dem Walzen stehen in gewissen Beziehungen zueinander, wie Abb. III.155 zeigt. Im Berührungspunkt von Arbeitsstück und Walze zerfällt der radial wirkende Normaldruck N in die Komponenten $N \cdot \sin \alpha$ und $N \cdot \cos \alpha$. Soll das Arbeitsstück durch Reibung in die Walzen hineingezogen werden, so muß, wenn μ der Reibungskoeffizient ist, $\mu \cdot N \cdot \cos \alpha > N \cdot \sin \alpha$ sein oder auch $\mu > \operatorname{tg} \alpha$. Da nun aber $\mu = \operatorname{tg} \varrho$ (ϱ = Reibungswinkel) ist, so erhält man auch die Bedingung: $\varrho > \alpha$, d. h. der Angriffswinkel α muß kleiner als der Reibungswinkel sein. Der Walzvor-

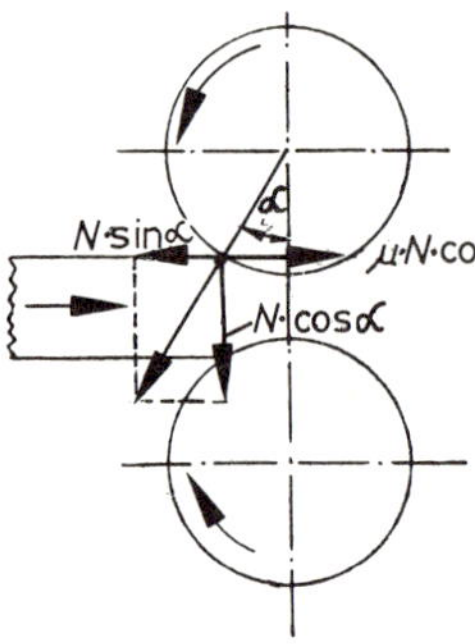

Abb. III.155. Walzvorgang.

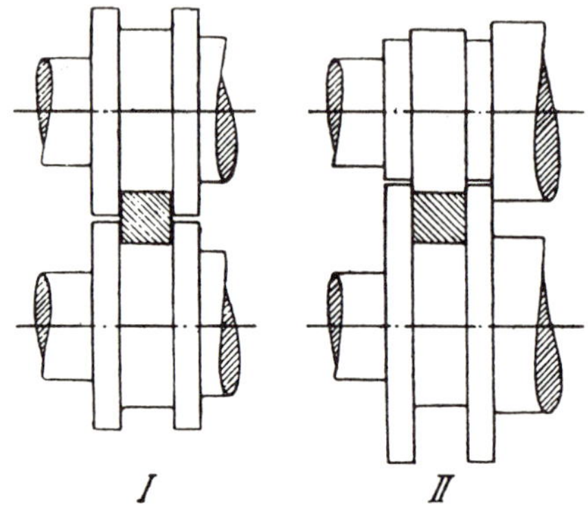

Abb. III.156. Offenes (I) und geschlossenes (II) Kaliber.

gang ist also abhängig von den drei Größen: Walzendurchmesser, Dicke des Arbeitsstücks vor dem Walzen und Dicke des Arbeitsstücks nach dem Walzen.

Das Kalibrieren. Die Walzen haben nur bei der Blechherstellung eine glatte Oberfläche. Der Werkstoff breitet sich nach den Seiten ungehindert, aber ungleichmäßig aus. Die Ränder werden nachher mit der Schere glattgeschnitten. In allen anderen Fällen ist es notwendig, die Oberflächen der Walzen mit Einschnitten, *Kalibern,* zu versehen.

Meistens kann man in einer Walze 4 – 6 Kaliber unterbringen, die voneinander durch Bunde getrennt sind. Erhält jede Walze die Hälfte des Kalibers als Einschnitt, und laufen die Ringe mit etwas Spiel aufeinander, so hat man *offene Kaliber* (Abb. III.156, I). Ist dagegen die Furche in *einer* Walze angebracht und greift ein Bund der anderen Walze in die Furche, sie abschließend, hinein, so spricht man von *geschlossenen Kalibern* (Abb. III.156, II). Um aus dem rohen vierkantigen Block ein fertiges Stück von bestimmtem Querschnitt (z. B. Rundstahl) herzustellen, muß man das Arbeitsstück durch eine größere Anzahl Kaliber, deren Querschnitt allmählich kleiner wird, hindurchgehen lassen. Der *Abnahmekoeffizient,* das Verhältnis zweier aufeinanderfolgender Querschnitte, schwankt bei Stahl zwischen etwa 0,5 (zu Anfang beim weißglühenden Block) und 0,7 – 0,9 (gegen Ende), abgesehen von dem letzten, dem *Fertigkaliber,* das nur noch geringe Querschnittsverminderung ergeben, vor allem aber

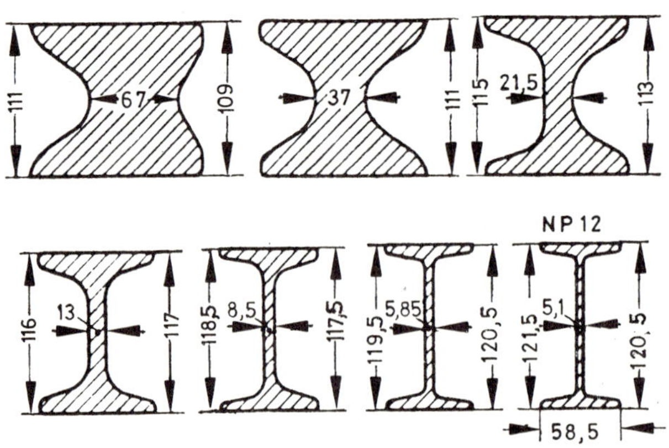

Abb. III.157. Kalibrieren von I-Eisen NP 12.

die genauen Fertigabmessungen des Walzstücks haben soll. Dabei ist das Schwinden des Stahls zu berücksichtigen (etwa 1,3%). Abb. III.157 zeigt noch genauer in den Einzelheiten das Kalibrieren von I-Eisen für NP 12 (Normalprofil 12).

b) *Einteilung der Walzwerke*

Gesichtspunkte für die Einteilung. 1. Man nimmt den in Millimetern angegebenen ideellen Walzendurchmesser als Grundlage und spricht von einer 500er, 750er, 1100er Walzenstraße, wobei man unter *Walzenstraße* (auch unter Walzwerk im engeren Sinn) alle Walzen, Walzenständer, Zubehörteile (einschließlich der Antriebsmaschinen) versteht, die zur Herstellung eines bestimmten Walzprofils erforderlich sind.

2. Man teilt nach dem Fertigerzeugnis ein in: Blockwalzwerke, Knüppel-, Platinen-, Träger-, Schienenwalzwerke, Mittel- und Feineisen-, Bandeisenwalzwerke, Draht-, Grobblech-, Feinblech-, Rohrwalzwerke usw.

3. Man unterscheidet nach der Walzenzahl und Lage der Walzen zueinander.

Walzwerksarten (Abb. III.158). Das einfachste ist das *Zweiwalzwerk* oder *Duowalzwerk* mit zwei waagrecht liegenden Walzen. Das durchgewalzte Stück muß über die Walzen hinüber zurückgegeben werden, was bei großen Stücken Schwierigkeiten macht. Das Auswalzen dauert lange. Deshalb macht man, abgesehen von leichten Stücken, die Walzen umkehrbar (*Umkehr-* oder *Reversierwalzwerk* für Block-, Schienen-, Trägerwalzwerke), oder man ordnet drei Walzen übereinander an (*Drei-* oder *Triowalzwerk*). Hierbei kann man z. B. zwischen Unter- und Mittelwalze hin- und zwischen Mittel- und Oberwalze zurückwalzen. Triowalzwerke sind für kleine und mittelgroße Teile gut geeignet, da sie ein schnelles Durchwalzen ge-

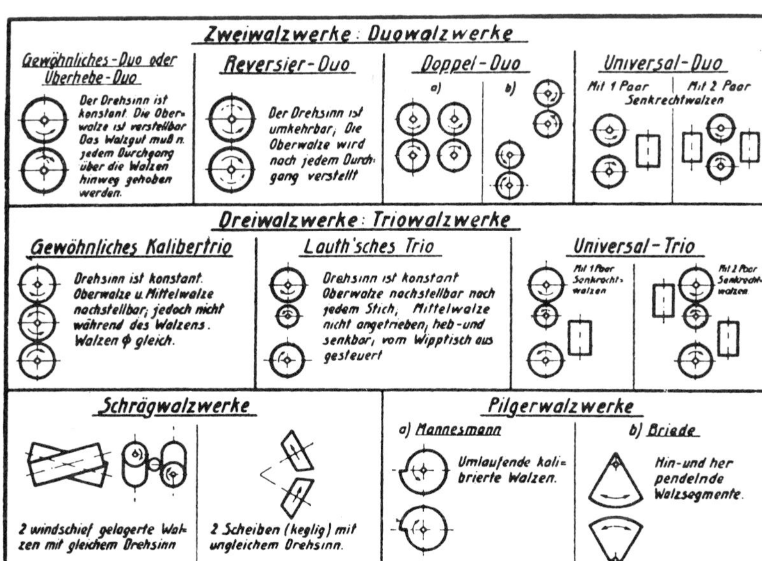

Abb. III.158. Wichtige (teils ältere) Walzwerksarten.

statten. Eine Sonderbauart ist das Lauthsche Trio. Dieselbe Arbeitsweise wie beim Triowalzwerk läßt sich mit einem *Doppelduowalzwerk* durchführen, das gegenüber dem Triowalzwerk den Vorteil leichterer Anstellbarkeit der Walzen und voller Ausnutzung der Walzenbreite für die Kaliber hat. Auf Universal-, Schräg- und Pilgerwalzwerke wird später eingegangen. Nicht in Abb. III.158 enthalten ist das in neuerer Zeit vor allem für Blech- und Breitband-Walzwerke angewandte *Vierwalzwerk* (*Quartowalzwerk*) mit 2 Arbeits- und 2 Stützwalzen (s. z. B. Abb. III.161 u. 162).

c) Einzelteile einer Walzenstraße

Walzen. Sie bestehen aus dem mittleren Teil, dem Ballen, den beiden Laufzapfen und den beiden Kuppelzapfen. In den Ballen sind je nach Erfordernis die Kaliber eingedreht. Der *Ballendurchmesser* schwankt bei Eisenwalzen zwischen 220 bis 425 mm (bei Drahtwalzwerken) und 800 – 1350 mm (bei Blockwalzwerken). Der *Werkstoff* der Walzen ist Gußeisen (mit Kugelgraphit), Hartguß, Stahlguß (für Blockwalzen) und Schmiedestahl (für sehr tief eingeschnittene Kaliber). Sehr breite Walzen brauchen Stützwalzen (s. Quartowalzwerk).

Walzgerüst. Die Walzen sind in Walzenständern gelagert. Die beiden Walzenständer mit den Lagern und übrigen Einzelteilen nennt man auch *Walzgerüst* und unterscheidet zwischen *Arbeitsgerüst* (Gerüst der Arbeitswalzen) und *Kammwalzgerüst* (s. Kammwalzen).

Walzenständer. Dies sind Rahmen aus Gußeisen oder Stahlguß, entweder aus einem Stück gegossen (Rahmenständer) oder oben offen bzw. mit abnehmbarer Kappe versehen (Kappenständer) zum schnelleren Auswechseln der Walzen. Abb. III.159 zeigt den *Walzenständer für Triowalzwerke.* Die Unterwalze liegt fest in einem Unter- und zwei Seitenlagern. Die Mittelwalze ist verstellbar gelagert. Zwei Paar Stützhebel b gehen durch Schlitze des Ständers und halten an ihren inneren Enden das Lager. Die äußeren Enden der Stützhebel, und damit auch das Lager, sind durch Drehen der Schrauben c verstellbar. Die Aufhängung der Lagerung der Oberwalze ist vermöge der Schrauben f und Federn g eine federnde. Die Stellung der Oberwalze wird durch die Druckspindel h geregelt, die zugleich den Walzdruck auf die Kappe a und weiter durch die Bolzen i auf den Ständer überträgt. Damit beim Überschreiten eines gewissen Walzdrucks aber weder Walzen noch Ständer zerbrechen, ist zwischen Spindel und Lageraufhängung die *Brechkapsel* k eingeschaltet, deren Boden nur einen bestimmten Druck aushält. Für kleine und mittelgroße Walzwerke kommen auch schon *vorgespannte Walzgerüste* in Betracht. Sie besitzen vorgespannte Zugstangen. Dies führt zu geringeren Abmessungen des Walzgerüsts.

Die *Verstellung* („Anstellung") der Walzen erfolgt entweder nur einmal beim Einlegen (dann von Hand) oder nach jedem Durchgang des Blocks (dann hydraulisch oder meistens elektrisch).

Verbindung zwischen Arbeitsgerüst und Antriebsmaschine. Die Arbeitswalzen normaler Duo- und Trio-Walzwerke sind mit den Kammwalzen, die die Übertragung der Kraft von der Maschinenwelle vermitteln, durch zwei Kupplungen und eine Spindel verbunden. Die *Kupplungen* bestehen aus an drei Stellen (Kleeblattform) oder an vier Stellen (Rosettenform) ausgehöhlten Kuppelzapfen, über die mit etwas Spiel eine Muffe gezogen wird. Die *Spindeln* sind an den Enden auch mit Kuppelzapfen versehen, in der Mitte aber rund. Die ganze Anordnung dient zum leichteren Ein- und Ausbau und auch als Sicherheitsglied bei Überlastung des Walzwerks. Die *Kammwalzen* sind Zahnräder, die den Antrieb auf die obere und untere Walze übertragen. Als Werkstoff nimmt man Stahlguß mit sauber gegossenen oder Schmiedestahl mit aus dem Vollen gefrästen Zähnen. Vielfach sind Winkelzähne üblich. Meist wird das Gerüst geschlossen, der untere Teil als Öltrog, gebaut.

Antriebsmaschinen. In Betracht kommen: seltener Dampfmaschinen, meist *Elektromotoren.* Die *Dampfmaschine* wird entweder als Schwungradmaschine, mit 50 – 100 t schwerem Schwungrad zum Ausgleich der sehr ungleichmäßigen Belastung, oder als Umkehrmaschine, schwungradlos gebaut. Für letztere ist die neuere Ausführungsform die 5-Zylindermaschine

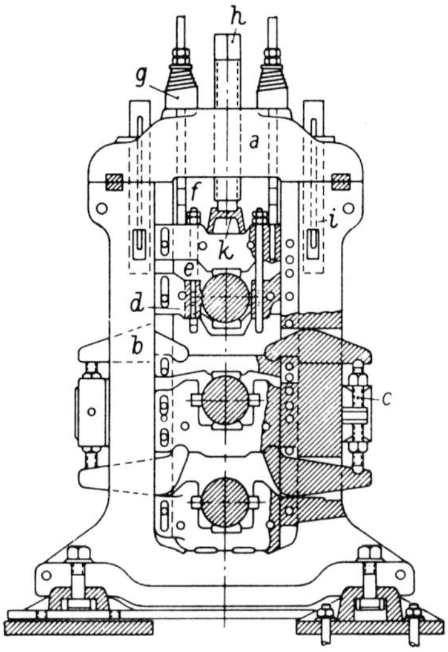

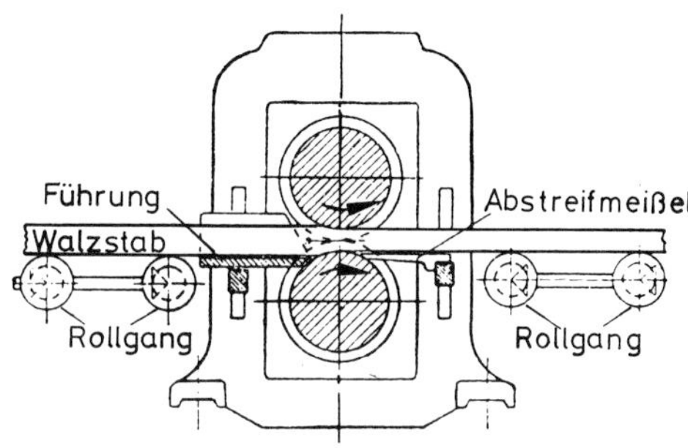

Abb. III.159. Walzenständer. a = Kappe, b = Stützhebel, c = Verstellschrauben, d = Rahmenständer, h = Druckspindel, k = Brechkapsel.

Abb. III.160. Einige Walzenzubehörteile.

mit hoher Drehzahl (270 U/min); sie ergibt einen guten Ungleichförmigkeitsgrad und niedrige Anlagekosten.

Elektromotoren finden infolge ihrer vorzüglichen Steuerbarkeit, steten Betriebsbereitschaft, ihres geringen Raumbedarfs usw. heute fast durchweg Verwendung. Für Umkehrwalzenstraßen ist dabei die Einschaltung eines *Schwungrad-Umformers* notwendig, d. h. es werden vom Hauptstromnetz aus zunächst ein Steuermotor, ein schweres Schwungrad und ein Steuerdynamo, alle drei auf einer Welle sitzend, betrieben. Der Steuerdynamo treibt wieder den eigentlichen, unmittelbar mit der Walzenstraße gekuppelten Walzmotor an und regelt auch seine Drehzahl und Drehrichtung, indem ihre Klemmenspannung verändert wird. (Allgemein wird der Drehstrommotor vom anpassungsfähigeren Gleichstrommotor mehr und mehr verdrängt).

Der *Kraftbedarf* steigt bis auf etwa 20 000 kW bei schweren Umkehrstraßen. Die *Walzgeschwindigkeit* ist um so größer, je länger und dünner das Walzgut ist. Sie wächst von 1,5 – 2,5 m/s bei Blockstraßen bis auf etwa 12 m/s bei Warmbreitbandstraßen und sogar etwa 30 m/s bei Drahtstraßen. Die Spitzengeschwindigkeiten liegen heute sogar schon bis zu 20% höher.

d) Zubehör einer Walzenstraße

Abstreifmeißel, Führungen. Da die Durchmesser der Einzelwalzen infolge der verschiedenartigen Kalibereindrehungen nicht gleich groß sein können, würde die Walze, die den größeren Durchmesser, also auch die größere Geschwindigkeit hat, den Walzstab beim Austreten nach der anderen Walze hin drücken, der Stab würde sich um die kleinere Walze aufwickeln. Um dies zu vermeiden, sind *Abstreifmeißel* anzuordnen (Abb. III.160). Bei zwei Walzen gibt man der Oberwalze „Oberdruck", d. h. ihr größer zu machender Durchmesser drückt den Stab nach unten auf den Abstreifmeißel. Vor der Walze bringt man *Führungen* an, hohle prismatische Gußkörper oder Flacheisen, die den Stab sicher in die Kaliber einführen sollen. Für die Walzen und Zapfen ist außer der Schmierung *Wasserberieselung* vorzusehen, da die fortwährende Berührung mit dem hoch erhitzten Walzstahl eine starke Erwärmung herbeiführt.

Wippen, Hebetische. Alle Triowalzwerke, auch einfache Duowalzwerke (ohne Umkehrung), haben Hebevorrichtungen nötig. Dies sind bei kleineren Arbeitsstücken die *Wippen,* einfache Eisenhebel, die an einem beweglichen Gestänge aufgehängt sind (Dachwippen). Für größere Walzstücke kommen nur maschinell bewegte *Hebetische* (Wipptische) in Frage. Sie werden durch Druckwasserkolben oder durch Elektromotoren angehoben.

Rollgänge. Um das Walzgut den Walzen zuzuführen und es nachher nach einer zweiten Walzenstraße oder nach der Zurichterei weiterzubringen, benutzt man *Rollgänge* (s. Abb. III. 160). Parallel zu den Walzen werden in Abständen von 1 – 2 m unter Flur hohle, gußeiserne, auf Achsen sitzende Zylinder angebracht, die mit der höchsten Stelle nur etwa 25 mm über den Plattenbelag des Walzwerks hinausragen. Sie haben einen gemeinsamen Antrieb durch Kegelräderübersetzung von einem Elektromotor aus, neuerdings auch meist Einzelantrieb.

Schlepper, Kantvorrichtungen. Um das Walzgut parallel zur Walzrichtung von einem Walzgerüst zum anderen zu bringen, benutzt man bei größeren Walzenstraßen die *Schlepper.* Eine Schleppnase sitzt mit einem Querstück an einer Kette oder einem Seil ohne Ende und nimmt, etwas über Flur hervorragend, den Walzstab mit. Zum Umkanten schwerer Blöcke hat man z. B. an Blockstraßen *Kantvorrichtungen,* die den Schleppern ähnlich sind, aber oft hydraulischen Antrieb haben.

e) Betrieb des Walzwerks

Die Walzenstraße. Jedes größere Walzwerk hat zunächst eine oder zwei *Blockstraßen,* in denen die großen Blöcke auf mittlere Querschnitte heruntergewalzt werden. Der vorgewalzte Stahl wird dann zum Teil in *Schienen-* oder *Trägerstraßen* noch in derselben Hitze fertiggewalzt. Ein anderer Teil wird in verschiedenen *kleineren Fertigstraßen,* die zweckmäßig parallel zu den Schienenstraßen angeordnet werden, zu kleinem Formstahl, Walzdraht usw. verarbeitet. Zu dem Zweck wird das aus der Blockstraße kommende Walzgut durch eine Blockschere in kurze Stücke zerschnitten und seitlich bis vor die betreffende Fertigstraße (mit Hilfe von Kränen) verschoben. Dort ist es zunächst noch in Wärmöfen (Stoßöfen) zu erhitzen, da die in den Stücken noch vorhandene Wärme nicht zum Fertigwalzen genügt.

Ist das Walzgut durch ein Kaliber gegangen, so ist ein „*Stich*" fertig. Im ganzen beläuft sich die Stichzahl für den Walzstab auf 10 – 25, je nach der Form des rohen Walzstücks und der des Fertigerzeugnisses. Bei dem letzten Stich, im *Fertigkaliber,* erhält der Walzstab den Aufdruck der Firma, indem der noch glühende Stahl sich in entsprechende Vertiefungen der Walze eindrückt. Außerdem wird ein Dampfstrahl auf das herauskommende fertige Stück geblasen, um den Walzensinter zu entfernen, oder man nimmt auch Hochdruck-Spritzwasser von 50 – 70 bar. Profilstäbe werden in Längen bis zu 100 m, Rundstäbe bis zu 300 m und Drähte in Längen von etwa 500 m gewalzt.

Schere, Warmsäge, Warmbett. In der *Blockschere, Schopf-* und *Teilschere* und an der *Warmsäge* werden die schlechten Stückenden abgesägt und außerdem bestimmte Längen abgeschnitten. Die etwa 4, 6, 8 m langen Stäbe kommen auf das *Warmbett* (Kühlbett), meist einfache Schienen- oder I-Eisenunterlagen, auf denen die Stücke abkühlen sollen. Für Stabstahlsorten, die in großen Mengen hergestellt werden, eignen sich zur besseren Ausnutzung der Walzenstraßen *mechanische Kühlbetten,* heb- und senkbare, gezahnte Rechen (60 – 100 m lang), die vermittelst Exzenter- oder Kurbelbetrieb in Kreisbahnen schwingen oder nur hin und her geschwenkt werden und den Stab selbsttätig unter Abkühlung quer weiterbefördern.

Erzeugungsmenge. Durchschnittlich liefert heute eine Blockstraße 200 – 400 t/h, eine Trägerstraße 50 – 100 t/h, eine Drahtstraße 50 – 100 t/h, eine Breitbandstraße 200 – 300 t/h.

Der *Abbrand* beträgt: in Tieföfen 1 – 2%, in Stoßöfen bei warmem Einsatz 2 – 3%, bei kaltem Einsatz 3 – 4,5%. Der Verlust durch Abfall (Enden) macht 3 – 8% des Einsatzes aus.

f) Zurichterei (Adjustage)

Die Zurichterei hat den Zweck: 1. die Stücke, soweit noch erforderlich, geradezurichten, 2. sie auf genaues Maß zu schneiden, 3. sie zu bearbeiten. Die Walzstäbe werden kalt gerichtet unter einer *Richtpresse* (Kurbel- oder Exzenterpresse), oder besser in einer *Rollenrichtmaschine.* Bei handelsüblicher Bestellung ist der Längsspielraum meist ± 100 mm. Das *Schneiden auf genaues Maß* mit Hilfe von Kaltsägen oder Fräsmaschinen kommt nur in Betracht, wenn sog. „nicht feste Längen" (Spielraum ± 10 mm) und „feste Längen" (± 5 mm) verlangt werden. Ein *Bearbeiten* (Bohren, Lochen) kommt hauptsächlich für Eisenbahnoberbaustoffe in Frage. Schienen werden auf genaues Maß geschnitten (± 3 mm) und gebohrt, ebenso Laschen, Unterlagsplatten meist warm unter Stanzpressen gelocht und mit Klinken (Haken) versehen. Schwellen werden durch Zerschneiden des Walzstabs und Umbiegen der Enden unter einer hydraulisch betätigten Presse („Kappmaschine") hergestellt und dann gelocht.

Eine Abart des Richtens ist das *Friemeln* von Rundeisen und Röhren. Das Werkstück wird hierbei zwischen zwei gekrümmten, schräg zueinander liegenden Walzen unter spiralförmiger Vorwärtsbewegung hindurchgeführt. Die Oberfläche wird von Walzensinter und Unebenheiten befreit und geglättet.

g) Besondere Walzwerke

Blechwalzwerke. Zunächst ist zu unterscheiden zwischen *Grobblech* (über 5 mm dick), *Mittelblech* (3 – 4,75 mm) und *Feinblech* (unter 3 mm), Abmessungen s. DIN 1541 (Feinblech), 1542 (Mittelblech) und 1543 (Grobblech).

Grobblech- und *Mittelblech-Walzwerke* verarbeiten *„Brammen"*, d. h. Blöcke von flacher rechteckiger Form, in einfachen Duo- (selten), Duo-Umkehr- und Triowalzwerken. Letztere, die gebräuchlichsten, wurden als *Lauthsche Trios* gebaut (s. Abb. III.158). Die Oberwalze ist federnd aufgehängt (oft auch mit hydraulischem Gewichtsausgleich). Das Gewicht der kleineren Mittelwalze ist durch Gegengewichte ausgeglichen. Sie ist eine *„Schleppwalze"*, d. h. sie wird nicht angetrieben, sondern nur durch die Reibung am Blech mitgenommen. Dabei legt sie sich abwechselnd an die Unter- und an die Oberwalze, indem ihre Gegengewichte zwangsläufig durch Wipptische angehoben werden. *Feinblechwalzwerke* walzten bisher *„Platinen"*, d. h. Flachstahl von 250 – 400 mm Breite und 6 – 30 mm Dicke, in einfachen Duowalzwerken bis auf 1,25 mm herunter, wobei das Blech über die Oberwalze zurückgegeben wird.

Die neuzeitliche Entwicklung des Grobblechwalzwerks und zugleich eine Anzahl Einzelteile zeigt Abb. III.161 mit einem Walzwerk für Bleche von 5 – 40 mm Dicke und 3000 mm Breite. Die Haupteinzelteile sind in der Bildunterschrift erläutert. An die Kühlbetten schließt sich noch die weitere Zurichterei an.

Walzen breiter Bänder (Bandstahl). Ein großer Teil der Blechherstellung ist schon heute vom Bandwalzen erobert worden. Hierzu führte die Mechanisierung des Arbeitsablaufs und insbesondere die weitgehende Anwendung der *„kontinuierlichen Walzwerke"*. Wir unterscheiden in Deutschland: *Breitbandstraßen* für z. Z. 600 – 1800 mm Blechbreite, *Mittelbandstraßen* für 100 – 600 mm Blechbreite und *Schmalbandstraßen* für 10 – 100 mm Blechbreite, beim Breitband mit etwa 1,5 – 10 mm und beim Mittel- und Schmalband mit etwa 0,8 – 5,0 mm Blechdicke.

Eine der *neuesten Breitbandstraßen* (August-Thyssen-Hütte) zeigt im Schema Abb. III.162. Die kalten Vorbrammen werden zunächst „geflämmt", d. h. mit einem breiten Autogenbrenner zur Säuberung der Oberfläche bestrichen und dann durch Autogenschnitt an den Enden begradigt. Darauf kommen sie in die vier Stoßöfen und nun, mit etwa 1250 – 1300 °C Tempe-

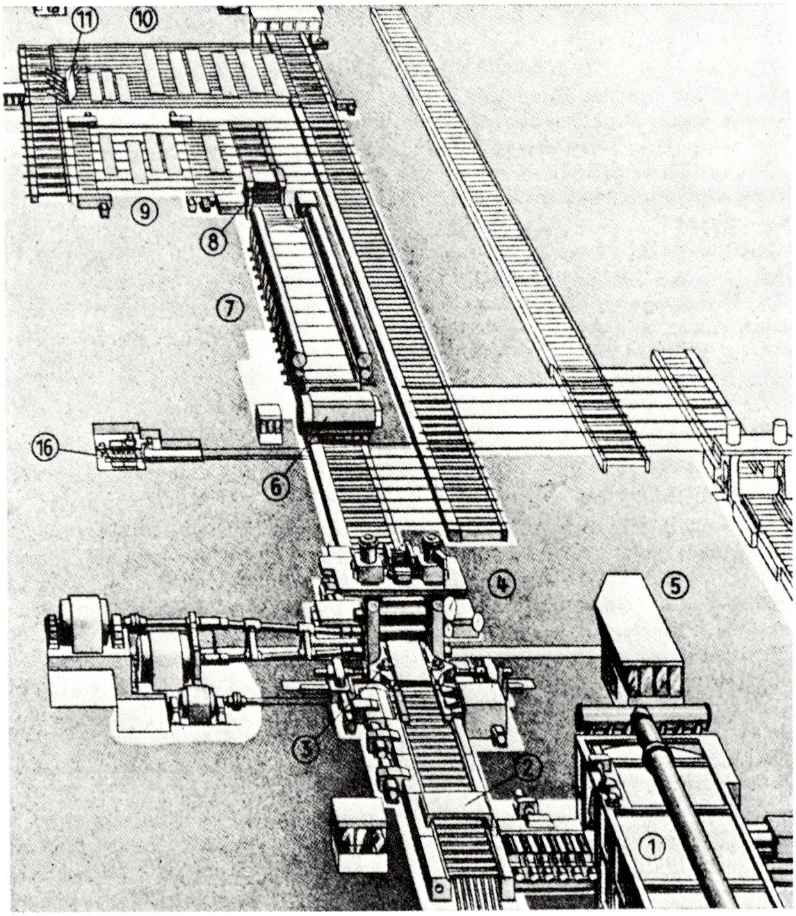

Abb. III.161. Grobblechwalzwerk. 1. Stoßofen, 2. Brammenwäscher, 3. Stauchgerüst, 4. Vierwalzengerüst, 5. Hauptsteuerstand, 6. Schopf- und Teilschere, 7. Normalisierofen, 8. Warmrichtmaschine, 9. Kühlbett I, 10. Kühlbett II, 11. Blechwender.

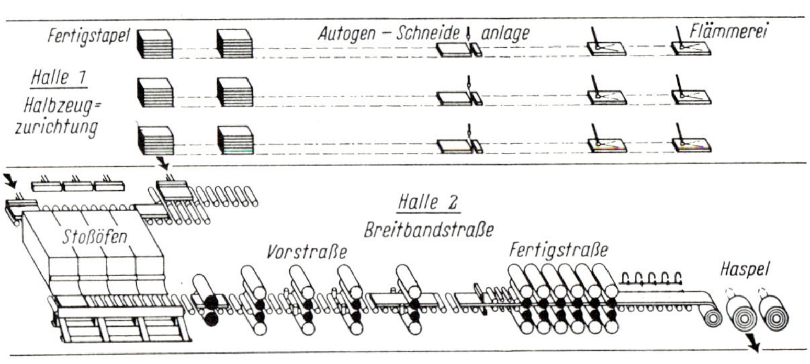

Abb. III.162. Breitbandstraße.

ratur, in die eigentliche vollkontinuierliche Breitbandstraße, deren Gerüste sie in einem Zuge durchlaufen. Alle Gerüste haben elektromotorischen Einzelantrieb und müssen natürlich mit ihren Walzgeschwindigkeiten auf das immer schneller laufende Walzgut abgestimmt sein. Das erste Walzgerüst ist ein einfaches Duo; dann folgt die Vorstraße mit 4 Walzgerüsten, alles Quartogerüste mit Arbeitswalzen von 900 auf 600 mm Durchmesser abnehmend und Stützwalzen von 1300 mm Durchmesser. Eine automatisch arbeitende Schopfschere schneidet das in die Fertigstraße einlaufende Bandende gerade. Nach Durchlaufen der 6-gerüstigen Fertigstraße, ebenfalls nur Quartogerüste (650-mm-Arbeitswalzen und 1300-mm-Stützwalzen), geht das Band über den Kühl- und Auslauf-Rollgang zu den drei Unterflurhaspeln. 40 Brausen sprühen von oben, mit 8 bar, von unten mit max. 1 bar Wasser auf das ausgetretene Band, um die Bandtemperatur von 870 – 900 °C auf 550 – 680 °C zu erniedrigen. Dies ist erforderlich, um unerwünschte Kornvergrößerungen zu vermeiden.

Sämtliche vier Breitbandstraßen, die seit 1960 in Deutschland in Betrieb sind, zeigt Abb. III.163 in ihrem grundsätzlichen Aufbau. Nur die Breitbandstraße der August-Thyssen-Hütte ist *voll kontinuierlich.* Die Straßen von Hoesch und von Klöckner sind *halbkontinuierlich,* d. h. die Quarto-Vorgerüste (und ebenso das Vorgerüst bei Capito und Klein) sind Umkehr-(Reversier-)Gerüste, arbeiten also nicht direkt mit den Fertiggerüsten zusammen; nur die Fertiggerüste walzen kontinuierlich. Von besonderer Art ist die Breitbandstraße von Capito und Klein. Sie ist ein *Steckelwalzwerk,* weil sie an Stelle der kontinuierlichen Fertiggerüste ein Steckelgerüst besitzt. Dieses besteht aus einem Quartogerüst und beiderseits je einem Haspelofen mit Haspeltrommel. Das Quartogerüst arbeitet umkehrbar. Das Blechband läuft von der einen Haspeltrommel zur anderen. Nach einem Durchgang des Bandes wird umgeschaltet; das Band läuft nun in entgegengesetzter Richtung. Naturgemäß ist die Leistung dieses Walzwerks

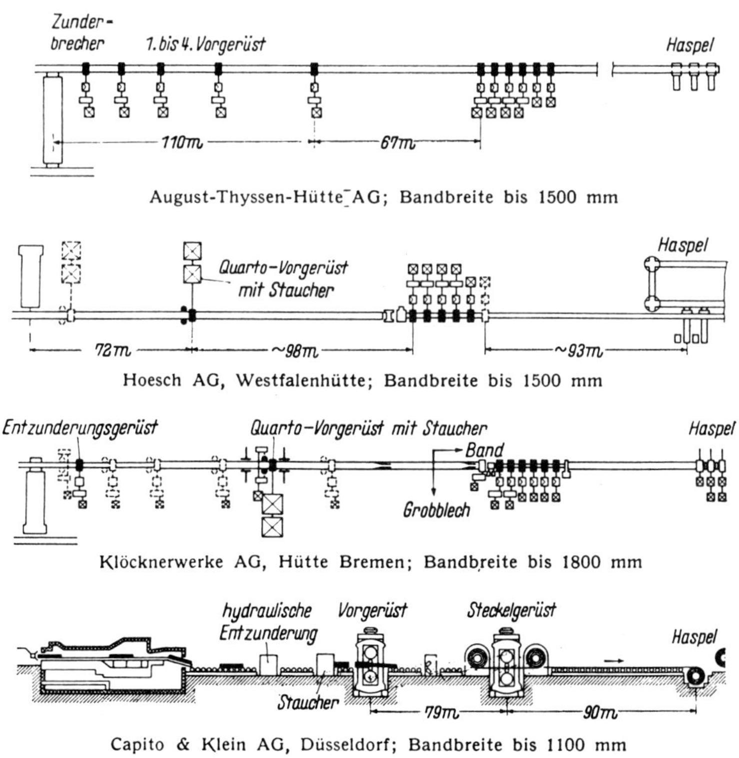

Abb. III.163. Grundsätzlicher Aufbau der deutschen Warm-Breitbandstraßen.

wesentlich geringer als die der darüber abgebildeten 3 Straßen; es dient auch hauptsächlich nur zur Herstellung von Bändern aus Qualitäts- und Edelstahl. – Auf der August-Thyssen-Hütte soll 1964 eine weitere Breitband-Warmband-Straße mit 2230 mm Bandbreite anlaufen.

Mittelband- und *Schmalband-Straßen* sind entsprechend den ausführlicher besprochenen Breitbrandstraßen eingerichtet. Bandstahl ist erst teilweise in DIN 1016 genormt.

Beim normalen *Feinblechwalzwerk* kann ähnlich wie beim neuzeitlichen Grobblechwalzwerk (Abb. III.161) mechanisiert werden. Zu beachten ist dort noch, daß man bei Blechen unter 1,25 mm Dicke die Bleche *„doppeln"* muß, d. h. man legt 2 Bleche aufeinander und walzt wieder auf 1,25 mm herunter, und zwar in schwacher Rotglut, damit die Bleche nicht zusammenschweißen. Alle dünnen Bleche sind zu glühen, da sie infolge der niedrigen Walztemperatur spröde geworden sind.

Mechanisierung und entsprechende Belegschafts-Ausbildung. Bei der weitgehenden Mechanisierung übernahm die elektrische Regeltechnik viele Aufgaben, die bisher unmittelbar von der Bedienung durchgeführt wurden. Infolgedessen konnte entweder die Belegschaft einer kontinuierlichen Walzenstraße vermindert oder die Leistung der Walzenstraße wesentlich vergrößert werden. Andererseits erforderte dies eine Umschulung bzw. Neuschulung der Belegschaft. Die Arbeitsgruppe mit einer vorbetrieblichen Fachausbildung mußte bei diesen kontinuierlichen Walzenstraßen von etwa 30% auf etwa 60% gesteigert werden. Zu dieser Arbeitsgruppe gehören z. B. der Walzmeister, der Betriebsmonteur der elektrischen Anlage, die Betriebsschlosser, die sog. Staffelleute der Walzenstraße und der erste Ofenmann.

Drahtwalzwerke. Walzwerke, die dünneren Rundstahl, bis auf 5 mm Durchmesser herab, herstellen, heißen Drahtwalzwerke.

Die ältere Fertigstraße besitzt etwa 8 – 9 aneinandergebaute Arbeitsgerüste. Der Walzer faßt den austretenden Draht mit der Zange, dreht sich um 180 ° und steckt das vordere Drahtende in das Kaliber des nächsten seitlichen Gerüsts. Hierdurch erreicht er, daß der Draht zu gleicher Zeit durch mehrere Kaliber gehen kann und in noch rotglühendem Zustand das Fertigkaliber verläßt. In jedem Gerüst kann meist nur ein Stich gemacht werden. Als Kaliberform nimmt man abwechselnd flache Ovale und Quadrate. Da an jedem Gerüst ein Walzer stehen muß, hat man selbsttätige Umführungen (*Selbststecher*) eingerichtet. Der fertige Draht wird gleich nach dem Austritt aus dem Fertigkaliber auf maschinell bewegte Haspeln aufgewickelt. Diese ältere Bauart ist z. B. bei Edelstahlwerken auch heute noch in Gebrauch. Im übrigen wird der Walzdraht aber in ähnlichen kontinuierlichen Walzwerken, wie bei den Breitbandstraßen beschrieben, gewalzt.

Universalwalzwerke. Dieses zuerst von *Daelen* gebaute Walzwerk wird vielfach zur Herstellung von Flachstahl, Platinen, u. dgl. verwendet. Üblich sind zwei waagerechte und zwei davor oder dahinter angeordnete senkrechte Walzen (s. Abb. III.158). Die obere waagerechte und die beiden senkrechten Walzen sind verstellbar.

Ein Vorteil ist das Fortfallen zahlreicher Kaliber und weiterer Arbeitsgeräte, ein Nachteil, die ungenaue Querschnittsform nach dem Walzen, da die Achsen der waagerechten und senkrechten Walzen nicht in einer Ebene liegen. Für leichte und mittlere Gerüste werden die waagerechten Walzen als Lauthsches Trio ausgeführt. *Breitflachstahl* wird in Breiten von 150 – 1250 mm und in Dicken von 5 – 60 mm geliefert. Maße und Gewichte s. DIN 59 200.

Walzwerke breitflanschige Träger. Beim gewöhnlichen Trägerwalzwerk wird nur der Steg des Trägers mit unmittelbarem Druck, der Flansch dagegen mit mittelbarem Druck, d. h. mit seitlichem Verdrängen des Werkstoffs gewalzt. Der Flansch ist demnach einmal nicht so durchgearbeitet wie der Steg, und zweitens gestattet diese Druckwirkung der Walzen nur eine begrenzte Höhe des Flansches. Demgegenüber läßt sich durch Anwendung von besonderen Universalwalzwerken, bei denen die Achsen der senkrechten und waagerechten Walzen in einer Ebene liegen, eine unmittelbare Druckwirkung auf die Flanschen und damit eine wesentliche Verbrei-

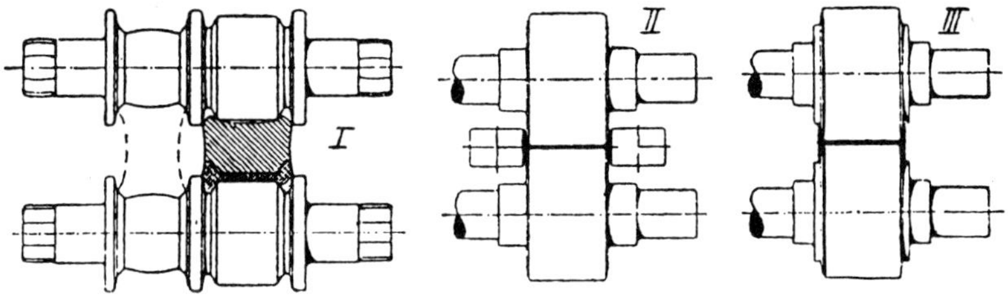

Abb. III.164. Schema des Breitflanschträger-Walzwerks (Differdinger Bauart) (Näheres s. Text).

terung der Flanschen erzielen (für größere Abmessungen Flanschenbreite stets 300 mm, Steghöhe bis 1000 mm).

Die Bauart von *Grey* in der Ausführungsform der *Differdinger Hütte* zeigt Abb. III.164. Der Rohblock wird zunächst im Blockwalzwerk (Teilbild I) in besonders geformten Walzen bis auf eine verstärkte I-Rohform herabgewalzt. Dann kommt er in das Universalwalzwerk, das aus einem Hauptgerüst (Teilbild II) und einem dahinterstehenden Nebengerüst (Teilbild III) besteht. Das Hauptgerüst bearbeitet den Steg und mit den als andrückbaren Schleppwalzen ausgebildeten senkrechten Walzen die äußeren Flanschenflächen, das Nebengerüst nur die Seitenflächen der Flanschen, wobei der Steg genau geführt wird. Ähnlich, jedoch unter mehrmaligem Auf- und Abbiegen der Flanschen, arbeitet das *Puppe-Peiner-Walzwerk.* Die nach diesen Verfahren gewalzten Breitflanschenträger sind in DIN 1025, Blatt 2 – 5 genormt. Hinzu kommt der vom Stahlbau gewünschte Ersatz der alten schmalflanschigen Träger (DIN 1025, Blatt 1) durch eine IPE-Reihe mittelbreiter I-Träger (DIN 1025, Blatt 5), die der Euronorm 19 entspricht und neuerdings in Peine in einem neuen, dem älteren ähnlichen Walzwerk gewalzt wird.

Radreifenwalzwerk. Zur Herstellung von Radreifen (Bandagen) werden achtkantige Blöcke auf Radreifenhöhe gestaucht und über dem Dorn gelocht, beides mit Dampfhammer oder Presse (Abb. III.165, I und II). Nun folgt in derselben Hitze ein Aufweiten des Rings auf dem Horn eines Ambosses und ein Vorschmieden des Spurkranzes sowie ein Schlichten auf genaue Höhe (Teilbild III). Der vorgeschmiedete Ring wird dann im Radreifenwalzwerk auf genauen Durchmesser fertig gewalzt (Teilbild IV). Dieses Walzwerk hat dicht über dem Hüttenflur zwei senkrechte Arbeitswalzen und zwei Führungswalzen. Eine Arbeitswalze (a) ist festgelagert und durch Kegelräder angetrieben, die andere (b) ist eine Schleppwalze und sowohl senkrecht anstellbar wie auch waagerecht in einem Schlitten derart geführt, daß sie der Walze a nach Bedarf genähert werden kann. Erzeugung 100 – 250 Stück in 8 h. – Es werden auch *Leichtradsät-*

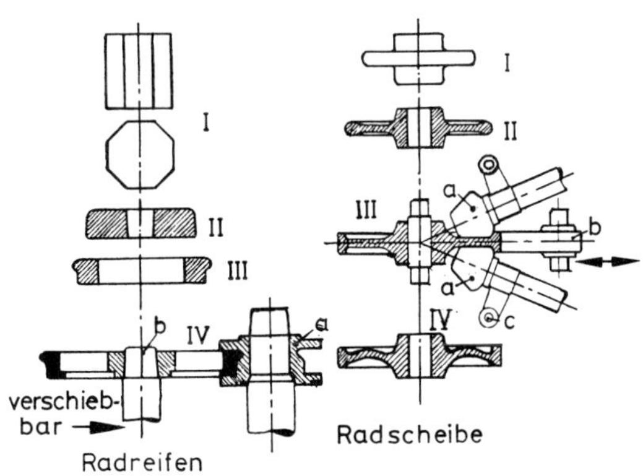

Abb. III.165. Herstellung von Radreifen und Radscheiben (Näheres s. Text).

ze mit einem leichteren (dünneren) Radkörper und Hohlwelle gebaut (Gewichtsersparnis etwa 30%).

Radscheibenwalzwerk. Bei der Herstellung von Radscheiben wird ein profilierter Block (Abb. III.165, I) im Gesenk geschmiedet oder gepreßt und dann gelocht, so daß er die Form II erhält, darauf im Radscheibenwalzwerk zwischen zwei kegelförmigen Walzen a und einer Druckrolle b ausgewalzt (Teilbild III). Das vorgearbeitete Rad sitzt dabei auf einem Dorn. Die Schlepprolle b ist in der Pfeilrichtung verschiebbar. Die Walzen a werden von Kegelrädern angetrieben und können durch einen bei c wirkenden Kurbelmechanismus mehr und mehr angedrückt werden. Noch in derselben Hitze wird dann die gewalzte Scheibe unter der Presse gekümpelt (IV). Erzeugung 200 – 280 Stück in 8 h. Die Radreifen werden abgedreht, im Gasfeuer oder elektrisch gleichmäßig erhitzt und auf die gleichfalls abgedrehten Radscheiben warm aufgezogen. Man kann auch Radscheiben gleich mit angewalzten Radreifen auf dem Radscheibenwalzwerk herstellen, also aus einem Stück.

Rohrwalzwerke. Sie sind im folgenden Abschnitt (Herstellung nahtloser Rohre) genauer beschrieben.

Walzwerkserzeugnisse. Die wesentlichen Erzeugnisse des Stahlwalzwerks sind:

a) *Halbzeug:* Rohe und vorgewalzte Blöcke und Brammen, Knüppel, Platinen.

b) *Eisenbahnoberbaustoffe:* Schienen aller Art, Schwellen, Laschen, Unterlagsplatten, Hakenplatten.

c) *Formstahl:* I- und U-Eisen über 80 mm Höhe.

d) *Stabstahl:* Universal-, Flach-, Rund-, Quadrat- und sonstiger Stabformstahl, Röhrenstreifen usw.

e) *Walzdraht.*

f) *Bleche:* Grobbleche, Mittelbleche, Feinbleche, Riffel- und Warzenbleche.

g) *Rohre.*

h) *Guß- und Schmiedestücke:* Eisenbahnachsen, Räder und Radreifen, Schmiedestücke, Stahlgußstücke, Stahlwalzen usw.

Zur *Erklärung:* Die Abnahme des Anteiles der Oberbaustoffe erklärt sich daraus, daß die Eisenbahnen ausgebaut sind und die Betonschwelle weitgehend an die Stelle der Stahlschwelle getreten ist. Schweißtechnik und Betonbau haben allgemein den Bedarf von den schweren Profilen weitgehend zu den Flacherzeugnissen und den Feinabmessungen hin verlagert.

Erzeugungsanteile in %:

	1910	1959
Oberbaustoffe	15	4
Formstahl	15	8
Stabstahl	35	24
Walzdraht	8	10
Flachstahl (Bleche usw.)	20	47
Rohre (nahtlos)	7	7

Abkürzungszeichen für Form- und Stabstahl. Nach DIN 1350 bedeutet z. B.:

I 40	= I-Normalprofil von 40 cm Höhe,
[20	= [-Normalprofil von 20 cm Höhe,
⊥ 10 · 5	= ⊥-Normalprofil mit 10 cm Fußbreite und 5 cm Höhe,
L 80 · 80 · 10	= gleichschenkliger Winkelstahl von 80 mm Schenkellänge und 10 mm Dicke.

9. Herstellung von Stahlrohren

a) Stumpfgeschweißte Rohre

Diese Rohre werden aus Rohrstreifen bzw. Bändern und Blechen entweder warm geformt und gleich anschließend geschweißt (*Trichterzieh-* bzw. *Fretz-Moon-Verfahren*) oder kalt geformt und autogen oder elektrisch geschweißt.

Trichter-Ziehverfahren. Platinen aus weichem schweißbarem Flußstahl (mit etwa 0,1% C) werden zu Rohrstreifen ausgewalzt, die als Breite den reichlichen Umfang des Rohrs und als Länge die gewünschte Rohrlänge (4 – 6,5 m) haben. Diese Rohrstreifen werden sodann in schmalen langen Schweißöfen auf Weißglut erwärmt und auf einer unmittelbar vor dem Ofen stehenden Schleppzangenziehbank (ohne Dorn) durch eine trichterförmige Öffnung gezogen, gerundet und an den Kanten verschweißt.

Die Schleppzangenziehbank (Abb. III.166) hat eine endlose Kette c, die zum Fortziehen des Wagens d dient, der in Schienen auf der Ziehbank läuft. Sobald der Haken f in die Kette eingehakt wird, schließt sich das Maul der am Wagen befestigten Zange g, faßt also das durch das Ziehloch hindurchgesteckte, angespitzte Arbeitsstück fest an und zieht es nach links weiter hindurch. Wenn das Arbeitsstück ganz durch das Ziehloch hindurchgezogen ist, löst das Gegengewicht e (da die waagerechte Zugkraft fehlt) den Haken aus, das Stück bleibt liegen. Die Rohre werden verzinkt, geteert oder auch ohne Überzug für Gas- und Wasserleitungen, kleine Dampfleitungen, Heizungen u. dgl. in Abmessungen von ⅛″ bis 4″ l. W. (meist nur bis 2″) benutzt (Betriebsdruck unter 4 bar).

Kaltziehbänke. Stumpfgeschweißte und nahtlose Rohre werden vielfach noch auf geringere Abmessungen kalt gezogen. Die neuen Möglichkeiten der Antriebstechnik (Seilzug, Ölhydraulik) begünstigen die Entwicklung der Kaltziehbänke zu neuzeitlichen Ziehmaschinen für Druck-, Stangen- und Stopfenzüge. Der Einsatz von Hartmetallen erhöht die Standfestigkeit der Ziehwerkzeuge. Die Anwendung des Bonder-Verfahrens (s. Abschnitt I. G) erlaubt mehrere Kaltzüge hintereinander ohne Glühen und Beizen durchzuführen.

Fretz-Moon-Verfahren. Bei dem aus Amerika übernommenen, in Deutschland in verbesserter Form angewandten Fretz-Moon-Verfahren werden die an den Enden zu einem endlosen Band zusammengeschweißten Bandeisenstreifen in einem bis zu 50 m langen tunnelartigen Ofen durch Gasbrenner seitlich beheizt und dann dicht vor dem Ofen durch ein Walzwerk geführt, das, ähnlich dem später erwähnten Reduzierwalzwerk, eine Anzahl hintereinander liegender Walzenpaare hat und die Rohrformung sowie das Stumpfschweißen der Kanten über-

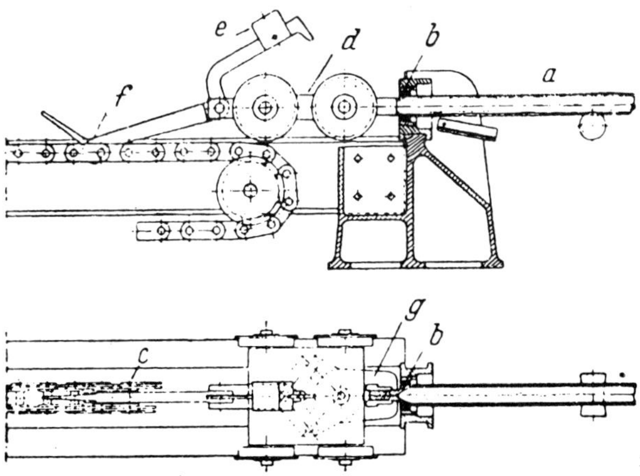

Abb. III.166. Schleppzangenziehbank.
a = Rohrstreifen oder vorgebogenes Rohr,
b = Ziehloch,
c = Kette,
d = Wagen,
e = Gegengewicht,
f = Haken.

nimmt (s. Abb. III.167). Abmessungen ½ – 4"; Abpreßdruck 40 – 60 bar; Leistung 6 – 14 t/h. Das Verfahren ist infolge der Fließfertigung bei fast restloser Mechanisierung sehr wirtschaftlich und liefert dabei wesentlich festere Rohre als das Trichterziehverfahren.

Kaltgeformte geschweißte Rohre. Im Formteil des Verfahrens werden die Rohrstreifen, Bänder, Bleche durch mehrere Vorbiege- und Profilwalzen kalt zum Schlitzrohr geformt, im vielfach gleich anschließenden Schweißteil wird der Schlitz verschweißt.

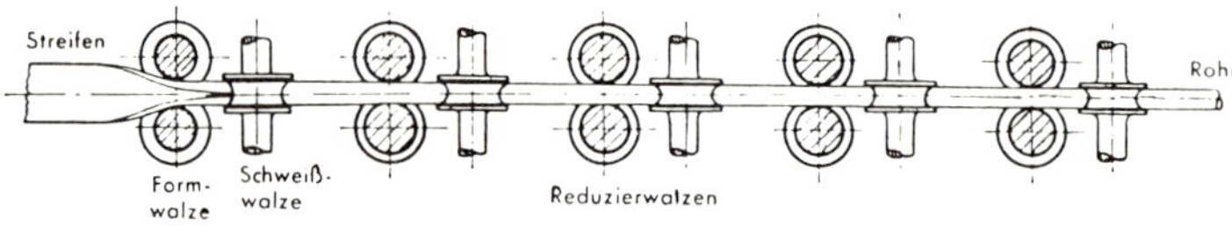

Abb. III.167. Schema einer Fretz-Moon-Anlage.

Autogen geschweißte Rohre werden auf besonderen Schweißmaschinen, die mit Mehrflammenbrennern eingerichtet sind, in Abmessungen bis etwa 90 mm Durchmesser und bis 5 mm Wanddicke hergestellt. – Verbreiteter ist das *elektrische Widerstands-Stumpfschweißen,* bei dem der Strom über 2 auf gleicher Achse sitzende Rollenelektroden zugeführt wird. Durch 2 Druckwalzen werden die Bandkanten direkt hinter den Elektroden zusammengepreßt und dadurch verschweißt. Das Verfahren ist bis 100 mm Rohrdurchmesser sehr wirtschaftlich. – Eine andere Art der Stromübertragung zur Erwärmung der Bandkanten zeigt das in neuerer Zeit aufgenommene *Induktionsschweißen,* das an Stelle der Rollenelektroden einen Vorwärme- und einen Schweißinduktor hat, dahinter wieder die Druckwalzen. – Das *elektrische Abbrenn-Stumpfschweißen* ist für das Längsnaht-Schweißen von Großrohren im Abmessungsbereich von 400 – 1200 mm in Anwendung, erfordert aber einen hohen Ausnutzungsgrad bei großen Bestellungen. – Das *Lichtbogenschweißen* von Rohren ist am bedeutendsten in der Form des Unterpulverschweißens für Rohre von etwa 400 mm Durchmesser aufwärts und insbesondere auch für größere Wanddicken bis 80 mm und mehr (s. Abschnitt „Schweißen"). – Das *Schutzgasschweißen* (s. auch Abschnitt „Schweißen") kommt vor allem für Sondererzeugnisse in legierten Stahlgüten in Betracht.

b) Überlapptgeschweißte Rohre

Wassergasgeschweißte Rohre. Größere Rohre, von 400 mm l. W. an aufwärts, wurden zunächst aus Blechen auf der Biegemaschine kalt zusammengebogen. Die überlappte Naht wurde dann stückweise auf Schweißhitze erwärmt und durch einen kleineren Maschinenhammer geschweißt, wobei das Rohr auf einem langen Amboß ruhte. Die Erwärmung erfolgte mit der Wassergasflamme.

Überlapptgeschweißte Rohre fanden bisher Anwendung für Gas-, Wasser- und Dampfleitungen usw. Sie sind aber fast ganz durch die auch in den Festigkeitseigenschaften stark verbesserten stumpfgeschweißten und durch die nahtlosen Rohre verdrängt worden. An die Stelle der Wassergasschweißung ist die Lichtbogenschweißung (als Unterpulverschweißung) getreten.

c) Nahtlose Rohre

Den Rohstoff bilden Blöcke aus Flußstahl von 0,35 – 0,65% C, meistens bestem Siemens-Martin-Stahl (St 35 – St 65), seltener auch stärker manganhaltiger Stahl. Die Hauptverfahren bestehen in einem Lochen des Hohlblocks und Auswalzen bzw. Strangpressen des Hohlkörpers.

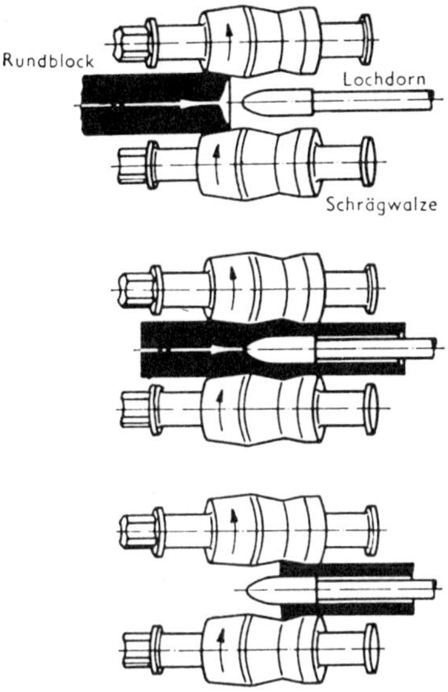

Abb. III.168. Schema des Schrägwalz-Verfahrens.

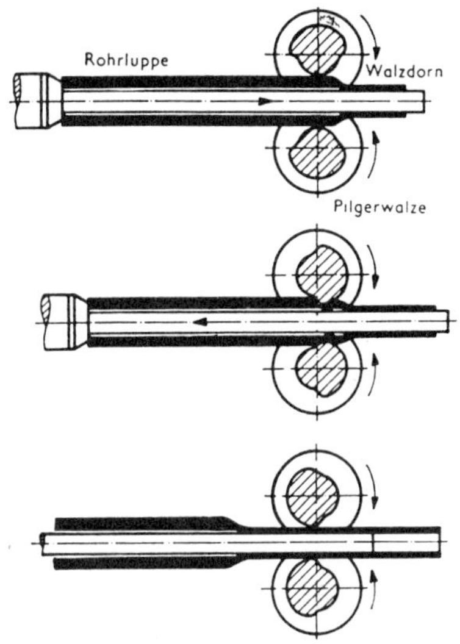

Abb. III.169. Schema des Pilgerschrittwalzwerks.

Schrägwalzverfahren nach Mannesmann. Mannesmann hat anfangs (Entwicklung 1883 bis 1890) *nur* nach dem Schrägwalzverfahren gearbeitet. Bringt man einen zylindrischen Block zwischen zwei waagerecht, dabei aber schräg zueinander liegende Walzen mit einem Zwischenraum, der kleiner als der Blockdurchmesser ist, so wird der Block gedreht und fortgeschoben, also spiralförmig weiterbewegt. Versucht man nun die Längsbewegung teilweise zu verhindern, so werden die Stoffteilchen an den von den Walzen berührten Flächen verschoben, das Arbeitsstück wird gestreckt. Die Verzögerung der Längsbewegung erzielte Mannesmann zunächst durch eine kegelförmige Verjüngung der Walzen, später durch Anwendung eines Dorns. In beiden Fällen entsteht eine spiralförmige Verschiebung der Stoffteilchen und ein Hohlraum, da das volle Blockende zurückgehalten wird. Der Dorn (Stopfen) hat den Vorteil, daß er eine saubere Innenfläche ergibt und durch Druckwirkung den austretenden Werkstoff verbessert. Praktisch wird nur ein dickwandiger Hohlkörper, noch kein fertiges Rohr hergestellt. Abb. III.168 zeigt das Verfahren in 3 Stufen (zu Anfang den vollen Block, zum Schluß den Hohlkörper).

Weiterverarbeitung dickwandiger Hohlkörper (nach Mannesmann). Auch bei Verwendung besten Werkstoffs erhielt Mannesmann, wenn er unmittelbar durch einmaliges Schrägwalzen dünnwandige Rohre herstellen wollte, infolge der hohen Beanspruchung der Stoffasern zu viel Ausschuß. Infolgedessen ging er dazu über, das im Schrägwalzwerk hergestellte dickwandige Rohr in andersgearteten Walzwerken zum dünnwandigen Rohr auszustrecken, so daß heute die Mannesmann-Rohre in folgender Weise hergestellt werden:

Der im Schweißofen weißglühend gemachte Block kommt in ein Schrägwalzwerk zwischen drei Walzen, zwei untere Arbeitswalzen und eine obere Führungswalze, und wird durch Walzen über dem Dorn zwischen den konischen Schrägwalzen in ein dickwandiges Rohr (Rohrluppe) von 20 – 30 mm Wanddicke verwandelt. Dieses wird in gleicher Hitze (bei größeren Abmessungen nach nochmaliger Erwärmung) im Pilgerschrittwalzwerk zum dünnwandigen Rohr ausgewalzt.

Pilgerschrittwalzwerk (Hauptentwicklung 1890 bis 1912). Die beiden Walzen des Pilgerschrittwalzwerks nach Mannesmann haben einen Kaliberteil und einen abgeflachten Teil, der das Rohr zeitweise freigibt (s. Abb. III.169). Der Kaliberteil hat wieder ein parabelartig ge-

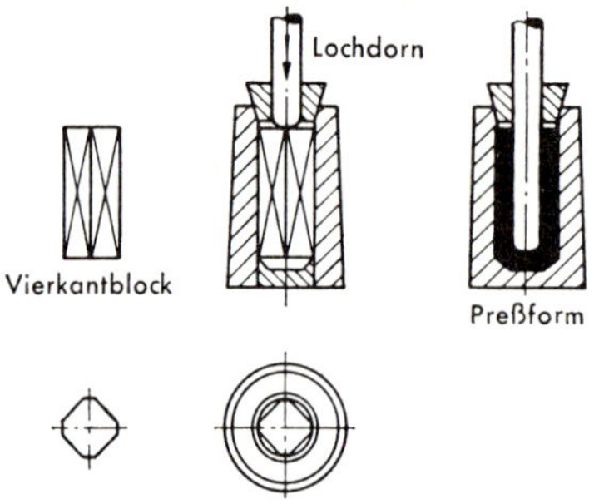

Abb. III.170. Schema der Lochpresse.

formtes Kurvenstück, das zuerst angreift und das Abkneifen einer bestimmten Werkstoffmenge bewirkt. Der Rest des Kaliberstücks, der Kreisform hat, quetscht dann diesen Werkstoff nach rechts weg und glättet ihn (Abb. III.169, 2. und 3. Stufe). Durch diesen Walzvorgang wird das von links kommende Rohr wieder nach links zurückgedrängt und muß nun während der Zeit, in welcher die Walzen es mit ihrem abgeflachten Teil freigeben, durch Wirkung eines Luftvorholers so weit nach rechts geschnellt werden, daß die Walzen mit ihrem Kaliberteil wieder ein neues Stück abkneifen und glätten können.

Die Rohre werden in der beschriebenen Weise in Abmessungen von 60 – 650 mm l. W. bei Längen bis zu 28 m hergestellt. Bei 70 mm Durchmesser werden etwa 70, bei 300 mm Durchmesser 20 – 25 Rohre stündlich erzeugt. Anschließend kann noch ein Verjüngen und damit Verlängern der Rohre im Reduzierwalzwerk oder auf der Schleppzangenziehbank erfolgen oder auch ein Aufweiten in besonderen Walzwerken bis zu 1500 mm Durchmesser.

Lochpresse nach Ehrhardt. Nach Ehrhardt werden nahtlose Rohre durch Pressen eines Hohlblocks und Ziehen des Hohlkörpers erzeugt. *Quadratisch* gewalzte weißwarme Stahlblökke werden in einer kreisrunden Matrize (s. Abb. III.170) durch Eintreiben eines runden Dorns, der hydraulisch bewegt wird, in einen dickwandigen Hohlblock mit Boden verwandelt (Rohrhülse). Der Werkstoff hat dabei die vier Zwischenräume zwischen Matrize und Block gerade ausgefüllt und braucht nur seitlich auszuweichen, nicht etwa, wie beim runden Block, seitlich hochzusteigen. Jeder nutzlose Kraftaufwand beim Pressen wird also vermieden.

Stoßbank (s. Abb. III.171). In die abgestreifte Rohrhülse wird eine Stoßstange eingetrieben. Damit kommt sie anschließend in die Stoßbank und wird hier durch Rollenkäfige (mit 4 Walzen) hindurchgetrieben. Infolge immer kleiner werdender Durchmesser der Walzen entsteht das gewünschte dünnwandige Rohr. Durchmesser der Rohre 40 – 160 mm bei 2,5 – 10 mm Wanddicke.

Stopfenwalzen. Man kann auch das im Schrägwalzwerk oder in der Lochpresse (hierbei mit Ausstoßen des Bodens) entstandene dickwandige Rohr in einem *Duowalzwerk* mit offenen Ovalkalibern *über Dornen* (Stopfen) auswalzen; es muß naturgemäß nach jedem Stich um 90° gewendet werden.

Reduzierwalzwerk. Dies ist ein kontinuierliches Walzwerk mit einer Anzahl hintereinander angeordneter Walzenpaare, deren Achsen je um 45° gegen den Boden und je um 90° gegeneinander geneigt sind und die ein sich nach und nach verjüngendes Rundkaliber und eine nach und nach steigende Umfangsgeschwindigkeit haben. Das Rohr wird unter Verminderung seiner Wanddicke gestreckt. – Dünne Rohre kleineren Durchmessers gehen meist noch entweder durch diese Reduzierwalzwerke oder durch Ziehbänke.

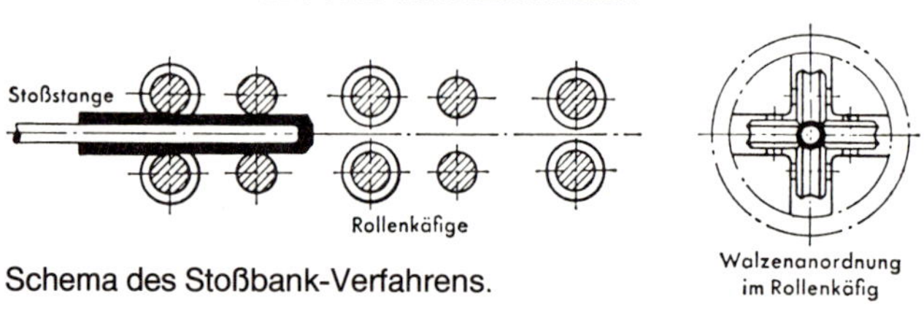

Abb. III.171. Schema des Stoßbank-Verfahrens.

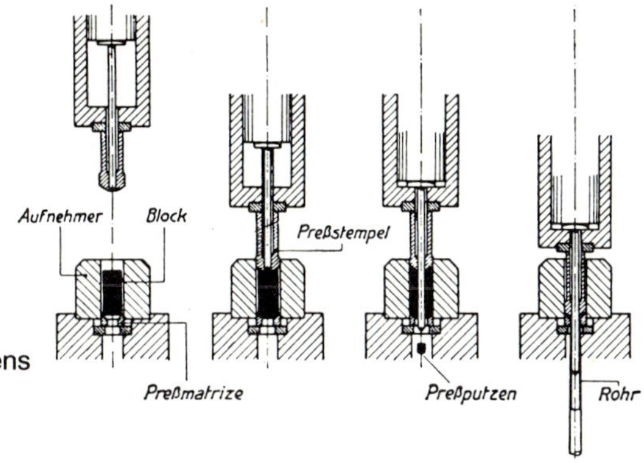

Abb. III.172. Schema des Strangpressens (in 4 Phasen).

Rohrstrangpresse. Stehende Pressen nach Abb. III.172 werden auch zur Herstellung kleinerer nahtloser Stahlrohre (bis 60 mm Durchmesser) verwendet. Ein kleiner Block wird durch einen Dorn gelocht und gleich anschließend mittels Ringstempel durch die Matrize getrieben. Es entsteht ein Rohr von 6 – 9 m Länge, das im Reduzierwalzwerk noch bis auf 19 m Länge ausgezogen werden kann. Abb. III.172 gibt den Arbeitsvorgang in vier Phasen wieder.

Nahtlose Rohre großer Durchmesser. *Mannesmann-Rohre* werden nach früherem schon bis 1500 mm Durchmesser aufgeweitet. Die nach dem *Ehrhardtschen* Loch- und Ziehverfahren hergestellten Hohlkörper können auf einem besonderen Walzwerk mit liegenden Walzen – etwa nach dem Grundgedanken des Radreifenwalzwerks, Abb. III.166 – zwischen äußeren und inneren Arbeitswalzen unter Drehung um die Längsachse bis auf 3500 mm Durchmesser ausgewalzt werden. Ein Sonderwalzverfahren von *Roeckner* sieht das Auswalzen eines dickwandigen Hohlblocks zwischen 4 – 6 Paar kalibrierten Walzen auf einem *Radialwalzwerk* vor. 6 Walzenpaare, deren Wulstbreite von Paar zu Paar zunimmt, sind um den zu bearbeitenden Hohlblock im Kreise außen und innen angeordnet, hintereinander geschaltet und etwas schräg gestellt, so daß ihre Eindrücke Schraubenlinien bilden und die Rohrwandung ganz allmählich in axialer Richtung strecken. Es werden Rohrdurchmesser von etwa 600 – 1800 mm bei 20 – 70 mm Wanddicke und Längen bis zu 18 m erreicht bei Gewichten bis zu 70 t. Der dickwandige Hohlblock kann dabei entweder durch *Sturzguß* (Ausgießen des noch flüssigen Blockkerns nach 6 – 8 h) oder als *Schleuderguß* hergestellt werden.

Kesseltrommeln für hohe Drücke. Sie werden aus dem ausgebohrten Stahlblock über dem Dorn auf hydraulischen Pressen ausgeschmiedet (für über 50 bar Druck) oder aus Blechen elektrisch nach Sonderverfahren geschweißt (für 30 – 50 bar Druck). Das Nieten kommt höchstens bis 30 bar Druck in Frage. Bei Hochdruckbehältern für die chemische Industrie stellt man das Längsstück auch nach dem „*Wickelverfahren*" her, indem man auf ein dünnes Kernrohr ein profiliertes Band in einer Anzahl von Lagen aufwickelt, es während des Wickelns durch elektrische Widerstandsheizung auf 600 – 1000 °C erwärmt und so aufschrumpft, alsdann durch Luftanblasen abkühlt und damit vergütet. Länge dieser Hohlkörper bis 20 m bei 100 – 1200 mm Durchmesser, Betriebsdrücke bis 6000 bar.

Stahlrohrerzeugung. In der Bundesrepublik Deutschland wurden 1961: 1 452 000 t nahtlose Rohre und 579 000 t geschweißte Rohre hergestellt. In den anderen Großindustrieländern (z. B. USA mit 2 650 000 t nahtloser u. 4 045 000 t geschweißter Rohre) herrscht das geschweißte Rohr vor, weil viele Rohre großen Durchmessers hergestellt werden und die Rohrwerksanlage für geschweißte Rohre billiger ist.

10. Rohre aus Nichteisenmetallen

Kupfer-, Messing- und Bronzerohre. Diese Rohre werden ebenfalls zum Teil *nahtlos* nach dem Mannesmann-Verfahren hergestellt oder aus dem Hohlblock (nach

Ehrhardt) gezogen, aber auch aus Blechen gebogen und mit Hartlot zusammengelötet.

Zu erwähnen sind noch *Kupferrohre,* die auf *elektrolytischem Wege* erzeugt werden. Aus einer Kupferlauge wird durch Hindurchführen des elektrischen Stroms das Kupfer auf zylindrischen Dornen niedergeschlagen. Der sich drehende Dorn wird an der Kupferoberfläche geglättet und von dem dünnwandigen Rohr abgezogen. *Messingsorten* (mit 56 – 65% Cu) und das ähnliche *Deltametall* werden nach dem *Verfahren von Dick* unter Anwendung von 2000 – 5000 bar im Druckwasserzylinder und bis zu 50 MN Gesamtpreßdruck in bildsamem Zustand (Kirschrotglut) zu Rohren u. dgl. gepreßt (s. frühere Abb. III.153).

Bleirohre. Sie werden in der *Huberschen Bleirohrpresse* hergestellt.

Gewöhnliches Blei (Weichblei) oder Hartblei wird in einem Kessel erwärmt und kann in den Hohlraum um einen Dorn eintreten, wenn der ringförmige Preßkolben unten steht (stehende Presse). Geht der Ringkolben hoch, so drückt er das flüssige Blei vor sich her und durch eine Ringöffnung zwischen Dorn und Einsatzring nach oben hinaus.

Kabelpressen. Der Bleimantel dient in diesem Fall als Schutz gegen Feuchtigkeit. Die Pressen werden meist stehend, entsprechend Abb. III.173, gebaut.

Preßstempel e mit Druckkolben f drückt das im Aufnehmer d befindliche flüssige *Blei* im Pressenkopf c um die von links kommende Kabelseele a (b = ummanteltes fertiges Kabel). Der Einsatz von *Aluminium* an Stelle von Blei für Kabelmäntel hat in neuerer Zeit große Fortschritte gemacht. Bei Verwendung der vorbeschriebenen Presse müssen dann die Fülltemperaturen auf 700 – 750 °C (anstatt etwa 350 °C für Blei) erhöht werden. Da aber flüssiges Aluminium das Eisen löst, sind entweder Sonderbaustoffe zu verwenden, oder man arbeitet – entsprechend dem Strangpreßverfahren –, mit festem warmem Einsatz von 450 – 500 °C Temperatur. Der Aufnehmer d ist mit Hilfe des Druck- und Rückzugkolbens g beweglich angeordnet.

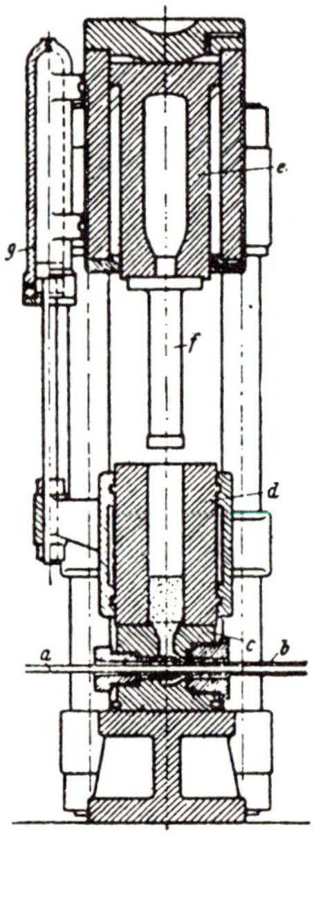

Abb. III.173. Stehende Presse für Kabelmäntel. a, b = Kabel, c = Pressenkopf, d = Aufnehmer, e = Preßstempel, f = Druckkolben, g = Rückzugkolben.

Einheitsfarben zur Kennzeichnung von Rohrleitungen. Bei der großen Anzahl von Leitungen in industriellen Betrieben ist es von Vorteil, die einzelnen Leitungen je nach dem Rohrleitungsinhalt durch farbige Blechbänder an wichtigen Stellen zu kennzeichnen. Als Grundfarben sind in Deutschland vorgesehen: grün für Wasser, gelb für Gas, blau für Luft, rot für Dampf, orange für Säure, lila für Lauge, braun für Öl, schwarz für Teer und grau für Vakuum (s. a. DIN 2403).

D. Kaltumformung [III.6, 7, 46, 47]

1. Einleitung

Kaltumformung bezweckt Werkstückformung meist bei Raumtemperatur (jedenfalls unterhalb Rekristallisationstemperatur) soweit verfahrensmäßig möglich auf einbaufertige Endform; spangebende Nacharbeit mindert Wirtschaftlichkeit. Dabei wird massiver oder blechartiger Werkstoff im plastischen Bereich umgeformt. Bleiben verfahrensbedingt auch elastisch deformierte Zonen, dann zurückbleibende Eigenspannungen (vgl. III.B!) mit Teilrückfederung, die durch Werkzeugform berücksichtigt werden muß. –

Schon vor vier Jahrzehnten stellte der weitblickende Bearbeitungsfachmann fest: In Deutschland wird noch zuviel zerspant und zu wenig kaltumgeformt (hauptsächlich bezogen auf Massivumformung!). Inzwischen entstanden z. T. in sprunghafter Weiterentwicklung zahlreiche neue Umformverfahren. Obwohl sich, bedingt durch Massenfertigung, inzwischen vieles besserte, bleibt auch heute noch viel zu tun. Gefördert wird Weiterverbreitung der Kaltumformung durch: größere Fertigungsstückzahlen (durch Vereinheitlichung und Normung), höhere Werkzeugstandzeiten (durch bessere Werkzeuge); weitgehende Automatisierung (stückzahlabhängig); bessere Ausbildung der Ingenieure und Fachkräfte für Konstruktion und Werkstatt.

Ziel der Kaltumformung bzw. maßgebend für ihre Wahl als Fertigungsverfahren sind: 1. Wesentliche *Einsparung an Werkstoff* (Warmumformung erfordert > 1,5 ... 3-fache, in Sonderfällen wesentlich, größere Werkstoffmenge, bezogen auf spangebend fertigbearbeitetes Teil. Bei Kaltumformung ist dieser Satz nur 1 ... 1,2-fach, je nachdem ohne oder mit geringer Nacharbeit, nur in Sonderfällen wesentlich darüber) und *Lohnkosten*; 2. Erhebliche und bei richtig gesteuertem Umformprozeß weitgehend gleichmäßige *Festigkeitssteigerung,* so daß verlangte Festigkeit mit billigerem handelsüblichen Ausgangswerkstoff geringerer Festigkeit erreichbar, als durch Zerspanen möglich wäre, wobei außerdem meist *Wärmebehandlung entfällt.* 3. Schon durch *nicht unterbrochenen Faserverlauf* (im Gegensatz zu spangebender Formung) wird *Dauerschwingfestigkeit wesentlich gesteigert,* oft noch weiterhin erhöht durch Druckvorspannung in Oberflächenzone. 4. Bei gebundener Umformung sehr *glatte Oberfläche* mit Rauhtiefen oft bis unter 1 μm erreichbar. 5. Meist relativ *große Maßgenauigkeit* (nähere Angaben später). 6. Durch Blechumformung (z. B. Sicken, Hohlprägen, Abkanten, Blechband-Profilwalzen u. a.) Erreichen *höheren Widerstandsmoments* von Blechteilen bzw. Blechprofilen (Kaltprofile im Leichtbau!) und wirtschaftliche Überlegenheit gegenüber Warmwalz- und Strangpreßprofilen bzw. Gußteilen und Zerspanung.

Vorteile gegenüber Warmumformung: Höhere Werkzeugstandzeiten; kürzere Fertigungszeit; Wärmeeinsparung; höhere Maßgenauigkeit; blanke Oberfläche; erzielbare Werkstoffverfestigung mit Folgerungen daraus.

Wirtschaftliche Voraussetzungen für Einführen der Massiv-Kaltumformung (z. B. statt Zerspanung) ist, von wenigen Verfahren abgesehen (z. B. Abstreckdrücken u. a.), erforderliche große Fertigungsstückzahl, z. B. je nach Verfahren und Maschine (evtl. Automat) einige 100 bis über 10.000 und mehr Stück/Monat; letztere Stückzahl für einbaufertig anfallende Werkstücke. – Weitgehende Mechanisierung der einzelnen Arbeitsgänge oft mit Kombination von 2 und mehr Umformvorgängen durch schnellaufende Maschinen (Sondermaschinen mit Magazinzuführung). – Höhere Werkzeugstandzeiten durch verbesserte Werkzeuggestaltung und -Baustoffe. – Einige Kaltumformverfahren, wie Rohr- und Profilbiegen, Bördeln, Treiben, Absetzen, Falzen u. a. werden neben Durchführung auf Maschinen für Massenfertigung z. B. für Einzelfertigung und Prototypenherstellung, sowie für Kleinserien auch von Hand ausgeführt; man unterschätze die Bedeutung dieser auch heute noch aktuellen handwerklichen Fertigung nicht, sie ist wirtschaftlich durch nichts ersetzbar. – **Konstruktive Voraussetzung:** Umformgerechte Gestaltung [III.46].

Nachteile der Kaltumformung (bzw. bei ihrer Durchführung zu berücksichtigen): Oft Grenzen in Form und Werkstoffauswahl, sowie manchmal in erreichbarer Maßgenauigkeit (hierin spangebender Fertigung u. U. unterlegen, wenn bei dieser auch viel größeres Werkstoff-Einsatzgewicht!). Werkstoff muß ausreichend duktil (dehnbar) sein, auch bei höherem Umformgrad nicht zu stark kalthärtend (sonst mehrere Umformstufen mit Zwischenglühung). Bevorzugte Werkstoffe sind: unlegierter und legierter Stahl (weichgeglüht); Kupfer und seine Legierungen (bes. Messing, weich); Aluminium und seine Legierungen (weich); Nickel und seine Legierungen (weich) u. a. – Bei Massivumformung hohe Anschaffungskosten schwerer Maschinen für hohe Arbeitsdrücke. – Auch sind manchmal schon vorhandene abgeschriebene Zerspanungsmaschinen und gewisse geistige Trägheit der Konstrukteure und Fertigungsfachleute hemmend für Umstellung auf Kaltumformung, solange Konkurrenzdruck noch fehlt, obwohl Wirtschaftlichkeit gesichert wäre.

Grobgliederung der Kaltumformverfahren (ebenso wie bei Warmumformung) nach *Massivumformung*, bei der Abschnitt von Stange, Draht, dickwandigem Rohr, u. U. Gießrohling durch Stauchen, Strecken, Recken, Matrizenzug, Kneten, Gesenk- bzw. Fließpressen u. ä. seine Endform (seltener Zwischenform) erhält, sowie *Blechumformung*, die Blech oder dünnwandiges Rohr durch Tiefziehen, Drücken, Biegen, Bördeln, Falzen u. ä. formt, wobei ursprüngliche Dicke nicht wesentlich geändert wird.

Gebundenes und freies Umformen: *Gebundenes Umformen* liegt vor, wenn Werkstofffluß durch Werkzeugwände begrenzt bzw. gelenkt wird (Formzwang), z. B. beim Fließpressen, Profilziehen, Kalteinsenken u. ä. – *Freies Umformen* liegt vor, wenn Werkstofffluß unbehindert durch Werkzeugflächen erfolgt, z. B. beim freien Biegen, Stauchen, Recken u. ä. – Bei Mehrzahl der Umformverfahren kommen beide kombiniert vor. –

Stanzereitechnik: In den zwanziger Jahren verstand man darunter Arbeitsvorgänge, die „mit einem harten Aufschlag eines Werkzeugoberteils auf ein Werkzeugunterteil enden", was das Ausschneiden in Schnittwerkzeugen nicht einmal einschloß. Schon das vom RKW (Rationalisierungskuratorium für die Wirtschaft) 1932 herausgegebene „Handbuch der Rationalisierung" zieht den Bereich viel weiter und schließt 6 Verfahren ein:

1. „*Schneiden*": a) „Ausschneiden" = vollständiges Trennen längs in sich geschlossener Linie mittels Schnittwerkzeug oder Schere (Ausschnitt ist Werkstück); b) „Abschneiden" = vollständiges Trennen längs nicht in sich geschlossener Linie mit Schnittwerkzeug oder Schere; c) „Einschneiden" = teilweises Trennen mit Schnittwerkzeug oder Schere; d) „Lochen" = Ausschneiden beliebiger Innenformen mittels Lochschnitt (Ausschnitt ist Abfall); e) „Beschneiden" = Abschneiden überflüssigen Werkstoffs bei geschnittenen, gebogenen oder tiefgezogenen Teilen mittels Schnittwerkzeug oder Maschine; f) „Abgraten" = Abschneiden überflüssigen Werkstoffs bei Formpreß- oder Druckgußteilen mit Schnittwerkzeug; g) „Nachschneiden" = Kleinerschneiden flächiger Teile in entgegengesetzter Richtung zur vorhergehenden Schnittrichtung mit Schnittwerkzeug zur Erzielung sauberer senkrechter Schnittwände. –

Dieses Teilgebiet des Stanzens wird in diesem Buch nicht behandelt (abgesehen von direkter Kombination mit einem Umformvorgang), sondern bleibt ebenso wie die Zerspanungstechnik entsprechendem Fachschrifttum vorbehalten. – Dagegen werden hier folgende schon 1932 zur Stanzereitechnik zählende Verfahren 2. ... 6. näher betrachtet:

2. „*Stechen*" (Durchreißen) = Durchstoßen der Spitze (u. U. mit Teilschneide) eines Dorns durch flachen blechartigen Werkstoff mittels Stechwerkzeug zur Erzielung bördelartig hochgestellter, hohlnietähnlicher, halbrund-schuppenähnlicher oder sonstiger herausgerissener Formen.

3. „*Stanzen*" im engeren Sinn = Werkstoffumformen durch Ober- und Unterstempel; es kann sein: Biegen, Rollen, Formfertigstanzen, Stauchen, Nieten, Flachstanzen (Planieren), Prägen (Vollprägen).

4. „*Ziehen*" (Tiefziehen);

5. „*Drücken*";

6. „*Pressen*" (im Gesenk). –

Heute werden in die „Stanzereitechnik" [III.47] auch andere z. T. inzwischen erst entwickelte Verfahren einschließlich ihrer Vorbereitungs-, Hilfs- und Nacharbeiten mit einbezogen, wie Reckziehen („Streckziehen"), Abstreckdrücken, Aufbauchen und Aufweiten, Durchziehen, Einziehen, Einschlagen, Anstauchen, Kalibrieren, Fließpressen, sogar Kaltpreßschweißen und sonstige unlösbare Verbindungen (durch Nieten, Falzen, Bördeln, Sicken u. ä.), Profilieren von Blechband, alle dem Tiefziehen verwandten Verfahren unter Verwendung elastischer Druckmittel oder Flüssigkeiten, Hohlprägen von Blechteilen, dem Biegen verwandte Verfahren (Richten, Absetzen, Bördeln, Falzen, Sicken und Schränken), u. a.

Mit dem ursprünglichen Begriff „Stanzen", wie ihn Nichteingeweihte heute noch vielfach verstehen, hat Großteil dieser Verfahren nicht einmal mehr eine Verwandtschaft, da sie auf Maschinen ausgeführt werden, die Pressen nicht mehr ähnlich sind. „Stanzen" ist heute noch in der Praxis zu verschwommen umrissen, um als Oberbegriff nachfolgend verwendet werden zu können. Vergleiche auch DIN 9870, Bl. 1 ... 3, „Begriffe für Arbeitsverfahren der Stanzereitechnik".

Die Begriffe Strecken und Recken werden vielfach vom Praktiker verwechselt: **Strecken** liegt analog dem auch in der Warmumformung üblichen Begriff dann vor, wenn Werkstück-Verlängerung durch Druck senkrecht zur Längsrichtung (Streckrichtung) erfolgt; **Recken** dagegen bewirkt Verlängerung eines Blechs oder Profils durch Zugeinwirkung unter Überschreitung der Streckgrenze. –

Gruppierung nachfolgend behandelter Umformverfahren nach im Einzelfall *vorwiegender* Werkstoffbeanspruchung ohne Rücksicht auf erreichte Endform bzw. typisches Anwendungsgebiet, so daß gleiche Werkstückform u. U. bei verschiedenen Verfahren erscheint.

Auf Ermittlung erforderlicher Umformkräfte und auf den einzelnen Verfahren meist vor- oder nachgeschaltete Glüh-, Trenn- bzw. Fügeverfahren kann aus Raumgründen nicht näher eingegangen werden; die Formgebungsmaschinen werden meist nur gestreift.

2. Biegeverfahren

Verfahren, bei denen Werkstück in der Hauptsache Biegebeanspruchung erfährt, wobei Werkstoff auf Außenseite gereckt und auf Innenseite gestaucht wird; vgl. Abb. III.123!

a) Blechbiegen

Schmaler Blechstreifen erfährt neben Stauchung in Schenkelrichtung auf Innenseite senkrecht dazu Breitung, während auf Außenseite in Schenkelrichtung Recken

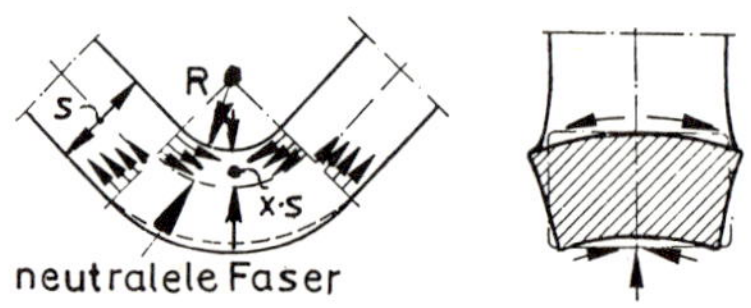

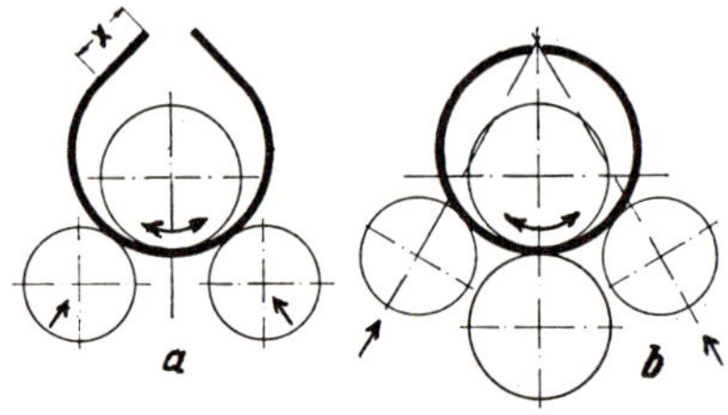

Abb. III.174. Freies Biegen eines schmalen Blechstreifens. Werkstoffbeanspruchung u. Querschnittsdeformation (Schema). Sogen. „neutrale Faser“ nach Innenseite verschoben (Abstand xs).

Abb. III.175. Biegerunden von Blechtafeln zu Zylinderschüssen (schematisch). a) 3-Walzen-Biegemaschine, dabei Endbreite x≈⅓ Unterwalzenentfernung ungebogen; b) 4-Walzen-Biegemaschine, wobei beide Endstreifen vorher gemäß Abb. III.176 angebogen wurden.

unter Abnahme der Breite erfolgt, Abb. III.174; bei breiteren Blechen ist diese Breitenveränderung nur im Randbereich erkennbar.

α) **Biegerunden** von Blechtafeln, z. B. Teilrunden bei Sektionsbauweise im Schiffbau oder Vollrunden zu zylindrischen Schüssen (für Rohre, Behälter u. ä.) auf Dreiwalzen- oder Vierwalzen-Blechbiegemaschinen, Abb. III.175; dabei Oberwalzen angetrieben, Unterwalzen mitgeschleppt und zustellbar. – Bei üblicher Dreiwalzen-Biegemaschine (Abb. III.175 a) würden Blechenden auf Breite x≈⅓ Unterwalzenentfernung ungebogen bleiben, daher vorher beide Längskantenbereiche anbiegen in Abkantwerkzeug (analog Abb. III.191, links) oder auf Kantenanbiege-Walzmaschine (Blechkantenformmaschine [III.48]) bis 30 mm Dicke und unbegrenzter Arbeitslänge, bei der zusammenarbeitendes konvex- bzw. konkav-geformtes Rollenpaar Blech beidseitig anbiegt. Dreiwalzen-Biegemaschinen in Sonderausführung mit schwenkbaren Unterwalzen gestatten auch Blechanbiegen bis auf x = 1,5 · Blechdicke. – Bei Vierwalzen-Biegemaschine erfolgt vor durchgehendem Blechrunden nach Abb. III.175 b Anbiegen beider Blechenden gemäß Abb. III.176, wobei nicht angebogener Endstreifen praktisch vernachlässigbar (≈1,5 · Blechdicke). Geschlossener Blechschuß kann nach Ankippen der Oberwalze gemäß Abb. III.177 entfernt werden. Bei Großmaschinen zum Ausgleich der Walzendurchbiegung Oberwalze leicht ballig oder vorgespannt durch Druck auf k (Abb. III.177) von unten, Unterwalze durch Stützrollen unterstützt. – Maschinengrößen von Kleinstausführung

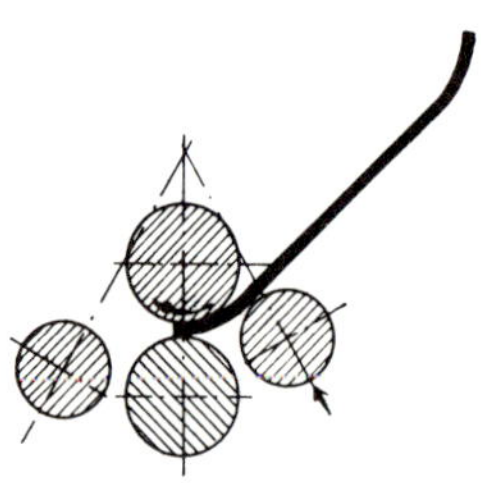

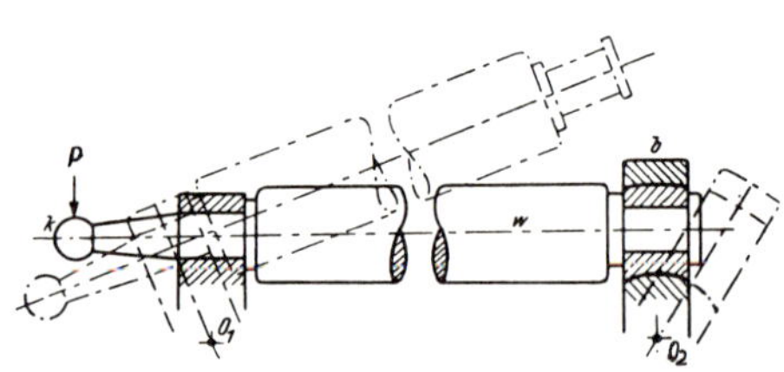

Abb. III.176. Anbiegen beider Endstreifen einer Blechtafel auf 4-Walzen-Biegemaschine. Anschließendes Fertigrunden gemäß Abb. III.175 b.

Abb. III.177. Ausschwenkbare Oberwalze W bei Walzen-Biegemaschinen nach Abb. III.175. Nach Ausschwenken des U-förmigen Bügels (Lagerkappe) b erfolgt über handbetriebene Spindel oder hydraulisch Druck P auf Kugelzapfen k, wodurch linkes Lager mit Oberwalze W um 0_1 drehend angekippt wird; jetzt Entfernen des geschlossenen Blechschusses.

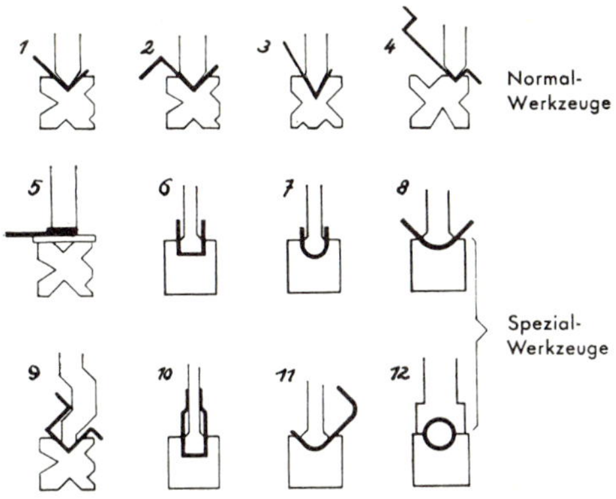

Abb. III.178. Abkanten auf Abkantpressen. Werkzeuge mit Arbeitsbeispielen (Querschnitt längerer Blechprofile). Bei 5 Falzen, z. B. ausgehend von Vorform 3; bei 12 Fertigrunden z. B. der Vorform nach 7.

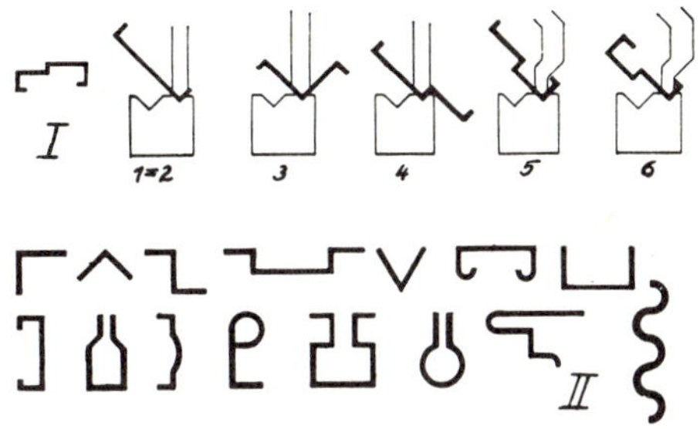

Abb. III.179. Abkant-Blechprofile. I Profilquerschnitt (links) in 6 Arbeitsstufen hergestellt; II Einige Beispiele typischer Abkant-Blechprofile.

für Blechdosenrümpfe und handwerkliche Blecharbeiten bis 60 mm Blechdicke und 6,5 m Arbeitsbreite für Stahlblech bis $\sigma_B = 500$ N/mm². – Durch Schrägstellung der Anstellwalzen nach Abb. III.175 b, auch zum Biegen von Kegelmänteln.

Sondermaschinen für Ringe aus Flachstahl oder Blechstreifen bei Biegung bis an die Enden nach Dreiwalzen-Prinzip mit engstehendem Unterwalzenpaar und zusätzlich seitlicher Anstellwalze ohne Vorbiegen, wobei fliegend gelagerte auswechselbare Antriebswalze („Kernwalze") Innendurchmesser des Rings entspricht. Mit 3 Maschinengrößen 80 ... 500 mm Φ bei bis 13 mm Blechdicke und Ringbreiten bis 200 mm. – Unter $\approx 70°$ in fliegend gelagerten Dreiwalzen-Biegesatz einlaufendes Blechband wird zur Bandwendel unter Kantenberührung gebogen und liefert durch Stumpfschweißung Spiralschweißrohr mit $\approx 20°$ Spiral-Steigungswinkel.

β) **Abkanten** ist Biegen von Flachmaterial oder Blechstreifen (Bandabschnitt) parallel Werkstück-Längsrichtung zur Herstellung von Kaltprofilen [III.49] bes. für Leichtbau. Abkanten durchführbar auf *Abkantpressen,* Kleinteile auch in Stanzwerkzeugen auf jeder Presse, auf *Abkantmaschine* oder auf *Profilwalzmaschine.*

Arbeiten auf *Abkantpresse* (kleinere mechanisch, größere hydraulisch angetrieben): Abb. III.178 u. 179/I zeigen typische Werkzeugformen, Abb. III.179/II typische Querschnitte von Abkantprofilen. Abb. III.180 zeigt Rohrherstellung größerer Abmessung bis 5 m Länge. Viele weitere Variationsmöglichkeiten durch zusätzliche Kombinationswerkzeuge [III.50]. Halbautomatisch arbeitende Abkantpressen mit z. B. 12 Arbeitsgängen. – Auf ebenem Gummikissen als Unterlage mit entsprechend geformtem Stempel auch scharfkantiges oder gerundetes Abkanten behelfsmäßig für Einzelstücke durchführbar, also ohne starres Unterwerkzeug, Abb. III.181. Verwendung elastischer Kissen auf Abkantpressen zur Herstellung bevorzugt unterschnittener Profile in einem Arbeitsgang erläutert Abb. III.182 [III.51]. –

Auf Abkantpressen allgemein Arbeitsbreite (= Profillänge) 1,2 ... 5 m (vereinzelt bis 16 m), Blechdicken 0,5 ... 20 mm; Pressenkraft 0,3 ... 4 MN. –

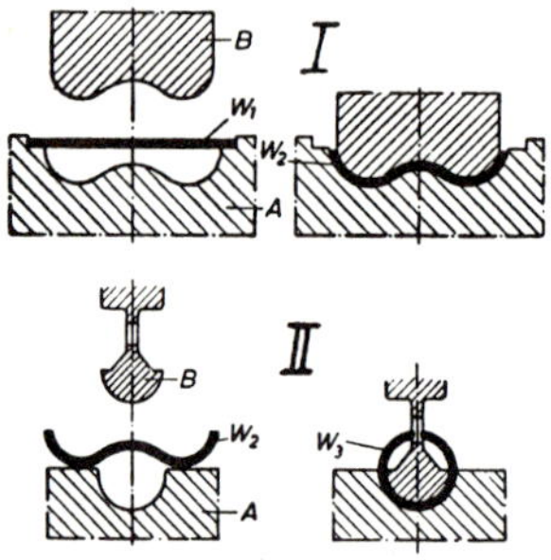

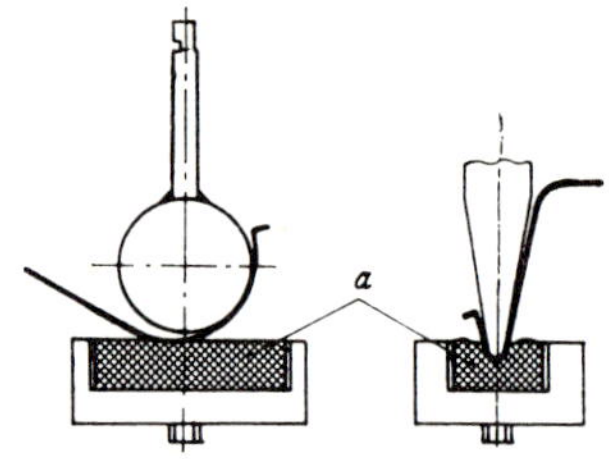

Abb. III.180. Formen langer größerer Blechrohre unter der Abkantpresse. I Vorrunden; II Fertigrunden; A Biegeform; B Stempel; W_1 Blechzuschnitt; W_2 vorgerundetes und W_3 fertiggerundetes Schlitzrohr, das seitlich vom Stempel abgezogen wird (anschließend Längsnaht-Schweißen).

Abb. III.181. In Sonderfällen Verwendung von Gummikissen (a) als Unterwerkzeug. a ersetzt für Einzelabkantungen eine ganze Reihe starrer profilierter Unterwerkzeuge.

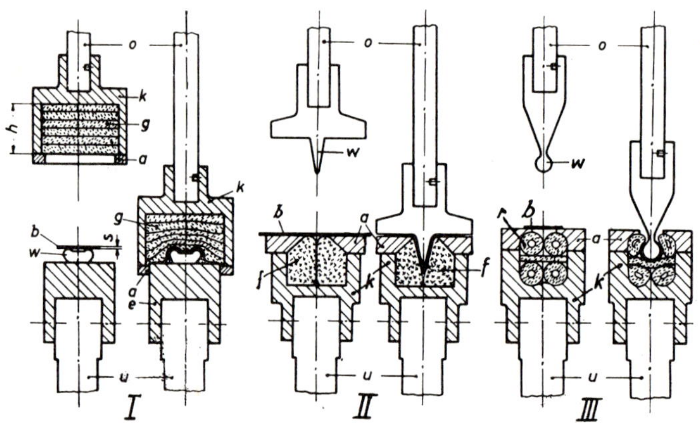

Abb. III.182. Elastische Kissen in Abkantpressen (nach *Oehler*). Abkantbiegen von Blechprofilen bevorzugt unterschnittener Form: I Guérin-Verfahren; II Sondereinrichtung für Trafo-Kühlrippenprofil; III Sondereinrichtung für konische Masten. – a Randleiste des Gummikoffers; b Werkstück; e Tauchplatte bei I; f Gummiformstück; g Gummiplatten; h Paketthöhe von g; k Gummikoffer; o niedergehende Oberwange; r Gummihohlrollen; s Blechdicke; u feststehende Unterwange; w Werkzeug-Formleiste.

Arbeiten auf *Abkantmaschine* (Abkantbank; älteste Art des Abkantens), Abb. III.183. An Anschlagschiene anliegendes Blech wird zwischen unterer Einspannschiene (fester Tisch) und mit zwei Spindeln, mit Exzenter oder ölhydraulisch zustellbarer oberer Einspannschiene (Oberwange) gespannt; dann wird Biegeschiene (schwenkbare Unterwange) von Hand (Kleinstmaschinen) bzw. getriebemotorisch oder ölhydraulich hochgeschwenkt und damit Blech um eingestellten Winkel abgekantet. Erweiterung des Arbeitsbereichs durch weitgehende Verstellmöglichkeit, auswechselbare Spannschiene in Oberwange, Verwendung von Rund- oder Formstäben als Zwischenspannelemente bei großer Spannöffnung; Abb. III.184 u. 185 erläutern solche Arbeiten. Abb. III.186 zeigt typische Profilbeispiele. Halbautomatisches Arbeiten möglich; vergleiche [III.52]! Arbeitsweite (Profillänge) 0,5 ... 4 m; Blechdicke 0,5 ... meist 12 (vereinzelt 20) mm. –

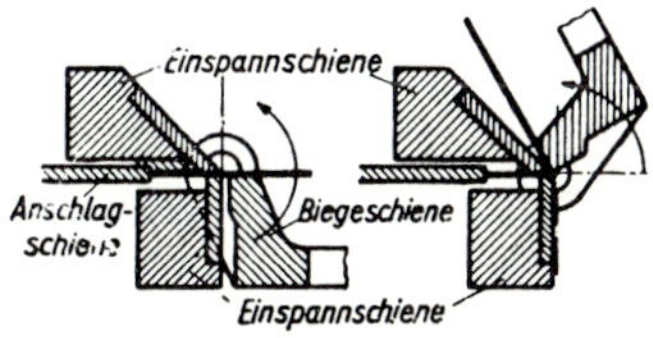

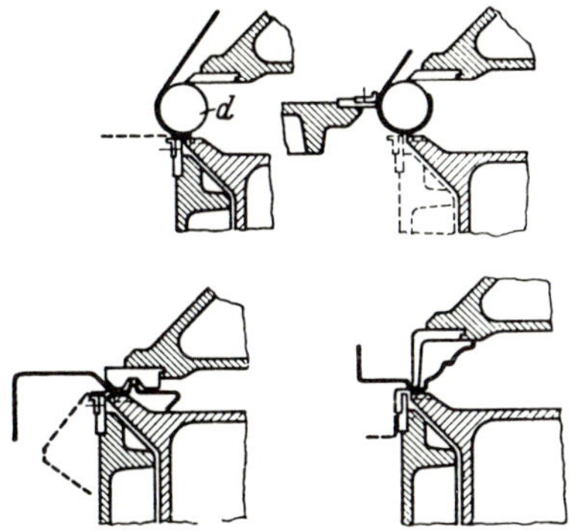

Abb. III.183. Arbeitsweise einer Abkantmaschine (Abkantbank). Älteste Art maschinellen Abkantens.

Abb. III.184. Abkantmaschine mit zusätzlich Rund- und Formstäben. Oben: Rohrrunden über Rundstab d; unten: verwickelte Profile mit Formstab (links) und mit Sonderspannschiene (rechts).

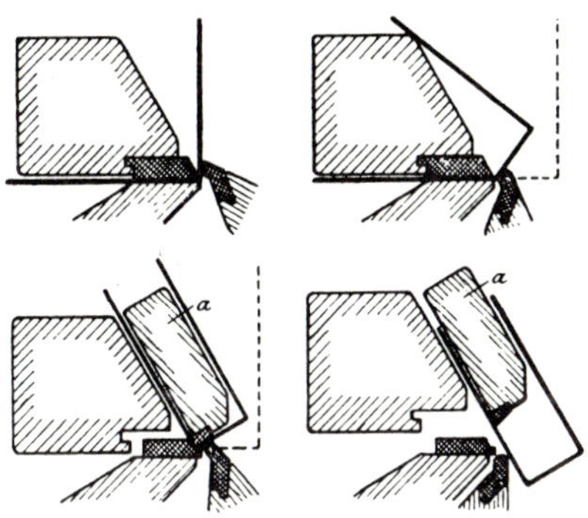

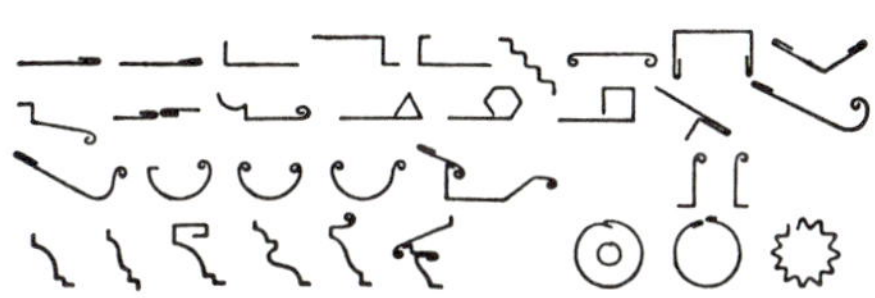

Abb. III.185. Abkanten hoher schmaler U-Profile auf Abkantmaschine. a Zusatz-Biegebalken.

Abb. III.186. Auf Abkantmaschine hergestellte Blechprofile.

Arbeiten auf *Profilwalzmaschinen* (andere Bezeichnungen: Band-Formwalz- oder Band-Profiliermaschinen, Profilformmaschinen), wobei aus endlosem Blechband von Rolle in Bandlängsrichtung fortschreitend stufenweise durch biegende Wirkung mehrerer aufeinander folgender Biegerollenpaare das gewünschte Blechprofil, „Kaltprofil" genannt, in einem Durchgang praktisch ohne Blechdickenänderung entsteht; dann Schnitt auf gewünschte Länge. Bezeichnung „Profilwalzen" dafür üblich, wenn auch nicht korrekt; treffender wäre „Blechprofil-Rollenbiegen" oder allgemeiner „Bandprofilieren". – Früher Band durch mehrere Biegerollenpaare hindurchgezogen (Abb. III.187), was heute nur noch für kleinere Mengen einfacher Dünnblechprofile üblich ist; dabei manchmal nicht einmal Rollenpaare, sondern nur mehrere feste zweiteilige Ziehplatten (Vor-, Zwischen- u. Fertig-Matrizen) vorhanden (z. B. f. Dachrinnen u. ä.). – In Großfertigung heute Bandvorschub durch Antrieb sämtlicher Walzenpaare [III.53, 54] [III.49], am häufigsten für Blech bis 2 mm Dicke. Werkzeugaufwand hoch, Profilgleichmäßigkeit groß. Je nach Profilformstufe Walzenachsen waagrecht oder senkrecht. Mehrere Geschwindigkeitsstufen (u. U. stufenlos regelbar) zwischen 8 ... 30 m/min, bei Al-Leg. 30 ... 45 m/min. Grundsätzlich Stahlbanddicken 0,5 ... 8 mm, ausnahmsweise bis 19 mm; Ausgangsbandbreite meist 10 ... 600 mm, u. U. bis 1500 mm. – Gesamt-Anlage: Bandablauf,

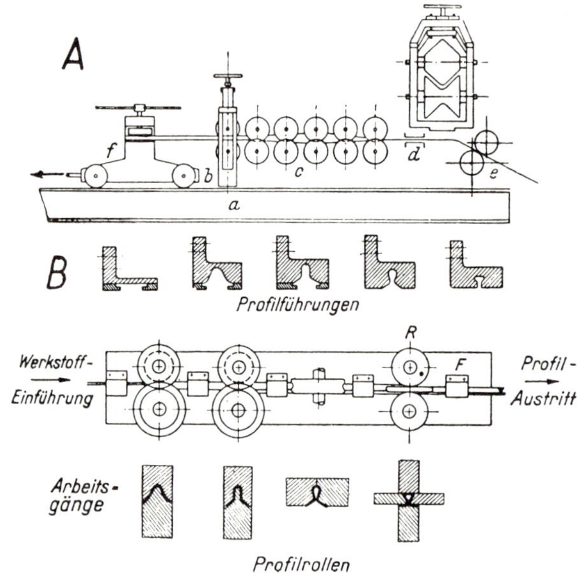

Abb. III.187. Rollenziehbank für kaltgerollte Blechbandprofile (schematisch). A: a Bett; b Walzenständer; c Vorprofilierwalzen in (nicht gezeichneten) Walzenständern; d Bandeinführung; e Schmierwalzen; f Ziehschlitten; rechts oben: Walzenständer mit Walzenpaar. B: sinngemäß wie A, nur wegen schwierigerer Profilform 5 feste dem jeweiligen Umformstadium formmäßig entsprechende Führungen (oben) vor, zwischen und hinter den 4 Formrollenpaaren (unten).

Richtmaschine, Profilstrecke mit bis zu 20 Arbeitsgerüsten, Schneideinrichtung [III.53, 54]; ist Runden auslaufenden Profils erforderlich, dann statt Schneideeinrichtung Profilrollen-Biegesatz (Dreiwalzenbiege-Prinzip), aus dem Profil als endlose Spirale austritt (z. B. Felgen-Herstellung u. ä.). Etwa 15 000 verschiedene Profile kommen vor; Querschnitt offen, halboffen, geschlossen (auch Rundrohr) mit Faltsicken und Falzverschluß, ggf. Klebverbindung dort; Stumpfstoß auch geschweißt. –

Wirtschaftlichkeitsvergleich der Kaltprofil-Herstellung: Maschinenwahl ist nicht Frage der Profilform, sondern verlangter Menge. *Abkantmaschine* für geringere Stückzahl (kleine Serie); *Abkantpresse* für größere Stückzahl und größere Längen; *Profilwalzmaschine* für größte Mengen und sehr große Längen. –

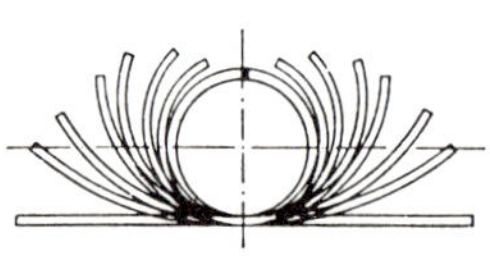

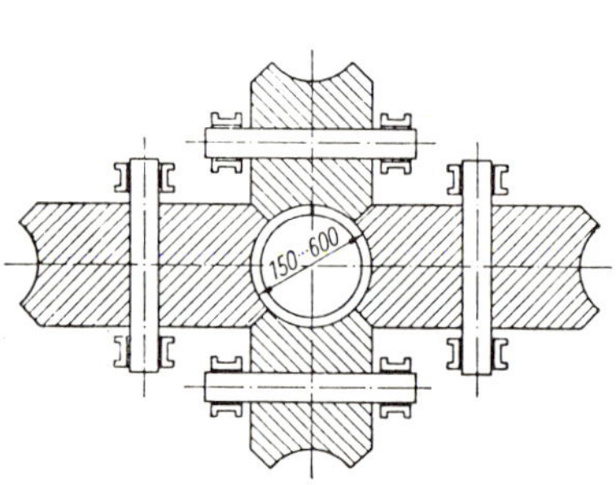

Abb. III.188. Schlitzrohrformplan nach Profilwalzprinzip; zwischen Band und Schlitzrohrform hier 6 Zwischenstufen. Endformung z. B. nach Abb. III.189.

Abb. III. 189. Vierrollenkopf zum Schlitzrohr-Endformen für Dmr. 150 ... 600 mm.

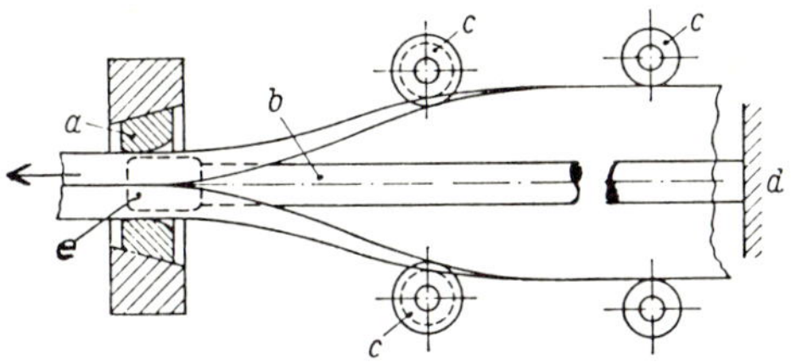

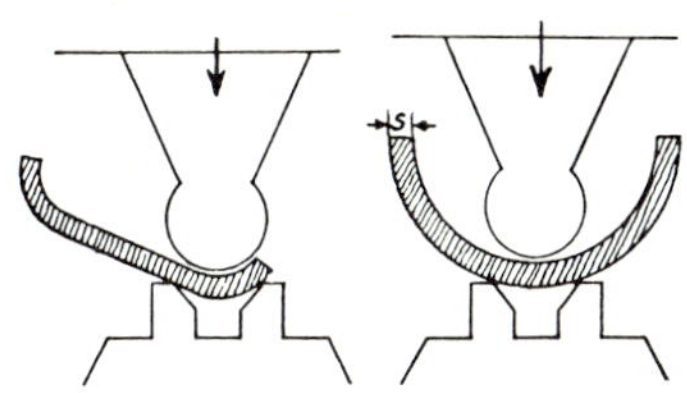

Abb. III.190. Schlitzrohrformen mittels Ziehtrichter für kleinere Rohre bis max. 150 mm ϕ (gute Schmierung u. Kühlung erforderlich!). a Ziehring (-trichter) aus Hartguß, St hartverchromt oder Hartmetall; b Stopfenstange; c Führungsrollen; d Aufhängung von b; e Ziehstopfen (Dornnuß) aus St hartverchromt oder Hartmetall, verhindert Übereinandergleiten der Schlitzkanten.

Abb. III.191. Arbeitsweise einer liegenden Blechbiegepresse (Schema). Abkant-Freibiegen bis 120 mm dicker, 12 m langer Halbschalen; Stempel mit zylindrischer Druckschiene biegt Blech auf Biegeschienen (Abstand verstellbar, hier nicht dargestellt); s Blechdicke.

Auch Herstellung endlosen *Rundrohrs* (Schlitzrohr) nach *Profilwalzprinzip* aus Blechband mit folgender Stumpfstoßschweißung: nach einigen (3 ... 12) Vorform-Rollenpaaren „Einrollwalzwerk“: Vorbiegestufen z. B. gemäß Abb. III.188, Endformung z. B. durch Vierrollenkopf, Abb. III.189, Dmr.-Bereich 5 ... 600 mm; für Dmr. < 150 mm Endformung in Formgerüst mit nur einem Rollenpaar. – Formgeschwindigkeit 1 ... 100 (300) m/min; nur für große Mengen, da Umstellung auf anderen Dmr. langwierig. Wanddicke äußerst bis 1% Rohr-Dmr. herunter. –

Schlitzrohrformen mittels *Ziehtrichter* gemäß Abb. III.190 mit Vorbiegerollenpaaren, meist ausgehend von Bandstahl in Ringen bei kontinuierlichem Betrieb mit Treibrollensatz als Abziehvorrichtung für fertiges Schlitzrohr und anschließender Stumpfschweißung; seltener diskontinuierlich aus einzelnen Rohrstreifen mit Kettenziehbank. Anwendung für kleinere Dmr. ($\leqq$150 mm) bei Mindestwanddicke $\approx$1,5% Rohr-Dmr. Ziehgeschwindigkeit $\leqq$100 m/min. Dimensionswechsel einfacher, jedoch Dmr.-Bereich begrenzt, starke Reibung (Verschleiß, mögliche Riefenbildung), Vorderende anzuspitzen für Ziehangel. Wenn Menge wirtschaftlich, zunehmend durch Profilwalzen ersetzt.

Freibiege-Runden zylindrischer (oder konischer) Halbschalen aus Stahlblech kalt bis 120 mm Dicke ($\sigma_s \approx 300$ N/mm², $\sigma_B \approx 500$ N/mm²) mit Biegeradius $\geqq$400 mm bei Biegelänge bis 12 m auf ölhydraulischer Blechbiegepresse (liegend) mit bis 72 MN Preßdruck (G. Siempelkamp, Krefeld) [III.55]; damit Warmbiegen bis 250 mm Blechdicke möglich. Prinzip Abb. III.191, jedoch dort nicht dargestellt: Einstellbarkeit des Biegebackenabstandes (auch unparallel zum Konischbiegen) und ständiges Im-Eingriff-Sein der Rollen zum Weitertransport

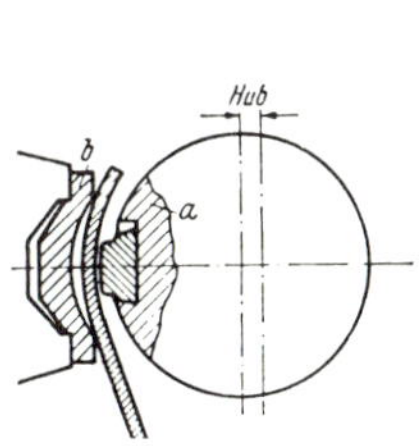

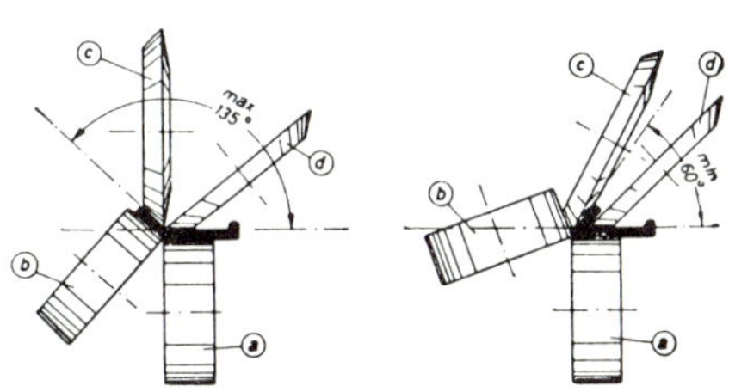

Abb. III.192. Arbeitsweise stehender Blechbiegepresse. Abkantfreibiegen: a Biegesäule mit Druckschiene; b Biegeschiene (-pfanne) auswechselbar, am Maschinengestell.

Abb. III.193. Arbeitsprinzip einer Schmiegemaschine zum Anwinkeln von Schiffsspanten (hier Wulstprofil); a feste Antriebswalze; b schwenkbare Antriebswalze in Schwinglager mit mitlaufendem Schmiegeteller c; d Schmiegeteller, mitlaufend.

zwischen den einzelnen Biegehüben, deren Hubhöhe über Steuerpult je nach Radius eingestellt wird. Zwei solcher Hälften werden zu Kesselschüben bzw. Reaktorbehältern zusammengeschweißt. – Arbeitsprinzip älterer Biegepresse stehender Bauart gemäß Abb. III.192, wobei Zylinder-(Kegel-)Mantel nach Riß auf Grundplatte gebogen wird.

γ) **Schmiegen** [III.56] zum An- bzw. Umwinkeln der Spanten im Schiffbau, Abb. III.193; Wulstprofil oder Flachstahl bis 7 mm Dicke kalt geschmiegt (bis 200 mm warm). Schmiegeteller c und d sorgen für erforderlichen Preßdruck; Vorschub durch Walzen a und b.

δ) **Biegestanzarbeiten.** Biegen meist senkrecht Längsausdehnung kleiner Blechteile (im Gegensatz zum Abkanten, wobei parallel Längsrichtung gebogen wird). Viel angewendetes sehr vielseitiges Arbeitsgebiet, z. T. auch in Verbindung mit Ausschneiden, Lochen, Ausklinken in Folgebiegewerkzeugen auf Stufenpressen ausgeführt. Folgende Beispiele sollen nur einige charakteristische Möglichkeiten aufzeigen:

Abb. III.194: Einfache Winkelbiegestanze; symmetrisches Einlegen hier durch Anschlagleisten (auch Anschlagstifte möglich). Werkstück vergleichsweise etwas zu lang gezeichnet. –

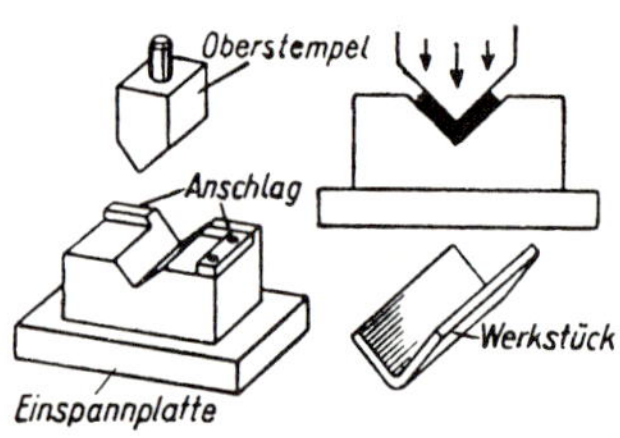

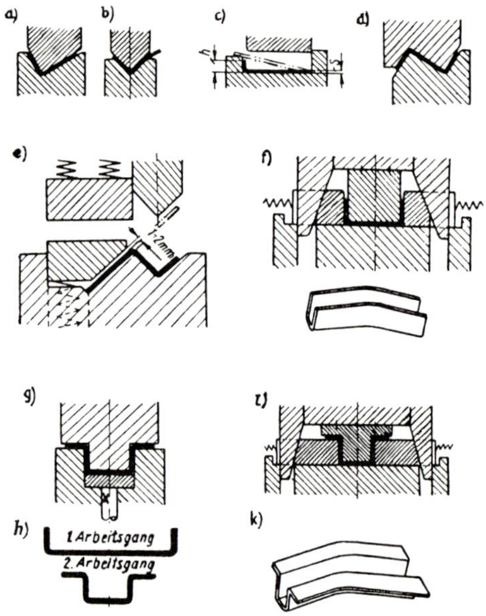

Abb. III.194. Einfaches Stanzbiegewerkzeug („Biegestanze").

Abb. III.195. Biegebeispiele, durchgeführt in Biege-Stanzwerkzeugen unter Pressen. a ... e Winkelbiegestanzen; a bei unterschiedlicher Schenkellänge auch längerer Schenkel voll erfaßt (in b falsch!); c sehr kleine Schenkel (niedrige Bördel) mit h = 2 ... 3 s erfordern Matrize mit Anschlag; d Biegen von Z-Profil in einem Niedergang; e wie d, jedoch Schenkellängen genauer einhaltbar; f aus ebenem Blechzuschnitt durch Hochbiegen hergestelltes U-Profil mit Biegestelle (Skizze darunter), gebogene Schenkel durch vom Stempel keilbetätigte Seitengleitstücke (Weg 2 ... 3 s) am Ende des Biegevorgangs kalibriert; g U-Profil mit Schenkelflansch bis s = 3 mm Blechdicke und Radien $r \geqq 2 \ldots 3$ s in einem Arbeitsgang gebogen; Federboden x verhindert Wölbung des Stegs; gewisse Blechschwächung durch Reckbeanspruchung; h bei s > 3 mm oder r < 2 s in zwei Arbeitsgängen biegen; i Werkzeugschema analog f) mit keilbetätigten Gleitstücken für Werkstückform nach g), wenn s > 3 mm oder r < 2 s; k) diese Werkstückform auch für Blechdicke bis 3 mm nur mit Werkzeug nach i herstellbar.

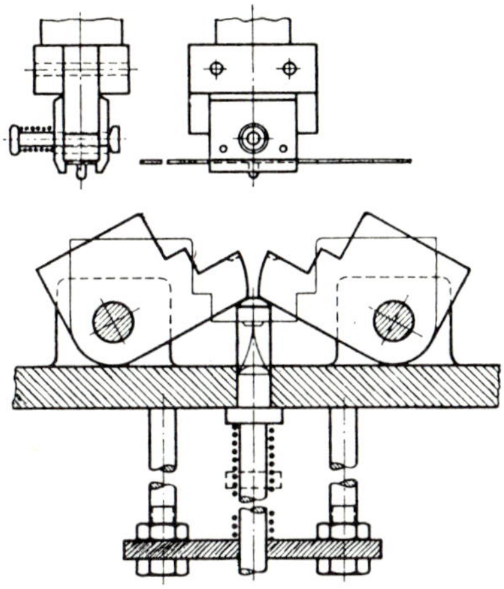

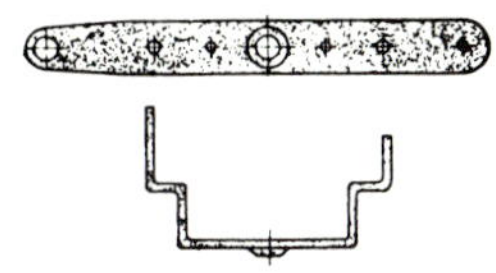

Abb. III.196. Mehrfachbiegestanze. Biegematrize geteilt, hier Ausgangsstellung (dünn: Endstellung); dadurch Vermeidung von Werkstoffüberanstrengung an scharfen Biegestellen, sowie Erleichterung des Auswerfens; Werkstück (Abb. III.197) mit Stift am Stempel zentriert und durch federnde Laschen gehalten.

Abb. III.197. Werkstück zu Abb. III.196. Oben: einzulegende Zwischenform; unten: Endform (Fertigteil)

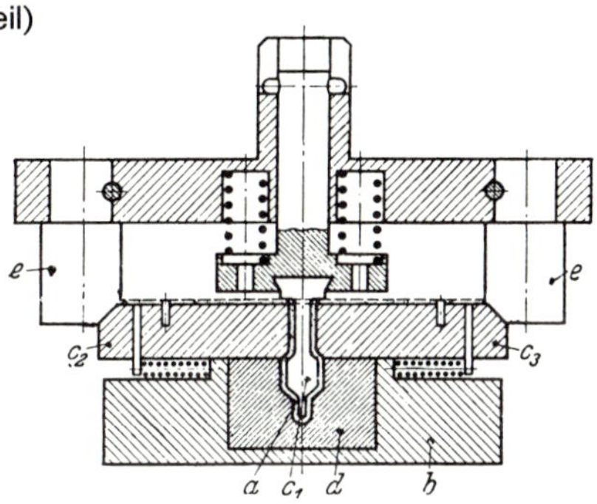

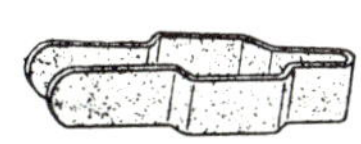

Abb. III.198. Verbundwerkzeug mit keilbetätigten Seitenformstempeln: a Werkstück (Abb. III.199.); b Grundplatte; c_1 Biegestempel für 1. Biegung mit d für 2. seitliche Biegungen; c_2 u. c_3 seitliche Formstempel (Biegestempel) für 2. Biegung; d Matrize für 1. Biegung; e 2 Keilstempel zur Betätigung von c_2 u. c_3

Abb. III.199. Werkstück zu Abb. III.198

Blechzuschnitt immer so, daß senkrecht Walzrichtung gebogen wird, dann auch bei scharfer Biegung Anrißgefahr geringer. – Abb. III.195 zeigt Zusammenstellung typischer Biegestanzarbeiten, bei f) (Hochbiegen) und i) kombiniert mit dort erforderlichem Kalibrieren. – Geteilte Biegeform der Mehrfach-Biegestanze Abb. III.196 verhindert Recküberanstrengung und damit Schwächung des Werkstücks Abb. III.197 beim Biegen vor allem der beiden unteren scharfen Abwinkelungen; in Stempel eingehängter Zuschnitt wird durch mit niedergehendem Stempel einklappende beide Matrizenteile unter Biegung an Stempel angelegt. – Im Verbundwerkzeug Abb. III.198 in erster Biegestufe durch c_1 zusammen mit d *Hochbiegen*; neben fester Matrize d zwei Seitenformstempel c_2 u. c_3, durch zwei Keilstempel e vorgeschoben, die gleichsam bewegliche Teile der Matrize bilden und in 2. Biegestufe Zuschnitt an Stempel c_1 pressen unter Endformung des Werkstücks Abb. III.199, das dann seitlich vom Stempel abgestreift wird. –

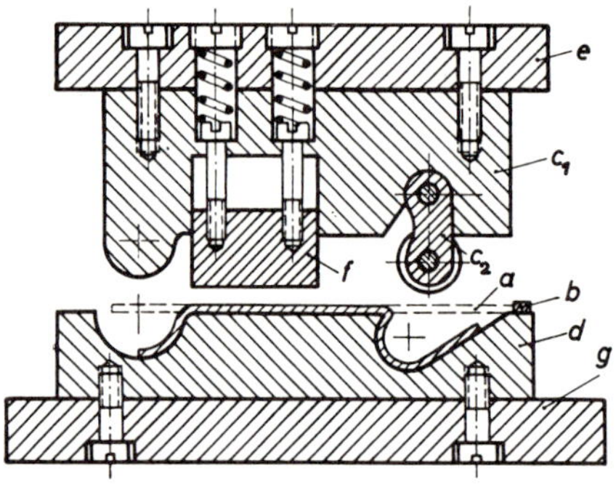

Abb. III.200. Verbundwerkzeug für unterschnitten zu biegendes Teil. a eingelegter Zuschnitt, rechts gegen Anschlag b gelegt; d Matrize (Biegeform) steuert drehbar gelagerten Formstempel c_2; c_1 Biegestempel an Stempelkopfplatte e mit federndem Niederhalter f, der a auf d preßt, wenn c_2 angreift; g Grundplatte.

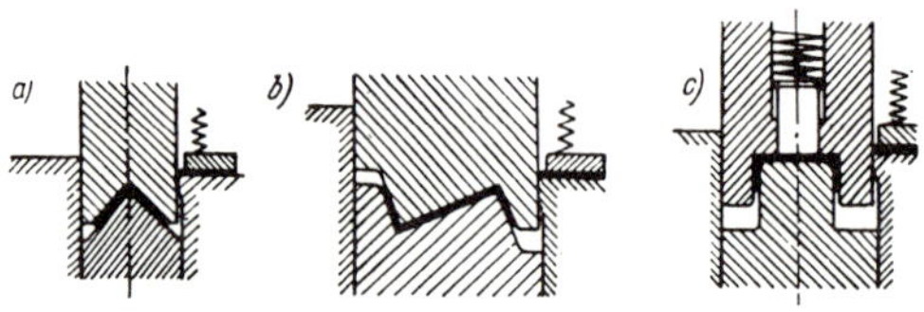

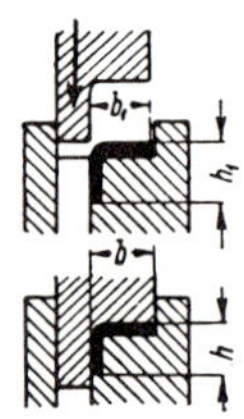

Abb. III.201. Kombiniertes Abschneiden vom Band und Biegen im selben Stempelhub. Band bis Anschlag links vorschieben, durch Niederhalter halten, abschneiden, dann biegen.

Abb. III.202. Kalibrieren der Winkelschenkel nach Höhe h und Breite b.

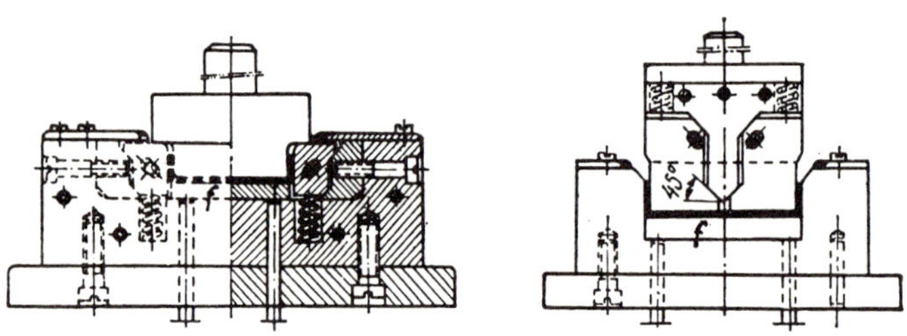

Abb. III.203. Kombiniertes Hochbiegen und Richten der Schenkel mit Keilen. Links: Genaues Innenmaß entsprechend Stempel; rechts: Genaues Außenmaß entsprechend Matrize; f Federboden.

Abb. III.200 zeigt Verbundwerkzeug, bei dem zum Biegen des Beschlagblechs die Biegeform d die Unterschnittlenkung von c_2 übernimmt.

In einem Stempelhub kann Abschneiden vom Blechband und Biegen kombiniert werden gemäß Abb. III.201, a bis c, wobei Schenkellängen großer Genauigkeit erreicht werden; automatisches Arbeiten in schnellaufenden mechanischen Pressen mit selbsttätiger Bandzuführung. – Längenkalibrierung vorgebogener Winkelschenkel nach Abb. III.202. – Kombiniertes Biegen und Schenkelrichten sowie Kalibrieren des Innen- bzw. Außenmaßes eines flach-U-förmigen Teils unter Anwendung seitlichen Keildrucks zeigt Abb. III.203. – *Abbiegen* in Abbiegestanze erläutert Abb. III.204. – Ähnlich wie geteilte Matrize in Abb. III.196 verhindert federnder Vorbiegestempel in Abb. III.205 unzulässige Werkstoff-Überanstrengung an den besonders scharfen Biegestellen, da erforderliches Gleiten des Bleches zur Mitte hin (Pfeile) nicht behindert, sondern vorweggenommen wird. – Biegen in Stanz-Folgewerkzeug: auf Mehrstufen-Quertransportpresse Abb. III.206.

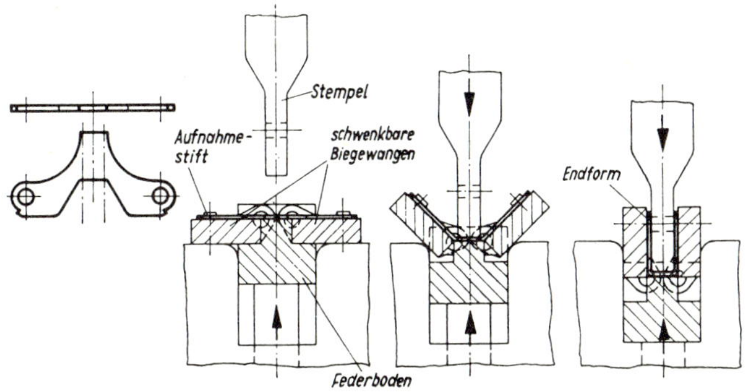

Abb. III.204. Abbiegen mit Abbiegestanze. Winkeligstellen freier Biegeschenkel zum festgespannten Schenkel durch Schwenken von Biegewangen; ganz links: Zuschnitt (aus Entw. DIN 9870, B 13, Abb. 18/19).

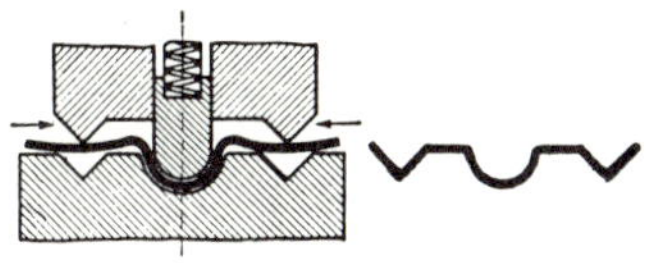

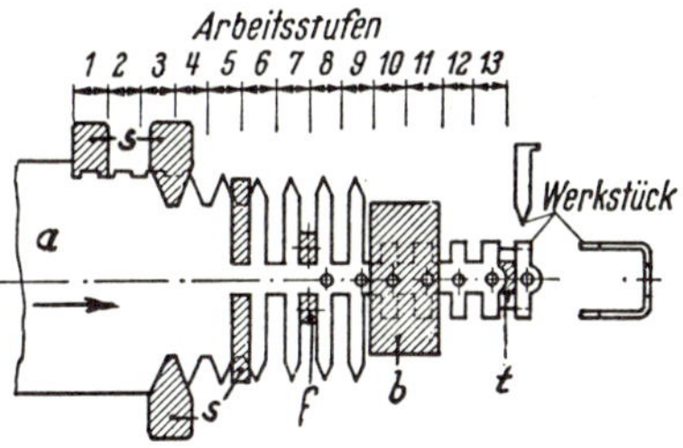

Abb. III.205. Biegestanzwerkzeug mit federndem Vorbiegestempel; verfolgt gleichen Zweck wie geteilte Matrize Abb. III.196. Rechts: fertiges Werkstück. Einteiliger Stempel würde an allen scharfen Biegungen, vor allem an 90°-Ecken, Werkstoffschwächung ergeben.

Abb. III.206. Arbeitsweise eines Stanz-Folgewerkzeugs für kleines Biegeteil. a Blechband läuft stufenweise durch Stempel gesteuert nach rechts; s Ausklinkstempel; f Fangstifte zum mittigen Lochen; b Stempel der Biegestufe; t Trennschnittstempel, der auch einseitige Rundung schneidet, trennt fertiges Werkstück ab.

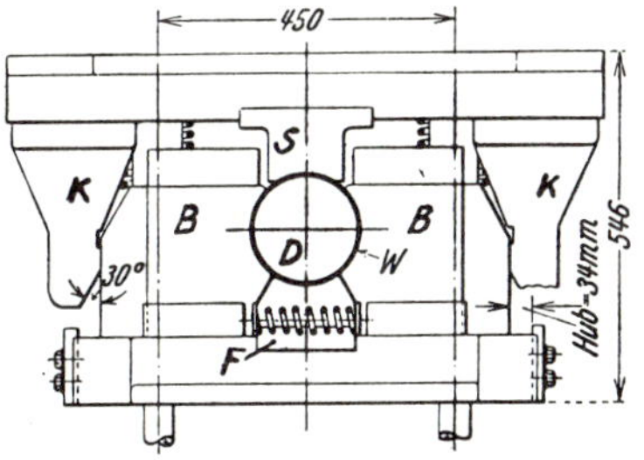

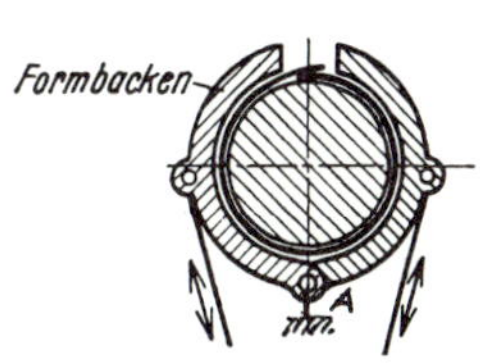

Abb. III.207. Rundbiegewerkzeug für Stahlblech-Zylindermantel. Werkzeug nach Endhub geschlossen. B seitliche Schließbacken, zu Beginn durch Federdruck F auseinandergefahren; D seitlich gelagerter Dorn (Formklotz) ≙ Innen-Dm. 156 mm des zu biegenden Zylinders W; K Schließkeile für B; S Endformstempel; W Werkstück (Stahlblech 5 mm dick).

Abb. III.208. Runden eines Konservendosenrumpfes. Um A schwenkbare Formbacken legen Blech um zylindrischen Dorn herum.

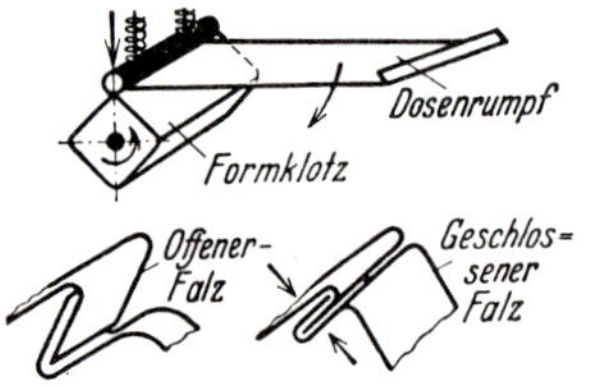

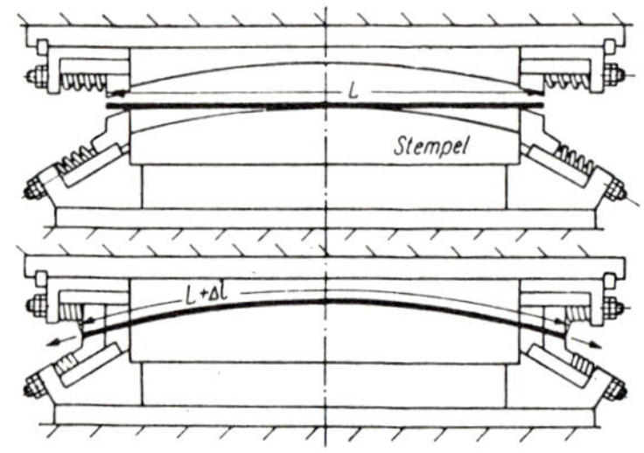

Abb. III.209. Biegeformen eines Vierkant-Dosenrumpfes mit Längsfalzverbindung.

Abb. III.210. Reckbiegen leicht gekrümmter Bleche. Der Biegung ist Zugbeanspruchung überlagert; Δ l hier ca. 10% von L.

ε) **Biegen über Formklotz,** der Innenform des Fertigteils entspricht. Wenn Biegeradius rel. groß (Abb. III.207 u. 208), dann unzulässiges Auffedern nach Biegung zu verhindern durch vorheriges Blechrecken über $\sigma_{0,2}$, andernfalls Heftschweißen noch in Biegewerkzeug (Abb. III.207) bzw. später in Formlehre Überlapplöten (Abb. III.208).

Abb. III.207: Biegeformen zylindrischer E-Motor-Stahlgehäuse aus 5-mm-Stahlblech, 100 ... 175 mm breit. Bei hochgefahrenem S und D wird ebener Blechzuschnitt auf durch Federn auseinandergefahrene Schließbacken B gelegt. Durch Niedergehen von D, dem S mit Abstand folgt, wird Blech angebogen, durch Schließen von B durch Keildruck K weitergebogen und durch Aufsetzen von S zum Schlitzzylinder fertiggebogen; später Fertigschweißen der Stumpfnaht. – Biegen von Feinblech-Dosenrümpfen nach Abb. III.208, dabei Einschieben des Blechzuschnitts, wenn Formbacken ganz aufgeschwenkt; nach Biegen überlapplöten in Lötlehre (starrer Schlitzzylinder), die Auffedern rückgängig macht. – Biegeformen eines Vierkant-Dosenrumpfes nach Abb. III.209, wobei Blechzuschnitt um sich drehenden Formklotz herumgewickelt wird (oben). Zuschnitt vorher spitzwinkelig angebördelt zum Einhängen der Enden (unten links), die auf Längsfalzmaschine zugedrückt werden (unten rechts).

Reckbiegen teilzylindrischer Blechteile: Wenn ohne plastische Umformung gearbeitet würde, träte bei solch großen Biegeradien (Abb. III.210) vollkommenes Rückfedern ein. Um dieses zu verhindern, muß während Biegung ein Recken über $\sigma_{0,2}$ erfolgen; auch Grundgedanke des „Streckziehens" (siehe später!).

b) Biegen von Rohren und Blechprofilen [III.57]

Gebogene Rohre sind wichtige Bauelemente in Fahrzeugindurie, Flugzeug- und Schiffbau, Stahlleichtbau, Kessel- und Apparatebau, Chemotechnik und vielen anderen Gebieten. Nach Herstellungsart sind sie Schlitzrohre, geschweißte, nahtlos gezogene oder plattierte Rohre; ihrer Form nach rund, vierkant oder anders geformt.

Problem: Besonders bei engen Krümmungen ist Wanddickenzunahme auf Druckseite und entsprechende Dickenverringerung auf Zugseite beachtlich (nicht zu vermeiden); Gefahr der Faltenbildung auf Druckseite und Querschnittveränderung (bei Rundrohr ovalähnlich), zu bekämpfen bei engeren Krümmungen durch Füllmittel (Sand u. a.), Stützdorn, oder dornlos und ungefüllt durch Stützen von außen (gekehlte Biegescheibe und -Schiene), einzeln oder kombiniert.

Wenn s_0 = Wanddicke und D_0 = Außen-Dmr., dann gilt Rohr als dünnwandig, wenn $s_0/D_0 \leqq 0{,}06$ (z. B. für $s_0 = 1$ mm, $D_0 \geqq 17$ mm); dickwandig dagegen, wenn $s_0/D_0 > 0{,}06$. – Für Einzelfertigung und kleine Stückzahlen (Handwerk, Prototypenbau, Außenmontage) Verwendung

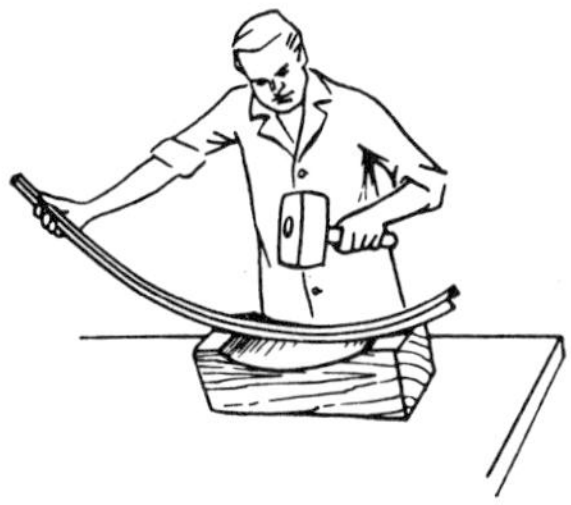

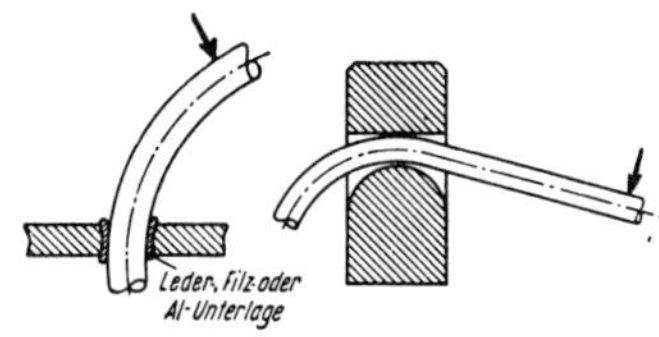

Abb. III.211. Behelfsbiegen von Profil (oder gefülltem Rohr). Schläge mit Holz- oder Gummihammer.

Abb. III.212. Behelfsbiegen durch Druck zwischen Holzformstücken in Presse. Hier U-Profil, sinngemäß gefülltes Rohr.

Abb. III.213. Hilfseinrichtung zum Biegerunden kleiner Rohre, Druck von Hand. Unterlage links bei weichem Rohrwerkstoff (Al, Cu, Ms), um Oberfläche nicht zu verletzen.

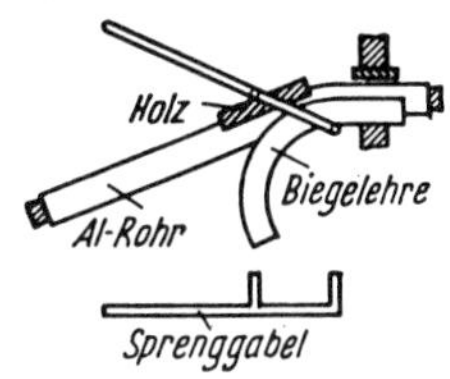

Abb. III.214. Hilfsbiegelehre zum Biegerunden von Rohr.

Abb. III.215. Biegerunden von Rohr über Hilfsbiegelehre. Mehrere ausgekehlte Lehren aus Schichthartholz oder GG (unterschiedlicher Radius), auf Bock befestigt.

Abb. III.216. Biegerunden über Hilfsbiegelehre mit Sprenggabel. Lehre aus U-Profil, zusammen mit Rohr z. B. im Schraubstock gespannt.

einfacher Vorrichtungen und Handwerkzeuge, für Großserien- und Massenfertigung besondere Biegemaschinen.

Einzelfertigung. Dünnwandige Rohre immer zwecks Versteifung zu füllen, bei kleineren Krümmungsradien auch dickwandige Rohre. Füllen mit „totgebranntem" trockenen Sand unterschiedlicher Korngröße (0,3 ... 2 mm Korn-Dmr.), dabei Körner „glatt" (nicht scharfkantig), um gegenseitiges Korngleiten beim Biegen zu erleichtern. Nach einseitigem Stopfenverschluß Füllen unter Klopfen, Rütteln oder Stoßen, dann Holzstopfenverschluß. Bei besonders dünnwandigen kleinen Rohren auch Füllen mit schmelzenden Mitteln (Kunstharz, Paraffin, Blei, Woodmetall u. ä.); Stopfenverschluß dann nicht nötig. Nach Biegen Schmelzfüller ausgeschmolzen; Ankleben an Wandung z. B. durch Schlämmkreide verhindert. Bei großen Krümmungsradien gelegentlich auch Füllen mit zum Dmr passender dickdrahtiger Spiralfeder, Textil- oder Drahtseil, Feuchtraumkabel, jedoch nachträgliche Entfernung oft zeitraubend.

Von den vielen Biegeverfahren nur die wichtigsten: Bei geringer Genauigkeitsforderung durch Gummihammerschläge über Sandsack als Unterlage (evtl. Radienlehre zur Kontrolle) oder über konkaver Holzunterlage analog Abb. III.211, für größere Dmr. analog Abb. III.212 (freies Biegen). Genauere Biegeradien liefern behelfsmäßige Biegeeinrichtungen nach Abb. III. 213 bis Abb. III.215, wobei Rohr selbst als Hebelarm dient; soll Biegung bis Rohrende erfolgen, so muß später zu entfernendes Anschweißstück angesetzt werden. Abb. III.216 zeigt Bie-

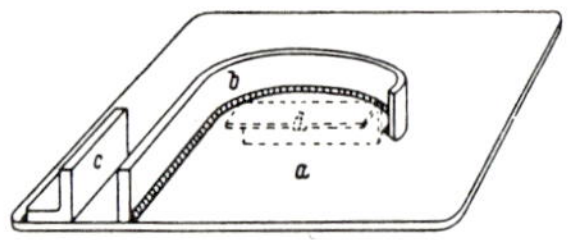

Abb. III.217. Im Schraubstock zu spannende Biegelehre für Rohr zum Biegen mit Sprenggabel, a Grundplatte (8-mm-St-Blech); b Bogenanlage (10 × 50-Flachstahl, mit a verschweißt); c Gegenlage; d Winkel auf a-Unterseite zum Spannen im Schraubstock.

Abb. III.218. Behelfsmäßiges 3-Punkt-Biegen für schwache Krümmungen oder zum Richten; sinngemäß für gefüllte Rohre, wobei dann Bügelanlagen gerundet und Spindeldruckstück der Rohrform angepaßt; in jeder Rohrlage ansetzbar.

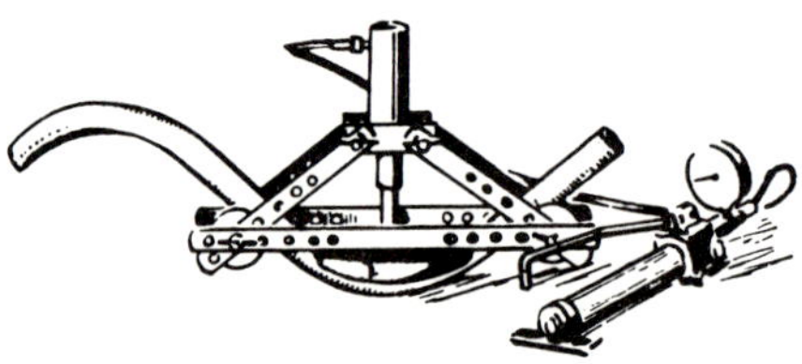

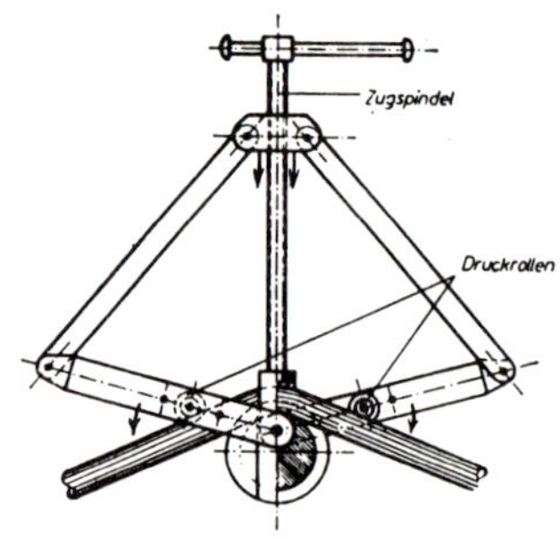

Abb. III.219. Verstellbare Biegevorrichtung „Lukas“. Druckflüssigkeit aus hand- oder fußbetätigter Pumpe drückt über Hydraulikzylinder der gewünschten Rundung entsprechendes auswechselbares Formstück gegen auf Profilrollen liegendes Rohr.

Abb. III.220. 3-Rollen-Biegevorrichtung für Handbetrieb. Beide Profil-Druckrollen biegen Rohr um große Profilrolle herum.

gerunden mit Sprenggabel unter Zwischenschaltung ausgekehlten Holzstückes, um Leichtmetallrohr nicht zu verletzen. Auch mit Biegelehre Abb. III.217 wird so gearbeitet, wobei auch größere Radien über längere Bereiche durch schrittweises Weiterschieben des zwischen b und c liegenden Rohrs zwischen den einzelnen Sprenggabelhüben erreichbar sind. – Ein freies Behelfs-Rohrbiegen ist auch mit den Vorrichtungen in Abb. III.218 bis Abb. III.220 oft vorteilhaft, zumal sie auch an Rohre in Zwangslage oft noch ansetzbar sind; Vorrichtung nach Abb. III.219 auch in anderen Ausführungen, z. B. mit elektrohydraulischem Antrieb und auf Bock stehend, so daß Krümmungen in verschiedenen Ebenen aufeinanderfolgend möglich, auch leichtes Ein- und Auslegen ohne Oberbügel. – Auch einfache Biegemaschinen nach Prinzip Abb. III.175 a, mit drei dem Rohr-Dmr. angepaßten, schnell auswechselbaren Biegerollen gebräuchlich, wobei beide Unterrollen (auch Abstand verstellbar) angetrieben, Oberrolle zustellbar.

Serien- und Massenfertigung: Je nachdem Rohr dünnwandig oder dickwandig, erfolgt Innenstützen durch Dorn oder nur Außenstützen durch profilierte Biegescheibe und Leitschiene bzw. Rollen.

Biegen mit Stützdorn: Abb. III.221 zeigt viel angewendetes Biegen über Biegescheibe (2), dem Rohr-Dmr. entsprechend ausgekehlt, unter Verwendung eines Löffeldorns (7) mit rel. großer Anlagefläche. Zur Reibungsverminderung bewegt sich Leitschiene (5) mit Rohr vorwärts und stützt sich gegen Gleitbahn (4) ab. Für andere Rohr-Dmr. und Biegeradien sind Biegescheibe und Löffeldorn auszuwechseln. Biegen besonders dünnwandiger Rohre nach Abb. III.222 mit Gliederdorn, der Rohr auf größere Länge stützt, auch für verschiedene Radien des gleichen Rohr-Dmr. verwendbar ist; außerdem bei kleinen Radien Faltenglätter (8)

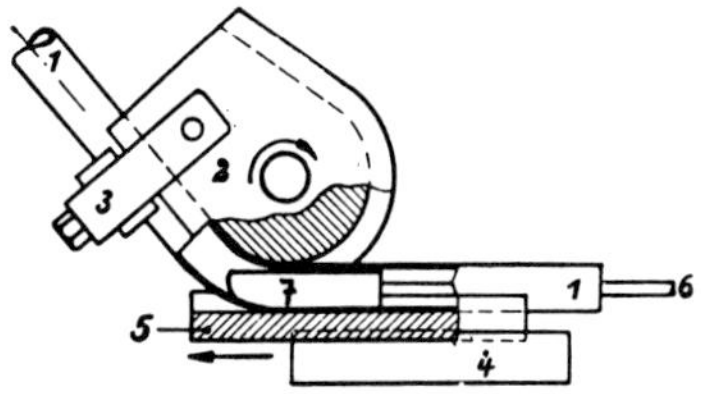

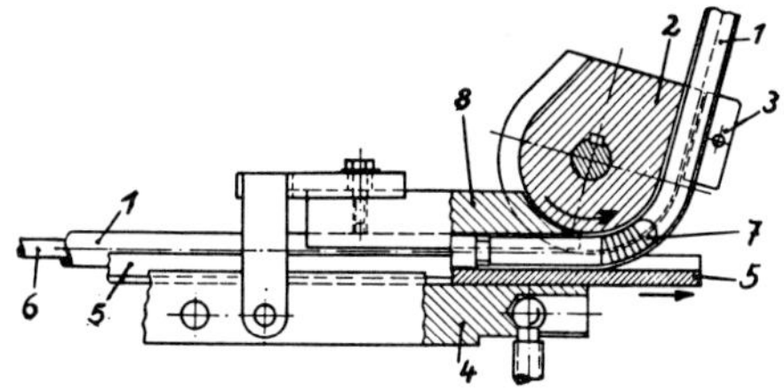

Abb. III.221. Maschinelles Rohrbiegen mit Stützdorn (Schema). 1 Rohr; 2 Biegescheibe; 3 Spannbacke (befestigt 1 an 2); 4 feste Gleitbahn für 5; 5 Leitschiene; 6 Dornstange; 7 an 6 befestigter Biegedorn (hier: „Löffeldorn"), feststehend (verstellbar).

Abb. III.222. Wie Abb. III.221 für besonders dünnwandiges Rohr (Schema). 1, 2, 3, 5 u. 6 wie in Abb. III.221; 7 Gliederdorn; 8 Faltenglätter (Fa. Banning/ Hamm).

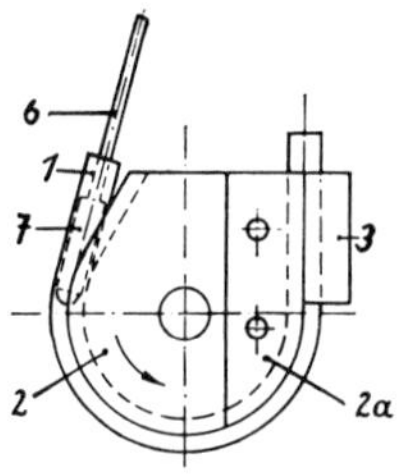

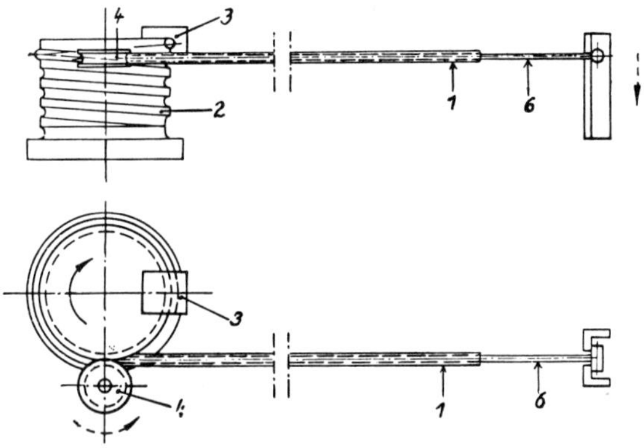

Abb. III.223. Rohrbiegen für Biegewinkel > 180; zwecks Herausnahme des Rohrs muß Teil 2 a entfernt werden; 1, 2, 3 u. 6 wie in Abb. III.221; 7 Kugeldorn (Zylinder mit Halbkugelende).

Abb. III.224. Biegen einer Rohrspirale. 1 Rohr; 2 Zylinder mit Spiralnut, angetrieben; 3 Spannbacke (1 gegen 2); 4 mitlaufende Profilrolle; 6 Dornstange mit Dorn an Biegestelle, mitgleitend (rechts).

notwendig. – Bei Biegewinkel > 180° muß Teil (2 a) der Biegescheibe (2) in Abb. III.223 zur Herausnahme des Rohrs entfernt werden; hier noch alter Kugeldorn (7), der oft genügt, wohl nicht so gut stützt als Löffeldorn, aber unabhängig vom Biegeradius ist. – Mit entsprechend geformter 120°-Biegescheibe und langer Dornstange auf solchen Maschinen auch Rohrspiralen herstellbar, dabei Wandungszwischenraum $\approx$0,75 Rihr-Dmr. Andere Möglichkeit zeigt Abb. III.224. Spiralrohre mit wesentlich größerem Windungs-Dmr. und Wandungsberührung werden mit Dorn an langer Dornstange oder sandgefüllt auf glatten Zylinder sinngemäß aufgewickelt; bei Mehrlagen-Rohrspirale wird auf fertige Rohrlage Blechzylinder mit Aussparung für Übergangsstelle geschoben und darauf weitergewickelt. – Rohrspiralen mit sehr kleinem Biegeradius nur durch Aufwickeln mittels Stützdorn auf profilierten Schneckenwickeldorn herstellbar. – Biegen rechteckiger Messingrohre (Radar-Wellenleiter) Abb. III.225, und zwar Hochkantbiegen mit Gliederdorn nach Abb. III.226 in Biegevorrichtung analog Abb. III.222. Zum Flachbiegen (Abb. III.225, a) Dornglieder sinngemäß nach Flachseite beweglich; Rohr nach Abb. III.225, c erfordert Beweglichkeit der Glieder in zwei Ebenen. – Abb. III.227 erläutert Arbeitsweise moderner Rohrbiegemaschine, auch Kombination mit geraden Stücken

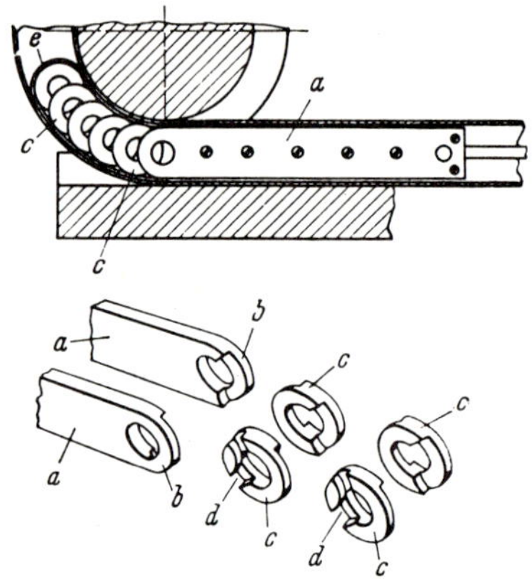

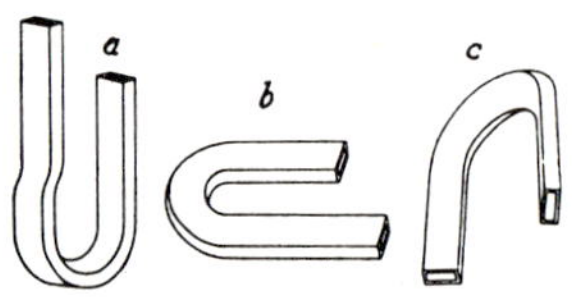

Abb. III.225. Gebogene Wellenleiterrohre. a) flachgebogen; b) hochkantgebogen; c) schiefwinkelig gebogen.

Abb. III.226. Gliederdorn zum Rohrbiegen nach Abb. III.225 b. Zwei formsteife Schafthälften a mit Ringaugen b, nach Einsetzen der Ringe c mit Ausnehmungen d miteinander verschraubt; Gliederteil zum Überbrücken der Ringmantel(c)-Lücken mit Stahlband e umgeben.

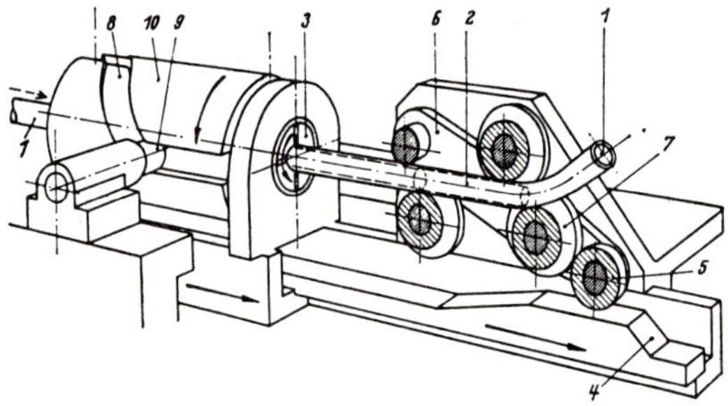

Abb. III.227. Maschine zum räumlichen Rohrbiegen mit Dorn (Schema; Fa. Banning, Hamm). 1 Rohr; 2 Dorn; 3 Spannvorrichtung; 4 Biegesteuerkurve; 5 Steuerführungsrolle; 6 Schwenkarm; 7 Biegerolle; 8 Drehsteuerkurve; 9 Drehsteuerstift; 10 Drehkurventräger.

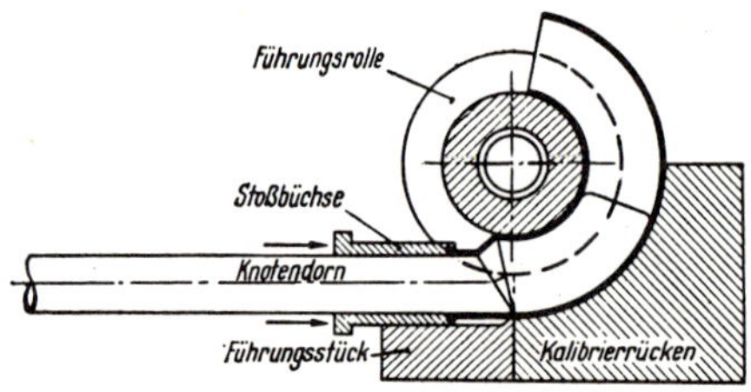

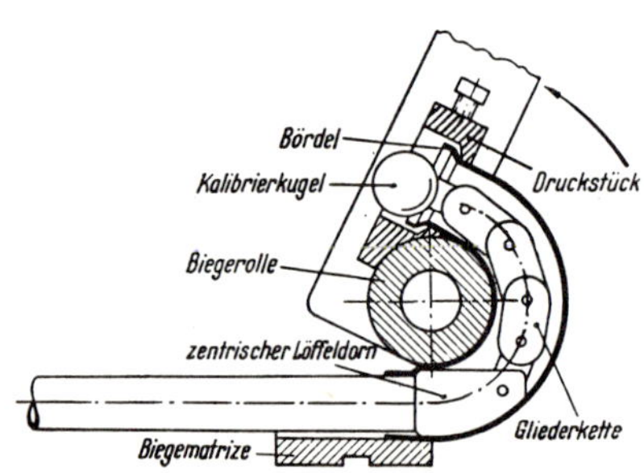

Abb. III.228. Rohrbogenherstellung mit Knotendorn (Fa. Mannesmann, Düsseldorf).

Abb. III.229. Rohrbogenherstellung mit Löffeldorn und Kaliberkugel (Fa. Mannesmann, Düsseldorf).

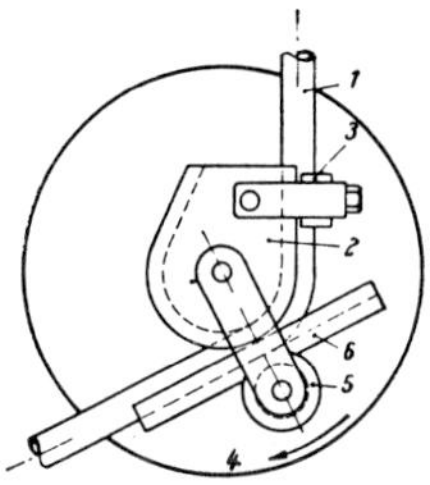

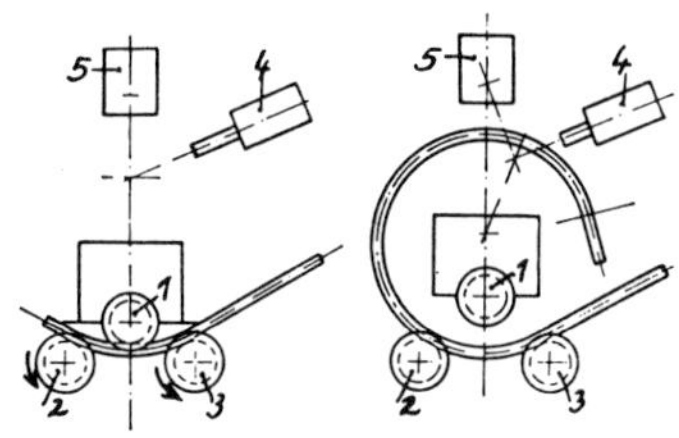

Abb. III.230. Dornloses Biegen mit kleinem Biegeradius. 1 Rohr; 2 feststehende Biegescheibe, dem Rohr-Dm. entsprechend ausgekehlt; 3 Spannbacke für 1; 4 Biegetisch umlaufend mit Bolzen für 5; 5 Rolle, dem Rücken von 6 entsprechend profiliert, auf dem sie abrollt; 6 Biegeschiene, innen dem Rohr-Dm. entsprechend ausgekehlt und von 5 angedrückt.

Abb. III.231. Rohrbiegen mit großem Krümmungsradius, dornlos und ungefüllt; 1, 2 u. 3 dem Rohr entsprechende Profilrollen; 1 zugestellt, mitgeschleppt; 2 u. 3 angetrieben; 4 Kniehebel-Betätigung; 5 fest, zur Einstellung auf Biegeradius verstellbar. Links: Biegevorgang; Rechts: Werkstückentnahme (Fa. Wallace, Chicago).

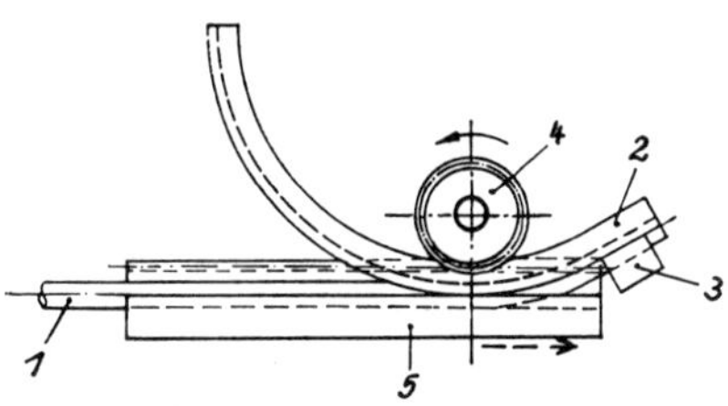

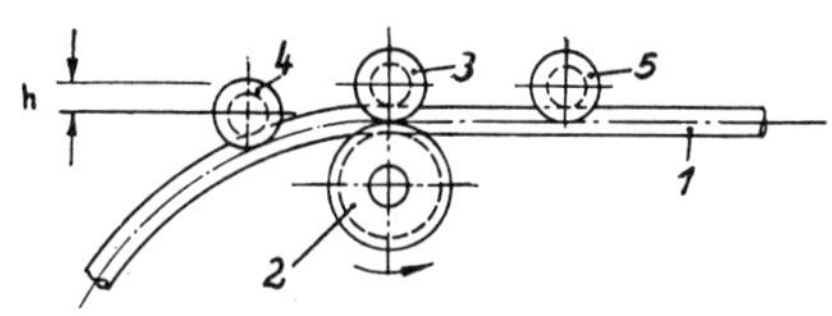

Abb. III.232. Rohrbiegen nach Radienschablone. 1 Rohr; 2 starre Schablone; 3 Spannvorrichtung für 1 an 2; 4 angetriebene Profilrolle; 5 gekehlte Leitschiene, auf Führung gleitend.

Abb. III.233. Rohrbiegen durch Zustellrolle. 1 Rohr; 2 Treibrolle; 3 Gegenrolle, zusammen mit 2 Rohr umschließend; 4 Zustellrolle; h Zustellmaß, während Biegevorgang veränderlich; 5 Rolle zur Aufnahme des Biegemoments.

Raumkurven und Steilwendel. – Abb. III.228 zeigt Rohrbogenherstellung (180°, Radius $\approx$1,4 · Rohr-Dmr.) nach DIN 2605, bis 108 mm Außen-Dmr., mittels Knotendorn, ein kalt ausgeführter Parallelfall der warm hergestellten „Hamburger Rohrbogen“ (vgl. Warmumformung); Knotenübergang auf Bogen-Innenseite verhindert dort unerwünschte Stauchung, Wanddicke daher überall etwa gleich. Stoßbüchse drückt Rohr über Knotenstelle; dabei nimmt Ausgangs-Dmr. um $\approx$30% zu. – Ähnlichen Fall (bis 250 mm Dmr.) zeigt Abb. III.229: Rohr mit Aufmuffkopf wird durch Druckstück über Löffeldorn mit leichtem Knotenansatz gezogen; anschließend bewirkt beim Zurückziehen des Dorns die Kalibrierkugel (Hartguß) Endformung; dabei auch Innenglättung.

Dornloses Biegen für dickwandigere Rohre mit $s_0/D_0 > 0{,}06$: Für kleinere Biegeradien am gebräuchlichsten Verfahren nach Abb. III.230; mit Biegetisch umlaufende Rolle preßt Biegeschiene mit Hohlkehle an Biegestelle gegen Rohr, das dort von (2) und (6) vollkommen umschlossen ist, daher Kreisform beibehält. – Große Radien erlauben Arbeiten nach Abb. III.231; damit auch Spiralbiegen. – Gemäß Abb. III.232 werden größere Krümmungsradien kleinerer Rohr-Dmr. gebogen (auch Radius veränderlich!), wobei Treibrolle (4) Schablone + Rohr gegen gerade geführte Leitschiene drückt, diese nach rechts schiebend. – Schablonenbiegen von Einspritzrohren mit kleinem Radius u. ä. (auch nach Raumkurven) für Verbrennungsmotoren können zwischen zwei Profilrollen gebogen werden. – Nach Abb. III.233 bestimmt Zustellmaß h den Biegeradius, der während Biegevorgang veränderlich sein kann, so

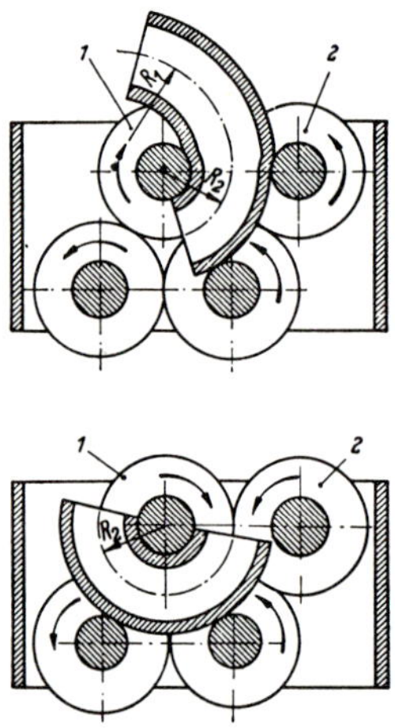

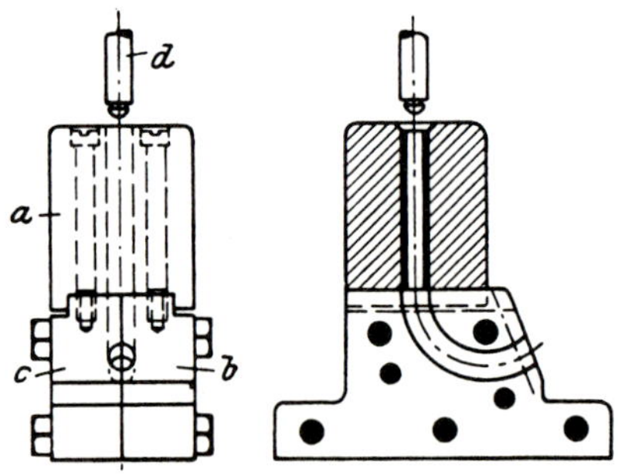

Abb. III.234. Reduzierwalzen von Halbkreis-Rohrbogen (Patent Fa. Mannesmann, Düsseldorf). R_1 Radius des vorgefertigten Bogens; R_2 Radius des fertigen Bogens; 1 Formwalze; 2 Andrück-Reduzierwalze.

Abb. III.235. Biegeform für kleine Stahlröhrchen. a Oberteil; b u. c verschraubte Matrizenhälften, gehärtet und poliert; d Preßstempel.

daß verschiedene Biegeradien aufeinander folgen können; auch dazwischen liegende gerade Stücke, wenn $h=0$. – Abb. III.234 zeigt Reduzieren z. B. nach Abb. III.228 vorgeformter Rohrbogen mit Radius R_1 durch eine Art Walzprozeß dornlos in Rohrbogen mit $R_2 \approx$ Rohraußen-Dmr., dabei hier $R_2 \approx 50\%\ R_1$ bei etwa 10 ... 15% Abnahme des Rohr-Dmr.; Wanddicke etwas vergrößert, ohne Dickenverteilung am Umfang zu ändern. – Nach Abb. III.235 werden in Massenfertigung kleine Stahlröhrchen (hier 10 mm Φ bei 1,5 mm Wanddicke) nach Einführen in Oberteil (a) zu 110°-Krümmer durch Hindurchdrücken mittels Stempel (d) durch aus zwei Hälften (b + c) verschraubte Matrize umgeformt. Fertiger Krümmer durch nachfolgenden ausgestoßen; 500 ... 600 Stück/h.

Statt Rundrohren lassen sich nach o. a. Verfahren durch sinngemäßes Anpassen der Werkzeuge auch seltener vorkommende andere Rohrquerschnitte biegen, wie schon durch Abb. III. 225 u. 226 angedeutet. – Dünnwandigen Rohren biegetechnisch gleichzuachten sind offene und halboffene Kaltprofile, etwa durch „Profilwalzen“ (Blechprofilieren) hergestellt.

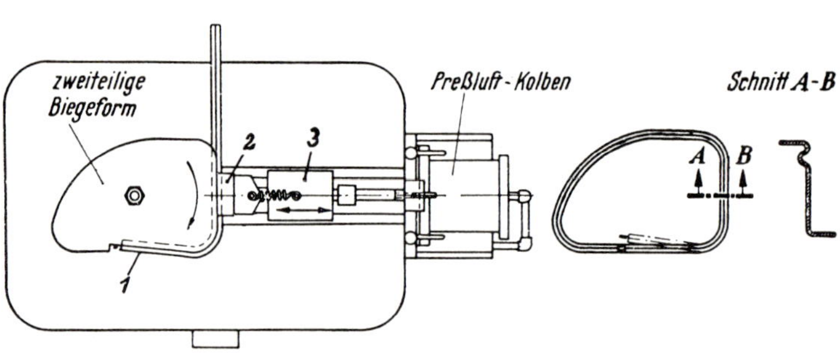

Abb. III.236. Blechprofil-Biegemaschine (Schema). Biegen von Autoscheibenrahmen: 1 an Biegeform befestigtes Profilende; 2 schwenkbar gelagertes profiliertes und gehärtetes Druckstück (Gegenhalter); 3 Schlitten, an dem 2 auswechselbar befestigt ist.

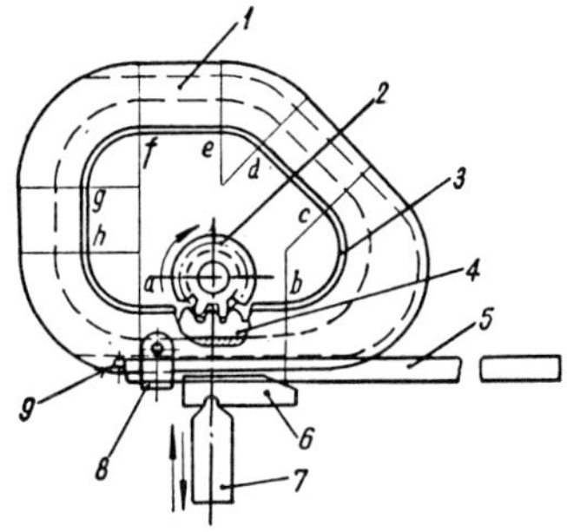

Abb. III.237. Kaltprofil-Biegemaschine (Schema): Biegeschablone durch Zahntrieb bewegt; 1 Schablone; 2 Ritzel; 3 innerer Umriß von 1; 4 Zahnkranz; 5 Blechprofil; 6 Gegenhalter (dem Profil angepaßtes Druckstück); 7 Druckstange des pneumatisch beaufschlagten Kolbens; 8 Spannvorrichtung; 9 Anschlag.

Nach Abb. III.236 wird auf Länge geschnittenes Kaltprofil, bei Vorkommen größerer Krümmungsradien über $\sigma_{0,2}$ vorgereckt, mit Ende (1) an Biegeform befestigt und durch Druckstück (Gegenhalter 2), beaufschlagt über Schlitten (3) durch gleichbleibenden Druck aus Preßluftkolben angepreßt. Biegeform und poliertes Druckstück sind genau dem Profil angepaßt; geeignetes Schmiermittel verhindert Oberflächenschäden. – Abb. III.237 zeigt Biegeschablonen-Bewegung über Zahntrieb. Auf drehbarem Tisch sitzt Kopiervorrichtung, in deren Nuten eigentliche Schablone geführt wird. Gegenhalter drückt mit gleichbleibendem Druck Profil an bewegte Schablone. – Muß man dünnwandige Kaltprofile mit rel. großem Radius biegen, so muß dem Biegen ein Recken über $\sigma_{0,2}$ überlagert werden (wenn nicht vorgereckt), um späteres Rückfedern zu verhindern: *Reckbiegemaschine;* dabei wird Profil ständig durch Hydraulik-Einrichtung unter gleichbleibender (einstellbarer) Zugspannung gehalten.

c) Biegen von Walz- und Strangpreßprofilen

Im Vergleich zu Feinblech-Kaltprofilen sind sie viel dickwandiger.

Für Einzel- und Kleinserien-Fertigung: Abb. III.211, 212, 217, 218, bei sinngemäßer Werkzeugausbildung auch Abb. III.219 u. 220 zeigen für Profilbiegen übliche Vorrichtungen bzw. Werkzeuge; dabei ist ggf. Profil auszusteifen, um Querschnittsverzerrung zu verhindern, vergl. Abb. III.238 ... 240. U- und I-Profil aus Leichtmetall können mit „Biegeholz“, einseitig in Abständen von einigen cm eingesägtes eingelegtes Vierkantholz, bei kleinem Krümmungsradius sowie bei Stahl- und Schwermetallprofilen durch füllend eingelegte Blechstreifen-Pakete als Füller mit auf Profil abgewandelten Biegewerkzeugen gebogen werden. – Abb. III.241 erläutert Verwendung einer Winde zum behelfsmäßigen Biegen; ggf. Verwendung einer Radius-Kon-

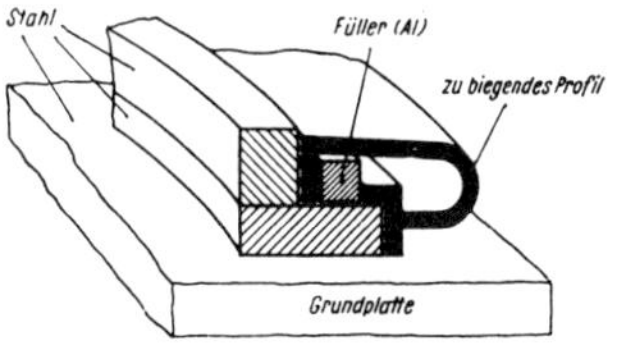

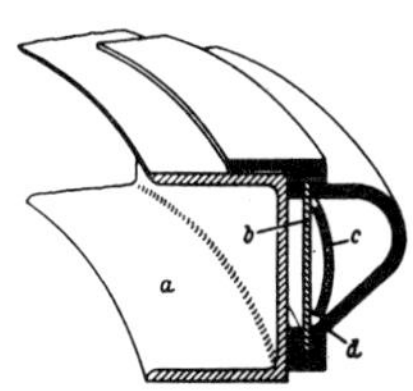

Abb. III.238. Biegen eines Profils auf Lehre, Aussteifung durch Füller.

Abb. III.239. Biegen eines ausgesteiften Profils auf Lehre. a vorgebogene Lehre (Biegeform) aus U-Profil (Stahl), auf Grundplatte befestigt; b eingezogener Stahlblechstreifen als Füller; c Asbeststreifen, der später das Profil d beim Herausbrennen von b schützt.

Abb. III.240. Zum Biegen ausgesteiftes Leichtmetall-Strangpreßprofil. Regenleiste eines Omnibus-Aufbaus, ausgesteift durch Feuchtraumkabel (statt dessen auch mit Druckwasser oder -luft gefüllter Schlauch).

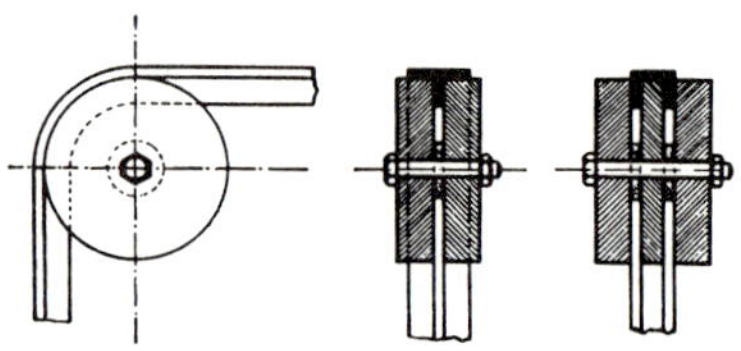

Abb. III.241. Behelfsmäßiges Biegen eines Doppel-T-Profils.

Abb. III.242. Biegeschema für T- u. U-Leichtmetall-Strangpreßprofile.

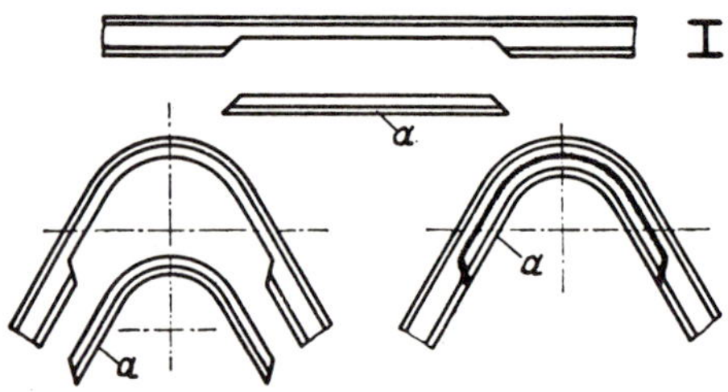

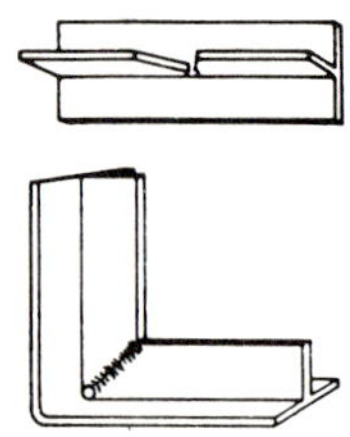

Abb. III.243. Biegen von Doppel-T-Profil mit sehr kleinem Radius. a in Biegebereich herausgetrennt, beide Teile getrennt gebogen und nach Längenkorrektur a wieder eingeschweißt.

Abb. III.244. Abwinkeln eines T-Profils. Nach 90°-Ausklinkung des Steges biegen, dann Verbindungsschweißung am Steg.

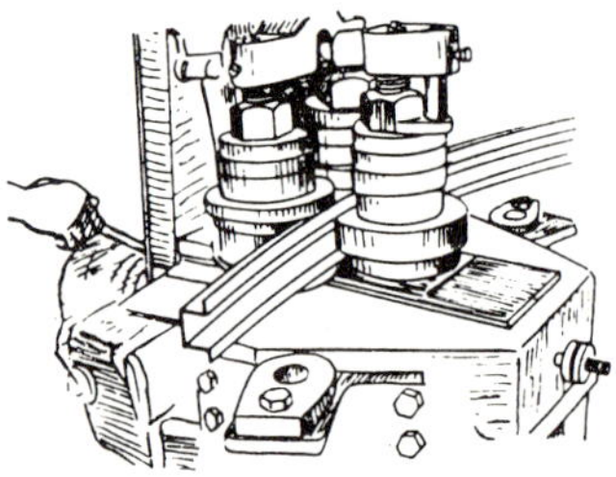

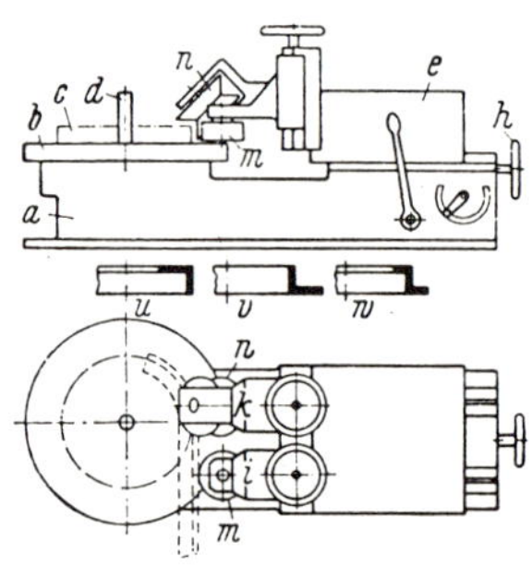

Abb. III.245. 3-Rollen-Biegemaschine. Auswechselbare Biegerollen dem Profil angepaßt; Ausführung auch mit horizontalen Rollenachsen.

Abb. III.246. Profil-Rundbiegemaschine. a Maschinenbett; b Drehtisch; c Schablonenscheibe, mit b umlaufend; d Dorn; e Support, über h verstellbar; i u. k höhenverstellbare Supporte an e für Stützrolle m und Druckrolle n.

trollehre. – Unter Verwendung von Rollen lassen sich U-, T- und L-Profile mit genauer Radieneinhaltung auf einfachen Biegevorrichtungen biegen (Abb. III.242), auch bei größerer Stückzahl, wobei Biegemoment durch Hebelarm übertragen wird. – Beim Biegen kleiner Radien an schwierig biegbaren Profilen Anwendung des Verbundverfahrens Biegen/Schweißen: Abb. III. 243 u. 244. – Bei formschwierigen halboffenen Leichtmetall-Strangpreßprofilen kann man wie folgt verfahren: In einseitig mit Scheibe zugeschweißtem Stahlrohr (lichter Dmr. $\approx$5 mm grö-

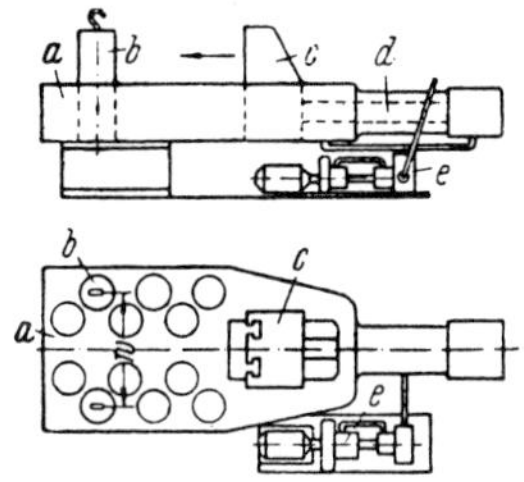

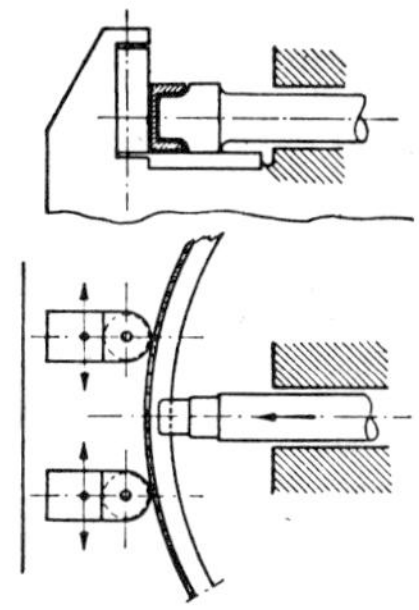

Abb. III.247. Profil-Durchbiege- und Richtmaschine. a schwere Lochplatte; b 2 Anlagewalzen (bis 200 mm Φ) in a; c Pressenkopf zur Aufnahme auswechselbarer Formdruckstempel; d Kolben zum Antrieb von c; e Pumpenaggregat.

Abb. III.248. Arbeitsprinzip einer Biegemaschine für Profile. Freibiegen bei geringer Krümmung; bei sinngemäßer Werkzeugausbildung auch für Rohre.

ßer als zu biegendem Profil umschriebener Kreis) wird Profil mit Sand umgeben, festgerüttelt, Biegerichtung durch Längsstrich am Rohr markiert, Rohr zugeschweißt; dann Biegung mit Rohrbiegemaschine. – Ferner zahlreiche hand- und kraftbediente Biegeapparate und einfache Maschinen für Kleinserienfertigung auf dem Markt.

Für große Serien- und Massenfertigung: Biegemaschinen nach 3-Rollen-Prinzip (Abb. III. 245) für größere Radien und auf Zugseite liegenden Stegen, nach 4-Rollen-Prinzip (analog Abb. III.175 b für kleine Biegeradien bes. bei auf Druck liegenden Stegen, um deren Ausknikken zu verhindern; Biegerollen haben Profil entsprechend ausgespart. Auch üblich Profil-Rundbiegemaschine Abb. III.246 mit 3 Arbeitsrollen m, n und c (letztere als „Schablonenscheibe" mit Werkstück-Innen-Dmr.), dabei jedoch ähnlich 4-Rollenprinzip 2 an Biegestelle fast einander gegenüberstehend (c und n), während 3. (m) Biegemoment aufbringt. Weitgehend variierbar durch Auswechseln von c, m und n (siehe Profilformen u, v, w!). Auch Flachmaterial hochkant damit biegbar. – Profil-Durchbiege- und Richtmaschine Abb. III.247, Arbeitsprinzip Abb. III.248, nur für große Radien (geringe Durchbiegung) von Profilen und Rohren, sowie zum Richten; auch für kleine Serien. –

d) *Biegen von Rundstangen und Draht*

Vielseitig durchgeführt bei Beton-Armierungsstahl sowie in Drahtwarenindustrie.

Für Baustelle ortsbewegliche Betonstahl-Biegemaschine in Tischform, motorisch oder hydraulisch angetrieben, weitgehend umstellbar auf verlangte Biegeform, arbeiten mit fliegend gelagerten schwenkbaren Biegezapfen, verstellbaren Biegeformstücken und Rollen: Vielfachbiegungen, einfache und sich kreuzende Scherbügel, Rund- und Vieleckspiralen. – *Kröpfen* von Draht mit Kröpfrädern (Abb. III.249) oder „Stanzrädern" (Abb. III.250) zur Herstellung von Wellengittern, schwerer Federstahlgewebe (bis 18 mm Draht-Dmr.), Stahldrahtfedergeflechte für Polstersitze u. ä. – Herstellung von *Draht-Kleinwaren* von der Büroklammer bis zur Halskette ist Sondergebiet, in dem mit Automaten gearbeitet wird; neben Biegen auch Schränken, Wickeln u. a. Verfahren.

e) *Richten*

Dient Korrektur unerwünschter Formabweichung von Halbzeug oder Fertigteil; beruht oft überwiegend auf Biegevorgang.

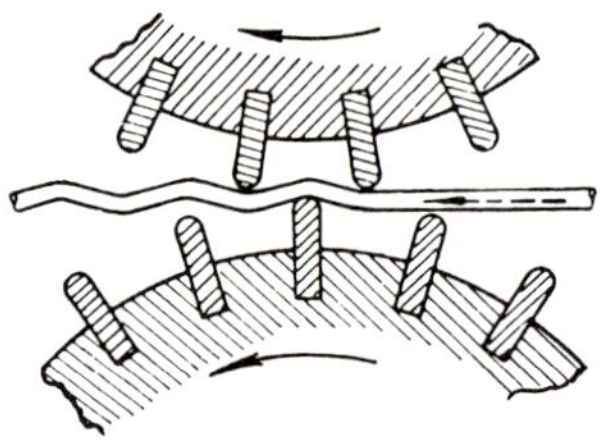

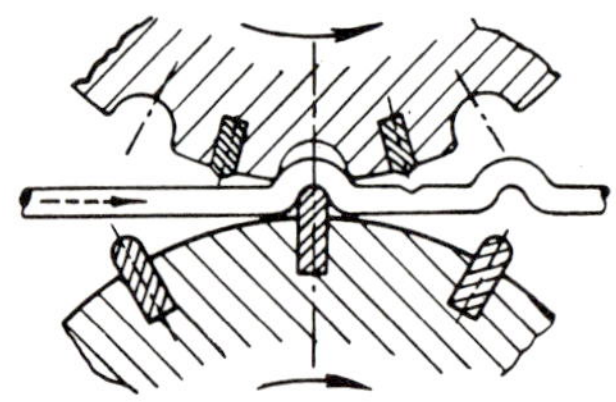

Abb. III.249. Kröpfräderpaar für Zickzack-Kröpfung. Drahttransport durch Kröpfräder mit eingesetzten Zähnen (für enge Kröpfung gefräste Zähne). Kröpfradabstand≙DrahtΦ und Kröpfmaß.

Abb. III.250. Stanzräderpaar für einseitige Bogenkröpfung. Eingesetzte Spitzzähne im Oberrad verhindern Transportschlupf, sinngemäß für abwechselnd beiderseitige Drahtkröpfung, dann in jedem Rad abwechselnd eingesetzt Rundzähne und Vertiefungen.

Richten von Blechen: Formabweichung kann Knickung, Verwindung, Wellung und seichte Beule („Blase") sein. – Meist verwendet: *Rollenrichtmaschine* Abb. III.251, dabei oberer Richt- und Stützrollensatz zustellbar und leicht schwenkbar. Für dünnere Bleche kleinere Richtrollen-Dmr. und umgekehrt. Stärkere Rollenzustellung auf Einlaufseite klingt nach Auslaufseite hin auf Null ab. – Oft ausreichende Richtwirkung für Blech mit nur Biegeknicken haben Mittelwalzen der 4-Walzen-Biegemaschine (Abb. III.175 b, Seitenwalzen zurückgestellt), durch die Blech bei gutem Anpreßdruck mehrfach in verschiedenen Richtungen zueinander durchläuft. – Dem Rollenrichten ähnlich ist *Blechwalken* (Abb. III.252), das nicht Formgebung, sondern Umformbarkeitsverbesserung bezweckt: Bis wenig über $\sigma_{0,2}$ gehende Biegebeanspruchung versetzt Blech für etwa 24 Stunden in besser umformbereiten Zustand ohne nennenswerte Kalthärtung; gibt dann Fließfiguren-freie Tiefziehteile. Auch leichte Kaltnachwalzung, (Dressieren) (Streckung $\approx 1\%$) verhindert Fließfiguren (hält ≈ 3 Wochen an), aber Blech wird etwas härter, daher nicht mehr für schwierige Tiefzieharbeit geeignet.

Blechrichten von Hand („Blechspannen") mit Holz- oder Hartgummihammer auf Richtplatte zur Beseitigung etwa einer Beule (seichte örtliche Durchwölbung, also dort Blech „zu lang"); Schlagfolgerichtung gemäß Abb. III.253, dabei Schlagfolge nach Rand zu dichter, dadurch Werkstoff abgestreckt (kein Biegevorgang!); auch spiralige Schlagfolge von innen nach außen. Sinngemäß umgekehrt, wenn Blech im Mittelbereich „zu kurz", also Randbereich wellig. – Richten dicken plattenartigen Kleineisenzeugs auf Amboß liegend durch Fallhammerschläge, dickerer Bleche bis über 40 mm Dicke in hydraulicher Presse zwischen parallelen Bahnen.

Flachstanzen (Planierstanzen, Flachplanieren) zum Richten ebener Blechteile aller Art, bes. Feinblechteile. Für weiche Werkstoffe glatte Arbeitsbahnen, meist jedoch waffelartig aufgerauht (gefräst), Abb. III.254, wobei in a leicht gerundete Pyramidenspitzen und in b Pyrami-

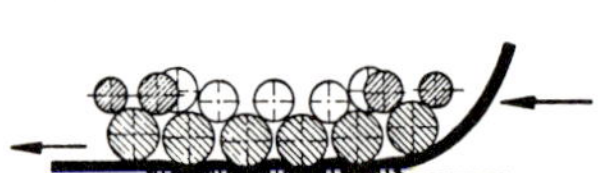

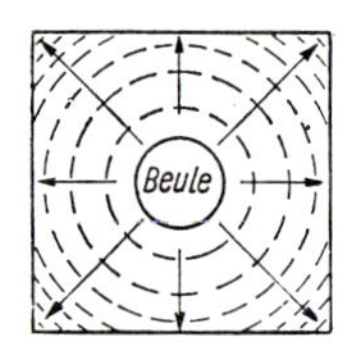

Abb. III.251. Rollenrichtmaschine für Blech (Arbeitsweise, schematisch). Beide gegenseitig auf Lücke stehende Richtrollensätze durch Stützrollen abgestützt. Große Maschinen richten bis 20 mm Blechdicke.

Abb. III.252. Walken von Qualitäts-Feinblech. Schema der mäanderförmigen Blechführung, wobei Blech durch leichten Zug gespannt bleibt.

Abb. III.253. Blechrichten von Hand. Schlagdichte und Schlagfolgerichtung.

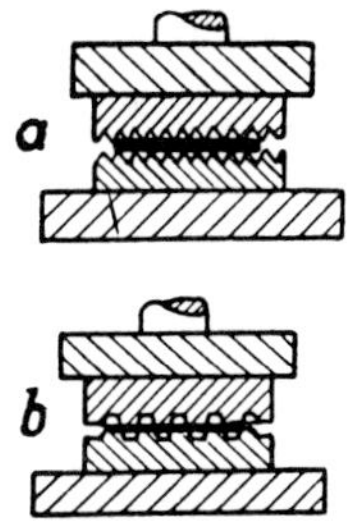

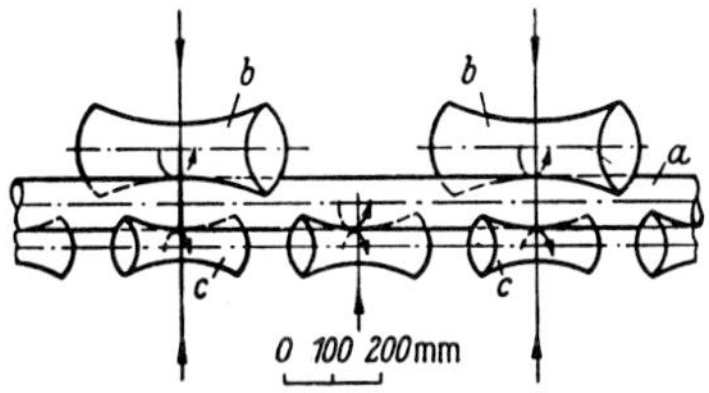

Abb. III.254. Flachplanieren. Planierzähne bei a) relativ spitz, bei b) flach.

Abb. III.255. Schrägwalzen-Richtmaschine (Friemelwalzwerk) für Rundmaterial (Schema).

denstumpf-Flächen beider Arbeitsflächen einander „auf Lücke“ diagonal gegenüberstehend. a für nicht zu dünne Blechteile, wenn Musterung nicht stört (z. B. Drehkondensatorplatten, Umlaufscheiben in E-Zählern u. ä.), b für Flächen ohne Musterung. Spitzenteilung $\approx 2 \cdot$ Blechdikke.

Richten durch Zugspannung über $\sigma_{0,2}$ bei Einspannung zweier gegenüberliegender Blechkanten siehe „Plattenstrecken“ unter Reckverfahren. –

Richten von Rohren und Rundvollmaterial: Da im allgemeinen räumlich „krumm“, Vollrichten nur durch *Friemeln* mit Schrägwalzen-Richtmaschine Abb. III.255. Gleichsinnig umlaufende konkavhyperbolische Walzen mit zueinander windschiefen Achsen transportieren Richtgut in schraubenförmiger Drehbewegung mit je nach Werkstück-Dmr. 15 ... 300 m/min durch Maschine; bis 520 mm Werkstück-Dmr. und größten Längen. – Auch zwei Satz zu je 3 um 120° versetzte Walzen gleicher Art mit zustellbarer Druckrolle in Mitte (Innocenti). Rotation kann bei dünnem Richtgut gefährlich werden, dann besser Maschinen mit umlaufendem Walzensystem (Flügelrichtmaschine), dabei Richtgut ohne Drehung durchgezogen (bis 150 mm Φ). Beim Friemeln Richtwirkung in allen möglichen Verbiegungsebenen durch Spiralbewegung in Verbindung mit relativ zum Richtgut umlaufendem Richtdruck. – *Stempelrichtpressen* Abb. III.257 (Richtgut auf zwei Stützen mittenbelastet) bei größter Werkstoffschonung nur zum Grobvorrichten. – *Rollenrichtmaschinen* nach Prinzip Abb. III.256 mit mindestens 4-Punkt-Berührung der Rollen bei rundem Richtgut nicht voll befriedigend (von großer Bedeutung dagegen für Schienen und Träger!). – Rohrrichten für geringeren Geradheitsanspruch durch *hydraulischen Innendruck* (Expander) für geschweißte Rohre (großer Φ, geringe Wanddicke), dabei gleichzeitig Dichtheitsprüfung. – *Reckrichten* mit Zugbeanspruchung über $\sigma_{0,2}$ bes. für dünnwandiges Rund- und Profilrohr (auch Vollmaterial) ergibt auch Festigkeitssteigerung.

Richten von Walz- und Strangpreßprofilen: Hier zu beseitigende Krümmung meist senkrecht Ebene kleinsten Widerstandsmomentes. Bei stärkeren Krümmungen nach Prinzip Abb. III.257 z. B. in Maschine Abb. III.247 oder vertikal arbeitender Presse, dabei Auflagen und Druckstück dem Profil angepaßt; genaueres Richten für größere Längen in Rollenrichtmaschine Abb. III.256 mit profilierter Rollenform. Richten nach Abb. III.257 auch für gehär-

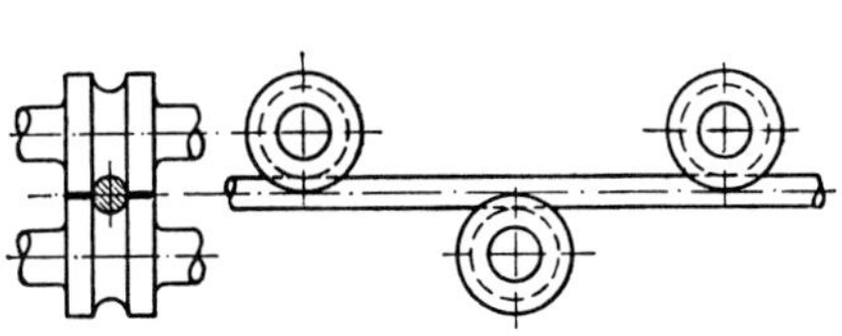

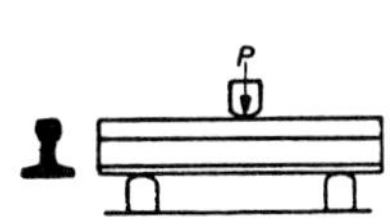

Abb. III.256. Rollenrichtmaschine (Schema) hier für Rundmaterial; Ausführung mit 9 ... 17 auf Lücke stehenden Rollen, der jeweiligen Profilform angepaßt, u. U. mit zweiteiligem Verstellprofil.

Abb. III.257. Profilrichten in Richtpresse.

tete Teile (größere Spiralbohrer, Nockenwellen u. ä.) vor Endschliff in kleinen pneumatischen Richtpressen mit Meßuhr unter Werkstückmitte zur Kontrolle des „Schlages" und der Durchbiegung bei Stößeldruck. – Reckrichten kleiner Profilstangen zählt zu Reckverfahren. – Richten verzogener Luftschraubenblätter in hydraulischer Biege- und Verwindemaschine.

f) Absetzen und Durchsetzen

Abstufung eines Profils für bündige Überlappung bzw. Kreuzung mit anderem Profil für spätere Glatthautbeplankung u. ä.; Durchsetzen, wenn im Profil-Innenbereich.

In Einzelfertigung mit Handwerkzeugen (Formeisen, Sickenhammer, Umschlagstahl), für Serienfertigung Maschinen: Bei Flachmaterial (Blechkantenbereich) mit umlaufenden Rollen in Sickenmaschine (Abb. III.258 a) oder Abkantpresse (Abb. III.258 b); bei Profilen mit Absetz-Stanzwerkzeugen, z. B. für Strangpreßprofilende nach Abb. III.259, für Mittelbereich eines Kaltprofils nach Abb. III.260 u. 261, Durchsetzen.

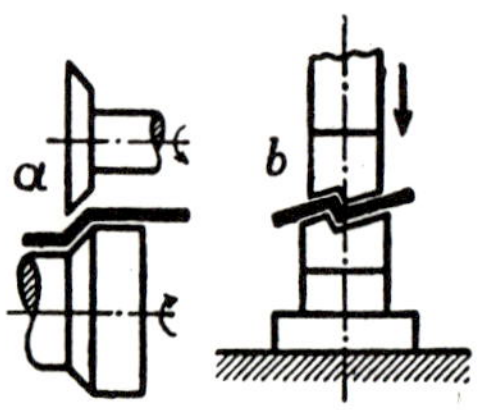

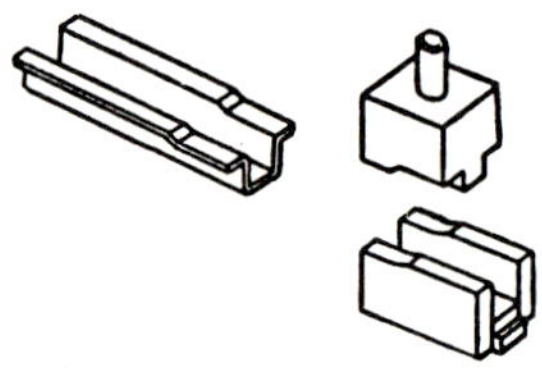

Abb. III.258. Absetzen von Flachmaterial (Blechkantenbereich) a) in Sickenmaschine; b) in Abkantpresse.

Abb. III.259. Absetzen von Walz- oder Strangpreßprofil mit Stanzwerkzeug in Presse.

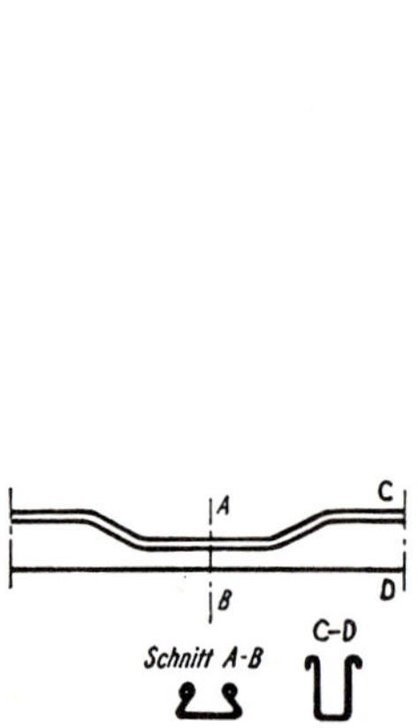

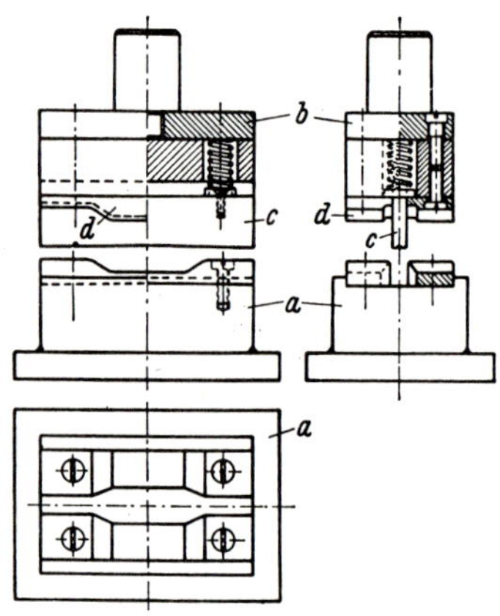

Abb. III.260. Kaltprofil, im Mittelbereich durchgesetzt. Anders als in Abb. III.259 wird Ausgangsquerschnitt C – D an Stelle A – B eingeschnürt (zusammengedrückt); Werkzeug hierzu in Abb. III.261.

Abb. III.261. Durchsetzwerkzeug für Kaltprofil nach Abb. III.260. a Unterteil; b Oberteil; c federnder Niederhalter; d Backen.

g) Bördeln

Hochstellen eines rel. schmalen Randes von bevorzugt Feinblechteilen meist um 90°, doch auch viele andere Bördelformen möglich. Bei gerader Kante reine Biegung; bei Konvexkante (*Einbördeln,* Einziehen) neben Biegung noch tangentiale Stauchung (Kante wird kürzer); bei Konkavkante (*Ausbördeln,* Aufschweifen) noch tangentiale Streckung (Kante wird länger).

Bördelstellen an Außenstellen oder am Lochrand ebener oder gewölbter Blechteile, am Rand tiefgezogener oder gedrückter Blechbehälter und von Rohren. – Für *Werkstoffbeanspruchung* wesentlich ist Verhältnis Bördelradius/Blechdicke, sowie beim Ein- und Ausbördeln auch Verhältnis Bördelbreite zu Ausgangsradius des Blechzuschnitts bzw. Behälterrandes oder Rohrs. – *Bördeln bezweckt:* Versteifung von Blechzuschnitten und Blechprofilen (Kaltprofilen), Randversteifung von Tiefziehteilen und Rohren, Rohr-Schweißanschluß an Blechteil, bei Englochborden Herstellung einer Fügeverbindung mit Bolzen oder Rohr, Vorbereitung eines Dosenrandes für Falzverbindung (oder Lötverbindung), Verbördelung zur Verbindung zwischen Dünnwandrohr mit glatter oder gebördelter Scheibe, und schließlich Vorbereitung für Bördelschweißnaht und Hartlötverbindung u. a.

Bördeln mit Handwerkzeugen (Einzelfertigung, geringe Stückzahlen): Einbördeln über *Bördeleisen* (Abb. III.262) oder in zweiteiliger *Schablone* (Abb. III.263 u. 264) mit Holz- oder Gummihammer in mehreren Durchgängen. Ausbördeln an *Bördelstahl* (Schlichtstock)-Kante (Abb. III.265) mit Stahlhammer (Schweif- oder Sickenhammer) oder analog Abb. III.263 nach Spannen in zweiteilige *Ringschablone.*

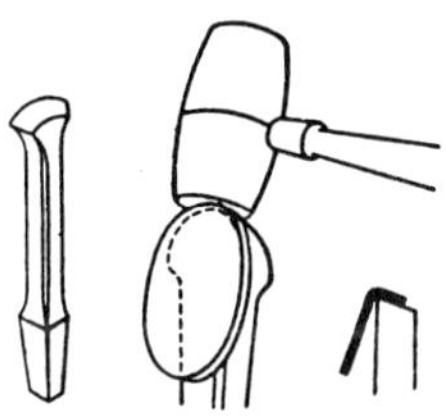

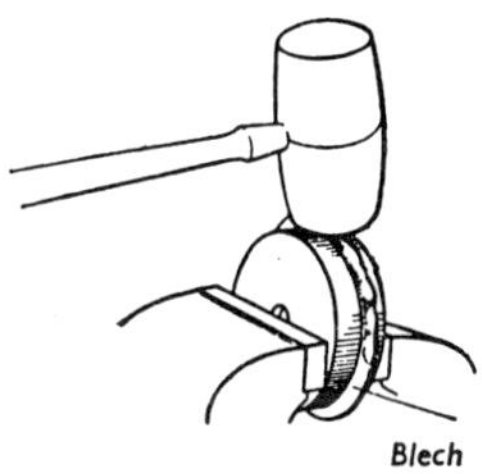

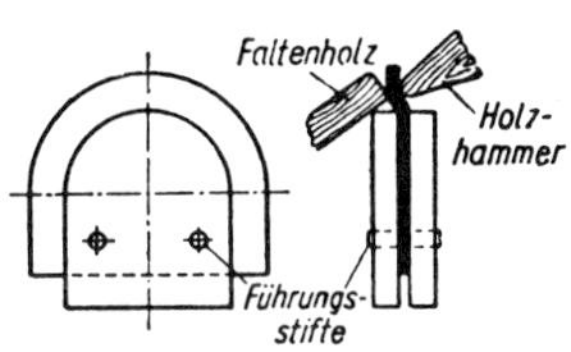

Abb. III.262. Einbördeln von Hand auf Bördelstahl (links) mit Holz- oder Gummihammer.

Abb. III.263. Einbördeln von Hand mit zweiteiliger Holz- oder Stahlschablone.

Abb. III.264. Wie Abb. III.263, jedoch breiter Bördel erfordert zur Faltenverhinderung Gegenhalten von Faltenholz.

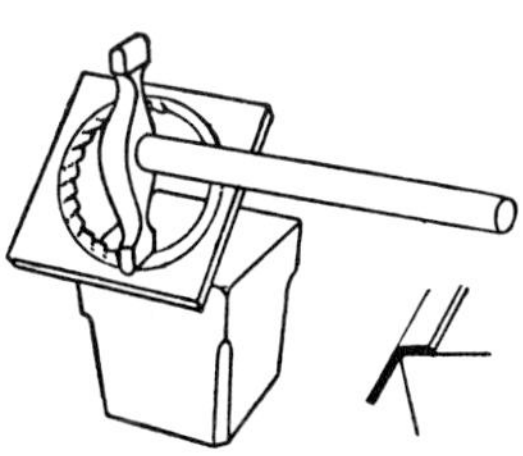

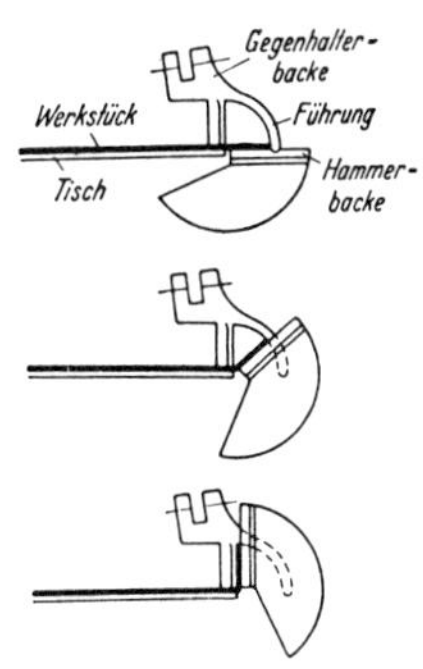

Abb. III.265. Ausbördeln von Hand an Schlichtstockkante mit Schweif- oder Sickenhammer.

Abb. III.266. Arbeitsweise einer Kleinbördelmaschine (L. Schuler, Göppingen). Bördeln in zwei Durchgängen (schematisch).

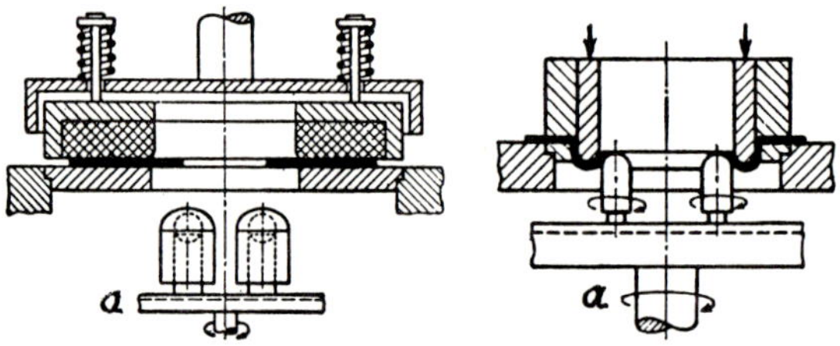

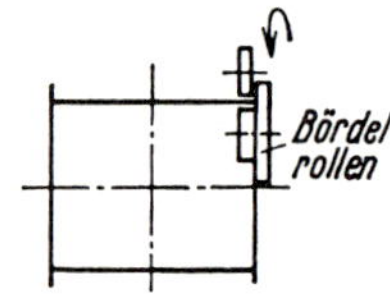

Abb. III.267. Arbeitsweise einer Innenbördelmaschine (L. Schuler, Göppingen). a angetriebener Rollenkopf mit 2 ... 4 drehbaren, auf verschiedene Dm. einstellbaren Rollen. Links: Ausbördeln gegen Schablone durch Hochfahren von a; rechts mit zusätzlichem Einsatzring doppeltes Randumlegen.

Abb. III.268. Bördeln eines Dosenrumpfes mit Bördelrollen.

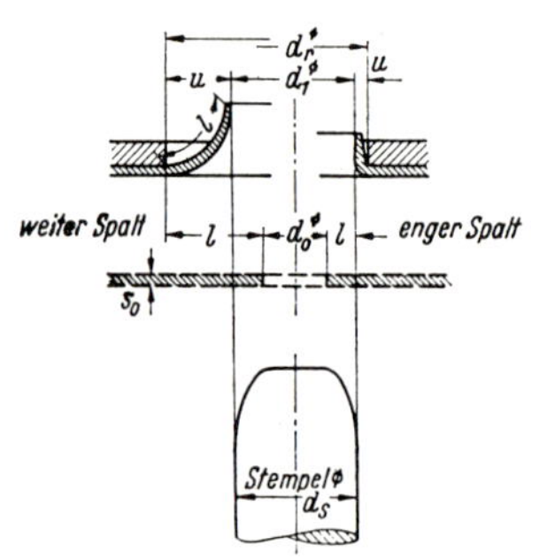

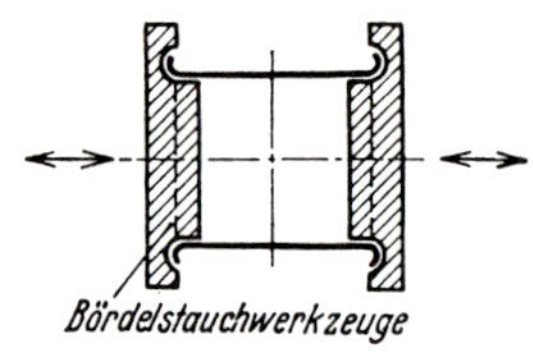

Abb. III.269. Ausbördeln vorgebohrten Blechs mit Stempel („Durchziehen“ unter Hochstellen eines Kragens) d_r Ringmatrizen-Φ; d_1 Bördel-Φ; u Spaltbreite; l Schenkellänge; d_0 Vorloch-Φ; s_0 Ausgangsblechdicke; links: u groß; rechts: u klein.

Abb. III.270. Stauchbördeln eines Dosenrumpfes.

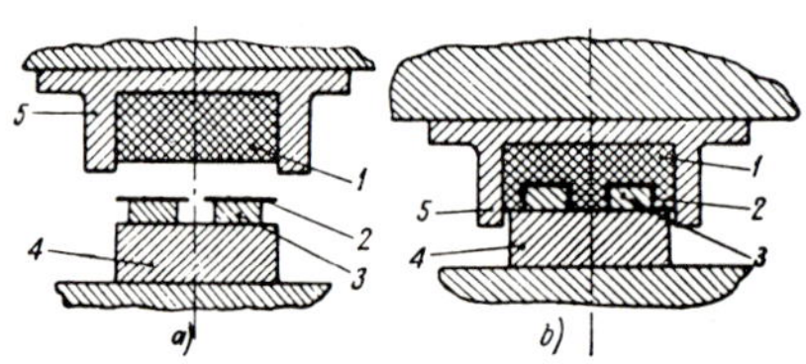

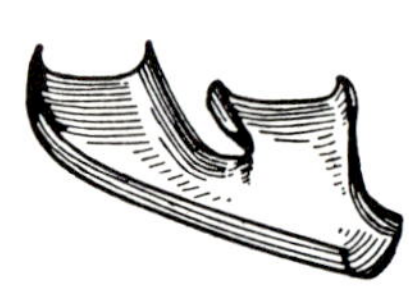

Abb. III.271. Bördeln mit gummibestücktem Werkzeug. a) vor, b) nach Stempelniedergang; 1 Gummikissen; 2 Zuschnitt bzw. Fertigteil; 3 Stempel; 4 Tauchplatte; 5 Gummikoffer.

Abb. III.272. Unter Fallhammer gebördeltes Blechformteil.

Maschinelles Bördeln (kleinere und größere Serien): mit Rollstanze; in *Tiefziehwerkzeug* (niedrige Zarge!); durch *Drücken* auf Drückbank; auf *Kleinbördelmaschine* (Blechkantenformer Abb. III.266) für gekrümmte Blechkanten, wobei nur schmale Zone erfassende Hammerbacke in mehreren Durchgängen stufenweise mit größer gestelltem Schlagwinkel Bördelendform erzeugt; mit *Innen-Bördelmaschinen* zum Ausbördeln eines kreisrunden (Abb. III.267) oder beliebig geformten Ausschnittrandes (Blechdicke bis 2,5 mm) mit örtlich kleinstem Krümmungsradius 50 mm, wobei durch Einfahren von (a) Blechrand unter Streckung gegen Schablonen-Innenrand hochgestellt wird (bei anderer Ausführung Rollenkopf von oben); Einbördeln in Bördel- oder Sickenmaschinen für gerade und gekrümmte Blechkanten sowie Dosenrümpfen Abb. III.268; Ausbördeln (Biegen von Innenborden) mit Stempel über Ringmatrize bei auf d_0 vorgelochtem Blech (Abb. III.269) in Pressen, dabei am günstigsten Traktrix-(Schleppkurven-)Stempelform, anwendbar auch für nichtrunde Blechdurchbrüche. Dosenrumpf-Bördeln mit Stauchwerkzeug Abb. III.270; Bördeln von Rohrenden nach Vorkelchen durch Bördelstempel analog Abschn. II, technologische Prüfverfahren, Bördelprobe, Abb. II.34; Bördeln mit gummibestückten Werkzeugen Abb. III.271; Bördeln als Formstanzen unter Fallhammer mit gegossenen oder gummibestückten Werkzeugen (Werkstück-Beispiel Abb. III.272); Zylindrischbördeln des Randes gekümpelter Behälterböden durch Bördelrollenpaar in Sondermaschinen. Weiterhin viele Sonderverfahren bes. in der Feinblechverarbeitung.

h) Rollen (Einrollen)

Umbiegen einer Blechkante zu einem Rollwulst.

Zweck: Aufnahme eines Dorns bei Scharnieren; Versteifung einer Blechkante oder des Zargenrandes tiefgezogener oder gedrückter Blechbehälter, u. U. mit Einlegen eines Verstärkungsdrahtes; auch Verringerung der Verletzungsgefahr.

Ausführungsarten: Flache Werkstücke in Senkrecht-Stanzwerkzeug (Abb. III.273) oder analog in waagerecht arbeitenden Werkzeugen, ferner in Rollstanzwerkzeug mit Rollbuchse, Abb. III.274, mit seitlichem Ausziehen des Fertigteils (damit auch Doppelrollwulst herstellbar; Einrollen schmaler Blechstreifen zu Blechröhren mit Schlitz (Abb. III.275); lange gerade und

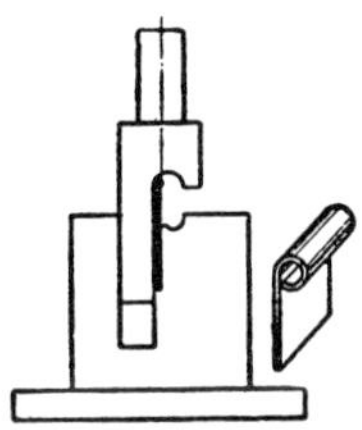

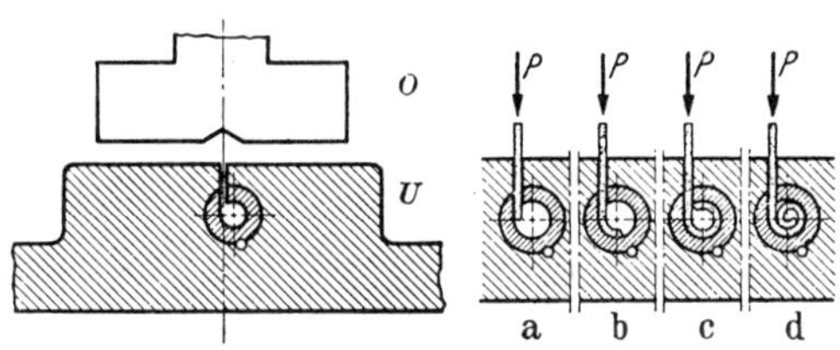

Abb. III.273. Senkrecht-Rollstanze. Blechkante vorher (beim Ausschneiden) leicht „angekippt".

Abb. III.274. Rollstanze mit feststehender Rollbüchse. O Oberteil; U Unterteil; a) bis c) 3 Stadien des Rollvorgangs; d) Doppelrollwulst.

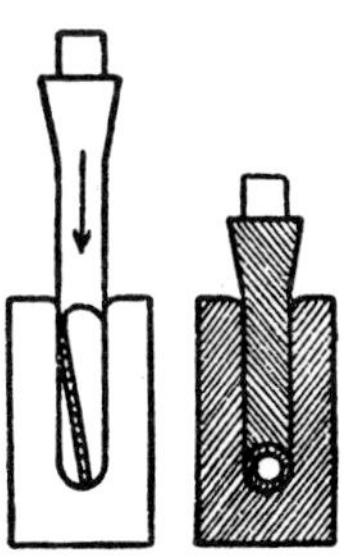

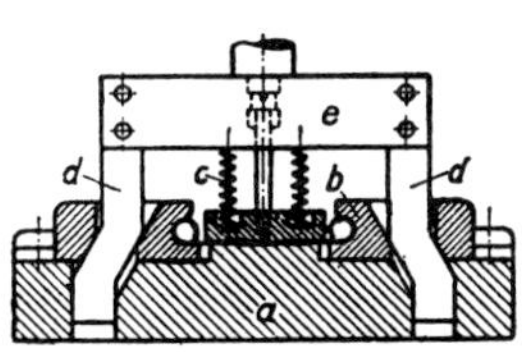

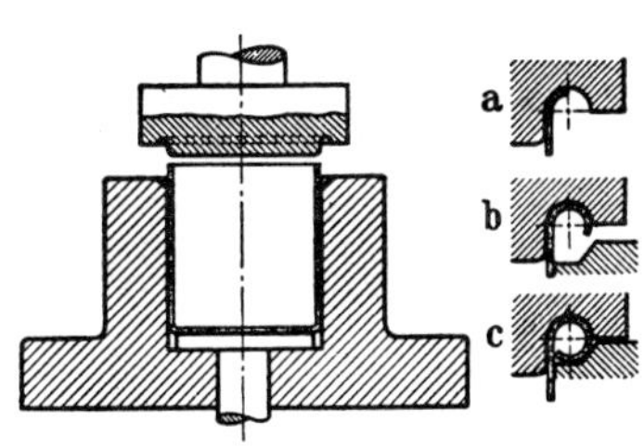

Abb. III.275. Einrollen eines Blechstreifens. Herstellung von Schlitzröhrchen begrenzter Länge.

Abb. III.276. Rollstanzwerkzeug für beiderseitiges Einrollen. a Grundplatte; b 2 Schieber; c Federn für Niederhalter; d Keilschieber; e Stempelkopf.

Abb. III.277. Rollwerkzeug für Zargenrand tiefgezogenen Topfs. a) bis c) 3 Stadien der Rollwulstbildung.

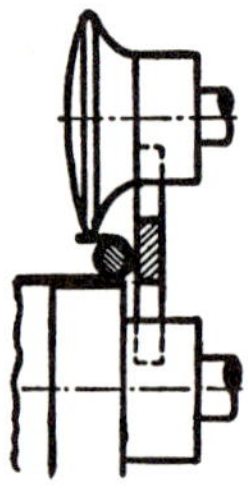

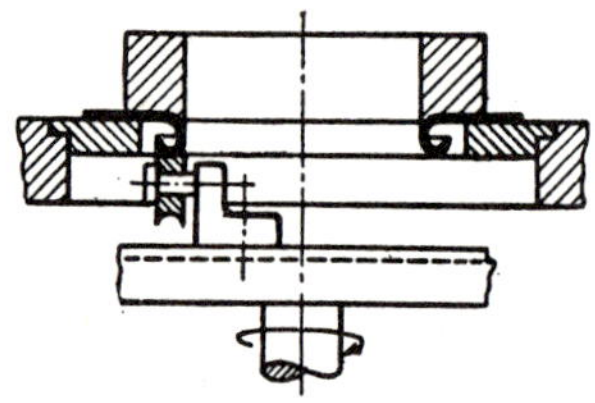

Abb. III.278. Einrollen eines U-Bordes mit Drahteinlage.

Abb. III.279. Einrollen eines Innenbordes (Zusatzeinrichtung zur Maschine Abb. III.267).

gekrümmte Blechkanten durch fortlaufendes Rollbiegen mit Bördelrollen in Bördelmaschine; gleichzeitig beidseitiges Einrollen in Stanzwerkzeug Abb. III.276. – Zylindrische Behälter: Einrollen des scharfen Zargenrandes tiefgezogenen Topfes Abb. III.277; Fertigrollen (Zudrücken) eines U-Bordes nach Drahteinlagen Abb. III.278; Einrollen eines vorgebördelten Lochinnenrandes durch Zusatzwerkzeug Abb. III.279 zur Innenbördelmaschine Abb. III.267, dabei auch Drahteinlegen möglich; Ränder auf Drückbank hergestellter Behälter durch Wulstrollen einrollbar. Außerdem weitere Sonderverfahren.

i) Sicken

Herstellen von Versteifungsrippen (-Rinnen) oder Abstufung zur Erhöhung der Formsteifigkeit ebener (Abb. III.280) oder gewölbter (auch zylindrischer) Blechteile (Abb. III.281), auch in Umfangsrichtung, bes. für Zwecke des Leichtbaus. Im wesentlichen Biegevorgang, überlagert durch Strecken senkrecht Sickenverlauf. Auch zur Fügeverbindung (Versickung) von Teilen: Abb. III.282.

Sickenherstellung: von Hand auf Sickenstock mit Sickenhammer (Abb. III.283), ferner mit handbetriebenen kleinen Sickenmaschinen für Blechdicken ≦ 2 mm für ebene oder rohrförmi-

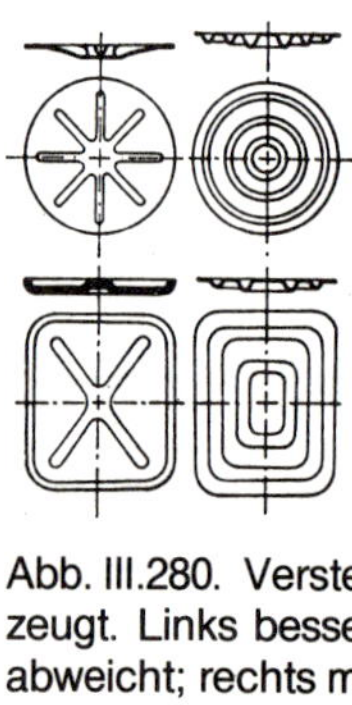

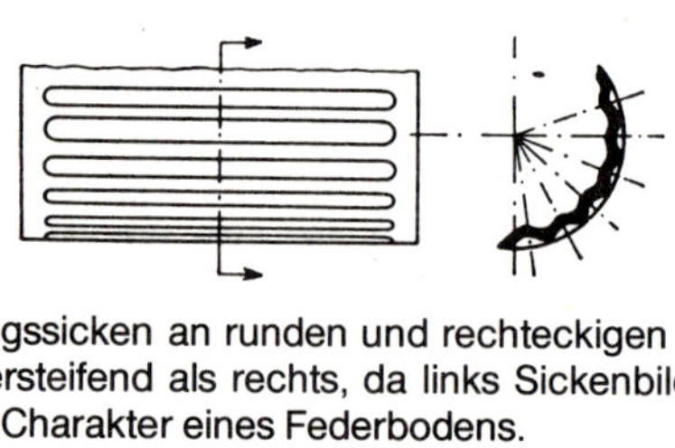

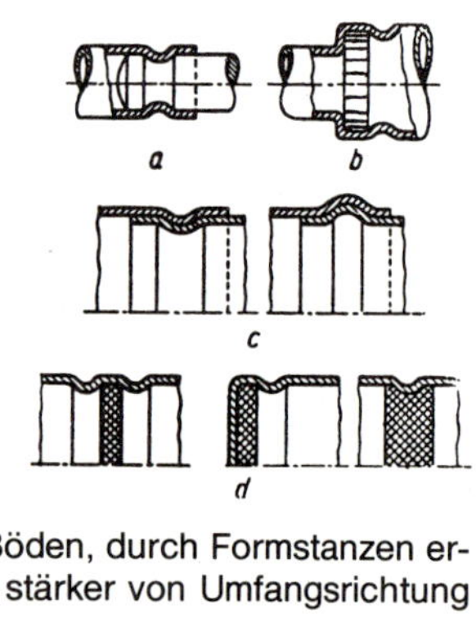

Abb. III.280. Versteifungssicken an runden und rechteckigen Böden, durch Formstanzen erzeugt. Links besser versteifend als rechts, da links Sickenbild stärker von Umfangsrichtung abweicht; rechts mehr Charakter eines Federbodens.

Abb. III.281. Begrenzte Sicken in Blechzylinder. Dadurch Erhöhung des Widerstandsmoments; geringere Einbeulgefahr.

Abb. III.282. Versickung zur Fügeverbindung. a) Bolzen/Rohr-Verbindung durch Rundsicke; b) vorgelegter Sickenwulst hält Scheibe; c) Rohrverbindungen durch Sicken; d) Halten einer Scheibe in Rohr bzw. Hülse durch Sicken.

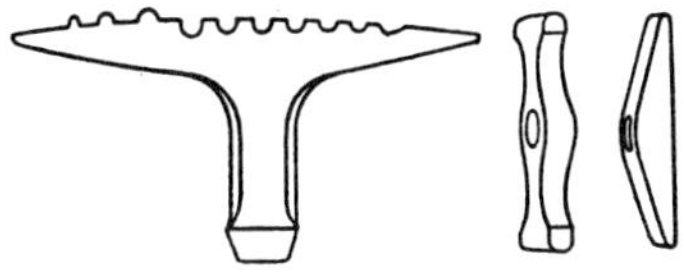

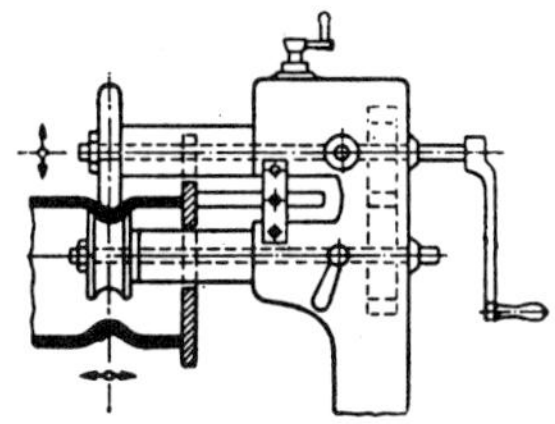

Abb. III.283. Sickenstock und Sickenhammerformen (Kanten gut gerundet).

Abb. III.284. Kleinsickenmaschine zum Rollsicken; sinngemäß auch nach außen konvexe Sicke durch Rollenwechsel; auch Sicken ebener Blechteile damit; Zusatzeinrichtung für Kreissicken runder Scheiben anbringbar.

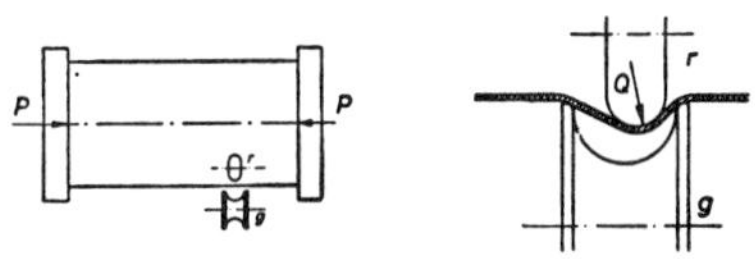

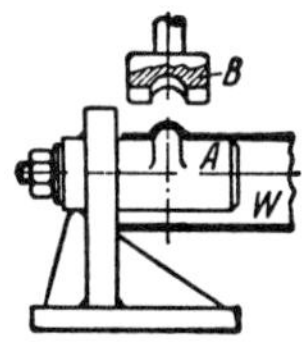

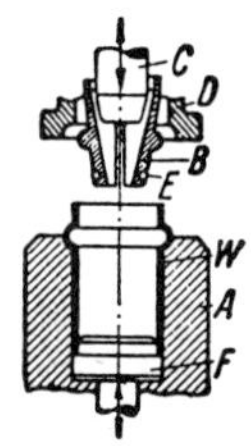

Abb. III.285. „Radiax"-Sickenverfahren für Blechzylinder (Faßrümpfe); r handverstellbare Rolle; g feste Gegenrolle; P Spannkraft für drehbaren Blechmantel; Q durch Zustellung von r aufgebrachte Kraft.

Abb. III.286. Rohrsickwerkzeug in Exzenterpresse. A Sickdorn; B Stempel; W Rohr. Mindestens 3 Hübe von B bei dreimaligem Drehen von W um 120.

Abb. III.287. Rohrsickwerkzeug für kurze Rohrstücke. A Aufnahme; B Spreizhülse; C Kegelstempel; D Schließkopf, an Werkzeugkopfplatte federnd gelagert; E Spiralfeder; F Auswerfer; W Rohr; 2 Hübe, dazwischen W um 90 drehen.

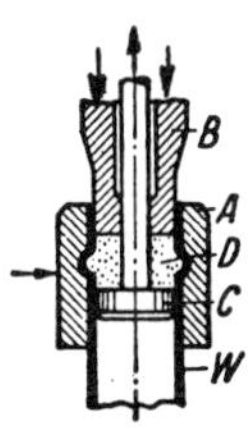

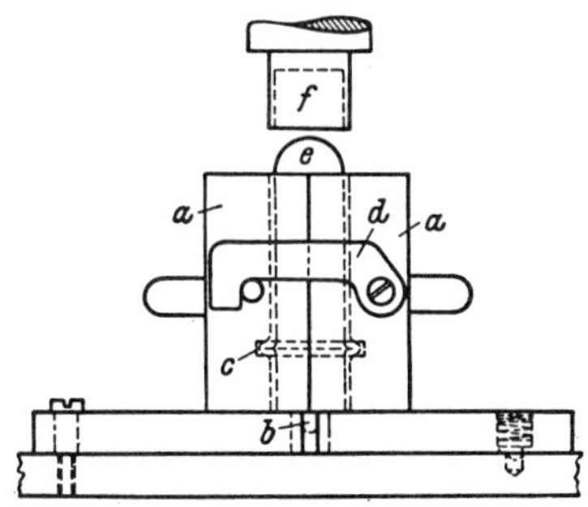

Abb. III.288. Rohrsickwerkzeug. Rohr W in zweiteiliger Spannbacke A wird durch zwischen B und C zusammengepreßten Gummiring D gesickt.

Abb. III.289. Rohrsick-Stanzwerkzeug. a 2 bewegliche Backen; b Gelenke für a; c Nut in a an verlangter Sickstelle; d Riegel; e Dorn; f Stempel.

ge Teile (Abb. III.284), dabei kleinster Rohr-Φ durch Dmr. unterer Sickenrolle bestimmt. Bei größeren Blechdicken und gleichzeitiger Herstellung vieler Sicken (12 und mehr in einem Durchgang) größere Maschinen mit E-Motor-Antrieb. Sinngemäß nach außen konvexe Sicken für Blechfaßzargen (Sondermaschinen Abb. III.285) zur Rumpfversteifung und zum leichteren Faßrollen. – Rohrsicken kleinerer Stückzahlen in mit Hand, Preßluft oder hydraulich betätigten Sickapparaten verschiedener Ausführung, bei Serienfertigung in Pressen (Abb. III. 286, 287, 288 [III.6]); nach Abb. III.289 Rohrstauchsicken je nach Stempelhub (f) bis Innenschenkelberührung, auch für Hülsen mit Boden (dann „Flanschen“ genannt), in die vorher Dorn e eingesetzt wird.

Einbringen von Versteifungs-Formsicken in leicht gewölbte oder ebene Blechteile (Abb. III. 280) auch großer Abmessungen (Blechtüren, Behälterböden und -wände u. ä.) durch *Hohlprägen* (Blechprägen) zwischen zweiteiligen Preßgesenken (Positiv u. Negativ) in hydraulischen Pressen oder durch Oberdruck- oder Fallhammer (Formstanzen).

k) Falzen [III.58]

Feinblech-Fügeverbindung durch Zusammenhaken (-legen) meist mit folgendem Zusammendrücken von geschweiften, gebördelten bzw. einfach oder mehrfach angekanteten Blechrandzonen (Abb. III.290).

Stahlblech-*Dickenbereich* 0,28 ... 1,25 mm, selten bis max. 2 mm, darüber unwirtschaftlich. – *Werkstoffwahl*: Gut kalt dehnbar ohne Riß- und Alterungsanfälligkeit (Stahl); hauptsächlich Stahlfeinblech (DIN 1623), auch verzinnt (Weißblech), verzinkt, verbleit oder Kunststoff-plattiert; ferner NE-Metalle: Al (auch eloxiert, gefärbt, lackiert) und seine weichen Legierungen, Cu und Cu-Legierungen (bes. Ms), seltener Ni und Ni-Legierungen u. a. –

Anwendung: Falzen ist älteste Feinblechverbindung. Auch heute in außerordentlich vielseitiger, dem Sonderzweck angepaßter Ausbildungsform verwendet für Bedachungsblech-Verbindung, Behälter, Trichter, Schächte, Rohre für Verkleidung und lufttechnische Anlagen (Abb. III.291), Innen- u. Außenwandverkleidung von Gebäuden (Wandpaneele, Abb. III.292), Konservendosen (Abb. III. 293 u. 294) und andere Blechemballagen, auch mit Scharnierdeckel u. a. – Wenn heute Dünnblech auch durch Löten, Schweißen und Kleben verbunden wird, abgesehen von Nieten, Steppen u. a., so ist doch Falzen im heutigen Anwendungsbereich wirtschaftlich kaum ersetzbar.

Ausführungsarten: Meistverwendete in Abb. III.290 ... 297, daneben viele Sonderformen; dabei an Falzstelle „Luft“ gezeichnet, um Blechverlauf zu zeigen; tatsächlich Blechberührung

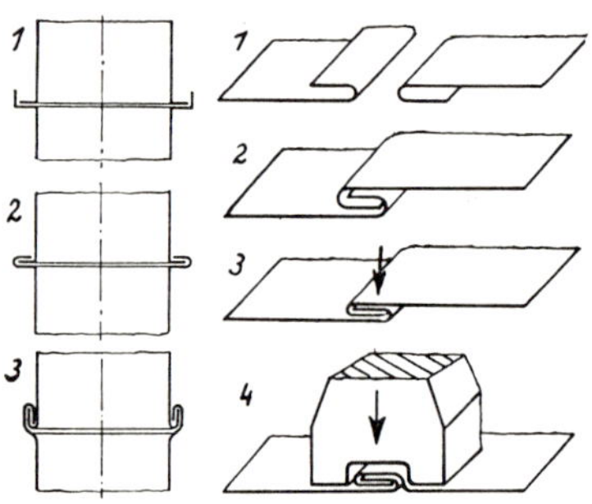

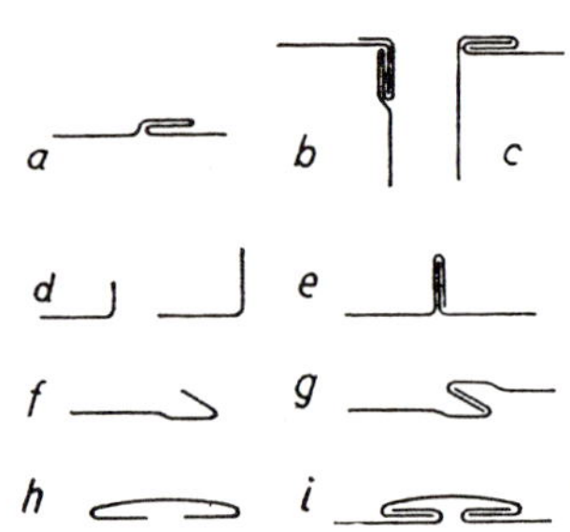

Abb. III.290. Arbeitsfolgen bei Falzherstellung. Links: Rohrrundfalz; 1 Schweifen bzw. Bördeln beider Rohrenden; 2 Bördel umlegen und zusammendrücken; 3 Falz umlegen (kann auch unterbleiben); Rechts: Längsfalz (einfacher liegender Falz); 1 Rand umlegen (ankanten); 2 einhaken; 3 Falz zudrücken (-schlagen); 4 Falz durchsetzen durch Falzmeißel (verhindert Auseinandergehen).

Abb. III.291. Gebräuchliche Falzformen bzw. ihre Vorbereitung für Vierkantrohre und Behälterbau. a), b) Ankantung bzw. fertiger amerikanischer Eckfalz; c) deutscher Eckfalz; d) vorbereitende Ankantungen für e); e) Stehfalz (auch für Blechbedachung); f) vorbereitende Ankantung für g); g) 2 × f) eingehakt kurz vor Zusammendrücken: Mantelfalz; h) Verschlußhülse (-leiste) für i); i) Verschlußhülsen-Falzverbindung für Vierkantblechrohre.

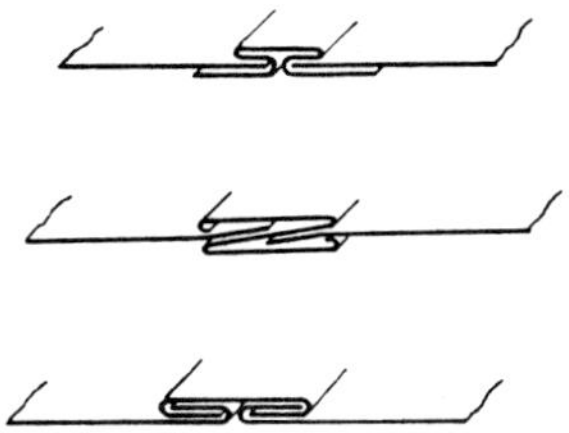

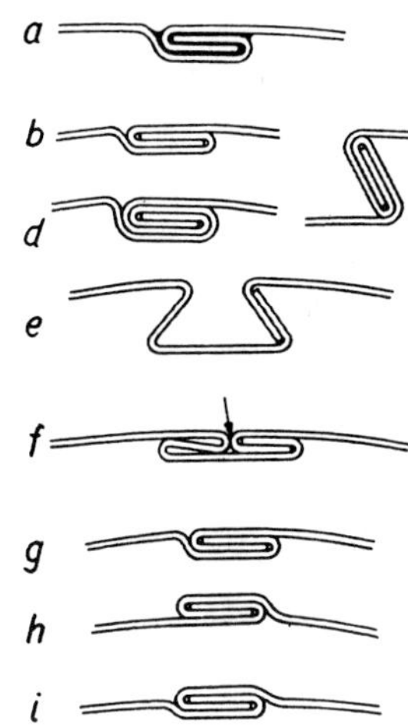

Abb. III.292. Falzformen für Wandpaneele. In der Mitte: S-förmige Verschlußleiste (auch für Umfangsverbindung von Vierkant-Blechrohren).

Abb. III.293. Längsfalzformen für Konservendosen u. a. Kleinbehälter. a) nach innen durchgesetzte nachgelötete einfache Falznaht; b) bis d) Entstehung eines 6-Lagen-Falzes (Doppelfalz); e, f) Spezialausführung: Mennenfalz; g) Innenfalz; h) Außenfalz; i) symmetrischer Falz.

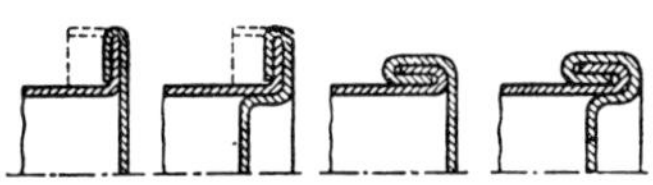

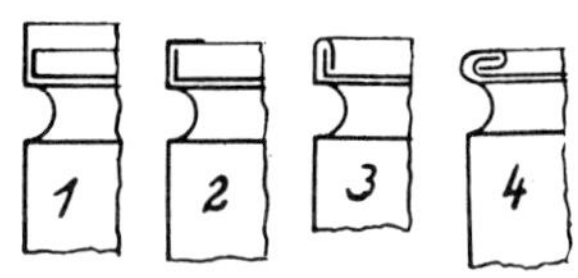

Abb. III.294. Deckelfalzverbindung für Konservendosen. Zwischenstadium und Endform je für glatten u. versenkten Deckel (zur Dichtung vorher gummiartige Masse aufgespritzt).

Abb. III.295. Entstehung eines doppelten liegenden Bodenfalzes, z. B. für größere Rundbehälter aus verzinktem Stahlblech; 1 Einlegen randgebördelten Bodens gegen Rundsicke; 2 mit Handhammer umbördeln; 3 auf Sickenmaschine zwischen glatten Walzen fest zusammenpressen (einfacher Stehfalz); 4 zu doppeltem Falz herumschlagen. – Für hohe Dichtigkeitsansprüche nachlöten.

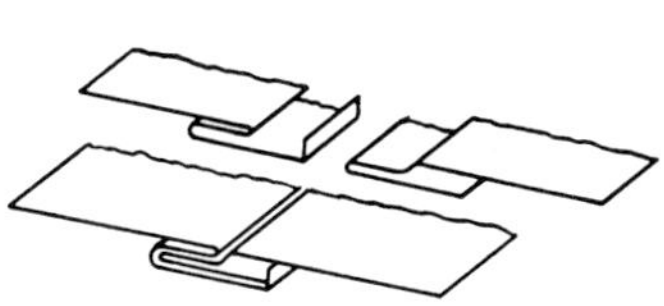

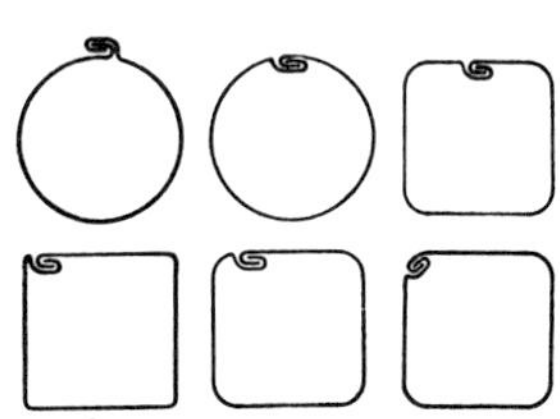

Abb. III.296. Schnappfalz. Oben: beide Teile vor dem Zusammenstecken; unten: fertige Verbindung.

Abb. III.297. Falzverbindungen an runden und eckigen Rohren. Vier verschiedene Innenfalzlagen bei eckigen Rohren.

unter Druck. Bei hohen Dichtigkeitsansprüchen Nachlöten oder (Konservendosen) auf Ankantung bzw. Bördelung Aufspritzen gummiartiger Masse.

Herstellung von Hand oder maschinell. Anbringung an geraden (nur dann reine Biegung!) oder gekrümmten Kanten ebener Teile, sowie an Enden zylindrischer Blechrohre. – Bei *Handherstellung* mit entsprechenden einfachen Handwerkzeugen oder Kleinbördel- und Sickenmaschinen, sowie Abkantmaschinen. Für *Massenfertigung* mit zahlreichen Universal- und Sonderfalzmaschinen, Halb- und Vollautomaten (vgl. [III.58]). – Auch tiefe Konservendosen ließen sich bei heutiger Blechqualität wohl tiefziehen (Zarge mit Boden einteilig), jedoch nur mit mehrfachem Zeitaufwand der Falzfertigung (ganz abgesehen von nachträglichen Bedruck-Schwierigkeiten); moderner Zargenautomat falzt und mantelt heute bis 500 Dosenrümpfe/min.

3. Tiefziehen und verwandte Blechumformung

a) Tiefziehen („Ziehen") [III.47]

Umformen meist ebenen Blechzuschnitts in Hohlkörper (-behälter) durch Ziehring und Ziehstempel ohne beabsichtigte Blechdickenveränderung, wobei Werkstoffwanderung (Fließen) durch einander überlagerte Biegung, Stauchung und Streckung auftritt. Verfahren äußerst vielseitig, hier nur elementar behandelt. Zugdruckumformen.

Grundsätzliches: Abb. III.298 zeigt, daß Zuschnitt (3) mit d_0 Φ vom „Ziehstempel" (2) durch „Ziehring" (1) eigentlich nicht „gezogen", sondern gestoßen wird; dabei d_0 auf Innen-Dmr. d_1 des Napfes mit Zarge (Behälterwand) (4) verkleinert. Damit also Blechdicke s_0 im Bodenbereich wohl fast unverändert, Blech im Zargenbereich (4) aber in Umfangsrichtung nach Napfrand hin zunehmend gestaucht und in axialer Richtung gestreckt, wobei s_0 auf s_1 am Zargenrand (Abb. III.300) zunimmt und Zarge im allgemeinen höher anfällt als $(d_0\text{-}d)/2$. Blechstau-

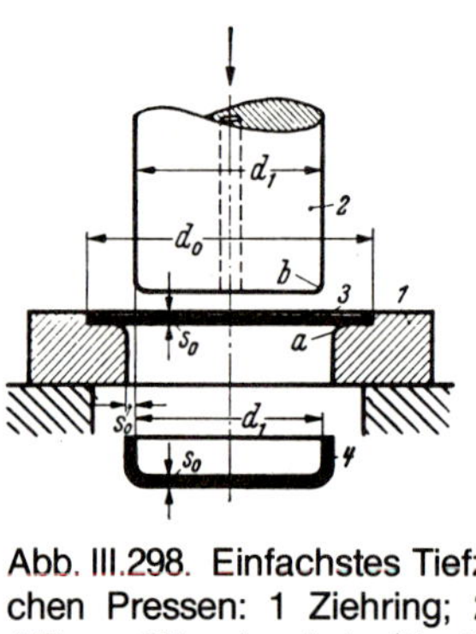

Abb. III.298. Einfachstes Tiefziehwerkzeug ohne Faltenhalter zum Erstzug (Napfzug) in einfachen Pressen: 1 Ziehring; 2 Ziehstempel mit Luftloch; 3 Blechzuschnitt (Kreisscheibe); 4 Zarge (Wandung) des Napfes (Endform); a, b Ziehkanten.

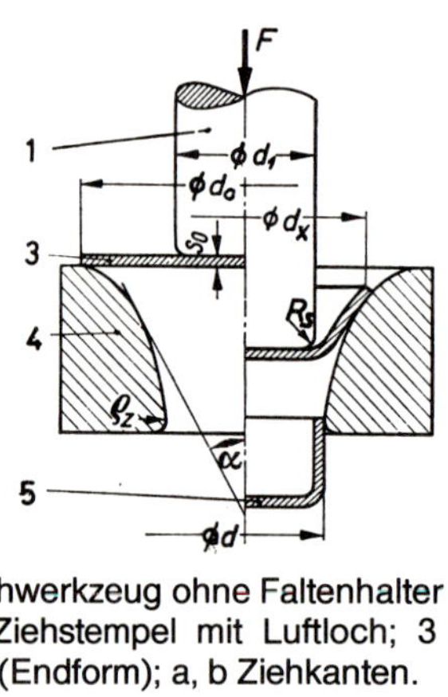

Abb. III.299. Ziehring mit Traktrix-Einlauf (Schleppkurve) zum Erstziehen ohne Faltenhalter. 1 Stempel; 3 Blechzuschnitt (Ronde); 4 Ziehring; 5 gezogener Napf.

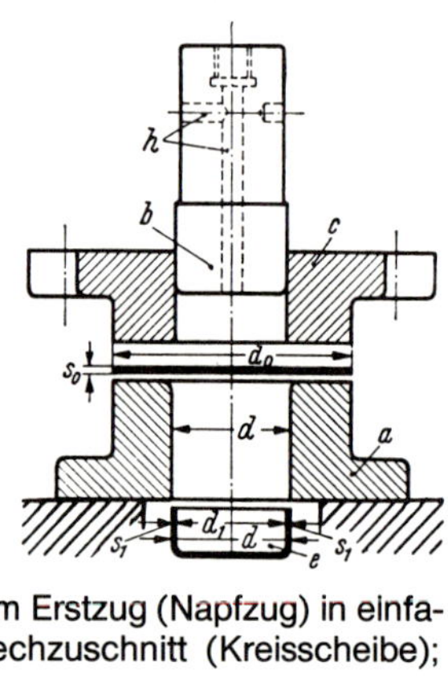

Abb. III.300. Tiefziehwerkzeug mit Faltenhalter zum Erstzug in doppelt wirkender Ziehpresse. – a Ziehring; b Stempel; c Faltenhalter; d Bohrungs-Φ von a; e gezogener Napf (Endform); h Luftloch zu b; s_0 Zuschnitt-Blechdicke; s_1 Blechdicke am Zargenrand (> s_0); nur bei verbliebenem Zargenbördel auch Ausstoßer nach oben erforderlich.

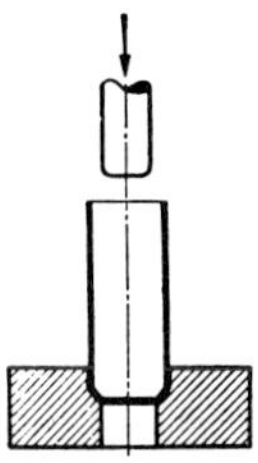

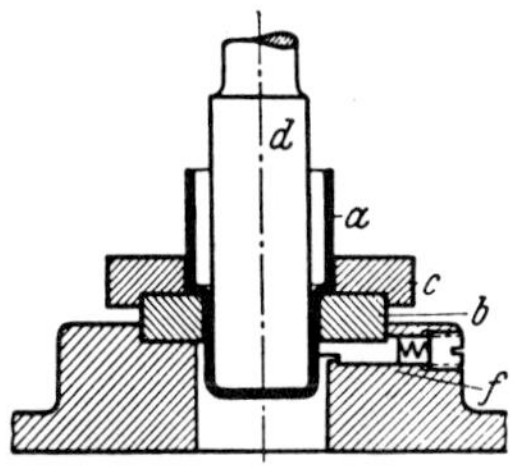

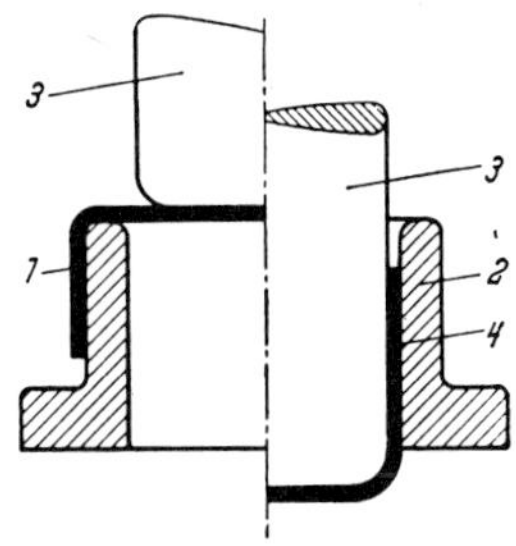

Abb. III.301. Zwischenziehwerkzeug ohne Faltenhalter, einteiliger Ziehring, mit kegelförmigem Übergang zur Ziehkante.

Abb. III.302. Zwischenziehwerkzeug ohne Faltenhalter. Werkzeugunterteil zusammengesetzt aus Ziehring b und Werkstückaufnahme c; a Werkstück; d Stempel; f federnder Abstreifer.

Abb. III.303. Zwischenziehen im Stülpzugverfahren. 1 Erstzugteil (vorgezogen); 2 Ziehring (oft auch mit hinterdrehtem Ziehwulst); 3 Ziehstempel; 4 Zwischenziehteil (weitergezogen).

chung führt von gewissem d_0/d ab zunehmend zu Faltenbildung. Ihre Bekämpfung ist Hauptaufgabe der Tiefziehtechnik; sie geschieht durch bestimmte Anspannung des Zuschnitts bzw. der Vorform gegen Ziehrichtung durch Faltenhalter. Höchste Blechbeanspruchung unter Rekken im Übergangsradius Boden/Zarge mit Blechschwächung ($s < s_0$), u. U. Auftreten von „Bodenreißern" (Vermeidung nicht weniger wichtig).

Erstziehen (früher „Ziehen im Anschlag" oder „Vorzug") ist Umformen ebenen Zuschnitts in Hohlkörper, der schon Fertigform sein kann oder weitergezogen wird. – *Ohne Faltenhalter* (Abb. III.298): Bei Feinblech faltenlos nur möglich, wenn $s_0 \geqq 0{,}2 \cdot (d_0 - d_1)$ oder Ziehverhältnis $\beta = d_0/d_1 \leqq 21/20$. Randbreite $(d_0 - d_1)/2$ erfährt einfache Biegung („Klappbiegen"). Für etwas dickere Bleche liefert Traktrix-Einlauf (nach *O. May*) des Ziehrings (Abb. III.299) größtmögliches Grenzziehverhältnis β_{max} und wesentliche Verringerung der Stempelkraft [III.59]. – Mit *Faltenhalter* (Abb. III.300) erforderlich, wenn $s_0 < 0{,}2 \cdot (d_0 - d_1)$. Faltenhalter (Niederhalter, Blechhalter) c wird mit versuchsmäßig ermitteltem Druck (wenn zu groß, Bodenreißer; wenn zu klein, noch Faltenbildung) gegen Zuschnitt gedrückt und führt damit Blechrand $(d_0 - d_1)/2$ vor Einlaufen in den Ziehring und verhindert so Faltenbildung; Blech im Zargenbereich erfuhr also doppelte Biegung („Ziehbiegen"). Nach Durchtreten durch Ziehring federt Zargenrand leicht auf, damit Abstreifen vom Stempel beim Rückhub, hier also Auswerfer überflüssig. –

Zwischenziehen (früher „Ziehen im Weiterschlag", „Nachzug") ist Umformen des Erstziehteils unter Dmr.-Verkleinerung bei gleichzeitiger Zargenverlängerung. *Ohne Faltenhalter* (Abb. III.301 u. 302) bei geringer Dmr.-Abnahme und bei nicht zu geringer Blechdicke etwa ab 2 mm, also genügender Knicksteife der Napfzarge in Umfangsrichtung. Um auch bei dünnwandigen Teilen Faltenhalter zu sparen, ist oft *Stülpziehen* (Umstülpverfahren, Abb. III.303) mit zum vorhergehenden Ziehen entgegengesetzter Richtung ratsam; Napf ist dabei durch Sitz auf Ziehring gehaltert. Notfalls außerdem noch Faltenhalter, an oberer Ziehring-Außenkante angreifend; auch Erstziehen mit folgendem Stülpzug in *einem* Werkzeug mit Faltenhalterwirkung. Hauptvorteil des Stülpziehens ist Entfestigung durch Umkehr der Umformrichtung (Gleitumkehr im Atomgitter!), als Bauschinger-Effekt bekannt; damit Zwischenglühung einzusparen, somit trotz oft verwickelteren Werkzeugs wirtschaftlich. Auch Erstzug und Stülpziehen im selben Werkzeug hintereinander möglich. – *Mit Faltenhalter* (Abb. III.304) bei größerer Dmr.-Abnahme bzw. Feinblech, wobei im Erstzug Angriffsfläche für Faltenhalter c entstanden sein muß (hier in I 45°-Kegel).

Fertigziehen ist letzte Tiefziehstufe zum Erzielen bes. Maßhaltigkeit und/oder Kanten kleinster Rundung. Zwischen erster Zwischenform und Fertigform bei tiefen Ziehteilen oft über 10 Zwischenzüge und mehrere Glühstufen, so daß Gesamtprozeß teuer auch von Werk-

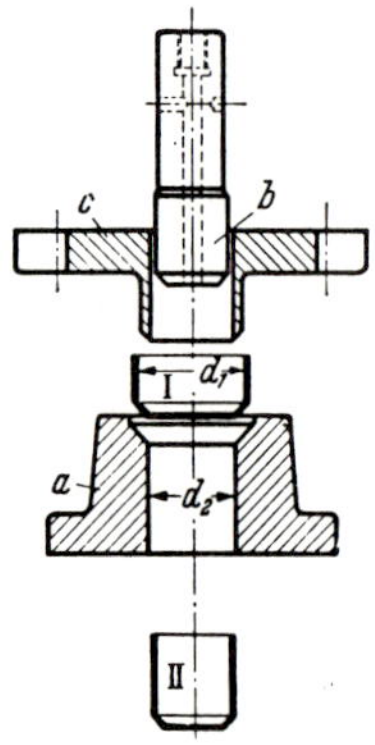

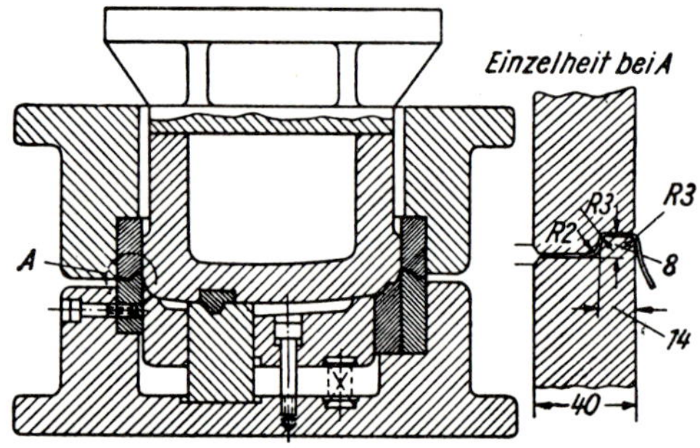

Abb. III.304. Zwischenziehwerkzeug mit Faltenhalter. I Erstzugteil (vorgezogen); II Zwischenzugteil (weitergezogen); a Ziehring; b Stempel (Ziehdorn); c Faltenhalter.

Abb. III.305. Stufenartige Bremswulstanordnung an Ziehkante. Wulstkante als besonderer Einsatz in Matrizenrand und Negativ dazu in Faltenhalter.

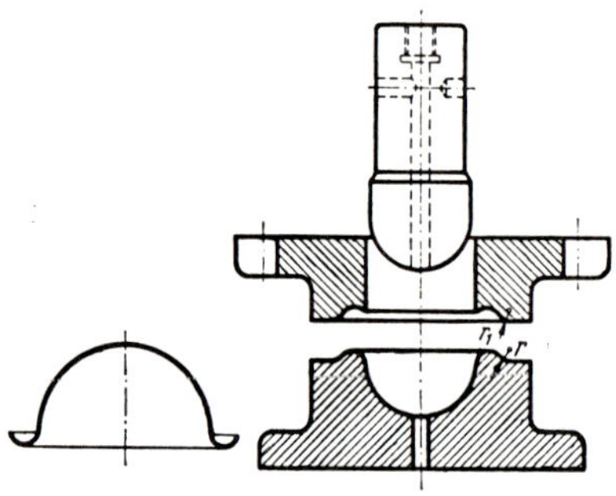

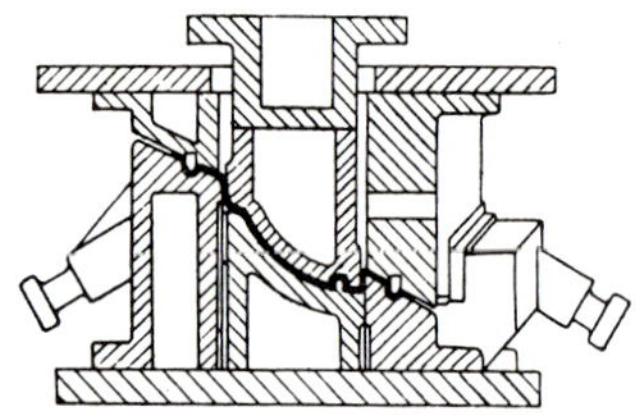

Abb. III.306. Ziehwerkzeug für Halbkugel. An Ziehkante angearbeiteter Einlaufwulst zur Faltenverhinderung.

Abb. III.307. Ziehwerkzeug für seichten Zug mit schrägen Faltenhalterflächen. Bremswulstleisten in Faltenhalter eingelassen.

zeugseite her. Seichte Tiefziehteile werden in *einem* Zug vom Blechzuschnitt ausgehend fertiggezogen, also im „Anschlag" (viele Karosserieteile). – Bei eckigen Behältern genügt gewöhnlicher Faltenhalter nicht mehr, weil in Eckenkrümmung gegenüber geraden Kanten verstärkte Blechbremsung vor Einlauf über Ziehkante zur Faltenvermeidung unerläßlich; dann dort örtlich Anordnung besonderen Bremswulstes (Einfließwulst) Abb. III.305, über den Blech unter Hin- und Herbiegen hinwegklettern muß. Gleiches gilt für stumpfkonische und gewölbte Ziehteile, bei deren Stempel anfangs nur im Mittelbereich der Ziehgrundrißfläche angreift (Abb. III.306); ohne zusätzliche Bremsung einlaufenden Blechs Radialfalten! Bremswulst wenn möglich an Matrize (jetzt nicht mehr Ziehring, da unten geschlossen) als Einfließwulst angearbeitet (Abb. III.306), oder vor allem bei nur örtlicher Anordnung als Wulstleisten eingelassen (gelötet, geklebt), teils in Faltenhalter (Abb. III.307), teils in Matrizenrand (mit Rille auf Gegenseite); damit entsprechender Beschneideverlust, da Halten bis zuletzt erforderlich. – Schlankkonische Teile erfordern viele Zwischenstufen: Klassisches Verfahren Abb. III.308, a mit zunehmend Mehrfachstufenkegel und Formstanzen als Fertigstufe gibt weniger befriedigende Oberflächenglätte als Verfahren nach Abb. III.308, b, wobei Kegelstumpf auf zunehmend engeren Dmr. gezogen wird; Fertigzug formt nur noch Spitze. – Gewölbtkonischer Flansch nicht ein-

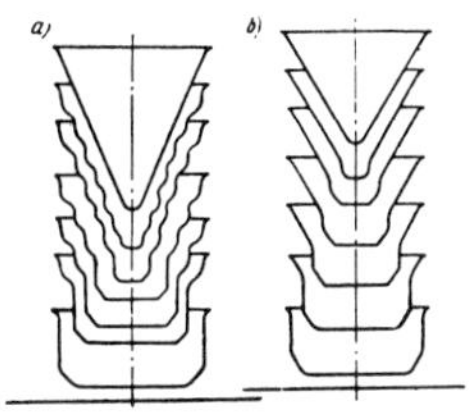

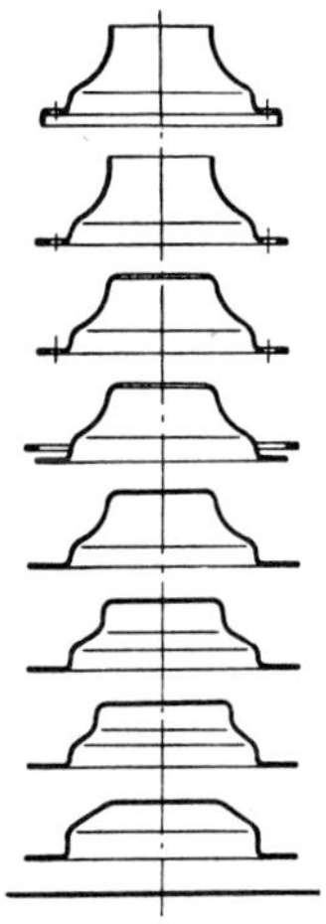

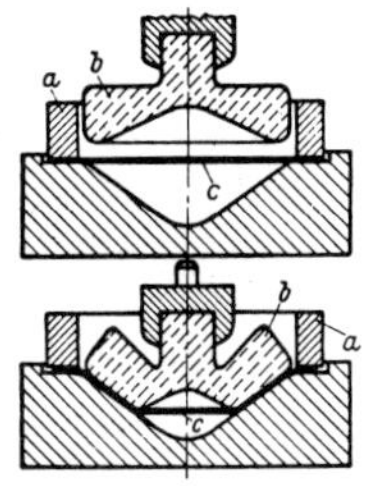

Abb. III.308. Ronde, Zwischenstufen und Fertigteil schlankkonischen Behälters (oben). a) weniger günstige ältere Zwischenstufung; b) heutige Zwischenstufung, glattere Oberfläche erzielbar.

Abb. III.309. Herstellung eines gewölbt „konischen" Rohrflansches.

Abb. III.310. Tiefziehen stumpfkonischer und parabolischer Hohlkörper mit Gummistempel. a Faltenhalter; b sich abwälzender Gummiziehstempel; c Blechzuschnitt (oben) bzw. Werkstück kurz vor Fertigstellung.

fach ziehbar: Abb. III.309 zeigt erforderliche Stufen mit Flanschbeschnitt, Lochen und Flanschbördeln.

Tiefziehen mit elastischen Druckmitteln. *Ältere Verfahren*: Ziehstempel aus Gummi (Abb. III.310), der von außen beginnend unter Abwälzen Blech an Matrizenwand drückt, verhindert Faltenbildung wie Einfließwulst (Abb. III.306) bzw. Bremswulst, dabei Faltenhalterdruck nur geringer Bruchteil verglichen mit Starrwerkzeug, und selbst Hochglanz-Blechoberfläche bleibt ziehriefenfrei. Seit Mitte dreißiger Jahre im Flugzeugbau aus Gummischneid- und Ziehverfahren aus einfachsten Anfängen weiterentwickelt (Abb. III.311, I schon spätere Entwicklungs-Stufe, sowie Abb. III.315), dabei anfangs nur freier Gummiplattenstapel an Pressen-Oberteil mit Laschen befestigt. – *Neuere Verfahren*: Abb. III.311, II ... VI gibt Entwicklungsüberblick der letzten ≈15 Jahre, dabei Gummiplattenstapel in „Koffer" (II ... IV) oder Druckflüssigkeit über Gummimembrane (V u. VI) als Druckmittel. Statt Naturgummi oder Bunatypen neuerdings „Vulkollan" (schwachvernetztes Polyurethan, vgl. I.H); unter hohem Druck verhalten sich diese Elastoplaste wie Flüssigkeiten.

Vorteile gegenüber Ziehen mit starren Werkzeugen: Nur *eine* Positivform (Kernwerkzeug k) erforderlich, nicht mehrere teure Matrizen und genau dazu passende Stempel; Fertigstellung *in einem* Zug; bei Stahlblech nur 10 ... 15%, bei Al-Blech 5 ... 1% sonst erforderlicher Werkzeugkosten (klassische starre Tiefzieh-Großwerkzeugsätze kosten 50.000 ... 100.000,– DM!); schnellste Werkzeug-Bereitstellung; Einsparung von Zwischenglühungen; größeres Ziehverhältnis bis $\beta = 2{,}9$ (bei mechanischem Tiefziehen $\beta_{max} = 2{,}2$); geringere Schwierigkeiten bei verwickelten Formen. – *Nachteile*: Elastische Druckmittel nicht billig, von geringerer Lebensdauer als Standardwerkzeuge (durch erwähntes „Vulkollan" jedoch neuerdings wesentlich verbessert); ≈10× höhere Umformdrücke (3500 ... 10 000 N/cm²) erforderlich als bei klassischem Tiefziehen, damit besonders für Großteile Erfordernis schwerer teurer hydraulischer Pressen; Ausbringleistung ≈3 Stück/min gegenüber vielfacher Stückzahl beim klassischen Tiefziehen; Blechwanddickenbegrenzung nach oben: bei Stahl ≈1 mm, Al-Blech ≈2,5 mm.

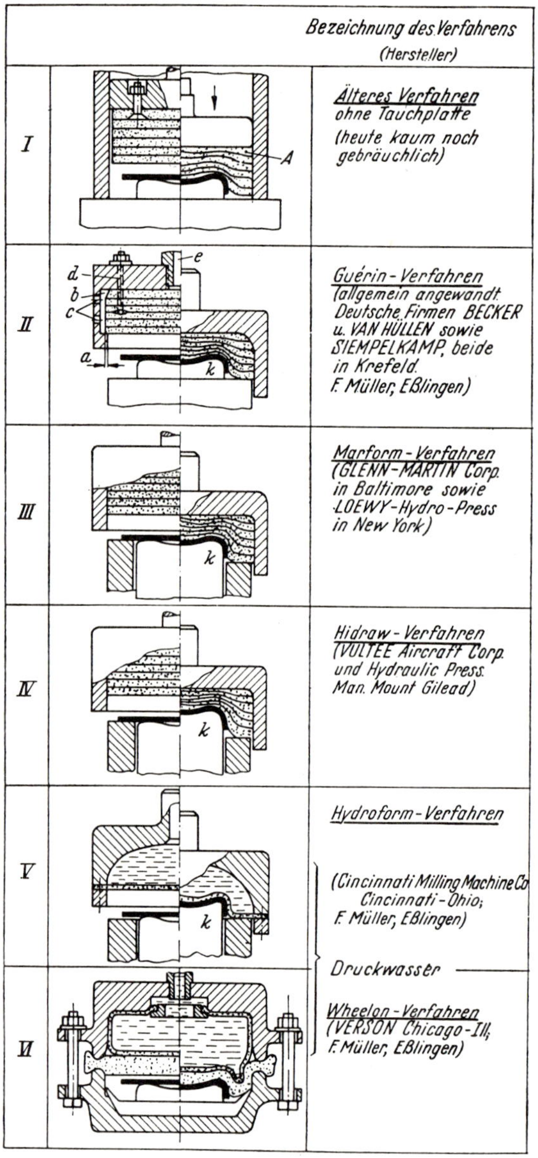

Abb. III.311. Übersicht über Verfahren der Blechumformung mit elastischen Druckmitteln (nach *G. Oehler*); a Überstand der Gummiplatten über Gummikoffer-Innenrand; b freier Raum; c Entlüftungsbohrungen; d Halterung für Gummiplatten; e in Gummikoffer eingeschraubter Hohlzapfen; k Kernstempel; A Gummiplatten.

Abb. III.311 II (*Guérin*-Verfahren) am verbreitetsten: Gummikofferrand schiebt sich über feststehende Tauchplatte mit Kernstempel k und drückt dabei Zuschnitt an k. Gummiplattenstapel im Koffer aufgehängt (Drahtseile oder Schrauben d); Einzelplatten nach Verschleiß umschichtbar. – Bei III ... V ist k zum ihn umgebenden Tauchplattenring verschiebbar, damit auch Teile mit senkrechter Zarge ziehbar ohne Blechschwächung im Bodenkantenbereich. – V verwendet unter Flüssigkeitsdruck stehende Membrane, VI Flüssigkeitssack, was prinzipiell gleich ist. Membrane unter Flüssigkeitsdruck schmiegt sich leichter besonders an senkrechte Wandung an, damit Ziehtiefen bis 160 mm erreicht. – Für größte Umformhöhe *h* ist günstigste

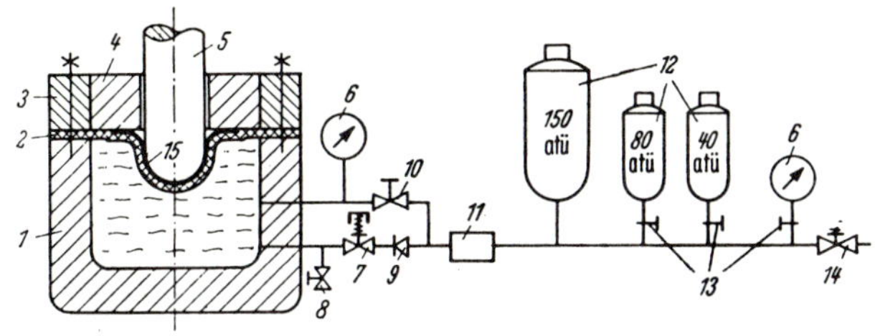

Abb. III.312. Hydroform-Ziehwerkzeug mit Druckregelung und Flüssigkeitsspeicher (Schema nach *Panknin*). 1 Hydraulisches Kissen mit Füllung; 2 Gummimembrane; 3 Spannring; 4 Membran-Gegenhalter, mit 3 verriegelt; 5 Stempel; 6 Druckmesser; 7 Druckregelventil; 8 Füll-Leitung; 9 Rückschlagventil; 10 Rücklaufventil; 11 Druckflüssigkeitskühler; 12 Speicher; 13 Ventil; 14 Sicherheitsventil; 15 Werkstück.

Gummikissenhöhe $H \approx 50\sqrt{h}$; wenn H größer, dann Kraft P entsprechend höher und starker Kissenverschleiß. P wird hauptsächlich zur Zusammendrückung des Kissens verbraucht, Umformkraftanteil im Vergleich dazu unerheblich; erklärt viel größeren Kraftaufwand der Gummihochdruckpressen verglichen mit Standard-Tiefziehpressen. Dünnere Gummi-Einzelplatten geben schärfer ausgeprägte Werkstückkanten. Shorehärte H_{Sh} des Gummis im Bereich 30 ... 80 Grade, im Einzelfall $H_{Sh} \approx 1{,}5 \cdot s \cdot \sigma_B$; (s = Blechdicke; σ_B = Blechfestigkeit). – Abb. III.312 deutet Aufwand an Druckregeleinrichtung und Flüssigkeitsspeicher für Verfahren V in Abb. III.311 an. Dem Wheelon-Verfahren (Abb. III.311, VI) verwandt ist SAAB-Verfahren Abb. III.313, wobei Preßwasser nicht über Pumpe, sondern unmittelbar durch Kolben (1) in Gummisack (3) gedrückt wird; damit Ausbringung wesentlich erhöht, beste Zukunftsaussicht. – Neuere Entwicklung ist das hydromechanische Ziehwerkzeug nach *Panknin* Abb. III.314,

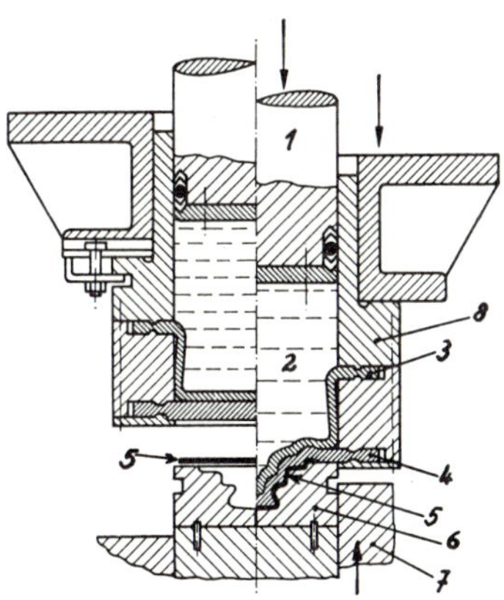

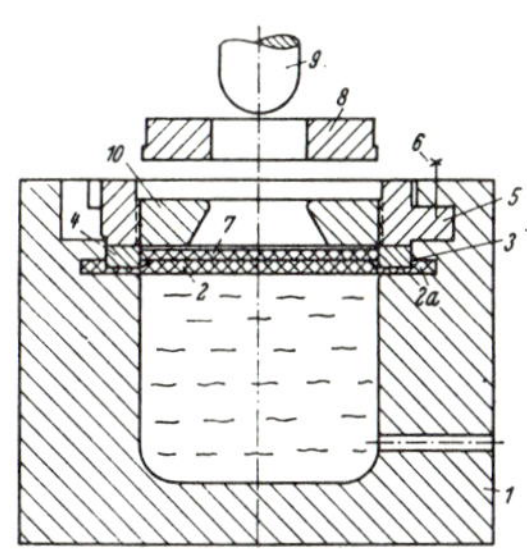

Abb. III.313. Werkzeug für SAAB-Fluid-Form-Verfahren; hier f. unterschnittenes Tiefziehteil. Links: Ausgangsstellung; rechts: Preßstellung; 1 Kolben; 2 Preßwasserraum; 3 Gummisack; 4 Membrane zum Schutz von 3; 5 Blechzuschnitt bzw. fertiges Teil; 6 zweiteilige Matrize zum Entfernen des Fertigteils 5; 7 schwachkonischer Außenring zum Zusammenhalten beider Teile von 6, vor Preßbeginn hochgefahren; 8 Blechhalterstößel, unten als Gummisack- u. Membranträger, oben als Zylinder für 1 ausgebildet.

Abb. III.314. Hydromechanisches Ziehwerkzeug (nach *Panknin*, schematisch). 1 Kissenbehälter mit Flüssigkeitsfüllung; 2 abschließende Membrane; 3 Dichtringkante; 4 Dichtring; 5 Verschlußplatte mit Bajonettverschluß in 1; 6 Verdrehsicherung; 7 lose eingelegte Verschleißmembrane; 8 Faltenhalter; 9 Stempel; 10 Ziehring in 5 eingeschraubt.

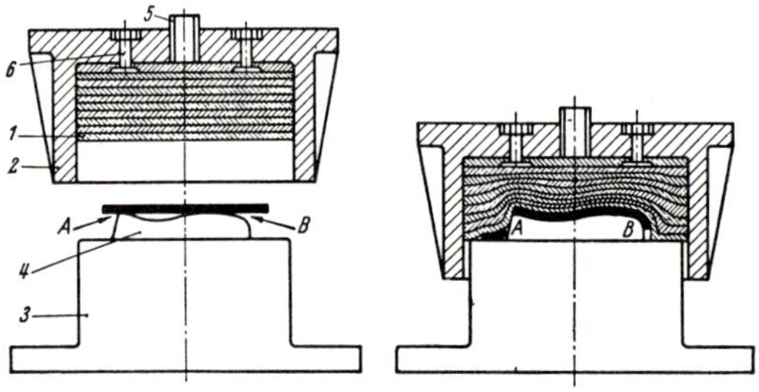

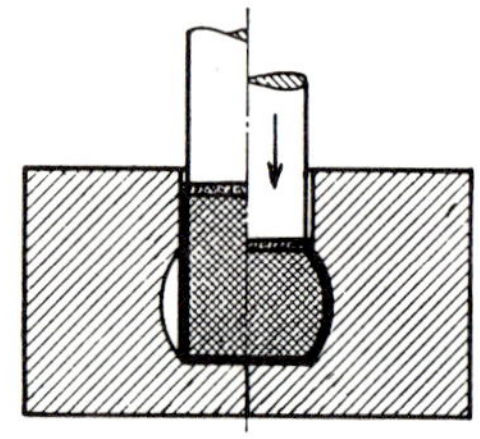

Abb. III.315. Kombiniertes Werkzeug zum Umformen und Abschneiden (*Guérin*-Prinzip, stark schematisiert). Bei A Schneidkante; im Bereich B Umformung; 1 Gummiplattenstapel; 2 „Koffer" für 1; 3 Tauchplatte; 4 Kernstempel auf 3 mit Schneidkante bei A; 5 Einspannzapfen; 6 Befestigungsschrauben für Platte mit aufgeklebtem Gummiplattenstapel (Platten hier untereinander verklebt).

Abb. III.316. Ausbauchen tiefgezogenen Napfs durch Weichgummi als Druckübertrager (Schema) in einfach wirkender Kurbelpresse. Zur Entfernung des Werkstücks Matrize geteilt, beide Hälften durch Ring (nicht gezeichnet) zusammengehalten; Gummi mit Talkum gepudert. Zwischen Stempel u. Gummi Lederdichtscheibe.

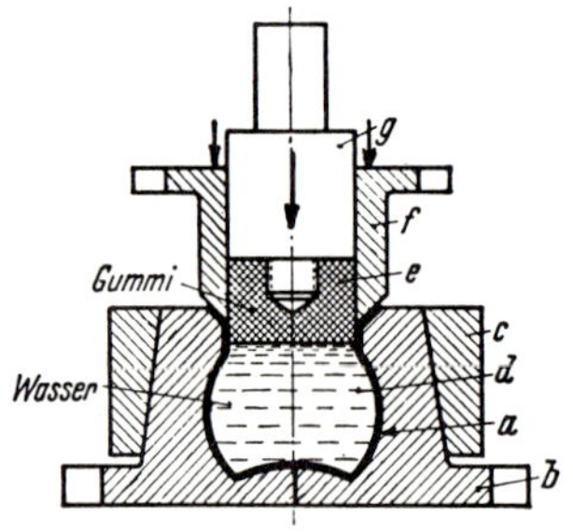

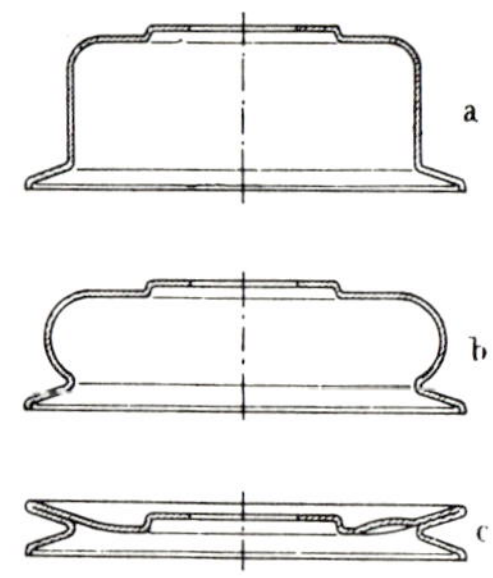

Abb. III.317. Ausbauchen tiefgezogenen Napfs durch Flüssigkeitsdruck (Schema) in doppeltwirkender mechanischer Presse; a geformtes Gefäß; b zweiteilige Matrize; c Ring, der b zusammenhält; d Flüssigkeit; e dichtender Weichgummistempel; f Niederhalter; g Stempelkopf.

Abb. III.318. Herstellung einer Ventilator-Riemenscheibe aus Stahlblech. a) aus Blechronde tiefgezogen und formgeschlagen; b) ausgebaucht; c) Endform fertiggepreßt.

das normalen Ziehring (10) hat, wobei aber hydraulisches Kissen schon umgeformten Werkstückteil so an Stempel preßt, daß wegen Verhinderung des Bodenreißens Grenzziehverhältnis β_{max} wesentlich erhöht wird gegenüber Hydroform-Verfahren; verwendbar auch in üblichen Tiefziehpressen, sowie Kombination mit Ronden-Ausschneiden durch Schnittring über Ziehring möglich. Auch verwickelte Bodenformen ohne Matrize herstellbar. Sogar eckige Behälter, nach Verfahren Abb. III.311 nicht möglich, sind nach Abb. III.313 mit fast doppelter Ziehtiefe (verglichen mit mechanischem Tiefziehen) herstellbar. – Darüber hinaus sind noch weitere ähnliche Verfahren bekannt: *Krannenberg-*, *Daalderop-*, Diaform-, *Maslennikow-*Verfahren u. a. [III.60].

Ausbauchung von Tiefziehteilen: Viel in Gebrauch mechanische Ausbauchwerkzeuge, bei denen im Unterteil befestigter Kegelstumpf 16- oder mehrteiligen durch Spiralfeder zusammengehaltenen Sektorblock im vorgezogenen Blechnapf durch Druck von oben auseinanderspreizt und so Werkstück ausbaucht. Auch „Flanschen" z. B. eines Milchkannendeckels durch

Anstauchen einer Hohl- oder Quetschsicke (ähnlich Abb. III.289) oberhalb Randzarge kann man dazu rechnen [III.61]. – Abb. III.316, 317 geben schematisch Grundgedanken des Ausbauchens vorgezogener zylindrischer Blechbehälter unter Verwendung von Gummi bzw. Flüssigkeit als Seitendruck-Übertrager; stärkere Ausbauchungen bis 1,8-fachen Ausgangs-Dmr. mit Zwischenglühung. Verfahren in zahlreichen Abwandlungen und Werkzeugkonstruktionen verwendet. – Abb. III.318 zeigt eine der zahlreichen Möglichkeiten der Weiterverarbeitung ausgebauchter Blechnäpfe, hier Herstellung einer Keilriemenscheibe aus Stahlblech, z. B. zum Kühlventilatorantrieb luftgekühlter Kfz-Motoren; gelochte Nabe wird nach zentrierendem Ausdrehen auf Wellenflansch aufgenietet. (Leichtbau!)

b) Hohlprägen (Blechprägen, Prägeziehen)

Hinsichtlich Werkstoffbeanspruchung dem Tiefziehen sehr verwandt; Ziehtiefe jedoch nur gering (3 ... 15× Blechdicke).

Im Gegensatz zum Tiefziehen jedoch Nachwandern des Blechs völlig verhindert, also ausschließlich örtliche Reckung „aus Dehnung heraus“, weshalb Blech-Bruchdehnung ausreichend groß sein muß. – Herstellung und Werkzeug schon unter 2.i) „Sicken“ kurz erwähnt. Außer dort angegebenem starren Positiv/Negativ-Werkzeugpaar bei Dünnblechen auch Arbeiten nach *Guérin*-Verfahren (Abb. III.311, II). Anwendung außer zum Sicken für Blechbeschriftungen aller Art, Autonummernschilder, Reliefverzierungen, Blechplaketten u. ä. –

c) Streckziehen (Streckformen)

Wölbbiegeformen seitlich eingespannter Bleche oder Blechprofile durch Gegenfahren eines Formklotzes (Streckform), wobei Profil (immer) oder Blechzuschnitt schon vorher bis $\sigma_{0,2}$ zugbelastet (Abb. III.319, neueres Verfahren) oder während des Klotzvorschubs diese Beanspruchung der Formgebung überlagert erfährt, Abb. III.320 (älteres Verfahren). Fertigteil daher selbst bei geringster Wölbung ohne meßbare Rückfederung, da $\sigma_{0,2}$ überall überschritten.

Müßte korrekt „Reckziehen“ bzw. „Reckformen“ heißen, da neben Umformung zusätzliche Beanspruchung durch Recken (Zug!), nicht Strecken! – Verfahren geht auf Amerikaner *Arz* zurück, der 1916 nach diesem Prinzip erstmals Lkw-Verkleidungen formte; auch als Hufford-Verfahren bekannt, da von Fa. Hufford (Cal. USA) wesentlich weiterentwickelt (Hufford-Presse). Seit dreißiger Jahren von Kfz- und Flugzeugwerken der ganzen Welt übernommen, da als

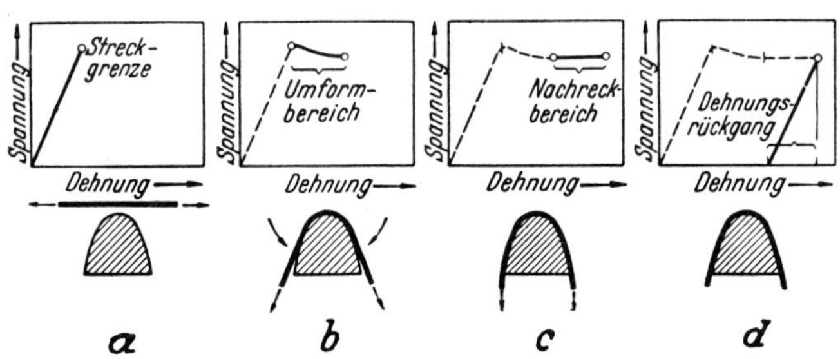

Abb. III.319. Streckformen im Spannungs-Dehnungs-Diagramm. a) Recken bis $\sigma_{0,2}$; b) Umformen; c) Nachrecken; d) Entlasten.

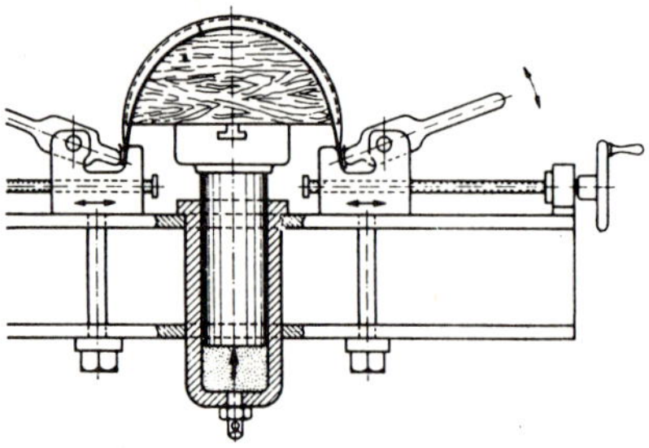

Abb. III.320. Schema einer Streckziehpresse (Hufford-Presse). Ebener Blechzuschnitt mit umgefalzten Enden gespannt, durch hydraulisch hochgefahrenen Streckklotz geformt und dabei über $\sigma_{0,2}$ gereckt.

billigstes Blechumformverfahren überall dort unentbehrlich, wo kleine (ab 5 ... 10 Stück wirtschaftlich) bis mittlere Stückzahlen (1000 und mehr) gewölbter Blechteile bzw. gebogener Blechprofile erforderlich. – Tiefziehen als Alternativverfahren kommt im Kfz-Bau erst bei Massenfertigung in Frage, wenn Gestalt endgültig, im Flugzeugbau kaum, da zu geringe Stückzahlen. –

Abb. III.320 u. 321 zeigen Arbeitsprinzip bzw. Aussehen klassischer Streckziehpresse. *Vorteile*: Gleichmäßige und große Formgenauigkeit bei einwandfreier Oberfläche; durch Recken und Biegen erhöhte Streckgrenze gegenüber Ausgangszustand; auch Teile mit Gegenkrümmung durch Gegendruckeinrichtung (z. B. Portalaufhängung) mit eigenem hydraulischen Zylinder herstellbar; billiges Werkzeug; Werkzeugänderung (nur Formklotz) schnell und billigst durchführbar. *Nachteile*: Nicht unerheblicher Blechabfall durch Einspannenden; zeitaufwendiger als Tiefziehen. – Bei stärkeren Wölbungen bei älterem Verfahren oft während Streckziehen Beklopfen des Blechs mit Holz- oder Gummihammer zur Vermeidung leichter Falten; dadurch Gleiterleichterung Blech/Formklotz, auch begünstigt durch Formpuder, Elastoplast- oder Glasfiber-Schicht, auch Hartfett (letzteres ungünstig für Hartholzform, da diese erweichend). Formklotz (Streckform) einfachst aus verleimtem Rotbuchenholz u. ä. (ggf. örtlich armiert), Al- und Zn-Gußlegierungen (immer hochpoliert zur Gleiterleichterung), zum Profilstreckziehen meist Kunstharz-Preßholz nach DIN 7707. Nach neuerem Verfahren (Abb. III. 319) praktisch keine Gleitung zwischen Blech- und Formklotz, da vorgerecktes Blech zum Umformen nur angelegt wird.

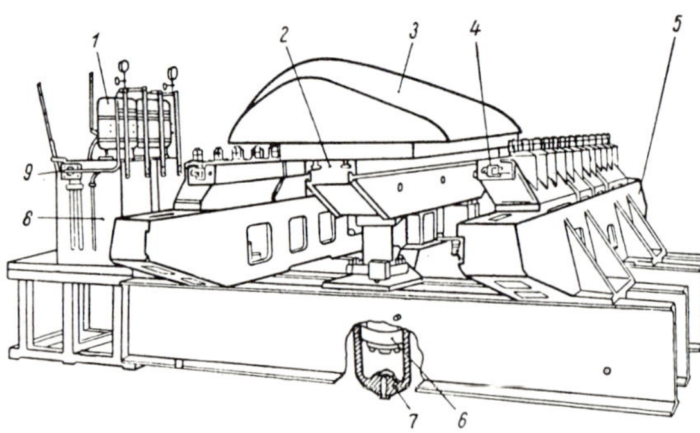

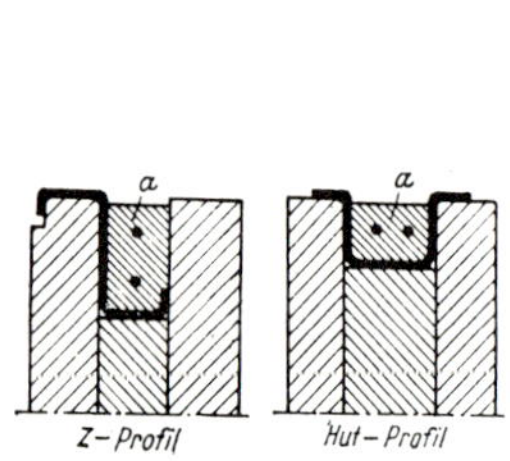

Abb. III.321. Streckziehpresse klassischer Bauweise. 1 Motor; 2 Aufspanntisch (Träger für 3), durch 2 × (6) gehoben, auch schräg stellbar; 3 Formklotz (Streckform); 4 pneumatisch betätigte Spannbalken (-klauen) auf beiden Seiten; 5 verstellbare Querträger für 4 (auf beiden Seiten); 6 Kolben von 7; 7 Hydraulik-Zylinder (auch hinten!); 8 Rotationskolbenpumpe, durch 1 angetrieben; 9 Steuerstand.

Abb. III.322. Ziehkettenquerschnitt zum Profilstreckformen. a Ziehkette: auf 2 Drähte aufgereihte Holz-Distanzstücke.

Abb. III.323. Tangentialzug-Streckformen. Arbeitsstufen aus Katalog der Fa. Hufford: 1 Reckzug bis $\sigma_{0,2}$; 2 Einschwenken der Spannbacken unter Formgegendruck; 3 Endzug (Backen parallel); 4 fertiges Teil.

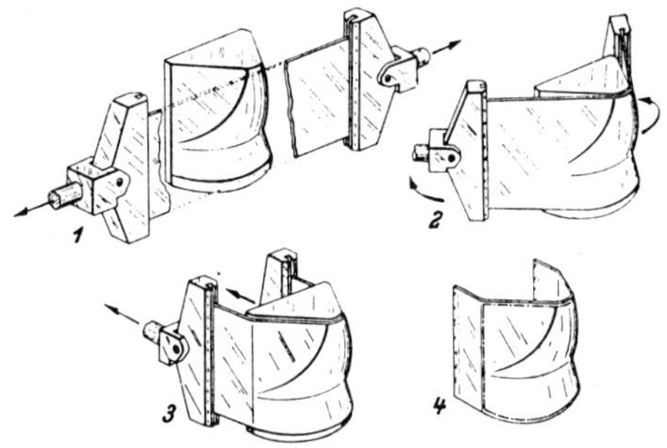

Zwei grundsätzliche Bauarten: Für ebene Blechzuschnitte Abb. III.321 u. 324, ferner für längere Blechprofile liegende Bauart; im letzteren Fall ggf. „Ziehkette" erforderlich, um freistehende Profilschenkel abzustützen (Abb. III.322), und Spezial-Formspannbacken. – Neuere Entwicklung: Überwiegend liegende Bauweise auch für großflächige Blechzuschnitte, nicht nur für Profile (neuerdings sogar für Al-Strangpreßprofile!). Auch ebene breitere Blechzuschnitte (Abb. III.323) z. T. vor Formen bis $\sigma_{0,2}$ gereckt, dann erst geformt; auch auf Drehscheibe liegend befestigter Formklotz gegen Blech unter Reckspannung eingeschwenkt und dadurch geformt. Sonderbauarten und Zusatzeinrichtungen so vielseitig, daß hier nicht darstellbar. – Profilstreckformmaschinen von 0,1 ... 10 MN Umformkraft bei bis 8 m Einspannlänge und bis 300 mm Breite; Blechstreckformmaschinen mit bis 14 MN Umformkraft und für Blechflächen bis über 70 m² (9,15 × 6,7 m) [III.62]. – Neuere deutsche Entwicklung zeigt Abb. III.324. Streckziehen sehr flach gewölbter Teile in Doppelanordnung: Abb. III.325. – Beim „Androform"-Verfahren wird Blech über profiliertes Formwerkzeug gezogen, dessen wirksame Konturen für jeweils gewünschte Endform verstellbar sind. – Ti und Ti-Leg. erfordern auf 540 °C widerstandserhitztes Formwerkzeug aus rostfreiem Stahl. Auf Sondermaschinen auch Radial-Streckformen geschlossener Blech- oder Profilringe (nahtgeschweißt, Schweiße abgearbeitet). –

Blechwerkstoffe: Stahl bester Dehnung (geglüht), auch 18/8 Cr-Ni-Stahl („V2A"-Typ), schwieriger Ti und Ti-Legierungen bis 1,5 mm Dicke; Al- und Mg-Legierungen (bei letzteren Metallform gasbeheizt) bis 3 mm Dicke und neuerdings darüber, meist aushärtbare Legie-

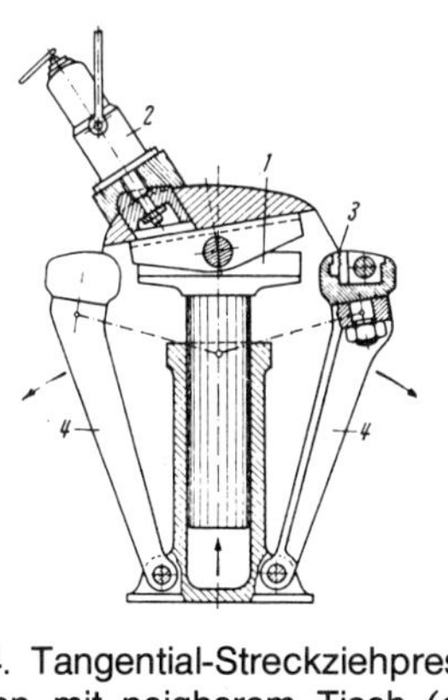

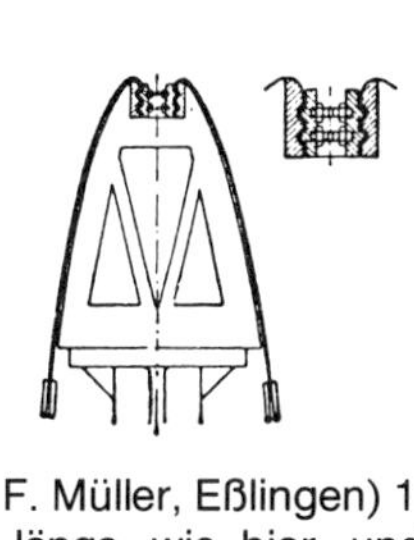

Abb. III.324. Tangential-Streckziehpresse, liegend (Schema; F. Müller, Eßlingen) 1 drehbarer Hauptkolben mit neigbarem Tisch (durch Kolbendrehung längs, wie hier, und quer zur Spannrichtung stellbar); 2 Oberdruckeinrichtung, an Formklotz verankert; 3 gezahnte hydraulische Blecheinspannung (ohne Umfalzen); 4 Kurvenzugeinrichtung.

Abb. III.325. Streckziehen gleichzeitig zweier flachgewölbter Teile mit zusätzlich Einspannung am Formklotz.

rungen, die lösungsgeglüht unmittelbar nach Abschrecken in H_2O verarbeitet werden, dann bei Raumtemp. aushärten (vgl. I.E). Je größer Spanne $\sigma_{0,2}$ bis σ_B, desto besser Werkstoff zum Streckformen geeignet. – Werkstoffverlust durch Einspannen je nach Maschinenart unterschiedlich, jedenfalls beachtlich. Durch Reckung und Dehnung u. U. bis 6% Querschnittsminderung, jedoch mehr als ausgeglichen durch $\sigma_{0,2}$-Erhöhung.

Anwendungsbeispiele: Kfz-Karosserieteile (Kotflügel, Dach, Türblech, Vorderteil mit nachträglichem Fensterausschneiden, Seitenbleche, Brustbleche mit Auszug für Lampen u. a.), soweit nicht Massenfertigung; Blechteile von Flugzeugzellen (Motorverkleidung, Verkleidung zwischen Rumpf und Flügel, Spanten, Flügelnasen und -Endbögen, Rumpfbeplankungsbleche u. a.); sinngemäß im Bootsbau für Rumpf-Beplankungsbleche und Blechspanten; im Raketenbau (Hüllen der Innenkonstruktion, Ruderhautfelder, Leitwerke u. a.); außer diesen Beispielen ähnliche Teile auf allen Gebieten der Blechverkleidung, soweit nicht durch einfache Biegung erreichbar.

d) Drücken (Metalldrücken)

Umformen von Blechronden oder Tiefzieh-Zwischenformen auf Drückmaschinen (Drückbänken) über umlaufendem Drückfutter (Formfutter) durch Drückwerkzeuge zu runder Hohlkörper-Endform; Krafteinleitung punktförmig auf Linie verlaufend, daher Kraftbedarf relativ gering. Man unterscheidet: Drücken in seiner ursprünglichen Bedeutung (einfaches Drücken); Gewindedrücken; Abstreckdrükken.

α) **Einfaches Drücken,** ein sehr altes, aber auch heute unentbehrliches Blechumformverfahren: Der Drücker formt zwischen Drückfutter F (Abb. III.326) und Vorsetzer V einer Drehbank-ähnlichen Drückbank zentriert gespannte Blechronde B_0, die je nach Dmr. mit 200 ... 2000 U/min umläuft, bei Handführung des Werkzeugs D (verschiedene Ausführung Abb. III. 327) durch streichende Bewegung (Abb. III.328). Er hält dabei meist langen Drückstahl D unter Achselhöhle und stützt ihn gegen Auflage A mit Steckstift ab (Abb. III.326); dabei ist er über Hüftgurt mit Drückbank verbunden. Bei dünneren weichen Blechen mindert zusätzliche Blechführung durch Gegenhalter G Faltenbildung bzw. verhindert Blechflattern. Drücken als

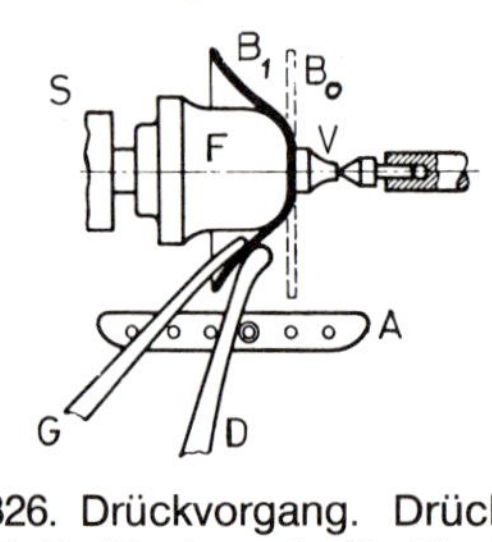

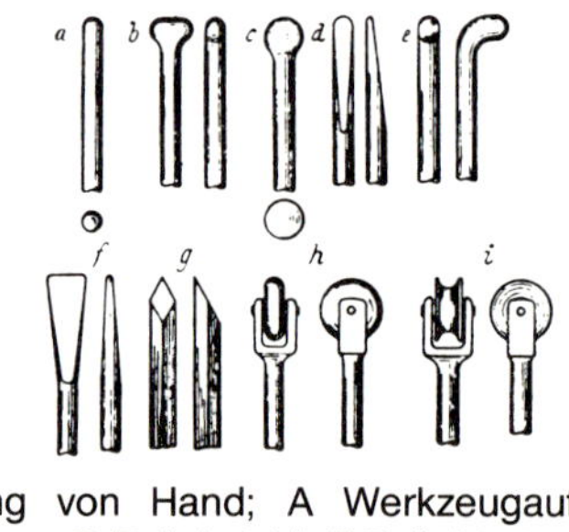

Abb. III.326. Drückvorgang. Drückwerkzeugführung von Hand; A Werkzeugauflage mit Steckstift; B_0 Blechronde; B_1 Blech im Drückvorgang; D Drückstahl; F Drückfutter (hier Außenfutter); G Gegenhalter, meist aus Hartholz, zur Faltenvermeidung bei weichen dünnen Blechen; S Drückbankspindel; V mitlaufender „Vorsetzer", durch Reitstockspitze angedrückt, der B gegen F spannt.

Abb. III.327. Verschiedene Drückwerkzeuge zum Stahldrücken aus Hart-Ms oder -Bronzen, für andere Blech-Werkstoffe aus gehärtetem Stahl, Arbeitsenden poliert; a einfacher Drückstahl (Halbkugelkopf); b Faust; c Kugeldrückstahl; d Umlegstahl (Löffelstahl); e Hakenstahl; f Glättstahl (Flachstahl); g Abstechstahl (Stichel); h Drückrolle; i Wulstrolle; (h u. i immer aus Stahl, meist kugelgelagert).

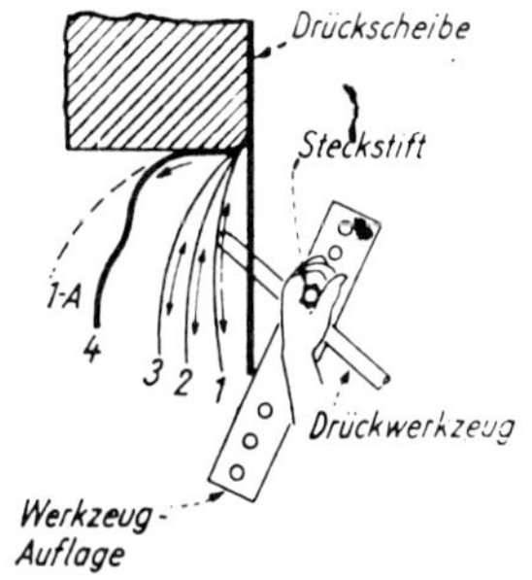

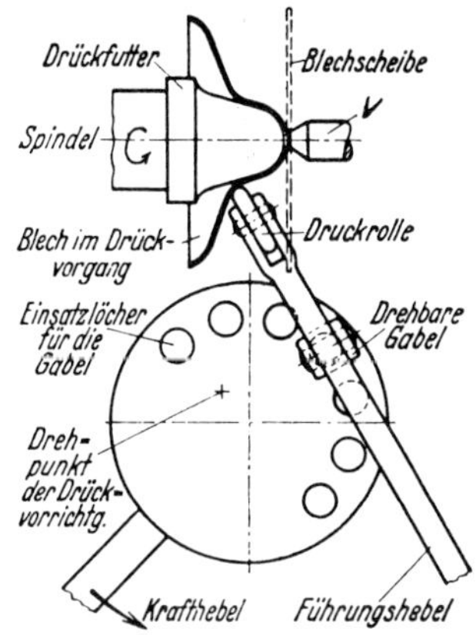

Abb. III.328. Schema der Drückumformung. Zuerst Andrücken der Ronde an Futterkante, dann hin- u. herstreichende Schwenkbewegung gegen Drückblech mit Drückstahl bis zur vollkommenen Anlage am Drückfutter.

Abb. III.329. Exzenter-Drückvorrichtung. Kraft- und Führungshebel gegeneinander bewegt steuern Drückrolle; Werkzeug hier in Zwischenstadium; V Vorsetzer.

Handarbeit erfordert große Geschicklichkeit und Erfahrung. – Drücken dickerer Bleche strengt weniger an bei Verwendung der Exzenter-Vorrichtung Abb. III.329. – Auch Drücken flacher Schalen, Reflektoren u. ä. nach Abb. III.330 mit *Innenfutter*, wobei hier Blech durch evtl. später abgetrennten, zuerst angedrückten 90°-Bördelrand am Futterrand festsitzt. – Richtige Drückrollenform wesentlich für Erfolg: Abb. III.331.

Beim einfachen Drücken Blechdickenänderung nicht beabsichtigt, jedenfalls unerheblich. Ausgehend von ebener Scheibe erhaltenes Fertigteil im Dmr. kleiner, oft beachtlich; Blech er-

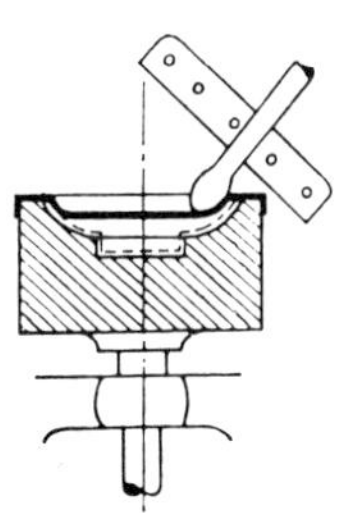

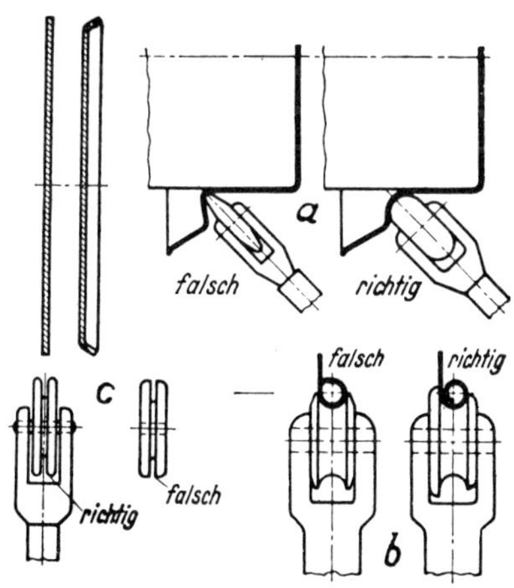

Abb. III.330. Drücken mit Innenfutter. Hohe Genauigkeit der Außenform; hier auch Hochwölben des Gefäßbodens.

Abb. III.331. Rollen-Drückwerkzeuge in richtiger und falscher Ausführung. a) Rundungsradius der Drückrolle nicht zu klein, sonst Drücken behindert; b) linke Schulter der Wulstrolle zum Einrollen höher, damit Wulst rundgeschlossen wird; c) Umlegen des Scheiben-Randbereichs: Innenkanten der Rolle gut gerundet, sonst Blechverletzung mit Rißgefahr.

fährt also in Umfangsrichtung Stauchung unter gleichzeitiger Streckung in Gefäß-Längsrichtung, wobei Wanddicke in etwa erhalten bleibt. Ist d_0 Ronden Φ und d_1 Rand-Innen Φ des Fertigteils, dann *Drückverhältnis* $\beta_u = d_0/d_1$, ein Maß für Schwierigkeitsgrad der Umformung und damit der Blechbeanspruchung.

Blechwerkstoff: Muß ausreichend dehnfähig und genügend weich sein, ohne zu schnelle Kaltverfestigung. Gut geeignet: Weicher C-Stahl, austenitischer Stahl (z. B. 18/8-CrNi-Typ u. a.); Cu und seine weicheren Legierungen, bes. α-Ms, auch Neusilber; Al 99, AlMn, AlMg 3; Ni und seine weicheren Legierungen (Monel, Inconel u. ä.); Zn und Zn-Leg. (am besten handwarm); besonders leicht drückbar: Pb und Sn; sehr gut auch Edelmetalle (Ag, Au, Pt für chemotechn. Geräte), sowie Ta; ferner übliche plattierte Bleche auf Basis obiger Metalle; selbst formschwierige Teile daraus ohne Zwischenglühung drückbar. – Andere Blechwerkstoffe erfordern je nach Art und Formschwierigkeitsgrad eine oder mehrere Zwischenglühungen (Zwischendrückfutter!) oder gar Warmdrücken bei Schmiedetemperatur; letzteres auch für größte Blechdicken sonst leicht drückbarer Werkstoffe, z. B. St bis 150 mm Dicke bei 5000 mm Φ mit Drücken bis 2,5 MN.

Blechdicken beim Drücken von Hand: für Al 99 obere Grenze $\approx$3 mm, für alle anderen Werkstoffe im umgekehrten Verhältnis ihrer $\sigma_{0,2}$ dazu darunter; untere Grenze $\approx$0,5 mm (wegen Flatterns und Neigung zur Faltenbildung). – *Schmierung:* bei weichen und gut duktilen dünneren Blechen Schmierseifenlösung, sonst Druckfett (evtl. Graphit- oder MoS_2-haltig), Talg, Wachs-Rizinus-Gemisch u. a., bei Ni und Ni-Leg. Si-frei! – *Drückform*: für weiche Bleche und geringere Stückzahlen aus Hartholz (Weißbuche, Ahorn u. ä.) schichtverleimt, auch Kunstharz (Duroplast)-getränktes Hartholz, sonst bei höherer Beanspruchung Stahl, Hartguß, G-SoAlBz, G-CuZn 39 Pb 2, auch G-AlSi 13 u. a. je nach Beanspruchung.

Vorteile des Drückens auch heute: Geringer Arbeitsmittel-Aufwand; Wendigkeit und schnelle Lieferbereitschaft; einfache Herstellbarkeit von Ausbauch- und Einziehteilen; beachtliche Festigkeitssteigerung; gegenüber Tiefziehen: selbst bei großen Werkstücken geringe Maschinenleistung; Werkstückgröße (bis 6 m Φ!) nicht wie beim Tiefziehen begrenzt. *Nachteile*: Beschränkung auf Rundformen (mit Ovalwerk auch ovale Formen drückbar!); gegenüber Tiefziehen viel zeitaufwendiger.

Drücken unterschnittener bzw. ausgebauchter oder eingezogener Hohlgefäße auch bei größter Stückzahl ausgehend von auf Außenfutter vorgedrückten bzw. zylindrisch tiefgezogenen Teilen durch *Einzieh-Drücken* einer Halspartie mit geteiltem Außenfutter (Abb. III.332) bzw. einer Mittelpartie (Abb. III.333) bzw. futterlos mit Innenformrolle (Abb. III.334), oder durch *Ausbauch-Drücken* mit geteiltem Innenfutter (Abb. III.335) oder futterlos mit Außenformrolle (Abb. III.338 u. 339); Außenformgenauigkeit am größten nach Abb. III.335, auch nach Abb. III.336 u. 337.

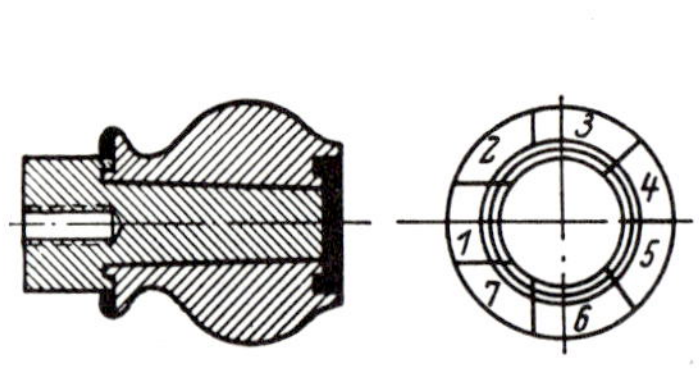

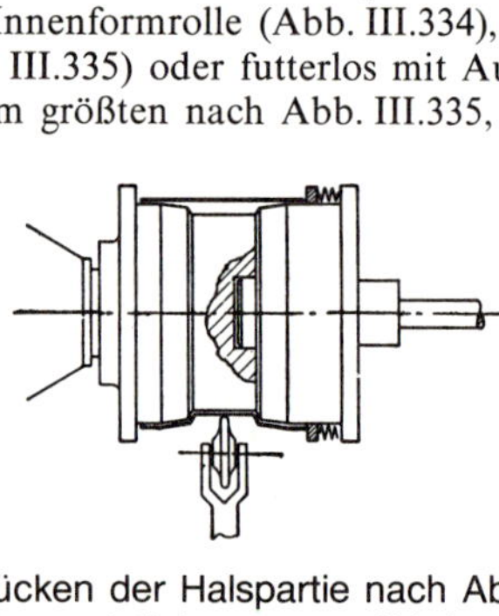

Abb. III.332. Geteiltes Außen-Drückfutter zum Einzieh-Drücken der Halspartie nach Abb. III. 326 normal vorgedrückter (wie hier) oder (bei anderen Formen) tiefgezogener Werkstücke. – Sektoren 1 ... 7 (Hartholz, GG u. a.) links am Dornfuß, rechts durch Stahlbundplatte (oder eingelassenen Stahlring) zusammengehalten; nach Abziehen vom Dorn Sektoren, mit 1 (parallele Flanken!) beginnend, aus Behälterhals entfernt; bei engem Hals evtl. Sektoren im Innenbereich ausgehöhlt und entsprechend schmal.

Abb. III.333. Geteiltes Außendrückfutter zum Einzieh-Drücken: Herstellung eines Triebwerkteils aus warmfestem Blechwerkstoff (Ni-Leg, leg. St): oben: zylindrischer Blechmantel (evtl. geschweißt, Naht abgearb.) als Zwischenform; unten: von links nach rechts durch Rollendruck eingezogen; Fertigteil.

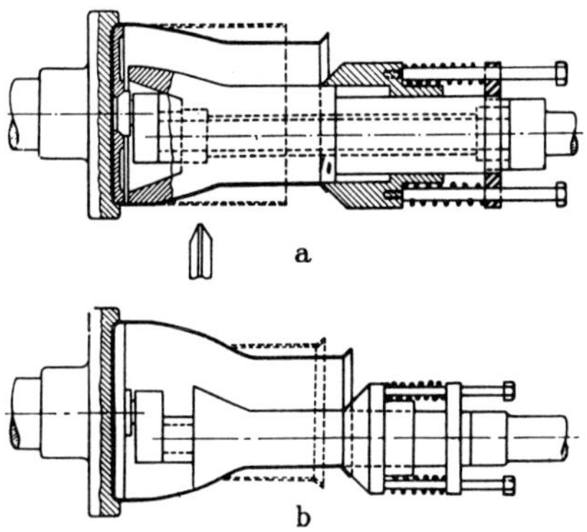

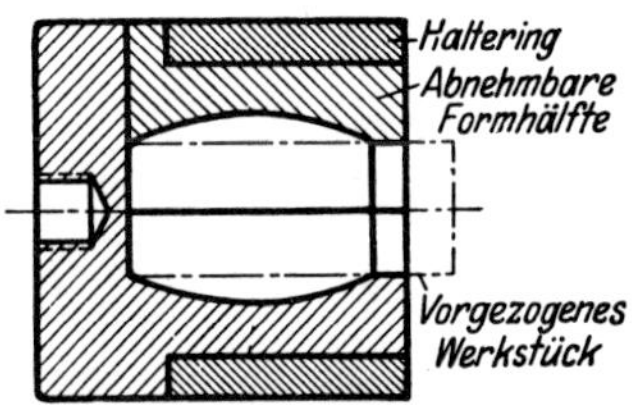

Abb. III.334. Futterloses Einzieh-Drücken durch Innenformrolle („Walzenfutter"). a) ausgehend von zylindrischem Tiefziehteil Zwischenformen; b) ausgehend von Zwischenform nach a) Fertigformung in ähnlichem Werkzeug. – Innenformrolle durch Reibung mitlaufend und immer dem außen angreifenden Drückwerkzeug (unter 45° nach unten geneigt auf Werkzeugauflage abgestützt) gegenüberstehend.

Abb. III.335. Geteiltes Innendrückfutter zum Ausbauchdrücken mit innen angreifender Drückrolle (vgl. Abb. III.336); damit größte Außenformgenauigkeit erzielbar.

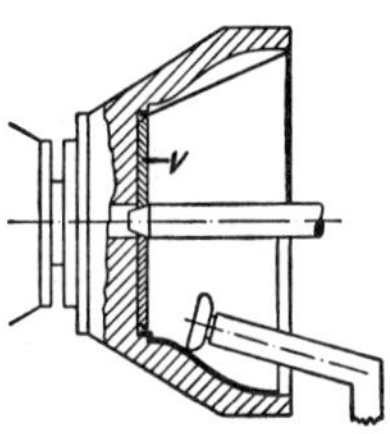

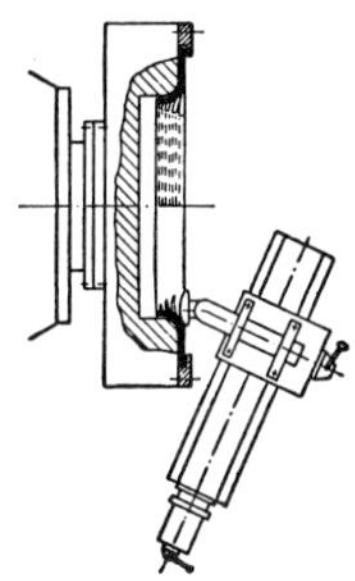

Abb. III.336. Einteiliges Innendrückfutter zum Aufweiten. Oben: konischer Blechmantel (evtl. geschweißt, Naht abgearbeitet) als Zwischenform, durch Vorsetzer V gehalten; unten: nach Aufweit-Drücken fertiges Einlaufteil.

Abb. III.337. Einteiliges Innendrückfutter mit Spannring für Werkstück. Aufweiten einer Blechringscheibe zu einem Einlaufring.

Überdrücken (Nachformen, Nachdrücken, Planieren) ist gleichsam Schlichten tiefgezogener Teile zum Oberflächenglätten mit meist kurvengesteuertem Polierstahl oder Drückrollen, ohne Form zu ändern.

Rollen bezweckt Einziehen bzw. Ausbauchen (Sicken, Wulsten) bestimmter Werkstückpartien mit Formroll-Sonderwerkzeugen (Abb. III.340 u. 341); ist dem Drücken verwandt und bes. bei Massenfertigung zeitsparender als übliches Drücken.

β) **Gewindedrücken** ist Herstellen einer Rundgewinderille (Spiralsicke) in zylindrischen Blechteilen für Befestigungszwecke, wobei meist auch Gegenstück Blechgewinde hat. Beispiele: Sicherungs- und Glühlampensockel, Blechschraubendeckel für Blechbehälter u. Zeichnungsrollen, ferner im Schiffsbetrieb Petroleum-Notbeleuchtung u. ä. In E-Technik Gewinde Φ 10, 14, 27, 33 und 40 mm mit zugehörigen Steigungen 1,8, 2,8, 3,6, 4,2 und 6,3 mm; Ausführung meist Ms-Blech. Für sonstige Zwecke Gew.-Φ bis 100 mm und mehr, wobei Steigung rel. zum Dmr kleiner. –

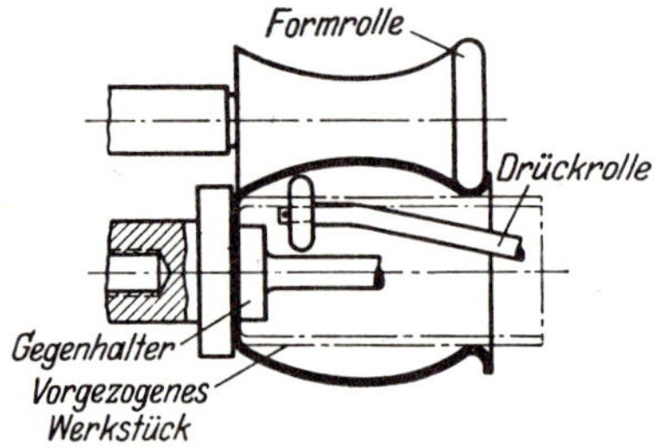

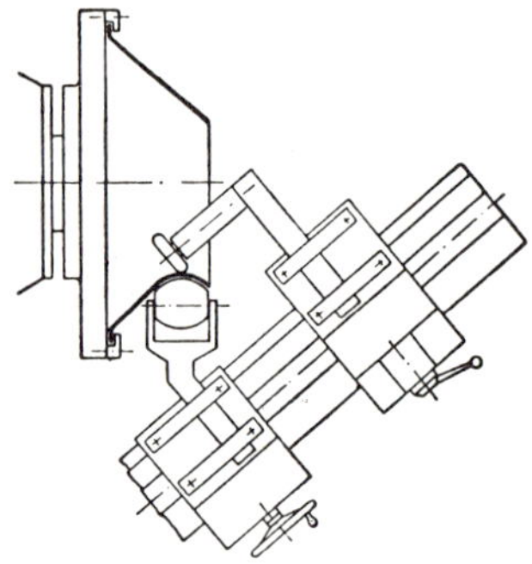

Abb. III.338. Futterloses Ausbauchdrücken mit Außenformrolle. Formrolle durch Reibung mitlaufend; Streichbewegung mit Drückrolle nur gegenüber Formrolle (maschinell gesteuert).

Abb. III.339. Futterloses Aufweit-Drücken mit Außenformrolle. Oben: konischer Blechschuß (evtl. geschweißt, Naht abgearbeitet) mit vorher durch Drücken angebördeltem Spannrand (Zwischenform); unten: nach Aufweit-Drücken des Einlaufprofils fertiges Lüfterteil.

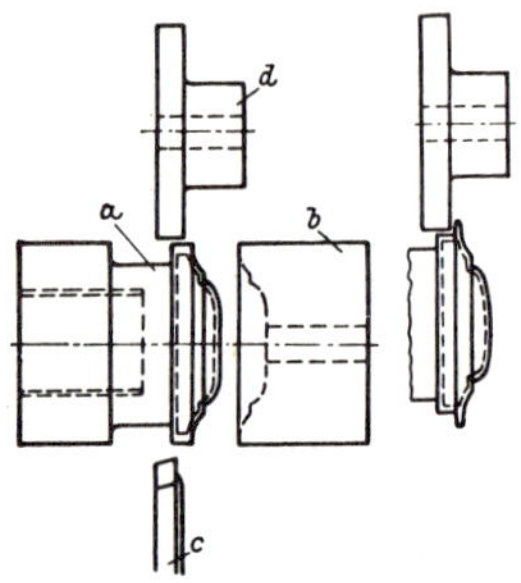

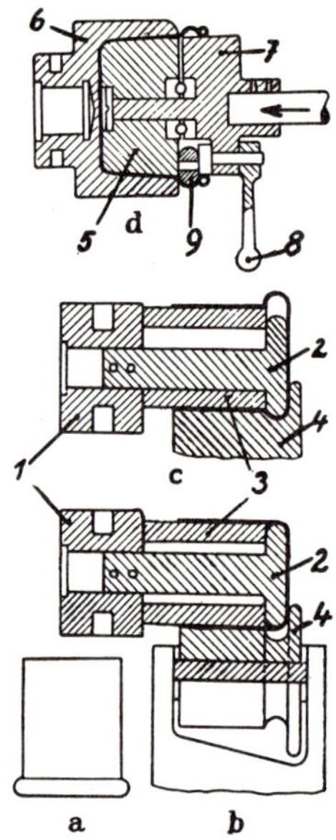

Abb. III.340. Schema des Rollvorgangs zum Einziehen, hier des zylindrischen Teils eines formgeschlagenen Deckels (mit Abstechen des Randes); a Aufnahmefutter; b Gegenfutter; c Abstechstahl; d Einziehrolle; dabei Blech in Umfangsrichtung gestaucht; n≈1000 1/min; ≈500 Stück/h.

Abb. III.341. Rollvorgang zum Wulsten (Sicken). Schema; a), b), c) am Gefäßboden; d) am Rand; a) Gefäß mit Bodenwulst, gefertigt nach b) u. c): in Futter 1 ist Dorn 2 (mit radial verschiebbarer Büchse 3 verstiftet, tiefgezogenes Werkstück aufgesteckt; c) nach Andrücken der Rolle 4 kann sich 3 radial verschieben, wobei 2 Bodenwulst eindrückt. – d) konisches Gefäß mittels Kernstück 5 in Futter 6 gespannt und umlaufend, während 7, das über Kugellager 5 in 6 drückt, stillsteht; durch Schwenken von 8 erzeugt exzentrisch gelagerte Wulstrolle 9 den Randwulst.

Herstellverfahren: Über ganze Gewindelänge gleichzeitig nach Abb. III.342 I, wobei jedoch heute meist Rollen Φ 2 ... 4× Dorn Φ (Drehzahlen im umgekehrten Verhältnis); außerdem Dorn Φ oft kleiner als Kern Φ des fertigen Gewindes, so daß einfaches Abziehen (statt Abschrauben) des Werkstücks möglich; Anwendung für kleinere Gewinde Φ. Ferner Verfahren nach Abb. III.342 II; statt wie hier auch zwei um ½ Ganghöhe versetzt einander gegenüberstehende durch Reibung mitlaufende Rollen mit dem Gegenprofil einer Gewinderille vorgeschoben; Werkstück dann durch Festhalten und Gegendrehung des Dorns abgeschraubt. – Für sehr tiefe Gewinderillen kleiner Ganghöhe Sonderverfahren [III.47].

γ) **Abstreckdrücken, Drückwalzen** (auch Walzdrücken, Fließdrücken, Scherdrücken, Abstreckwalzen, Streckplanieren genannt) ist Umformen eines Hohlkörpers zur Verringerung seiner Wanddicke, oder Umformen einer ebenen Dickblechronde in einen Hohlkörper unter wesentlicher Wanddickenverringerung im Abstreckbereich, wobei Ronden Φ und Fertigteil Φ gleich groß sind, daher im letzten Fall auch Projizier-Streckdrücken genannt. Verhältnismäßig junges Umformverfahren. –

Vorgefertigte Behälter (meist tiefgezogen aus dickerem Blech, aber auch aus duktilem Al-Guß) erfahren wesentliche Wanddicken-Reduzierung durch Rollen (Abb. III.343); dort bisher

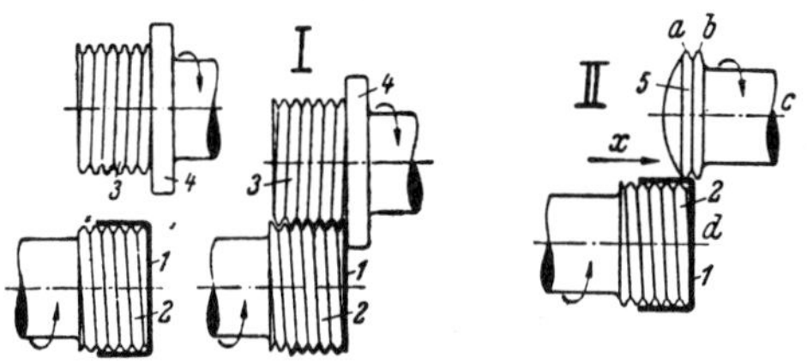

Abb. III.342. Drücken von Blechgewinde. I mit radialem Vorschub; II mit axialem Vorschub (gegenüber I geringere Querkraft); 1 Werkstück (z. B. tiefgezogener Blechdeckel); 2 Dorn mit Gewinde-Innenabmessungen des Werkstücks; 3 Druckrolle, gegen 2 einzuschwenken, mit entgegengesetztem Steigungswinkel wie 1 u. 2; Profil ≙ Außenabmessung des Gewindes auf 1; 4 Flansch, hält 1 in axialer Richtung; 5 Druckrolle, hier fest (bzw. axial verschiebbar), kein Gewinde, nur Rillenprofil (a, b) ≙ Profil von 3, wobei zugehöriger Dorn 2 hier axialen Vorschub x hat (bzw. fest ist).

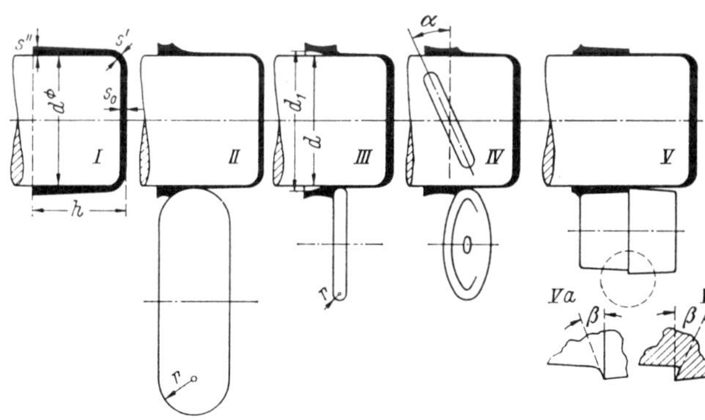

Abb. III.343. Abstreckdrücken (-planieren) tiefgezogenen Teils über Futter (Drückdorn) mittels Rolle. Hohe Festhaltekraft durch Vorsetzer (nicht gezeichnet)! I tiefgezogener Napf auf Dorn: $s' < s_0 < s''$ (etwas übertrieben); II Rollenradius r groß, umformgünstig, aber hoher Druck erforderlich; III r klein, umform-ungünstig, hemmende Wulstbildung, Erweiterung d_1 Φ gegen d Φ; IV wesentliche Verbesserung: Rollen-Schrägstellung, dabei ∢ α bis 2θ; geringste Wulstbildung; V Rundungsradius der Arbeitskante sehr klein, jedoch Wulst durch voreilende Werkstofführung (Einlaufkonus) verhindert; V a Arbeitskante der Rolle nach V, hier ∢ β positiv (bei V b negativ).

viel Rollenform V verwendet; Rollenform und -Stellung nach IV Verbesserung für Al nach *Tomasett*. U. a. auch zur Herstellung von Elektro-Kochgeschirr mit dickem Boden und dünner Wand, Eimer, Kessel, Milchkannen, Düsentriebwerksteile u. ä.

Aus Dickblechronde entsteht durch Abstreckdrücken (hier auch Projizier-Streckdrücken genannt) Hohlkörper (Abb. III.344), wobei Bodendicke s und Dicke etwa belassenen Flansches gleich Ausgangsdicken der Ronde sind, während Wanddicke s' abhängig vom Kegelwinkel α, nämlich $s' = s \cdot \sin \alpha$; Wandabmessung *parallel* Achse überall $= s$. Wanddicken-Reduzierung in einem Durchgang bis 75% ($s' \geqq 25\%$ von s) möglich. – Auch andere rotationssymmetrische Hohlkörper (z. B. Ellipsoidform) aus ebener Platte abstreckdrückbar, sofern $\sphericalangle\, \alpha$ an keiner Umfangsstelle $< \approx 15°$, andernfalls Hohlvorform erforderlich (dann sogar zylindrischer Behälterrand möglich). Bei z. B. Ellipsoidform wegen ständig sich verkleinerndem $\sphericalangle\, \alpha$ auch Wanddicke nach Ende hin dünner werdend.

Beim zylindrischen wie beim konischen Abstreckdrücken gesteuerte Führung der Walzrollen; Rollenkraft verhältnismäßig groß (bei schweren Arbeiten hydraulisch angedrückte Abstreckrolle u. zwei ihr gegenüberstehende Druckaufnahmerollen auf gemeinsamem „schwimmenden“ Schlitten), daher widerstandsfähiges Futter (Dorn). Futter bzw. Rolle aus gehärtetem Werkzeugstahl hochglanzpoliert; Rolle u. U. hartverchromt. Rollen- und Dornführung starr, nur dann ganz gleichmäßige Wanddicke hoher Genauigkeit ($\pm 0{,}05$ mm) bei bester Glätte.

In einem Durchgang abstreckdrückbare Werkstoffe: Weicher St, Ni, Cu und Al sowie deren weichere Legierungen mit bis 20 mm Rondendicke; ihre härteren Legierungen sowie rostfreier und hitzebeständiger St, Monel, Inconel, Ti Rondendicken bis ≈ 10 mm; erforderlichenfalls auch die unter α) genannten sonstigen Werkstoffe.

Abstreckvorgang hat hinsichtlich Werkstoffbeanspruchung mit einfachem Drücken nichts mehr gemein. Beim Abstreckdrücken Umformung durch Scherkräfte, dabei Gefüge entlang Formmantellinie gestreckt. Nach Abb. III.343 schiebt sich dabei linker Rand zunehmend auf Dorn nach links, wobei Zwischenform I entsprechend Wanddickenverringerung in Länge (Tiefe) wesentlich zunimmt, während nach Abb. III.344 umzuformende Rondenringzone durch Streckrolle auf Kegeldorn geschoben („projiziert“) wird, ohne darauf entlang zu gleiten. Streckrolle plastifiziert Werkstoff nur in ihrem engen Angriffsbereich, ohne Rondenteil links davon (Abb. III.344) zu beeinflussen. – Hochwertige Druckschmiermittel auch hier zur Werkzeugschonung und Verbesserung der Oberflächenglätte erforderlich. – Abb. III.345 erläutert

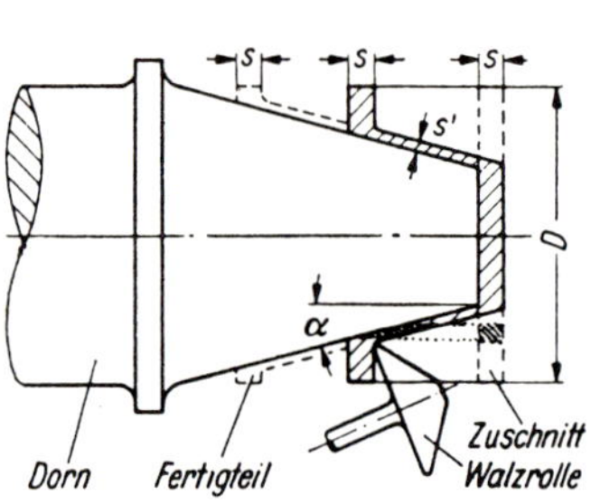

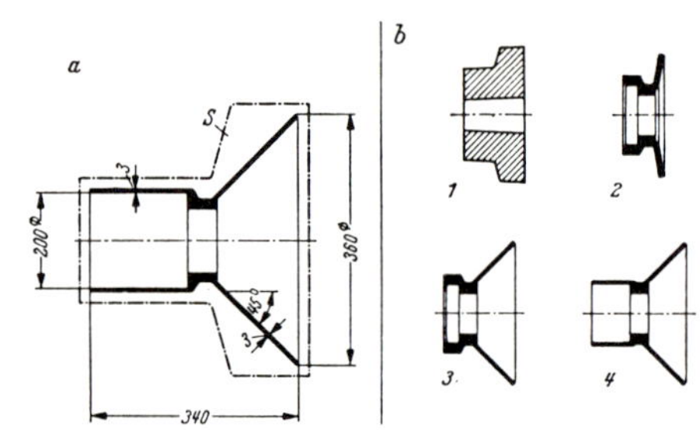

Abb. III.344. Abstreckdrücken eines Kegelstumpfbehälters aus Dickblechronde, dabei bleibt D ∅ erhalten; hohe Festhaltekraft durch Vorsetzer (nicht gezeichnet); Bodendicke s = Ausgangsrondendicke = Dicke etwa belassenen Randes (Flansches); aus engschraffierter Volumenteilzone der Ronde entsteht ihr volumengleiche, genauso schraffierte Zone der Kegelwand, erstere gleichsam auf Kegel projiziert, daher Verfahren auch Projizier-Streckdrücken genannt.

Abb. III.345. Abstreckdrücken kombiniert mit spanender Vorbearbeitung. a) bisherige Gehäuse-Herstellung rein zerspanend aus Schmiederohling S, Rohgewicht 170 kg, Fertiggewicht 8,4 kg. – b) kombinierte Fertigung: 1 Schmiederohling 60 kg; 2 aus 1 spanend vorgearbeitet; 3 erstes Abstrecken (Kegelzone); 4 zweites Abstrecken (Zylinderzone), Fertiggewicht 8,4 kg; bei b) gegenüber a) 110 kg = 65% Werkstoffeinsparung.

bei b kombinierte Fertigung eines Gehäuses durch Vorschmieden, Zwischenzerspanen und Endabstrecken, verglichen mit rein spangebender Formung bei a; bei b Werkstoffersparnis von 110 kg$\triangleq$65%, besonders für teure hochlegierte Sonderwerkstoffe sehr wesentlich, dabei noch Verfestigung durch Kaltumformung.

Heute hochentwickelte Drückverfahren sind aus moderner Fertigung nicht mehr wegzudenken und wirtschaftlich durch andere Verfahren z. T. auch in Massenfertigung nicht ersetzbar.

e) Treiben

Handwerkliches Einzelfertigungsverfahren zur Herstellung gewölbter Blechteile aller Art, bei denen wegen ihrer Gestalt bzw. Größe bzw. aus Wirtschaftlichkeitsgründen (geringe Stückzahl) Streckziehen, Tiefziehen, Formschlagen, Hohlprägen, einfaches Drücken u. ä. nicht in Frage kommen.

Dabei meist ebener Blechzuschnitt gewölbt oder gewölbtes Teil örtlich begrenzt weitergewölbt (Treiben „von innen heraus“), wobei örtlich Blechstreckung (Verdünnung) erfolgt, seltener Treiben „von außen“, wobei vorhandene Wölbung (etwa Beule) beseitigt bzw. Wölbungsradius verkleinert wird (örtliche Blechstauchung, Verdickung).

Werkstofforderung: Gute Dehnbarkeit (Duktilität) bei nicht zu schneller Kaltverfestigung und -versprödung. Treibbar sind alle schon beim Drücken (Abschn. 3 d) erwähnten Blechwerkstoffe.

Treiben mit Treibhammer von Hand: Werkstück z. B. auf nachgiebiger Unterlage, wie Lederkissen (Abb. III.346); auch Hartholzklotz (Treibklotz), Auswölbung auf Stirnseite mit Leder ausgeschlagen; im Bootsbau für leicht gewölbte Verkleidungsbleche bis 5 mm (St u. Al) auf festgetretenem Erdboden als Unterlage. Treiben mit schweren Handhämmern; stärker gewölbte Platten im Heck- und Kielbereich auf Schmiedeamboß als Unterlage mit schweren Handhämmern. – Bei kunstgewerblichen Treibarbeiten Herausholen feiner Einzelheiten (Verzierungen, Schriften) durch Punzen (meißelartige, 80 ... 120 mm lange Werkzeuge mit verschieden gerundeten bis fast spitzen Arbeitsflächen), mit Handhammer eingetrieben, dabei Werkstück auf Unterlage aus Hartholz, Hartblei, „Treibpech“, „Treibkitt“ bes. Zusammensetzung u. ä.; dabei örtlich engbegrenzte Auswölbung nach Unterlage hin. –

Zur Verringerung der Treibarbeit u. U. Arbeitsweise nach Abb. III.347. – Abschlichten nach Treiben: Abb. III.348; Ausschlichten getriebenen Teils: Abb. III.349; in beiden Fällen Hammerbahn mit Leder bezogen, wenn Weiterwölben vermieden werden soll. Prinzip Abb. III.349 aber auch zum Treiben selbst mit schwerem Ballhammer für engere Krümmungsradien, dabei Blech verdünnt und stark kalt verfestigt, daher u. U. Unterbrechung durch Glühen.

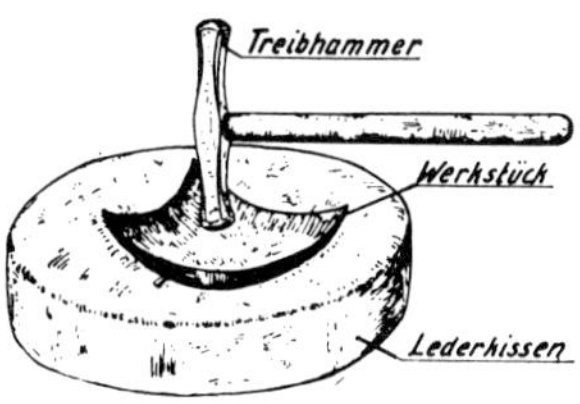

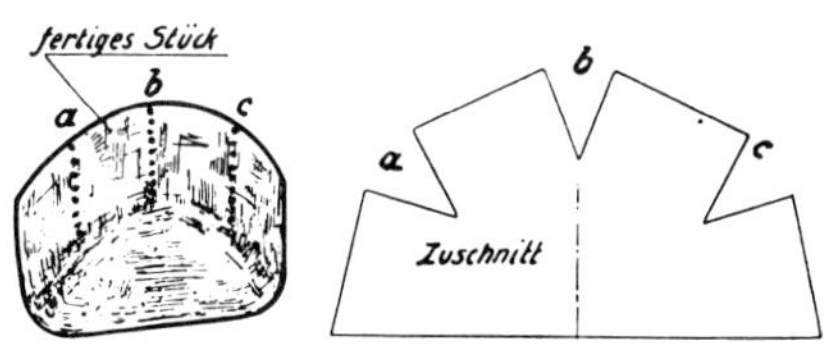

Abb. III.346. Treiben über Lederkissen (Lederbezug über praller Sandfüllung auf Hartholzplatte).

Abb. III.347. Vereinfachung der Treibarbeit durch zweckmäßige Schweißnähte. Lappen des Zuschnitts nach Hochbiegen bei a, b, c verschweißt, dann Endform fertiggetrieben (Schweißnahtlage im fertigen Stück punktiert).

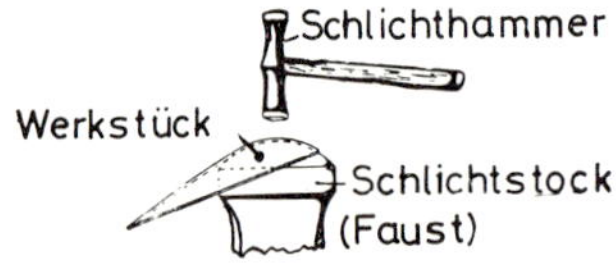

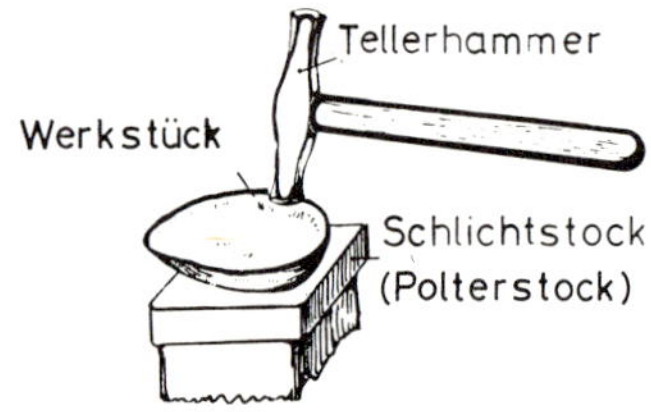

Abb. III.348. Abschlichten getriebenen Werkstücks. Werkstück erhält besonders glatte Innenseite.

Abb. III.349. Ausschlichten getriebenen Werkstücks (s. Text!).

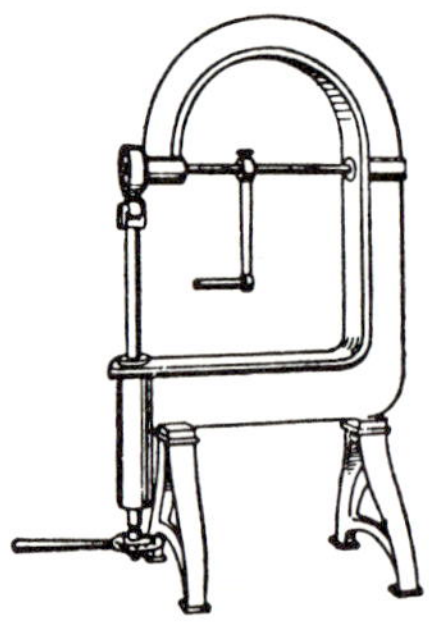

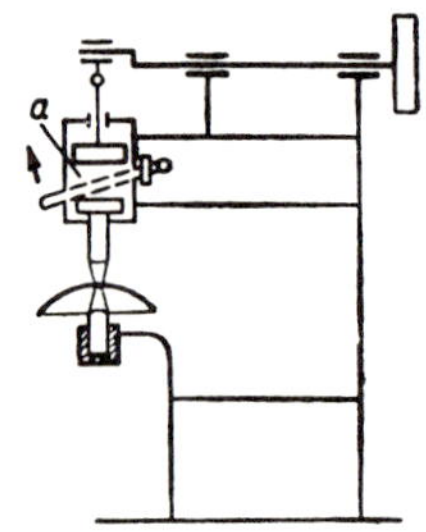

Abb. III.350. Glättmaschine (in Betriebssprache auch „Schwinge" oder „Schaukel"); zylindrische Rolle oben, ballige unten; durch stärkeren Fußhebeldruck Heben der Unterrolle; Werkstück zwischen beiden Rollen von Hand hin- u. hergezogen. Blech dadurch gestreckt.

Abb. III.351. Treib- u. Schlichthammer. Feste Unterlage („Amboß") ballig, luftbetätigter Stößel eben (auch umgekehrt!); Schlagstärke-Regulierung durch Änderung der Luftpolsterhöhe a zwischen Antriebs- und Arbeitskolben (Prinzip des Luftfederhammers, stark schematisiert).

Maschinelles Treiben (auch „Streckwalzen" genannt) bequemer, sauberer und vor allem schneller als Handarbeit: für geringere Wölbungen Glättmaschine (Abb. III.350; durch unterschiedlich starkes Hochdrücken der balligen Unterrolle wird hin- und hergezogenes Blech gegen zylindrische Oberrolle gedrückt und damit gestreckt mit Wölbung als Folge; bei geringem Druck auch zum Glätten (daher der Name). Für starke Wölbungen großer Teile: Treib- und Schlichthammer (Abb. III.351), ein Luft-Federhammer („Lufthammer"); dabei Führung der Teile von Hand. Schlagstärke leicht regelbar; Schlagzahl 300 ... 500/min.

Anwendung des Treibens besonders für Einzelteile (Prototypen), Karosserieteile, Verkleidungsbleche für Erst- und Modellausführung, auch kleine Serien gewölbter Teile kurzfristiger Fertigung im Flugzeugbau und Bootsbau; zum Nachrichten und Anpassen anderweitig vorgearbeiteter Teile; zum Ausbessern von Karosserieschäden im Kfz-Reparaturbetrieb; für Einzelgeräte der Chemotechnik auch aus Edelmetallen, ferner im Kunstgewerbe. –

4. Draht-, Stangen- und Rohrziehen (Zieherei)

(Querschnitts-Reduktion durch Düsenzug)

Grundlegendes: Ziehgut in Draht- bzw. Stabform (Draht in Bunden, Stab oder Stange gerade gerichtet in begrenzter Länge, also nicht Frage der Querschnittsgrö-

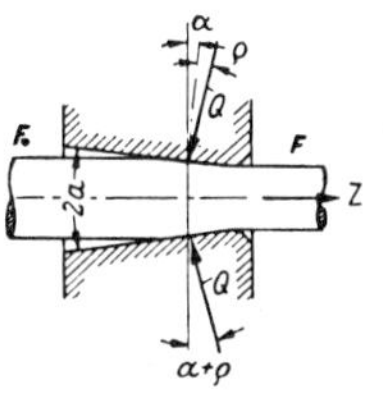

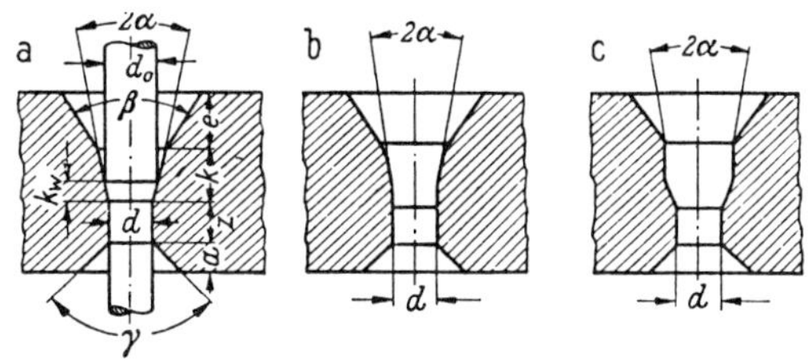

Abb. III.352. Schema des Ziehvorgangs (nach *E. Siebel*); F_0 Anfangsquerschnitt; F Austrittsquerschnitt; Q Querkraft, in Ringzone angreifend, Reaktionsdruckkraft als Folge der Zugkraft Z; 2 α Düsenöffnungs- oder Ziehwinkel; α Düsenneigungswinkel; ϱ Reibungswinkel.

Abb. III.353. Meßgrößen und Grundformen der Ziehdüsen. a) Kegelform (mit e für Naßzug, ohne e für Trockenzug); b) Trompetenform; c Glockenform. – d_0 Ausgangs-Φ des Ziehguts; β Düsen-Eingangs-∢; e Eingangskegel (Einlaufschüssel), Schmierkegel; α Düsen-Neigungs-; 2 α Düsenöffnungs- oder Ziehwinkel; k Ziehkegel (Ziehhol); k_w Wirksamer Ziehkegel; d Bohrungs- oder Kalibermaß; z Zylinder oder Führung (Ziehkanal); γ Düsenausgangswinkel; a Ausgangskegel (Ausgangsschüssel).

ße, sondern der Lieferform; z. B. 3 mm-Rundmat. gerichtet auf Länge geschnitten ist Stab, 16 mm Rundmat. in Bunden ist Draht) vom Querschnitt A_0 wird (nach Anspitzen) durch geeignete Ziehdüse mit Zugkraft Z gezogen, wobei durch ringförmig unter Reibungswinkel ϱ gegen Senkrechte zur Düsenwand angreifenden Reakionsdruck (Querkraft) Q Streckwirkung unter Querschnittsabnahme auf F erfolgt: also Zugdruckumformen (DIN 8580) Abb. III.352.

Querschnittsabnahme(-Reduktion; früher Verdünnungsfaktor als Dezimalzahl) $\varepsilon_F = [(A_0 - A)/A_0] \cdot 100\%$ drückt Umformgrad beim Düsenzug aus. Bei Abnahme von z. B. 15 mm Φ auf 12 mm Φ $\varepsilon_F = 36\%$; wegen Volumenkonstanz vor und hinter Düse dabei z. B. Ausgangslänge $L_0 = 1000$ mm auf $L = 1562$ mm vergrößert (Längenzunahme 56,2%). – Meßgrößen und Grundformen der Ziehdüsen Abb. III.353.

Umformung: Bei guter Schmierung ($\varrho < 3°$; $\mu < 0{,}05$) und üblichem Winkel α (5 ... 10°, steigend mit zunehmender $\varepsilon_F = 10$ ... 40%) ist Q 4 ... 7×größer als Z; Umformung daher weit überwiegend durch Q infolge Schiebung in senkrecht aufeinanderstehenden Gleitflächen. Z greift an Stelle an, wo Ziehgut durch Kaltverfestigung höchste Festigkeit hat. Im Umformgebiet durch Z bewirkte Längsspannung ungleichmäßig über Querschnitt verteilt; im Kern am größten! Querschnittsabnahme pro Zug begrenzt dadurch, daß mittlere Längsspannung σ_{lm} auslaufenden Ziehguts < σ_B bleiben muß, höchste im Kern muß unter Trennfestigkeit bleiben. Anstrengungsgrad σ_{lm}/σ_B ist Maß für Werkstoffbeanspruchung des Ziehguts beim Düsenzug.

Düsenzug ist typisches Kaltumformverfahren; nur hochwarmfeste Werkstoffe lassen sich warm ziehen (z. B. Wolfram-Glühlampendraht bis 0,01 mm Φ bei 1440 ... 1600 °C (el. Widerstandsheizung) mit Diamant-Ziehstein (Graphit-Schmierung) unter Schutzgas gezogen). Durch kein anderes Verfahren σ_B so wirtschaftlich steigerbar, wie durch Düsen-Kaltzug; so ist bei St absolut höchste $\sigma_B = 3600$ N/mm² (dünner Klaviersaitendraht) nur durch Ziehen erreichbar. Außer σ_B-Steigerung mit Abfall der Zähigkeitswerte (δ, φ, a_k) auch Abnahme el. Leitfähigkeit (wichtig für el. Leitdraht), sowie Änderung anderer Eigenschaften.

a) Drahtziehen [III.63]

Schon alte Stahldrahtfertigung durch zwei Erfindungen entscheidend gefördert: Patentieren (vgl. I.C) von Stahldraht mit C > 0,3% (seit etwa Jahrhundertwende), sowie Drucksinter-Hartmetalle (seit 1929) für Ziehdüsen. – Gezogen wird hauptsächlich Runddraht, aber auch Vierkant- und sonstige Drahtprofile.

Ausgangsmaterial (Vordraht) für Stahl: Walzdraht (warmgewalzt, siehe III.C!) von 16 ... 5 mm Φ, Vierkant oder entspr. Profilquerschnitt; darunter aus Abkühlgründen nicht mehr warm walzbar. Für NE-Metalle: für Cu und Cu-Leg. bis $\geqq 9$ Φ, für Al und E-AlMgSi (Aldrey) $\geqq 10$ Φ; dabei neben Walzdraht auch stranggepreßter (vgl. III.C!) Vordraht bis $\leqq 30$ mm Φ. – Gewählter Vordraht Φ hängt von Fertig Φ ab.

Ziehwerkzeuge: [III.6, 7] „*Zieheisen*" (auf Fe-Basis) siehe Abb. III.354: a) Englisches Zieheisen (Qualitätsangabe, nicht Herkunftsbezeichnung): 1,8 ... 2,5% C, 3 ... 4% bzw. 12 ... 13% Cr, mit 12 ... 18 Düsen, für St-Draht 12 ... 0,5 mm Φ; b) Deutsches Zieheisen: 0,8 ... 1,5% C, Cr wie bei a), für dünnen weichen St-Draht 0,5 ... 0,2 mm Φ; c) Wiener Zieheisen aus Weißhartguß mit 3 ... 3,5% C, 1 Mn, 0,5 Si für sehr dünnen Draht, Fein- und Kratzenzug; d) Einloch-Zieheisen, oft in Fassung eingeschrumpft (Druckvorspannung!) 1,2% C, 12% Cr für Mehrfach-Drahtzug und für Schwerzug (> 5 ... 15 mm Φ). – a) bis d) heute fast nur noch für Sonderprofile, seit Jahrzehnten zunehmend durch „Ziehsteine" aus Sinter-Hartmetall bzw. für Dmr. $\leqq 0{,}5$ mm aus Diamant verdrängt, da viel leistungsfähiger, bes. hinsichtlich Ziehgeschwindigkeit. – *Hartmetall-Ziehstein*: Gußkarbide verlassen, nur noch druckgesinterte Hartmetalle (z. B. „Widia-Elmarid") der Sorten nach DIN 4990: G 1, G 2, (G 3) S 3; Hartmetallkern (bis Bohrungs Φ < 0,5 mm herunter) immer gefaßt (Abb. III.355), und zwar bis 2 Φ meist NE-Metallfassung (CuZn 39 Pb 2 oder CuZn 37, hochfeste Bz), darüber meist Stahlfassung. Anwendung für Drähte aus St und Ne-Metallen. – *Diamant-Ziehstein* (DIN 1546) für Bohrungs-Φ 0,5 ... 0,003 mm, dafür Industriediamanten 3 ... ½ Karat (1 Karat = 0,2 g). Diamantkern in Fassung aus NE-Metall oder rostfreiem Stahl, Abb. III.356, Herstellung der Bohrung mechanisch mit schnell umlaufender ($n = 6000$ U/min), hin- und hergehender Stahlnadel und Öl/Diamantschleifstaub; durch Brennbohren mit O_2 (Diamant 900 °C in H_2-Schutzgas) oder Bohren durch Funkenentladung.

Verschleißwiderstands-Verhältnis Werkzeugstahl : Sinterhartmetall : Diamant $\approx 1:100:10000$, entsprechend Standzeiten z. B. 5 min : 8,5 h : 850 h und Ziehsteinkosten-Verhältnis 1 : 5 : 35, was deutlich trotz höheren Preises Vorteil der Hartmetall- und Diamant-Ziehsteine aufzeigt.

Entzundern von St-Walzdraht durch Beizen oder mechanisch [III.7] vor Ziehen unerläßlich, da wegen sehr harter Zunderschicht sonst schneller Düsenverschleiß. *Beizen* von C-Stahl durch Tauchen der Walzdrahtbunde in mit Sparbeizzusatz versehene erwärmte verdünnte

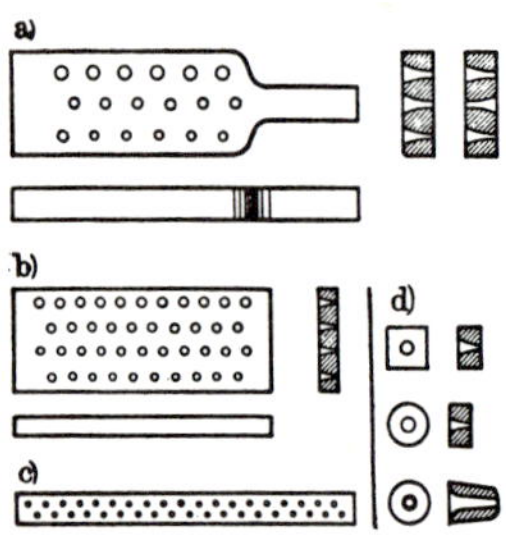

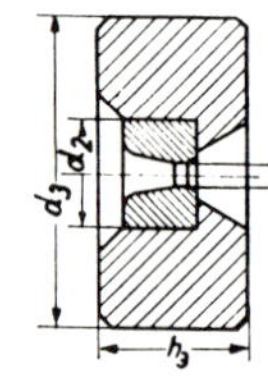

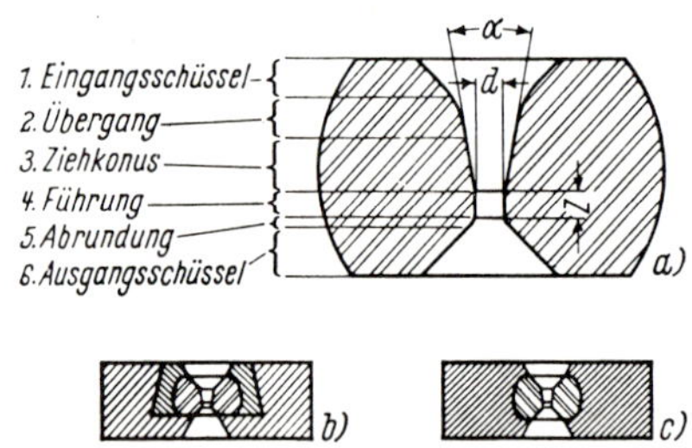

Abb. III.354. Verschiedene „Zieheisen" für Drahtzug. a) Englisches; b) Deutsches; c) Wiener Zieheisen; d) Einloch-Zieheisen.

Abb. III.355. Hartmetall-Ziehstein, hier Ziehkegel f. Trockenzug (ohne Einlaufschüssel); Hartmetallkern in außen zylindrische Fassung eingeschrumpft (vgl. DIN 1547), damit Druckvorspannung; Bohrungs-Φ $d_1 = 1$ ... 16 mm; Kern-Φ $d_2 = 6$ ... 40 mm; Fassungs-Φ $d_3 = 28$ ... 100 mm; $h_3 = 9$ ... 60 mm.

Abb. III.356. Diamant-Ziehstein (Deutsche Form, Fa. Urbanek); a) Bohrungsform des Kerns: α, d, z vom Ziehgut abhängig (siehe DIN 1546!); b) Diamantkern in Faßmetall hart eingelötet; c) Diamantkern in Superstahlfassung (unter Druckvorspannung).

H_2SO_4 oder HCl mit folgendem Spülen in H_2O, Schlagen (Ablösen noch lose sitzenden Zunders), Neutralisieren durch Kälken (in kochender Kalkmilch), um Säurereste zu entfernen und Schmiermittel-Trägerschicht zu schaffen, Nachwaschen und Trocknen im Ofen (120 ... 200 °C), damit auch Beseitigung versprödenden, in Oberfläche eingedrungenen Beizwasserstoffs. – Für Sonderstähle Sonderbeizen. – Mech. Entzundern im Durchlaufverfahren mit Drahtkorn (nicht Sand!) für gleichzeitig 30 ... 40 Adern, oder Hin- und Herbiegen in verschiedenen Richtungen mit Nachbürsten.

Anspitzen des Drahtes zum Einführung in engeres Ziehdüsenloch vor Ziehbeginn meist durch Reduzieren auf Rundknetmaschine (Abb. III.492), dabei auch günstige Kaltverfestigung für Ziehbeginn. Dünner, geglühter Cu- bzw. Al-Draht erhält vor Weiterziehen auf anderen Maschinen auch durch Abreißen schlanke Querschnittsverjüngung zum Einfädeln.

Zum Ziehen immer Schmiermittel erforderlich. Ihre volle Wirksamkeit bei hohem Reibungsdruck im Ziehhol bedingt Schmiermittel-Trägerschicht. *Schmiermittelträger*: Durch Kälken (s. o.!) erzeugte angetrocknete Schicht weniger leistungsfähig, neuerdings zunehmend Borax-Überzug, erhalten in 80 °C heißen Bädern mit 5 ... 20% Borax (angetrocknet); dadurch festhaftender, beim Ziehen mit Schmiermittel nicht abzureibender Film. Bei höheren Ziehgeschwindigkeiten zusätzlich zu beiden noch „Bräunen" unter Wasserdampfeinwirkung (Bildung von Flugrost $Fe(OH)_3$). Bestens bewährt auch Bondern. –

Schmiermittel [III.7]: Hochwertige organische oder synthetische Fette, Natriumseife (Pulver, Nadeln), zunehmend verdrängt durch Metallseifen (Pulver) z. B. Ca- oder Al-Stearat; auch Mischungen Seife/Fett, Mineralöl/Fett, Mineralöl/Seife (älter); Bäder mit wasserlöslichen Fetten (s. u.!); ferner Kolloidalgraphit und Molybdändisulfid MoS_2 (nur als geringer Zusatz zu anderen Schmiermitteln); Blei (Dudzeele-Verf.). Schmiertechnisch gesehen unterscheidet man: *Schmierzug* (Fettblank-Ziehen) mit hochwertigen Fetten (Ziehstein mit Einlaufschüssel e, Abb. III.353). – *Trockenzug* mit Na-Seife bzw. Metallstearaten; Düse meist ohne Einlaufschüssel (Abb. III.355); langer Ziehkegel preßt Schmiermittel gut an Draht; vorherrschend, gestattet „strammste" Züge (d. h. starke Querschnittsreduzierung) bei hoher Ziehgeschwindigkeit; mehrere Züge ohne Nachschmieren möglich, ohne daß Draht blank- oder scharfgeht (d. h. zum Fressen neigt). – *Naßzug*, wobei Ziehen in (b. Mehrfachzug) oder aus Ziehflüssigkeit heraus (b. Einfachzug) erfolgt; gibt veredlungsfähige Drahtoberfläche (z. B. Draht für Federn, Siebe, Feldkabel, als Reifeneinlagen u. a.); Feindraht $< 0{,}5$ mm Φ nur im Naßzug, da andere Schmierung hier zu unsicher, außerdem gute Kühlung; Bäder auf Basis H_2O mit wasserlöslichen Fetten, Cu- oder Sn-Sulfat, H_2SO_4, dabei Entstehung hauchdünnen Cu- bzw. Sn-Films (wesentliche Zieherleichterung). – Für NE-Metalle neben Trockenseifen und Metallstearaten auch Wasser-Fett-Emulsionen (7 ... 8% Fett), dünnflüssige Öle hoher Haftfestigkeit, spez. für Al Mineralöl mit Fettölen, Fettsäuren u. a., Hartwachse mit Kolloidalgraphit oder MoS_2 u. a.

Ziehgeschwindigkeit v für Stahldraht ($\varepsilon_F = 35\%$) im Einzelzug 0,1 ... 1 m/s (harter Stahl 16 ... 20 Φ) bis 10 m/s (weicher Stahl $\leqq 2{,}2$ Φ), u. U. v bis 40 m/s; für harten Stahl selten > 5 m/s. – Für Al und E-AlMgSi (Aldrey) bei Grobzug 0,5 ... 6 m/s, für mittlere Drahtdicken 2 ... 15 m/s, für Feindrähte 15 ... 50 m/s, ähnlich für andere Ne-Metalle.

Gesamtquerschnitts-Abnahme durch mehrere Züge ohne Zwischenglühen: ε_G bei St 75 ... 90% und mehr (bei dickerem Draht 10 ... 12 Φ 50 ... 60%); bei Bz 94%, bei Cu und Al 99,5%.

Wärmeentstehung und -abführung: Erwärmungsursache beim Ziehen ist innere Reibung durch Umformen sowie äußere Reibung an Düsenwand, ggf. Gleiten auf Ziehscheiben (Abb. III.357 b, c). Normal 150 ... 300 °C, max. bis 400 °C gemessen. Neben normaler Kühlung durch Schmiermittel und Luft daher besondere Kühlmaßnahmen bei hohem ε_F und v unerläßlich: Wasserkühlung der Ziehsteinfassung, Preßluftkühlung des Drahtes durch Wirbeldüsen, ggf. Kühlung von Draht und Ziehstein mit Schmierflüssigkeitsstrom bei geschlossenem Ziehsystem oder Gesamtziehvorgang unter Schmierflüssigkeitsspiegel im Ziehtrog; Ziehflüssigkeit selbst durch Kühlschlangen wassergekühlt.

Drahtziehmaschinen (Drahtzüge) [III.7]: Hinsichtlich Draht-Dmr.-Bereich unterscheidet man *Grobzüge* (St: 16 ... 4,2 Φ, Al: 30 ... 2 Φ), *Mittelzüge*: (St: 4,2 ... 1,6 Φ,

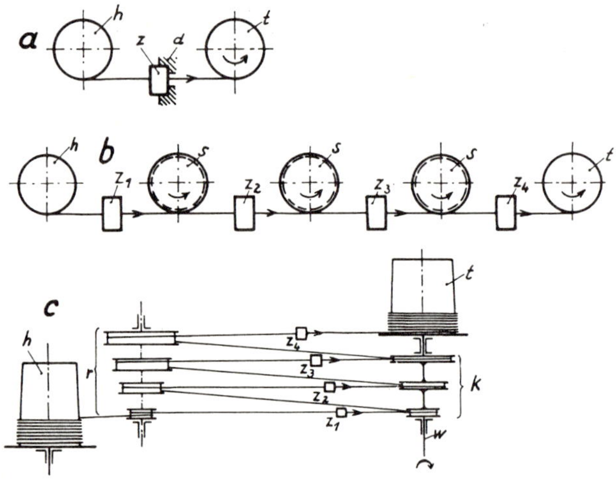

Abb. III.357. Arbeitsweise von Drahtziehmaschinen (grobschematisch). a) Einzelziehmaschine (-Ziehblock); b) Mehrfachdrahtziehmaschine für gleitenden Zug, Geradeaus-Verfahren (für Grob- bis Feinzug); c) Mehrfachdrahtziehmaschine, Parallel-Verfahren (für Fein- u. Kratzenzug); – d Ziehsteinhalter (in Skizzen b) u. c) weggelassen); h Ablaufhaspel; k der Drahtverlängerung entsprechend abgestufte Ziehscheiben (2 ... 3 × vom Draht umschlungen), fest auf w; r lose Leitrollen (Drahtumlenkrollen); s Ziehscheiben (2 ... 3 × vom Draht umschlungen); t Ziehtrommel und Aufwickelspule, Antrieb durch w; w Antriebswelle für k und t; z Ziehstein (in Skizze a) evtl. auch Zieheisen).

Al: 4 ... 0,8 Φ), *Feinzüge* (St: 1,6 ... 0,7 Φ, Al: 1,5 ... 0,15 Φ), *Kratzenzüge* (St: 0,7 ... 0,1 Φ, Al: 0,15 ... 0,07 Φ; Cu bis 0,003 Φ herunter.) Hinsichtlich Ziehdüsen-Anzahl bzw. -Anordnung unterscheidet man: Einzel-Drahtziehmaschinen und Mehrfach-Drahtziehmaschinen.

Einzelziehmaschine (Einzelblock, Ziehblock, Blockzug): Abb. III.357 a, III.358 u. III.359 a u. b. Für groben Vordraht zum Vorziehen bzw. wenn nur ein Zug für Enddicke erforderlich bzw. in Reihe aufgestellt für Mehrfachzug (Abb. III.359). Ablaufhaspel h bei nicht zu dickem Vordraht überwiegend nicht getrennt, wie in Abb. III.357 a u. III.358, sondern (nicht angetrieben) über Ziehtrommel t.

Mehrfachziehmaschinen können aus Einzelblöcken zusammengesetzt sein (Baukastensystem, Abb. III.359, c ... h) oder Einzelziehstufen in gemeinsamem Gestell haben; Bauarten sehr unterschiedlich, hier nur heute wichtigste Ziehverfahren. *Grundsätzlich*: Ziehkraft Z aufgebracht durch Ziehscheibe (s bzw. k, Abb. III.357, b, c), um die Draht 2 ... 3 mal herumgeschlungen ist und infolge Anspannung durch Reibung Ziehkraft *Z* aufnimmt. Hinter jedem

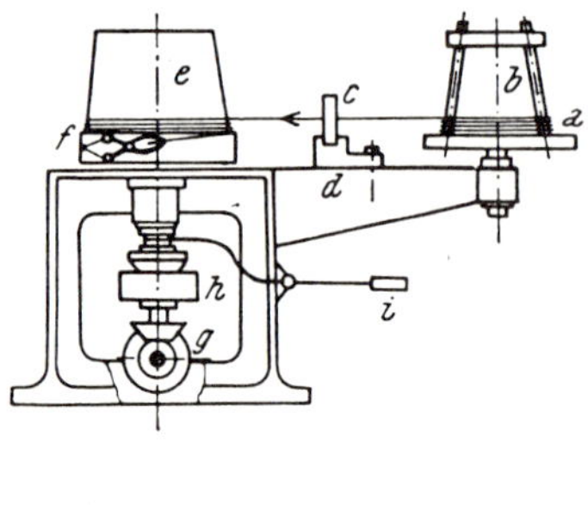

Abb. III.358. Einzel-Drahtziehmaschine (Ziehblock). a Drahtbund; b Ablaufhaspel; c Zieheisen (bzw. Ziehstein); d Halter für c; e Ziehtrommel u. Aufwickelspule; f Zange; g Kegelräder; h Reibungskupplung für Sanftanlauf; i Betätigungshebel für h beim Anfahren.

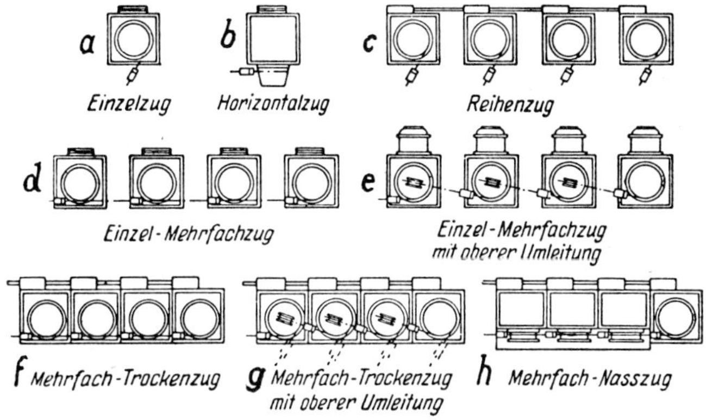

Abb. III.359. Grundrißskizzen von Einzel-Ziehmaschinen und daraus nach Baukastensystem gebildete Mehrfach-Ziehmaschinen. a) Einzelziehmaschine gebräuchlichster Ausführung, Ziehtrommel vertikal (darüber Ablaufhaspel); b) wie a), jedoch Ziehtrommel horizontal (Ablaufhaspel extra), meist Baueinheit für Mehrfachziehmaschine; c) hier 4 × a), jedoch gemeinsamer Antrieb, Reihen-Grobzug von 4 Einzeldrähten; d) hier 4 × a) als Mehrfach-Ziehmaschine mit Drahtansammlung auf Ziehtrommeln, Abgabe überkopf (Obenüber-Verfahren) an nächste Einheit, gleitloser Zug; f) Mehrfach-Ziehmaschine aus 4 Bauelementen, ähnlich a), Geradeaus-Verfahren, gleitender Zug, gemeinsamer Antrieb; g) wie e), jedoch 4 Bauelemente zusammengebaut mit gemeinsamem Antrieb, Obenüber-Verfahren, gleitloser Zug; h) ähnlich f), jedoch 3 Ziehscheiben mit horizontaler Welle, Ziehtrommel (mit Drahtaufspulung) vertikal, Geradeaus-Verfahren, gleitender Zug.

Ziehstein muß Z neu auf Draht übertragen werden, für Zug durch letzten Ziehstein (z. B. z_4 in Abb. III.357, b, c) durch Ziehtrommel t. Da Draht durch Querschnittsabnahme von Ziehdüse zu Ziehdüse immer länger wird, muß Geschwindigkeit v von Stufe zu Stufe zunehmen, d. h. bei gleichem Ziehscheiben Φ (Abb. III.357 b u. III.359, c ... h) muß Drehzahl von Stufe zu Stufe steigen (Kegelrad-Übersetzung), oder bei gleicher Scheibendrehzahl (Abb. III.357 c) muß Ziehscheiben Φ stufenweise entsprechend v-Zunahme größer werden. Bei vielen Stufen nicht wie in Abb. III.357 c Einzelscheiben, sondern Stufenkegel (bis zu 14 Stufen). Ziehscheiben wie Stufenkegel aus Stahl, oberflächengehärtet, neuerdings auch aus Tonerde-Keramik für Hochgeschwindigkeitsmaschinen.

α) *Ziehverfahren mit Drahtansammlung* (z. B. 20 ... 50 Windungen) auf immer vertikalen Ziehtrommeln der Einzelstufen, von da ab Übergabe über konkave Umleitrollen an ≈ 1 m hohen schwenkbaren Galgen lose (ohne Drahtanspannung) zur nächstfolgenden Ziehstufe usw. („Obenüber"- oder „Überkopf"-Verfahren); in Deutschland heute vorherrschend. Draht erfährt dabei normalerweise leichte Torsion (Verdrallung); torsionsfreier Draht aber damit herstellbar, wenn sorgsame Bedienung durch häufige Drehzahlfeinregelung Zulaufmenge und Abgabemenge des Drahtes in jeder Stufe gleichgroß hält. Wegen oberer Umleitung nur beschränkter Draht-Dmr.-Bereich: Weicher Walzdraht $\Phi \leqq 6{,}5$ mm, harter Stahl $\leqq 5{,}5$ mm; ggf. anderweitig vorgezogenen Draht hier fertigziehen. Normal gemeinsamer Antrieb für alle Spindeln, u. U. auch jede Stufe mit Einzelantrieb (Abb. III.359, d bzw. e). Wegen Drahtansammlung kein Stillsetzen erforderlich beim Anschweißen des Anfangs eines neuen Drahtbundes mit Ende des auf Maschine befindlichen (Abbrennstumpfschweißung sauber entgratet und geglättet, sonst Ziehsteinschaden und Drahtreißen!).

β) *Geradeaus-Verfahren* (Reihenzug) Abb. III.357 b, III.359, c, d, f, h mit bis zu 14 Zügen je Maschine, Ziehscheibenwellen horizontal oder vertikal, Antrieb der Stufen einzeln oder gemeinsam, jedenfalls immer mit Einzel-Drehzahlregelung; wegen nur 2 ... 3 Umschlingungen je Ziehscheibe muß Draht immer straff gespannt bleiben. Immer torsionsfreier Draht (notwendig

z. B. für Federn, Spannbetondraht u. a.); gleitender Zug (d. h. gewisser Schlupf des Drahtes auf Ziehscheibe), jedoch bei Drehzahl-Feinregelung auch gleitlos erreichbar (Schonung der Ziehscheibe). Möglichkeit des Ziehens mit *Gegenzug* durch starke Drahtanspannung vor Einlauf in Ziehstein, damit Vorteil: Ziehsteinschonung (Standzeiterhöhung) und Minderung der Ziehsteintemperatur, auch Steigen der σ_S des Drahtes, aber Nachteil der Verringerung möglicher ε_F je Zug wegen zusätzlicher Zugbelastung des Drahtes, also mehr Ziehstufen für verlangte Gesamtquerschnittsabnahme, d. h. längere Ziehmaschinen.

Im Vergleich zu α) für wesentlich größere Walzdraht-$\Phi \leqq 12$ mm anwendbar und notwendig; > 12 ... 16 mm Φ vorziehen durch Blockzug (Abb. III.358).

γ) *Parallel-Verfahren* (Abb. III.357 c) nur für Feindrähte (St und Ne-Metalle) mit Ziehscheiben-Stufenblock (bis zu 19 Züge) auf Naß-Drahtziehmaschinen, dabei meist gesamter Ziehvorgang unter Ziehflüssigkeitsspiegel im Trog der Maschine (zum Ziehsteinwechsel und Drahteinziehen ausschwenkbar. Feindrahtzug im oberen Dmr.-Bereich auch nach α) und β!

Zwischenglühen [III.7] (Blankglühen zur Zundervermeidung) erforderlich, wenn Draht für Weiterzug zu stark kaltverfestigt, bzw. vor letzten Zügen, wenn bestimmte Endfestigkeit verlangt; jedoch rel. weit gehende ε_G ohne Glühen möglich, so z. B. Thomas-Walzdraht 5 mm Φ bis 0,8 mm Φ, SM-Walzdraht 5 mm Φ bis 0,6 mm Φ ohne Zwischenglühen ziehbar.

Stahldrahtqualitäten und Verwendungsbeispiele: Weicher Draht unterschieden nach Oberflächenzustand bzw. Behandlung: fettblank, geglüht, naßblank, verkupfert, blankweich, halbweich, weichverzinkt, hartverzinkt, halbweichverzinkt [III.7]. Wenn keine besonderen Verwendungsansprüche, genügt Thomas-St, z. B. für Bindedraht, Nägel, Täkse, einfachste Schrauben und Muttern, Formerstifte, Kernstützen, Zaun- und Geflechtdraht, Drahtglaseinlagen, einfachste Siebe und Stahlseile, Matratzenfedern u. ä.; für höhere Ansprüche SM-St, z. B. Handels-, Güte- und Schneeketten, Signal-, Leitungs- und Kabeldraht, bessere Stahlseile (hochwertigstes: Förderseil), Metall- und Holzschrauben, Muttern, Nieten, Schweißdrähte, Schirmgestelle, Nadeln, Speichen und kleine Achsen, Drahtkorn u. a. [III.7]. – *C-Gehalt* je nach Verwendungszweck von 0,05 ... 1,6%, z. B. für Drahtseile je nach Festigkeit 0,35 ... 0,95%, Nähnadeln 0,8 ... 0,9%, Maschinennadeln 1,0 ... 1,3%, Metallaubsägen 1,0 ... 1,6%. – Ab C > 0,3% je nach Fertigdrahtdicke ein- bis dreimaliges *Patentieren* (siehe I.C), das Draht optimale Zähfestigkeit bei guter Ziehduktilität gibt. *Schlußvergüten* z. B. für Kratzen-, Nadel-, Feder- und Bürstendraht, zum Härten Wasser- oder Ölabkühlung mit Anlassen bei ≈400 °C (im Durchziehverfahren); Schlußhärten desgl., nur niedrigeres Anlassen (Nadeln, Laubsägen). *Fertigteil-Eigenschaften* (σ_B, *HV* u. a.) außer von Analysen (evtl. auch niedrig bis hochlegiert) wesentlich von belassener Kaltverfestigung und Wärmebehandlung abhängig; durch Endverzinkung erfährt Draht bei niedrigem C-Gehalt 3 ... 5%, bei höherem 5 ... 10% Festigkeitsabfall (durch Endzüge bzw. C-Gehalt zu berücksichtigen).

Deutsche Millimeter-Drahtlehre von Nr. 130 (≙ 13 mm Φ) in 51 Stufen bis Nr. 1 (≙ 0,1 mm Φ); ausländische Drahtlehren ähnlich gestuft. Entsprechende Normen über Draht als Halbzeug (Stahldraht, blanker bzw. polierter Stahl, Federstahldraht, Seildraht, Draht für Schrauben, Muttern, Nieten u. ä., Heizleiterdraht u. a.) siehe DIN-Taschenbuch 4, 23. Aufl. 1973. –

b) Stangenziehen (Blankstahlziehen)

Ergibt gerades Stabmaterial begrenzter Länge (5 ... 15 m), bei kleinen Querschnitten auch in großer Länge zu Ringen gewickelt. – Ziehtechnisch gilt hier fast Gleiches wie beim Drahtziehen.

Zu unterscheiden zwischen *Ziehen von Blankstahl* (rund, oval, vierkant, sechskant, flach) und *Ziehen von Präzisionsprofilen* beliebigen Querschnitts. – Ziehbar sind alle kaltumformbaren Stähle und NE-Metalle, warm vorgewalzt oder stranggepreßt. *Zweck*: Erzielung blanker glatter Oberfläche enger Maßtoleranz (erzielbar IT8 – z. B. „Blanker Rundstahl" nach DIN 670; durch spitzenloses Schleifen nach dem Ziehen auf IT6 zu bringen) und meist angestrebte Kaltverfestigung.

1. **Ziehen von Blankstahl** [III.7]: Abmessungsbereich Rund (5) 14 ... 120 mm, Vier- und Sechskant 12 ... 110 mm, Flach entsprechenden Querschnitts, ausgehend vom Glühzustand.

Im oberen Abmessungsbereich vielfach vorher *Schälen* im Durchlaufverfahren mit zwei umlaufenden Hartmetall-Messerköpfen zum Vorschruppen und Nachschlichten; damit entzundert, glatte ziehgünstige Oberfläche, Beseitigung von Oberflächenfehlern und etwaiger entkohlter Randzone (z. B. bei Wälzlagerstahl). Im unteren Abmessungsbereich (5 ... 20 mm Φ) als Vormaterial Walzdraht in Bunden (Ringen) mit vorgeschalteten Richtrollen.

Ziehwerkzeug, hier Ziehmatrize genannt, meist aus ledeburitischem Cr-Stahl, nur bei sehr engen Toleranzen und größten Mengen druckgesintertes Hartmetall; für Rund- und Ovalquerschnitte immer einteilig, im übrigen mehrteilig (Abb. III.360).

Schmierung: Spezialziehöle mit Hochdruckkomponenten oder Sonderziehfette auf Schmiermittel-Trägerschicht (siehe Drahtziehen!).

Anspitzen für Ziehangel (100 ... 200 mm lang) mit Exzenterwalzwerk warm 10 ... 80 Φ, kalt 5 ... 25 Φ (Rundprofil); Anfräsen großer Querschnitte mit Messerkopf (rund und sechskant); mit Hämmermaschine (umlaufender Hämmerkopf, Abb. III.492) für 6 ... 22 Φ; Warmanschmieden nur für > 80 Φ. Statt Anspitzen neuerdings Vormaterial ungespitzt mechanisch oder hydraulisch in Matrize gestoßen: neben Anspitz-Einsparung geringerer Werkstoffaufwand für Ziehangel („Spitzenverlust"). Vorheriges Entzundern ebenso wichtig wie beim Drahtziehen (s. dort!).

Ziehmaschine [III.7] (Ziehbank): Abb. III.361 zeigt klassische Ausführung, auch heute noch in Verwendung, für Ziehlängen 5 ... 15 m, neuerdings zunehmend Doppelkette (Stangenabgabe nach unten), Zahnstangentrieb, hin- und hergehende Kette bzw. Drahtseil (Wagen-Eilrücklauf), Hydraulik-Trieb. Einzelzug vorherrschend, jedoch auch Maschinen mit Mehrstangenzug (2, 4 bis zu 10) für kleinere Dmr., wobei z. B. für 10-Stangenzug zwei Stangenreihen zu je 5 ne-

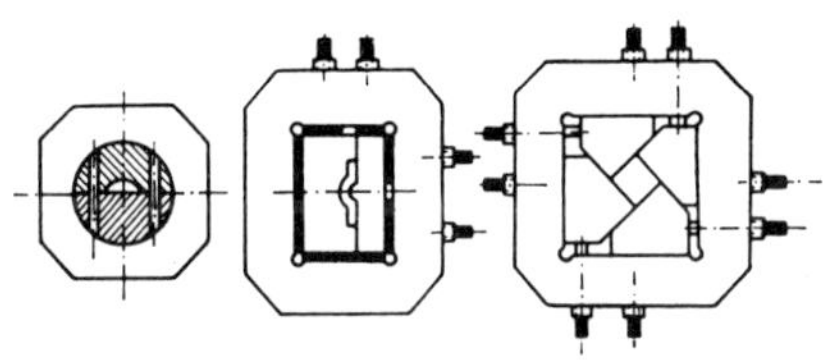

Abb. III.360. Zusammengesetzte Ziehwerkzeuge, heute ausschließlich für von Kreis- oder Ovalform abweichende Blankstahlquerschnitte; links: für Halbrund-Blankstahl; Mitte: für Präzisionsprofil; rechts: für Vierkant. Nachstellbare, einzeln auswechsel- und nacharbeitbare Backen in starrem Rahmen.

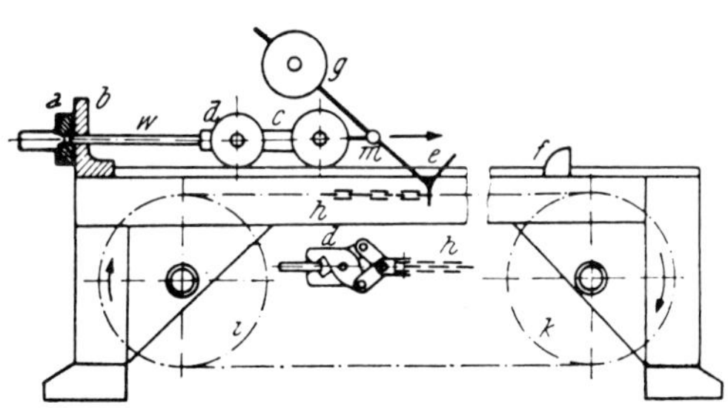

Abb. III.361. Schleppzangenziehbank (schematisch); a Ziehmatrize (Zieheisen); b Widerlager für a; c Ziehwagen (-schlitten) mit Ziehzange d; e Haken, der nach Einrasten in ständig umlaufende endlose Kette h Wagen c mitnimmt; f Anschlag zum Aushaken von e aus h; g Gegengewicht erleichtert Aushaken von f; h Gallsche Kette; i, k Kettenräder; m Gelenk; w Werkstück (Stange, Profilstab).

beneinander von Sonderspannfutter des Ziehwagens durch Ziehmatrize mit 10 (auswechselbaren) Ziehdüsen gezogen wird (Arbeit *P. Grüner*). Relativ jung ist kontinuierliches Ziehen größter Längen z. B. vom Bund, wobei 2 Schlitten (Wagen) hintereinander jeweils nur über halbe Bettlänge laufen und abwechselnd durch Formklemmbacken Material erfassen und Ziehen bzw. im Rücklauf sind; Betrieb vollautomatisch auch für kleinere Rohre vom Ring mit „fliegendem“ Dorn, siehe Rohrziehen!); anschließend Ablängen mit fliegender Formschere bzw. Trennschleifscheibe, Richten und ggf. Polieren. Durch vorgeschaltete „Bremsrollen“ auch Ziehen mit Gegenzug (siehe Drahtziehen!) möglich, auch gezogenes Material wieder zu Ring aufwickelbar (vgl. Arbeit *A. Effert*). – Ziehgeschwindigkeit 20 ... 50 m/min (0,35 ... 0,85 m/s) viel kleiner als beim Drahtziehen, in Stufen oder stufenlos regelbar mit Sanftanlauf. – Querschnittsabnahme je Zug meist gering; überwiegend nur ein Zug, selten mehr. Etwaiges Vergüten vor dem Ziehen, anschließend nochmals auf verlangte σ_B anlassen.

Verwendung: Weitgehend zur Bearbeitungs-Einsparung überall, wo wesentliche Oberflächenpartien mit Halbzeugtoleranz unbearbeitet bleiben: z. B. längere glatte Wellen („komprimierte“ Wellen wegen Kaltverfestigung), Bolzen, Achsen u. a., sowie mit Teilzerspanung (z. B. in Endbereichen). Dem Ziehvorgang unmittelbar nachgeschaltetes spitzenloses Schleifen und ggf. noch Polieren liefert weitere Oberflächenverbesserung, z. B. „Silberstahl“ (so genannt wegen polierter silberglänzender Oberfläche (nicht etwa Ag-legiert!), meist höherer C-Gehalt (Werkz.-St.), u. U. auch legiert).

2. Ziehen von Präzisionsprofilen oft sehr verwickelter Form (Abb. III.362), auch kurz „Profilziehen“ genannt.

Werkstoff: Stahl mit 0,05 ... 1,6% C, un- bis hochlegiert, Einsatz- und Vergütungsstahl, nichtrostende, warmfeste und andere Sonderstähle, wie Wälzlagerstahl, Magnetweicheisen u. v. a. Thomas-St ungeeignet (sprödbruchanfällig, zu schnell kalthärtend); LD- und SM-St gut; Automatenstahl für rotationssymmetrische Teile noch möglich, aber rißanfällig (MnS-Zeilen!) bei formschwierigen Querschnitten, daher nur vorschreiben, wenn aus Gründen späterer Teil-Weiterzerspanung unbedingt erforderlich. NE-Metalle: alle kaltumformbaren Legierungen. – *Profilgröße*: max. umschriebener Profilkreis ca. 150 mm Φ.

Abb. III.362. Spezial-Präzisionsprofile aus Stahl. Blankgezogene Stäbe (gegebenenfalls auch als Profildraht in Ringen) mit typischen Anwendungsgebieten.

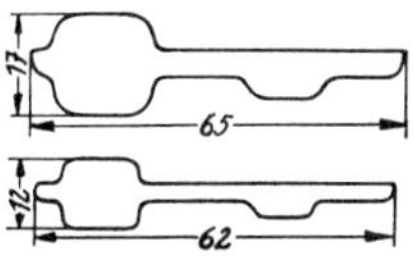

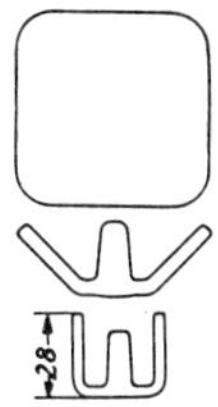

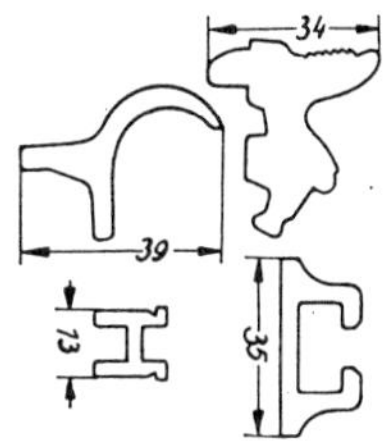

Abb. III.363. Oben: Warmgewalztes Vorprofil; unten: Fertigprofil. Maßzugaben so, daß alle Querschnittsteile beim Ziehen etwa gleiche Längung erfahren.

Abb. III.364. Rohknüppel (oben), daraus Warmvorprofil (Mitte) für Fertigprofil (unten). Vorprofilform aus walztechnischen Gründen, erst beim Fertigziehen durch Matrize Schenkel hochgestellt.

Abb. III.365. Formschwierige fertiggezogene Profile, warm Vorwalzen unerläßlich.

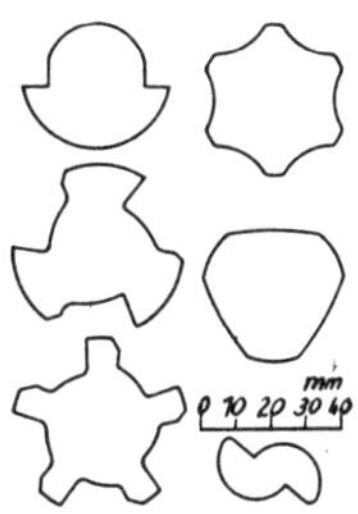

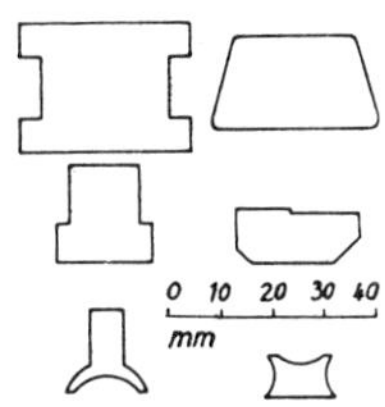

Abb. III.366. Aus Rundabmessungen gezogene Profile, „aus dem Vollen" gezogen; für Profil rechts unten auch Flachmaterial möglich.

Abb. III.367. Aus Flach- bzw. Vierkant-Vorprofil gezogene Profile.

Ausgangsform: Je nach Endprofil warm vorgewalzter Vorprofilstab (Abb. III.363, III.364, III.365), Blankstahl rund (Abb. III.366), bzw. flach oder vierkant (Abb. III.367, 368), und für kleine Querschnitte Walzdraht (Abb. III.369), mit jeweils entsprechendem Aufmaß 3 ... 1 mm, jedoch bei Warmvorwalzung abhängig von Querschnittsverteilung (Abb. III.363). Warmvorwalzen setzt lohnende Mengen voraus, bei kleineren Mengen schwieriger Form auch Strangpreßprofile aus Stahl.

Anspitzen hier wesentlich schwieriger: Anfräsen nur für rundähnliche Formen; Ausstrecken auf Anspitzwalzen (warm oder kalt) mit entsprechenden Kalibern; warm in Formgesenk schlagen; auch Abätzen in Säure. – Ggf. Entzundern (siehe Drahtziehen!).

Ziehvorgang: Ziehmaschine entsprechend Abb. III.361; Spannbacken (auswechselbar!) der Zange müssen Profilform angepaßt sein. Bei Kleinprofilen sinngemäß auch Ziehen vom Drahtring; u. U. Profil wieder zum Ring aufgewickelt. Normal: gerade Stangen, gerichtet und abgelängt. – Umformung und Werkstofffluß wird erschwert gegenüber 1. (Blankstahlziehen) durch oft sehr unregelmäßige Querschnittsform mit oft erheblicher Werkstoffverdrängung. In verschiedenen Querschnittsbereichen Umformgrad meist sehr verschieden; damit auch unterschiedliche Kaltverfestigung und örtlich sehr hohe Druckbelastungen der Matrize, was nur geringe Ziehgeschwindigkeiten (≈ 5 ... 10 m/min) zuläßt. Vorform besonders bei schwer umformbarem Werkstoff (hoher C-Gehalt, legiert) der Fertigform entsprechend anzupassen (Abb. III.363, III.364, III.365). Oft mehrere Züge mit Zwischenglühung erforderlich: Abb. III.368.

Ziehwerkzeug (Matrize): Düsenform grundsätzlich wie in Abb. III.353, a. Früher Profilmatrize (ebenso wie auch heute für Rundquerschnitt) einteilig (sehr begrenzte Lebensdauer!), heute zwei- oder mehrteilig (Abb. III.360 Mitte, III.370), daher durch Abschleifen der Teilfu-

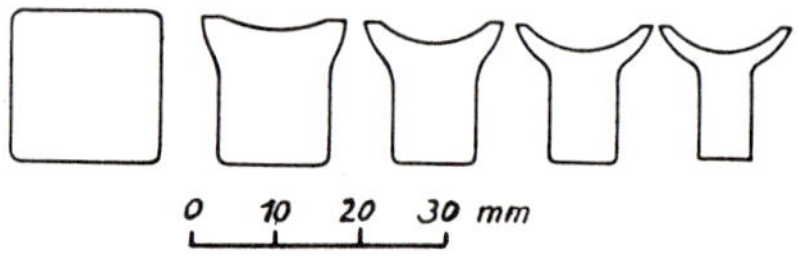

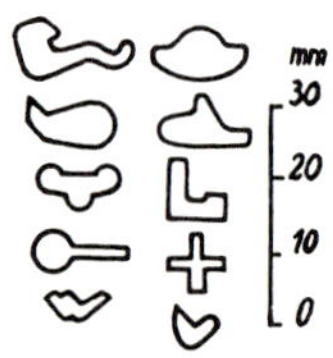

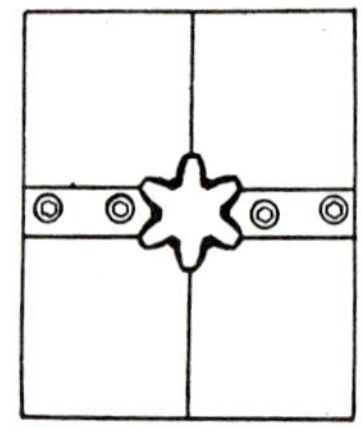

Abb. III.368. Ziehstufen beim Ziehen eines Polschuhprofils aus Vierkant. Festlegen der Ziehstufen (Kalibrieren) macht Kalibreur; hier Querschnittsabnahme von Zug zu Zug≈25% (etwa Höchstgrenze beim Ziehen von Präzisionsprofilen).

Abb. III.369. Aus Walzdraht „aus dem Vollen" gezogene Profile. Ziehen vom Ring zum Ring, dabei Fassen durch seitlich wirkende, dem Profil angepaßte Klemmbacken.

Abb. III.370. Sechsteilige Ziehmatrize für Präzisions-Zahnradprofil (Kopfkreis-Dm.≈20 mm); leicht nachstellbar u. nacharbeitbar, in starrem Rahmen (nicht gezeichnet), vgl. Abb. III.360! Blick auf Eingangsseite: Beachte wegen starker Werkstoffverdrängung erforderlichen größeren Düsen-Eingangswinkel im Zahngrundbereich (dort Linie verdickt) gegenüber Zahnkopfbereich! Matrize für Endstufe (1 ... 2 Vorstufen erforderlich).

gen und nach Weichglühen etwaiges Stauchen in Querrichtung wiederholt nacharbeitbar. Herstellung meist aus Wasserhärter mit 1 ... 1,5% C und 0,5 ... 1% Cr oder aus ledeburitischem St hohen Cr-Gehalts (evtl. mit Zusätzen von W, Mo, V oder Co); Profil-Toleranzen dann ±0,05 mm. Hartmetall nur wirtschaftlich bei großer Ziehmenge kleiner und mittlerer Profilgröße oder bei besonderen Ansprüchen an Maßgenauigkeit (±0,02 mm).

Schmiermittel: Nur beste Ziehöle mit Hochdruckkomponenten und hohem Fettsäuregehalt, sowie Viskositätsstabilität auch bei höheren Temperaturen verhindern hier bei unregelmäßigen Querschnitten mit örtlich hohen Druckspitzen Gefahr des Schmierfilm-Abreißens und damit des „Scharflaufens" (Fressen).

Zwischenglühen dann, wenn Profil nicht in *einem* Zug fertigstellbar. Meist Spannungsarmglühen (600 ... 620 °C, nicht höher!), bei harten Stählen auch Weichglühen (vgl. I.C.) leicht oxidierend mit Beizen zur Erzielung guter Schmiermittel-Trägerschicht (siehe Drahtziehen!). Endglühen nur selten und auf Verlangen, dann als Blankglühen.

Richten nach Fertigung auf Mehrrollen-Richtmaschine (analog Abb. III.256) mit entsprechend profilierten Rollen (je nach Profilform satzweise auswechselbar).

Wirtschaftliche Bedeutung: Aus ziehtechnischen Gründen nie härteren Werkstoff vorschreiben, als funktionsmäßig benötigt, da unnötig verteuernd! Von Profilform abhängige Mindest-Ziehmenge erforderlich: Wenn gegeben, erheblicher Vorteil gegenüber rein spangebender Fertigung, da immer beträchtliche Lohn- und Werkstoff-Einsparung (oft mehrere 100%, bezogen auf Präzisionsprofil). Gegenüber Genauguß- und Sinterteilen gleichmäßiger, viel besser in Oberfläche und mechanischen Eigenschaften (kaltverfestigt); scharfe Kanten, Nuten und Absätze formgenau herstellbar. – *Hauptanwendung*: Motoren- und Getriebebau.

c) Rohrziehen

Durch Kaltbearbeitung (z. B. Rohrziehen u. a.) verfeinerte St.-Rohre heißen „Präzisions-Stahlrohre"; Sinngemäßes gilt für NE-Metallrohre. Gegenüber warmumgeformten Rohren: viel bessere Oberfläche, weit höhere Maßgenauigkeit und wesentliche Kaltverfestigung, wenn nicht für Sonderzwecke endgeglüht.

Vorrohre (Luppen): nahtlos warmgewalzte Rohre (kommen aus Pilger- oder Stopfenwalzwerken, Stoßbankanlagen u. Strangpressen mit nachgeschaltetem Streckreduzierwalzwerk)

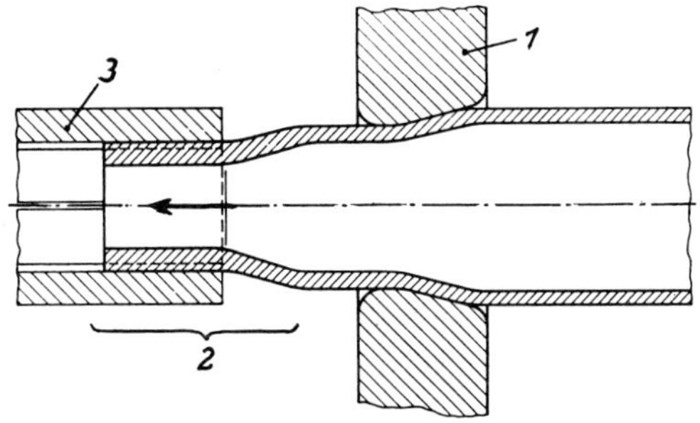

Abb. III.371. Druckzug (auch Hohl- oder Schleppzug) ohne Dorn (Schema). 1 Ziehring; 2 geangelter Rohranfang; 3 Ziehzange.

(III.C.9 Rohrherstellung), ggf. im Druckzug warm nachgezogene Rohre, analog Abb. III.371, jedoch mit angeschmiedeter Vollangel oder aus Bandstahl nach Formen in Formgerüsten Abb. III.188 bis III.190) elektrisch längsnahtpreßgeschweißte Rohre (Schweißgrat noch warm entfernt), vor dem Rohrziehen häufig weichgeglüht; Entzundern durch Beizen (Schmiermittel-Trägerschicht!) immer notwendig.

Kaltziehen von Rohren: Vier Verfahren: Druckzug, Stopfenzug, Stangenzug und Aufweitezug mit je unterschiedlichen Anwendungsbereichen.

Druckzug (Hohl- oder Schleppzug) Abb. III.371: Wanddicke je nach Düsenform wenig oder nicht verändert. Rohr in Umfangsrichtung gestaucht und gleichzeitig in Längsrichtung gereckt (Zugkraft Z!). Kein Gleiten über Dorn und damit keine Kalibrierung im Innern. Einhalten genauer Wanddicke und Innen-Dmr. schwierig, daher nur zum Vorziehen, um Dmr. stark zu reduzieren und zum Ziehen kleiner Rohre, wenn Dornverwendung schwierig, auch Ziehen vom Bund auf Trommelziehbänken ähnlich Einzelziehmaschinen (Ziehblock) beim Draht-Grobzug (Abb. III.358); keine großen Ansprüche an Innenmaß und -Dmr. stellbar, relativ billig.

Stopfenzug: Ziehen über kurzen Dorn, an Dornstange kleineren Dmr. befestigt. Geangeltes (Abb. III.372) oder mit falscher Angel (Abb. III.373) versehenes Rohr über Dornstange geschoben (länger als Vorrohr!), beide in Ziehring gedrückt, bis Dorn in gestrichelter Stellung in Ziehdüse steht. Dornstange an Vorbank befestigt; Dorn hält sich beim Ziehen selbstzentrierend in dieser Stellung, wobei Vorrohr durch Ringspalt zwischen Düse und Dorn hindurchgezogen und somit innen und außen kalibriert wird. Damit stärkere Wanddicken-Reduzierung erzielbar als mit fliegendem Dorn (Abb. III.374), der weitere Möglichkeit des Stopfenzugs gibt. Hier stangenloser Dorn (2) zu Beginn in Rohranfang gesteckt, Rohr dann (ungeangelt) in Ziehring gestoßen oder eingedrückt, dahinter von Formbacken erfaßt und durch Düse gezogen, dabei fliegender Dorn durch Reibung in Ziehstellung gehalten. Wesentlich leistungsfähiger als Verfahren nach Abb. III.372 u. III.373, vor allem bei kleineren Rohrabmessungen und

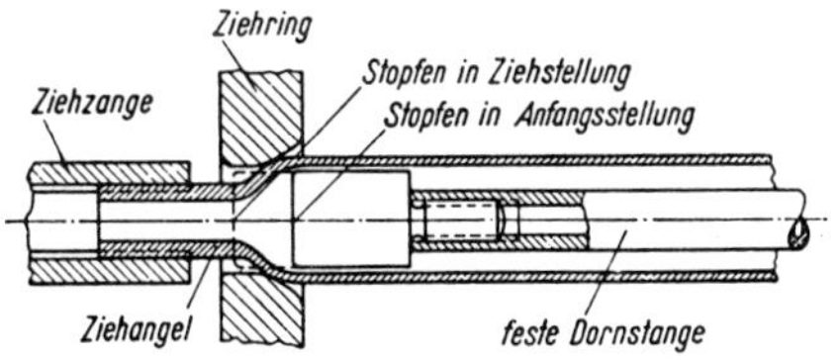

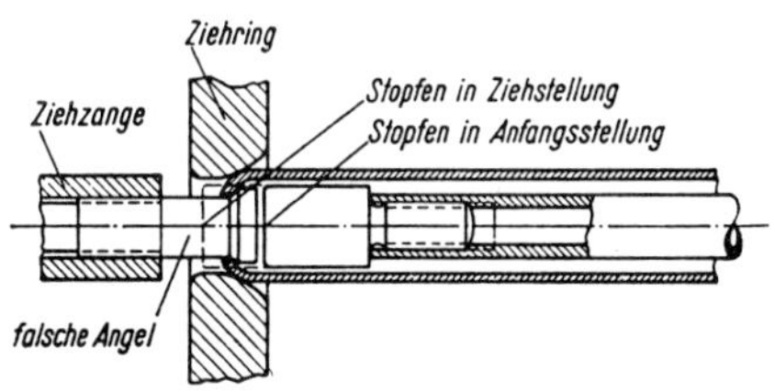

Abb. III.372. Stopfenzug (Ziehen über kurzen Dorn) durch natürliche Ziehangel (Schema); nach Fahren in Ziehstellung hält festgelegte Dornstange den Dorn (Dornnuß) in Ziehstellung (gestrichelt).

Abb. III.373. Stopfenzug (Ziehen über kurzen Dorn) mit falscher Ziehangel (Schema), sonst wie Abb. III.372; Rohranfang auf Kopfscheibe falscher Angel aufgebördelt.

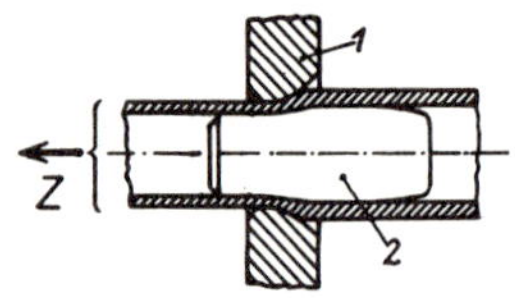

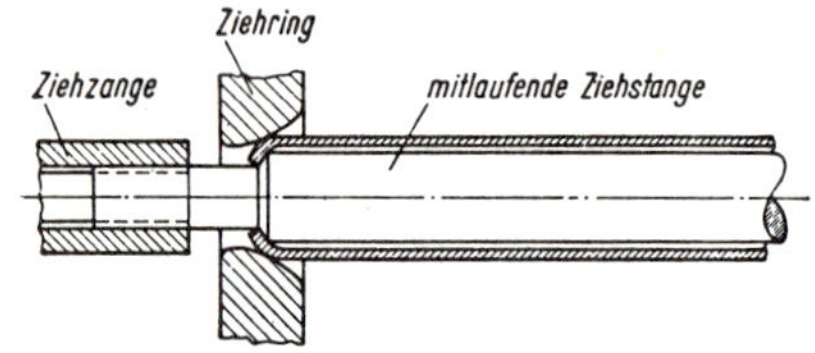

Abb. III.374. Stopfenzug mit fliegendem Dorn (Schema). Rohr meist ungeangelt in Düse gestoßen und von Ziehzange mit Formbacken erfaßt (oder Angelung nach Abb. III.371); 1 Ziehring mit Düse; 2 fliegender Dorn.

Abb. III.375. Stangenzug (Stangendornzug) (schematisch) mit langer Ziehstange (Stangendorn), an deren Kopf Rohranfang angebördelt ist.

besonders, wenn vom Bund zum Bund gezogen wird (beliebige Längen), ggf. auch auf gerade Längen geschnitten. Von *A. Effert* beschriebene Maschine mit kontinuierlichem Ziehen ganzer Bundlänge, wobei zwei abwechselnd im Eingriff bzw. Rücklauf befindliche Schlitten automatisch arbeiten; etwaiger Schnitt gerader Längen hier durch mitlaufende Trennschleifscheibe; am Ende fällt dann Dorn heraus. Verfahren jedoch hinsichtlich Wanddickenreduzierung begrenzt. – Bei allen Stopfenverfahren Düsenreibung außen und Dornreibung innen; Rohr muß vorher innen mit Schmiermittel zur Dornschmierung versehen sein. Schäden an Dorn bzw. Düse können innen bzw. außen zu Ziehriefen führen. –

Stangenzug (Stangendornzug) Abb. III.375: Ziehen über langen Dorn **(Ziehstange)** der entsprechend Wanddickenabnahme und damit Rohrlängung wesentlich länger ist als Vorrohr (Dmr. 1 ... 2 mm kleiner als Innen-Dmr. d. Vorrohrs). Auf Ziehstange (Stangendorn) aus hartem Stahl, geschliffen, wird Vorrohr aufgeschoben und an Stangenkopf angebördelt. Zange zieht Ziehstange mit darauf befindlichem Rohr durch Ziehdüse, dabei an engster Stelle keine Reibung zwischen Rohrinnenseite und Dorn. Fertiges Rohr sitzt stramm auf Ziehstange; durch folgendes z. B. Friemelwalzwerk (analog Abb. III.255) wird Rohr gelöst (geringe Dmr.-Vergrößerung durch Streckwirkung in Umfangsrichtung). – *Vorteil* gegenüber Stopfenzug: Starke Querschnittsabnahme möglich, da keine Innenreibung, und Zugkraft durch Ziehstange aufgenommen wird; sichere Riefenfreiheit der Rohrinnenfläche. *Nachteil*: Höhere Werkzeugkosten; enge Toleranzen nicht einhaltbar, da durch Loswalzen einige Zehntel mm Dmr.-Vergrößerung (Walzendruck-abhängig); zwar Möglichkeit anschließenden dornlosen Kalibrierzugs, aber Wanddicke immer ungenauer als beim Stopfenzug. – Infolge Verbesserungen beim Stopfenzug Stangenzug seit Jahren am Zurückgehen. –

Aufweitezug Abb. III.376, a u. b mit zwei Ausführmöglichkeiten; a) Außen- und Innen-Dmr. vergrößert, Wanddicke im wesentlichen erhalten, z. B. als letzter Zug bei Apparateroh-

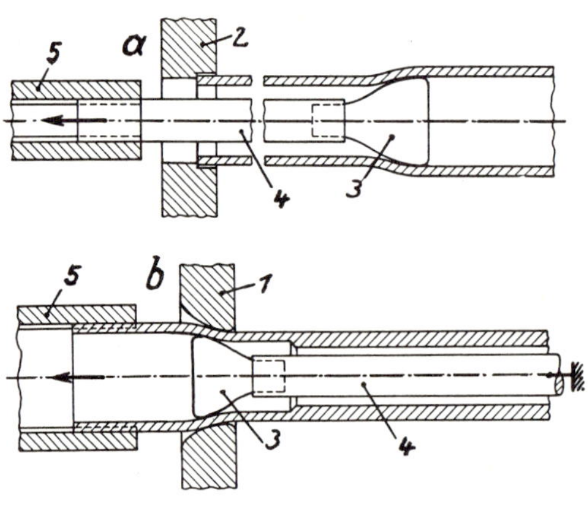

Abb. III.376. Aufweitezug (Schema); a) Außen- u. Innen-Φ vergrößert, Wanddicke nicht nennenswert verändert; b) Außen-Φ bleibt gleich, Wand wird wesentlich dünner (hier Anfangsstadium, Rohranfang ausgebohrt); 1 Ziehring; 2 Haltering (Widerlager); 3 Aufweitestopfen, bei a) von 4 in 5 durch festliegendes Rohr gezogen, bei b) feststehend, wobei Rohr von 5 gezogen wird; 4 Dornstange; 5 Ziehzange.

ren (eine Art Sicherung gegen Betriebsbrüche, da Fehler schon hier zum Aufreißen führen); b) Außen-Dmr. bleibt in etwa erhalten, Innen-Dmr. vergrößert, also Wand dünner, ein „Ziehen aus der Wand von innen heraus"; sauberste Innenflächen, jedoch Rohranfang auszubohren.

Ziehbänke (Ziehmaschinen) im Prinzip entsprechend Abb. III.361, jedoch mit wesentlichen Sonderentwicklungen. Nur beim Stopfenzug nach Abb. III.372 u. III.373 und Aufweitezug nach Abb. III.376, b mit Vorbank zur Dornstangen-Befestigung; im übrigen nur Rollenböcke für einlaufendes Rohr. Streben nach möglichst großer Ziehlänge, normal 10 ... 20 m, neuerdings bis 40 m gerade Länge; beim Ziehen vom Bund (Druckzug oder mit fliegendem Dorn) Länge unbegrenzt. Bei Einfach-Ziehbänken z. B. für 90 ... 220 mm Φ Ziehgeschwindigkeit $v=(6$ ... 30) bis (4 ... 20) m/min, wobei Ziehkraft $Z=0{,}32$ ... 1 MN; für 10 mm Φ z. B. Z bis 0,01 MN, bei v bis 60 m/min. Auch vollautomatische Ziehmaschinen (z. B. Kieserling Albrecht, Solingen) mit selbsttätiger Rohrzuführung und jeweils Ziehen von gleichzeitig 3 Rohren kleinen bis mittleren Dmr. mit $v=30$ ... 60 m/min.

Ziehkraft Z abhängig von Querschnittsabnahme und Ziehverfahren; Faustregel: Querschnittsabnahme von 1 cm^2 verlangt $\approx$0,1 MN Ziehkraft.

Querschnittsabnahme bei Stopfenzug (ausgenommen fliegender Dorn) 30 ... 40%, bei Stangenzug 50 ... 60% je Zug. Meist erfolgen mehrere Züge (bei nahtlosen Rohren u. U. bis zu 10 Züge, bei geschweißten bis zu 3 Züge erforderlich (da letztere aus Blechband), beim ersten Zug geringere Abnahme wegen Ungleichmäßigkeiten des Vorrohrs.

Schmierung wie beim Stangenzug, auch hinsichtlich Schmiermittel-Trägerschicht. Beim Stopfen- und Aufweitezug Rohr vorher innen schmieren. Normal nach jedem Zug Zwischenglühen mit Beizen und Kälken; Bondern (Phosphatieren, I.G) gibt beste Schmier-Trägerschicht, erlaubt bis 3 Züge ohne Glühung und erhöhte Ziehgeschwindigkeit, mindert Werkzeugverschleiß und verbessert Oberfläche. Nach DIN 6656 (Rohrpostrohre). Belassen dieser Schicht auf fertigem Rohr sogar vorgeschrieben (gute Gleiteigenschaft, Rost-Schutz). Wenn auch Rohr gereinigt u. trocken, Schmiermittelteil sitzt noch in feinsten Oberfl.-Poren.

Ziehwerkzeuge: niedrig legierter Werkzeugstahl, Sonderguß mit hartverchromten polierten Ziehflächen. Bei hohem Durchsatz Ziehring und Ziehdorn Hartmetall-bestückt, fliegender Dorn auch Vollhartmetall.

Andere Umformverfahren für Präzisionsrohre: Kaltpilgern und Rundkneten (siehe Abschn. 6: Streck- und Reckverfahren), die bevorzugt für Innenprofilierung (Innenrippen, Innendrall) Verwendung finden.

Verwendung von Präzisionsstahlrohren bzw. solchen aus NE-Metallen als heute sehr wichtiges Konstruktionsmaterial, wenn es auf geringe Maßabweichungen, gute Oberfläche und ggf. geringe Wanddicke ankommt, z. B. im Maschinen-, Apparate-, Fahrzeug- und Flugzeugbau, in der Feinmechanik, E-Technik und auf anderen Gebieten, besonders auch als Halbzeug für aus Rohr herstellbaren Maschinen- und Apparateteilen, wenn genaue Innen- und Außen-Dmr.-Partien unbearbeitet erhalten bleiben sollen.

Normung: *Nahtlose* Präzisionsstahlrohre nach DIN 2391 von 4 ... 120 mm Außen Φ und Wanddicken 0,5 ... 10 mm mit Toleranzangaben, geliefert aus St 35, St 45, St 55 (C=0,1/0,2/0,3%). Lieferzustand: *ziehblank*: mit Schmiermittel-Rückstand (trocken), z. T. vorgeschrieben; wegen Ziehhärte nicht zum Aufweiten, Biegen, Bördeln u. ä. geeignet; *ziehblank-weich*: im Aussehen von ersteren nicht zu unterscheiden, nach letzter Glühung nur leichter Endzug, beschränkte Kaltumformung möglich; *weichgeglüht*, desgl. entzundert oder weich-blankgeglüht, im letzten Fall mattglänzend-Leichtmetall-ähnliches Aussehen, bestens kalt umformbar; *normalgeglüht*, desgl. entzundert bzw. normalisierend blankgeglüht, mit feinem Gefüge und Werkstoff-Nennfestigkeit; *spannungsarmgeglüht* zur Erzielung bestimmter physikalischer Werte. – Festigkeitsangaben für diese Zustände siehe Normblatt.

Geschweißte Präzisionsstahlrohre nach DIN 2394 und 2393 von 4 ... 120 mm Φ, Wanddicken 0,5 ... 4 mm mit Toleranzangaben, geliefert aus SSt 2 als Warmband- oder Kaltbandstahl, heute nur nach el. Widerstands- oder HF-Schweißverfahren (also Preßschweißungen) hergestellt, entgratet, im Kalibrierteil der Schweißmaschine kalt gewalzt, dann nachgezogen.

Nahtlose wie geschweißte Präzisionsstahlrohre außerdem nach Sondervorschrift lieferbar in St höherer Festigkeit (C=0,3%), legiert, als Einsatz- und Vergütungsstahl, sowie in Sonderstählen; außerdem alle Rohre auf Verlangen geschliffen und paßfähig.

5. Stauch-, Fließpreß- und verwandte Verfahren [III.47]

Verfahren mit vorwiegend Druckeinwirkung, ohne dadurch hauptsächlich Werkstoffstreckung zu beabsichtigen, wobei durch Anwendung teils sehr hoher Drücke (bis 2500 N/mm² ≙ 250 000 N/mm²) Werkstoffverdrängung (Neuverteilung) erzwungen wird.

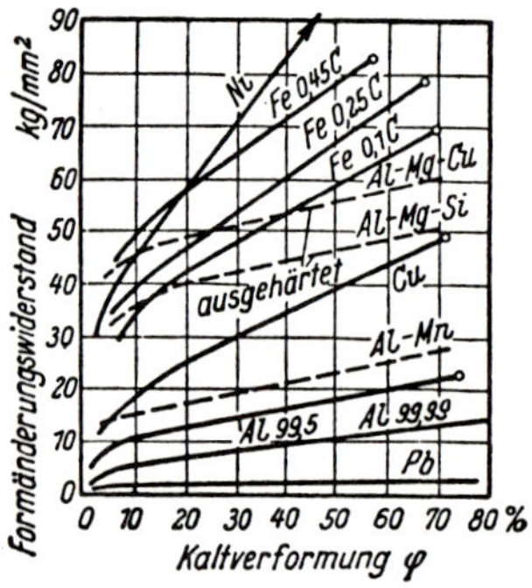

Abb. III.377. Verfestigungskurven von Metallen u. Metallegierungen bei 20°C (nach *Körber-Rohland* u. *v. Zeerleder*). Formänderungswiderstand ≙ Formänderungsfestigkeit k_f nach VDI 3201 (V. 1958); „Kaltverformung" ≡ Umformgrad φ (siehe z. B. Abb. III.388! Bildkorrektur: Formänderungswiderstand in 9,81 · N/mm².).

Der mit Raumtemperatur eingesetzte Rohling „fließt" unter Druckeinwirkung in der durch Werkzeug vorgeschriebenen Richtung. Gut kaltumformbarer Werkstoff im ggf. weichgeglühten Zustand ist immer Voraussetzung. Gute Kaltumformbarkeit gegeben, wenn bei großem Formänderungsvermögen niedriger Formänderungswiderstand (von Temperatur stark und von Umformgeschwindigkeit wenig abhängig) und geringe Kaltverfestigung (Kalthärtung, d. h. Verfestigungsmaß = $\Delta k_f / \Delta\varphi$ niedrig; Brucheinschnürung $\psi > 50\%$, sehr gut, wenn $> 60\%$. Werkstoff mit $\psi < 50\%$ kaum kaltstauchbar. Je flacher Kurvenverlauf in Abb. III.377, desto geringer Verfestigungsmaß; Umformgrad φ siehe Abb. III.388, hier in %. – Mehr oder weniger geeignet für Stauch-, Fließpreß- und verwandte Verfahren sind z. B. St mit 0,06 ... 0,4% C, niedriglegierte und austenitische St, Cu und die meisten Cu-Leg., Al und viele Al-Leg, Pb und Sn sowie die meisten ihrer Legierungen. Plastisches Umformen führt überwiegend infolge innerer Reibung zu teils erheblicher mit zunehmender Umformgeschwindigkeit steigender Erwärmung (u. U. bis ≈400 °C), die oft Kühlmittelzufuhr erfordert. – Als wichtigste Verfahren gehören hierher:

a) Stauchen (Kaltstauchen)

Einer der einfachsten Massiv-Umformvorgänge, mit *durchgreifender* Umformung der unter Druck stehenden Zone, und zwar ausgeführt als *Vollstauchen* des ganzen Rohlings, oder nur als örtliches *Anstauchen* (z. B. Bolzenköpfe u. ä.).

α) **Vollstauchen:** Werkstoff wird durch Stauchkraft *F* seitlich abgedrängt und dabei durch Gleiten an Werkzeugflächen infolge äußerer Reibung (Haftreibung) mehr oder weniger gebremst, daher z. B. tonnenförmige Aufbauchung eines Zylinders, wenn keine Seitenbegrenzung vorhanden (*freies Stauchen*). Reaktionsdruckverteilung wie in Abb. III.378, a: im Zentrum $\sigma_{d\,max}$, während dort Gleiten = 0; nach außen hin σ_d abnehmend, Gleiten aber zunehmend. Erreichbarer Umformgrad sehr weitgehend von Gleitmöglichkeit des Werkstoffs auf Preßbahn abhängig; je kleiner äußere Reibung, desto weniger Umformung behindert, daher glatte Preßbahn und Stahlrohling gebondert sowie zur Schmierung z. B. gewachst. Auch freie Stauchhöhe im Vergleich zur Werkzeug-berührten Fläche des Rohlings wichtig: *Bremsfaktor*

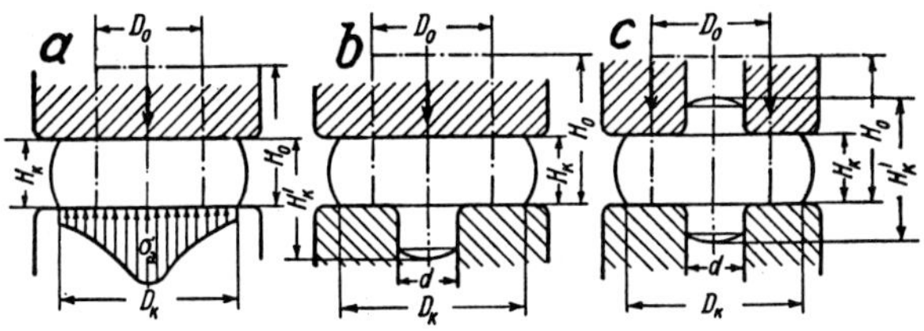

Abb. III.378. Arten des freien (seitlich nicht begrenzten) Stauchens (Schema). a) Stauchen zwischen vollflächigen Preßbahnen; für untere Bahn Druckverteilung angegeben (in Mitte Druckmaximum), für obere Bahn genauso (nicht gezeichnet); b) untere Bahn gelocht, dort Zapfen ausgepreßt; c) beide Bahnen gelocht, beiderseits Zapfen ausgepreßt; D_0 Ausgangs-Φ; H_0 Ausgangshöhe; D_k Stauch-Φ; H_k Höhe nach Stauchen (ohne Zapfen); H'_k Höhe mit Zapfen nach dem Stauchen; d) Dm. des ausgepreßten Zapfens.

$n = A_0/A_1$, wobei hier A_0 = vom Werkzeug bedeckte Oberfläche (in Abb. III.378, a $\triangleq 2 \cdot$ Kreisfläche mit $D_0\ \Phi$; A_1 = vom Werkzeug nicht bedeckte Oberfläche ($\triangleq$ Zylindermantelfläche des Rohlings). n steht in Verbindung mit äußerer Reibung; je größer sie ist, desto größer n und damit auch F. Für Fall Abb. III.378, a ist n am größten, für b kleiner, für c am kleinsten; entsprechend für gleiche Endhöhe H_k erforderliche Stauchkraft F bei a am größten, bei c am kleinsten. *Stauchung* (≡ Stauchgrad) ε_d (d = Druck) $= [(H_0 - H_k)/H_0] \cdot 100\%$; max. erreichbare Stauchung $\varepsilon_{d\,max}$ um so größer, je kleiner n und je duktiler (weicher) der Werkstoff: z. B. für Stauchverhältnisse nach Abb. III.378, Fall a: $\varepsilon_{d\,max}$ für Al und Cu 75 ... 80%, für C10 ... C15 60 ... 70%; Fall b: für Al und Cu 80 ... 90%, für C10 ... C15 70 ... 80%. – Verlangt Werkstück stärkere Stauchung, dann 2 (oder mehr) Stauchvorgänge mit Zwischenglühung. – In n steckt auch *Stauchverhältnis* $s = D_0/H_0$; je größer es ist, je kleiner also H_0 im Vergleich zu D_0, desto größerer Stauchdruck ist aufzuwenden, der mit zunehmender Stauchung ständig wächst. *Spez. Stauchdruck* σ_d in N/mm^2 bei $D_0/H_0 = 1$ (d. h. $D_0 = H_0$): für Al 10 ... 40; Cu 30 ... 60; Messing 60 ... 100; C 10 ... C 15 55 ... 100; 30 SiMnCr 4 100 ... 150; – bei $D_0/H_0 = 2$ (d. h. $H_0 = \frac{1}{2} D_0$): für Messing 70 ... 120; C 10 ... C 15 70 ... 130; 30 SiMnCr 4 1100 ... 1700 N/mm^2. Dabei kleinere Werte für $\varepsilon_d = 10\%$, größere für $\varepsilon_d = 70\%$ gemessen. – Beim freien Stauchen ist Stauchhöhe begrenzt durch $H_0 \leqq 1{,}8 \cdot D_0$, sonst Ausknickgefahr. Bei einseitiger Einspannung (Kopf-Anstauchen) jedoch $s \leqq 2{,}4$ zulässig. – Abarten des Vollstauchens sind:

Auspressen von Zapfen, ein- oder beidseitig, nach Abb. III.378, b u. c für praktische Staucharbeiten von größter Bedeutung, vgl. Abb. III.379; Vorgang ist praktisch ein Fließpreßprozeß (vgl. Absatz d, „Kaltfließpressen"). Wenn $D_0/H_0 \geqq 2$ (d. h. $H_0 \leqq 0{,}5 \cdot D_0$), dann Werkstofffluß in Bohrung rel. leicht, $H_k' > H_0$ erzielbar (Abb. III.378, b, c). Für $D_0/H_0 < 1{,}5$ (d. h $H_0 > 0{,}66 \cdot D_0$) meist $H_k' < H_0$, da dann Werkstoff leichter seitlich weggequetscht wird. Bei nur einseitigem Auspressen ist Zapfenhöhe $\approx$1,5mal so groß wie bei zwei gegenüberliegenden Zapfen. Sind Bohrungen in beiden Preßbahnen verschieden groß, dann erreichbare Zapfenhöhen dem Querschnitt etwa proportional (gleiche Reibungsverhältnisse und Lochkantenrundung vorausgesetzt), also dickerer Zapfen länger als dünnerer. Rohlings-Dmr. $D_0 \geqq 2 \ldots 4 \cdot d$, sonst Stauchvorgang gestört. Geringe Preßgeschwindigkeit wesentlich, damit Werkstoff Zeit zum Fließen hat.

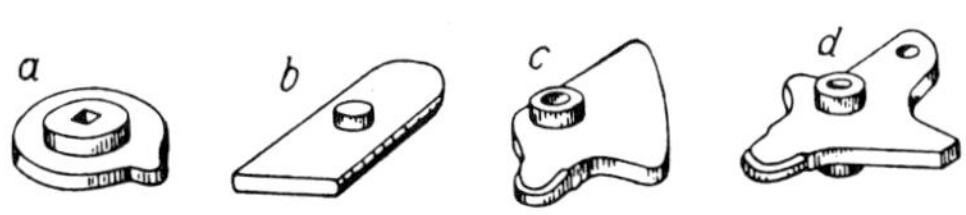

Abb. III.379. Beispiele für freies Stauchen mit aufgepreßten Naben bzw. Zapfen, in Schnittwerkzeug abgegratet; bei a), c), d) Rohling etwas weiter vorgebohrt, in Preßbahnen geführter Dorn des Werkzeugs gibt der Bohrung Endmaß (beachte Vierkantloch bei a), mit Vierkantdorn aus Rundloch geformt); Loch bei d) rechts hinten nachträglich gebohrt.

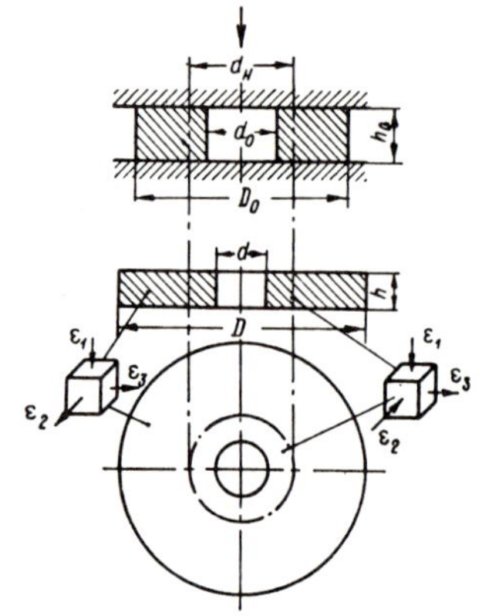

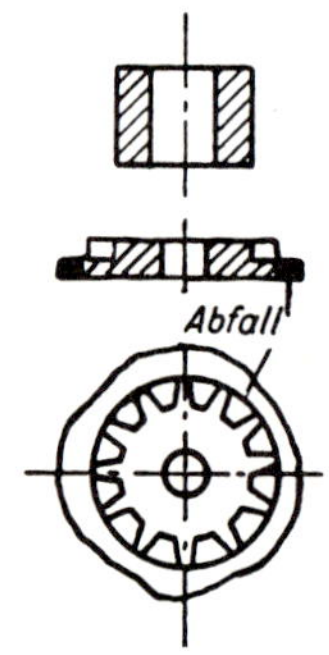

Abb. III.380. Stauchen eines Ringes. Oben: Rohling (Rohrabschnitt oder Blech-Schnitteil) zwischen Werkzeugbahnen; unten: gestauchter Ring (Ausbauchung in Bohrung und außen nicht gezeichnet!); D_0 Außen-Dmr. des Rohlings, D des Stauchteils; d_0 Bohrungs-Dmr. des Rohlings, d des Stauchteils; h_0 Höhe des Rohlings, h des Stauchteils; d_H Dmr. der neutralen Zone, von der aus sich Werkstoff nach innen bzw. außen verschiebt.

Abb. III.381. Kleines Zahnrad, gestaucht aus Ring. Oben: Rohling; unten: Werkstück mit Stauchgrat (Abfall, im Aufriß schwarz), in Abgratschnitt zu entfernen; zylindrische Bohrung durch Dorn erreicht (s. Text).

Stauchen von Ring-Rohlingen nach Abb. III.380: Werkstoffteil verschiebt sich nach außen, Teil nach innen; anschließend auf Ring neutrale Zone (d_H Φ) erkennbar, die sich nicht verschoben hat, d. h. Dmr. beibehielt. Wird glatte senkrechte Lochwand gefordert, dann Dorn erforderlich (geführt in beiden Werkzeughälften, die ihrerseits in Ober- und Unterteil mit Säulenführung sitzen). So entstand Werkstück Abb. III.381 in Werkzeug mit Gratbahn, dabei auf halbe Werkstückhöhe Verzahnung eingepreßt; kein freies Stauchen mehr, vgl. „Kaltpressen" (Gesenk-Pressen) in Abschn. 5 b.

Stauchen in Dmr.-Richtung erforderlich für Werkstücke mit Länge: Breite etwa > 1,5 (z. B. Werkstück b in Abb. III.379), wobei zylindrischer Rohling, ggf. auch vorgebogen bei gekrümmter Werkstückform, zwischen beide Preßbahnen *gelegt* wird. Abb. III.382 zeigt Schema; dabei Stauchgrad groß, da zu Beginn Umformwiderstand ganz gering und erst mit zunehmender Stauchung im Verhältnis b/h steigend. Viel verwendet für in einer Richtung ausgedehntere Werkstücke; auch in Preßbahnen Gravur zur Oberflächengestaltung (Übergang zum Gesenkpressen), wobei dann Grat abgetrennt wird, z. B. für Hebel-ähnliche Teile aller Art. – Stauchstadien beim Ausgehen von *rechteckigen* Rohlingen zeigt Abb. III.383; beachte: je schmaler Reckteck, desto größer prozentuale Breitung und desto geringer prozentuale Längung (Grundgedanke des Streckschmiedens („Reckschmiedens") mit möglichst schmaler Hammerbahn!).

β) **Anstauchen** nur eines Teils des Rohlings zur örtlichen Verdickung:

1. Anstauchen zylindrischer *Wandungen* von Gefäßen oder Büchsen und von *Flachmaterial* nach Abb. III.384: geschlossenes Werkzeug mit Aussparung für verlangte Verdickung, sowie Auswerfer, Dorn zur Innenstützung, darüber Rohrstempel für Staucharbeit nach Abb. III.385. Für Kappen in Abb. III.384 links unten und rechts oben, sowie Doppelbund-Büchse Matrize zur Werkstückentfernung geteilt; beachte auch Rohling-Bodenform rechts oben: erleichtert in Verbindung mit Anstauchen Werkstofffluß nach außen, da Boden durch Dorn eben gedrückt wird. – Sinngemäßes gilt für Flachmaterial-Anstauchung in Abb. III.384. Nach diesem Prinzip werden auch kurze Flachstahl-Abschnitte durch Anstauchen der Längskante in T-Profilstücke mit Buckeln auf Flanschmitte für spätere Buckel-Widerstandsschweißung umgeformt (Abb. III.386).

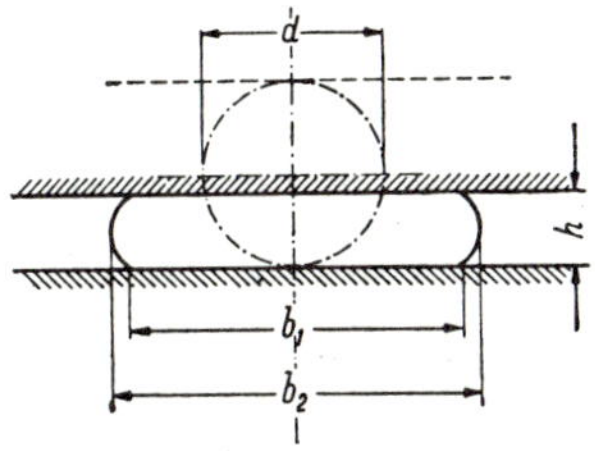

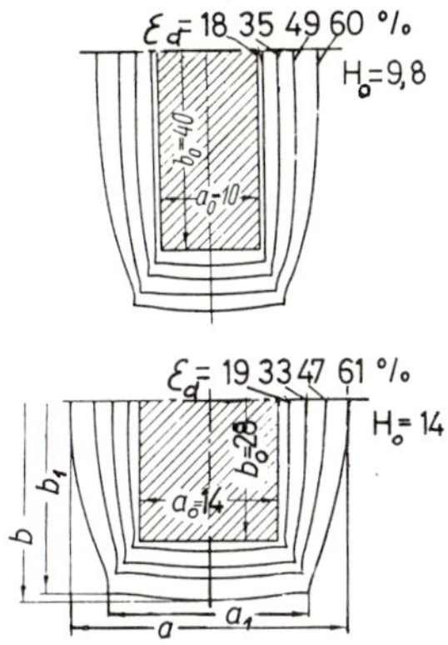

Abb. III.382. Stauchen zylindrischen Rohlings in Dmr.-Richtung. Erreichbare mittlere Breite b = 5 · h; Werkstückhöhe h = 0,4 · d und weniger.

Abb. III.383. Stadien beim Stauchen rechteckigen Rohlings. Alle Maße in mm; bei den einzelnen Stauchstadien Stauchung ε_d in % angegeben; H_0 Ausgangshöhe; schraffierte Fläche ist Ausgangsgrundfläche. – Oben (schmales Teil): Breitenzunahme ≈120%, Längenzunahme ≈30%; unten (breiteres Teil): Breitenzunahme ≈100%, Längenzunahme ≈43%.

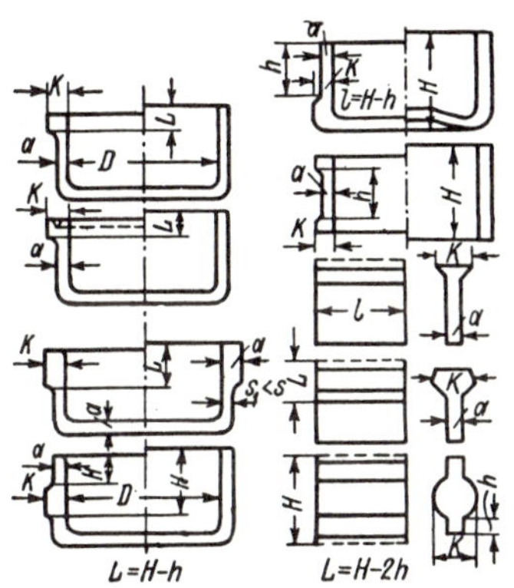

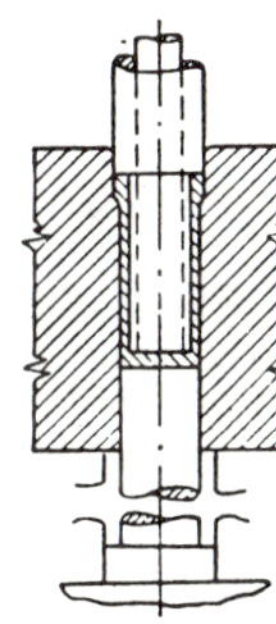

Abb. III.384. Anstauchen zylindrischer Wandungen und von Flachmaterial, teils am oberen Rand, teils im Mittelbereich oder unten; bei den Gefäßen u. Büchsen: rechts der Mittellinie Ausgangsform, links Endform. – 3 Flachmaterial-Anstauchungen rechts unten: Fertigteil in Auf- u. Seitenriß.

Abb. III.385. Anstauchen des Randes einer Büchsenwand (Schema). Stützdorn im Innern, rohrförmiger Stempel entsprechend Rand-Enddicke, unter Auswerfer, gleichzeitig Gegenhalter.

2. Anstauchen von *Bolzenköpfen*. Grundsätzlich: Herstellung von Bolzen mit Kopf (z. B. Kopfschraube u. ä.) durch Kaltumformung statt Zerspanung setzt immer große Stückzahl gleichartiger Teile voraus, wie meist bei Schraubenfertigung gegeben; dabei für Kopfschrauben zwei Möglichkeiten gemäß Abb. III.387: a) Ausgehend vom Bolzen-Dmr. durch Kopfanstauchen: wirtschaftlich gegenüber b, wenn $D\,\Phi > 1{,}5 \cdot H$; dabei $H \geqq 0{,}6 \cdot d\,\Phi$, sonst starkes Anwachsen der Stauchkraft und hoher Werkzeugverschleiß; b) ausgehend vom Kopf-Dmr. durch Fließpreß-Abstrecken des Schaftes; immer wirtschaftlicher als a, wenn $D/H < 1{,}0$; c)

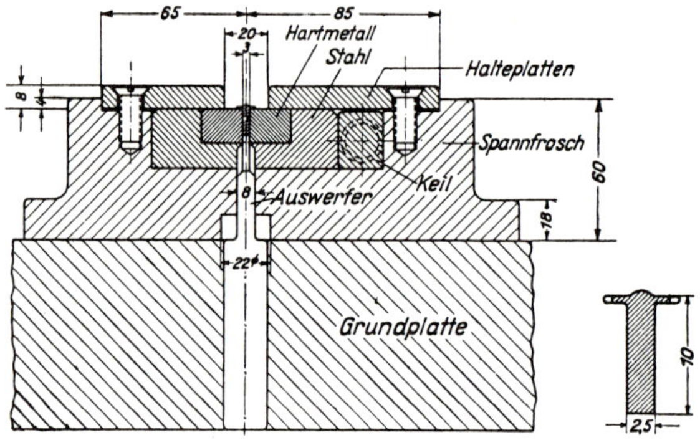

Abb. III.386.
Anstauchen von Flachmaterial unter T-Profilformung.

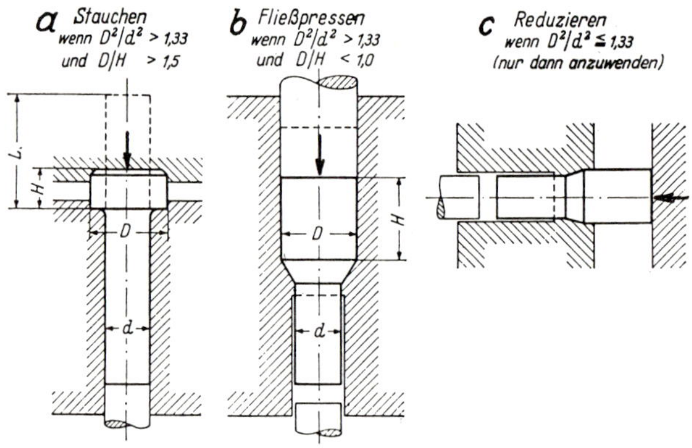

Abb. III.387. Verfahrensgrenzen für Kopfherstellung an Bolzen. a) Anstauchen des Kopfes (D-Φ), ausgehend von Abschnitt mit Schaft-Φ d; Auswerferstift als Gegenhalter beim Stauchen; b) Fließpressen mit Auspressen des Schaftes (d-Φ), ausgehend von Abschnitt mit Kopf-Φ D; c) Reduzieren eines Abschnitts mit Schaft- bzw. Kopf-Φ bei nur geringem Unterschied zwischen D u. d (unterscheidet sich von b) nur durch D^2/d^2 (geringere Dmr.-Abnahme, offenes Werkzeug). – L Freie Länge beim Anstauchen $\leqq 2{,}4 \cdot d$.

Reduzieren (Verjüngen), nur bei geringem Dmr.-Unterschied anzuwenden, zur Schraubenfertigung mit a) bzw. b) kombiniert. – Aus Abb. III.388 ergibt sich, daß modernstes Verfahren ganz rechts den anderen, vor allem dem linken, hinsichtlich hoher, in allen Querschnitten fast gleicher Streckgrenze überlegen. Bruchdehnungsabfall kann durch kristallerholende Wärmebehandlung bei nur geringem Festigkeitsabfall weitgehend beseitigt werden.

Stauchkraft F wächst mit Umformgrad φ_F (siehe Abb. III.388), Formänderungsfestigkeit k_f (ist Hauptspannungsdifferenz, bei der Werkstoff fließt; Werte zu entnehmen aus VDI-Arbeitsblatt 3201 „Fließkurven von Schraubenwerkstoffen"), sowie innerer und äußerer Reibung. Beim Anstauchen von Bolzenköpfen ist freie Stauchlänge L (und damit Größe der Umformung) durch Knickfestigkeit und Formänderungsvermögen des Werkstoffs begrenzt durch *Stauchverhältnis* $s = L/d \leqq 2{,}4$ (d = Ausgangs-Dmr.). Wenn $s > 2{,}4 \ldots 4{,}5$, dann Stauchen in 2 Stufen auf Doppeldruckpresse: Vorstauchen gemäß Abb. III.389, wobei nicht zu stauchende Länge mindestens geführt (u. U. gespannt) und freie Stauchlänge (a + c) auf Länge a vom Vorstaucher zylindrisch geführt, damit Ausknicken verhindert. Für $s > 4{,}5 \ldots 7{,}5$ Dreifachdruckpresse oder Sonderwerkzeuge.

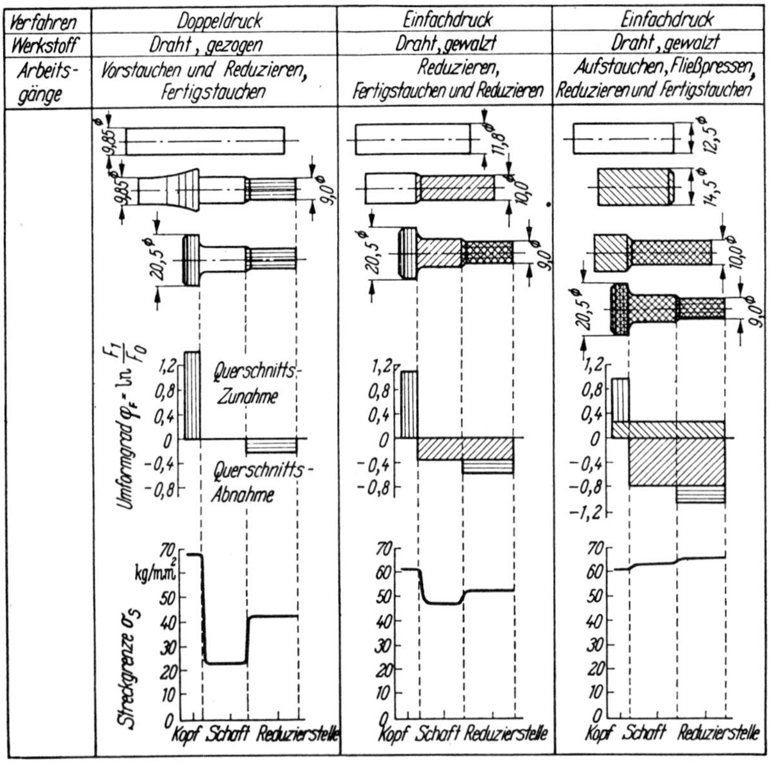

Abb. III.388. Formgebungsstadien, Umformgrade und Streckgrenzenverlauf bei verschiedenen Umformverfahren und Arbeitsgängen zur Herstellung von Kopfschrauben-Rohlingen gleicher Form aus Stahl Muk 7 (nach VDI 3171 v. Mai 1958); F_0 Ausgangsquerschnitt; F_1 Endquerschnitt jeweils in den einzelnen Abschnitten. 8 Vgl. hiermit auch Abb. III.390!

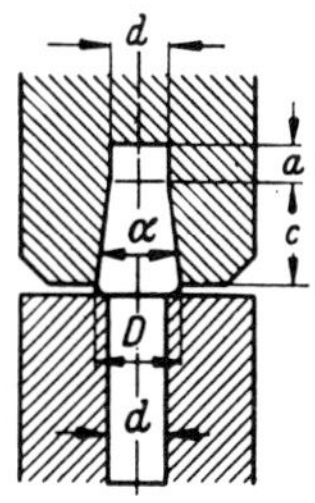

Abb. III.389. Vorstauchstempel für Kopfschrauben. Maße für verschiedene Dmr. in VDI 3171, Tafel 1.

Abb. III.390 erläutert Fertigungsverfahren für *Schraubenrohlinge* auf Doppeldruckpresse (a) und auf Mehrstufenpresse (b); vgl. hiermit auch Abb. III.388! Siehe ferner Abb. III.425. – Abb. III.391 zeigt Werkzeugausführung in armiertem Sinterhartmetall, dabei Hartmetallkern im Übergang a_1/a_2 geteilt, da früher bei einteiliger Ausführung dort Dauerbruch. – Vielzahl verschiedener Schraubenkopfformen in Verwendung; je nach Gestalt kann Kopf schon im Stauchvorgang fertig anfallen, so kann er z. B. durch Fertigstaucher (Döpper) auch gleich Schlitz erhalten (Abb. III.392). Endstempel für Kreuzschlitz-Kopfschraube zeigt Abb. III.393; 3 Stufen für Entstehung eines Innensechskant-Kopfes nach Abb. III.394. Für Sechskantkopf wird Preßrohling mit vorerst Rundkopf durch selbsttätige Zuführeinrichtung zwischen Abgrat-

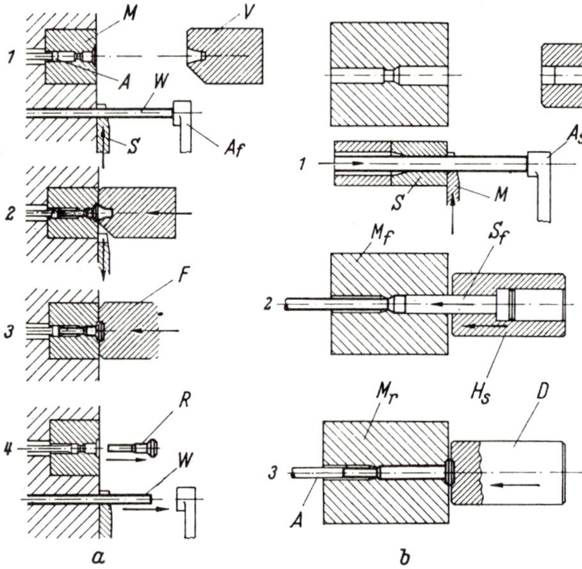

Abb. III.390. Kaltformen von Kopfschrauben (n. VDI 3171). a) Stauchen u. Reduzieren auf Doppeldruckpresse mit geschlossener Matrize: 1 Abschneiden; 2 Vorstauchen u. Reduzieren des Gewindeabschnitts; 3 Fertigstauchen; 4 Auswerfen, Drahtvorschub (in 1 an A_f anliegend) Fortsetzung bei 1 u. s. w. (zwischen einzelnen Stufen Quertransport); M Matrize; V Vorstaucher; F Fertigstaucher; R gestauchter Rohling; W Werkstoff; A_f fester Anschlag; S Schermesser; A Auswerfer. b) Fließpressen, Stauchen und Reduzieren auf Mehrstufenpresse: 1 Abschneiden; 2 Fließpressen des Schaftes; 3 Stauchen des Kopfes und Reduzieren des Gewindeabschnitts. – S Scherbuchse; M Messer; A_s schwenkbarer Anschlag; M_f Fließpreßbüchse (-matrize); S_f Fließpreßstempel; H_s Stempelhalter; M_r Reduziermatrize; D Döpper; A Auswerfer; Abb. III.425 zeigt Ausführung von M_f doppelarmiert in Sinterhartmetall G 4.

werkzeuge zur Sechskantbildung gebracht (Abb. III.395). Auch Fertigstauchen eines Sechskantkopfes möglich (System Hatebur, Basel), doch erforderlicher Stauchdruck und Werkzeugbeanspruchung hoch und Kanten nicht immer sauber ausgepreßt. – Nach Kuppen (Formen des Schaftendes) noch Gewinde-Kaltrollen (siehe Abschn. 5 f!), womit Rohling erst zur Schraube wird.

Maschinen und Werkzeuge zum Kaltformen von Kopfschrauben u. ä.: Horizontalarbeitende Kurbelpressen mit geschlossenen Matrizen z. T. mit Hartmetalleinsätz (Abb. III.396) oder geteilten Stauchbacken (Abb. III.397). Noch häufig für Kaltstauchen, Abgraten (Sechskantkopf!), Kuppen und Gewinde-Kaltrollen getrennte Maschineneinheiten, nur durch Transporteinrichtung verkettet; neuerdings auch deutsche Konstruktion vollautomatisch arbeitender Maschineneinheit mit steter Aufeinanderfolge sämtlicher Prozesse (Mehrstufenpresse), mit der im Arbeitsfluß auch Gewinderollen erfolgt, ähnlich wie bei amerikanischer Vierstufen-Kaltfließpresse „Boltmaster“ (6 Modelle im Bereich: Ausgangs-Dmr. 11 ... 35 mm, Abschnittlängen 100 ... 325 mm, Leistungsbedarf 20 ... 120 kW, Gewicht 12 ... 80 t); Draht vom Bund mit Überzug Kupfer-Kalk oder Seife-Kalk läuft über Richtrollen in Maschine, die formfertige Schraube verläßt sie und wird nur noch wärmebehandelt. Geht man von gebeiztem Walzdraht aus (billiger!), dann Grobzug der Maschine vorschaltbar. –

Durch Werkzeugwechsel lassen sich auf diesen Maschinen eine ganze Reihe verwandter Formteile, wie Stufen- und andere Sondernieten, Ventilkegel, Radbolzen, Pedalachsen, Kopfbolzen aller Art, ja sogar nichtrotationssymmetrische Teile, wie Exzenterbolzen u. ä. herstellen; Einfachdruckpressen genügen für gewöhnliche Vollniete, gewisse Hohlniete, Nägel u. ä.

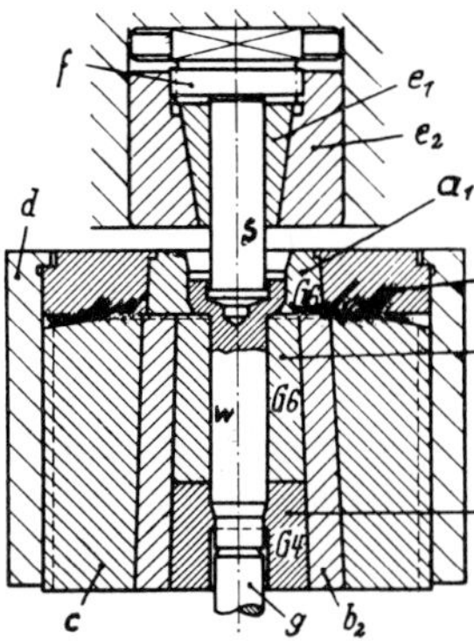

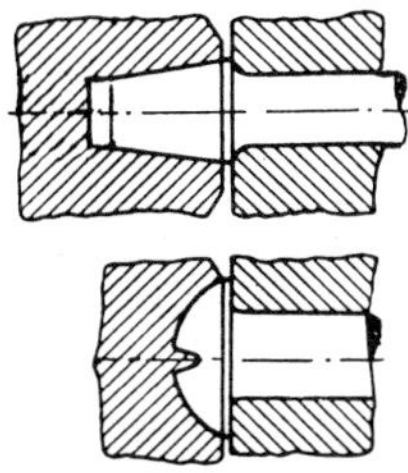

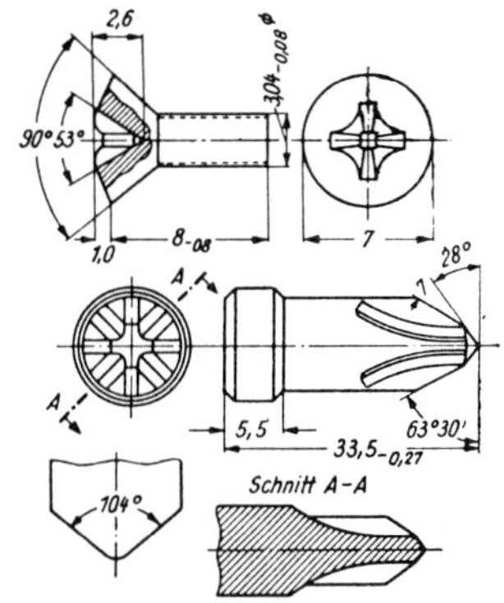

Abb. III.391. Im Hartmetallkern unterteilte kombinierte Kopf-Fließpreß- und Schaft-Reduziermatrize in Anlehnung an Abb. III.390., b, Stufe 3, jedoch hier Sonderkopfform und andere Reduzierlänge. – a_1 Kopffließpreßmatrize; ($a_1 + a_2 + a_3$) Hartmetallkern, davon a_1 u. a_2 in zäherer Qualität G 6 (30% Co), a_3 als Reduzierteil in verschleißfesterem G 4 (20% Co); b_1 Schrumpfring auf a_1 ; b_2 Schrumpfbüchse für $a_2 + a_3$; c Schrumpfring für b_2 , also ($a_2 + a_3$) doppelt armiert; d Gewindebüchse zum Einschrauben von c, damit hoher Anpreßdruck an b_1; e_1 u. e_2 Lagerung für s; f Druckplatte zur Druckübertragung auf s; g Auswerfer; s Stempel zum Kopffließressen in a_1 und gleichzeitig Reduzieren an a_3 ; w Werkstück.

Abb. III.392. Anstauchen eines Halbrund-Schlitzkopfes. Oben: Vorstauchen; unten: mit Schlitz fertigstauchen.

Abb. III.393. Angestauchter Schraubenkopf mit Kreuzschlitz. Darunter: Stempel für Kreuzschlitz.

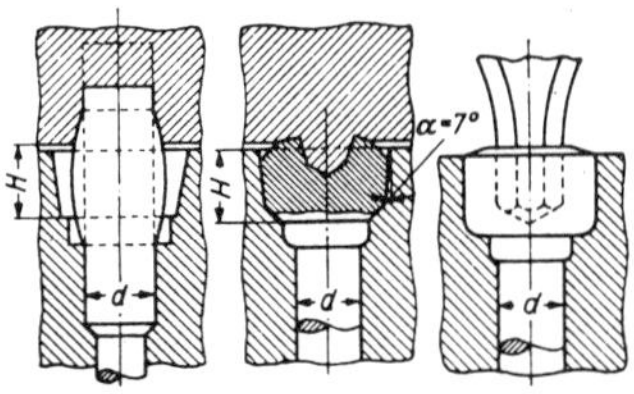

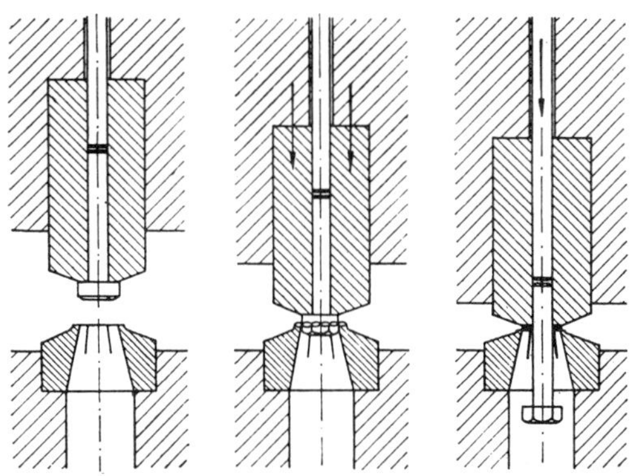

Abb. III.394. Innensechskant-Kopfschraube („Inbus") in drei verschiedenen Matrizen mit zugehörigen Stempeln fertiggestellt.

Abb. III.395. Durch Abgraten gestauchten Rundkopfs entsteht Sechskantkopf. Abgratschnitt mit Gratabfall.

b) Kaltpressen (Gesenkpressen, „Kaltschmieden")

Abart des Stauchens, mit diesem sehr verwandt; zur Herstellung von Teilen verwickelter Form, die nur kostspielig zerspanend herstellbar wären, z. B. nach

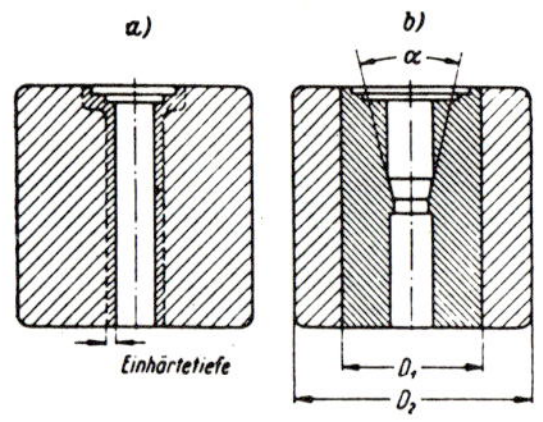

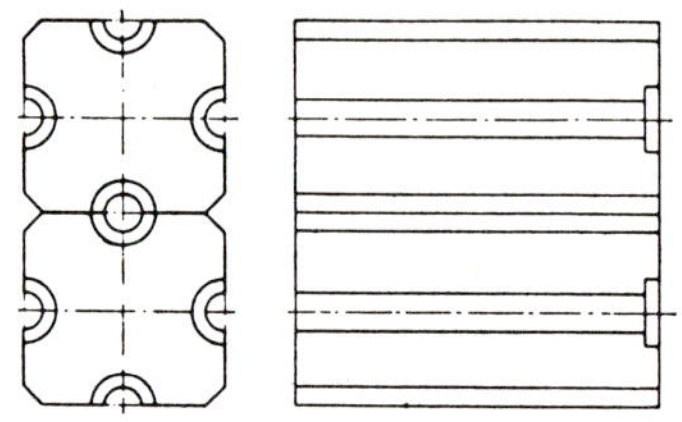

Abb. III.396. Geschlossene Matrize zur Kopfschraubenfertigung; a) mit glatter Bohrung, Werkzeugstahl, innen strahlgehärtet; b) Reduziermatrize mit eingeschrumpftem Hartmetalleinsatz, Reduzierwinkel $\alpha = 26 \ldots 32°$; $D_1/D_2 \geqq 1/2$; gegenüber Werkzeugstahl Leistungssteigerung um das $\geqq$ 20fache.

Abb. III.397. Geteilte Stauchbacken zur Kopfschraubenfertigung als Vierkantbacken für Formteile mit überlangen Schäften, mit halbzylindrischen Kanälen auf jeder Seite, paarweise zusammengebaut.

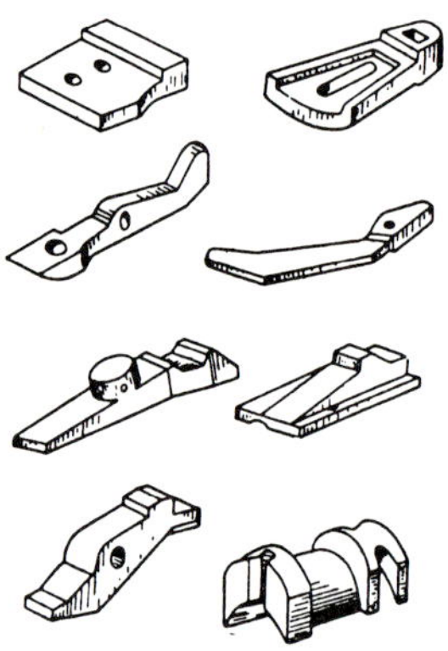

◂ Abb. III.398

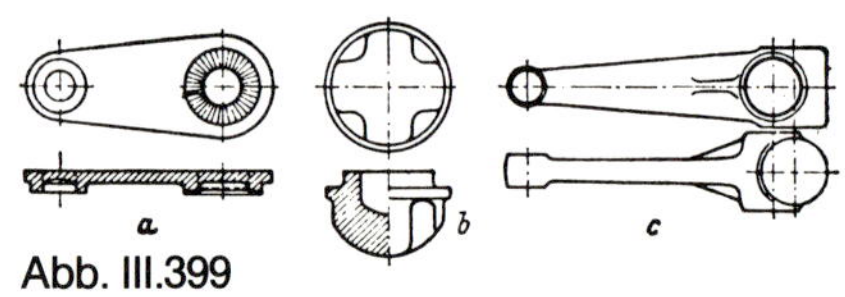

Abb. III.399

Abb. III.400

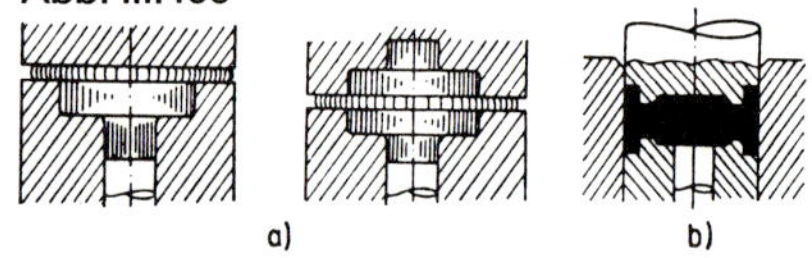

Abb. III.398. Formschwierige Kaltpreßteile für Rundfunkindustrie u. Feinmechanik.

Abb. III.399. Kaltpreßteile aus dem Maschinen- u. Gerätebau, Werkstofffluß beim Pressen günstig; für a) Einfachgesenk; für b) u. c) Zweifachgesenk.

Abb. III.400. Kaltpressen im Gesenk. a) mit Gratbahn, dabei links Gravur nur unten (Einfachgesenk), rechts Gravur beidseitig (Zweifachgesenk); Gratbahn seitlich offen, daher Werkstückhöhe weniger genau als in Abb. III.401; b) geschlossenes Gesenk, Werkstück gratfrei.

Abb. III.398 u. III.399, mit durchgreifender Werkstoffumformung, oft schon ab unter 100 Stück lohnend. – Grundsätzlich zwei Gesenkarten nach Abb. III.400, a: Gesenk mit Gratbahn (früher beim Gesenkschmieden „ungeschlossenes Gesenk" genannt, da „offenes" Gesenk zum Schmieden von der Zange); b: Geschlossenes Gesenk, daher Werkstück ohne Preßgrat.

Nach a entweder Herstellung von Einzelstücken, dabei Rohling einzeln eingelegt (Abb. III. 401) oder fortlaufendes Kaltpressen „im Band", ausgehend von Flachband (Abb. III.402), ggf. auch von Runddraht oder Stabmaterial; in diesen Fällen immer erheblicher Werkstoffverlust, oft in Höhe Werkstückgewicht oder mehr, trotzdem wirtschaftlich für Massenfertigung. Umformvorgang auch „Querfließpressen" genannt; wesentlich dabei geringe Endgeschwindigkeit (Sonderpressen z. B. nach *O. May*).

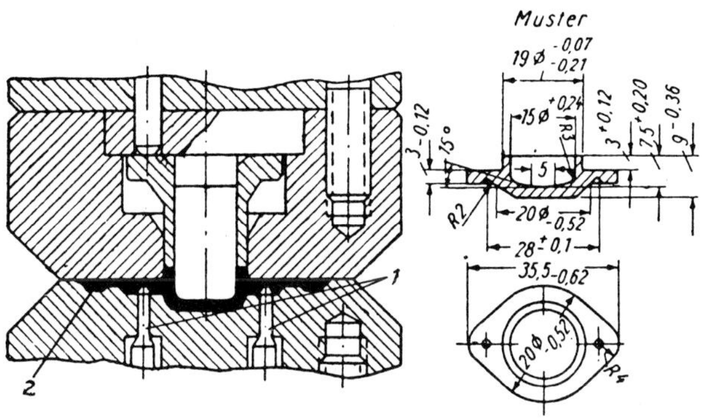

Abb. III.401. Im Gesenk kaltgepreßter Abschlußdeckel. Gesenk mit geschlossener Gratbahn (Gratringraum) und unter Preßdruck sich berührenden Werkzeughälften, damit Werkstückhöhe genau gehalten; anschließend Abgraten (besonderes Abgratschnittwerkzeug); rechts abgegratetes Werkstück; 1 Ankörnstifte, erst nach Werkzeugschluß hochgefahren, um Werkstofffluß nicht zu behindern; 2 Gratbahn, seitlich geschlossen.

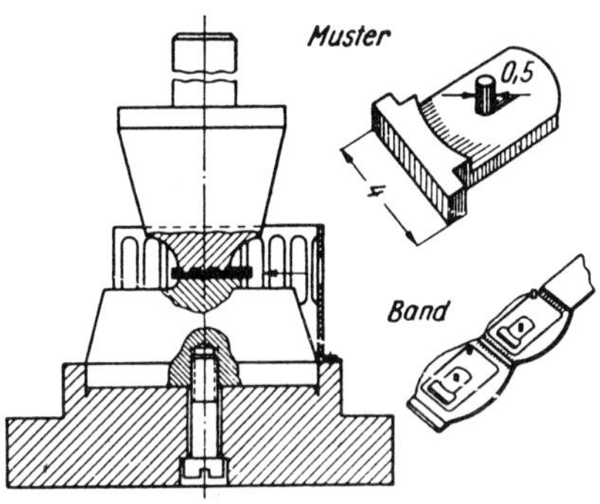

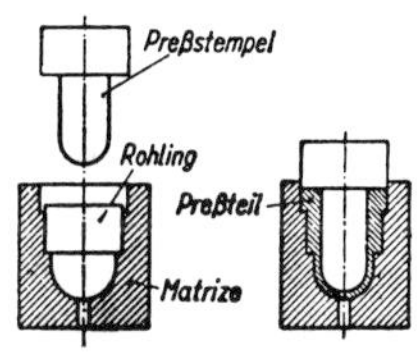

Abb. III.402. Fortlaufendes Kaltpressen „im Band" mit offener Gratbahn (beachte Schutzgitter!), anschließend Abgratschnitt (nicht gezeichnet), wobei Drückfläche des Abgratstempels genau Werkstückoberfläche angepaßt sein muß. Oben rechts abgegratetes Werkstück mit ausgepreßtem Zapfen, darunter gepreßtes Band.

Abb. III.403. Kaltpressen einer Kappe im geschlossenen Gesenk, ausgehend von Rundstangenabschnitt als Rohling; Bohrung in Matrize durch Auswerferstift (nicht gezeichnet) geschlossen.

Nach b wesentlich größerer Umformgrad möglich als bei a, da Gesenk geschlossen: Abb. III.403, aber Werkstückhöhe von genau zuzumessender Werkstoffmenge abhängig; nach Abb. III.404 Matrize zweiteilig. Kaltpressen auch kombinierbar mit Fließpressen (s. Absatz 5 d), wofür schon Abb. III.403 ein Beispiel ist. – Kaltpressen einbaufertiger kleiner und mittlerer *Kegelräder* nur in Massenfertigung (Werkzeuge teuer!) sehr wirtschaftlich, wegen günstigen Faserverlaufs bei meist überlegener Genauigkeit (≙ Feinschliff) vorteilhafter als Zerspanung; bei geringerer Stückzahl auf Verzahnungsmaß kaltgepreßter Kegelstumpf mit folgender spangebender Verzahnung, jedoch nur ungenaues Vorpressen der Verzahnung mit spangebender Fertigverzahnung immer unwirtschaftlich. – Auch Wälzlager-Laufringe neuerdings aus Stangenabschnitten in mehreren Stufen mit Zwischenglühung kalt gepreßt, in letzter Stufe formgepreßt.

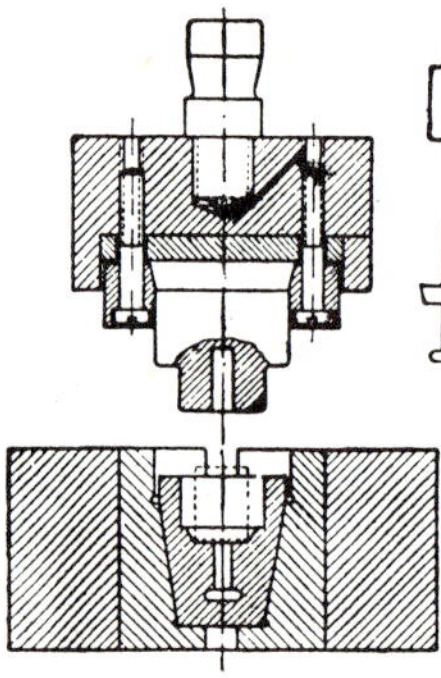

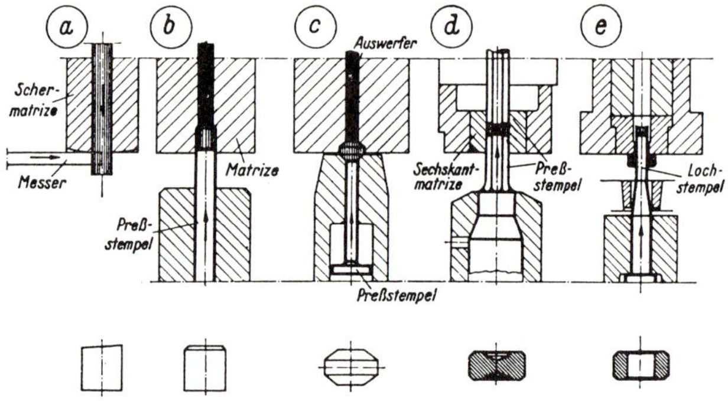

Abb. III.404. Kaltpressen im geschlossenen Gesenk, Matrize geteilt, beide Matrizenhälften in Aufnehmer, durch aufgeschrumpften dickwandigen Ring vorgespannt und verstärkt; rechts oben Rohling, darunter Werkstück.

Abb. III.405. Kaltstauchen und Lochen von Muttern auf Mehrstufenpresse, ausgehend von Runddraht (n. VDI 3171). a) Abschneiden; b) Fase anpressen und Planen; c) Vorstauchen; d) Außenform Fertigpressen u. Vorformen der Bohrung; e) Fertiglochen.

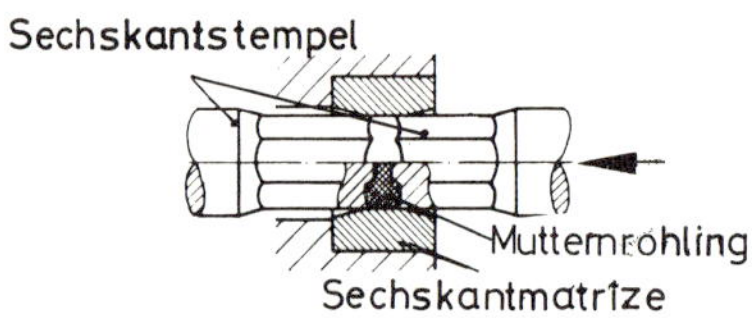

Abb. III.406. Muttern-Kaltformen (Schema). Erläuterung der Stufe d) in Abb. III.405.

Muttern-Kaltformen ist Sondergebiet des Kaltpressens: Beim alten Verfahren durch Stanzen aus Flachstahl Werkstoffverlust ≈46%. Weiterentwicklung ist *Hatebur*-Verfahren [III.46], bei dem ausgehend von Sechskantdraht oder -Stangen durch Abscheren, Vor- und Fertigpressen mit Lochstanzen auf zwei Maschinen (mögliche Zwischenglühung) Fertigstellung des Rohlings (ohne Gewinde) erfolgt. Nach *Waterbury*-Verfahren [III.46] (Abb. III.405 u. III.406) erfolgt in liegender Mehrstufenpresse Formung des Rohlings aus Runddraht; Gewindeerzeugung auf besonderem Muttern-Gewindeschneidautomaten [III.6]. Bei beiden Leistung etwa gleich (z. B. ¼": 5000 Stück/h, ⅝": 3700 Stück/h) bei Abfall 7 ... 12% des Einsatzgewichts; außerdem beanspruchungsgünstigerer Faserverlauf. Gewöhnliche Muttern im Kaltformzustand, Hochleistungsmuttern nach besonderer Vergütung verwendet. Werkzeugwerkstoff ähnlich wie bei Schraubenfertigung, z. T. unter Hartmetalleinsatz; Näheres in [III.46]. –

Herstellung von Kugeln (St 1% C, ≈1% Cr) für Kugellager auf Einfachdruck-Kaltpressen aus weichgeglühtem Draht (Dmr. 3 ... 5 mm: ≈300 Stück/min; 25 ... 30 mm: ≈70 Stück/min) mit Aufmaß, dann Glühen, Trommeln, Schroten, Härten mit Anlassen (140 ... 180 °C), Fertigbearbeiten durch Vor- und Fertigschleifen, Vor- und Fertigläppen.

c) Massivprägen

Prägen im engeren Sinn, im Gegensatz zum Blech- oder Hohlprägen, ist Druck- bzw. Stanzschlag-Umformen flächiger Werkstücke (z. B. Münzen, Ehrenzeichen u. ä.) in zweiteiliger seichtgravierter meist geschlossener Hohlform (Abb. III. 407) mit Werkstoffverschiebung im wesentlichen im Oberflächenbereich (also nicht durchgreifend!); trotzdem Druck rel. groß (Kniehebelpresse) wegen scharfer Konturen.

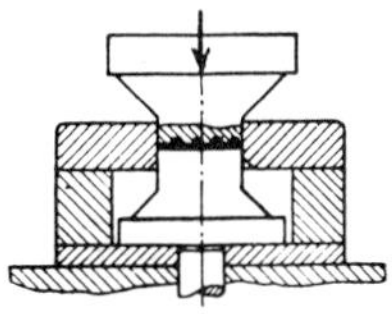

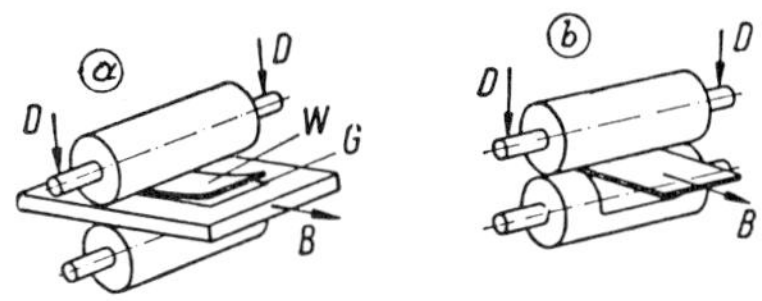

Abb. III.407. Geschlossenes Prägestanzwerkzeug (Schema), hier für einseitige Prägung (sinngemäß auch beiderseitige Prägung, z. B. für Münzen); Matrize zum Auswerfen des Werkstücks anhebbar.

Abb. III.408. Oberflächen-Prägen von Blechen, z. B. auch zur Musterung; a) zwischen glatten Walzen, durch die Blech W zusammen mit Platte (darauf gehärteter Gravurbereich G) unter Prägedruck D hindurchläuft; B Bewegungsrichtung; b) wie a), jedoch nur Oberwalze glatt, Gravur auf Unterwalze, so daß Platte nach a) entfällt; mit Rundum-Gravur für längere Bleche.

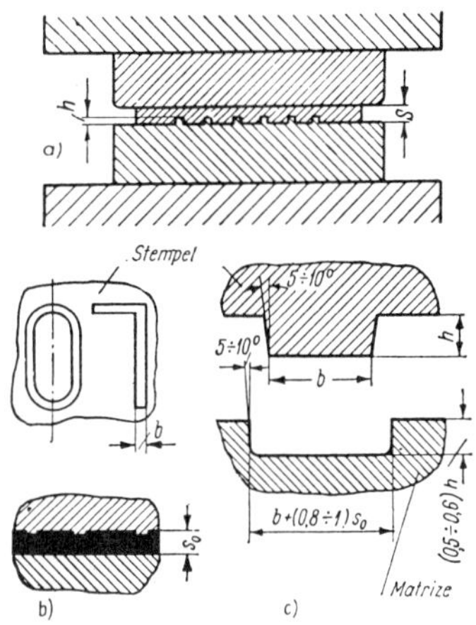

Abb. III.409. Einschlagstanze zum Einprägen vertiefter Schriften oder Zeichen. a) Werkzeug-Schema, erhabene Zeichen spiegelverkehrt hier in Unterwerkzeug; h Einschlagtiefe der Zeichen; s Werkstückdicke; b) erhabene Zeichen hier in Oberwerkzeug (s_0 Werkstückdicke); c) wenn Einschlagtiefe $h > 0{,}4 \cdot$ Werkstückdicke s_0 (selten), dann Gegenwerkzeug entsprechend vertieft graviert wie maßlich angegeben.

Spez. Druck z. B. für Ag- und Ni-Cu-Leg. (Münzlegierungen) 1500 ... 1800 N/mm², für austenitischen Stahl (rostfreie Besteckgriffe) 2500 ... 3000 N/mm². Für z. B. kunstgewerbliche Teile, Besteckgriffe u. ä. auch offene Prägewerkzeuge mit anschließendem Abgratschnitt. – Einseitiges Prägen von Blechen zur Oberflächenmusterung nach Abb. III.408 [III.6], hier Druck wegen geringer Eingriffsfläche rel. klein; anders wären große Flächen wegen des erforderlichen spez. Flächendrucks gar nicht zu prägen.

Verwandt mit Massivprägen sind wegen nur geringer Werkstoff-Oberflächenverschiebung:

Einschlagen (Einprägen) nach Abb. III.409, a, b ist Prägevorgang in nur begrenztem Oberflächenbereich zum Einbringen vertiefter Schriften und Markenzeichen (seltener erhabene Schriften in vertieft geprägtem Schriftfeld). Wenn Einschlagtiefe $h > 0{,}4 \cdot$ Werkstückdicke s_0, dann nach Abb. III.409, c auch Gegenwerkzeug graviert. Weitere Möglichkeiten nach Abb. III. 410, a bis d [III.6].

Ankörnen in Werkzeug nach Abb. III.411 von meist Teilen der Feinmechanik für späteres Bohren ohne Vorrichtung; Körnerspitzen leicht gerundet, Spitzenwinkel um 15 ... 25° kleiner als Bohrerspitzenwinkel, um Bohrer-Verlaufen zu vermeiden.

Flachprägen (früher „Kalibrieren ebener Flächen") nach Abb. III.412: Dabei werden unbearbeitete Werkstücke an gegenüberliegenden parallelen Flächen zwischen im Druckbereich ebenen gehärteten (58 ... 60 *HRC*) und hochglanzpolierten Druckplatten (bei kleineren Abmessungen auch aus Sinter-Hartmetall) bei Raumtemp. gestaucht.

Zu prägende Flächen am selben Werkstück müssen etwa gleich groß sein. Unterteilung des Flachprägens in *Maßprägen* (genauer Flächenabstand bei glatter Fläche als Ersatz für Abspa-

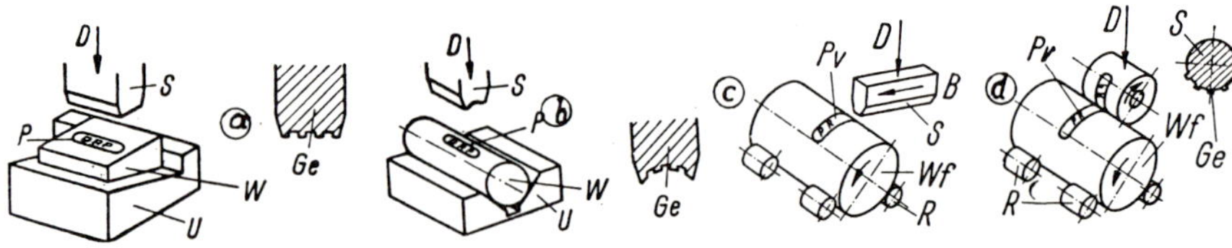

Abb. III.410. Weitere Möglichkeiten des Einprägens (Einschlagens), a) Einprägen („Stempeln") vertiefter Zeichen mit erhaben graviertem ebenem Stempel; b) bei gewölbter Werkstückfläche Stempel entsprechend gewölbt graviert; c) Einprägen durch Abwälzen, wobei Stempel unter Prägedruck D steht, der hier wegen nur kleinen Eingriffsbereichs relativ niedrig ist; d) wie c, jedoch „Stempel" mit erhabener Gravur in Rollenform. Für Skizzen a bis d: B Bewegungsrichtung; D Prägedruck; Ge Gravur erhaben; P Prägung; Pv Prägung vertieft; R Werkstück-Stützrollen; S Stempel; U Unterlage; Wf Werkstück fertig.

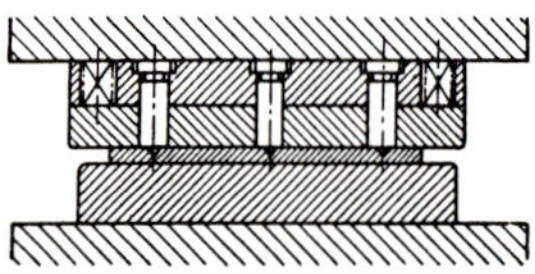

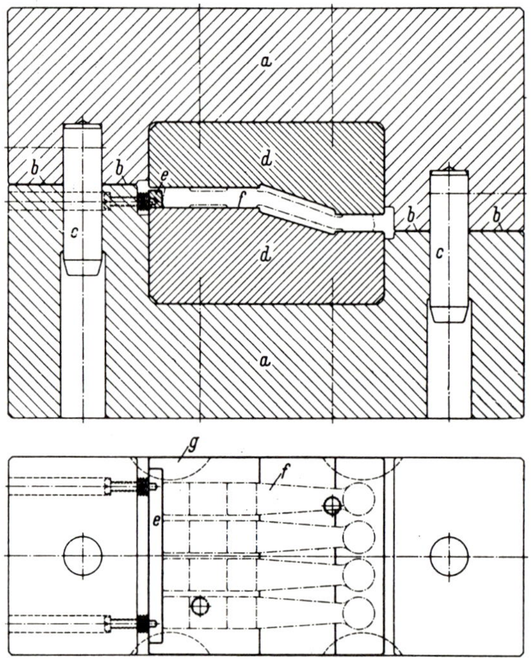

Abb. III.411. Ankörnwerkzeug (Schema) für Teile der Feinmechanik (zum Bohren ohne Vorrichtung).

Abb. III.412. Vorrichtung zum Flachprägen (nach VDI 3172). a Aufnahme für auswechselbare Prägewerkzeuge d; b Anschlagflächen (bestimmen genaue Höhe von f); c Führungsbolzen; d Druckplatten (gehärtet, hochglanzpoliert), mit a verschraubt; e federnde Anschlagleiste für f; Werkstück (hier gleichzeitig 4 Stück); g seitliche Nuten zum Spannen.

nung) und *Glattprägen* (nur hohe Oberflächengüte, gewisse Maßschwankungen zulässig). – *Anwendung*: Bei Gesenkschmiedestücken, dickeren Blechteilen, Gußstücken mit ausreichender Duktilität (GS, GT, viele Schwer- und Leichtmetall-Gußleg.) sowie Sinterteilen. – *Beispiele* aus Fahrzeugbau: Pleuelstangen, Schwinghebel und andere Hebel, Bolzen mit Lappenansätzen, Lenksteuerhebel u. v. a., auch auf anderen Gebieten. – Verfahren viel problemreicher, als

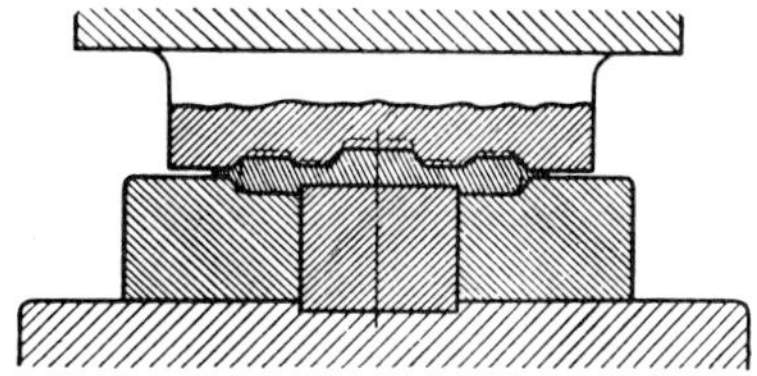

Abb. III.413. Kalibrieren im Gesenk (Schema). Hier Gesenk mit offener Gratbahn (kann auch wie in Abb. III.401 ausgeführt sein).

es zunächst den Anschein hat; Einzelheiten über Umformvorgang und spez. Drücke (bei warmfesten Stählen bis 2500 N/mm² ≙ z. B. 2,5 MN für 10 cm²), Werkzeuge und Vorrichtungen, Maßgenauigkeit, Bildbeispiele u. a. in Richtlinie VDI 3172.

Kalibrieren im Gesenk nach Abb. III.413 oberflächenreiner (gebeizter, getrommelter bzw. sandgestrahlter) Gesenkschmiede- oder ausreichend duktiler Gußteile (GS, GT, ggf. GGG, sowie Leicht- und Schwermetallguß). Teile aus Fe-Legierungen vorher phosphatiert und gewachst. Gesenkhälften gehärtet und hochglanzpoliert, mit offenem oder zur Erzielung genauer Werkstückhöhe geschlossenem Gratraum wie in Abb. III.401. Erreicht wird genaue Oberflächenform, die manchmal verlangt wird.

d) Kaltfließpressen

Früher auch „Kaltspritzen", „Kaltfließen", „Spritzpressen"; heute viel gebrauchter Oberbegriff „Kaltschmieden" schließt Kaltfließpressen ein (im Gegensatz zum Warmfließpressen (siehe III.C., „Warmumformung")).

Begriff: Mit Raumtemperatur eingesetzter Rohling (Dickblechausschnitt, Stangenabschnitt oder Vorpreßling, glühweich) wird durch hohen Druck eines Stempels (außerdem begünstigt durch Erwärmung infolge innerer und äußerer Reibung) aus einer offenen Matrize oder einer Preßbüchse ausgepreßt (verdrängt) unter Bildung eines Hohl- oder Vollkörpers, wobei Querschnittsänderung meist ohne Längenbegrenzung erfolgt. – Heute eines der wichtigsten Kaltumformverfahren.

Entwicklungsgeschichte: Erste Anfänge 1879 in Deutschland; 1886 Rückwärts-Fließpressen (Abb. III.414) durch Schlagstempel nur für Pb, Sn und ihre weichen Legierungen; viel später erst Al, dann Cu und α-Messing. – 1909 Patent von *L. E. Hooker* (USA) über Vorwärts-Fließpressen (Abb. III.415) für Ms-Patronenhülsen. – Stahl erstmals 1934 durch Fa. Kabel- und Metallwerke Neumeyer/Nürnberg im Vorwärts-Fließpressen (Abb. III.420) zur Munitionsherstellung (Geheimpatent) wegen Cu-Mangel; dabei 1935 von *Singer* durch Phosphatschicht als Schmiermittelträger Freßneigung überwunden; nach 2. Weltkrieg Stahlfließpressen auch weitgehend im Ausland; dann Vollfließpressen zunehmend aufgekommen (Abb. III.387 b).

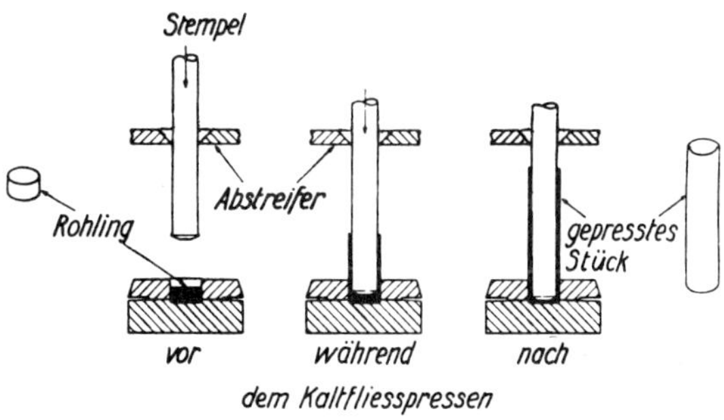

Abb. III.414. Rückwärts-Fließpressen (Schema) einer dünnwandigen Hülse mit Boden; älteste Art des Fließpressens von Pb, Sn, Al und ihren weichen Legierungen. Werkzeug-Einzelheiten in Abb. III.423.

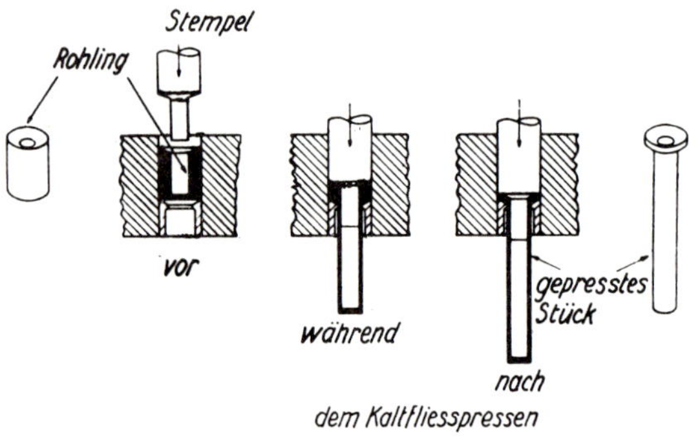

Abb. III.415. Vorwärts-Fließpressen (Schema) einer dünnwandigen Hülse mit Boden; Rohling hier vorgeformter Napf. Stempel muß zentrale Belüftungsbohrung haben (nicht gezeichnet), da Hülse gegenüber Stempel voreilt. Ebener Boden nur erhalten, wenn beim Anpressen Gegendruck durch Auswerfer (nicht gezeichnet); Bodendicke des Napfes nicht verändert, Wand stark reduziert; Preßrest nach Ausstoßen abzutrennen.

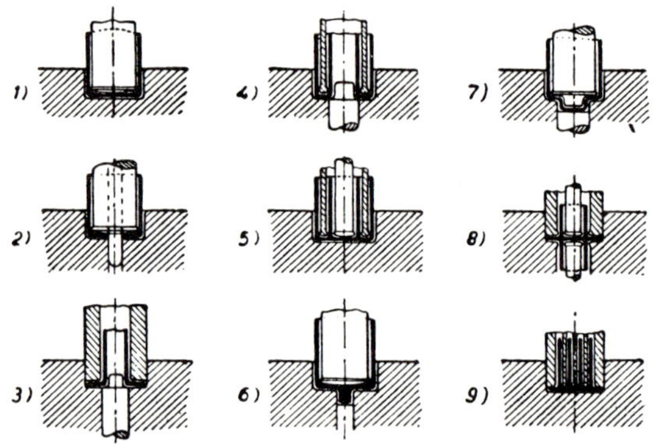

Abb. III.416. Einige Getaltungsmöglichkeiten durch Fließpressen (Schema). Rückwärts-Fließpressen: 1 bis 5 u. 9; Kombination Rückwärts/Vorwärts-Fließpressen: 6, 7, 8. – 1 Dünnwand-Hülse mit Vollboden ≡ Abb. III.414; 2 Hülse mit Bodenöffnung; 3 Rohr mit Flansch; 4 einseitig geschlossenes Doppelwandrohr; 5 Hülse mit Doppelwand u. Vollboden; 6 Hülse mit Vollboden, daran ausgepreßter Zapfen; 7 Hülse mit Hohlzapfen im Boden; 8 beidseitiger Rohransatz an durchgehender Scheibe; 9 mehrere aus Scheibe ausgepreßte Zapfen. – Als Rohling: Vollscheibe bei 1 u. 5 bis 9; gelochte Scheibe bei 2 bis 4; Gegenhalter (zugleich Auswerfer) notwendig bei 3, 4, 6, 7; stillstehender Gegenstempel bei 8.

Verfahren [III.64]: 1. *Rückwärts-Fließpressen* (gegenläufig): Werkstoffaustritt gegen Stempelbewegung a) als Hohlfließpressen (Abb. III.414, III.416, Nr. 1 bis 5 und 9; III.418); b) als Vollfließpressen (Abb. III.416, Nr. 9). – 2. *Vorwärts-Fließpressen* (gleichläufig): Werkstoffaustritt in gleicher Richtung wie Stempelbewegung a) als Hohlfließpressen (Abb. III.415, III.419, III.420); b) als Vollfließpressen (Abb. III.387, b; III.390, b, Stufe 2, auch III.378, b). Hierzu gehört auch Kaltstrangpressen (s. unten!). – 3. *Kombination Vorwärts-* u. *Rückwärts-Fließpressen* in derselben Preßoperation (Abb. III.416, Nr. 6, 7, 8; III.378). – 4. *Querfließpressen*: Werkstoffbewegung quer zur Stempelbewegung, gegenüber 1. bis 3. stark verlangsamt, meist unter 90° (Abb. III.417), Neuentwicklung der Alcoa (Alcoa = Aluminium Company of America). Außerdem zählt heute vielfach auch Kaltpressen (im Gesenk) gemäß Abs. 5, b (Abb. III.400 ... 404) dazu, schon lange bekannt, aber erst neuerdings mit stark verlangsamter Stempelgeschwindig-

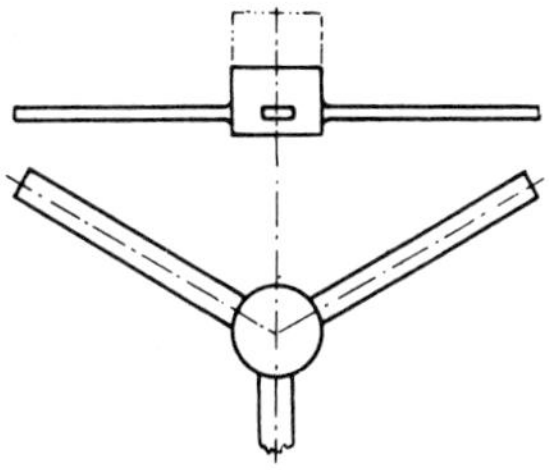

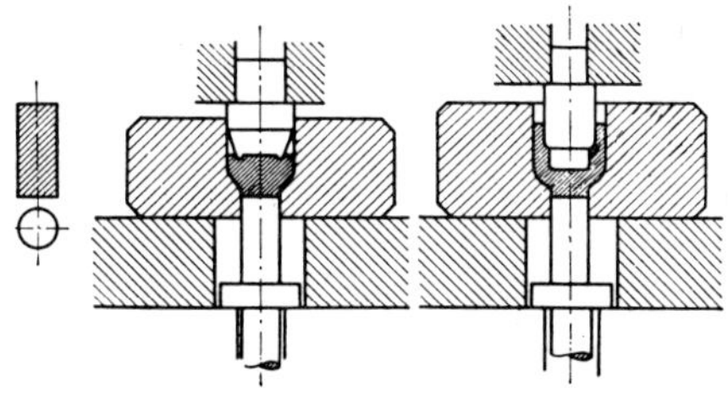

Abb. III.417. Beispiel für Querfließpressen, wobei aus eingebrachtem Stangenabschnitt unter Verdrängung seitlich Rippen, Stege u. ä. ausgepreßt werden; Ausführung in geteilter Matrize bei geringer Preßgeschwindigkeit (Neuentwicklung der Alcoa, noch in Weiterentwicklung).

Abb. III.418. Stauchfließpreßverfahren (Hohlfließpressen für Stahl nach *K. Sieber*). Werkzeugschema; Rückwärtsverfahren für Stahl unter Bildung niedrigen dickwandigen Napfes. Links: Rohling; Mitte: Vorstauchen; rechts Hohlfließpressen in besonderem Werkzeug.

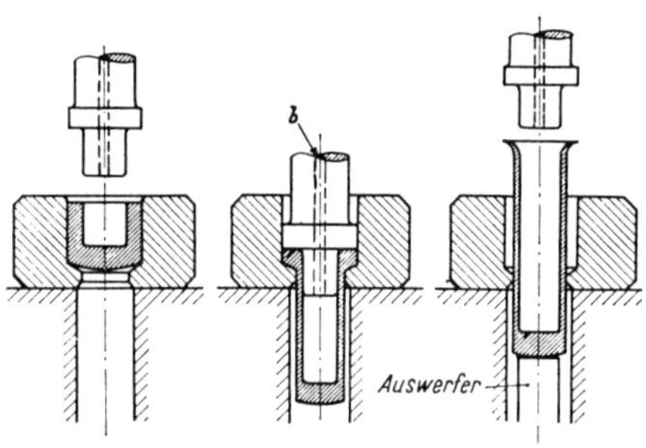

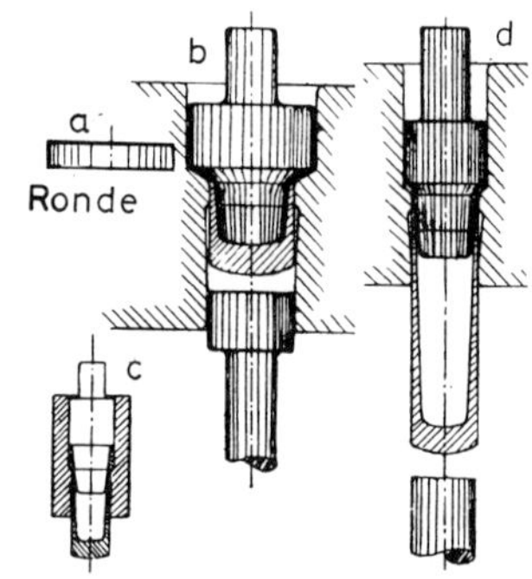

Abb. III.419. Vorwärts-Hohlfließpressen (Werkzeugschema). Verfahren nach *Hooker* (Cu-Leg.) bzw. *Neumeyer* (Stahl); hier gleichbleibende Wanddicke (z. B. für Stoßdämpfer u. ä.). Links: Vorgepreßter Napf in Matrize eingesetzt; Mitte: während des Fließpressens; rechts: Auswerfer schiebt fertige Hülse mit Preßrest am oberen Rand (gegebenenfalls abzutrennen!) aus. Bodendicke des Rohlings bleibt erhalten; ebener Boden erreichbar, wenn beim Anpressen als Gegenstempel ausgebildeter Auswerfer mit Fertigteil-Dm. Düse nach unten abschließt. Stempel muß Belüftungsbohrung (b) für Hülse haben, da diese dem Stempel vorauseilt. Besondere Hülsenführung zum Geradehalten hier nicht gezeichnet.

Abb. III.420. Vorwärts-Hohlfließpressen für Stahl (Werkzeugschema) nach *Neumeyer*. Wie Abb. III.419, jedoch Hülse mit von unten nach oben abnehmender Wanddicke bei gleichbleibendem Außen-Dm. (Patronen- u. Kartuschhülsen aus Stahl), erreicht durch konischen Stempeldornteil, der Ringraum zwischen Düse und Dorn beim Niedergehen stetig verengt. – a) Rohling; b) Werkzeug zum Vorpressen des später in c bzw. d eingesetzten Napfes; ebener Boden möglich; c) während des Hülsen-Fließpressens (verkleinert); d) Stempel in Endstellung, Hülse fertig, anschließend Hochschieben durch Auswerfer, Preßrest abtrennen. Beachte Führung der Hülse während des Pressens am unteren Rand der Preßbüchse (Öffnungs-Dm. = Düsen-Dm.), um krumme Hülsen zu verhindern! Auch hier natürlich Belüftungsbohrung im Stempel bei c u. d unerläßlich (nicht gezeichnet!).

keit auf Sonderpressen voll auszuwerten. – 5. *Kaltstrangpressen* (analog Warmstrangpressen, siehe III.C.), ein Vorwärts-Kaltfließpressen von Voll- oder Hohlprofilen bis 14 m Länge aus Al-Leg., Ti, Be u. a. Sondermetallen, dabei Preßgeschwindigkeit etwa wie beim Warmstrangpressen also viel kleiner als beim klassischen Fließpressen, auf hydraulischen Kaltstrangpressen von 2 ... 35 MN Preßkraft. Vorteil gegenüber Warmstrangpressen: Wanddicken und Toleranzen viel geringer, Hohlprofile mit innen oder (und) außen liegenden Längsrippen (auch nur in Teillängen), ferner Hohlkörper mit Innen-Absatz (Raketenkörper) u. a. – Seit 1960 auch durch Alcoa entwickeltes Kaltstrangpressen von bis 4300 mm langen Sinter-Aluminium Vollprofilen oder Rohren, auch mit geraden oder schlankspiralförmig verlaufenden Längsrippen, ausgehend von Sinterpreßrohling; Anwendung im Reaktorbau, in Luftfahrt- und chemischer Industrie; höher warmfest als Al-Knetlegierungen.

Verarbeitbare Werkstoffe: In Reihenfolge zunehmenden spez. Preßdrucks: Pb, Sn und ihre weichen Legierungen: Rein-Al; Al-Leg.; Zn, Cu und Cu-Leg, bes. α-Ms; C-Stahl bis 0,45% C; leg. (auch austenitischer) St (Tabelle über 32 geeignete Stahlmarken in „Kaltfließpressen v. Stahl", Nr. 201 der „Merkblätter über sachgemäße Stahlverwendung"), Ni und Ni-Leg.; Ti, Be u. a. Sondermetalle und Leg. ausreichender Duktilität. – Größe zulässigen Umformverhältnisses grob zu entnehmen aus Abb. III.421.

Spez. Preßdruck p: Während bei Warmumformung bei gegebener Temperatur mit steigender Umformgeschwindigkeit beachtliche Zunahme des Umformwiderstandes und damit des erforderlichen Druckes auftritt (vgl. III.B, Abb. III.121), ist für Kaltfließpressen Geschwindigkeitsänderung in üblichen Grenzen heutiger Maschinen ohne Bedeutung; bei St fällt Kraftbedarf sogar etwas mit steigender Geschwindigkeit, bei Al ebenfalls bei hohen Umformgraden. Größe der spez. Preßkraft p abhängig vom Umformverhältnis in Abb. III.421, jedoch dort für 6, 7, 8 nicht obere Grenze; heute p bis 2500 (max. 3000) N/mm²) als obere Grenze (bedingt durch Werkzeug-Haltbarkeit). Bei gleichem Querschnitt ist p beim Rückwärts-Fließpressen je nach Werkstoffart $\approx$1,5 ... 2× so groß als beim Vorwärts-Fließpressen.

Beeinflussung der Werkstoffeigenschaften durch Kaltfließpressen: σ_B und HB steigen, σ_S erreicht fast σ_B, Zähigkeitswerte (δ, ψ) fallen entsprechend (jedoch für Pb, Sn und Zn keine Festigkeitsänderung, da Umformung oberhalb Rekristallisationstemperatur (vgl. III.B Tabelle

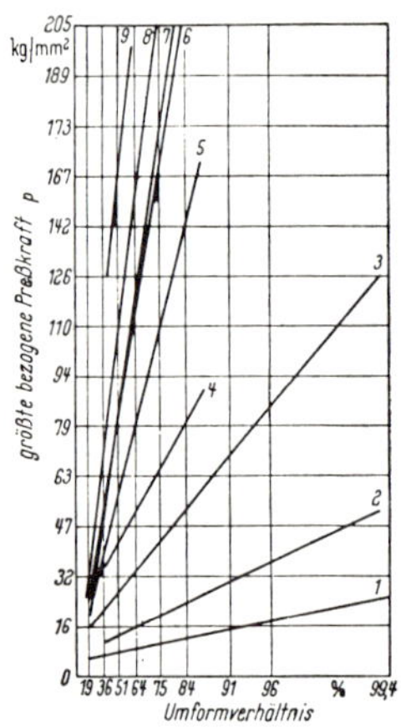

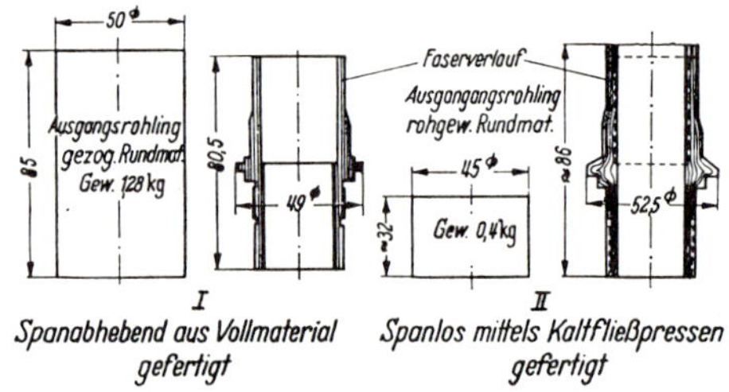

Abb. III.421. Einfluß des Umformverhältnisses auf bezogene Preßkraft p beim Fließpressen (nach *M. T. Watkins* u. Mitarb.). Beachte logarithm. Maßstab der Abszisse, also Ansteigen von p [kp/mm²] überproportional mit zunehmendem Umformverhältnis; Ende der Geraden (ausgenommen 6, 7, 8) gibt etwa höchsterreichbares Umformverhältnis an. Es bedeuten: 1 Pb; 2 Sn; 3 Rein-Al; 4 Zn; 5 Cu; 6 α-Ms; 7 weicher C-Stahl; 8 legierter Stahl; 9 Ti. Bildkorrektur: Preßdrücke p in 9,81 · N/mm².

Abb. III.422. Verfahrensvergleich spanabhebende Bearbeitung (I) mit Kaltfließpressen (II) einer Führungshülse bei II wie angedeutet geringe spanabhebende Nacharbeit. Zerspanung auf Revolverbank; Fließpressen auf üblicher Kurbelpresse ohne Zuführautomatik. Bearbeitungszeit bei I: 18,08 min; bei II für Pressen 1,21 min, für Drehen 7,9 min. Bei II gegenüber I 69% Werkstoffeinsparung und um 49,5% geringere Bearbeitungszeit. Insgesamt bei II nur 58% der Werkstoff- und Lohnkosten von I. – Losgröße hat natürlich wesentlichen Einfluß.

III.9). *Gefüge*: Wenn Preßdruck senkrecht Faserverlauf des Rohlings (z. B. Blechronde), dann Kristallite zu dünnen Plättchen gestaucht radial nach außen fließend und durch Spalt austretend; wenn beim Vorwärts-Verfahren Preßdruck in Faserrichtung des Rohlings (Stangenabschnitt), dann Kristallite zu langen Fäden gestreckt; beidemal entsteht nichtunterbrochener Faserverlauf in Fließrichtung des Werkstoffs (Abb. III.422), etwaigen Querschnittsänderungen folgend, daher auch in Verbindung mit Oberflächen-Druckspannung erhöhte Dauerschwingfestigkeit.

Grenzen des Kaltfließpressens und Wirtschaftlichkeit: Einerseits Grenze gegeben durch Werkzeugbaustoff (belastbar bis ≈ 2500 (max. 3000) N/mm^2), andererseits nicht mehr lohnend, wenn fließzupressender Werkstoff nicht mindestens Umformverhältnis von 25% rißfrei zuläßt. Fließpressen um so wirtschaftlicher, je größer durchzuführende Formänderung und je geringer dazu erforderliche Anzahl der Fließpreßoperationen; überwiegend wird nur mit *einem* Arbeitshub gearbeitet, bei verwickelten Formen manchmal auch mehrere erforderlich (dann jeweils Zwischenglühung). Wegen hoher Werkzeugkosten Fließpressen nur bei Massenfertigung anwendbar. Für Stahl gilt Faustregel: Preßteil-Einzelgewicht $G = 1$ ... 20 g, dabei wirtschaftliche Stückzahl $Z \geqq 10\,000$; $G > 20$ ... 500 g bei $Z \geqq 5000$; $G > 0{,}5$ ... 10 kg bei $Z \geqq 3000$; $G > 10$ ... 35 kg bei $Z \geqq 1000$. Für verwickelte NE-Metallteile gelten ähnliche Werte, für einfachere Formen liegt Z niedriger (Werkzeug billiger bei gleichzeitig höherer Standzeit).

Werkzeuge: Unterwerkzeug beim Rückwärts- und komb. Rückwärts- und Vorwärts-Verfahren Matrize, beim Vorwärts-Verfahren Preßbüchse genannt. Gestaltung kann dem Werkstück entsprechend mehr oder weniger einfach sein (Abb. III.414 u. III.416 bzw. III.415 u. III.419, dort jedoch nur schematisch). Werkzeug für einfachsten Fall des Fließpressens eines Kondensatorbechers aus Al in Abb. III.423 in nicht dargestellter Einspannvorrichtung [III.6]; beachte schmales Arbeitsrändchen von a, demgegenüber Schaft um 0,1 mm verjüngt ist. Damit geringste Reibung und Abstreifen (vgl. Abb. III.414!) erleichtert, da durch Fließpressen erwärmtes Werkstück sonst auf Stempel aufschrumpft. Bruchsicherer als Schraubenverbindung von b und c ist Matrizenring ohne Gewindebohrungen, wobei innen kegeliger Spannring über b gestülpt b und c gegen Grundplatte unter c preßt (nicht gezeichnet). Leicht ballige oder kegelige Stempelstirnfläche (2 ... 3° Neigungswinkel) ergibt geringste Preßkraft.

Stempel aus 12%igem Cr-Stahl mit $\approx 2\%$ C, gehärtet auf $HRC = 62$; *Matrize* aus Cr-Ni-Stahl (Ölhärter) mit 0,5% C, 1% Cr, 3,2% Ni (etwas Mo und V), $HRC = 56$ ... 58; wenn einteilig, hohe Lebensdauer durch Kalteinsenken (siehe folgenden Abschn.!) der Vertiefung.

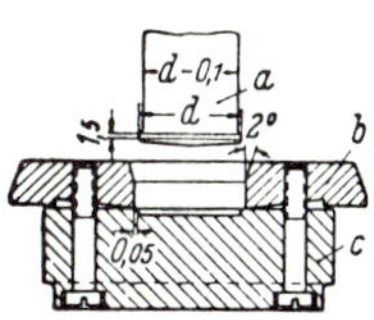

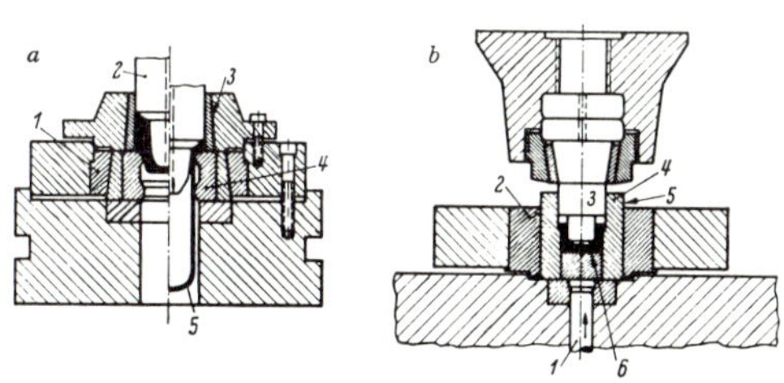

Abb. III.423. Werkzeug zum Fließpressen eines Kondensatorbechers aus Al. a Stempel; b Matrizenring (Rahmenplatte); c Matrizen-Bodenplatte; b mit c unter Spannung verschraubt, damit sicher fugenfrei.

Abb. III.424. Kennzeichnende Werkzeugkonstruktion zum Kaltfließpressen von Stahl. a) Vorwärts-Fließpressen; 1 gehärteter Einsatz; 2 Stempel mit Belüftungsbohrung; 3 Kegelbüchse zur Aufnahme des Rohlings (vorgepreßter Napf) und zur Stempelführung; 4 Preßbüchse aus gehärtetem Stahl (auch Sinterhartmetall), durch Schrumpfring aus hartem Stahl unter Vorspannung, der durch 1 gegen Grundplatte gespannt wird. Beachte im Unterteil von 4 Führungswulst zur Geradführung des Werkstücks 5; erforderlicher Auswerfer nicht gezeichnet. – b) Rückwärts-Fließpressen: 1 Auswerfer; 2 gehärtete Spannbüchse; 3 Stempel, in 4 geführt; 4 Matrizenbüchse, gehärtet, außen(5) schwach kegelig, durch 2 nach unten gespannt; 6 Werkstück.

Typische Werkzeugkonstruktion für Fließpressen von Stahl siehe Abb. III.424! Beim Rückwärts-Fließpressen von Stahl soll Stempel so kurz wie möglich sein, z. B. $L/D \leqq 4$, nur bei bester Führung bis 7 : 1. – In großer Massenfertigung bei Schraubenherstellung u. ä. mit Hartmetall armierte Ausführung in Abb. III.391 u. III.425 [III.65]; durch Armierung hohe Tangentialdruck-Vorspannung im Hartmetallkern, der durch Fließpreßdruck äußerst auf Null zurückgeht, also Hartmetall-Preßbüchse keinesfalls zugbelastet. Standzeit $\geqq 20\times$ der einer Stahl-Fließpreßbüchse.

Preßgeschwindigkeit: Abgesehen vom Querfließ- und Strangpressen Dauer des Fließpreßvorgangs für kleinere Al-Teile meist 0,05 ... 0,3 s bei Werkstoffaustrittsgeschwindigkeit (z. B. dünner Hülsenwand) bis 10 m/s und mehr, Geschwindigkeit also rel. hoch. Preßdauer größerer Teile, insbes. aus St das bis zu 10- und mehrfache genannter Zeit.

Schmiermittel müssen bei hohen spez. Drücken und Temperaturen bis 300 °C befriedigen. Für NE-Schwer- und Leichtmetalle leichter Überzug aus Talg (Graphit- oder MoS_2-Zusatz), Wachs + Zylinderöl 1 : 1 u. ä.; für Stahl wird Rohling phosphatiert (gebondert) und auf so erhaltene Schmiermittelträgerschicht dünner Überzug aus Na-, Al-, K- bzw. Zn-Stearaten aufgebracht, der sich mit Phosphatschicht zu zähem umformbaren Film verbindet (auch noch nachträglicher Korrosionsschutz).

Werkzeugmaschinen [III.66]: Nur beim Rückwärts-Fließpressen niedriger Rohlinge (Blechronde h $< d\ \Phi$) Kniehebelpressen; für sonstiges Rückwärts- und Vorwärts-Fließpressen von Voll- und Hohlkörpern aus NE-Metall und Stahl, Exzenter- und Kurbelpressen, sowie hydraulische Pressen (letztere besonders „weich" arbeitend; Werkzeugschonung), für bestimmte Formen auch Quertransport- und Mehrstufen-Pressen.

Allgemeine Gestaltungsregeln für Fließpreßteile [III.64]: Abgesehen vom Querfließpressen (siehe dort!) soll Werkstück möglichst symmetrisch sein (rund, oval, vier- und mehrkantig u. ä.); Unsymmetrie möglich, geht aber auf Kosten der Werkzeugstandzeit. Hinterschnittstellen (vgl. Abb. III.426, a) nicht möglich, ggf. Umkonstruktion (Abb. III.426 b). Um Risse im Werkstück zu vermeiden: Quer- bzw. Endwände (Böden) von Hohlkörpern nicht dünner als Seitenwand, besser dicker. Durch komb. Vor- und Rückwärts-Fließpressen auch Teile mit abgesetztem Dmr. herstellbar, davon kleinerer meist in Richtung Stempelbewegung gepreßt; Teile mit mehr als 2 versch. Dmr. möglich, benötigen aber weitere Preßoperation(en). – Hül-

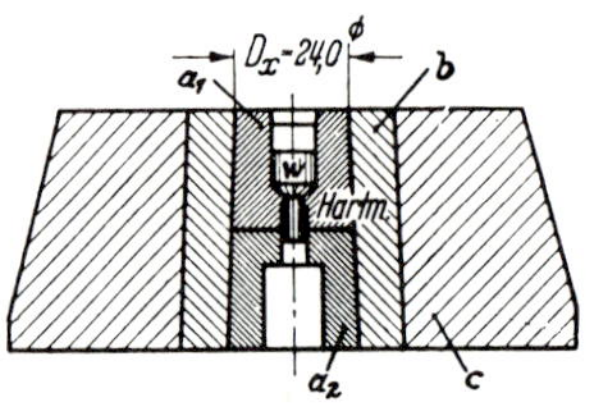

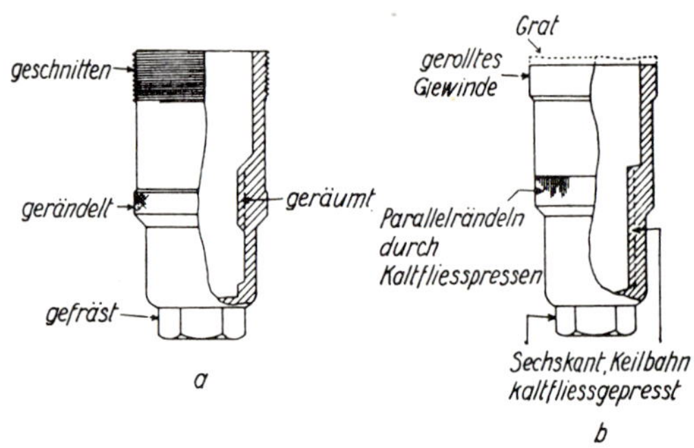

Abb. III.425. Doppeltarmierte Fließpreßbüchse zur Schraubenherstellung nach Verfahren Abb. III.390, b (Stufe 2): a_1 eigentliche Fließpreßbüchse aus Sinterhartmetall G4 (20% Co) zum Abstrecken von Drahtabschnitt- auf Schaft-Dmr.; a_2 aus zäherem Sinterhartmetall G6 (30% Co); $a_1 + a_2$ bilden Hartmetallkern mit optimalem Dmr. D_x (siehe Text!); b) hochfester Stahlmantel, auf $a_1 + a_2$ aufgeschrumpft; c) auf b aufgeschrumpfter Außenring mit oberem Dmr. = 97 mm; w Werkstück (Kopfbolzen mit fließgepreßtem Schaft (Preßstempel nicht gezeichnet!).

Abb. III.426. Beispiel einer Umstellung von Zerspanung auf Fließpressen. a) auf herkömmliche Weise spangebend hergestelltes Werkstück; b) unter Aufrechterhaltung aller Funktionsforderungen den Gesetzen des Fließpressens entsprechend umkonstruiert; Nacharbeit: Grat abstechen und Kaltrollen des Gewindes.

sen usw. aus **Al** und **Zn** von 8 ... 100 mm Φ mit bis 250 mm Höhe bei Wanddicken 0,08 ... 1,5 mm, auch Gefäße bis 400 mm Φ (Al-Milchkannen). Für **Stahl**: 5 ... 140 mm Φ, 15 ... 1500 mm Länge und Wanddicke von 15 bis herunter zu 0,5 (bei geringster Höhe auch 0,1) mm; zu dünne Wandungen gehen auf Kosten der Werkzeug-Standzeit (preßtechnisch möglich bedeutet nicht immer wirtschaftlich möglich!). Zahlreiche Gestaltungsbeispiele in VDI 3172.

Erreichbare Toleranzen von Stahlteilen ≙ ISA IT 11 ... 9, durch Nacharbeit bis IT 6 zu verbessern (siehe Tabellen in [III.67]). *Oberflächengüte*: Je nach Werkzeugzustand Rauhtiefen von 0,3 ... 3,5 µm, also besser noch als Feinschliff (1 ... 10 µm), nur übertroffen durch Polieren (0,1 ... 0,35 µm) [III.67].

Etwaige Nacharbeit bei Mehrzahl der Teile nicht erforderlich, abgesehen von verfahrensbedingtem Abstechen auf genaue Länge, damit Vollausnützung der Oberflächengüte und nicht unterbrochenen Faserverlaufs (Abb. III.422); manchmal erfordert verlangte Endform geringe Spanabnahme; Beispiel hierfür in Abb. III.422, II; oft bei Fertigungsumstellung auf Fließpressen Umkonstruktion zweckmäßig oder notwendig: Abb. III.426 ,b, wobei hier neben Ablängen nur noch Gewinde kaltzurollen ist.

Wärmenachbehandlung meist nicht nötig, damit Ausnutzung erreichter Verfestigung (Kalthärtung). Bei Al-Tuben, die weich sein müssen, jedoch immer Rekristallisationsglühen notwendig. – In Einzelfällen kann für Stahlteile geforderte hohe Verschleißfestigkeit und Oberflächenhärte ein Einsatzhärten, hohe Festigkeitsforderung auch Vergüten erforderlich machen (entsprechende Stahlwahl vorausgesetzt). Vgl. auch bei Schraubenherstellung durch Fließpressen erwähnte Wärmenachbehandlung (III.d, 5 a). Etwa erforderliche Hartlöt- und Schweißverbindungen bedingen natürlich im Wärmeeinflußbereich Verlust der Kaltverfestigung.

Oberflächen-Nachbehandlung: Als Korrosionsschutz genügt oft bei Stahlteilen verbliebener Phosphat-Schmiermittel-Film; etwaige metallische Überzüge erfordern dessen vorheriges Abbeizen, der aber andererseits für Lackierung und Emaillierung vorteilhaft ist.

Anwendungsbeispiele für Verfahren 1. bis 3.: **Al** und **Al-Leg.**: Tuben, Dosen und Büchsen für Verpackung, Aerosolbehälter, Kondensatorbecher sowie Trimmkondensatoren mit mehreren konzentrischen Wänden und angepreßtem Formboden (8 ... 10 mm Φ) u. a. Teile der E-Technik; **Zn:** hauptsächlich Hülsen für Trockenbatterien; sonstige NE-Schwermetalle, bes. **Cu-Leg.** (hauptsächlich α-Ms): Patronen-Hülsen (zunehmend durch St ersetzt, wie bei Kartusch-Hülsen), zahlreiche Teile für Feinmechanik und Gerätebau.

Noch rel. junges Fließpressen von **Stahl** in steter Weiterentwicklung. Kennzeichnende Beispiele in [III.67], so aus *Fahrzeugbau* (Rohrgehäuse für Hinterachsfederung, Spann- und Bundbüchsen, Stufen- und Verschlußkappen, Spann-, Hut- und Spezialmuttern, Riffelbüchsen, Naben für Riemenscheiben und Schaltstangenkupplung, Ölfiltergehäuse, Anschweiß-Formflansche, Radbolzen, Teleskopgabel-Führungsrohr, Schaltstangenendstück und Schaltrohr mit Außen- bzw. Innen-Spiralnuten u. v. a.); aus *Getriebebau* (Schaltrad, Kettenritzel, Stirn- und Kegelzahnräder u. a.); aus der *E-Technik* (Magnetgehäuse mit und ohne Flansch, Schalter- und sonstige Gehäuse mit und ohne Flansch, Führungshülsen, Trafo-Anschweiß-Schrägflansch u. a.); *verschiedene Verwendungsgebiete* (Druckgasflaschen 0,09 ... 0,8 l (Prüfdruck 250 bar), Druckfiltergehäuse für Wasseraufbereitung, Hydraulik-Bremszylinder, Kolbenstangen für Flugzeug-Fahrgestelle, Gehäuse für Preßlufthämmer, Hohlwellen u. v. a. –

e) Kalteinsenken

Begriff: Beim Kalteinsenken (Richtlinien VDI 3170 „Kalteinsenken von Werkzeugen“) wird gehärteter Stahlstempel (Senkpfaffe) hoher Oberflächengüte mit geringer Geschwindigkeit v_e und stetig steigendem Druck in vorbereitetes weichgeglühtes Werkstück (spätere Matrize) unterhalb Rekristallisationstemperatur auf erforderliche Tiefe eingedrückt.

Zweck: Hohlraum von Matrizen-Werkzeugen (siehe Anwendungsbeispiele!) spanlos mit nicht unterbrochenem Faserverlauf meist aus dem Vollen schnell und genau zu formen, dabei

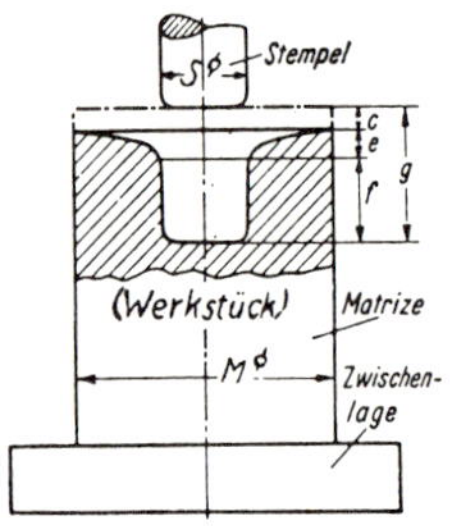

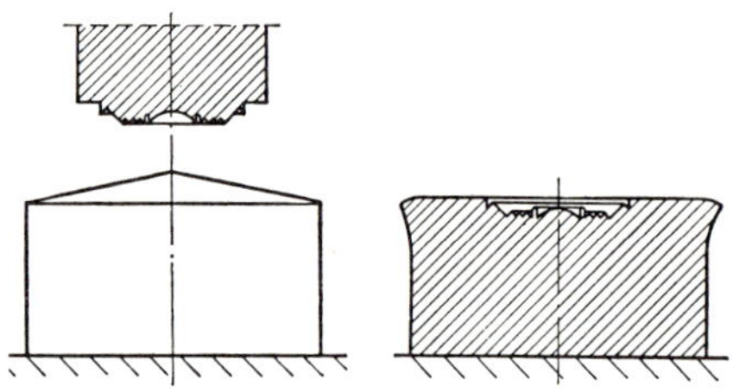

Abb. III.427. Schema des Kalteinsenkens. Preßweg g nach Meßuhranzeige = Nutztiefe f + Einzug e + Federung c (nach VDI 3170, Aug. 1960).

Abb. III.428. Einsenken ohne Haltering um Matrize für Einsenkungen geringer Tiefe. Für erhabene Ziselierung Oberseite zweckmäßig kegelig bzw. dachförmig. Matr.-Φ $\geqq 2 \cdot$ Stempel-Φ; Matr.-Höhe $\geqq 2{,}5 \cdot$ Einsinktiefe. Links: Stempel (Senkpfaffe) u. vorbereiteter Matr.-Rohling; rechts: Matrize fertiggesenkt; seitlich herausgedrängter Wulst wird abgearbeitet.

anschließend keine oder höchstens geringe Hohlraum-Nacharbeit, nur Vergüten bzw. Härten. – Bes. bedeutungsvoll, wenn bei Massenfertigung im Laufe der Zeit mehrere gleiche Matrizen gebraucht werden, die dann mit demselben Stempel hergestellt werden können; außerdem Außenbearbeitung des Stempels viel leichter als Innenbearbeitung einer Matrize.

Einsenk-Vorgang nach Abb. III.427 ... III.429, wobei gehärteter Stempel in meist vollen weichgeglühten Rohling auf hydraulischer Einsenkpresse (Abb. III.430) mit $v_e = 0{,}06$ ... 0,12 mm/min bei hartem Stahl und $v_e = 0{,}12$ ... 0,3 (selten bis 10) mm/min bei weichem Einsatzstahl ruckfrei eingedrückt wird. Bei sehr tiefen oder ausladenden Hohlräumen und späterer nur mäßiger Matrizenbelastung kann zur Vereinfachung des Einsenkens gewisse spangebende Vor-Aushöhlung erfolgen. Für Stähle hoher Festigkeit ist Einsenken quer zur Faser empfehlenswert (mindert Reißgefahr), außerdem Vorwärmen auf ≈ 150 °C. – Für nur seichte Einsenkungen Matrize seitlich nicht gestützt (Abb. III.428), für tiefere Einsenkungen bes. in weniger duktile härtere Stähle zweckmäßig Haltering (Abb. III.429), der Werkstofffluß reguliert, Deformation und Einreißen verhindert. Immer anschließend langsames Druckwegnehmen (schont Stempel). – Wenn tiefe Formen nicht in einem Einsenkvorgang herstellbar, dann mit Zwischen-Blankglühen in zwei oder mehr Gängen. – Sinngemäß lassen sich bei Massenfertigung mehrfach zu ersetzende formschwierige Stempel durch Einpressen des vorgearbeiteten weichgeglühten Stempelrohlings in gehärtete hochglanzpolierte Meistermatrizen herstellen. –

Gleichartiger Einsenkvorgang zur Herstellung von Maschinenteilen u. a. (also nicht später als Werkzeug verwendete Matrizen) wird als Kaltschmieden bzw. Kaltpressen bzw. Fließpressen bezeichnet.

Matrizenwerkstoff von weichem Einsatzstahl (0,06 ... 0,15 C, un- oder niedrig legiert) bis zu später vergütet oder gehärtet einzusetzendem Stahl (bis 1% C, mittellegiert) gemäß Tafel 1 in VDI 3170.

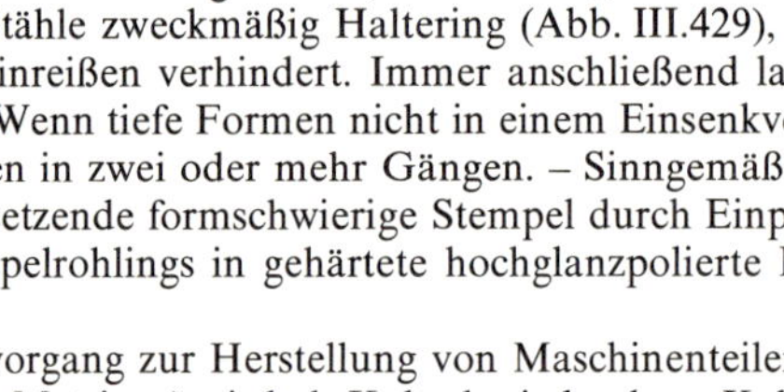

Abb. III.429. Einsenken mit Haltering um Matrize für tiefere Einsenkungen zu empfehlen (geringere Aufreißgefahr), wenn auch dadurch Druckanstieg um $\approx 40\%$. Ausnehmungen am Außenumfang des Rohlings u. unten erleichtern Einsenken und verringern Preßkraft; oft zwischen Haltering u. Matrize noch Zwischenring (Einsatz); links: M. zum Einsenken vorbereitet, darüber Stempel; rechts: M. fertig gesenkt.

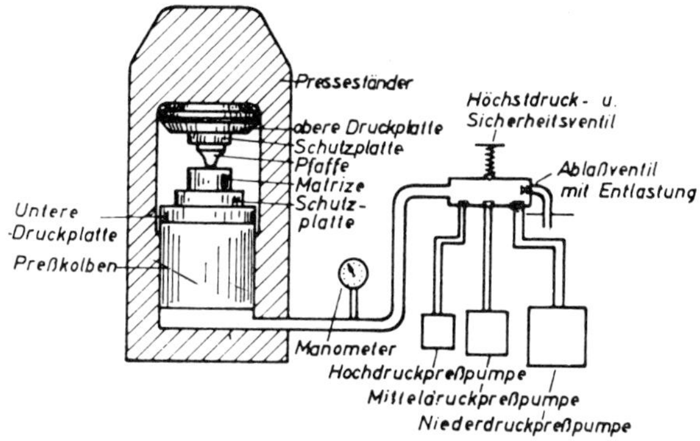

Abb. III.430. Einsenk-Anlage (schematisch) (Bauart Sack & Kiesselbach, Düsseldorf). Pfaffe = Senkstempel; Schutzplatte = Zwischenlage; Matrize = einzusenkendes Werkstück.

Stempelwerkstoff: Für harte Matrizenstähle Stahl mit 12% Cr, 1,8 ... 2% C, $HRC = 61$ (belastbar bis 3000 N/mm²), bis niedrig legierten Cr-Ni-Stahl mit 0,55% C, $HRC = 56$ (belastbar bis max. 2500 N/mm², rel. zähhart).

Reibung und Schmierung: Zur Reibungsminderung sowohl M.-Einsenkfläche als auch Stempel hochglanzpoliert. Für seichte glatte Formen als Schmiermittel Hochdrucköl, leistungsfähiger ist Tauchverkupfern mit $CuSO_4$-Lösung (nicht galvanisch!) evtl. in Verbindung mit Öl; für höchste Anforderung (Tiefeinsenken harter Stähle) Stempel mit MoS_2-Puder einstauben (gibt beste Oberfläche).

Einsenk-Anlage Abb. III.430 mit hydraulischer Unterkolben-Einsenkpresse in Torgestell-Bauart, im Ausland auch andere Großkonstruktionen, mit erfüllter Forderung: 1. höchste Rahmenstarrheit, 2. spielfrei geführter Kolben, 3. stoßfreie und gleichmäßige Preßkraftzunahme, 4. dem Matr.-Stahl anpaßbare Einsenkgeschwindigkeit mit Feinregulierung, 5. Preßwegbegrenzung durch Anschlag oder Meßuhr (Kontaktauslösung), 6. Preßkraftbegrenzung durch Druckmesser (Kontaktauslösung oder Überdruckventil), 7. Schutzvorrichtung gegen evtl. zerplatzenden Stempel, 8. trotzdem Einsenkvorgang gut beobachtbar.

Vorteile des Einsenkens gegenüber spangebender Formung (Modell-Kopierfräsen und -Schleifen): abfallose Fertigung; nicht unterbrochener Faserverlauf; längere Matrizenstandzeiten; geringste Maßabweichungen mehrerer gleicher Werkzeuge untereinander; höherer Oberflächengüte (da Pfaffe poliert); viel kürzere Fertigungszeit; Einsatzmöglichkeit angelernter Hilfskräfte. Demgegenüber *Nachteile* nur unbedeutend: Hochleistungsstahl für Pfaffen teuer; sehr hoher max. spez. Einsenkdruck bis 3000 N/mm² (+10 ... 15% bei einfachen Formen); wenn sehr große Einsenktiefen nicht ohne Überschreiten dieses max. Druckes möglich, dann in mehreren Etappen mit Zwischen-Blankglühen arbeiten. – Einsenken hat sich daher in moderner Werkzeugfertigung allgemein durchgesetzt; mögliches Alternativ-Verfahren: Elektro-Erosion (jedoch geringere Werkzeug-Standzeit).

Anwendungsbeispiele: *Matrizen* (auch Stempel) zum Massivprägen, für Umformung bei Blechverarbeitung (Hohlprägen, Formschlagen), für Druckguß von Metallen und Spritzguß von Kunststoffen, zum Formpressen von Kunststoffen, für Tablettiermaschinen, zum Prägen von Schreibmaschinentypen aus Stahl, für Gummi-, Glas- und Keramik-Teile. *Gesenke für Kleinschmiedestücke* der Stahlwarenindustrie (Messer, Scheren, Schraubenschlüssel, Zangen u. ä.), der Kfz.-Industrie, des Fahrrad- und Landmaschinenbaus. – *Werkzeuge* z. B. für Warm- und Kaltherstellung von Schrauben, Muttern, Nieten u. ä., auch für „Andrücken" von Schnittplatten bewährt. –

f) Kaltrollen von Gewinden (früher „Gewinde-Kaltwalzen")

Begriff: Gewinde-Kaltrollen ist spanlose Gewindeprofil-Herstellung auf Bolzen oder dickwandigen Hohlkörpern mit geeignetem Ausgangs-Dmr. D_w durch Abrol-

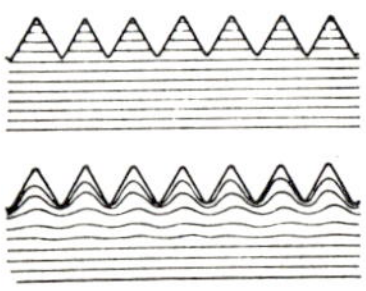

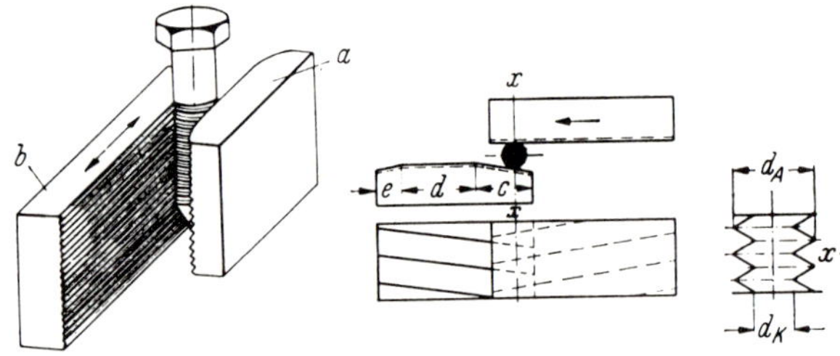

Abb. III.431. Faserverlauf bei geschnittenem (oben) und gerolltem Gewinde (unten).

Abb. III.432. Gewinderollen mit Flachwerkzeugen. Oben: perspekt. Ansicht; unten: Auf- u. Grundriß in richtiger Backenstellung zum Bolzen-Einführen; a feststehende, b bewegliche Gewinde-Rollbacke; c Einlauf (≈Bolzenumfang); d Kaliberteil (≈2 ... 4 · Bolzenumfang); e Auslauf; rechts daneben: richtige genaue Backeneinstellung zueinander; Rillenspitzenabstand = Kern-Φ d_K; d_A = Gew.-Außen-Φ = Abstand Rillengrund.

len zwischen zwei oder mehr unter Umformdruck arbeitenden entsprechend profilierten Werkzeugen.

Zweck: besonders wirtschaftliche Herstellung von Außen- (ggf. auch Innen-) Gewinden hoher Genauigkeit und Oberflächengüte mit nicht unterbrochenem Faserverlauf des Werkstücks (vgl. Abb. III.431).

Verfahren: 1. Gewinderollen zwischen *Flachwerkzeugen* (Verfahren erstmals etwa Mitte vorigen Jahrhunderts f. Gewinde auf Fahrradspeichen (mittels handbetätigter Vorrichtung) verwendet; im Prinzip bis heute erhalten, wenn auch wesentlich verfeinert) nach Abb. III.432: Backenpaar trägt auf einander zugekehrten Seiten gerade Rillen des Gewinde-Gegenprofils mit Steigungswinkel; glatter Bolzen mit „Walz-Dmr.“ $D_w = \sqrt{(d_A^2 + d_K^2)/2}$ wird im Bereich c bei x eingebracht. Durch Schräge von c allmählicher Druckanstieg und günstiger Werkstofffluß, wodurch unter Werkstoffverdrängung im Oberflächenbereich Ausfüllen der Rillenvertiefungen und damit Gewinde entsteht; im folgenden Bereich d Fertigrunden und Glätten; bei e Auswurf. Backenbreite ≧ max. Gewindelänge.

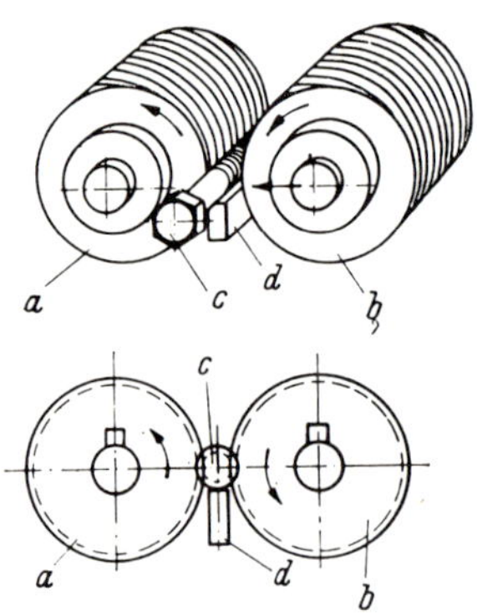

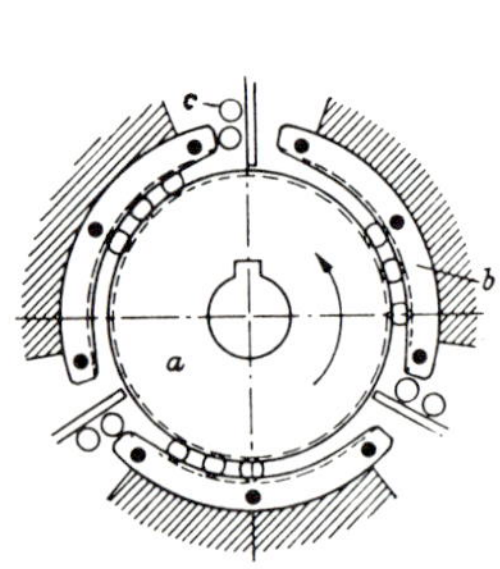

Abb. III.433. Einstech-Gewinderollen mit angetriebenen zylindrischen Rollwerkzeugen (Schema). a ortsfestes, b zustellbares Rollwerkzeug; c Werkstück; d feststehende Werkstückauflage (Lineal); Einstellung der Werkzeuge wie in Abb. III.432 unten rechts.

Abb. III.434. Einstech-Gewinderollen: Segment-Rollenwerkzeug mit 3 feststehenden konkaven Segmenten (Schema). a umlaufendes zylindrisches Rollwerkzeug; b 3 Konkav-Segmente; c Werkstück.

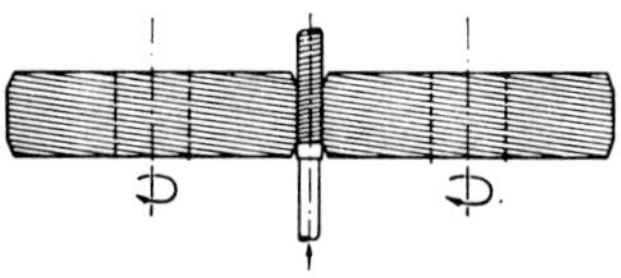

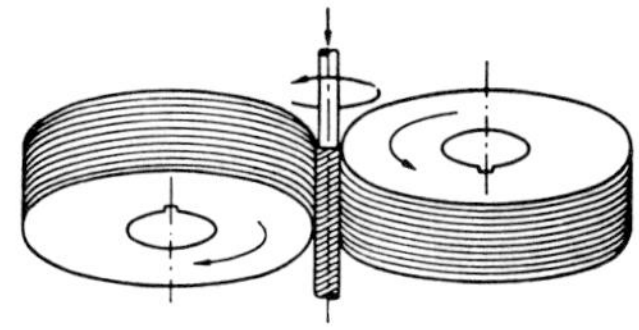

Abb. III.435. Durchlauf-Gewinderollen: achsparallele Rollwerkzeuge mit schraubigen Arbeitsrillen.

Abb. III.436. Durchlauf-Gewinderollen: geschwenkte Rollwerkzeuge mit in sich geschlossenen Arbeitsrillen.

2. Gewinderollen durch *angetriebene Rundwerkzeuge:*

a) *Einstechverfahren,* wobei max. Gewindelänge = Werkzeugbreite wie bei 1., Werkstoff bis $\sigma_B \approx 1000\,\mathrm{N/mm^2}$ verarbeitbar, kleinste Steigung $\approx 0{,}7$ mm: α) mit zylindrischen Rollwerkzeugen Abb. III.433, wobei b auf Schlitten gelagert und meist hydraulisch zugestellt; β) mit einem runden und einem umlaufenden „Segment"-Werkzeug, das durch Einführschräge „Zustellung" realisiert; γ) mit feststehenden konkaven Segmenten und einem umlaufenden Rollwerkzeug, wobei „Zustellung" durch Anschrägung an Werkstückzuführstelle realisiert (Abb. III.434). Weitere Möglichkeiten mit 2 und 4 Arbeitsstellen am Umfang gegeben.–

b) *Durchlaufverfahren* für größere Gewindelängen: α) achsparallele Rollwerkzeuge mit schraubigen Arbeitsrillen Abb. III.435; β) Rollwerkzeuge mit um 2 × Gewindesteigungswinkel geschwenkten („windschiefen") Achsen, die in sich geschlossene Arbeitsrillen haben (auf Steigungswinkel eingestellt) Abb. III.436; γ) Rollwerkzeuge mit geschwenkten Achsen und schraubigen Arbeitsrillen, deren Steigungswinkel sich mit Schwenkwinkel der Achsen Gewindesteigungswinkel ergänzt; damit Steilgewinde hoher Steigungsgenauigkeit herstellbar. –

3. Gewinderollen durch *nicht angetriebene* Rundwerkzeuge für Durchlaufverfahren: Hierher gehören die einfachen Gewinde-„*Rolleisen*" Abb. III.437, äußerlich ähnlich den G.-Schneideisen und wie diese in genormte Schneideisenkapseln zu spannen und zu verwenden; ferner feststehende und umlaufende selbstöffnende *Gewinderollköpfe* zur Verwendung z. B. auf Drehautomaten u. a., und schließlich die gabelförmigen Gewinderollenhalter Abb. III.438 zur Verwendung z. B. auf Drehautomaten [III.68].

Umformvorgang: In zylindrische möglichst glatte Werkstückoberfläche ($D_W\ \Phi$ = etwa späterem Flankendurchm.) werden harte Rollwerkzeuge mit Rillen eingedrückt, damit Werkstoffverdrängung im Oberflächenbereich bei nicht unterbrochenem Faserverlauf unter Ausfüllen der Werkzeugrillen (dem Negativ des Gewindeprofils). Durch Kaltverfestigung σ_B-Zunahme bei δ-Abnahme und je nach Stahlart und Vorbehandlungszustand besonders im Gewinde-

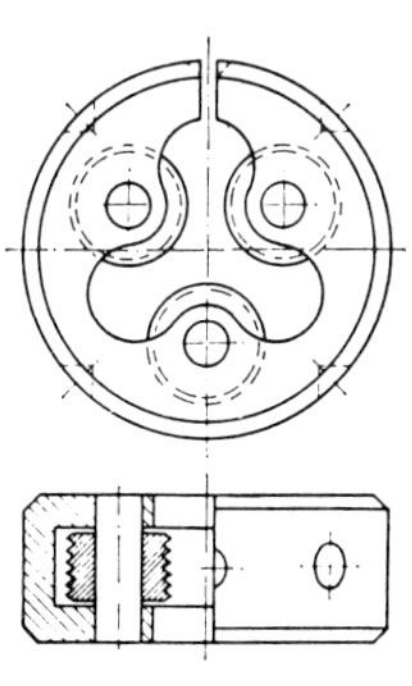

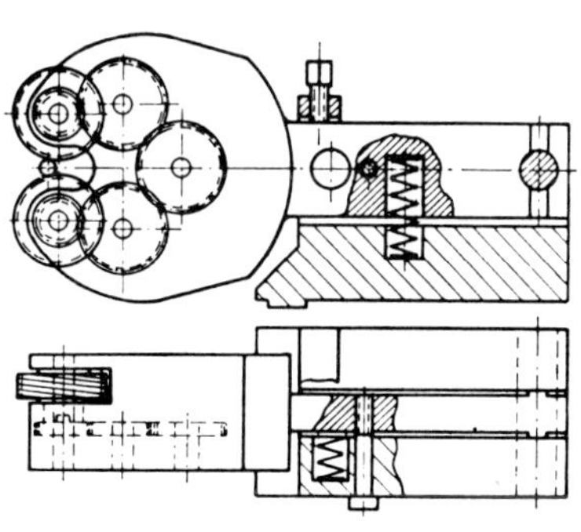

Abb. III.437. „Gewinderolleisen" für Durchlaufverfahren (ähnlich dem bekannten Schneideisen) für M 2,3 bis M 24, für Feingewinde bis M 30 × 2 im Handel.

Abb. III.438. Gewinderollenhalter für Tangentialzustellung mit zwei Rollen.

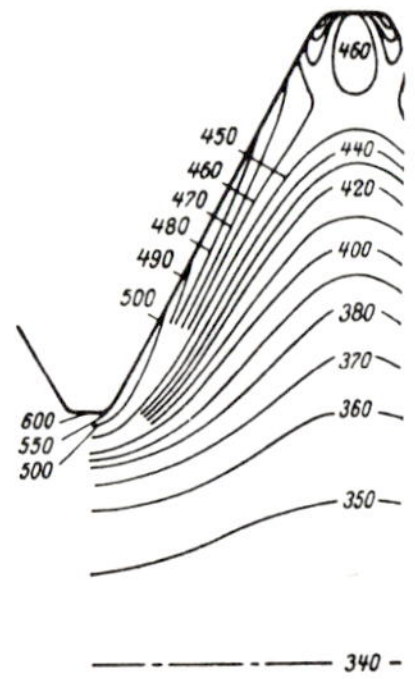

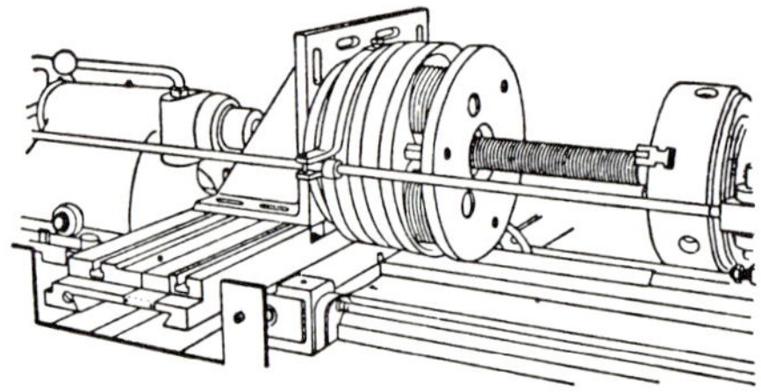

Abb. III.439. Härteverteilung über Querschnitt gerollten Gewindes bei vorheriger Vergütung. Werkstoff: CrV-Stahl ($\approx$58 CrV4), im vergüteten Zustand (σ_B $\approx$1200 N/mm²) Gewinde M 8 gerollt; alle Härtezahlen HV 0,1; Kernhärte 340.

Abb. III.440. Gewinderollkopf auf Drehbanksupport von hinten gesehen. (Fa. W. Fette, Hamburg-Altona.)

grund Härtesteigerung bis zum fast Doppelten der Ausgangshärte. Wird wie in Abb. III.439 Gewinde nach dem Vergüten gerollt, dann im Gewindegrund so hohe Druck-Eigenspannung, daß Dauerhaltbarkeit etwa verdoppelt wird. *Rollgeschwindigkeit* (auf Gewinde-Außendurchmesser bezogen) bei Flach- und angetriebenen Rundwerkzeugen um 30 m/min; sonst > 30, anzustreben 80 ... 100 m/min und mehr.

Rollbare Werkstoffe: alle gut preß-, stauch- und fließpreßbaren Werkstoffe, darunter Stahl bis $\sigma_B \approx 1200$ N/mm² ($\delta_1{}^0 \geqq 10\%$, äußerst 8%); austenitische Stähle neigen zu starker Kaltverfestigung, daher hohe Werkzeugbeanspruchung; Al-Leg, GT und gewisse Kunststoffe nur bedingt kaltrollbar; hartgezogenes Automatenmessing scheidet aus. *Genauigkeit* und *Oberflächengüte*: Erreichbare Genauigkeit nur durch Gewinde-Feinschleifen übertroffen; Flankenrauheit unter 5 µm.

Gewinderollwerkzeug-Werkstoff: Durchhärtende Stähle (bevorzugt 2% C, 12% Cr) mit $HRC = 60$ ... 62, bei weniger beanspruchten Flachwerkzeugen auch unlegierter 1%iger C-Stahl, Rillenprofil mit Kammfräser gefräst, nach dem Härten neuerdings geschliffen, ebenso wie immer das der Rundwerkzeuge. Für Hochleistungswerkzeuge Sinterhartmetall – *Schmierung* und *Kühlung* mit Bohrölemulsion 1 : 10 ... 1 : 20, sowie Mineralöle mit und ohne Zusatz.

Maschinen für das Gewinderollen [III.6, 68]: teils eigens entwickelte Sondermaschinen, teils Einsatz von Gewinderollköpfen auf Drehbänken (Abb. III.440), Revolverbänken und Ein- bis Mehrspindelautomaten, ferner auf Bohrmaschinen, Langdrehautomaten u. a. – *Fertigungsbereich*: mit Flachwerkzeugen von 2 ... 30 mm Gew.-Dmr., mit Rundwerkzeugen bis 80 Φ und 8 mm Steigung; Rollköpfe für bis 225 mm Gew.-Dmr. Bei Rollwerkzeugen auch mehrgängige Gewinde und in beiden Steigungsrichtungen, ferner Trapez- und andere Gewindeformen für Flankenwinkel $\geqq 20°$ herstellbar, dagegen Flachgewinde durch Gewinderollen nicht erzeugbar. Größte derzeitige Gewinderollmaschine, wahlweise nach Verfahren 2a) oder 2b) arbeitend, für Umformkraft bis 0,50 MN; darauf übliche metr., Kegel- und Feingewinde, außerdem amerik. Trapez- und Schneckengewinde bis 2 Gang je Zoll, Antriebsschnecken bis Modul 5 mit Steigungswinkel von 20° und Schraubenräder bis Modul 3 mit Schrägungswinkel 45° herstellbar. Arbeitsbereich: Dmr. von 10 ... 175 mm, Länge bis 250 mm beim Einstechverfahren und bis 2000 mm beim Durchlaufverfahren; größte mögliche Steigung 16 mm.

Wirtschaftlichkeit: Gewinderollen ist leistungsfähigstes Verfahren; für Flach- u. angetriebene Rundwerkzeuge bei üblichen Befestigungsgewinden z. B. für 4 mm Gew.-Dmr. $\approx$200 Stück/min, für 16 mm $\Phi \approx 80$ St/min. Bei Rollköpfen Ausbringung stark von Nebenzeiten im Einzelfall abhängig; für Durchlauf-Gewinderollen z. B. M 10 von 1 m Länge bei Rollgeschwindigkeit 105 m/min reine Rollzeit 12 s.

Vorteile des Außengewinde-Kaltrollens (verglichen mit spangebender Formung): 1. Nicht unterbrochener Faserverlauf (Abb. III.431); 2. starke Kaltverfestigung und Härtezunahme im Gewindebereich (Abb. III.439), nach Mitte abnehmend; 3. infolge 2. Steigerung statischer Festigkeit (Scherfestigkeit) und damit Gesamtfestigkeitszunahme 25 ... 15% (je nach Dmr.); 4. hoher Druck-Eigenspannungszustand im Gewindegrund; 5. wegen 1. und 4. Dauerhaltbarkeit (Dauerschwingfestigkeit) etwa verdoppelt; 6. viel glattere und sauberere Gewindeflanken, leichter einschraubbar; 7. viel wirtschaftlicher und damit billiger bei großen Stückzahlen.

Rippenrohr-Fertigung: Nach gleichem Prinzip wie Gewinderollen mit Rundwerkzeugen kann man mit Sonderwerkzeugen Spiralrippenrohre als Wärmeaustauscher für Kälte- und Wärmetechnik aus Al, Cu, SoMs 71 und 76, Cu-Ni-Leg. sowie Weichstahl herstellen, wobei Herauswalzen aus dem glatten Ausgangsrohr aus der Vollwand über Kerndorn als Innenstütze (wegen hoher Drücke) erfolgt; dabei können Anfang, Ende, ggf. auch beliebiger Mittelbereich je nach Erfordernis von Rippen frei bleiben. Bei Cu Rippenhöhe max. 6,5 mm bei Al bis 12 mm möglich.

Innengewinde-Rollen und -Furchen sind relativ junge Verfahren für Bohrungen in Vollmaterial und für Blechdurchzüge (hat nichts zu tun mit *Gewindedrücken* in Blechhohlkörper).

Innengewinde-Rollen mit Rolldorn nach Abb. III.441, in jeder Gewindeschneid- und Bohrmaschine einsetzbar; meist 3 Rollen mit in sich geschlossenen Profilrillen im Dornkopf so gelagert, daß auf Außenseite Rillen in Steigungsrichtung des zu rollenden Gewindes stehen. – Nicht auf Rollvorgang beruht *Innengewinde-Furchen,* eine im Gewindebereich erfolgende Werkstoffverdrängung durch Gleitdruck, wie man es nennen könnte. Werkzeug ist *Gewindefurcher*(-former) mit Spiralnute, ähnlich einem Gewindebohrer, jedoch ohne Spannuten und Schneidkanten (Abb. III.442). Handelsüblich auch Bezeichnung „Spanlos-Gewindebohrer" in Größen Feingewinde M 3 – M 10, jedoch schon bis M 72 × 2 verwendet, wenn auch über M 30 Rolldorn empfehlenswerter. Gewindefurcher nach Schaft zu leicht verjüngt (wie Gewindebohrer). Vorzubohrender Furchloch-Dmr. $D_f = d_A - 0{,}6 \cdot \sqrt{\text{Steigung}}$, also unbedeutend größer als Flanken-Dmr. des Gewindes. Ursprünglich Gewindefurchen vorgesehen für Bohrungen in Blechen mit Dicke $\leqq d_A$; heute in leicht umformbaren Werkstoffen (Al, Cu und ihre Leg. sowie St bis $\sigma_B \approx 150$ N/mm² u. ä.), Gewindetiefe bis $3 \cdot d_A$ (d_A = Gewinde-Außendurchm.). Er-

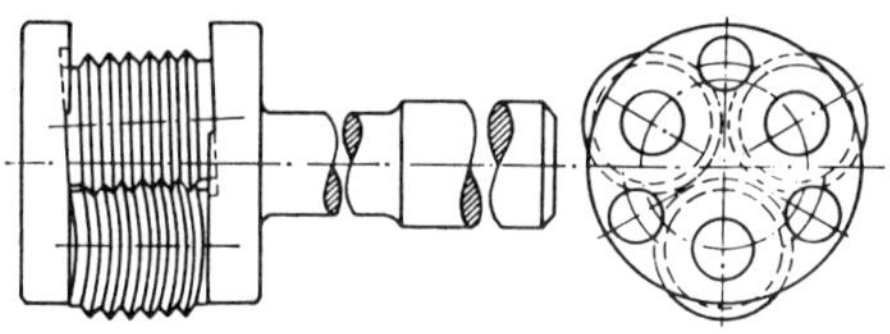

Abb. III.441. Gewindewalzdorn für Innengewinde bis unterste Grenze M 24 × 1,5 hergestellt.

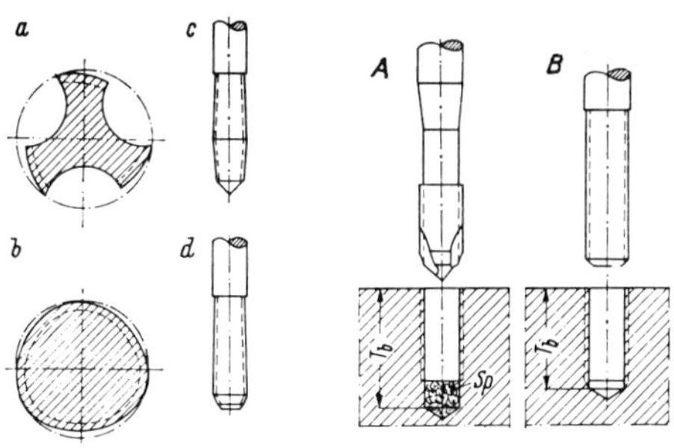

Abb. III.442. Vergleich: Innengewinde-Furchen und -Schneiden. A Schneiden mit üblichem Gewindebohrer; Kernlochtiefe T_b groß, Späne Sp zu entfernen; B Gewindefurcher ohne Anlauf, nur 45-Fase; kein Spananfall; a) Querschnitt üblichen Gewindebohrers; b) Querschnitt eines Gewindefurchers (ähnlich einem „Gleichdick"); c) G.-furcher für Durchgangsloch, langer konischer Anlauf; d) G.-Furcher für Sackloch (Grundloch), ganz kurzer kegeliger Anlauf.

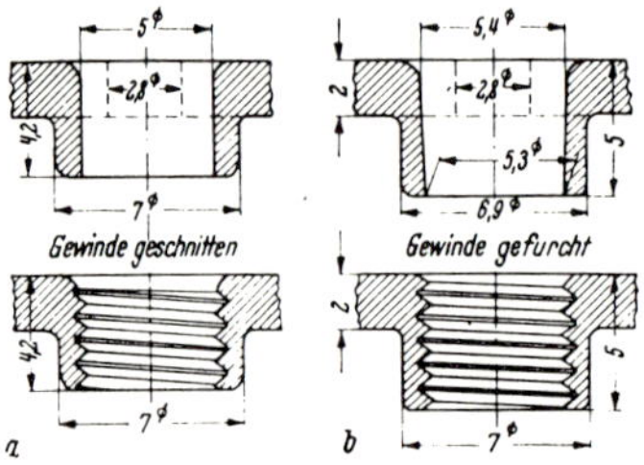

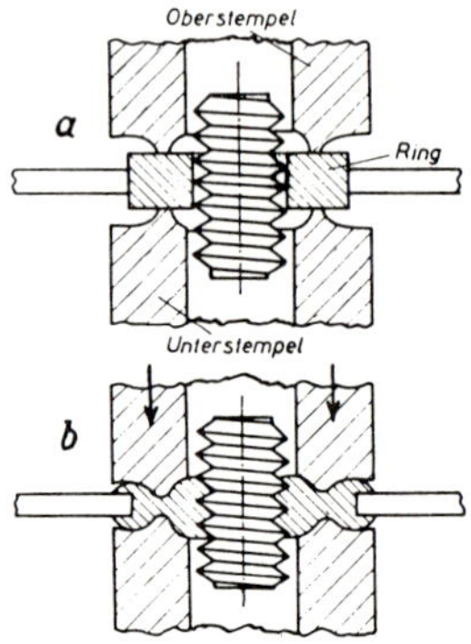

Abb. III.443. Blechdurchzüge in Messing mit Gewinde M 6. a) Gewinde geschnitten, Durchzug mit Kern-Φ; b) Gewinde gefurcht, Durchzug mit wenig größerem Flanken-Φ D_f, (siehe Text!).

Abb. III.444. Gewinde-Prägen kombiniert mit Nietverbindung in Blechwand: a) Vor dem Prägen: Ring, in gelochte Blechwand gesteckt, zwischen Ober- u. Unter-Ringstempel, Gewindedorn eingeführt; b) nach dem Prägen: Ring mit Gewinde versehen in Blechwand fest, Gewindedorn noch herauszuschrauben.

forderliches Drehmoment etwa doppelt so groß als beim Gew.-Bohren. – Abb. III.443: Vergleich Gewindebohren und Gewindefurchen in Blechdurchzügen. – *Schmier-* und Kühlmittel wie beim Außengewinderollen (keine Schneidöle); *Furchgeschwindigkeit*≈Schnittgeschwindigkeit beim Gewindebohren.

Vorteile des Innengewindefurchens und -rollens (verglichen mit Zerspanung): 1. ≈20% höhere Scherfestigkeit des Gewindes, damit meist um einen Stufensprung kleineres Gewinde wählbar; 2. kein Späne-Anfall, daher störungsfrei bei Automatenarbeit; 3. nicht wie beim Gewindebohren Spanentfernung aus Grundlöchern (oft so teuer wie Gewindeschneiden selbst); Belassen aber bei galvanischer Behandlung nicht möglich, sonst Korrosionsherd; 4. Gewinde in Grundlöchern bis fast auf Grund ausfurchbar (Abb. III.442, B); 5. Durchzüge („Kragen") dünner bzw. höher ausführbar, da Wandfestigkeit durch Furchen vergrößert (Kaltverfestigung); 6. Größer-Ausfallen der Gewinde wie beim Gewindebohren vermieden; 7. Bruchgefahr der Gewindefurcher viel geringer (trotz fast doppelten Drehmoments), da keine Schwächung durch Spannuten. – *Nachteil* größeren Drehmoments durch obige Vorteile mehr als aufgehoben. –

Innengewinde-Prägen nach Abb. III.444 hat weder mit Rollen noch mit Furchen zu tun; reiner Stauchvorgang zwischen Ringstempeln, wobei zu prägender Ring gegenüber Gewindedorn nicht ausweichen kann, ihn umfließt und so Gewinde erhält und Ring gleichzeitig in Blechwand eingenietet (-gebördelt) wird; anschließend Gewindedorn herausschrauben. Geeignet für Gewinde≦M 10 und weiche Ringwerkstoffe: Al, weiche Al-Leg., Cu, α-Ms, Stahl bis St 45 u. a.; Anwendung in Feinmechanik bei Massenfertigung. –

g) *Mikroumformung (Oberflächen-Feinumformung)*

Begriff: Mikroumformung ist erst in jüngerer Zeit eingeführter Oberbegriff für eine Reihe teils seit über 40 Jahren bekannter Verfahren, die nicht durchgreifende Änderung der Werkstückform bezwecken, sondern bei denen plastische Umformung in nur sehr dünner Oberflächenzone erfolgt, und zwar je nach Werkstückforderung mit dreifacher Auswirkung: Oberflächenglätten, Oberflächen-Maßfeinen und Oberflächenverfestigen zur Verringerung der Dauerbruchgefahr.

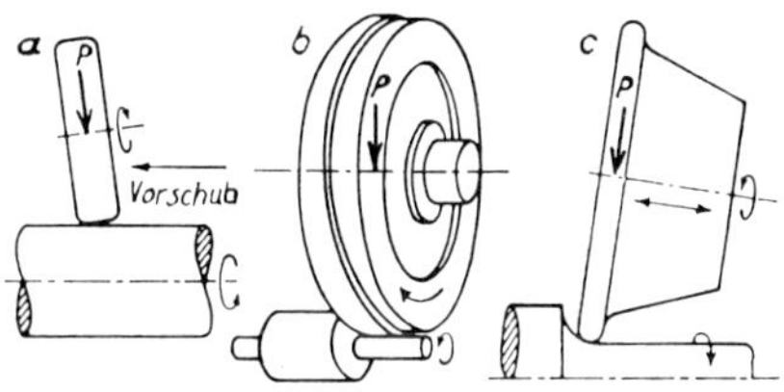

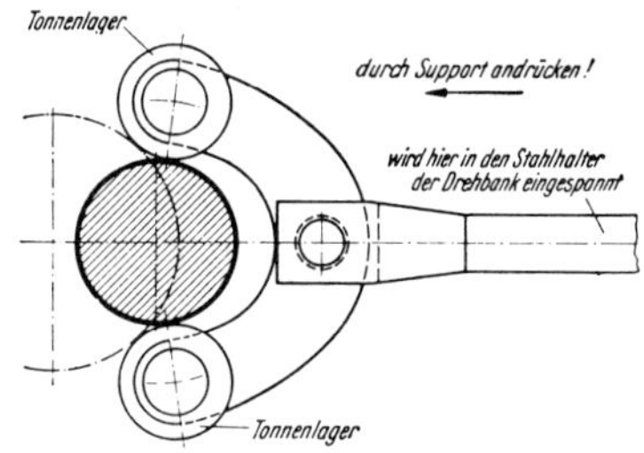

Abb. III.445. Mikroumformung durch unter Preßdruck P rotierende Werkzeuge: Oberflächen-Feinwalzen (Schema), ausgeführt als: a) Glattwalzen; b) Maßwalzen; c) Festwalzen.

Abb. III.446. Einfaches Glattwalzwerkzeug (Schema). Verwendung auf Drehbank bei radialer Zustellung zum behelfsmäßigen Glattwalzen schmaler Wellenstellen; auch begrenzt axial verschiebbar. Beachte: beide Glättrollen (als Tonnenlager ausgebildet) in Bügel sitzend, der als Druckverteiler gegenüber Einspannschaft drehbar gelagert ist.

Auf zunächst abrollende Werkzeuge bezogen möge dies Abb. III.445 erläutern; für die Benennung der drei Verfahren ist das jeweilige Hauptziel maßgebend, nämlich: bei a die Oberflächenglättung, also *Glattwalzen,* wobei natürlich gleichzeitig gewisse maßliche Verbesserung und infolge erreichter Druckvorspannung im Oberflächenbereich Dauerfestigkeitserhöhung stattfindet; bei b maßliche Verbesserung, also *Maßwalzen,* durch Verringerung der Toleranz bei gleichzeitiger Oberflächenglättung („Maßglätten") und Dauerfestigkeitsverbesserung; bei c Dauerfestigkeitserhöhung, also *Festwalzen,* durch Erzeugung eines optimalen Druckvorspannungs-Zustandes, wobei immer damit zur Kerbbeseitigung Oberflächenglättung und hier oft weniger bedeutungsvoll Maßverbesserung eintritt. – Alle drei Verfahren mit gleichen oder ähnlichen Maschinen durchführbar; die Gestalt der verwendeten Werkzeuge und der durch sie aufgebrachte Druck sind jedoch auf Hauptzweck ausgerichtet, um optimale Ergebnisse zu erreichen. Im einzelnen:

α) **Oberflächenglätten:** Ziel ist beträchtliche Verringerung der Oberflächenrauheit einer Vorbearbeitung, z. B. von 25 ... 20 μm auf 2 ... 1 μm oder noch darunter, wobei auch Mikrogebirge einer Schleifbearbeitung eingeebnet wird, z. B. Glätten von umlaufenden und hin- und hergehenden Gleitflächen für Bohrung und Welle zur Erhöhung des Traganteils, ausgehend von meist spangebend vorgearbeiteten (geschlichteten oder geschliffenen) Oberflächen. Verschiedene Möglichkeiten:

Glattwalzen, [III.69] (Feinwalzen, Rollglätten), und zwar im *Einstech*verfahren (d. h. Radialvorschub auf ganze Glättlänge) bei z. B. kurzen Lagerzapfen, Ventilschäften, Sitzstellen von Wellendichtungen (Abb. III.446) u. ä., oder im *Vorschub*verfahren (Abb. III.447) z. B. für längere Wellen, Kolbenstangen (in Stopfbüchse gleitend) u. ä. – Rollen-Anpreßkraft (einstell- und ablesbar) je nach Stahlfestigkeit (σ =500 ... 1500 N/mm^2) z. B. bei Werkstückdurchm. 100 mm$\approx$0,02 ... 0,05 MN, bei 500 mm$\approx$0,04 ... 0,095 MN, dabei *ein* Durchgang bei Verschub 0,5 mm/U. – Größere Bohrungen (Zylinderbüchsen Abb. III.448, größere Lagerschalen ohne oder mit Lagermetallausguß u. ä.) erfahren durch Rollensatz in Käfig, angetrieben durch z. B. Bohrmaschine, Glättung und Oberflächenverdichtung (früher „Nachwalzen" bzw. „Aufwalzen" genannt) bei gleichzeitiger Verleihung genauen Endmaßes und Verfestigung, daher dem Honen wesentlich überlegen.

Druckglätten (früher „Polierdrücken") von kleineren Bohrungen durch *Aufdornen* bei gleichzeitiger Endmaßerteilung, z. B. durch Hindurchdrücken eines geeigneten Dorns (Abb. III.449 u. III.450) oder *Aufkugeln* (Pressfinish), wobei gehärtete Stahlkugeln mittels geeigneter Vorrichtung (auch automatisch) durch Stempel durchgedrückt werden (Abb. III.451); jeder spanenden Feinbearbeitung überlegen wegen größerer Dauerbruchsicherheit.

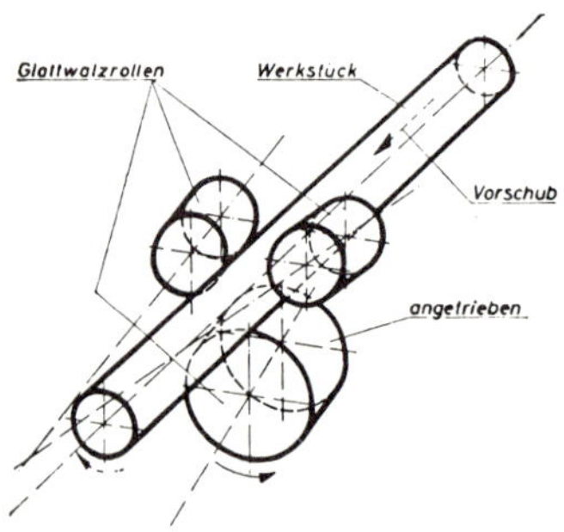

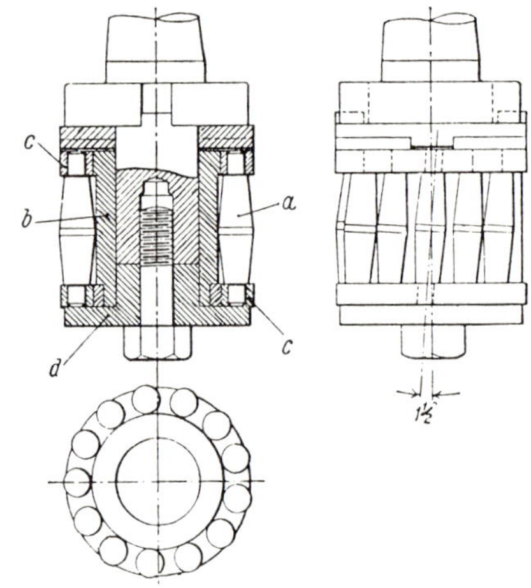

Abb. III.447. Vorschubverfahren zum Außen-Glattwalzen (Schema). Große Glattwalzrolle angetrieben, beide kleinere mitlaufend und (hydraulisch) angepreßt: infolge der Achsenschwenkung gegenüber Werkstückachse Werkstück-Vorschub und -Drehung.

Abb. III.448. Glättwalzwerkzeug für Zylinderbohrungen (früher „Aufwalzwerkzeug" genannt); a 13 gehärtete Stahlwalzen, in Mitte 2 mm breit zylindrisch bei 9,5 mm ⌀, beiderseits kegelig verjüngt auf 9,4 ⌀ (übertrieben gezeichnet); Walzenlänge (ohne Zapfen) 35 mm; b gehärtete Stahlbüchse; c Bronzering zur Lagerung von a; Walzen a gegenüber Werkzeugachse um 1,5 schräggestellt (übertrieben gezeichnet); d Endplatte, hält leicht auswechselbare a, b, c zusammen; zu glättende Zylinderbohrung hier $\approx$65 mm ⌀, um 0,01 mm aufzuwalzen.

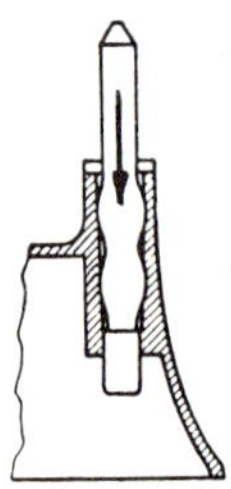

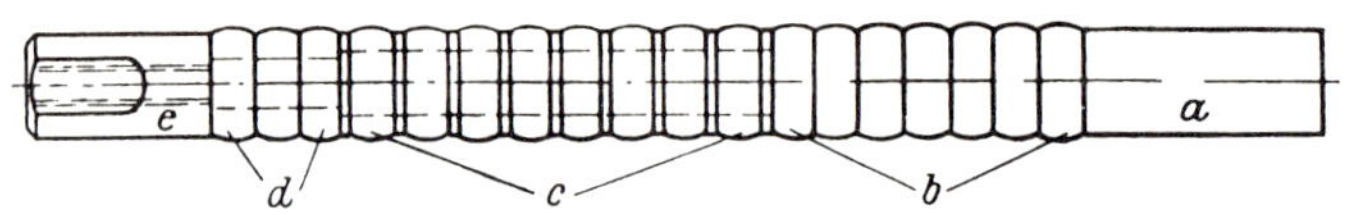

Abb. III.449. Druckglätten („Aufdornen") kleinerer Bohrung durch gehärteten Dorn mit Führungszapfen (Vorbohrmaß) und 2 im Dmr. zunehmende hochglanzpolierte hartverchromte Ballen (Endmaß)

Abb. III.450. Dorn zum Druckglätten („Aufdornen") kleiner Bohrungen; a gehärteter Stahldorn mit (b) hartverchromten balligen Andrehungen; c aufgesetzte ballige Hartmetallringe mit Zwischenscheiben; d aufgesetzte hartverchromte Führungsringe; e Mutter zum Spannen der Ringe.

Polierziehen (Kalibrierziehen) ist ein Oberflächenfeinen (Glätten, Genauziehen) von Rund- und Profildraht bzw. -Stangenmaterial durch Endzug mittels besonders sorgfältig polierter Ziehdüsen (Ziehsteine Abb. III.355 u. III.356), wobei Dmr.-Abnahme nicht nennenswert, Oberflächenfeinung die Hauptsache; kalibrierter Stahl (Silberstahl), Keilstahl, kalibrierte Wellen und Rohre erhalten dadurch ihre Endfeinung.

Polierwalzen von Blechen, Bändern und Folien durch Endwalzung zwischen hochglanzpolierten Walzen, von aufgesprühter Seifenlösung benetzt; wenn einseitiges Polierwalzen genügt, werden zwei Bleche aufeinanderliegend (gedoppelt) durch Walzen geschickt.

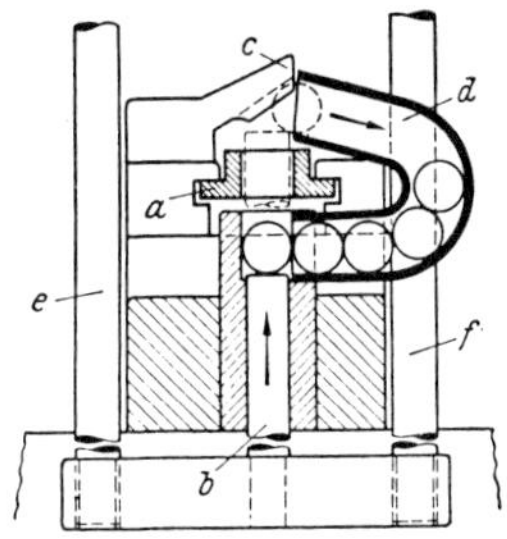

Abb. III.451. Druckglätten einer Bundbüchsenbohrung durch Aufkugeln (Schema). a Werkstück; b Stempel; c Schräge zum Abgleiten durchgedrückter Kugeln in d; d Umleitrohr für Kugeln; e, f Verbindungsbolzen.

Polierschlagen („Hämmerrollen") von Rundmaterial (Draht, Stange) in Hämmermaschine mit umlaufendem Profilhämmerpaar nicht nur zur Oberflächenglättung, sondern wesentlich zur Erhöhung der Sicherheit gegen Dauerbruch. – Auch *Kugelstrahl-Glätten* von Oberflächen (St und Leichtmetall) mittels Glasperlen (0,75 ... 0,8 mm Φ) in Wasser (5 : 7) mit gleichzeitiger Dauerschwingfestigkeitsverbesserung. – *Hämmerrollen* kleiner Bohrungen $\geqq$6 mm mit Dmr.-Aufweitung 2,5 ... 10 µm und mehr mit z. B. erreichbarer Genauigkeit IT 4 bei 25 mm Φ durch mit n = 2000 ... 3000 U/min umlaufendem Hämmerrollwerkzeug: hochharter Werkzeugschaft hat am Umfang ganz flache Nockenerhebungen; Schaft umgeben von gehärteten Nadelrollen in drehbarem Käfig (Umfangsgeschwindigkeit $\approx$ 130 m/min); Nocken drücken Rollen mit hämmernder Bewegung gegen Bohrungswand, dadurch Verfestigung bei Hochglanzglättung mit hohem Traganteil. Werkzeug-Sonderausführungen auch für abgesetzte Bohrungen, Kegelflächen (Ventilsitze) und sogar Büchsen-Stirnflächen; Voraussetzung ist gute Vorarbeit (Feindrehen, Reiben, Schleifen). Anwendung: Lager von Pumpen und Gebläsen, Ventilführungsbüchsen, Stößelführungen, Kolbenbolzenbohrungen (gemeint ist Hohlbohrung des Kolbenbolzens, die bei hochbeanspruchten Flugmotoren manchmal wegen verbliebener Schleifriefen (schlecht zu kontrollieren!) zu Dauerbruch des Kolbenbolzens führt), Verdichterzylinder u. ä.

β) **Oberflächen-Maßfeinen:** Ziel ist möglichst enge Toleranz, was gute Vorarbeit voraussetzt; dabei Glättung mit Erhöhung des Traganteils und Verringerung der Dauerbruchgefahr mit erreicht.

Maßwalzen (Abb. III.445 b) besonders von Teilen mit kleinem Dmr. (Feinwerktechnik); elastische Formänderung der Werkstücke und der Maßwalzeinrichtung durch Anpreßdruck zu berücksichtigen! Vergleiche auch oben unter α) schon gemachte Angaben über Glattwalzen, Druckglätten von Bohrungen, Polierziehen von Rund- und Profilmaterial, sowie Polierschlagen. – „Rollieren" jedoch ist feines Spanen (vgl. VDI-Richtl. VDI 2032 „Rollieren"!).

γ) **Oberflächen-Verfestigung** als wohl wichtigstes Teilgebiet der Mikroumformung: Ziel ist Dauerschwingfestigkeitserhöhung durch Erzeugung einer Druckvorspannung im Oberflächenbereich, dabei auch dauerfestigkeitsmindernde Vorbearbeitungsriefen beseitigt durch gleichzeitig erreichte Glättung; liefert auch Endabmessung, nur selten weitere Nacharbeit. –

Festwalzen, früher wenig treffend mit „Prägepolieren" oder „Oberflächendrücken" bezeichnet, seit $\approx$40 Jahren an Achsschenkeln von Eisenbahn-Radsätzen ausgeführtes Verfahren, gewann allergrößte Bedeutung auch für andere Maschinenteile.

Nach O. Föppl sind drei Zonen zu unterscheiden: Äußerste (I), 0,001 ... 0,1 mm tief sehr stark umgeformt, darunter (II) weniger stark, aber noch erheblich plastisch umgeformt, und schließlich nur elastisch deformierte Kernzone (III). Dauerhaltbarkeits-Steigerung bes. auf II zurückzuführen; äußerste Schicht I in der Regel nicht Trägerin der Dauerhaltbarkeits-Steige-

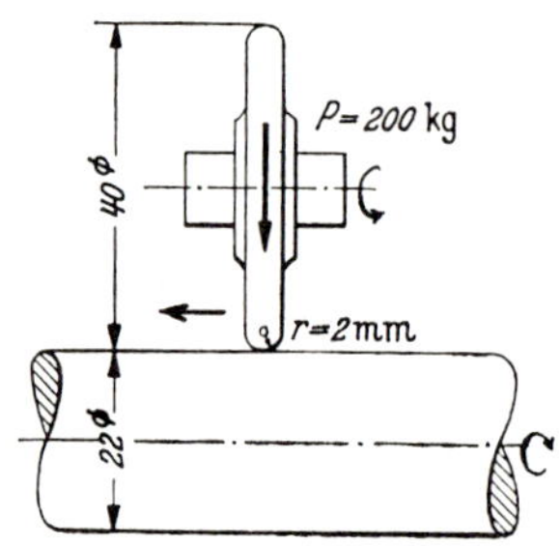

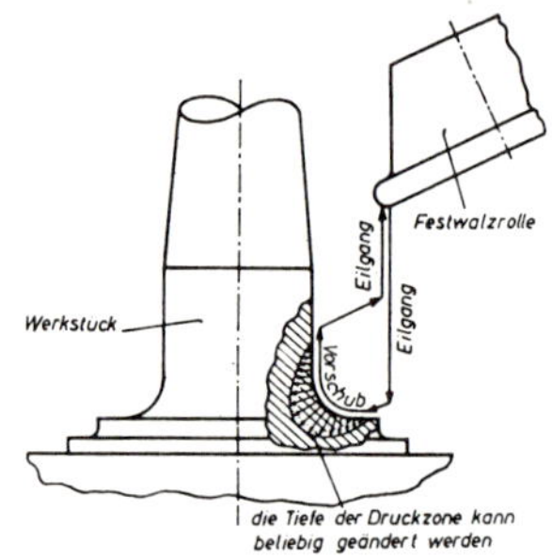

Abb. III.452. Festwalzen einer Welle (Schema) zur Erhöhung der Dauerschwingfestigkeit; gehärtete hochglanzpolierte Stahlrolle rollt unter Druck mit geringem Vorschub (z. B. 0,1 ... 0,5 mm/U) auf Werkstück ab.

Abb. III.453. Arbeitsablauf beim halbautomatischen Festwalzen von Hohlkehlen (Schema) auf Festwalzmaschine mit Programmsteuerung (Fa. Hegenscheidt, Erkelenz); wälzgelagerte Festwalzrolle steht unter konstantem hydraulischem Druck und läuft automatisch jede Hohlkehlkurve ab, auch Dehnschrauben mit mehreren Taillen u. ä.

rung, daher bei Bedarf (Forderung höchster Oberflächenglätte) leicht überschleif- oder läppbar, wovon II nicht betroffen wird, also ohne Dauerfestigkeitsschädigung. –

Durchführung meist auf Sondermaschinen, bei kleinen Serien auch behelfsmäßig auf Drehbank (keine Druckkontrolle möglich!). Nicht nur auf zylindrischen Flächen (Abb. III.452), sondern ganz besonders in Hohlkehlen (Abb. III.453) kommt es auf das Festwalzen an, da dort erhöhte Dauerbruch-Anfälligkeit. In neuzeitlicher Serien- und Massenfertigung halb- bzw. vollautomatische Festwalzmaschinen mit Programmsteuerung (Daten-Vorwahl für gegebenes Werkstück). Durchführung an Werkstücken von 3 ... > 700 mm Φ mit hydraul. Anpreßkraft von 1000 ... 80 000 N (einstell- und ablesbar); Festigkeitserhöhung bis 80% bei ggf. noch wesentlich stärkerer Steigerung der Dauerbruchfestigkeit. Vielfach kann Festwalzen Oberflächenhärten ersetzen, das ja auch zu Druckvorspannung und Dauerfestigkeitserhöhung führt. Von feingedrehter Fläche mit Rauheit ≈20 µm ausgehend wird Glätte mit zwischen 4 µm (bei sehr hohem Traganteil noch genügend „Taschen" für Schmierölaufnahme!) bis < 0,2 µm Rauheit erreicht; solche Oberflächen auch besonders günstig für auf Abnutzung beanspruchte bewegte Teile. –

Weitere Möglichkeit der Dauerfestigkeitserhöhung durch Druckglätten, Kalibrierziehen, Polierschlagen (Hämmerrollen) von Außendurchm. und Bohrungen, Kugelstrahlen (bei Leichtmetallteilen für Luftfahrtindustrie auch mit Gries aus geschmolzener Tonerde, wie schon unter α) besprochen). Schließlich gehört hierher das leichte („federnde") Abhämmern mittels Kugelhammer (Niethammer) von dauerschwingbeanspruchten Schmelzschweißnähten z. B. bei Instandsetzungsschweißungen von Lkw-Fahrgestellen u. ä., wobei Oberflächenzone der Schweißraupe (Gußgefüge!) verdichtet (Zusammendrücken von Korngrenzen-Mikrolunkern) und so stark plastisch umgeformt wird, daß ausreichend Druckvorspannung entsteht und damit Daueranbruchgefahr beseitigt wird. Natürlich ist dies nur letzte Stufe beanspruchungs- und schweißgerechter Instandsetzung.

h) Rändeln (Randrieren, Riffeln, Kordeln, Kordieren)

Begriff: Herstellung von Rillen parallel Längsrichtung oder sich kreuzend (Kreuzrandrierung, -Kordelung) auf meist runden Teilen, wobei infolge Werkstoffverschiebung im Oberflächenbereich durch unter Druck einwirkende Werkzeuge eine Folge seichter Vertiefungen und flacher Erhebungen entsteht. Rändeln oder

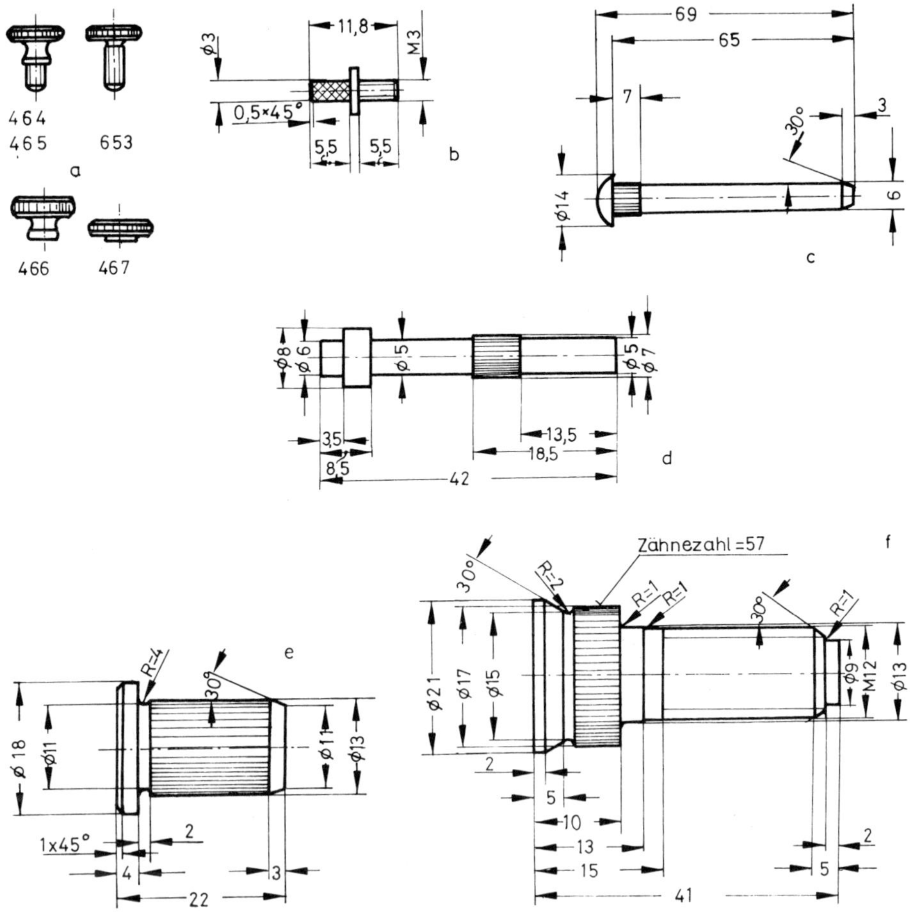

Abb. III.454. Maschinenteile mit Rändelstellen. a) Rändelschrauben u. Rändelmuttern (darunter Nummern der betr. DIN-Blätter); b) kreuzrandierter Gewindezapfen mit Bund; c) Scharnierstift für Rändel-Festsitz; d) Achse (f. Feinwerktechnik); e) gerändelter Einpreß-(Eingieß-) Bundbolzen mit Muttergewinde; f) gerändelte Sonder-Stiftschraube mit Senkkopf für Festsitz in 12-mm-Blech.

Kordieren nennt man auch das Herstellen der „Haue" (das Rauhen oder Schärfen) der Walzenoberflächen beim Warmwalzen, die als erhabene Haue aufgeschweißt oder als vertiefte Haue eingefräst wird.

Zweck (Verwendung): Durch Rändelung entweder Schaffung griffiger Stellen an Köpfen, Schäften, Deckeln, Ringen u. ä., die bei späterer Bedienung Rutschen in der Hand verhindern, oder Erreichen von Festsitzen beim Einpressen gerändelter Wellen (Zapfen) in Bohrungen (im Bereich kleiner Dmr. z. B. in Feinwerktechnik wesentliche Verbilligung gegenüber einfacher Rundpassung), oder Erreichen sicheren Sitzes und Möglichkeit der Übertragung von Drehmomenten beim Eingießen von Büchsen, Bolzen u. ä. in Metall-Druckgußteile bzw. Kunststoff-Spritzgußteile oder beim Miteinpressen in Kunststoff-Preßteile (in diesen Fällen meist Kreuzrandrierung). – Beispiele in Abb. III.454, a bis f.

Gestaltung dynamisch beanspruchter Rändelungen mit Lücken-Öffnungswinkel 90° (z. B. für Festsitze) so, daß weder gerändeltes Teil selbst, noch die Bohrung, in die die Rändelstelle eingepreßt wird, scharfe Kerben erhält, daher an Rändelrolle Spitzen und Vertiefungen entsprechend runden. Es bestehen Richtwerte für Rändelteilung abhängig vom Durchmesser.

Rändelherstellung durch Kaltumformung (für größere Dmr. bzw. bei schon gehärteten Teilen Rändelung durch Abwälzfräsen (gilt auch für Kerbzahnprofil) bzw. durch Schleifen herstellbar): 1. Gegen in Drehbank rotierendes Werkstück wird durch Support gehärtete Stahl- oder Hartmetall-Rändelrolle, fliegend in Rändelhalter gelagert, einseitig angedrückt: schmale Rändelzone im Einstechverfahren oder bei größerer Breite mit Supportvorschub. Werkstück muß hier biegesteif sein, dabei Gegendruck von Spindellager und Reitstockspitze aufgenommen. Dünnere Teile erfordern Doppel-Rändelrollen-Halter (Abb. III.455); ist Werkstück rel. lang und dünn, dann seitliches Ausweichen durch Verbindung mit Lünettenhalter verhindert (Einstech- und Vorschubverfahren). – Für *Kreuzrändelung* trägt Halter kurz hintereinander stehend zwei Rändelrollen, deren Riffelung in zwei verschiedenen Richtungen zur Werkstückachse verlaufen, so daß durch Überlagerung kleine Pyramiden mit quadratischer oder rautenförmiger Basisfläche entstehen; sinngemäß für dünne Teile Rändelrollen-Anordnung gemäß Abb. III.455. – 2. An Zargen tiefgezogener Blechdeckel durch Walzen zwischen angetriebener Innen- und mitlaufender Außenrändelrolle, wobei ganze Blechdicke erfaßt wird (Zick-Zack-Biegung). – 3. Beim Profilziehen durch entsprechende Ziehdüsen-Gestaltung (linkes Teil in Abb. III.365 mit Teilriffelung; zwei Teile in Abb. III.362 Mitte mit Rändelung am ganzen Umfang). – 4. Beim Fließpressen durch entsprechende Gestaltung des Werkzeugs (Abb. III. 426 b). – 5. Durch Hartmetall-Matrize, in die z. B. Schraubenrundkopf mit passendem Dmr. anläßlich des Reduzierens des Schaftes eingepreßt wird (Herstellung der Hartmetall-Matrizenrändelung ebenso wie bei Fließpreßmatrizen durch Funkenerosion) [III.46]. – 6. Durch Einrollen mit Gewinderollköpfen, bei denen Gewinderollen durch Riffelrollen ersetzt sind; neuerdings auch *gleichzeitiges* Rändeln + Gewinderollen, wobei im Rollkopf hintereinander Gewinde- und Rändelrollen mit unterschiedlichem Dmr. sitzen; in Einführrichtung größerer Rollensatz immer vorne, Werkstück muß also abgestuft sein. Anwendung für Endriffelung an Bolzen und Schraubenköpfen, Achsbunden u. ä. auf meist Revolverbank und Drehautomat bei axi-

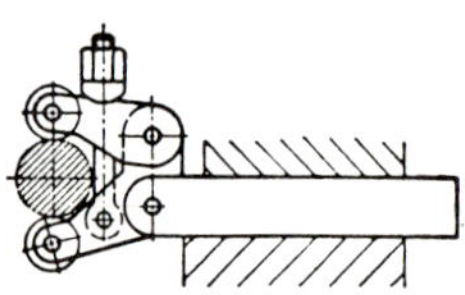

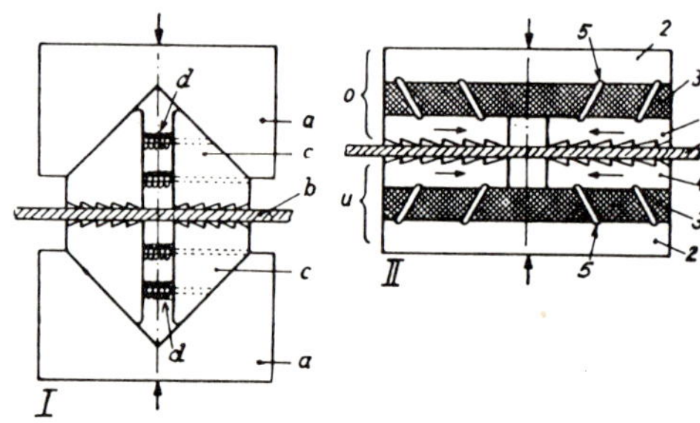

Abb. III.455. Doppel-Rändelrollenhalter zur Verwendung auf Drehmaschinen; Druck-Anstellen beider Kordelrollen durch Schraube, Druckausgleich durch Pendelaufhängung (Drehbankspindel entlastet).

Abb. III.456. Blechstauchwerkzeug (Schema). I. Frühere Ausführung der Junkerswerke Dessau (dreißiger Jahre), heute gelegentlich noch in Handzangenform verwendet: a 2 Keildruckstücke (Hohlprismen); b zu stauchendes Blech; c 2 geriffelte Keilbackenpaare; d Druckfedern zum Auseinanderdrücken von c nach Entlastung; durch Druck in Pfeilrichtung schieben sich c zusammen, nehmen Blech mit und stauchen es örtlich. – II. Heutige Ausführung (Weiterentwicklung von I seit ≈1950) Oberteil o und Unterteil u sitzen in (nicht gezeichneten) geteilten Hülsen; o und u bestehen je aus Druckkappe (2) und nach b hin aufgerauhtem Formbackenpaar (4) mit je entsprechenden Rillen, in denen sich im Gummikörper (3) einvulkanisierte harte Stahllamellen (5) abstützen; durch Druck in Pfeilrichtung erfolgt wie bei I Stauchung (Aufrauhung hier grobschematisch; prakt. Ausführung siehe Text!).

alem Vorschub mit Rollengeschwindigkeiten 30 ... 60 m/min. – 7. Durch zwei zahnstangenähnliche Rollwerkzeuge auf „Roto-Flow“-Maschine; dabei Kalteinrollen gerader, spiraliger oder kreuzförmiger Rändelung; auf diese Weise auch sehr wirtschaftlich Kerbverzahnungen für Formschluß Welle/Bohrung herstellbar.

Beispiele gerändelter Werkstücke: Außer den oben schon genannten seien noch erwähnt: Drehbare Handgriffe an Kurbeln; Haltestellen an Meßlehren (Gewindering, Kegellehrbolzen, Bohrungskaliberlehren u. ä.), Griffe von Zugfeststellern im Vorrichtungsbau, Kabel-Steckverbindungen (Schwachstromtechnik, sowie weitere zahlreiche Teile im Maschinen-, Werkzeug-, Motoren- und Apparatebau, in Optik, E-Technik, Feinwerktechnik, Flug- und Fahrzeugbau u. a.

i) Blechstauchen (Blecheinziehen)

Begriff: Blechstauchen ist örtliche Verkürzung (Oberflächenverkleinerung) und damit Verdickung der Randzonen ebener Blechteile oder Blechprofil-Flansche durch stauchende Wirkung eines hand- oder maschinellbetätigten Sonderwerkzeugs (Abb. III.456).

Zweck: Durchführung einfacher bis schwieriger Umformarbeiten an ebenen Feinblechen oder Blechprofilen (St, NE-Schwer- oder Leichtmetalle) in Industrie und Handwerk (Beispiele in Abb. III.457) als besonders wirtschaftlicher Ersatz für zeitraubende schwierige Handarbeit. Manchmal auch zum Nacharbeiten der Faltenzonen maschinell gefertigter Blechteile oder als Ersatz für Zusammensetzarbeiten durch Schweißen, die alle erfahrene Handwerker voraussetzen. Blechstauchen (sinngemäß Blechrecken mit entgegengesetzt wirkendem Werkzeug) von angelernten Leuten durchführbar.

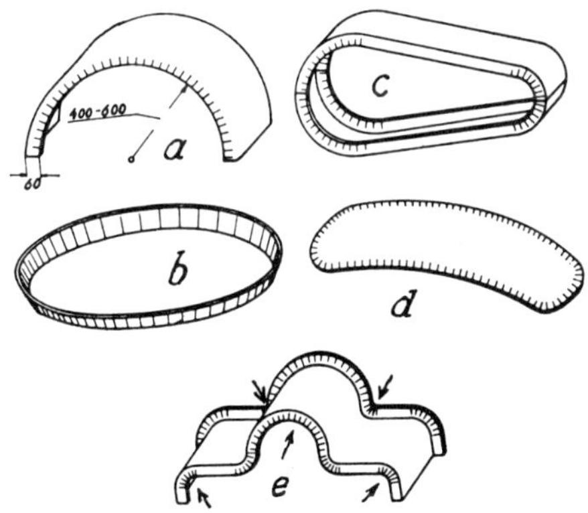

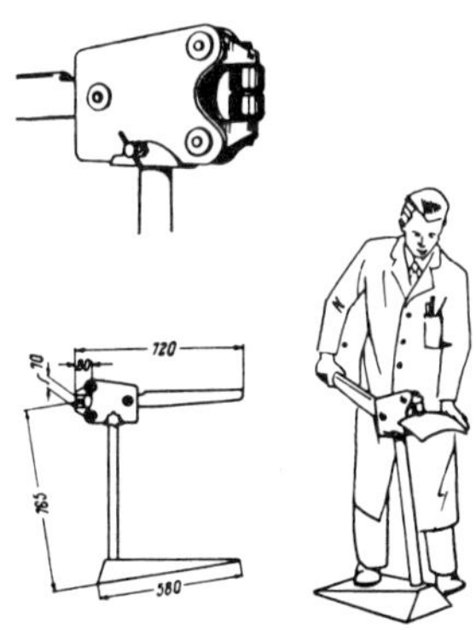

Abb. III.457. Anwendungsbeispiele für Blechstauchen, hergestellt mit Werkzeug nach Abb. III.456 II. – a) Abdeckring (schmaler Schenkel eines geraden Blechwinkelprofils gestaucht, damit Biegewölbung des langen Schenkels); b) Blechkegelring (geschweißter zylindrischer Blechring an einer Kante gestaucht); c) zweiteilige Verkleidung aus U-Blechprofil (beide Hälften durch Stauchen der U-Flansche im Endbereich geformt); d) ebener Blechzuschnitt durch Stauchen am Rand eingezogen und damit gewölbt; e) bei diesem aus Z-Blechprofil geformten Teil sind nur die durch Pfeil gekennzeichneten Krümmungen durch Stauchen erhalten worden, die fünf übrigen wurden durch entgegengesetzt wirkendes Werkzeug gereckt.

Abb. III.458. „Handformer“ für Blechstauch- u. -reck-Verfahren (auch mit Hebellänge 400 mm lieferbar). Stauchwerkzeug nach Abb. III.456 II, schnell auswechselbar gegen sinngemäß konstruiertes Blech-Reckwerkzeug.

Arbeitsweise erläutert Abb. III.456, II (älteres Verfahren I nur noch gelegentlich in Handzangen-Geräten in Gebrauch). Aufrauhung früher durch Feilhieb-artige Zähne, die unerwünschte Kerben auf Blech hinterließen; heute kleine Kreisringwülste (2 ... 3 Φ), die Blech sicher genug ohne bedenkliche Oberflächenverletzung am Gleiten zwischen den Backen verhindern. Statt der in Abb. III.456, II gezeichneten zylindrischen Werkzeuge auch solche in Schnabelform einsetzbar für Blechprofil in Spitzwinkelform. Durchführung in „Kraftformer“ genannter Maschine, im Schnelltrakt maschinell angetrieben: geräuscharm pulsierender Stößel mit Oberwerkzeug, gegen feststehendes Unterwerkzeug arbeitend. Nach gleichem Prinzip arbeitet „Handformer“ Abb. III.458. Bei beiden ist Stauchwerkzeug schnell durch sinngemäß konstruiertes Blechreckwerkzeug auswechselbar, da viele Arbeiten durch abwechselndes Stauchen und Recken an verschiedenen Stellen zu bearbeiten sind (z. B. Teil e in Abb. III.457); auch kann irrtümlich zu weit getriebene Stauchung durch Reckung wieder korrigiert werden. Meist wird entstandene Oberflächenrauhung der Bleche belanglos sein, andernfalls verputzen durch Überschleifen. – Bereich bearbeitbarer Blechdicken (in mm) mit Kraftformer (bzw. Handformer): Tiefzieh-Stahlblech bis 2 (1,5), austenitischer Stahl 1,5 (1); Bunt- und Leichtmetalle bis 4 (2) mm. – Zweckmäßige Arbeitsspielzahl/min beim Kraftformer für Dicken > 2 ... 4 mm etwa 150/min, für 0,5 ... 2 mm≈300/min, für Treib- und Glättarbeiten (Abb. III.351) mit glatten Werkzeugen bis 600/min.

k) Rohreinziehen durch Stauchen

Begriff: Konisches Verjüngen von Rohrabschnitten oder Behälterzargen durch axialen Vorschub hohlkonischer Einziehbüchse in Stanzwerkzeugen (Abb. III.459), u. U. in hydraulicher Presse (Abb. III.460), oder bei gleichzeitigem Rotieren längeren Rohrs oder der Einziehbüchse unter Axialvorschub in Drehbank-ähnlicher Maschine, wobei Stauchen der Rohrwand in Umfangsrichtung unter Verdickung erfolgt (Abb. III.461).

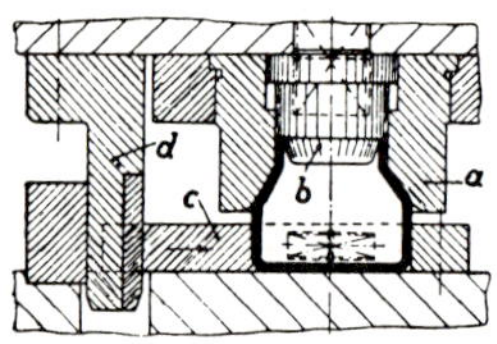

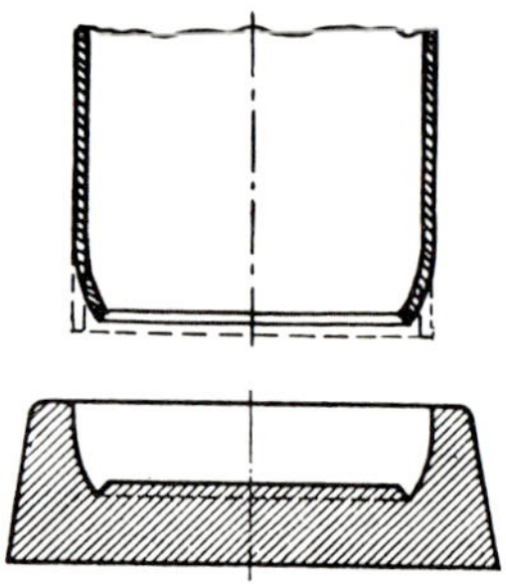

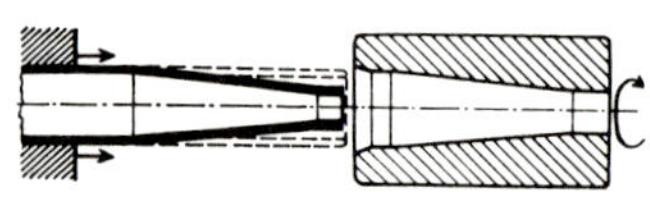

Abb. III.459. Werkzeug (schematisch) zum Einziehen von Behälter-Zargen (so auch kurze *Rohr*abschnitte einziehbar). a Einziehbüchse; b Stempel, formt Zargenrand zylindrisch; c Spannschieber für Werkstück; d betätigt c beim Niedergehen des Oberteils; – bei großen Stückzahlen wirtschaftlicher als Einzieh-Drücken. – Hier $k = d_0/d_1 \approx 1{,}45$; $s_0/d_0 \approx 0{,}06$; gekennzeichneter Einziehwinkel α mit ≈60° stark übertrieben; müßte bei ≈25° liegen bzw. bei $\alpha = 60°$ wie hier müßte $s_0 \approx 30\%$ dicker sein und damit $s_0/d_0 \approx 0{,}115$.

Abb. III.460. Einziehen von Rohrenden durch Stauchdruck (schematisch), dabei Stauchen der Wandung in Umfangsrichtung, durchführbar z. B. in hydraulischen Horizontalpressen (auch beide Rohrenden mit *einem* Pressenhub einziehbar).

Abb. III.461. Einziehen eines Rohrendes durch Eindrücken in rotierende Einziehbüchse (Schema). Einziehbüchse innen gehärtet und hochglanzpoliert; Rohr senkrecht, Achse sauber geschnitten und gut entgratet, gegen Büchse vorgeschoben; Rohrende phosphatiert und mit Metallstearaten unter Zusatz von MoS_2 geschmiert.

Wesentlich bei Verfahren Abb. III.459 ist Einzieh-Kegelwinkel α, Einziehverhältnis $k = d_0/d_1$ (d_0 = Ausgangs-Innen-Dmr., d_1 = End-Dmr. an engster Stelle) und s_0/d_0 (s_0 = Rohrausgangswanddicke). Ist einer der drei Faktoren gegeben (z. B. s_0/d_0), so sind für die beiden anderen untere Grenzen in bestimmtem Verhältnis zueinander festgelegt; nimmt α dabei zu, so muß k entsprechend abnehmen und umgekehrt. Sind zwei Faktoren gegeben, z. B. s_0/d_0 und k, so liegt obere Grenze von α fest; hierfür Kurventafel mit k und s_0/d_0 als Koordinaten mit Kurven für verschiedene α-Höchstwerte [III.47]. – *Beispiel*: $d_0 = 50$ mm, $d_1 = 40$ mm; $s_0 = 1$ mm, also $k = d_0/d_1 = 1{,}25$ und $s_0/d_0 = 0{,}02$, dann ist nach Kurventafel ein Einziehwinkel $\alpha \leqq 40°$ möglich.

Andere Möglichkeiten des Einziehens von Rohren, Behälterzargen u. ä. durch: 1. Einziehdrücken (Abb. III.333 u. III.334); 2. Verjüngen unter gleichzeitigem Abstrecken in Rundknetmaschine für rel. dickwandige Rohre; 3. Kaltpilgern; 4. Rohrdrücken nach Dewey-Verfahren.

6. Streck- und Reckverfahren

Zusammenstellung von Verfahren, bei denen ausschließlich oder überwiegend vollständige oder nur örtlich begrenzt Dickenverringerung unter gleichzeitiger Verlängerung bei meist Querschnittsformung erfolgt.

Dies geschieht entweder durch *Strecken*, d. h. durch kontinuierlich fortschreitenden Stauchdruck (z. B. Walzen), bzw. durch Folge aneinandergereihter Stauchdrücke bzw. -schläge senkrecht Streckrichtung, oder durch *Recken*, d. h. Verlängerung unter Querschnittsverkleinerung durch Zugeinwirkung. In beiden Fällen wird Streckgrenze überwiegend wesentlich und durchgreifend überschritten.

a) Walzverfahren

Streckverfahren, bei denen im Umformbereich unter dem Walzdruck zylindrischer oder profilierter Walzen oder zwischen ruhender Unterlage und Walze kontinuierliches Streckstauchen erfolgt.

α) **Kaltwalzen von Blech** [III.7]

Vorgang: Walzgut von Raumtemperatur wird zwischen meist angetriebenen zylindrischen Walzen hindurchgeführt (bzw. gezogen); dabei durch fortlaufende Querstauchung Verlängerung.

Seitliche Werkstoffverdrängung (Breitung) bei nicht ganz schmalen Bändern praktisch belanglos wegen Reibung in Richtung Walzenmantellinie. Mäßige Erwärmung durch überwiegend innere Reibung. Ausgehend von Glühgefüge mit Polyederstruktur erfolgt unter Translation Längung der Kristallite in Walzrichtung (Walztextur), also Kaltverfestigung bei gleichzeitig Abnahme der Zähigkeitswerte; durch längeres Liegenlassen noch Nachverfestigung (Alterung). –

Begriffe und Bezeichnungen (gelten auch für Warmwalzen): *Stich* ist ein Durchgang durch Walzenpaar; *Anstechen* heißt Einbringen des Walzguts zwischen Walzen; *Stichzahl* ist für Gesamtumformung erforderliche Zahl der Durchgänge; *Nachwalzen* oder *Dressieren* mit geringer Stichabnahme (1 ... 2%), ggf. nach Glühung, führt zu besseren Qualitäten (Werkstoffzustand) und engerer Dickentoleranz. Sehr glattes bis hochglänzendes Walzgut bei nur unbedeutender Dickenabnahme zwischen feinstgeschliffenen bzw. polierten Walzen in *Schlicht-* bzw. *Polierstichen* erhalten.

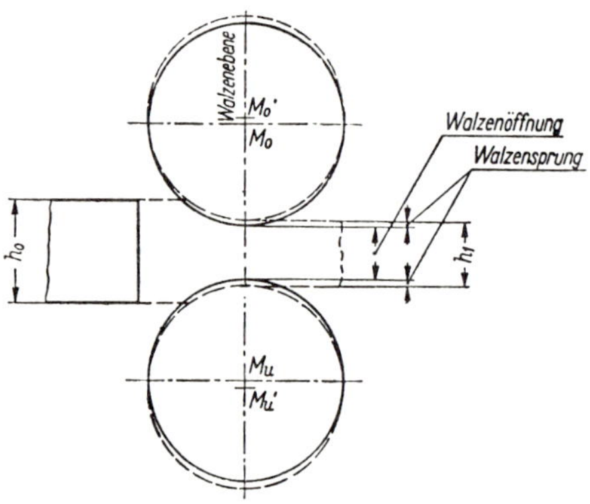

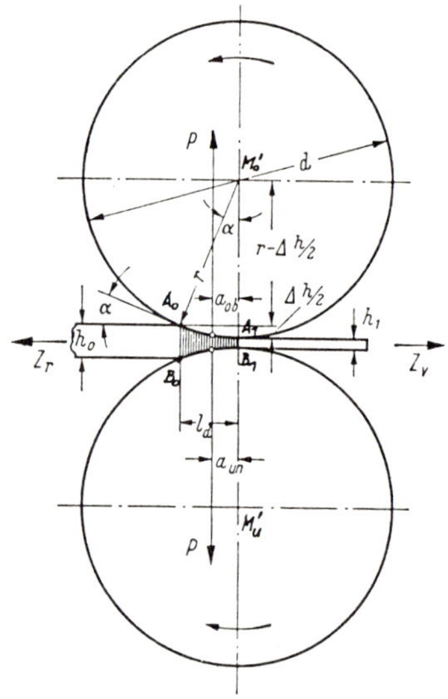

Abb. III.462. Walzenebene, Walzenöffnung, Walzensprung, Walzspalt zweier angetriebener Walzen; Walzung von links nach rechts; h_0 Ausgangsdicke; h_1 Enddicke des Walzguts.

Abb. III.463. Walzspalt zwischen zwei gleichgroßen Walzen (Querschnitt senkrecht schraffiert). Walzung von links nach rechts; *P* Walzkraft; a Hebelarm von *P* gegenüber Walzenebene; α Anstauchwinkel (Walzwinkel); l_d gedrückte Länge (Eingriffslänge, bei Walzenabplattung vergrößert auf $l_{d'}$); Z_r Rückwärts- oder Brems-Zugkraft; Z_v Vorwärts- oder Haspelzugkraft; Z_r u. Z_v nur realisierbar bei ohnedies fast ausschließlich durchgeführter Bandwalzung (also nicht für Einzelblech-Walzen).

Abb. III.462 u. III.463: *Walzebene* ist Ebene, in der beide Walzenachsen liegen ($M_o - M_u$); lichter Walzenabstand vor Walzbeginn heißt *Walzenöffnung*, durch *Anstellen* der Walzen einstellbar; *Walzensprung* nennt man Vergrößerung der Walzenöffnung beim Anstechen als Folge des Nachgebens des Walzgerüstes, der Walzenlager und Anstellorgane; *Kontaktbogen* heißen Berührungsflächen zwischen Walzen und Walzgut ($A_0 - A_1$ bzw. $B_0 - B_1$, Abb. III.463); *Walzspalt* ist Raum zwischen $A_0 - B_0$ und $A_1 - B_1$, oben und unten durch Flächen der Kontaktbogen begrenzt.

Wenn Dicke h_0, Breite b_0 und Länge l_0 vor dem Stich und sinngemäß h_1, b_1, l_1 nach dem Stich, dann *Stauchgrad* $\gamma = h_1/h_0$, die zusammen den Umformgrad kennzeichnen. Da Volumen des Walzgutes vor und nach dem Stich gleich, gilt $\gamma \cdot \beta \cdot \lambda = 1$ oder $\ln\gamma + \ln\beta + \ln\lambda = 0$. Beim Band-Kaltwalzen tritt wegen des gleichzeitig wirkenden Bandzuges praktisch *kein Breiten auf* (ausgenommen Walzen ganz schmaler Bänder), so daß hier *Stichabnahme* $\Delta h = h_0 - h_1$ (beim Warmwalzen dagegen auf $F = b \cdot h$ bezogen, da dort Breitung nicht mehr zu vernachlässigen); *relative Stichabnahme* $\varepsilon_h = \Delta h/h_0$; *bezogene Stichabnahme* in % $\varepsilon_h = (\Delta h/h_0{}^0 \cdot 100\,[\%]$ auch Abwalzgrad genannt, mit der meist gearbeitet wird. In Legende zu Abb. III.471 sind die fünf Einzelstichabnahmen und die *Gesamtstichabnahme* angegeben, letztere aus Dicke vor Eintritt in erstes und nach Austritt aus letztem Walzenpaar sinngemäß errechnet. –

Zunächst einfach erscheinender Walzvorgang erweist sich bei näherer Untersuchung als vielschichtiges Problem. *Optimale Walzbedingungen* sind aus nachfolgenden Zusammenhängen zu entnehmen: Mit Vorwärtszug Z_v (evtl. zusätzlich Rückwärtszug Z_r, siehe Abb. III.463) Stichabnahme Δh zu vergrößern, bevor Rutschen des Walzguts an den Kontaktbogen eintritt (wegen Vergrößerung des Haftwinkels); Z_v und Z_r übernehmen neben Walzenstauchdruck *P* wesentlichen Anteil der Dickenreduktion. Anwendung bei Ziehwalzwerken mit dünnen Walzen in Tandem-Bandwalzenstraßen. – Elastische *Walzen-Abplattung* besonders bei hartem Walzgut, auch bei weichem unter 0,4 mm Dicke, durch Walzkraft P beachtlich bei großem d/h-Verhältnis (d. h. $h < d$), dadurch Vergrößerung des örtlich wirksamen (effektiven) Walzenradius r und der Eingriffslänge l_d (Abb. III.463), sowie der Walzenangriffsfläche über Walzebene $M_o - M_u$ hinaus, damit Verringerung des mittleren spez. Walzendrucks auf Walzgut; Folge: Grenze wirtschaftlichen Walzens erreicht, bevor Umformbarkeit des Walzguts erschöpft, ferner bei gegebenem Walzendurchm. d wird bei Unterschreiten kritischer Dicke h_0 Stichabnahme $\Delta h = 0$, d. h. Walzgut wird ohne Dickenabnahme nur noch elastisch zusammengepreßt und verläßt Walzspalt mit Eingangsdicke. Um wirtschaftliche Stichabnahmen zu erreichen, muß also $d\ \Phi$ entsprchend klein sein; im gleichen Sinn wirkt Verringerung der Walzenabplattung durch Erhöhung des *E-Moduls* der Walzen: für gehärtete Stahlwalzen $E = 210\,000\ \mathrm{N/mm^2}$, für Hartmetallwalzen $E = 58\,000\ \mathrm{N/mm^2}$ (letztere nur für dünne Streckwalzen kleinerer Mehr- und Vielwalzengerüste bei Dünnbandwalzung).

Verringerung der Walzkraft P: durch Verkleinerung von $d\ \Phi$ (wegen Verkleinerung der gedrückten Fläche), Vergrößerung von E, Verringerung der Reibungszahl μ ($\mu = 0{,}11$ ... 0,02 je nach Art der Schmierung, Walzenglätte u. Walzgeschwindigkeit) durch glatte Walzen und druckfeste Schmiermittel, Erhöhung der Walzgeschwindigkeit (besseres Einziehen des Schmiermittels in Walzspalt, damit μ-Minderung), hohe Zugvorspannung des Walzguts im Bereich ¼ ... ¾ $\cdot\ \sigma_s$ (mindert Fließwiderstand des Werkstoffs, dabei Z_r wirksamer als Z_v, Abb. III.463.

Für $\varepsilon_h > 20\%$ sind Formgebungsverluste kleiner als bei kleinerem ε_h, besonders bei kleinem d/h (d. h. relativ dünnen Walzen), da Walzenabplattung geringer; Folgerung: möglichst kräftige Walzgerüste, damit Abwalzen in möglichst wenigen Stichen möglich. Kleine Walzendurchm. haben bessere Streckwirkung, besonders weil u. a. Voreilung des Walzguts im Walzspalt Höchstwerte annimmt und Rückstau rel. kleiner wird.

Walzwirkungsgrad und damit Wirtschaftlichkeit des Walzens wird besser mit abnehmendem Walzendurchm. d und zunehmender Stichabnahme Δh. Je größer Δh bei gleicher h_0 (also je kleiner h_1), desto größer muß mit Rücksicht auf das Greifvermögen kleinstmöglicher $d\ \Phi$ werden; d nimmt im Verhältnis mit steigendem Δh zu. Einerseits ist mit größerem $d\ \Phi$ oft glattere Walzgutoberfläche zu erreichen, andererseits bei Bandstahl Arbeitsaufwand für Durchführung bestimmter Walzumformung am geringsten und Gleichförmigkeit des Walzguts am größten, wenn $d\ \Phi$ so klein, als es Greifvermögen noch zuläßt; dabei sinkt Kraftbedarf.

Beim Kaltwalzen Gesamtstichabnahme ε_h immer $< 3\%$ oder $> 25\%$, weil im Bereich 3 ... 25% Gefahr der Grobkornbildung bei üblichem Glühen um A_{c1}; $\varepsilon_h < 3\%$ nur für Nachwalzen (Dressieren).

Ausgangswerkstoff- und form: Immer warmgewalztes Vorblech (Warmband), gewickelt als Ring (Rolle) je nach Abmessung mit 20 ... 3000 kg Ringgewicht. Ausgangsdicke 6 ... 1,6 mm für Breitband und 1 ... 0,8 mm Schmal- und Mittelband; Breiten 8 ... 2800 mm. Dicken nur selten über 6 mm für Sonderzwecke, dann als Stab (1,5 ... 4 m lang). – *Walzstahl-Qualitäten*: Thomas- und Oxygen-(LD-)Stahl zu ≈70%; Rest SM- und Elektro-Stahl. – NE-Metalle: alle als Kaltband oder Tafelblech verwendeten Metalle und Legierungen; SnBz jedoch aus Gußzustand kaltgewalzt, da wegen Rotbruch nicht warmwalzbar, für Schmalband höchstens ausgehend von Warmstrangpreß-Flachmaterial.

Vorbereitung von St-Warmband: Zunderbrechen durch Bandumrollen, Aneinanderschweißen, Beizen in Durchlaufanlage (22 ... 28%ige H_2SO_4/95 °C), Heißwasserspülen, Trocknen, Kantenbesäumen, Einölen, Aufwickeln.

Walzwerke für Bänder: Hauptbauarten der Walzgerüste sind: 1. **Duo** (Abb. III.464 a) zum Vorwalzen dicker Bänder bis 300 mm breit, Nachwalzen und Dressieren aller Breiten, ungeeignet für starke Stichabnahme, da Walzendurchm. immer relativ groß. – 2. **Lauthsches Trio** (Abb. III.464 b) nur für Sonderfälle. – 3. **Quarto** mit angetriebenen Arbeitswalzen (Abb. III. 464 c) am weitesten verbreitet; einzeln als Reversier-Quarto, d. h. Band kann durch Umschalten in beiden Richtungen durchlaufen, oder in Tandem-Anordnung Abb. III.471; Dmr.-Verhältnis der Arbeits- und Stützwalzen d : D = 1 : 2,5 bis 1 : 3. – 4. **Steckel-Gerüst** Abb. III. 465, ein Quarto ohne Arbeitswalzen-Antrieb, daher $d\Phi$ wesentlich kleiner als bei 3. möglich, weil ohne Drehmoment, jedoch Beanspruchung auf Biegung durch Seitenkraft, damit Dmr.

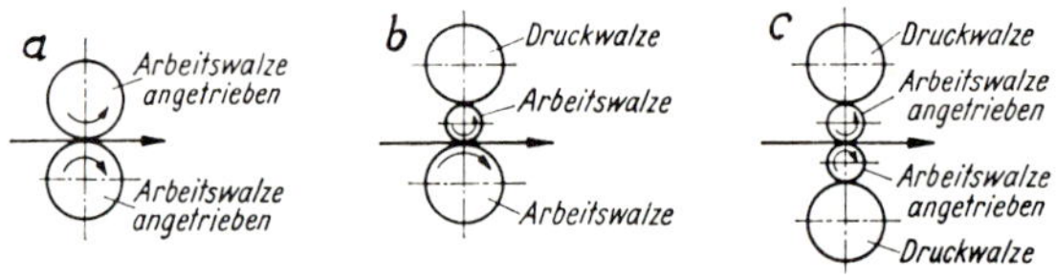

Abb. III.464. Schemaskizzen eines a) Zweiwalzen- oder Duo-Walzwerks; b) Dreiwalzen-, hier Lauthschen Trio-Walzwerks; c) Vierwalzen- oder Quarto-Walzwerks. Eingezeichnete Bogenpfeile bedeuten Walzenantrieb; die übrigen laufen durch Reibung mit.

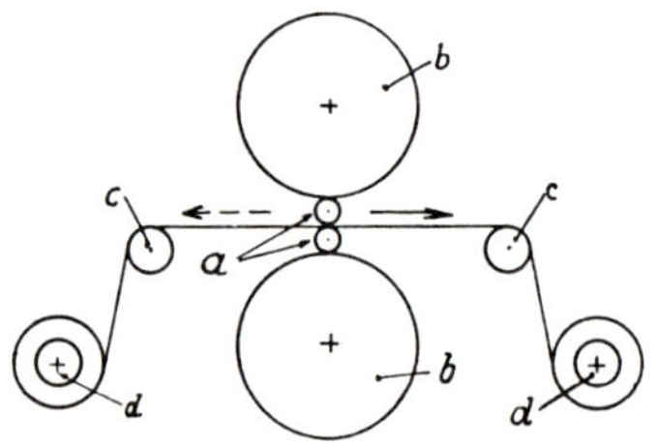

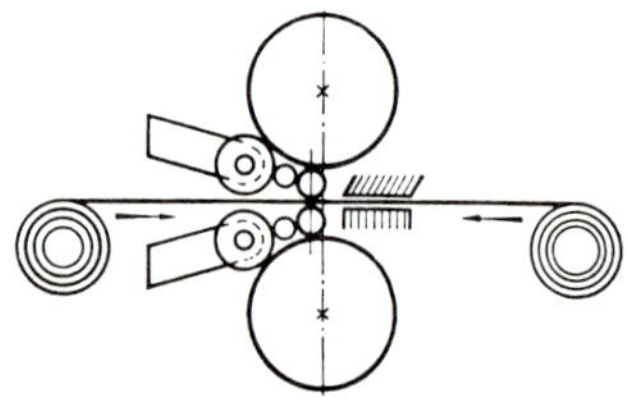

Abb. III.465. Steckel-Reversier-Quarto ohne Arbeitswalzenantrieb, dabei Band unter Zugspannung der Aufwickelhaspel mit Bremszug der Abwickelhaspel; a beide Arbeitswalzen; b Stützwalzen; c Umlenkwalzen, die auch Blechband kühlen; d Aufwickel- bzw. Abwickel-Haspel, die vorwärts- bzw. Bremszugkraft auf Band übertragen.

Abb. III.466. Mehrwalzen-Walzwerk für Umkehr-(Reversier-)Betrieb (Bauart Fa. Schloemann-„MKW"), Anstich von rechts.

nach unten begrenzt. Band wird nur durch Arbeitswalzen gezogen (Z_v) unter gleichzeitigem Bremszug (Z_r). – 5. **Mehrwalzen-Gerüst** („MKW" = **M**ehrwalzen-**K**alt-**W**alzwerk, Abb. III. 466), auch in Doppel-Anordnung („Doppel-MKW", Abb. III.467); mit seitlich versetzten und gestützten Arbeitswalzen, womit Durchbiegung verhindert; in beiden Fällen Antrieb der Hauptstützwalzen, als Mehrzweck-Walzwerk (Bauart Schloemann-MKW), dabei in dasselbe Gerüst Duo, Quarto, Einfach- und Doppel-MKW je nach Bedarf bei schnellem Walzenwechsel einbaubar; für Betriebe mit vielseitigen oft wechselnden Walzaufgaben auch schwierigster Art, aber auch für Massenproduktion. – 6. **Sechswalzen-Gerüst** Abb. III.468, $d/D = 1:2$ bis $1:2{,}5$; dünne Arbeitswalzen nur bis zu mittelbreiten Bändern ausführbar. – 7. **Vielwalzen-Gerüst mit 12 oder 20 Walzen** Abb. III.469, mit Arbeitswalzen-Dmr. 45 ... 4 mm; entweder Antrieb der Arbeitswalzen (größerer Dmr.) oder von 2 ... 4 Stützwalzen, alle Walzen auf volle Breite durchgehend einteilig; für schmales bis mittelbreites ($\approx$300 mm) sehr hartes oder sehr dünnes Bandwalzgut. – 8. **Vielwalzen-Gerüst mit 12 oder 20 Walzen** (Abb. III.470), jedoch im Gegensatz zu 7. äußerste Stützwalzen, je in mehrere Stützrollen auf mehrfach gelagerten Ach-

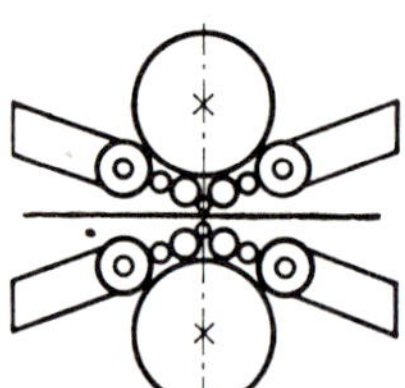

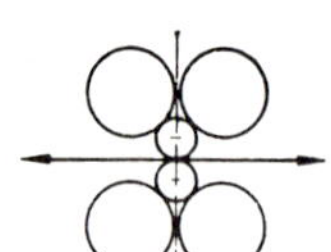

Abb. III.467. „Doppel-MKW"-Walzwerk (Bauart Fa. Schloemann/Düsseldorf), sinngemäß wie in Abb. III.466 für Umkehrbetrieb.

Abb. III.468. Sechswalzen-Gerüst (Clustergerüst) meist Antrieb der Arbeitswalzen, seltener nur der Stützwalzen.

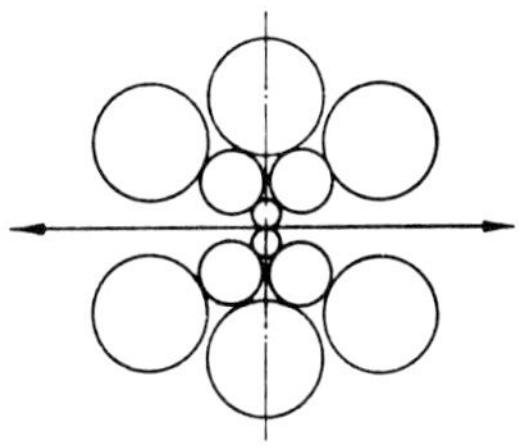

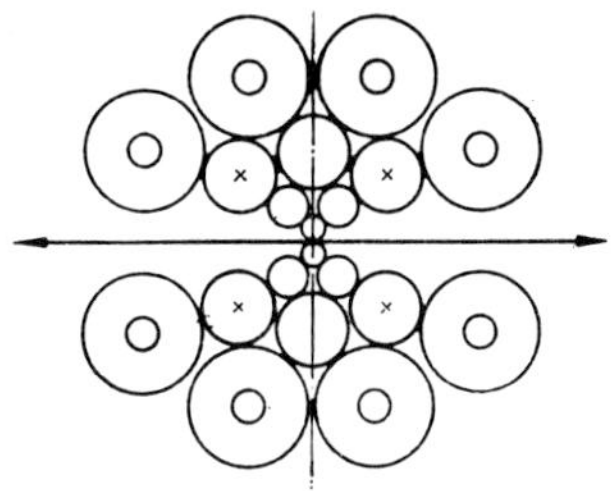

Abb. III.469. Vielwalzen-Gerüst (System Rohn) hier mit 12, sinngemäß auch mit 20 Walzen in Anordnung Abb. III.470; gegenüber diesem jedoch wesentlich, daß auch äußerste Stützwalzen vollzylindrisch durchgehen.

Abb. III.470. Vielwalzen-Gerüst (System Sendzimir) hier mit 20, sinngemäß auch mit 12 Walzen in Anordnung Abb. III.469; gegenüber diesem jedoch wesentlich, daß äußerste Stützwalzen (eingezeichnete kleine Kreise) je in mehrere Rollen auf mehrfach gelagerter Achse unterteilt.

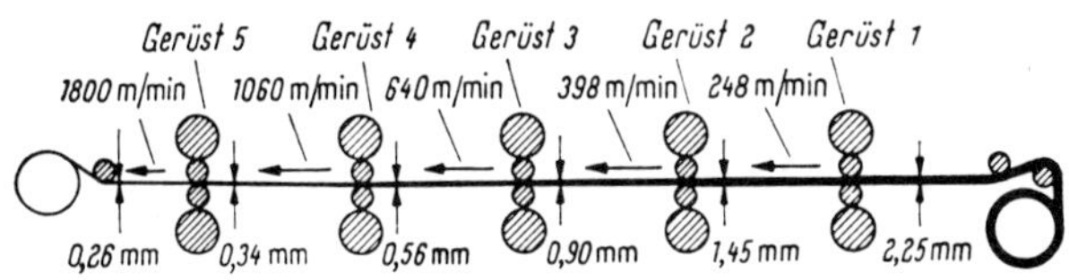

Abb. III.471. Schema einer Kaltwalz-Tandemstraße mit 5 Quarto-Gerüsten; Walzgutdicken und Bandgeschwindigkeiten eingetragen. Die bezogenen Stichabnahmen ε_h betragen für Gerüst 1 35,5%; Gerüst 2 38%; Gerüst 3 38%; Gerüst 4 39%; Gerüst 5 23,5%; Gesamtstichabnahme durch die 5 Gerüste 89%.

sen unterteilt, dadurch auch für große Breiten (bis 2000 mm) harten oder sehr dünnen Walzguts verwendbar. – Bei 7. und 8. alle Walzen in dickwandigen schweren Stahlgußgehäusen starr gelagert. –

Anordnung und Betriebsweise der Walzgerüste sehr verschieden je nach Walzmenge, Bandbreite, Stahlart (hart-weich) bzw. NE-Metall, Anfangs- und Enddicke; dabei: Einzelgerüste im Einweg- oder Umkehr(Reversier-)Betrieb; Durchlauf-(Tandem-)Straßen mit 2 bis 6 Gerüsten, wobei Walzaufgabe in *einem* Durchlauf erledigt, besonders für Massenerzeugung gleichartigen Walzguts; Kombination von Einzelgerüsten mit Durchlaufstraßen u. a. – Abb. III.471 zeigt Schema moderner fünfgerüstigen Kaltwalz-Tandemstraße.

Tafelblech-(Einzelblech-)Kaltwalzung verliert seit Einführung der Breitband-Walzwerke an Bedeutung; nur noch für kleinere Mengen Sonderqualitäten, für kreuzweises Walzen (bestimmtes Gefüge), hauptsächlich Tafelwalzungen kleiner Mengen legierter und plattierter Stähle, sinngemäß bei entsprechender Voraussetzung für NE-Metalle. Durchführung auf in Abb. III.472 dargestellten Gerüsten; bei (a) oft nur Antrieb unterer Walze; bei (b) desgl., für Dünnblechwalzung; bei (c) Stapelwalzung nur für Fein- und Feinst-Bleche, einfach oder gedoppelt gewalzt; bei (d) mittlere oder alle drei Arbeitswalzen angetrieben, für harte und breite Stahlbleche. –

Walzen für Kaltwalzwerke: **Arbeitswalzen:** wegen Durchbiegung leicht ballig geschliffen; Ballen (Walzenoberfläche) glatt, bei zähem Kern in Randzone hochhart und verschleißfest. *Werkstoff*: Nur wenig mehr Schalenhartgußwalzen; geschmiedete induktiv oberflächengehärtete Walzen vorherrschend, da härter (95 ... 105 Shoregrade), zäher und fester; meist Cr-Stahl ($\approx$1% C, 2 ... 1% Cr) für alle Dmr., bes. für große; 2% C und 12% Cr für Hochleistungswalzen bis zu mittlerem Dmr.; Sinterhartmetall auf WC-Basis nur für kleine und kleinste Dmr., wenn weder Verdrehen noch Verbiegen vorliegt, höchsthart und verschleißfest, formsteif gegen Abplattung. – **Stützwalzen** meist zylindrisch, weniger hart (65 ... 80 Shoregrade), um so härter, je

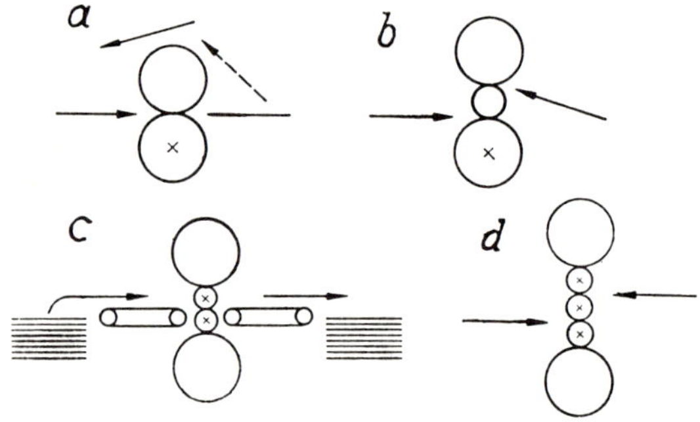

Abb. III.472. Tafelblech-Walzgerüste. a) Überhebe-Duo; b) Lauthsches Trio; c) Quarto mit beiderseits Förderband für Einweg- (mit Stapelumsetzen) oder Reversier-Betrieb; d) Quinto mit 3 Arbeitswalzen; Pfeile = Blechtafellauf; Kreuze in Walzen bedeuten Antrieb, übrige laufen durch Reibung mit; bei d) u. U. Antrieb nur mittlere Walze.

dünner zugehörige Arbeitswalze; Ausführung in Cr-Stahl ähnlich Arbeitswalzen oder Cr-Stahlmantel auf zäher Achse; für sehr große Stützwalzen auch legierter Stahlguß.

Kühlen und Schmieren: Höherviskose (zähflüssige) Öle mit steigender Walzgeschwindigkeit immer seltener, heute für Feinblech Emulsionen aus Mineral- oder synthetischen Ölen mit Wasser unter Beifügung von Hochdruckzusätzen, gut kühlend und schmierend; nur für wasserempfindliches Walzgut reine Ölschmierung („Blankwalzöl"); für Feinstblech Wasser-Palmfett-Emulsion (teuer).

Walzgeschwindigkeit v abhängig von Ringgewicht, Bandlänge oder Enddicke gewählt, im allgemeinen zwischen 30 und 600 m/min Endgeschwindigkeit, bei modernsten Feinblech-Bandwalzwerken bis $\approx$2000 m/min (120 km/h!); bei Tafelblechwalzung 60 ... 25 m/min, bei harten Edelstählen noch darunter.

Nachbehandlung: *Bandteilen* von Breitband in Durchlauf-Rollenscheranlagen zur Herstellung von Schmal- und Mittelband (billiger als Einzelwalzung). Für Rohrstreifen dagegen Einzelwalzung, da seigerungsfreie Randzonen schweißwichtig. – *Entfetten* in Durchlaufanlagen wichtig, wenn später Oberfläche veredelt wird (z. B. galvanische Verzinnung u. ä.). – *Glühen* erforderlich für größten Teil des Bandstahls meist in Ringform in Haubenglühöfen ($\approx$700 °C), manchmal auch vor dem Glühen Band in Tafeln aufteilen; nur selten für Sonderzwecke teures Normalglühen ($\approx$950 °C), dann nur in Banddurchzug-Öfen. Blankglühen unter Schutzgas; Anlaß- oder Entfestigungsglühung (450 ... 500 °C) bei Schmalband: hohe Festigkeit ($\sigma_B > 650$ N/mm²) bei guter Dehnung ($\delta > 8\%$), z. B. für Verpackungsbandstahl. – *Nachwalzen* ($\varepsilon_h \approx 2$ ... 1%), um Fließfigurenbildung geglühten Blechs beim späteren Tiefziehen usw. zu verhindern; gleiche Wirkung hat Blechwalken, letzteres u. U. erst beim Verbraucher, da Wirkung nach einiger Zeit wieder zurückgeht. –

Erzeugnisse der Blech-Kaltwalzwerke, Einsatzgebiete: Erzeugung heute überwiegend als Breitband, da wirtschaftlicher; Lieferung als Schmal- und Mittelband, oder in Tafeln zerteilt; Oberflächen-Veredelung (z. B. verzinnt u. a.) fast ausschließlich schon als Band.

Weichstahlblech (C niedrig) für Kfz-Karosserien, Verkleidungen aller Art, geschweißte Präzisionsstahlrohre , Büromöbel, als Weißblech für Büchsen und Dosen bes. für Lebensmittel, Spielwaren, in Stark- und Schwachstromtechnik (Kabelbandstahl, „Rohrdraht", Isolierrohre), heute auch Elektro-Bleche (d. h. Dynamo- u. Trafo-Blech, Übertrager-Blechband) als Band gewalzt; Schmalband für Verpackung („Umschnürung"), im Bauwesen u. v. a. – Höher legierter St für Holzbandsägen (C$\approx$0,75), Metallsägen, Rasierklingen, Federbandstahl (C$\approx$1 ... 1,3), kleine Schlitzscheibenfräser (C$\approx$1,3 ... 1,6) u. a. – σ_B auch C-armer Stähle kann kaltgewalzt und nachgelassen $\geqq$900 N/mm² annehmen. – **Härtestaffel** für niedrig C-haltiges Stahlblech noch nicht einheitlich, meist 5 Stufen zwischen „weich" (weich geglüht) und „¹/₁- oder vollhart" (knallhart); für Tiefziehteile mit starker Umformung „ganz weich" ($\sigma_B \approx 300$ N/mm²), bei nur schwacher Kaltumformung (Kotflügel, Flachdosen mit ebenem Boden u. ä.) ⅛ ... ¼-hart

($\sigma_B \approx 350$ ... 400 N/mm²) wegen ausreichender Formstabilität; für Fahrradfelgen, Schloßteile u. ä. wesentlich härter ($\sigma_B \approx 450$ ... 500 N/mm²), daher nach Endglühung stärker nachwalzen, jedoch entsprechend weniger kaltumformbar.

Blech-Normung (Zustand, Eigenschaften, Gütevorschriften, Maße): *Stähle*: Feinblech DIN 1623; Tiefziehblech DIN 1541; Kaltband DIN 1544, 1624; Dynamo- und Trafoblech DIN 46 400; Übertragerblech DIN 41 301; Heizleiterband DIN 59 470. – *NE-Metalle*: Ms DIN 17 670, 1751, 1791; Cu-Leg. (Blattfedern) DIN 1777, 1780, 1781; Zn DIN 1706; Reinst-Al DIN 59 600; Al-Leg. DIN 1745, 1783; Mg-Leg. DIN 1729.

Al-Folienwalzen ist Sondergebiet mit rel. großer Bedeutung: Ausgehend von Hunter-Gießwalzband (0,5 ... 0,8 mm Dicke) entstehen in Einzel-Stichabnahmen um 55% und Gesamtstichabnahmen bis 96% Enddicken 0,05 ... 0,009 mm, u. U. darunter.

β) Kaltwalzen von Rohren (Kaltpilgern) [III.70, 71, 7]

Begriff: In Anlehnung an Pilgerschritt-Warmwalzen nahtloser Rohre (III.C, 9 c) unter Verfahrensabwandlung kalt durchgeführtes Reduzieren im allgemeinen warm vorgeformter nahtloser Rohrluppen durch Walzprozeß, bei dem Wanddicke, Außen- und Innen-Dmr. wesentlich verkleinert werden mit dem Ziel gebrauchsfertiges (oder höchstens einmal nachzuziehendes) Rohr aus vor allem schwerer umformbarem Werkstoff herzustellen.

1929 erhielt *Neuberth* (USA) Patent auf „Kaltwalzen von Rohren"; Anlagen in Deutschland seit 1935 von Mannesmann-Meer in M.-Gladbach gebaut, bis heute ständig weiterentwickelt, zunehmend verwendet.

Arbeitsweise: Nach Abb. III.473 wird Rohrluppe (c) über axial nicht verschiebbaren Dorn (b) dadurch ausgewalzt, daß Walzenbackenpaar (a) mit annähernd konisch sich verjüngendem

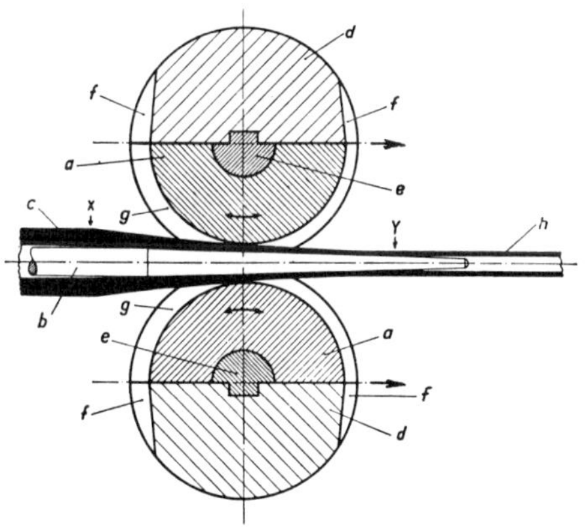

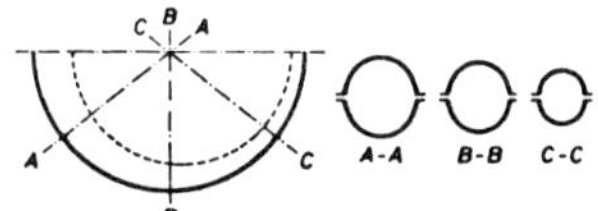

Abb. III.473. Walzvorgang beim Kaltpilgern (Schema, Mittenstellung des Walzgerüstes beim Rücklauf). a gehärtete Walzenbacken; b gehärteter konischer Walzdorn, axial unverschiebbar; c Rohrluppe; d Walzengrundkörper mit Walzenzapfen; e Grundstücke, zur Fixierung von a auf d; f Aussparung in d am Anfang und Ende des Walzkalibers g; g Walzkaliber, in a eingearbeitet, mit annähernd konisch sich verjüngender Aussparung; h fertiges Rohr (rechts von Y); X – Y Abwälzbereich von g auf c, Hubbereich des Walzgerüstes.

Abb. III.474. Kaliberform des Walzenbacken (≡ g in Abb. III.473). In jedem Querschnitt etwa kreisförmig, nach Auslaufseite (rechts) hin nicht stetig, sondern nach bestimmter Kurve so abnehmend, daß Walzendrehmoment und Walzdruck möglichst gleichmäßig auf A ... C verteilt; C bis Auslaufende ist Glättkaliber ohne Dm.-Änderung mit Fertigrohr-Dm.; in ihm verbleibt jeder Querschnitt des Fertigrohrs während 3 Vor- u. Rückläufen des Walzgerüsts.

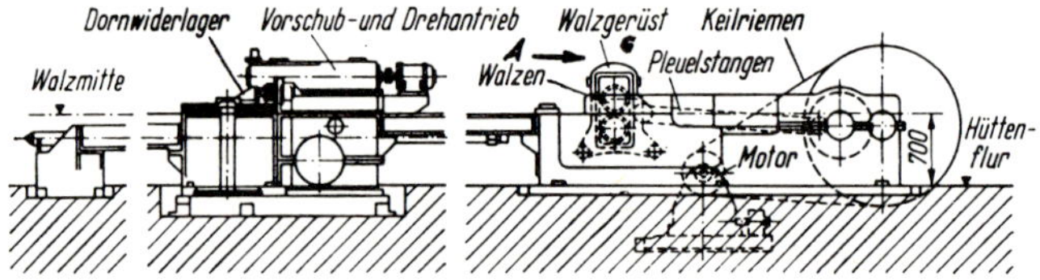

Abb. III.475. Kleineres Kaltpilgerwalzwerk (Aufriß; Mannesmann-Meer) mit Keilriementrieb zwischen Motor und Vorgelege; Walzrichtung von links (Luppen-Einführung) nach rechts (Fertigrohr-Ausstoß).

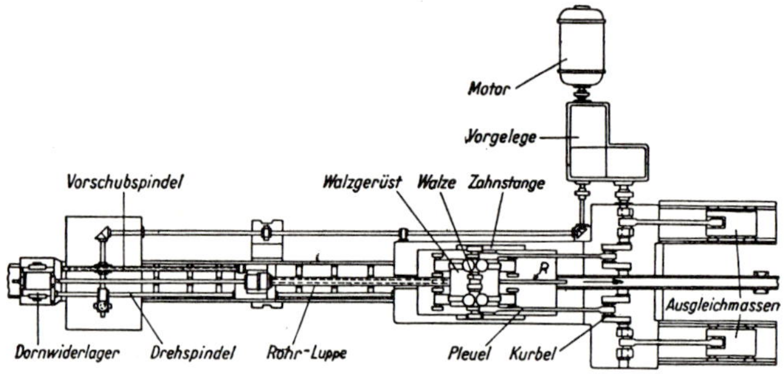

Abb. III.476. Größeres Kaltpilgerwalzwerk mit Massenausgleich (Grundriß; Mannesmann-Meer). Motor treibt über Kupplung unmittelbar Vorgelege; nach jedem Doppelhub in rechter Totpunktstellung Drehung von Dorn und Rohrluppe um ≈ 60 bei Vorschub nur des Rohrs, während Dorn axial unverändert.

Kaliber (g) auf (c) abrollt, damit Luppenquerschnitt reduziert und so Rohr abstreckt; Kaliberform Abb. III.474. Beide Walzengrundkörper (d) mit Walzenbacken (a) sitzen in einem auf Führungsrollen laufenden Gerüst (G) (Abb. III.475 ... III.477), das durch zwei Pleuel eines über Untersetzungsgetriebe (Vorgelege) durch Motor angetriebenen Kurbeltriebs schnell im Bereich X – Y (Abb. III.473) hin- und herbewegt wird, wobei (d) mit (a) dadurch ständig pendeldrehende (drehoszillierende) Bewegung um $\approx 200°$ ausführt, daß auf oberen Walzenzapfen (I) beiderseits sitzende Zahnräder Z 1 (Abb. III.477) mit feststehenden Zahnstangen kämmen, während gleichzeitig durch I über beide Zahnradpaare Z 2/Z 3 untere Walze (II) angetrieben wird. Im rechten Totpunkt führt Dorn (b) mit Rohrluppe (c), während $\approx 0{,}2$ s vom Kaliber (g) freigeben, Drehbewegung um $\approx 60°$ aus, so daß ganzer Rohrumfang gut geglättet wird. Werden auch an Rohrinnenfläche hohe Anforderungen gestellt, dann Dornauslauf auf kurzes Stück zylindrisch mit Rohr-Innen-Dmr.

Unterschied gegenüber Warmpilgern und Vorteile: Dort Walzgerüst feststehend bei Vorschub zylindrischen Dorns mit Luppe, hier Walzgerüst hin- und herlaufend bei stillstehendem *konischen* Dorn, damit stoßfreies Arbeiten und großer Walzprogramm-Spielraum, da Rohr-Innen-Dmr. von Luppen-Innen-Dmr. weitgehend unabhängig. Dadurch auch große Dmr.- und besonders Wanddickenabnahme, enge Wanddickentoleranzen, zunderfreie und sehr glatte Außen- und Innenoberfläche, Vermeidung praktisch jeglichen Endenabfalls.

Kaltpilgerwalzwerke (Abb. III.475 u. III.476): Heute infolge seit Jahren bei mittleren und größeren Anlagen durchgeführten Ausgleichs der Massenkräfte und Beschleunigungsmomente schnellaufende Einfach-Anlagen (Kaltpilgern jeweils *eines* Rohrs), aber auch Mehrfach-Anlagen (für jeweils gleichzeitig 2 oder 3 Rohre). Beide heute für Stahl (St 37 und 18/8 Stahl), Kugellager- sowie hitzebeständige St u. ä., ferner NE-Metalle (Cu, Ni, Leg. des Cu, Al, Ni u. a.). –

Je nach Maschinengröße (1½″ ... 10½″ Fertigrohr-Dmr.) 180 ... 45 Hübe/min, Luppen-Dmr. 45 ... 270 mm, Luppenlänge (9) 5 ... 4,5 m, Walzen-Dmr. 280 ... 900 mm, Antriebsleistung 34 ... 550 kW, Maschinen-Drehzahl/min von 70 ... 180 bis 40 ... 60, Anlagen-Gesamtgewicht 20 ... 350 t.

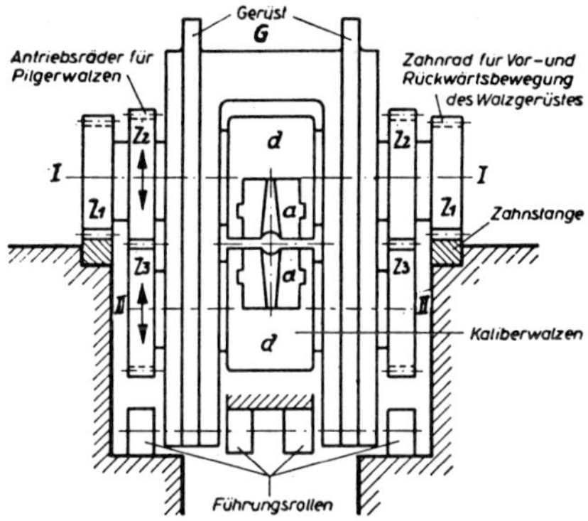

Abb. III.477. Walzgerüst eines Kaltpilgerwalzwerkes (Ansicht A nach Abb. III.475). Walzgerüst G durch Führungsrollen nach oben und unten geführt, in Richtung Rohrachse durch zwei Pleuelstangen im Hubbereich X – Y (Abb. III.473) hin und her fahrend. Auf Ständer beiderseits Zahnstangen befestigt, mit denen Zahnräder Z1 auf oberen Walzenzapfen I – I kämmend abrollen und damit ebenfalls auf I – I sitzende Zahnräder Z2 drehen, die ihrerseits über Zahnräder Z3 untere Walzenachse II – II antreiben; damit erfahren beide Walzenachsen mit Grundkörper d und damit Walzenbacken a gegenläufige Drehbewegung.

Gegenüber Rohrkaltziehen mit nur mäßiger Querschnittsabnahme (10 ... 45%), da dort gleitende Reibung und Fertigrohr zugbeansprucht, hier beim Kaltpilgern viel höhere Reduktion (je nach Formänderungswiderstand 50 ... 92%), da abrollender Streckdruck und Fertigrohr ohne Längszug; außerdem kein Anspitzen wie beim Ziehen. *Ein* Kaltpilger-Durchgang ersetzt 3 ... 10 Kaltzüge mit Zwischenglühungen (bei hohem C-Gehalt dann Entkohlungsgefahr!) bei gleicher Querschnittsabnahme. Nachteilig beim Kaltpilgern sind: teure Anlage und geringere Auslaufgeschwindigkeit (4 ... 20 m/min je nach Werkstoff), jedoch bei Mehrfach-Anlagen Ausstoßmenge/Zeit zu verdoppeln bzw. zu verdreifachen.

Ausgangszustand der Luppen immer weichgeglüht und entzundert, dann bei Stahl in Kalk- oder Kochsalzbad getaucht (Phosphatieren nicht nötig). **Schmierung** durch Bestreichen mit Öl-Graphit-Mischung. **Fertigrohr** je nach Festigkeitsforderung im Ausstoßzustand (hoch kaltverfestigt) oder nachgelassen (entspannt), u. U. spannungsfrei geglüht mit leichtem Nachzug bei Forderung enger Toleranz.

Seit einiger Zeit beginnt man Kaltpilgern auch zum Reduzieren von Voll-Rundmaterial (St, Al, Ni und deren Legierungen höherer Festigkeit) zu verwenden.

γ) Kaltformwalzen (Kaltschmiedewalzen)

Begriff: In Anlehnung an das nur kurz angeführte Warmschmiedewalzen (III.C 6. h.) in sinngemäßer Abwandlung durchgeführte Kaltformung nicht ziehbarer (auch verwundener) Profile.

Typisches Anwendungsgebiet sind Turbinen- und Kompressorschaufeln mit Fuß. – Bisher kostspielige Schaufelfertigung durch Genauschmieden (hoher Gesenkverbrauch) mit Nachformfräsen und -schleifen, Genaugießen (Modellausschmelzverfahren, Festigkeit begrenzt) sowie Sinterpressen und Tränken der Preßlinge mit MAlBz-Schmelze (umständlich, noch umstritten). Seit Jahren durch besseres gut bewährtes Verfahren bei wesentlicher Verbilligung ersetzt: Kaltformwalzen. Abb. III.478 zeigt die einzelnen Fertigungsstufen, davon Folge 5 der in Abb. III.479 dargestellte Kaltwalzvorgang auch verwundener Blätter.

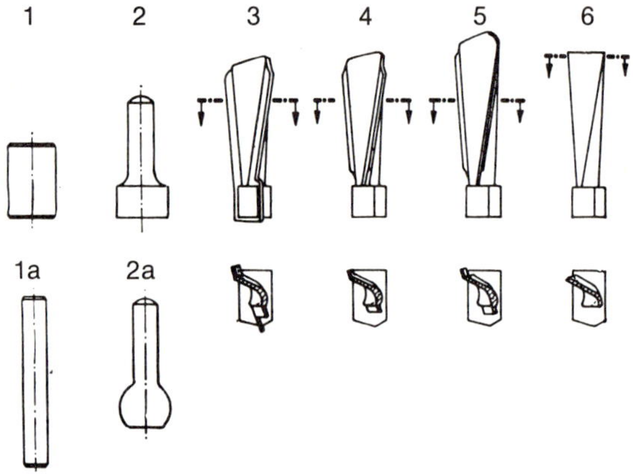

Abb. III.478. Fertigungsfolgen für Turbinen- und Kompressorenschaufeln mit Fuß aus warmfesten Stählen. 1 Rundstangenabschnitt zum Warmfließpressen (2) bzw. 1a mit kleinerem Dm. zum Elektrostauchen (2a); 3 Warmpressen ohne besondere Genauigkeitsforderung; 4 kalt abgegratet; 5 Kaltformwalzen nach Abb. III.479; 6 Abgraten und Ablängen.

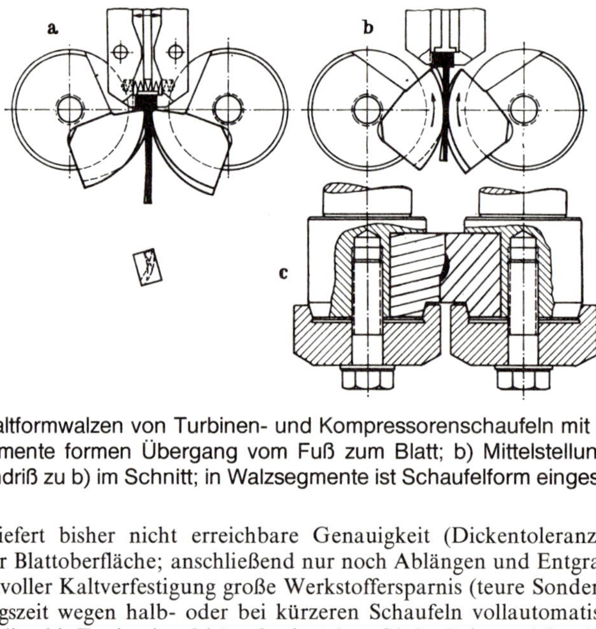

Abb. III.479. Kaltformwalzen von Turbinen- und Kompressorenschaufeln mit Fuß. a) Walzbeginn: Walzsegmente formen Übergang vom Fuß zum Blatt; b) Mittelstellung der Walzsegmente; c) Grundriß zu b) im Schnitt; in Walzsegmente ist Schaufelform eingeschliffen.

Verfahren liefert bisher nicht erreichbare Genauigkeit (Dickentoleranz ± 0,02 mm) bei hochglänzender Blattoberfläche; anschließend nur noch Ablängen und Entgraten. Neben hier besonders wertvoller Kaltverfestigung große Werkstoffersparnis (teure Sonderstähle!) und geringe Fertigungszeit wegen halb- oder bei kürzeren Schaufeln vollautomatischer Fertigung. Zeitbedarf Rohling bis Fertigschaufel 1 ... 2 min (ohne Glüh-, Beiz- und Sandstrahlarbeitsgänge nach Folge 4, Abb. III.478).

Kaltwalzmaschine in drei Größen für Blattlängen bis 400 mm. – Verfahren auch für ähnliche Werkstücke auf ganz anderen Einsatzgebieten verwendbar.

δ) Längswalzen

Begriff: Umformung von Rundmaterial durch Kaltwalzvorgang in Längsrichtung zur Erzeugung von Längsnuten; dabei Herstellung von Keilwellen, Zahnradprofilen, Kerbverzahnungen u. ä. (auch Profilwalzen genannt, kann jedoch mißverstanden werden, da auch Blechprofil-Rollenbiegen so bezeichnet).

Zwei Möglichkeiten: 1. **Verfahren mit großer Tiefenwirkung** bis in den Werkstückkern, wobei Rundstange hydraulisch in Walzscheibenkopf eingedrückt wird (dabei Spitzendrücke im Werkstück örtlich bis 5000 N/mm^2), der ebensoviel profilierte Formwalzscheiben mit gehärteter Randzone radial angeordnet enthält, als Nuten am Umfang zu erzeugen sind: Abb. III.480. Dabei Bildung geschlossenen Kalibers, so daß verdrängte Werkstoffmenge am ganzen Umfang (vollschwarz in Abb. III.480, a unten) zu axialer Verlängerung gewalzten Werkstückabschnitts führt, daher auf Endbereich längerer Werkstücke begrenzt, z. B. Keilwellenprofil von Pkw-Hinterachsen u. ä. Durch Werkzeugänderung und Drehbewegung um Längsachse auch steilschraubige Profile herstellbar. Längswalzmaschine arbeitet $\approx 6\times$ schneller als moderner Fräsautomat; reine Walzzeit bei genanntem Beispiel ≈ 3 s; Rauhtiefe 0,2 ... 1 µm (gegenüber 4 ... 6 µm beim Fräsen); Achsparallelität $\approx 0{,}01$ mm/500 mm Länge; Walzgeschwindigkeit ≈ 500 mm/min. Nach Induktionshärten $\approx 3{,}4$-fache Dauerfestigkeit gegenüber gefrästen Profilen. – Werkzeug-Lebensdauer ungewöhnlich hoch.

2. **Verfahren mit Randzonenwirkung,** wobei wenige, meist nur zwei einander gegenüberliegende Walzscheiben arbeiten: Abb. III.481. Nur in ihrem Eingriffsbereich wird der Werkstoff (ähnlich wie beim Gewindewalzen) verdrängt, so daß Zähne radial nach außen wachsen, dabei Werkstückkern praktisch unbeeinflußt, daher Bearbeitungslänge unbegrenzt. In beiden schnell rotierenden (z. B. n = 1600 $^1/_{\text{min}}$; n = 1000 ... 3500 $^1/_{\text{min}}$ üblich) Walzköpfen (Abb. III.482) planetenförmig umlaufende Profilwalzscheiben vollziehen bei Eingriff am Werkstück schrittweise Teilumformung in „Komma"-Bereich mit hämmerndem Aufschlag („hämmerndes Walzen"). Damit (nach Induktionshärten) mindestens 5-fache Dauerfestigkeit gegenüber gleichartigen gefrästen Profilen. Alle Nuten am Umfang schreiten wegen Werkstückdrehung gleichschnell fort. Während Walzscheibe bis zum nächsten Eingriff im Leerlauf herumgeschwenkt wird, dreht Werkstück genau synchronisiert damit bis zur nächsten Nute weiter. Bei z. B. 16 Nuten am Umfang und Walzkopf-Drehzahl $n_K = 1600$ ist Werkstückdrehzahl $n_W = n_K/16 = 100$ $^1/_{\text{min}}$; Vorschub je Werkstückumdrehung z. B. 1 mm, dann je min 100 mm Walzlänge. Mengenlei-

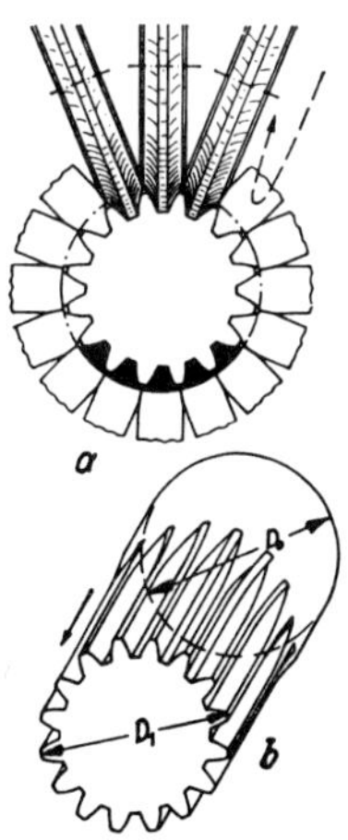

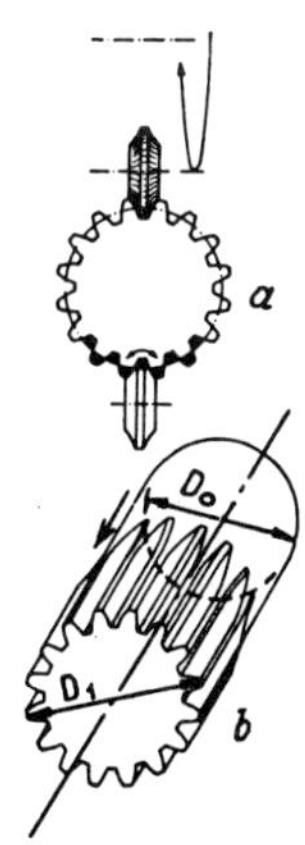

Abb. III.480. Nuten-Längswalzen mit großer Tiefenwirkung. a) Arbeitsweise schematisch, geschlossenes Kaliber; strichpunktierter Kreis = Ausgangs-⌀ D_0; b) Werkstück; Pfeil = Vorschubrichtung; $D_0 \geqq D_1$.

Abb. III.481. Nuten-Längswalzen mit nur Randzonenwirkung. a) Arbeitsweise schematisch; schwarz = Werkstoffverdrängung, ihre Richtung deutet Bogenpfeil an; b) Werkstück, $D_0 < D_1$ (vgl. Abb. III.482!).

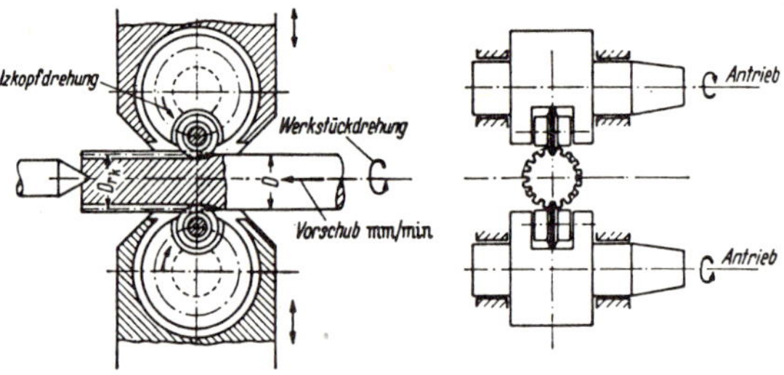

Abb. III.482. Werkzeuganordnung (Abb. III.481) und -antrieb bei umlaufendem Werkstück (Schema). Walzscheiben führen Planetenbewegung um Walzkopfachsen aus und behalten auch außer Eingriff in Werkstück ihre gegenläufige Drehbewegung durch Abwicklung an (nicht gezeichneten) Führungsringen bei. Walzkopf- und Werkstückdrehung synchronisiert, dabei Werkstück-Vorschub.

Abb. III.483. Schnecken zum Walzen von Keilwellen (formabwickelnde Methode, schematisch). Drehbewegungen von Schnecken und Werkstück synchronisiert (Näheres siehe Text!).

stung von Längswalzmaschinen bei verbesserter Qualität Vielfaches eines Abwälzfräsautomaten. Verschiedene *Abwandlungen*: bei z. B. sechsnutigem Keilwellenprofil sechs Walzscheiben am Umfang analog Abb. III.480, jedoch *offenes* Kaliber, ohne Werkstückdrehung wie dort, dabei z. B. 800 mm/min Walzlänge; bei entsprechender Werkzeugausbildung auch steilspiralige Nuten beliebiger Länge; nach Abb. III.483 Schneckenwalzen (analog Abwälzfräsverfahren), jedoch mit radialpulsierender Abhebe- und axialer Pendelbewegung, um Hämmerwirkung (Dauerfestigkeit-erhöhend!) zu erreichen. – Für Gerad- wie für Schrägverzahnung liefert beliebig lang walzbares Werkstück in Scheiben geschnitten Zahnräder, die höchsten Genauigkeitsansprüchen genügen. – Härteverzug so gewalzter Profile nur 30 ... 50% des Härteverzugs gefräster Teile. Wenn möglich, schon Vergütung des Rohlings (z. B. auf $\sigma_B = 770$ N/mm²), dann stärkste Kaltverfestigung am Zahngrundradius (funktionsmäßig am notwendigsten!) z. B. auf 1240 N/mm² (Zunahme 61%), im ganzen Zahnquerschnitt $\geqq 30\%$.

Walzscheiben aus 12%igem Cr-Stahl ($\approx 2\%$ C) oder Hochleistungsschnellstahl mit *HRC* 59 ... 61 mit hoher Lebensdauer (Standlänge 3000 m Walzgut, dann aufarbeitbar).

Anwendung: Schon viele Millionen so hergesteller Keilwellen, Zahnräder u. ä. laufen seit Jahren an hochbeanspruchten Stellen in Kraftwagen aller Art, Flugzeugen und Werkzeugmaschinen; Anwendung in ständiger Ausweitung. Auch Hohlkeilwellen mit eingeschobenem Dorn so herstellbar. – Aus Werkstoff- und Profilform-Gründen jedoch in manchen Fällen nicht anwendbar, vor allem wenn hochlegierter Stahl auch im Glühzustand zu schlecht kaltumformbar, so daß dort Fräsen seine Bedeutung behält.

ε) Einwalzen und Einziehen von Rohrenden in Rohrwände

Anwendung bei Herstellung von Flammrohrkesseln, Dampfkondensatoren, Wärmeaustauschern u. ä.

Abb. III.484: Werkzeug-Einführen in Rohr bei zurückgezogenem Dorn D. Durch Drehung von Hülse A bei Dornvorschub wälzen sich mitgenommene Walzrollen B auf Rohrinnenseite unter Aufweiten des Rohrs ab. Rohrende damit in Umfangsrichtung gestreckt und etwas dünner gewalzt mit Rohrwandbohrung als fester Unterlage. Nach Fertigstellung Tangentialdruck im Rohr als Reaktionswirkung und damit Festsitz. Wesentlich ist auf Wandinnenseite Runden der Bohrungskanten, weil sonst scharfe Kante beim Einwalzen in Rohr gedrückt wird, was beim späteren Vibrieren der Rohre zu Dauerbrüchen führt.

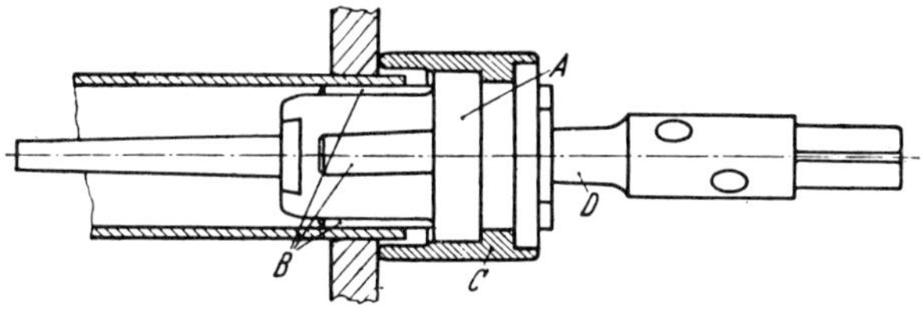

Abb. III.484. Rohreinwalzwerkzeug für gleichzeitiges Einwalzen auf volle Dicke der Rohrwand; A Hülse, in der wie in Wälzlagerkäfig mehrere (hier vier) Walzrollen B sitzen; A in Buchse C gelagert; D konischer Dorn, hier in Walzstellung eingeschoben; B entgegengesetzt konisch wie D, im Einwalzbereich auf Rohrinnenseite anliegend; B gegenüber D leicht schräg gestellt (an Mittelwalze erkennbar). Durch Werkzeug-Abwandlung rechts überstehendes Rohrende auch gleichzeitig umzubördeln.

Abb. III.485: entsprechendes Werkzeug für dicke Rohrwand, dabei auch erhebliches Herausstrecken des Rohrs aus Rohrwand. –

Gleiche Wirkung erzielt durch „Einziehen" von Rohren in Rohrwand durch Hindurchziehen einer aus Segmenten zusammengesetzten und durch Dorn spreizbaren „Eichel" (Verfahren nach *J. Schwahlen* [III.72]), wodurch Rohr aufgeweitet und in Längsrichtung gezogen wird (kein Walzvorgang).

Für sehr kleine dünnwandige Rohre kleiner Wärmeaustauscher obige Werkzeuge nicht mehr anwendbar; dann Einführen eines passenden Gummistopfens, der mit Gegenhalter unter hohem Druck zusammengepreßt wird und so Rohrende aufweitet (falls Löten oder

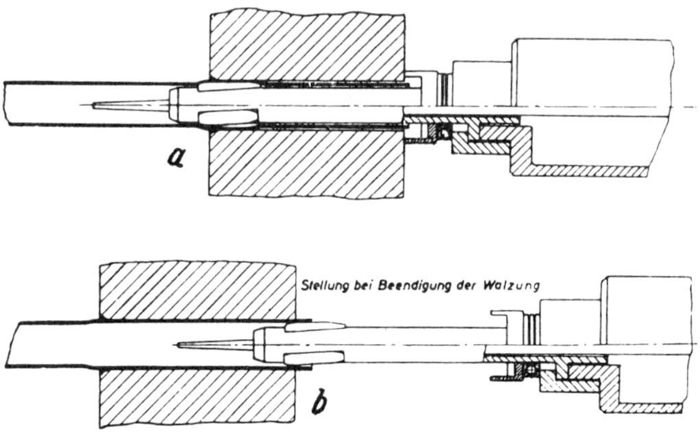

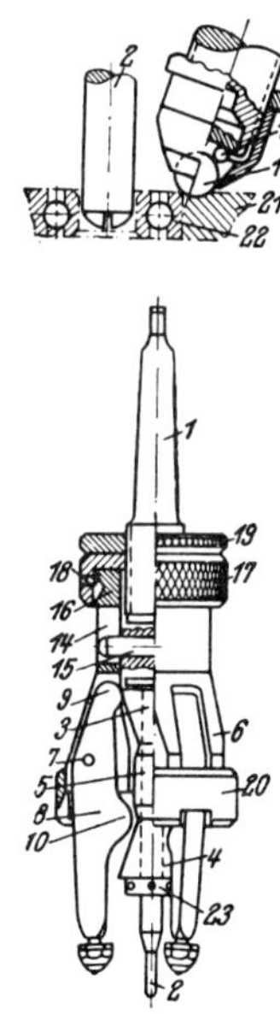

Abb. III.485. Rohreinwalzwerkzeug besonders für dicke Rohrwand; Einwalzen von innen (a) nach außen (b), dabei Verlängerung des Einwalzendes durch Streckwirkung; eingewalztes Rohrende unter Längszugspannung und Druckspannung in Umfangsrichtung, links des Einwalzbereichs spannungsfrei.

Abb. III.486. Wälzlager-Einwalzwerkzeug. Oben: Einwalzvorgang; unten: vollständiges Werkzeug mit drei Einwalzhebeln (8).

Schweißen allein nicht ausreicht); manchmal Verfahren mit Hindurchziehen einer „Eichel“ noch möglich.

Auch Einwalzen kleiner Wälzlager-Außenringe zwecks Befestigung in Gehäusewand oder Hebelaugen für Flugzeugsteuerungen u. ä. nach Abb. III.486 gehört hierher; es ersetzt Preßpassungen (viel billiger und sicherer als diese). Werkstoff um Außenring wird nach Bohrungswand zu durch drei umlaufende Einwalzkugeln (11) an Hebeln (8), die über (1) durch Bohrmaschine angetrieben werden, abgestreckt.

ζ) Rohrformen nach dem Dewey-Verfahren

Einseitig verschlossenes Rohr in Drehbank-ähnlicher Maschine, unter Längszug (bzw. -Druck) sowie über anderes Ende unter regelbarem Flüssigkeits-Innendruck stehend, wird meist durch zwei einander gegenüberstehende schmale Druckrollen (z. B. 200 mm Φ) gleichmäßig oder nach Schablone (Abb. III.487) veränderlich verjüngt.

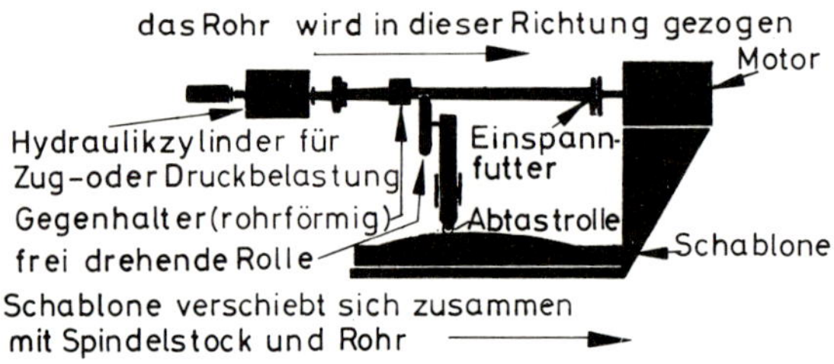

Abb. III.487. Rohrformen nach dem Dewey-Verfahren (Schema). Näheres siehe Text!

Wanddicke durch Regelung des Innendruckes und Rohrlängszug oder -druck beeinflußbar. Als Walzverfahren mit Flüssigkeits-Innendruck als „feste“ Unterlage, berechtigter wohl als Sonder-Drückverfahren (Abschn. 3 d) auffaßbar. **Anwendung:** Ursprünglich von Brüdern *Dewey* für Fertigung von Blechblasinstrumenten entwickelt, wird Verfahren heute für konisch verjüngte Straßenbeleuchtungsmasten (nachträglich gebogen), Zündkerzen-Abschirmungen in Flugzeugmotoren, Tischbeinrohre, Förderbandrollen, Fettpressen u. ä. verwendet.

b) Strecken durch einzelne Querstauchdrücke

Zusammenfassung von Verfahren, die unter Einwirkung von einzelnen (im Gegensatz zu Walzverfahren mit kontinuierlich wirkenden) Stauchdrücken senkrecht Längsrichtung unter Querschnittsverkleinerung zu einer Längung des Werkstücks in der Umformzone führen.

α) Streckschweifen und Profilrunden (Profil-„Treiben“)

Mit Werkzeug nach Abb. III.456, II (Abschn. 5 i) wird Blech gestaucht; sind dort Stahllamellen (5) entgegengesetzt schräg im Gummikörper (3) einvulkanisiert, dann Blechlängung durch engbegrenzte Zugbeanspruchung, also eigentlich ein Recken (nicht Strecken); trotzdem hier erwähnt, da für gleichem Ziel dienende Blechumformung verwendet wie Strecken; örtliche Verlängerung hier jedoch nur gering. – Viel stärker wirkt aus altem handwerklichem „Schweifen“ Abb. III.488 entwickeltes

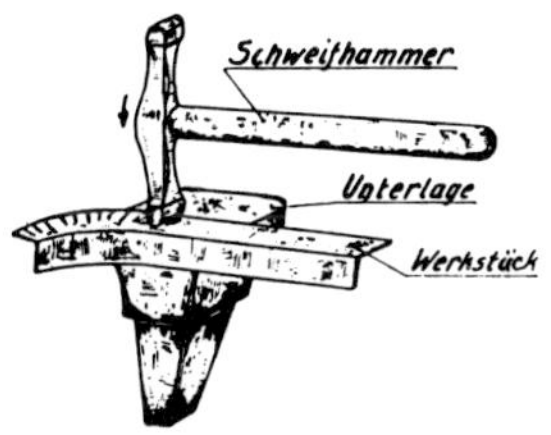

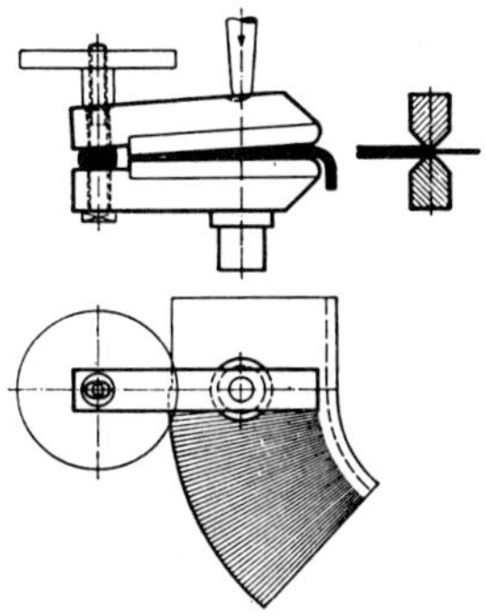

Abb. III.488. Schweifen eines L-Profils von Hand durch Schlagstrecken des einen Schenkels.

Abb. III.489. Schweifwerkzeug (Schema). Schnellpulsierende Streckbacken mit schmaler Bahn greifen über Breite unterschiedlich stark an, regulierbar durch Handrad links, dadurch Schweifen (Hochkantkrümmen) des breiten Schenkels.

Schweifwerkzeug [III.73] Abb. III.489, wobei durch Schrägeinstellung der Backen über Schenkelbreite unterschiedlich stark gestreckt werden kann; Durchführung in „Streck- und Schweifhammer“ [III.73] Werkstückführung von Hand, an Schablone angelegt, um richtiges Krümmungsmaß zu kontrollieren. –

Sinngemäß Krümmungen in zwei Ebenen nach Abb. III.490 sowie in drei Ebenen nach Abb. III.491, dabei Krümmungsebene des U-Blechprofils senkrecht Zeichenebene, konvexe Seite oben.

Anwendung zum Krümmen (Runden) von Blechprofilen durch Strecken eines bis gleichzeitig dreier Profilschenkel, Bördeln von Blechhohlkörpern, Aufmuffen (örtliches Ausweiten) von Rohrenden, Hochkantrunden von Blechstreifen zu Kreisringen u. ä. in Einzelfertigung oder bei kleinen Serien. Durchführbar an allen Feinblechen aus Stahl und NE-Metallen ausreichender Umformbarkeit.

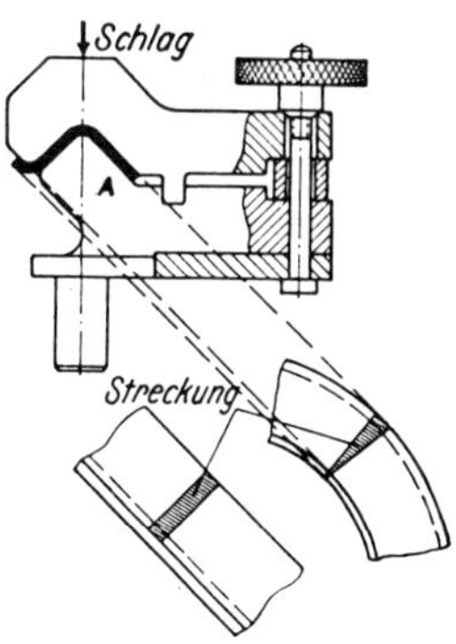

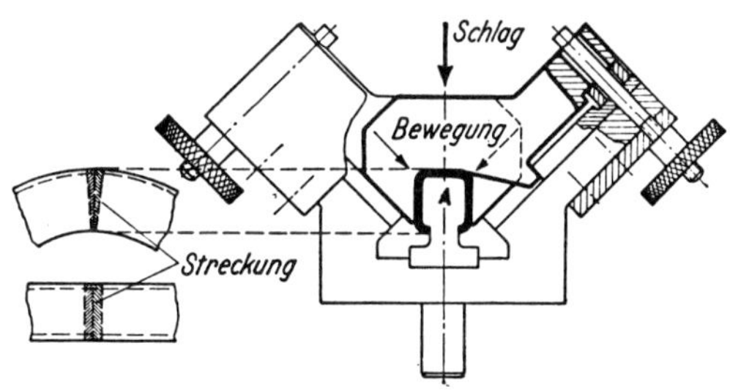

Abb. III.490. Runden eines Blechprofils durch Treiben über Amboß A (Schema). Durch schnellpulsierende Schläge Schweifen gleichzeitig zweier Schenkel; rechts unten: in Hauptskizze linker Schenkel unterschiedlich stark gestreckt; unten links: in Hauptskizze rechter Schenkel über ganze Breite gleichstark gestreckt; Werkzeugeinstellung durch Rändelrad.

Abb. III.491. Runden eines U-Blechprofils durch Treiben über schmalem Amboß A (Schema). Schweifen gleichzeitig dreier Schenkel durch Kombination zweier Werkzeuge analog Abb. III.490.

β) **Rundkneten** (früher „Rundhämmern")

Begriff: Rundkneten ist (u. U. nur örtliches) Reduzieren von Draht- bzw. Stangenmaterial zwischen mehreren gleichzeitig koaxial und kraftschlüssig gegeneinander arbeitenden Backen; desgl. von Rohren, wobei diese auch durch Kneten über einen Profildorn als Innenwerkzeug Innenprofilierung erhalten können. Auch Preßsitz-Verbindung zwischen Hülse (Rohr) und Draht, Stab oder Seil durch Festkneten herstellbar.

Arbeitsweise: Verschiedene Bauprinzipien von Rundknetmaschinen möglich [III.74, 46]; hier nur heute fast ausschließlich verwendeter „Rundläufertyp" (angetriebene Läuferwelle) mit zwei bzw. vier umlaufenden Werkzeugen näher behandelt: Abb. III.492 u. III.493. In Läuferwellenkopf radial geführte Knetbacken mit hohlzylindrischen bzw. -konischen oder auch ebenen Arbeitsflächen und Knetköpfe werden in Lücke zwischen zwei Rollen durch Fliehkraft nach außen geschleudert; durch Vorbeilaufen an folgender Rolle Radialstoß auf Knetkopf nach innen, der über auswechselbare Beilageplatten auf Backe und Werkstück übertragen wird usw. – Umlaufende Backen versuchen Werkstück synchron mitzunehmen, was keine Rundform ergäbe, daher ist Werkstück mäßig zu bremsen (langsamer umlaufend). Durch Querschnittsreduktion überschüssiger Werkstoff in axialer Richtung verdrängt, damit Werkstücklängung. – Da Hub ganz gering und Backen kaum außer Eingriff mit Werkstück kommen, also Kraftschluß praktisch erhalten bleibt, entstehen pulsierende Hübe mit mehr Knet- als Hämmerwirkung; frühere Bezeichnung „Rundhämmermaschine" daher seit einigen Jahren trotz gleicher Arbeitsweise zunehmend verdrängt durch „Rundknetmaschine".

Entwicklung reicht bis 1880 zurück und damals wie *heute* auch für *Warmumformung* (dann heute „Feinschmieden" auf Feinschmiede- oder Streckschmiede-Maschine genannt) verwendet. Ab zwanziger Jahre gesteigert für Kaltumformung, wie Anspitzarbeiten (Maschinennähnadeln u. ä.), auch für „Ziehangeln" von Draht- bzw. Stangenquerschnitten und Rohren zum Zweck des Einbringens in Ziehdüse von Ziehmaschinen (vgl. III.D 4), auch zum Reduzieren, Glätten und Verfestigen ganzer Länge (Polierschlagen zur Dauerfestigkeitserhöhung), zum Zusammenkneten verdrillter Runddrähte zu biegeweichem Rundprofil (z. B. Brillenstängchen,

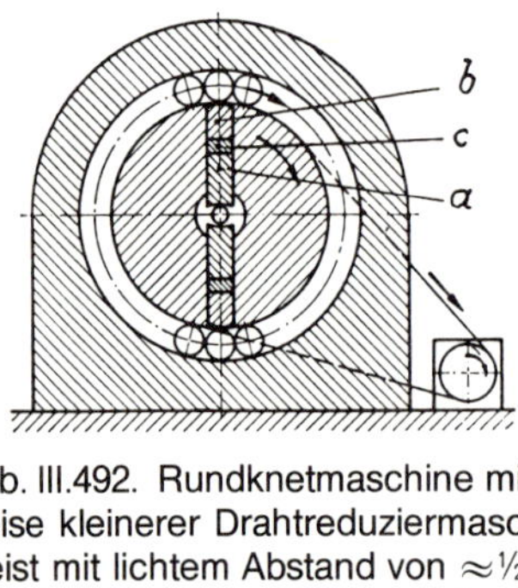

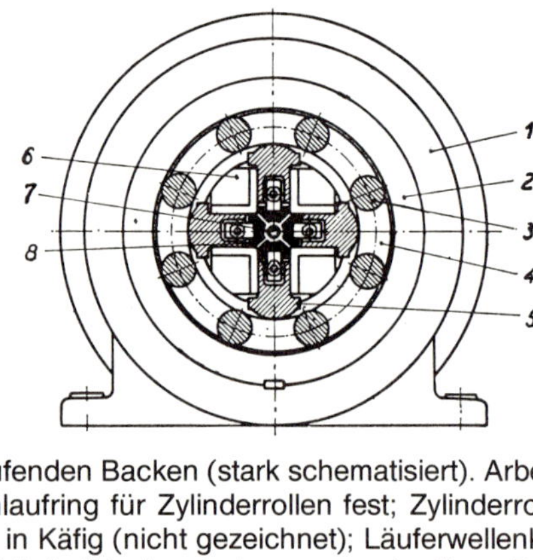

Abb. III.492. Rundknetmaschine mit zwei umlaufenden Backen (stark schematisiert). Arbeitsweise kleinerer Drahtreduziermaschine: Außenlaufring für Zylinderrollen fest; Zylinderrollen meist mit lichtem Abstand von ≈½ Rollen-Dm. in Käfig (nicht gezeichnet); Läuferwellenkopf trägt beide Backen (Matrizen a) sowie die Knetköpfe (b), dazwischen auswechselbare Beilageplatten (c).

Abb. III.493. Rundknetmaschine mit vier umlaufenden Backen (Schema). 1 Gehäuse; 2 feststehender Laufring für Rollen; 3 Rollen; 4 Rollenkranz (-käfig); 5 Knetkopf (Stößel); 6 Wellenkopf; 7 Werkstück; 8 Knetbacke; Beilageplatten durch aufgeschraubte Laschen zwischen Knetkopf und Knetbacke gehalten.

Rundstricknadeln mit festgekneteten Endstücken u. ä.), Warmreduzieren von Wolfram-Sinterstäben (z. B. 20 mm Φ) in mehreren Durchgängen auf z. B. 2 mm Φ (mit anschließendem Warmziehen durch Diamant-Ziehdüsen (el. beheizt, Schutzgas) zu Glühlampendraht (Fa. Osram), vgl. III.D 4a), Herstellung von „Dickendspeichen" mit reduziertem verfestigten Mittelteil u. ä.

Erst zu Beginn vergangenen Krieges jedoch Innenprofilieren von Dickwandrohr entwickelt, wobei Kneten bei Rohrwanddicken $\leqq 15$ mm über sich wohl mitdrehendem, aber axial unverschieblichen Profildorn erfolgt, über den sich innenprofiliertes Rohr beim Umlaufen vorschiebt (Abb. III.494); so werden auch „Züge" in Gewehrläufen hergestellt (viel zeitsparender und billiger als Zerspanung durch Räumen!). – Grundsätzlich kann beim Kneten über Dorn „Lose"- oder „Fest"-Kneten erfolgen, d. h. innenprofiliertes Rohr schiebt sich über Dorn als Innenwerkzeug, oder es wird unter Preßsitz mit Dorn, der dann Werkstückteil ist, fest verbunden (z. B. Festkneten von Drahtseilen, Spiralfedern, eckigen Stangen u. ä. in gebohrten Endstücken oder Rohrabschnitten. Lose-Kneten nur mit vier Backen möglich, wenn das eine auf gleichem Dmr. liegende Paar wegen 0,1 ... 0,2 mm dickerer Beilageplatten das Werkstück stärker knetet als das andere Backenpaar. Greifen alle vier Backen mit gleicher Kraft an oder sind nur zwei Backen vorhanden, dann nur Festkneten möglich.

Verarbeitbare Werkstoffe: alle Stähle und NE-Metalle mit $\sigma_B \leqq 1050\,\text{N/mm}^2$ und $\delta \geqq 8\%$, meist ausgehend vom Glühzustand, evtl. auch vergütet bzw. ausgehärtet. – **Oberflächengüte:** durch Spanabhub nicht erreichbare hohe Glätte und Spiegelglanz; Außen-Rauhtiefen $\leqq 3\,\mu\text{m}$, bei Innenprofil $\approx 0{,}5\,\mu\text{m}$, wenn Rohrinnenfläche vorher durch Präzisionsziehen (oder Reiben) auf 1,5 ... 2 μm vorgearbeitet. – **Werkstoff-Beeinflussung:** Bei z. B. 50% Querschnittsreduktion Erhöhung statischer Festigkeit um $\approx 25\%$ und der Dauerschwingfestigkeit um $\approx 80\%$, dabei sinkt δ um 2 ... 3 Einheiten; Faserverlauf Werkstückform angepaßt.

Knetmaschinen-Ausführung: bis ≈ 30 verschiedene Arten und Größen, ausgenommen Sonderausführungen für Spezialarbeiten. Starr und robust, einfach zu bedienen, auch Ungelernte schnell einarbeitbar; einfacher und schneller Werkzeugwechsel. – **Querschnittsreduktion** bei größeren Werkstückabmessungen selten über 20%, bei Drähten $\leqq 90\%$.

Auch längere Außen-Schlankkegel- und abgesetzte Formen mit durch Lineal-Steuerung verstellbaren Backenwiderlagern möglich; ferner Quadrat-, Rechteck- oder andere Formen auf Sondermaschinen mit nichtumlaufenden Backen (Knet-Schnellpressen) herstellbar.

Maschinendaten: Mit zunehmendem Werkstück-Dmr. abnehmende *Drehzahlen* zwischen 900 ... 200 U/min, dabei *Hubzahlen* („Schlagzahlen") 3000/min ... 600/min; *Backenkraft* („Schlaggröße") 0,1 ... 2 MN; *Vorschub* von Hand oder mechanisch (verschiedene Arten) bis vollautomatisch 200 ... 6000 mm/min. – **Automation:** Vorform-Zufuhr für Kurzteile aus Magazin (Maschinennadelschäfte, Rohrstücke für Steckschlüsseleinsätze, Keilnutenhülsen u. ä.) oder für Teile aus Draht vom Bund arbeitend, nach Reduzieren, Abschneiden und Auswerfen. Bei Teilreduktion immer Auswerfen auf Einführseite, bei Vollreduktion kurzer Teile aus Magazin immer am Ende der Hohlspindel nach deren Durchlaufen. Lange Teile durch Rollenkette zugeführt und am Spindelende in gleicher Weise abtransportiert. – **Knetzeit** u. U. nur eine bis wenige Sekunden, bei längeren Teilen mehr (vgl. Vorschubwerte!), daher in hohem Maß kostensparend besonders bei Massenfertigung.

Knetbacken-Form (Matrize) immer mit Einlaufkegel-Erweiterung, im übrigen der Außenform des Werkstücks angepaßt mit etwas größerem Hohlradius (Schmiegeberührung), bei Schlankkegel-Außenform entsprechend gestaltet. – **Werkzeug-Werkstoff:** Knetbacken aus Wasserhärter (C = 1 ... 1,2%) hoher Verschleißfestigkeit mit $HRC = 61 \ldots 63$; Innenwerkzeug

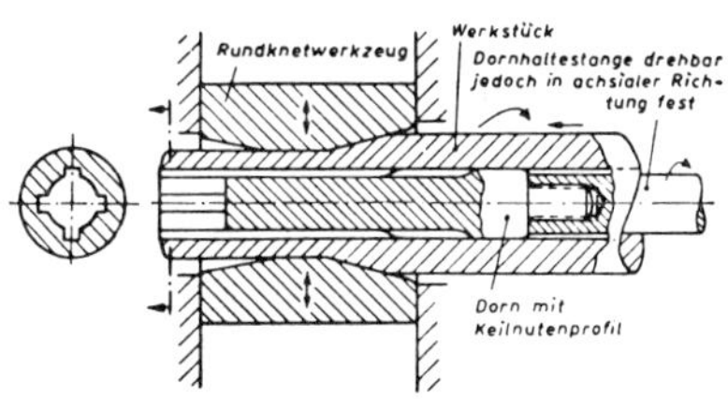

Abb. III.494. Rundkneten eines Dickwandrohrs zwecks Innenprofilierung (Schema). Werkstück schiebt sich über axial unverschiebbaren, aber mitdrehenden Dorn; hierzu vier Backen erforderlich (≙ Abb. III.493); Näheres siehe Text!

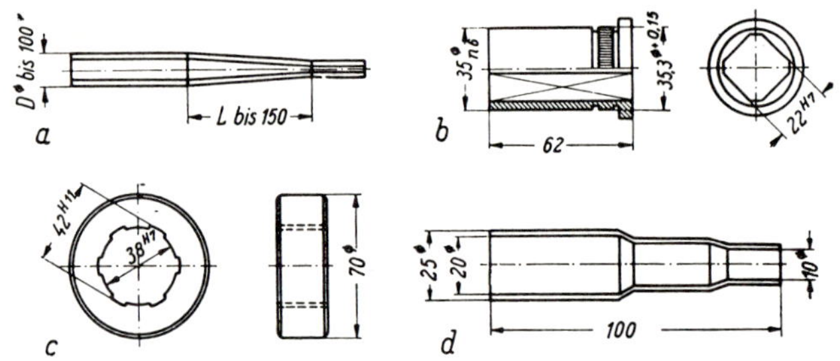

Abb. III.495. Rundgeknetete Teile. a) Rohrreduktion ohne Dorn; b) Schaftbüchse; c) Keilnutenring; d) abgestuft eingezogenes Rohr.

(Dorn) aus Schnellstahl, $HRC = 58$ ... 59, beide hochglanzpoliert. **Standzeit** der Backen je nach Werkstückart 30 000 ... 200 000 Werkstücke, dann nacharbeitbar; Dornstandzeit 800 ... 5000 (12 000) Werkstücke, je nach Werkstückhärte und Profilform.

Schmierung und Kühlung in Nadelindustrie mit dünnem „Reduzieröl", reichlich durch Hohlwelle der Arbeitsstelle zugeführt; bei Stangen und Rohren gewöhnliches Maschinenöl mit Hochdruckzusätzen, an Stirnseite des Läuferwellenkopfes eingespritzt.

Werkstück-Abmessungen: Vollrund 1 ... 60 (100) mm Φ; Rohr 1 (z. B. Messing-Röhrchen für Kugelschreiberminen) ... 300 mm Φ, bei Dickwandrohr 5 ... 180 mm Φ (Gewehr- und Geschützläufe mit Innenzügen). – **Energiebedarf** der Maschinen ist wegen nur kleiner Werkzeug-Angreifzonen ausnehmend gering, für Gesamtbaubereich $\approx$0,75 ... 30 kW.

Erreichbare Toleranzen für Außenrundform $\approx$IT 11, für Innenform $\approx$IT 7. – Anschließende **Wärmebehandlung** nur in wenigen Sonderfällen erforderlich, da durch Rundkneten wesentliche Festigkeitszunahme und auch schon vorvergütetes bzw. ausgehärtetes Material (NE-Metalle) knetbar.

Wirtschaftlichkeit wegen schneller Einrichtung (kurzzeitiger Backen- und Dornwechsel) schon von $\approx$100 Stück ab oder (ohne Dorn) darunter gegeben, besonders da Außenwerkzeug billig und bei schwierigen Innenformen Kosten des Rundknetens (unter Berücksichtigung der Werkzeugkosten) $\leqq$40% der Zerspanungskosten, ganz abgesehen von besserer Werkstückqualität. In höchstem Maß wirtschaftlich bei Großserien und Massenfertigung hochbeanspruchter Teile; überwiegend wird auch sonst erforderliche Wärmebehandlung eingespart.

Weitere Beispiele, soweit oben noch nicht erwähnt: 1. *Vollmaterial:* Feilenkörper und ihre Angeln; Anspitzen von Quadrat-Stangen, mit Sondermaschinen Herstellung von Dreikantwellen u. ä. 2. *Rohrreduzieren ohne Dorn:* Kegel-Verjüngen (auch abgesetzt) von Präzisionsstahlrohren (Abb. III.495, a u. d) und Rohren aus NE-Metallen; lange konische Rohrstücke (bis 500 mm) in einem Durchgang für Stahlrohrmöbel; Einhalsen von Rohren (z. B. Stahlflaschenhals u. ä.) bis 300 mm Φ auch bei größeren Wanddicken. – 3. *Rohr-Innenprofilieren:* Gerade Nuten bzw. Stege, „Züge" mit schwachem Drall, Steilgewinde, Innenverzahnungen, Kerbverzahnungen in Kupplungshülsen und in Hohlwellenenden; Innenvierkant (Abb. III.495, b), Innensechskant und andere Vielkante in Schaftbüchse, Steckschlüsseleinsatz u. ä.; Meißelbüchse mit „konischem" Innensechskant; Innenprofil von Starter-Kupplungsgehäusen; Werkstück mit Sackloch und Innen-Keilnuten bis Boden ohne Freistich durchgehend; Keilnutenringe (Abb. III.495, c) und -hülsen; durchgehende und abgesetzte schlankkonische sowie parabolische Innenformen u. ä. – 4. *Preßsitzverbindungen* durch Festkneten zwischen Profilstab (z. B. Vierkant-Drehstabfeder), Drahtseil, Litze, Spiralfeder u. ä. einerseits mit gebohrten Massivendstücken oder Rohrabschnitten andererseits, sowie viele andere Anwendungen.

γ) **Blechwölben durch Kugelstrahlen** (Strahlformen)

Begriff: Auf ebene Leichtmetalltafeln aufgeschleuderter Stahlkugelstrahl streckt auf Strahlseite die Oberfläche, damit leichte Blechwölbung regulierbarer Größe.

Neuerdings im Flugzeugbau bei Leichtmetall-Blechtafeln von 1,2 ... 15 mm Dicke, 13 m Länge und bis 1,9 m Breite durchgeführtes Breitenwölbeverfahren mit $\approx 1/8$ des Zeitaufwands früheren Warmbiegens. Lockheed Aircraft Corp. schleudert durch Preßluft Kugelstrahl (St-Kugeln 2,4 mm Φ) auf durch Formstücke unterstützte Bleche, die unter Strahl in Längsrichtung regulierbar fortbewegt werden. Abstrahlen durch je 6 für sich einstellbare schwingende Düsen in jeder der zwei 1,2 m breiten Kabinen unter Beobachtung von außen, dabei Luftdruck und Blechvorschub regulierbar. Nicht zu wölbende Bereiche durch Masken abgedeckt. Entstehende muldenartige Vertiefungen (Rauhtiefe ≈ 25 µm) durch Abschleifen der Muldenränder verflacht. σ_B nicht beeinflußt, $\sigma_{0,2}$ unbedeutend herabgesetzt, aber Dauerschwingfestigkeit und bes. Korrosionsbeständigkeit wesentlich verbessert, was Nachbeizen mit NaOH (Beseitigung etwa eingeschlagener Stahlspuren) und Korrosionsschutzanstrich zur Voraussetzung hat. – **Anwendung** z. B. für Flugzeug-Flügelbleche bei „Integralbauweise".

c) Reckverfahren

Verfahren, bei denen ganzes Werkstück oder Teilzone davon unmittelbar durch Zugbeanspruchung oder bei Hohlkörpern mittelbar als Folge von Innendruck auf Zug beansprucht wird, so daß Längung in Richtung der Zugspannung auftritt.

α) Blech- und Profil-Recken

Begriff: Beiderseits durch Backen erfaßtes Blech, Band, Profil oder Rohr aus Stahl, NE-Schwer- oder Leichtmetallen wird durch Zugbeanspruchung erheblich über $\sigma_{0,2}$ gereckt.

Durchführung auf hydraulisch betätigter Reckmaschine (von der Industrie meist falsch als „Streckmaschine", „Streckbank" oder z. B. „Plattenstrecker" bezeichnet), wobei Werkstück reiner Zugbelastung ausgesetzt wird. – Blech- und Profilrecken geringer Querschnitte allein zum Zweck des Richtens schon in dreißiger Jahren durchgeführt, bei Mg-Leg. wegen schlechter Kaltumformbarkeit auch erwärmt bei Beheizung mit Stromdurchgang; erst seit letztem Krieg zur Qualitätsverbesserung großer Halbzeugquerschnitte.

Ziel und Vorteile: Beim Walzen, Strangpressen sowie ungleichmäßigem Abkühlen entstandene Eigenspannungen und evtl. dadurch entstandene Verwerfungen werden durch Überlagerung mit überplastischer Zugumformung unter bleibender Verlängerung (bis $\approx 80\%$!) beseitigt und damit Reckgut geradegezogen (gerichtet). Profil dabei außerdem entdrallt durch drehbar gelagerte Spannköpfe. Maß der Reckung (Verlängerung) richtet sich nach beabsichtigter Kaltverfestigung mit wesentlicher $\sigma_{0,2}$-Erhöhung und zugelassener Einbuße an Bruchdehnung.

Reckmaschinen in liegender Anordnung mit hydraulischen Drücken 200 ... 422 bar für *Profile* in Rahmen-, Zugband- bzw. Säulenbauart mit Reckkraft 0,16 ... 16 (20) MN; für *Bleche* bzw. *Platten* in Rahmen- bzw. Säulenbauart mit Reckkraft 0,63 ... 136 MN. – Bisher größter Profilrecker (16 MN) für Profillänge bis 36,5 m bei 940 mm Profilbreite (Profilrecker 20 MN im Bau). Größter Plattenrecker der Fa. Hydraulik/Duisburg für USA mit 136 MN Reckkraft, Plattenlängen 5,2 ... 19,6 m, Querschnitt 4130 cm² bei größter Breite 4060 mm und max. Dicke 152 mm, max. Reckgeschwindigkeit ≈ 300 mm/min für Walzplatten aus hochfesten Al-Legierungen. (Gewicht eines Spannkopfs 132 t.)

Anwendung: Erwähnte Vorteile von besonderer Bedeutung im Flugzeug- und Raketenbau zur Herstellung von Tragwerks- und Rumpffeldern, die nicht strangpreßbar sind, sondern aus dicken Walzplatten (Leg. des Al, Ti, Be) spanabhebend oder durch Ätzen herausgearbeitet werden. Auch für Zwecke des Schiffbaus, der Chemotechnik u. a. haben verzugsfrei verfestigte Bleche und Profile zunehmend Bedeutung, wobei ständig steigende Reckmaschinengröße Schweiß- und Montagekosten vermindern. Auch längs- oder spiralgeschweißte sowie stranggepreßte nahtlose Rohre erfahren zunehmend Richten und Verfestigen durch Recken.

β) Rohrblech-Herstellung („Evidal"-) und verwandte Verfahren

Begriff: Modifiziertes Walzschweiß-Plattierverfahren, wobei durch örtlich begrenzt aufgebrachtes Trennmittel gewollt „Trennfehler" entstehen, die aufgeblasen Leitungskanäle in homogenem Blech liefern.

Herstellverfahren gemäß Abb. III.496: Auf gereinigtes Al-Blech wird durch Siebdruck gewünschtes Kanalbild (a) in graphithaltiger „Reserve" aufgebracht, jedoch in Walzrichtung auf ¼ verkürzt, senkrecht dazu 1 : 1, dann gereinigtes Blech gleicher Größe (b) gegen Verschiebung durch Punktschweißstellen aufgeheftet, auf 550 ... 580 °C erwärmt und warm walzschweißplattiert (c). Nach Kaltfertigwalzen auf genau 4-fache Ausgangslänge (ohne Breitenänderung!) Rekristallisationsglühen, dann Aufblasen (d) der Kanäle mit Preßluft oder Wasser ($\approx$200 bar). Durch Innendruck senkrecht Trennstelle Zugbeanspruchung, damit dort Recken mit beidseitiger Kanalerweiterung als Folge. – Durchgeführt hauptsächlich bei Al-Blech; erforderlichenfalls auch bei Cu, Ms, weichem Stahl (auch kombiniert) und anderen Metallen, die Warmwalzverschweißung ohne unwirtschaftliche Zusatzarbeit erlauben. – Bei Aufweitung in besonderem Gesenk bleibt eine Seite ganz glatt, Kanalerweiterung ganz auf anderer Seite liegend; auch kombiniert wechselseitiges und beidseitiges Aufweiten möglich. „Evidal"-Platten begrenzt mit größerem Radius biegbar, bei kleineren Radien Biegen vor Endglühung, dann Aufblasen (ggf. in Gesenk). – **Anwendung** wegen relativ billiger Herstellung sehr vielseitig: 1. Platten- und Formelemente für Verdampfer (Kühlelemente) für Kühlschränke, -Truhen und -Wagen; sinngemäß als Heizwandelemente einsetzbar; 2. Verdampferplatten für flüssigen O_2; Kühlung el. Geräte (Chassis, Abschirmgeräte) in Flugzeugen und elektronischen Rechenanlagen zur Wärmeabfuhr; 3. gekühlte Kathoden in elektrolytischen Bädern der Anodisierungsanlagen; 4. Wassererhitzer für Sonnenenergieanlagen; 5. formsteife Plattenelemente geringer Dicke und hohen Beulwiderstandes für Leichtbau, dabei aufgeblasene Kanäle mit Wirkung von Versteifungssicken, gleichzeitig als Heizwandelemente z. B. zur Enteisung von Flugzeugen einsetzbar; 30% leichter als gleichfestes Vollblech, dabei Schwingungsdämpfend, somit Entdröhnungsbelag überflüssig; 6. dünnstegige Vollwand-U- oder I-Träger (aufgenietete oder -gepunktete Winkel); 7. Abdeckkappen u. ä., unter Verwendung besonderer Aufblasaufnahmen

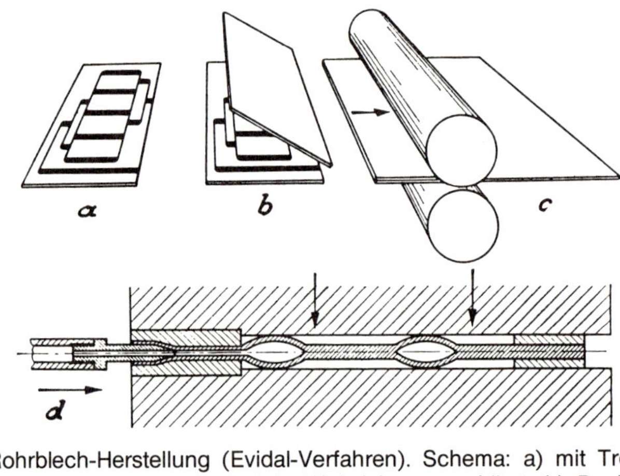

Abb. III.496. Rohrblech-Herstellung (Evidal-Verfahren). Schema: a) mit Trennmittel aufgedrucktes Bild des Kanalsystems, auf ¼ in Walzrichtung verkürzt; b) Deckblech auflegen, gegen Verschiebung durch Heft-Punktschweißung damit verbunden; c) Plattierwarmwalzen (Verbindung nur an nichtbedruckten Stellen), kalt auf Maß fertigwalzen; d) nach Rekristallisationsglühen Aufblasen nichtverschweißter bedruckter Stellen, dabei Aufweitebegrenzung der Rohrkanäle durch zusammengespannte Preßplatten.

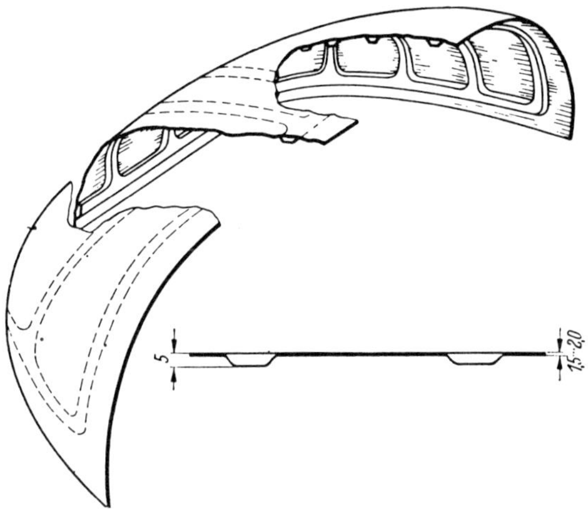

Abb. III.497. Dachkappe für Großfahrzeug versteift durch aufgeblasene Hohlverrippung, Glatthaut nach außen.

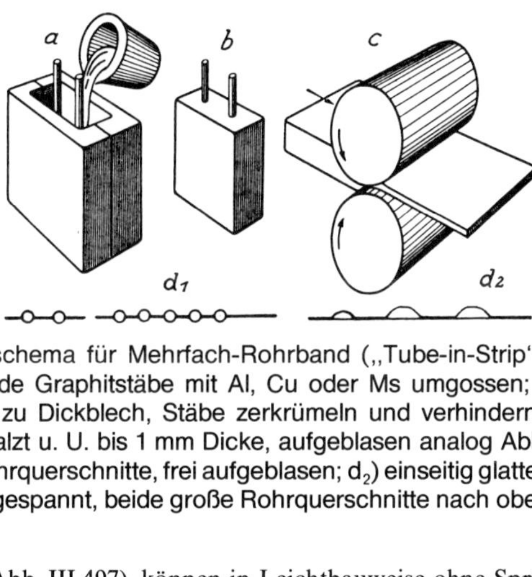

Abb. III.498. Herstellschema für Mehrfach-Rohrband („Tube-in-Strip"-Verfahren): a) in geteilter Kokille stehende Graphitstäbe mit Al, Cu oder Ms umgossen; b) walzfertiger Block; c) warm vorgewalzt zu Dickblech, Stäbe zerkrümeln und verhindern dort Verschweißung; später kalt fertiggewalzt u. U. bis 1 mm Dicke, aufgeblasen analog Abb. III.496, d) und gereinigt; d_1) zwei Bandrohrquerschnitte, frei aufgeblasen; d_2) einseitig glattes Rohrband, beim Aufblasen gegen Platte gespannt, beide große Rohrquerschnitte nach oben begrenzt.

auch einseitig glatt (Abb. III.497), können in Leichtbauweise ohne Spriegel formsteif erhalten werden; 8. vielseitige Verwendbarkeit besonders im Verkehrswesen und Hochbau noch in ständiger Ausweitung. –

Mehrfachrohr in Bandform („Tube-in-Strip"-Verfahren) nach Abb. III.498, damit „Rohrregister" mit 2 ... 5 und mehr parallelen Rohren von 5 ... 25 mm ϕ, untereinander verbunden durch Blechrippe, bis 300 m lang, 750 mm breit mit Rohrabstand $\geqq 10$ mm und Rohrwanddikken $\geqq 0{,}5$ mm als Halbzeug aufgerollt geliefert, ggf. auch noch unaufgeblasen. – **Anwendung** für großflächige raumsparende Kühl- bzw. Heizwände, wobei im Anschweißbereich mit Querverteilerrohren Zwischenblech auf einige cm Länge ausgeklinkt wird. –

Aufblasbares Flachbandrohr („Strubing"-Rohr): Längs- oder spiralnahtgeschweißte sowie stranggepreßte dickwandige Rohre bis mittleren Dmr. werden nach Einbringen eines Trennmittels (Graphit oder Schmieröl) in Walzwerk zu Flachband gewalzt, dabei vor allem Strangpreßrohr mit starker Wanddickenreduktion, während Innenumfang zusammengefaltet erhalten bleibt. Als flachliegendes „Schlauch"-Band aufgerollt raumsparend zum Versand gebracht, wird es vor Verwendung hydraulisch oder pneumatisch aufgeblasen und vom Trennmittel befreit. **Anwendung:** Flüssigkeits- und Gasleitungen aller Art, Auskleidungen und für Verpakkungszwecke.

γ) **Autofrettage** (Selbstvorspannung)

Begriff: In dickwandigen Rohren (Behältern) wird durch hohen hydraulischen Innendruck (ggf. > 7000 bar) Werkstoff langsam plastisch „von innen heraus" kalt gereckt (u. U. bis 8%), während dabei äußerer Wanddickenbereich nur elastisch deformiert wird. Nach Entlastung liegt wegen Zusammenziehung der Außenzonen innen Druckvorspannung vor, während Außenbereich unter Zugspannung steht, also gleichsam aufgeschrumpften Mantel ersetzt. (Französisch: „frette" = eiserner Ring; autofrettage also wörtlich übersetzt: „sich selbst mit eisernem Ring versehend". Bisher übliche Verdeutschung „Selbstverspannung" nicht treffend, besser *Selbstvorspannung.*)

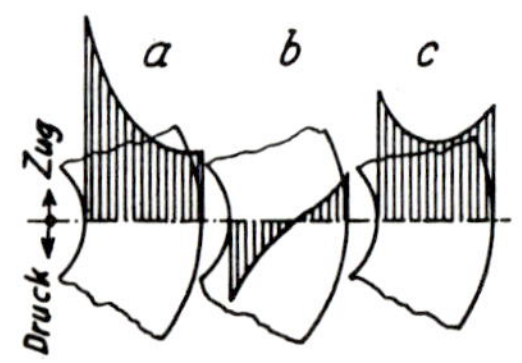

Abb. III.499. Wirkung der Autofrettage. a) Spannungsverteilung in Rohrwand bei hohem Innendruck ohne Vorbehandlung; b) nach Autofrettage und Entlastung verbliebene Vorspannung in unbelasteter Rohrwand; c) Spannungsverteilung, wenn autofrettiertem Rohr mit Vorspannung nach b) die Spannung nach a) überlagert wird; gefährliche Zugspannungsspitze auf Innenseite vermieden.

Zweck: Ohne Vorspannung (Autofrettage) würde hoher Betriebs-Innendruck zu gefährlicher Zugspannungsspitze auf Innenseite führen (Abb. III.499, a); vorherige Autofrettage ergibt Vorspannung nach Abb. III.499, b; wird dieser jetzt Betriebsspannung nach a überlagert, so ergibt sich resultierende Spannungsverteilung nach Abb. III.499, c, damit Abbau gefährlicher Innen-Zugspannungsspitze, während sie außen zwar größer wird, aber noch zulässig bleibt. Nach dem Autofrettieren vor Inbetriebnahme meist künstliche Alterung durch Anlassen auf ≈300 °C („Blauwärme"), damit Festigkeitsverbesserung ohne Abbau der Vorspannung. – **Anwendung** ursprünglich mit wesentlicher Gewichtseinsparung als Ersatz für aufgeschrumpfte Mäntel bei Geschützrohren, dann zunehmend zuerst in Frankreich für große (ursprünglich bandagierte) Wasserturbinen-Druckrohre, Hochdruck-Reaktionszylinder und Druckbehälter der Chemotechnik auch in Mehrlagenbauweise [III.75], Hochdruckkessel u. ä.

7. Hochenergie- bzw. Hochgeschwindigkeits-Umformung [III.76]

Hierbei wirken extrem-kurzzeitig hohe Energiemengen mit momentaner Druckspitzenwirkung auf Werkstückausgangsform (meist Blech oder Rohr) ein und formen sie mit anderweitig nicht erreichbarer Umformgeschwindigkeit zum Werkstück um.

Selbst rel. spröde Metalle kommen damit in hydrodynamischen Zustand. Genau ist Umformmechanismus noch nicht bekannt. Man nimmt bis jetzt an, daß Stoßwelle zwischen Atomen wirksame Anziehungskräfte stört (überwindet) und durch schockartige Umordnung der Atome Werkstoff in Werkzeugform „fließen“ läßt, wobei infolge extrem hoher Umformgeschwindigkeit Werkstoff gleichsam weder Zeit zum Reißen noch zur Faltenbildung hat. Diesbezügliche Forschungen laufen seit über zehn Jahren in USA [III.77] und anderwärts; vor allem Explosiv-Umformung seit etwa 15 Jahren zunehmend zur Kaltumformung zunächst nur so umformbarer spröder Metalle des neuzeitlichen Flugkörperbaus, neuerdings zwecks Einsparung teurer Hochdruck-Großpressen auch für duktile Werkstoffe bevorzugt im Flugzeug- und Raketenbau praktisch in Anwendung, wobei man sich versuchsmäßig an günstige Arbeitsbedingungen herantastete. Fließgrenze des Werkstoffs wird erhöht und elastischer Bereich völlig unterdrückt, wobei mit konventionellen Verfahren nicht mögliche Umformgrade erreicht werden: z. B. nimmt Dehnungsfähigkeit extrem harten rostfreien Stahls um über 100%, die von ausgehärteten Al-Legierungen bis zu 600% zu; bei allerdings praktisch-bedeutungslosen Vergleichsversuchen verhielt sich Grauguß trotz trennender Graphitblättchen wie zähelastisches Material, ohne Rißbildung zu zeigen. Kaltverfestigung bei Metallen und Legierungen mit kfl-Gitter am stärksten, geringer bei krz.- bzw. hex.-Gitter, dabei in beiden Fällen Zähigkeitsabnahme wesentlich geringer als bei herkömmlichen Verfahren mit gleichem Umformgrad auftretend; gefügemäßig typisch ist auch reichliches Auftreten von Zwillingsbildung. – Bisher vier Verfahren: a) Explosiv-Umformung unter Verwendung von Sprengstoff; b) Elektromagnetisches Umformen durch Induktionswirkung; c) hydroelektrisches Umformen durch Unterwasser-Funkenentladung; d) pneumatisch-mechanisches Verfahren in Werkzeugmaschinen mit Druckstauung. – Trotz schon großer praktischer Erfolge sind alle vier Verfahren noch in Weiterentwicklung und Anwendungs-Ausweitung. Theorie u. Grundlagenforschung hinken hier der Praxis nach.

a) Explosiv-Umformen (Explosionsformung, Sprengformen) [III.78]

Begriff: Stoßumformung durch Druckwelle kontrolliert-detonierenden Sprengsatzes.

Geschichtliches: Zwei Patente: 1897 (England) und 1901 (USA), damals Sprengpatrone zur Formung verwickelter Ms-blech-Türknöpfe u. ä., dann wieder in Vergessenheit geraten. In dreißiger Jahren kam im Flugzeugbau Sprengnietung, Abb. III.500, für schließkopfseitig unzugängliche Nietungen auf, wobei brisanter Sprengsatz in Schaftbohrung durch Erhitzen des Setzkopfes mit Elektrowärmegerät zur Explosion und damit zur Aufbauchung des Schaftes unter Schließkopfbildung führt; auch heute für Al- und St-Niete üblich. – Erst in letzten 5 ... 6 Jahren schnell zunehmende Anwendung zur Umformung bevorzugt großer Blechwerkstücke und Rohre.

Arbeitsprinzip: Umzuformendes Blech (Platte) durch Spannring abgedichtet über evakuierter Matrize gehaltert mit darüber aufgehängter Sprengladung in Wasserbehälter versenkt, Abb. III.501. Durch Wasser übertragene Schockwelle gezündeter Sprengladung treibt Blech in Matrize. Für leichtere Umformung auch Luft als Übertragungsmedium (stärkerer Sprengsatz!). Bei schwerstumformbaren Blechen elektrisch geheizte Gesenke mit Sand zur Schockwellen-Übertragung. – Bei Rohrumformung Anordnung nach Abb. III.502. – Zahlreiche Variationen obiger Arbeitsweisen möglich.

Fortpflanzungsgeschwindigkeit der Druckwellen je nach Sprengstoffart 1500 ... 8500 m/s; mittlere **Umformgeschwindigkeit** 120 ... 240 (örtlich bis 300 m/s); errechnete spez. Anfangs-**Drücke** bis 100 000 N/mm² (1 Million bar); Druck-**Zeitdauer** 1/10 000 ... 1/1000 s; Schockwellen**leistung** ≈100 Milliarden kW. – **Blechdicken:** 0,05 mm (hart und spröde) bis 100 mm (Al-Leg.). – **Sprengstoffe** (unterschiedlich in Brisanz und Verwendungsform): Nitroglyzerin (in Form von Dynamit), Trinitrotoluol (TNT), Pentaerythritol Tetranitrat (PENT), Nitropentaerythrit (PRTN), Tetryl, Ammoniumnitrat u. v. a. [III.79]. – **Sprengstoff-Form:** kugelig (Pillenform), stab- oder schnurförmig; plattenförmig (auf Maß schneidbar); entweder einzeln angebracht oder zu mehreren mit gleichzeitiger Zündung. – Bisher weniger gebräuchlich *explosive*

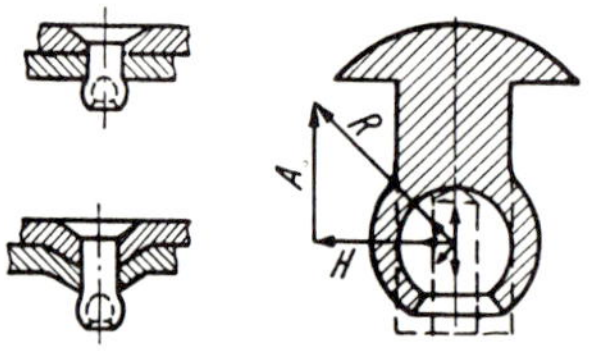

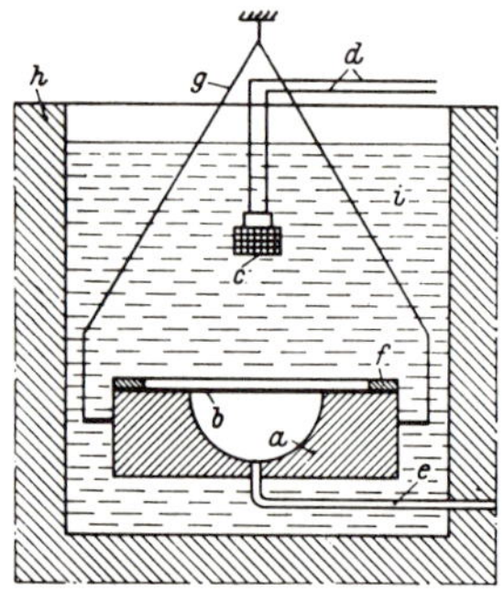

Abb. III.500. Sprengnietung. Rechts: Im Sprengniet wirkende Explosionskräfte: H Aufbauchkraft, A Anzieh- und Stauchkraft; gestrichelt: Ausgangsform, in Bohrung Sprengstoff, durch Lack abgedeckt; links zwei Sprengnietformen, für Dural-(AlCuMg-)Nieten Scherfestigkeit $\approx 200\ N/mm^2$.

Abb. III.501. Offenes Explosiv-Umformen (Schema). a Formwerkzeug (meist auf Behälterboden stehend); b Werkstück-Zuschnitt (Blech, gegen a abgedichtet); c Sprengladung (oft aufgehängt an dreibeinigem Drahtgestell über f); d elektr. Zündleitung; e Entlüftungsleitung (Anschluß Vakuumpumpe), meist im Wasserbehälter nach oben geführter druckfester Schlauch; f Niederhalterring, mit a verspannt; g Aufhängevorrichtung (Kran) für a; h Unterflur-Wasserbehälter; i Wasserfüllung zur Druckübertragung (über c Wassersäule $\geqq 1$ m).

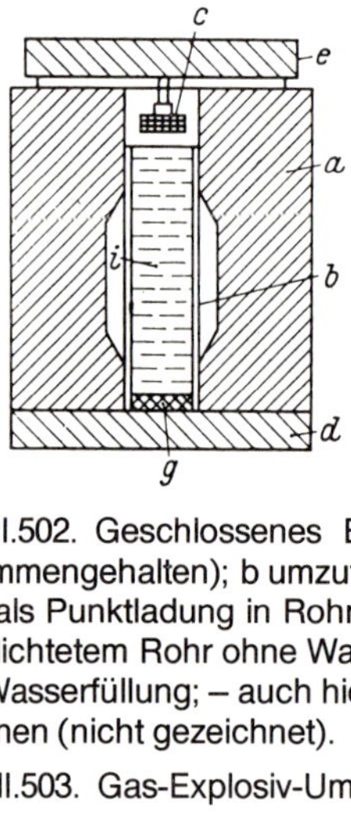

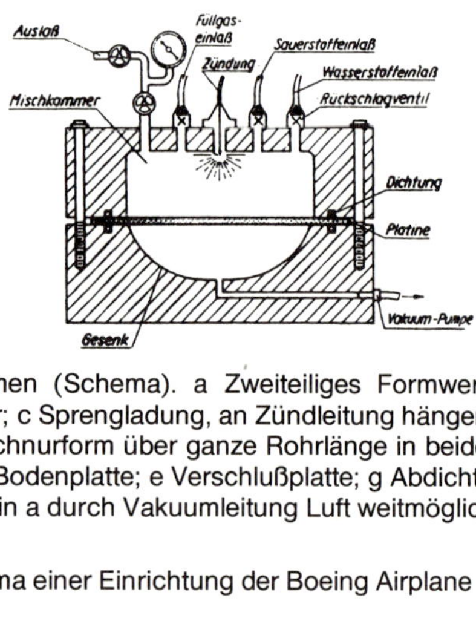

Abb. III.502. Geschlossenes Explosiv-Umformen (Schema). a Zweiteiliges Formwerkzeug (zusammengehalten); b umzuformendes Rohr; c Sprengladung, an Zündleitung hängend (oft auch als Punktladung in Rohrmitte oder in Schnurform über ganze Rohrlänge in beiderseits abgedichtetem Rohr ohne Wasserfüllung); d Bodenplatte; e Verschlußplatte; g Abdichtscheibe; i Wasserfüllung; – auch hier aus Höhlung in a durch Vakuumleitung Luft weitmöglichst zu entfernen (nicht gezeichnet).

Abb. III.503. Gas-Explosiv-Umformung. Schema einer Einrichtung der Boeing Airplane Co.

Gasgemische (H_2/O_2, C_2H_2/O_2 u. a.), über deren Anwendung nur wenig bekannt wurde, wenn auch vieles für sie spricht; zunehmende Bedeutung zu erwarten. (Vgl. Abb. III.503.)

Formwerkzeug (Matrize, Gesenk) meist einteilig (für unterschnittene Formen auch mehrteilig): Oberfläche glatt ohne scharfe Übergänge. Werkzeug-*Werkstoff:* je nach umzuformendem Werkstoff für Dauergebrauch GG, St; kleinere Werkzeuge aus Zn-Guß oder verstärktem Kunstharz; sehr große Werkzeuge aus Beton mit verstärktem Epoxidharz-Belag (hält für einige hundert Werkstücke, dann Belag erneuern), u. a., neuerdings sogar Matrize aus Eis, erzeugt durch Kühlanlage. –

Umformbare Werkstoffe: über 40 als geeignet festgestellt (weich bis extrem hart und spröde) z. B. Stähle: gewöhnliche, austenitische, hochfeste und harte, warmfeste, zunderbeständige; rein oder legiert: Al, Be, Co, Cu, Mo, Nb, Ni, Ta, Ti, W, Zr u. a., auch sogenannte „Superlegierungen" höchster Korrosions- und Hitzebeständigkeit.

Formgenauigkeit größer als bei jedem konventionellen Verfahren, dabei geringste Toleranzen meist weit unter Forderung einhaltbar, z. B. Stahldom 1400 mm Φ, 5 mm dick, mit Maßgenauigkeit $\pm 0{,}25$ mm; von besonderer Bedeutung für Flugkörperbau mit meist vorgeschriebeneü engen Toleranzen, damit kostspielige Nacharbeit (wie nach anderen Umformverfahren) eingespart. Bei richtig dosierter Sprengstoffmenge und Evakuierung vernachlässigbar geringes Zurückfedern des Werkstücks.

Vorteile des Explosiv-Umformens: 1. große Kosten- und Zeiteinsparung bei Neuentwicklung (keine zu beschaffende Großpressen, Formwerkzeuge schnell und billig selbst herstellbar); 2. für konventionelle Verfahren unmögliche Umformung hochfester Superwerkstoffe mit bis 4000 N/mm² gegeben; 3. nur einteiliges billiges Werkzeug (kein Stempel, daher keine Beschädigung der Blechoberfläche) erforderlich, mit z. B. $1/20$ ... $1/30$ der Kosten vergleichbaren Preßwerkzeugs, daher besonders für Prototypenherstellung geeignet; 4. Große Drücke (bes. für Großteile) mit Sprengstoff viel einfacher und billiger erzeugbar als mit konventionellen Großpressen; Gesamtkosten einer Explosiv-Anlage $\approx 1/50$ der einer Großpresse; 5. Qualitätsverbesserung: sehr hohe Formgenauigkeit, geringste Toleranzen, kein nennenswertes Zurückfedern, sauberste Oberfläche (abhängig vom Oberflächenzustand von Werkzeug und Zuschnitt); 6. sehr geringer Ausschuß verglichen mit konventionellen Verfahren, besonders bei sehr großen Teilen und ungewöhnlichen Formen; gilt auch für Explosiv-Nachformen anderweitig vorgeformter Teile [III.78]; 7. Werkstück frei von inneren Spannungen bei verminderter Reckalterung des Werkstoffs; Ausgangsgefüge und Bruchdehnung bleiben weitgehend erhalten (kein Entspannungsglühen nötig); 8. besonders bei verwickelten Formen große Ersparnis: geringste Vorfertigungskosten, keine Vor-, Zwischen- und Endglühung, keine Nacharbeit; 9. bei geschweißter Ausgangsform aus selbst härteren Werkstoffen Schweißnähte rißfrei umgeformt; 10. Werkstückgröße nach oben kaum begrenzt; schon bis 6 m Φ umgeformt; 11. mit angelernten Arbeitern durchführbar. – **Nachteile** fast ausschließlich durch Organisation zu beheben, beeinträchtigen Vorteile kaum: Personalschulung im Umgang mit Sprengstoffen; erhöhte Unfallgefahr, wenn Vorschriften nicht eingehalten; Beschränkung durch behördliche Vorschriften (Formstation auf Freigelände, Sprengstofflagerung in Betonbunker etc.); Rüstzeit noch ziemlich groß (für Großteile arbeitstäglich ≈ 10 Umformungen), wenn nicht mehrere Werkzeuge (auch verschiedene) im Wechsel zum Einsatz kommen; gewisse neuzuschaffende Konstruktionsrichtlinien. – **Anwendungsbereich** ursprünglich vor allem im Flugzeug- und Raketenbau wegen dort zunehmender Anwendung schwerumformbarer Werkstoffe, Erreichbarkeit enger Toleranzen und wesentlicher Zeiteinsparung. Seit Jahren steigend auch auf anderen Gebieten, wie Apparatebau, Radartechnik, Metallwarenindustrie u. a.

Anwendungsbeispiele: gerillte und gesickte Flugkörperböden, Raketenköpfe und -nasen, aufgeweitete Gehäuse aus Rohr, von innen aufgeweitete und von außen eingeschnürte Rohrteile (auch mit grobprofiliertem Gewinde), quadratische Aufweitung von Rundrohren, Flugkörper-Außenhüllen, 1,5 m hohe Druckkammern, Nasenkonus, Brennkammern und Abgasrohre für Strahltriebwerke, Böden für Feststoff-Raketen, Radarreflektoren großer Dmr. – Verschlußdome für Tankwagen aus St, 5 mm dick; flachgewölbte bis halbkugelige Behälterböden bis 6 m Φ im Apparatebau, Größt-Wölbeböden aus Al-Leg. bis 100 mm dick; Radarreflektoren engster Toleranz, Brennelementhülsen für Kernreaktoren, Halbkugelschalen (aus ebenem Zuschnitt), Vollkugelformen (aus Rohr, beiderseitige Öffnung) [III.76]. Nach zweijährigen Versuchen fertigt die WMF (Württembergische Metallwarenfabrik Geißlingen) Teile verschiedener Art aus Blech und Rohr; starke Kostensenkung bei Leitschaufelfertigung von Großturbinen: etwa 30 verschiedene Schaufelformen bedingen Kosten konventioneller Werkzeuge von 20 000 ... 30 000 DM (wegen meist Einzelfertigung von Großturbinen wesentlicher Preiseinfluß); entsprechende Werkzeuge bei Explosivumformung kosten insgesamt 200 ... 300 DM.

Andere Anwendung von Sprengstoffen in der Metallbearbeitung [III.79]: Explosives Oberflächen-Kalthärten von Mn-Hartstahl (Hadfieldt-St) [III.78], z. B. Schienen-Kreuzungsstücke und Weichenzungen durch Detonieren aufgelegter Sprengstoffplatten, wobei durch Schockwelle bis 12 mm tief Martensit durch Kaltumformung des weichen Austenits entsteht (durch übliches Kaltdrücken nur 1 ... 2 mm tief); Herstellung von Schweißverbindungen (Sprengschweißen); Plattierschweißen konventionell nicht verschweißbarer Bleche (z. B. St/Ta u. a.); explosives Schneiden und Lochen; explosives Gravieren und Prägen sowie Gesenkpressen von Massivteilen; Zusammensintern schwer sinterbarer Pulvergemische ohne Wärmeeinwirkung, Explosiv-Verbindung von Al-Rohren, u. a. –

b) Elektromagnetisches Umformen [III.79]

(Magnetformen, Magnetschock-Verfahren, Magnetimpuls-Verfahren)

Begriff und Wirkungsweise: Durch Kondensator-Entladung über Magnetspule (Primärwicklung) wird in Mikrosekunden sehr starkes Magnetfeld aufgebaut, das in unmittelbarer Nähe in el. leitendem Werkstück ($\triangleq$ kurzgeschlossener Sekundärwicklung) gegenläufigen Strom und damit entsprechendes Magnetfeld induziert; auf Werkstück wirkt daher große schockartige Abstoßkraft, verwendet zu dessen Umformung.

Entwicklung in Gang gekommen durch Untersuchung starker Magnetfelder bei thermonuklearer Forschung (1958); amerikanische Firma [III.78] entwickelte aufgrund der neuen Erkenntnisse über magnetische Kompressionserscheinungen „Magnetform"-Maschine.

Magnetformmaschine: In Spule B (Abb. III.504) entsteht stark gedämpfte el. Schwingung mit $\approx$10 kV Spannung und mehreren kA Oszillationsscheitelwert der Stromstärke, mit magnetischer Induktion $\approx$300 Kilogauß ($\approx$30fache Flußdichte üblicher E-Motoren). Kondensator-Entladezeit 10 ... 20 millionstel Sek. bei Aufladezeit $\approx$2 s und 6 s Arbeitszyklus, also 10 Umformungen/min möglich. Werkstück mit Spule (bzw. deren Polschuh) nicht in Berührung, daher kein Verschleiß. Dauerspulen aus BeBz mit Epoxidharz vergossen; Lebensdauer bei richtiger el. Belastung praktisch unbegrenzt. Magnetisch erzeugter spez. Anfangsdruck auf Werkstück $\geqq$35 000 N/mm². In manchen Fällen nur einmal verwendbare billige Spulen aus isoliertem Cu-Draht (Preisverhältnis 4000 : 1) wirtschaftlicher, die durch hohen Strom zerplatzen („explodierende" Spulen; Schutzvorrichtung!) und bei jedem Umformzyklus ersetzt werden; hier 10facher Druck bis 350 000 N/mm² erreichbar.

Umformbare Werkstoffe: El. Leitfähigkeit $\varkappa$ soll $\geqq \frac{1}{10}\, \varkappa_{Cu}$ sein, andernfalls zwischen Spule und Werkstück „Treibzwischenlage" (z. B. dünnes Al- oder Cu-Blech u. ä.); erforderlich z. B.

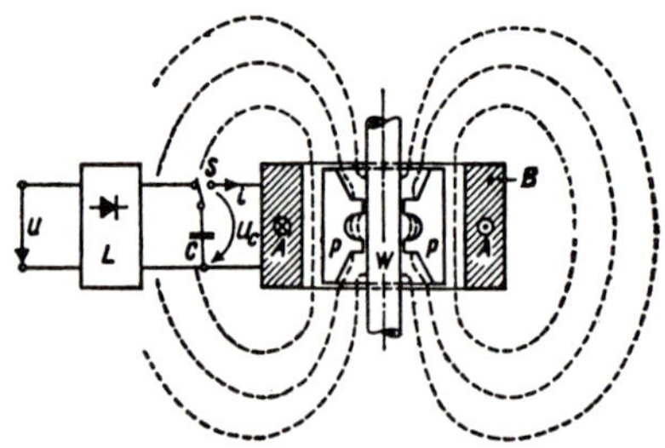

Abb. III.504. Prinzip des Magnetformens. U Netz-Wechselspannung 220 bzw. 380 V, 50 (60) Hz; L gleichrichtendes Ladegerät für C; C Kondensator (mehrere parallelgeschaltet, Kapazität bisher 6000 J); S Entladungsschalter (als „Funkenstrecke" gezeichnet, am geeignetsten Ignitron); U_C Entladungsspannung von C, die in Magnetspule B den Schockstrom A erzeugt, der Magnetfeld aufbaut, das hier von Ringpolschuh (Feldformer) P an beabsichtigter Umformstelle des Werkstücks W (Rohr) verdichtet wird (Entstehung einer Doppeleinschnürung ohne innere Gegenlage ähnlich W_2 mit Gegenlage von V in Abb. III.505).

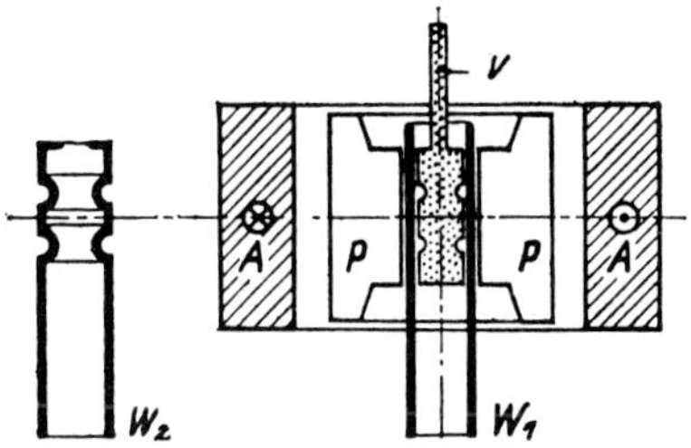

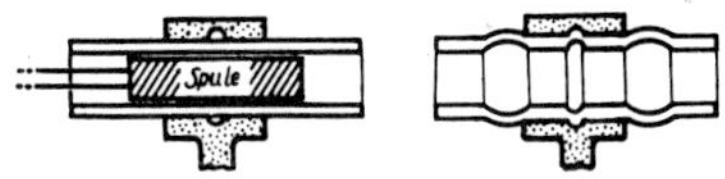

Abb. III.505. Elektromagnetisches Verbinden von Steuergestängeteilen. Rechts: Ring-Polschuh (Feldformer) P konzentriert Magnetfeld auf Verbindungsstelle, dadurch Rohr W_1 an Verbindungsstück V gepreßt und angekümpelt; links: W_2 = umgeformtes W_1 ohne V gezeichnet.

Abb. III.506. Hebelauge/Rohr-Verbindung durch Magnetstoßfeld. Links: vor, rechts: nach der Umformung.

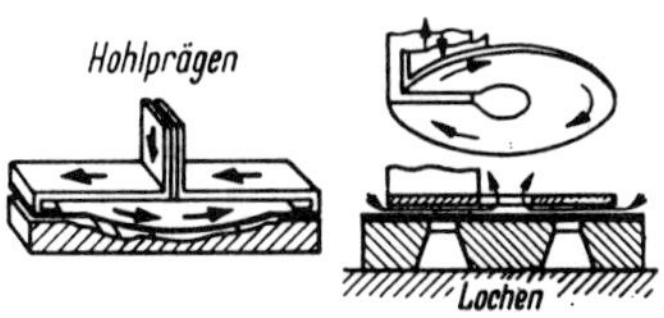

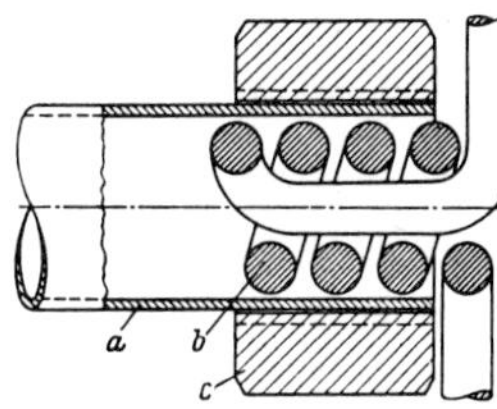

Abb. III.507. Hohlprägen und Lochen durch elektromagnetische Kraft. Links: Werkstück ist Bestandteil der Primärspule; Pfeile: Stromrichtung.

Abb. III.508. Elektromagnetisches Drücken von Außengewinde auf Rohrende. Matrizenring mit Innengewinde anschließend abgeschraubt; sinngemäß Herstellung von Innengewinde im Rohrende durch Außenspule und Innen-Matrizendorn mit Gewinde.

bei Werkstücken aus nichtrostendem Stahl. Je größer $\varkappa$, desto größer Umformkraft. Bisher umgeformte Metalle in Blech- oder Rohrform: übliche Stähle sowie NE-Metalle und deren Legierungen: Cu, Ms, Mo, W, Al, Ag, Au, Pt. –

Hauptvorteile sind geringster Zeitaufwand, Ersparnis an Matrizenkosten (wenn überhaupt erforderlich: einfach und billig), schneller Spulen- und ggf. Matrizenwechsel und damit kurzzeitige Umstellung auf verschiedene Operationen; Anlage billiger als vergleichbare Presse für konventionelle Formung.

Anwendungsbereich: Verbindung einzelner Teile bzw. Baugruppen zum Fertigerzeugnis: Kabelendstücke, Seilanschlüsse, Flugzeugsteuergestänge (Abb. III.505) u. ä.; Montage kleiner Transformatoren sowie Lautsprecherzubehör, kleiner E-Motoren; Hebelauge/Rohr-Verbindung (Abb. III.506) u. ä. Einzelumformungen: Hohlprägen und Lochen (Abb. III.507), Drükken von Rohr-Außengewinden (Abb. III.508) bzw. Innengewinden; an Rohren örtliche Einschnürungen (Abb. III.504) oder (mit Innenspule) Ausbauchungen (analog Abb. III.506), Blechprägungen, Flanschenformungen u. a. – Bisher nur für kleinere Teile: Blechronden-Dmr. bis 150 mm, 3 mm dick mit ebener Flachspule, Rohrumformungen entsprechender Dicke mit Spulen bis 150 mm Φ, 150 mm hoch; noch keine Massivumformungen.

c) Umformen durch Unterwasser-Funkenentladung bzw. -Drahtexplosion [III.80, 76]

(hydroelektr. Umformen, „Hydrospark"-Verfahren, Elektroform-Verf., Lichtbogen-Umformen, Umformen durch Unterwasser-Blitz bzw. elektr. Unterwasser-Entladung)

Begriff: Umformen von Rohren bzw. Blechen durch hydraulische Druckwelle als Folge eines Hochspannungs-Lichtbogens oder eines durch Stromdurchgang vergasten dünnen Drahtes unter Wasser.

α) **Unterwasser-Funkenentladung:** Stoßstrom-Anlage im Prinzip wie Abb. III.504, nur statt dort Spule B hier Unterwasser-Lichtbogen zwischen Elektroden überspringend (bzw. gemäß *β* Drahtexplosion), wobei bestimmtes Flüssigkeitsvolumen in einigen millionstel Sekunden verdampft (in „Plasma"-Zustand übergeht). Anfänglich schlauchförmiger Kanal dehnt sich schockartig mit Überschallgeschwindigkeit aus. Bei ausreichender Stärke wird Rohr (Blech) schlagartig in dahinterliegende Matrize gedrückt, deren Hohlraum mindestens entlüftet, besser evakuiert ist (Abb. III.509 u. III.510, A). –

Erste Erkenntnisse von *Svedberg* 1905 über Schockwellen-Entstehung bei Lichtbogen unter Wasser mit ganz anderem Ziel [III.81]; erst seit ≈1960 praktisch und seitdem stark zunehmend im Einsatz.

Elektrodenabstand z. B. 25 ... 50 mm (bei Spannung 30 ... 50 kV); Medium: gewöhnliches Wasser; Luft unbrauchbar (im Gegensatz zu Explosiv-Umformung, die auch in Luft möglich ist), da vergastes Wasser zur Expansion und Wasser zur Druckübertragung auf Werkstück nötig.

β) **Unterwasser-Drahtexplosion:** Statt freien Funkendurchschlags schlagartiges Verdampfen dünnen Drahtes, der Elektroden verbindet; sein Volumen vergrößert sich momentan um das 10 000 ... 100 000fache unter Metalldampfbildung, dabei außerdem Wasserverdampfung, anschließend oft noch Lichtbogen (gelegentlich unerwünscht). Elektrodenabstand kann dabei viel größer (bis 350 mm) sein bei gleicher Maximalspannung. Damit kleinere und billigere Anlage zur Druckwellenerzeugung möglich, doch jedesmalige Drahterneuerung notwendig.

Durch entsprechende Drahtanordnung und -formung, ggf. zu mehreren in Korbform oder als ebenes System Druckwellenfront weitgehend der Matrizengestalt anpaßbar, also nicht nur gerade mit zylindrischer Druckwellenfront wie in Abb. III.510, B. Drahtdicke 0,25 ... 0,75 (1) mm; Drahtwerkstoff: Al, Ni u. a.

Zu *α*) und *β*): Spez. Anfangs-Stoßdruck 100 000 ... 1 000 000 N/cm², nach Werkstück hin abnehmend und elektrisch so genau regulierbar, daß Matrize nur mäßig beansprucht wird; Druckgeschwindigkeiten 5000 ... 12 000 m/s; Einwirkzeit z. B. 20 millionstel Sekunden. Alle max. 30 Sekunden 1 Umformprozeß, also ≧120 Umformungen/Std.

Werkzeuge: einteilige Matrizen, für Rohrausbauchung mit Teilfuge, dazu Zusammenhaltering, Matrizenwerkstoff: Al-Guß; Epoxid-Kunstharz mit verstärkter Oberfläche u. ä., z. B. durch Gießen auf Modell herstellbar.

Anlagendaten: Kapazität 10 ... 32 000 μF; speicherbare Energie 3 ... 60 kWs; Entladespannung 4 ... 115 kV. – **Werkstückgrößen:** Rohre von kleinstem bis 75 mm Φ × 10 mm Wanddicke; Blechronden 60 ... 700 mm Φ × 0,25 ... 4,5 mm Dicke. In Entwicklung sind Anlagen bis 155 kWs für Rohre bis 250 mm Φ und Blechronden bis 3000 mm Φ.

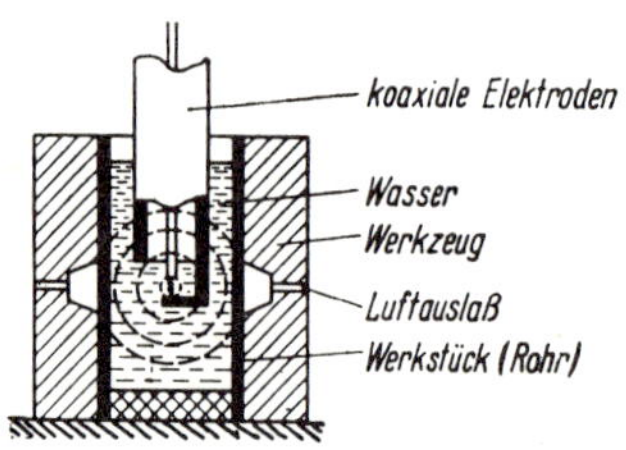

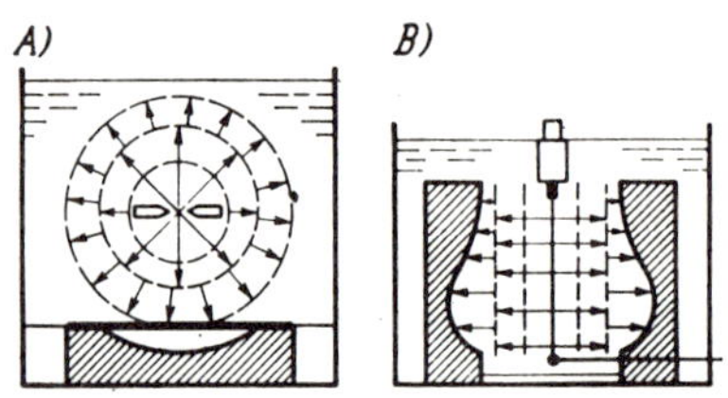

Abb. III.509. Umformung durch Funkenentladung unter Wasser. Elektroden zündkerzenartig; Rohrausbauchung in geteiltem Werkzeug, durch nicht gezeichneten Mantel zusammengehalten; Rohr unten durch Gummi gegen Werkbank abgedichtet.

Abb. III.510. Erzeugung verschiedener Stoßwellenfronten. A) kugelförmig zur Blechrondenwölbung (Unterwasser-Lichtbogen zwischen gegenüberstehenden Elektrodenspitzen); B) zylindrisch zur Rohrformung (Drahtexposion unter Wasser).

Umformbare Werkstoffe: praktisch alle Metalle und Legierungen wie unter 7 a u. b angegeben.

Vorteile im wesentlichen die gleichen wie beim Explosiv-Umformen bis auf höhere Anlagekosten (immerhin nur ≈1/10 vergleichbarer konventioneller Pressen bei nur ≈1/10 von deren Platzbedarf), sowie bis jetzt stärkere Begrenzung der Werkstückgröße. Verfahren jedoch in normalen Fabrikationshallen durchführbar mit rel. einfachen Schutzvorrichtungen (Hochspannung!). Energiedosierung genau und leicht einstellbar, sowie mit wesentlich kürzerem Arbeitszyklus (s. o.!), u. U. wesentlich für schwerstumformbare Werkstoffe, die durch mehrere Einzelentladungen stufenweise geformt werden können; dabei Rißgefahr vermindert, außerdem so auch größere Teile in rel. kleinen und billigen Anlagen herstellbar. Verfahren sehr geeignet für Automatisierung.

Anwendungsbereich: besonders zur Umformung hochfester Metalle in Rohr- und Blechform auch zu verwickelten Endformen in Luftfahrt- und Raketentechnik; neuerdings wegen geringerer Anlagekosten (s. o.) auch für Metallwaren des allgemeinen Gebrauchs (WMF).

Werkstück-Beispiele: Rohrausbauchungen aller Art (auch unsymmetrisch), seitliche Rohraushalsungen (kombiniert mit Heraustrennen des Halsbodens); Aushalsungen auch kleinster Rohre (z. B. 1,4 mm Innen-Dmr.) bei beliebiger Rohrlänge durch Drahtexplosion; aus in Längs- und Umfangrichtung zusammengeschweißtem Blechkegelstumpf+-Kegel geformte Raketenspitze; kugelabschnittförmig oder beliebig geformte Teile aus Blechronden u. ä.

d) Pneumatisch-mechanisches Umformen („Dynapak"-Verfahren)

Begriff: Massivumformung zwischen Stempel und Matrize (Gesenk), die durch plötzliche Entspannung von Hochdruckgas mit ≧10facher Geschwindigkeit eines Schmiedehammers gegeneinander bewegt werden.

Wirkungsweise der „Dynapak"-Maschine. Sie arbeitet als Gegenschlaghammer gemäß Abb. III.511 wie folgt: Zylinder über Querhaupt und (3) Zugsäulen mit Gesenk verbunden; dieser „Rahmen" ist in Grundplatte verschiebbar. In Kammer A Stickstoffgas (z. T. auch Luft) 150 bar; in Kammer B rechts vom Kolben Luft wesentlich geringeren Drucks (z. B. 15 bar) ausreichend um Kolben mit Dichtring = Dmr. der Überströmöffnung gegen Zwischenwand („Quellwand") zu pressen, dem Hochdruck in A Gleichgewicht haltend. Seitlicher Zusatzluftdruck („Luftzufuhr") links auf Kolben löst Dichtring gegen A, so daß Hochdruck in A über Überströmöffnung jetzt auf volle Kolbenfläche wirkt und Kolben mit Kolbenstange und Stempel schlagartig nach rechts schleudert, während durch Rückstoß Rahmen mit Zylinder und Gesenk wesentlich langsamer nach links geht. Werkstück im Gesenk wird damit durch Stempel mit Hochgeschwindigkeit umgeformt.

Arbeitsvermögen der Maschine je nach Größe 180 000 ... 6 750 000 Nm. Durch Druckeinstellung in A und B z. B. zwei Geschwindigkeitsbereiche: oberer Bereich für Hochgeschwin-

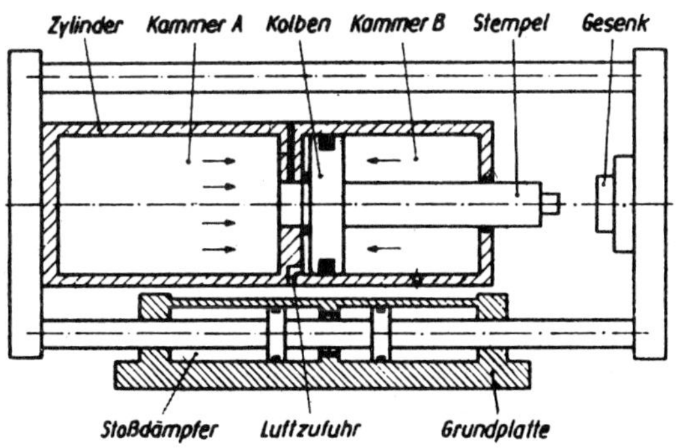

Abb. III.511. Schema einer „Dynapak"-Maschine (Fa. Convair); Maschine für liegenden (wie gezeichnet) oder stehenden Betrieb (Fa. Krupp) gebaut; Arbeitsweise siehe Text!

digkeits-Umformung, regelbar zwischen 12,5 und 125 m/s (Schmiedehammer z. B. 4 m/s), unterer Bereich (z. B. zum Strangpressen) 2,5 ... 75 cm/s. – Für Maschine mit Arbeitsvermögen 600 000 Nm z. B. üblicher Hochgeschwindigkeitsbereich $\approx$40 m/s, wobei Umformkraft in $\approx$1/1000 s frei wird. – Schlagfolgezeit je nach Größe 30 ... 60 (100) s. Wegen Gegenschlagwirkung vergleichsweise sehr kleines Fundament frei auf Boden stehend ausreichend. Einzelheiten über Stoßdämpfung und Kolbenrückbewegung bei nur unbedeutendem Hochdruckgas-Verlust vgl. Schrifttum.

Allgemeiner Anwendungsbereich: Massivteil-Umformung im Flugzeug- und Raketenbau, aber auch zunehmend in vielen anderen Industrien, dabei *Kaltumformung,* für die wegen starken Ansteigens des Umformwiderstands mit Umformgeschwindigkeit gewisse Grenzen gesetzt sind, auch wegen Lebensdauer der Werkzeuge (Jedoch wegen hoher Umformgeschwindigkeit starke Werkstück-Erwärmung, daher vergleichsweise viel leichtere Umformung als durch entsprechenden statischen Druck. – Gerade bei Kaltumformung oft Endform durch mehrere Schläge erreicht). Viel auch gerade für hochfeste schwerumformbare Werkstoffe *Warmumformung* (Induktionserhitzung des Werkstücks). Wegen nur sehr kurzer Berührzeiten höchste Umformtemperaturen möglich (z. B. Wolfram bei 2100 °C). Gefüge immer sehr feinkörnig und gleichmäßig; geringe Toleranzen (wenige hundertstel mm) einhaltbar; Nuten und Stege bis < 1 mm; keine Seitenschrägen erforderlich (aber ausführbar).

Arbeitsprozesse: Gesenkschmieden, Fließpressen, Stanzoperationen, Prägen, Verdichten (Sinterlegierungen), ferner *Strangpressen,* wobei gegenüber normalem Verfahren hier wesentlich höhere Geschwindigkeiten auftreten mit Möglichkeit des Pressens sehr kleiner Wanddikken (bei Cr-Leg. St z. B. < 0,25 mm); dabei auch bes. scharf ausgeprägte Kanten, scharfe Innenecken, große Querschnittsunterschiede mit schroffen Übergängen, Hohlquerschnitte mit schmalen Außen- und Innen-Nuten und -Rippen möglich.

Verarbeitbare Werkstoffe: alle Stähle, Grauguß, Mo, Nb, Ti, W, Zr und ihre Legierungen u. a., ferner z. B. gesinterte hochfeste Ni- und Co-Legierungen usw.

Stempel und Gesenke aus legierten zähharten hochfesten Stählen, u. U. Schnellstahl, auf *HRC* 47 ... 50 vergütet, hochglanzpoliert, ggf. hartverchromt; immer geschlossene Gesenke, Werkstück also gratfrei, ggf. Werkstoffüberschuß durch kleine zentrale Öffnung verdrängt.

Arbeitsbeispiele: Turbinenschaufeln mit Fuß aus hochfesten Stählen und Ni-Legierungen, sowie AlBz, in einem Arbeitsgang mit Fuß kaltgeformt, daher auch temperaturempfindliche Werkstoffe verarbeitbar; Lüfterräder; kappenförmige Gehäuse mit Verzahnung am Umfang; Gasturbinenlaufräder mit ausgepreßten axialstehenden Schaufeln (z. B. 30 am Umfang); verwickelte Düsentriebwerksteile; Reaktorbrennstoff-Hülsen für Uran u. a., auch Werkzeuge, wie Schnellstahlfräser mit geschmiedeten Zähnen, u. ä.

E. Kunststoff-Verarbeitung [III.82, 83]

Die relativ junge Kunststoff-Industrie entwickelte überwiegend in den letzten 30 Jahren eine Großzahl neuer Verarbeitungsverfahren zur Herstellung von Fertigerzeugnissen und Halbzeug, teils unter Abwandlung bekannter Metallverarbeitungsverfahren, teils der andersartigen Natur der Kunststoffe entsprechend neue Wege beschreitend. Sie sind den nach dem Wärmeverhalten der Kunststoffe zu unterscheidenden beiden Hauptgruppen angepaßt, den thermoplastischen und den duroplastischen Kunststoffen.

Nachfolgend Behandlung nur der wichtigsten Verfahren im engeren Sinn, wobei der eigentlichen Formgebung vorgeschaltete Verfahren, wie Rohstoff-Aufbereitung, Zerkleinern (Granulieren, Mahlen), Mischen, Vortrocknen, Angelieren, Plastifizieren, Homogenisieren, Kneten, Einfärben (Dispergieren von Farbstoffen), Zusetzen von Weichmachern, Aufheizen u. ä., ferner nachgeschaltete Verfahren, wie Recken (Ziehen) von Folien, Bändern und „Drähten", Beschneiden und Trennen, Tempern sowie Zerspanen, nicht behandelt werden.

Die Kunststoff-Verarbeitungsmaschinen und -Einrichtungen werden nur gestreift. – Das Kunststoff-Schweißen ist unter III.F 3 kurz angedeutet, das Kleben unter III.F 4 behandelt. Spangebende Formung ist als Sondergebiet nicht behandelt. *Anwendungsbeispiele* für viele Verfahren sind schon bei den einzelnen Kunststoffen in I.H 1 erwähnt.

1. Gießverfahren

Flüssig-Verarbeitung weit überwiegend bei Thermoplasten sowie einigen fließfähigen Duroplasten angewendet, ausgenommen das auch für Duroplaste angewendete Formgießen. Schnelle Entformung der Thermoplaste bedingt Kühlung nach dem Guß, da physikalische Erstarrung durch „Einfrieren" temperaturabhängig, während Duroplaste durch chemische Umsetzung (Vernetzung) warmhärten, also nicht auf Kühlung angewiesen sind.

a) Spritzgießen [III.84]

Anwendung seit ≈1935, aus Metall-Druckguß entwickelt. – Als Granulat oder Pulver zugeführter Kunststoff wird aufgeschmolzen (plastifiziert) und in geteilte Stahlform unter hohem Druck eingespritzt, wo Erstarrung erfolgt.

Verarbeitet werden hauptsächlich Thermoplaste, neuerdings auch gut fließfähige Duroplaste, z. B. Polyesterharz ohne oder mit Schnittglasfaser-Füllung, ferner synthetische Elastoplaste (z. B. Polyurethan-Elastomere, Kunstgummimassen und Natur-Kautschukmassen), wobei in den hier heizbaren Werkzeugen Vulkanisation erfolgt.

Spritzgußmaschine besteht (wie Druckgußmaschine der Metalle) aus Formschließeinheit zum Schließen und Öffnen des meist zweiteiligen Werkzeugs (Spritzgußform), und einer el. heizbaren Plastifizier- und Spritzeinheit, von der aus über Düse Druckfüllung des Werkzeughohlraums erfolgt. Bis 1956 ausschließlich Kolben-Spritzgußmaschinen: Abb. III.512; sie haben wesentliche Schwächen, nur für kleinere Werkstücke bis (≈50 g) geeignet, unbrauchbar für schwerspritzgießbare Kunststoffe (z. B. Hart-PVC, Polykarbonat u. hochmolekulare Polyolefine). Umwälzender Fortschritt: 1956 erste Maschine mit Schnecken-Plastifizierung (Deutschland). Damit nicht nur Verflüssigungsleistung höher und wesentliche Verbesserung der Gußteilqualität, sondern auch Großgußteile bis über 30 kg Gewicht herstellbar und schwerschmelzbare Thermoplaste verarbeitbar („Hochtemperatur-Spritzguß"). Umstellung seit 1960 in Europa praktisch abgeschlossen, während USA noch nachhinken. Heute ab ≈50 g Spritzgewicht meist Schnecken-Plastifizierung, dabei außer el. Beheizung von außen zusätzlich Wärmeerzeugung durch Knetvorgang. Arbeitsweise einer Schnecken-Spritzgußmaschine in Abb. III.513. Schneckentransport allein würde zu langsame Formfüllung ergeben, daher stößt verschiebbare Schnecke die während Auswurfprozeß vor ihr angesammelte Masse durch koaxial angeordneten Kolben kurzzeitig in Werkzeughohlraum. Auch Kombination von Schnekken-Vorplastifiziereinheit mit Einspritzkolben üblich (Abb. III.515), hauptsächlich zur Modernisierung älterer Kolbenspritzgußmaschinen verwendet.

Die von der Schnecke geförderte Masse wird durch Umsetzung von Reibungs- und Scherenergie oder durch äußere Heizung erwärmt. Bei Schnelläufern genügt in der Regel die „autogene" (auch autotherme) Heizung, bei anderen evtl. äußere Heizung notwendig.

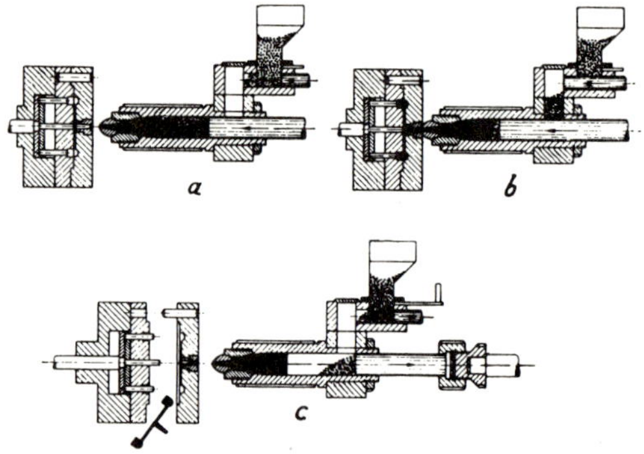

Abb. III.512. Arbeitsweise einer Kolben-Spritzgußmaschine (Schema). a Dosiert zugeführtes Granulat wird in el. beheiztem Zylinder zusammengepreßt und plastifiziert (verflüssigt); b Kolben spritzt verflüssigte Masse über Düse in kalte Form, wo sie „einfriert" (erstarrt); c nach Werkzeugöffnung Auswerfen des Gießlings, Kolben geht in Ausgangsstellung zurück. – Heute nur noch für Kleinteile bis $\approx$50 g, mit Handbetrieb, halb- oder vollautomatisch bei bis 500 Spritzungen/Stunde.

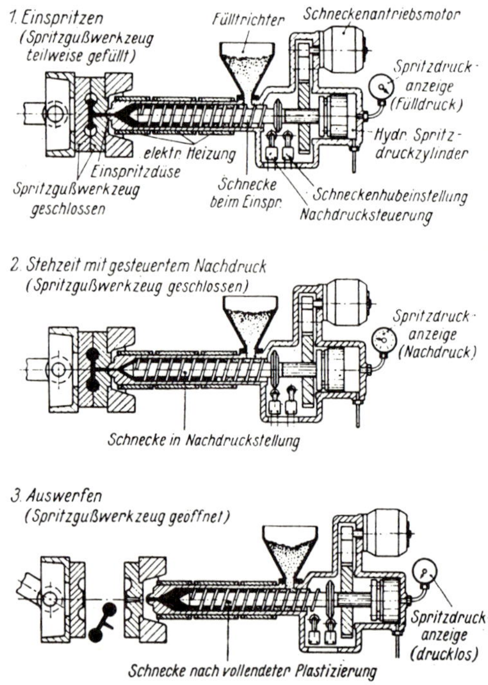

Abb. III.513. Arbeitsweise einer Einschnecken-Spritzgußmaschine (Schema). Bauart Ankerwerk Nürnberg. – Nach Füllen mit Nachdruck (2) wird ununterbrochen umlaufende Schnecke mit Kolben (jetzt drucklos) durch links sich ansammelnde Masse während Werkzeug-Öffnungszeit so weit nach rechts geschoben, als es Schneckenhubeinstellung für vorgesehenes Spritzvolumen zuläßt (3). Inzwischen wieder geschlossene Form wird gemäß 1 kurzzeitig dadurch gefüllt, daß Kolben die Schnecke nach links stößt (1).

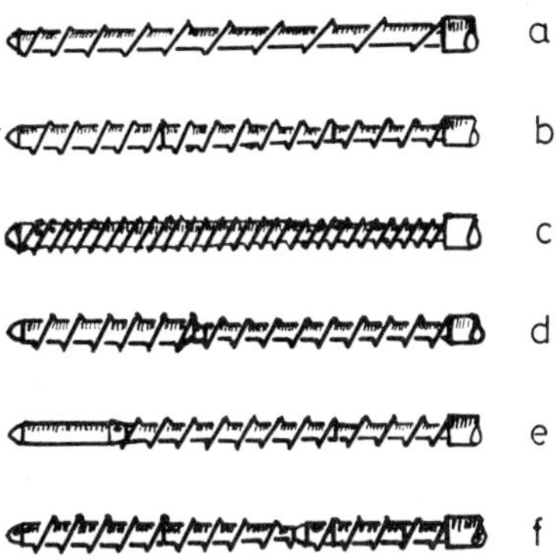

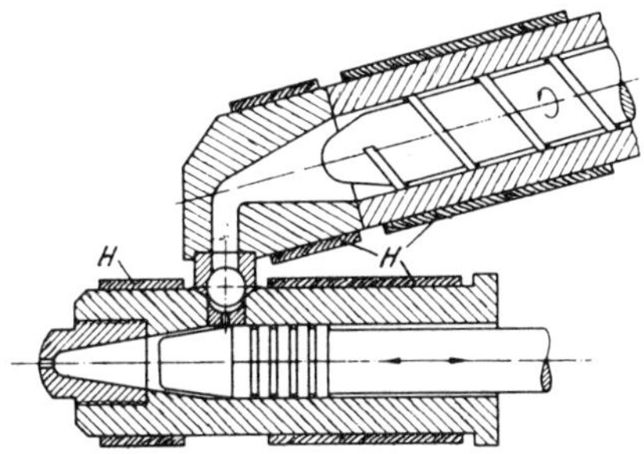

Abb. III.514. Extruderschnecken; a Eingängige Schnecke, Gangsteigung abnehmend; b Eingängige Schnecke, Gangtiefe in der Mittelzone allmählich abnehmend („Dreizonenschnecke"); c Zweigängige Schnecke, sonst wie b; d Eingängige Schnecke, Gangtiefe stufenförmig abnehmend („Kurzkompressionsschnecke")e Eingängige Schnecke mit „Torpedo"-Kopf (glatt oder geriffelt, z. B. als „Leroy"-Scherteil); f Zwei eingängige Schnecken abnehmender Gangtiefe „in Reihe": Entgasungsschnecke.

Abb. III.515. Schnecken-Vorplastifiziereinheit einer Spritzgußmaschine (Schema). Elektr. beheiztes Schneckenaggregat neben oder über dem Einspritzzylinder führt Plastifizierung der Masse durch und schiebt sie während Auswerfzeit vor zurückweichenden Einspritzkolben in el. beheizten Zylinder; bei Kolben-Einspritzhub nach links schließt Kugelventil Schneckenzylinder ab. – Möglichkeit der Modernisierung älterer Kolbenmaschinen. – H elektr. Heizung.

Schneckenformen. Die wichtigsten Schneckenformen zeigt Abb. III.514. Der eine Typ ist durch ständige Volumenabnahme der Schneckengänge infolge abnehmender Tiefe gekennzeichnet, der Entgasungsextruder wirkt wie zwei hintereinander geschaltete Einzelextruder, dabei entsteht eine Zone mit Unterdruck (Volumenerweiterung), in der die Entgasung stattfindet. *Einschnecken-Entgasungsextruder* werden für ABS, SB, PMMA, PVC weich, PA und CA verwendet. Die reinen Kompressionsschnecken eignen sich für leicht verfließende thermisch stabile Kunststoffe wie PE, PP, PA, PC. Polystyrol erfordert Torpedoschnecken.

Mehrschneckenextruder sind nicht auf die Reibung der plastifizierten Masse an der Wandung des Extrudergehäuses angewiesen, sondern fördern infolge des Eingriffes der Schneckengänge (Kämmen) das Material zwangsläufig. Da bei diesem Prozeß geringere Scherung auftritt, ist in der Regel äußere Heizung notwendig. Die Vorteile liegen in der größeren Fördermenge und den höheren Auspreßdrücken. Sie eignen sich für die PVC-Hartverarbeitung in pulverförmigem Zustand zu Rohren und Profilen.

Maschinenschaltung nur bei Kleinmaschinen von Hand, sonst meist halb- bzw. vollautomatisch; z. B. Schnellautomat mit 6-Formen-Revolver bei 30 Spritzungen/min. Spritzgewichte (f. Polystyrol) 1 g ... 30 kg, dabei Kleinteile meist zu mehreren in einer Form. Für kleinere Teile 28 ... 5 Spritzungen/min, dabei für kürzeste Taktzeiten Kühlsole-Formenkühlung; für Großteile $\approx$1 Spritzung/min und weniger. Bei Schnecken-Dmr. 20 ... 260 mm max. Spritzdruck je nach Spritzgewicht und Kunststoffart 10 000 ... 16 000 N/cm^2 (vergleichsweise bei Kolben-Maschinen bis 27 000 (max. 47 000) N/cm^2, also größer!); danach richtet sich auch Plastifizierungs-Temperatur. Formschließkraft je nach Größe 0,15 ... 40 MN, meist waagerecht wirkend; senkrecht (bei waagerechter Formteilebene) bietet für bis mittlere Teile Vorteil bei einzuspritzenden Metallteilen. Schneckenmaschinen-Nettogewichte 0,85 ... 200 t.

Spritzgußwerkzeuge für Massenfertigung aus Stählen verschiedener Art (Fertigung spanabhebend, durch Kalteinsenken oder Funkenerosion) oder Stahlguß; ferner als Einsatz in Stahlform: auf Positivform galvanisch niedergeschlagene harte Ni-Co-Schale, hinterfüllt mit Hartkupfer-Niederschlag. Für nur geringe Stückzahl (kurze Standzeit) Form aus Feinzinklegierung (mit Al, Cu, Mg) nur als Einsatz in Stahlmantel. – Entlüftung durch Teilfuge; nur bei kurzen Taktzeiten Werkzeugkühlung über Kanäle durch Wasser oder Kühlsole. – Vorher eingelegte Metallteile einspritzbar. An eingelegtes Spritzgußteil kann zweites (ggf. in anderer Farbe) angespritzt werden. – Für blasenfreie Teile Vortrocknung der Masse erforderlich, ggf. Entgasung auf Plastifizierweg an druckloser Stelle (Schnecke dort abgesetzt). – Vakuumanschluß an Fülltrichter und Plastifizierzylinder für Qualitätsartikel von Vorteil; in Einführung, wird sich durchsetzen. Evakuieren der Spritzgußform für Präzisionsteile manchmal erforderlich. –

Mit „Spritzpressen“ wird manchmal irreführend auch Spritzgußverarbeitung strenger fließender Thermoplaste (PVC-hart, Polyesterharz, Polykarbonate, hochmolekulare Polyolefine) bezeichnet; diese Verfahrensbezeichnung sollte jedoch nur beim Warmpreßformen mit „Spritzwerkzeugen“ angewendet werden (siehe 3 b.)

b) Fließgießen

(Hochtemperatur-Spritzguß) Weiterentwicklung des Spritzgießens: Seit 1960 Sonderentwicklung besonders dünnwandigen (< 1 ... 0,2 mm) und neuerdings hauptsächlich dickwandigen ($\approx$5 ... $\geqq$25 mm) Spritzgusses hoher Beanspruchung; in beiden Fällen möglichst dünnflüssige Schmelze erforderlich.

Thermoplast wird kurzzeitig (1 ... 2 min) ohne Schädigung auf sehr hohe Temperatur erhitzt, die er auf die Dauer nicht aushält, damit aber hochfließfähig wird. Vor Beginn chemischer Zersetzung wird Schmelze mit relativ geringer Geschwindigkeit (geringer Druck!) in Form gedrückt, wo sie laminarströmend an Wandung „von innen heraus abrollt“. Während Schnecke letzten Masseteil noch aufschmilzt, kühlt schon erster Teil in der Form ab. Feinregulierbare Nachdrückeinrichtung gleicht Schwinden aus. Trotz extrem hoher Temperatur Gußstückqualität nicht nur nicht geschädigt, sondern sogar verbessert: Struktur gleichmäßiger mit geringsten Eigenschaftsunterschieden an verschiedenen Stellen. Nur geringe Formzuhaltekraft wegen niedrigen Spritzdrucks. Gießtechnisch Werkstückgröße nicht begrenzt (Formkühlung beachten!). – Hauptbedeutung liegt bei dickwandigen Teilen, wie Zahnräder, Kupplungsstükke, Schiffspropeller, Großarmaturen, Gehäuseteile, optische Linsen (Plexiglas), sowie Großrohlinge bis > 50 kg für spangebende Weiterverarbeitung. Maschinenantrieb von Hand, halb- oder vollautomatisch.

c) Filmgießen (Foliengießen)

Gießen von Kunststofflösungen über verstellbare Schlitzdüsen auf hochglanzpolierte bewegte Metallunterlage in geschlossenem Gehäuse, wobei nach Verdampfen

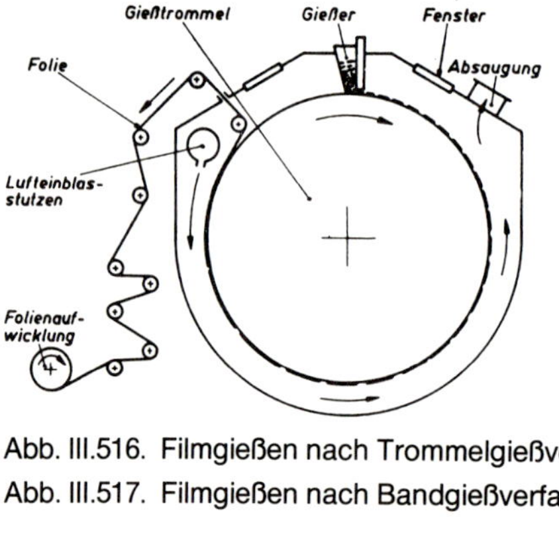

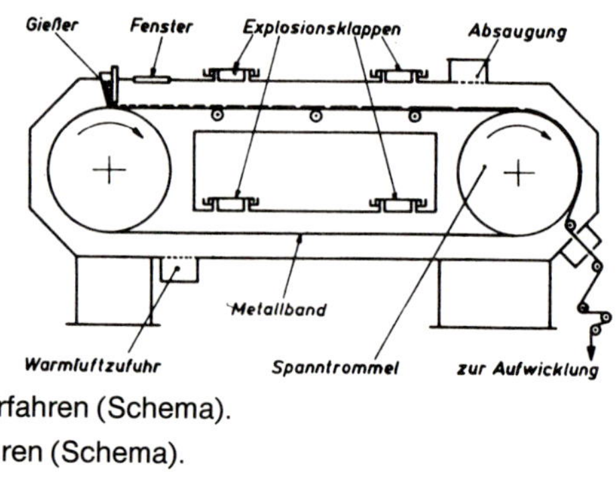

Abb. III.516. Filmgießen nach Trommelgießverfahren (Schema).

Abb. III.517. Filmgießen nach Bandgießverfahren (Schema).

mit Rückgewinnung des Lösungsmittels kontinuierlich feste Folien-(Film-)Bänder entstehen.

Trommelverfahren nach Abb. III.516, Bandgießverfahren nach Abb. III.517. In beiden Fällen durch geschlossenes Gehäuse Staubzutritt verhindert und Lösungsmittel-Rückgewinnung ermöglicht. – Durchführung besonders bei Zellstoffderivaten; in geringem Umfang werden auch wäßrige Dispersionen verarbeitet, ferner dickere Bahnen aus PVC-Pasten hergestellt. Gießfolien aus Lösungen sehr klar und planparallel, 0,01 ... 0,075 (0,2) mm dick.

d) Schleudergießen

Nach gleichem Prinzip wie Metall-Schleuderguß (siehe III.A 3, f!) auch Thermoplaste und drucklos warmhärtende Duroplaste (z. B. Polyesterharz) verarbeitbar.

In kurzen, innen hartverchromten Trommeln, 500 ... 800 mm lang, 800 ... 1000 mm Φ, kurze nahtlose Rohrstücke (nach Aufschneiden beliebig dicke Platte bzw. Film $\geqq 0{,}8$ mm Dicke) blasenfrei und sehr gleichmäßig herstellbar. Je nach Kunststoffart Trommel warmluftbeheizt, unbeheizt oder gekühlt für Polyester, Methacrylat, Celluloid und Celluloseacetat, sowie N.K.-Latex; stärker beheizte Trommel für vernetztes Polyurethan (Vulkollan), Epoxidharz, Polyäthylen, Polypropylen, Polystyrol, Polykarbonat, Polyamid, PVC u. ä. (s. I.H. 1!)

Rohre bis 2 m lang und 30 ... 500 mm Φ auf besonderen Rohrschleudermaschinen mit stufenloser Drehzahlregelung.

Fertigung aus ungefüllten oder gefüllten Kunststoffen, wie Polyester, Epoxidharz (bei diesen beiden Harzen auch mit eingerollten Glasfasermatten oder -Geweben, trocken in Schleuderform eingebracht, mit Harz übergossen u. fertiggeschleudert), vernetztes Polyurethan, Methacrylat, Polyamid, Polyäthylen, Weich-PVC, Kunststoff-Beton-Mischung u. a.

Schleudergießen von Zahnrädern, Laufrollen u. ä. (nach Prinzip Abb. III.37 in III.A) in von außen strahlungsbeheizter Stahlform.

e) Rotationsgießen (Drehgießformen, Drehformen)

In dünnwandiger, um zwei Achsen mit $n \approx 20^1/\text{min}$ sich drehender („taumelnder") zweiteiliger Metallhohlform, von außen beheizt (z. B. Heißluft oder Ofen 200 ... 250 °C), wird der verlangten Wanddicke entsprechend bemessenes Thermoplastpulver zum Fließen gebracht und bildet so zusammenhängende gleichmäßige Schicht. Nach anschließendem Kühlen mit Luftstrom oder Wasserbrause wird geschlossener Hohlkörper entformt.

Offene Teile entweder durch einseitiges Aufschneiden oder gemeinsames Herstellen zweier Teile mit folgender Trennung. – Verarbeitbare Kunststoffe: ND- u. HD-Polyäthylen, Polypropylen, Polyamid, Hart-PVC u. ä. bis zu 3 mm Wanddicke herunter. – Werkstück-Beispiele: Mülleimer, Rohrverbindungen, Seebojen, bis 4 m lange Sportboote, Transportfässer u. ä.

Nach gleichartigem Verfahren werden schon seit längerer Zeit auch Plastisole (Plastisole = Pasten, die durch Verarbeiten wäßriger Dispersionen von z. B. PVC mit Weichmachern erhalten werden, enthaltend feinverteiltes Wasser, jedoch nicht beliebig mit Wasser zu verdünnen) verarbeitet, jedoch nur für Wanddicken > 3 mm: für kleinere Teile wie Bälle, Puppen u. ä. Spielwaren, Autoteile, technische Formartikel, Flaschen u. ä. Auf Forminnenfläche gleichmäßig verteiltes Plastisol gelatiniert in Form rasch aus; in USA dafür Automaten. – Durch Treibmittelzusatz so auch Schaumstoff-Hohlkörper herstellbar (vgl. I.H 1).

f) Formgießen und Umgießen (Imprägnieren, Tränken)

Über Gießharztechnologie berichtet *J. Zierer.* **Formgießen** (Abb. III.518) ist druckloses Füllen einer Form mit freifließendem Kunstharz.

Für warmhärtende Gießharze Metall- oder Kunststofform (mit Trennmittel besprüht), wobei immer Form heißer als Harzschmelze sein muß, damit Härtung von außen nach innen erfolgt; andernfalls außen Bildung von Einfallstellen (Oberflächenlunker). Für kalthärtende Harze (und geringe Stückzahlen) auch Formen aus Gips und anderen Formmassen. Werkzeug (Form) kann offen oder geschlossen, ein- oder mehrteilig sein. –

Optische Linsen, Platten, Prismen, auch Brillengläser aus Kunststoff (Polyester, vernetzte Acrylate u. Methacrylate) kann man durch Vergießen des betreffenden Monomers mit Katalysatorzusatz in hochglanzpolierten geteilten Glasformen herstellen, wobei Polymerisation erst in der Form bei 50 ... 100 °C in Trockenschrank während ≧24 Std. erfolgt (Polymerisation „in situ"). Über *„Aufguß-Abzugsverfahren"* zur Herstellung von optischen Beugungsgittern, Fresnellinsen, Rastern u. ä.

Umgießen bezweckt Einbettung massiver Metallteile oder solcher mit größeren Hohlräumen ohne nennenswerte Fließbehinderung im statischen Gießverfahren; sinngemäß das Ausgießen hohler Konstruktionsteile mit Gießharzen.

Imprägnieren oder Tränken bezweckt Porenfüllung bzw. Füllen von Kapillarhohlräumen, z. B. gewickelter Spulen aus isoliertem Draht oder Band.

Hierbei meist Anwendung von Vakuum zweckmäßig oder notwendig. Ausführliche Behandlung des Spulen-Imprägnierens mit Kunstharz von *E. Wandeberg* [III.85]. – Zur Verarbeitung kommen Edelkunstharze (I.H 1), stark vernetzendes Polyurethanharz, vernetzende ungesättigte Polyesterharze.

Mit flüssigen Gießpasten auf Basis PVC-weich, in Metallformen zu Vollkörpern (Malerwalzen, Stopfen u. ä.) vergossene Teile werden bei 140 ... 170 °C langsam ausgeliert, dann entformt.

g) Stranggießen

Analog dem Stranggießen der Metalle lassen sich z. B. Polyamide u. ä. Kunststoffe zu Halbzeugprofilen (und größeren Formteilen) mit oder ohne Druck lunkerfrei gießen gemäß Abb. III.519.

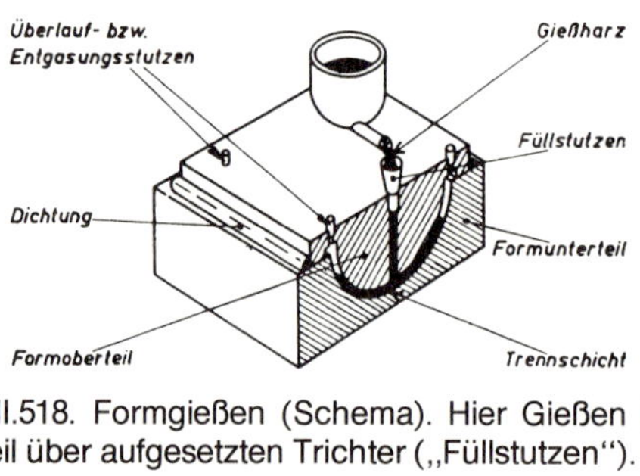

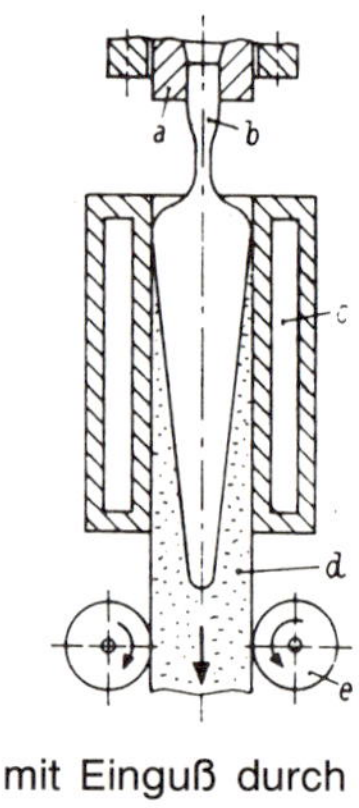

Abb. III.518. Formgießen (Schema). Hier Gießen in geteilte Form mit Einguß durch Formoberteil über aufgesetzten Trichter („Füllstutzen").

Abb. III.519. Stranggießen von Polyamid-Vollprofil (Schema) ohne Anwendung von Druck; a Ausflußdüse; b Schmelze; c Wasserkühlraum in Stranggußkokille; d erstarrtes Polyamid; e Abziehrollen.

h) Schäumgießen

Herstellung isolierender Schaumformteile für Wärme- und Kältetechnik, stoßdämpfende Verpackung, Attrappen, Modelle u. ä. durch Gießen entsprechenden Kunststoffansatzes mit Treibmittel-Zusatz (vgl. I.H 1) in Metallformen.

2. Gießharz-Verarbeitung mit Glasfaser-Verstärkung (GFK)

Verarbeitungsverfahren, bei denen kalt (≧15 °C) oder warm (90 ... 130 °C) härtende Gießharze unter Einbringen von Glasseiden-Matten, -Steppmatten, -Rovinggeweben, -Garngeweben, -Kurzfasern u. ä., vgl. auch I.H 1 zum Fertigteil oder Halbzeug geformt werden.

Glasseidenprodukt muß mit Haftvermittler (Schlichte), z. B. Chromschlichte oder Silanschlichte versehen sein, um beste Glas-Harz-Verbindung zu bekommen. Glasfaser erfüllt hier sinngemäße Aufgabe wie Stahlarmierung im Beton. – Verwendung vorwiegend niedrigviskoser Polyester- und Epoxidharze, die bei Härtung zum Duroplast keine Dämpfe bzw. Gase abspalten, daher grundsätzlich drucklos verarbeitbar sind: Niederdruckverfahren bei 10 ... 100 N/cm² (im Gegensatz zu Hochdruck-Heißpreß-Verfahren (Abschn. 3!), die wegen Gasabspaltung beim Härten klassischer Duroplaste mit 2000 ... 4000 N/cm² und 120 ... 180 °C arbeiten). – Nachfolgend unter a ... g Niederdruck-Schichtverfahren, unter h ... k-Sonderverfahren.

a) Handauflegeverfahren (Handverfahren, Kontaktmethode)

Für Großteilfertigung: Auf Negativform-Oberfläche (Werkzeug) werden nach Aufsprühen einer Trennmittelschicht (z. B. Silikonöl (siehe I.H 1) u. a.) und Aufbringen einer Harz-Feinschicht lagenweise Glasseidenmatten bzw. -gewebe aufgelegt und durch „Naß-in-Naß-Arbeiten“ jeweils mittels Bürste oder Fellrolle mit gut fließendem Harzansatz getränkt und luftblasenfrei angedrückt; Endschicht oft mit Zellophanfolie abgedeckt.

Nicht beste Verdichtung, Wanddicke nicht überall einheitlich, auch nur an Formoberfläche anliegende Seite glatt (innen mehr oder weniger rauh), aber so auf billigste Weise sperrige Großteile in geringer Stückzahl mit relativ guter Festigkeit (abhängig vom Glasanteil mit 20 ... 60%) herstellbar. Durch entsprechenden Glasgewebezuschnitt kann Rand dünner (Abb. III. 520) oder verstärkt erhalten werden. Harzhärtung drucklos bei Raumtemperatur durch Zusatz geeigneten Katalysators, ggf. beschleunigt durch Infrarot-Strahler. Form kaum beansprucht,

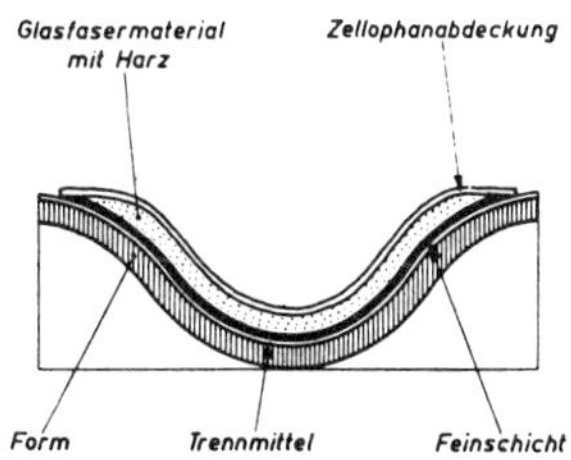

Abb. III.520. Hand(auflege)verfahren (Querschnittsschema) zur Herstellung großer gewölbter glasfaserverstärkter Formteile.

daher billig aus Blech, Polyester-Glasfaser-Laminat, Holz, Gips oder Beton, letztere drei Kunstharz-lackiert. – Soll Innenseite glatt werden, dann Positiv-Form von außen schichtweise belegt. – *Beispiele:* außen glatte Sport- und Rettungsbootskörper, Marinefahrzeuge bis ≈ 25 m Länge, Pkw-Karosserieteile; innen glatte größere Bottiche und Wannen aller Art; auch für chemische und Nahrungsmittel-Industrie u. ä.

b) MAS-Faser-Harz-Spritzverfahren

Mittels Sondergerät werden Glasfaserstränge (Rovings) durch Schneidwerk auf einstellbare Faserstücklänge zerschnitten und mit Preßluft durch eine der Düsen einer MAS-Spritzpistole auf mit Trennmittel versehene Formoberfläche (Negativ- oder Positiv-Form) geschleudert, während durch zweite (und ggf. dritte) Düse gleichzeitig Harzansatz versprüht wird.

Benetzung der Glasfaserstücke mit Harzgemisch schon in der Luft, so daß auf Formoberfläche gleichmäßig verfilzter und durchtränkter Belag entsteht, Abb. III.521. – Dabei mit Katalysator versehene Harzkomponente allein oder gleichzeitig mit beschleunigtem Harzansatz in jedem gewünschten Mengenverhältnis versprühbar. Glättendes Verdichten durch Anrollen von Hand mittels Filzrolle u. ä., dabei auch Beseitigung von Lufteinschlüssen. Harzhärtung bei Raumtemperatur bzw. beschleunigt durch Infrarotstrahler; anschließend Entformen. Verarbeitet werden so Polyester-, Epoxid- und diesen verwandte Harze. Formwerkstoff wie unter a) – *Beispiele*: mit Negativform für Sportboote, Sitzschalen für Flugzeuge und moderne Sitzmöbel u. ä.; mit Positivform für innen glatte Wannen u. a. offene Behälter. –

Spritzverfahren außerdem gelegentlich angewendet bei nachfolgenden Verfahren 2 c ... h, ferner zur Beschichtung nach Abschnitt 7.

c) Vakuum-Verfahren (Tuchverfahren)

In mit Trennmittel ausgesprühte Matrize wird vorimprägnierter konfektionierter geschichteter Harzträger (z. B. Glasfasergewebe u. ä.) mit Harzansatz übergossen (oder seltener Faser-Harz-Spritzschicht nach b) gemäß a) handrollverdichtet, durch Gummimatte („Tuch") abgedeckt gemäß Abb. III.522 und die noch eingeschlossene Luft abgesaugt.

Unter äußerem Luftdruck Verdichtung und anschließend Kalthärtung des Harzes; ggf. Matrize hohlwandig (Metall) unter Durchleiten von Dampf oder Heißwasser für Warmhärtung –

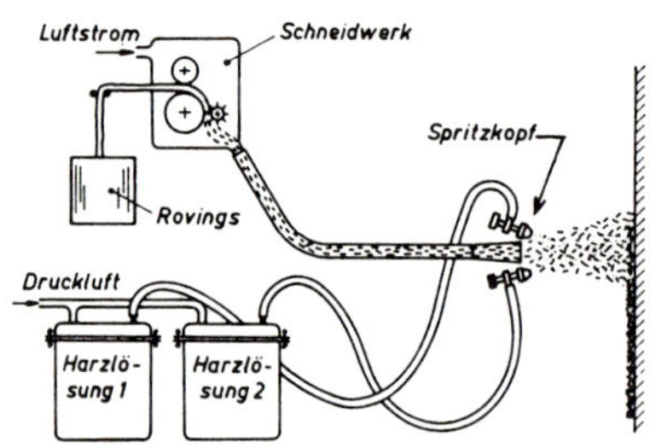

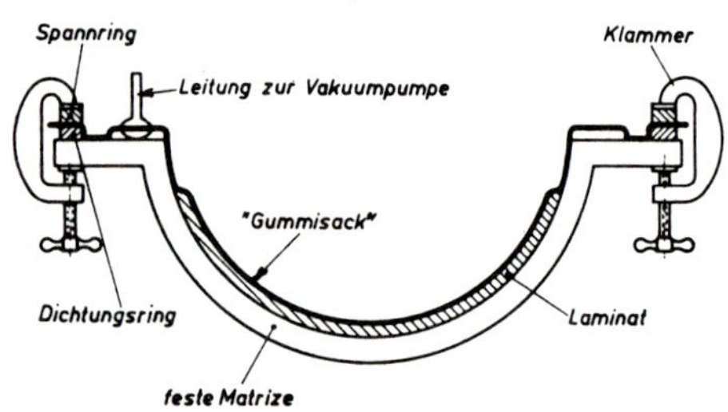

Abb. III.521. MAS-Faser-Harz-Spritzverfahren. Arbeitsweise einer Anlage (Schema).

Abb. III.522. Vakuum-Sack-Verfahren (Querschnittsschema) auch „Tuchverfahren" genannt. „Gummisack" ist hier eine entsprechend formgeschnittene Decke („Tuch") aus Weich-PVC oder Kunstgummi; „Laminat" = zu formendes glasfaserverstärktes Werkstück.

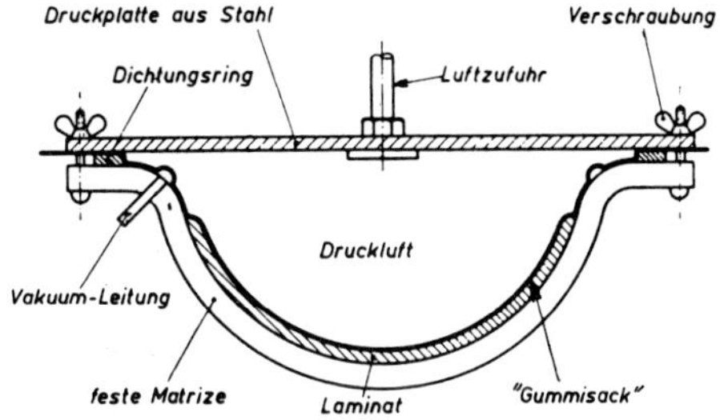

Abb. III.523. Druck-Sack-Verfahren (Querschnittsschema). „Gummisack“ mit gleicher Bedeutung wie in Abb. III.522, kann jedoch durch tatsächlich geschlossenen Sack ersetzt sein, der durch Druckluft aufgeblasen wird oder durch den bei warmhärtenden Harzen Wasserdampf durchgeleitet wird.

Harzansatz wie unter b); Glasanteil 25 ... 68%. *Anwendung* für Großteile ähnlich a) und b) für Serien bis zu ≈100 Stück.

d) Drucksack-Verfahren

Analog c) jedoch zusätzlich Oberverschluß der Form durch Platte und über Druckleitung Einwirkung von Druck (3 ... 5 bar), Abb. III.523.

Gegenüber a ... c bessere und gleichmäßigere Verdichtung, innen bessere Oberfläche sowie Einbringmöglichkeit größeren Glasfaser-Anteils. – Abwandlung des Verfahrens: Statt wie in Abb. III.523 Gummidecke (dort mit „Gummisack“ bezeichnet), Anwendung tatsächlich geschlossenen Sacks (synthetischer Gummi oder Weich-PVC), in den Luft eingedrückt wird und der sich gegen Deckplatte nach oben abstützt; bei warmhärtenden Harzen oder zur Härtebeschleunigung statt Luft auch Durchdrücken von Wasserdampf mit entsprechenden Druck- und Temperaturwerten; ferner u. U. Hohlmatrize mit Dampf- oder Heißwasser-Beheizung. – Für Großformteile ähnlich a) und b).

e) Autoklaven-Verfahren

Kombination von Vakuum- und Drucksack-Verfahren, wobei Glasfaser-Füllung gemäß a) oder b) aufgebracht werden kann und mit formgerechter Gummimatte („Gummisack“) bedeckt wird. Nach Vakuum-Anlegen Überdruckerzeugung in Autoklaven, Abb. III.524.

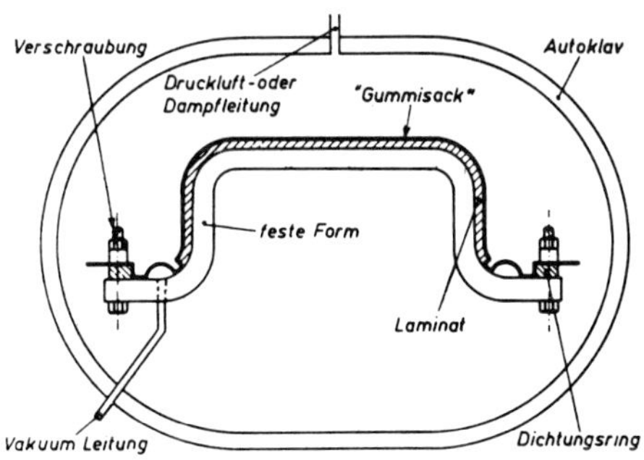

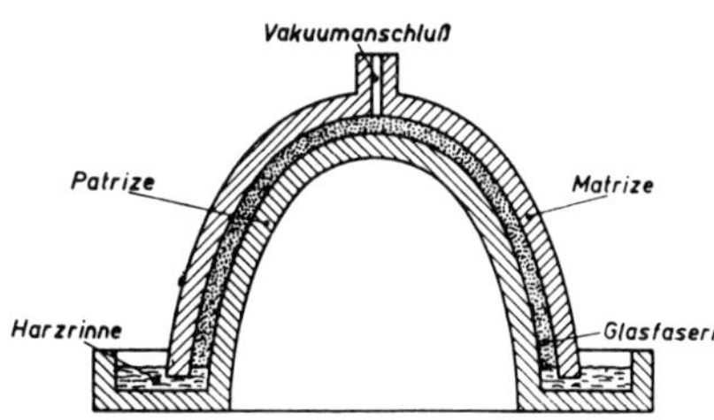

Abb. III.524. Autoklaven-Verfahren (Querschnittsschema). „Gummisack“ hier mit gleicher Bedeutung wie in Abb. III.522.

Abb. III.525. Vakuum-Saug- oder Marco-Verfahren (Querschnittsschema).

f) Vakuum-Saug- oder Marco-Verfahren

In zweiteilige geschlossene Form, die konfektionierten vorimprägnierten und verdichteten Harzträger (Glasseiden-Gewebe, -Matte oder Rovings) enthält, wird flüssiger Harzansatz durch Vakuum-Anlegen in Harzträger eingesaugt; dauert bei Großteilen oft mehrere Stunden; Abb. III.525.

Gegenüber a ... e Vorteil beiderseits glatter Werkstückfläche bei geringster Dickenschwankung (Distanzstifte zwischen Patrize und Matrize!), aber Nachteil zweiteiliger Form (teurer). – Für großflächige Teile ähnlich a und b bei entsprechender Toleranzforderung.

g) Gummistempel-Verfahren

Arbeitsweise gemäß Abb. III.526 mit Glasfaser-Vorformling oder „Prepreg" (= mit Imprägnierharz vorimprägnierte Glasseiden-Matten bzw. -Gewebe), dabei auch Innenseite glatt erhalten; Werkstückgröße beschränkter als bei a) ... f). –

Verfahren unter a) bis g) dienen der Großteilfertigung relativ geringer Stückzahlen.

Zwar geringe Werkzeug- und Maschinen-Kosten, jedoch relativ großer Zeitaufwand und damit lohnintensiv, für neuzeitliche Fertigung großer Stückzahlen oder gar Massenfertigung nicht wirtschaftlich. Demgegenüber wird Verfahren unter h) wirtschaftlicher Großzahlfertigung gerecht.

h) Niederdruck-Preßverfahren mit Metall- oder GFK-Form

In meist heizbaren (90 ... 130 °C) zweiteiligen Metallformen, eingebaut in Niederdruck-Kunstharzpressen, wird oft in Vorformanlage (z. B. Abb. III.527) geformtes Glasfaservlies mit dosierter Menge flüssigem Harzansatz, dem Härter (Katalysator) zugesetzt ist, übergossen und formgepreßt, Abb. III.528. Preßdruck relativ niedrig, $\approx$40 ... 100 N/cm^2.

Kleinere bis mittelgroße Teile in heizbaren Werkzeugen (Abb. III.528). Glasfasereinlage auch als vorkonfektionierte Glasseiden-Steppmatte, -Matte, oder -Gewebe, auch sinngemäß nach Nutschenverfahren durch Aufschlämmen von Glasfaser-Abschnitten in Wasser (Glasfaser-Anteil der Aufschlämmung wird auf feinmaschigem Sieb von Werkstückgestalt unter Absaugen des Wassers unter dem Sieb zum Filz angesammelt. Sieb mit Filz ausgefahren, Filzbe-

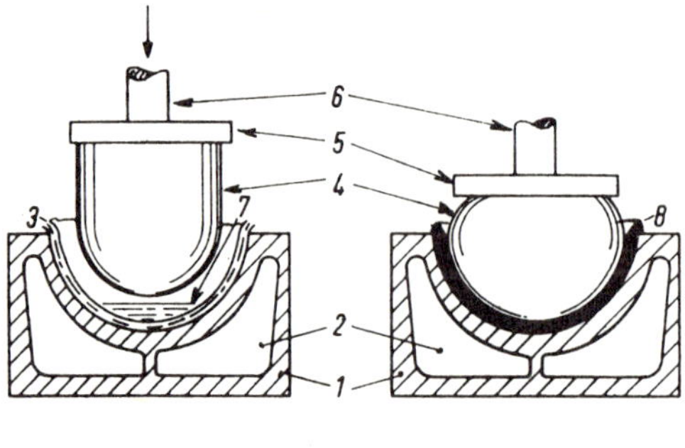

Abb. III.526. Gummistempel-Verfahren (Schema), 1 Matrize; 2 Heizraum; 3 Glasfaser-Verstärker; 4 flexibler Druckstempel; 5 Druckplatte; 6 Druckkolbenstößel; 7 eingebrachtes flüssiges Harz; 8 fertiges Werkstück.

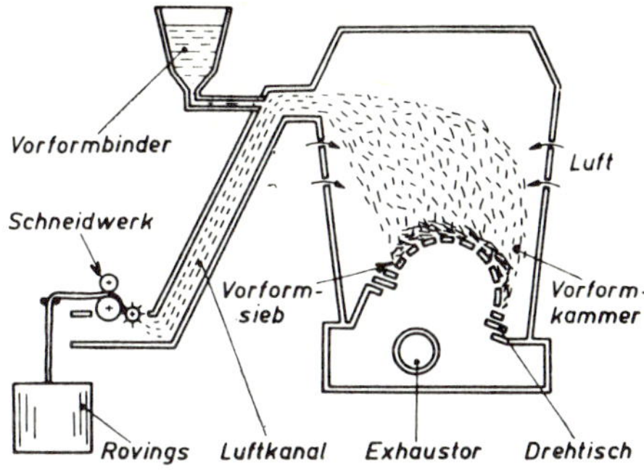

Abb. III.527. Vorformanlage für Glasfaser-Formvliese (Schema) z. B. verwendet als Einlage in Preßwerkzeug nach Abb. III.528. Schnittlänge der Faserstücke einstellbar, meist $\approx$5 cm; zugesetzter Vorformbinder verklebt Faserstücke zum Abheben des Vorformlings.

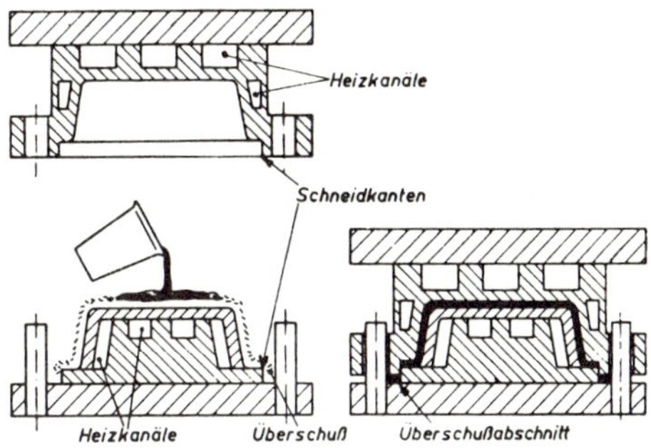

Abb. III.528. Heizbares Preßwerkzeug für Niederdruck-Verfahren (Schema) wird in Niederdruckpressen eingebaut.

lag getrocknet, harzimprägniert und abgehoben), ferner als „Prepreg". Nach Einlegen in mit Trennmittel besprühte Form Zugießen des Harzansatzes (meist Polyester- oder Epoxidharz) und Form schließen. Formfüllung auch nach MAS-Faser-Harz-Spritzverfahren möglich (siehe unter b!). – Beim *Warmpreßverfahren* ($\geqq$1000 Stück) für Polyester $\approx$60 s/mm Härtezeit bei 120 ... 130 °C, dann Preßling noch heiß entformt; heizbare Formen aus gewöhnlichem Stahl oder Aluminiumguß. –

Beim *Kaltpressen* ($\geqq$200 Stück) unbeheizte Form auch aus GFK, billiger und damit wirtschaftlicher für kleine und mittlere Serien. – Außer üblichen Vier-Säulen-Pressen auch Sonderausführungen für Großteile von 2,5 ... 10 m Länge und entsprechender Breite, z. B. für Bootskörper u. a.

i) Wickelverfahren

Auf rotierende Trommel bzw. Kern werden harzgetränkte Rovings (auch R.-Gewebebänder oder Kombinationen verschiedener Glasseidenerzeugnisse) unter Andrücken gewickelt.

Gemäß Abb. III.529 fährt Bühne parallel zur mit Trennmittel besprühten Wickeltrommel hin und her, wobei unter geringem Steigungswinkel Wickelrohr entsteht. Druckloses Härten des mit Härter versetzten Harzansatzes, meist Polyester- auch Epoxidharz. Glasanteil 60 ... 75% erreichbar. Rohr außen rauh und unregelmäßig; glatte Rohre nur durch Schleudern. *Anwendung:* Hohlkörper, große Druckrohre (erstmals in Schweden Leitung von 1,6 km Gesamtlänge, 1 m Φ, 5 mm Wanddicke, auf Baustelle gefertigt) für Gase, Wasser, besonders Chemikalien; Tankbehälter (bis 22 500 l Inhalt) zur Lagerung bzw. Transport von z. B. Fruchtsäften, Öl u. a.; ferner konische Antennenmast-Rohre u. v. a. – Nach Sonderverfahren werden

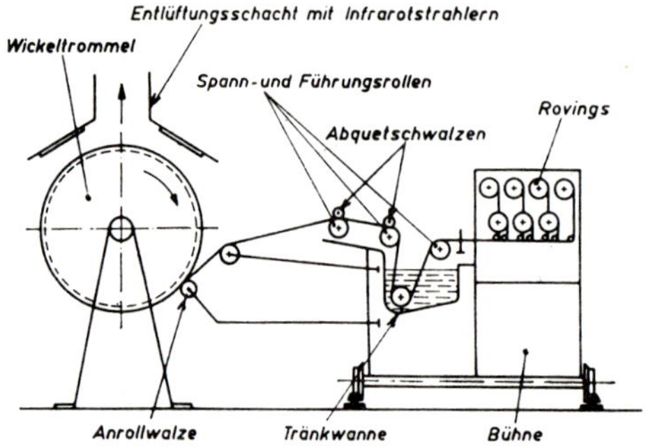

Abb. III.529. Wickelverfahren (Schema) zur Herstellung von Rohren, Behältern, hohlkonischen Masten u. ä. (siehe Text!).

aus Massivwickeln Kettenglieder für Rundgliederketten ($\varrho = 1{,}8\ cm^3$) erzeugt, gegenüber Stahlkette gleicher Zugbelastbarkeit $\approx$77% Gewichtsersparnis, für Einsatz unter stark korrosiven Bedingungen. Durch Wickeln werden auch korrosionsfeste Flanschringe hergestellt.

Fa. Ciba-Basel entwickelte *Präzisions-Wickelverfahren* mit harzgetränkten Glasseidenfäden und -Strängen für Hohlkörper fast jeder Form und Dimension. Gewichtsbezogene mechanische Festigkeit 2,7-faches von Stahl. *Beispiele:* Druckbehälter für Flüssigkeiten und Gase; Raketen-Brennstoffkammern; „Radome" für Flugzeuge und Bodenstationen; Hitzeschutzschilde für Flugkörper und Raumkapseln, Hochspannungsdurchführungen; allgemein hochbelastete tragende Bauteile. Mechanisierung und Automatisierung ermöglichen Einsatz in Massenfertigung.

k) Profilziehverfahren

Harzgetränkte Rovings werden kontinuierlich durch beheizte Profildüse (richtiger „Formrohr") gezogen, in der Härtung beginnt, anschließend Zuendehärten und Ablängen (Abb. III.530).

Wegen paralleler Faserlagen Einbringbarkeit höchstmöglichen Glasanteils je nach Erfordernis 60 ... 90%, damit σ_B bis $\approx 1250\ N/mm^2$ erreichbar. *Beispiele*: Vollprofile verschiedener Art (● - L U ⅂ u. a.), die sich gegenüber gewickelten Hartpapier- und Hartgewebe-Profilen (siehe 3 c!) immer mehr durchsetzen; Ziehen von Rohrprofilen auf dieser Basis in Entwicklung. Anwendung als Profile unter korrosiven Bedingungen (Chemietechnik), Antennenstäbe, auch Angelruten u. a.

GFK auch nach Roving-Spann-Technik verarbeitet; ferner als Halbzeug-Plattenmaterial mit Glasseidenmatten als Harzverstärker in Form von Wellplatten und ebenen Platten in Niederdruck-Etagenpressen (siehe Abb. III.539) hergestellt.

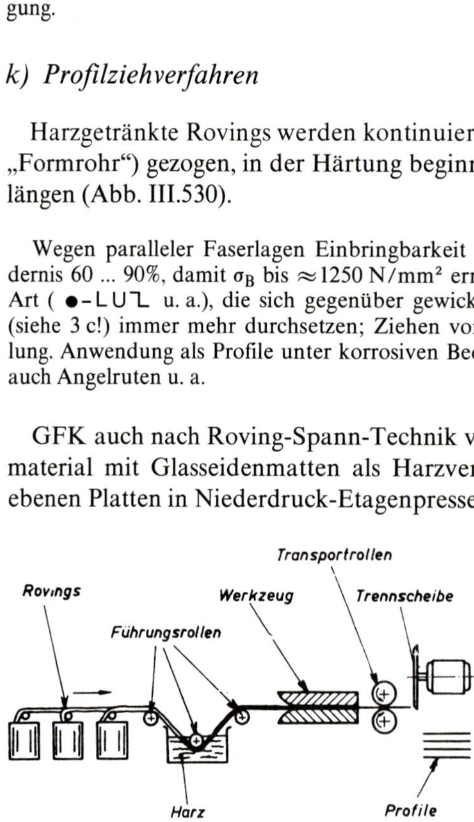

Abb. III.530. Profil-Ziehverfahren (Schema). Werkzeug (Profilziehdüse oder Formrohr) beheizt.

3. Hochdruck-Preßverfahren für Formkörper, gewickelt- und ebenflächig-geschichtetes Halbzeug

Warmpressen klassischer Duroplaste (Phenoplaste u. Aminoplaste), die beim Härten gasförmige Bestandteile abspalten, führt nur bei relativ hohen Drücken zu blasenfreiem Erzeugnis, während Thermoplaste viel niedrigere Drücke erfordern. Niederdruckpressen neuerer Duroplaste siehe Abschn. 2.h!

a) Warm-Formpreßverfahren („Heißpressen") für Formteile

Klassische Duroplaste meist in heizbaren „Maschinenformen" (beide Teile fest mit Maschine verbunden) formgepreßt, seltener in „Handformen" (losen Formen), die außerhalb Presse beschickt und zusammengefügt ohne Befestigung in Presse gebracht werden.

Formen (Formwerkzeuge) als Überlaufform (Abb. III.531) oder als Füllraumform (Abb. III. 532) gebaut, beide in einfachster Ausführung. Daneben gibt es Klappformen (Abb. III.533), ferner Backenformen, in Abb. III.534 für Handgriff, in ähnlicher Art für unterschnittene Flanschspulen u. ä., sowie manch andere Sonderkonstruktion. Seitliche Löcher, Öffnungen und Vertiefungen (Unterschneidungen) durch Seiten- oder Schrägschieber herstellbar, die vor Formöffnung zurückgezogen werden. Kompakte Metallteile bei sicherer Lagerung in der Form (hoher Preßdruck!) einpreßbar. – *Formwerkstoff*: Cr- oder Cr-Mo-Einsatzstahl, Nitrierstahl, für korrodierende Massen (z. B. Typ 131 oder PVC) korrosionsbeständiger Cr-Stahl ($C \approx 0{,}5\%$, $Cr \approx 10 \ldots 30\%$), sowie Formen mit Hartverchromung. Formoberfläche hart und hochglanzpoliert.

Erforderliche Preßdrücke und -Temperaturen, sowie Preßmassen. Einbringen der Preßmasse in die heute meist el. beheizte mit Trennmittel versehene Form dosiert als Pulver oder vorgepreßt als kalte bzw. meist hochfrequenz-erwärmte Tablette, schnell zufahren bis Druckeinwirkbeginn, langsame Drucksteigerung auf Enddruck erst nach Plastifizierung der Masse. Diese „Schließzeit" dauert 15 ... 20 s, folgende „Stehzeit" (Härteablauf) für heute ausschließlich verwendete Schnellpreßmassen z. B. 30 ... 45 s je mm Wanddicke bei ≈ 170 °C. – Statt Füllmasse in Sonderfällen auch Schichtstoffüllung, z. B. für Zahnräder mit gepreßtem Verzah-

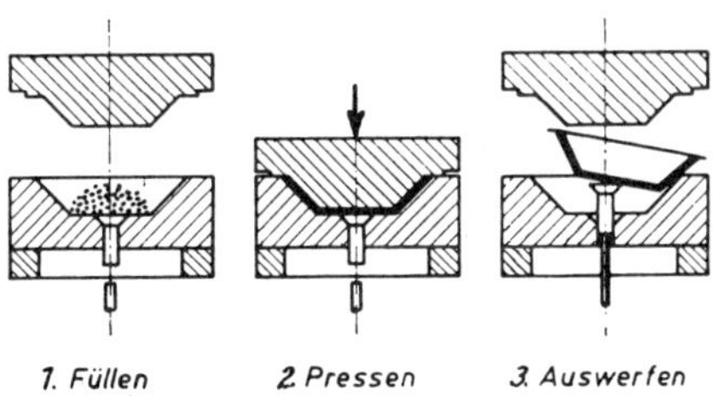

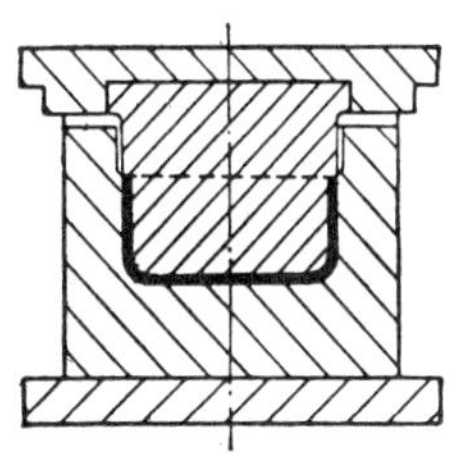

Abb. III.531. Preßwerkzeug als Überlaufform ≡ Abquetschform (Schema); dosierte Preßmasse hier (1) in Pulverform (auch tablettiert kalt oder meist vorgewärmt); später zu entfernender Preßgrat in (3) angedeutet; Werkzeugheizung nicht gezeichnet. Werkzeug einfach und billig, wegen unterschiedlicher Preßgratdicke Werkstückmaß in Preßrichtung schwankend, abhängig von Dosiergenauigkeit.

Abb. III.532. Formpreßwerkzeug als Füllraumform ≡ Füllform (Schema), hier mit Austriebsnuten (Abfließnuten), ohne diese nur mit sehr genauer Dosierung! Beheizung nicht gezeichnet. In Preßrichtung größere Maßgenauigkeit als nach Abb. III.531.

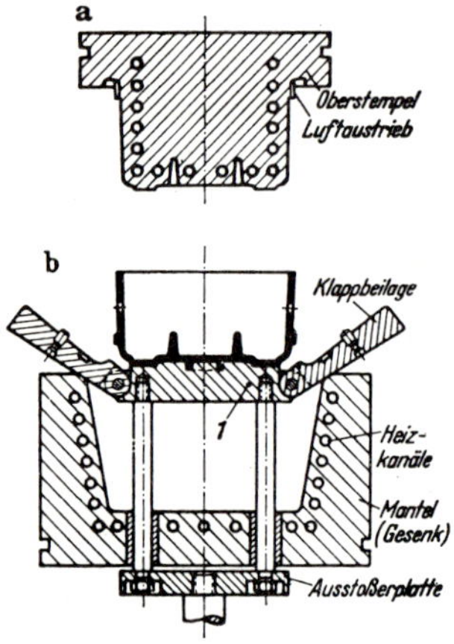

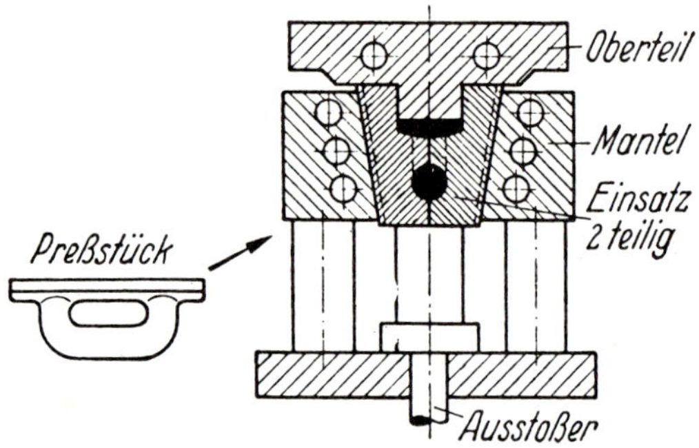

Abb. III.533. Formpreßwerkzeug als Klappform (Schema) gebaut als Füllraumform für rechteckiges Gehäuse; a Oberteil (Stempel); b Unterteil: Mantel hält Grundplatte (1) und 4 Klappbacken zusammen; Auswurfstellung.

Abb. III.534. Formpreßwerkzeug als Backenform (Schema) gebaut als Füllraumform für Handgriff; Backen (zweiteiliger Einsatz) ermöglichen wie hier auch Herstellung unterschnittener Preßteile.

nungsprofil und ähnliche Teile hoher Zähigkeitsforderung: Einlegen ausgestanzter harzgetränkter Gewebelagen mit Verzahnungsprofil zusammen mit einzupressender Naben-Stahlbüchse (außen kreuzrandriert) meist in „Handformen" (s. o.!). Zahnflanken erhalten dann harte Harzhaut bei hoher Zahnfestigkeit; nachträgliches Zahnfräsen weniger befriedigend, bei pulverförmigen Preßmassen festigkeitsmäßig unbrauchbar. – *Entformen* erforderlichenfalls durch Auswerfer (Abb. III.531), bei Kleinteilen auch durch Preßluft.

Maschinen: *Handpressen* für kleine Teile, billig, Gesamtdruck 0,05 ... 0,8 MN; *Motorpressen* (als Kurbelpressen), Druckknopf-betätigter Halbautomat, Druckbereich 0,4 ... 1 MN; *Öldruckpressen* (Kniehebelpressen) bis 1,5 MN; *hydraulische Pressen* als Oberdruckpressen, 0,15 ... 100 MN für bis größte Preßteile; *Mehrfachpressen*: 2 ... 4 Pressen in Reihe in gemeinsamem Rahmen; *Drehtischpressen* (Halbautomat), wobei sich drehender Tisch mit Karussellanordnung mehrerer hydraulischer Pressen beim Passieren des Arbeiters Form öffnet zum Entformen und Neubeschicken, während die anderen Formen zur Werkstückhärtung unter Druck bleiben (Massenfertigung); *Preßvollautomaten* mit mechanischem oder hydraulischem Antrieb für kleinere Teile ohne Metalleinlagen.

Thermoplaste, z. B. PVC u. a., grundsätzlich in gleichartigen heizbaren Preßwerkzeugen (vor Entformung Formkühlung, damit heute unwirtschaftlich) und den gleichen Maschinen formbar, wenn auch von viel geringerer Bedeutung, insbesonders durch neueres Fließgießen (Hochtemperatur-Spritzguß) nach 1. b) praktisch verdrängt.

b) Spritzpreß-Verfahren

Für klassische Duroplaste, grundsätzlich wie a), jedoch Werkzeugaufbau und -funktion andersartig:

Immer außerhalb Form vorgewärmte Masse (Tablette) wird aus Massekammer (Spritzkammer) durch Spritzdorn-Druck in schon vorher geschlossene Form „gespritzt", dabei Massekammer mit Düse und Form reichlich aufgeheizt, außerdem Masse zusätzlich erwärmt durch Reibung in Düse und Anschnitt, Abb. III.535, III.536 u. III.537, daneben viele andere Kon-

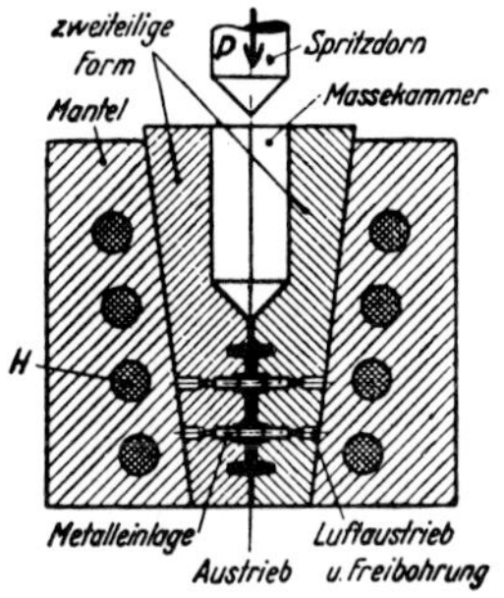

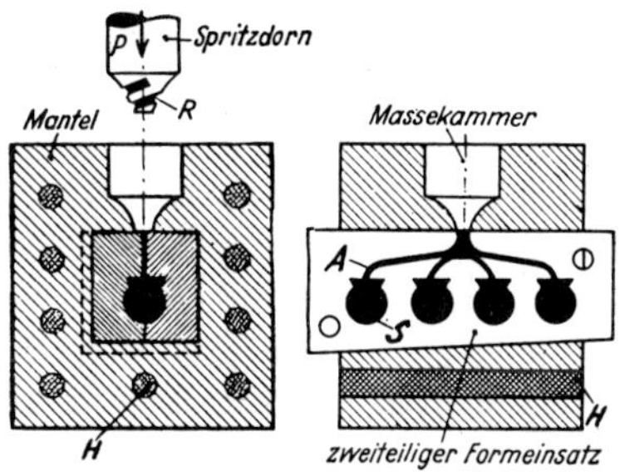

Abb. III.535. Spritzpreßvorrichtung (Schema). Beide Formteilbacken mit Massekammer in Teilebene durch Mantel zusammengehalten; H Heizelemente im Mantel (Form indirekt beheizt!); P Spritzpreß-Druckrichtung; (Ausstoßdorn unter beiden Formbacken nicht gezeichnet.).

Abb. III.536. Spritzpreßvorrichtung (Schema). Zweiteiliger Formeinsatz mit zweiseitigem Keilanzug (Bohrungen zum Einziehen und Lösen!) in Aufnehmerblock (Mantel) mit ungetielter Massekammer. DRP: SSW, Erf.: W. Mehdorn. – A Anschnitt; H Heizelemente im Mantel (Form indirekt beheizt); P Spritzpreß-Druckrichtung; R in Spritzdornspitze eingeschnittene Wendel zum Entfernen des Preßrestes aus Massekammer; S Spritzpreßling.

struktionen, auch Preßrichtung senkrecht Form-Teilebene. Gewisse Ähnlichkeit mit Fließgießen der Thermoplaste (siehe 1. b). Gut fließfähige Massen erforderlich (nicht zu lange Fasern, keine Schnitzel!), die bei Durchgang durch kleine Düse und Formanschnitte von nur wenigen mm^2 sehr gleichmäßig durchwärmt werden. Auch druckempfindliche dünne Metallteile einpreßbar; Spritzanteil bei wesentlich kürzerer Härtezeit in Durchhärtung einem Preßteil nach a) weit überlegen, damit fast eigenspannungsfrei ohne Verzugsgefahr. Spritzpreßteile mit engeren Toleranzen herstellbar als nach a). Besonders für sehr dicke sowie für verwickelte Teile ist Spritzpressen unerläßlich; setzt sich wegen genannter Vorzüge auch für andere Teile gegenüber a) immer mehr durch. Als Nachteil wird etwas größerer Abfall (Rest in Massekammer und Formanschnitt) und bei nicht sehr sorgfältiger Planung größere Fehleranfälligkeit genannt.

Maschinen: Teils Einfachdruck-Pressen wie unter a) verwendbar z. B. für Formen ≙ Abb. III.535 u. III.536, bei denen Mantel für Formhälftenschluß sorgt; im allgemeinen aber Dop-

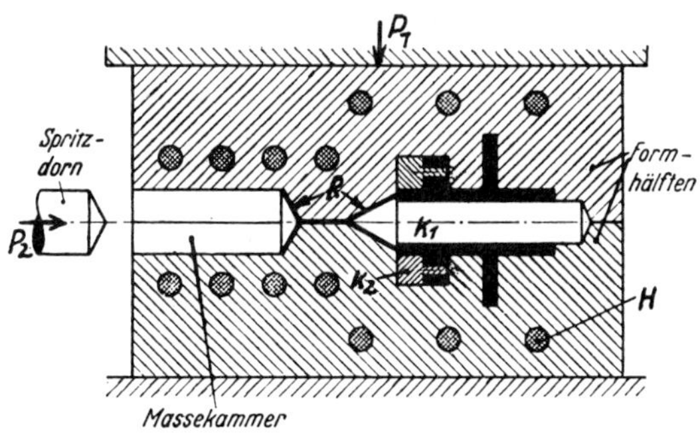

Abb. III.537. Spritzpreßform (Schema) mit Formschließ-Druckrichtung P_1 senkrecht Spritzpreß-Druckrichtung P_2; Einsatz auf Winkel-Spritzpressen mit zwei zueinander senkrecht wirkenden Kolben; H Heizelemente in Form (direkte Formbeheizung im Gegensatz zu Abb. III.535 u. III.536); K_1, K_2 eingelegte Metallkerne für Büchsenbohrung bzw. Flanschloch-Bohrungen; R Preßrest des Anschnitts (Kegelmantelform).

peldruckpressen (Formschließdruck und Spritzdruck) erforderlich, z. B. für Spritzpreßrichtung senkrecht Formteilebene, dann beide Drücke in gleicher Richtung, oder für Spritzdruckrichtung in Formteilebene (Abb. III.537), dann Winkel-Spritzpresse notwendig, die beide auch als Einfachdruck-Pressen betrieben werden können. –

Für Thermoplast-Spritzpressen gilt gleiches wie unter 3. a).

c) Kaltpreßverfahren

Für rieselfähige feuchte kresolhaltig-härtbare sowie Teerpech-haltige Preßmassen, dosiert in kalte Form gefüllt und nach Kaltpressen entformt.

Härten bzw. Ausdampfen erst außerhalb der Form in Heizschrank; dabei langsame Temperatursteigerung bei Kresol-haltigen Massen auf ≈180 °C, bei Teerpech-haltigen auf ≈210 °C. Maßhaltigkeit wegen ungleichmäßiger Schrumpfung oft mangelhaft.

d) Schlagpreßverfahren

Für Thermoplaste: Auf nahe Fließtemperatur vorgewärmte Tablette (oder Zuschnitt, Strangpreßstück) wird mittels schnell zufahrender Kunstharzpresse in kalter normaler Abquetschform (Abb. III.531) schlagartig ausgeformt; sehr wirtschaftlich, aber heute durch auch PVC-hart beherrschendes Schnecken-Spritzgußverfahren zurückgedrängt.

e) Schichtpreßverfahren

Herstellung von Halbzeug aus Hartpapier und Hartgewebe; beide von sehr guter Festigkeit und günstigen el. Eigenschaften, daher als Baustoff und el. Isolierstoff unter den Kunststoffen Sonderstellung einnehmend.

Dunkelfarbig für technische Verwendungszwecke mit ≈50% elektrisch hochwertigem Kresol-Resolharz-Anteil; ferner hellfarbige Dekorationsplatten auf Basis Melaminharz, auch Silikonharz-Ausführung. – Als Vorstufe Harzimprägnierung gut saugfähiger Natronzellstoff-Papierbahn z. B. gemäß Abb. III.538, bzw. sinngemäß Zellwolle-Gewebebahn, beide in Breiten von 0,5 ... 1 (1,5) m; schon im Trockenkanal (1) geht Harz in B-Zustand über.

Platten: Stapeln der auf Länge 1 ... 1,5 (2,5) m geschnittenen Lagen je nach gewünschter Plattendicke, beiderseits durch leicht gefettete polierte Preßbleche belegt und in mehreren Lagen in Etagenpresse Abb. III.539 zwischen Heizplatten (Abb. III.540) gepreßt, dabei Hitzehärtung. Härtetemperatur ≈165 °C für Kresol-, ≈140 °C für Melamin-, ≈180 °C für Silikonharz-Ausführung. Preßdruck bei Hartpapier 1200 ... 1500 N/cm², bei Hartgewebe niedriger; höherer Druck nicht festigkeitsverbessernd, mindert sogar bei Hartgewebe Schlagbiegefestigkeit a_n wegen Schädigung der Faserstruktur. Härtezeit ½ bis mehrere Stunden, je nach Plattendicke, für 10 mm z. B. 1 h. – Dünne Platten werden zu mehreren, durch Preßbleche getrennt, zwischen jeweils zwei Heizplatten gelegt. Nach Härtung gekühlt, meist außerhalb Heizpresse unter leichtem Druck; anschließend Besäumen zum Abtrennen der Randzone mit herausgequetschtem Harz. Hartgewebeplatten z. B. für große Zahnräder bis 200 mm Dicke gut durchgehärtet hergestellt.

Platten mit *dekorativer Oberflächenwirkung* (Edelholzmaserung, Marmorierung, verschiedene Farbmuster, Bedienungsanweisungen, Druckbilder u. a.) als Melaminharz-Hartpapier hergestellt, wobei oberste Lage entsprechend gemustertes Papierdruckblatt ist. –

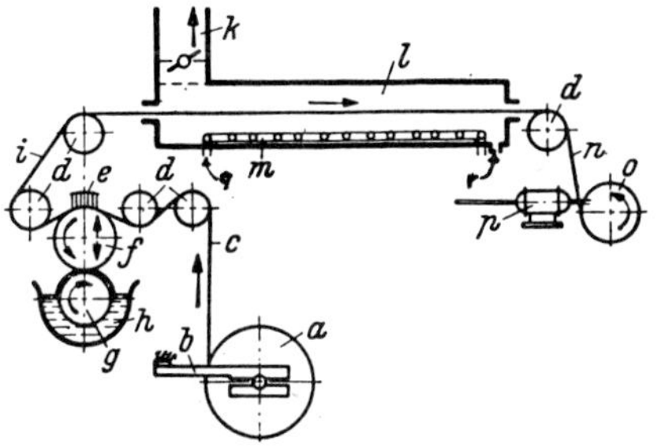

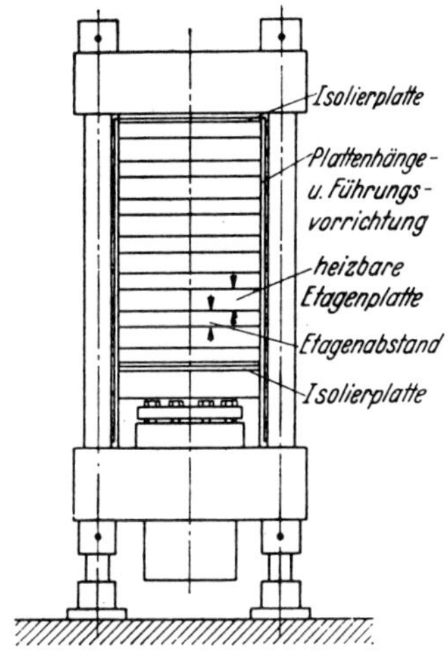

Abb. III.538. Imprägnieranlage für Papierbahnen (Lackier- oder Streichmasch.) schematisch, für einseitiges Auftragen von Kunstharzlösungen. a Rohpapier; b Bremse; c Rohpapierbahn; d Leitwalzen; e Bürste; f Lackierwalze; g Übertragungswalze; h Vorratswanne mit Harzlösung; i linksseitig frischlackierte Papierbahn (unlackierte Seite über d laufend); k Abzug für Lösungsmitteldampf zur Wiedergewinnung; l Trockenofen (-kanal); m Heizschlangen; n getrocknetes Lackpapier; o aufgerolltes Lackpapier; p Antrieb; q Heizdampf; r Luftzutritt.

Abb. III.539. Etagenpresse (Schema) mit Unterkolbenantrieb; 6 Heizplatten zum gleichzeitigen Pressen von 5 Schichtstoffplatten (Einzelheiten in Abb. III.540); oben und unten Isolierplatte zur Verhinderung der Wärmeabwanderung in Presse; Beheizung mit Dampf oder elektrisch.

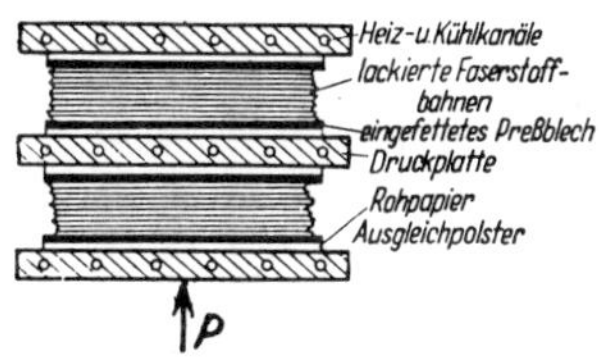

Abb. III.540. Schichtstoffpressen (Schema).
Details zu Abb. III.539.

Vulkanfiber vgl. I.H. 1, ferner Tab. I.39 u. Abb. I.90. Mit Kunstharz verarbeitete *Holzwerkstoffe*: Preßvollholz, unverdichtetes Lagenholz (Schichtholz, Sperrholz als Furnier- und Tischlerplatten, Sternholz), sowie verdichtetes Lagenholz, ferner Lagenholz mit Kunstharz-Deckschichten, Holzspanwerkstoffe u. ä. siehe Abschnitt „Holz" (I.H. 4), ferner [III.83].

Rohre: Wickelverfahren nach Abb. III.541 für Hartpapier- und Hartgeweberohre (siehe DIN 40 607, Hartpapier- u. Hartgewebe-Rohre, gewickelt, nicht formgepreßt! Ab Innen-Dmr. $\geqq$0,5 mm/Außen-Dmr. 1,1 mm bis Außen-Dmr. über 1000 mm mit Wanddicken 0,3 ... 10 mm) bis mittleren Dmr. (ohne Form-Fertigpressen); Unterwalzen-Beheizung meist mit Flüssigkeit oder Dampf, für kleinere Dmr. auch regelbar elektrisch. Später herauszunehmender Dorn glatt und leicht gefettet. Rohre mit kleinem Dmr. werden auf Dorn im Ofen fertiggehärtet, dann erst vom Dorn abgezogen. Für besonders spaltfugenfreie Rundrohre sowie immer für andere Querschnitte (Dreieck-, Viereck-, Oval-Rohre u. a.) Fertighärten auf Dorn im Ofen in Preßform Abb. III.542, später dann Preßgrate verputzen. Etwa im Wickel verbleibender Metallkern (als späterer el. Leiter) vorher angerauht und mit Harzkleber versehen.

Vollstäbe (rund, vierkant, flach) als Dickwandrohr auf dünnem Dorn gewickelt, Dorn entfernt und in z. T. mehrfach geteilter Backenform zusammengepreßt und im Ofen unter Preßdruck fertiggehärtet; für Zugbolzen darauf auch Gewinde schneidbar. Aus Platten herausge-

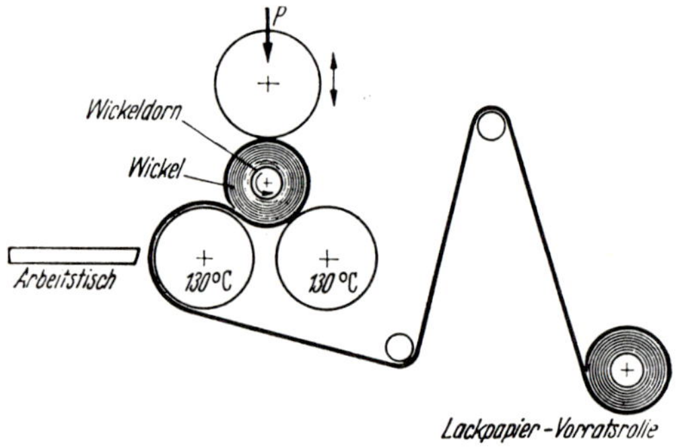

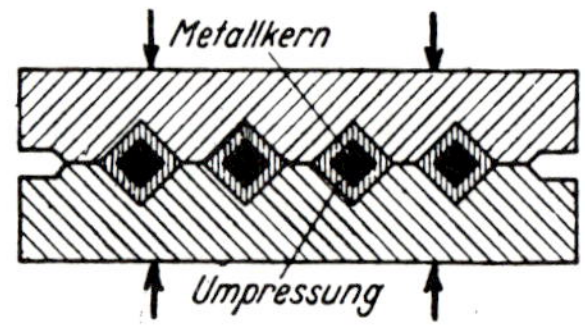

Abb. III.541. Dreiwalzen-Wickelmaschine (Schema) für Hartpapier- bzw. Hartgewebe-Rohre bis mittleren Dmr. (ohne Form-Nachpressen); P zusätzlicher Druck auf Oberwalze, wenn ihr Eigengewicht für bes. dichte Rohre nicht ausreicht. Für bes. große Rohre (Trafo-Auskleidungen) entfällt Oberwalze, da dann Wickeldorngewicht groß genug.

Abb. III.542. Preßform für gewickelte Vierkantrohre (Schema) zum Fertighärten unter Preßdruck über Metallkern (Dorn) im Ofen.

schnittene Stäbe sind weniger fest. Rundstab-Abschnitte nie für Zahnradfertigung, da Zahn nicht fest genug; Zahnradrohling immer aus Platte ausgesägt!

f) Schaumstoff-Formteile

Ohne Preßdruck in geteilten Hohlformen erzeugt, wobei geringe Teilfüllung unter Wärmeeinwirkung in Form auf Vielfaches der Einfüllmenge aufschäumt und so formfüllendes Fertigteil ergibt.

Anwendungsbeispiele u. a. auch Verpackungsbehälter für empfindliche Teile, Schaumstoffmodelle für Vollformgießen (III.A), Schaufensterpuppen, Rettungsringe und -Flöße, Schwimmgürtel und -Westen, Schwimmbojen, Schwimmkörper für Fischerei, Pflanzengefäße und Saatschalen, Tropenhelme, Spielfiguren u. v. a.

4. Strangpreßverfahren (Extrudieren)

Mit Spritzguß verwandtes Verfahren zur Herstellung endloser Profile mittels Strangpreßmaschinen (Extruder), in denen thermoplastisches (nur selten duroplastisches) Kunststoff-Pulver oder -Granulat (oder Vormischung) durch Schnecke unter Aufheizen plastifiziert, homogenisiert und durch Auspressen aus Düse kontinuierlich geformt wird. Erzeugt werden so Rohre, Schläuche, andere Hohl- u. Vollprofile, Monofile, Bänder, Platten, Folien; auch Umpressen durchlaufender Drähte und Kabel. – Extruder durch Auswechseln der Formwerkzeuge und erforderlicher Zusatzeinrichtungen vielseitig einsetzbar (Abb. III.543); auch als Aufbereitungsmaschinen zum Mischen und Kneten verwendet. – Grundregeln der Extrusion.

Extruder in einfachster Ausführung besteht aus Plastifizier-Zylinder mit z. B. eingängiger Schnecke gleichmäßiger Steigung und gleichbleibendem Kern-Dmr. Kunststoff wird auf sei-

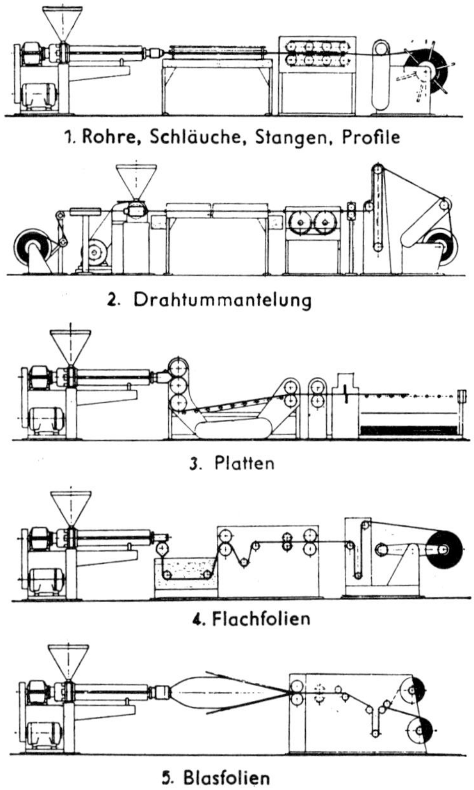

Abb. III.543. Überblick über wichtigste Einsatzmöglichkeiten von Schnecken-Extrudern für Strangpreß-Halbzeug (Schema) mit erforderlichen Zusatzeinheiten zum Kühlen, Abziehen, Aufwikkeln, Schneiden auf Länge (3), Folienschlauch-Falten (5); in (2) Extruder senkrecht Zeichenebene (Werkbilder Fa. Barmag/Remscheid-Lennep).

nem Weg geknetet und erfährt durch beheizten Zylinder Plastifizierung, woran auch Reibung des Materials gegenüber Zylinderwand und Schneckengängen beteiligt ist: Friktionswärme. Letztere gesteigert durch zur Düse hin zunehmenden Schnecken-Kern-Dmr. (Kernkompression) oder durch abnehmende Schneckensteigerung (Gangkompression). Abb. III.544 zeigt Extruder mit Kernkompression in Schneckenzone II. Entgasung sinngemäß wie bei Schnecken-Spritzgußmaschinen (s. d.!). Sonderkonstruktion (Schnelläufertyp) kann durch geschickte Steigung und Ausnützung der Friktionswärme auf Zusatzheizung ganz verzichten. – Viele Extruder-Bauarten, auch mit zwei gleich- oder gegenläufigen Schnecken, sowie Planet-Walzen-Extruder, in Gebrauch. Je nach Konstruktion, Größe und Formwerkzeug Schneckenlänge: Dmr. meist 9 : 1 ... 25 : 1 (30 : 1); Schneckendrehzahl meist 5 ... 100 U/min (Schnell-Läufer auch 200 ... 1400 U/min); Maximaldruck im Schneckenzylinder 500 ... 2000 N/cm^2; Schnekken-Dmr. 9 ... 460 mm; Ausstoßleistung 20 ... 600 (u. U. 1000, 3000) kg/h; Leistungsbedarf 1,25 ... $\approx$750 kW.

a) Kontinuierliches Strangpressen

Rohre und Schläuche mit im Prinzip z. B. Formwerkzeug F, Abb. III.544 hergestellt. Rohr je nach Kunststoffart oft noch nach verschiedenen Verfahren kalibriert, z. T. auch aufgeweitet und gereckt. Harte Rohre auf Länge geschnitten, halbharte ebenso wie Schläuche aufgerollt.

Rundstangen, Voll- und Hohlprofile sinngemäß wie Rohre Abb. III.543,1. – Auch Extrudieren feinzelliger Schaumstoffprofile, wobei Hauptanteil der Gasentwicklung erst nach Druckentlastung mit Verlassen der Düse unter entsprechender Volumenzunahme erfolgt; anschließend Nachformen mit Abziehen fertigen Schaumstoffprofils.

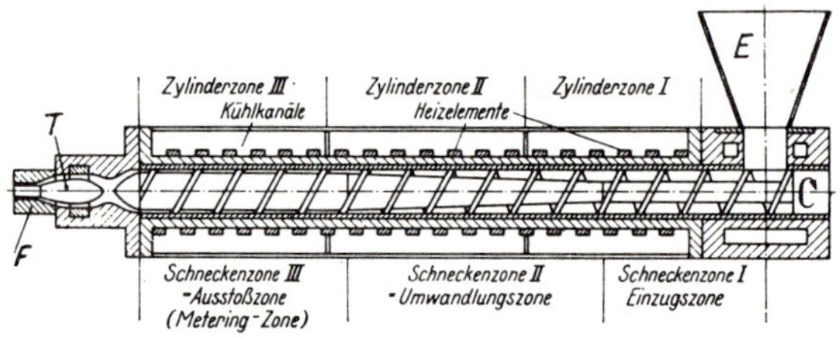

Abb. III.544. Schnecken-Strangpreßzylinder (Extruder) hier für Rohr (Schlauch) schematisch, mit Kernkompression in Schneckenzone II. E Einfülltrichter; T „Torpedo" (Einbauteil zur Führung des Massestroms und Halterung des Dorns); F Formwerkzeug (Düse am Spritzkopf), in Verbindung mit Dorn an T für Rohre und Schläuche. – Gesamtanlage Abb. III.543, 1.

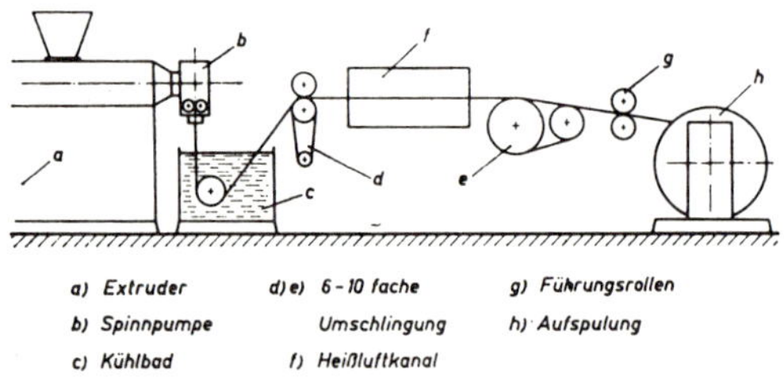

Abb. III.545. Extrudieren von Monofilen, Walzenstreckverfahren (Schema) statt f auch Orientierungsbad; Recken („Verstrecken") zwischen d und e.

Monofile heißen Kunststoff-Fäden mit ≈0,1 ... 0,2 (0,5) mm ⌀, über Düsenplatte mit vielen Bohrungen extrudiert, nach Verlassen des Kühlbades erwärmt und zur Festigkeitserhöhung gereckt („verstreckt", vgl. Abb. I.82 u. I.84 in I.H. 1) durch unterschiedliche Umfangsgeschwindigkeit entsprechender Abziehrollen (Abb. III.545). Bei größerem Dmr. auch Recken durch Ziehdüse im Kühlbad möglich. Für manche Zwecke auch Flachfäden üblich (Übergang zum Bandprofil fließend). Viele Thermoplaste verwendbar, bevorzugt PE, PP, PA, PVC, PS u. a. Verwendung für gewebte und geflochtene Grobtextilien und Bespannung, Siebe, Hüte, Haltetrossen u. a.; Einzelfäden als Angelschnur, Musiksaiten, Bindemittel u. ä.

Ummantelung von Draht, Litze, Kabel: Abb. III.543,2, wobei plastifizierte Masse den durch Querspritzkopf (Abb. III.546) laufenden zu ummantelnden Draht etc. kurz nach oder noch vor Austritt aus dem Spritzkopf umströmt. Für mehrfarbige Umspritzungen (Drahtkennzeichnung mehradriger Kabel) Spritzkopfspeisung durch mehrere Schnecken; bei schraubenartiger Farb-

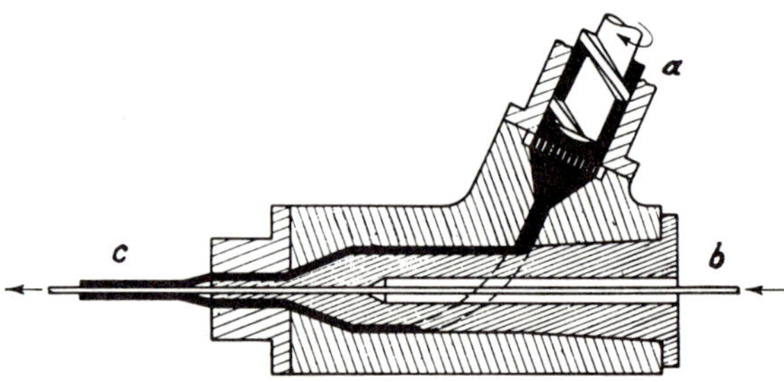

Abb. III.546. Ummantelung von Draht, Litze, Kabel (Schema). Spritzkopf hier schräg zur Schneckenachse (auch senkrecht dazu üblich) – a Ende des Extruder-Zylinders; b einlaufender Draht; c ummantelter Draht; auch andere Arbeitsweise mit Umströmung des Drahtes kurz *vor* Austritt aus Spritzkopf. Gesamtanlage Abb. III.543, 2.

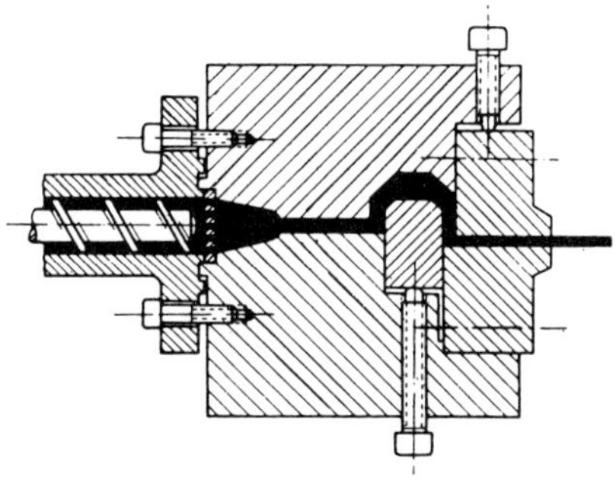

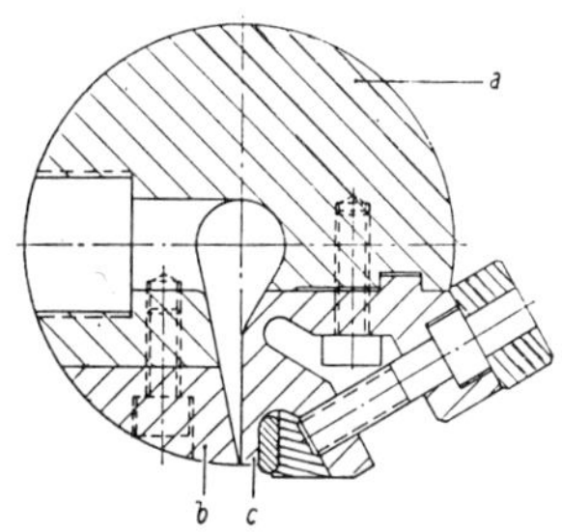

Abb. III.547. Breitschlitzdüse zur Plattenherstellung (Querschnittsschema) mit Regelbarkeit des Staudrucks und der Plattendicke; erforderliche Heizelemente nicht gezeichnet. Gesamtanlage Abb. III.543,3.

Abb. III.548. Breitschlitzdüse für Flachfolien (Querschnittsschema). a Mantelkörper; b feststehende Lippe; c verstellbare Lippe zur Dicken-Einstellung und Kalibrierung über ganze Breite durch mehrere Schrauben; erforderliche Heizelemente nicht gezeichnet. – Gesamtanlage Abb. III.543,4.

musterung noch in Verbindung mit drehbarem Verteiler im Spritzkopf. – Auch Kunststoff- oder gar Kunststoffschaum-Umspritzung von Metallrohren für elektrische oder Wärmeisolation üblich.

Platten erfordern entsprechende Breitschlitzdüse (Querschnitt Abb. III.547) meist mit nachgeschaltetem Dreiwalzen-Kalander mit folgender Kühlstrecke und Längenschneideinrichtung, Abb. III.543,3.

Flachfolien [III.87] entstehen sinngemäß (Abb. III.543,4) nach Bandverfahren mit Breitschlitzdüse (Querschnitt Abb. III.548). Bei leichtflüssigen Kunststoffschmelzen z. B. PE, PA, Abkühlen in einstellbartemperiertem Wasserbad, dann Walzenabzug; bei zähfließenden Schmelzen PVC-weich, Celluloseester, Abnahme durch hochglanzpolierte entsprechend temperierte Abzugswalzen; in beiden Fällen meist Reckung in Längsrichtung zur Festigkeitserhöhung. Neben Längs- auch gleichzeitig Querreckung mit Sondervorrichtung (Biaxial-Reckung) erforderlichenfalls möglich. Foliendicken 0,01 ... 0,5 mm üblich; Breite bis 2500 mm.

Blasfolien entstehen (Abb. III.543,5) nach Schlauchverfahren (heute am gebräuchlichsten), wobei aus Ringschlitzdüse austretender Folienschlauch (Abb. III.549) nach Verlassen einer Tempermanschette durch Blasluft (Stützluft) bis zum fünffachen Ringspalt-Dmr. unter Querreckung aufgeweitet, durch Leitflächen oder Leitrollen zusammengefaltet und durch gummierte Quetschwalzen (verhindern Stützluft-Austritt) abgezogen und dann aufgewickelt wird. Entsprechende Abziehgeschwindigkeit ergibt Längsreckung, die sich der Querreckung überlagert (biaxiale Reckung). Auch mechanische Spreizvorrichtungen für Folienschlauch bekannt. Für dickere Folien auch ein- oder beidseitiges Aufschlitzen des Schlauchs und Aufwickeln als Bandfolien üblich. – Foliendicke bestimmt durch Spaltweite der Ringschlitzdüse, Höhe des gewählten Stützluftdrucks (Aufweitegrad) und Abziehgeschwindigkeit. Dicken von einigen Hundertstel bis Zehntel mm und Breiten von einigen cm bis ≈ 1 m üblich. Folienblasverfahren für Polyäthylen entwickelt, heute auch für PVC-weich, Polyamide u. ä.; auch Polystyrol-Schaumfolie (Styropor) auf diese Weise blasbar.

Hohlkörper-Blasen. Vor Extruder-Entwicklung: Seit ≈ 1870 Celluloid-Verfahren bis heute zur Herstellung von Puppen, Schwimmtieren u. ä., Abb. III.550, ausgehend von zwei aufeinanderliegenden ebenen Zuschnitten (auch an Enden abgequetschter Rohrabschnitt); außerdem für PVC, Polymethacrylat u. a. – Seit ≈ 1950 neuzeitliches Extrusions-Blasverfahren (Plax-Verfahren), ausgehend von extrudiertem (Abb. III.551) weichplastischen Schlauch-Vorformling, erläutert Abb. III.552. Verfahren neuerdings stark zunehmend verbreitet. Beim Arbeiten ohne Staukopf nach Abb. III.551 abwechselnd Werkzeugbewegung nach unten und oben, damit kontinuierlicher Extruderlauf; viele Variationsmöglichkeiten. Bei Automaten z. B. auf Dreh-

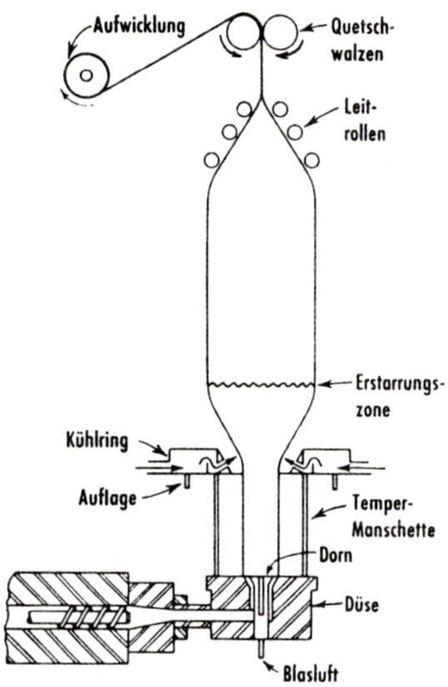

Abb. III.549. Blasfolien-Herstellung mit Ringdüse (Schema). Hier Arbeitsweise von unten nach oben; auch in umgekehrter Richtung sowie horizontal möglich; vgl. Gesamtanlage Abb. III.543.5.

tisch mehrere Formwerkzeuge, gespeist von Extruder, der „Nickbewegungen" ausführt. – Meist zweiteilige Hohlform guter Wärmeleitfähigkeit mit wirksamen Kühlkanälen: BeBz, Al-Leg. „Kirksite" u. a.; Abquetschkanten aus Stahl eingesetzt. Verarbeitung bes. von Polyäthylen (weich u. hart), auch Polypropylen, Polycarbonat, Polyamide, Polystyrol, PVC. – Beispiele: Besonders Flaschen aller Art, Hohlkörper heute bis ≈500 l Rauminhalt, fahrbare Behälter und Kübel, Laufräder mit Hohlwulst, Spielzeug-Hohlteile u. v. a. – Ganz anders arbeitet „Holofol"- bzw. „Holoplast"-Verfahren [III.83, 86].

Tauchblasen [III.83]. Ein Extruder fördert plastifiziertes Material (a) in eine Tauchkammer (4) mit Düse (3). Diese besteht aus einem zusätzlichen Kolben (5) und einem Tauchdorn (2), beide werden hydraulisch bewegt (1), (5). Ein Steuerprogramm ermöglicht eine unterschiedliche Dicke (c) des plastifizierten Materials um den Tauchdorn. Um den Tauchdorn herum verteilt sich die Schmelze infolge der Oberflächenspannung so, daß nach Einschieben des Dornes in ein geschlossenes Backenwerkzeug eine gleichmäßige Wanddicke des fertigen Teiles ge-

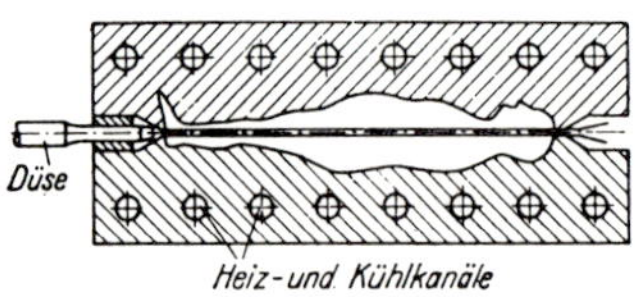

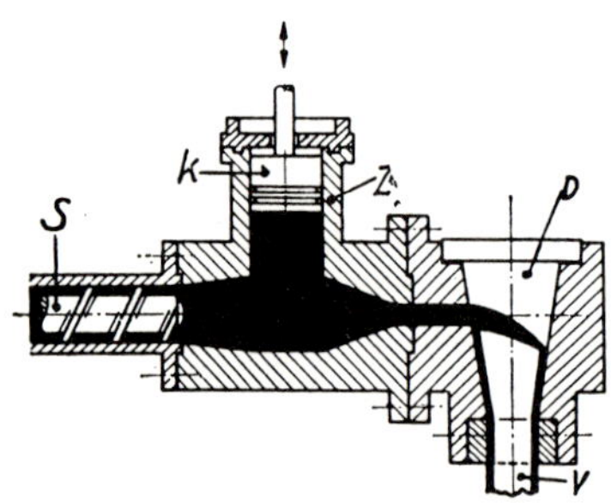

Abb. III.550. Hohlkörper-Blasen nach altem Celluloid-Verfahren (Schema). Zwischen zwei aufeinandergelegte Zuschnitte, randverschweißt durch Einlegen in beheizte Hohlform, Einblasen von Dampf oder Heißluft (2 bar); Luft entweicht durch feine Bohrungen (nicht gezeichnet) in Hohlformhälften (meist Vielfach-Formen); anschließend Formkühlung.

Abb. III.551. Extruder-Staukopf zum Hohlkörper-Blasen (Schema). Ständig umlaufende Extruderschnecke S arbeitet in Vorratszylinder Z, aus dem durch Kolben K diskontinuierlich größere Menge plastifizierter Masse besonders für große Hohlkörper ausgepreßt wird (Heizelemente nicht gezeichnet); D Herzkurvendorn; V Vorformling (Schlauch).

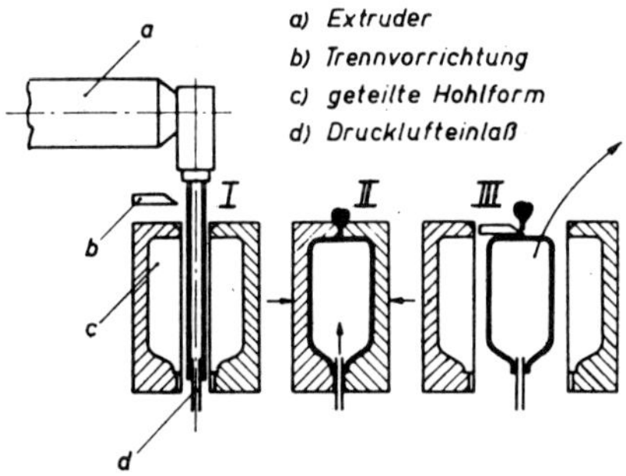

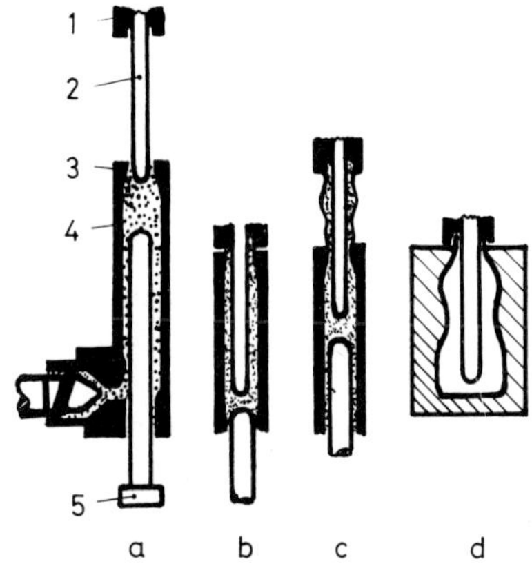

Abb. III.552. Hohlkörper-Blasen mittels Extruder (Schema). I extrudierter Weichschlauch mit eingeführter Druckluftdüse in geöffneter Hohlform; II Form geschlossen, Schlauchende abgequetscht, Schlauch durch Druckluft an Formwand gepreßt (entlüftet durch feinste Bohrungen sowie Flachschlitze in Teilebene); III nach Kühlung Form geöffnet, Auswerfen fertiger Flasche. – a Schnecken-Extruder; b Trennvorrichtung; c geteilte Hohlform; d Drucklufteinlaß.

Abb. III.553. Prinzip des Tauchblasverfahrens (Werkzeichnung Siemag); a Tauchkammer, b Tauchkammerkolben, c Tauchdorn, d Halsbackenwerkzeug, e auswechselbare Düse.

währleistet wird, nachdem durch den Dorn Luft eingeblasen und die plastische Masse an die Wandung der Blasform gedrückt wird (d) (Abb. III.553).

Mehrkomponenten-Spritzgießen [III.83] bedingt mehrere unabhängig voneinander steuerbare Spritzeinheiten zur Produktion mehrfarbiger Erzeugnisse bzw. unterschiedlicher Formmassen. Anwendung: Plaketten, Büromaschinentasten, Verschlußkappen, mehrfarbige Autorücklichter.

b) Diskontinuierliches Strangpressen

Extrudieren duroplastischer Profile nur vereinzelt angewendet für Sonderzwecke in E-Technik, im Maschinenbau und Bauwesen. Hydraul. Kolbenstrangpresse (Abb. III.554) mit

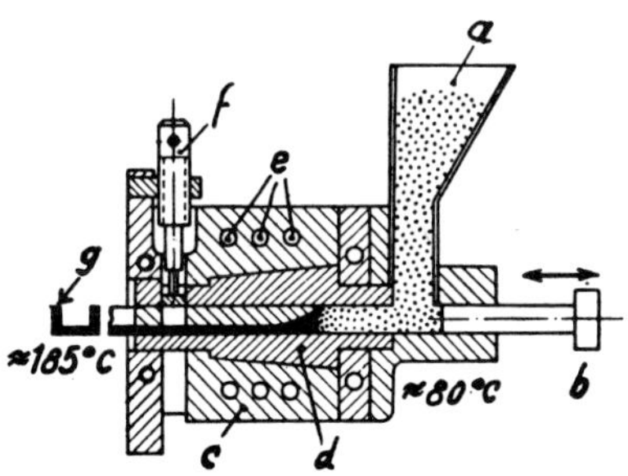

Abb. III.554. Kolbenstrangpresse für duroplastische Profile (Schema) in Füllstellung; a Fülltrichter für Schnellpreßmasse; b hydraulisch betätigter Kolben, bei Hub nach links Kompression und Strangvorschub; c heizbarer Zylinder; d auswechselbarer Matrizen-Einsatz in c; e elektr. Heizkörper; f Matrizenverschluß für Strangpreßbeginn (hier geöffnet); g Profil für hier eingesetzte Matrize d.

Abb. III.555. Strangpreßprofile aus duroplastischen Kunststoffen. Beispiele der Süd-West-Chemie GmbH, Neu-Ulm/Donau.

Schnellpreßmasse-Pulver auf Phenol- oder Harnstoffharz-Basis bei Stempelrückgang automatisch beschickt, beim Vorgang in langer stufenweise beheizter Matrize verdichtet, plastifiziert und gehärtet. Reibung an Düsenwand in Verbindung mit zweckmäßig ganz schwacher Düsenverjüngung ergibt erforderlichen hohen Druck. Profilbeispiele in Abb. III.555. – Profil verläßt noch leicht biegeweich die Düse, ist daher zu unterstützen; auch geringes Biegen austretenden noch heißen Profils möglich und auch lieferüblich. Trotz leicht gerundeter Matrizen-Austrittskante manchmal schwache Markierung der Stillstandsstelle dort beim Kolben-Rückgang. – Neuerdings auch auf diesem letzten Reservat der Kolbenstrangpresse Einsatz von Schneckenpressen, doch Erreichen notwendiger hoher Drücke bei großformatigen Profilen sehr schwierig.

5. Verfahren der Umformtechnik [III.88]

Erwärmte thermoplastische Kunststoffe mit genügend großem Temperaturbereich zwischen Erweichen (≙Einfrieren) E und plastischem Fließen F (vgl. I.H 1., Abb. I.83) erlauben kurz unterhalb F im gummielastischen (thermoelastischen) Zustand Umformung in einem Zug, müssen aber noch im Formwerkzeug wieder gekühlt werden, um Formsteifigkeit zu erlangen.

Ein Kaltumformen von Kunststoffen (≙Kaltumformen von Metallen) ist praktisch ohne Bedeutung, wenn man vom Falten von Folien und Kunstleder, vom Kaltrecken und Flechten von Bändern und Monofilen absieht; so erzwungene unter Spannung stehende Form wird nur zum Teil beibehalten.

Erwärmung je nach Formgebungsart und Halbzeugform mittels „weicher“ Gasflamme (Gefahr der Oberflächenverbrennung!), Heißluft (meist Umluft-Wärmeschrank, vereinzelt Düsengerät wie beim Kunststoffschweißen), Eintauchen in erwärmte Flüssigkeit, Auflegen elektrischer Heizelemente (Kontakterwärmung) und Infrarotstrahler.

Arbeitsablauf bei allen Umformverfahren: 1. Halbzeug einspannen; 2. Erwärmen; 3. Umformen; 4. Abkühlen des Formteils; 5. Ausspannen. – *Umformregeln* für die Praxis: 1. Formung bei höchstmöglicher Temperatur, bei der Materialschädigung noch vermieden wird; damit beste Formbeständigkeit des Formteils bei später mäßig erhöhten Temperaturen, Erzielung größten Umformgrades und beste Detailwiedergabe der Form; 2. Gleichmäßige Erwärmung in Oberfläche und Dicke, damit örtlich ungleichmäßige Formung vermieden und Fertigteil-Eigenschaften verbessert; 3. Fertigteil-Kühlung gleichmäßig und nicht zu schnell, um Einfrieren zusätzlicher Spannungen zu vermeiden, die bei späterer mäßiger Erwärmung zum Verziehen führen würden (Wärme-Rückstellbestreben des Formteils).

Zum Umformen geeignete *Thermoplaste*: PVC und seine Copolymere, Polystyrol meist als MP mit Butadien bzw. Acrylnitril), Polyolefine (Polyäthylen höherer Dichte und isotaktisches Polypropylen), Polymethacrylat, Celluloseacetobutyrat und Polycarbonat in begrenztem Maße. (Näheres über die einzelnen Kunststoffe siehe I. H 1!)

a) Abkanten und Rundbiegen

Die wichtigsten Umformverfahren sind

Abkanten von Platten mit Radius ≧2 · Plattendicke (keinesfalls scharfe Kante!) innerhalb Anwärmzonenbreite = 4 ... 5 · Plattendicke, Abb. III.556. Durchführung auf hierfür gebauten Abkantbänken mit Heizschienen-Erwärmung; ggf. auch freies Abkanten (Kunststoff-Schlosserei, Apparate-Einzelfertigung).

Rundbiegen von Platten mit vorbereiteten Schweißkanten zu kürzeren Rohrstücken (1 ... 2 m) mit Längsstoß mittels Rolltuch über Kern, Abb. III.557; anschließend auf Kern Längs-

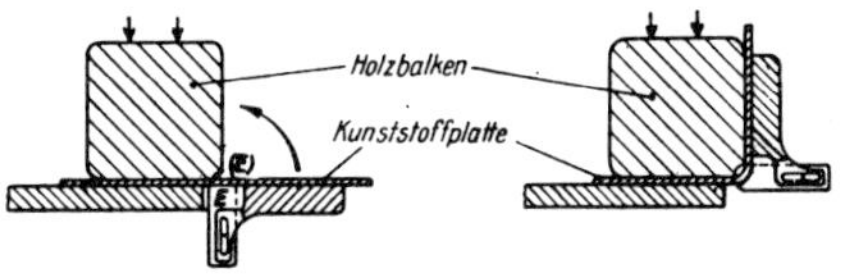

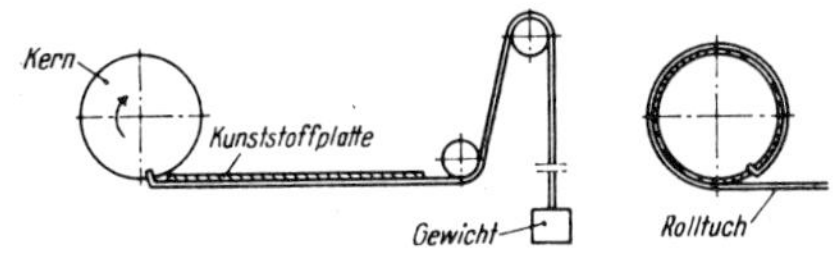

Abb. III.556. Abkanten von Platten (Schema) auf Abkantmaschine; örtliche Erwärmung im Bereich E (einseitig von unten, bei dicken Platten auch von oben).

Abb. III.557. Rundbiegen von Platten (Schema) nach Rolltuch-Verfahren zu kürzeren Schlitzrohrstücken; Kern aus Holz oder Metall, darauf anschließend Längsnahtschweißen.

nahtschweißung und Kühlen. Geeignet für Rohre > 50 mm Dmr. ohne nennenswerten Innendruck bei Wanddicken $\leqq$5 mm. Bei Platten größerer Dicke nach Erwärmen freies Biegen, dann Schweißen über Holzunterlage, nochmaliges Erwärmen, Einschieben längsgeteilten Holzkerns und dessen Aufspreizen mittels Keilen bis Abkühlung.

Radienbiegen bei Rohren und Aufmuffen: Extrudierte Rohre erfordern bei Montage manchmal örtliches Biegen. Bei großen Radien nach Erwärmen der Biegezone dickwandiger Rohre durch Heißluft oder „weiche" Gasflamme Biegen von Hand bzw. bei größeren Rohren nach einseitiger Einspannung durch Zugseil am anderen Ende ggf. unter Verwendung von Biegeschablonen. Bei kleineren Radien und dünnwandigen Rohren Füllen mit heißem Sand, Einführen aufgeblasenen Bunaschlauchs, für enge Rohre auch Drahtspirale, jeweils mit Erwärmen an Biegestelle. Für größere Stückzahlen Verwendung von Biegelehren, für Großserien Rohrbiegemaschinen (ähnlich Metallrohrbiegen), dabei oft Rohraufblasen mit Preßluft; nach Biegen Kühlen mit kaltem Wasser. – Aufweiten von Rohren zur Muffenherstellung (Steckmuffe) durch Erwärmen und Aufschieben auf kaltes leicht eingeöltes Rohrende mit abgeschrägter Außenkante (nach Auseinanderziehen und Reinigen Klebverbindung). Auch Aufweiten mit Aufweitdorn (1 ... 2 mm dicker als einzuschiebender Rohr-Außen-Dmr.).

b) Spannverfahren (Überleg-Verfahren)

Bezweckt räumliches Formen von Acrylglasscheiben (I.H. 1, Tab. I.42) z. B. für Flugzeugkanzel, Omnibus u. ä., wobei im Wärmeschrank vorgewärmte Scheibe auf stoffbespannte Holz- oder Blechlehre durch passenden Rahmen bis zum Erkalten aufgespannt wird [III.85].

c) Ziehformen

Formen mittels Ziehring bzw. Matrize und Stempel; kennzeichnend ist weitgehend gleiche Werkstoffdicke des Fertigteils, da Gleiten des Werkstoffs zwischen Ziehring und federndem Niederhalter möglich.

Mechanisches Tiefziehen (Abb. III.558) vorgewärmter ebener Platten zu bevorzugt runden Hohlkörpern, dabei Ziehspalt 10 ... 15% größer als Ausgangs-Plattendicke; Ziehtiefe 2 ... 3×Stempel-Dmr.; vgl. auch Abb. III.568!

Mechanisches Formstanzen Abb. III.559: Formteil weitgehend beidseitig maßgenau und wanddickengleich.

d) Streckformen

Diese Verfahrensbezeichnung ist in der Praxis üblich, obwohl Kunststoff-Zuschnitt dabei nicht gestreckt, sondern *gereckt* wird. Am Rand festeingespannte Plat-

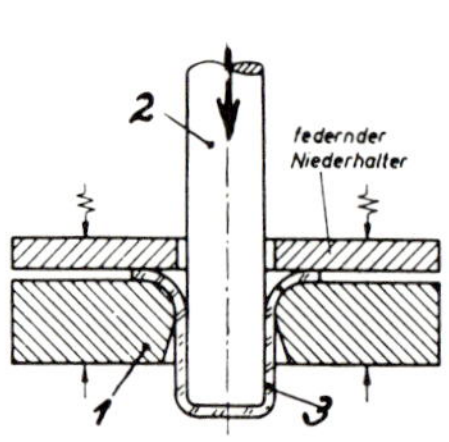

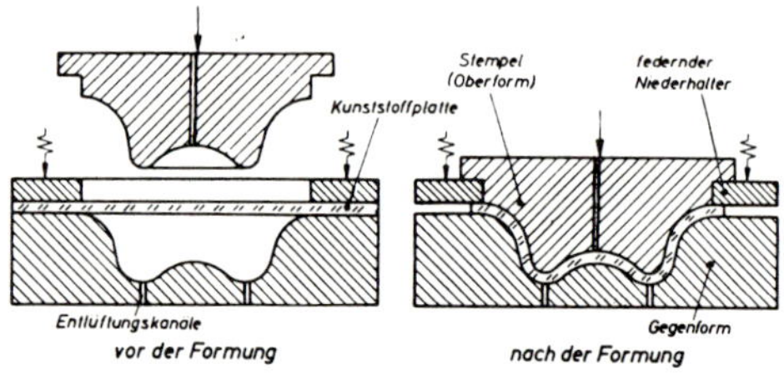

Abb. III.558. Mechanisches Tiefziehen (Schema). 1 Ziehring; 2 Ziehstempel; 3 aus ebener Platte geformtes Ziehteil.

Abb. III.559. Mechanisches Formstanzen (Schema). Matrize muß immer Entlüftungsbohrungen haben, ggf. auch Stempel wie hier.

te (kein Nachgleiten möglich!) wird durch Stempel, Gas- oder Flüssigkeitsdruck mit oder ohne Gegenform umgeformt, dabei mehr als 12 Verfahrensabarten. Kennzeichnend ist mehr oder weniger starke Dickenverminderung vom Einspannrand ausgehend (wegen Oberflächenvergrößerung).

Mechanisches Streckformen, Abb. III.560, durch Ziehring und Stempel, wobei Werkstückdicke im Stempel-Anlagebereich wegen Reibung am geringsten vermindert, am stärksten in freier Zone zwischen Stempel und Ziehring.

Pneumatisches Streckformen ohne Vorstrecken durch Blasen in den freien Raum, Abb. III. 561, sinngemäß auch durch Saugen, für einfach gewölbte Teile, z. B. Oberlichtkuppeln runder oder viereckiger Grundform aus Acrylglas für Flachdächer; durch Blasen in Gegenform, Abb. III.562, bei verwickelter Form, dabei genaue Außenmaße; in beiden Fällen kann Luft vorgewärmt sein. Schließlich durch Saugen in Gegenform, Abb. III.563, wobei äußerer Luftdruck an die Stelle von Druckluft tritt; in der Praxis meist „Vakuumformen“ genannt, seltener „Vakuum-Tiefziehen“.

Pneumatisches Streckformen mit Vorstrecken, d. h. nach mechanischem Vorstrecken Blasen in Gegenform (Abb. III.564), wobei federnder Niederhalter b beim Vorstrecken Werkstoff a

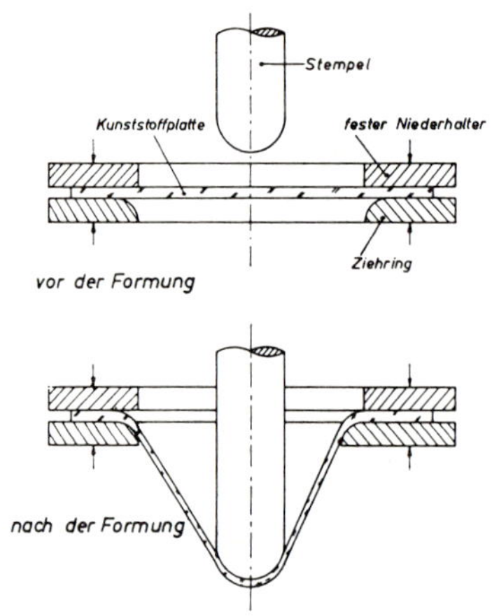

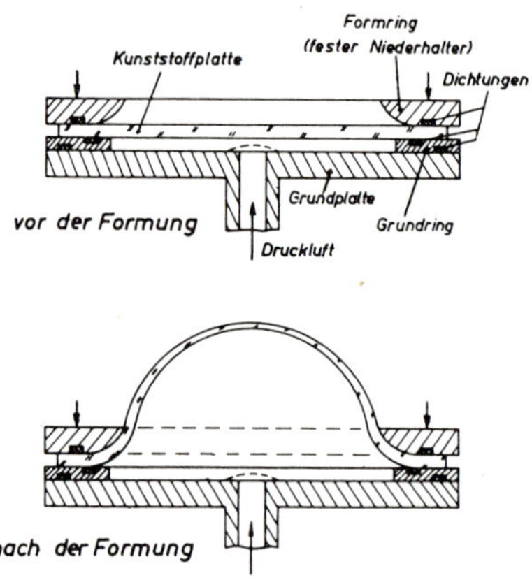

Abb. III.560. Mechanisches Streckformen (Schema) durch Stempel und Ziehring; beachte Dickenabnahme!

Abb. III.561. Pneumatisches Streckformen durch Blasen in freien Raum (Schema). Auch umgekehrt möglich durch Saugen, wobei dann äußerer Luftdruck an Stelle von Druckluft tritt.

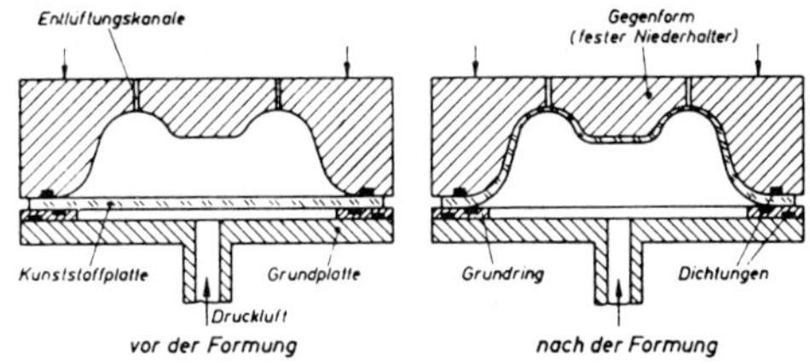

Abb. III.562. Pneumatisches Streckformen durch Blasen in Gegenform (Schema), die Entlüftunsgbohrungen hat, mit 3 ... 6 bar.

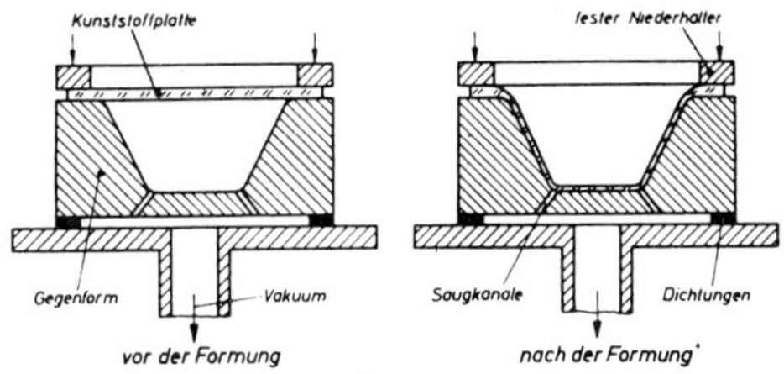

Abb. III.563. Pneumatisches Streckformen durch Saugen in Gegenform (Schema).

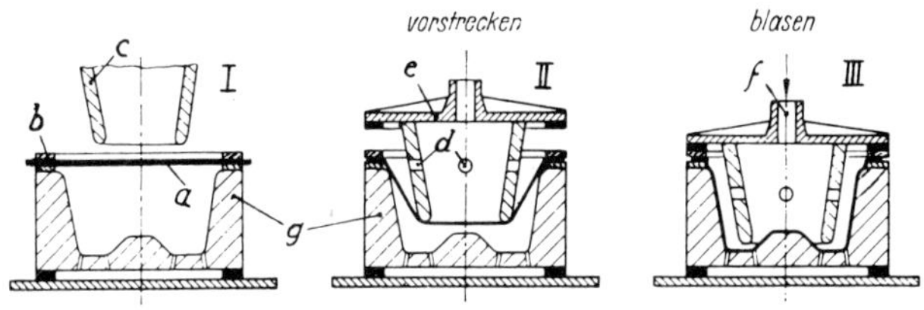

Abb. III.564. Pneumatisches Streckformen mit mechanischem Vorstrecken (II), dann Blasen in Gegenform (III) (Schema).

aus Spannfläche nachgleiten läßt (höhere Umformgrade!); erst mit Aufsetzen der Blasplatte e auf Niederhalter b (Abb. III.564, III) wird Werkstoff beim Blasen festgehalten. Einsparen eines genaugearbeiteten Formstempels gegenüber mechanischem Formstanzen nach Abb. III.559, jedoch größere Wanddickenunterschiede als dort.

Negativ-Saugen mit mechanischem Vorstrecken, Abb. III.565, mit verschiedenen Variationen, entscheidendster Fortschritt im Formen von Kunststoffplatten, wobei ähnlich Abb. III. 564 wiederum federnder Niederhalter wegen Möglichkeit des Werkstoff-Nachgleitens besonders tiefe Züge zuläßt. In beiden Fällen vor Angreifen des Vorstreckers Infrarot-Erwärmung der eingespannten Platte, bei dickerem Material beidseitig. Beispiele: Acrylglasschalen für Straßenlampen, Hälften von Ventilatorgehäusen, kleinere Bootskörper, doppelwandige Kühlschrank-Einsätze u. ä.

Positiv-Saugen mit Vorstrecken, Abb. III.566, wobei Vorstrecken gemäß I nur mechanisch erfolgt durch Aufdrücken vorgewärmter Platte auf Positivform, oder gemäß II durch Druckluft erfolgt, wobei zwischen b u. c vor dem Saugen noch Positivform ganz hochgefahren wird und damit zusätzlich vorstreckend wirkt; dann erst gemäß c Saugen, wobei äußerer Luftdruck erweichte Platte ganz an Form anpreßt. – Absaugbohrungen der Form sehr klein ($\leqq 1$ mm ϕ), so daß später auf Innenseite kaum erkennbar markiert. II häufiger als I.

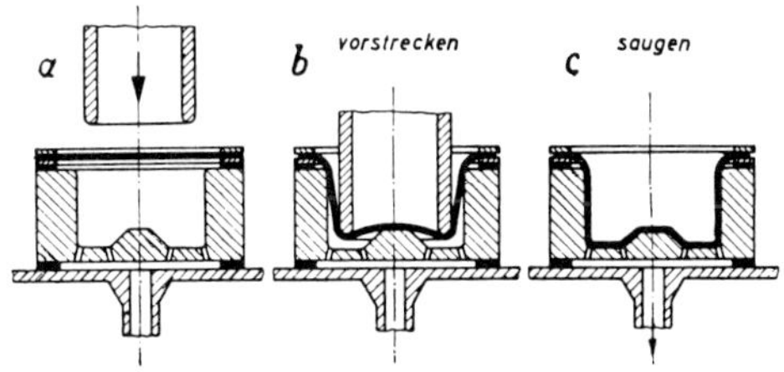

Abb. III.565. Negativ-Saugen mit mechanischem Vorstrecken (Schema).

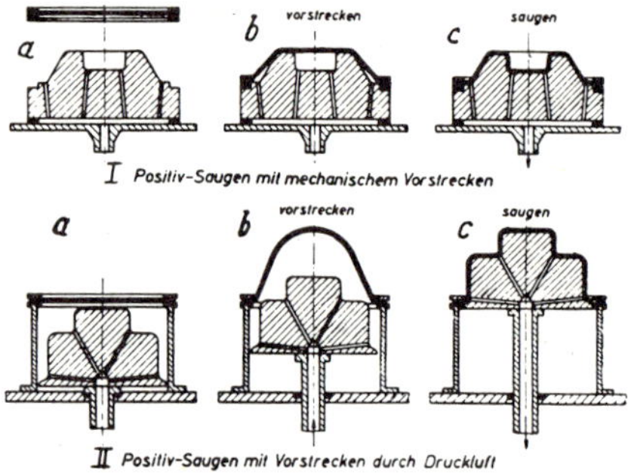

Abb. III.566. Positiv-Saugen mit Vorstrecken (Schema). I mechanisches Vorstrecken: a Erwärmen der Platte in Spannrahmen; b Absenken des Spannrahmens, damit mechanisches Vorstrecken; c Absaugen der Luft zwischen Werkstück und Positivform. II pneumatisches Vorstrecken: a Platte in Spannrahmen erwärmt; durch Druckluft vorgestreckt, Positivform erst teilweise hochgefahren; nicht gezeichnet ist vollständiges Hochfahren (≙c), damit z. T. noch mechanisches Vorstrecken; erst jetzt Saugen und damit Endformung.

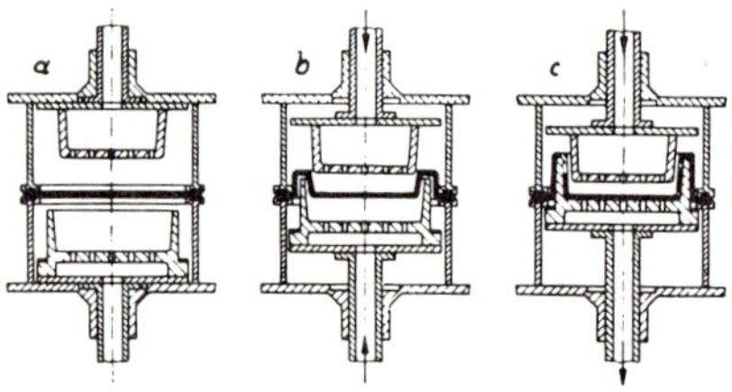

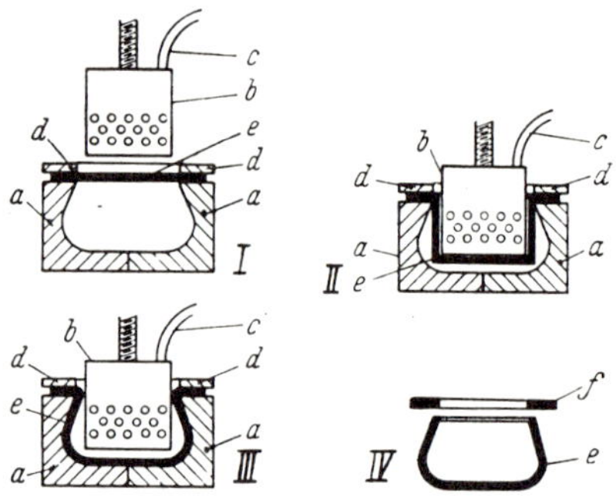

Abb. III.567. Negativ-Positiv-Saugen mit Vorstrecken (Schema) auch „Airslip"- oder „Auto-Vac"-Verfahren genannt; a Ausgangsstellung; b mechanisches Vorstrecken unter beiderseits Heißluft-Einblasen; c Endstadium unter Blasen von oben und Saugen von unten.

Abb. III.568. Kombination von Tiefziehen mit Stempel und Blasen (Schema) zur Herstellung unterschnittener (ausgebauchter) Hohlteile; I vorgewärmte Platte auf geteilte Matrize gespannt; II Einfahren des beheizten Stempels; III Blasen mit Druckluft durch Stempelbohrungen; IV fertig ausgebauchtes Ziehteil, Spannrand abgetrennt. – a zweiteilige Matrize; b beheizter Stempel mit Bohrungen für Druckluftaustritt (untere Stempelkante muß gerundet sein!); c Druckluft-Zufuhr; d Niederhalter; e vorgewärmte Platte bzw. Formling; f Abfall.

Negativ-Positiv-Saugen mit mechanisch-pneumatischem Vorstrecken, Abb. III.567 („Airslip")-Verfahren) oder „Auto-Vac"-Verf. wobei während mechanischen Vorstreckens dosiert Heißluft eingeblasen wird, damit Plattenzuschnitt auf Luftkissen über Formkanten gleiten kann; Herstellung hoher Doppelwände mit geringem Abstand bei geringstmöglichem Wanddickenunterschied damit durchführbar.

Kombiniertes Tiefziehen mit Stempel und Blasen, Abb. III.568; damit Herstellung ausgebauchter (unterschnittener) Ziehteile in geteilter Hohlform.

Vollautomatische Vakuum-Formanlagen. Abb. III.569 zeigt Vakuum-Formanlage vom Bandextruder bis zum Fertigteil einschließlich Abfall-Zerkleinerung. Leistungsfähigkeit solcher Anlage z. B. bei 90 mm-Extruder mit 500 mm-Breitschlitzdüse und Umform-Arbeitsfläche 250×500 mm: Je Formvorgang 8 Behälter von 65 mm Dmr., bei 15 Arbeitstakten je Minute

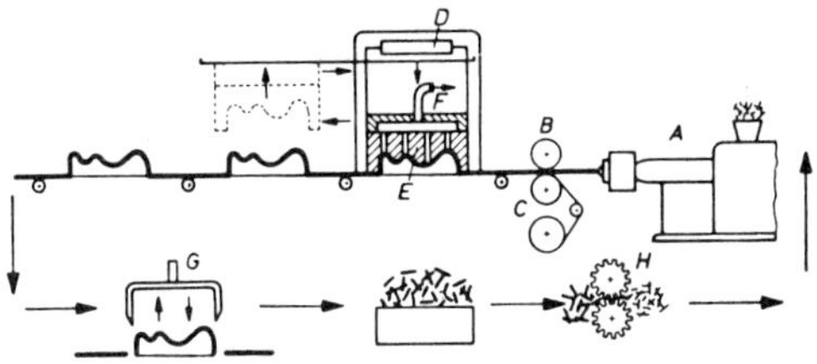

Abb. III.569. Vollautomatische Vakuumformanlage (Schema). A Extruder für Folienband (Breitschlitzdüse); B Abzug-Kalander; C Kaschiervorrichtung; D Infrarotheizung; E Werkzeug (Vakuum-Form, z. B. aus Silumin-Guß); F Vakuum-Anschluß; G Stanzwerkzeug; H Abfallzerkleinerung.

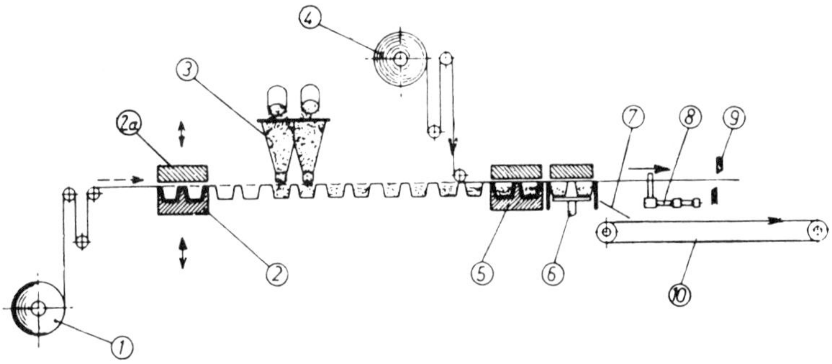

Abb. III.570. Arbeitsweise eines Vakuumform-, Füll- und Verschließ-Automaten (Hassia-Verpackungsmaschinen GmbH, Ranstadt). – 1 Vorratsrolle für Behälterfolie; 2 Vakuumform-Station; 2a Infrarotheizung; 3 Füllstation; 4 Vorratsrolle für Deckelfolie; 5 Siegelstation (Deckel-Verschluß); 6 Stanzstation (Ausschneiden der Packung aus Band); 7 Rutsche; 8 Folien- bzw. Packungsvorschub; 9 Abfalltrennung; 10 Transportband für fertige Packung.

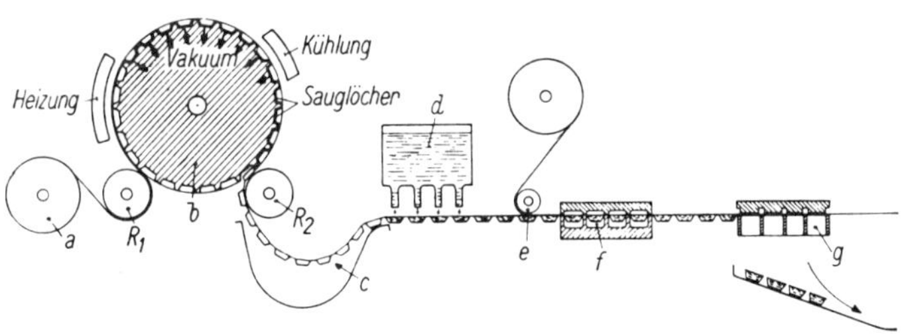

Abb. III.571. Rotations-Vakuumformen („Tiefziehen") in einer Verpackungsstraße (Schema). a Vorratsrolle für Behälterfolie; b Rotations-Vakuumform-Aggregat; c Abzugsausgleich; d Füllstation (hier Flüssiggut); e Umlenkrolle zum Aufbringen der Deckelfolie von Vorratsrolle; f Verschließen (Deckelfolien-Preßschweißverbindung mit Behälter); g Trennstelle (Ausstanzen der Einzelbehälter aus Behälterband); R_1 u. R_2 Umlenkrollen.

also Stundenleistung von 7200 Behältern. – Abb. III.570 zeigt Vakuum-Form-, Füll- und Verschließ-Automaten für Verpackungen ausgehend von Bandfolien für Behälter (1) und Deckel (4) mit diskontinuierlich im Takt arbeitender Umformstelle (2; 2 a). Wie Abb. III.571 zeigt, ist auch leistungsfähigeres kontinuierliches Rotations-Vakuumformen möglich. – In Abb. III.569 bis III.571 können je nach Größe mehrere Formteile nebeneinander (senkrecht Zeichenebene) geformt werden.

Formwerkzeuge für wenige Muster aus Gips (am billigsten, für Entwicklung), für 50 ... 100 Stück aus hartem Holz, für wesentlich größere Stückzahlen aus glasfaserverstärktem Kunstharz (seltener Hartgewebe und Hartpapier), für größte Stückzahlen aus Al-Legierungen (meist Silumin-Guß, G-AlSi 13), dabei auch schon wesentliche Kühlwirkung. Obere wirtschaftliche Stückzahl des Vakuum-Streckformens je nach Formschwierigkeit und Kunststoffart 5000 ... 20 000, darüber wohl immer Spritzguß wirtschaftlicher.

Kühlung oft durch Druckluft, bei neuesten Maschinen fast ausschließlich mittels Wasserne-bel-Düsen. – **Trennen** der Formteile vom Spannrand (Abfall) durch Horizontal-Bandsäge bzw. nur für hohe Auflagen durch Ausstanzen, dabei kleinere Teile kalt, große zur Schneiddruckminderung und damit Einsparung schwerer teurer Stanzpressen mit beheizten Stanzmessern. – **Warmumformmaschinen** heute in zahlreichen Bauarten, größte heute mit Spannrahmenfläche 2440 × 1500 mm.

e) Recken

Linearpolymere Thermoplaste („Wattebausch"-Struktur, I.H 1, Abb. I.82) erfahren durch Recken erhebliche Festigkeitssteigerung bei gleichzeitigem Rückgang der Dehnung (Tab. III.12) infolge Richtungsorientierung der Fadenmoleküle (I.H 1, Abb. I.84). Recken je nach Kunststoff- und Halbzeugart kalt oder warm und meist durch Zugkraft.

Tabelle III. 12. Einfluß des Längsreckens auf Hart-PVC-Folie

Zustand; Beanspruchungs-richtung	Zugfestigkeit σ_B in N/cm²	Dehnung ε in %
ungereckt:		
längs	5 500	30 ... 50
quer	5 000	20 ... 30
gereckt:		
längs	12 000	15 ... 30
quer	4 000 ... 5 000	5 ... 10

Auch biaxiale Reckung durch Zug in zwei zueinander senkrechten Richtungen bei Flachfolien, Folienschläuchen, auch Rohren möglich, dann erhebliche Festigkeitssteigerung in beiden Richtungen. Gereckt werden Folien (Platten), Bänder, Profile und „Drähte" (Monofile), neuerdings auch Rohre aus Linear-Polyäthylen. Besonders bei Fasern spricht man in gleicher Bedeutung (etwas unkorrekt) von Strecken („Verstrecken").

Extrudierte Folien. *Blasfolien* (Abb. III.543,5 u. III.549), 0,01 ... 0,3 mm dick; dabei mit Ringdüsenspalt bis zum zehnfachen dieser Maße, anschließend durch Abziehen Längs- und durch Aufblasen mit Warmluft Quer-Recken, dann durch Luftblasring gekühlt. Schlauchumfang kann oft mehrere Meter betragen (für Polyäthylen, Polyamide, Suspensions-PVC, Polystyrol und seine Copolymere). – Auch *Flachfolie* aus Breitschlitzdüse (Abb. III.543,4 u. III.548) extrudiert ist längs-, sowie mit Sondervorrichtung zusätzlich noch quer-reckbar (für Polyäthylen, Polyamide, Lineares Polyurethan, Terephtalat, Polycarbonat).

Extrudierte Rohre. Mit Abzugsvorrichtung kann Reckeinrichtung verbunden sein. Dickwandig extrudiertes kalibriertes Polyäthylen-Rohr zwecks Festigkeitserhöhung in Heizbad wieder erwärmt, mittels Druckluft (oder Dorn) quer- und durch Abziehen längs-gereckt und damit auf ≈⅓ ursprünglicher Wanddicke gebracht.

Bandrecken z. B. von Polyamidbändern auf Reckmaschine Abb. III.572. – Recken in Verbindung mit Kalandrieren siehe folgenden Abschnitt.

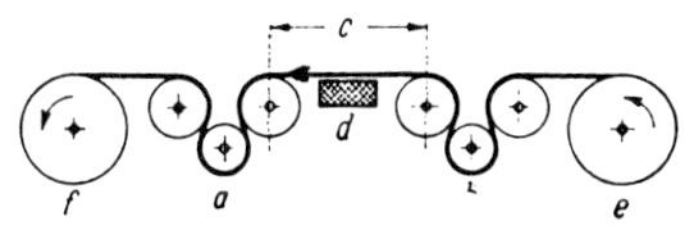

Abb. III.572. Reckmaschine für Polyamidbänder (Schema) kontinuierlich arbeitend; a u. b auf- bzw. abspulendes Rollensystem; c Reckstrecke; d Heizstelle; e Rolle mit ungerecktem Band; f Rolle mit gerecktem Band. Zugausübung durch höhere Drehzahlen links von d gegenüber rechts.

6. Kalandrieren (Kalandern)

Kalander dienen zur Herstellung von flächigem Halbzeug aus harten bis weichen Thermoplasten; sie entsprechen den Blechwalzwerken der Metalle.

Kalander sind schwere Walzwerke mit 3 ... 5, bevorzugt 4 hochglanzpolierten Walzen (Abb. III.573) mit 800 ... 900 mm Dmr. (Umfangsgeschwindigkeit 30 ... 60 [120] m/min) und bis 2300 mm Ballenlänge, in Kalandergerüst sorgfältig mit engem Spiel gelagert, um verstellbaren Walzspalt (Spaltöffnung) zu beherrschen; Walzen leicht ballig, um ihre Durchbiegung in etwa auszugleichen und gleichmäßige Foliendicke über Breite zu erhalten. Antrieb heute durch selbständiges Getriebegerüst mit regulierbarem Antrieb jeder Walze. Walzen je nach Bedarf reguliert heizbar, u. U. auch kühlbar. Kalander-Gesamtanlage vom Vormischer bis Aufwicklung in Abb. III.574. Folienenddicke 0,08 ... 0,6, ausnahmsweise bis 1 mm; dickere Bahnen meist inhomogen mit unsauberer Oberfläche. Beschickung bei einfachen kleineren Kalandern von Hand mit heiß zusammengerollten Mischwalz-Fellen („Puppen") oder gemäß Abb. III. 574 kontinuierlich aus zwischengeschaltetem Mischextruder (bzw. direkt aus Mischwalzwerk) über Band. – Dünne Hartfolien durch nachgeschalteten *Reckkalander* vergütbar, dann letzte Kalanderwalze noch genügend warm, da nach Kaltrecken Teilschrumpfen nach Entlastung. – Ggf. Oberfächenbehandlung durch nachgeschalteten *Prägekalander* (auch zur Nachbehandlung von Breitschlitz-Extruderfolien, siehe 4.a!) mit Abb. III.543,4 u. 548, einsetzbar); ferner *Folien-Bedrucken* mit Farbmustern oder Beschriftung durch Sondermaschinen. –

Außer homogenen Folien auf Kalander auch Kunststoffbeschichtungen von Textilien- oder Papierbahnen (Abb. III.574) herstellbar, ferner Kaschieren mit vorherigem Auftragen einer Klebschicht, sowie Doublieren.

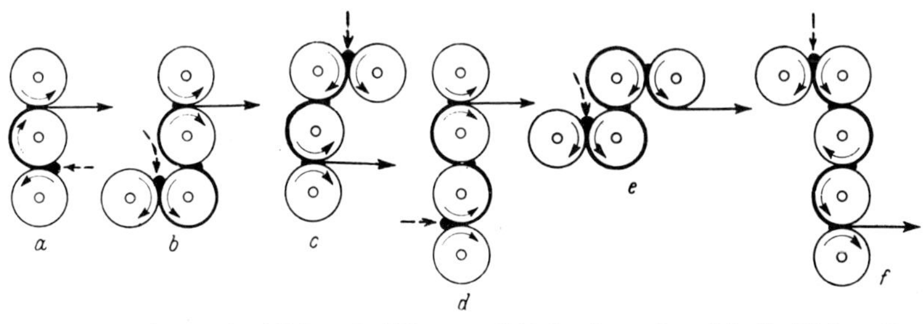

Abb. III.573. Anordnung der Walzen bei Kunststoff-Kalandern. Gestrichelte Pfeile = Beschickung („Fütterung"); a Dreiwalzen-I-Kalander; b Vierwalzen-L-Kalander; c Vierwalzen-F-Kalander; d Vierwalzen-I-Kalander; e Vierwalzen-Z-Kalander; f Fünfwalzen-F-Kalander.

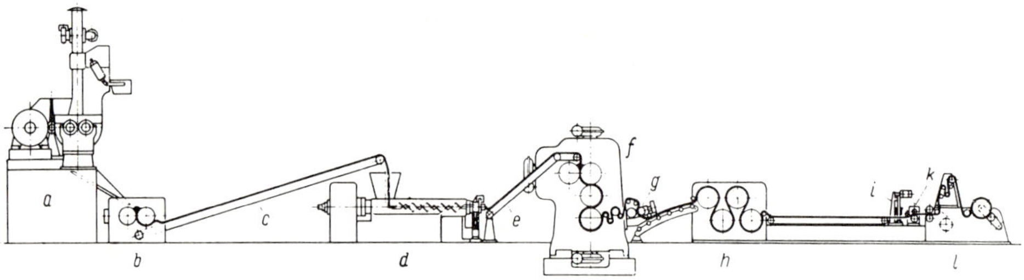

Abb. III.574. Kalanderanlage zur kontinuierlichen Herstellung mit Recken von Weich-PVC-Folien (Beispiel möglicher Ausführungsarten). a Vormischer (zum Compoundieren); b Mischwalzwerk; c Beschickungsband für d; d Extruder mit Breitschlitzdüse; e Beschickungsband für Kalander f; g Abzieh- und Prägevorrichtung; h Kühlwalzen; i Dickenmessung (ggf. von hier aus automatische Walzspalt-Regulierung); k Randbeschneiden; l Aufwickeln.

Anwendung von Kalander-Halbzeug: *Harte Folien* (0,04 ... 0,8 mm) transparent oder gefüllt zur Weiterverarbeitung nach 5 (Umformen), hauptsächlich für Verpackungszwecke, flache Gegenstände (Bürowaren, Zeichengeräte) u. a. – *Weiche Folien,* glatt oder geprägt, in Masse gefärbt oder mit Farbmustern bedruckt: als Gewebekunstleder DIN 16 922 für höchstbeanspruchte Polsterung; als Folien-Kunstleder DIN 16 922 für Flachpolster (0,4 ... 0,6 mm); als Täschnerwerkstoff (0,3 ... 0,5 mm) auch mit Lack oder velouriert für Damenhandtaschen u. ä.; für Hochfrequenz-Schweißverarbeitung (0,2 ... 0,4 mm) für Buchhüllen und -Einbände, Mappen, Brieftaschen u. ä.; als Dekorationsfolie (0,08 ... 0,2 mm) für Wandbespannung, Vorhänge, Regenbekleidung (genäht oder geschweißt), Schürzen, Tischdecken, Badetaschen u. ä.

7. Beschichten

Begriff: Aufbringen und Anbinden von Kunststoff in flüssiger oder hochplastifizierter Form, im engeren Sinn auf meist Gewebebahnen, auch Papier- und Faserstoffvlies-Bahnen, im weiteren Sinn auch von fester Form ausgehend auf Metall aufgeschmolzen (Kunststoff-beschichtete Bleche und Formteile; letzteres schon bei Korrosionsschutz der Metalle behandelt).

Nicht hierzu gehört Kaschieren, wobei Verbindung mit schon fertiger Kunststoff-Folie erfolgt. – Nach dem Beschichten wird erwärmt, dabei bei Kunststofflösungen bzw. -Emulsionen Verdampfen des Lösungsmittels bzw. Wassers, bei Pasten Gelatinierung (Gel-Bildung) durch Aufquellen kleinster K.-Pulverteilchen im Weichmacheranteil der Paste.

Üblich sind fünf verschiedene Beschichtungsverfahren (mit verschiedenen Variationen): 1. *Tauchauftrag* (Abb. III.575), dabei Beschichtung beidseitig; durch nachfolgende Verfahren 2. bis 5. nur einseitige Beschichtung. 2. *Walzenauftrag* (Abb. III.576), auch mit zwischengeschal-

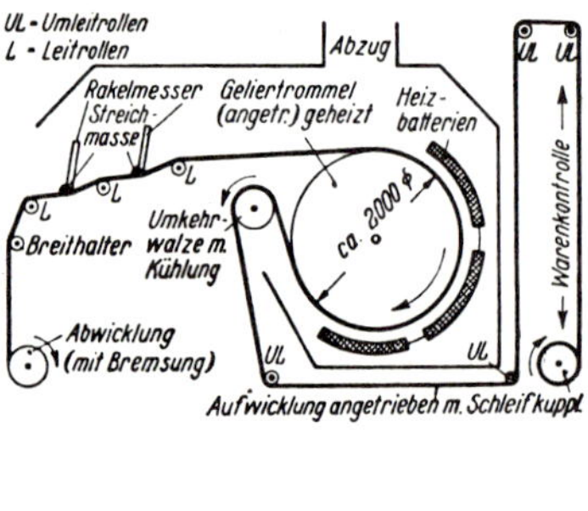

Abb. III.575. Beidseitiges Beschichten durch Tauchauftrag (Schema) durch Tränken des Trägermaterials mit Beschichtungsmasse in einer Wanne; dünnste Beschichtung (Tränken) z. B. von Stoffplanen; Abquetschwalzen mit Gummibelag.

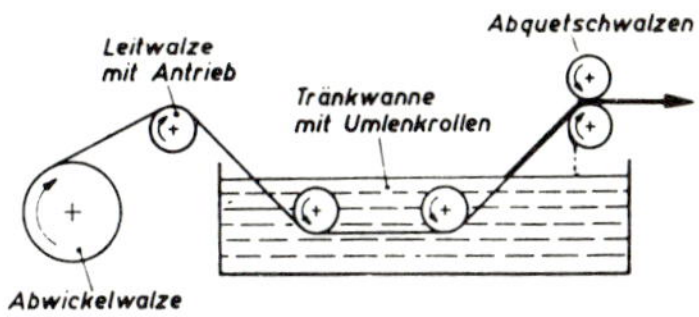

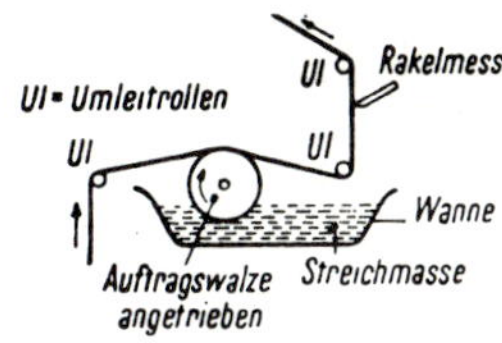

Abb. III.576. Einseitiges Beschichten durch Walzenauftrag (Schema). Rakel begrenzt hier gleichmäßige Schichtdicke.

Abb. III.577. Einseitiges Beschichten durch Streichauftrag mit Luftrakel (Schema), hier zwei Rakel; Auftragen von Paste, die auf Trommel ausgeliert; nach Kühlung Aufwickeln.

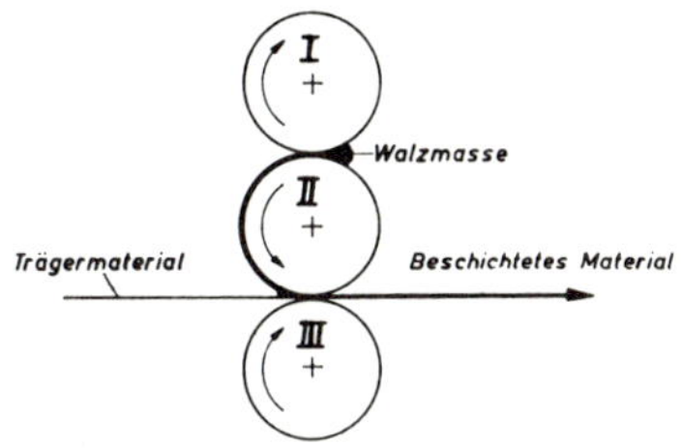

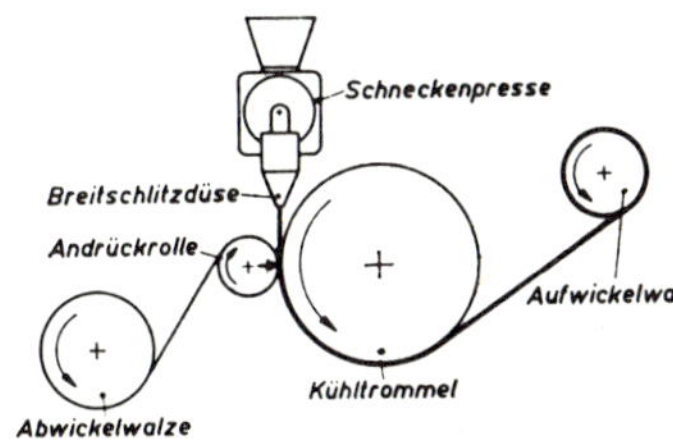

Abb. III.578. Einseitiges Beschichten durch Kalanderauftrag (Schema). Alle Walzen beheizt; Plastifizierung zwischen I u. II; Begrenzung der Schichtdicke durch Walzspalt zwischen II und III; anschließend Kühlung über Kühlwalze (nicht gezeichnet).

Abb. III.579. Einseitiges Beschichten durch Schneckenpressenauftrag (Schema). Austrittsgeschwindigkeit des hochplastifizierten Kunststoffs aus Breitschlitzdüse auf Umfangsgeschwindigkeit der Kühltrommel abgestimmt.

teter Tauchwalze, die Kunststoffansatz auf Autragswalze überträgt (vgl. Abb. III.538); als Variation auch Umkehr-Walzenauftrag. 3. *Streichauftrag* mit Luftrakel (Abb. III.577), hier für Paste mit anschließender Gelatinierung durch Wärmeeinwirkung. Entsprechende Trochenanlagen, u. U. auch als Durchlauf-Heizkanal, ist auch den Anlagen in Abb. III.575 u. III.577 nachzuschalten. Ist zu streichende Bahn unter Rakel durch über Leitrollen umlaufendes geschlossenes Gummiband unterstützt, spricht man von Gummituchrakel; dünnste und gleichmäßigste Beschichtung wird erhalten, wenn an Streichstelle Trägerschichtbahn durch Gegendruckwalze unterstützt. 4. *Kalanderauftrag* (Abb. III.578), wobei geheizte Walzen I u. II Masse weitgehend plastifizieren, während im Walzspalt zwischen II u. III innige Verbindung mit Trägermaterial und Dimensionierung der Schichtdicke erfolgt; anschließend Kühlen z. B. durch Kühltrommel. 5. *Schneckenpressenauftrag* (Abb. III.579), wobei heißplastische Folie sofort nach Verlassen der Breitschlitzdüse durch Andrückrolle an Trägerbahn angepreßt und damit fest verbunden wird. Vollständige Erstarrung auf Kühltrommel. – Auch Beschichtungen mit Kunststoff-Schaum (z. B. „Styropor") durchführbar.

Verwendete Kunststoffe [III.83] zum Beschichten: Bevorzugt Weich-PVC-Pasten, ferner Dispersionen (Latices) und Lösungen mit insbesondere Polyvinylacetat und Acrylester-Polymerisaten u. v. a., Lösungen von Polyisobutylen z. B. [Oppanol B 200] u. Polyvinyläther z. B. [Oppanol C], spezielle Polyamide z. B. [Ultramid 6 A u. 1 C] und vernetzende Polyurethane z. B. [Desmolin].

Beispiele für Beschichtungen: Streichstoffe (-gewebe) wie Wachstuch, Brandsohlenstoffe, Chintzartikel, Zelt- u. Planenstoffe, Gewebe-Klebeband („Leukoplast" u. ä.); im weiteren Sinn auch mit härtbarem Harz getränkte Gewebebahnen zur Herstellung von Hartgewebe durch Schichtpreßverfahren, sowie für im Warmpreßverfahren hergestellte Formteile mit Schichtstoffüllung, u. a. – Beschichtete Papiere, wie wasserfeste Papiere, bes. für Verpackungszwecke aller Art, z. B. für Tragtaschen, Zementsäcke, Spezial-Packpapiere, Papiere für Verkleidungs-

und Dekorationszwecke; Papier-Klebeband (z. B. „Tesa-Krepp“ u. ä.); im weiteren Sinn auch mit härtbarem Harz getränkte Papierbahnen zur Herstellung von Hartpapier durch Schichtpreßverfahren.

Abschließend sei noch auf besondere Konstruktionsregeln für Formteile in [III.86] hingewiesen.

F. Verbindungsverfahren

1. Löten

Begriff. Nach DIN 8505 versteht man unter „Löten“ ein Verfahren zum Verbinden metallischer Werkstücke mit Hilfe eines geschmolzenen Zusatzmetalls (Lotes), gegebenenfalls unter Anwendung von Flußmitteln und/oder Lötschutzgasen. Die Schmelztemperatur des Lotes liegt unterhalb derjenigen der zu verbindenen Grundwerkstoffe; diese werden benetzt, ohne geschmolzen zu werden.

Metallurgische Grundlagen

1. *Bindungsvorgang.* Durch metallischen Kontakt infolge Annäherung der Atome auf Gitterabstand erzeugen atomare Anziehungskräfte die Bindung. Bei geringer gegenseitiger Löslichkeit von Lot und Metall Platzwechselvorgänge der Atome nur im Grenzbereich („zweidimensionale Diffusion“). Bei gegenseitiger Löslichkeit der Metalle räumliche Diffusionsvorgänge, evtl. mit Zwischenschichtenbildung. Im Grenzfalle auch Benetzung im festen Zustand, d. h. diffusionslos möglich.

2. *Festigkeit von Lötverbindungen.* Je kleiner der mit Lot ausgefüllte Spalt einer Lötverbindung, desto stärker die Verformungsbehinderung des Lotes und damit höhere Festigkeit der Lötstelle.

Einteilung. 1. nach der Form der Lötstelle in „*Spaltlöten*“ und „*Fugenlöten*“, wobei beim Fugenlöten die zu verbindenden Oberflächen einen größeren Abstand als 0,5 mm haben oder bei denen die Lötstelle (Lötfuge) V- oder X-förmig ist.

2. nach der Temperatur in „*Weichlöten*“ (Arbeitstemperatur unter 450 °C) und „*Hartlöten*“ (Abb. III.580, Arbeitstemperatur über 450 °C). Dabei versteht man unter „Arbeitstemperatur“ die niedrigste Oberflächentemperatur an der Lötstelle, bei der das Lot benetzen, sich ausbreiten und am Grundwerkstoff sich binden kann. Bei geeignetem Flußmittel eine Lotkonstante, bei Löt-Schutzgasanwendung dieses und Grundwerkstoff von Einfluß, höher als Solidustemperatur des Lotes, meist ungleich Liquidustemperatur, weitere Beeinflussung durch Auflegieren mit Grundwerkstoff möglich.

„Schweißlöten“ findet oberhalb 450 °C statt, ist ein Fugenlöten mit Gasschweißflamme, braucht viel Lot und wird deshalb selten angewendet.

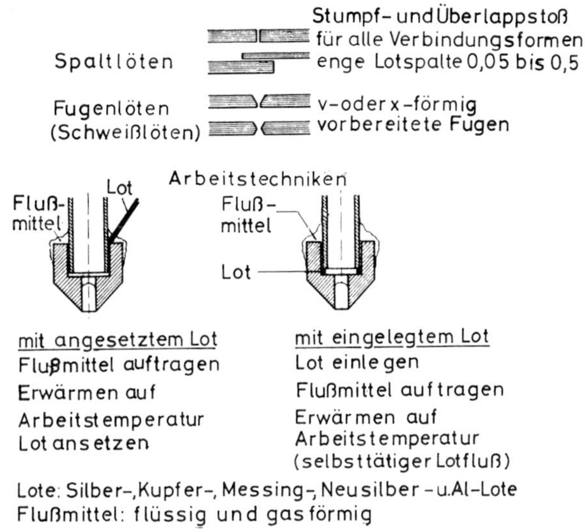

Abb. III.580.
Normale Hartlötverfahren.

3. nach der Lotzuführung in „*Löten mit angesetztem Lot*" (Werkstücke auf Löttemperatur erhitzt, dann Lot durch Berühren mit den Werkstücken zum Schmelzen gebracht), „*Löten mit eingelegtem Lot*" und „*Tauchlöten*" (in einem Lotbad).

Weichlote. Sie haben nur geringe Zugfestigkeit (20 – 80 N/mm²). Ihre Verbindungen sollen daher möglichst nicht auf Festigkeit beansprucht werden. Es sind fast nur *Zinn-Blei-Legierungen* nach Tabelle III.13 u. 14 (DIN 1707). Wenn für besondere Fälle *Lote von sehr niedrigem Schmelzpunkt* benötigt werden, nimmt man hierfür leichtflüssige Legierungen.

Hartlote. Sie haben eine Zugfestigkeit von 200 bis 500 N/mm² und sind dann zu verwenden, wenn an der Lötstelle annähernd dieselbe Widerstandsfähigkeit verlangt wird, wie sie das übrige Werkstück hat. Sie bestehen vorwiegend aus *Kupfer* und *Zink* (s. Tabelle III.15, ein Teilauszug aus DIN 8513, Bl. 1). – Für feinere Arbeiten sind *Silber-Hartlote* in Gebrauch (s. Tabelle III.16 u. 17, ein Auszug aus DIN 8513, Bl. 2 und 3).

Für das *Löten der Leichtmetalle* galt bisher die DIN 1732 (Legierungen zum Schweißen und Löten der Leichtmetalle). Ein neuer DIN-Entwurf 1732 bezieht sich nur auf „Schweißzusatzwerkstoffe für Aluminium und Al-Legierungen". Dagegen liegt für Lote ein DIN-Entwurf 8512 (Hart- und Weichlote für Al und Al-Legierungen) vom Febr. 1963 vor. Hierin sind 2 Al-Legierungen für Hartlote (L-AlSi 12 und L-Al Si 2) mit Arbeitstemperaturen von 590 °C bzw. 560 °C) angegeben und 5 Legierungen für Weichlote, wobei z. B. L-SnZn 10 schon als Reiblot vorzugsweise für „Ultraschall-Löten" (s. „Ultraschall-Schweißen") hervorgehoben wird. Die weiteren Weichlote haben vor allem noch stärkere Zn- und Cd-Zusätze. Die Weichlötungen von Al neigen zur Korrosion. Deshalb ist mit L-CdZn 20 ein Weichlot angeführt, das am wenigsten korrosionsanfällig ist.

Gebräuchliche Hochtemperaturlote. Neuere Lote auf Gold-, Nickel- und Palladium-Basis schmelzen zwischen 150 °C und 1400 °C. Nickellote auf Ni-Cr-Si-B-Basis sind hochgradig thermisch beanspruchbar und zeigen gute Korrosionsbeständigkeit. Cr erhöht zusätzlich die Warmfestigkeit und den Oxidationswiderstand. Borfreie Lote finden Anwendung in der Kerntechnik. Legierungen mit Gold weisen bei geringer Härte hohe Duktilität auf. In Sonderfällen Löten von Graphit möglich.

Lieferart der Lote. Die Weichlote kommen in Blöcken, Platten und Stangen, die Hartlote als Körner, Feilspäne, Drähte und Blechstreifen in den Handel.

Lötmittel, Flußmittel. Die Lötflächen sind zu reinigen und gegen die Einwirkung des Luftsauerstoffs (Bildung einer Oxidschicht) zu schützen. Das Reinigen erfolgt durch Kratzen, Fei-

Tabelle III. 13. Weichlote für Schwermetalle nach DIN 1707

Gruppe	Kurzzeichen	Zusammensetzung [1]) in %				Schmelzbereich	
		Zinn	Antimon	Kupfer	Silber	Sol. °C	Liqu. °C
antimonhaltig	L-PbSn 8 Sb	8	0,12 – 0,50			280	305
	L-PbSn 12 Sb	12	0,20 – 0,70			250	295
	L-PbSn 20 Sb	20	0,20 – 1,20			186	270
	L-PbSn 40 Sb	40	0,50 – 2,40			186	225
antimonarm	L-PbSn 30 (Sb)	30	0,12 – 0,50	≦0,08	–	183	255
	L-PbSn 40 (Sb)	40				183	235
	L-Sn 50 Pb(Sb)	50				183	215
	L-Sn 60 Pb(Sb)	60				183	190
antimonfrei	L-Sn 50 Pb	50	≦0,12	≦0,05	–	183	215
	L-Sn 60 Pb	60				183	190
	L-Sn 63 Pb	63				183	183
	L-Sn 70 Pb	70				183	192
mit Kupfer- oder Silber-Zusatz	L-Sn 50 PbCu	50	≦0,12	1,2 – 1,6	–	183	215
	L-Sn 60 PbCu	60		0,1 – 0,3	–	183	190
	L-Sn 60 PbCu 2	60		1,6 – 2,0	–	183	190
	L-Sn 50 PbAg	50		< 0,05	3,0 – 4,0	178	210
	L-Sn 60 PbAg	60			3,0 – 4,0	178	180
	L-Sn 63 PbAg	63			1,3 – 1,5	178	178

[1]) Bemerkung zur Zusammensetzung: Toleranz im Zinngehalt ±0,5%. Näheres über zulässige Beimengungen in DIN 1707. Der Rest ist Blei.

Tabelle III. 14. Sonderweichlote nach DIN 1707

Kurzzeichen	Zusammensetzung in %						Schmelzbereich	
	Zinn	Antimon	Blei	Silber	Cadmium	Zink	Sol. °C	Liqu. °C
L-SnAg 5	Rest	–	–	3,0 – 5,0	–	–	221	240
L-SnSb 5	Rest	4,5 – 5,5	–	–	–	–	230	240
L-PbAg 3	–	–	Rest	2,1 – 3,0	–	–	304	305
L-SnPbCd 18	Rest	–	31 – 32	–	17,5 – 18,5	–	145	145
L-CdZnAg 2	–	–	–	1,5 – 2,5	Rest	15 – 17	270	280
L-CdZnAg 10	–	–	–	9,5 – 10,5	Rest	21 – 23	270	380

len, Schaben oder durch Beizen, das Schützen gegen Oxidation durch Beizen oder Überziehen mit einer schmelzenden Masse. Beim Weichlot nimmt man als Deckmasse Kolophonium, Stearin und dergl., besser ist das *„Lötwasser“* (Zink in Salzsäure, HCl, aufgelöst) oder *„Lötsalz“*

Tabelle III. 15. Hartlote für Schwermetalle (Kupfer, Stahl, Gußeisen usw.) nach DIN 8513, Bl. 1

Kurzzeichen neu	Kurzzeichen alt	Zusammensetzung in % [1] Cu	Zn	Arbeitstemperatur in °C	Verwendung
L-CuSn 12	L-SnBz 12	$\geqq$86	11 – 13	990	Geräte
L-CuZn 39 Sn	L-SoMs	56 – 62	Rest	845	Rohrleitungen, Fahrzeugbau, Instandsetzungen
L-CuZn 40	L-Ms 60	59 – 62	Rest	900	Geräte
L-CuZn 46	L-Ms 54	53 – 55	Rest	890	Geräte
L-ZnCu 42	L-Ms 42	41 – 43	Rest	845	Griffe und Hefte

[1]) Näheres siehe Normblatt DIN 8513, Bl. 1

Tabelle III. 16. Hartlote für Schwermetalle (Kupfer, Stahl, Gußeisen usw.) nach DIN 8513, Bl. 2 und 3 (silberhaltig)

Kurzzeichen	Zusammensetzung in % (Rest Zn) Ag	Cu	Cd	P	Si	Schmelzbereich in °C Solidus	Liquidus	Arbeitstemperatur in °C
L-Ag 2 P	1,5 – 2,5	Rest	–	5,9 – 6,5	–	650	810	710
L-Ag 5	4 – 6	54 – 56	–	–	0 – 0,2	820	870	860
L-Ag 5 P	4 – 6	Rest	–	5,7 – 6,3	–	650	810	710
L-Ag 12	11 – 13	47 – 49	–	–	–	800	830	830
L-Ag 12 Cd	11 – 13	49 – 51	5 – 9	–	–	620	825	800
L-Ag 15 P	14 – 16	Rest	–	4,7 – 5,3	–	650	800	710
L-Ag 20	19 – 21	43 – 45	–	–	0 – 0,2	690	810	810
L-Ag 20 Cd	19 – 21	39 – 41	13 – 17	–	–	605	765	750
L-Ag 25	24 – 26	40 – 42	–	–	–	700	800	780
L-Ag 30 Cd	29 – 31	27 – 29	19 – 23	–	–	600	690	680
L-Ag 40 Cd	39 – 41	18 – 20	18 – 20	–	–	595	630	610
L-Ag 44	43 – 45	29 – 31	–	–	–	675	735	730
L-Ag 72	71 – 73	Rest	–	–	–	779	779	780

(Lötwasser unter Zusatz von Salmiak, NH_4Cl), die beizen und Oxide auflösen. Bei Hartloten würden diese Lötmittel zu schnell verbrennen bzw. sich verflüchtigen. Man nimmt dann Borax, $Na_2B_4O_7$, oder phosphorsaures Natron, Na_2HPO_4, in Salzform.

Flußmittel zum Löten metallischer Werkstoffe sind in DIN 8511 genormt. Zum Hartlöten 4 Typen F-SH 1 bis 4 unterschiedlicher Zusammensetzung.

Zum Weichlöten 3 Gruppen mit jeweils mehreren Typen, aufgeteilt nach ihrer korrosiven Wirkung: Typ F-SW 11 bis 12 auf Basis Zink und gegebenenfalls anderen Metallchloriden und/oder Ammoniumchlorid, Rückstände rufen Korrosion hervor.

Typ F-SW 21 bis 26 entweder wie o. a. oder auf der Basis organischer Säuren (Zitronen-, Öl-, Stearin-, Benzoesäure) bzw. auf der Basis von Aminen, Diaminen und Harnstoff oder organische Halogen-Verbindungen bzw. auf der Basis natürlicher Harze (Kolophonium), Rückstände können bedingt Korrosion hervorrufen.

Tabelle III. 17. Hochtemperaturlote (nicht genormt)

Lotsystem	Bezeichnung	Chem. Zusammensetzung in Gew. %									Schmelzbereich °C
		Au	Ni	Cr	Pd	Mn	S	Si	Fe	Ag	
Au-Ni	VH 950	82	18								950
Au-Ni-Cr	Croniro	72	22	6							1040–980
Ni-Cr-B	NCB		82	15			3				1060
Ni-Cr-	AMS 4775		Rest	13			ca.	ca.	ca.		1080–980
Si-B	AMS 4776			16			3,5	4,5	4,0		
Ni-Mn-Pd	NMP 1		48		21	31					1120
Pd-Ni	PN 1		40		60						1237
Ag-Pd-Mn	SPM 2				33	3				64	1200–1180

Typ F-SW 31 bis 32 auf der Basis natürlicher oder modifizierter natürlicher Harze mit und ohne Zusätze. Die Rückstände wirken nicht korrodierend.

Flußmittel zum Hart- und Weichlöten von Leichtmetallen, aufgeteilt in die Gruppen für Hart- und Weichlöten, Typ F-LH 1 bis 2 zum Hartlöten und Typ F-LW 1 bis 3 zum Weichlöten auf Basis Zink und/oder Zinkchlorid, organischer Verbindungen (z. B. Amine) bzw. organischer Halogenverbindungen.

Beim Arbeiten mit Flußmitteln Berührung mit der Haut, besonders bei Hautwunden, meiden, Werkstatt und Arbeitsplatz hinreichend lüften.

Lötverfahren (Einteilung nach der Lötmethode)

1. *Flammlöten.* Wärmequelle gasbeheizter Brenner mit neutraler oder leicht reduzierender Flamme oder benzinbeheizter Brenner. Zum Flammlöten werden Hand- und Maschinenbrenner verwendet, Brenngase: Azetylen, Propan, Wasserstoff und Stadtgas in Verbindung mit Sauerstoff, Druckluft oder angesaugter Luft. Als Brenner kommen Lötbrenner bzw. seltener Anwärm- oder Schweißbrenner in Frage. Aufgrund niedriger Investitionskosten große Verbreitung.

2. *Kolbenlöten* findet beim Weichlöten von Blechen bis 2 mm Dicke und kleinen Werkstücken Anwendung. Lötkolben besteht aus Kupfer in Feuer bzw. mit Flamme oder elektrisch auf über Arbeitstemperatur gebracht. Kolben erwärmt zunächst zu verbindende Teile, dann wird das Lot angesetzt. Qualitätssteigerung durch Vorverzinnen.

3. *Blocklöten.* Anwendung beim Zusammenlöten dickerer Werkstücke mit dünnen Blechteilen. Dazu wird ein hinreichend großer Metallblock erwärmt, auf dem die zu verlötenden Teile angewärmt werden. Lötstellen vorher mit Flußmitteln (Lötwasser, Lötfett bzw. Lötpasten) einstreichen.

4. *Ofenlöten.* Erwärmung erfolgt in Gas oder elektrisch beheizten Stufen-Durchlauf- oder Muffelöfen. Das Lot wird eingelegt. Es kommen entweder Flußmittel zur Anwendung bzw. Schutzgas- oder Vakuum-Lötöfen. Schutzgase: teilverbranntes Stadtgas, Kohlenwasserstoffe, Wasserstoff, Stickstoff und deren Gemische bzw. Argon oder Helium. Beheizung erfolgt elektrisch. Anwendung: bei großen Werkstükken mit großen Lötflächen und kleinen Massenartikeln. Vorteil: Verzug und Wärmespannungen gering. Oft kann auf Flußmittel verzichtet werden.

5. *Salzbadlöten.* Erwärmung des Werkstücks durch Eintauchen in ein Bad aus geschmolzenem Salz, das gleichzeitig Flußmittel sein kann (bei Aluminium, Chromstählen, Kupfer, Messing und unlegierten Stählen).

Salze: bis 450 °C Chloride bzw. Fluoride, 700 bis 900 °C Zyanide, Chloride mit Fluoriden. Für Kupferhartlötungen Salzgemische wie für Wärmebehandlungen von Stahl, für Chromnickelstahl Salze auf Kryolithbasis, für Aluminium auf Fluoridbasis.

6. *Tauchlöten.* Lot im Behälter elektrisch erwärmt, zu lötendes Werkstück wird eingetaucht und darin eine bestimmte Zeit belassen. Werkstück wird vorher mit Flußmittel benetzt. Lote nach DIN 1707. Anwendung bei Kupfer, Stahl, Nickel und deren Legierungen, nicht bei Aluminium, Molybdän, Wolfram, Titan und hochlegiertem nichtrostendem Stahl.

7. *Anschwemm- oder Schwall-Löten.* Anwendung hauptsächlich für gedruckte Schaltungen.

8. *Widerstandslöten.* Wärmequelle elektrischer Widerstand (Zangen- oder Widerstandslötmaschinen). Verfahren geeignet für Überlappverbindungen. Lot als Folie zwischen die Lötflächen gelegt. Aufbau der Maschine ähnlich der Punktschweißmaschine. Anwendung: Auflöten von Hartmetallplättchen, Kupferverdrahtungen usw., besonders für das Anlöten isolierter Teile geeignet.

9. *Induktionslöten.* Hier Wärme durch im Werkstück induzierten Wechselstrom erzeugt. Eindringtiefe über Frequenz steuerbar (Skin-Effekt).

10. *Sonderverfahren: Warmluftlöten* (Gebläse erzeugt mit elektrischer Heizung 300 °C warme Luft). *Ultraschall-Löten.* Grundgedanke: aufgeschmolzenes Lot mit stabförmigem Schwinger des Lötgerätes mit Ultraschall beaufschlagt, dadurch gute Benetzung der Lötflächen, spart Flußmittel, beseitigt Oxidschichten, verbessert Haftung über Kavitation. Anwendung bei Aluminium, Silizium, Germanium und Ferriten. *Elektronenstrahl-Löten* (Vakuum-Löttechnik). Hohe Wärmekonzentration. Anwendung bei Präzisionsteilen. *Lichtstrahl-Löten.* Wärme von Halogen bzw. Gasentladungslampen, berührungslos auf Werkstück übertragen. *Hochtemperaturlöten.* Oberhalb 1000 °C. Als Bindemechanismus kommt sowohl Haft- als auch Reaktionslöten in Frage. Dabei wird an Luft gelötet mit Flußmitteln bzw. unter Schutzgasen oder im Vakuum. Heizquellen: Brenner, Öfen, Strahler, Hochfrequenzgeneratoren. Anwendungsbereich: grundsätzlich alle nicht bzw. schwer schweißgeeignete Werkstoffe wie hochschmelzende Sondermetalle, hochlegierte Stähle, Superlegierungen, besonders bei Hartmetallen, Cermets und keramischen Stoffen bewährt [III.89]. (Lote: siehe Tabelle III.17).

Fragen zu Kapitel III. F. 1.

1. Wie unterscheiden sich die Weich- und die Hartlote, ihrer Zusammensetzung und ihrem Schmelzpunkt nach?
2. Kann man Stahl mit reinem Blei, mit reinem Zinn bzw. mit Blei-Zinn-Legierungen weichlöten?
3. Sollte man Stahl mit Messing, Silber- oder Kupferdraht löten?
4. Wo liegt der grundsätzliche Unterschied zwischen dem Schweißen und dem Löten?

2. Nieten

a) Niete, Nietlöcher, Nieterwärmung

Niete. Unter Nieten versteht man die Verbindung von Blechen und ähnlichen Arbeitsstücken durch Niete. Letztere sind runde Bolzen (bei Eisennietungen aus zähem weichem Stahl, St 34 nach DIN 17 110), die zum Nieten schon mit einem Kopf, dem *Setzkopf,* versehen sind. Dieser Setzkopf wird meist maschinell auf Nietenmaschinen hergestellt (Spindel- oder Exzenterpressen). Um den Grat am Kopf schnell zu entfernen, nimmt man Nietenputzmaschinen (dieselben Pressen). Die Nietabmessungen sind normalisiert nach DIN 123 (Halbrundniete für den Kesselbau), DIN 124 (Halbrundniete für den Stahlbau) usw.

Nietlöcher. Die Herstellung der Nietlöcher im Blech sollte höchstens bei dünnen Blechen durch Stanzen, bei dickeren dagegen und überall, wo die Vernietung fest und dicht sein soll, durch Bohren erfolgen.

Nietverbindungen. Man unterscheidet 1. Nietverbindungen, welche fest und dicht sein sollen (Dampfkesselbau), 2. Nietverbindungen, welche fest sein sollen (Stahlbau), und 3. Nietverbindungen, welche dicht sein sollen (Behälterbau). Die Niete unter 1. und 2. werden stets warm, die Niete unter 3. meistens kalt eingezogen.

Nieterwärmung. Sie erfolgt im *Schmiedefeuer* (Feldschmiede), besser in *drehbaren Koksöfen* (Oberteil des Ofens drehbar gelagert) mit Schlitzen auf 4 Ofenseiten oder in *elektrischen Nietwärmern,* Abb. III.581. Letzterer hat einen Umspanner bei a, der die Netzspannung auf etwa 3 V herabsetzt. Die sekundäre Wicklung dieses Umspanners endet an den Elektroden b, den Nieteinspannstellen. Durch Druck auf den Fußhebel d wird die untere Elektrode heruntergezogen und der Niet dann durch Wirkung der Feder c zwischen beide Elektronen gespannt. Bei e ist ein Füllkasten für kalte Niete vorgesehen, f ist ein Umschalter zur Regelung der Hitze. In der Hauptsache werden 3 Größen gebaut: 8, 14 und 25 kVA, letztere für Niete bis 30 mm Durchmesser. Zur Erwärmung von 1 kg Nieten sind etwa 0,4 kWh erforderlich; die Feldschmiede braucht demgegenüber 1 – 2 kg gute Schmiedekohle.

b) Handnietung

Die Niete werden an dem glatten Ende auf Weißglut erhitzt und durch das Nietloch gesteckt. Der Setzkopf wird durch einen *Vorhalter* (in Form eines Setzham-

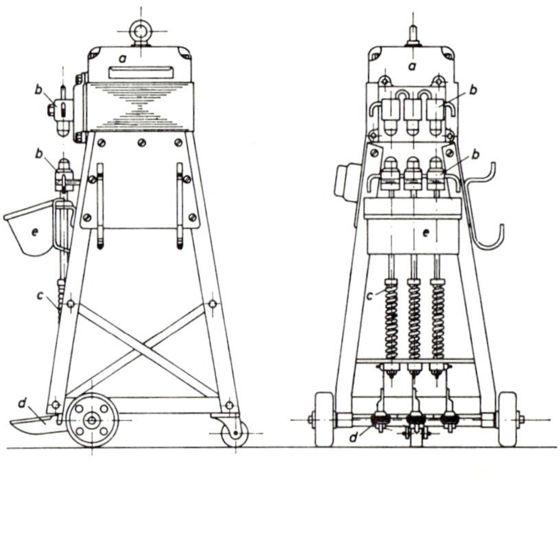

Abb. III.581. Elektrischer Nietwärmer.

mers), besser durch eine *Nietwinde* (einen durch Schraube verstellbaren Bock) unterstützt, und das freie glühende Nietende möglichst schnell durch Hammerschläge angestaucht. Zur genauen Ausbildung des zweiten Nietkopfs, des *Schließkopfs,* setzt der Nieter aber schon nach wenigen Schlägen einen *Setzhammer* auf, der in seiner Bahn die Kopfform ausgespart enthält, und läßt die Zuschläger mit dem Vorhammer auf den Setzhammer schlagen, bis der Nietkopf erkaltet.

Nach dem Vernieten findet bei Nietungen, die dicht sein sollen (Dampfkesseln, Wasserbehälter und dergl.) noch ein „*Verstemmen*" von Nietnaht und Kopfrand mit Handhammer und stumpfem Meißel statt. Die Handnietung kann für Niete bis 26 mm Durchmesser angewandt werden. Die Nietkolonne besteht dabei aus 1 Nieter, 2 Zuschlägern, 1 Gegenhalter, 1 Nietwärmer.

c) Nietung mit Preßlufthämmern

Erzeugung von Preßluft. Die zum Betrieb der Hämmer erforderliche Preßluft wird in Kolbenkompressoren erzeugt. Der Enddruck im Kompressor beträgt $6\frac{1}{2}-7$ bar, so daß an der Verbrauchsstelle eine Pressung von $5-6\frac{1}{2}$ bar herrscht. Noch niedrigerer Enddruck als 7 bar wäre für den Wirkungsgrad günstiger. Die Abmessungen der Werkzeuge würden aber dann zu groß.

Ventillose Hämmer. Eine Verlängerung des Arbeitskolbens steuert die Preßluftzu- und -abführung. Der Vorteil dieser Hämmer liegt in ihrer Einfachheit, die Nachteile aber sind: Langer Kolben und damit langer Hammer, geringe Füllung und kleiner Hub. Daher sind sie nur für schwache Schläge bei hoher Schlagzahl geeignet (Meißelhämmer, Klopfapparate für Kesselstein, Formmaschinen usw.). Die Schlagzahl geht bis auf 4000/min.

Ventilhämmer. Ein Steuerventil oder Steuerschieber übernimmt den größten Teil der Steuerung. Man teilt ein in langhubige und kurzhubige Hämmer. Einen *langhubigen Hammer* zeigt Abb. III.582. Seine Wirkungsweise ist folgende:

Man denke sich den Schlagkolben A in seiner obersten, den Rohrschieber B in seiner untersten Stellung. Öffnet man dann mittels des Drückers C das Einlaßventil D, so gelangt Preßluft durch die Kanäle E in den Hubraum des Hammers und schleudert den Kolben abwärts. Die Luft unter ihm entweicht hierbei zuerst aus dem Auspuffkanal G, dann durch den Kanal H, die Muschel zwischen den Kanten 3 und 4 des Schiebers und den Kanal J ins Freie. Währenddessen hält der Druck der Arbeitsluft den Rohrschieber durch Belastung der Ringfläche K_1 nach unten. Die ständige Frischluftbelastung der Ringfläche K_2 durch den Kanal L kommt hierbei nicht zur Geltung, da K_1 größer als K_2 ist. Sobald aber die Kolbenoberkante den Kanal M freigibt, tritt Arbeitsluft auch hinter die Ringfläche K_3, die den Einfluß einer gleich großen Teilfläche von K_1 aufhebt. Da der Frischluftdruck auf K_2 eine etwas höhere Spannung hat als die Arbeitsluft, so übertrifft jetzt die nach oben wirkende Kraft von K_2 den Einfluß der nach unten wirkenden, gleich großen, aber mit etwas geringerer Spannung belasteten zweiten Teilfläche von K_1. Der Rohrschieber beginnt infolgedessen nach oben zu gleiten. Der Kolben fliegt inzwischen weiter und gibt kurz vor dem Aufschlagen auf den Döpper die Auspuffkanäle G frei. Sollte der Schieber bis dahin noch nicht vollständig umgesteuert sein, so wird infolge der Entlastung von K_1 das Übergewicht der Kraft auf die Fläche K_2 so groß, daß die Steuerung sofort erfolgen muß und der Rohrschieber in die Stellung 2 gelangt. Damit wird aber die Luftzufuhr über dem Kolben abgeschlossen und gleichzeitig die Unterströmung eingeleitet. Es tritt jetzt Frischluft aus dem Kanal L durch die Muschel zwischen den Kanten 2, 3 und 4 des Rohrschiebers und den Kanal H unter den zurückgehenden Kolben. Die Luft hinter ihm ent-

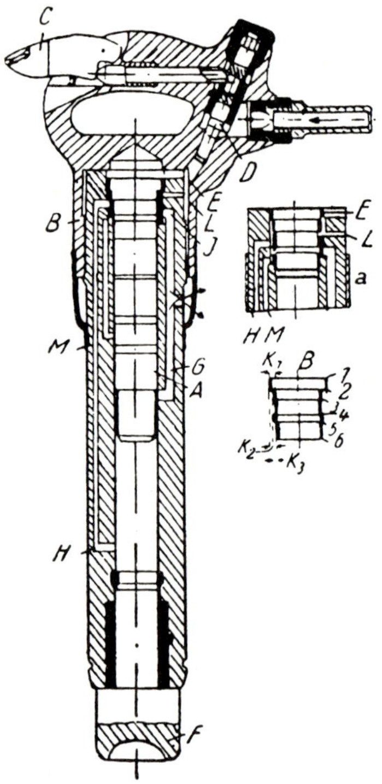

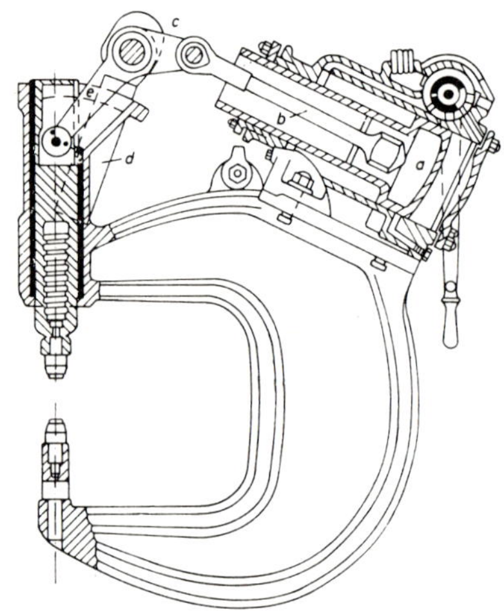

Abb. III.582. Langhubiger Preßluft-Niethammer (Näheres s. Text).

Abb. III.583. Preßluft-Kniehebelnietmaschine. a = Preßkolben, b u. c = Stangen, d = Doppelzughebel, e = Druckhebel, f = Döpper.

weicht hierbei erst durch den Auspuff G und dann durch den Kanal M, die Rohrschiebermuschel unterhalb der Kante 5 und den Kanal J. Deckt dann endlich die Kolbenoberkante den Kanal M ab, so wird die Luft im oberen Zylinderraum verdichtet, bis die Pressung genügt, um durch Belastung der Fläche K_1 den Rohrschieber gegen den Einfluß der Kraft auf die Fläche K_2 wieder in seine Anfangsstellung zurückzubringen.

Der im vorigen beschriebene Hammer ist ein sog. Gleichstrom-*Rohrschieberhammer.* Die Rohrschieberhämmer treten mehr und mehr an die Stelle der Vollventilhämmer.

Leistungszahlen. Der Hub der langhubigen Ventil- und Schieberhämmer ist größer als die Kolbenlänge. Die Hämmer gestatten große Füllung und daher kräftige Schläge und sind vor allem als *Niethämmer* (für Niete bis 45 mm Durchmesser!) in Gebrauch. Hub 110 – 270 mm, Schlagzahl 800 – 1700/min, Gewicht 9 – 13 kg für normale Größen. Bei den kurzhubigen Hämmern darf ein stets mit Preßluft angefüllter Kanal weder links noch rechts vom Schlagkolben überflogen werden. Der Hub ist daher begrenzt und die Hämmer eignen sich mehr für leichtere Schläge (*Meißelhämmer* u. dgl.). Hub 22 – 140 mm, Schlagzahl 1000 – 8000/min, Gewichte 2 – 6 kg. – Der Verbrauch an angesaugter Luft beträgt in der Minute bei Meißelhämmern $\frac{1}{4}$ m³, bei Niethämmern $\frac{1}{2}$ m³.

Meißelstähle. Standardstähle für Hand- und Preßluftmeißel haben folgende Analysen:

1. 0,35% C, 1,70% Si, 0,50% Mn, 1,35% Cr.
2. 0,45% C, 0,70% Si, 0,30% Mn, 1,00% Cr, 1,9% W, 0,15% V.
3. 0,55% C, 0,35% Si, 0,55% Mn, 0,70% Cr, 1,7% Ni, 0,25% Mo.
4. 0,65% C, 1,70% Si, 0,75% Mn (dieser als Austausch für 2. und 3.).

Schlagnietmaschine. Baut man einen Niethammer und einen Gegenhalter in einen Bügel aus Stahlrohr oder Stahlkonstruktion ein, so erhält man die Schlagnietmaschine (eigentlich also nur ein Preßlufthammer), die, an einem Flaschenzug aufgehängt, wegen ihres leichten Gewichtes im Stahl- und Behälterbau für leichtere Nietungen oft benutzt wird.

d) Nietmaschinen

Hydraulische Nietmaschinen. Hydraulische feststehende Pressen werden für Drücke bis zu 2 MN gebaut. Bewegliche, an Kränen aufgehängte hydraulische Nietpressen sind für kleinere Gesamtdrücke und schwierigere Nietungen in Gebrauch.

Elektrohydraulische Nietmaschinen. Sie werden meist nach der leicht beweglichen Bauart (an Kränen aufgehängt) hergestellt. Bei ihnen treibt ein an der Nietmaschine befestigter Elektromotor eine Druckwasserpumpe, von der aus Druckrohre zum Preßstempel führen.

Elektrische Nietmaschinen. Bei ihnen wird die Kraft des Elektromotors durch mechanische Getriebe unmittelbar auf den Preßstempel übertragen. Sie arbeiten meist mit Winkelhebel oder Kniehebelwirkung.

Preßluftnietmaschinen. Sie arbeiten mit nur 6 bar Preßluft. Um noch genügend hohe Drücke zu erzielen, bedient man sich bei ihnen der Kniehebelwirkung, wie Abb. III.583 als ein Beispiel für Nietmaschinen zeigt.

Der Kolben a treibt die Stangen b und c und läßt den am unteren Ende drehbar befestigten Doppelzughebel d nach links anschlagen. Der Druckhebel e drückt dann den senkrecht geführten Döpper f nach unten. Die Schließkraft ist in der Anfangsstellung gering, sie wächst allmählich bis zum Höchstwert in der Schlußstellung bei festgedrücktem Niet, was für die Güte der Nietung von Vorteil ist. Derartige Nietpressen werden für Enddrücke bis etwa 1,5 MN ausgeführt.

Wirtschaftlichkeit und Grenzen des Nietens. Bei 22 – 26 mm Nieten kann man in 10 h einschließlich aller Nebenarbeiten fertigstellen:

mit hydraulischen Nietmaschinen	900 – 1200 Niete
mit Preßluftnietmaschinen	600 – 900 Niete
mit Preßlufthämmern	500 – 700 Niete
mit einer Handnietkolonne	300 – 500 Niete.

Nur bei Al und Al-Legierungen ist das Nieten noch sehr gebräuchlich, wenn auch dort das *Kleben* im Vordringen ist.

Bei Stahlblechen geht man heute überall dort, wo es sich nur um dichte Verbindungen handelt, zu dem billigeren *Schweißen* (autogen oder elektrisch) über. Das Schweißen dringt auch bei Verbindungen, die durch starke Kräfte beansprucht werden, mehr und mehr vor. Die obere Grenze der Anwendbarkeit des Nietens bei Behältern unter Druck liegt bei etwa 35 – 40 bar Innendruck. Für *Höchstdruckdampfkessel* (bei 100 bar Druck und mehr) muß man also zu nahtlos gewalzten oder geschmiedeten oder mit Sonderelektroden geschweißten Kesseln übergehen.

3. Schweißen von Metallen

Begriff. Schweißen ist das Vereinigen von Grundwerkstoffen oder das Beschichten eines Grundwerkstoffes unter Anwendung von Wärme oder von Druck oder von beiden ohne oder mit Schweißzusatzwerkstoffen. Die Grundwerkstoffe werden vorzugsweise in plastischem oder flüssigem Zustand der Schweißzone vereinigt. Bei gleichartigen Grundwerkstoffen sind die Eigenschaften der Schweißung denen der Grundwerkstoffe ähnlich. Die Verbindung ist unlösbar.

Je nach Art des zu schweißenden Werkstoffes, dem Zweck des Schweißens, dem Ablauf des Schweißens und der Art der Fertigung können weitere Merkmale für den Begriff Schweißen maßgebend sein. Der Schweißvorgang kann durch Schweißhilfsstoffe, z. B. Pasten, Pulver, Gase ermöglicht oder unterstützt werden.

In DIN 1911 werden für das *Preßschweißen* die Grundbegriffe, die Arten der Schweißstöße, die Nahtarten, die Sinnbilder und deren Darstellung in Zeichnungen behandelt. In DIN 1912 erfolgt das gleiche für das *Verbindungs-Schmelzschweißen* in Blatt 1 und für das *Auftrags-Schmelzschweißen* in Blatt 3. – S. a. DIN-Taschenbuch 8 „Schweißtechn. Normen und Vorschriften“, 1973.

a) Schweißbarkeit der Metalle

Schweißbarkeitsfaktoren. Nach internationaler Formulierung wird die Schweißbarkeit allgemein und umfassend festgelegt:

„Ein metallischer Werkstoff ist bei einem gegebenen Verfahren und für einen gegebenen Zweck bis zu einem gewissen Grade als schweißbar anzusehen, wenn eine ununterbrochene, metallische Verbindung den Forderungen sowohl an ihre örtlichen Eigenschaften als auch an ihren Einfluß auf das Bauwerk, zu dem sie gehört, genügt“.

Im einzelnen sind folgende Faktoren zu benennen:

1. Werkstoffauswahl im Hinblick auf Verunreinigungen und Fehler, die die Schweißbarkeit herabsetzen können, grundsätzlich jedoch phys.-chem. Zusammensetzung.
2. Wahl des Schweißverfahrens, das sich nach Werkstoff, Blechdicke, Nahtform und besonders der Wirtschaftlichkeit richtet.
3. Durchführung der Schweißung; bei Handschweißungen ist die Fertigkeit des Schweißers (evtl. Prüfung nach DIN 8560 notwendig) wichtig.
4. Örtliche Wärmebeeinflussung, die über Martensitbildung in der Naht, Korngröße, innere Spannungen und Ausscheidung entscheidet.
5. Die Sprödbruchgefahr, abhängig von der Werkstoffzusammensetzung, Wärmebehandlung und Art der Beanspruchung.
6. Eigenspannungen entstehen durch Behinderung der Schrumpfung bei der Abkühlung.
7. Schweißsicherheit beinhaltet für einen gegebenen Werkstoff die Funktionsfähigkeit der Konstruktion unter Betriebsbedingungen.

b) Metalle und Legierungen

α) Stahl

Baustähle nach DIN 17 100, Tabelle 5 (Tabelle III.18) der Güteklasse 1 altern und seigern, wenn sie nach dem Thomas-Verfahren erschmolzen und unruhig vergossen werden. Güteklasse 2 bedingt, Güteklasse 3 altern und seigern nicht. Gefahr der Aufhärtung bei schweißempfindlichen Stählen (z. B. St 50) für Blechdicken

Tabelle III.18. Schweißbarkeit von Baustählen nach DIN 17100

Bezeichnung	Vergießungsart	Zugfestigkeit σ_B/N/mm²	C-Gehalt Gew.-%	Schweißbarkeit
St 33-1	–	–	–	nicht gewährleistet, jedoch meist vorhanden
St 33-2	–	–		
St 34-1	U/R	340 – 420	0,17	für alle Schweißverfahren gut geeignet
St 34-2	U/R		0,15	
St 37-1	U/R	370 – 450	0,20	für alle Schweißverfahren gut geeignet
St 37-2	U/R		0,18	
St 37-3	RR		0,17	
St 42-1	U/R	420 – 500	0,25	für Lichtbogenschweißen besser geeignet als für Gasschmelzschweißen
St 42-2	U/R		0,25	
St 42-3	RR		0,23	
St 46-2	R	440 – 540	0,20	für alle Schweißverfahren gut geeignet
St 46-3	RR		0,20	
St 50-1	R	500 – 600	≈0,25	für Lichtbogenschweißen bedingt geeignet (vorwärmen). Dünnbleche nicht gasschweißen
St 50-2	R		≈0,30	
St 52-3	RR	520 – 620	0,20	für alle Schweißverfahren gut geeignet
St 60-1	R	600 – 720	≈0,35	mit Sonderelektroden und Wärmebehandlung sehr bedingt schweißbar
St 60-2	R		≈0,40	
St 70-2	R	700 – 850	0,50	auch mit Wärmevor- und -nachbehandlung kaum schweißbar

Kurzzeichen der Vergießungsart: U = unruhig vergossen, R = ruhig vergossen, RR = besonders ruhig vergossen.

über 16 mm Güteklasse 2, über 35 mm Güteklasse 3, dann Vorwärmung notwendig, und nach dem Schweißen evtl. Spannungsarmglühen, besser noch Normalglühen. Gefahr der Aufhärtung besonders groß beim *Gasschmelzschweißen.* Beim *Lichtbogenhandschweißen* preiswerte titanumhüllte Elektroden, bei schweißunempfindlichen Stählen erzsauerumhüllte Elektroden, bei schweißempfindlichen Stählen (C=0,25%) zweckmäßig teure kalkbasisch-umhüllte Elektroden, da jedoch Vorwärmung der Elektroden eine halbe Stunde lang auf 250 °C notwendig, sonst Poren.

Unterpulverschweißen bis 0,25% C-Gehalt gut, wenn höher, vorwärmen, jedoch Gefahr der Grobkornbildung (Widmannstättensches Gefüge), dann Normalglühen.

Schutzgasschweißen aus Kostengründen entweder mit CO_2 oder Mischgasen aus Rohargon, CO_2, bzw. geringe Mengen O_2.

Niedriglegierte Stähle (Gesamtanteil Legierungselemente = 5%). Die niedriglegierten Stähle sind dann gut schweißbar, wenn ihr C-Gehalt nicht größer als 0,2% ist und die Legierungszusätze das Kohlenstoffäquivalent nicht zu hoch werden lassen. Ausnahme Federstähle (DIN 17 221), wie 55 Si 7, wegen hohen C- und Si-Gehaltes nicht schweißbar, da Schmelzbad zähflüssig. In wenigen Fällen Lichtbogen-

Tabelle III.19. Verwendung, Schweißeignung und Zusatzwerkstoffe ferritischer Stähle [III.90]

Laufende Nr.	Werkstoffbezeichnung nach DIN 17006	Werkstoffnummer	Verwendung	Schweißeignung	Zusatzwerkstoffe (artgleich oder höher legiert)
1	X 8 CrTi 17	1.4510	Dampfkessel, chem.	1 – 2	X 8 CrTi 18 X 5 CrNi(Nb) 19 9
2	X 10 CrSi 13	1.4722	Apparate, hitzebest.	2	X 8 Cr 15 X 12 CrNi 22 12
3	X 10 CrAl 13	1.4724	Teile, z. B. Tiegel, Roste	2	X 8 Cr 15 X 12 CrNi 22 12
4	X 10 CrSi 18	1.4741	Überhitzerrohre, Gas-	2	X 8 Cr 18 X 12 CrNi 22 12
5	X 10 CrAl 18	1.4742	brenner, Ofen- und	2	X 8 Cr 18 X 12 CrNi 22 12
6	X 10 CrAl 24	1.4762	Dampfkesselbauteile	2	X 8 Cr 30 X 12 CrNi 25 20
7	X 10 Cr 13	1.4006	beständig gegen Wasser und Dampf, z. B.	1	X 8 Cr 14 X 5 CrNi(Nb) 19 9
8	X 10 CrSi 6	1.4712	Rohre, Teile im	2	X 8 Cr 9 X 12 CrNi 25 4
9	X 10 CrAl 7	1.4713	Apparatebau	2	X 8 Cr 9 X 12 CrNi 22 12

Die Stähle Nr. 1 bis 6 sind ferritisch, Nr. 7 bis 9 ferritisch-perlitisch.
Schweißeignung: 1 sehr gut, 2 mittel, 3 bedingt, 4 nicht zu empfehlen, 5 nicht geeignet.
Steht bei den Zusatzwerkstoffen ein Legierungselement in Klammern, so kann der Werkstoff mit diesem Zusatz stabilisiert sein.
Bei Raumtemperatur liegt die Zugfestigkeit dieser Stähle zwischen 450 und 650 N/mm² und die Bruchdehnung zwischen 18 und 35%. Die ferritischen Stähle werden im geglühten Zustand geliefert.

handschweißung anwendbar, wenn richtige Vorwärmtemperatur, geringe Wärmeeinbringung und Verwendung besonderer Zusatzwerkstoffe.

Schweißrissigkeit. Sie liegt vor, wenn der Werkstoff neben der Schweißnaht während des Schweißens aufreißt, steigt mit zunehmendem Kohlenstoffgehalt und wird durch höheren Gehalt an P, S und O begünstigt. Man findet sie meistens bei der Gasschweißung dünner Bleche. Dagegen wird als *Schweißempfindlichkeit* die Neigung eines Werkstoffs bezeichnet, während des Schweißens Eigenschaftsänderungen zu erleiden, die zu Spannungsrissen führen. Sie kommt bei Stahl mit hohem Gehalt an N, P und S und bei ungünstigen Schweißbedingungen vor (elektrisches Schweißen mit stark umhüllten Elektroden). Bei der *Schweißnahtrissigkeit* schließlich treten die Risse in der Naht selbst auf. Sie wird hauptsächlich wiederum beim elektrischen Schweißen mit umhüllten Elektroden und bei Stählen mit höherem Kohlenstoffgehalt gefunden.

Ferritische Stähle (Tabelle III.19) max. C 0,1%. Schwierigkeiten bei Anwendung und Schweißung, unter 0 °C geringe Kerbschlagzähigkeit zwischen 400 und 525 °C Gebrauchstemperatur, Versprödung infolge Ausscheidungsvorgängen, Bildung einer intermetallischen

Phase (Sigma-Phase) aus Fe und Cr besonders bei Cr-Gehalten zwischen 20 und 70% im Temperaturbereich zwischen 600 und 800 °C, die jedoch bei 950 °C durch Glühen wieder aufgelöst werden kann. Irreversible Grobkornbildung bei 900 °C und interkristalline Korrosion.

Schweißbarkeit ferritischer Stähle gut bis mäßig, da Gefahr interkristalliner Korrosion infolge der Cromkarbide.

Abhilfe: Vorwärmen auf 200 – 300 °C. Vermeidung von Grobkornbildung durch geringe Wärmeeinbringung mit dünnen Elektroden, Pausen zur Abkühlung. Gasschmelzschweißen nur bis 3 mm bei neutraler Flamme, Flußmittel erforderlich. Nach dem Schweißen Glühen. Oft Elektrodenhandschweißung günstiger, da Wärmekonzentration besser, besonders bei geringer Stromstärke und kurzem Lichtbogen. Beim WIG-Schweißen Gleichstrom Minuspol an der Elektrode vorwiegend mit austenitischem Zusatzwerkstoff. Beim MIG-Schweißen Kurzlichtbogentechnik, meist rein Argon, evtl. + 1% O_2. Vermeidung von Warmrissen durch austenitischen Zusatzwerkstoff mit 5 bis 10% Ferrit. Preßschweißen und Rollennahtschweißen ebenfalls gut möglich.

Halbaustenitische Stähle (Tabelle III.20) haben etwa 5 – 10% Delta-Ferrit (V2A und V4A der Firma Krupp), gut verformbar, wärmebeständig, keine 475 °C-Versprödung, Gefahr der Sigma-Phasenbildung geringer.

Wenn stabilisiert, kaum interkristalline Korrosion. Schweißbarkeit besser als bei rein ferritischen und austenitischen Werkstoffen, gut für Elektrodenhandschweißung. Gasschmelzschweißen kaum angewandt. Besonders gut WIG- und MIG-Schweißen, gut punktschweißbar.

Vollaustenitische Stähle C-Gehalt zwischen 0,05 und 0,15%, Chrom = 18% und Nickel 9%. Nickel (Austenitbildner) verhindert starkes Kornwachstum.

Austenitische Stähle wesentlich teurer, als ferritische. Schweißbarkeit infolge 1½facher Ausdehnung gegenüber normalem Stahl und kleiner Wärmeleitfähigkeit schlechter, starke Eigenspannungen und Verwerfungen, daher starke Heftnähte bzw. Einspannvorrichtungen notwendig. Auch Kühlung der Schweißstelle möglich. Nahtanhäufungen vermeiden, anschließendes Spannungsarmglühen vorteilhaft. Warmrißbildung kann durch Zusatzwerkstoffe mit 5 bis 10% Ferrit stark herabgesetzt werden. Gasschmelzschweißen wegen großer Streuflamme ungeeignet. Lichtbogenhandschweißung mit kaltbasischen- und Titan-umhüllten Elektroden möglich. WIG-Schweißen für austenitische Dünnbleche, MIG-Schweißen bei dicken Blechen. Schweißen gut möglich.

Perlitisch-martensitische und martensitische Stähle. Die Schweißbarkeit perlitisch-martensitischer Stähle ist wegen Rißempfindlichkeit bei dünnwandigen Werkstücken mäßig, bei dickwandigen schlecht.

Falls unumgänglich, Lichtbogen- bzw. Schutzgasschweißen mit austenitischen Zusatzwerkstoffen, Vorwärmen und Spannungsarmglühen.
Rein martensitische Stähle praktisch nicht schweißbar.

Stahlguß mit elektrischem Lichtbogen mit artgleichen Elektroden kalkbasischer Umhüllung, Gasschweißen mit neutraler Flamme und artgleichen Zusatzwerkstoffen. Niedriglegierter Stahlguß unter 0,25% C gut schweißbar, hochlegierter Stahlguß entsprechend Walzstahlsorten gleicher chemischer Zusammensetzung.

Glühen von Stahlguß wegen groben dendritischen Kornes sowie Phosphor- und Schwefelseigerungen zu empfehlen, da sonst leicht Risse.

Tabelle III.20. Auswahl austenitischer Stähle, Schweißeignung und Zusatzwerkstoffe [III.90]

Laufende Nr.	Werkstoffbezeichnung DIN 17006	Werkstoffnummer	Verwendung	Schweißeignung	Zusatzwerkstoffe (artgleich oder höher legiert)
1	X 12 CrNi 18 8	1.4300	säurebeständige Teile in der Textil-, Farbstoff-, Treibstoff-, Lebensmittelindustrie u. a.	1	X 5 CrNi(Nb) 18 9 X 5 CrNiMo(Nb) 18 9
2	X 10 CrNiMoTi 18 10	1.4571		1	X 8 CrNiMoNb 19 10
3	X 10 CrNiMoNb 18 10	1.4580		1	X 8 CrNiMoNb 19 10
4	X 5 CrNiMo 18 10	1.4401	beständig gegen organische Säuren, HNO_3 u. a.	1	X 5 CrNiMo(Nb) 19 10
5	X 5 CrNiMo 17 13	1.4449	beständig gegen Angriff halogenhaltiger Lösung	1	X 5 CrNiMo 18 13
6	X 5 CrNiMoCuNb 18 18	1.4505	beständig gegen H_2SO_4-Angriff	1	X 8 CrNiMoCuNb 20 18
7	X 10 CrNiTi 18 9	1.4541	beständig gegen organische Säuren, HNO_3 u. a.	1	X 8 CrNi(Mo)Nb 19 10
8	X 15 CrNiSi 20 12	1.4828	für hitzebeständige Teile	1	X 12 CrNi 22 12 X 12 CrNi 25 20
9	X 15 CrNiSi 25 20	1.4841	im Kessel- und Apparatebau, Rohre für Erdölanlagen u. a.	1	X 12 CrNi 25 20
10	X 20 CrNiSi 25 4	1.4821		2	X 12 CrNi 25 4 X 12 CrNi 25 20

Steht ein Legierungselement in Klammern, so kann dieser Werkstoff mit diesem Zusatz stabilisiert sein. Festigkeitswerte in Abhängigkeit von der Temperatur sind den entsprechenden Tabellenbüchern zu entnehmen. Die Stähle Nr. 1, 2, 3, 4, 5 und 10 enthalten neben Austenit auch etwas Ferrit.
Schweißeignung: 1 = sehr gut, 2 = mittel, 3 = bedingt, 4 = nicht zu empfehlen, 5 = nicht geeignet.

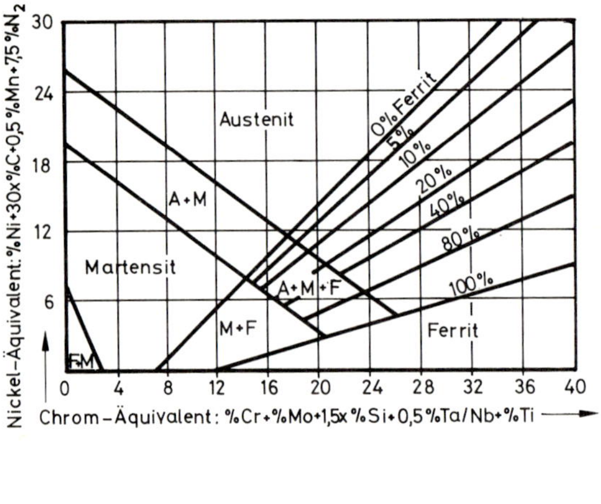

Abb. III.584. Schaeffler-Diagramm; Gefügebezeichnungen: A = Austenit, F = Ferrit, M = Martensit.

Schaeffler-Diagramm [III.91]. Zur Bestimmung von Gefügezusammensetzungen mit austenitischen und austenitisch-ferritischen Werkstoffen, aber auch für ferritisches, martensitisches und ferritisch-martensitisches Gefüge und Zusatzwerkstoffe eignet sich das empirisch gefundene Schaeffler-Diagramm. Die eine Achse des Diagrammes gibt das Nickeläquivalent einer Aufsummierung der Prozentgehalte aller Elemente, die das Gammagebiet erweitern, nach der angegebenen Formel an. Auf der anderen Achse ist das Chromäquivalent, das die Elemente der angegebenen Formel angibt, die das Gammagebiet abschnüren. Das Schaubild gibt dann nach Wahl geeigneter Elektroden unter Abschätzung der aufgeschmolzenen Menge des Grundwerkstoffes eine Möglichkeit zur Vorherbestimmung des Gefüges. Anwendung: z. B. bei warmrißanfälligen austenitischen Gefügen kann so mit artfremden Elektroden ein Ferritanteil von 10% für die Naht abgeschätzt werden, damit keine Warmrißanfälligkeit zu befürchten ist (Abb. III.584).

β) Nichteisenmetalle und Legierungen

Kupfer. *Reinkupfer*: Kupfer hat sechsmal so große Wärmeleitfähigkeit wie Stahl, daher mehr Wärmeenergie notwendig. Sehr spannungsrißempfindlich. Bei Temperaturen über 400 °C entsteht Kupferoxidul.

Cu_2O macht Schmelze dickflüssig, setzt sich an den Korngrenzen ab und verschlechtert somit die wesentlichen technischen Eigenschaften. Einwandfreie Schweißungen deshalb nur mit sauerstofffreiem Kupfer, außerdem Flußmittel bzw. Schutzgas notwendig. Zusatzwerkstoff mit Desoxidationsmittel wie 1% Ag, kleine Mengen P, Ni, Mn, Si oder Ti. Das große Lösungsvermögen von Wasserstoff führt zur Porenbildung (Wasserstoffkrankheit) durch Verbindung mit dem Sauerstoff zu H_2O.

Bevorzugtes Verfahren Autogentechnik, neutrale Flamme, Flußmittel, Bohrverbindungen. Grobkristallines Stengelgefüge der Schweißnaht kann durch Warmhämmern bei 750 °C verbessert werden.

Messing leichter schweißbar als Kupfer, CuZn-Knetlegierungen gut schweißbar, mit Bleigehalt dagegen schlecht. Gasschmelzschweißverfahren: Brennergröße wie bei Stahl, Sauerstoffüberschuß.

Entstehende Zinkoxiddämpfe gesundheitsschädlich. Flußmittel erforderlich. Sondermessinge haben Si- und Al-Zusätze zum geringeren Zinkabbrand. Lichtbogenhandschweißen bei Messingtypen mit niedrigem Zinkgehalt, WIG-Schweißen gut geeignet bei Sondermessingen mit Hochfrequenz überlagertem Wechselstrom. MIG-Verfahren nicht geeignet. Widerstands- und Rollennahtschweißen in vielen Fällen möglich.

Bronzen neigen zu Warmrissen, daher bedingt schweißbar.

Aluminium-Bronzen mit Flußmittel. Gasschweißen mit neutraler Flammeneinstellung, jedoch Gefahr der Schweißrissigkeit. Bei Überhitzung des Schmelzbades Seigerungen. Elektrodenhandschweißung abgelöst durch WIG-Schweißen, Gleichstrom Elektrode am Minuspol. Hochfrequenz überlagerter Wechselstrom bei Aluminiumbronzen. Bei Zinnbronzen Kurzlichtbogen. Für größere Werkstoffdicken MIG-Schweißen. Auch Widerstandsschweißen ist möglich.

Kupfer-Nickel-Legierung. Gasschmelzschweißen bei neutraler Flamme und Flußmittel. Elektrodenhandschweißen mit Monel-Elektroden. WIG mit Gleichstromelektrode am Minuspol.

Zusatzdraht mit bis 0,6% Si und 0,09% Ti als Desoxidationsmittel. MIG-Schweißen bei geringer Stromstärke ebenfalls möglich. Widerstandsschweißen auch möglich.

Neusilber. Schweißverhalten ähnlich wie Messing, jedoch größere Gefahr der Überhitzung.

Auch hier bleifreie Sorten gut schweißbar, bleihaltige bedingt.

Nickel. Nickelwerkstoffe sind im allgemeinen gut schweißbar.

Keine allutropen Umwandlungen. Bei einigen Legierungen ist Spannungsarmglühen vor dem Schweißen notwendig, evtl. Weichglühen, um Verfestigung durch Kaltverformung abzubauen. Nickel nimmt über 500 °C insbesondere Stickstoff und Sauerstoff aus der Atmosphäre auf, was gerade bei Reinnickel zur Porenbildung führen kann. Weiterhin sind schon sehr geringe Schwefelanteile (0,015%) die Ursache für die Bildung des Nickelsulfids (NiS), das an den Korngrenzen lagernd schon bei 650 °C aufschmilzt. Abhilfe – wie beim Stahl – durch Manganzusatz. Gasschmelzschweißen mit unbedingt schwefelfreiem Azetylen und Flußmittel, welches Stickstoff- und Sauerstoffaufnahme aus der Luft verhindert. Heute weitgehend durch das einfachere Lichtbogenschweißen verdrängt. Elektrodenhandschweißung nur mit Gleichstrom-Elektrode am Pluspol, bei niedriger Stromstärke mit dünnen Elektroden und kurzem Lichtbogen. Von besonderer Bedeutung Schutzgasschweißen WIG, besonders für Wurzellagen und Dünnbleche mit Gleichstrom-Elektrode am Minuspol, größere Blechdicken über 6 mm wirtschaftlicher mit MIG-Verfahren unter Argon. Säubern der Naht nur mit Nirosta-Drahtbürste nach jeder Lage notwendig. Neuerdings auch Unterpulverschweißungen möglich. Widerstandsschweißen (Punktschweißen von Blechen) möglichst auf Maschinen mit Ignitron-Steuerung. Rollennahtschweißen und Abbrennschweißen ebenfalls möglich. Elektronenstrahlschweißen aus Kostengründen für hochwarmfeste Nickellegierungen mit Kobalt, Vanadin und/oder Wolfram bei schwerstschweißbaren Legierungen.

Aluminium und Legierungen [III.92]. Oberflächen von Aluminium und Al-Legierungen bilden infolge Luftsauerstoff eine dünne, zähe, fest haftende Oxidschicht, Dicke ungefähr 0,1 µm, deren Schmelzpunkt über 2000 °C liegt und ein Verschmelzen der Nahtflanken verhindert. Gasschmelzschweißen deshalb nur mit Flußmittel [III.93] möglich. Geeignet sind Knetwerkstoffe AlMn, AlMg, AlMgMn, AlMgSi 0,5, Al MgSi 1, AlZnMg 1 und Reinaluminium. Von den Gußwerkstoffen verhalten sich mit Ausnahme der Druckgußstücke Legierungen mit hohem Si-Gehalt günstig. Es wird mit leichtem Azetylenüberschuß geschweißt. WIG-Schweißen: Beim Schutzgasschweißen erfolgt die Oxidbeseitigung durch Einwirkung des Lichtbogens, erneute Oxidation verhindert die Schutzgashülle, dazu muß das Werkstück negativ und die Wolfram-Elektrode positiv gepolt sein, was aber zur Überbelastung der Wolfram-Elektrode führt, deshalb verwendet man Wechselstrom.

Dabei erfolgt die Oxidbeseitigung mit der Halbwelle, bei der das Werkstück negativ gepolt ist. Während des Durchgangs durch die andere Halbwelle kühlt die Wolfram-Elektrode ab. WesentlicheVerbesserung durch Überlagerung eines hochfrequenten Stromes bzw. von Stromimpulsen, die das Verlöschen des Lichtbogens beim Nulldurchgang verhindern. Kondensatoren (Kondensatorketten, Siebkondensatoren) und Sperrdrosseln heben den Gleichrichteffekt, der durch die Oxidhaut entsteht und gerade die Halbwelle schwächt, die Al_2O_3 beseitigen soll, wieder auf. Elektrodenhandschweißen ist von geringerer Bedeutung, da Schutzgasschweißen wirtschaftlicher und porenfreier ist. Anwendung bei Reparatur von Gußteilen. Es wird nur Gleichstrom verwendet, Elektrode am Pluspol. Zwischen beiden Verfahren liegt das Metall-Inertgas-Schweißen (MIG) mit Argon, das höhere Abschmelzleistung aufweist, jedoch eine größere Neigung zur Porenbildung zeigt. Das Plasmaschweißen verspricht den Vorteil, daß bei ständiger kathodischer Schaltung des Werkstücks eine gute Oberflächenreinigung möglich wird.

Magnesium. Magnesiumlegierungen sind je nach Zusammensetzung gut bis schlecht schweißbar.

MgMn gut, MgAl 6 bedingt, MgAl 8 Zn ungeeignet. Gasschmelzschweißen erfolgt mit Flußmittel aus Fluoriden und Bromiden. Lichtbogenschweißen wird praktisch nicht durchgeführt. MIG-Schweißen ebenfalls nicht, dagegen hat sich WIG-Schweißen gut bewährt, wenn die gleichen Regeln wie beim Al-Schweißen beachtet werden. Von den Widerstandsschweißungen werden Punktschweißen, Rollennahtschweißen und Stumpfschweißen angewendet.

Titan-Werkstoffe haben im schmelzflüssigen Zustand sehr hohe Affinität zu Sauerstoff, Stickstoff und Wasserstoff, deshalb fast nur Schutzgasschweißungen unter Reinstargon, in besonderen Fällen Widerstands-, Elektronenstrahl- und Ultraschallschweißen.

Weitere NE-Metalle und Metallkombinationen Tabellen III.21 und III.22.

γ) Zusatzwerkstoffe

Stahl und Grauguß. *Zusatzwerkstoff zum Gasschweißen* (Schweißdraht). Der Stahldraht als *Verbindungsdraht* ist genormt in DIN 8554 (Gasschweißdraht für Verbindungsschweißen von

Tabelle III.21. Auswahl weiterer NE-Metalle, Eigenschaften und Schweißeignung

Metall	Gut anwendbare Schweißverfahren	Besonderheiten beim Schweißen
Beryllium (Be)	WIG, MIG, Kaltpreßschweißen, Ultraschallschweißen, Diffusionsschweißen	Zusatzwerkstoff aus Al + 10 ... 12% Be oder 30% Al + 70% Ag. Vorwärmung auf 100 ... 450 °C. Atemschutz!
Blei (Pb)	Weichblei autogen, neutrale Flamme, Hartblei nicht schweißbar. WIG (Gleichstromelektrode Plus bzw. HF-überlagerter Wechselstrom)	
Gold (Au)	WIG-Punktschweißen, Preßstumpfschweißen	
Molybdän (Mo)	WIG, Punktschweißen	Teile möglichst in Kammer schweißen. Punktschweißen mit Kondensatorimpulsschweißmaschinen
Wolfram (W)	WIG in Kammer, Elektronenstrahlschweißen	Punktschweißen wegen zu hoher Schmelztemperatur von W nicht geeignet
Zinn (Sn)	Gasschmelzschweißen, Punktschweißen von Zinnblech	

Tabelle III.22. Metall-Kombinationen

Werkstoff-Kombinationen	Probleme
Aluminium – Kupfer	Intermetallische Phase CuAl3 muß durch Auftrag einer Zwischenschicht aus z. B. Silber verhindert werden. Bei MIG-Schweißen verzinnen, nur für Nähte geringer Festigkeit, sonst Kaltpreßschweißen
Aluminium – Stahl	Gießschweißen, Elektronenstrahlschweißen
Kupfer – Messing	WIG, Bronze als Zusatzwerkstoff
Kupfer – Stahl	Wegen Lötrissigkeit Stahlseite mit Nickel panzern
Messing – Stahl	Stahl mit Nickel beschichten, WIG-Schweißen mit Bronze-Zusatzdraht
Aluminiumbronze – Stahl	Stahlseite mit Nickel beschichten, WIG, Wechselstrom mit HF-Überlagerung

Stählen) und darin zunächst in 7 Klassen (0 bis VI) eingeteilt. Z. B. bedeutet also G II: Gasschweißdraht der Drahtklasse II (St 34 bis St 45 nebst Kesselstählen), und erweitert bedeutet G II/312 – die 312 nach der Iso-Kennzeichnung –, daß die Kennziffer 3 eine Zugfestigkeit von 48 kp/mm² ≙ 480 N/mm². Kennziffer 1 eine Bruchdehnung von min. 14% und Kennziffer 3 eine Kerbschlagzähigkeit von min. 7 mkp/cm² = 70 J/cm² verlangt. – Der Stahldraht als *Auftragsdraht* ist genormt in DIN 8555 (Schweißzusatzwerkstoffe für Auftragsschweißen). Die Kurzzeichen für Gasschweißdrähte sind G 150 ... G 500 (Zahl = Brinellhärte, bzw. *HB*) oder G 40 ... G 70 (Zahl = Rockwell-Einheiten *HRC*). Ein Neuentwurf von DIN 8555 (Mai 1961) sieht noch eine Kennzeichnung der Art des Schweißzusatzwerkstoffs nach Legierungsgruppen vor. So bedeutet z. B. G 1 – 250, daß der Gasschweißdraht von einer Brinellhärte 250 (Härtestufe 250) ein Draht der Legierungsgruppe 1 (unlegiert oder niedriglegiert bis 0,4% C) ist. – Für das *Grauguß-Warmschweißen* sind in DIN 8573 (Schweißzusatzwerkstoffe zum Schweißen von Gußeisen) die technischen Lieferbedingungen festgelegt.

Der Verbindungsdraht soll normal in Durchmessern von 4, 6, 8, 10, 12 und 15 mm und in Stäben von 10 000 mm Länge geliefert werden, der Auftragsdraht in Ringen oder Spulen bei normal 5 – 12 mm Drahtdurchmesser.

Stabelektroden für das Verbindungsschweißen von Stahl, unlegiert oder niedriglegiert sind in DIN 1913, Bl. 1, Entwurf April 1974, genormt.

Im Gegensatz zur bisherigen Norm wird in Übereinstimmung mit dem ISO-Standard 2560 nicht mehr von Titan-Dioxid bzw. erzsauren bzw. kalkbasischen Typen gesprochen, sondern von Rutil bzw. sauren bzw. basischen Typen.

Eigenschaften und Verwendung der wichtigsten Elektrodentypen:

Nach der neuen Norm kann eine Kennzeichnung wiederum im wesentlichen nach der Umhüllung erfolgen.

N (O) = nicht umhüllt. Dieser Typ findet heute keine Anwendung mehr, weil keine Lichtbogenstabilisierenden Bestandteile vorhanden sind, das Schweißgut ungehindert Sauerstoff und Stickstoff aus der Luft aufnehmen kann und der Lichtbogen instabil brennt. Weitere Nachteile sind Poren, verstärkte Blaswirkung, rauhe Nahtoberfläche und Spritzerverluste.

A (Es) = sauerumhüllt, früher erzsaurer Typ (Es) ist Wechsel- und Gleichstrom verschweißbar (am Minuspol), hohe Ausbringung, feintropfig, daher Spalten schlecht überbrückbar, tiefer Einbrand mit Gefahr der Warmrißbildung. Für Thomasstähle ungeeignet. Er ist von geringerer Bedeutung.

R (Ti) = bis mitteldick rutilumhüllt, RR dick rutilumhüllt. Früher Titan-Dioxid-Typ (Ti). Die Rutilumhüllung ist im allgemeinen mitteldick bis sehr dick, der Tropfenübergang ist grob bis fein bei dicker Umhüllung, in allen Lagen gut verschweißbar, kaum Warmrißneigung, gute bis sehr gute mechanische Eigenschaften, überbrückt auch größere Schweißspalte gut und ist wegen ihres günstigen Preises die am meisten verwendete Elektrode.

C (Ze) = celluloseumhüllt (Ze). Umhüllung überwiegend aus organischen, verbrennbaren Stoffen, daher starke Rauchentwicklung. Umhüllung mittel bis dick, geeignet für Wechselstrom- oder Gleichstromschweißung (Elektrode am Pluspol), tiefer Einbrand, schnell erstarrendes Schmelzgut, daher für Zwangslagen gut geeignet. Besondere Anwendungen: Fallnähte bei Rohrleitungen, Pipelines, hohe mechanische Gütewerte.

B (Kb) = basischumhüllt, früher kalkbasischer Typ (Kb). In der Regel starke Umhüllung mit Kalzium, basischen Karbonaten und Flußspat. Mitteltropfiger Werkstoffübergang bei mäßigem Einbrand, für alle Positionen geeignet, vorwiegend mit Gleichstrom und positiv gepolter Elektrode! geschweißt. Das Schweißgut weist eine hervorragende Verformbarkeit auf und neigt weder zur Warm- noch zur Kaltrißbildung. Für schweißempfindliche Stähle sehr gut geeignet. Umhüllung hygroskopisch, daher Vorwärmung auf 250 °C eine halbe Stunde lang.

Die Klasseneinteilung enthält 12 Kennziffern, die die Umhüllungsdicke, den Umhüllungstyp und neuerdings auch die Mischtypen enthält.

Die Hochleistungselektroden sind rutilumhüllt (RR), rutilsauerumhüllt (AR), basischumhüllt (B), basisch- mit nicht basischem Anteil umhüllt B (R). Ihr Vorteil liegt in der hohen Ausbringung, die bis 215% der Abschmelzleistung des Kerndrahtes gehen kann. Das ist auf den Eisenpulverzusatz in der Umhüllung zurückzuführen. Dieser führt zu einer Verminderung der Schmelzbaderhitzung, was zu geringeren Schrumpfungen und Verwerfungen und kleinerem Einbrand führt.

Der oxidische Elektrodentyp wird in Deutschland nicht verwendet und ist auch in der neuen Norm nicht enthalten.

Gußeisen. Bei artgleichem Zusatzwerkstoff ist Vorwärmung auf 650 °C notwendig mit nachfolgendem sehr langsamen Abkühlen. Bei Gußeisen-Kaltschweißung (ohne Vorwärmen) muß ein artfremder Werkstoff verwendet werden (Ni, NiFe-Legierungen, Monel).

Nichteisenmetalle. Zusatzwerkstoffe s. o. Nichteisenmetalle und Legierungen und Tabelle III.21.

c) Schweißfolgeplan

Der Schweißfolgeplan ist eine Darstellung der örtlichen und zeitlichen Aufeinanderfolge des Schweißens zum Fügen von Bauteilen und/oder Baugruppen eines Bauwerkes. Er schreibt vor, in welcher örtlichen und zeitlichen Reihenfolge die Schweißnähte, die sich temperatur- und spannungsmäßig gegenseitig beeinflussen können, am günstigsten zu schweißen sind.

Weiter sollte enthalten sein: Grundwerkstoff, Nahtart und -vorbereitung, Schweißverfahren, Schweißzusatzwerkstoffe und Hilfsstoffe, Prüfgruppe der Schweißer, Schweißvorrichtung, Wärmebehandlung vor, während und nach dem Schweißen (Wärmeführung), Reihenfolge des Zusammenbaus, Schweißfolge und -richtung (Beachtung des Bauteilverzugs), Schweißposition, Schweißnahtprüfung, Hauptabmessung und Gesamtgewicht.

d) Schweißverfahren

α) Das Gas-Schmelzschweißen (autogenes Schweißen)

Grundsätzliches. Die Gasschweißung beruht auf dem Erhitzen des Werkstücks durch eine Stichflamme, die an der Austrittsöffnung eines Schweißbrenners entsteht. Die Schweißränder werden flüssig; meist wird ein Schweißdraht mit eingeschmolzen. Die Stichflamme wird durch *Mischen von Sauerstoff mit einem brennbaren Gas* erzeugt. Praktisch kommen heute als Brenngase in Frage: Wasserstoff, Azetylen, Benzol, Leuchtgas und Methan. Man spricht daher auch im einzelnen von einer Wasserstoff-Sauerstoff-Schweißung, von einer Azetylen-Sauerstoff-Schweißung (kurz: Azetylenschweißung) usw.

In DIN 8522 (Verfahren der Autogentechnik) vom März 1971 wird eine Einteilung aller Autogenverfahren und Erläuterung ihrer Grundbegriffe gegeben. Die Hauptabschnitte (Fügen, Beschichten, Trennen, Stoffeigenschaftändern, Umformen) werden im folgenden eingehender behandelt.

Sauerstoff. Er wird in chemischen Fabriken im großen durch Verdampfung verflüssigter Luft nach dem Verfahren von *Linde-Fränkl* hergestellt. Dabei wird die Luft zunächst durch mehrfaches Verdichten auf 200 bar, Abkühlen und Entspannen verflüssigt und dann wieder verdampft. Der Stickstoff verdampft bei – 196 °C, der Sauerstoff dagegen bei – 183 °C. Infolgedessen läßt sich in besonderen Rektifikations-(Verdampfungs-)Apparaten der Stickstoff fast vollständig vom Sauerstoff trennen und Sauerstoff von 99,5% Reinheitsgrad gewinnen.

Sauerstoff wird größtenteils auf 150 – 200 bar verdichtet in Stahlflaschen in den Handel gebracht. In neuerer Zeit wird auch *flüssiger Sauerstoff* in Transporttanks den einzelnen Lagerstellen zugeführt und dort oder in der Fabrik in besonderen Vergasern in den gasförmigen Zustand übergeführt (ab 800 bis 3000 m^3/Monat). Zur Weitergabe dienen dann Rohrleitungen oder Gasflaschen. Flüssiger Sauerstoff ergibt große Frachtersparnisse (gegenüber den sehr schweren Gasflaschen); das aus ihm gewonnene Gas ist sehr rein und trocken.

Bei einem Monatsverbrauch von mehr als 100 m^3 ist es zweckmäßig, die Arbeitsstellen durch eine zentrale Leitung zu versorgen. Die Sauerstoff-Flaschen werden dann als Flaschenbatterie oder Flaschenbündel zusammengefaßt. Bei mehr als 1000 m^3 Monatsverbrauch lohnt sich eine Rohrleitung vom Sauerstoffwerk zum Verbraucher (Leitungsdruck 30 bar).

Wasserstoff. Er wird hauptsächlich bei der Chlor-Alkali-Elektrolyse (d. h. bei der elektrolytischen Zersetzung von Chlorkalium [Steinsalz] im großen durchgeführt von der Chemischen Fabrik Griesheim), dann auch bei der Elektrolyse des Wassers gewonnen, ferner durch die Verfahren von Linde-Frank-Caro und von Griesheim, bei denen dem Wassergas die Nebenbestandteile (hauptsächlich CO) entzogen werden und Wasserstoff übrigbleibt, und wird dann, auf 150 bar verdichtet, in Stahlflaschen in den Handel gebracht.

Benzol, Leuchtgas, Methan. Benzol (C_6H_6) ist ein Nebenerzeugnis der Steinkohlendestillation (Kokerei) und wird flüssig in Stahlflaschen geliefert. Leuchtgas, in Gasanstalten aus der Steinkohle gewonnen, wird den Stadtleitungen entnommen. Es wird mehr für Lötzwecke benutzt. Methan (CH_4, Grubengas) wird gasförmig unter 150 bar Druck in den Handel gebracht.

Azetylen. Im Abschnitt I.A wurde bereits die Erzeugung von Azetylen (C_2H_2) aus Kalziumkarbid (CaC_2) und Wasser erwähnt. Sie erfolgt kaum noch an der Verwendungsstelle in Azetylenentwicklern, sondern meist in Fabriken. Außer Azetylen bildet sich gelöschter Kalk, der von Zeit zu Zeit aus dem Entwickler entfernt werden muß.

Kalziumkarbid (s. DIN 53 922) wird in Korngrößen von 2 – 4, 4 – 7, 1, 7, 1 – 16, 16 – 25, 25 – 50 und 50 – 80 mm in Blechtrommeln von 100 kg Bruttogewicht geliefert. 1 kg Karbid ergibt theoretisch 348,7 l Azetylen, praktisch (infolge von unvergast zurückbleibenden Stücken, Undichtigkeiten usw.) jedoch nur 250 – 300 l Azetylen. Alles aus Handelskarbid erzeugte Azetylen ist verunreinigt, hauptsächlich durch Schwefelwasserstoff, Phosphorwasserstoff, Ammoniak. Ihre Entfernung erfolgt mit Hilfe von Wäschern und chemischen Reinigern. Im Entwickler erzeugtes Azetylen ist an und für sich nicht explosibel; es explodiert aber sofort durch Luftzufuhr und unter erhöhtem Druck (bei 2 bar schon ohne Luftzufuhr!). Unter dem Namen „*Beagid*“ oder „*Patronid*“ wird feingemahlenes Karbid in Patronenform in den Handel gebracht. Die Patronen sind mit Öl und zuckerhaltigen Stoffen zur besseren Bindung behandelt. Sie finden Anwendung bei kleinen Werkstatt- und Montageentwicklern.

Azetylenentwickler. Die Zulassung neuer Entwickler erfolgt aufgrund der „Deutschen Azetylenverordnung“ durch den Deutschen Azetylenausschuß. Alle Entwickler bis 10 kg bzw. 20 kg Karbidfüllung und bis zu einer Stundenleistung von 6000 l Azetylen unterliegen einer Bauart-(Typen-)Prüfung und können in Arbeitsräumen benutzt werden. Man unterscheidet in der Hautsache folgende Gruppen von Azetylenentwicklern:

a) Nach der *Karbidfüllung*:
   Lötentwickler (L-Entw.)
   Bewegliche Montageentwickler (M-Entwickler), Höchsteinsatz 2,5 kg Karbid.
   Ortsveränderliche Werkstättenentwickler (I-Entwickler), Höchsteinsatz 10 kg Karbid (unter gewissen Bedingungen bis 20 kg Karbideinsatz). Azetylenfackeln (F-Entw.).
   Ortsfeste Anlagen (S-Entwickler), mit mehr als 10 kg bzw. 20 kg Karbideinsatz.
   Fahrbare Großanlagen mit mehr als 10 bzw. 20 kg Karbidfüllung (St-Entw.).
b) Nach dem *Gasdruck*:
   Niederdruckentwickler, bis 2000 mm WS (0,2 bar).
   Hochdruckentwickler, 2000 bis 15 000 mm WS (1,5 bar).
c) Nach der *Art der Vergasung*:
   Naßentwickler, arbeitet mit Wasserüberschuß, Schlamm als Rückstand.
   Einfallentwickler, Karbid fällt entsprechend dem Gasbedarf geregelt zu.
   Schubladenentwickler, Wasser fließt in geregelter Menge in jeweils eine Schublade.
   Korbentwickler, Karbid befindet sich in einem Korb, Wasser und Karbid trennen sich je nach Gasbedarf.
   Trockenentwickler, Wasserzufuhr wird so geregelt, daß der Rückstand als Pulver (Trockenkalk) anfällt.
d) Nach der *Art des verwendeten Karbids* (z. B. Staub-, Feinkorn-, Grobkorn-Karbid, Karbidpatronen).

Die folgenden Abbildungen zeigen einige kennzeichnende Formen. Abb. III.585 gibt das Schema des *Einfallentwicklers* wieder. Die sinkende Gasglocke (hier nicht gezeichnet) öffnet mittels Hebelvorrichtung Ventil D, Karbid fällt aus Behälter B ins Wasser des Entwicklerraums A, das Azetylen entweicht bei C.

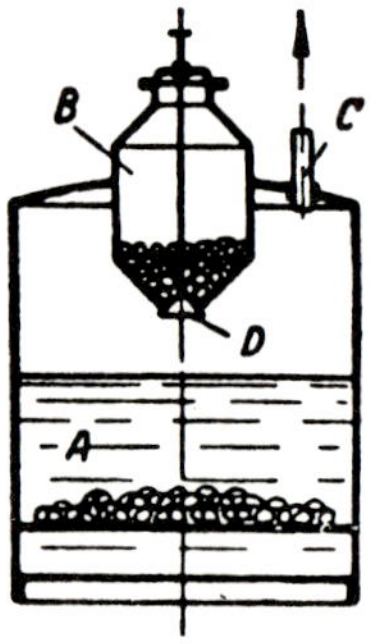

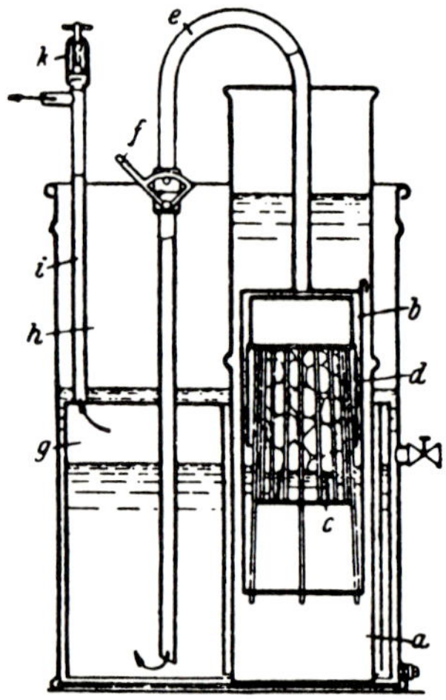

Abb. III.585. Schema des Einfallentwicklers. A = Entwicklerraum, B = Karbidbehälter, C = Azetylenrohr, D = Ventil.

Abb. III.586. Schema des Verdrängungsentwicklers. a = Eimer, b = Vergasungshaube, c = Karbidkorb, d = Deckel, e = Leitung, f = Kupplung, g = Gassammler, h = Hauptbehälter, i = Leitung, k = Entlüftungsventil.

Der Entwickler nach Abb. III.586, zur Gruppe der Korbentwickler gehörend, hat eine *feststehende Glocke*, wodurch dem Gas ein Druck bis zu 2000 mm WS gegeben werden kann; daher auch früher die Bezeichnung „*Mitteldruckentwickler*". In besonderen Eimern a hängen Vergasungshauben b mit Karbidkörben c und Deckeln d. Das unter b erzeugte Azetylen strömt durch Leitung e (mit Kupplung f) in den im Hauptbehälter h sitzenden Gassammler g und aus diesem durch Leitung i (mit Entlüftungsventil k) zur Sicherheitsvorlage und zum Schweißbrenner. Zweckmäßig wird Stückkarbid 50/80 mm verwendet.

Die *Sicherheitsvorlage* (Wasservorlage, Abb. III.587), DIN 8521, soll vor allem den Rücktritt von Sauerstoff und Luft in die Azetylenleitung verhüten, ferner bei Gasmangel das Einsaugen von Luft in den Azetylenentwickler; sodann soll sie dem Fortschreiten einer vom Schweißbrenner zurückschlagenden Explosionswelle Halt gebieten. Das Azetylen strömt über ein Rückschlagventil zum Eintrittsbehälter und dann bei a durch eine Rohrspirale zum Austrittsbehälter und weiter zum Schweißbrenner. Bei Sauerstoffrücktritt schließt das Rückschlagventil das Zuleitungsrohr ab. Schlägt die Flamme zurück, so wird sie durch den Umweg über die Rohrspirale so verzögert, daß inzwischen Wasser durch den Explosionsdruck vom linken in den rechten Behälter gedrückt und die Azetylenleitung verschlossen ist, ehe die Flamme bzw. die Explosionswelle nach a kommen kann. Die Wasservorlage ist zur Zeit die einzige zuverlässige Sicherung der Azetylenanlage. Beim Vorhandensein mehrerer Schweißstellen ist eine *Hauptwasservorlage* vorzuschalten (außerdem natürlich Einzelvorlagen vor den Brennern). *Trockenvorlagen,* bei denen an die Stelle der Wasserfüllung eine Patrone tritt, die mit einer besonders hergestellten Masse gefüllt ist, sind zur Zeit nur unter bestimmten Bedingungen zugelassen.

Entwickler mit 0,2 – 1,5 bar Gasdruck werden als *Hochdruckentwickler* bezeichnet. Sie haben stets feststehende Gassammler. Abb. III.588 zeigt einen solchen Entwickler. Aus Hauptbehälter a fließt Wasser über b in die Schublade c (daher auch die Bezeichnung „Schubladen- oder Retortenentwickler"). Die in mehrere Kammern geteilte Schublade darf nur zur Hälfte mit Stückkarbid gefüllt werden, da der Kalkschlamm annähernd den doppelten Raum des eingebrachten Karbids einnimmt. Das entwickelte Azetylen steigt durch Rohr d und Rückschlagventil e in den oberen Teil von a. Bei steigendem Druck wird Wasser aus a nach Innenbehälter f weggedrängt. Der Wasserspiegel in a sinkt bis unter b, womit die Wasserzufuhr zur Schublade und damit weitere Gasentwicklung unterbunden ist. Größere Entwickler haben mehrere Schubladen zwecks ununterbrochener Gasentwicklung. Die Wasserschleuse h dient zum Nachfüllen von Entwicklerwasser. Das Sicherheitsventil k bläst bei Erreichen des Höchstdrucks von 1,5 bar dauernd ab.

Trockenentwickler. Beim bisher betrachteten „Naßentwickler" verteilt man die bei der Erzeugung des Azetylens entstehende große Wärmemenge (400 kcal für 1 kg Karbid) durch zusätzliches Wasser so weit, daß das Wasser höchstens eine Temperatur von 60 – 70 °C annimmt. Dann braucht man aber etwa 10 l Wasser auf 1 kg Karbid, während zur eigentlichen Azetylenerzeugung nur 0,5 l Wasser je kg Karbid nötig ist. Beim Trockenentwickler wird nur 1 l Wasser auf 1 kg Karbid zugegeben. Infolgedessen wird die geringe Kühlwassermenge verdampft, strömt mit dem Azetylen ab und wird in einem Kühler niedergeschlagen, der Kalkrückstand wird trocken entfernt. Anwendung für Großanlagen (100 – 250 kg Karbidfüllung).

Entwicklerleistungen. Die im Höchstfall genehmigte *Dauerleistung* beträgt stündlich

bei 2 kg Karbidfüllung 1250 l Azetylen,
bei 5 kg Karbidfüllung 2500 l Azetylen,
bei 2 × 10 kg Karbidfüllung 5000 l Azetylen.

Für kurze Zeit können auch größere Gasmengen abgegeben werden.

Gelöstes Azetylen (Dissousgas, Flaschengas). Dies ist Azetylen, das in Flaschen unter Druck steht. Da aber Azetylen bei über 2 bar Druck explosive Eigenschaften annimmt, muß man es zunächst in Azeton ($CH_3 \cdot CO \cdot CH_3$, aus Holzkalk gewon-

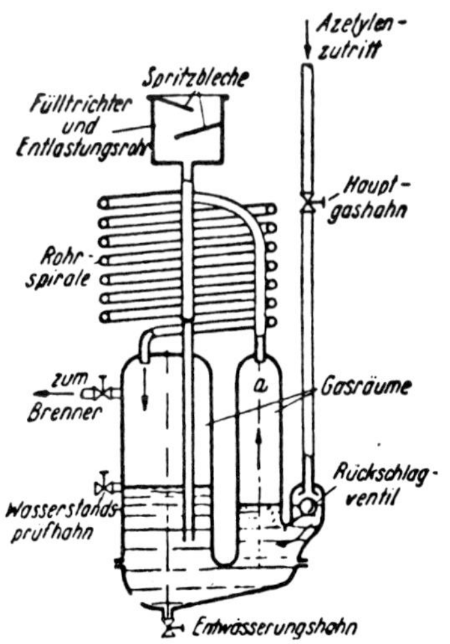

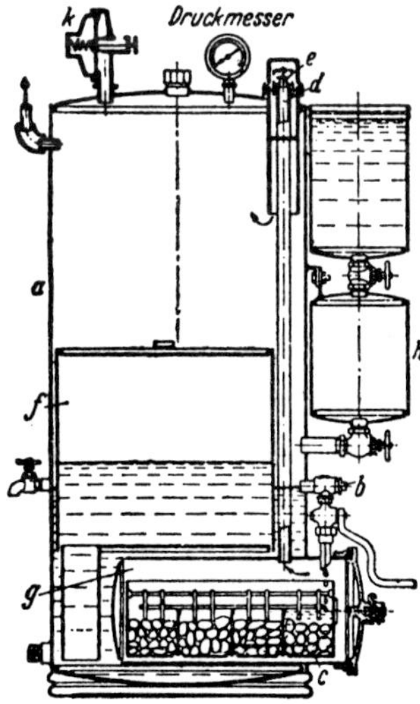

Abb. III.587. Sicherheits-Wasservorlage.

Abb. III.588. Hochdruck-Zuflußentwickler. a = Hauptbehälter, c = Schublade, e = Rückschlagventil, f = Innenbehälter, g = Schubladenbehälter, h = Wasserschleuse, k = Sicherheitsventil.

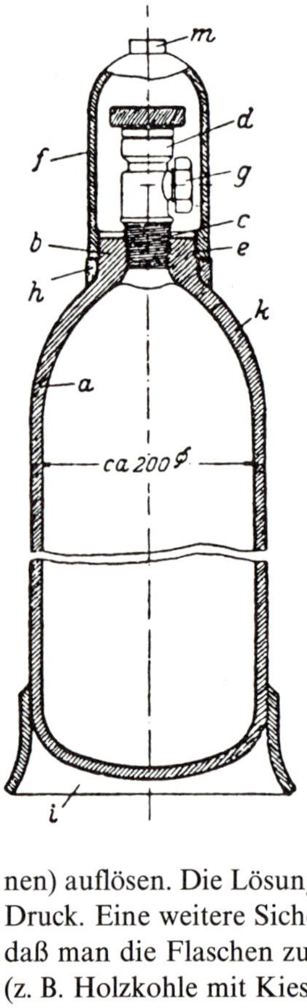

Abb. III.589. Gas-Stahlflasche.
a = Flasche, d = Flaschenventil, f = Schutzkappe.

nen) auflösen. Die Lösungsfähigkeit des Azetons für Azetylen wächst dabei mit dem Druck. Eine weitere Sicherheit gegen Explosionsgefahren wird dadurch geschaffen, daß man die Flaschen zunächst mit einer das Azeton aufsaugenden *porösen Masse* (z. B. Holzkohle mit Kieselgur und Wasser gemischt) anfüllt. Eine Stahlflasche von 40 l Inhalt nimmt dann bei dem jetzt zugelassenen Höchstdruck von 18 bar etwa 6,3 kg Azetylen auf. Der Vorteil des gelösten Azetylens gegenüber dem Niederdruckazetylen besteht in der größeren Reinheit des im großen hergestellten Gases, in der größeren Beweglichkeit der Stahlflasche und in der vollen Verwendungsfreiheit in Wohn- und Arbeitsräumen, ein Nachteil wohl nur in dem höheren Preis.

Bei größerem Verbrauch können, wie beim Sauerstoff, Flaschenbatterien bzw. Flaschenbündel geliefert und aufgestellt werden. Die Azetylenversorgung durch Fernleitung ist nur für Betriebe wirtschaftlich, die in der Nähe eines Azetylenfüllwerks liegen.

Stahlflaschen. Die Stahlflaschen sollen aus bestem Stahl nahtlos (nach Mannesmann oder Ehrhardt) hergestellt sein. Die Stahlflasche (Abb. III.589) trägt am Flaschenhals b (mit Ventilgewinde c) das Flaschenventil d (mit Verschlußmutter g), das während der Bahnbeförderung durch eine mit Rohrgewinde e aufgeschraubte Schutzkappe f geschützt ist. Unten ist ein Vierkantfuß i angebracht, damit die Flasche sicher aufgestellt werden kann und nicht gerollt wird. Bei Sauerstoff- und Wasserstoffflaschen beträgt der Probedruck 225 bar, der Füllungsdruck 150 bar. Alle Wasserstoffflaschenventile haben am Seitenzapfen *Linksgewinde,* alle Sauerstoffflaschen dagegen *Rechtsgewinde,* um Verwechslungen zu vermeiden. Zur Kenntlichmachung der Gasart sind die Sauerstoffflaschen *blau,* die Wasserstoffflaschen *rot* und die Azetylenflaschen *gelb* angestrichen, doch genügt auch ein breiter Farbring auf grauem Grundanstrich. Denselben Anstrich sollen die Druckminderventile tragen.

Flascheninhalt. Die normale Stahlflasche hat bei 1,80 m Höhe und 0,20 m Außendurchmesser einen „Wasserinhalt“ von 40 l. Man gibt ihren Gasinhalt immer in m^3 bezogen auf 1 bar Druck an. Da beim Entspannen des Gases das Produkt: Druck × Gasvolumen konstant bleibt, so kann man die Gleichung aufstellen: 150 bar × 40 l = 1 bar × 6000 l. Die volle Flasche hat also 6000 l = 6 m^3 Gasinhalt von atmosphärischem Druck (1 bar). Hiernach kann man auch leicht den jeweiligen *Gasinhalt der Flasche* und den *Gasverbrauch* ausrechnen. Zeigt z. B. die obige Flasche bei Arbeitsbeginn am Manometer 128 bar, bei Schluß 71 bar, so ist der Flascheninhalt bei Arbeitsbeginn: 128 × 40 = 5120 l, bei Arbeitsschluß: 71 × 40 = 2840 l; der Verbrauch: 5120 − 2840 = 2280 l. Der Verbrauch allein läßt sich auch einfacher wie folgt errechnen: (128 − 71) · 40 = 2280 l.

An die Stelle dieser Normal-Stahlflasche ist in den letzten Jahren zum Teil die *Leichtstahlflasche* aus hochwertigem Cr-Mo-Stahl getreten. Sie hat 50 l „Wasserinhalt“ und 200 bar Füllungsdruck, kann also wesentlich mehr Sauerstoff (10 m^3 anstatt 6 m^3) transportieren.

Der Flascheninhalt und Verbrauch bei *gelöstem Azetylen* ist nicht ohne weiteres durch eine solche Rechnung festzustellen, weil das Azetylen in der Flasche in flüssigem Azeton gelöst ist und letzteres bei dem Druck von bis zu 15 bar sehr große Azetylenmengen in sich aufnehmen kann. 1 l Azeton nimmt bei einer Druckzunahme von 1 bar etwa 24 l Azetylen auf, die Flasche ist etwa zu 40% mit Azeton gefüllt, also kommen auf z. B. 40 l Wasserinhalt der Flasche bei 1 bar Druck nicht (wie bei Wasserstoff- und Sauerstoffflaschen) 40 · 1 = 40 l, sondern $^{40}/_{100}$ · 40 · 24 = 384 l Azetylen, also abgerundet das Zehnfache. Man erhält also den Flascheninhalt bei gelöstem Azetylen annähernd durch Multiplikation von: Wasserinhalt × Flaschendruck × 10. Einen genauen Wert gibt das Abwiegen der Flasche vor und nach dem Arbeitsgang. Beträgt der Gewichtsunterschied z. B. 0,8 kg, so ist der Azetylenverbrauch = 0,8 × 0,855 = 0,684 m^3 Azetylen.

Druckminderventile. Der hohe Druck von 150 bar bzw. 200 bar wird durch ein an das Verschlußventil angeschraubtes Druckminder-(Reduzier-)Ventil auf den am Schweißbrenner erforderlichen Druck von 0,5 – 2,5 bar vermindert. Abb. III.590, a gibt zur allgemeinen Kennzeichnung die Grundform eines *einhebligen Ventils* wieder (s. auch DIN 8546). Beim Öffnen des Flaschenventils tritt das Gas unter vollem Flaschendruck – ablesbar am Druckmesser 4 – in das Rohr 2 ein. Durch Drehung des Rädchens 1 nach rechts wird die Feder 10 zusammengedrückt und damit Scheibe 9 und Hebel 7 nach links und Doppelhebel 8 oberhalb des Drehpunkts 6 nach rechts bewegt. Hierdurch wird Gummikegel 3 von der Verschlußstelle abgehoben, und das Gas kann in den Raum A eintreten. Je weiter Rad 1 nach rechts gedreht wird, um so höher steigt der Druck in A und in der bei 12 abgeschlossenen Schlauchleitung zum Brenner, was am Arbeitsdruckmesser 5 abgelesen werden kann.

Zweistufige hebellose Druckminderventile geben einen noch gleichmäßigeren Arbeitsdruck. Fast alle Druckminderventile für Sauerstoff enthalten einen *Ausbrennschutz,* der z. B. aus einem in den Gaskanal b (Abb. III.590) eingebauten Kupferröhrchen besteht. Gegen den Rückschlag der Schweißflamme bis zum Druckminderventil kann man dann noch eine *Rückschlagpatrone* (mit Rückschlagventil) am Druckminderventil vor die Schlauchleitung schalten. – Der *Werkstoff* des Druckminderventils ist normal Druckmessing, bei gelöstem Azetylen aber weicher Stahl, da sich hierbei explosives Azetylenkupfer bilden könnte.

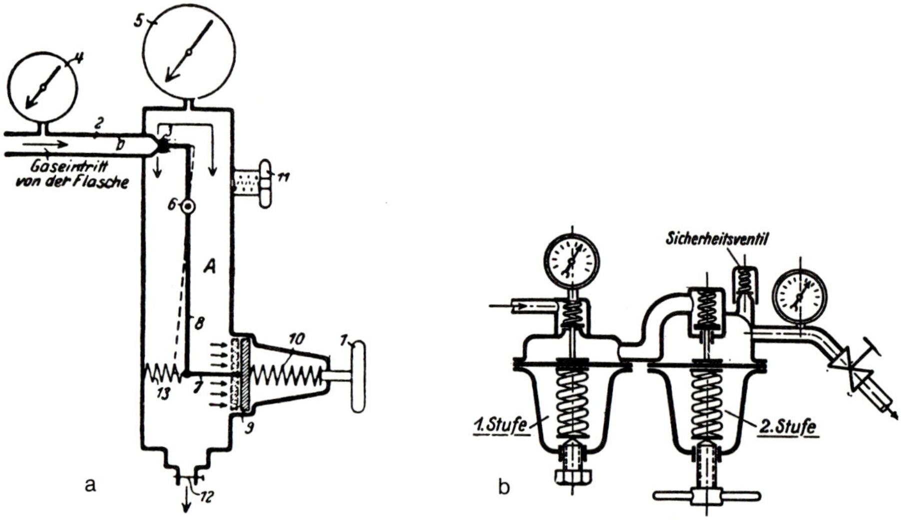

Abb. III.590. a) Schema eines einhebligen Druckminderventils (Näheres s. Text); b) zweistufiges, hebelloses Druckminderventil, Schema (nach BEFA).

Schweißbrenner. Man unterscheidet *Mischdüsen-* bzw. *Gleichdruck-* und *Injektorbrenner.* Das Beispiel eines Mischdüsenbrenners ist der *Wasserstoff-Sauerstoff-Schweißbrenner* (Abb. III.591). Ihm wird der Wasserstoff bzw. Sauerstoff durch zwei Gummischläuche zugeführt. Das Mundstück ist auswechselbar, so daß der Brenner mit Mundstücken verschiedenen Durchmessers auch für mehrere Blechdicken verwendbar ist. Um ein Zurückschlagen der Flamme in den Brenner zu verhüten, ist es zweckmäßig, die *Zündgeschwindigkeit* (d. h. die Geschwindigkeit, mit der sich die Entzündung in einem ruhenden Gasgemisch fortpflanzt) herabzusetzen. Dies und die *reduzierende Flamme* erreicht man dadurch, daß man das Mischungsverhältnis Wasserstoff zu Sauerstoff nicht 2 : 1 nimmt (wie es der vollkommenen Verbrennung entsprechen würde, $H_2 + O = H_2O$), sondern etwa 4 : 1 bis 5 : 1. Die erzielte Temperatur beträgt etwa 2100 °C.

Das Beispiel eines Injektorbrenners ist der *Azetylen-Sauerstoffbrenner* für Niederdruckazetylen.

Zur vollständigen Verbrennung von 1 m³ Azetylen sind 2,5 m³ Sauerstoff erforderlich (nach der Gleichung: $C_2H_2 + 5\,O = 2\,CO_2 + H_2O$) oder 0,4 Teile Azetylen auf 1 Teil Sauerstoff. Da man aber, aus denselben Gründen wie bei der Wasserstoff-Sauerstoffschweißung, mit Azetylenüberschuß arbeiten muß, nimmt man praktisch 0,7 – 1,0 Teile Azetylen auf 1 Teil Sauerstoff. Die Flammentemperatur beträgt etwa 3100 °C. Die *Brenner für Niederdruckazetylen* (und

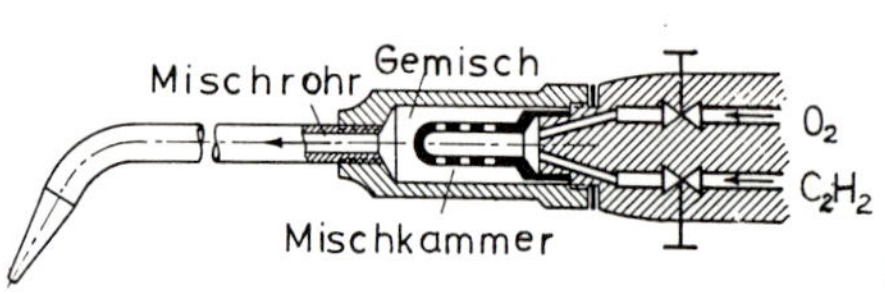

Abb. III.591. Gleichdruckbrenner (nach BEFA).

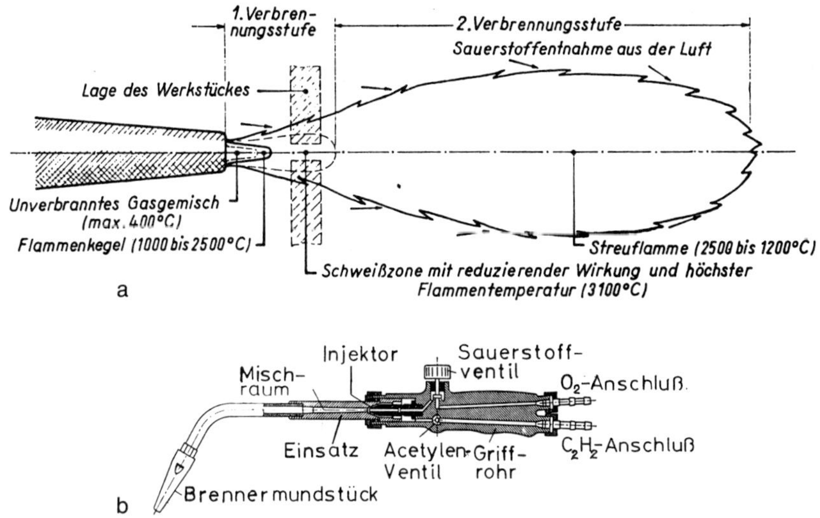

Abb. III.592. a) Azetylen-Sauerstoffflamme (nach Phoenix-Union); b) Injektorbrenner (nach BEFA).

Leuchtgas) müssen einmal eine injektorartige Einrichtung zum Ansaugen des Brenngases durch den höher gespannten Sauerstoff haben, und zweitens muß für die Schweißung stark verschiedener Blechdicken eine Auswechslung des Vorderstücks *bis zum* Injektor (in Abb. III. 592 bis bei G) möglich sein. Man baut daher entweder Einzelbrenner (ohne Auswechslungsstück) mit geringem Blechdickenbereich oder Wechselbrenner (mit Auswechslung der Schweißdüse, d. h. Düsenspitze und Injektor) mit 6 – 8 Schweißdüsen für einen großen Blechdickenbereich. Abb. III.592 zeigt einen Injektorbrenner. – Die Brenner für *Hochdruckazetylen* (auch für gelöstes Azetylen) sind dem Wasserstoffbrenner ähnlich. Die Normung der Schweißbrenner kennzeichnet u. a. die Schlauchanschlüsse und die Stufung und Bezeichnung der Brenner (DIN 8543).

Die Bestrebungen, die Schweißleistungen bei gleichzeitiger Verbesserung der Güte der Schweißnaht zu steigern, haben u. a. die Ausbildung von *Mehrflammenschweißbrennern* ergeben in der Anordnung von 2 oder 3 getrennten Flammen (bei Maschinenschweißung bis zu 10 Flammen und mehr) in einem Mundstück des Brenners hintereinander. Der Zweiflammenbrenner ist durch Einführung des *Zweiflammen-Schlitzbrenners* – Vorwärmeflamme als Schlitzbrenner ausgebildet – in seiner Wirkungsweise wesentlich verbessert worden.

Maschinenschweißung. Selbsttätig geführte Schweißbrenner sind seit langem bei der Schweißung dünner Rohre, bis etwa 90 mm Durchmesser und 5 mm Wanddicke, in Gebrauch. Der Mehrflammenschweißbrenner ergibt dabei eine besonders starke Leistungssteigerung.

Schweißflammen. Die *Azetylen-Sauerstoffflamme* hat ein sehr kennzeichnendes Aussehen (Abb. III.592 a). Es entsteht ein helleuchtender Kern; diesem Kern lagert sich eine zweite Flammzone vor, an die der Luftsauerstoff (Pfeile in Abb. III.592 a) herantritt und mit dem im Gasgemisch enthaltenen Kohlenoxid und Wasserstoff (vom Zerfall des Azetylens herrührend) die äußere Streuflamme bildet. Wird zuviel Azetylen zugeführt, so geht der stäbchenartige Kern verloren und macht einem flakkernden, helleuchtenden und größeren Mantel Platz. Besteht ein Überschuß an

Sauerstoff, so wird der Kern kleiner, etwas violett gefärbt, und auch die Gesamtgröße der Flamme wird verringert.

Viel schwieriger ist die richtige Einstellung der *Wasserstoff-Sauerstoffflamme.* Sie leuchtet stark gelblich, zeigt aber keinen scharfen Kern. Ihr ähnlich ist die *Leuchtgasflamme*; sie zeigt aber einen deutlicheren Kern. Die *Benzolflamme* ähnelt wieder äußerlich der Azetylenflamme.

Schweißzubehör. Die Verbindung zwischen Gasquelle (Druckminderventil oder Wasservorlage) und Schweißbrenner wird durch *Schläuche* aus bestem Gummi mit Hanfeinlage hergestellt (DIN 8541). Zur Ausrüstung des Schweißers gehört eine *Schutzbrille* mit dunklen Gläsern (DIN 4641 – 4646) ferner bei Zink-, Blei-, Bronze und Messingschweißungen ein *Respirator* (Atmungsmaske); zum Schutze gegen Hitze bei großen Schweißungen kommen *Asbesthandschuhe* und Asbestschürzen in Frage. Zur Reinigung der Düsenbohrungen bei Schweißbrennern nimmt man am besten kleine *Reinigungsnadeln* aus Messing.

Gas-Preßschweißen (*autogene Preßschweißung*). Ein Verfahren, das auf der Seite der Gasschweißung etwa der elektrischen Widerstandsschweißung entspricht. Die unter Druck stehenden und durch die Azetylen-Sauerstoff-Flamme (Ring- oder Profilbrenner) erhitzten Werkstoffkanten werden bei einer Temperatur unterhalb der Soliduslinie (also unterhalb A-E im Eisen-Kohlenstoff-Schaubild) unter Druck (in Maschinen mehr oder weniger selbsttätig) verbunden. Anwendung hauptsächlich bei Schienenschweißungen und beim Stumpfschweißen von Formstählen und Rohren.

β) Lichtbogenhandschweißen

Grundbegriffe. Der zwischen zwei, etwas voneinander entfernt stehenden Elektroden (Kohle- oder Metallstifte bzw. Werkstück) beim Hindurchschicken des elektrischen Stroms entstehende Lichtbogen wird zur Erzeugung der Schweißhitze benutzt. Da der Lichtbogen im Mittel eine Temperatur von 3500 °C hat, wird die Schweißstelle sofort dünnflüssig. Die zweckmäßige Schweißspannung beträgt 20 – 65 V (die höhere Spannung nur bei Gußwarmschweißungen), die Stromstärke für Blech- und Gußkaltschweißungen 150 – 200 A, für Gußwarmschweißungen bis 800 A. Man schweißt sowohl mit Gleichstrom wie mit Wechselstrom.

Schweißgeräte. *Gleichstrom-Schweißumformer*: Der Umformer oder Gleichstromgenerator besteht aus dem Motor (Drehstrom-, Gleichstrom-, Otto- oder Dieselmotor) und dem Generator.

Beide sind gemeinsam mit dem Lüfter über eine Welle gekoppelt. Das Aggregat hat zusätzlich das Einstellgerät für den Schweißstrom, den Motorschalter und den Polwendeschalter. Der wesentliche Vorteil dieser Geräte besteht in der rotierenden Masse des Motors und des Generators, da durch sie Stromschwankungen ausgeglichen werden können, was in dem Maße mit Schweißtransformatoren und Schweißgeneratoren nicht möglich ist. Sie eignen sich deshalb besonders für rauhen Werkstatt- und Baustellenbetrieb. Die Generatoren können vom Aufbau des Magnetfeldes her in drei Gruppen aufgeteilt werden:
Selbsterregung (Erregerstrom wird von der Maschine selbst erzeugt),
Eigenerregung (Erregerstrom wird von einer gekuppelten Erregermaschine erzeugt),
Fremderregung (Erregerstrom wird einer fremden Stromquelle entnommen, z. B. Gleichrichter, Batterie, Gleichstromnetz).

Für die *Elektrodenhandschweißung* ist eine fallende Charakteristik der statischen Kennlinie, die die Abhängigkeit zwischen Spannung und Strom wiedergibt, notwendig. Das erreicht man durch den Bau von *Gegenverbundmaschinen, Querfeldmaschinen* und *Streufeldmaschinen.*

Für die *Schutzgasschweißung* dagegen verwendet man Konstantspannungsmaschinen, die eine waagrechte statische Kennlinie haben, d. h. deren Spannung bei unterschiedlichen Stromstärken konstant bleibt.

Gegenverbundmaschine: Sie ist fremderregt. Auf ihre Hauptfeldwicklung wirkt eine Gegenverbundwicklung ein, die vom Schweißstrom durchflossen ist.

Fließt kein Schweißstrom, dann wirkt die Erregerwicklung (Hauptfeldwicklung) allein, und auf diese Weise wird eine hohe Leerlaufspannung erzeugt. Fließt jedoch ein Schweißstrom, so wird die Wirkung der Erregerwicklung durch die Gegenverbundwicklung mehr oder weniger aufgehoben. Infolgedessen sinkt die Arbeitsspannung und so entsteht die vom Maschinenstrom abhängige fallende Kennlinie. Ein regelbarer Vorwiderstand im Erregerstromkreis ermöglicht die Einstellung des Schweißstromes. (Abb. III.593 a) u. b).)

Querfeldmaschine: Der Hauptpol wird durch den Schweißstrom erregt (Hauptschlußmaschine). Die Nutzstrombürsten werden kurzgeschlossen und man erhält ein Querfeld um 90° zum Hauptfeld verschoben.

Das induziert im Anker eine Spannung, die von zusätzlichen Bürsten abgenommen wird. Diese Wicklung wird vom Schweißstrom durchflossen und das dabei entstehende Feld ist dem Hauptfeld entgegengerichtet, wodurch bei Kurzschluß die Spannung 0 wird. Die Leerlaufspannung muß über Remanenz erzeugt werden und ist infolgedessen niedrig. Deshalb steigt bei zunehmendem Strom die Spannung zunächst an und fällt dann später nach Sättigung wieder ab. Erst dann entsteht die fallende Kennlinie.

Streufeldmaschine: Bei ihr bleibt das Hauptfeld unabhängig vom Schweißstrom gleich groß.

Die fallende Kennlinie wird durch sog. Streupole, die neben dem Hauptpol angeordnet sind, erzeugt. Auch sie werden durch den Schweißstrom erregt und ändern das Hauptfeld je nach seiner Höhe.

Konstantspannungsmaschine: Für CO_2, Mischgas, Argon und Kurzschluß-Lichtbogenschweißverfahren geeignet. Die Erregerwicklung ist auf die Hauptpole aufgebracht, auf die dann auch gleichzeitig die vom Schweißstrom durchflossene Verbundwicklung gelegt ist.

Auf diese Weise fließt für den angegebenen Leistungsbereich der Maschine bei konstanter Spannung auch ein konstanter Strom.

a

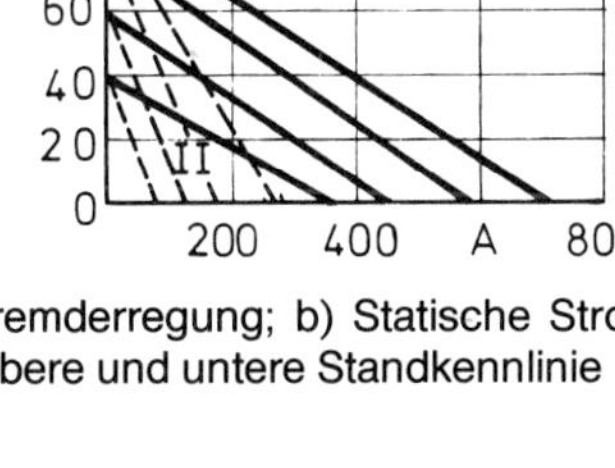

b

Abb. III.593 a) Gegenverbundmaschine mit Fremderregung; b) Statische Stromquellencharakteristik einer Gegenverbundmaschine; I, II obere und untere Standkennlinie

Schweißtransformatoren: Der Schweißtransformator setzt die Netzspannung auf die erforderliche Höhe herab und dient zur Regelung des Schweißstromes.

Er hat eine stark fallende statische Kennlinie (Abb. 594), wodurch übermäßige Kurzschlußströme und unerwünschte Stromschwankungen vermieden werden. Weiterhin wird infolge der hohen Anfangsspannung das Zünden des Lichtbogens erleichtert.

Schweißstromregelung durch Veränderung der magnetischen Streuung: erfolgt dahingehend, daß mit zunehmender Streuung die in der Sekundärwirkung erzeugte Spannung geringer wird. Ein verstellbarer Streukern kann je nach Stellung mehr oder weniger Streufluß erzeugen.

Am geringsten ist die Streuung, wenn der Streukern herausgezogen ist. Diese Art der Regelung läßt eine stufenlose Einstellung der Kennlinien zu. Eine weitere Möglichkeit, die Streuung zu verändern, ist durch die Verschiebung der Sekundärspule gegeben. Dabei kann die Kopplung enger oder weiter sein, was ebenfalls kontinuierlich geschehen kann.

Stromregelung durch Drosselspule: Bei Drosselspulen nutzt man den induktiven Widerstand aus, der bei Wechselstrom gegeben ist. Er weist – abgesehen von geringen Wärmeverlusten – keine Energieverluste auf.

Schaltet man die Drosselspule über Stufenschalter in den Sekundärstromkreis, so ist keine stufenlose Steuerung möglich. Diese ist jedoch gegeben, wenn man einen Eisenkern zum Zwecke der Steuerung in die Drosselspule einfahren läßt.

Schweißstromregelung durch anzapfende Wicklungen: Es können primäre oder sekundäre oder auch beide Wicklungen angezapft werden.

Verringert man die Windungszahl der Sekundärwicklung, so steigt zwar proportional die Stromstärke, jedoch wird auch die Leerlaufspannung kleiner. Das führt zu einem schmalen Regelbereich. Zapft man dagegen Primär- und Sekundärseite an, so wird die magnetische

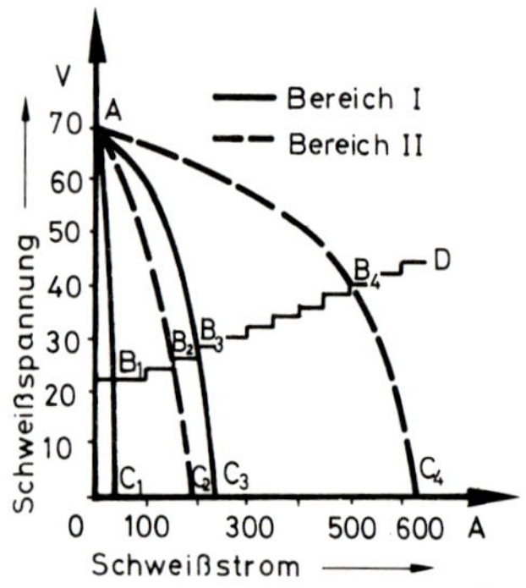

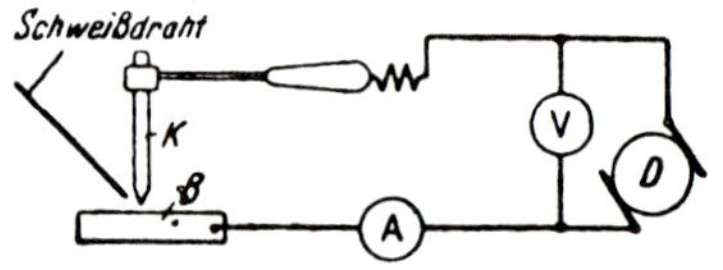

Abb. III.594. Statische Kennlinie eines Schweißttansformators mit zwei Einstellbereichen (I: 40 bis 200 A, II: 150 bis 500 A).
A = Leerlaufspannung; B = Arbeitspunkte; C = Kurzschlußpunkte; D = genormte Arbeitsspannungen nach VDE 0541.

Abb. III.595. Schema einer Lichtbogenschweißanlage nach *Benardos.* A = Amperemeter, B = Werkstück, D = Dynamo, K = Kohleelektrode, V = Voltmeter.

Kopplung und Streuung zwischen den beiden Wicklungen geändert (Stufenschalter). Auf diese Weise kann das Übersetzungsverhältnis konstant gehalten werden und die Leerlaufspannung bleibt trotz sich ändernden Schweißstromes unverändert.

Steuerung durch eine Gleichstrom-vormagnetisierte Drosselspule ist mit höheren Herstellungskosten verbunden, bietet jedoch die Möglichkeit der Fernsteuerung auf rein elektrischem Wege.

Schweißgleichrichter: Ein Dreiphasen-Transformator, der auch die Steuerung übernimmt mit nachgeschaltetem Gleichrichter bildet das Schweißaggregat.

Der Halbleiterwerkstoff war früher Kupfer-Oxidul, dann Selen und heute überwiegend Silizium. Silizium-Dioden sind weniger empfindlich, zeigen geringere Verluste durch Erwärmung und sind gegenüber Belastung relativ unempfindlich. Die Gleichstromschweißung findet in engen Räumen, wie z. B. Kesseln, Anwendung.

Hauptarten. Das älteste Verfahren stammt von *Benardos* (1885). Abb. III.595 zeigt grundsätzlich, daß von einem Dynamo D Strom (unter Messung durch Voltmeter V und Amperemeter A) zu der in einen Handgriff eingespannten *Kohleelektrode* K (3 bis 30 mm Durchmesser, je nach Stromstärke) und von dieser durch das Werkstück B zum Dynamo zurückgeleitet wird. Durch Anheben der Kohleelektrode wird zwischen ihr und dem Arbeitsstück der Lichtbogen gezogen. Dabei wird ein besonderer Schweißdraht, möglichst aus demselben Stoff wie das Werkstück bestehend, mit eingeschmolzen. – Bei dem zweiten Verfahren, von *Slavianoff* (1891), wird nur an Stelle der Kohleelektrode eine *Metallelektrode* von demselben Stoff wie das Werkstück gesetzt; der Durchmesser der Elektrode beträgt 2 – 6 mm bei Stahlblech- und bis zu 20 mm bei Gußschweißungen. – Das dritte Verfahren, von *Zerener* (1891), benutzt außer zwei schräg zueinanderstehenden Kohleelektroden einen zwischen den Elektroden sitzenden Elektromagneten, der den Lichtbogen ablenkt und einen vom Werkstück unabhängigen Lichtbogen ergibt. Da Elektroden und Magnet in einer Einrichtung vereinigt sind, wird die Handhabung schwerfällig. – Am meisten verbreitet ist das Verfahren von *Slavianoff* wegen seiner Handlichkeit und der Möglichkeit, große Schweißgeschwindigkeiten zu erzielen.

Beurteilung der Schweißstromerzeuger. Die *Güte der Schweißnaht* wird mehr von der Elektrode und vom Können des Schweißers beeinflußt als von der Stromart. *Gleichstrom* ist vor allem anzuwenden bei der Schweißung von Nichteisenmetallen und bei Kesselausbesserungen (letzteres wegen des bei Kurzschluß gefährlichen Wechselstroms). *Wechselstrom* hat den Nachteil der ungleichmäßigen Phasenbelastung und des schlechteren Leistungsfaktors (infolgedessen viel stärkere Leitungsanschlüsse erforderlich), aber den Vorteil viel niedrigerer Anschaffungskosten des Umspanners (etwa 50% der des Umformers) und etwa halb so hoher Stromkosten. Dagegen erfordert er die teureren umhüllten Elektroden.

Für die Beurteilung der *Leistungsfähigkeit* von Schweißstromerzeugern sind vor allem maßgebend die zu verschweißenden dicksten Elektroden (3,25, 4, 5, 6 und 8 mm Durchmesser). Zu ihnen gehören bestimmte Höchstspannungen (26, 32, 37, 41 und 45 V) und bestimmte höchste Stromstärken (160, 220, 280, 360 und 480 A). Dabei ist zwischen *Dauerbetrieb* (DB) und *Handschweißbetrieb* (HSB) zu unterscheiden. Unter letzterem versteht man eine teilweise aussetzende Belastung mit 55% Einschaltdauer innerhalb von 2 min (d. h. innerhalb der Abschmelzzeit einer normalen Elektrode). Der Handschweißstrom ist also der höchste Strom, den der Schweißstromerzeuger hergeben soll. Ein Schweißumformer z. B., für den bei HSB: 280 A (bei etwa 30 V) angegeben sind, kann Elektroden bis 5 mm Durchmesser verschweißen. – Siehe auch Vorschriften des Verbands Deutscher Elektrotechniker VDE 0540 und 0541 (Regeln für Gleichstrom-Lichtbogen-Schweißgeneratoren und für Lichtbogen-Schweißtransformatoren).

γ) Metall-Lichtbogenschweißen mit Netzmantelelektrode

Ein Verfahren mit hohen Abschmelzleistungen, um 10 kg/h, bei 3 bis 4 mm dikken Drähten, die aus einem Netzmantel mit Schweißpulver gefüllter endloser Elektrode bestehen.

In der Mitte befindet sich noch ein biegsamer Kerndraht (legiert oder unlegiert). Vorteile des Verfahrens: vollmechanisierbar, für lange Stumpf- und Kehlnähte in waagrechter Lage geeignet, 3- bis 4fache Leistung der Elektrodenhandschweißung. Es zeigt sich, im Gegensatz zum Unterpulverschweißen, unempfindlich gegen Nässe, Wind und Rost.
Anwendungsbereich: Schiffbau im Freien.

δ) Metall-Lichtbogenschweißen mit Fülldrahtelektrode

Unterscheidung Röhrchendrähte und Falzdrähte. Fülldrähte können mit und ohne Schutzgas verarbeitet werden, somit Verfahren auch zwischen Metallschutzgasschweißen und Metall-Lichtbogenschweißen einzuordnen.

Konstant-Spannungsstromquellen bevorzugt, somit MIG-, MAG-Geräte anwendbar. Gute Zukunftsaussichten haben Doppel-Mantelfalzdrähte, da ohne Schutzgas verschweißbar, was das Verfahren windunempfindlich macht, wichtig für Stahl- und Schiffsbau. Abschmelzleistung etwa 7 kg/h. Die Anwendung mit bis zu vollautomatischen Geräten ist auf Eisenwerkstoffe zwischen 1 bis über 100 mm zum Fügen und Beschichten beschränkt.

ε) Schwerkraft-Lichtbogenschweißen

Bei diesem Verfahren werden zwei oder auch mehrere Elektroden gleichzeitig verschweißt. Das besondere bei diesem Verfahren ist, daß beim Verschweißen der einen Elektrode auch die zweite im Ständer befindliche mit aufgeschmolzen wird, was zu einer erheblichen Leistungssteigerung führt, besonders wenn Elektroden größeren Durchmessers gebildet werden. Da in der Praxis die Zeitersparnis gegenüber dem Lichtbogenhandschweißen nur gering war, hat dieses Verfahren keine praktische Bedeutung mehr.

ζ) Narrow Gap-Verfahren

Parallele Blechkanten, d. h. keine Nahtvorbereitung. Badsicherung wie oben. Beide Schweißraupen in einer Schweißlage mit Doppelkopf oder zwei Spezialköpfen.

Eingebrachte Energie im Vergleich zu den vorliegenden Materialdicken gering, wie auch aufgeschmolzene Werkstoffmasse, die infolgedessen schnell erstarrt. Verfahren in allen Lagen einsetzbar. Drahtdurchmesser 0,8 mm, Mischgas, Stromstärke 240 A, Brennspannung 25 – 26 V, Schweißgeschwindigkeit 1 m/min, Blechabstand bei den genannten Parametern nur 8 mm ± 10%, Blechdicken bis 200 mm, Material Baustahl, Aluminium.
Vorteile: einfache Vorbereitung, einfache Bedienung, automatisiert, hohe Schweißgeschwindigkeit, geringe Eigenspannungen, keine Winkelschrumpfung, Feinkorn homogener Werkstoff in der Schweißnaht.

η) Einseitiges automatisches Schweißen von Blechen (Schiffbau) [III.90]

mit feststehenden und tragbaren Schweißgeräten. Schweißbadsicherung beim einseitigen automatischen Schweißen auf der Rückseite

a) durch Schweißpulverunterlage, angedrückt mit luftgefülltem Gummischlauch (FB = flux-backing-Verfahren). Das Pulver befindet sich in einem Schlauch aus Cotton-Gewebe,

b) Schweißbadsicherung durch gepreßte Doppelpulver-Unterlage, obere Schicht: Schweißpulver, darunter feuerbeständiges gepreßtes Pulver. Häufige Anwendung bei tragbaren Geräten (Kataflux-Verfahren),

c) Sicherung des Schweißbades mit vorgefertigten Klebestreifen, die unter die Schweißfuge geklebt werden und während des Schweißens mit Magneten angedrückt werden, obere Schicht des Streifens aus Glasfaser, darunter gesinterte Pulverschicht, darunter Asbeststreifen, alle 3 Schichten in eine Kunststoff-Folie eingeschlossen.

ϑ) Verdecktes Lichtbogenschweißen

Hierhin gehört das *Unterschienen-Schweißen* (Elin-Hafergut-Verfahren), bei dem bis zu 2 m lange ummantelte Elektroden ihrer Länge nach auf die den Gegenpol bildende Naht gelegt, an ihrem blanken Ende an die Stromquelle angeklemmt und am Gegenende gezündet werden. Über die Elektrode wird, um ein Verlagern zu verhüten, eine mit dem Werkstück gut verspannte, profilierte Kupferschiene gelegt. Die Elektrode schmilzt dann gleichmäßig ab. – Beim *Einlegeverfahren* (nach *Neese*) wird eine nackte Elektrode in die zu schweißende Fuge auf loses Schweißpulver gelegt und eine Kontaktrolle für die Stromzuführung von Hand über den Draht gefahren. Nach Zündung des Lichtbogens wird das abschmelzende Elektrodenstück durch ein Rohr mit Schweißpulver abgedeckt. – Beim *Unterpulverschweißen* (Ellira-Verfahren nach *Linde*), dem für deutsche Verhältnisse wichtigsten UP-Schweißen, wird nach Abb. III.596 ein Nacktdraht unter Pulveraufschüttung im Lichtbogen abgeschmolzen. Je nach Werkstoff, Blechdicke und Oberflächenbeschaffenheit wird mit verschiedenen Pulvern gearbeitet. Das in reichlichen Mengen zugegebene Pulver wird zum Teil nachher wieder abgesaugt und dem Schweißvorgang neu zugeführt. Es wird mit Wechselstrom und der besseren Stromleitung wegen schwach verkupfertem Draht gearbeitet. Eine untergelegte Kupferschiene beseitigt die Gefahr des Durchschmelzens der Schweißnaht. Das erhitzte stromleitende Schlackenbad gibt seine Wärme an das angrenzende Pulver, an das Blech und an den Draht ab. Das Verfahren eignet sich vor allem für größere Blechdicken Schweißstromdichten 25 – 70 A/mm² (bei 1,5 – 80 mm Blech) und 36 – 42 V; reine Schweißgeschwindigkeit sehr hoch.

Hierfür ist auch ein *Handschweißgerät* entwickelt worden und als leichtestes und beweglichstes Gerät, der sog. „*Ellira-Rüssel*" für kürzere Schweißnähte an schwer zugänglichen Stellen. Von einem Steuerschrank mit Schweißdrahttrommel geht ein 4 m langer Schlauch, durch dessen Hohlraum der Draht gefördert wird, zu einem beweglichen Schweißmundstück. Für das Schweißen dicker Bleche (etwa 50 – 100 mm) wurde die *Doppelkopf-Schweißung* entwickelt mit 2 in etwa 170 mm Abstand hintereinander laufenden Elektroden, von denen die erste, meist dickere und mit höherer Stromstärke belastete die Tiefschweißung über die Fugenlage und die zweite mit niedrigerer Stromstärke, aber höherer Spannung das Schweißen der Decklage übernimmt.

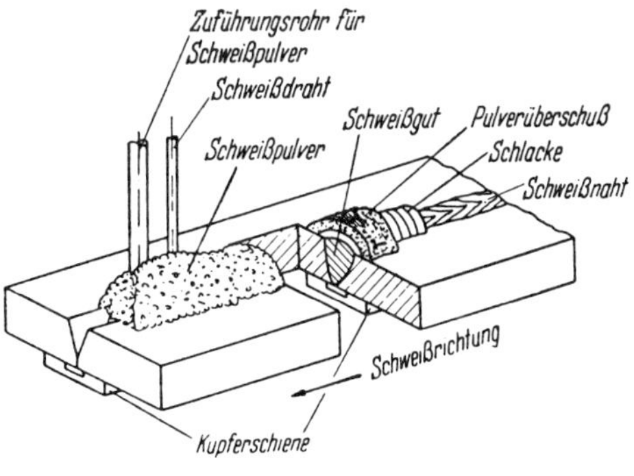

Abb. III.596. Unterpulverschweißen (Ellira-Verfahren nach *Linde*).

ι) WIG-Schweißen

Abb. III.597 a zeigt das Verfahren schematisch. Der Lichtbogen brennt zwischen der Wolframelektrode und dem Werkstück. Ein Zusatzstab wird eingeschmolzen. Bei einer Länge bis 170 mm hat die Wolframelektrode eine Brenndauer von etwa 30 h. Mit Hilfe entsprechender Vorrichtungen und maschinellem Drahtvorschub ist auch ein maschineller Betrieb durchführbar.

Anwendungsgebiet: Feinblechbereich von Chrom-Nickelstählen, Nickel, Aluminium, Kupfer und Sondermetallegierungen. Verbesserungen durch Heißdrahtzusatz, d. h. elektrisch vorgewärmten Zusatzdraht und Impulslichtbogen mit 50 Hz. Als Stromarten Gleichstrom mit negativ gepolter Wolfram-Elektrode für hochlegierte Stähle und NE-Metalle, ausschließlich Leichtmetalle, die mit Wechselstrom geschweißt werden.

Schutzgas in Westeuropa: Argon, gegebenenfalls mit Sauerstoff und Wasserstoffzusätzen.

Vorteile des Verfahrens: Nähte hoher Qualität, ohne Poren und Schlackeneinschlüsse.

Nachteile: ausgebildete Schweißer notwendig, lohnintensiv und relativ langsam.

Berührungsloses Zünden über Hochfrequenz-Zündgerät oder Impulsgenerator möglich, (s. Aluminiumschweißung). Nach Abb. III.600 ist auch eine Punktschweißung bei zwei aufeinander gelegten Blechen möglich und z. B. bei großen sperrigen Teilen vorteilhafter als die bisher bekannten Punktschweißverfahren.

ϰ) Metall-Inertgas-Schweißen (MIG)

MIG-Schweißen. Bei Abb. III.597 muß man sich anstatt der Wolframelektrode + Zusatzstab eine abschmelzende Metallelektrode denken, die von einem Schweißkopf über einen Drahtvorschub zugeführt wird. Es handelt sich um ein Hochleistungsverfahren, weil eine hohe Strombelastung der Elektrode (etwa 100 A/mm^2) und damit eine hohe Abschmelzleistung möglich ist. Dem Auftreten poröser Schweißnähte begegnete man zunächst durch die Entwicklung von Sonderschweißdrähten und Zusatz von 1 – 5% O_2 zum Schweißargon. Noch besser verhält sich ein während des Aufkommens der CO_2-Schutzgasschweißung entwickeltes Mischgas von 85% Argon, 10% CO_2, 5% O_2 (Handelsname „Coxogen"), das nahezu poren- und spritzerfrei arbeitet.

Vorteile: Abschmelzleistung gut variierbar von 0,3 bis 8 kg/h. Fein- und Grobbleche aus Stahl und NE-Metallen schweißbar, Auftrags-, Verbindungs- und Punktschmelzschweißungen möglich. Verfahren in allen Positionen anwendbar, hohe Energiedichte begünstigt verzugsarmes Schweißen. Kurzschlußfreier Tropfenübergang, außer im *Kurzlichtbogenschweißen,* das besonders für Dünnblechschweißungen, Zwangslagenschweißungen und die Überbrückung großer Spalte wegen relativ kalten Schweißbades gut geeignet ist.

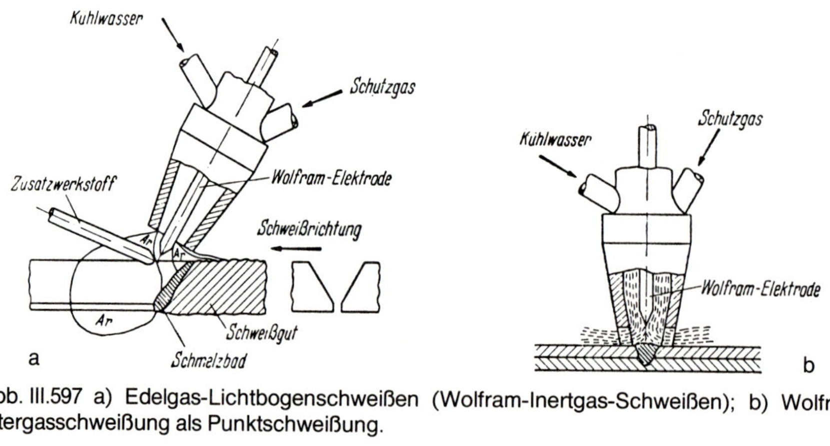

Abb. III.597 a) Edelgas-Lichtbogenschweißen (Wolfram-Inertgas-Schweißen); b) Wolfram-Intergasschweißung als Punktschweißung.

λ) Metall-Aktivgas-Schweißen (MAG)

Lichtbogenschweißen unter Kohlendioxid. Aus wirtschaftlichen Gründen (hoher Preis von Argon) hat man beim Schweißen von Stahl mit Erfolg CO_2 anstatt Argon verwendet, und zwar mit den gleichen Geräten wie beim MIG-Schweißen. Das CO_2 soll einen Reinheitsgrad von mind. 99,7% haben und möglichst trocken sein. Die Stromdichte liegt sehr hoch (150 – 300 A/ mm^2). Die Schweißnähte sind wenig porenempfindlich, sollen allerdings nicht so spritzerfrei sein wie bei dem vorerwähnten Mischgas. Eine Verbesserung des CO_2-Schweißens läßt sich noch durch gleichzeitige Pulverzuführung erzielen. Der Schweißstrom bewirkt ein magnetisches Feld, welches das magnetisierbare Pulver an die Elektrode bindet. Das Pulver soll den Lichtbogen stabilisieren, das Schmelzbad schützen und die Raupenform beeinflussen. Man kann auch statt des üblichen Volldrahts einen „Falzdraht" (im Kern mit pulverförmigen Schlackenbildnern, Legierungszusätzen usw. versehen) oder Netzmantel-Elektroden verwenden.

Die Schutzgase beeinflussen bei gleichen Strom- und Spannungswerten das Ober- und Unterraupenbild sowie Lichtbogenform und -länge. Bei reiner CO_2-Schweißung kurzer Lichtbogen und starker Einbrand. Mit zunehmendem Argonanteil flacherer Einbrand und flachere Oberraupe. Da CO_2 teilweise im Lichtbogen dissoziiert und ionisiert wird, wird Sauerstoff frei. Das macht die Aluminium- und Kupferschweißung unmöglich.

μ) Wolfram-Wasserstoff-Schweißen (Arcatom-Schweißverfahren)

Der Lichtbogen wird, wie Abb. III.598 zeigt, nach dem Zerener-Verfahren zwischen zwei Wolframelektroden von 1,5 – 3 mm Durchmesser gezogen, denen durch die Ringdüsen Wasserstoff zugeführt wird. Die weißglühenden Elektroden und der Lichtbogen bewirken eine Dissoziation (Spaltung) der Wasserstoffmoleküle H_2 in Atome (2 H) unter Wärmebindung. Am Rande der scheibenartigen Flamme vereinigen sich die Wasserstoffatome wieder zu Molekülen (H_2) unter erheblicher Wärmeabgabe und damit Temperatursteigerung. Es wird mit Wechselstrom von der hohen Zündspannung von 300 V (wegen der Zündung in Wasserstoff) und mit einer Schweißspannung von 60 – 110 V gearbeitet. Das Verfahren hat sich als geeignet für Blechdicken bis etwa 10 mm erwiesen und ergibt Nähte von großer Festigkeit und Dehnbarkeit. Es kann von Hand oder selbsttätig geschweißt werden. Das Verfahren hat seit Entwicklung der Schutzgas-Lichtbogenschweißung an Bedeutung verloren.

ν) Plasma-Schweißen

Mit Plasma wird ein hochionisiertes Gas bezeichnet, von dem der Hochstromlichtbogen umgeben ist. Durch Bündelung in einer wassergekühlten Düse entsteht der Plasmastrahl mit Temperaturen bis zu 30 000 °C. Übliches Prinzip übertragener Lichtbogen (Abb. III.599). Elektrode am negativen, Werkstück am positiven Pol. Durch nichtübertragenen Hilfslichtbogen wird Hauptlichtbogenstrecke vorionisiert, dadurch sichere Zündung (Vorteil gegenüber WIG-Schweißen).

Abb. III.598. Atomares Lichtbogenschweißen (Arcatomverfahren).

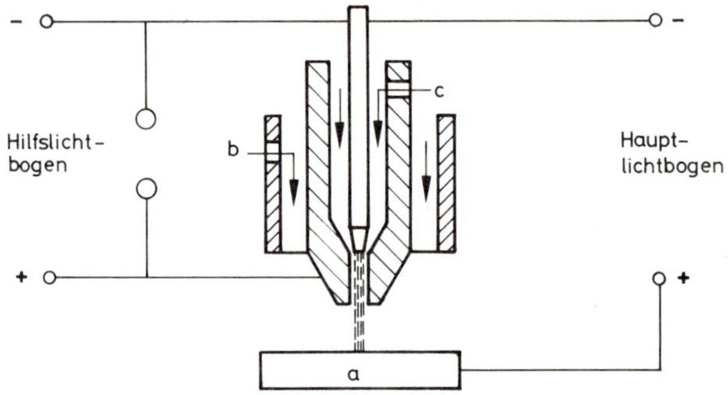

Abb. III.599. Verfahrensprinzip des Plasmaschweißens [III.98]. a Werkstück, b Schutzgas, c Plasmagas.

Mikroplasma-Schweißen für Folien, Bleche und Drähte von 0,05 bis 1 mm Dicke, Stromstärken 0,05 bis 20 A, im Blechdickenbereich 1 bis 3 mm Stromstärken 20 bis 100 A, Technologie wie WIG-Schweißen.

Plasma-Dickblechschweißen (über 3 mm), Stromstärken über 100 A, mit Stichlochschweißung. Technik wie Autogen-Schlüsselloch-Schweißung.

Schutzgase Argon, Argon-Wasserstoff, Plasma-Gas ausschließlich Argon.

Werkstoffe: unlegierte, niedriglegierte und hochlegierte Stähle, Nickel und Nikkellegierungen, Titan, Zirkon und Kupfer und seine Legierungen.

Plasma-Auftragsschweißen: Hartmetalle, Legierungen auf Eisen-, Nickel- und Kobaltbasis (geringer Einbrand, geringe Aufmischung).

ξ) Laser-Verfahren

Das Wort „Laser" ist eine Zusammenfassung von Light Amplification by Stimulated Emission of Radiation = Lichtverstärkung durch Anregung zur Strahlenemission. Eine Xenon-Lampe veranlaßt den Laserkristall (meistens ein Rubin) bzw. CO_2-Gas zum „Lasern" (Ausstrahlen). Die Laserstrahlung wird in einer Saphirlinse gesammelt und trifft dann auf das Werkstück. Folien aus einer Molybdän-Titan-Legierung werden schon punktförmig mit dem Laserstrahl verschweißt.

Verfahrensmerkmale: hohe Leistungsdichte, hohe Schweißgeschwindigkeit, geringe Schrumpfungen, berührungslose Energieübertragung, Einhaltung enger Toleranzen möglich.

Anwendung: Stumpfnahtschweißung mit Argon-Schutzgas, Kehlnahtschweißung, Punktschweißung im Dünnblechbereich.

Festkörper-Laser: metallische Teile < 1 mm, *CO_2-Gaslaser*: Metallische Werkstoffe, Quarz und einige Kunststoffe, Tiefschweißeffekt nachgewiesen. Schweißgeschwindigkeit 0,5 bis 5 m/h.

o) Elektronenstrahl-Schweißen

Das zunächst als „Vakuumschweißen" bezeichnete Verfahren arbeitet in einer Vakuumkammer. Die aus einer Wolframwendel austretenden Elektronen werden mit Hilfe einer magnetischen Linse zu einem Strahl gebündelt und auf das zu verschweißende Werkstück gerichtet. Dabei wird eine Schmelzschweißung erzeugt. Ein teures Sonderverfahren für hochempfindliche Teile (z. B. Schweißen von Zirkon und Beryllium).

Energiequelle: Gebündelter Elektronenstrahl (auch angewendet bei Elektronenröhren, Elektronenmikroskop und Fernsehbildröhre). Schweißwärme entsteht durch Umwandlung der hochbeschleunigten Elektronen (kinetische Energie) beim Aufprall auf den Werkstoff. Erzeugt wird der Elektronenstrahl in einer beheizten Kathode, die sich in einem evakuierten Gehäuse befindet. Eine angelegte Hochspannung, 150 kV und mehr, beschleunigt die Elektronen in Richtung einer ringförmigen Anode. Der nachgeschaltete Wehnelt-Zylinder bündelt den Elektronenstrahl vor und die elektronenoptischen Linsen (Spulen) fokussieren den Strahl. Eine weitere Ablenkung ist über besondere Linsensysteme möglich. Das Vakuum ist $< 10^{-4}$ mbar. Die darunterliegende Arbeitskammer hat entweder den gleichen Unterdruck oder ein Teilvakuum von 10^{-2} mbar oder in Sonderanlagen Atmosphärendruck, wobei evtl. die Kammer entfallen kann.

Vorteile: extrem schmale Schmelzzone, geringe Beeinflussung des Grundwerkstoffes, für schweißempfindliche Werkstoffe geeignet, kein Schutzgas erforderlich. Kombination unterschiedlicher Werkstoffe möglich.

Nachteile: hohe Anlagekosten. Wanddicke der Werkstücke durch Strahlleistung begrenzt (50 mm), extrem rasche Abkühlung des Schweißbades.

Einsatzgebiet: von teilmechanisch bis vollautomatisch für alle Metalle und Werkstoffkombinationen, jedoch nicht für Kunststoffe.

π) Lichtbogenpunktschweißen

Ist ein für hoch-, niedrig- und unlegierte Eisenwerkstoffe sowie für alle NE-Metalle im Dickenbereich bis 10 mm anwendbares Verfahren, das teilweise sogar vollmechanisch arbeitet.

Es eignet sich auch für Schweißstellen die nur einseitig zugängig sind. Durch Einwirkung des Lichtbogens, der zwischen einer Elektrode und dem Werkstück brennt, wird auf dreierlei Weise der Schmelzfluß möglich,

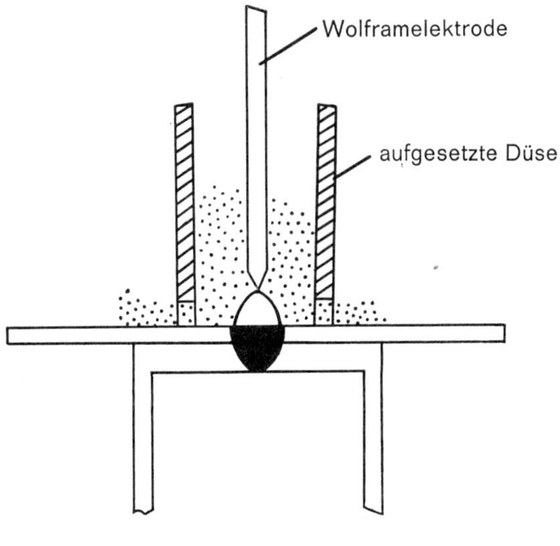

Abb. III.600. WIG-Punktschweißen.

1. mit umhüllter Stabelektrode zum Verbinden dünnwandiger Bleche,
2. mit einer Wolfram-Elektrode und Argon als Schutzgas ohne Schweißzusatzwerkstoffe, geeignet zum Punkten dünner Bleche bis 2,5 mm auf beliebig dicke (WIG-Punktschweißen), Abb. III.600 [III.100],
3. mit einer Metallelektrode und Inertgas (MIG-Punktschweißen) für legierte Stähle, Kupfer und Aluminium, auch Mischgase sind anwendbar.

ϱ) Unterwasser-Schmelzschweißen

Geschweißt wird mit *Gleichstrom* und handelsüblichen Umformern, die durch zusätzliche Induktionswicklungen eine schnelle Spannungswiederkehr nach Kurzschlüssen gewährleisten. Die *Lichtbogenspannung* ist etwa 25% höher als beim Übertagschweißen. Die *Elektroden* müssen dick ummantelt und zum Schutz gegen Seewasser noch lackiert sein, sie haben 5 mm Durchmesser und sind höchstens 350 mm lang. Die Schweißnähte sind Kehlnähte. Praktische Anwendung bei der Schweißung von Pegelschuhen, Versteifungen, Dichtung von Lecken an Schwimmkörpern usw. Mit denselben Schweißeinrichtungen und Elektroden kann auch das *Unterwasserschneiden* durchgeführt werden.

e) Das elektrische Widerstands-Schmelzschweißen

α) Elektroschlackeschweißen

Es ist ein Widerstandsschmelzschweißen; eignet sich für Schweißnähte in senkrechter Position im Stumpfstoß mit relativ großem Werkstückabstand. Dabei bilden wassergekühlte Gleitbacken aus Kupfer zusammen mit den Werkstückwandungen den Hohlraum, in dem der Schweißvorgang abläuft. In diese Kammer werden von oben entweder drahtförmige oder bandförmige Zusatzwerkstoffe (Elektroden) eingeführt (Abb. III.601).

Der Schweißvorgang wird dadurch eingeleitet, daß Schweißpulver in der Kammer mit Hilfe eines Lichtbogens aufgeschmolzen wird. Ist die Schlacke aufgeschmolzen, verlischt der Lichtbogen infolge der steigenden Leitfähigkeit des Schlackenbades, das hier als ohmscher Widerstand verwendet wird. Der Zusatzwerkstoff wird ständig mit vorgegebener Geschwindigkeit nachgeschoben. Die Mindestspaltbreite beträgt 25 mm und die Blechdicke sollte größer sein als die Mindestspaltbreite.

Vorteile des Verfahrens: hohe Abschmelzleistungen, 18 bis 24 kg/h, keine hohen Anforderungen an die Güte der Fugenflanken, normale Scheren und Brennschnitte sind ausreichend, langsames Erwärmen und Abkühlen des Grundwerkstoffes, infolgedessen geringe Aufhärtung der Übergangszone, was auch die Gefahr von Schweißrissen und Poren mildert und infolge der Geometrie der Schweißnaht besteht keine Gefahr der Winkelschrumpfung.

Die *Nachteile dieses Verfahrens:* es ist auf senkrechte Positionen beschränkt, von denen max. 30° abgewichen werden kann. Die Schweißnaht selbst kann zwar feinkörnig gehalten werden, in der Wärmeeinflußzone jedoch besteht die Gefahr der Grobkornbildung, es werden in der Regel nur geringe Kerbschlagzähigkeiten erreicht. Zwar erhebliche Einsparungen an Schweißzeit und Kosten, aber hohe Investitionskosten.

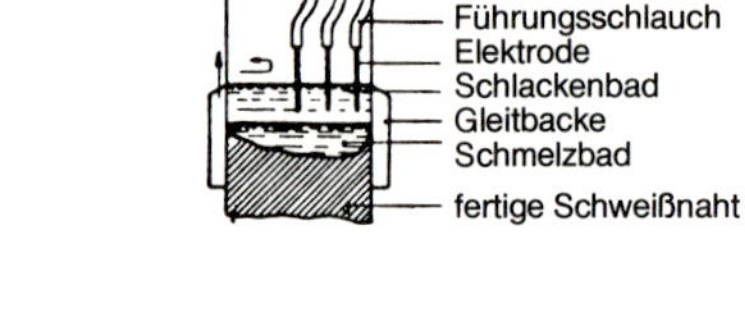

Abb. III.601. Elektro-Schlacke-Schweißen.

Technische Daten: Gleich- oder Wechselstrom bei 1 bis 3 Drahtelektroden, um 3 mm Durchmesser, Strombelastung 60 bis 80 A/mm². Schweißgeschwindigkeit 0,7 bis 1,5 m/h. – Beim Verbinden größerer Werkstücke, z. B. bis 2 m Dicke, kommen bis zu 18 Elektroden zum Einsatz. Neben der Anwendung im Schwer-Großmaschinen-, Stahl-, Apparate-, Behälter- und Schiffbau für Auftrags- und Verbindungsschweißen wird es ebenfalls zur Erzeugung hochreiner, homogener Stahlblöcke (Elektro-Schlacke-Umschmelzen) verwendet.

β) Elektro-Gasschweißen

Ähnelt stark dem Elektroschlackeschweißen, jedoch anstelle der schmelzflüssigen Schlacke Schutzgas (CO_2), deshalb auch Lichtbogen zwischen Zusatzwerkstoff und Schweißbad notwendig.

γ) Das Gießschmelzschweißen, aluminothermisches Schweißen (als Schmelz- und Preßschweißen)

Schweißeinrichtung. Das *Thermitschweißen* bzw. *aluminothermische Schweißen* ist 1898 von *Th. Goldschmidt* in Essen-Ruhr erfunden worden. Das Thermit (Aluminium + Eisenoxid) wird in Pulverform in besondere Tiegel gebracht (Abb. III.602), die aus einem Stahlblechmantel mit Magnesiaauskleidung bestehen. Das Gießen erfolgt durch Kippen der Tiegel oder durch Öffnen einer kleinen, vorher sorgfältig verstopften Bodenöffnung mit dem Abstichstift in eine feuerfeste Form. Die Werkstücke werden auf 1000 °C vorgewärmt. Die Entzündung des Thermits wird durch Anzünden eines Gemischs von Bariumsuperoxid (BaO_2) und Aluminium herbeigeführt. Unter großer Hitzeentwicklung (etwa 3000 °C) bildet sich flüssiger, durch Zugabe von Stahlbildnern auflegierter, Stahl und, obenauf schwimmend, flüssige Schlacke (Tonerde).

Schweißgeeignet sind alle niedrig- und hochlegierten Stähle sowie Stahlgußarten, Nahtvorbereitung durch Brennschnitt möglich. Baustellenschweißungen, z. B. Schienenstöße, ach Vorwärmen der vorgefertigten Form mit Brenngas-Sauerstoff auf 600 bis 1000 °C. Ebenfalls für Kupfer mit CuO möglich.

Ausführungsformen. Abb. III.602 zeigt unter I das Stumpfschweißen von Rohren, wobei die Schlacke, schnell erstarrend, die Rohrenden gegen Verbrennen durch den nachfließenden Thermitstahl schützt, unter II die Ausbesserung kleiner Fehler an Gußstücken, unter III das Umgießverfahren einer Bruchstelle, das besonders bei Schiffsausbesserungen Anwendung fin-

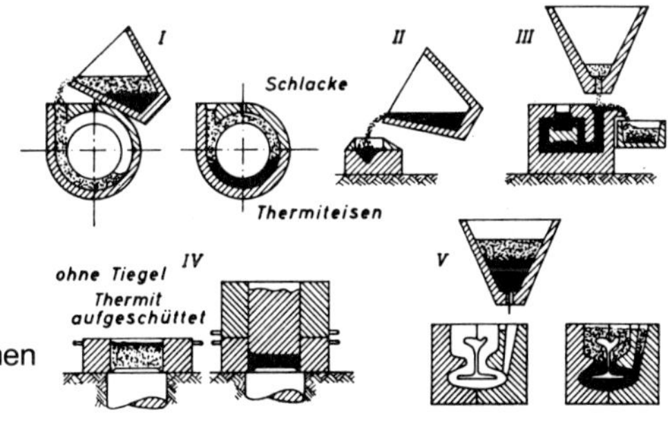

Abb. III.602. Wesentliche Ausführungsformen des Thermitschweißens.

det. Bei IV wird das Anschweißen eines Walzenzapfens und bei V das Schienenschweißverfahren gezeigt. Der Thermitstahl umhüllt und verschweißt die Schienenfüße und die untere Steghälfte. Die nachfließende Schlacke macht die Schienenköpfe schweißwarm, die dann durch Zusammenstauchen mittels einer Klemmvorrichtung geschweißt werden. – Die Thermitschweißung wird hauptsächlich für die Verbindung von Schienenstößen, teils auch für große Ausbesserungsarbeiten benutzt.

f) Gießschweißen

Der Schmelzfluß entsteht durch Übergießen der zu verschweißenden (eingeformten) Teile mit flüssigem Zusatzwerkstoff. Letzterer wird im Schmelzofen oder Schmelztiegel verflüssigt. Anwendung praktisch in der Gießerei für Ausbesserungsarbeiten.

g) Funkenentladungsschweißen

(Perkussionsschweißen) beruht auf dem Umkehrprinzip der Elektroerosion. Kleine Metallteilchen werden aus der Elektrode herausgerissen und auf das Werkstück geschleudert.

Elektrische Energie, in Kondensatoren gespeichert, wird über einen Lichtbogen mit kurzer Brenndauer (nicht durch Kontaktwiderstand wie beim Kondensatorimpulsschweißen) abgegeben.

Anwendung: Verschweißen dünner Drähte aus verschiedenen Metallen in der Elektrotechnik. Kontaktflächen durch Auftragsschweißen (Schweißelektroden aus Gold und Silber) Auftragen von Karbiden zum Erhöhen der Standzeit von Werkzeugen (Panzern von Bohrern, Fräsern).

h) Preßschweißen

α) **Gaspreßschweißen**

Beim *Gas-Abbrennschweißen* werden die zu verschweißenden Stoßflächen auf eine über der Soliduslinie des Werkstoffs liegende Temperatur erwärmt und bei beginnendem oberflächlichem Schmelzfluß unter Druck vereinigt. Es entsteht ein Schweißgrat. – Beim *Gas-Wulstschweißen* werden die *unter Druck stehenden*, zu verschweißenden Werkstoffenden auf eine *unter* der Soliduslinie des Werkstoffs liegende Temperatur erwärmt und unter Druck vereinigt. Es entsteht eine Stauchwulst (s. auch den vorhergehenden Abschnitt b) Gasschweißen).

β) **Feuerpreßschweißen**

Es verlangt die Anwendung von Schweißpulvern, da ein Schmiedeofen- oder Koksofen zur Erwärmung dient. Die Arbeitsstücke werden stumpf, besser schräg oder überlappt, zusammengeschweißt. Das Zusammenschweißen erfolgt mit dem

Handhammer, Dampfhammer oder der hydraulichen Presse. – **Abart:** *Wassergas-Preßschweißen.* Wassergas wird in Brennern, mit der 2½fachen Luftmenge gemischt, verbrannt und ergibt eine kräftige Stichflamme, die infolge geringer Luftzuführung reduzierend wirkt. Das Schweißpulver fällt also fort. Die Wassergasflamme dient zur Erhitzung der Schweißstellen, die eigentliche Schweißung mit Hammer, Presse u. dergl. bleibt wie vorher. Man benutzte die Wassergasschweißung zur Herstellung großer Rohre, Behälter und Kessel mit 15 – 100 mm Blechdicke. Sie ist aber heute durch die Unterpulver-Schweißung verdrängt.

γ) Das Lichtbogen-Preßschweißen

Die Wärme entsteht durch einen Lichtbogen, der kurzzeitig zwischen den Stoßflächen der Teile brennt. Die Teile werden durch schlagartiges Stauchen vereinigt.

Bolzenschweißung. Eine in England und Amerika entwickelte Sonderart der elektrischen Preßschweißung, die nur zum Anschweißen von Bolzen, Splinten und Haken an Blechplatten u. dergl. benutzt wird (Bolzendurchmesser bis 20 mm). Das Schweißgerät (s. Abb. III.603) besteht aus Handwerkszeug, Steuergerät und Schweißumformer (Gleichstrom)! Der Bolzen, aus Sonderstahl oder Messing, wird in das Schweißgerät eingeführt. Der Schweißer drückt darauf das Handwerkszeug an die Schweißstelle an. Bei Stromeinschaltung entsteht ein Kurzschlußstrom, der Bolzen wird dann abgehoben, und wieder angedrückt (durch eine Feder) und der Strom abgeschaltet, was alles selbsttätig durch das Steuergerät geschieht. Die Schweißung ist beendet. Durchschnittlich soll ein Schweißer 400 Bolzen und mehr in der Stunde anschweißen können. *Cycarc-Verfahren:* Bolzenende auf 120° angespitzt mit Überzug aus Al-Legierung; *Nelson-Verfahren*: Bolzenkopf trägt Häubchen mit Flußmittelfüllung; *Graham-Verfahren*: Bolzen nur an der Spitze angedreht.

δ) Das Widerstands-Preßschweißen [III.95]

Grundbegriffe. Die Widerstandsschweißung, erfunden von *Thomson* um 1877, beruht darauf, daß ein elektrischer Leiter sich an Stellen größeren Widerstandes entsprechend stark erwärmt. Nach dem Jouleschen Gesetz ist die erzeugte Wärmemenge $W = I^2 \cdot R \cdot t$ (I = Stromstärke, R = Widerstand, t = Zeit) in J, wenn die Stromstärke in A (Ampere), der Widerstand in Ohm und die Zeit in s (Sekunden) eingesetzt werden. Am geeignetsten ist einphasiger Wechselstrom von 50 Perioden, hoher Stromstärke und nur 1 – 10 V Spannung. Sämtliche zum Schweißen erforderlichen

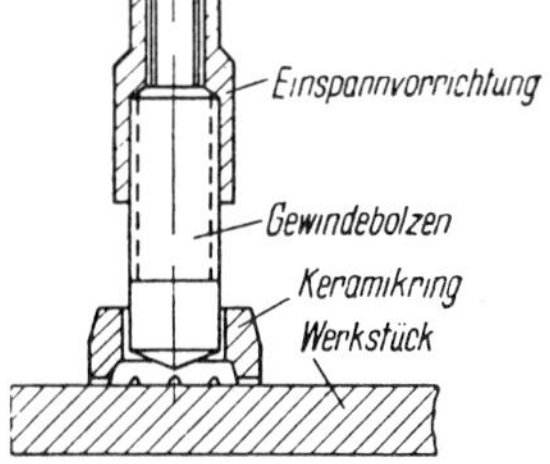

Abb. III.603. Lichtbogen-Preßschweißen als Bolzenschweißen.

Teile, einschließlich des Umspanners, werden in einer *Schweißmaschine* zusammengebaut. Kleine Maschinen brauchen 3 – 6 kVA bei 1500 bis 3000 A Stromstärke, große Maschinen bis zu 800 kVA bei bis zu 100 000 A. Die Klemmbacken (Elektroden) der Stumpfschweißmaschinen und die Punkt- und Rollenelektroden der Punkt- und Nahtschweißmaschinen bestehen aus Kupfer oder Kupferlegierungen und sind hohl zwecks Wasserkühlung. „Begriffe und Bewertungs-Richtlinien" sind für Stumpfschweißmaschinen in DIN 44 752 und für Punkt-, Buckel- und Nahtschweißeinrichtungen in DIN 44 753 festgelegt.

ε) Preß-Stumpfschweißen

Abb. III.604 zeigt das Schema einer Stumpfschweißmaschine. Beim Herunterdrücken des Fußhebels a werden durch die Hebel b die oberen Spannbacken c her-

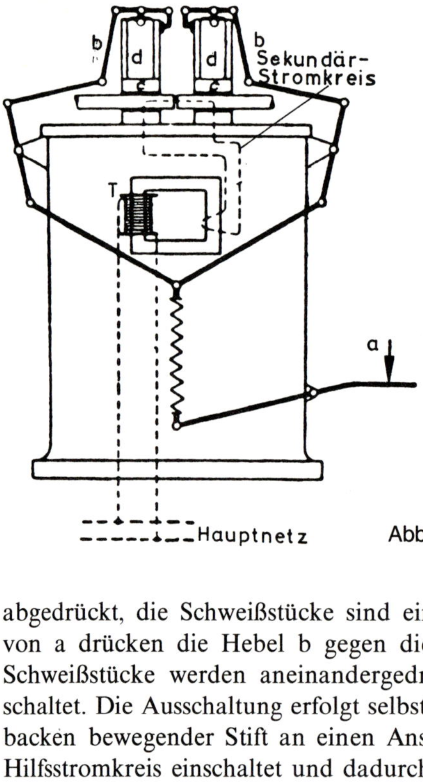

Abb. III.604. Schema einer Stumpfschweißmaschine.

abgedrückt, die Schweißstücke sind eingespannt. Bei weiterem Herunterdrücken von a drücken die Hebel b gegen die waagrecht verschiebbaren Stücke d, die Schweißstücke werden aneinandergedrückt. Gleichzeitig wird der Strom eingeschaltet. Die Ausschaltung erfolgt selbsttätig dadurch, daß ein sich mit den Spannbacken bewegender Stift an einen Ansatz der Gegenspannbacken anstößt, einen Hilfsstromkreis einschaltet und dadurch den Ausschalter betätigt. Alle der Erwärmung ausgesetzten Teile dieser und der übrigen Widerstandsschweißmaschinen sind mit Wasser zu kühlen.

Große Stumpfschweißmaschinen baut man ganz selbsttätig arbeitend (Höchstschweißquerschnitt etwa 100 000 mm² bei Stahl). Zum Zusammenstauchen entsteht ein balliger Schweißwulst (*Wulstschweißung*).

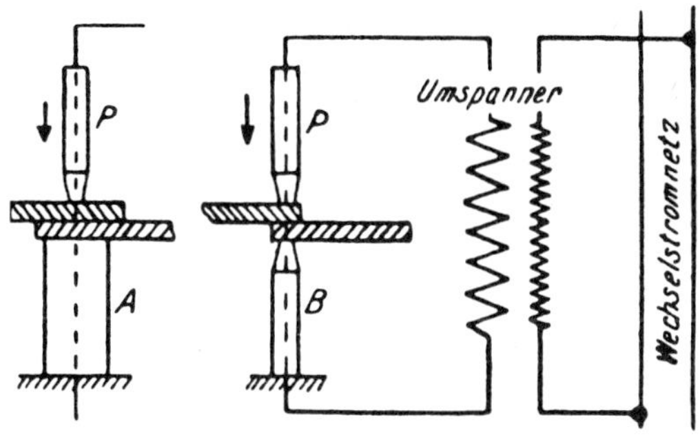

Abb. III.605. Schema der Punktschweißung.
A = Flächenelektrode,
B = Punktelektrode,
P = Punktelektroden, oben.

ζ) Abbrenn-Stumpfschweißen

Hierbei nähert man die in die Stumpfschweißmaschine (Abb. III.604) eingespannten Stücke einander nur so weit, bis der Strom in Form von Funken überspringt, trennt sie und wiederholt den Vorgang mehrmals. Die Stoßkanten und Flächen werden abgeschmolzen. Ist Schweißglut erreicht, so werden die Stücke unter Ausschaltung des Stroms gegeneinandergepreßt. Die Stauchwulst fällt fort, an ihre Stelle tritt ein schmaler Grat. Die Kopfflächen der Schweißstücke brauchen nicht sauber geschnitten zu sein. S. auch DIN 44 752 u. Merkblatt DVS 2901, Oktober 1963 (DVS = Deutscher Verband für Schweißtechnik).

Als Sonderart der Stumpfschweißmaschinen sind die *Kettenschweißmaschinen* zu erwähnen. Auch hat man nachträglich aus den Stumpfschweißmaschinen erst die elektrischen *Nietwärmer* und *Schmiedefeuer* entwickelt.

η) Punktschweißen

(Abb. III.605). Der Strom geht durch Aufdrücken der beweglichen oberen Elektrode P von dieser durch die überlappten Bleche zur unteren Elektrode B und ergibt einen Schweißpunkt. Die Flächenelektrode A, an Stelle der Punktelektrode B, vermeidet einen Eindruck im Blech. Anwendung bis 10 mm Einzelblechdicke bei Stahl, 3 mm für Messing und Aluminium und 1 mm bei Kupfer. *Sonderschweißmaschinen* sind hier die Mehrpunkt- und die Edelstahlaufschweißmaschinen sowie beschichteten Kunststoffbleche. („Punktelektroden für unlegierte Stähle" s. Merkblatt DVS 2903 [Dez. 1963].)

ϑ) Buckelschweißen

Hier wird das obere Schweißblech mit buckelartigen Vertiefungen versehen, deren Spitze eine gute Verbindung mit dem unteren Blech, eine hohe Stromdichte und damit schnelle Erwärmung und Schweißung ergibt. Während des Schweißens werden die Buckel zurückgepreßt, bis die Bleche glatt aufeinander liegen.

ι) Rollennahtschweißen

(Abb. III.606). Man verwendet an Stelle der Punktelektroden Rollenelektroden A und B und erhält so eine ununterbrochene Schweißnaht in Richtung a. Je nach Anordnung der zu verschweißenden Bleche kann man eine Überlappschweißung, eine

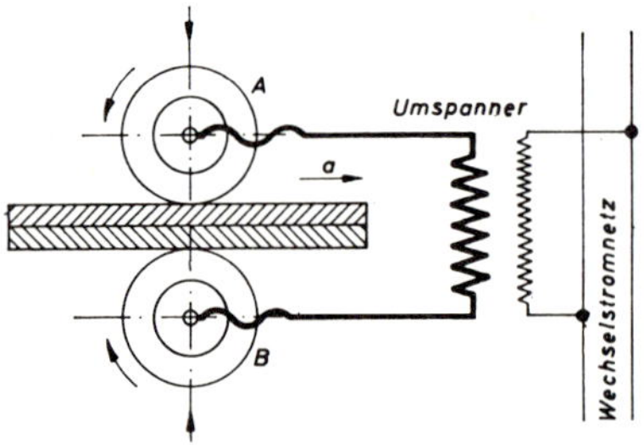

Abb. III.606. Schema der Nahtschweißung. A u. B = Rollenelektroden.

glatte Schweißung (durch Wegquetschen der schmalen Überlappung), eine Schweißung mit abgeschrägten Blechkanten, eine solche mit aufgebogenen Kanten oder das Einschweißen eines Keils ausführen.

Beim *Schrittschweißen* wird nach dem Schweißen eines kurzen Nahtstücks der Strom ausgeschaltet, die Rollenelektrode läßt das Stück unter Abkühlung (durch ihre Wasserkühlung) und unter Druck erkalten. Hierauf folgt eine Fortbewegung der Rollenelektrode ohne Stromzuführung und die Wiederholung des Vorgangs. Die Schweißnaht wird besser dicht und es lassen sich auch verzunderte Bleche schweißen, was sonst nicht möglich ist. Anwendung der Nahtschweißung bis 2,5 mm Einzelblechdicke bei Stahl und 1,5 mm bei Nichteisenmetallen. – Eine Abart des Nahtschweißens ist das *Hohlkörperschweißen.* Bei ihm wird der aus zwei gestanzten Teilen bestehende Hohlkörper in einen Schlitten eingespannt und mit der Naht an der Elektrode vorbeigeführt.

Die Regulierungseinrichtungen (*Steuerungen*) der Schweißdauer sind für Punkt- und Nahtschweißmaschinen von besonderer Bedeutung. Je kürzer die Schweißzeit, um so geringer die Wärmeabwanderung und das Verziehen des Blechs. Man hat deshalb zum Teil die Fußschalter und mechanischen Schalter verlassen und ist bei neuzeitlichen Schnell- und Hochleistungsmaschinen zu *elektrischen Feinschaltern* (Modulatoren und gittergesteuerten Stromrichtern) übergegangen.

i) Das Kalt-Preßschweißen

Kaltpreßschweißen. Annäherung der Atome des Gitters auf Gitterabstand durch starke, zu plastischer Verformung führenden Druck wenig oberhalb der Fließgrenze. Normal wird bei Raumtemperatur geschweißt. Zur Druckminderung kann bei härteren Metallen auch auf Temperaturen unterhalb der Rekristallisationstemperatur vorgewärmt werden. Unmittelbar vor dem Schweißen sind die Oberflächen mit umlaufender Stahldrahtbürste zu reinigen.

Die restlichen immer noch vorhandenen Verunreinigungen an der Oberfläche müssen durch Reiben bei gleichzeitiger Oberflächenvergrößerung beseitigt werden, so daß sich die Atome der Gitter beider Werkstücke auf Gitterabstand nähern können und ein einheitliches Gitter bilden, was die Beendigung des Verschweißungsprozesses bedeutet.

Die Schweißvorrichtung kann in jede handelsübliche Presse eingebaut werden. Zwei Verfahren sind durchführbar: 1. eine Flächenverbindung überlappter Bleche; 2. eine Stumpfverbindung von Profilen. Im letzteren Fall muß die notwendige Oberflächenvergrößerung z. B. bei Al ~100%, bei Cu ~200% betragen, um eine satte Berührung und eine Festigkeit der Schweißnaht gleich der des Grundwerkstoffs zu erzielen. Die Stauchwulst wird nachträglich abgearbeitet. Auch geeignete ungleichartige Metallpaare sind auf diese Weise verbindbar. Erfolgreiche Versuche wurden bisher mit Al, Cu, Pb, Sn, Zn, Armco-Eisen und 18/8 Cr-Ni-Stahl durchgeführt. *Anwendungsbeispiele*: Längsverschweißte kleine Rohre auf Automaten, Dünnblech-Behälternähte, Verschließen von Tubenenden, Verbindung zwischen Rohrflansch und Platte u. ä.

k) Ultraschall-Schweißen.

Die zu verbindenden Flächen werden unter niedrigem Druck (etwa 50 ... 200 N/mm^2) gegeneinander gepreßt. Gleichzeitig leitet man für 1 – 3 s Energie in Form von Ultraschall ein. Die durch die Schwingungen erzeugte Gleitreibung erwärmt die Berührungsflächen bis zu einem Punkt, bei dem es zwischen ihnen zu einer Verbindung im festen Zustand kommt.

Das geschieht einmal dadurch, daß infolge der Oberflächenrauhigkeit an den Spitzen der Berührungsflächen beider Schweißteile Fließen eintritt, wodurch die anhaftenden Oberflächenschichten (Oxide, Schmutz, Gase) abgerissen werden. So erfolgt eine starke Annäherung der beiden zu verschweißenden Teile im submikroskopischen Bereich und atomare Bindekräfte werden wirksam, die wiederum parallel laufende Rekristallisationsprozesse unterstützen. Diese neu gebildeten Kristalle wachsen in den anderen Partner hinein (Epitaxie) und unterstützen so den Schweißvorgang. Schmelzen wurde noch nicht beobachtet. Die Temperaturspitzen liegen noch bis 20% unter der Schmelztemperatur, was zusätzliche Diffusionsprozesse möglich macht, jedoch kein Verschmelzen.

Als Werkstoffe kommen in Frage: Stahl, Cu, Messing, Al, Ag, Au, Ti, Ta. Anwendung zum Stumpf-, Punkt- und Naht-Schweißen kleiner Teile aus Dünnblechen (< 3 mm), Folien und Feindrähten. S. auch Abb. III.607. *Vorteile* gegenüber dem Kaltpreßschweißen: Kürzere Schweißzeit, geringere Drücke, geringere Verformung. *Nachteil*: Die Beschränkung auf Dünnblech.

l) Reibschweißen

Auf drehmaschinenähnlichen Geräten werden rotationssymmetrische Teile über Reibungswärme auf Schmelztemperatur gebracht und mit Druck zusammengefügt.

Als Werkstoffpaarungen können u. a. gewählt werden: Werkzeugstahl – Vergütungsstahl, Gußeisen – Stahl, Kupfer – Stahl, Aluminium – Kupfer, Aluminium – Stahl, Aluminium – Titan, Aluminium – Zirkon, Zirkon – Stahl und Nickel – Magnesium [III.101].

Dieses Verfahren weist einen sehr hohen Wirkungsgrad auf und findet deshalb Anwendung in der Serienfertigung (Autoindustrie).

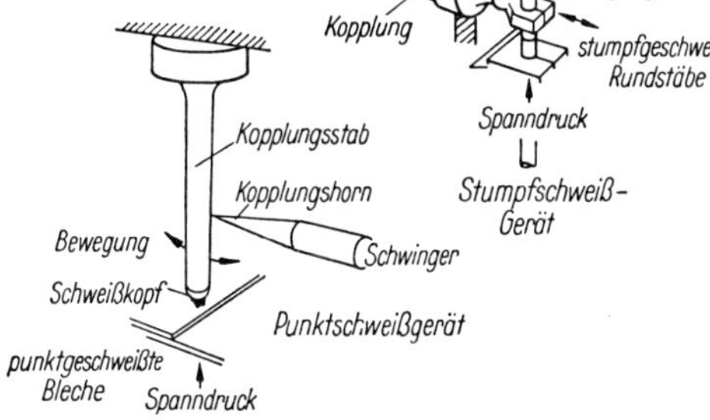

Abb. III.607. Ultraschall-Schweißen (Punkt- u. Stumpf-Schweißen).

m) Kondensator-Entladungsschweißen

Die Energie wird als Stromimpuls aus Kondensatoren bezogen, über einen Impulstransformator an die Elektroden abgegeben und so die Widerstandsschweißung durchgeführt.

Der Anpreßdruck wird hydraulisch, pneumatisch oder mechanisch erzeugt. Es zählt zu den Sonderschweißverfahren sowohl von der metallurgischen als auch von der maschinentechnischen Seite. *Anwendung*: Halbleiterbau, kunststoffbeschichtete Bleche.

n) Diffusionsschweißen

Findet bis 0,7 · T_S = Schmelztemperatur statt und wird nach unten hin durch das Kaltpreßschweißen abgegrenzt. Es verzichtet – definitionsgemäß – auf eine flüssige Phase. Die Verbindung erfolgt lediglich über das Wandern einzelner Atome über wenige Gitterabstände, die ein Verbinden der beiden zu verschweißenden Teile bewirken müssen.

Verfahren wird sehr wenig angewendet, nur dort, wo andere Schweißverfahren versagen (Luft- und Raumfahrt), weil folgende Nachteile: die Oberfläche muß geschliffen oder geläppt sein, hoher apparativer Aufwand, jedoch kann auf eine Verformung der Werkstücke, wie sie beim Kaltschweißpressen notwendig ist, verzichtet werden und es kann ebenfalls Stahl-Aluminium und Stahl-Kupfer geschweißt werden.

o) Sprengschweißen

Wird durch eine senkrechte Druckbelastung mit verbundener tangentialer Relativbewegung der Oberflächen zueinander bewirkt. Bei der Relativbewegung reißen die Oxidhäute, Oberflächenverunreinigungen und Gaszwischenschichten auf und es führt zu Vorgängen wie beim Kaltpreßschweißen. Der Druck wird durch die Detonation von Sprengstoffladungen erzeugt.

Durch Schrägstellung der zu verschweißenden Platten unter einem spitzen Winkel werden Relativgeschwindigkeiten bis zu einem km/s erreicht und Drücke zwischen 10 und 100 kbar. Das Verfahren eignet sich besonders für großflächige Plattierungen, es ist für nahezu alle Metalle geeignet, auch dann, wenn bei anderen Schweißverfahren die Bildung intermetallischer Phasen zu befürchten ist.

p) Magnet-Impulsschweißen

Arbeitet in gleicher Weise wie elektromagnetisches Umformen (Magnetformen, Magnetschockverfahren, Magnet-Impulsverfahren, s. dort), nur wird hier nicht ein Material umgeformt, sondern zwei Teile werden auf eine hohe Relativgeschwindigkeit gebracht und so wie beim Kaltpreßschweißen verbunden.

q) Das Kunststoffschweißen

Begriff. Kunststoffschweißen ist nach DIN 1910, Blatt 3 ein Vereinigen von thermoplastischen (also nicht härtbaren) Kunststoffen unter Anwendung von Wärme und Druck, sowie mit oder ohne Zusetzen von artgleichem Kunststoff (Zusatzwerkstoff). Verwendung finden hauptsächlich Polyvinylchlorid und ihm ähnliche Kunststoffe. Näheres in DIN 16 930 für PVC hart und DIN 16 931 für PVC weich.

α) Warmgasschweißen

Benutzt werden Heißluftbrenner, deren Luft durch Druck (bis 0,5 bar) zugeführt und durch Gase (Leuchtgas, Azetylen, Wasserstoff oder elektrisch auf 250 – 300 °C) erwärmt wird. Die erforderliche Schweißtemperatur ist 180 – 350 °C. Dies ist die weitaus gebräuchlichste Schweißart.

β) Heizelementschweißen

Hierbei werden die Berührungsflächen der zu verschweißenden Kunststoffe durch Heizelemente (Heizkeile) auf Schweißtemperatur gebracht und unter Druck verschweißt. Die Wärme wird meist durch elektrische Widerstände erzeugt. Im einzelnen unterscheidet man das *Heizkeilschweißen,* bei dem der Heizkeil fortbewegt und hinter ihm unter Druck geschweißt wird, dann das *Wärmeimpulsschweißen,* bei dem ein Metallband durch einen elektrischen Impuls sehr schnell erhitzt wird, und das *Preßstumpfschweißen,* bei dem z. B. Rohrenden durch eine zwischen sie gebrachte elektrisch geheizte Platte erwärmt und nach Entfernen der Platten zusammengestaucht werden.

γ) Reibungsschweißen

Auf einer Reibschweißmaschine werden größere Flächen von Rotationskörpern durch schnell hin- und hergehende Bewegung erwärmt (Reibungswärme) und nach Abstoppen der Bewegung gegeneinander gepreßt (geeignet für Rundstangen und Rohre).

δ) Dielektrisches (Hochfrequenz-) Schweißen

Die Berührungsflächen zweier Teile werden im Kondensatorfeld einer hochfrequenten Stromquelle auf Schweißtemperatur erwärmt und anschließend unter Druck verschweißt. Nicht anwendbar für Polyäthylen, Polystyrol u. dergl., da ihre Moleküle keine polaren Gruppen enthalten (keinen Dipolcharakter haben). Verwendung nur für Folien zwischen etwa 0,05 und 0,1 mm.

ε) Quellschweißen

Noch nicht in DIN 1910 vorgesehen, aber zum Verbinden von „Oppanol-BA“-Folien üblich. Die Folienränder werden auf Überlapp-Breite (40 – 50 mm) mit der quellend wirkenden Flüssigkeit „Oppanolin“ befeuchtet und anschließend zusammengedrückt, also eine Kaltschweißung.

ζ) Extrusionsschweißen

Beim Verbinden dickwandiger Teile kann beim Extrusionsschweißen ein großes Nahtvolumen eingebracht werden (Vorteil zum Warmgasschweißen). (Aufbau des Extrusionsschweißgerätes siehe Extruder, jedoch ist hier ein beweglicher Schweißkopf vorgesehen.) Es empfiehlt sich eine Nahtvorwärmung mit warmer Luft. Dieses Gerät ist in der Regel in das Extrusionsgerät mit eingebaut.

η) Ultraschallschweißen

Eignet sich für thermoplastische Kunststoffe. Der Vorgang ähnelt dem der Ultraschall-Metallschweißung. Nicht alle Kunststoffe sind geeignet, da sie über eine hinreichende innere Dämpfung verfügen müssen.

r) Technik und Anwendungsgebiete der Gas- und Elektro-Schweißung

Blechschweißen. Beim *Gasschweißen* hat die neuere Entwicklung der Verbindungsschweißung von über 3 – 4 mm dicken Stahlblechen allgemein zur Anwendung der wirtschaftlicheren *Nachrechtsschweißung* (Abb. III.608) geführt. Auf die Schweißrichtung bezogen, wird der Draht hinter der Flamme geführt. Vom Standort des Schweißers aus gesehen verläuft die Schweißung von links *nach rechts.* Das Bild zeigt weiter unten die zweckmäßige Pendelbewegung des Schweißdrahts. Die *Nachlinksschweißung* wird nur bei dünnen Blechen (bis etwa 4 mm aufwärts), bei Gußeisen und bei Nichteisenmetallen benutzt.

Vorbereitung der Bleche: Bleche unter 1 mm Dicke sind an den zu schweißenden Enden abzubördeln und ohne Zusatzwerkstoff niederzuschmelzen (Abb. III.609). Bleche von 1 – 3 mm werden stumpf geschweißt mit einem Abstand d = ¼ a zwecks gründlichen Durchschweißens (b). Bleche über 4 mm Dicke werden (wie bei d) abgeschrägt (V = Naht), solche über 15 mm meistens (wie bei e) beiderseitig (X = Naht). Die Ausführungsform c ist unzweckmäßig, weil die unteren scharfen Blechkanten leicht überhitzt oder sogar verbrannt werden. Abschrägungswinkel: α und $\beta = 50 - 70°$. Näheres in DIN 8551, Blatt 1 – 4 (Schweißnahtvorbereitung).

In ähnlicher Weise lassen sich Blechschweißungen mit der *Lichtbogenschweißung* durchführen. Sie hat den Vorteil, daß die weitere Umgebung der Schweißstelle nicht so stark erhitzt wird wie bei der Gasschweißung. Die *Widerstandsschweißung* kommt vor allem für das Gebiet der Massenerzeugung dünnwandiger Blechteile und Hohlkörper bis etwa 3 mm Blechdicke in Frage.

Bei den autogen oder elektrisch geschweißten *Rohrflanschen* (Abb. III.610 a – d) handelt es sich um einseitig oder zweiseitig geschweißte Flanschenringe mit oder ohne Gewinde. Um un-

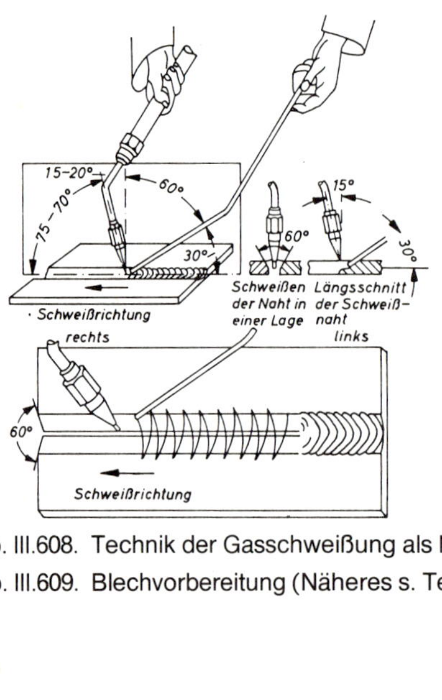

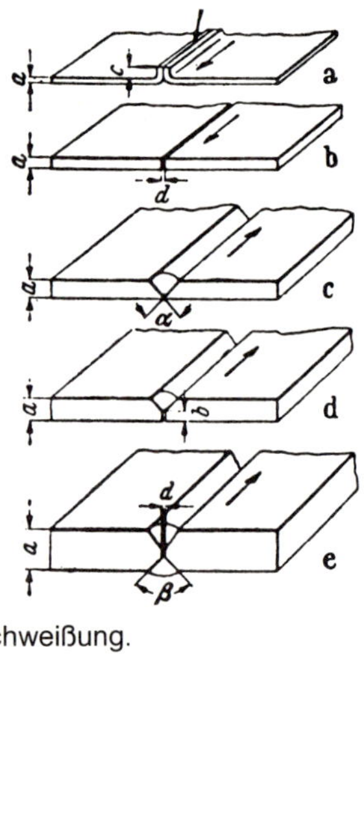

Abb. III.608. Technik der Gasschweißung als Nachrechtsschweißung.

Abb. III.609. Blechvorbereitung (Näheres s. Text).

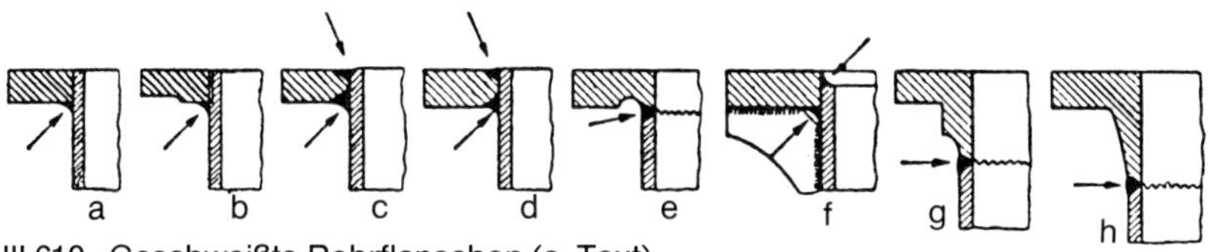

Abb. III.610. Geschweißte Rohrflanschen (s. Text).

gleiche Werkstoffdicken zwischen Flansch und Rohr auszugleichen, verwendet man hinterdrehte Flanschen nach e oder Flanschen mit Absätzen oder kegelig auslaufend wie bei g und h. Bei f sind die Flanschen (für hohe Beanspruchungen) durch angeschweißte Eckbleche verstärkt.

Schweißen im Stahlbau. Die Schweißung bringt eine wesentliche Vereinfachung der Konstruktion durch Fortfall von Winkelstahl, Knotenblechen und Nieten. Am geeignetsten ist die *Lichtbogenschweißung*. Im Stahlhochbau wurden „Vorschriften für geschweißte *Stahlhochbauten*" (DIN 4100) und für geschweißte vollwandige stählerne *Straßenbrücken*" (DIN 4101) herausgegeben. Auch *Eisenbahnbrücken* werden geschweißt hergestellt.

Eine *Gußeisenschweißung* verlangt die waagrechte Lage des Werkstücks; man arbeitet zweckmäßig mit Schweißpulver und hat insbesondere die bereits im Gußstück vorhandenen und etwa durch die Schweißung noch entstehenden Spannungen zu beachten. Deswegen werden größere und schwieriger zu schweißende Stücke, bei denen Spannungen nicht zu vermeiden sind, vor dem Schweißen auf Rotglut angewärmt (*Warmschweißung*) und nachher ganz langsam abgekühlt. Alle anderen Gußstücke werden dagegen in kaltem Zustande geschweißt (*Kaltschweißung*). Als Schweißstabstoff nimmt man im allgemeinen Gußeisen.

Abb. III.611 zeigt eine Anzahl Risse, wie sie an einem Autoblockzylinder vorkommen können infolge von mangelhafter Kühlung oder Frost; hier muß fast überall die Warmschweißung durchgeführt werden. Das Abbohren der Rißenden (bei 1) ist vor Inangriffnahme der Arbeit ratsam. Die Schweißung soll an dem in der Fläche gelegenen Rißende beginnen (Pfeilrichtung bei a und c). Schwer schweißbar sind Risse f im Laufmantel. Bruch d kann ohne Vorwärmung geschweißt werden, jedoch ist die Flamme des Schweißbrenners immer vom Zylinder weg (Pfeil 2) zu halten. Der Riß oder Bruch bei e ist dagegen schon gut vorzuwärmen. Abb. III.611 bezieht sich zunächst auf eine Gasschweißung; in ähnlicher Weise werden Lichtbogenschweißungen ausgeführt.

Bei der *elektrischen Gußeisenkaltschweißung* werden im Gegensatz zur Gasschweißung und elektrischen Warmschweißung nur umhüllte weiche Stahlelektroden verschmolzen, weil der Gußstab in großen Tropfen abfließt, ohne sich mit dem noch kalten Werkstoff zu verbinden. Man greift ferner zu dem Hilfsmittel des Stiftverfahrens, wie es Abb. III.612 in einer der üblichen Ausführungsformen darstellt.

Die Stifte sind gewissermaßen die Grundpfeiler einer Brücke, die dann durch den eingetragenen Schweißwerkstoff gebildet wird. In Abb. III.612 soll d = 0,3 bis 0,4 s (höchstens 13 mm bei bis zu 30 mm Werkstoffdicke) und b = 4 bis 8 d sein. Die elektrische Kaltschweißung ist an den Übergangsstellen zum Werkstück meist auffallend hart infolge der plötzlichen Erhitzung und verhältnismäßig schnellen Abkühlung (Bildung gehärteten Stahls) und nur zu empfehlen, wenn die Ausbesserung weder dicht noch besonders widerstandsfähig zu sein braucht.

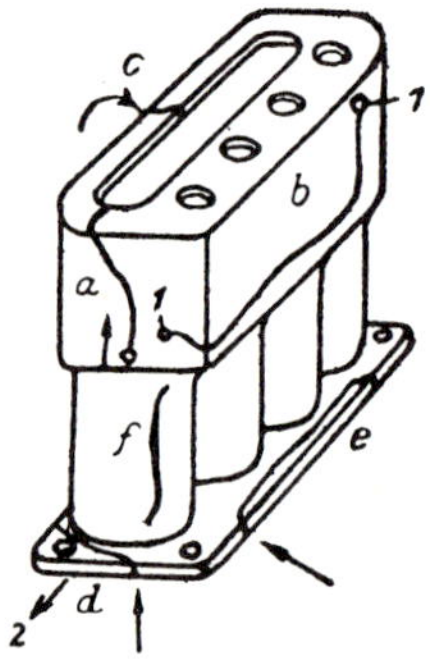

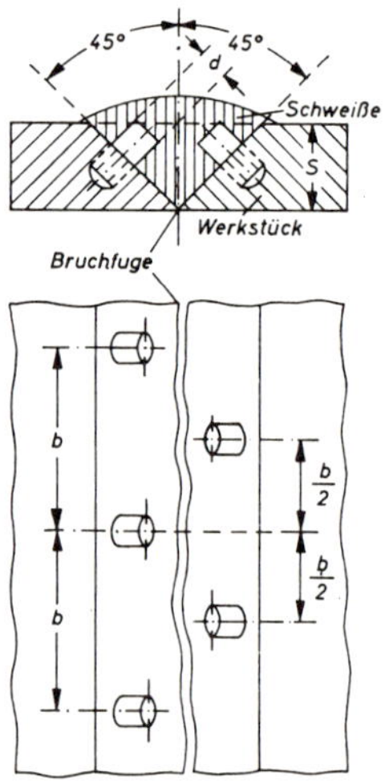

Abb. III.611. Gußeisenschweißungsbeispiele an einem Autoblockzylinder (s. Text).

Abb. III.612. Elektrische Kaltschweißung von Gußeisen (s. Text).

Schweißen von Gußeisen mit Kugelgraphit. Versuche ergaben als besonders geeignete Schweißverfahren das Gasschweißen und das Wolfram-Inertgas-Schweißen mit artgleichem Zusatzwerkstoff. Eine Vorwärmung auf 200 °C ist im allgemeinen zu empfehlen. Eine brauchbare Verformungsfähigkeit der Schweißbindung, wie sie für konstruktives Schweißen gefordert werden muß, läßt sich nur durch nachträgliche Wärmebehandlung (Glühen) erzielen.

Schweißen von Temperguß. Als gut schweißbar für Festigkeitsschweißen ist nur der weiße Temperguß in der Sondermarke GTW-S 38 bei Wanddicken bis etwa 8 mm anzusehen.

Schweißen plattierter Bleche. Zuerst wird möglichst die Stahlseite, und zwar meist mit dem offenen oder verdeckten Lichtbogen geschweißt, und dann erst die Plattierungsseite (rostfreier Stahl, Cu, Ni und ihre Legierungen) meist nach dem Schutzgas-Lichtbogen-Verfahren oder auch nach dem Gas-Schweißverfahren. Nähere Angaben und Beispiele in Bildform sind in DIN 8553 (Schweißen plattierter Stähle) enthalten.

Nachbehandlung der Schweiße. Ein mindestens halbstündiges Glühen bei 550 – 600 °C (*Spannungsarmglühen*) gleicht vorhandene Spannungen aus. Ein Glühen bei 800 – 900 °C (Normalglühen) verfeinert das Korn und verbessert die Festigkeitseigenschaften. Ein *Warmhämmern* der Stahlschweiße (bei Rot- bzw. Weißglut) ergibt eine Kornstreckung und Gefügeverdichtung und damit auch verbesserte Festigkeitseigenschaften. Ein *Kalthämmern* ist im allgemeinen unvorteilhaft, da die Schweiße spröder und empfindlicher für Korrosionen wird, und kommt daher nur für Ausrichtarbeiten in Betracht.

Unfallmöglichkeiten und ihre Verhütung. Unfallverhütungsvorschriften VGB 14 (Azetylenanlagen) u. VGB 15 (Schweißen, Schneiden u. verwandte Verfahren). Besonders zu beachten sind beim *Gasschweißen* die weiten Grenzen der Explosionsmöglichkeit bei Gemischen von Sauerstoff bzw. Luft mit Wasserstoff oder Azetylen (Sauerstoff und Azetylen z. B. bei einem Gehalt zwischen 2,8 und 93% Azetylen), während z. B. ein Gemisch von Luft und Leuchtgas nur bei Gehalten von 7,9 – 22% Leuchtgas explodiert. Vorsicht daher beim Auftauen eingefrorener Azetylenentwickler! Auch Raumexplosionen beim Übergasen möglich. Auf das Ausbrennen von Druckminderventilen und den Flammenrückschlag von Schweißbrennern aus wurde schon hingewiesen (Wasservorlage!). – Beim *Lichtbogenschweißen* liegen die Hauptgefahren in der Wirkung der ultravioletten Strahlen auf Augen und Haut (Schutzschilde!) und im elektrischen Strom selbst. Letzterer ist gefährlich bei Spannungen über 42 V, besonders aber über 80 V und bei geringem Widerstand, hauptsächlich also bei feuchten Händen und durchschwitztem Körper. Vorsicht demnach während des Leerlaufs der Schweißumformer (hohe Leerlauf- und Zündspannung) und in engen Behältern (Schwitzen). Zur Isolierung nimmt man dann ein Brett und arbeitet stets mit trockenen Handschuhen, klemmt auch niemals den Elektrodenhalter unter den Arm! Da Wechselstrom gefährlicher ist als Gleichstrom, ist in Deutschland beim Schweißen in Kesseln, Behältern, Rohrleitungen und dergl. nur das Schweißen mit Gleichstrom gestattet.

Werkstoffe ergeben giftige Dämpfe bei Zink-, Messing- und Bleischweißungen, auch bei Bleifarbenanstrich von Behältern (Absaugen der Dämpfe, auch bei Warmschweißungen). – *Behälter,* die Mineralöle, Benzin oder Gase enthielten, können bei ihrer Schweißung durch Explosionen der Rückstände gefährlich werden. Sie sind gut auszuspülen und möglichst beim Schweißen bis an die Schweißstelle mit Wasser zu füllen.

Güte der Schweißnaht. Die wichtigsten Prüfverfahren, Prüfeinrichtungen wurden bereits im Abschnitt II (Werkstoffprüfung) behandelt. Die Schweißnahtgüte ist abhängig von der Güte der Schweißeinrichtungen, von den Kenntnissen und der Fertigkeit der Schweißer und von der Güte des Arbeitsstücks und des Zusatzwerkstoffs. Durch umfangreiche Versuche wurde festgestellt, daß bei guten Schweißungen die *Zugfestigkeit* der Schweiße die des Ursprungswerkstoffs voll erreicht, während die *Dehnung* vielfach noch wesentlich geringer als die des Ursprungswerkstoffs ist. *Dauerfestigkeitsversuche* ergaben die Gleichwertigkeit der Gas- und Lichtbogenschweißung und keine wesentlichen Unterschiede, gleichviel ob es sich um Bauteile aus St 37, aus Schiffbaustahl S II oder aus St 52 handelte. Auch erwiesen sich dabei *Stumpfnähte* als wesentlich besser gegenüber überlappten und Kehlnähten, weil bei ersteren der Kraftfluß viel natürlicher verläuft. Bei den Beanstandungen des *Baustahls* St 52 (Brüche von Schweißen an Brücken) stellte man fest, daß hauptsächlich Werkstoffehler vorlagen. Notwendig ist ein durch Desoxidation mit Al erhaltener feinkörniger Stahl.

s) Leistungen, Wirtschaftlichkeit

Anwendungsbereich. Tabelle III.23 gibt den üblichen Anwendungsbereich der wichtigsten Schweißverfahren unter Anführung der Blechdicken bzw. Querschnitte wieder.

Leistungen, Gas- und Stromverbrauch. Abb. III.613 u. III.614 enthalten ältere, aber bewährte Angaben der *Gas-* bzw. *Lichtbogenschweißung* von *Stahlblechen* von Hand bei kürzerer Schweißzeit. Bei langer Schweißzeit liegen die Leistungswerte bis 50% tiefer. Der Schweißdraht-(Elektroden-)Verbrauch kann überschläglich mit

Tabelle III. 23. Üblicher Anwendungsbereich der wichtigsten Schweißverfahren nach Blechdicken bzw. Querschnitten

Schweißverfahren	Stahl	Andere Schwermetalle		Leichtmetalle
Gasschweißen	0,2 – 40 mm	Kupfer	2 – 30 mm	1 – 40 mm
		Sonstige	2 – 40 mm	
Kohlelichtbogen-Schweißen	1 – 40 mm	Kupfer	2 – 15 mm	2 – 15 mm
		Blei	2 – 8 mm	
Metallichtbogen-Schweißen	1 – 40 mm	Kupfer	2 – 30 mm	2 – 25 mm
		Messing	2 – 25 mm	
U. P.-Lichtbogenschweißen, einlagig	1,5 – 80 mm		–	–
mehrlagig	bis 200 mm		–	–
Atomares Lichtbogen-schweißen	1 – 10 mm	Bronze	1 – 10 mm	1 – 12 mm
		Blei	2 – 10 mm	
Punktschweißen (Einzel-blechdicke)	bis 10 mm	Kupfer	bis 1 mm	bis 6 mm
		Messing	bis 3 mm	
Nahtschweißen (Einzel-blechdicke)	bis 2,5 mm	Messing	bis 1,5 mm	bis 1,5 mm
Stumpf- und Abbrenn-schweißen	bis 100 000 mm^2	Kupfer Messing	bis 2 000 mm^2	bis 1 500 mm^2

Anwendungsbereich der Schutzgasverfahren bei nichtrostenden und anderen hochlegierten Stählen (nach Aichele)

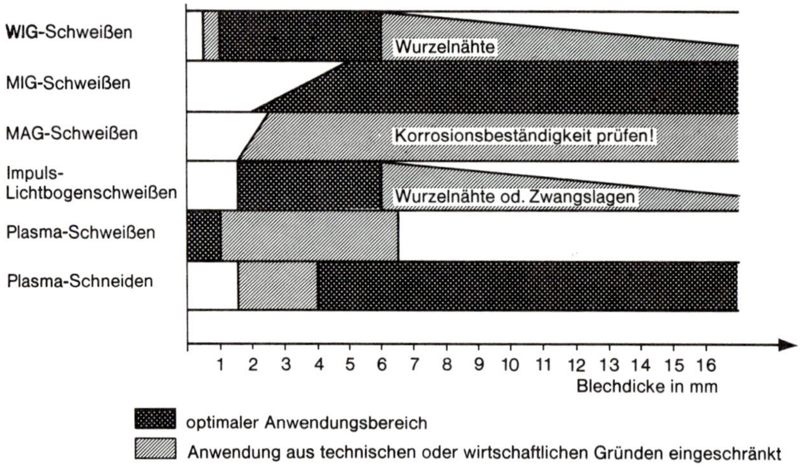

Hilfe einer *Drahtkennziffer* festgestellt werden. Die Drahtkennziffer ist hauptsächlich abhängig vom Abschrägungswinkel der Schweißnaht und hat z. B. den Wert 10 (für 90° Abschrägungswinkel) bis 7 (bei 60° Abschrägungswinkel). Der Drahtverbrauch ist dann (in g/m) = Drahtkennziffer × Blechdicke (in mm^2, also z. B. für ein 10-mm-Blech bei 70° Abschrägung = $8 \cdot 10^2 = 800$ g/m = 0,8 kg/m).

Anwendungsbereich der Schutzgasverfahren bei Kupfer (nach Aichele)

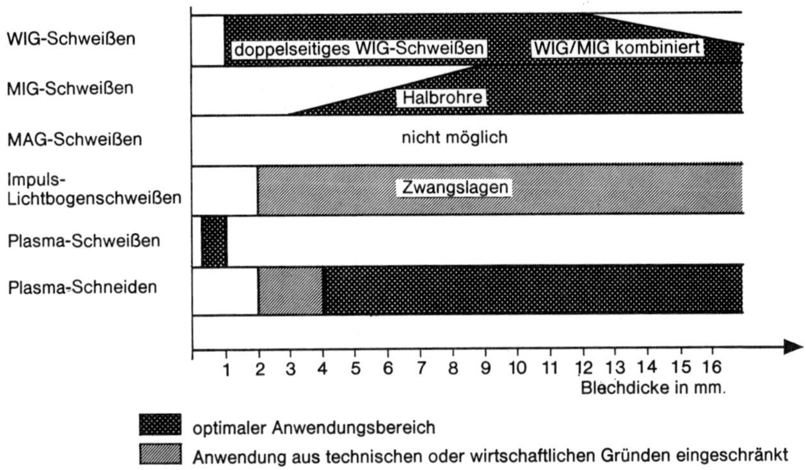

Anwendungsbereich der Schutzgasverfahren bei Leichtmetallen (nach Aichele)

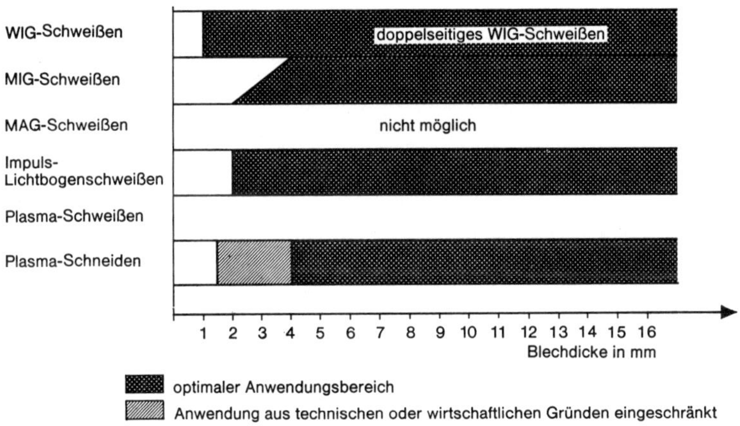

Bei Blechschweißungen von *Nichteisenmetallen* liegen die Leistungswerte für Kupfer und Zink etwas höher, für Aluminium etwa ebenso hoch wie in Abb. III.613 für die Gasschweißung von Stahl angegeben. Beim *maschinellen Schweißen* lassen sich zum Teil wesentlich höhere Leistungen erzielen, z. B. beim UP-Schweißen und besonders beim Schweißen dünner Rohre mit Hilfe der Gas- oder Widerstandsschweißung, wobei 100 – 200 m/h (bei 2 – 1 mm Blechdicke) erreicht werden, und zwar einschließlich der Nebenzeiten. Die reinen Schweißzeiten sind oft nicht viel höher, aber nicht maßgebend, worauf bei solchen Zeitangaben besonders zu achten ist. Für die *Unterteilung der Schweißzeiten* von Hand kann als normal angesetzt werden:

Vorbereiten einschl. Heften	22%
Reine Schweißzeit	40%
Nebenzeiten (Drahtwechsel, Schlacke entfernen usw.)	25%
Pausen, Aufräumen	13%

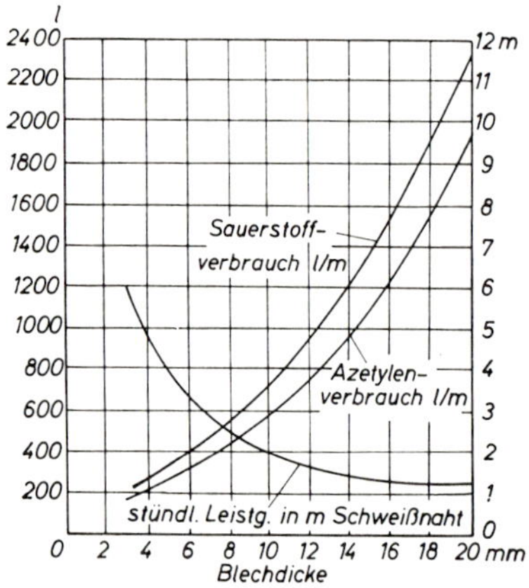

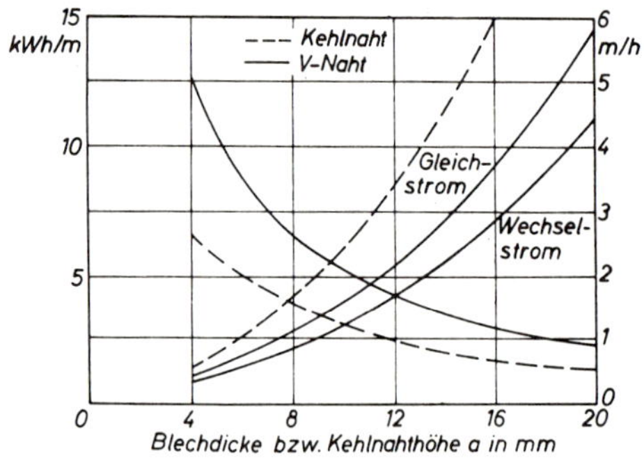

Abb. III.613. Gasverbrauch und Schweißleistung beim Gasschweißen von Hand.

Abb. III.614. Stromverbrauch und Schweißleistung beim Lichtbogenschweißen von Hand.

Kurzangaben für Widerstandsschweißungen: Bei der *Stumpfschweißung* beträgt die Schweißzeit für Stahl 50 – 60 s je 1000 mm² Querschnitt und der Stromverbrauch 1 kWh je 1000 mm². Bei der *Punktschweißung* erfordert ein Punkt eine Schweißzeit von 1 – 8 s bei Stahl und 2 – 12 Perioden (= 1/25 – 1/4 s) bei Aluminium. Bei der Nahtschweißung ergeben sich folgende Nahtleistungen: bei Stahlblech (von 0,5 mm Dicke) 1 – 6 m/min, (von 2 mm Dicke) 0,4 – 1,5 m/min, bei Zinkblech 2,5 – 6 m/min, bei Messingblech 0,4 – 2,5 m/min, bei Aluminiumblech 0,3 – 3 m/min. Bei den angeführten NE-Metallen gehört die größte Nahtleistung jeweils zu der niedrigsten Blechdicke von 0,1 – 0,2 mm. Bei Rohrschweißungen lassen sich höhere Werte erzielen.

Für *Ausbesserungsschweißungen* liegen naturgemäß nur Einzelangaben vor. Der Verbrauch an Brenngas, Sauerstoff, Strom usw. läßt sich nur durch Messung festlegen. Meist liegen die gesamten Schweißkosten zwischen nur 15 – 50% der Anschaffungskosten eines neuen Werkstücks. – Hinsichtlich weiterer Leistungsangaben muß auf die Fachliteratur verwiesen werden.

Wirtschaftlichkeit. Aufgrund allgemeiner Aufstellungen ergibt sich für die *Blechschweißung,* daß die Lichtbogenschweißung der Gasschweißung bei gutem Beschäftigungsgrade und bei größeren Blechdicken wirtschaftlich überlegen ist. Darüber hinaus kommt es aber auch sehr auf technische Vorteile und Anwendbarkeit der Schweißverfahren im Einzelfall und auf die Güte der Schweißnaht an, so daß man *kein allgemeingültiges wirtschaftliches Urteil* fällen soll und kann. Hinsichtlich der Einzelverfahren ist hervorzuheben, daß die Azetylenschweißung wirtschaftlicher ist als das Schweißen mit Wasserstoff, Leuchtgas, Benzol, und daß die Gleichstrom- und Wechselstromschweißung wirtschaftlich etwa gleichwertig sind.

Die Wirtschaftlichkeit der *Schweißung gegenüber der Nietung* ist seit längerer Zeit durch praktische Versuche deutlich erwiesen. Die Gewichtsersparnisse betragen 10 – 25%. – *Geschweißt oder gegossen.* Vorteile der Schweißung aus Stahlblechen: Einzelstück billiger (Fortfall der Modellkosten), Ausschußgefahr beseitigt, bedeutende Gewichtsersparnisse. Die Festigkeit der geschweißten Verbindung ist der des Gußeisens mindestens gleichwertig. Die Dämpfungsfähigkeit des Gußeisens (bzw. Starrheit) ist bei geeigneter Schweißkonstruktion auch zu erreichen. Die Frage „Schweißen oder Gießen“ kann nicht allgemeingültig sondern nur von Fall zu Fall entschieden werden.

Fragen zu Kapitel III. F. 3

1. Welche Vorteile bietet das Nach-Links-Schweißen, welche Vorteile bietet das Nach-Rechts-Schweißen und wo wird es angewandt?
2. Welche Aufgaben und welche Wirkungen haben die unterschiedlichen Umhüllungen der Stabelektroden?
3. Skizzieren Sie das Schema einer Schutzgasschweißung mit nichtverzehrender Elektrode, wie findet die Polung statt bei Gleichstrom?
4. Welche Schutzgase kommen bei WIG-, MIG- und MAG-Schweißen zur Anwendung? Kann man auch Stickstoff verwenden?
5. Wo findet die Kurzlichtbogentechnik Anwendung?
6. Wo liegen die Anwendungsbereiche der Elektroschlacke-Schweißung im Hinblick auf Werkstoffarten und Werkstoffdicken?
7. Wo findet die Kaltpreßschweißung Anwendung? Kann man kaltverformtes Material auf diese Weise verbinden?
8. Nach welchen Verfahren lassen sich NE-Metalle, legierte Stähle, Baustähle und Kunststoffe am günstigsten thermisch trennen?
9. Wie ordnet man die Elektroschweißverfahren nach steigender Blechdicke bzw. Wirtschaftlichkeit ein?

4. Thermisches Trennen und Trennen mit Wasserstrahl

Grundbegriffe. Bringt man durch die Schweißflamme eines Brenners ein Stahlblech auf seine Entzündungstemperatur von etwa 1250 °C (helle Weißglut) und leitet man dann möglichst reinen Sauerstoff unter Druck auf die hocherhitzte Stelle, so verbrennt der Stahl sehr lebhaft im Sauerstoffstrahl, die benachbarten Stellen werden wenig erwärmt, es entsteht – da die verbrannten Stahlteilchen durch den Druck des Sauerstoffsstrahls fortgeblasen werden – eine Schnittstelle. Der Verbrennungsvorgang, also auch das Zerschneiden, läßt sich ununterbrochen fortsetzen, wobei die Vorwärmeflamme weiterbrennt, aber nach Einleitung des Schneidvorgangs schwächer gestellt werden kann. Die wichtigsten Grundbegriffe bringt auch DIN-Entwurf 2310 (1972).

Schneidbrenner. Die Vorwärmdüse soll weiter als die Schneiddüse vom Werkstück abstehen. Schneid- und Vorwärmdüse können getrennt hintereinander oder in einem Gehäusestück hintereinander oder konzentrisch, d. h. die Vorwärmdüse als Ringdüse um die Schneiddüse, angeordnet sein. In den beiden ersteren Fällen spricht man von einem *Zweistrahlbrenner,* im letzteren von einem *Ringstrahlbrenner.* Der Schneidbrenner nach Abb. III.615 kann hinsichtlich der Vorwärmflamme, die bei i im Ringraum entsteht und der das Gasgemisch durch Rohr h zugeführt wird, als Azetylen- und als Wasserstoffbrenner betrieben werden. Der größte Teil des zugeführten Sauerstoffs geht durch Rohr a und durch das Regelventil als Schneidsauerstoff zur Düse b. Das Regelventil besteht aus Gehäuse c, Spindel d, Einschraubmutter e, Membran f und Teller g. Bei Linksdrehung der Spindel d wird Teller g durch die Membran abgehoben. Mit Bügel k wird die Rädchenführung am Brennerkopf befestigt.

Da der Wasserstoff-(bzw. Azetylen-)Verbrauch in diesem Falle beträchtlich hinter dem Sauerstoffverbrauch zurücktritt, so ist das Schneiden mit *Wasserstoff* als Heizgas auch wirtschaftlich vertretbar. Auch *Leuchtgas* ist als Heizgas (für Schnitte bis 150 mm Dicke) verwendbar, ebenso Propan, das aber, wirtschaftlich gesehen, dem Azetylen gegenüber nur bei größeren Blechdicken wettbewerbsfähig ist.

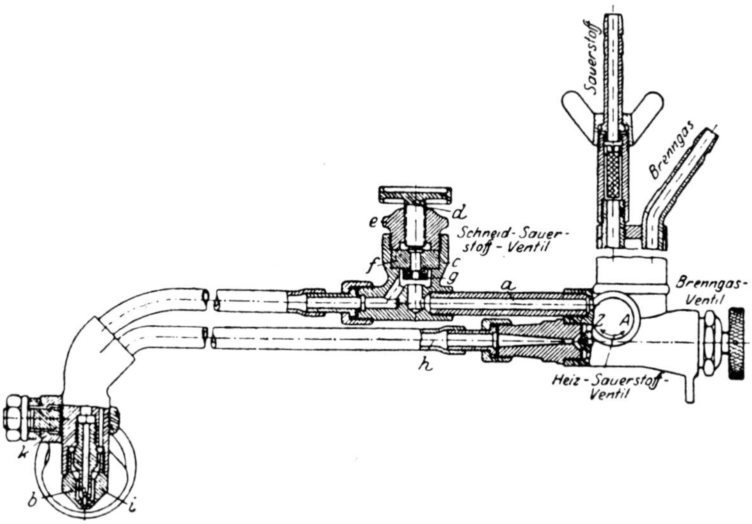

Abb. III.615. Schneidbrenner (Ringstrahlbrenner). a) Schneid-Sauerstoffrohr, b = Düse, d = Spindel, f = Membran, h = Heizrohr für Azetylen (bzw. Wasserstoff) und Sauerstoff.

Beim Schneiden starkwandiger Stücke (über 300 mm Dicke) kommt man mit den gewöhnlichen *Zwei- oder Dreischlauchbrennern* (beim Dreischlauchbrenner besondere Schläuche für Vorwärme- und für Schneidsauerstoff) nicht aus. Man nimmt dann den *Vierschlauchbrenner,* der zwei Sauerstoff- und zwei Brenngaszuführungsschläuche besitzt. Der zweite Brenngasschlauch führt nochmals Brenngas etwa in die Mitte der Dicke des Arbeitsstücks, um den verbrannten Werkstoff besser zum Schmelzen und Abfließen zu bringen. Für besondere Arbeiten sind den Schneidbrennern eigenartige Formen gegeben worden. Am bekanntesten sind *Lochschneidbrenner, Nietkopfabschneider* und *Nietschaftausbrenner.* Ähnlich dem Nietkopfabschneider arbeitet der *Sauerstoffhobler,* der zur Beseitigung von Oberflächenfehlern an Stahlblöcken benutzt wird. Eine Abart von ihm ist der *Fugenhobler,* den man zum Freilegen von nachzuschweißenden Wurzelnähten, zum Vorbereiten von Schweißfugen, zum Freilegen von Rissen usw. anwendet. – Eine weitere Sonderausführung ist die *Sauerstofflanze.* Das Gerät besteht aus einem dickwandigen Stahlrohr und einer Stahlseele (Rundstahl mit Längsnuten oder Vierkantrohr), durch deren Zwischenöffnungen der Sauerstoff geblasen wird. Das Rohr wird an der Spitze mit dem Schweißbrenner auf Rotglut angewärmt und darauf der Sauerstoff freigegeben. Anwendung für das Ausbrennen von Beton- und Stahllöchern. Bei Beton bildet sich eine dünnflüssige, gut entfernbare Silikatschlacke.

Schneidmaschinen. Sie bezwecken grundsätzlich eine mechanische Führung des Brenners an Stelle der ungenauen Führung von Hand. Bei *handbetätigten Maschinen* wird der Brenner durch Drehen eines Handrades oder einer Kurbel über ein Zahnrad- oder Schneckengetriebe bewegt. Solche Maschinen wurden entwickelt für die Ausführung von Längs-, Kreis-, Kurven- und Wellenschnitten. Einen Übergang zur selbsttätigen Maschine stellt der *Schneidmotor* dar, der das Schneidgerät über

Abb. III.616. Universalschneidmaschine.

das Werkstück hinweg elektromotorisch führt. Als Klein- und Großmaschinen werden dann noch für bestimmte Arbeitsbereiche und Werkstoffdicken elektromotorisch angetriebene *Universalschneidmaschinen* gebaut. Abb. III.616 zeigt eine solche neuzeitliche Maschine für die Verwendung auf Werften, im Stahlbau, Behälterbau und allgemeinen Maschinenbau. Sie ermöglicht mit bis zu 10 Brennern gleichzeitig ebensoviele Formteile auszuschneiden. Auf dem Tisch links liegt die Schwarz-Weiß-Zeichnung oder Schablone im Maßstab 1 : 1. Die darüber angebrachte Steuerung arbeitet photoelektronisch, indem ein Lichtfleck an der Kontur der Zeichnung bzw. Schablone entlang geführt wird.

Die Schneidarbeit. Die Handhabung der Geräte entspricht an und für sich vollständig den Geräten der Gasschweißung. Bei Arbeitsbeginn wird das Werkstück durch die Heizflamme bis auf Weißglut vorgewärmt und dann das Schneidsauerstoffventil geöffnet. Hat der Sauerstoffstrahl die ganze Blechdicke durchschlagen, so wird der Schneidbrenner gleichmäßig vorgeschoben. *Zu große Heizflammen* und *zu hoher Sauerstoffdruck* dienen *nicht* zur Beschleunigung des Schneidvorgangs, ergeben vielmehr unsaubere Schnitte. Der Schnitt ist möglichst an einer Kante einzuleiten. Soll ein Stück mitten aus dem vollen Blech herausgeschnitten werden, so muß man an einem vorgebohrten Loch von 5 – 15 mm Durchmesser beginnen. Das Schneiden von *Blechpaketen* ist nur dann möglich, wenn der Schnitt am Rand eingesetzt werden kann und wenn die Bleche ganz fest (satt) aufeinander gepreßt sind. Der *Sauerstoffdruck* beträgt zweckmäßig beim 10 mm-Blech 2 – 3 bar, beim 100 mm-Blech 6 – 8 bar und beim 200-mm-Blech 9 – 10 bar. Die *Schnittfugenbreite* wird bei einem 20-mm-Blech 1,5 – 2 mm, bei Blechen von 50 – 100 mm Dicke 3 – 4 mm. Die Heizflamme wird meist zu groß bemessen.

Abb. III.617 zeigt bei a eine durch zu starke Heizflamme verursachte Kantenabschmelzung und bei b das Anhaften flüssigen Stahls oder von Schlackenansätzen. Die Erweiterung und

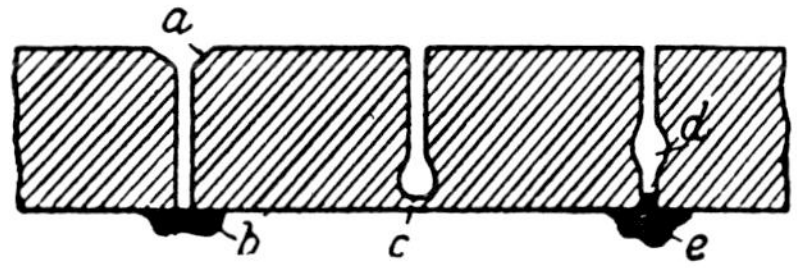

Abb. III.617. Fehler beim Brennschneiden.

Beendigung des Schnittkanals bei c soll auf zu geringen Sauerstoff hinweisen. Der starke Schlackenansatz bei e rührt von einem Lunker oder Schlackeneinschluß bei d her. Allgemein geben unsaubere Blechoberflächen unsaubere Schnitte. Unreiner Sauerstoff führt zur Vergrößerung der Schneidzeit, Schnittbreite und des Sauerstoffverbrauchs.

Gefügeveränderung der Schnittränder. Die Einflußzone der Schneidflamme beträgt im allgemeinen 0,2 – 2 mm. Eine wesentliche Gefügeveränderung tritt auch in diesem sehr schmalen Streifen nicht ein. Rißbildungen werden öfters befürchtet, sind aber selten nachzuweisen. Die Härtesteigerung beträgt bei weichem und mittelhartem Stahl 30 – 40%. Wenn sie unerwünscht ist, werden die Schnittflächen nachträglich mit einem „Ausglühbrenner" ausgeglüht. Stahlgußteile sollten immer nur im ausgeglühten Zustande geschnitten werden. Der Brennschnitt, insbesondere der Maschinenschnitt, ist hinsichtlich Sauberkeit und Gefügeveränderung dem Scherenschnitt heute überlegen.

Anwendungsgebiete. Das Verfahren wurde zuerst vom Köln-Müsener Bergwerksverein zum Aufschmelzen der Stichlöcher an Hochöfen angewandt. Heute wird es zu den mannigfachsten Zwecken benutzt, z. B. zum Ausschneiden von Blechen, Kurbelwellen, Kulissen (also zur Neufertigung), zum Abtrennen alter Stahlkonstruktionen, Abbau alter Brücken usw. Mit Schneidmaschinen wurden schon Dicken von 1000 mm durchschnitten.

Auch unter Wasser [III.102] wird mit besonderen Schneidbrennern mit Erfolg geschnitten (in Wassertiefen bis zu 60 m und bei Werkstoffdicken bis etwa 150 mm). Man verwendet drei konzentrische Düsen, aus deren äußerer Preßluft oder Sauerstoff zur Wasserverdrängung austritt. Gezündet wird durch einen elektrischen Unterwasserzünder. Bei einem neuzeitlichen mit Sauerstoff und Benzin betriebenen Unterwasser-Schneidgerät wird die Flamme aus Sicherheitsgründen über Wasser gezündet.

Schneidbarkeit der Metalle. Brennschneidbar sind Werkstoffe, deren Verbrennungstemperatur niedriger als ihre Schmelztemperatur ist, die beim Verbrennen eine für die Fortführung des Schnitts genügende Wärmemenge erzeugen und deren Schmelzpunkt höher liegt als der ihres Oxids. Während demnach Stahl und Stahlguß gut brennschneidbar sind, läßt sich *Gußeisen* auf diese Weise *nicht* zertrennen. Man kann durch Miteinschmelzen und Verbrennen eines Stahlrohrs eine Verbrennung des Gußeisens herbeiführen oder auch mit Gußeisenschneidbrennern arbeiten, die aber in der Hauptsache auch nur ein Durchschmelzen herbeiführen. Jedoch ist das Zerschneiden für Gußeisen sowieso von geringer Bedeutung, da man zum Zerkleinern von Gußteilen das Fallwerk benutzen kann. Ähnlich wie bei Gußeisen liegen die Verhältnisse bei den Nichteisenmetallen mit Ausnahme des brennschneidbaren Titans und Mangans.

Gasverbrauch und Schneidzeit. Abb. III.618 gibt einen Überblick über den Verbrauch an Azetylen und Sauerstoff beim Blechschneiden mit Handschneideinrichtungen und über den Zeitverbrauch bzw. die Schnittleistungen. Der Verbrauch an Wasserstoff ist etwa das Vierfache des Azetylenverbrauchs, so daß das Schneiden mit Azetylen-Sauerstoff am wirtschaftlichsten ist. Bei dünnen Blechen ist das Schneiden mit der Schere billiger als das Brennschneiden, bei dicken Blechen ist es umgekehrt. Beim Abschneiden der Stahlgußtrichter wird das Brennschneiden 2 – 5mal billiger als das Absägen mit der Kaltsäge.

Plasma-Schneiden gewinnt durch den eingeschnürten Lichtbogen und die kinetische Energie seiner ausströmenden Gase deshalb an Bedeutung, weil es sehr saubere Schnittflächen ergibt und im besonderen alle die Werkstoffe schneidet, die mit Hilfe der sonst wirtschaftlicheren anderen Verfahren – wie Azetylen-Sauerstoff – nicht schneidbar sind, so: hochlegierte Stähle, Gußeisen und sämtliche Nichteisenmetalle, außer Magnesium, da besonders Kupfer-, Aluminium- und Nickellegierungen.

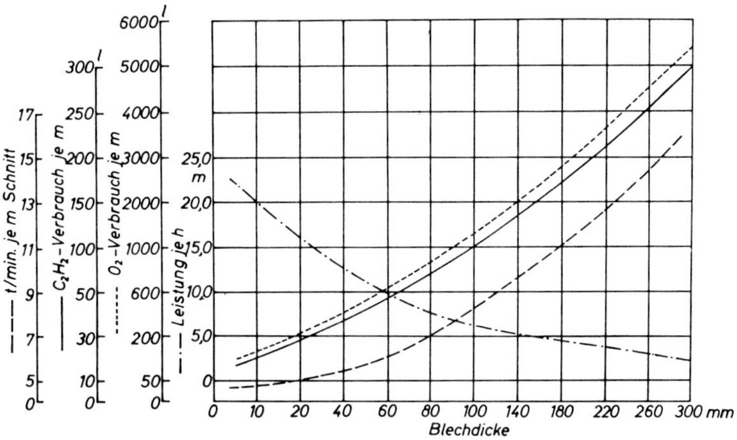

Abb. III.618. Gasverbrauch und Schnittleistungen beim Brennschneiden.

Physikalischer Grundgedanke: mehratomige Gase werden innerhalb des Brenners ggf. mit Hilfe eines Pilot-Lichtbogens dissoziiert und dann wie die einatomigen Gase teilweise ionisiert. Dadurch wird das Gas – ähnlich wie ein Metall – elektrisch leitend. Elektromagnetische Kräfte wirken in Richtung der Strahlachse und schnüren den Lichtbogen ein, Pincheffekt. Auf diese Weise wird die thermische Energie konzentriert und die kinetische Energie des Gases erhöht.

Zwei Grundprinzipien: Plasmastrahl bildet sich zwischen Werkstück und Kathode mit Hilfslichtbogen (Pilot-Lichtbogen), nur dieses Verfahren wird bei Metallen angewendet oder er bildet sich im Plasmabrenner selbst.

Gasgemische: Argon, Argon-Wasserstoff, Argon-Wasserstoff-Stickstoff, jedoch ohne Sauerstoff, weil sonst Elektrode schmilzt. Schneidstromstärke bis 500 A bei max. 200 V.

Sollen Plasmagase zum Fugen verwendet werden, wird der nichtübertragene Lichtbogen eingesetzt, der innerhalb des Brenners entsteht, es sei denn, es wird mit mechanischen Steuerungen gearbeitet (Tabelle: III.24).

Laser-Strahlschneiden. Wärmeerzeugung siehe Laser-Schweißen. Mit dem Laserstrahl kann Schmelz-, Brenn- und mit kontrolliertem Riß geschnitten werden.

Infolgedessen ist es auch universell anwendbar für fast alle Metalle und außerdem für Kunststoffe, Glas, Beton, Keramik und Asbest. Beim Festkörperlaser jedoch ist der Wirkungsgrad nur 1%, während er beim CO_2-Laser 18% erreicht. (Tabelle: III.24)

Schneiden mit Hochdruckwasserstrahl ermöglicht Schneiden in exakten geometrischen Formen. Industrielle Anwendung bei Gummi, Aluminium, Papier, Pappe, Asbest. Abb. III.619 zeigt Versuche japanischer Forscher bei Schnittgeschwindigkeiten von 1,1 mm/s und einem Strahldurchmesser von 0,15 mm, wenn im Bild nicht anders angegeben.

Schneiden mit Hohlelektroden (*Oxyarc-Brennschneiden*). Durch ein ummanteltes Stahlrohr (Elektrode) von 5 – 7 mm Außen- und 1 – 3,5 mm Innendurchmesser wird Sauerstoff geblasen, und dem Rohr der elektrische Strom und der Sauerstoff durch eine besondere Zange zugeführt. Es kann Gleichstrom (Pluspol an der Elektrode) oder Wechselstrom verwendet werden. Der Schneidvorgang ähnelt dem autogenen Brennschneiden, nur wird der Schneidfuge durch den teilweise im Lichtbogen zerlegten Sauerstoff zusätzlich Wärme zugeführt. Trotz höherer Schneidleistung ist das elektrische Sauerstoffschneiden teurer und sind die Trennfugen nicht so glatt und schmal, wie sie mit dem autogenen Brennschneiden zu erzielen sind. Anwendungsgebiete: Rauhe Schneidarbeiten, z. B. Verschrotten, Abschneiden von Eingüssen, Entfernen von Nieten, Schneiden von Löchern. Das Verfahren ist auch für Grauguß, NE-Metalle und Legierungen anwendbar.

Tabelle III. 24. Anwendungsgrenzen der wichtigsten thermischen Trennverfahren

Werkstoff	Dicke (mm)	Autogen ($C_2H_2 + O_2$)	Plasma (500 A ≙ 100 kW)	Laser (CO_2-Laser, 250 W)
unlegierter Stahl	bis 1 mm	–	–	+
	bis 3 mm	–	– mit N_2 oder	+
	bis 10 mm	+	(+) Luft als	– mit
	bis 100 mm	+	(+) Plasmagas	– O_2-Zusatz
	über 100 mm	+	(+)	–
hoch-legierter Stahl	bis 1 mm	–	– mit Ar/H_2	+
	bis 3 mm	–	– oder	(+)
	bis 10 mm	(+) Pulver-	+ Ar/H_2/N_2	–
	bis 100 mm	(+) brenn-	+ als	–
	über 100 mm	(+) schneiden	+ Plasmagas	–
Aluminium + Leg.	bis 1 mm	–	–	–
	bis 3 mm	–	(+) mit Ar/H_2	–
	bis 10 mm	–	+ als	–
	bis 100 mm	–	+ Plasmagas	–
	über 100 mm	–	+	–
Kupfer	bis 1 mm	–	–	–
	bis 3 mm	–	(+) mit Ar/H_2	–
	bis 10 mm	–	+ als	–
	bis 100 mm	–	+ Plasmagas	–
	über 100 mm	–	–	–
Titan	bis 1 mm	–	–	+
	bis 3 mm	(+)	(+) mit Ar/H_2	+
	bis 10 mm	+	+ als	+ mit
	bis 100 mm	+	+ Plasmagas	(+) O_2-Zusatz
	über 100 mm	+	+	–
Kunststoffe	bis 1 mm	–	–	+
	bis 3 mm	–	–	+
	bis 10 mm	–	–	+ ggf. mit
	bis 100 mm	–	–	(+) N_2-Zusatz
	über 100 mm	–	–	–

+ anwendbar – nicht anwendbar (–) bedingt anwendbar
(nach Messer-Griesheim)

Pulverbrennschneiden. Unter grundsätzlicher Beibehaltung des Schneidbrenneraufbaues werden dem Sauerstoffstrahl entweder Natriumsalze (Aircoverfahren) oder Quarzsand (Cinoxverfahren) oder Eisenpulver (Linde-Verfahren) beigegeben, letzteres durch ein besonderes Blasmundstück, und auf die Schneidlinie geblasen. Dadurch wird teils die Schmelz- und Entzündungstemperatur der zu schneidenden Werkstoffe herabgesetzt, teils entstehen leichtflüssige und damit leicht entfernbare Oxide. Das Verfahren ist besonders für hochlegierte und plat-

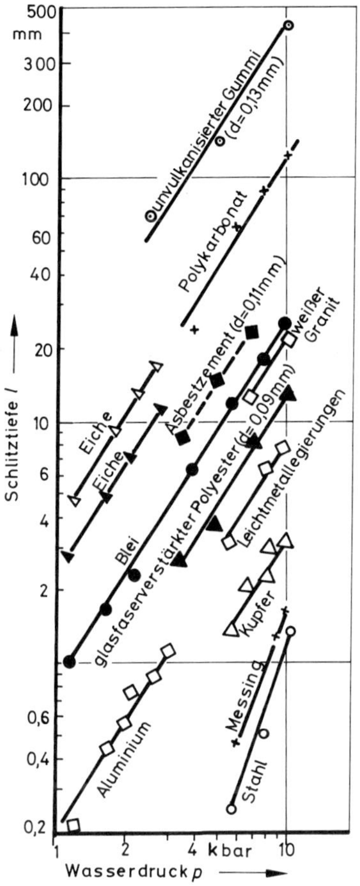

Abb. III.619. Abtragen und Schneiden mit dem Hochdruck-Wasserstrahl (nach *Lee*).

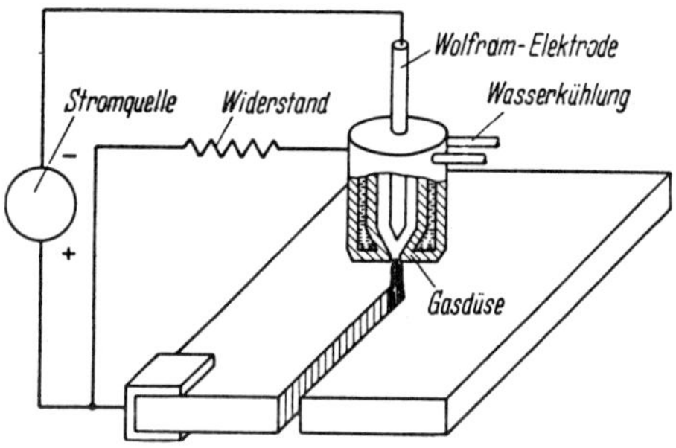

Abb. III.620. Wolfram-Lichtbogenschneiden (Argonarc-Brennschneiden).

tierte Stähle, Gußeisen und einige NE-Metalle (z. B. Kupfer, Nickel und Monelmetalle) und für das Paketschneiden anwendbar. Beim legierten Stahl werden die Schnitte verhältnismäßig sauber, bei Gußeisen und NE-Metallen sind die Schnittränder rauher. Heute durch Plasmaschneiden abgelöst.

Lichtbogenschneiden mit Kohleelektrode. Das Schneiden mit dem Lichtbogen unter Verwendung von *Kohleelektroden* ist ein Durchschmelzen und viel unwirtschaftlicher als das Brennschneiden mit Sauerstoff. Es kommt daher nur vereinzelt bei Abbruch- und Verschrottungsarbeiten zur Geltung, auch gelegentlich zum Fugenhobeln evtl. mit Druckluft.

Wolfram-Lichtbogenschneiden in Gasgemischen. (*Argonarc-Brennschneiden*). Man schneidet mit einem auf engstem Raum eingeschnürten Lichtbogen zwischen Wolframelektrode und Werkstück (siehe Abb. III.620). Der Lichtbogen ergibt sehr hohe Temperaturen und führt zum Schmelzen oder sogar Verdampfen („Zerstäuben") des Werkstoffs. Als Schutzgas wird für Maschinenschnitte Argon und bis 45% Wasserstoff, für Handschnitte Argon und bis 25% Wasserstoff und für legierte Stähle gereinigter Stickstoff verwendet. Das Ergebnis ist ein einwandfreier sägeähnlicher Schnitt. Wasserstoff und Stickstoff ergeben eine hohe Lichtbogenspannung und damit starke Erwärmung. Die Stromquelle muß 400 A bei bis zu 100 V Spannung haben (Gleichstrom, Elektrode am Minuspol). Anwendung insbesondere für Leichtmetalle, Kupfer und hochlegierte Stähle. – Das Verfahren entspricht dem sog. „Plasmaschneiden".

5. Klebverbinden von Metallen

Allgemeines. Nachfolgend wird relativ junges Klebverbinden von Metallen untereinander, insbesondere das Festverkleben behandelt, d. h. Herstellung kraftübertragender Verbindungen als Ergänzung der klassischen Verfahren: Schrauben, Nieten, Löten und Schweißen.

Festverkleben von Metallen ist in vielen Fällen den klassischen Verbindungsverfahren wesentlich überlegen. Besondere Vorteile (siehe unten!) im Leichtbau führten in letzten Jahren zu noch nicht abgeschlossener Weiterentwicklung der Metallklebtechnik, wobei Flugzeugbau Schrittmacher war und ist; bis heute wurden im Ausland an über 60 Flugzeugtypen, ferner an Luftfrachtbehältern und im Schiffbau tragende Verbindungen geklebt, nachdem erstmalig in Deutschland 1939 im Flugzeugbau angewendet. Geringe Nachteile der Klebverbindungen (siehe unten!) dürfen nicht übersehen werden, sind vor allem bei klebgerechter Konstruktion zu beachten.

Klebverbinden verschiedener Materialien, wie Papier, Pappe, Holz, Textilien u. a. miteinander und untereinander ist altes Verfahren. – Man erwartet von guter Klebeverbindung, daß sie höhere Festigkeit als verklebte Fügeteile aufweist, bei Überbeanspruchung also Bruch weder in Klebschicht noch Grenzschicht, sondern außerhalb Klebebereich im Material eintritt; *das gilt auch für Metall-Klebverbindungen.* – Seit Jahrzehnten werden schon Metalle mit obigen Stoffen und mit Kunststoffen verklebt, wenn auch weniger für Zwecke der Kraftübertragung.

Begriff Metallkleben. Herstellung unlösbarer flächiger Verbindung von Metallteilen an Fügestelle durch Oberflächenhaftung mittels organischer und neuerdings auch anorganischer Klebstoffe (Kleber); im Falle der Festverklebung können wesentliche Kräfte übertragen werden.

Theorie des Klebens, Haftproblem [III.103]. Klebverbindung beruht nicht nur auf mechanischer Kleberverankerung, sondern überwiegend auf *Adhäsion* (Oberflächenhaftung), also Wirkung molekularer Anziehungskräfte (zurückzuführen auf elektromagnetische Felder), die nur in geringster Entfernung voll wirksam sind (Beschränkung auf äußerste Oberflächenschicht). Völlige Freiheit von Verunreinigungen sowie Vergrößerung der aktiven Oberfläche durch Aufrauhen begünstigt Haftwirkung. Wesentliche Rolle spielt ferner *Kohäsion* (Zusammenhaltekraft) innerhalb der kraftübertragenden Klebschicht; sie muß zähfest und elastisch, darf also einerseits nicht zu spröde, andererseits nicht kaltfließend sein, um sowohl Stoß-, als auch Dauerstand- und Dauerschwingbeanspruchungen standzuhalten. – Adhäsion immer größer als Kohäsion.

Der Klebstoff. Richtlinien für die Klebstoff-Einteilung und Begriffe der Klebstoff-Verarbeitung sind seit 1954 genormt.

Klebstoff-Normung. DIN 16 920 behandelt Klebstoff-Einteilung nach *Konsistenz* bei Verarbeitung (flüssig, plastisch, fest); nach Art der Klebstoff-*Lösung* bzw. *Löslichkeit* (Leimlösungen, Klebdispersionen, Kleblacke); nach *Grundstoffart* (organisch, anorganisch) und andere Gruppen; nach *Verarbeitungstemperatur* (Kaltkleber und Warmkleber, je nach Härtetemperatur). – Vornorm DIN 16 921 behandelt Klebstoff-*Verarbeitung*: Erläuterung von Grundbegriffen hinsichtlich Bezeichnung von Klebstoffen, ihren Bestandteilen und ihre Verarbeitung.

Beide Normblätter beziehen sich auf Gesamtgebiet der Klebtechnik. Nachfolgend sind nur jene Klebstoffe erwähnt, die der Metall-Festverklebung dienen.

Metallkleber für kraftübertragende Verbindungen [III.104]: Es handelt sich bis heute fast ausschließlich um *organische* hochpolymere Kunstharze bzw. Kunstharz-Gemische überwiegend ohne, u. U. auch mit Füllstoffen (meist Glasfasergewebe); durch letztere günstige Beeinflussung der Wärmedehnung, Erhöhung der Kohäsion und Warmfestigkeit der Klebschicht sowie Minderung der Schrumpfung beim Erhärten des Klebers.

Durchweg sind es lösungsmittelfreie *Reaktionskleber*, d. h. die Härtung des Klebfilms entsteht durch chemische Umsetzung. Je nach Harzart ist diese Umsetzung eine

a) Polymerisation, angeregt durch Zugabe eines Härters (Katalysator), in praktisch wichtigen Fällen bei Raumtemperatur (Kalthärtung); wenig wärmebeständig, da Thermoplast; Zweikomponenten-Kleber. –

b) *Polykondensation*; da Reinharz ziemlich spröde, wird oft geforderte Zähfestigkeit durch Modifizierungs-Zusatz (z. B. Polyamide) erreicht, dann *Kombinationskleber* genannt; gut wärme- und witterungsbeständig. Härtung bei erhöhter Temperatur (Warmhärtung) und nur unter Druck, da andernfalls Abspaltung flüchtiger Reaktionsbestandteile Klebfilm schädigt. Einkomponenten-Kleber. –

c) *Polyaddition*; Härtung ohne Druck (d. h. nach Zusammenlegen nur Lagefixierung, bis Härtung beendet). Teils Einkomponentenkleber (dann Warmhärtung), teils Zweikomponentenkleber mit Kalthärtung oder beschleunigt durch Wärmeeinwirkung. Mechanische Eigenschaften weitgehend beeinflußbar, damit je nach Bedarf von sprödhart und warmfest bis zäh. –

d) *Vulkanisation* nur für Kunstkautschuk-Kleber; immer Warm-„Härtung". Kleber fest und schlagzäh. –

Hinsichtlich der Verarbeitungsbedingungen kann man folgende Klebergruppen (nachfolgend nur Harzbasis vermerkt!) unterscheiden:

1. *Zweikomponenten-Kaltkleber,* drucklos härtend: Flüssige oder pastöse ungesättigte Polyesterharze in Verbindung mit Härter; Zugscherfestigkeit 15 ... 20 N/mm²; Temperatur-beständig bis 60 ... 80 °C, z. T. bei 140 °C noch 40% Festigkeit.

2. *Zweikomponenten-Kaltkleber,* drucklos härtend bei Raumtemperatur oder beschleunigt bei höherer Temperatur (150 ... 200 °C): Vinyl- bzw. Methacrylharze, Epoxidharze, ungesättigte Polymere mit Polymerisationsvernetzung, Polyurethanharz; dabei Harz und Härter je flüssig bis pastös. Zugscherfestigkeit 10 ... 35 N/mm² („Sicomet A": 46 N/mm²); temperaturbeständig bis 60 ... 100 (110) °C.

3. Teils *Ein-*, teils *Zweikomponenten-Warmkleber,* drucklos härtend bei 110 ... 250 °C; feste pastöse, oder flüssige Epoxidharze ohne oder mit flüssigem oder pulverförmigem Härter; ferner flüssiger Kunst-Kautschuk; Zugscherfestigkeit 20 ... 38 N/mm² (bei Stahl mit „Araldit I" bis 55 N/mm²), Kunstkautschuk-Kleber hochelastisch bis 10 N/mm²; temperaturbeständig bis 70 ... 200 °C.

4. *Einkomponenten-Warmkleber,* Härtung nur unter Druck (10 ... 200 N/mm²) bei 75 ... 250 °C: Phenolharz, meist modifiziert; Phenol-Polyvinylformal, Epoxidharz, Kunstkautschuk. Zugscherfestigkeit 20 ... 30 N/mm²; auch mit Kunstkautschuk-Kleber 22 ... 29 N/mm² erreichbar. Temperaturbeständig bis 90 ... 350 °C. –

Wichtige Handelsmarken von Klebern (im Einzelfall besondere Zusatz-Bezeichnung), dabei Basisharz durch Zusätze modifiziert zur Erzielung gewünschter Eigenschaftskombination:

Auf Basis *Phenolharz* (auch Harnstoff- und Melaminharz): Verschiedene Typen der Marken „Redux", „Bloomingdale", „Formetal", „Ciment-Cycleweld", „Armstrong", „Hidux", „Tegofilm M II und M XII" u. a.

Auf Basis *Epoxidharz:* Verschiedene Typen der Marken „Araldit", „Metallon", „Bloomingdale", „EC", „E", u. a.; z. B. „Bloomingdale FM 100" als Epoxid-Polyamid-Kombinakleber, heute wohl leistungsfähigster zähfester Kleber mit Scherzugfestigkeit bis 55 N/mm^2, bei 120 °C noch 50% der Festigkeit bei Raumtemperatur.

Auf Basis *Polyesterharz:* „Agomet", „Bostic", „Sicomet", „Paraplex"; ferner „Eastman 910" u. a.

Auf Basis *Polyurethanharz*: „Helmitin", verschiedene „Desmodur"- und „Desmophen"-Typen, „Estal"- und „Pyrocolles"-Typen u. a.

Auf Basis *Siliconharz*: „ACAF 4" u. a.; warmfest bis 250 °C, gut elastisch; sehr Alterungs-, Kälte- und Feuchtigkeits-beständig.

Auf Basis *Vinyl-* bzw. *Methacrylharz:* „Agomt E".

Auf Basis Kunstkautschuk: „Skotsch-Weld"-Typen, als Film verarbeitet.

Im Handel gibt es heute Hunderte von Metallkleber-Varianten, z. T. auch noch auf anderer Basis als oben vermerkt, die meist auch Metall mit Nichtmetallen (Holz, Gummi, Duroplaste, Bremsbeläge, Keramik, Glas u. a.) zu verkleben gestatten.

Obige *organische* Kleber sind teils nur beschränkt warmfest und verlieren oft schon ab 100 °C wesentlich an Festigkeit, teils aber relativ warmfest bis 250 °C, kurzzeitig auch bis 300 oder 350 °C, womit Grenze für organische Kleber erreicht sein dürfte. Weitere Entwicklung geht über semi-organische zu anorganischen und keramischen Klebern auf reiner Silikat-Basis.

Glasähnlicher Versuchskleber „UI 117 – 50" besteht aus Mischung Kalifeldspat, Borax, Soda und anderen Zusätzen. 100 Gewichtsteile dieser Mischung + 2 Teile kolloidale Kieselsäure + 50 Teile H_2O ergeben Kleber-Schlempe, mit der Fügeteile aus nichtrostendem Stahl bei 950 °C verbunden werden; damit ausreichende Scherzugfestigkeit mit 50% Abfall bis 540 °C erzielbar. Neuere keramische Kleber ergeben noch höhere Scherzugfestigkeiten, insbesondere bei höheren Temperaturen; z. B. „Thermostix" (Zusammensetzung nicht bekannt) soll bis 1100 °C hitzebeständig und säurefest sein bei stetem Haftvermögen an Metallen und Nichtmetallen (Glas, Porzellan). –

Manche keramischen Kleber haben bei Raumtemperatur nur mäßige Scherzugfestigkeit, die bei höheren Temperaturen zunimmt (nicht abnimmt, wie sonst meist der Fall). – Die Sprödigkeit keramischer Kleber kann durch Metalloxid-Zusätze vermindert werden, dabei auch Herabsetzen nachteilig hoher Wärmebehandlungstemperatur und Verbesserung des Wärmeausdehnverhaltens.

Herstellung der Klebverbindung setzt peinlich sauberes Arbeiten unter Einhaltung der Vorschriften der Kleber-Lieferanten voraus; in der Verarbeitung besteht kein grundsätzlicher Unterschied bei den einzelnen Klebern.

Vorbehandlung der Klebflächen der Fügeteile: Mechanisches Aufrauhen durch Schmirgeln, Sandstrahlen, Feinbürsten mit folgendem Lösungsmittel-Entfetten, bewährt bei Eisen- und NE-Metallen sowie nichtmetallischen Werkstoffen. Festere Verbindung liefert bei Al und seinen Legierungen ein Beizen, besonders das Schwefelsäure-Natriumbichromat-Verfahren (Pickling-Prozeß), ferner andere Beizverfahren, auch alkalisches Sonderbeizverfahren; jedoch sonst übliches Al-Beizen mit NaOH liefert schlechteres Haftvermögen als einfaches Aufrauhen und Entfetten! – *Arbeitsfolge*: Entfetten/Spülen/Beizen/Warmlufttrocknen. – Zur Verbesserung der Beständigkeitseigenschaften dient anodisches Oxidieren nach „Bengough"-Verfahren (englische Variante des „Eloxal"-Verfahrens) [III.105]. –

Klebvorgang und Härtung: Nach Kleber-Zubereitung erfolgt in staubfreiem lufttrockenen Raum bei 18 – 25 °C Auftragen je nach Lieferform durch Aufspritzen, Streichen, Spachteln oder Filmauflegen auf vorbehandelte völlig trockene Klebfläche, Zusammenlegen der Fügeteile und ihr Fixieren in Klebvorrichtung, wobei ggf. auch dem Bauteil die äußere Form gegeben und evtl. erforderlicher Druck aufgebracht wird. Bei warmhärtenden Klebern kommt Vorrichtung mit Werkstück in Wärmeofen (Aufheizen, Härten und Abkühlen 3 ... 6 h). Bei ebenflächigen Großfügeteilen kann notwendige Härtung unter Druck (ohne oder mit Wärme) in Druckkammer (Autoklav) gemäß Abb. III.621 erfolgen, wobei teure Fixier- u. Spann-Vorrichtung entfällt.

Klebfugendicke für statische Belastung grundsätzlich möglichst gering (praktisch 0,05 ... 0,3 mm, max. 0,5 mm), da Kohäsion < Adhäsion, also schwächste Stelle im Kleber. Bei Klebstellen mit Stoß- bzw. Dauerschwing-Beanspruchung ist schlagzäher Kleber ggf. mit Glasfasergewebe-Einlage bei Fugendicke an oberster Grenze günstig – Klebergewicht je m^2 Klebfläche je nach Art des Klebers sowie Arbeiten mit oder ohne Druckhärten meist 50 ... 400 g/m^2, manchmal auch mehr.

Konstruktive Gestaltung einer Klebverbindung [III.106]. Klebgerechte Konstruktion mit großflächiger Verklebung ist Voraussetzung für leistungsfähige Verbindung. Sie ist so auszubilden, daß möglichst ausschließlich Schubbeanspruchung in Klebflächenebene auftritt, also Zug senkrecht Klebfläche möglichst Null wird. Stumpfverklebungen scheiden bei Zugübertragung aus, da z. B. auch bei hochfesten Epoxidharzklebern Zugfestigkeit nur 60 ... 80 N/mm^2 (Druckfestigkeit 120 ...

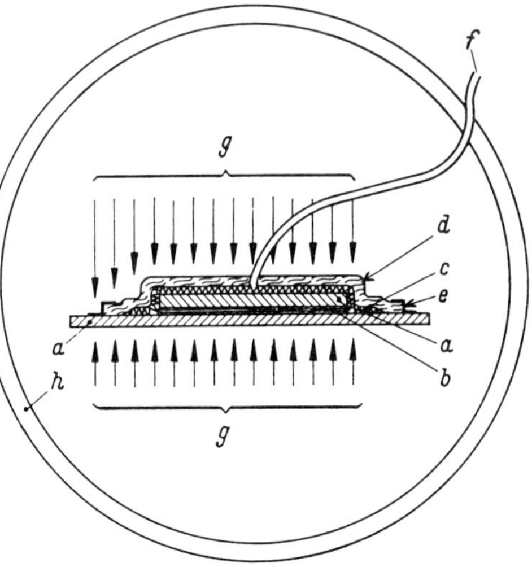

Abb. III.621. Kleber-Druckhärtung bei ebenflächigen großen Fügeteilen in Druckkammer (Ausfahrbarer Wagen nicht dargestellt; Betrieb mit oder ohne Beheizung). a zwei zu verklebende Werkstückteile; b Kleberschicht (Dicke übertrieben!); c Stoffmatte; d abdeckende Neopren-Folie; e Klebeband zur Befestigung von d; f Saugschlauch zur Luftabsaugung, bis 2 bar in Druckkammer erreicht; g allseitig wirkender Druck in h; h Druckkammer.

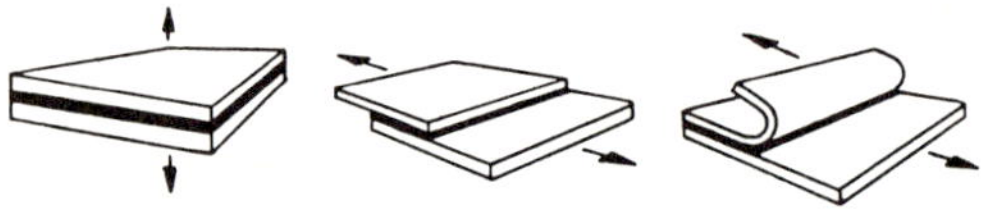

Abb. III.622. Links: Zugbeanspruchung senkrecht Klebfläche; *schlecht*, daher zu vermeiden; Mitte; Scherzugbeanspruchung am günstigsten, daher *anzustreben;* rechts: Schälen (Abrollen) als Folge einer zusätzlich zur Scherzugbeanspruchung auftretenden Biegebeanspruchung.

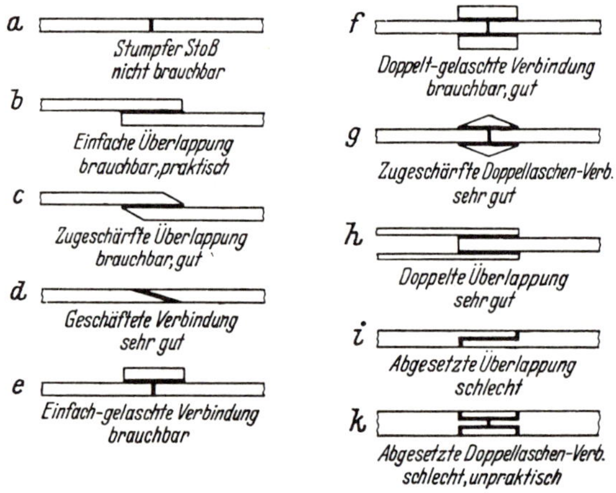

Abb. III.623. Beispiele guter, noch brauchbarer und schlechter Klebverbindungen. *Gut bis sehr gut* sind; c, f, d, g, h (c, d, g wegen Zuschärfung arbeitsaufwendig; d nur bei nicht zu dünnen Blechen). – *Brauchbar* sind b, e; – *schlecht*, daher zu vermeiden: a, i, k.

160 N/mm²). Biegebeanspruchungen z. B. infolge geringer Fügeteil-Steifigkeit und ungünstiger Klebestellen-Ausbildung führen leicht zum Aufreißen in der Klebschicht durch Abrollen („Schälbruch"); vgl. Abb. III.622! Erforderlichenfalls ist Abschälgefahr zu verhindern durch Heftnieten nahe Klebkante senkrecht Beanspruchungsrichtung; auch an Überlappungsenden herausgequollener Kleber mindert sie, soll daher belassen werden. – Gute und schlechte Beispiele von Klebverbindungen sind in Abb. III.623 ... III.627 zusammengestellt. –

Optimale Überlappungslänge $Lü_{opt}$ ist abhängig von Klebstofftyp, Dicke und Elastizität des Klebfilms, E-Modul und Streckgrenze ($\sigma_{0,2}$) des Metalls und von Dicke der Fügeteile, daher ohne Erfahrung im Einzelfall kaum ohne Versuch genauer zu ermitteln; oft genügt Erfahrungsregel: $Lü_{opt}$ [mm] $\approx \cdot 0{,}1\ \sigma_{0,2}\ s$, wobei $\sigma_{0,2}$ in N/mm² und s = Dicke des dünneren Fügeteils in mm einzusetzen ist.

Je mehr sich Fügeteile unter Belastung dehnen, deso kleiner $Lü_{opt}$ und Bruchlast. Steife Fügeteile mit hohem E-Modul aus hartem Werkstoff ergeben über Klebfläche weitgehende gleichmäßige Belastungsverteilung, daher übertragbare Last durch längere Überlappung bis Fügeteilbruch steigerbar. Fügeteildehnung bewirkt jedoch an Überlappungsenden Spannungsspitzen, die Tragfähigkeit begrenzen.

Abb. III.628 zeigt Scherzug-belastete Überlappungsklebung relativ dünner, wenig dehnsteifer Bleche. Fügeteil-Längung (a) durch Zug P am Nahtanfang Null, steigt linear bis Nahtende. Ihr überlagert sich Fügeteil-Längung (b) der Verbindungsstelle durch Biegung unter Einfluß von Moment P · s. Gleichmäßiger Schubbeanspruchung τ_1 der Klebfuge überlagert sich damit

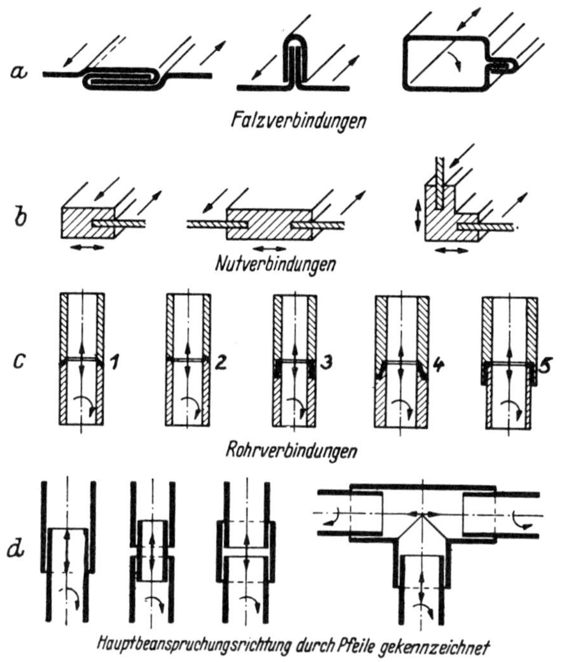

Abb. III.624. Falz-, Nut- und Rohr-Klebverbindungen. Bei *a* etwa erforderlicher Härtungsdruck aufbringbar, bei *b* jedoch nicht; Nutverbindung sehr aufwendig, wenn nicht Strangpreßprofile vorliegen. – Alle Rohrverbindungen in *c* sind mehr oder weniger aufwendig in Herstellung, dabei 1 und 2 nur mäßig zugbeanspruchbar, daher nur für Druck- und Drehmoment-Übertragung; bei 3 und 5 keine Härtung unter Druck möglich; Rohrverbindungen in *d* sind bei vorwiegend Zugbeanspruchung vorzuziehen; auch hier keine Härtung unter Druck möglich.

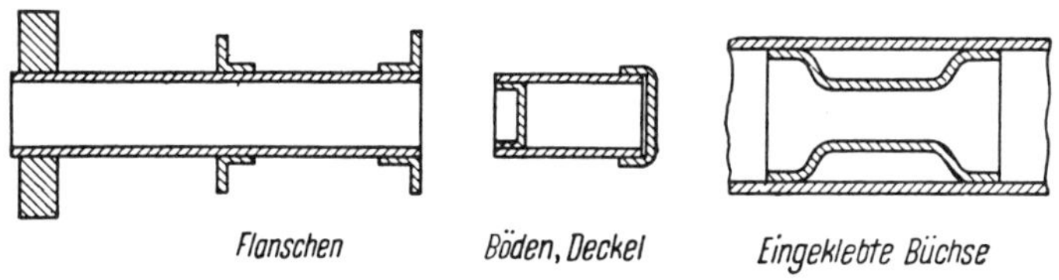

Abb. III.625. Klebbefestigung aufgesetzter Flanschen (links), ein- bzw. aufgesetzter Böden bzw. Deckel (Mitte) und eingeklebter Verstärkungs-(Versteifungs-)Büchsen (rechts); Druckhärtung in keinem Fall möglich.

zusätzlich τ_2. Senkrecht zur Schubspannung wirkend entstehen ferner Zugspannungen σ_z. Hierzu kommen an Nahtenden nicht gezeichnete Kerbspannungen (praktisch jedoch wegen stehengebliebener herausgequollener Klebstoffwülste zu vernachlässigen). Je länger Klebüberlappung, desto geringer überlagerte Biegebeanspruchung. Biegevermeidung an Klebstelle durch Schäftung, Abb. III.623 d (für Dünnbleche nicht brauchbar!), ferner f, g und h. Abb. III. 629 zeigt zwei Klebverbindungen mit durch Abkanten vorgeformten Fügeteilen, bei denen zusätzliche Biegebeanspruchung (infolge mangelhafter Fügeteil-Steifigkeit) vernachlässigbar klein ist. Bei beiden sind statische und dynamische Festigkeit sehr günstig. Auch geschäftete Klebverbindung (Abb. III.623, d) liefert beste dynamische Festigkeit. –

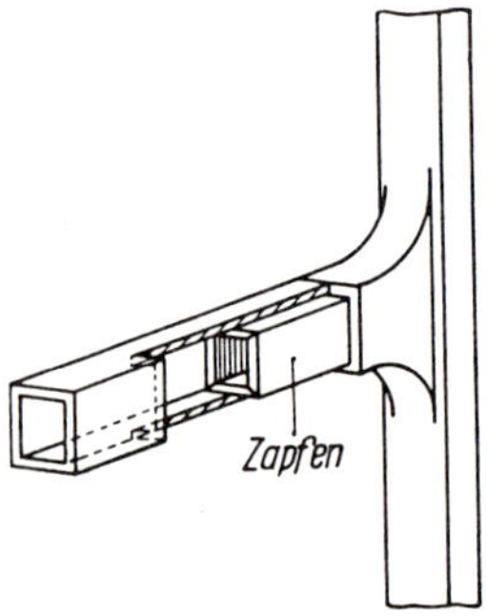

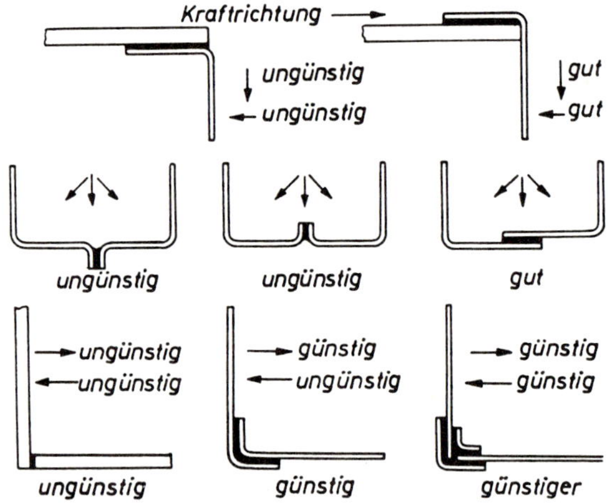

Abb. III.626. T-Klebverbindungen an Al-Profilrohr: Eingeklebter Zapfen sorgt für flächige Fügestelle und damit günstige Klebfugenbeanspruchung.

Abb. III.627. Ungünstige und gute klebgerechte Blechstöße für Wand- und Kanten-(Eck-) Verbindung.

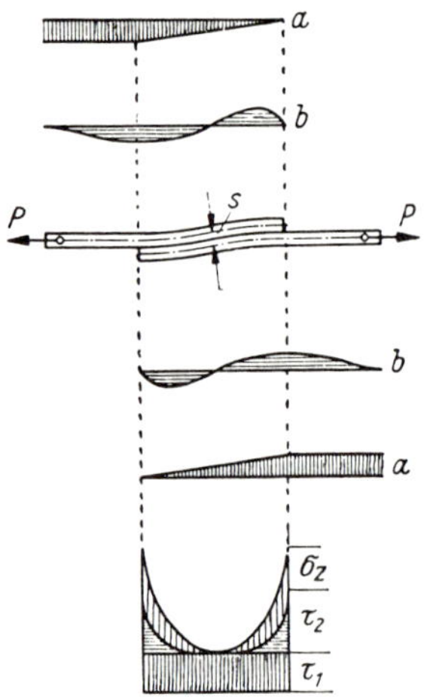

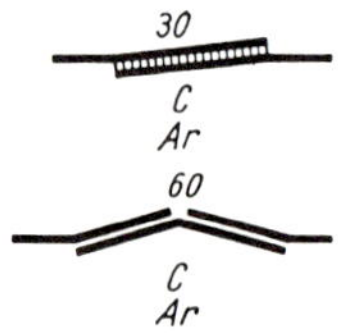

Abb. III.628. Spannungsverteilung in einer Überlapp-Klebverbindung relativ dünner Bleche (schematisch). a) Fügeteil-Längung durch Zug P; b) Fügeteil-Längung durch Biegung infolge Moment P · s; (τ_1, τ_2, σ_z siehe Text!).

Abb. III.629. Klebverbindungen mit vorgeformten Fügestellen (schematisch), um zusätzliche Biegebeanspruchung bei Zugbelastung auszuschalten.

Statische und dynamische Versuche maßgebender Stellen führten zu grundlegenden Erkenntnissen, so daß Konstrukteur heute bei bekannten und bewährten Verbindungsarten auf festem Boden steht; in Sonderfällen führen Versuche an Prüfstück-Verklebung zum Ziel. Statische Scherzug-Festigkeitswerte je nach Art des Klebers und Verarbeitungsart meist 15 ... 35 N/mm^2, in Sonderfällen bis 59 N/mm^2

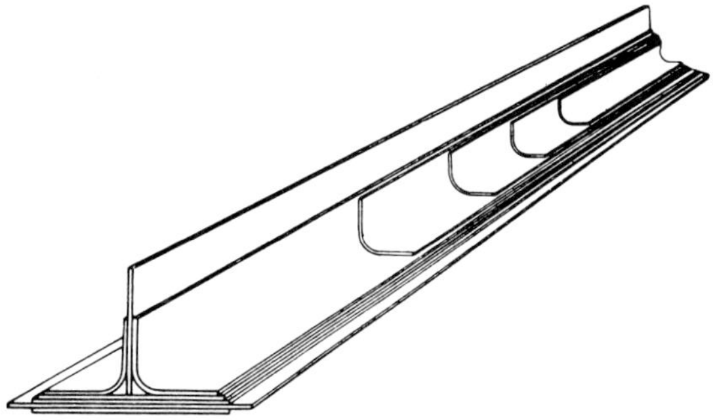

Abb. III.630. Dem Spannungsverlauf angepaßter geklebter T-Träger gleicher Biegefestigkeit in *Schichtbauweise.*

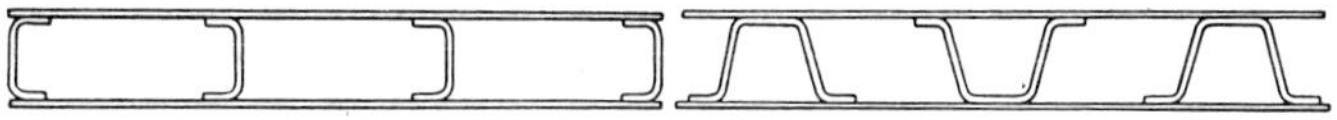

Abb. III.631. *Schalenbauweise* vereinigt Haut und Stützgerüst zu tragender Einheit. U- bzw. Hut-Blechprofile mit beiden Deckblechen verklebt.

(vgl. [III.104]!). Für dynamische Belastung kann man heute mit Schwell-Scherzug-Festigkeiten von 2,5 ... 5 N/mm^2 rechnen, wobei bei guten Verbindungen Bruch meist im Fügeteil. –

Im Flugzeugbau hat sich gegenüber früher üblichem Aussteifen durch auf Haut-Innenseite aufgeklebte Blech-Hutprofile die *Blech-Schichtbauweise* durchgesetzt, bei der z. B. Flügelkästen an Rumpf-Anschlußstelle auf Ober- und Unterseite aus je bis zu 10 zusammengeklebten dünnen Blechen bestehen, die gegen Flügelende hin auf Innenseite stufenweise kürzer werden, so daß Träger gleicher Biegefestigkeit mit außen glatter Haut entsteht; auch für Holmgurte und Leitwerkteile zweckmäßig. Abb. III.630 zeigt T-Träger in Blech-Schichtbauweise; festigkeitsmäßig günstiger und viel weniger aufwendig als Erzielung solcher Träger unterschiedlichen Querschnitts durch Fräsen oder Ätzabtragen („chemisches Fräsen") aus Strangpreß- oder Schmiede-Profilen (sog. „Integralbauweise").

Schalenbauweise nach Abb. III.631, eine typische Kleb-Leichtbauweise für Flugzeug- und Fahrzeugbau, ist gleichsam Vorstufe zur *Stützkern-Bauweise* („Sandwich"-Bauweise), bei der zwischen zwei Deckbleche extrem leichter Honigwaben-Zellkern („Alucell") aus Al-Dünnstblechen mittels Klebfolien eingeklebt wird (Abb. III.632), womit Schalenelement in Gesamtflächenausdehnung gestützt. Damit Grundgedanke des I-Trägers weiterentwickelt unter Vollausnützung der Blechfestigkeit. Bei gleicher Steifigkeit hat derartige Al-Sandwich-Platte $\approx 1/5$ des Gewichts von Sperrholz, $\approx 1/10$ von Al-Blech und $\approx 1/16$ von Stahlblech. Damit nicht nur ebene Platten (Flugzeug-Bodenplatten, Schottwände u. a.), sondern auch räumlich geformte Teile herstellbar (Hubschrauber-Rotorblätter mit gegenüber früher $\approx$10facher Lebensdauer, Flügelnasen, Trimmflächen, Steuerruder u. a.); wichtig auch für Luftfrachtbehälter, im Bootsbau, für transportable militärische Brücken, Auffahrrampen, im Wagenbau u. a.

Ein wesentliches Anwendungsgebiet für Klebverbindungen ist auch die Feinmechanik und der Kleingeräte- und -Apparatebau. – Auch Gußteile werden oft vorteilhaft verklebt, vgl. Abb. III.633. Hier Klebflächenbelastung meist sehr gering, doch müssen Klebfilme korrosionsbeständig gegenüber z. B. Kühlwasser bzw. Benzin sein; mit geeigneten Klebern leicht zu erreichen.

Korrosionsverhalten von Klebverbindungen [III.107] ist abhängig vom Klebstofftyp, Fügeteilwerkstoff und Vorbehandlung des Haftgrundes.

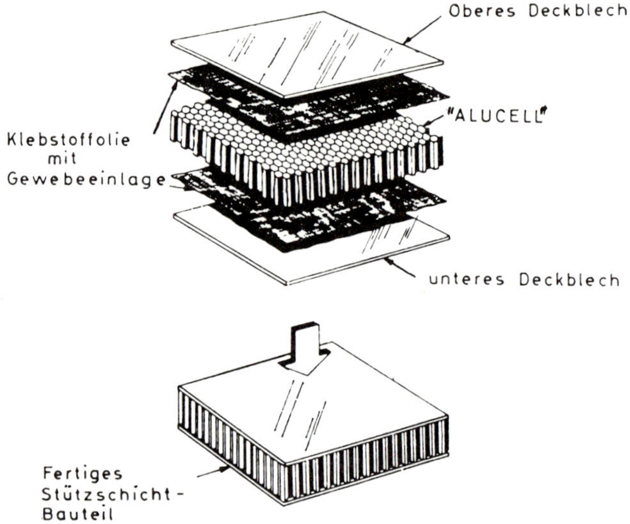

Abb. III.632. Aufbau eines Stützkern-(„Sandwich"-)Bauteils.

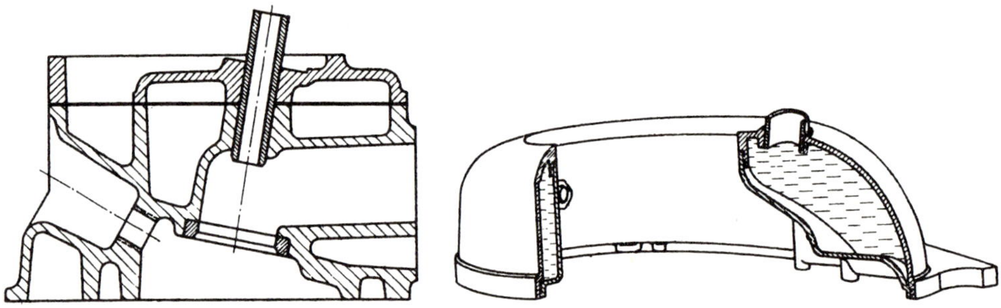

Abb. III.633. Klebverbindungen von Teilen aus Al-Druckguß-Legierung. *Links:* Zylinderkopf mit Zylinderblock verklebt; *Rechts:* Aus zwei Al-Druckgußteilen zusammengeklebter Kraftstoffbehälter mit eingeklebtem Stutzen.

Gegenüber Einfluß von Atmosphärilien (gering!) schützt Lackierung, womit auch Korrosions-Unterwanderung der Klebnaht vermieden wird. Gegenüber Treibstoffen sind die meisten Klebstoffe beständig, während ohne Klebkanten-Schutzanstrich Getriebeöle zu größeren Festigkeitsverlusten führen. –

„Redux" wird seit 1943, „Araldit" seit 1946 im Flugzeugbau verwendet; Betriebsbrüche dieser alten Klebverbindungen sind aber bis heute noch nicht aufgetreten, ein guter Beiweis für ihre *Alterungsbeständigkeit,* während die Metall-Schweißtechnik in ihrer Anfangszeit manchen Rückschlag erlitt. Die Kleber und ihre Verarbeitungstechnik sind noch dazu bis heute wesentlich verbessert worden, so daß alle oft gegen eine Klebung von Uneingeweihten ins Feld geführten psychologischen Gründe hinfällig sind.

Vorteile klebgerecht gestalteter Verbindungen erheblich; verschiedene neuzeitliche Konstruktionsformen sind nur durch Kleben möglich:

1. Klebverbindung stärker ausführbar als Fügeteile; damit klassischen Verbindungsverfahren überlegen, da kein Durchbohren (Nieten und Schrauben) und keine gefügeschädigende Erwärmung (Schweißen, Löten);
2. Verbindbarkeit auch ungleicher Metalle ohne bzw. mit nur geringer Wärmeeinwirkung;
3. Weitgehend gleichmäßige Kraftübertragung durch Klebfläche, damit Erhöhung der Verbindungsfestigkeit;
4. Glatte Oberfläche, saubere Konturen;
5. Verbindbarkeit sehr kleiner und dünner Teile (Feinmechanik), aber auch sehr großer (Flugzeugbau);
6. Klebnähte gas- und flüssigkeitsdicht;
7. Höhere Korrosionsbeständigkeit der Klebnähte, da Kontakt- und Spaltkorrosion vermieden;
8. Durch Klebfuge Isolation gegenüber elektrischem Strom (gedruckte Schaltungen); Dämmung gegen Wärme und Körperschall; Vibrationsdämpfung;
9. Einsparung an Gewicht und Volumen gegenüber mechanischer Verbindung;
10. Günstigstes bzw. einzig mögliches Verbindungsverfahren von Metallen mit nichtmetallischen Werkstoffen;
11. Geringere Fertigungskosten, da zeitsparend und von angelernten Leuten durchführbar;
12. Oft Möglichkeit wesentlicher Konstruktionsvereinfachung, was sich auch in Punkt 11 auswirkt;
13. Gegebenenfalls Trennbarkeit einer Klebung durch Wärme (u. U. auch Lösungsmittel) bei z. B. Rohrverbindungen, Armaturen, aufgeklebten Werkzeugschneiden u. a.

Nachteile einer Klebverbindung nur gering; meist durch klebgerechte Konstruktion, Kleberauswahl und Verarbeitungsbedingungen beherrschbar:

1. Relativ geringe Warmfestigkeit: Manchmal nur bis 90 °C, meist 150 ... 250 °C, in Sonderfällen bis 350 °C; bei keramischen Klebern wesentlich höher (siehe oben!)
2. Erfordernis mechanischer oder chemischer Klebflächen-Vorbehandlung, oft auch Warmhärtung, jedoch bei relativ niedrigen Temperaturen; manchmal mit Preßdruck;
3. Auswahl unter Hunderten von Klebermarken zur Anpassung an Einzelfall nicht immer leicht (Anpassungsfähigkeit des Klebers auch als Vorteil auffaßbar).

Prüfung von Klebverbindungen zur Fertigungsüberwachung sei nur kurz gestreift.

An meist gleichzeitig mit Werkstück unter gleichen Fertigungsbedingungen hergestellten Prüfstücken bzw. an stichprobenweise entnommenen Werkstücken selbst werden statische bzw. dynamische Prüfungen entsprechend Bauteil-Betriebsbeanspruchung oder verschärft durchgeführt; hierher gehören auch Kurzzeit-Alterungs- und Langzeit-Bewitterungsversuche. Zur zerstörungsfreien Klebfugenprüfung fertiger Bauteile kann oft Ultraschall-Prüfung eingesetzt werden, dabei jedoch nur Homogenität der Klebfuge (also Kohäsion), nicht aber Adhäsion prüfbar. –

Sondergebiete der Klebanwendung. Von den Anwendungsmöglichkeiten des Metallklebens macht man auf Sondergebieten stark zunehmend Gebrauch und kann damit bisher unlösbare Probleme bewältigen. Nur ein Beispiel: Für Raketenantrieb werden Mehrschicht-Metallzylinder und fasergewickelte Druckbehälter aus Beryllium-Blech, -Band und -Draht geklebt. Ähnlich auch Sonderkonstruktionen aus Ti- und anderen Metallegierungen durch Kleben verwirklicht.

Literatur zu Kapitel III.

III.1 *Roll, F.,* Handbuch der Gießereitechnik Bd. I,1; Bd. I,2; Bd. II,1; Bd. II,2
III.2 *Schulenburg, A.,* Gießerei-Lexikon, 8. Auft. 1974
III.3 *Reuter/Schneider,* Gußfehler-Atlas, 2. Aufl. 1971
III.4 *Piwowarsky, E.,* Hochwertiges Gußeisen, 2. Aufl. 1961
III.5 *Knipp, E.,* Fehlererscheinungen an Gußstücken, 2. Aufl. 1961
III.6 Betriebshütte, Bd. 1, 6. Aufl. 1964
III.7 Eisenhütte, 5. Aufl. 1961
III.8 *Patterson, W.* u. *H. Brand,* Gießerei, 1962, S. 110/15
III.9 *Patterson, W.* u. *R. Kümmerle,* Gießerei, 1959, S. 897/904
III.10 *Bouffee, H.,* Modellbau für Gießereien, 1973
III.11 *Chrosciel/Frede* u. a., Grund- und Fachkenntnisse f. Metallbauer, 1975
III.12 DIN 52 401 (Formsandprüfung)
III.13 *Eger, W.,* Gießereikunde für Eisen und Stahl
III.14 VDI und VDG, Konstruieren und Gießen, Gießerei-Verlag, Düsseldorf, 1957
III.15 Mitteilungen der Zentrale f. Gußverwendung (ZGV), Düsseldorf
III.16 Verein Deutscher Gießereifachleute, Nr. 202, 1960
III.17 *Schneider, G.,* Gießerei, 1962, S. 201/211
III.18 Taschenbuch der Gießerei-Praxis, 1973
III.19 *Brunhuber, E.,* Leichtmetall- und Schwermetall-Kokillenguß, 3. Aufl. 1966
Moderne Druckgußfertigung, 2. Aufl. 1971
III.20 *Irmann, R.,* Aluminiumguß in Sand und Kokille, 6. Aufl. 1959
III.21 Zinn und seine Verwendung (Zinn-Informationsbüro, Düsseldorf), 1962, Nr. 55, S. 13 – 16
III.22 *Götz, W.,* Gießerei, 1961, S. 192/202
III.23 *Büchen, W.,* Gießerei, 1962, S. 181
III.24 *Reiniger, H.,* Maschinenmarkt, 1964, S. 16/20
III.25 Bibliographie des VDG, Nr. 204, 1960
III.26 *Nagel, A.,* Herstellung von Temperguß, 2. Aufl., Berlin 1961
III.27 DIN 1692, Juni 1963
III.28 *Joseph, C. F.,* Gießerei, 1961, S. 386/88
III.29 *Moore, C. T.,* Gießerei, 1961, S. 37/39
III.30 *Banneitz, H.,* Gießerei, 1961, S. 373/78
III.31 *Lieby, G.,* Gießerei, 1962, S. 189/200
III.32 *Asbeck, O.,* Gießerei, 1962, S. 391/95
III.33 Bibliographie d. Bücherei des VDG, Nr. 97, 1960
III.34 *Pelzel, E.,* Gießerei, 1962, S. 87/89
III.35 *Lieby, G.,* Gießerei, 1960, S. 227/35
III.36 Bibliographie der Bücherei des VDG, Nr. 67, 1960
III.37 *Wälti, H.,* Gießerei, 1960, S. 235/40
III.38 *Schulte, H.,* Gießerei, 1962, S. 235/47
III.39 *Herrmann, E.,* Handbuch des Stranggießens, Aluminium-Verlag, Düsseldorf 1958
III.40 *Benteler, H.,* Stahl und Eisen, 1962, S. 597/603
III.41 *Gerling, W., Bauer, K. H.,* Stahl und Eisen 1962, S. 1349/56
III.42 *Mann, H., Kirch, A., Tuschy, E.,* Gießerei, 1962, S. 385/90
III.43 *Grönegreß, H. W.,* Brennhärten, Heft 89 der Werkstattbücher, 3. Aufl. 1962
III.44 *Oehler, G.,* Die hydraulische Presse, 1962
III.45 Z. VDI, 1901, S. 581
III.46 *Schimz, K.,* Kaltformfibel I und II, 1959, 1962
III.47 *Romanowski, W. P.,* Handbuch der Stanzereitechnik 3. Aufl. 1965, VEB Verlag Technik
III.48 Hansa, 1962, S. 1238
III.49 Kaltprofile, 1961, Verlag Stahl-Eisen
III.50 *Pum, E.,* Industrie-Rundschau, 1960, Nr. 7, S. 19/20
III.51 *Oehler, G.,* Mitt. Forschungsgesellschaft, Blechverarbeitung, 1963, Nr. 1 S. 9
III.52 Die Maschine, 1962, H. 8, S. 36
III.53 *Walter, K.,* Aluminium, 1960, S. 517/19
III.54 *Kursetz, E.,* Blech, 1960, S. 7/10
III.55 *Schirmer, H.,* Industrie-Anzeiger, 1960, S. 1166/67
III.56 *Reishaus, M.,* Maschinenmarkt, 1961, Nr. 35, S. 17/18

III.57 *Franz, W.-D.,* Das Kaltbiegen von Rohren, 1961, Berlin

III.58 *Frank, G.,* Industrie-Anzeiger, 1961, S. 514/18

III.59 *Shawki, S. A.,* Werkstattstechnik, 1963, S. 12/16

III.60 *Hermanns, H., Vermeulen, F.,* Metalwork Prod. 1961, H. 41,S. 69/72

III.61 *Sellin, W.,* Tiefziehtechnik, 4. Aufl. Berlin 1955

III.62 *Kursetz, E.,* Bänder, Bleche, Rohre, 1961, S. 368/71

III.63 *Pomp, A.,* Stahldraht, Herstellung und Eigenschaften, 2. Aufl., Stahl-Eisen-Verlag

III.64 *Feldmann, H. D.,* Fließpressen von Stahl, Berlin 1959

III.65 *Friedewald, H. J.,* Werkstattstechnik 1959, S. 42/49

III.66 *Mäkelt, H.,* Werkstattstechnik, 1962, S. 167/72

III.67 Beratungsstelle für Stahlverwendung, Merkblatt 201, 1962

III.68 VDI-Richtlinien 3174

III.69 *Kienzle, O., Gerlach, H.,* Werkstattstechnik, 1961, S. 505/12

III.70 *Weber, R. D.,* Z. f. Metallkunde, 1962, S. 260/65

III.71 *Grüner, P.,* Maschinenmarkt, 1962, S. 272/77

III.72 *Bult, H.,* Industrie-Anzeiger, 1960, S. 1735/45

III.73 *Draeger, E.* Industrie-Anzeiger, 1962, S. 413/23

III.74 *Reuthe, W.,* Werkstattstechnik, 1962, S. 443/51

III.75 *Bornscheuer, F. W.,* Der Stahlbau, 1961, S. 265/68

III.76 *Gentzsch, G.,* Hochleistungsumformung, Düsseldorf 1962

III.77 *Ecker, W., Müller-Axt, F.,* Werkstatt und Betrieb, 1963, S. 1963/77

III.78 *Schöffl, R.,* Raketentechnik und Raumfahrtforschung, 1962, S. 24/31

III.79 *Pearson, J.,* Acier – Stahl – Steel, 1962, S. 363/76

III.80 *Weimar, G.,* Werkstatt und Betrieb, 1963, S. 297/305

III.81 *Gentzsch, G.,* Technik und Forschung, Nr. 106, 1963, S. 505/508

III.82 *Henning, H., Zöhren, J.,* Lehrbildsammlung Kunststofftechnik, 1963

III.83 *Saechtling, H.,* Kunststoff-Taschenbuch, 19. Aufl. 1974

III.84 *Beck, H.,* Spitzgießen, 2. Aufl. 1963

III.85 *Wandeberg, E.,* Kunststoffe, ihre Verwendung in Industrie und Technik, 2. Aufl. 1959

III.86 *Stoeckhert, K.,* Kunststoff-Lexikon, 3. Aufl. 1972

III.87 *Domininghaus, H.,* Kunststoffe, 1962, S. 685/88

III.88 VDI-Richtlinie 2008, Bl. 1 und 2 (Dez. 1960)

III.89 *Lange, H.* Industrie-Anzeiger, 1974, S. 473

III.90 *Stief, A.,* Technische Rundschau, 1973, S. 19

III.91 *Schaeffler, A. L.,* Metal Progress, 1949, S. 680

III.92 Aluminium-Zentrale e. V., Düsseldorf

III.93 Aluminium-Merkblatt V 1, Tafel 2, Verzeichnis der Flußmittel

III.94 *Hofe, v., H.* Der Praktiker, 1974, S. 41

III.95 *Schimpke-Horn,* Praktisches Handbuch der gesamten Schweißtechnik

III.96 *Sudasch, E.,* Schweißtechnik, 2. Aufl. 1960

III.97 *Koch, H.,* Lichtbogenschweißen 1961, Bd. 19 der Fachbuchreihe Schweißtechnik

III.98 *Born, K.,* Maschinenmarkt, Würzburg, 1973, S. 1621/25

III.99 *Gudrian, H.* Entwicklung der Schweißtechnik im japanischen Schiffbau, Schweißtechnik Bd. 25, 1971, Nr. 16, S. 185/87

III.100 *Aichele, G.* Schutzgasschweißen, Schriftenreihe Heft 18, Messer Griesheim GmbH, S. 71

III.101 Die Verfahren der Schweißtechnik, DVS 1974

III.102 Schweißen und Schneiden, 1972, S. 349/50

III.103 *Köhler, R.,* Physik der Klebung Kunststoffe 1961, S. 529/33

III.104 VDI-Richtlinien 2229, 1961, Metallklebverbindungen

III.105 Aluminium-Taschenbuch, 13. Aufl. 1974

III.106 *Ulmer, K., Hennig, G.,* Mitt. Forschungsgesellschaft Blechverarbeitung, 1962, S. 320/28

III.107 *Mittrop, F.,* Mitt. Forschungsgesellschaft Blechverarbeitung, 1962

IV. Wirtschaftliches

A. Roheisen- und Stahlerzeugung der Hauptindustrieländer

Eisenerze. Sie sind die Grundstoffe der Roheisen- und Stahlerzeugung. Im Jahr 1972 förderte an *Eisenerz* in Mill. t: Vereinigte Staaten 76,3, Sowjetunion 208, Frankreich 55, China 45, Schweden 33, Großbritannien 8,6, Deutschland (Bundesrepublik) 6,1 von allerdings sehr unterschiedlichen Eisengehalt (25 – 60% Fe).

Roheisen und Stahl. Die Roheisen- und Stahlerzeugung (s. Tabelle IV.1), war in den letzten Jahren in einigen europäischen Ländern wieder steigend, in der Gesamtheit der Länder der Welt ebenfalls ansteigend. Einige Angaben von 1972 (z. B. China) sind geschätzte oder vorläufige Ergebnisse.

Die Stahlerzeugung übertrifft in neuerer Zeit in fast allen Ländern die Roheisenerzeugung, weil beim Siemens-Martin- und z. T. LD-Verfahren viel Schrott und Eisenerze mit verarbeitet werden.

Nichteisenmetalle. Einige Erzeugungsangaben wurden bei den NE-Metallen (Abschnitt IE) gebracht.

Tabelle IV. 1. Roheisen und Stahlerzeugung in 1000 t

Land	Roheisen i. M. 1936/38	1960	1962	1972	Stahl i. M. 1936/38	1960	1962	1972
Deutschland (Bundesrepublik)	15 881	25 739	24 251	32 004	18 520	34 100	32 563	43 703
Belgien	3 130	6 520	6 766	11 895	3 115	7 181	7 344	14 530
Frankreich	6 681	14 005	13 954	18 989	6 950	17 300	17 232	24 054
Italien	864	2 715	3 584	9 446	2 145	8 229	9 488	19 784
Luxemburg	2 017	3 713	3 591	4 670	1 976	4 084	4 010	5 457
Niederlande	285	1 347	1 573	4 289	44	1 942	2 085	5 580
Montanunion (1972: EUR-6)	28 858	54 039	53 719	81 293	32 750	72 836	72 722	113 108
Großbritannien	7 781	16 014	13 911	15 477	11 910	24 695	20 822	25 316
Schweden	635	1 518	1 810	2 355	1 033	3 218	3 601	5 248
Deutsche Demokr. Republik	321	1 996	2 080	2 150	1 469	3 787	4 080	6 000
Polen	729	4 253	4 950	7 430	1 345	6 680	7 580	13 380
Tschechoslowakei	1 379	4 695	5 180	–	1 889	6 768	7 560	–
Sowjetunion	14 472	46 757	54 480	92 400	17 333	65 292	76 300	126 000
China	1 056	25 300	29 000	21 000	419	16 500	19 000	23 000
Japan	2 293	11 896	17 970	74 005	5 832	22 138	27 440	96 900
Vereinigte Staaten von Amerika	29 223	61 072	60 138	123 000	42 906	91 920	90 750	123 000
Kanada	773	3 882	4 920	8 710	1 244	5 250	6 530	11 864
Welterzeugung (1972: ohne Tschechoslowakei)	93 300	253 400	274 200	425 000	123 330	346 700	369 000	606 400

B. Die Eisenindustrie der wichtigsten Länder

Vereinigte Staaten von Nordamerika. Die Vorräte an Eisenerzen und Kohlen sind sehr groß. Die Fundorte beider liegen aber meist weit auseinander, so daß die Eisenerze, die größtenteils vom Oberen See (Michigan, Wisconsin u. Minnesota) kommen, auf dem Wasserwege über die großen Seen den Gebieten zugeführt werden, wo die Hauptmenge der Kohle sitzt (Pennsylvanien, Ohio, Illinois), um dort verhüttet zu werden. An Brennstoffen sind außer der Kohle die bedeutenden Naturgas- und Erdölvorkommen hervorzuheben.

Spwjetunion. Eisenerze sind in großen Mengen vorhanden (Ukraine, Ural, Sibirien) und auch Manganerze (Nikopol, Kaukasus). Die Kohlen kommen aus dem Donezbecken (Ukraine) und aus Sibirien. Die Haupteisenindustrie liegt in Mittel- und Südrußland, am Ural und in Sibirien. Die Roheisen- und Rohstahlerzeugung sind in starkem Anstieg begriffen.

Großbritannien. Kohlen von bester Güte sind in großen Mengen vorhanden (Durham, Northumberland, mittleres England und Südwales). Eisenerze werden teils dicht bei der Kohle (Yorkshire, Northamptonshire, Lincolshire und Leicester) gefördert, teils aus Schweden, Spanien, Algier usw. eingeführt. Der Schwerpunkt der Eisenhüttenindustrie liegt in den Eisenerzgebieten, hauptsächlich in Yorkshire.

Frankreich. Eisenerze liefert in großen Mengen das Minettegebiet (Lothringen), in kleinerem Umfange die Normandie. Aus dem Minettegebiet werden Erze nach Belgien, Luxemburg und Deutschland ausgeführt. Die wichtigsten Kohlenvorkommen liegen in den nördlichen Departements Pas de Calais und Nord, jedoch muß ein zusätzlicher Teil noch (aus Deutschland und England) eingeführt werden. Die Haupteisenhüttenindustrie liegt in Lothringen.

Belgien und Luxemburg. In *Belgien* wird das Eisenerz fast ausschließlich aus dem französischen Minetterevier eingeführt, während Kohle in reichlichen Mengen vorhanden ist. – *Luxemburg* hat in seinem südwestlichen Teil bedeutende Minettevorkommen, und dort ist naturgemäß auch der Sitz der Eisenhüttenindustrie. Kohle muß eingeführt werden.

Deutschland (Bundesrepublik). West- und Süddeutschland liefern nur ärmere Eisenerze in bescheidenem Umfang. Der größte Teil der Erze wird aus Frankreich (Minette), Schweden, Spanien, Nordafrika usw. eingeführt. Gute Kokskohle ist in großen Mengen im Ruhrgebiet vorhanden, das auch den Schwerpunkt der deutschen Eisenhüttenindustrie darstellt. Außerdem hat Deutschland eine umfangreiche Förderung an Braunkohlen und eine geringe an Erdöl.

Sonstige Länder. In Westeuropa sind noch Italien, Polen u. Tschechoslowakei als stark aufgekommene Stahlerzeugungsländer hervorzuheben, in Asien in erster Linie Japan, sodann China, aber auch schon Indien, in Nordamerika noch Kanada. –

Sachverzeichnis

Hinweisziffern zu Hauptstellen sind halbfett gesetzt.